AF293814

HYDRAULIK

IHRE GRUNDLAGEN UND PRAKTISCHE ANWENDUNG

VON

O. PROF. DR. JOSEF KOZENY

VORSTAND DES INSTITUTES FÜR HYDRAULIK, SIEDLUNGSWASSERWIRTSCHAFT,
VERKEHRSWASSERBAU UND LANDWIRTSCHAFTLICHEN WASSERBAU
TECHNISCHE HOCHSCHULE WIEN

MIT 544 TEXTABBILDUNGEN

WIEN
SPRINGER-VERLAG
1953

ISBN-13: 978-3-7091-7593-4   e-ISBN-13: 978-3-7091-7592-7
DOI: 10.1007/978-3-7091-7592-7

Vorwort

Die im Zuge einer rationellen Planung in der neuzeitlichen Wasserwirtschaft
auftretenden hydraulischen Aufgaben sind äußerst mannigfaltig. Diesem Umstand Rechnung tragend bringt der Verfasser eine Hydraulik auf breiterer Basis,
die vornehmlich für die Praxis der Wasserbauingenieure gedacht ist, die aber
stärker auf die theoretischen Grundlagen zurückgeht und der sprunghaften
Entwicklung der Strömungslehre aus mehrfachen Gründen Rechnung trägt.
Denn es soll das Buch nicht nur jene Kenntnisse vermitteln, die den Hydrotekten
zur Bewältigung schon bekannter, auch schwieriger Aufgaben befähigen, sondern
darüber hinaus seine Urteilsfähigkeit schärfen. Nicht nur um aus der Menge
empirischer Formeln und Berechnungsvorschriften das Richtige herauszufinden,
sondern um auch ungelöste Aufgaben, die ihm in der Praxis häufig entgegentreten,
mit Erfolg behandeln zu können. Auch ist es gewiß, daß die Tätigkeit der Laboratorien und Versuchsanstalten allein nicht ausreichen kann, um unsere hydraulischen Kenntnisse weiter zu bringen und daß wegen der oft ganz anderen Verhältnisse die emsige Beobachtung und Messung in der Natur (Modell 1 : 1) dringend
nötig ist. Diese aber können nur entsprechend vorgebildete Ingenieure mit Erfolg
durchführen. Zum Lesen des Buches genügen die normalen mathematischen
Kenntnisse, wie sie unsere Technischen Hochschulen vermitteln und von der
Vektorrechnung wurde nur dort Gebrauch gemacht, wo sie für eine kurze und
übersichtliche Darstellung geeignet erscheint (Wirbelsätze usw.). Der Übersicht
halber ist eine Sammlung der gebrauchten Bezeichnungen und Formeln angeschlossen. Der Text wurde durch eine große Zahl von Zeichnungen anschaulich gemacht,
ferner eine große Zahl von Beispielen gerechnet und so hofft der Verfasser ein
nützliches Lehr- und Nachschlagebuch gebracht zu haben.

Zum Schluß, aber nicht zuletzt, dankt der Verfasser dem Springer-Verlag in
Wien, der seinen Wünschen in verständnisvoller Weise entgegengekommen ist.

Wien, im Herbst 1953.

J. Kozeny

Inhaltsverzeichnis

Berichtigungen

Seite 32: An Stelle von ϱ_0 soll r_0 stehen.

„ 50: Der Ausdruck für Q ist durch den Faktor F zu ergänzen.

„ 59: Statt $\dfrac{d}{dx}$ soll es $\dfrac{d}{da}$ heißen.

„ 70: In Gl. (2) soll $[\mathfrak{r} \cdot m \, \mathfrak{v}]$ stehen.

„ 94: Im Fehlerintegral soll $\sqrt{\pi}$ stehen.

„ 231: Abb. 239 ist so zu orientieren, daß die Asymptoten waagrecht zu liegen kommen.

„ 249: In Abb. 258 ist der Sitz der Verzehrung mechanischer Energie von links nach rechts fallend schraffiert und dementsprechend die Legende zu ändern.

„ 530: Soll es oben, in der 3. Zeile, „angeströmten Kugel" lauten.

A. Eigenschaften der Flüssigkeiten, insbesondere des Wassers

Als die hervorstechendsten Merkmale einer Flüssigkeit sind ihre Tropfbarkeit und geringe Verdichtungsfähigkeit anzusehen, die sie von den Gasen unterscheiden. Wie alle Körper bestehen auch die Flüssigkeiten aus Molekeln, die sich durch eine leichte Verschieblichkeit auszeichnen und eine ungeordnete Wimmelbewegung aufweisen, die Molekularbewegung. Diese teilt sich entsprechend kleinen suspendierten Körpern mit und R. Brown[1]) hat als erster diese Bewegung unter dem Mikroskop an den Fettkügelchen im Safte der Wolfsmilch (Euphorbia Cyp.) beobachtet. Seither spricht man von der Brownschen Bewegung[2]). Sie kann durch einen ebenso einfachen wie schönen Versuch vor Augen geführt werden. Läßt man durch den engen Spalt eines Schirmes konzentriertes Licht auf eine schwache Silbersalzlösung fallen, die sich in einer Glasküvette in scheinbar vollkommener Ruhe befindet, und setzt man ein reduzierendes Fällungsmittel (z. B. Formaldehyd) hinzu, so gewahrt man ein prächtiges Schauspiel. Plötzlich treten unzählige wimmelnde Lichtpünktchen auf, etwa wie Staubteilchen im Sonnenstrahl. Es sind die Beugungsscheibchen des von den ausgefällten Silberteilchen reflektierten Lichtes.

Ähnliche Erscheinungen, allerdings im Verein mit der Wirkung elektrischer Ladungen, spielen in der Bodenphysik eine Rolle und sind für die moderne Hydrotechnik von größter Bedeutung. Hier tritt an Stelle der Silberteilchen der fein zerteilte kolloide Anteil des Bodens[3]), der Ton, der infolge seiner charakteristischen Eigenschaften sowohl im Grundbau als auch im landwirtschaftlichen Wasserbau eine besondere Rolle spielt.

Verschiedene Erscheinungen zeigen, daß die Molekel der Flüssigkeiten nicht den Raum voll erfüllen und daß zwischen ihnen Kräfte von großer Intensität innerhalb kleiner Entfernungen (Wirkungssphäre) wirken müssen. Für Teilchen, die innerhalb der Flüssigkeit gelegen sind, heben sich diese Kräfte gegenseitig auf, während an Grenzflächen eine Resultierende sich ergibt. Bei Benetzung der Oberfläche eines festen Körpers zum Beispiel ist diese Kraft so groß, daß eine Verdichtung der adhärierenden Schicht erfolgt, wobei die Benetzungswärme frei wird[4]). Es sind somit die Flüssigkeiten, insbesondere das Wasser, zusammendrückbar. Versuche von G. Tammann u. A. Rühenbeck[5]) ergaben für Wasser von 20⁰ C folgende Tabelle, in der die den Drücken entsprechenden Volumina auf jenes bei Atmosphärendruck (1 kg/cm²) als Einheit bezogen erscheinen.

---

[1]) Brown, R. (1773—1858), engl. Botaniker (Morphologie u. Systematik).

[2]) Eine Gesetzmäßigkeit kommt in der Formel von A. Einstein für das mittlere Verschiebungsquadrat zum Ausdruck (Fürth, R.: Einführung in die theoret. Physik. Wien: 1936).

[3]) Wiegner: Bodenbildung auf kolloidchemischer Grundlage. Jena: Steinkopf, 1918.

[4]) Diese Tatsache wird schon längere Zeit zur Beurteilung des relativen Zerteilungsgrades der Böden verwendet.

[5]) Annalen der Physik 5, 13 (1932).

Druck kg/cm²	1·00	100	200	300	400	500
Volumen..........	1·00	0·9943	0·9897	0·9853	0·9810	0·9766

Wenn man nun die Flüssigkeitsbewegung beschreiben will, so sieht man das Wasser als ein Kontinuum an, das eine bestimmte Dichte $\varrho = \dfrac{\varDelta M}{\varDelta V} = \dfrac{\text{Masse}}{\text{Volumen}}$ aufweist. Wie weit diese Begriffsbestimmung erlaubt ist, zeigt folgende Überlegung[1]). Umgibt man einen Punkt mit einer Kugel, deren Volumen immer kleiner gedacht wird, so wird der durchschnittliche Wert von $\dfrac{\varDelta M}{\varDelta V}$ im allgemeinen von $\varDelta V$ abhängig sein, wenn nicht der Sonderfall konstanter Dichte vorliegt. Mit abnehmendem $\varDelta V$ wird aber diese Abhängigkeit immer kleiner und scheint einem Grenzwert zuzustreben, bis bei weiterer Verkleinerung von $\varDelta V$ wieder größere Schwankungen auftreten und bei lim $\varDelta V \to 0$ der Wert $\dfrac{\varDelta M}{\varDelta V}$ entweder Null oder sehr groß wird, je nachdem das Volumen kein Teilchen enthält oder von diesem ganz ausgefüllt wird. Nun kann aber das Volumen für welches $\dfrac{\varDelta M}{\varDelta V}$ von $\varDelta V$ unabhängig wird, als physikalischer Punkt mit genügender Genauigkeit erfaßt werden. Denn es befinden sich z. B. in 1 cm³ Luft $2 \cdot 7 \cdot 10^{19}$ Molekel und bei einem Inhalt von 10^{-12} cm³, also ein Würfel von 0·0001 cm Seitenlänge, enthält dieser noch immer $2 \cdot 7 \cdot 10^7$ Molekel, so daß noch eine gute Mittelbildung möglich ist.

Zwischen Temperatur und Dichte besteht ein linearer Zusammenhang. Ist ϱ_0 die Dichte bei 0⁰ C, so gilt mit der Konstanten ε bei der Temperatur t

$$\varrho = \varrho_0 (1 - \varepsilon t). \tag{1}$$

In der folgenden Tabelle ist die relative Verdichtung ϑ für Wasser dargestellt[2]) und zwar

$$\vartheta = \left(\frac{V}{V_0} - 1\right) \cdot 10^6, \tag{2}$$

wo V_0 das Volumen bei 4⁰ C und V jenes bei der Temperatur t ist.

t_0	0	1	2	3	4	5	6	7	8	9	10	12	14	16	18	20
ϑ	132	73	33	8	0	8	32	71	124	191	272	475	729	1030	1377	1768

Aus der Tabelle ist das außergewöhnliche Verhalten (Anomalie) des Wassers zu entnehmen, das bei 4⁰ C das kleinste Volumen einnimmt, also die größte Dichte und hiemit das größte spezifische Gewicht $\gamma = \varrho \cdot g$ aufweist, wo g die Schwerebeschleunigung ist. Diese Eigenschaft ist aber von der größten Bedeutung für das Leben in unseren Breiten, weil die durch das leichtere und folglich schwimmende Eis gebildete Decke das Gefrieren unserer Gewässer bis auf den Grund verhindert. Kleine Störungen der Dichte, also auch der Schall, pflanzen sich mit einer Schnelligkeit $\omega = \sqrt{\dfrac{E}{\varrho}}$ fort, wo E den Elastizitätsmodul des

[1]) FÜRTH, R.: Einführung in die theoret. Physik. Wien: 1936.
[2]) GRIMSEHL: Lehrbuch d. Physik. 5. Aufl. 1. Bd.

Wassers darstellt. Messungen von COLLADON und STURM im Genfer See ergaben $\omega \cong 1435$ m/sec, so daß mit $\varrho = 1'00$ ein Elastizitätsmodul $E = 2'10 \cdot 10^4 \, \text{kg/cm}^2$ sich ergibt. Von den physikalischen Erscheinungen, die auf die Molekularbewegung zurückzuführen sind, ist die innere Reibung eine der wichtigsten und sie wird durch Impulsaustausch zwischen Flüssigkeitsschichten herbeigeführt, die aneinander vorübergleiten. Die Impulsbetrachtung führt dann unmittelbar zu dem Ansatz für die auftretende Schubspannung

$$\tau = \eta \cdot \frac{\partial v}{\partial n}, \tag{3}$$

der besagt, daß die Schubspannung proportional ist dem Geschwindigkeitsabfall senkrecht zur Geschwindigkeitsrichtung, was in seinen Grundzügen schon von NEWTON ausgesprochen wurde. Die Proportionalitätskonstante η wird als Zähigkeit bezeichnet und sie ist von der Intensität der Molekularbewegung, also von der Temperatur abhängig. Nach Versuchen von HELM-HOLTZ[1]) ist

$$\eta = \frac{0'01779}{1 + 0'03368\,t + 0'00022099\,t^2}. \tag{4}$$

Bei der Aufstellung der Grundgleichungen wird die Flüssigkeit frei von innerer Reibung und vollkommen unzusammendrückbar angesehen. Man spricht dann von einer idealen Flüssigkeit. Bei einer solchen ist der Druck sowohl im Zustand der Ruhe als auch der Bewegung senkrecht zur gedrückten Fläche gerichtet.

Bei den wirklichen Flüssigkeiten, die mehr oder weniger zäh sind, ist die Flächenkraft nur im Zustand der Ruhe senkrecht zur Fläche gerichtet und im Falle der Bewegung treten zu den Normalspannungen noch Schubspannungen hinzu[2]).

Während die tropfbar-flüssigen Körper raumbeständig sind, haben die Gase, also auch die Luft, das Bestreben, jeden zur Verfügung stehenden Raum auszufüllen, wobei sich ihre Dichte ändert. Für ihr Verhalten ist das Gesetz von GAY-LUSSAC-MARIOTTE maßgebend

$$p \cdot V = R \cdot T, \tag{5}$$

Es ist dies die Zustandsgleichung, in der p den Druck, V das Volumen, R die Gaskonstante und T die absolute Temperatur bedeuten. Bei gleichbleibender Temperatur, also für den isothermischen Zustand, folgt das Boyle-Mariotte'sche Gesetz $p \cdot V =$ konstant.

Wird die Dichte eines Gases geändert, so ändert sich auch die Temperatur; sie steigt bei Verdichtung und fällt bei Verdünnung. Soll der Vorgang isotherm sein, so muß Wärme ab- bzw. zugeleitet werden. Ist das nicht der Fall, so ist der Vorgang adiabatisch und es gilt die Zustandsgleichung (Polytrope)

$$p \cdot V^n = \text{konstant}, \tag{6}$$

wenn $n = \dfrac{c_p}{c_v}$ das Verhältnis der spezifischen Wärmen c_p bei konstantem Druck

---

[1]) Wiener Sitz.-Ber. d. Akad. d. Wissenschaften (1860).
[2]) Unter dem Einfluß der Molekularkräfte können auch wahre Zugspannungen vorkommen, wie es bei den Wasserfäden in den Leitbahnen der Pflanzen der Fall ist. URSPRUNG und RENNER fanden übereinstimmend eine Zugfestigkeit von 300 Atmosphären beim Füllwasser der Farnsporangien (siehe Ber. d. Dtsch. botan. Ges. 1915, **33**, 153 und Jhb. f. wiss. Botanik **56**, 617 (1915)).

und c_v bei konstantem Volumen ist. Für Luft bei Atmosphärendruck ist $n = 1\text{'}405$ zu setzen.

Bei den hydraulischen Vorgängen mit starken Druckverminderungen spielt der Übergang des Wassers vom flüssigen in den dampfförmigen Zustand eine große Rolle.

Er findet seinen formalen Ausdruck in der Zustandsgleichung von VAN DER WAALS[1])

$$\left(p + \frac{a}{V^2}\right) \cdot (V - b) = RT, \tag{7}$$

in welcher a und b Konstanten sind, die durch die kinetische Gastheorie bestimmt sind[2]). Obige Gleichung kann auch in der Form geschrieben werden

$$p V^3 - (p b + RT) V^2 + a V - a b = 0. \tag{8}$$

Trägt man für konstante T zu den jeweiligen Drücken die Volumina auf, wie in Abb. 1, so erhält man die Dampfdruck-Isothermen. Für tiefe Temperaturen ergeben sich für V 3 reelle Wurzeln und bei höherer Temperatur eine reelle und 2 imaginäre. Doch lassen sich die 3 reellen Wurzeln nicht realisieren, weil zwischen C und G mit steigendem Druck das Volumen größer werden müßte. Es fängt vielmehr bei B der Übergang aus dem flüssigen Zustand in den dampfförmigen an, der solange mit gleichbleibendem Druck bei wachsendem Volumen anhält, bis bei E nur noch gesättigter Dampf vorhanden ist. Bei genügender Vorsicht (reine Gefäße, gasfreie Flüssigkeit, Vermeidung von Stößen usw.) kann der Tiefpunkt C erreicht werden, ohne daß Verdampfung eintritt und man hat dann überhitzte Flüssigkeit vor sich. Bei gesteigerter Temperatur können die 3 Wurzeln zusammenfallen, und zwar im Scheitelpunkt F der Kurve

$$p - \frac{a}{V^2} + \frac{2 a b}{V^3} = 0, \tag{9}$$

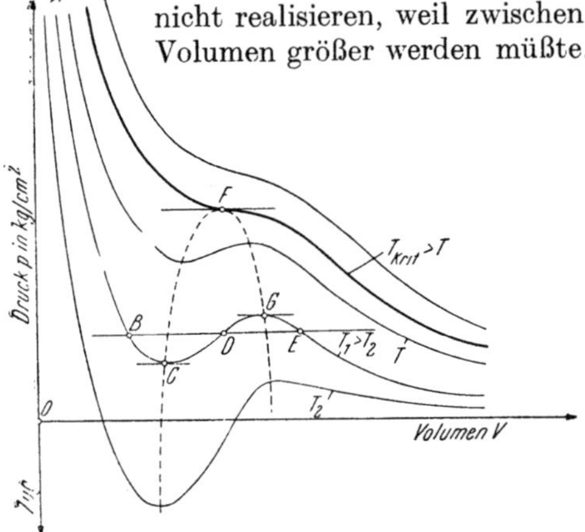

Abb. 1. Dampfdruck-Isothermen

die aus der van der Waalsschen Gleichung erhalten wird, wenn $\frac{dp}{dV} = 0$ gesetzt wird. Punkt F wird als kritischer Punkt bezeichnet, dem die kritische Temperatur, der kritische Druck und das kritische Volumen der betreffenden Flüssigkeit entsprechen.

B kann auch als Siedepunkt bezeichnet werden und die den verschiedenen Siedetemperaturen entsprechenden Drücke[3]) sind in folgender Tabelle enthalten.

$t =$	0	10	20	30	50	100° C
$p_B =$	0'0063	0'0125	0'02276	0'0429	0'125	1'033 kg/cm²

Bei Wasser wird die Isotherme bei niedrigen Temperaturen von der V-Achse geschnitten, so daß ihrem Tiefpunkt namhafte negative p-Werte entsprechen. So fand J. MEYER[4]) bei destilliertem Wasser Zugspannungen bis zu 34 Atmo-

[1]) VAN DER WAALS, J. D.: Die Kontinuität des gasförmigen und flüssigen Zustandes. 2. Aufl. Leipzig 1899.
[2]) JÄGER, G.: Theoret. Physik II., 4. Aufl. Leipzig 1909.
[3]) Nach KOCH, W.: Wasserdampftabellen. München-Berlin 1937.
[4]) Abhdlg. d. Bunsen-Ges. 6. Halle 1911.

sphären. Diese Tatsachen sind später bei Besprechung der Hohlraumbildung (Kavitation) von großer Wichtigkeit.

Schließlich sei bemerkt, daß das Wasser in der Natur niemals ganz rein vorkommt und stets mehr oder weniger gelöste und halbgelöste Stoffe enthält, sowie Schwebestoffe. Die Menge dieser Stoffe ist gewöhnlich so gering, daß fast immer mit den entwickelten Formeln gerechnet werden kann.

Die neuere Entdeckung des schweren Wassers, das eine Verbindung des schweren Wasserstoffes[1]) (Deuterium D) mit Sauerstoff darstellt (D_2O) hat keinen Einfluß auf die Mechanik des Wassers, schon deswegen, weil sein Vorkommen im natürlichen Wasser nur etwa $1 : 500$ beträgt. Der Gefrier- und Siedepunkt ist beim schweren Wasser etwas höher gelegen als bei gewöhnlichem und die größte Dichte liegt bei $11\cdot6^0$ C.

B. Hydrostatik

1. Begriff des Druckes in Flüssigkeiten. Druckgradient

Die Hydrostatik beschäftigt sich mit den Druckverhältnissen in ruhenden Flüssigkeiten. Wenn ein Körper schwimmt, so erscheint sein Gewicht durch eine gleich große, aber entgegengesetzt wirkende Kraft aufgehoben, die nur von den auf die Oberfläche dieses Körpers senkrecht wirkenden Teildrücken herrühren kann und deren Resultierende sie darstellt. Auf das durch den Punkt m gehende Flächenelement $\varDelta F$ wirkt der hiezu senkrecht stehende Elementardruck $\varDelta D$ (Abb. 2a).

Man versteht dann unter dem Druck p der Flüssigkeit im Punkte m den Grenzwert des Quotienten $\dfrac{\varDelta D}{\varDelta F}$, wenn sich $\varDelta F$ der sehr kleinen Größe ε (physikalischer Punkt) nähert. Es ist somit

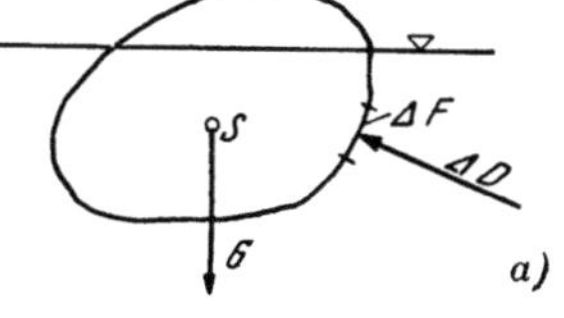

$$p = \lim \left(\frac{\varDelta D}{\varDelta F} \right)_{\varDelta F \longrightarrow \varepsilon} \tag{1}$$

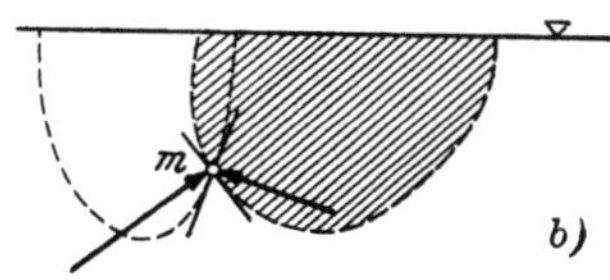

Abb. 2. Zum hydrostat. Druck

Denkt man sich durch einen Punkt der ruhenden Flüssigkeit die verschiedensten Begrenzungsflächen gelegt (Abb. 2b) und obigen Gedankengang auf die von der Begrenzungsfläche umgebene, nun erstarrt gedachte Flüssigkeit angewendet, so erkennt man, daß p von der Richtung unabhängig sein muß. p ist also ein Skalar und wird als hydrostatischer Druck schlechthin bezeichnet. Unter Voraussetzung eines *stetigen Druckfeldes* läßt sich der Unterschied des Druckes in zwei um $ds = \sqrt{dx^2 + dy^2 + dz^2}$ benachbarten Punkten darstellen durch die ersten Glieder einer Taylorschen Entwicklung

$$dp = \frac{\partial p}{\partial x} \cdot dx + \frac{\partial p}{\partial y} \cdot dy + \frac{\partial p}{\partial z} \cdot dz. \tag{2}$$

Man denke sich nun ein prismatisches Element mit den Seiten dx, dy und dz, also mit dem Volumen $dV = dx \cdot dy \cdot dz$ aus der Flüssigkeit herausgeschnitten,

---

[1]) Das Atomgewicht des Deuteriums beträgt $2\cdot0147$, so daß das Molekulargewicht zirka $20\cdot0294$ ausmacht. Gefrier- und Siedepunkt liegen bei $+3\cdot8^0$ C bzw. $101\cdot42^0$ C.

dessen Mittelpunkt m (x, y, z) sei (Abb. 3). Dann ergibt sich in der x-Richtung der Druck

$$\left(p - \frac{\partial p}{\partial x} \cdot \frac{dx}{2}\right) dy\, dz - \left(p + \frac{\partial p}{\partial x} \cdot \frac{dx}{2}\right) dy\, dz = - \frac{\partial p}{\partial x} \cdot dV$$

und ähnlich in den anderen Richtungen

$$- \frac{\partial p}{\partial y} \cdot dV \quad \text{bzw.} \quad - \frac{\partial p}{\partial z} \cdot dV.$$

Diese Ausdrücke sind gerichtete Größen und weil dV ein Skalar ist (ungerichtet), müssen die Differentialquotienten von p die Komponenten eines Vektors sein, der als Druckgradient oder kurz mit grad p bezeichnet wird[1]). Es kann also (2) in der Form geschrieben werden

$$dp = (\text{grad } p)_x \cdot dx + (\text{grad } p)_y \cdot dy + (\text{grad } p)_z \cdot dz = |\text{ grad } p| \cdot |\, ds\,| \cdot \cos \alpha, \quad (3)$$

wobei α der vom Gradienten und vom Linienelement $|\, ds\,| = \sqrt{dx^2 + dy^2 + dz^2}$ eingeschlossene Winkel ist. Es ist dp das skalare Produkt der beiden vorgenannten Vektoren[2]). Die Flächen gleichen Druckes

$$p\,(x, y, z) = \text{const}, \quad (4)$$

für welche

$$dp = 0 \quad (4\,\text{a})$$

ist, werden Niveauflächen genannt und aus (4a) folgt, daß $\cos \alpha$ verschwindet, also grad p auf ds senkrecht steht, wenn ds ein Linienelement der Niveaufläche ist. Ist n die Richtung der Normalen, so muß

$$\text{grad } p = \frac{\partial p}{\partial n} = \sqrt{\left(\frac{\partial p}{\partial x}\right)^2 + \left(\frac{\partial p}{\partial y}\right)^2 + \left(\frac{\partial p}{\partial z}\right)^2} \quad (5)$$

sein.

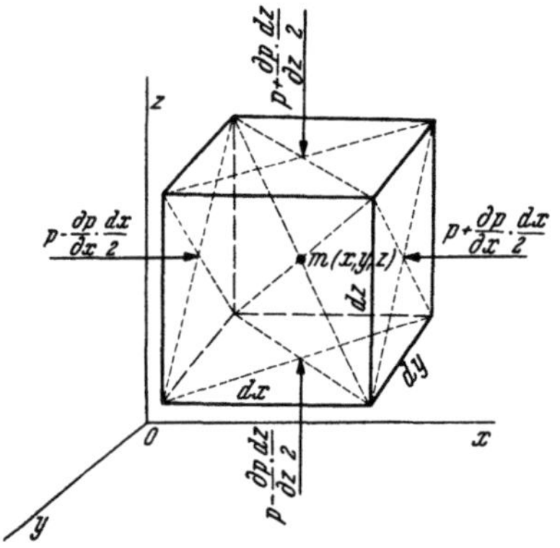

Abb. 3. Zur Ableitung der Euler'schen Gleichung

Der Gradient stellt das größte Druckgefälle dar, weil dn der kleinste Abstand zweier Niveauflächen vom Unterschied dp ist. Für eine beliebige Richtung ist

$$\frac{\partial p}{\partial s} = |\text{ grad } p| \cdot \cos (s, n), \quad (6)$$

wenn (s, n) den Winkel zwischen der s-Richtung und der Normalen darstellt.

2. Gleichgewicht nach Euler[3])

Außer den vorgenannten Druckkräften wirken auf das herausgeschnitten gedachte Massenelement (Abb. 3) noch die im Schwerpunkt m angreifenden Massenkräfte $\varrho \cdot dV \cdot X$, $\varrho \cdot dV \cdot Y$ und $\varrho \cdot dV \cdot Z$, deren Größen der Masse proportional sind. Für den Zustand der Ruhe gilt für die x-Richtung

$$- \frac{\partial p}{\partial x} dV + \varrho \cdot dV \cdot X = 0 \quad (7)$$

---

[1]) Es soll festgehalten werden, daß die Operation grad an einem Skalar einen Vektor gibt.

[2]) Das skalare oder innere Produkt zweier Vektoren $(\mathfrak{A} \cdot \mathfrak{B})$ gibt einen Skalar und zwar ist $(\mathfrak{A} \cdot \mathfrak{B}) = \mathfrak{A}_x \cdot \mathfrak{B}_x + \mathfrak{A}_y \cdot \mathfrak{B}_y + \mathfrak{A}_z \cdot \mathfrak{B}_z = |\mathfrak{A}| \cdot |\mathfrak{B}| \cdot \cos (\mathfrak{A}\mathfrak{B})$.

[3]) EULER, L. (1707—1783), Principes généraux de l'état de l'équilibre des fluides, Hist. de l'Acad. Berlin 1755.

und ähnliche Gleichungen für die y- und z-Richtung. Auf die Volumenseinheit bezogen erhält man

$$-\frac{\partial p}{\partial x} + \varrho X = 0$$
$$-\frac{\partial p}{\partial y} + \varrho Y = 0 \qquad (8)$$
$$-\frac{\partial p}{\partial z} + \varrho Z = 0$$

Diese Gleichungen sind für das Gleichgewicht hinreichend, weil entsprechend der Voraussetzung keine Momente auftreten. Multipliziert man die Gleichungen (8) der Reihe nach mit dx, dy und dz und addiert dieselben, so erhält man

$$-\frac{\partial p}{\partial x}\,dx - \frac{\partial p}{\partial y}\,dy - \frac{\partial p}{\partial z}\cdot dz + \varrho\,(X\,dz + Y\,dy + Z\,dz) = 0$$

oder

$$\frac{dp}{\varrho} = X\cdot dx + Y\cdot dy + Z\cdot dz. \qquad (9)$$

Auf der linken Seite obiger Gleichung steht ein totales Differential, also muß auch die rechte Seite ein solches sein, was dann der Fall ist, wenn X, Y und Z von einer stetigen differenzierbaren Funktion $-\Omega\,(x, y, z)$ ableitbar sind, die als Potential[1]) bezeichnet wird. Es kann somit nur Gleichgewicht herrschen, wenn die Massenkräfte Potentialkräfte sind.

Daher muß

$$X = -\frac{\partial \Omega}{\partial x} \qquad Y = -\frac{\partial \Omega}{\partial y} \qquad Z = -\frac{\partial \Omega}{\partial z} \qquad (10)$$

sein und weiters

$$\frac{\partial X}{\partial y} = \frac{\partial Y}{\partial x} \qquad \frac{\partial Y}{\partial z} = \frac{\partial Z}{\partial y} \qquad \frac{\partial Z}{\partial x} = \frac{\partial X}{\partial z}. \qquad (11)$$

Es folgt dann aus (9) $\quad \dfrac{dp}{\varrho} = -d\,\Omega,\quad$ also muß für das Gleichgewicht der Ruhe gelten

$$p + \varrho\,\Omega = \text{konstant} = c. \qquad (12)$$

Ist an einer Stelle, an der der Druck p_0 herrscht, das Potential Ω_0, so gilt auch

$$p_0 + \varrho\,\Omega_0 = C \qquad (13)$$

und somit

$$p = p_0 - \varrho\,(\Omega - \Omega_0). \qquad (14)$$

Für die Flächen gleichen Drucks (Niveauflächen) folgt aus (9)

$$dp = \varrho\,(X\cdot dx + Y\cdot dy + Z\cdot dz) = 0. \qquad (15)$$

Es sind die Niveauflächen zufolge (12) zugleich Flächen gleichen Potentials. Hat die Massenkraft $\mathfrak{P}$ die Richtwinkel α, β und γ, ist also $X = \mathfrak{P}\cos\alpha$, $Y = \mathfrak{P}\cos\beta$ und $Z = \mathfrak{P}\cos\gamma$, und lauten jene des Linienelements ds der Niveaufläche α_1, β_1 und γ_1, so daß $dx = ds\cdot\cos\alpha_1$, $dy = ds\cdot\cos\beta_1$ und $dz = ds\cdot\cos\gamma_1$, so folgt aus (15) $\mathfrak{P}\cdot ds\,(\cos\alpha\cdot\cos\alpha_1 + \cos\beta\cdot\cos\beta_1 + \cos\gamma\cdot\cos\gamma_1) = \mathfrak{P}\cdot ds\cdot\cos\delta = 0$, das heißt, der von $\mathfrak{P}$ und ds eingeschlossene Winkel δ beträgt 90^0 und es steht die Massenkraft senkrecht zur Niveaufläche[2]). Im Gravitationsfeld eines Massen-

---

[1]) CLAIRAUT, A. (1713—1765) hat die Potentialfunktion als erster verwendet, ohne ihr den Namen zu geben. Letzteres geschah durch GAUß und GREEN.

[2]) Die Bedingung (15) für das Gleichgewicht flüssiger Körper ist schon HUYGENS (1629 bis 1695) bekannt gewesen. Gesamtausgabe von HUYGENS' Werken (Haag 1888—1894, Bd. 1—5).

punktes, einer homogenen und auch einer konzentrisch geschichteten Kugel
(Erde) sind die Niveauflächen konzentrische Kugelflächen um den Massenmittel-
punkt, weil die auf ein flüssiges Teilchen wirkende Massenkraft stets nach dem
Mittelpunkt gerichtet ist.

3. Druck in ruhender Flüssigkeit infolge der Schwere

Unter der Voraussetzung, daß der vom Wasser erfüllte Raum keine zu große
Ausdehnung hat, kann an der Erdoberfläche die Massenkraft überall gleich
gerichtet und gleich groß gesetzt werden. Ihr Wert pro Masseneinheit beträgt
$-g$ (Schwerebeschleunigung), wenn, wie gewöhnlich, die $+z$-Richtung nach
oben weist. Dann lautet das Potential

$$\Omega = g \cdot z$$

und die Flächen gleichen Potentials, also auch die Niveauflächen sind waagrechte
Ebenen. Eine solche ist auch der freie Wasserspiegel. Wird der Wasserspiegel

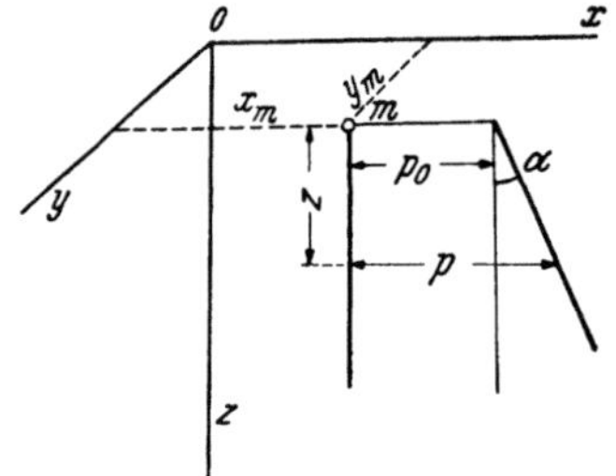

Abb. 4. Zunahme des Druckes mit der Tiefe

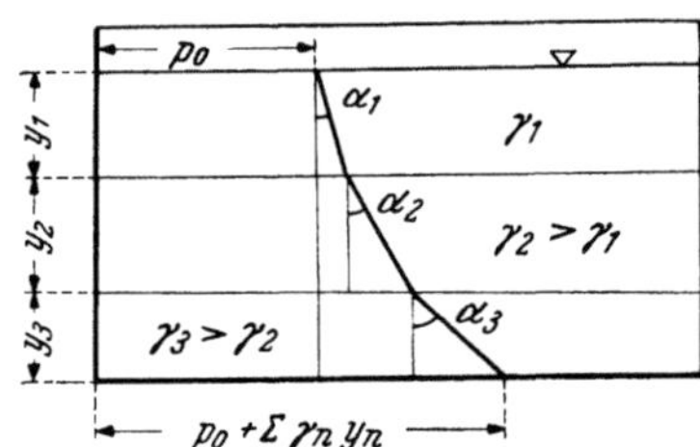

Abb. 5. Schichtung verschieden schwerer, nicht
mischbarer Flüssigkeiten

in die x-, y-Ebene gelegt und die $+z$-Achse nach abwärts weisend angenommen,
so ist $X = 0$, $Y = 0$ und $Z = g$ und es bleibt von den Gleichungen (8) nur

$$-\frac{\partial p}{\partial z} + \varrho\, g = 0 \tag{16}$$

und mit $\varrho\, g = \gamma = $ spezifisches Gewicht folgt nach Integration

$$p = \gamma \cdot z + c. \tag{17}$$

An der Oberfläche $z = 0$ herrscht der Luftdruck p_0 und somit ist $c = p_0$ und
es folgt

$$p = p_0 + \gamma \cdot z. \tag{17a}$$

Der Druck nimmt also mit der Tiefe unter dem Spiegel geradlinig zu mit
einer Intensität, die vom spezifischen Gewicht dergestalt abhängt, daß die Größe
des Winkels α (Abb. 4) gegeben ist durch $\alpha = \operatorname{arc\,tg} \gamma$. Während für Wasser
mit $\gamma = 1$ der Winkel $\alpha = 45^0$ beträgt, ist er z. B. für Alkohol mit $\gamma_a < \gamma$ entsprechend kleiner. Man spricht hier von *statischer Druckverteilung*. Nicht
mischbare Flüssigkeiten (z. B. Benzin und Wasser) lagern sich so, daß die leichtere Flüssigkeit (Benzin) stets über die schwerere (Wasser) zu liegen kommt (Abb. 5).
Diese Tatsache spielt bei der Konstruktion der verschiedenen Abscheider in der
modernen Abwassertechnik eine Rolle.

Ändert sich die Dichte bzw. das spezifische Gewicht infolge der Zusammen-
drückbarkeit stetig, wie bei der Luft, so ist auch die Druckverteilung stetig.
Ihr Verlauf für eine im Gleichgewicht befindliche vertikale Luftsäule wird aus
(16) erhalten, wenn die schon früher erwähnte Zustandsgleichung berücksichtigt
wird.

Der Zusammenhang zwischen Druck und Dichte wird gewöhnlich in der als „Polytrope" bezeichneten Gleichung

$$p = c \cdot \varrho^n \qquad (18)$$

dargestellt. Bezieht man auf den Normalzustand p_0, ϱ_0, Volumen V_0, so ergibt sich

$$\frac{p}{p_0} = \left(\frac{\varrho}{\varrho_0}\right)^n . \qquad (18\,\mathrm{a})$$

Der Exponent der Polytrope $n = \dfrac{c_p}{c_v} = 1{\cdot}4$, wenn es sich um einen adiabatischen Vorgang handelt, bei dem kein Wärmetransport erfolgt. Es ist c_p die spezifische Wärme bei konstantem Druck und c_v jene bei konstantem Volumen. Letztere ist kleiner, weil keine Arbeit gegen die äußeren Kräfte geleistet werden muß. Diese Arbeit beträgt $p_0 \cdot V_0 \cdot \alpha$, wenn α die räumliche Ausdehnungszahl ist und muß gleich sein der Differenz der spezifischen Wärmen mal dem mechanischen Wärmeäquivalent $J = 427\ \mathrm{kg/m}$. Es besteht also die Beziehung

$$J \cdot (c_p - c_v) = p_0 \cdot V_0 \cdot \alpha = \text{Gaskonstante } R$$

oder

$$c_p = \frac{R}{J} + c_v. \qquad (19)$$

Bei kleineren Höhendifferenzen können die Temperaturunterschiede vernachlässigt werden, so daß von der Gasgleichung

$$p \cdot V = R \cdot T \qquad (19\,\mathrm{a})$$

ausgegangen wird.

Setzt man $\varrho \cdot g = \dfrac{M}{V}$, wenn M das Molgewicht[1]) und V das zugehörige Volumen ist, so folgt mit $\dfrac{M}{R \cdot T} = a$ und gewöhnlicher nach oben zeigender $+z$-Richtung (Abb. 6)

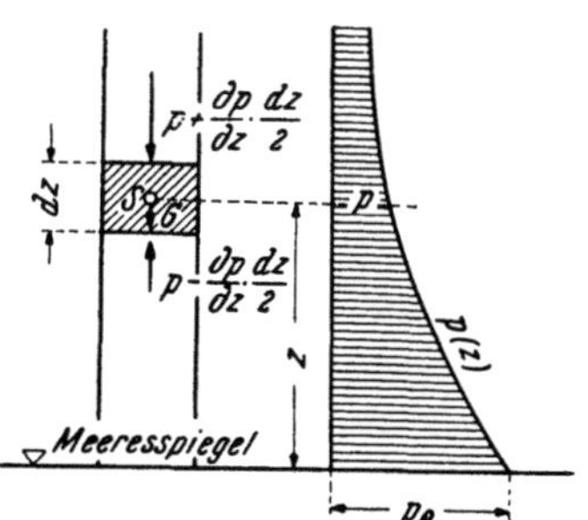

Abb. 6. Zur barometrischen Höhenformel

$$-a \cdot p - \frac{\partial p}{\partial z} = 0. \qquad (20)$$

Mit der Bedingung $p = p_0$ für $z = 0$ am Boden folgt die *barometrische Höhenformel*

$$z = \frac{1}{a} \ln \frac{p_0}{p} \qquad (20\,\mathrm{a})$$

oder mit (18 a) für den isothermen Zustand $(n = 1)$

$$\varrho = \varrho_0 \cdot e^{-\frac{M}{RT} \cdot z} \qquad (21)$$

für die Dichteverteilung. Je größer M desto stärker nimmt die Dichte gegen die Sohle zu.

Ist die in vollständiger Ruhe gedachte Luftsäule über einem Wasserspiegel gelegen (Gasglocken-Modell von SVANTE ARRHENIUS), so wird sich der Dampf-

---

[1]) $M = L \cdot m \cdot g$, wobei m die Masse eines Moleküls, also mg das Molekulargewicht im eigentlichen Sinne und L die LOSCHMIDTsche Zahl ist, nämlich die Anzahl der Moleküle im Mol $60 \cdot 2 \cdot 10^{22}$. Im BOLTZMANNfaktor $e^{-\frac{M}{RT} \cdot z}$ kann der Exponent durch $-\dfrac{\Omega}{kT}$ dargestellt werden, wenn $\dfrac{R}{L} = k$ gesetzt wird. $\Omega = mg\,z$ ist dann die potentielle Energie im Schwerefeld und kann sinngemäß auf andere Felder z. B. jener der Zentrifugalkraft übertragen werden, wo $\Omega = m\,\dfrac{r^2\,\omega^2}{2}$.

schichtung entsprechend an der Spiegeloberfläche der Druck p_0 des gesättigten Dampfes einstellen, während in der Höhe z über dem Spiegel der Dampfdruck $p < p_0$ herrscht. Führt man das relative Dampfdruckdefizit ein, also den Ausdruck

$$\delta = \frac{p_0 - p}{p_0} \quad \text{oder} \quad \frac{p}{p_0} = 1 - \delta$$

und bedenkt man, daß für kleine Werte von δ

$$\ln \frac{p}{p_0} = \ln(1 - \delta) = -\delta$$

gesetzt werden kann, so folgt aus (20) die genäherte Beziehung

$$z = \frac{R \cdot T}{M} \cdot \delta, \tag{22}$$

welche zur Beurteilung der Größe der Wasserbindung im Boden verwendet wird[1]). Ist z. B. nach der Höhe z gefragt, in der bei vollkommener Ruhe ein Dampfdruckdefizit $\delta = 1\%$ ($0\,01$) herrscht, so ergibt sich mit $R = 0\,082$ Liter-Atmosphären, $T = 273 + 15^0 = 288^0$ C, $M = 16 + 2 = 18$ Gramm und $g = 981$ cm/sec^2

$$z = \frac{0\,01 \cdot 0\,082 \cdot 10^6 \cdot 288}{18} = 13\,120 \text{ cm.}$$

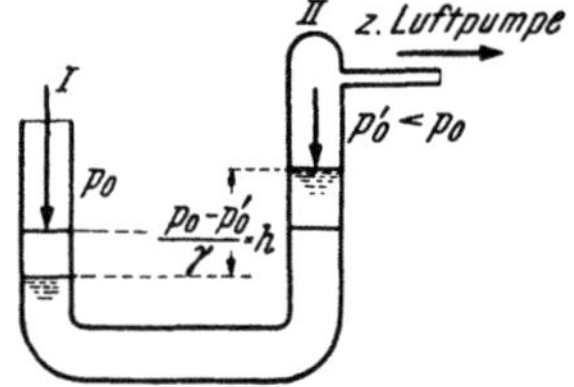

Abb. 7. Kommunizierendes Gefäß

Denkt man sich ein U-förmiges Rohr mit Flüssigkeit gefüllt, so wird in beiden Schenkeln der Wasserspiegel gleich hoch stehen, solange auf beide Spiegel der Luftdruck wirkt. Sobald man aber einen Teil der Luft aus dem Schenkel II fortschafft (Abb. 7) und so einen kleineren Druck erzeugt, wird die Wassersäule in II um den Druckhöhenunterschied

$$h = \frac{p_0 - p'_0}{\gamma}$$

höher stehen als in I (kommunizierendes Gefäß).

Der Druck kann auch von einem festen Körper (Kolben) übertragen werden und wird durch die Druckhöhe gemessen, nämlich durch die Höhe jener Wassersäule, deren Gewicht dem zu messenden Druck gleich ist (pro cm^2). Der Druck der freien Luft z. B. ist an der Erdoberfläche so groß wie das Gewicht einer Wassersäule von $10\,33$ m Höhe, was einem Druck von $1\,033$ kg/cm^2 gleichkommt und als normaler Atmosphärendruck bezeichnet wird. Zur Messung des Druckes werden Manometer verwendet und auch das Barometer gehört zu diesen Meßvorrichtungen. Um die Messung handlicher zu machen, wird an Stelle des Wassers das Quecksilber als Meßflüssigkeit genommen, dessen spezifisches Gewicht $13\,6$mal größer ist als jenes des Wassers. Folglich wird dem Druck einer Atmosphäre das Gewicht einer Hg-Säule von $\frac{10\,33}{13\,6} \cong 0\,76$ m entsprechen. Handelt es sich um kleine Drücke bzw. Druckunterschiede, so verwendet man eine leichtere Flüssigkeit als Wasser, wie z. B. Anisöl. Vorstehende Darlegungen machen das Prinzip der Wirkungsweise der verschiedenen Heberanlagen verständlich, wie sie in der Hydrotechnik als Heberwehre, Entlastungsvorrichtungen, automatische Spülanlagen, Heberleitungen usw. vorkommen. In der Abb. 8 z. B. ist die Heberleitung eines Rohrbrunnens zum Sammelbrunnen skizziert. Denkt

---

[1]) GRADMANN, H.: Jhb. f. Botanik **69** (1928) und **71** (1930).

man sich die Heberleitung mit Wasser gefüllt, so müßte entsprechend den Wasserspiegellagen im Rohr- und Sammelbrunnen auf den Querschnitt F im Scheitel von links nach rechts der Druck $p_1 = p_0 - \gamma\,h_1$ herrschen, während von der anderen Seite $p_2 = p_0 - \gamma\,(h_1 + h_2)$ wirken muß. Als Überdruck vom höheren zum tieferen Spiegel kommt dann

$$p_1 - p_2 = \gamma \cdot h_2$$

in Betracht, der die Strömung unterhält; h_1 ist die Betriebshöhe der Heberleitung und damit kein Abreißen der Wasserfäden erfolgt, also $p_1 > 0$ ist, muß $h_1 < \dfrac{p_0}{\gamma}$ sein.

Wegen des stets vorhandenen Gas- bzw. Luftgehalts wird h_1 etwa $0\!\cdot\!8\,\dfrac{p_0}{\gamma}$ genommen.

4. Druck auf ebene Wände

In der schrägen ebenen Seitenwand eines mit Wasser erfüllten Raumes sei eine ebene Fläche F abgegrenzt (Abb. 9) und es soll der Wasserdruck auf diese Fläche

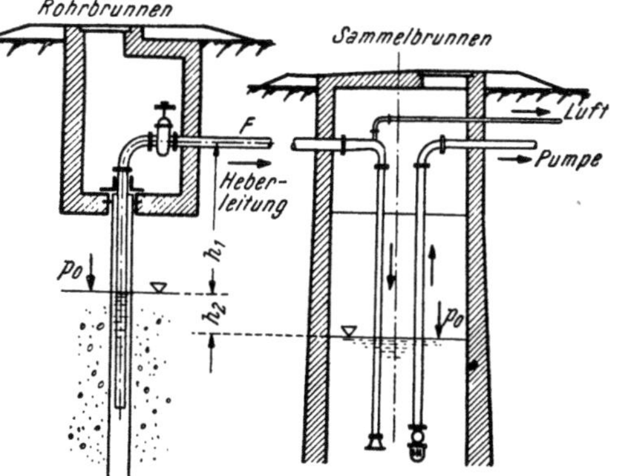

Abb. 8. Druckverhältnisse in einer Heberleitung

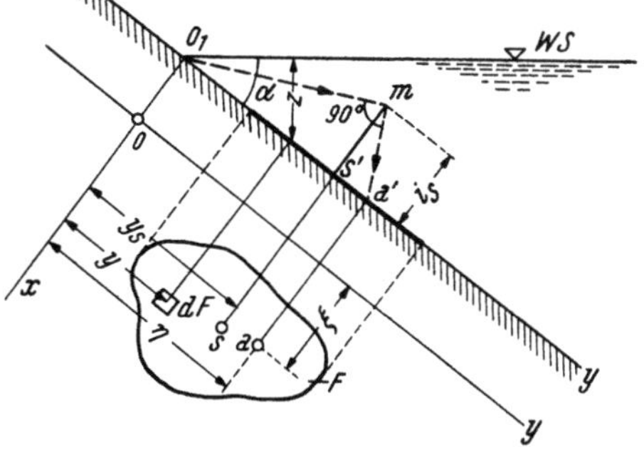

Abb. 9. Druck auf eine ebene Fläche

und der Angriffspunkt a desselben bestimmt werden. Der Gesamtdruck D ist jedenfalls die Summe aller Teildrücke auf die Flächenelemente, also

$$D = \int \gamma \cdot z \cdot dF = \gamma \cdot F \cdot z_s. \tag{23}$$

Die Koordinaten des Angriffspunktes werden erhalten, wenn man die Summe der Teilmomente bezüglich der Achsen gleich setzt dem Momente des Gesamtdruckes, also schreibt mit $z_s = y_s \cdot \sin \alpha =$ Tiefe des Flächenschwerpunktes s^1 unter dem Spiegel

$$D \cdot \eta = \int \gamma \cdot z \cdot y \cdot dF = \gamma \cdot \sin \alpha \int y^2 \cdot dF, \tag{24}$$

woraus sich mit (23)

$$\eta \cdot y_s = \frac{1}{F} \int y^2 \, dF \tag{25}$$

ergibt. Nach einem bekannten Satz ist nun das Trägheitsmoment bezüglich der x-Achse $J_x = \int y^2 \cdot dF = J_s + F \cdot y_s{}^2$, wenn J_s das Trägheitsmoment bezüglich einer zur x-Achse parallelen Schwerachse ist. Wird der Trägheitsradius $i_s{}^2 = \dfrac{J_s}{F}$ eingeführt, so ergibt sich schließlich aus (25)

$$\eta = \frac{i_s{}^2}{y_s} + y_s. \tag{26}$$

Ebenso kann man bezüglich der y-Achse verfahren und erhält $D\xi = \int \gamma \cdot x \cdot z \cdot dF$ und weiters

$$\xi = \frac{1}{y_s \cdot F} \cdot \int x \cdot y \cdot dF = \frac{Z x y}{y_s \cdot F}, \qquad (26\,\text{a})$$

wo $Z x y$ das Zentrifugal- oder Deviationsmoment ist.

In der Hydrotechnik sind die gedrückten Flächen meist symmetrisch bezüglich der y-Achse, so daß das Deviationsmoment entfällt und nur η zu bestimmen ist, weil der Angriffspunkt in die Symmetrieachse fällt. Aus (26) folgt eine einfache

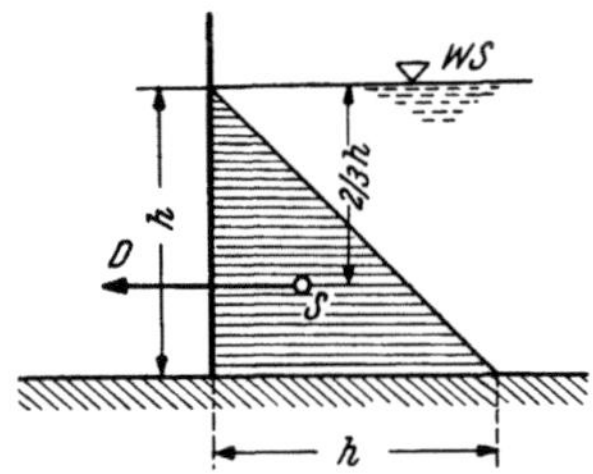

Abb. 10.　Druck auf eine lotrechte, einseitig benetzte Wand

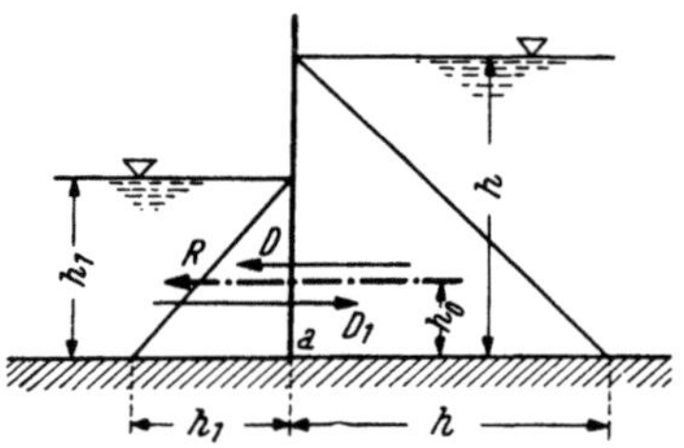

Abb. 11.　Druck auf eine lotrechte, beidseitig benetzte Wand

zeichnerische Ermittlung von η. Man trägt in s' den Trägheitsradius i_s senkrecht zur Spur $0_1 y$ auf und verbindet den so erhaltenen Punkt m mit dem Punkt 0_1 des Wasserspiegels und errichtet auf $0_1 m$ die Senkrechte in m, die den im Abstand η gelegenen Angriffspunkt a' ergibt. Es ist dann, wie gefordert, Gl. (26) in der Form $y_s \cdot (\eta - y_s) = i_s^2$ erfüllt.

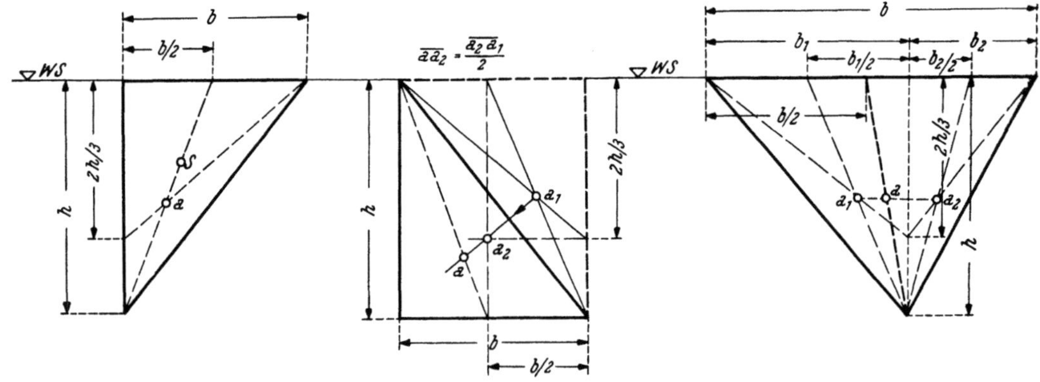

Abb. 12.　Ermittlung des Angriffspunktes a

Aus dem Vorhergehenden folgt als Druckfigur für eine lotrechte Wand ein Dreieck (Abb. 10), weil $D = \int\limits_{0}^{h} \gamma \cdot h \cdot dh = \gamma \frac{h^2}{2}$ ist und der Angriffspunkt des Druckes liegt in $\frac{2}{3} h$ unter dem Wasserspiegel.

Befindet sich auf der anderen Seite dieser Wand (Schütz) ein Wasserspiegel, der in der Höhe $h_1 < h$ über der Sohle gelegen ist (Abb. 11), so wird der Wasserdruck $D_1 = \frac{\gamma h_1^2}{2}$ entgegengesetzt D wirken und ein Druck $D - D_1 = R$ resultieren. Der Angriffspunkt des letzteren liegt nach dem Momentensatz (hier auf Punkt a bezogen) in der Höhe

$$h_0 = \frac{D \cdot h - D_1 h_1}{3 (D - D_1)}$$

über der Sohle.

In den Abbildungen 12a, b, c ist die zeichnerische Bestimmung des Angriffspunktes auf Dreiecks- und Rechtecksflächen in lotrechter Wand dargestellt.

Für die Drosselklappe in Abb. 13 ist der Druck $D = \gamma \cdot \dfrac{\pi d^2}{4} \cdot h_s$ und sein

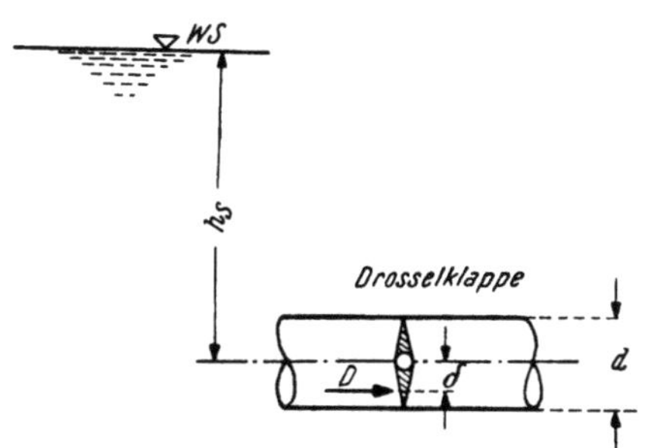

Abb. 13. Druck auf eine Drosselklappe

Abb. 14. Zum hydrostat. Paradoxon

Angriffspunkt liegt um $\delta = \dfrac{J_s}{F h_s} = \dfrac{d^2}{16 h_s}$ tiefer als die Drehachse, so daß das

Moment $M = D \delta = \gamma \dfrac{\pi d^4}{64}$ von h_s unabhängig ist.

Schließlich ergeben die vorangegangenen Darlegungen, daß der Bodendruck in einem Gefäß nur von der Größe der waagrechten Bodenfläche, nicht aber von der Form der Seitenwände abhängig ist (hydrostat. Paradoxon, Abb. 14).

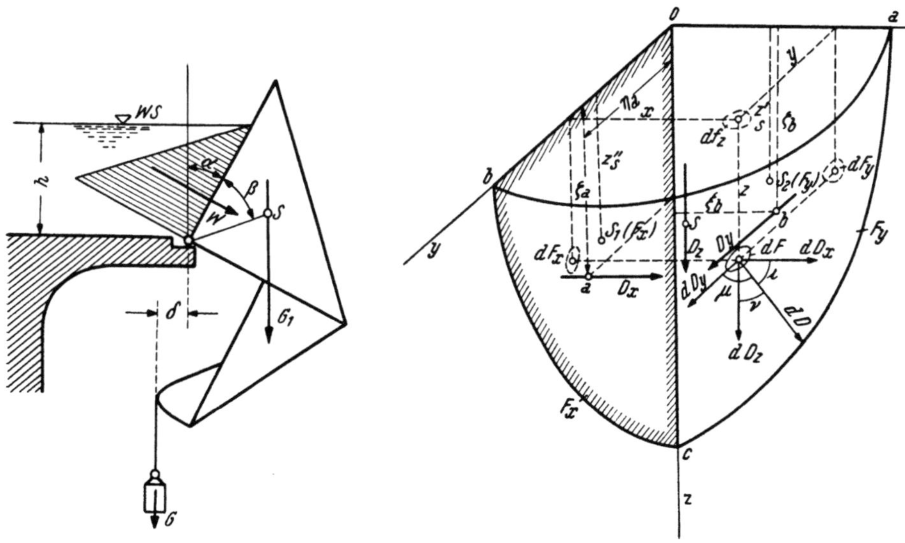

Abb. 15. Automatische Stauklappe

Abb. 16. Druck auf eine krumme Fläche

Zur Regelung des Wasserstandes werden nicht selten Aufsatzklappen verwendet (Abb. 15), die selbsttätig wirken. Die unten gelenkartig gelagerte Klappe ist mit einem Gegengewicht versehen, das in einem unter der Klappe ausgesparten Raume des festen Wehres hängt. Das Gegengewicht hält die Klappe in aufrechter Lage, weil es auf der anderen Seite des Drehpunktes wirkt, wie das Gewicht der Klappe.

Bei Erhöhung des Wasserstandes dreht sich die Klappe um ein entsprechendes Maß, wobei nicht nur der Wasserdruck W, sondern auch der Hebelarm δ des Gegengewichtes wächst. Das Kräftespiel folgt der Gleichung

$$G \cdot \delta = \frac{W \cdot h}{3 \cos \alpha} + G_1 \cdot r \cdot \sin (\alpha + \beta).$$

Ist b die Breite der Klappe, so folgt $W = \dfrac{\gamma \cdot h^2 \cdot b}{2 \cos \alpha}$.

5. Druck auf gekrümmte Flächen

Es sei eine krumme Fläche gegeben, deren Schnittlinien mit den Koordinatenebenen die Linien ab, bc und ca seien. Die Projektionen eines Flächenelementes dF auf die yz-Ebene sei dF_x, jene auf die xz-Ebene dF_y. Der Schwerpunkt von dF sei in der Tiefe z unter dem Spiegel (xy-Ebene) gelegen und die Flächennormale habe die Richtungswinkel λ, μ und ν (Abb. 16). Dann sind die Komponenten des Druckes $dD_x = \gamma \cdot dF_x \cdot z$, $dD_y = \gamma \cdot dF_y \cdot z$, $dD_z = \gamma \cdot dF_z \cdot z$.

Die Druckkomponenten auf die ganze Fläche sind

$$D_x = \gamma \int dF_x \cdot z = \gamma \cdot F_x \cdot z_s'', \quad D_y = \gamma \int dF_y \cdot z = \gamma \cdot F_y \cdot z_s' \quad \text{und} \quad D_z = \gamma \int dF_z \cdot z = G,$$

wenn z_s' und z_s'' die Ordinaten der Schwerpunkte der zugehörigen Flächenprojektionen auf die yz- bzw. xz-Ebene bedeuten und G das Gewicht der über der krummen Fläche stehenden Wassersäule ist, in deren Schwerpunkt D_z angreift.

Die Angriffspunkte der waagrechten Komponenten D_x und D_y werden so ermittelt, wie im vorigen Absatz für ebene Flächen — hier die Projektion auf die vertikalen Koordinatenebenen — erläutert worden ist. So ergibt der Momentensatz

$$D_x \cdot \zeta_a = \int dD_x \cdot z \quad \text{und} \quad D_x \cdot \eta_a = \int dD_x \cdot y$$

oder

$$\zeta_a = \frac{\int z^2 \cdot dF_x}{z''_s \cdot F_x} = \frac{J_y}{z''_s \cdot F_x} \quad \text{und} \quad \eta_a = \frac{\int y \cdot z \cdot dF_x}{z''_s \cdot F_x} = \frac{J_{yz}}{z''_s \cdot F_x}.$$

Auf die gleiche Weise werden die Koordinaten für den Angriffspunkt der Druckkomponenten D_y erhalten. Gewöhnlich gehen diese drei Kräfte nicht durch einen Punkt und lassen sich dann auf ein System reduzieren, das aus einer Druckkraft und einem Moment besteht, dessen Drehachse parallel zur Druckkraft ist (Dyname).

In Abb. 17 ist der Vertikalschnitt durch eine Nische in einer Ufermauer dargestellt, die eine kreiszylindrische Form hat und mit einer Viertel-Kugel überwölbt ist. Auf das Gewölbe wirkt bei einer Höchstüberflutung t über dem Scheitel der Horizontaldruck $D_x = \gamma \cdot (r + t - \zeta) \cdot \dfrac{r^2 \pi}{2}$, wenn r der Radius des Kugelgewölbes ist und sein Angriffspunkt liegt um

$$e = \frac{i^2}{z_s} = \frac{\dfrac{r^2}{4} - \zeta^2}{t + r - \zeta} = \frac{0{\cdot}0694\, r^2}{t + 0{\cdot}576\, r}$$

tiefer als der Schwerpunkt s der Projektion der Gewölbefläche auf die yz-Ebene.

Ferner der Vertikaldruck

$$D_z = \gamma \cdot \frac{r^2 \cdot \pi}{2} \cdot \left(r + t - \frac{2\,r}{3}\right) = \gamma \cdot \frac{r^2\,\pi}{2} \cdot \left(\frac{r}{3} + t\right).$$

Der Neigungswinkel der Resultierenden R ist gegeben durch

$$\operatorname{tg} \alpha = \frac{D_x}{D_z} = \frac{2\,(r + t - \zeta)}{\dfrac{r}{3} + t}.$$

Bei den modernen Wehrverschlüssen, die aus Stahl konstruiert sind, kommen gewöhnlich nur Zylinderflächen als gedrückte Flächen vor, wie bei dem Walzenwehr und den verschiedenen Sektor- und Segmentverschlüssen. Es sei hier das Sektorwehr besonders erwähnt, das sich z. B. bei Hemelingen unweit von Bremen recht gut bewährt haben soll[1]). Wie aus Abb. 18 zu ersehen, ist der Sektor nach dem Oberwasser zu durch eine zylindrische Wand, gegen das Unterwasser hin-

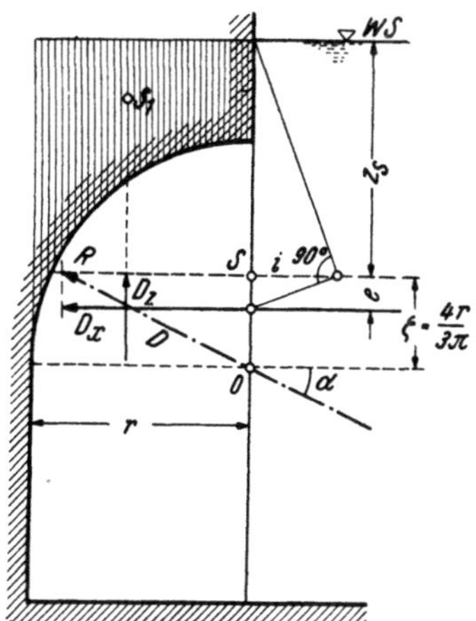
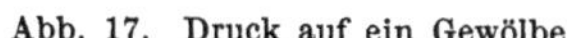

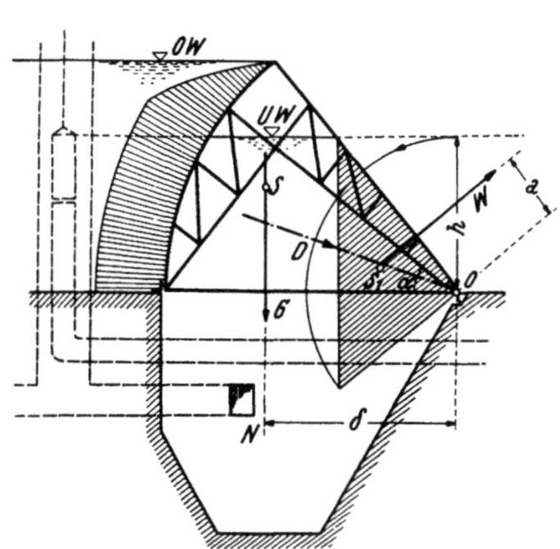

Abb. 17. Druck auf ein Gewölbe

Abb. 18. Gesteuertes Sektorwehr

gegen durch eine ebene Wand abgeschlossen und wird hydraulisch gesteuert. Wangen und Brust des Verschlusses sind gedichtet, so daß das in die Nische N aus dem Oberwasser zugeführte Wasser im Innern des Sektors unter Druck kommt, wodurch die Konstruktion getragen wird. Die automatische Steuerung erfolgt mittels eines Schwimmers im Oberwasser, der bei bestimmtem Wasserstand einen Kontaktschluß bewirkt, wodurch ein Elektromotor einspringt, der das unmittelbare Steuerorgan, ein Zylinderventil, betätigt. Wie aus der Abbildung zu ersehen ist, übt der Druck D auf die zylindrische Vorderwand des Sektors keinen Einfluß auf dessen Lage aus, weil er durch den Drehpunkt gehen muß. Hingegen wird durch den Wasserdruck auf die rückwärtige ebene Wand ein Moment erzeugt, das bei nicht überronnenem Wehr dem Moment des Gewichtes das Gleichgewicht halten muß. Es ist also

$$G \cdot \delta = W \cdot a = \gamma \cdot \frac{h^2}{2 \sin \alpha} \cdot b \cdot a, \text{ wenn } b \text{ die Breite der Wehröffnung ist.}$$

---

[1]) FRANZIUS, O.: Der Verkehrswasserbau. Berlin, 1926.

6. Der Auftrieb. Prinzip des Archimedes[1])

Denkt man sich in ruhendem Wasser einen beliebig begrenzten Teil (Abb. 19), so muß dessen Gewicht entgegen eine gleich große Kraft im Schwerpunkt wirken, wodurch eben das Gleichgewicht der Ruhe bedingt ist. Daran wird nichts geändert, wenn der gedachte flüssige Körper durch einen starren Körper gleicher Form, Lage und spezifischen Gewichtes ersetzt wird. Man kann sich Letzteren durch lotrechte Gerade so tangiert denken, daß die Verbindungslinie der Berührungspunkte eine geschlossene Linie bildet, die die Körperoberfläche in eine obere und untere Kalotte scheidet. Bezeichnet man den Vertikaldruck bzw. das Gewicht der auf der unteren Kalotte lastenden Wassersäule mit D_2 und jenen auf die obere Kalotte wirkenden mit D_1, so ergibt sich als Resultierende der Auftrieb $A = D_2 - D_1$, der so groß ist wie das Gewicht der verdrängten Flüssigkeit.

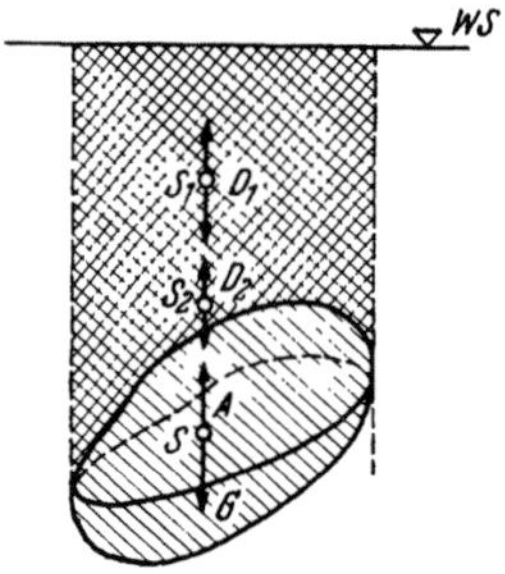

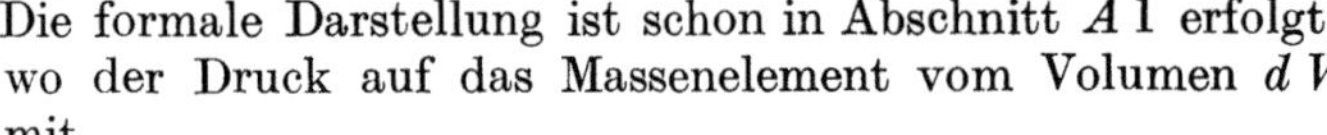

Die formale Darstellung ist schon in Abschnitt $A\,1$ erfolgt, wo der Druck auf das Massenelement vom Volumen $d\,V$ mit

$$-\frac{\partial p}{\partial x}\cdot d\,V,\quad -\frac{\partial p}{\partial y}\cdot d\,V \quad \text{und} \quad -\frac{\partial p}{\partial z}\cdot d\,V$$

in den Koordinatenrichtungen gefunden worden ist.

Also ergeben sich für einen Körper vom Volumen V die Druckkräfte in den Koordinatenrichtungen

$$-\int\frac{\partial p}{\partial x}\cdot d\,V,\quad -\int\frac{\partial p}{\partial y}\cdot d\,V \quad \text{und} \quad -\int\frac{\partial p}{\partial z}\cdot d\,V.$$

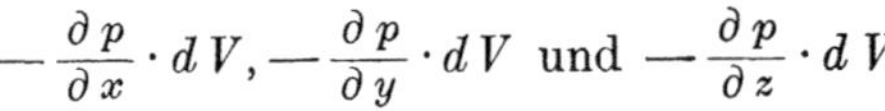

Abb. 19. Zum archimedischen Prinzip

Liegt statische Druckverteilung $p = \gamma z$ vor, so bleibt als Resultierende nur

$$-\int\frac{\partial p}{\partial z}\cdot d\,V = -\gamma V = A$$

übrig.

Die Tatsache des Auftriebs wird zur Bestimmung des spezifischen Gewichtes mittels des *Pyknometers* benützt. Dies ist eine niedrige, genügend weite Glasflasche mit weitem Hals und eingeschliffenem Glasstöpsel. Letzterer ist durchbohrt und hat ein kurzes Glasröhrchen angeschmolzen. Das Pyknometer wird zuerst gefüllt, dann mit dem Stöpsel verschlossen und das durch das Röhrchen austretende Wasser mit Watte abgewischt und das Ganze gewogen. Das so ermittelte Gewicht sei G_1. Hierauf wird nach Lüftung des Stöpsels der Körper vom Gewichte G eingebracht, dessen spezifisches Gewicht γ_1 bestimmt werden soll, der Stöpsel aufgesetzt und das durch das beim Röhrchen austretende Wasser feucht gewordene Pyknometer wieder abgetrocknet und gewogen. Das bei der 2. Wägung erhaltene Gewicht ist

$$G_2 = G_1 + G - A.$$

Weil

$$A = \frac{G}{\gamma_1}\cdot\gamma$$

folgt

$$\gamma_1 = \gamma\cdot\frac{G}{G_1 - G_2 + G}.$$

---

[1]) ARCHIMEDES lebte 287—212 v. Chr.

7. Schwimmen der Körper

Zufolge des archimedischen Prinzips sinkt ein Körper, der leichter ist als das Wasser, nicht unter, er schwimmt. Dabei stellt sich seine Schwimmachse, das ist die Verbindungslinie der Schwerpunkte des Körpers und des verdrängten Wassers, senkrecht. Kennt man die Wasserverdrängung V_0 und das Gewicht G des Körpers, so ist das spezifische Gewicht der Flüssigkeit $\gamma = \dfrac{G}{V_0}$.

Dies macht man sich bei den Areometern zunutze, von denen neuerlich das Skalenareometer[1]) in der Hydrotechnik eine Bedeutung erlangt hat. Dieses (Abb. 20) ist ein in ein Rohr übergehendes zylindrisches Glasgefäß, dessen

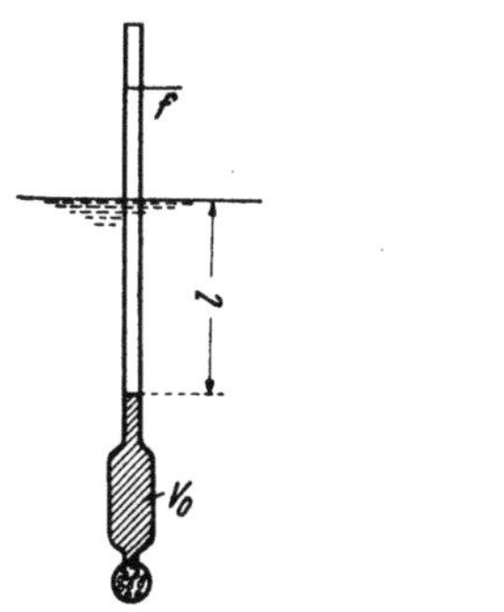

Abb. 20. Das Skalenareometer

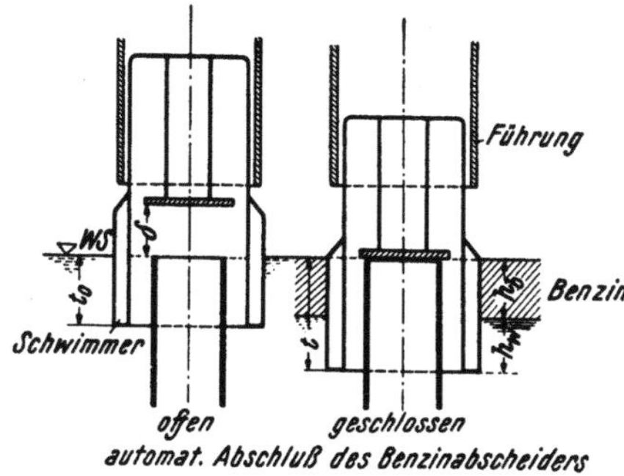

Abb. 21

Schwerpunkt mittels Schrott möglichst tief verlegt ist, damit das mit einer Skala versehene Rohr beim Schwimmen stets vertikal gerichtet ist. Wird die Tauchtiefe für eine Flüssigkeit bekannten spezifischen Gewichtes γ, z. B. Wasser, als Nullmarke genommen, so wird die Tauchtiefe in einer leichteren Flüssigkeit (Alkohol γ_1) um die Länge l größer sein und die Beziehung $G = \gamma_1 (V_0 + fl)$ gelten, wenn das in der Bezugsflüssigkeit verdrängte Volumen $V_0 = \dfrac{G}{\gamma}$ und f der äußere Rohrquerschnitt ist. Es folgt dann $l = \dfrac{G}{\gamma f} \cdot \left(\dfrac{\gamma}{\gamma_1} - 1 \right)$ und man kann jedem Verhältnis $\dfrac{\gamma}{\gamma_1}$ ein bestimmtes l zuordnen, also eine Ableseskala entwerfen. Der Abstand des tiefstgelegenen Punktes eines schwimmenden Körpers vom Wasserspiegel heißt Tauchtiefe und darf gewisse Grenzen nicht überschreiten (Schiff, Schwemmsel in Unratkanälen usw.).

Vor dem Abflußrohr eines Benzinabscheiders (Kanalisationstechnik) zum Beispiel ist ein Tellerventil, dessen zylindrischer Schwimmer den Abschluß automatisch betätigt (Abb. 21), wenn sich an der Oberfläche eine genügende Menge des leichteren Benzins angesammelt hat. Mit Zunahme der Dicke der Benzinschichte wächst die Tauchtiefe des Schwimmers und verkleinert sich der Abstand δ des Ventiltellers von der Ausflußöffnung. Die Öffnung ist geschlossen, wenn sich eine Benzinschichte von der Dicke

$$h_b = \frac{\delta}{1 - \dfrac{\gamma_b}{\gamma}}$$

gebildet hat, wobei δ der Tellerabstand in reinem Wasser und γ_b das spezi-

---

[1]) CASAGRANDE, A.: Über die Areometermethode. Berlin: 1936.

fische Gewicht des Benzins ist. Es ist dann der Abbildung entsprechend die Tauchtiefe

$$t = h_w + h_b \quad \text{und weil} \quad h_w = t_0 - h_b \cdot \frac{\gamma_b}{\gamma}.$$

wenn t_0 die Tauchtiefe des Schwimmers in reinem Wasser ist, folgt

$$t = t_0 + h_b \left(1 - \frac{\gamma_b}{\gamma}\right) = t_0 + \delta.$$

Schwimmende Körper reagieren nicht auf Lagenveränderungen, die durch Parallelverschiebung in der Schwimmebene (Spiegel) oder durch Drehung um die zu dieser senkrechten Schwimmachse bewirkt werden, weil keine rückführenden Kräfte bzw. Momente auftreten. Man spricht von indifferentem Gleichgewicht. Hingegen treten bei einer Verschiebung in der Lotrechten, ferner bei Auslenkung der Schwimmachse aus der normalen Lage Kräfte und Momente auf, die den verschobenen bzw. ausgelenkten Körper in seine frühere stabile Lage zu bringen suchen oder, wenn gewisse Grenzen überschritten wurden, in eine neue stabile Lage (Kentern). Jeder schwimmende Körper ist bezüglich einer Verschiebung in der Lotrechten im stabilen Gleichgewicht, weil gedämpfte Schwingungen um seine

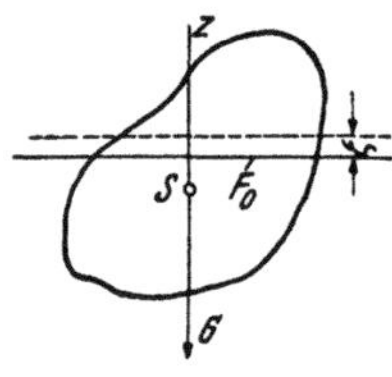

Abb. 22. Zur Vertikalschwingung eines schwimmenden Körpers

Ruhelage auftreten. Wird eine ideale Flüssigkeit vorausgesetzt, so ergeben sich ungedämpfte Sinusschwingungen, wenn die Verschiebung genügend klein ist. Der in Abb. 22 dargestellte schwimmende Körper, dessen Schwimmfläche F_0 ist, sei um ein geringes Maß ζ aus seiner Schwimmlage in der Lotrechten nach abwärts verschoben. Dann tritt eine nach aufwärts gerichtete Kraft $\gamma F_0 \zeta$ auf, die dem Körper eine Beschleunigung $\dfrac{d^2 z}{dt^2} = \dfrac{d^2 \zeta}{dt^2}$ nach aufwärts erteilt. Es ist somit $\dfrac{G}{g} \cdot \dfrac{d^2 \zeta}{dt^2} = -\gamma \cdot F_0 \cdot \zeta$, wenn G das Körpergewicht ist und mit $a^2 = \dfrac{\gamma \cdot F_0 \cdot g}{G}$ folgt die Lösung $\zeta = A \cdot \sin a t + B \cdot \cos a t$.

Mit der Bedingung $\zeta = 0$ für $t = 0$ wird $B = 0$ und es resultiert eine einfache Schwingung $\zeta = A \cdot \sin a t$ mit der Schwingungsdauer

$$T = \frac{2\pi}{a} = 2\pi \cdot \sqrt{\frac{G}{\gamma \cdot g \cdot F_0}}.$$

Dieser periodische Bewegungszustand würde immerwähren, wenn nicht Widerstände, insbesondere infolge der Reibung an der Körperoberfläche und in der Flüssigkeit, dämpfend wirken würden, wodurch ein mehr oder weniger rascher Übergang in die Ruhelage herbeigeführt wird.

8. Stabilitätsbedingung schwimmender Körper

Diese soll an einem Schiff untersucht werden, dessen Schwimmfläche eine zigarrenähnliche Form mit einer Längs- und Querachse aufweist. Die Drehung um erstere Achse wird „rollen", jene um letztere „stampfen" genannt.

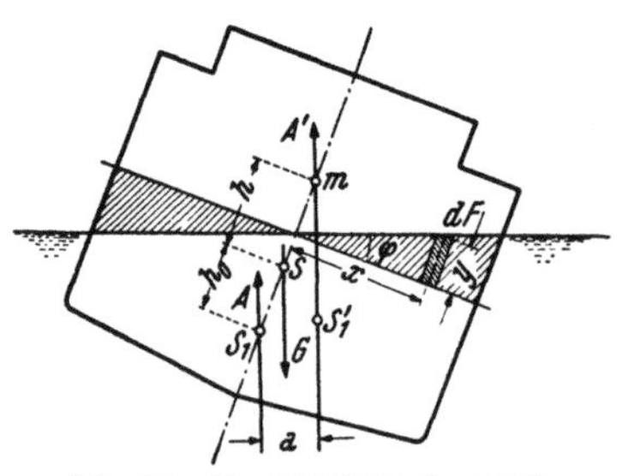

Abb. 23. Zur Stabilität des Schiffes

Denkt man sich den in der Abb. 23 dargestellten kastenförmigen Schiffsquerschnitt aus seiner Gleichgewichtslage um den kleinen Winkel φ herausgelenkt, so entsteht infolge der schraffierten ein- und austauchenden Wasserkeile ein Auftriebsmoment, wodurch der Auftrieb A aus seiner ursprünglichen Lage um das Maß a nach A' verschoben wird. Dem Volumselement $y \cdot dF \cdot \cos\varphi = x \cdot dF \cdot \sin\varphi \sim x \cdot dF \cdot \varphi$ entspricht ein Auftriebsmoment $dM = \gamma \cdot x^2 \cdot \varphi \cdot dF$, also beträgt das gesamte Auftriebsmoment durch Summation über die normale Schwimmfläche

$$M = \int \gamma \cdot x^2 \cdot \varphi \cdot dF = \gamma \cdot J_y \cdot \varphi,$$

wenn J_y das Trägheitsmoment der Schwimmfläche bezogen auf die Längsachse ist. Weil ferner $M = a \cdot A = aG$ sein muß, folgt für die Verschiebung des Auftriebs

$$a = \frac{\gamma \cdot J_y \cdot \varphi}{G} = \frac{J_y \cdot \varphi}{V_0}$$

G stellt das Schiffsgewicht und V_0 die Wasserverdrängung dar. Das Kräftepaar A'—G, dem das Rückführmoment $M_1 = G \cdot h \cdot \varphi$ entspricht, wird entweder das Schiff in seine frühere Lage zurückführen oder dasselbe noch weiter herauslenken, so daß es kentert. Für das Verhalten des Schiffes ist die Lage des Schnittpunktes m des verschobenen Auftriebes A' mit der geneigten Schwimmachse ausschlaggebend. Man nennt m das Metazentrum und dessen Höhe h über dem Schwerpunkt s die Metazenterhöhe. Ist m über dem Schwerpunkt gelegen, so wird ein Rückführmoment auftreten, während bei einer Lage unterhalb des Schwerpunktes ein Kentern des Schiffes erfolgen muß, wie aus der Abb. 23 zu ersehen ist. Es gilt somit die Stabilitätsbedingung $h > 0$ oder weil

$$h = \frac{a}{\sin\varphi} - h_0 \quad \text{mit } \sin\varphi \sim \varphi \text{ bei kleinem Winkel}$$

$$h_0\,\varphi < \gamma \cdot \frac{J_y \cdot \varphi}{G} \qquad \text{oder}^1) \qquad \frac{J_y}{V_0} > h_0 \tag{27}$$

Man wählt für die Metazenterhöhe bei Schnelldampfern 0˙3 bis 0˙7 m und bei Kriegsschiffen 0˙8 bis 1˙2 m. Bei einem fertigen Schiff läßt sich die Metazenterhöhe nachprüfen, indem man eine größere Last Q um den Weg s seitwärts verschiebt und die herbeigeführte Krängung (Neigung) φ mißt. Nachdem das auftretende Rückführmoment $G \cdot h \cdot \varphi$ gleich sein muß dem die Krängung erzeugenden Moment $Q \cdot s$, so folgt für die Metazenterhöhe

$$h = \frac{Q \cdot s}{G\,\varphi}.$$

In manchen Fällen ist die Lage des Metazentrums auf einfachem zeichnerischen Wege genügend genau ermittelbar, wie bei dem schwimmenden Caisson in Abb. 24. Aus dieser ist zu ersehen, daß die ein- und austauchenden Keile gleich groß sind. Verbindet man deren beiden Schwerpunkte s_1 und s_2 und errichtet im Punkte m auf $\overline{s_1\,s_2}$ eine Normale, so schneidet diese die Verbindungslinie von s_1 nach dem ursprünglichen Angriffspunkt des Auftriebs a (Schwerpunkt der verdrängten Flüssigkeit) im Punkte O. Verbindet man letzteren mit s_2 und

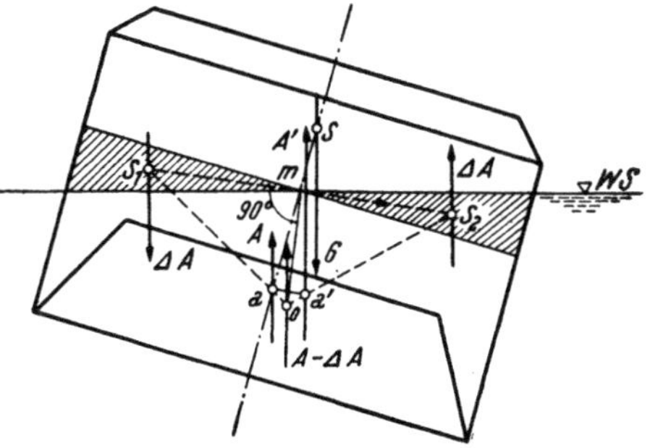

Abb. 24. Zur Stabilität eines schwimmenden Caissons

---

1) Eine Untersuchung bezüglich der x-Achse in der Schwimmebene erübrigt sich, weil die Bedingung (27) das kleinste Trägheitsmoment enthält.

zeichnet eine Parallele zu $s_1 s_2$, so schneidet diese $O s_2$ im Punkte a', durch den der verschobene Auftrieb gehen muß. Dies liegt darin begründet, daß die durch O gehende gedachte Kraft $A - \Delta A$ mit dem Gewicht $-\Delta A$ des austauchenden Keils zur Resultierenden A im Punkte a einerseits und mit dem Auftrieb des eintauchenden Keils ΔA zur Resultierenden A' im Punkte a' andererseits sich vereinigt, wie es die Aufgabe erfordert.

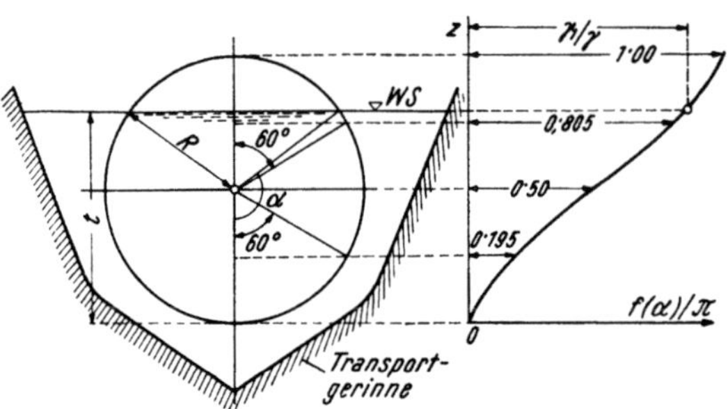

Abb. 25. Schwimmendes Rundholz

Ein zylindrischer Körper (Rundholz) kann je nach seinem spezifischen Gewicht und seinen Abmessungen zweierlei stabile Schwimmlagen aufweisen. Ist er genügend lang, wie gewöhnlich, so schwimmt er so, daß seine Längsachse parallel zur Schwimmebene ist (Abb. 25). Für den hydraulischen Transport solcher Hölzer ist die Kenntnis der Tauch- oder Schwimmtiefe wichtig und sie wird ermittelt aus der Beziehung Gewicht $G =$ Auftrieb A oder entsprechend der Abb. 25

$$\gamma_1 \cdot R^2 \pi = \gamma \cdot R^2 \left(\widehat{\alpha} - \frac{\sin 2\,\alpha}{2} \right).$$

Setzt man

$$\widehat{\alpha} - \frac{\sin 2\,\alpha}{2} = f(\alpha),$$

so muß also

$$\frac{\gamma_1}{\gamma} = \frac{f(\alpha)}{\pi}$$

gelten, wenn γ_1 das spezifische Gewicht des Holzes ist.

Man erhält die Schwimmtiefe, indem man die Werte $\dfrac{f(\alpha)}{\pi}$ entsprechend der Tabelle aufträgt und jenen Wert $\dfrac{f(\alpha)}{\pi}$ aufsucht, der gleich ist $\dfrac{\gamma_1}{\gamma}$.

α^0	$\widehat{\alpha}$	$f(\alpha)$	$f(\alpha)/\pi$
0	0	0	0
30	$\pi/6$	$\dfrac{\pi}{6} - 0\cdot435 = 0\cdot088$	0·028
60	$\pi/3$	$\dfrac{\pi}{3} - 0\cdot435 = 0\cdot612$	0·195
90	$\pi/2$	$\dfrac{\pi}{2} = 1\cdot57$	0·500
120	$2\pi/3$	$^2/_3\pi + 0\cdot435 = 2\cdot528$	0·805
150	$5\pi/6$	$^5/_6\pi + 0\cdot435 = 3\cdot052$	0·972
180	π	$\pi = 3\cdot14$	1·000

Es gibt noch den Fall stabilen Schwimmens bei senkrecht stehender Längsachse (Abb. 26). Ist l die Länge und D der Durchmesser, so ist die Tauchtiefe

$$t = l \cdot \frac{\gamma_1}{\gamma} \quad \text{und} \quad h_0 = \frac{1}{2}(l - t) = \frac{l}{2}\left(1 - \frac{\gamma_1}{\gamma}\right).$$

Ein stabiles Schwimmen in dieser Lage ist gewährleistet, wenn $\frac{J_s}{V_0} > h_0$ und weil für die kreisförmige Schwimmfläche $J_s = \frac{\pi D^4}{64}$ und ferner $V_0 = \frac{\gamma_1}{\gamma} \cdot l \cdot \frac{\pi D^2}{4}$ muß also

$$\frac{D^2}{l^2} > 8\left(1 - \frac{\gamma_1}{\gamma}\right)\frac{\gamma_1}{\gamma} \quad \text{oder} \quad \frac{D}{l} > \sqrt{8\left(1 - \frac{\gamma_1}{\gamma}\right) \cdot \frac{\gamma_1}{\gamma}}.$$

Es kann die Frage auftreten nach dem Verhältnis $\frac{D}{l}$, bei welchem ein Rundholz als sogenannter „Senkling" schwimmt, wenn durch Wasseraufnahme das spezifische Gewicht auf 940 kg/m³ gestiegen ist[1]). Dann gilt aus obiger Bedingung

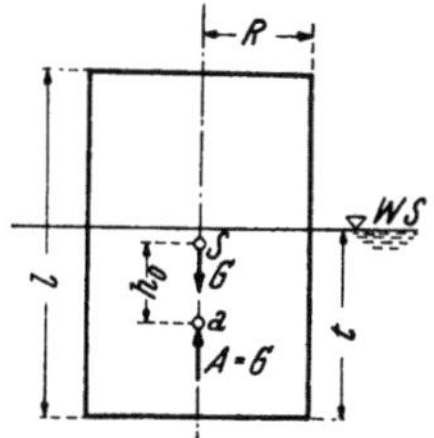

Abb. 26. Schwimmendes Rundholz als „Senkling"

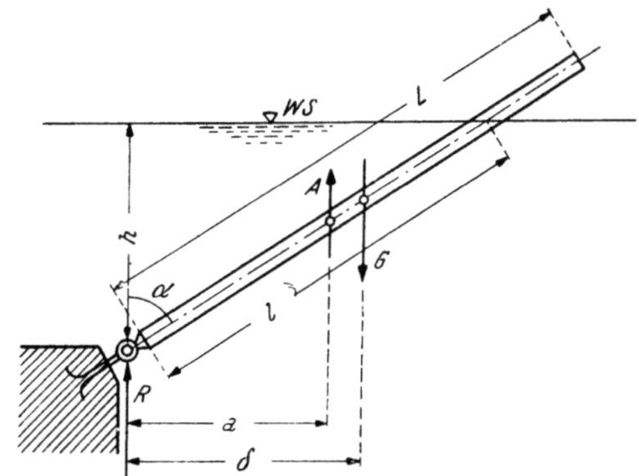

Abb. 27. Schwimmen eines drehbar befestigten Balkens

$$\frac{D}{l} > \sqrt{8(1 - 0{\cdot}94) \cdot 0{\cdot}94} = 0{\cdot}21 \quad \text{oder} \quad D > 0{\cdot}21\, l.$$

Beträgt $D = 0{\cdot}4$ m, so müßte $l < 1{\cdot}90$ m sein.

Zwischen den beiden vorgenannten Schwimmlagen schwimmt ein Rundholz, wenn es an einem Ende drehbar aufgehängt ist, wie aus Abb. 27 ersichtlich ist. Hier tritt noch die Bedingung auf, daß für das Gleichgewicht die Summe der Momente Null sein muß.

Aus $G\delta - A \cdot a = 0$ folgt entsprechend den Bezeichnungen

$$\gamma_1 \cdot f \cdot \frac{L^2}{2} \cdot \sin\alpha = \gamma \cdot f\frac{l^2}{2}\sin\alpha \quad \text{und} \quad \frac{l}{L} = \sqrt{\frac{\gamma}{\gamma_1}}.$$

Im Gelenk wird die aufwärts gerichtete Resultierende

$$R = G - A = G\left(1 - \sqrt{\frac{\gamma}{\gamma_1}}\right)$$

übertragen.

Viele Vorrichtungen der Hydrotechnik, die zeitweilig oder dauernd vom Wasser getragen oder befördert werden, wie Caissons, schwimmende Rammen und Kräne, Floßfedern, Schwenkrahmen für die Entölung (Abwässer) usw., sie alle müssen die in vorstehendem Absatz behandelten Stabilitätsbedingungen erfüllen.

---

[1]) Solche Senklinge stellen auch die zum Aufstellungsort in senkrechter Schwimmlage transportierten Nadeln von Nadelwehren dar (z. B. bei Hemmelingen). Die hohle Nadel wird durch entsprechende Wasserfüllung in diese Lage gebracht.

9. Gepreßte Flüssigkeit (Pascals Prinzip). Hydraulische Presse

In einer gepreßten idealen Flüssigkeit, die einen geschlossenen Raum vollständig ausfüllt und im Gleichgewicht der Ruhe sich befindet, herrscht überall der gleiche Pressungsdruck p'.

Für das Gleichgewicht der ruhenden ungepreßten Flüssigkeit gelten die Gleichungen (8). Kommt noch der Druck p' aus der Pressung hinzu, indem auf einen zylindrischen Stempel vom Querschnitt f_1 (Abb. 28) ein Druck P_1

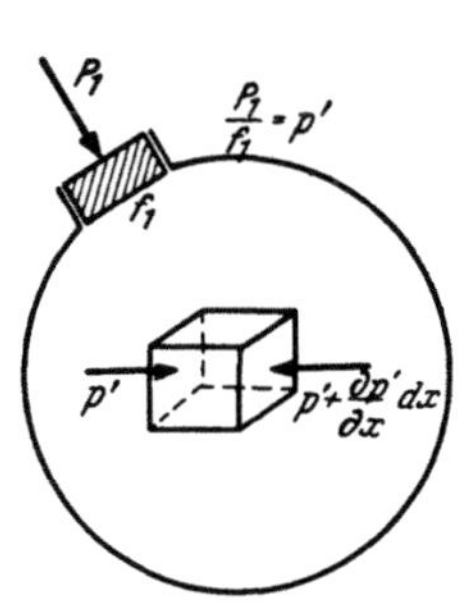

Abb. 28. Gepreßte Flüssigkeit

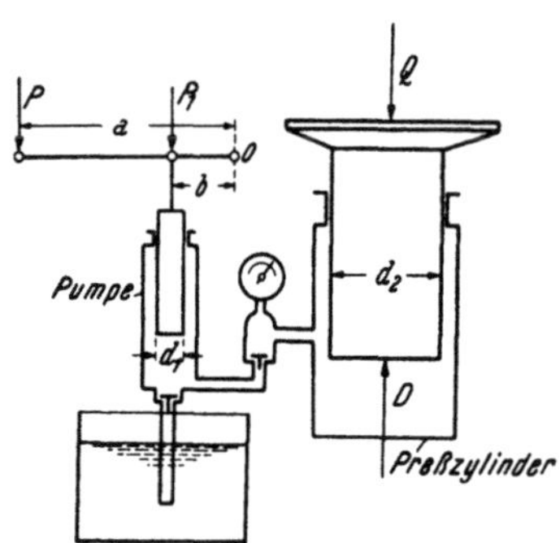

Abb. 29. Hydraulische Presse

ausgeübt wird, so muß zur weiteren Erhaltung des statischen Gleichgewichtes (Gewicht und Auftrieb eines erstarrt gedachten Elementes $dx \cdot dy \cdot dz$ sind bereits abgesättigt) die Bedingung

$$\left(\frac{\partial p'}{\partial x} + \frac{\partial p'}{\partial y} + \frac{\partial p'}{\partial z}\right) dx \cdot dy \cdot dz = 0 \tag{28}$$

gelten.

Der Gradient von p' ist somit Null, also $p' = \text{konstant} = \dfrac{P_1}{f_1}$. Ein Wandelement $\varDelta f$ erhält dann die Pressung $p' \cdot \varDelta f = \dfrac{P_1}{f_1} \cdot \varDelta f$.

Die Form der zur Flüssigkeit gekehrten Seite des Kolbens spielt dabei keine Rolle.

Die Drücke, die sich aus der Schwere ergeben, sind gewöhnlich gegen den zusätzlichen Pressungsdruck so klein, daß man sie gegen letzteren vernachlässigen kann. Auf dem vorgenannten Prinzip, das von PASCAL[1]) stammt, beruht die hydraulische Presse[2]), die in Abb. 29 schematisch dargestellt ist.

Sie dient zum Heben schwerer Lasten, zur Übertragung großer Beanspruchungen in der Materialprüfung usw. Eine Saug- und Druckpumpe ist mittels einer Leitung aus zähem Material (Kupfer usw.) mit dem Preßzylinder verbunden, in welchem durch die Pumparbeit am Kolben der Pumpe die Pressung erzeugt wird, die auf den beweglichen Preßkolben übertragen wird. Nach obigem Prinzip muß

$$\frac{P_1}{\pi\, d_1{}^2} = \frac{D}{\pi\, d_2{}^2} \quad \text{oder} \quad D = \left(\frac{d_2}{d_1}\right)^2 \cdot P_1$$

sein.

Außerdem wirkt noch die Hebelübersetzung, so daß $P_1 = P \cdot \dfrac{a}{b}$. Also kann durch die Kraft P am Pumpenhebel ein Druck $D = P \cdot \dfrac{a}{b} \cdot \left(\dfrac{d_2}{d_1}\right)^2$ übertragen

---

[1]) PASCAL, B. (1623—1662), franz. Mathematiker und Philosoph.
[2]) Nach ihrem Erfinder Josef BRAMAH (London 1795) auch Bramahsche Presse genannt.

werden. In Wirklichkeit sind die Flüssigkeiten etwas zusammendrückbar und wegen der verschiedenen Reibungswiderstände ist die aufgewendete Arbeit stets größer als die Nutzarbeit. Bemerkenswert ist, daß die älteren Schiffshebewerke auf dem Prinzip der gedrückten Flüssigkeit beruhten und infolge der ungünstigen Führung des Schiffstroges durch andere Systeme (Tauchzylinder usw.) abgelöst worden sind.

10. Gleichgewicht der Bewegung

Hier tritt zur Massenkraft der Schwere noch jene der Trägheitsreaktion. Wird z. B. mittels Rolle und Seil ein Gefäß mit Wasser im Gesamtgewicht G durch ein Gewicht $G_1 > G$ emporgezogen, so muß bei vernachlässigbarem Seilgewicht und ebensolcher Reibung $G_1 - G = \dfrac{G_1 + G}{g} \cdot b$ sein, wenn $\dfrac{G_1 + G}{g}$ die beschleunigte Masse und b die Beschleunigung (Massenkraft pro Masseneinheit) ist. Also folgt $b = g \cdot \dfrac{G_1 - G}{G_1 + G}$ und ist h die Spiegelhöhe über dem Gefäßboden, so beträgt der Bodendruck pro Flächeneinheit

$$p = \varrho \cdot g \left(1 + \frac{G_1 - G}{G_1 + G}\right) \cdot h$$

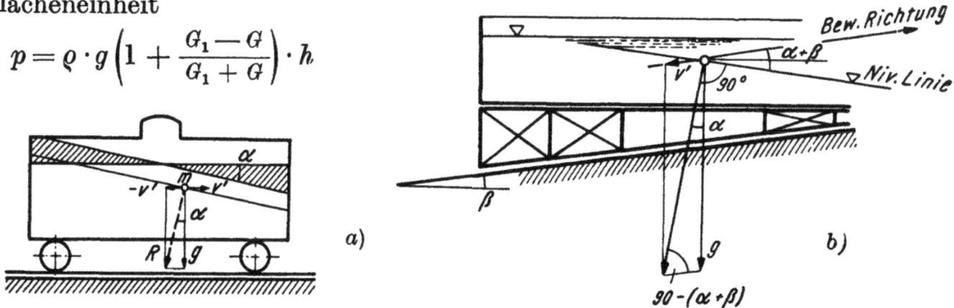

Abb. 30. Gleichgewicht der Bewegung. a) Öltank, b) Schiffstrog

und die Zunahme des Druckes mit der Tiefe unter dem Spiegel erfolgt nach einer Geraden, die mit der Lotrechten den Winkel

$$\alpha = \text{arc tg}\, \varrho g \left(1 + \frac{G_1 - G}{G_1 + G}\right)$$

einschließt.

Meist fällt die Massenkraft der Schwere mit jener der Trägheitsreaktion nicht in eine Richtung, wie im vorhergehenden Beispiel. Bei einem Tankwagen (Abb. 30a) oder Schiffstrog auf schiefer Ebene (Abb. 30b) wird beim Anfahren eine Beschleunigung in der Richtung der Fahrt erzeugt $v' = \dfrac{dv}{dt}$, der eine gleichgroße Trägheitsreaktion pro Masseneinheit in entgegengesetzter Richtung entspricht. Letztere bildet mit der Schwerebeschleunigung g die Resultierende R auf der die Niveaufläche normal stehen muß und die Neigung derselben und hiemit auch des Spiegels ist gegeben durch $\dfrac{v'}{g} = \text{tg}\,\alpha$. Hingegen gilt beim Schiffstrog auf einer unter dem Winkel β geneigten schiefen Ebene nach Abb. 30b die Beziehung

$$\frac{v'}{g} = \frac{\sin \alpha}{\sin (90 - \alpha - \beta)} = \frac{\sin \alpha}{\cos (\alpha + \beta)},$$

wenn α der Neigungswinkel der Niveaufläche bzw. des Spiegels gegen die Waagrechte ist. Auch hier nimmt der Druck linear mit der Tiefe unter dem Spiegel zu, aber nicht, wie es für den Fall der Ruhe oder des anfahrenden

Tankwagens zutrifft. Weil von der Trägheitsreaktion die Komponente $v' \cdot \sin \beta$ zu g sich zugesellt, also die Gleichgewichtsbedingung (16) die Form

$$- \frac{\partial p}{\partial z} + \varrho \cdot (g + v' \sin \beta) = 0$$

erhält, muß $p = \varrho \, (g + v' \sin \beta) \cdot z + c$ sein. Die Intensität der Druckzunahme mit der Tiefe ist somit stärker als in dem vorhergehenden Fall.

Wird ein mit Wasser gefülltes zylindrisches Gefäß vom Radius R um seine lotrecht stehende Zylinderachse gedreht, so werden vorerst die an der Wand und der Sohle haftenden Teilchen mitgenommen und durch Reibung die Drehbewegung allmählich auf den ganzen Inhalt übertragen. Schließlich dreht sich das Wasser wie ein starrer Körper um die Zylinderachse, das heißt, daß ein Teilchen im Abstand r von der Achse eine Geschwindigkeit $v = r\omega$ aufweist, wenn ω die Winkelgeschwindigkeit ist. Es treten dann pro Masseneinheit entsprechend der Abb. 31 a Trägheitsreaktionen $r\omega^2 \cos \alpha = x\omega^2$ und $r\omega^2 \sin \alpha = y\omega^2$ in der x- bzw. y-Richtung auf, und die entsprechenden Massenkräfte sind dann $X = x\omega^2$, $Y = y\omega^2$ und $Z = -g$.

Die Zentrifugalbeschleunigung hat keine Komponente in der z-Richtung, so daß in der z-Richtung (16) gilt, also statische Druckverteilung wie im Zustand der Ruhe herrscht. Die Gleich-

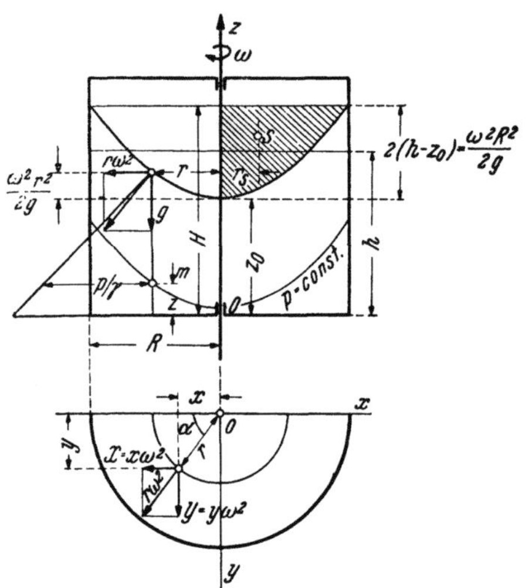

Abb. 31a. Zum rotierenden wassergefüllten Gefäß

gewichtsbedingung (15) erhält die Form

$$X \, dx + Y \, dy + Z \, dz = x\omega^2 \, dx + y\omega^2 \, dy - g \, dz = \frac{1}{\varrho} \, dp$$

und nach Integration folgt

$$\varrho \frac{\omega^2}{2} (x^2 + y^2) - \gamma z = \varrho \frac{\omega^2}{2} \cdot r^2 - \gamma z = p + c.$$

Die Niveauflächen, also auch der Spiegel, sind Rotationsparaboloide. Die Konstante c ergibt sich aus der Bedingung, daß für den in der Höhe $z = z_0$ gelegenen Spiegelpunkt in der Achse $r = o$ der Druck $p = p_0$ also $c = p_0 - \gamma z_0$ ist. Somit folgt aus der früheren Gleichung

$$p = p_0 + \varrho \frac{\omega^2 r^2}{2} + \gamma (z_0 - z)$$

und mit $z = H$ für $r = R$

$$H - z_0 = \frac{\omega^2 R^2}{2g}.$$

Ist im Zustand der Ruhe die Füllhöhe h, so erhält man durch Gleichsetzung der Ausdrücke für das Volumen im Zustand der Ruhe und jenem der Rotation

$$R^2 \pi \cdot h = R^2 \pi \cdot H - \frac{1}{2} R^2 \pi \cdot (H - z_0),$$

wenn $\frac{1}{2} R^2 \pi (H - z_0)$ das nach Guldin berechnete Volumen des durch Drehung der Meridianparabelfläche entstehenden Körpers ist. Es ergibt sich schließlich

$$h = \frac{H + z_0}{2}$$

und somit

$$z_0 = h - \frac{\omega^2 \cdot R^2}{4 g}.$$

Die letzte Beziehung wird zur raschen Bestimmung der Tourenzahlen schnelllaufender Wellen benützt. Der mit der Welle rotierende Glaszylinder muß zu diesem Zwecke eine Teilung erhalten, an der die Tourenzahl abgelesen wird. Ist n die Tourenzahl, also $\omega = 2 n\pi$, so ist entsprechend der früheren Beziehung jeder Tourenzahl eine bestimmte Scheitelhöhe des Spiegels zugeordnet

$$h - z_0 = \frac{n^2 \cdot R^2 \cdot \pi^2}{g},$$

woraus die Teilung folgt (Abb. 31b). Die Spiegelhöhen am Rande

$$H = h + \frac{n^2 R^2 \pi^2}{g}$$

werden allerdings sehr groß. So z. B. ergibt sich für $n = 100$ und $R = 0{\cdot}5$ cm, $H = h + {}$ $+ 25{\cdot}1$ cm. Diesem Übelstande läßt sich jedoch abhelfen[1]).

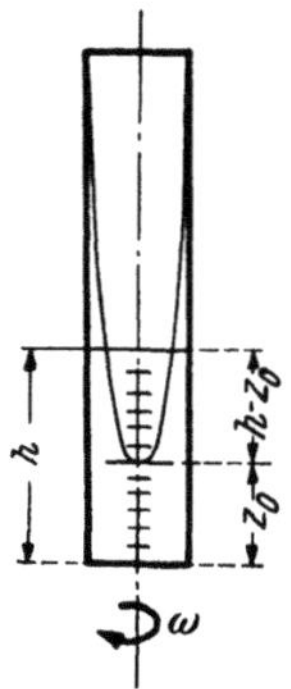

Abb. 31b. Tourenmesser

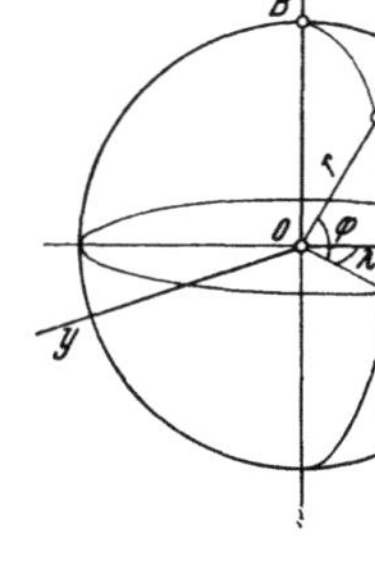

Abb. 32. Zur Gleichgewichtsfigur

Das vorbesprochene Verhalten rotierender Flüssigkeiten wird schon lange in den verschiedensten Zweigen der Industrie und Landwirtschaft verwendet zur Trennung flüssiger Stoffe von festen Körpern (Zentrifugen, Trockenmaschinen usw.). In neuerer Zeit wurde die Ultrazentrifuge entwickelt, die für die medizinische Forschung Bedeutung hat (Abscheidung der Viren)[2]). Auch die Abwassertechnik macht von diesem Verhalten reichlichen Gebrauch (Zentrisieb usw.).

Zum Schluß sei noch das Problem der Gleichgewichtsfigur[3]) einer freien rotierenden Flüssigkeitsmasse in seinen Grundzügen besprochen, wenn auf ein Teilchen der Oberfläche außer einer konstanten Kraft k^2 noch die aus der Rotation um die Achse stammende Trägheitsreaktion wirkt. Die auf die Masseneinheit bezogenen Kräfte sind dann entsprechend der Abb. 32 in den Koordinatenrichtungen

$$X_1 = - k^2 \cdot \frac{x}{r} \qquad \text{und} \qquad X_2 = \omega^2 \cdot x,$$

ferner

$$Y_1 = - k^2 \cdot \frac{y}{r} \qquad \text{und} \qquad Y_2 = \omega^2 \cdot y$$

---

[1]) Siehe z. B. Kaufmann, W.: Hydromechanik, I. Bd. Berlin, 1930.

[2]) Setzt man im Boltzmann-Faktor S. 9, Gl(21) für $\Omega = \dfrac{r^2 \omega^2}{2}$, so wird die außer-ordentliche Wirksamkeit bei großer Tourenzahl begreiflich. Es ist dann $\ln \dfrac{\varrho}{\varrho_0} = \dfrac{m}{RT} \cdot \dfrac{r^2 \omega^2}{2}$ und je größer m, desto stärker der Anstieg der Dichte gegen die Peripherie der Zentrifuge.

[3]) Das Problem der Gleichgewichtsfiguren ist ein sehr altes und schon im 18. Jahrhundert haben Clairaut und Maclaurin (1698—1746) gezeigt, daß ein abgeplattetes Rotationsellipsoid eine derartige Stabilitätsfigur ist. Es war eine große Überraschung als Jacobi 1834 nachwies, daß auch ein dreiachsiges Ellipsoid eine solche Figur sein kann, wenn nur dessen Abplattung $> 0{\cdot}4$ ist.

und schließlich

$$Z_1 = -k^2 \cdot \frac{z}{r} \qquad \text{und} \qquad Z_2 = 0.$$

Die erste Gruppe der Massenkräfte hat das Potential $k^2 \cdot r$ und die 2. Gruppe $-\frac{\omega^2}{2}(x^2 + y^2)$. Setzt man die Summe beider konstant, so folgt für die Gleichgewichtsfigur

$$\frac{\omega^2}{2}(x^2 + y^2) - k^2 r = \text{const} = c$$

oder in Polarkoordinaten (Abb. 32) mit $x = r \cdot \cos\varphi \cdot \cos\lambda$, $y = r\cos\varphi \cdot \sin\lambda$ und $z = r\sin\varphi$

$$\frac{\omega^2}{2} \cdot r^2 \cdot \cos^2\varphi - k^2 r = \text{const} = c$$

als Gleichung der Meridiankurve. Wird der Radius des Äquators $\overline{AO} = a$ gesetzt und der Abstand des Poles vom Mittelpunkt $\overline{BO} = b$, so gilt für den Äquator

$$\frac{\omega^2 \cdot a^2}{2} - k^2 \cdot a = c,$$

weil $\cos^2\varphi = 1$ ist, und für den Pol ergibt sich $-k^2 b = c$. Setzt man

$$\frac{\omega^2 \cdot a}{2\,k^2} = \frac{\lambda}{2},$$

so folgt für das Verhältnis

$$\frac{b}{a} = 1 - \frac{\lambda}{2},$$

das heißt, es ist eine Abplattung an den Polen vorhanden. Für irgendeinen Radius r ergibt sich aus der früheren Gleichung

$$-k^2 r + \frac{\omega^2}{2} r^2 \cdot \cos^2\varphi = -k^2 a + \frac{\omega^2}{2} a^2$$

oder

$$r = a - \frac{\omega^2}{2\,k^2} \cdot a^2 \left(1 - \frac{r^2}{a^2}\cos^2\varphi\right)$$

und weil sich r von a nur wenig unterscheidet, wird bei Vernachlässigung von Größen 2. Ordnung

$$r = a\left(1 - \frac{\omega^2 \cdot a}{2\,k^2} \cdot \sin^2\varphi\right).$$

11. Die mechanischen Wirkungen der Kapillarität

a) Oberflächenspannung. Binnendruck

Taucht man einen Rahmen aus Draht (Abb. 33a) in eine Seifenlösung, so zeigt sich dieser nach dem Herausnehmen mit einer dünnen Haut überspannt. Legt man nun auf letztere nach VAN DER MENSBRUGGE die Schleife eines dünnen Seidenfadens und zerstört mittels Durchstoßens die Haut innerhalb der Schleife, so nimmt der Faden Kreisform an. Es hat sich somit zwischen Faden und Rahmen die kleinste mögliche Oberfläche der Lamelle gebildet. Ähnliches ist bei der Tropfenbildung zu beobachten, bei der die auftretende kugelförmige Oberfläche die kleinste bei gegebenem Volumen ist. Um die

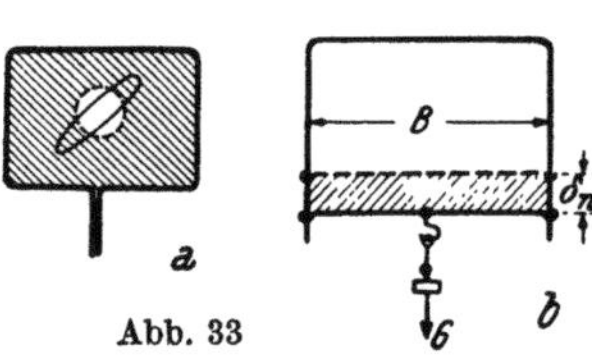

Abb. 33

a Versuch von v. d. MENSBRUGGE. b Zur Definition der Oberflächenspannung

Oberfläche zu vergrößern, muß eine Arbeit geleistet werden, wie auch aus folgendem Versuch hervorgeht.

Ein Drahtrahmen, dessen unterer Teil nun aus einem leicht verschiebbaren Bügel besteht (Abb. 33 b), wird wieder in die Seifenlösung getaucht und herausgezogen. Hängt man an den Bügel ein kleines Gewicht G, so dehnt sich die Lamelle um δn. Es wird also eine Arbeit $G \cdot \delta n$ geleistet, wobei die zweiseitige Oberfläche der Haut um $2 \cdot B \cdot \delta n$ vergrößert wird, wenn B die Länge des Bügels ist. Ist die Arbeit, die zur Vergrößerung der Oberfläche um 1 cm² benötigt wird, α, so muß für das Gleichgewicht gelten

$$G \cdot \delta n = 2 B \cdot \delta n \cdot \alpha, \quad \text{woraus} \quad \alpha = \frac{G}{2B} \text{ folgt.}$$

α wird als Kapillaritätskonstante bezeichnet und in der folgenden Tabelle[1]) sind die Werte derselben für einige wichtige Flüssigkeiten angegeben:

Wasser gegen Luft	$\alpha = $ 75·5 Dyne · cm⁻¹	$\left(0{\cdot}0770 \dfrac{\text{gr-Gewicht}}{\text{cm}}\right.$		$\left.\right)$
Alkohol gegen Luft	25·3	,,	(0·0258	,,)
Alkohol gegen Wasser	2·26	,,	(0·0023	,,)
Quecksilber gegen Luft	461·1	,,	(0·470	,,)
Olivenöl gegen Luft	32·1	,,	(0·0327	,,)
Olivenöl gegen Wasser	20·6	,,	(0·021	,,)

Die Größe α kann auch als eine Spannung angesehen werden und wird dann Oberflächenspannung genannt, weil sie in der Oberfläche wirkt. Bei einer Seifenblase vom Halbmesser R und dem Innendruck p, folgt aus dem Prinzip der virtuellen Arbeiten für das Gleichgewicht bei Vernachlässigung der Dicke der Haut

$$p \cdot 4 R^2 \pi \cdot \delta R = \delta (\alpha \cdot 8 R^2 \pi) = 16 \alpha \cdot \pi R \cdot \delta R \quad \text{oder} \quad p = \frac{4\alpha}{R}.$$

Läßt man nun in der Oberfläche der Blase die Oberflächenspannung α wirken, so lautet die Gleichgewichtsbedingung für die lotrechte Richtung (Abb. 34)

$$2 \cdot 2 \pi R \cdot \alpha \cdot \sin^2 \varphi = P = \int_0^\varphi p \cdot R \cdot d\varphi \cdot \sin \varphi \cdot 2 R \cos \varphi \cdot \pi = p R^2 \pi \sin^2 \varphi,$$

so daß für p der gleiche Wert wie aus den virtuellen Verschiebungen folgt.

Eine Vergrößerung der Oberfläche kann nur erfolgen, wenn Teilchen aus dem Innern in dieselbe gebracht werden. Die Tatsache, daß hiezu Arbeit benötigt wird, hat zu der Vorstellung geführt, daß auf die Teilchen in der Oberfläche eine ins Innere der Flüssigkeit normal zur Oberfläche gerichtete Kraft, der Binnendruck, wirkt. Dieser muß beim Herausschaffen eines Teilchens aus dem Inneren in die Oberfläche überwunden werden. Man stellt sich vor, daß

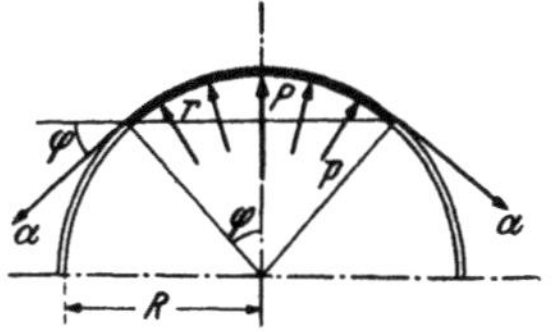

Abb. 34. Kräfte bei einer Seifenblase

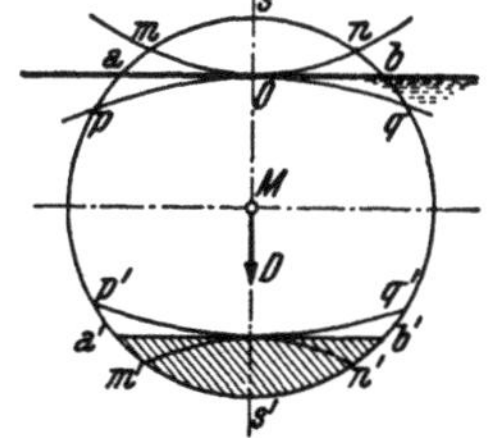

Abb. 35. Einfluß der Oberflächenkrümmung auf den Binnendruck

jedes Teilchen von molekularen Kohäsionskräften der Nachbarteilchen beeinflußt wird, die innerhalb einer sehr kleinen Wirkungssphäre vom Radius r wirksam sind. Im Innern der Flüssigkeit summieren sich diese Kräfte zu Null. Ist das Teilchen jedoch so nahe der Oberfläche gelegen, daß der Abstand kleiner als r ist, so bleiben beim Summieren die molekularen Anziehungskräfte der im schraffierten Abschnitt $a'b's'$ (Abb. 35) gelegenen Teilchen übrig, die den vorgenannten Binnendruck zur Resultierenden haben.

[1]) GEHLHOFF, G.: Techn. Physik I. Leipzig 1924.

Letzterer manifestiert sich bei gekrümmter Oberfläche durch seine Verminderung bzw. Vermehrung, je nachdem die Oberfläche konkav ($m\,o\,n$) oder konvex ($p\,o\,b$) ist (Abb. 35). Im 1. Fall nehmen weniger Teilchen an der Bildung des kleineren Binnendrucks teil, während es bei konvexer Oberfläche mehr Teilchen sind, die den größeren Binnendruck erzeugen. Es muß daher das Wasser in gläsernen Kapillaren wegen der infolge Benetzung entstehenden konkaven Menisken höher stehen als der waagrechte Spiegel im Gefäß (Abb. 36), während beim Quecksilber der konvexe Spiegel tiefer gelegen ist (Kapillardepression).

b) Die Hauptsätze der Kapillarität

Aus der Abb. 35 ist ersichtlich, daß der Binnendruck vom Maße der Krümmung abhängen muß. Der Zusammenhang der durch Kapillarität erzeugten Spannung $p_k = \gamma \cdot z_k$ ($z_k =$ Spannungshöhe) mit der Krümmung kann unmittelbar aus der in der Oberfläche wirkenden Spannung ermittelt werden[1]). Es sei das räumlich gekrümmte Flächenelement $dF = ds_1 \cdot ds_2$ durch die Linienelemente ds_1 und ds_2 begrenzt, die zwei normalen Hauptschnitten[2])

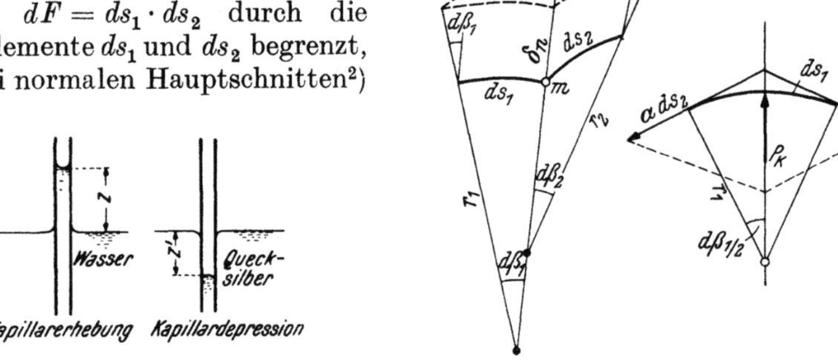

Abb. 36

Abb. 37. Zum 1. Hauptsatz der Kapillarität

mit dem größten und kleinsten Krümmungsradius r_1 bzw. r_2 entsprechen (Abb. 37). Dann ist der Kapillardruck

$$p_k \cdot ds_1 \cdot ds_2 = \alpha \left(2 \cdot ds_2 \cdot \sin\frac{d\,\beta_1}{2} + 2\,ds_1 \cdot \sin\frac{d\,\beta_2}{2}\right) = \alpha \left(\frac{1}{r_1} + \frac{1}{r_2}\right) ds_1 \cdot ds_2$$

oder

$$p_k = \gamma \cdot z_k = \alpha \left(\frac{1}{r_1} + \frac{1}{r_2}\right). \tag{29}$$

Wenn die Krümmungsradien nach außen weisen, also negativ sind, handelt es sich um Druckverminderung. Dieser 1. Hauptsatz der Kapillarität kann auch aus dem Prinzip der virtuellen Arbeiten aufgestellt werden[3]). Denkt man sich eine Flüssigkeit mit der gekrümmten Oberfläche aus ihrer Gleichgewichtslage gebracht, so daß jedes Oberflächenelement dO in der Richtung der Normalen

---

[1]) LAPLACE: Mécanique céleste, Supplément de l'action capillaire. Paris 1806.

[2]) Denkt man sich die Tangentialebene E in einem Punkt einer krummen Fläche F in der Richtung der Normalen kleinwenig verschoben, so schneidet sie F in einer Kurve, die nach DUPIN als Indikatrix bezeichnet wird. Liegt F auf einer Seite von E, so ist die Schnittlinie geschlossen (elliptisch), bei einer Sattelfläche hingegen aus zwei Ästen bestehend (hyperbolisch). Die Hauptschnitte sind die durch die Flächennormale und die beiden Hauptachsen der Indikatrix gelegten Ebenen.

[3]) K. F. Gauß geht von einem Minimalprinzip aus, Bd. 5 der gesammelten Werke, Principia generalis theoriae fluidorum .... 1830.

eine virtuelle Verschiebung δn erhält, so muß wegen der vorausgesetzten Unzusammendrückbarkeit das Integral über die Oberfläche

$$\int d O \cdot \delta n = 0 \tag{30}$$

sein. Bei dieser Verschiebung muß der Binnendruck und der äußere Druck überwunden werden, deren Arbeit über die ganze Oberfläche genommen infolge ihrer Konstanz und wegen (30) verschwindet. Es kommt also nur noch die Oberflächenenergie und die potentielle Energie in Betracht, deren Änderung über die ganze Oberfläche genommen Null sein muß. Somit gilt

$$\int \delta (\alpha \cdot d O) - \int \varrho \cdot g \cdot z \cdot \delta n \cdot d O = 0. \tag{31}$$

Die virtuelle Änderung des Oberflächenelements $d O = ds_1 \cdot ds_2$ ist nach Abb. 37

$$\delta (d O) = ds_1' \cdot ds_2' - ds_1 \cdot ds_2 = (ds_1 + \beta_1 \cdot \delta n)(ds_2 + \beta_2 \delta n) - ds_1 ds_2 =$$

$$= d O \cdot \delta n \left(\frac{1}{r_1} + \frac{1}{r_2} \right)$$

und es folgt aus (31)

$$\int \left\{ \alpha \left(\frac{1}{r_1} + \frac{1}{r_2} \right) - \varrho g z \right\} \cdot \delta n \cdot d O = 0. \tag{32}$$

Diese Gleichung ist mit der Bedingung (30) nur vereinbar, wenn der Klammerausdruck eine Konstante wird, wenn also

$$\alpha \left(\frac{1}{r_1} + \frac{1}{r_2} \right) - \varrho g z = c. \tag{33}$$

Wird das Niveau ($z = o$) in den waagrechten Spiegel verlegt, so ist $c = o$ und durch $z = z_k = \dfrac{\alpha}{\varrho g} \left(\dfrac{1}{r_1} + \dfrac{1}{r_2} \right)$ wird dann die Verminderung bzw. Vermehrung des Binnendrucks infolge der Oberflächenkrümmung gemessen. Die Druckverteilung längs einer Lotrechten ist dann entsprechend (18) in B 3

$$p = p_0 + \gamma (z_k - z). \tag{34}$$

Meist wird die Krümmung der Oberfläche herbeigeführt durch das Wirken der Molekularkräfte beim Berühren fester Wände. Je nachdem die vom festen Körper ausgeübten Molekularkräfte größer oder kleiner sind als die Kohäsionskräfte der Flüssigkeit, wird der Körper benetzt oder nicht. Im 1. Fall wird die Flüssigkeit an der Wand gehoben, im 2. Fall abgesenkt. An der Schnittlinie des Spiegels mit der festen Wand bei n in Abb. 38 berühren sich Wand, Flüssigkeit und Luft. Bei einer virtuellen Verschiebung von n nach n' um δs erfolgt eine Vergrößerung der Trennungsfläche F_{12} um $\delta F_{12} = \cos \varphi_0 \cdot \delta s$ pro Längeneinheit der Schnittlinie, während F_{13} sich um $\delta F_{13} = \delta s$ geändert hat. Für das Gleichgewicht muß dann bezüglich der virtuellen Arbeiten gelten

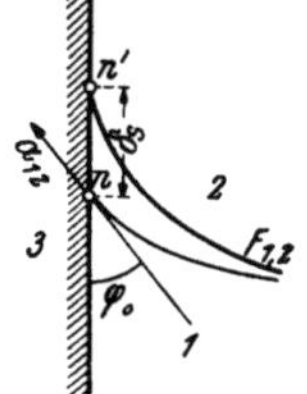

Abb. 38. Zum 2. Hauptsatz d. Kapillarität

$$\alpha_{12} \cdot \delta F_{12} + \alpha_{13} \cdot \delta F_{13} = (\alpha_{12} \cos \varphi_0 + \alpha_{13}) \cdot \delta n = 0,$$

α_{12} ist die Oberflächenspannung an der Grenze Wasser-Luft, α_{13} an der Grenze Flüssigkeit-Wand und φ_0 der Randwinkel.

Aus der Bedingung

$$\alpha_{12} \cos \varphi_0 + \alpha_{13} = 0 \tag{35}$$

folgen die Werte

$$\varphi_0 = 90^0 \ \text{für} \ \alpha_{13} = 0$$
$$\varphi_0 > 90^0 \ \text{für} \ \alpha_{13} > 0$$
$$\varphi_0 < 90^0 \ \text{für} \ \alpha_{13} < 0.$$

Treffen drei Grenzflächen verschiedener Oberflächenspannung zusammen, so ist Gleichgewicht nur möglich, wenn keines der α größer ist als die Summe der beiden anderen. Ist dies nicht der Fall, wie für das System Wasser-Luft-Öl, wo

$$\alpha_{12} > \alpha_{13} \quad \alpha_{12} > \alpha_{23},$$

so kann kein Gleichgewicht herrschen. Ein Öltropfen wird sich daher über den ganzen Spiegel ausbreiten, was technisch und biologisch von Bedeutung[1]) ist.

c) Rotationsflächen

Die Gleichung (29) kann bei einer Rotationsfläche mit Hilfe des Satzes von MEUSNIER (Abb. 39) durch Einführung des Halbmessers des Parallelkreises r umgeformt werden. Es ist $r = r_1 \sin \varphi$ und $ds \cdot \cos \varphi = r_2 \cdot d\varphi \cdot \cos \varphi = dr$. Also folgt

$$\frac{1}{r_2} = \frac{d \sin \varphi}{dr}$$

und

$$p_k = \gamma z_k = \alpha \left(\frac{\sin \varphi}{r} + \frac{d \sin \varphi}{dr} \right) = 2 \alpha \cdot \frac{d \, (r \sin \varphi)}{dr^2}. \tag{36}$$

Setzt man z. B. $p_k = \text{konst}$, so folgt ohne weiteres $p_k \cdot r^2 = 2 \alpha \cdot r \sin \varphi$ oder mit π multipliziert $p_k \cdot r^2 \pi = 2 \alpha r \pi \cdot \sin \varphi$, welche Beziehung für die Kugel erhalten wird (Abb. 40), wenn man die an der abgeschnittenen Kalotte angreifen-

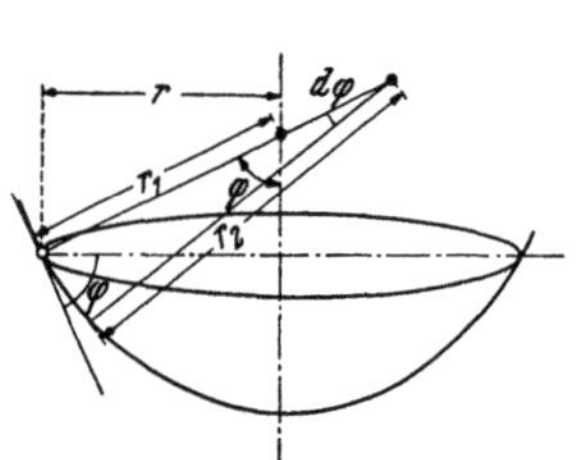

Abb. 39. Krümmungsradien bei einer Rotationsfläche

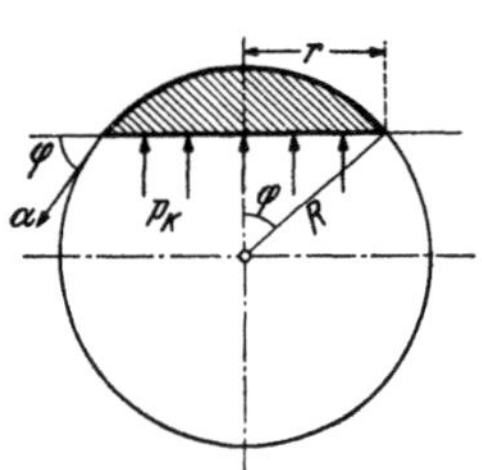

Abb. 40. Gleichgewicht bei einer gewichtslosen flüssigen Kugel

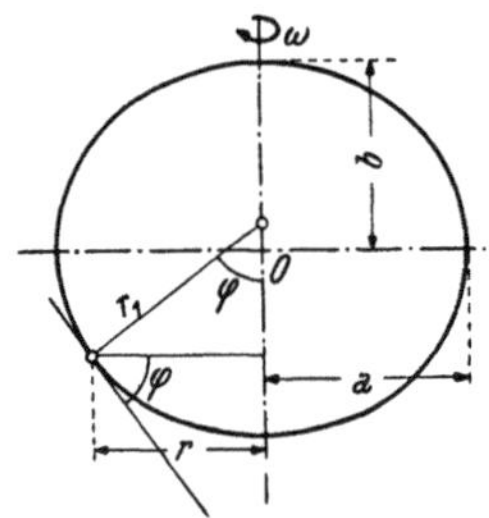

Abb. 41. Gleichgewicht bei einer rotierenden gewichtslosen Kugel.

den Druckkräfte $p_k \cdot r^2 \pi$ gleichsetzt den aus der Oberflächenspannung stammenden Kräften $\alpha \cdot 2 \pi \cdot r \cdot \sin \varphi$. Eine von einer Kugelfläche begrenzte Flüssigkeit kann also für sich allein, ohne Anlehnung an feste Wände, bestehen; sie überträgt nach außen keine Kraft. Eine flüssige Masse in nicht mit ihr mischbarer Flüssigkeit nimmt Kugelform an (kleinste Oberfläche), ebenso Luftblasen im Wasser, deren Innendruck $p = \dfrac{2 \alpha}{R}$ beträgt.

---

[1]) Beruhigung der bewegten Meeresoberfläche durch Aufbringung dünner Ölschichten. Unterbindung der Sauerstoffaufnahme aus der Luft bei Vorhandensein einer dünnen Ölschicht und hiermit Störung der Selbstreinigung der Gewässer. Hieher gehört auch die Erscheinung des Schwimmens schwerer Gegenstände auf der Oberfläche, wie dünne Nadeln, Rasierklingen usw., die auch noch eine Zusatzbelastung tragen können. Man kann da eine Menge interessanter Experimente durchführen.

Wenn eine Kugel (Abb. 41) um die vertikale z-Achse mit der Winkelgeschwindigkeit ω rotiert und dem Einfluß der Schwere entzogen ist (z. B. durch den Auftrieb in nicht mit ihr mischbarer Flüssigkeit), so gilt für das Gleichgewicht entsprechend (15) und Abschn. B 10

$$p_k = \varrho \int_0^r r\,\omega^2 \cdot dr + c.$$

Mit (29) bzw. (36) folgt

$$2\,a \cdot \frac{d\,(r \sin \varphi)}{dr^2} = \frac{\gamma}{2\,g} \cdot r^2\,\omega^2 + \frac{2\,a}{r_0},$$

wenn r_0 der Krümmungsradius am Pol ist. Nach Integration erhält man, weil die Konstante wegfällt,

$$2\,a\,r \sin \varphi = \frac{\gamma}{4\,g}\,r^4\,\omega^2 + \frac{2\,a\,r^2}{r_0}$$

und wenn $r = a$ für $\sin \varphi = 1$ gesetzt wird, so ergibt sich die Beziehung

$$1 = \frac{\gamma\,a^3\,\omega^2}{8\,g\,a} + \frac{a}{r_0}.$$

Führt man den Differentialquotienten $\dot z = \dfrac{dz}{dr} = \mathrm{tg}\,\varphi$ ein, also $\sin \varphi = \dfrac{\dot z}{\sqrt{1+(\dot z)^2}}$ so folgt

$$\frac{(\dot z)^2}{1 + (\dot z)^2} = \frac{r^2}{r_0^2}\left(1 + \frac{\gamma\,\omega^2\,r_0}{8\,a\,g}\cdot r^2\right)^2.$$

Mit $\left(\dfrac{r}{r_0}\right)^2 = \xi$, ferner $\omega \cdot \sqrt{\dfrac{\gamma\,r_0^3}{8\,ag}} = k$ und $dr \cdot \sqrt{\xi} = \dfrac{r_0}{2}\cdot d\,\xi$ ergibt sich

$$\frac{\dot z}{\sqrt{\xi}} = \frac{1 + k^2\,\xi}{\sqrt{1 - \xi\,(1 + k^2\,\xi)^2}},\ \text{ und weil }\ \frac{\dot z}{\sqrt{\xi}} = \frac{dz}{dr\sqrt{\xi}} = \frac{r_0}{2}\cdot d\,\xi \text{ folgt das}$$

elliptische Integral

$$z = \frac{r_0}{2} \int_\xi^0 \frac{(1 + k^2\,\xi)\,d\,\xi}{\sqrt{1 - \xi\,(1 + k^2\,\xi)^2}} + b,$$

setzt man

$$\xi_a = \left(\frac{r}{r_0}\right)^2_{r\,=\,a} = \frac{a^2}{r_0^2},$$

so folgt für die kleine Halbachse

$$b = \frac{r_0}{2} \cdot \int_0^{\xi_a} \frac{(1 + k^2\,\xi)\,d\,\xi}{\sqrt{1 - \xi\,(1 + k^2\,\xi)^2}}$$

J. Boussinesq[1]) findet unter gewissen einschränkenden Annahmen

$$z = r_0\left[\sqrt{1-\xi} - \frac{k^2}{2}\left(2 \cdot \sqrt{1-\xi} + \sqrt{\frac{1 + \sqrt{\xi}}{1 - \sqrt{\xi}}} + \log \frac{2}{1 + \sqrt{\xi}}\right)\right]$$

und weiters

$$b = r_0\,(1 - 1{\cdot}8466\,k^2) \text{ sowie } \frac{a - b}{a} = 0{\cdot}8466\,k^2.$$

<hr>

[1]) Comptes Rendus de l'Acad. 172, 941/46 u. 1085/86. Paris 1921.

Setzt man in (36) für $p_k = 0$, so muß nach Integration $r \cdot \sin \varphi = \text{const} = r_0$ sein. Der Meridianschnitt der Oberfläche ist somit eine Kettenlinie und die Oberfläche wird Katenoid genannt (Abb. 42).

Weil $\sin \varphi = \dfrac{dx}{ds} = \dfrac{dx}{\sqrt{dx^2 + dr^2}}$ folgt mit $\sin \varphi = \dfrac{r_0}{r}$

$$dx = \frac{dr}{\sqrt{r^2/r_0^2 - 1}} \quad \text{und nach Integration} \quad r = r_0 \cdot \mathfrak{Cof}\,\frac{x}{r_0}.$$

Dieser Fall kann angenähert realisiert werden, wenn zwei sich berührende Kugeln in benetzende Flüssigkeit getaucht und herausgehoben werden. Es verbleibt dann um den Berührungspunkt ein Ring, der um so katenoidförmiger ist, je kleiner die Kugeln sind, je weniger also die Schwere ausmacht. Weil $p_k = 0$

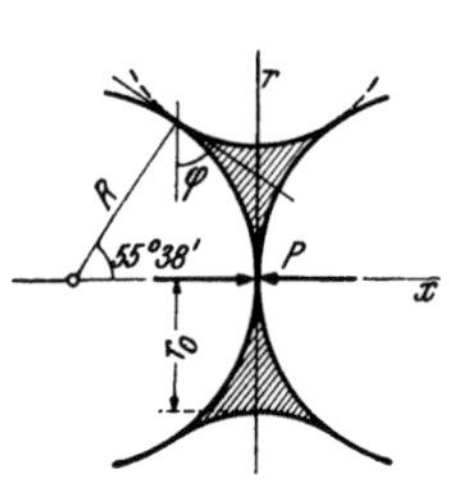

Abb. 42. Benetzte
Kugeln. Katenoid

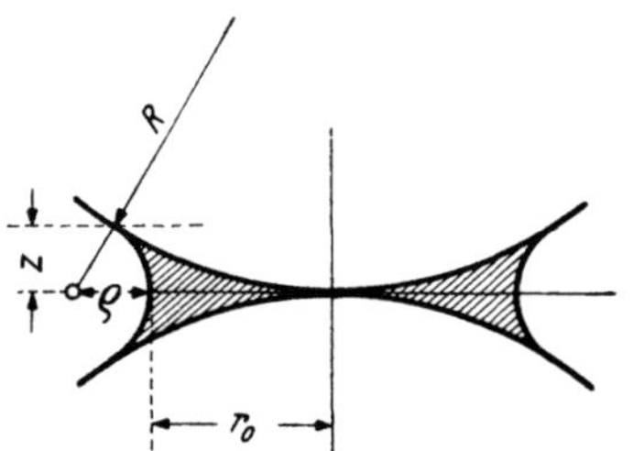

Abb. 43. Scheinbare Kohäsion bei
benetzten Kugeln ohne Randwinkel

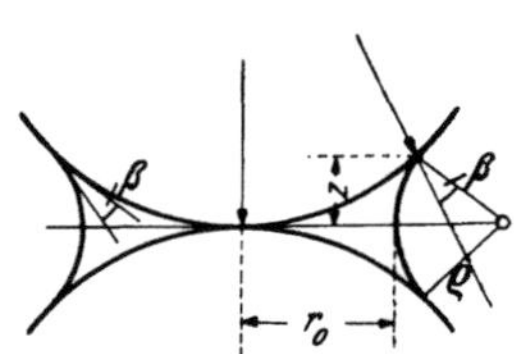

Abb. 44. Scheinbare Kohäsion.
Randwinkel β

ist, wird in der x-Richtung die Kraft $P = \alpha \cdot 2\pi r_0$ übertragen, wenn r_0 der Halsquerschnitt des flüssigen Ringes ist. Aus der Berührung der Kettenlinie mit dem Kreis folgt $r_0 = 0{\cdot}6815\,R$ und $P = 1{\cdot}363\,\alpha \cdot \pi R$, wenn R der Kugelradius ist. Es können also durch die Menisken Kräfte zwischen benetzten Körpern übertragen werden[1]). Daß trockener feiner Sand fließt, bei einem gewissen Feuchtigkeitsgehalt zusammenhält (scheinbare Kohäsion) und bei Überschreiten eines Grenzwassergehaltes wieder ins Fließen gerät, ist bekannt.

Für den flüssigen Ring (Abb. 43) um den Berührungspunkt zweier Kugeln gilt bei vollkommener Benetzung

$$z \cong \varrho \cong \frac{r_0^2}{2R} \quad \text{und weil } r_0 \gg \varrho, \text{ wird}$$

$$p_k = \alpha\left(\frac{1}{\varrho} - \frac{1}{\varrho_0}\right) \cong \frac{\alpha}{\varrho} = \frac{2\,\alpha R}{r_0^2}.$$

Die im Halsquerschnitt $(r = r_0)$ übertragene Kraft ist

$$P = \pi r_0^2 \cdot p_k + 2\pi r_0 \cdot \alpha = 2\pi \cdot R \cdot \alpha\left(1 + \frac{r_0}{R}\right)$$

mit dem Grenzwert $\lim P_{r0 \to 0} = 2\pi R \cdot \alpha$, welcher Wert fast um 50% größer ist als der bei der Katenoidoberfläche berechnete[2]). Ist die Benetzung unvollständig, also ein Randwinkel β vorhanden (Abb. 44), so ist $z \cong \varrho \cos\beta \cong \dfrac{r_0^2}{2R}$, was so lange zulässig ist, als $\beta < \dfrac{\pi}{2}$. Es ist dann $p_k \sim \dfrac{\alpha}{\varrho} = \dfrac{2\,\alpha R \cos\beta}{r_0^2}$ und die über-

---

[1]) Diese Erkenntnis ist von K. v. TERZAGHI erdbaumechanisch ausgewertet worden.

[2]) SCHIEL, F.: Der durch Kapillarwirkung bedingte Zusammenhalt zweier benetzter Körper, Zschft. f. ang. Math. und Mech. 1943, S. 200.

tragene Kraft

$$P = 2\,\pi\,R\,\alpha \cdot \cos\beta + 2\,\pi\,r_0\,\alpha \qquad (38)$$

mit dem Grenzwert

$$\lim P_{r_0 \to 0} = 2\,\pi \cdot R\,\alpha \cdot \cos\beta$$

d) Benetzte Wände. Kapillarrohre

Taucht man eine ebene Platte senkrecht in benetzende Flüssigkeit, so stellt sich ein konkaver zylindrischer Spiegel über dem ursprünglichen waagrechten Niveau ein (Abb. 45). Aus (34) folgt für die Oberfläche $z_k = z$, also

$\gamma z = \dfrac{\alpha}{r_1}$, weil $r_2 = \infty$ ist. Mit $r_1\,d\varphi = ds = \dfrac{dz}{\sin\varphi}$ ergibt sich hieraus

$$\gamma z \cdot dz = \alpha \cdot \sin\varphi\,d\varphi \quad \text{oder nach Integration}$$

$\gamma\dfrac{z^2}{2} = -\,\alpha\cos\varphi + c.$ Ist der Randwinkel φ_0, so gilt

$\varphi = 90^0 - \varphi_0$ für $z = h$ am Rande und $\varphi = 0$ für $z = 0$ im ungestörten Spiegel. Somit wird $c = \alpha$ und

$$\gamma\frac{h^2}{2} = \alpha\left\{1 - \cos(90 - \varphi_0)\right\} = \alpha\,(1 - \sin\varphi_0). \qquad (39)$$

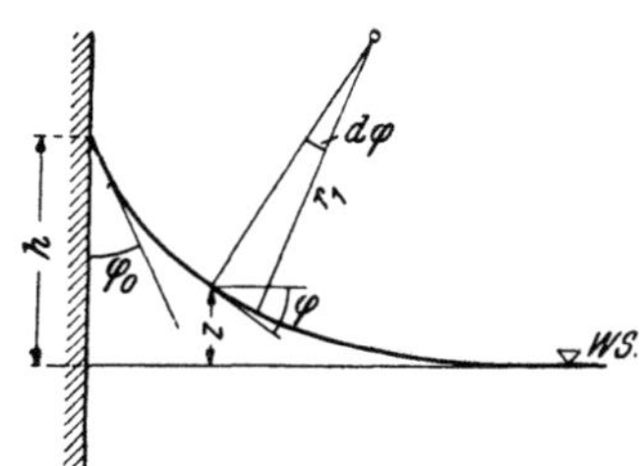

Abb. 45. Kapillarer Anstieg an einer lotrechten Wand

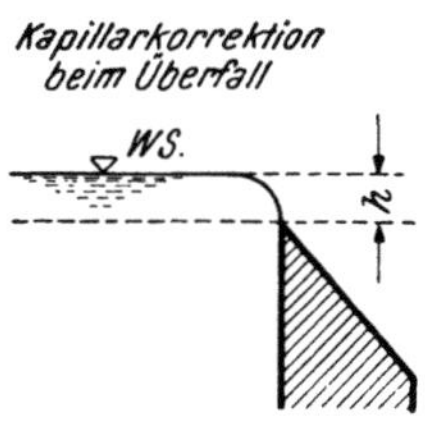

Abb. 46

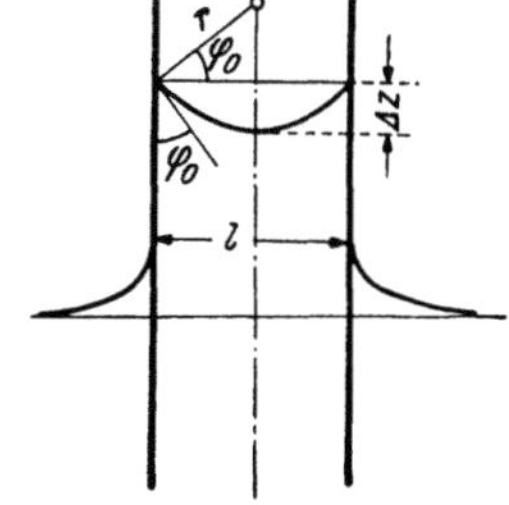

Abb. 47. Kapillarer Anstieg zwischen zwei parallelen Platten

So beträgt beim scharfkantigen Meßwehr die größte Aufwölbungshöhe (Abb. 46), bei der noch kein Abfluß erfolgt mit $\varphi_0 = 0$, also bei vollkommener Benetzung

$$h = \sqrt{\frac{2\,\alpha}{\varrho \cdot g}} = \sqrt{\frac{2 \cdot 73}{981}} \cong 0{\cdot}39 \text{ cm.}$$

In dem engen Schlitz zwischen zwei parallelen Platten wird bei Benetzung die Flüssigkeit aufsteigen bis zur kapillaren Steighöhe H. Unter der Annahme, daß der Spiegel eine Zylinderfläche vom Radius $r = \dfrac{l}{2\cos\varphi_0}$ ist (Abb. 47), wird mit $l = $ Schlitzweite

$$H = \frac{2\,\alpha \cdot \cos\varphi_0}{\gamma \cdot l}. \qquad (40)$$

Der Randwinkel ergibt sich aus der Beziehung

$$\varDelta z = r\,(1 - \sin\varphi_0) = \frac{l}{2\cos\varphi_0}\cdot(1 - \sin\varphi_0) \quad \text{und mit } \mu = \frac{2 \cdot \varDelta z}{l}$$

ist

$$\cos\varphi_0 = \frac{2\,\mu}{\mu^2 + 1}$$

Für Kapillarröhren vom Radius r erhält man ähnlich die Steighöhe

$$H = \frac{2\,a \cdot \cos \varphi_0}{\gamma \cdot r}, \tag{41}$$

wenn die genäherte Annahme einer kugelförmigen Oberfläche gemacht wird.

Für Wasser gegen Glas ($\varphi_0 = 0$) und beim Rohrdurchmesser d in cm wird $H_{cm} = \dfrac{4 \cdot 0^{\cdot}075}{d} = \dfrac{0^{\cdot}30}{d}$. Ist $d < \dfrac{0^{\cdot}3}{1000} = 0^{\cdot}0003$ cm, so gerät das Wasser in wirkliche Zugspannung.

e) Dünne Häutchen

Wenn es sich um eine geschlossene dünne Haut handelt, wie z. B. bei einer Seifenblase, so muß die aus der Oberflächenspannung resultierende Kraft gleich sein dem auf der Fläche lastenden Druckunterschied zwischen Innen- und Außenwand.

Bei einer Seifenhaut, die man durch Eintauchen einer Drahtschleife in Seifenlösung erhält, ist der Druck von beiden Seiten gleich, also muß

$$2\,a \left(\frac{1}{r_1} + \frac{1}{r_2} \right) = 0 \tag{42}$$

sein.[1)]

Eine Fläche, die der Bedingung (42) entspricht, daß die beiden Hauptkrümmungsradien entgegengesetzt gleich sind, wird Minimalfläche genannt. Sie ist bei gegebener Berandung kleiner als jede Nachbarfläche (Abb. 48). Dies findet seinen Ausdruck in der Gleichgewichtsbedingung

$$\delta E = a \cdot \delta O = 0 \ \text{ bzw. } \ \delta O = 0,$$

wenn δE die virtuelle Arbeit bzw. Änderung der in der Haut steckenden Spannungsenergie bei festem Rand ist.

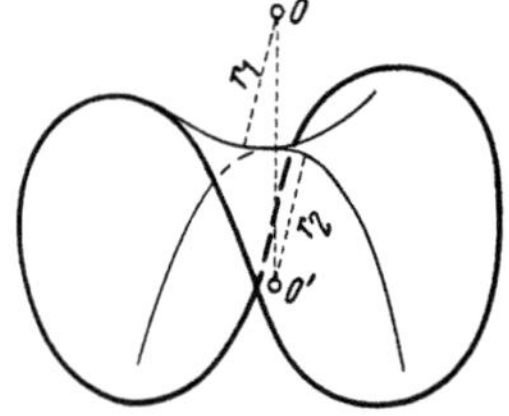

Abb. 48. Minimalfläche

Der veränderliche Abstand der Seifenhaut von der waagrechten xy-Ebene sei $z = f(x, y)$ und die Krümmungsradien $r_{1,2}$ seien in der xz-Ebene bzw. yz-Ebene gelegen. Dann kann bei geringer Neigung der Membran gegen die Waagrechte

$$\frac{1}{r_1} \sim \frac{\partial^2 z}{\partial x^2} \quad \text{und} \quad \frac{1}{r_2} \sim \frac{\partial^2 z}{\partial y^2}$$

gesetzt werden, so daß aus (42)

$$\frac{\partial^2 z}{\partial x^2} + \frac{\partial^2 z}{\partial y^2} = 0 \tag{43}$$

als Gleichgewichtsbedingung folgt. Die Übereinstimmung dieser Gleichung mit der später genannten Potentialgleichung

$$\frac{\partial^2 \Phi}{\partial x^2} + \frac{\partial^2 \Phi}{\partial y^2} = 0 \quad \text{bzw.} \quad \frac{\partial^2 \Psi}{\partial x^2} + \frac{\partial^2 \Psi}{\partial y^2} = 0$$

hat dazu geführt, die gespannte Haut zur bequemen und anschaulichen Lösung von konformen Abbildungsaufgaben zu benützen (H IV 9o).

[1)] Mit der Aufgabe der Bestimmung aller möglichen Minimalflächen hat sich schon LAGRANGE (1761) befaßt, während ihre versuchstechnische Herstellung durch PLATEAU erfolgt ist. Siehe dessen Statique experimentale et theorique des liquides, Paris—Gent 1873, 2 Bde.

f) Kapillarspannung und Dampfdruck. Osmotischer Druck

In der Hydrostatik B 3 wurde in Gleichung (21) die Verteilung des Druckes in einer im Gleichgewicht befindlichen Luft- bzw. Wasserdampfsäule dargestellt. Die Höhenlage z, in der sich ein Meniskus bestimmter mittlerer Krümmung über dem waagrechten Wasserspiegel hält, ist ein Maß für die Erniedrigung des Binnendruckes und hiemit auch für die Abnahme des Dampfdruckes in dieser Höhe. Mit dieser Dampfdruckerniedrigung hängt ein eigentümliches Verhalten der Lösungen zusammen, das für die Lebensvorgänge der lebenden Organismen und insbesondere für den Wasserhaushalt der Pflanzen von größter Bedeutung ist und deshalb kurz besprochen werden soll. Es befinde sich eine Lösung in einem weiten Rohr, das unten durch eine halbdurchlässige Haut oder Wand abgeschlossen sei, die für Wasser, nicht aber für den gelösten Stoff durchlässig ist. Dieses Rohr wird so in das reine Wasser gestellt, daß vorerst kein Spiegelhöhenunterschied vorhanden ist. Nun werden von der Seite der Lösung her weniger der in Bewegung befindlichen Wassermolekel durch die Membran diffundieren als von der anderen Seite, weil die ebenfalls in Bewegung befindlichen gelösten größeren Partikel ein Hindernis bilden. Es wird so lange eine Anreicherung der Lösung mit Wasser erfolgen, bis der entstehende Überdruck in der Lösung diese Behinderung wettmacht. Der Überdruck macht sich in einer

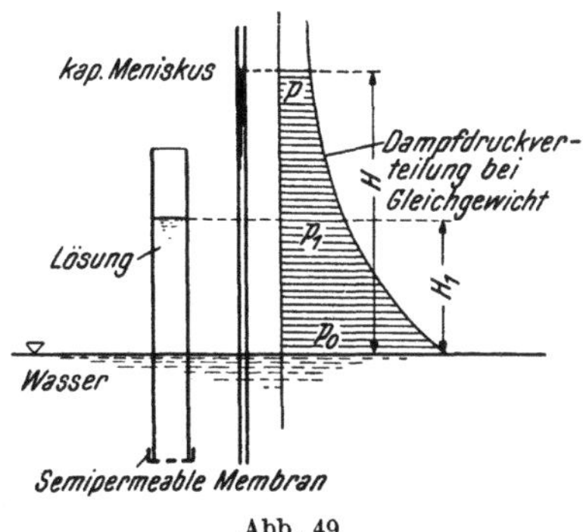

Abb. 49

Erhöhung des Wasserspiegels der Lösung bemerkbar und nach einer gewissen Zeit erreicht der Spiegel der Lösung eine stationäre Lage (Abb. 49). Die Höhe derselben über dem Wasserspiegel, die osmotische Höhe z_{os}, ist um so größer, je größer die Konzentration der Lösung ist. Mit Hilfe von (20a) bzw. (21) folgt für den osmotischen Druck

$$p_{os} = \varrho \cdot g \cdot z_{os} = \varrho \cdot g \cdot \frac{R\,T}{M} \cdot \ln \frac{p_0}{p}, \tag{44}$$

wobei p_0 den Dampfdruck des Lösungsmittels und p jenen der Lösung bedeutet. Jeder gelöste Körper verhält sich so, als wäre er innerhalb des Lösungsmittels als Gas vorhanden. Man bezeichnet die Gasmenge, deren Gewicht in Gramm mit der Molekulargewichtszahl übereinstimmt, als ein Mol. Es bedeutet also das Molekulargewicht M eines Körpers, daß seine Molekel $\frac{M}{2}$-mal schwerer sind als jene des Wasserstoffes, dessen Molekulargewicht mit 2 angesetzt wird. Das Mol eines beliebigen Gases muß daher bei gleichen physikalischen Bedingungen im gleichen Volumen stets die gleiche Anzahl von Molekeln haben und deshalb denselben Druck ausüben. Das Mol jedes Gases auf das Volumen eines Liters gebracht übt bei 0° und 760 mm Hg-Säule den Druck von 22·4 Atmosphären aus und man kann sonach z. B. die Frage nach dem osmotischen Druck einer 1%igen Kochsalzlösung leicht beantworten[1]).
Weil das Molekulargewicht von $NaCl$ 58·5 beträgt, so üben 58·5 gr (1 Mol) im Liter Wasser einen Druck von 22·4 Atmosphären aus bei 0° C. Folglich ist für

---

[1]) LÖB, W.: Einführung in die chemische Wissenschaft. Leipzig 1909. Daß verdünnte Lösungen wie Gase sich verhalten, hat VAN'T HOFF gefunden. Siehe J. H. VAN'T HOFF, Sein Leben und Wirken von E. COHEN.

die 1%ige Lösung, das sind 10 gr in 1 l Wasser,

$$p_{os} = \frac{10}{58\cdot5} \cdot 22\cdot4 \cong 3\cdot7 \text{ Atmosphären.}$$

Der experimentelle Wert ist allerdings viel größer wegen der auftretenden Dissoziation, was aber in das Kapitel der physikalischen Chemie gehört. Einen Überblick über die Verhältnisse, wie sie den Hydrotekten interessieren, gewährt etwa das von H. GRADMANN[1]) verwendete Lösungshygrometer, mit dem die

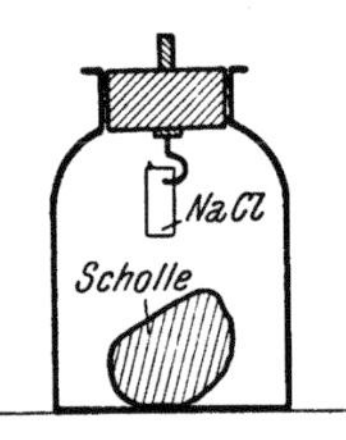

Abb. 50. Lösungs-
hygrometer nach
GRADMANN

Kapillarspannung des Wassers einer feuchten Bodenscholle gemessen werden soll. Man bringt Letztere nach Wägung in eine Flasche mit weitem Hals (Abb. 50) und schließt diesen mit einem eingeschliffenen Glasstöpsel. An der Unterseite desselben ist ein Häkchen etwa mit Siegellack befestigt, an dem ein mit $NaCl$-Lösung bekannter Konzentration beschicktes Stückchen Löschpapier aufgehängt ist. Das ganze System wird nun einem Gleichgewichtszustand zustreben, so daß dem Dampfdruck der Luft ein bestimmter Wassergehalt in der Scholle lund eine bestimmte Konzentration der Lösung entsprechen wird. Dieser Zustand ist erreicht, wenn die aufeinanderfolgenden Gewichtsbestimmungen des Löschpapiers keinen Unterschied mehr aufweisen. Aus dem Endgewicht desselben und der Anfangskonzentration kann die Endkonzentration und nach chemisch-physikalischen Tabellen der zugehörige Dampfdruck ermittelt werden. Es ist dann mit (29) und (44)

$$p_k = \alpha \left(\frac{1}{r_1} + \frac{1}{r_2} \right) = p_{os} = \varrho \cdot g \cdot \frac{R\,T}{M} \ln \frac{p_0}{p}, \tag{44 a}$$

woraus wieder ein Rückschluß auf das Maß der mittleren Meniskenkrümmung usw. ermöglicht wird.

C. Bewegung idealer Flüssigkeiten

1. Bewegungsgleichungen von L. Euler

Die Grundlagen für die Bewegung idealer Flüssigkeiten (reibungslos und unzusammendrückbar) sind von LEONHARD EULER (1707—1783) geschaffen worden, wobei er von einer neuen Betrachtungsweise ausging. Sie besteht in der Beschreibung des mechanischen Geschehens in einem Raumelement $dV = dx \cdot dy \cdot dz$, ohne sich um das weitere Schicksal des in dV enthaltenen Massenelements zu bekümmern[2]). (Abb. 51). Zur vollkommenen Beschreibung ist die Kenntnis von Druck und Geschwindigkeit nötig. Wie beim Druck wird auch bei der Geschwindigkeit ein stetiges Feld vorausgesetzt. Zur Bestimmung des

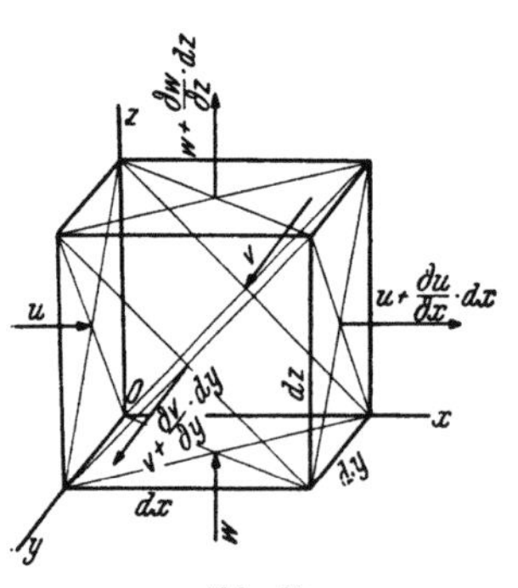

Abb. 51

---

[1]) Jhb. f. Botanik **69** (1928) und **71** (1930).

[2]) Hist. de l'Académie, Berlin 1755 und 1770, in den Abhandlungen der Petersburger Akademie. EULER hat auch die gewöhnliche Methode der Beschreibung der Bewegung eines Massenelements angewendet, die in den Langrangeschen Gleichungen ihren Ausdruck findet. Bezüglich der Ableitung der letzteren wird auf A. SOMMERFELD, Vorlesungen über theoret. Physik, Bd. II, S. 234, hingewiesen.

Druckes und der drei Geschwindigkeitskomponenten u, v und w genügen die drei Bewegungsgleichungen in den Koordinatenrichtungen und die aus der Raumerfüllung sich ergebende Kontinuitätsbedingung. Die Bewegungsgleichungen erhält man durch Gleichsetzung der zeitlichen Impulsänderungen in den Koordinatenrichtungen, mit den in denselben wirkenden Druck- und Massenkräften. Man setzt also in (7) B 2 an Stelle der Null die Impulsänderung und erhält

$$-\frac{\partial p}{\partial x} \cdot dV + \varrho \cdot dV \cdot X = \frac{d}{dt}(\varrho \cdot dV \cdot u) = \varrho \cdot dV \cdot \frac{du}{dt} \tag{1}$$

und weil

$$du = \frac{\partial u}{\partial t} \cdot dt + \frac{\partial u}{\partial x} \cdot dx + \frac{\partial u}{\partial y} \cdot dy + \frac{\partial u}{\partial z} dz, \quad \text{ferner} \quad \frac{dx}{dt} = u, \quad \frac{dy}{dt} = v$$

und $\frac{dz}{dt} = w$ ist, folgt nach Umformung aus (1) für die x-Richtung

$$\frac{\partial u}{\partial t} + u \cdot \frac{\partial u}{\partial x} + v \cdot \frac{\partial u}{\partial y} + w \cdot \frac{\partial u}{\partial z} = X - \frac{1}{\varrho} \cdot \frac{\partial p}{\partial x} \tag{2a}$$

und ähnlich für die beiden anderen Richtungen

$$\frac{\partial v}{\partial t} + u \cdot \frac{\partial v}{\partial x} + v \cdot \frac{\partial v}{\partial y} + w \cdot \frac{\partial v}{\partial z} = Y - \frac{1}{\varrho} \frac{\partial p}{\partial y} \tag{2b}$$

$$\frac{\partial w}{\partial t} + u \cdot \frac{\partial w}{\partial x} + v \cdot \frac{\partial w}{\partial y} + w \cdot \frac{\partial w}{\partial z} = Z - \frac{1}{\varrho} \frac{\partial p}{\partial z}. \tag{2c}$$

Die auf der linken Seite obiger Gleichungen befindliche gesamte Änderung der Geschwindigkeit, der substantielle Differentialquotient, besteht aus dem lokalen Differentialquotienten und den von der Ortsveränderung abhängigen konvektiven Gliedern.

2. Die Kontinuitätsgleichung

Weil im Strömungsbereich Masse weder entstehen noch verschwinden kann, so muß der Unterschied der einem Volumselement zu- und abgeführten Masse gleich sein deren zeitlichen Änderung im Volumselement.

Für die x-Richtung folgt für den obengenannten Unterschied

$$(\varrho u) \cdot dy \cdot dz - \left\{ (\varrho u) + \frac{\partial (\varrho u)}{\partial x} dx \right\} dy \cdot dz = - \frac{\partial (\varrho u)}{\partial x} \cdot dV$$

und ähnlich für die anderen Richtungen

$$- \frac{\partial (\varrho v)}{\partial y} \cdot dV \quad \text{und} \quad - \frac{\partial (\varrho w)}{\partial z} \cdot dV.$$

Die zeitliche Änderung der Masse im Raumelement ist somit

$$dV \cdot \frac{\partial \varrho}{\partial t} = - dV \cdot \left\{ \frac{\partial (\varrho u)}{\partial x} + \frac{\partial (\varrho v)}{\partial y} + \frac{\partial (\varrho w)}{\partial z} \right\}$$

oder

$$\frac{\partial \varrho}{\partial t} + \frac{\partial (\varrho u)}{\partial x} + \frac{\partial (\varrho v)}{\partial y} + \frac{\partial (\varrho w)}{\partial z} = 0. \tag{3}$$

Falls $\varrho = \text{konstant}$ ist (ideale Flüssigkeit), so geht die Kontinuitätsgleichung über in

$$\frac{\partial u}{\partial x} + \frac{\partial v}{\partial y} + \frac{\partial w}{\partial z} = 0. \tag{4}$$

Man nennt den Ausdruck auf der linken Seite in (4) die Divergenz des Vektors $\mathfrak{v}$. Sie kann als der „Fluß" pro Volumseinheit aufgefaßt werden und ist ein Skalar, wie man aus (3) sofort erkennt. Für eine ideale Flüssigkeit ist somit

$$\operatorname{div} \mathfrak{v} = 0. \tag{4a}$$

Durch die Gleichungen (2a, b, c) und (4) ist die Bewegung einer idealen Flüssigkeit vollständig definiert und es sind nun dieselben unter Einhaltung vorgeschriebener Grenzbedingungen zu lösen, d. h. zu integrieren. Die Kontinuität der Raumerfüllung fordert, daß die zur Grenzfläche normale Geschwindigkeitskomponente auf beiden Seiten der Grenze denselben Wert hat und bei ruhenden starren Wänden muß die Flüssigkeit an diesen vorübergleiten, d. h. die Geschwindigkeitskomponente normal zur Wand muß an derselben verschwinden. Ehe zur Integration geschritten wird, sollen einige kinematische Begriffe und ein wichtiger Satz erläutert werden.

3. Bahn- und Stromlinien. Der Satz von Gauß

Die Bahnlinien sind die von den Teilchen zurückgelegten Wege und werden erhalten durch die Integrale der Gleichungen

$$\frac{dx}{dt} = u, \qquad \frac{dy}{dt} = v, \qquad \frac{dz}{dt} = w. \tag{5}$$

Die Stromlinien hingegen sind gedachte Linien dergestalt, daß in jedem Augenblick die Tangentenrichtung in jedem Punkt derselben mit der dortigen Geschwindigkeitsrichtung übereinstimmt. Somit gilt für diese

$$\frac{u}{v} = \frac{dx}{dy}, \qquad \frac{v}{w} = \frac{dy}{dz}, \qquad \frac{w}{u} = \frac{dz}{dx}. \tag{6}$$

Stromlinien und Bahnlinien sind also nicht dasselbe und sie fallen nur bei der stationären, von der Zeit unabhängigen Bewegung zusammen. Man kann sie durch das Lichtbild unterscheiden, wenn man der Flüssigkeit feine lichtabsorbierende Teilchen (Metall u. dgl.) zusetzt und einmal kurz und dann länger belichtet. Im 1. Fall fügen sich die abgebildeten Linienelemente von selbst zu Stromlinien zusammen, während im 2. Fall die Bahnlinien erhalten werden. Ein klassisches Beispiel sind die Bahn- und Stromlinien der Wellenbewegung. Abschnitt J 2 Gl. (8) u. (14).

Man denke sich im stetigen Geschwindigkeitsfeld eine geschlossene Fläche (Abb. 52), die ein bestimmtes Volumen abgrenzen möge. Der Fluß durch diese ist nach C 2 das Volumsintegral

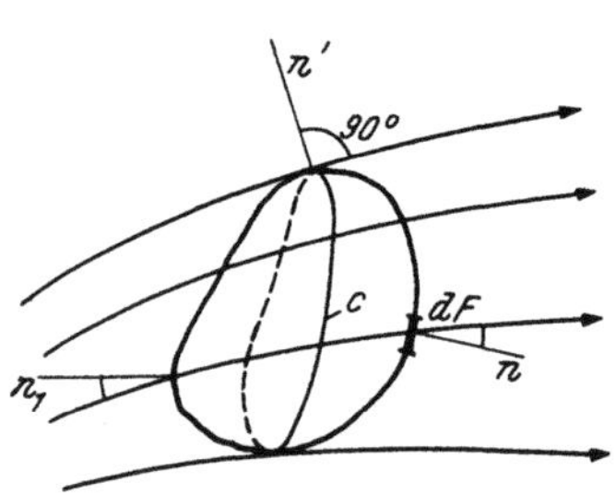

Abb. 52. Zum Gaußschen Satz

$$\int \operatorname{div} \mathfrak{v} \cdot dV = \int \left(\frac{\partial u}{\partial x} + \frac{\partial v}{\partial y} + \frac{\partial w}{\partial z} \right) \cdot dV. \tag{7}$$

Ist der Winkel, den die nach außen gerichtete Normale auf das Flächenelement dF mit der Geschwindigkeit einschließt $(n, \mathfrak{v})$, so kann der Fluß auch durch die Summe der Flüsse durch die Flächenelemente dF dargestellt werden, also durch das Flächenintegral

$$\int dF \cdot \cos(n, \mathfrak{v}) \cdot \mathfrak{v} = \int \mathfrak{v}_n \cdot dF. \tag{8}$$

Es folgt somit der für beliebige Vektoren geltende GAUßsche Integralsatz

$$\int \operatorname{div} \mathfrak{v} \cdot dV = \int \mathfrak{v}_n \cdot dF. \tag{9}$$

Die Begrenzungsfläche wird in allen Punkten, wo $(n, \mathfrak{v}) = 90^0$ ist, von den Stromlinien berührt und die Berührungspunkte liegen auf einer geschlossenen Linie C, die die Begrenzungsfläche in zwei Teile, F_1 und F_2, scheidet und infolge der Bedingung $\int \operatorname{div} \mathfrak{v} \cdot dV = 0$ muß

$$\int\limits^{F_1} \mathfrak{v} \cdot \cos(n\,\mathfrak{v}) \cdot dF = -\int\limits^{F_2} \mathfrak{v} \cdot \cos(n\,\mathfrak{v})\, dF.$$

Denkt man sich ein Stück der Stromröhre dergestalt durch zwei Querschnitte F_1 und F_2 begrenzt, daß die Flächenelemente derselben stets normal zu den Stromlinien stehen (Abb. 53), so muß nach Gauß

$$\int\limits^{F_1} \mathfrak{v} \cdot dF = \int\limits^{F_2} \mathfrak{v} \cdot dF = \text{konstant sein.} \tag{9a}$$

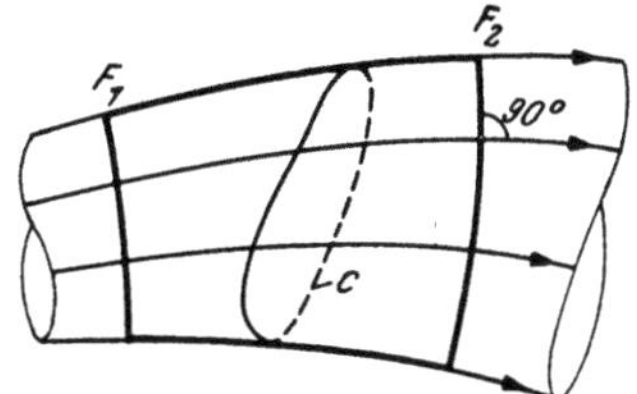

Abb. 53. Zur Kontinuitätsgleichung bei einer Stromröhre

Handelt es sich um eine Stromröhre geringen Querschnitts, um einen Stromfaden, so werden die Querschnitte normal zur Mittellinie gelegt und die Geschwindigkeit kann gleichmäßig verteilt angesetzt werden. Dann folgt die Kontinuitätsgleichung in der Form

$$v_1 F_1 = v_2 F_2 = \text{konstant} = Q, \tag{10}$$

wenn Q der Durchfluß ist.

Somit ist der Durchfluß längs eines Stromfadens konstant. Letzterer kann daher in einer unbegrenzten raumbeständigen Flüssigkeit nur aus dem Unendlichen kommen und nach dem Unendlichen gehen, während er in begrenzten Flüssigkeiten in sich geschlossen sein muß.

4. Integration der Euler-Gleichungen. Begriff der Drehung. Energiesätze

Schreibt man in den Gleichungen (2) für

$$u \cdot \frac{\partial u}{\partial x} = \frac{\partial}{\partial x}\left(\frac{u^2 + v^2 + w^2}{2}\right) - v \cdot \frac{\partial v}{\partial x} - w \cdot \frac{\partial w}{\partial x}$$

$$v \cdot \frac{\partial v}{\partial y} = \frac{\partial}{\partial y}\left(\frac{u^2 + v^2 + w^2}{2}\right) - u \cdot \frac{\partial u}{\partial y} - w \cdot \frac{\partial w}{\partial y}$$

$$w \cdot \frac{\partial w}{\partial z} = \frac{\partial}{\partial z}\left(\frac{u^2 + v^2 + w^2}{2}\right) - u \cdot \frac{\partial u}{\partial z} - v \cdot \frac{\partial v}{\partial z},$$

so folgt mit $u^2 + v^2 + w^2 = |\mathfrak{v}|^2$

$$\frac{\partial u}{\partial t} + \frac{\partial}{\partial x}\left(\frac{|\mathfrak{v}|^2}{2}\right) - v\left(\frac{\partial v}{\partial x} - \frac{\partial u}{\partial y}\right) + w \cdot \left(\frac{\partial u}{\partial z} - \frac{\partial w}{\partial x}\right) = X - \frac{1}{\varrho}\frac{\partial p}{\partial x} \tag{11a}$$

$$\frac{\partial v}{\partial t} + \frac{\partial}{\partial y}\left(\frac{|\mathfrak{v}|^2}{2}\right) - w\left(\frac{\partial w}{\partial y} - \frac{\partial v}{\partial z}\right) + u\left(\frac{\partial v}{\partial x} - \frac{\partial u}{\partial y}\right) = Y - \frac{1}{\varrho}\frac{\partial p}{\partial y} \tag{11b}$$

$$\frac{\partial w}{\partial t} + \frac{\partial}{\partial z}\left(\frac{|\mathfrak{v}|^2}{2}\right) - u\left(\frac{\partial u}{\partial z} - \frac{\partial w}{\partial x}\right) + v\left(\frac{\partial w}{\partial y} - \frac{\partial v}{\partial z}\right) = Z - \frac{1}{\varrho}\frac{\partial p}{\partial z}. \tag{11c}$$

Die schwierige Integration obiger Gleichungen vereinfacht sich in einigen Fällen und ist hiezu die Kenntnis der mit den Geschwindigkeiten multiplizierten

Klammerausdrücke nötig. Es ist bekannt, daß die allgemeinste Bewegung eines starr gedachten Teilchens aus einer Translation (Parallelverschiebung) und einer Drehung um eine Momentanachse besteht. Der Massenpunkt m in Abb. 54 erhält durch die Drehung mit der Winkelgeschwindigkeit ω um die Momentanachse $\mathfrak{u}$ eine Geschwindigkeit mit dem Werte $|\mathfrak{v}| = a \cdot \omega = \delta r \cdot \sin \varphi \cdot \omega$, wobei $\mathfrak{v}$ normal steht zur Ebene, die durch den Radiusvektor δr und die Achse $\mathfrak{u}$ gebildet wird. Jedenfalls kann der Vektor $\mathfrak{v}$ als das vektorielle oder äußere Produkt der Vektoren $\mathfrak{u}$ ($\mathfrak{u}_x$, $\mathfrak{u}_y$, $\mathfrak{u}_z$) und $\mathfrak{r}$ (x, y, z) angesehen werden, also $\mathfrak{v} = [\mathfrak{u} \cdot \mathfrak{r}]$ gesetzt werden, wenn die eckigen Klammern das Vektorprodukt symbolisieren. $\mathfrak{u}$ ist ein axialer Vektor, der durch einen Drehpfeil um die Achse dargestellt wird. Die positive Richtung soll so gewählt werden, daß in dieser Blickrichtung die Drehung im Uhrzeigersinn verläuft. Der absolute Wert $|\mathfrak{u}| = \omega$ und für die Komponenten folgt $|\mathfrak{u}_x| = \omega_x$, $|\mathfrak{u}_y| = \omega_y$ und $|\mathfrak{u}_z| = \omega_z$.

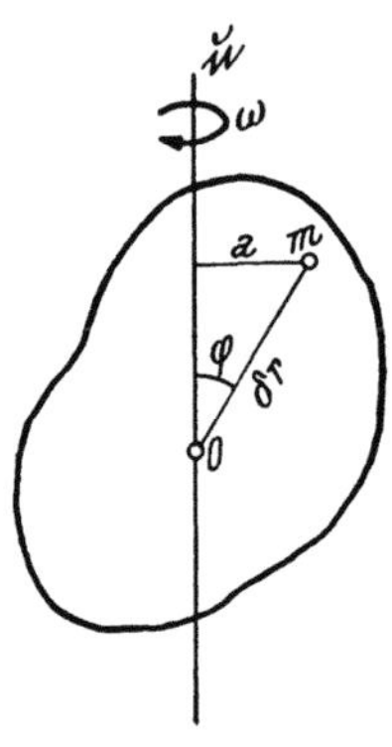

Abb. 54. Zur Drehung

Nach den Regeln der Vektorrechnung ergeben sich die aus der Drehung folgenden Geschwindigkeitskomponenten mit

$$u = [\mathfrak{u} \cdot \mathfrak{r}]_x = \mathfrak{u}_y \cdot z - \mathfrak{u}_z \cdot y$$

$$v = [\mathfrak{u} \cdot \mathfrak{r}]_y = \mathfrak{u}_z \cdot x - \mathfrak{u}_x \cdot z$$

$$w = [\mathfrak{u} \cdot \mathfrak{r}]_z = \mathfrak{u}_x \cdot y - \mathfrak{u}_y \cdot x.$$

Aus diesen Gleichungen findet man

$$\frac{\partial w}{\partial y} = \mathfrak{u}_x \text{ und } \frac{\partial v}{\partial z} = - \mathfrak{u}_x,$$

so daß

$$2\,\mathfrak{u}_x = \frac{\partial w}{\partial y} - \frac{\partial v}{\partial z} = \mathrm{rot}_x\,\mathfrak{v} \tag{12a}$$

und durch zyklische Vertauschung

$$2\,\mathfrak{u}_y = \frac{\partial u}{\partial z} - \frac{\partial w}{\partial x} = \mathrm{rot}_y\,\mathfrak{v} \tag{12b}$$

$$2\,\mathfrak{u}_z = \frac{\partial v}{\partial x} - \frac{\partial u}{\partial y} = \mathrm{rot}_z\,\mathfrak{v}. \tag{12c}$$

Ähnlich den Stromlinien kann man sich in jedem Augenblick der Bewegung Linien dergestalt gezogen denken, daß die geometrische Tangente mit der Momentanachse der Drehung im Berührungspunkt zusammenfällt. Diese Wirbellinien sind dann gegeben durch die Gleichungen

$$\mathfrak{u}_x \cdot dy = \mathfrak{u}_y \cdot dx, \quad \mathfrak{u}_y\, dz = \mathfrak{u}_z \cdot dy, \quad \mathfrak{u}_z\, dx = \mathfrak{u}_x \cdot dz.$$

Denkt man sich durch eine geschlossene Linie Wirbellinien gelegt, so umschließen sie eine Wirbelröhre, und es gilt für eine solche genügend kleinen Querschnitts, einen Wirbelfaden, ein ähnlicher Satz wie in C 2 für den Fluß. Schreibt man in (9) für $\mathfrak{v}$ die Drehung $\mathfrak{u}$ so folgt mit denselben Überlegungen und weil div $\mathfrak{u} = 0$ ist, wie leicht durch Ausführung der Operation zu beweisen ist, analog (9a)

$$\int \mathfrak{u} \cdot dF = \text{konstant} \tag{13}$$

längs eines Wirbelfadens.

Setzt man nun die Ausdrücke (12a, b, c) in die Gleichungen (11) ein, so folgt

$$\frac{\partial u}{\partial t} + \frac{\partial}{\partial x}\left(\frac{|\mathfrak{v}|^2}{2} + \frac{p}{\varrho}\right) - 2\,v\,\mathfrak{u}_z \;\; + 2\,w\cdot\mathfrak{u}_y = X \tag{14a}$$

$$\frac{\partial v}{\partial t} + \frac{\partial}{\partial y}\left(\frac{|\mathfrak{v}|^2}{2} + \frac{p}{\varrho}\right) - 2\,w\cdot\mathfrak{u}_x + 2\,u\cdot\mathfrak{u}_z = Y \tag{14b}$$

$$\frac{\partial w}{\partial t} + \frac{\partial}{\partial z}\left(\frac{|\mathfrak{v}|^2}{2} + \frac{p}{\varrho}\right) - 2\,u\cdot\mathfrak{u}_y + 2\,v\cdot\mathfrak{u}_x = Z, \tag{14c}$$

so daß unter Beachtung der obigen Vektorregel für die Komponenten eines Vektorproduktes die Gleichungen (14) zusammengefaßt werden können in

$$\frac{\partial \mathfrak{v}}{\partial t} + \operatorname{grad}\left(\frac{|\mathfrak{v}|^2}{2} + \frac{p}{\varrho}\right) - [2\,\mathfrak{v}\cdot\mathfrak{u}] = \mathfrak{P}. \tag{15}$$

Hat die Massenkraft $\mathfrak{P}$ ein Potential Ω, so daß $\mathfrak{P} = -\operatorname{grad}\Omega$, und ist die Bewegung stationär, d. h. von der Zeit unabhängig, so folgt

$$\operatorname{grad}\left(\frac{|\cdot|^2}{2} + \frac{p}{\varrho} + \Omega\right) = [2\,\mathfrak{v}\cdot\mathfrak{u}] = \mathfrak{t}. \tag{16}$$

Der Vektor $\mathfrak{t}$, der die Translation des Wirbelvektors $\mathfrak{u}$ mißt und gleich ist dem Energiedichtegradienten, wird nach L. Flamm als Translator bezeichnet.

Aus (16) ist zu ersehen, daß die Niveauflächen der Energie, auf welchen der Energiegradient[1]) senkrecht steht, eine Schar von Flächen sind, die aus Strom- und Wirbellinien gebildet werden (Abb. 55). Für die ideale Flüssigkeit ist $\mathfrak{u} = 0$, somit verschwindet $\mathfrak{t}$ und man erhält

$$\frac{|\mathfrak{v}|^2}{2} + \frac{p}{\varrho} + \Omega = \text{konstant.} \tag{17}$$

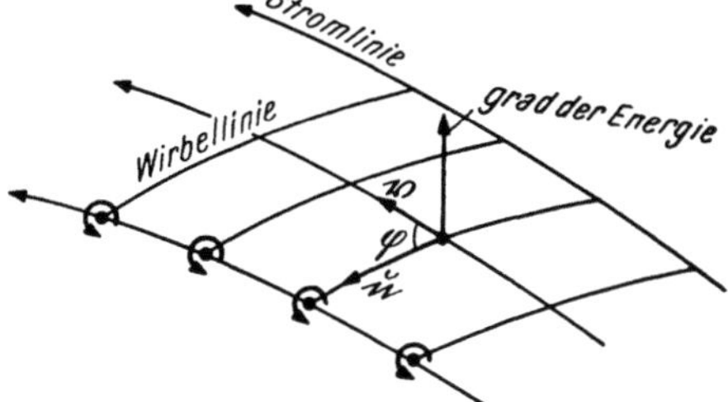

Abb. 55. Zur Energie-Niveaufläche

Dies ist die wichtigste Gleichung der Bewegung idealer Flüssigkeit und besagt daß die Summe von kinetischer Energie, Druckenergie und potentieller Energie in jedem Punkt eines durchströmten Raumes konstant ist[2]). Dieser Satz wird als das Bernoullische Gesetz bezeichnet.

Die rechte Seite von (16) verschwindet aber auch, wenn Strom- und Wirbellinien zusammenfallen. Somit kann sich die Gesamtenergie nur ändern, wenn diese Linien nicht zusammenfallen, also Energieniveauflächen existieren. Die Änderung der Gesamtenergie ist dann beim Übergang von einer Niveaufläche zur nächsten im Abstand dn gelegenen das skalare Produkt

$$dn\cdot\operatorname{grad}\left(\frac{|\mathfrak{v}|^2}{2} + \frac{p}{\varrho} + \Omega\right) = dn\,[2\,\mathfrak{v}\cdot\mathfrak{u}] = dE. \tag{18}$$

Für alle Stromlinien jedoch, die innerhalb einer Energieniveaufläche gelegen sind, ist die Summe der Gesamtenergie konstant.

---

[1]) MAGYAR, F.: Geometrie der Wirbelströmung, Anz. d. Österr. Akad. d. Wiss., Math. naturwiss. Kl. 1949, Nr. 2.
HEINRICH, G.: Anz. d. Akad. d. Wiss., Wien 1950, Nr. 4.
[2]) Für einen flüssigen Faden wurde dies von DANIEL BERNOULLI schon 1738 ausgesprochen.

Nimmt man die absoluten Beträge, so folgt aus (18)

$$\frac{dE}{dn} = -2\,\omega \cdot |\mathfrak{v}| \cdot \sin\varphi, \qquad (19)$$

wenn n die Normalenrichtung der Flächen $E=$ konstant ist und φ den von den Vektoren $\mathfrak{u}$ und $\mathfrak{v}$ eingeschlossenen Winkel darstellt. Die Geschwindigkeit, mit der ein Wirbelfaden normal zu seiner Richtung auf der Fläche $E=$ konstant fortschreitet, ist $|\mathfrak{v}| \cdot \sin\varphi$.

Ist die Strömung einer idealen Flüssigkeit drehungsfrei, also $\mathfrak{u}=0$, so existiert eine Funktion $\Phi\,(x,\,y,\,z)$, deren Ableitungen nach den Koordinatenrichtungen die Geschwindigkeitskomponenten sind

$$u = \frac{\partial\Phi}{\partial x} \qquad v = \frac{\partial\Phi}{\partial y} \qquad w = \frac{\partial\Phi}{\partial z}. \qquad (20)$$

Somit ist

$$u \cdot dx + v \cdot dy + w\,dz = d\,\Phi \qquad (21)$$

und Φ wird als Geschwindigkeitspotential bezeichnet.

Ferner folgt aus (15) nach Multiplikation mit $\mathfrak{v}$ für die drehungsfreie Bewegung

$$\varrho \cdot \mathfrak{v} \cdot \frac{\partial\mathfrak{v}}{\partial t} + \mathfrak{v}\,\mathrm{grad}\,\frac{\varrho\,|\mathfrak{v}|^2}{2} + \mathfrak{v} \cdot \mathrm{grad}\,p = -\varrho\,\mathfrak{v} \cdot \mathrm{grad}\,\Omega \qquad (22)$$

oder

$$\frac{d}{dt}\frac{\varrho\,|\mathfrak{v}|^2}{2} + \frac{d}{dt}\varrho \cdot \Omega + \mathfrak{v} \cdot \mathrm{grad}\,p = 0$$

und über das ganze Volumen des Flüssigkeitsbereiches genommen gilt

$$\frac{d}{dt}\int\frac{\varrho\,|\mathfrak{v}|^2}{2} \cdot dV + \frac{d}{dt}\int\varrho \cdot \Omega \cdot dV + \int\mathfrak{v} \cdot \mathrm{grad}\,p \cdot dV = 0. \qquad (23)$$

Nun ist

$$\mathrm{div}\,(p \cdot \mathfrak{v}) = \frac{\partial}{\partial x}\,(p\,u) + \frac{\partial}{\partial y}\,(p\,v) + \frac{\partial}{\partial z}\,(p\,w) = p\,\mathrm{div}\,\mathfrak{v} + \mathfrak{v} \cdot \mathrm{grad}\,p \qquad (24)$$

wie man sich leicht durch ausrechnen überzeugen kann, so daß

$$\mathfrak{v} \cdot \mathrm{grad}\,p = \mathrm{div}\,(p \cdot \mathfrak{v}) - p \cdot \mathrm{div}\,\mathfrak{v}$$

Mit Berücksichtigung des GAUßschen Satzes folgt dann aus (23)

$$\frac{d}{dt}\int\frac{\varrho\,|\mathfrak{v}|^2}{2}\,dV + \frac{d}{dt}\int\varrho\,\Omega \cdot dV - \int p\,\mathfrak{v}_n \cdot dO - \int p\,\mathrm{div}\,\mathfrak{v} \cdot dV = 0.$$

In dieser Gleichung bedeutet

$$\int\frac{\varrho\,|\mathfrak{v}|^2}{2}\,dV = E_k = \text{kinetische Energie}$$

$$\int\varrho\,\Omega \cdot dV = E_p = \text{potentielle Energie und}$$

$$\int p \cdot \mathfrak{v}_n \cdot dO = \frac{dA}{dt} = \text{Arbeit der auf den Begrenzungsflächen wirkenden Druck-}$$

kräfte pro Zeiteinheit. Ferner ist nach G. Heinrich[1])

$$-\int p\,\mathrm{div}\,\mathfrak{v} \cdot dV = \frac{d}{dt}\int p \cdot dV = \frac{d}{dt}E_D,$$

wenn E_D die Druckenergie bedeutet.

---

[1]) HEINRICH, G.: Z. A. M. M. 1952.

Somit folgt

$$d\left(E_k + E_p + E_D\right) = d A \tag{25}$$

und es ist die Änderung der Strömungsenergie gleich der Arbeit, die von den an der Oberfläche wirkenden Druckkräften geleistet wird. Die durch ein Flächenelement df in der Zeit dt transportierte Energie[1]), der „Energiefluß", beträgt

$$dE = (\mathfrak{S}\,df)\cdot dt$$

und in vorliegendem Fall ist für den Energietransportvektor $\mathfrak{S}$ zu setzen

$$\mathfrak{S} = \left(\frac{p}{\varrho} + \frac{|\mathfrak{v}|^2}{2} + \Omega\right)\cdot \varrho\cdot\mathfrak{v}.$$

Ferner sei bemerkt, daß die räumliche momentane Bewegung sich zusammensetzt aus jener in der durch drei benachbarte Punkte der Stromlinie gelegten Schmiegeebene (Tangente und Normale enthaltend) und in der Binormalen, die auf dieser Ebene senkrecht steht. Werden die bezüglichen Richtungen mit s, n und m bezeichnet und die zugehörigen Geschwindigkeiten mit v, v_n und v_m, so folgt

$$\frac{\partial v}{\partial t} + \frac{\partial}{\partial s}\left(\frac{v^2}{2}\right) = -\frac{\partial}{\partial s}\left(\Omega + \frac{p}{\varrho}\right) \tag{26a}$$

$$\frac{\partial v_n}{\partial t} + \frac{v^2}{r} = -\frac{\partial}{\partial n}\left(\Omega + \frac{p}{\varrho}\right) \tag{26b}$$

$$\frac{\partial v_m}{\partial t} = -\frac{\partial}{\partial m}\left(\Omega + \frac{p}{\varrho}\right), \tag{26c}$$

wobei r der Krümmungsradius der momentanen Stromlinie ist. Bei einer stationären ebenen Bewegung geht aus den übrigbleibenden Gleichungen (26a und b) hervor

$$\frac{\partial}{\partial s}\left\{\frac{\partial}{\partial n}\left(\frac{v^2}{2}\right)\right\} = \frac{\partial}{\partial s}\left(\frac{v^2}{r}\right)$$

oder

$$\frac{\partial v}{\partial n} = \frac{v}{r}$$

und somit

$$v = v_0\cdot e^{\int \frac{dn}{r}} \tag{27}$$

Die zwischen zwei Stromlinien fließende Wassermenge ist

$$q = v_0\int e^{\int \frac{dn}{r}}\cdot dn$$

Gleichung (27) im Verein mit dem Bernoulli-Gesetz

$$\frac{v^2}{2} + \Omega + \frac{p}{\varrho} = \text{constant}$$

sind wertvolle Hilfsmittel zur Konstruktion und Kontrolle des Orthogonalnetzes der Strom- und Potentiallinien[2]).

Endlich sei noch der relativen Bewegung auf der rotierenden Erde gedacht (Atmosphäre, Wasserläufe), bei welcher die CORIOLIS-Beschleunigung zu berücksichtigen ist

$$\mathfrak{b}_c = 2\left[\mathfrak{u}\cdot\mathfrak{v}\right]$$

[1]) HEINRICH, G.: Z. A. M. M. 1952.
[2]) FLÜGEL, G.: Zschft. f. d. ges. Turbinenwesen 1915.
SPANNHAKE, W.: Kreiselräder als Pumpen u. Turbinen, Berlin 1931.

Sie ist das doppelte Vektorprodukt des axialen Vektors der Erddrehung $\mathfrak{u}$ und des polaren Geschwindigkeitsvektors $\mathfrak{v}$ mit dem Betrag

$$|\mathfrak{b}_c| = 2\,\omega \cdot v \cdot \sin\varphi$$

wenn φ die geographische Breite und $\omega = |\mathfrak{u}| \sim 7{\cdot}272 \cdot 10^{-5}$ sec $^{-1}$ die Winkelgeschwindigkeit darstellen.

Die Coriolis-Kraft

$$\mathfrak{K} = -m \cdot \mathfrak{b}_c = 2\,m\,[\mathfrak{v} \cdot \mathfrak{u}]$$

bildet mit der Geschwindigkeit und der Drehachse ein Rechtssystem (wie das Englische Koordinatensystem; y-Achse nach rückwärts weisend). Es muß also $\mathfrak{K}$ eine solche Richtung haben, daß von dessen Spitze aus gesehen $\mathfrak{v}$ nach $\mathfrak{u}$ durch eine dem Uhrzeigersinn entgegengesetzte Drehung übergeführt wird, so daß in der Horizontebene beim Blicken in der $\mathfrak{v}$-Richtung $\mathfrak{K}$ nach rechts gerichtet ist. Wind und Wasser werden deshalb auf der nördlichen Halbkugel nach rechts, auf der südlichen aber nach links abgelenkt. Durch diese ablenkende Kraft, die z. B. dem Druckgradienten in einem Tiefgebiet (Cyklone) entgegengesetzt wirkt, wird dessen rasche Auffüllung verhindert und die charakteristische Spiralströmung herbeigeführt. Bei einem Wasserlauf mit der Strömungsgeschwindigkeit $v = 200$ cm/sec und $\varphi = 48^0$ (geographische Breite von Wien) beträgt $|\mathfrak{b}_c| \sim 1{\cdot}16 \cdot 10^{-2}$ cm . sec $^{-2}$ und hat somit gegenüber der Schwerebeschleunigung einen recht geringen Wert. Bei den gewöhnlichen Krümmungsverhältnissen unserer Wasserläufe werden aber auch die aus der krummlinigen Bewegung stammenden Wirkungen jene aus der Erddrehung bei weitem übertreffen.

D. Eindimensionale Flüssigkeitsbewegung. Stromfadentheorie

Ist die Integration der in C 4 entwickelten Bewegungsgleichungen nicht einfach, so steigert sich die Schwierigkeit bei den zähen wirklichen Flüssigkeiten derart, daß in vielen Fällen eine exakte Lösung kaum zu erwarten ist. Dieser Umstand und der dringende Bedarf der Hydrotechnik nach brauchbaren Näherungslösungen hat insbesondere für die Leitung des Wassers in geschlossenen und offenen Gerinnen die eindimensionale „hydraulische“ Betrachtungsweise zur Entwicklung gebracht. Jede Leitung, längs welcher Stromlinien verlaufen, kann im Sinne der Darlegungen in C 3 als Stromröhre angesehen werden, deren Wände bei geschlossenen Leitungen, aus festem Material bestehen, bei offenen Leitungen zum Teil durch die freie Oberfläche gebildet werden. In jedem Querschnitt, der senkrecht zur Mittellinie des Stromfadens gelegt wird, herrscht der gleiche Durchfluß $Q = F \cdot v$ nach (10) in C 3 und dieser erfolgt also mit einer mittleren Geschwindigkeit $v = \dfrac{Q}{F}$, die der Rechnung zugrunde gelegt wird, als ob die durch den Querschnitt fließende Scheibe starr wäre.

I. Von der Zeit unabhängige oder stationäre Bewegung

1. Kontinuitäts- und Bewegungsgleichung. Bernoullisches Gesetz

Das in Abb. 56 dargestellte Stromfadenstück $abcd$ möge in der Zeit dt nach $a_1\,b_1\,c_1\,d_1$ gelangen. Dann müssen die schraffiert dargestellten zylindrischen Räume

$a\,a_1\,d_1\,d$ und $b\,b_1\,c_1\,c$ gleichen Inhalt haben oder es muß $F_1 \cdot v_1 \cdot dt = F_2 \cdot v_2\,dt$ sein, woraus der gleiche Durchfluß

$$F_1 \cdot v_1 = F_2 \cdot v_2 = Q \tag{1}$$

hervorgeht (Kontinuitätsgleichung). Die Querschnitte sind beliebig gewählt worden, also gilt (1) für alle.

In Abb. 57 sei wieder eine Stromröhre mit der Mittellinie dargestellt und durch zwei normal, zu letzterer im Abstand ds, geführte Schnitte die erstarrt gedachte Scheibe mit dem Schwerpunkt n herausgeschnitten. Auf diese wirkt in der Fließrichtung die Massenkraft $\varrho \cdot g \cdot F \cdot ds \cdot \cos\varphi$ und auf die Querschnitte und Wand die Drücke

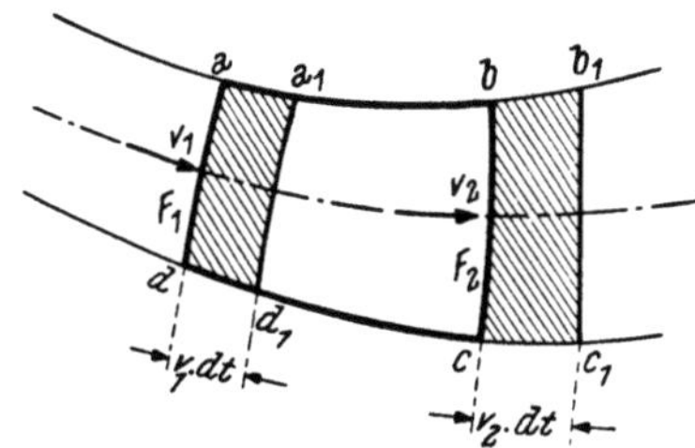

Abb. 56

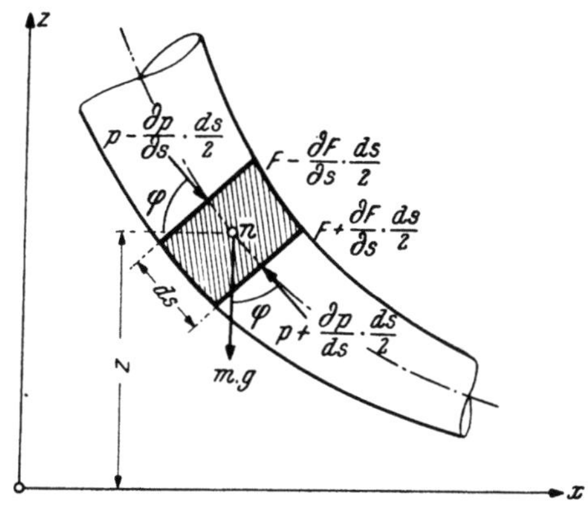

Abb. 57. Zur Ableitung der Euler-Gleichung für den Stromfaden

$$\left(F - \frac{\partial F}{\partial s}\,\frac{ds}{2}\right)\left(p - \frac{\partial p}{\partial s}\,\frac{ds}{2}\right) - \left(F + \frac{\partial F}{\partial s}\,\frac{ds}{2}\right)\left(p + \frac{\partial p}{\partial s}\,\frac{ds}{2}\right) + p\,\frac{\partial F}{\partial s}\,ds = -F \cdot \frac{\partial p}{\partial s}\,ds.$$

Setzt man die Summe aller Kräfte gleich Masse mal Beschleunigung, so folgt mit

$$\cos\varphi = -\frac{dz}{ds}$$

$$\varrho \cdot F\,ds\,\frac{dv}{dt} = -F \cdot \frac{\partial p}{\partial s} \cdot ds - \varrho \cdot g \cdot F\,ds \cdot \frac{\partial z}{\partial s}$$

oder auf die Masseneinheit bezogen

$$\frac{dv}{dt} = \frac{\partial v}{\partial t} + v \cdot \frac{\partial v}{\partial s} = -\frac{1}{\varrho}\,\frac{\partial p}{\partial s} - g \cdot \frac{\partial z}{\partial s} \tag{2}$$

und durch Integration ergibt sich mit der beliebigen Funktion $f(t)$

$$\int \frac{\partial v}{\partial t} \cdot ds = -\left(\frac{v^2}{2} + \frac{p}{\varrho} + g\,z\right) + f(t). \tag{3}$$

Ist die Bewegung stationär, so folgt unmittelbar

$$\frac{v^2}{2} + \frac{p}{\varrho} + g\,z = \text{konstant} = c \tag{4}$$

das schon genannte Bernoullische Gesetz der Konstanz der Summe aller Energien längs eines Stromfadens. Dividiert man (4) durch g, so werden alle Glieder von (4) in meßbare Höhen verwandelt und man hat

$$\frac{v^2}{2g} + \frac{p}{\varrho g} + z = \text{konstant}, \tag{5}$$

d. h., daß längs jedes Stromfadens die Summe aus Geschwindigkeitshöhe, Druckhöhe und potentieller Höhe konstant ist[1]).

Wie (5) zu verstehen ist, geht aus Abb. 58 hervor, in der eine Stromröhre mit
wechselndem Querschnitt dargestellt ist. Auf die Mittellinie normal stehen die
Querschnitte in I, II und III, deren Spuren die Mittellinie in den Schwerpunkten
s_1, s_2 usw. schneiden. Durch diese Querschnitte erfolgt der Durchfluß mit den
mittleren Geschwindigkeiten $v_1 = \dfrac{Q}{F_1}$ usw. Denkt man sich in den Schwerpunkten Standröhren gesetzt (Piezometer), so wird die Wassersäule die Höhe
$\dfrac{p_1}{\gamma}$, $\dfrac{p_2}{\gamma}$ usw. über diesen aufweisen. Bezieht man weiters die Schwerpunkts-
höhen auf ein beliebig wählbares Niveau durch z_1, z_2 usw., so ist

$$z_1 + \frac{p_1}{\gamma} + \frac{v_1^2}{2g} = z_2 + \frac{p_2}{\gamma} + \frac{v_2^2}{2g} = z_3 + \frac{p_3}{\gamma} + \frac{v_3^2}{2g} = H_e = \text{konstant.}$$

Die Energiehöhe H_e ist ein Maß des Energiegehaltes, der sich bei den gemachten
Voraussetzungen nicht ändern darf. Es liegt eine verlustlose Strömung vor.

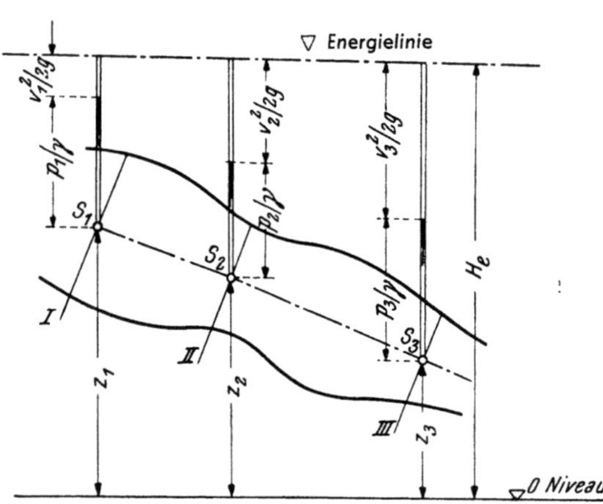

Abb. 58. Das Gesetz von BERNOULLI

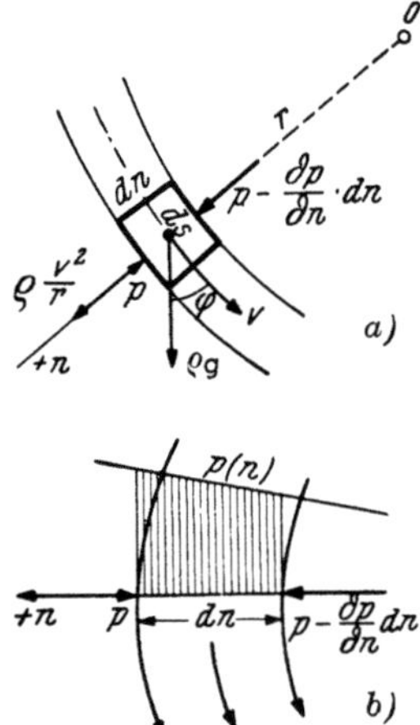

Abb. 59. a) Einfluß der Krüm-
mung. b) Druckanstieg quer zur
Stromlinie nach der konvexen
Seite

Außer in der Richtung der Mittellinie der *gekrümmten* Stromröhre wirken zu
dieser auch senkrecht Kräfte, die bei stationärer Strömung sich das Gleichgewicht
halten müssen.

In Abb. 59 sind die gekrümmten Stromlinien einer ebenen Strömung dargestellt.
Auf die Masse $\varrho \cdot dn \cdot ds \cdot 1$ wirkt die Fliehkraft $\varrho \cdot \dfrac{v^2}{r} \cdot dn\, ds \cdot 1$, die Druckkraft

$$\left\{ p - \left(p + \frac{\partial p}{\partial n} \cdot dn \right) \right\} \cdot ds \cdot 1$$

und aus der Schwere die Komponente $\varrho g \sin \varphi \cdot ds\, dn \cdot 1$, wenn die positive
Richtung vom Krümmungsmittelpunkt 0 zur betrachteten Masse genommen wird.

---

[1]) Es ist bemerkenswert, daß D. BERNOULLI (1700—1782) diese Erkenntnis 1738 in
seinem in Straßburg erschienenen Werk Hydrodynamica 17 Jahre vor dem Erscheinen der
Eulerschen Gleichung (1755) veröffentlicht hat. Nach A. SOMMERFELD muß seine Schlußweise als Vorwegnahme des Energieerhaltungsgesetzes angesehen werden (Theoret. Physik,
Bd. II).

Es herrscht also Gleichgewicht, wenn

$$+ \varrho\,\frac{v^2}{r} - \frac{\partial p}{\partial n} + \varrho\,g\sin\varphi = 0. \tag{5a}$$

Ist der Krümmungsradius waagrecht, also $\varphi = 0$, oder der Einfluß der Schwere ausgeschaltet, so wird

$$\frac{\partial p}{\partial n} = \varrho \cdot \frac{v^2}{r}$$

und es ergibt sich somit der Druckanstieg infolge Krümmung quer zur Stromlinie nach der konvexen Seite hin (Abb. 59b). Der Druck ist dann nicht mehr statisch verteilt, also nicht mehr linear mit der Tiefe unter dem Spiegel wachsend.

2. Anwendungen des Bernoullischen Gesetzes

a) Druckmessung, Drucksonden, Pitot- und Staurohre

Das Bernoullische Gesetz erlaubt die mannigfaltigste praktische Anwendung, wenn man vorerst imstande ist, Drücke bzw. Druckdifferenzen richtig zu messen. Denn es besteht hier die Schwierigkeit gewöhnlich darin, daß die Strömung durch Einführung des Meßrohres (Sonde) gerade dort gestört wird, wo man den Druck messen will. Wenn die Strömung an einer glatten ebenen Wand vorbeigeht, so genügt eine feine Bohrung in der

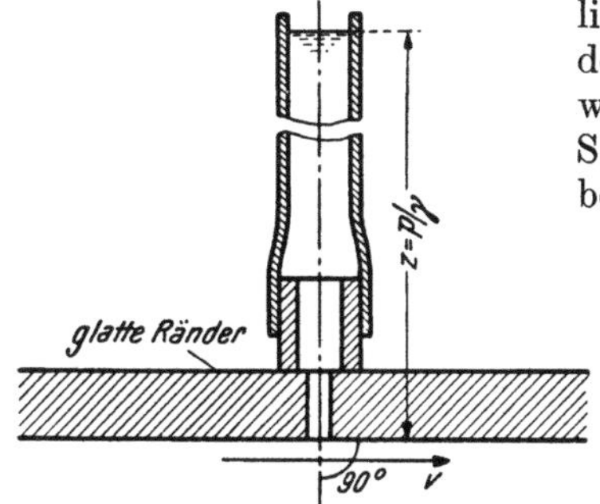

Abb. 60. Druckmessung an der Wand

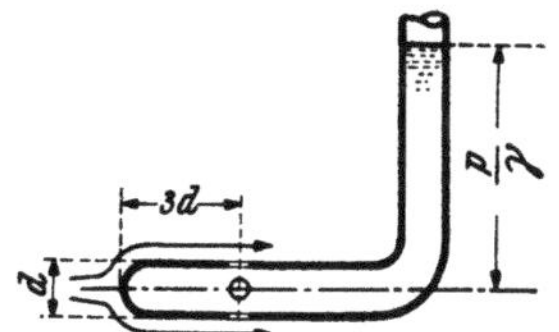

Abb. 61. Drucksonde

Wand, deren Rand keine Unregelmäßigkeiten haben darf, also glatt sein muß, um den Druck vor der Wand richtig zu messen (Abb. 60). Die Bohrung muß normal auf die Wand gerichtet sein, weil sonst ein zu großer oder zu kleiner Druck durch die abzulesende Druckhöhe $z = \frac{p}{\gamma}$ angegeben wird, je nachdem die Bohrung mit der Geschwindigkeit einen kleineren oder größeren Winkel als 90° einschließt.

Um den Druck in einem Punkte im Inneren der Flüssigkeit zu messen, bedient man sich der Drucksonde (Abb. 61). Diese ist ein rechtwinklig abgebogenes Rohr mit Eintrittsöffnungen im kurzen waagrechten Schenkel, die mindestens in der Entfernung des dreifachen Durchmessers vom ogivalen Ende liegen müssen. Das der Strömung zugekehrte Ende muß eine günstige Form[1]) erhalten und hat sich als solche jene herausgestellt, die man aus der Überlagerung von Quelle und Parallelströmung erhält (siehe Abschnitt H III 3). Es ist dann nach Abb. 62

$$r_{10} = \sqrt{\frac{c}{v} \cdot \frac{1}{\sin\frac{\alpha}{2}}}, \text{ also } \frac{d}{2} = 2\sqrt{\frac{c}{v}} \text{ und } x_0 = \sqrt{\frac{c}{v}} = \frac{d}{4},$$

---

[1]) BLASIUS, H.: Über verschiedene Formen Pitotscher Röhren, Zentralblatt der Bauverwaltung 1909.

wenn $4\pi c$ die Ergiebigkeit der Quelle ist. Die Störung Δ des Druckes p_0 verläuft an der Oberfläche des Staukörpers nach der Gleichung

$$\Delta = 2 \cdot \frac{p - p_0}{\varrho \cdot v^2} = \sin^2 \frac{\alpha}{2}\left(2 - 3\sin^2 \frac{\alpha}{2}\right) \text{ und das erstrebenswerte } 2\,\frac{p - p_0}{\varrho\, v^2} = 0$$

ergibt sich für $\sin \dfrac{\alpha}{2} = \sqrt{\dfrac{2}{3}}$, somit für $\alpha \sim 109^0\ 20'$ und für $\alpha = 0$. Letzterer Fall läßt sich nicht verwirklichen und kleine Abweichungen von $109^0\ 20'$ ergeben schon erhebliche Fehler. In der Entfernung $x + x_0 \sim 3\,d$ von der Spitze ist der Fehler, der durch den Stau erzeugt wird nur mehr $\Delta \sim 0\text{·}015$.

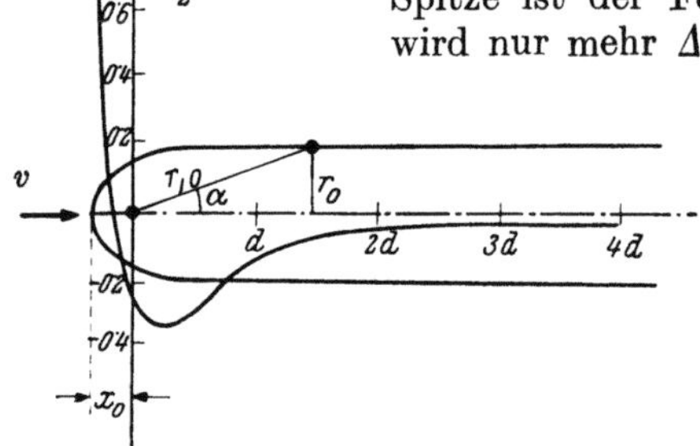

Abb. 62. Druckverteilung an der Drucksonde

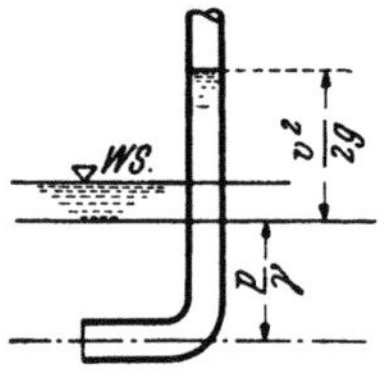

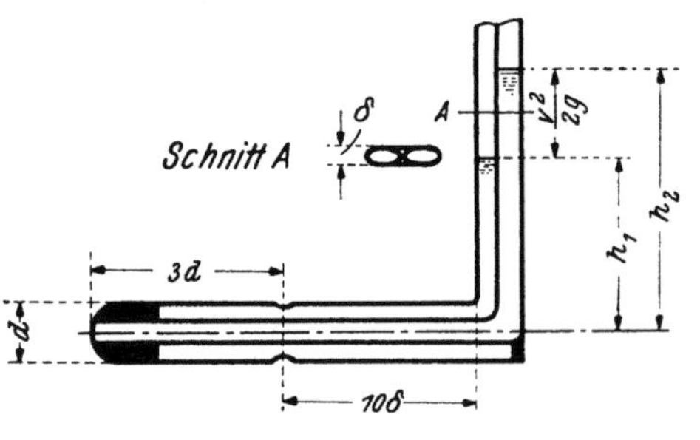

Abb. 63. Pitotsche Röhre

Setzt man ein rechtwinklig gebogenes Rohr (Abb. 63) dergestalt in bewegtes Wasser, daß das offene Ende normal zur Strömungsrichtung liegt, so steigt der Spiegel im senkrechten Schenkel auf ein Niveau, das um $\dfrac{p}{\gamma} + \dfrac{v^2}{2\,g}$ über dem Schwerpunkt der Eintrittsöffnung gelegen ist. Mit dieser Pitotschen[1]) Röhre kann somit der *Gesamtdruck* $p + \varrho\,\dfrac{v^2}{2}$ gemessen werden, der durch die *statische Druckhöhe* $\dfrac{p}{\gamma}$ und die *dynamische Druckhöhe* $\dfrac{v^2}{2\,g}$ angegeben wird. Allerdings gilt dies nur, wenn die Stromlinien keine Krümmung aufweisen, also statische Druckverteilung in der Lotrechten herrscht.

Kennt man den dynamischen oder Staudruck und den statischen Druck, so kann die Geschwindigkeit ermittelt werden. Hiezu dienen die verschiedenen Staurohre, von denen jenes von L. Prandtl[2]) besonders hervorzuheben ist (Abb. 64). Diese Vorrichtung ist eine sinnreiche Kombination des Pitotrohres mit der einfachen Drucksonde, so daß die Differenz

Gesamtdruckhöhe h_2 — statische Druckhöhe $h_1 = \dfrac{v^2}{2\,g}$

Abb. 64. Prandtls Staurohr

<hr>

[1]) Diese Erfindung hat Pitot 1732 der Akademie zu Paris vorgelegt. Siehe Mémoires de l'acad. roy. des sciences.

[2]) Abriß der Strömungslehre 1913. Ein Staurohr von Düsenform ist schon von Darcy entwickelt worden.

sofort abgelesen werden kann. Wie aus Abb. 65 hervorgeht, macht sich ein Fehler durch den Stau des vertikalen Schenkels (zugleich Haltestiel) geltend, der in der zu beachtenden Entfernung von 8 bis 10 δ vor dem Stiele sehr klein wird. δ ist die Dicke des letzteren (H IV 4).

Wenn nun bei der Nachprüfung des Bernoullischen Gesetzes mittels der erhaltenen Messungswerte immer eine mehr oder weniger große Abweichung von der Wirklichkeit erhalten wird, so liegt dies darin begründet, daß die wirklichen Flüssigkeiten sich infolge der Reibung etwas anders verhalten wie die zugrunde gelegte ideale Flüssigkeit.

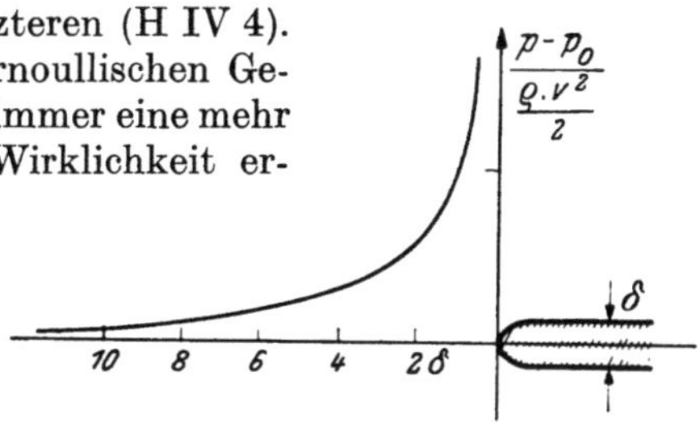

b) Venturimeter, Staudüsen und Stauflansche

Abb. 65. Druckverteilung vor dem lotrechten Schenkel des Prandtl'schen Staurohres

Die Anwendung des Bernoullischen Gesetzes zur Wassermessung mittels Venturimeters geht auf Cl. Herschel[1]) zurück. Das Prinzip dieser Vorrichtung besteht in der Schaffung einer Einschnürung des Querschnitts und Messung des Druckes vor und im Einschnürungsquerschnitt. Weil die bei der Messung auftretenden Verluste vornehmlich auf die Mischung hinter der Einschnürung zurückzuführen sind, hat man der Formgebung des Überganges zum normalen Querschnitt ein besonderes Augenmerk zugewendet. In der Abb. 66 ist ein solches Venturimeter im Schnitt dargestellt, aus dem die Düsenform vor der Einschnürung und der allmähliche Übergang zum Normalquerschnitt zu entnehmen sind. Die Bernoullische Gleichung lautet für das waagrecht gelagerte Rohr (Meßquerschnitte I und II)

$$\frac{p_1}{\gamma} + \frac{v_1^2}{2g} = \frac{p_2}{\gamma} + \frac{v_2^2}{2g},$$

woraus mit

$$v_1 = \frac{v_2 F_2}{F_1}$$

$$v_2 = \sqrt{\frac{2gh}{1 - \frac{F_2^2}{F_1^2}}} = \frac{1}{\sqrt{1 - \varphi^2}} \cdot \sqrt{2gh} \tag{6}$$

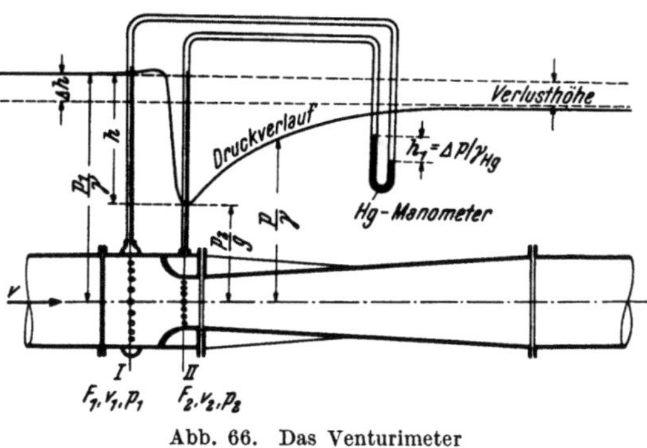

Abb. 66. Das Venturimeter

sich ergibt, wo φ das Einschnürungsverhältnis darstellt. Der theoretische Durchfluß ist dann

$$Q = \frac{F_2}{\sqrt{1 - \varphi^2}} \cdot \sqrt{2gh},$$

während er in Wirklichkeit kleiner ist und

$$Q_w = \frac{\mu \cdot F_2}{\sqrt{1 - \varphi^2}} \cdot \sqrt{2gh} \tag{7}$$

beträgt. Der durch Eichung ermittelte Venturikoeffizient schwankt zwischen 0·96 und 1·0. Man kann ihn bei Lichtweiten von mehr als 100 mm leicht auf 0·99

---

[1]) Herschel, C.: Americ. Soc. Civ. Eng. Trans. **17** (1887) und **18** (1888).

bringen und trotz guter Ablesemöglichkeit (entsprechend große Druckdifferenz) ist nur ein kleiner Mischungsverlust im Abflußkonus vorhanden. Versuche[1]) haben ergeben, daß unmittelbar vorgeschaltete Krümmer praktisch vernachlässigbare Abweichungen (0·1—0·2%) herbeiführten, so daß bei kurzen verfügbaren Baulängen keine geraden Strecken vorgeschaltet werden müssen. Diese angenehmen Eigenschaften des Venturimeters haben zu seiner vollkommenen Ausbildung und weitgehendsten Anwendung in der Durchflußmessung geführt. Es gibt Venturimeter für Lichtweiten von 20 mm bis zu einigen Metern (Wasserleitung New York) und diese Großwassermesser sind dann zum Teil aus Stahlbeton hergestellt. Sie werden häufig mit einer Teilwassermeßeinrichtung versehen. Zu diesem Zweck wird zwischen den Meßquerschnitten im Venturirohr eine Umlaufleitung eingebaut, die einen Woltman-Wassermesser enthält, bei dem die Durchflußmenge mit der Wurzel aus dem Druckverlust wächst[2]). Diese Forderung muß erfüllt sein, weil die Wassermenge im Venturirohr und die Teilwassermenge im Umleitungsrohr mit der Wurzel aus dem Druckunterschied wachsen. Schließlich sei erwähnt, daß häufig eine Fernübertragung erfolgen muß, deren Ausgestaltung bereits auf sehr hoher Stufe steht.

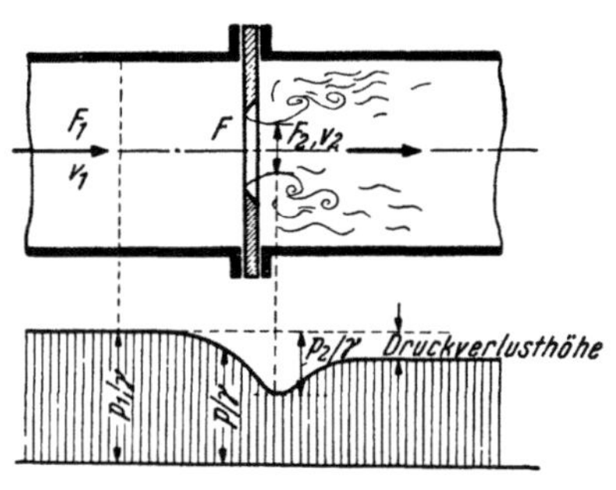

Abb. 67. Stauscheibe

c) Stauscheiben und Düsen

Wo ein größerer Druckverlust hingenommen werden darf, wird man Stauscheiben verwenden. Wie aus der schematischen Darstellung in Abb. 67 hervorgeht, erhält der durch die Scheibenöffnung tretende Flüssigkeitsstrahl eine Einschnürung mit dem kleinsten Querschnitt F_2. Es gilt sinngemäß die Formel, die beim Venturimeter angeschrieben wurde. F_2 ist gewöhnlich nicht bekannt und führt man den Kontraktionskoeffizienten $\mu = \dfrac{F_2}{F}$ ein sowie das Öffnungsverhältnis

$$\frac{F}{F_1} = n, \text{ so folgt mit } v_2 = \sqrt{\frac{1}{1 - \dfrac{F_2{}^2}{F_1{}^2}}} \cdot \sqrt{\frac{2\,g\,(p_1 - p_2)}{\gamma}}$$

der Durchfluß theoretisch

$$Q = v_2 \cdot F_2 = \frac{\mu}{\sqrt{1 - \mu^2 \cdot n^2}} \cdot \sqrt{2\,g\,\frac{(p_1 - p_2)}{\gamma}}\,.$$

In Wirklichkeit ist Q wegen der Verluste kleiner und man führt eine Durchflußzahl α dergestalt ein, daß

$$Q = \alpha \cdot \sqrt{2\,g\,\frac{(p_1 - p_2)}{\gamma}}$$

wird.

α ist von der Reynoldsschen Zahl $Re = \dfrac{v\,d}{\nu}$ (Abschn. F II 2) abhängig und läßt sich rechnerisch nicht genau bestimmen, weshalb der Versuchsweg (Eichung) beschritten wird[3]). Aus den Untersuchungen Wittes geht hervor, daß α für

[1]) MUELLER, H.: Mitteilungen d. hydr. Instituts d. Techn. Hochschule München 1928, H. 2.
[2]) SCHAFFERNAK, F.: Hydrographie. Wien 1935, S. 158.
[3]) BOND, W. N.: Proceedings Phys. Soc. London 1921, 33, 225.
HODGSON, I. L.: Engineering 1924, 314.
WITTE, R.: Zschft. d. V. D. I. 1928, 72, 1493 und andere.

$Re \geqq 3 \cdot 10^4$ bei raumbeständigen Flüssigkeiten praktisch konstant bleibt. Sind die Meßrohre glatt und ist die Vorderkante der Scheibenöffnung mit strenger Schärfe ausgeführt, so können auch für kleine Rohre die im Diagramm (Abb. 68) dargestellten Durchflußzahlen verwendet werden. Hier treten bei vorgeschalteten Krümmern und Ventilen größere Fehler auf[1]), weshalb solche Anordnungen zu vermeiden sind. Bei Durchmessern

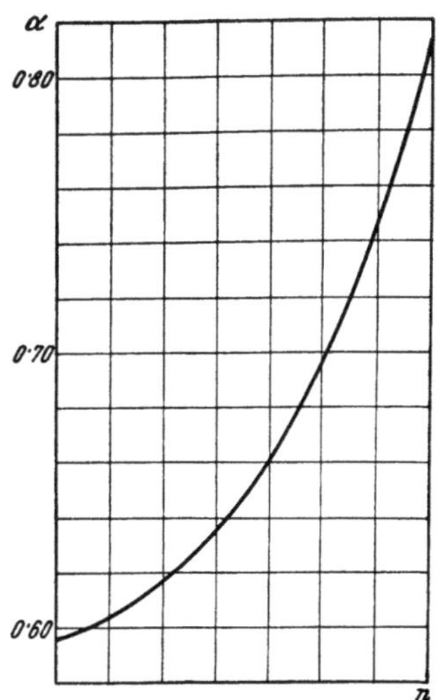

Abb. 68. Durchflußzahlen der Stauscheibe als Abhängige von $n = \dfrac{F}{F_1}$

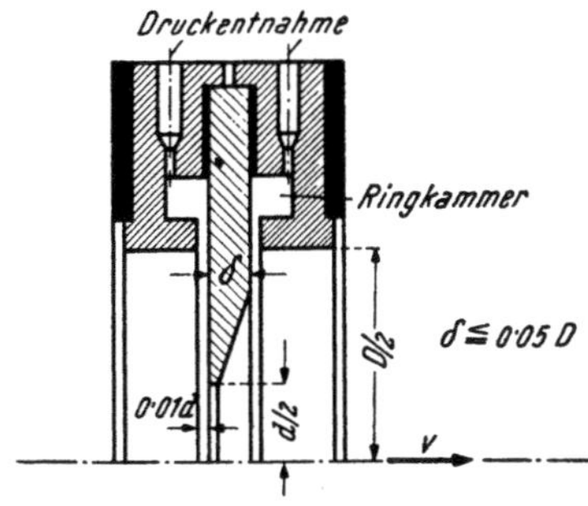

Abb. 69. Auswechselbare Stauscheibe

$D < 300$ mm wird man besser Düsen verwenden. Schließlich sei auf Abb. 69 hingewiesen, in der eine Stauscheibe mit leichter Auswechselbarkeit dargestellt ist.

Düsen[2]) werden, wie schon erwähnt, insbesondere bei kleineren Rohrdurchmessern vorteilhaft verwendet, weil der Einfluß der Rohrrauhigkeit zurücktritt. Natürlich müssen auch die Düsen geeicht werden und es sind die Durchflußzahlen unter anderen für die I. G.-Düse (ehemalige I. G.-Farben) in Abb. 70 und die Normaldüse des V. D. I. (Abb. 71) durch zahlreiche Versuche ermittelt worden.

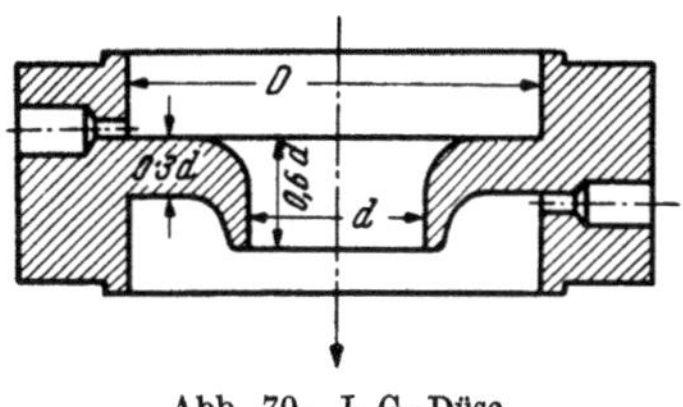

Abb. 70. I. G.-Düse

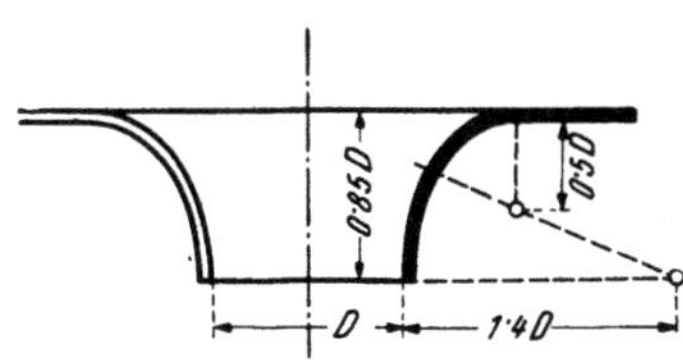

Abb. 71. Normaldüse des VDI

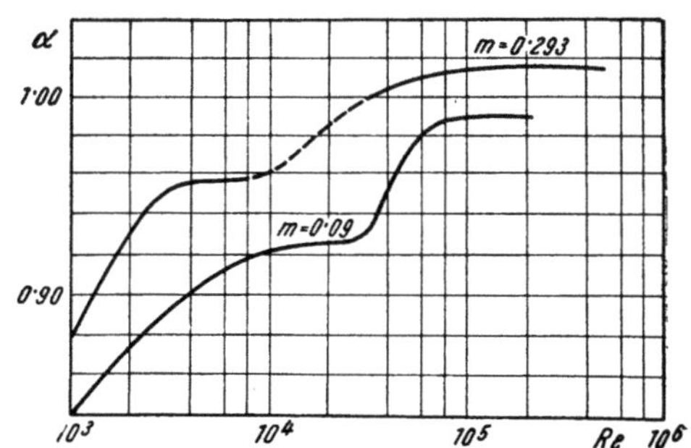

Abb. 72. Durchflußzahl einer Normaldüse abhängig von Re

Auch hier erfolgt eine ringförmige Druckentnahme, damit der Einfluß eines etwaigen exzentrischen Einbaus vermindert wird. Die Ausfluß- oder Durchflußzahl als Abhängige der Reynoldsschen Zahl aufgetragen (Abb. 72) zeigt bei

---

[1]) WITTE, R.: Zschft. f. techn. Mech. u. Thermodynamik 1930, 1, 80.
[2]) JACOB, M. u. S. ERK: V. D. I. Forschungsarbeit Nr. 267.
WITTE, R.: wie unter [1]).

gewissen *Re*-Zahlen und kleinen Rohrdurchmessern ein sehr unregelmäßiges Verhalten. Dieses ist auf die starke Krümmung zurückzuführen, durch die eine Ablösung der Strömung begünstigt wird[1]). Bei größeren *Re* legt sich jedoch die Strömung wieder an die Wand, so daß α ziemlich konstant wird und von etwa $Re > 3 \cdot 10^5$ ist praktisch genommen α nur vom Öffnungsverhältnis abhängig. Die Durchflußzahlen der Normaldüse, die eine geringere Krümmung als die Düse der ehemaligen I. G.-Farben aufweist, wachsen stetig von etwa 0˙95 bei $Re = 10^5$ bis 0˙98 bei $Re = 10^6$. Während die Normaldüse wegen der Stetigkeit von α sich dort besonders eignet, wo es sich um sorgfältige Messungen im ausgedehnten Bereich der *Re*-Zahlen handelt, eignet sich die I. G.-Farben-Düse gut für registrierende Messungen, und zwar für $Re > 3 \cdot 10^5$.

d) Der Ausfluß bei kleiner Öffnung

Aus einem Gefäß, in welchem der Spiegel durch konstanten Zufluß auf gleicher Höhe gehalten wird, soll durch einen seitlichen Stutzen kleinen Querschnitts Wasser ausfließen. Sind die Querschnitte, Geschwindigkeiten, Drücke und geometrischen Höhen der Querschnittsschwerpunkte gegeben durch F_0, v_0 p_0 und z_0 im Spiegel, ferner F, v, p und z beim Ausfluß, so gilt nach Bernoulli

$$z_0 + \frac{p_0}{\gamma} + \frac{v_0^2}{2g} = z + \frac{p}{\gamma} + \frac{v^2}{2g}$$

wobei das Bezugsniveau willkürlich angenommen wird.

Weil $p = p_0$ dem atmosphärischen Druck an der Oberfläche (Spiegel) so folgt

$$v = \sqrt{\frac{2\,g\,(z_0 - z)}{1 - \dfrac{v_0^2}{v^2}}} \tag{8}$$

oder mit der Kontinuitäts- bzw. Raumgleichung $v_0 \cdot F_0 = v \cdot F$ und $z_0 - z = h$

$$v = \sqrt{\frac{2\,g\,h}{1 - \dfrac{F^2}{F_0^2}}} \cdot \tag{9}$$

Ist $F \ll F_0$, so kann

$$v = \sqrt{2gh} \tag{10}$$

gesetzt werden, welche Beziehung von E. Torricelli[2]), einem Schüler Galileis, auf anderem Wege gefunden wurde. Die theoretische Ausflußgeschwindigkeit ist stets größer als die wirkliche v_w, weil die Reibung vernachlässigt worden ist und es kann mit der Reibungsziffer $\varphi < 1$

$$v_w = \varphi \sqrt{2gh} \quad (\varphi = 0˙97 \text{ nach I. Weisbach})$$

gesetzt werden. Beim Ausfluß zeigt sich eine Einschnürung (Kontraktion), so daß der wirkliche Austrittsquerschnitt F_a kleiner ist als der Mündungsquerschnitt F. Führt man die Kontraktionsziffer $\psi = \dfrac{F_a}{F}$ ein, so folgt für den Ausfluß

$$Q = v_w \cdot F_a = \varphi \cdot \psi \cdot F \cdot \sqrt{2gh} = \mu \cdot F \cdot \sqrt{2gh}. \tag{11}$$

Der Ausflußkoeffizient $\mu = \varphi \cdot \psi$ läßt sich meist nur empirisch bestimmen, doch gibt es eine ganze Anzahl von Fällen, wo er sich auch rechnerisch ermitteln

---

[1]) Ähnliches kommt bei der Umströmung, z.B. der Kugel, des Zylinders usw., ebenfalls vor.
[2]) De motu gravium naturaliter accelerato. Firenze 1643.

läßt (Abschn. M 2). Erfolgt der Ausfluß in ein weites Gefäß, dessen Wasserspiegel höher gelegen ist als die Ausflußöffnung (Abb. 73), so folgt nach Bernoulli mit $v \gg v_0$

$$v = \sqrt{2\,g\,(z_0 - z)} = \sqrt{2\,g\,(z_0 - z)},$$

wo $z_0 - z$ die Wasserspiegeldifferenz ist.

e) Saugwirkung strömender Flüssigkeit

Die Saugwirkung strömender Flüssigkeit durch Querschnittsverengung war schon G. B. Venturi[1]) bekannt. In der Abb. 74 sei der Abfluß aus einem Behälter mit konstant gehaltener Wasserspiegelhöhe dargestellt, bezogen auf ein beliebig gewähltes Null-Niveau. Im senkrecht gelegenen Abflußrohr ist eine Einschnürung vorhanden in der Höhe z_1

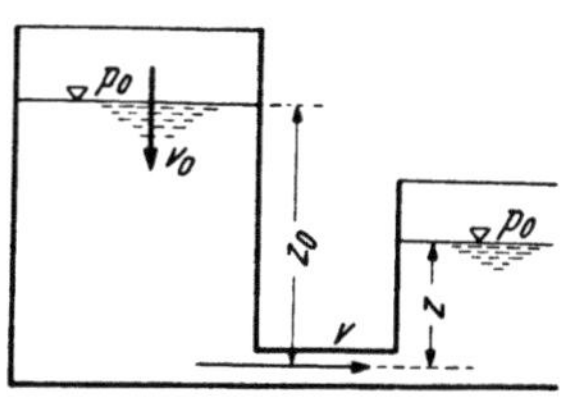

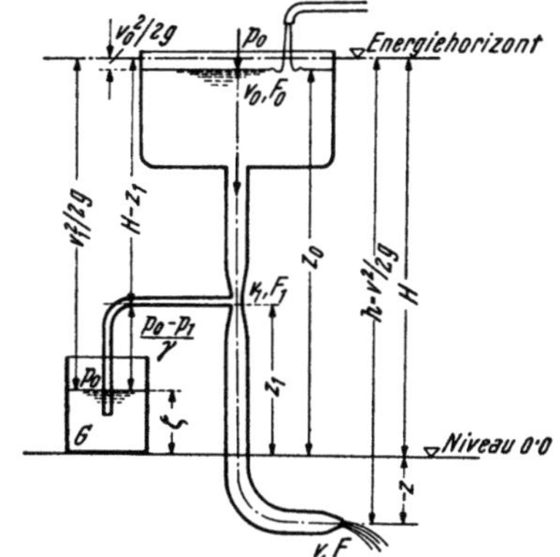

Abb. 73. Zum Ausfluß

Abb. 74. Saugwirkung durch Querschnittverengung

und mit den zu ersehenden Bezeichnungen gilt nach Bernoulli

$$z_0 + \frac{p_0}{\gamma} + \frac{v_0^2}{2g} = z_1 + \frac{p_1}{\gamma} + \frac{v_1^2}{2g} = -z + \frac{p}{\gamma} + \frac{v^2}{2g}.$$

Außerdem ist $v_0 \cdot F_0 = v_1 \cdot F_1 = v \cdot F = Q$ und weil $p = p_0 = $ atmosphärischer Druck, kann auch geschrieben werden

$$z_0 + \frac{v_0^2}{2g} = z_1 + \frac{p_1 - p_0}{\gamma} + \frac{v_1^2}{2g} = -z + \frac{v^2}{2g} = H, \tag{12}$$

wenn H der Abstand des Energiehorizontes vom Null-Niveau ist. Man ersieht aus der Zeichnung, daß für das Zustandekommen eines Unterdruckes im Einschnürungsquerschnitt F_1 die Bedingung

$$H - \frac{v_1^2}{2g} < z_1$$

erfüllt sein muß, so daß aus

$$z_1 - \left(H - \frac{v_1^2}{2g}\right) = \frac{p_0 - p_1}{\gamma} = \text{positiv}$$

folgt, also $p_1 < p_0$ wird. Somit muß

$$H - \frac{v^2}{2g} \cdot \left(\frac{F}{F_1}\right)^2 < z_1$$

---

[1]) Recherches experimentelles. Paris 1797.

und weil

$$v = \sqrt{2\,g\,(H + z)} = \sqrt{2\,g\,h},$$

so muß

$$H - h\left(\frac{F}{F_1}\right)^2 < z_1 \quad \text{und} \quad \frac{F}{F_1} > \sqrt{\frac{H - z_1}{h}}.$$

Schließt man an den Einschnürungsquerschnitt ein rechtwinklig gebogenes Rohr an, dessen senkrechter Schenkel in das Gefäß G taucht, so wird infolge des Unterdruckes $p_1 - p_0$ so lange Wasser aus dem Gefäß in die Leitung gesaugt, bis der Wasserspiegel im Gefäß um das Maß $\dfrac{p_0 - p_1}{\gamma}$ tiefer gelegen ist als der Querschnitt F_1. Die Bedingung dafür, daß das Wasser aus dem Gefäß bei gegebener Spiegellage ζ in die Leitung gesaugt wird lautet

$$\gamma\,(z_1 - \zeta) < p_0 - p_1. \tag{13}$$

Somit muß

$$z_1 - \zeta < z_1 - \left(H - \frac{v_1{}^2}{2\,g}\right)$$

sein oder

$$H - \zeta < \frac{v_1{}^2}{2\,g}$$

und weil

$$\frac{v_1{}^2}{2\,g} = h\left(\frac{F}{F_1}\right)^2,$$

ergibt sich

$$\frac{F}{F_1} > \sqrt{\frac{H - \zeta}{h}}.$$

Verschwindet der Druck im Querschnitt F_1, so löst sich die Strömung von der Wand ab, es bildet sich ein Strahl. Dann folgt aus (12)

$$z_1 - \left(H - \frac{v_1{}^2}{2\,g}\right) = \frac{p_0}{\gamma} \quad \text{und mit obigem Wert von } \frac{v_1{}^2}{2\,g}$$

$$\frac{F}{F_1} = \sqrt{\frac{p_0/\gamma + H - z_1}{h}} = \sqrt{\frac{H - \zeta}{h}}.$$

Die größtmögliche Saughöhe $z_1 - \zeta$ ist nach (13) durch den Umstand gegeben, daß bei Unterdrücken, die kleiner als der von der Temperatur abhängige Dampfdruck sind, Dampf- und Luftblasen entstehen, die zum Abreißen der Strömung führen. Man kann praktisch mit einer größten Saughöhe von 7—8 m rechnen.

Diese Hohlraum- bzw. Blasenbildung (Kavitation) hat schon O. Reynolds[1]) untersucht. Er ließ durch ein eingeschnürtes Glasrohr, das an eine Wasserleitung angeschlossen war, Wasser frei ausströmen und beobachtete stromab von der Einschnürung eine Anhäufung von Blasen, was er auf das Sieden des Wassers bei dem unterhalb des Dampfdruckes p_d gesunkenen Flüssigkeitsdruck zurückführte. Durch das plötzlich erfolgende Zusammenfallen der Hohlräume kommt es zu Verdichtungsstößen von großer Vehemenz (Abschn. E 41), die zu Materialzerstörungen (Korrosionen) führen. Entsprechend der Gleichung

$$p = \text{const} - \gamma\,z - \varrho\,\frac{v^2}{2},$$

---

[1]) Papers on mechanical and physical subjects 1901, 2. Bd. S. 578. Hier sind auch zu nennen die Arbeiten von Ackeret, J.: Techn. Mech. u. Thermodynamik 1930. H. 1 u. 2. Hydraulische Probleme. Berlin 1926. Föttinger, H.: Hydraulische Probleme. Berlin 1926 usw.

für die man infolge des geringen Einflusses der Schwere in Wandnähe auch

$$p = \text{const} - \varrho\,\frac{v^2}{2}$$

setzen kann, wird Hohlraumbildung (Kavitation) dort zu erwarten sein, wo
v ein Maximum wird. Nach Kirchhoff[1]) tritt dies bei einer Potentialströmung auf
der Berandung ein (H I 1), was auch noch bei reibender
Flüssigkeit meist zutrifft, weil die Reibung nur auf
eine dünne Grenzschichte beschränkt ist. Anders ist es
bei Wirbeln, Wirbelschleppen, bei welchen der niedrigste Druck und die mit demselben verbundene
Blasenbildung in den Wirbelkernen auftritt. Je kleiner die Kavitationszahl

$$K = \frac{p - p_d}{\varrho\,\dfrac{v^2}{2}},$$

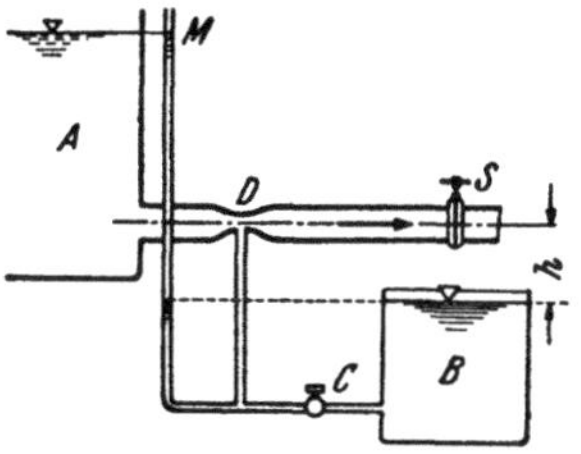

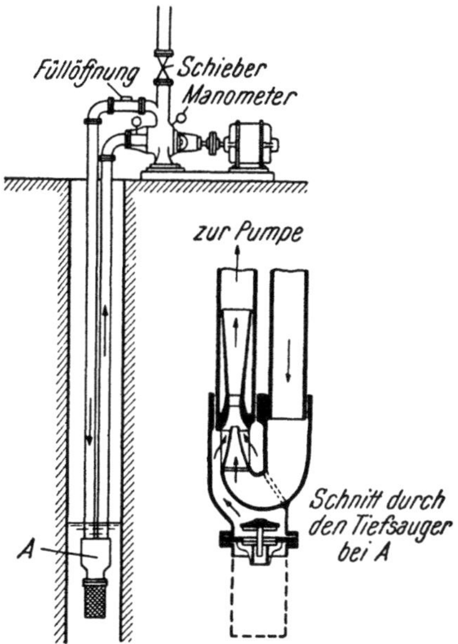

Abb. 75

desto größer die Kavitationsgefahr. Schließlich sei
noch die in Abb. 75 dargestellte Vorrichtung besprochen. Das Abflußrohr aus
dem großen Gefäß A hat bei S einen Schieber und ist bei D eingeschnürt.
Von D nach B führt ein Verbindungsrohr mit einem Hahn bei C und daran
schließt sich ein Standrohr (Piezometer). Ist
S und C geschlossen, so befinden sich die
Spiegel im Gefäß A und im Standrohr auf
gleichem Niveau. Wird nun der Schieber langsam geöffnet, so beginnt der Spiegel bei M
zu fallen und sinkt er unter jenen im Gefäß
B, so wird nach Öffnung von C Wasser von
B nach D gefördert, so lange, bis sich ein den
obwaltenden Verhältnissen entsprechender
konstant bleibender Spiegel in B einstellt.
Wird nun S weiter geöffnet, so wird der Druck
in D (gemessen durch die Spiegellage im Standrohr) derart sinken, daß eine infolge der bei
D auftretenden Blasen begünstigte Ablösung
von der Wand, also Strahlbildung auftritt.
Durch die Reibung am Förderstrahl wird
die Mitnahme der zu fördernden Flüssigkeit
besonders beeinflußt und so wird die beschriebene Vorrichtung zur Saugstrahlpumpe[2]).
Diese hat in der Hydrotechnik eine weite
Anwendung gefunden, wie als Wasserstrahl-
elevator bei der Sandwäsche, als Tiefsaugein-
richtung bei Brunnenanlagen (Abb. 76) als
Emulseur bei der Ozonisierung des Wassers
usw.

Abb. 76. Tiefsaugevorrichtung bei Brunnen

f) Heberleitungen

Zwei Gefäße mit verschieden hohen Wasserspiegeln seien mittels eines U-för-
migen Heberrohres konstanten Querschnitts (Abb. 77) verbunden. Wird

[1]) Kirchhoff, G.: Vorlesungen über mathem. Physik, I. Mechanik, Leipzig 1883.
[2]) Mit diesen Erscheinungen hat sich insbesondere G. Heinrich befaßt. Siehe Wiener
Sitz.-Ber. d. Akad. d. Wiss., Math. naturwiss. Kl., Abt. IIa, 1936 u. 1938.

nun im Rohrscheitel Luft abgesaugt, so steigt das Wasser empor, was theoretisch bis zu einer maximalen Höhe von ca. 10 m bewirkt werden kann. Der Heber springt an und fördert die Flüssigkeit vom höheren zum tieferen Spiegel. Es gilt nach Bernoulli

$$\frac{p_0}{\gamma} + \frac{v_0^2}{2g} = h + \frac{p}{\gamma} + \frac{v^2}{2g} = -h_1 + \frac{p_1}{\gamma} + \frac{v_1^2}{2g}, \quad \text{was bei vernachlässigbarem} \quad \frac{v_0^2}{2g}$$

$$v_1 = \sqrt{2g\left(h_1 - \frac{p_1 - p_0}{\gamma}\right)} = \sqrt{2g \cdot \Delta h} \quad \text{ergibt,}$$

wo Δh der Spiegelhöhenunterschied ist. Der Druck im Scheitelquerschnitt ist $\frac{p}{\gamma} = \frac{p_0}{\gamma} - (h + \Delta h)$ und somit ist $\frac{p}{\gamma} < \frac{p_0}{\gamma}$, so daß Unterdruck herrscht. Dieser darf nicht unter den Dampfdruck p_d sinken, der der Wassertemperatur ent-

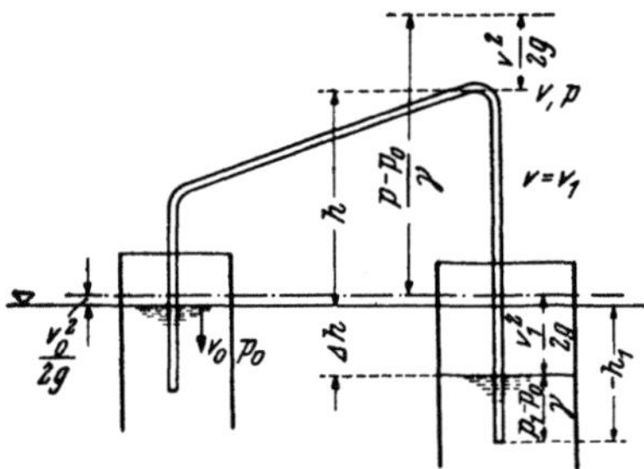

Abb. 77. Zur Heberwirkung

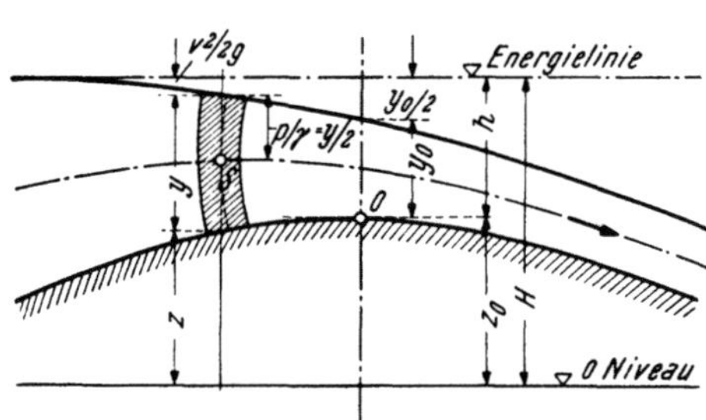

Abb. 78. Fließen über einen schwachgekrümmten Wehrrücken

spricht, weil sonst Blasenbildung (Kavitation) eintritt und der Heber abreißt.

Während also theoretisch die Betriebshöhe des Hebers $h < \dfrac{p_0}{\gamma}$ sein muß, ist die weitere Bedingung zu erfüllen

$$h + \Delta h < \frac{p_0 - p_d}{\gamma}$$

Obwohl wegen des geringen Dampfdruckes bei gewöhnlichen Temperaturen $h + \Delta h \simeq 10$ m ist, wird man praktisch nicht mehr als höchstens 8 m zulassen und auch die Verluste berücksichtigen.

g) Offene Gerinne

Bei offenen Gerinnen ist die Stromröhre zum Teil vom freien Wasserspiegel begrenzt, der aus Stromlinien besteht und auf den meist der atmosphärische Druck lastet. Es gilt auch hier sinngemäß das Bernoullische Gesetz und die Kontinuitätsbedingung. Die eindimensionale Betrachtung bei vorausgesetzter Reibungslosigkeit erlaubt eine gute Abschätzung der Verhältnisse in allen jenen Fällen, wo die Verluste an mechanischer Energie (Reibungs- und Mischungsverluste) im Verhältnis zur Umwandlung von potentieller in kinetische Energie und umgekehrt klein sind, wie bei kurzen Bauwerken.

In der Abb. 78 ist der Schnitt durch eine schwach gekrümmte Wehrschwelle mit der Kronenlänge b dargestellt, über die ein ebener Abfluß aus einem Becken erfolgen soll, so daß in allen Schnitten parallel zur Bildebene die gleiche Strömung herrscht. Nimmt man ein beliebiges Bezugsniveau an und sind die Sohlenhöhen mit z und die Wassertiefen mit y bezeichnet, so lauten die Bernoullische Gleichung und die Kontinuitätsgleichung

$$\left(z + \frac{y}{2}\right) + \frac{p}{\gamma} + \frac{v^2}{2g} = H = \text{konstant bzw. } Q = b \cdot y \cdot v = \text{konstant,}$$

wenn die Krümmung vernachlässigt wird. Man erhält

$$H - z = f(x) = y + \frac{Q^2}{2 g\, y^2\, b^2} \cdot \tag{14}$$

Im Scheitel der Schwelle ($z = z_0$) ist die geometrische Tangente waagrecht, also

$$\frac{d(H-z)}{dx} = \frac{dy}{dx}\left(1 - \frac{Q^2}{g\, y^3\, b^2}\right) = 0.$$

Weil der Spiegel dort geneigt ist, somit $\left(\dfrac{dy}{dx}\right)_{y\,=\,y_0} \neq 0$, muß der Klammerausdruck verschwinden oder

$$Q = b \cdot y_0 \cdot \sqrt{g\, y_0} \quad \text{sein.}$$

Führt man die Überfallhöhe h ein, so erhält man mit $h = \frac{3}{2} y_0$ (Abb. 78)

$$Q = \frac{2}{3\sqrt{3}} \cdot b\, h \cdot \sqrt{2 g\, h} = 0{\cdot}385\, b \cdot h \cdot \sqrt{2 g\, h}, \tag{15}$$

welches Ergebnis mit den Beobachtungen an breitrückigen Wehren gut übereinstimmt. Diese überfallende Menge ist bei gegebenem h ein Maximum, wie leicht

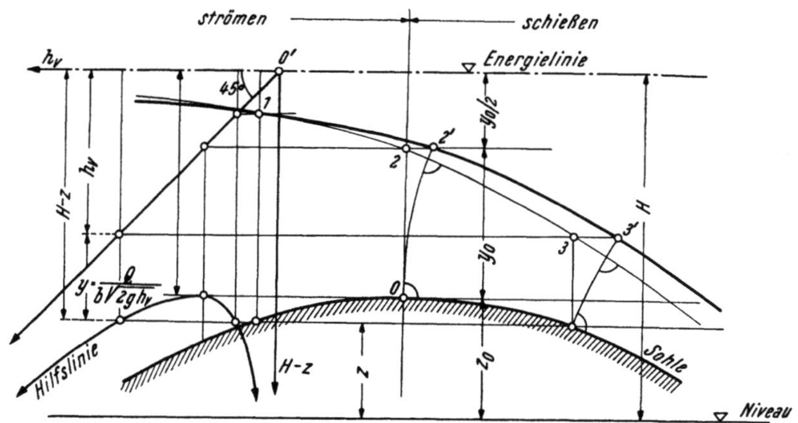

Abb. 79. Ermittlung der ungefähren Spiegellinie

nachgewiesen werden kann. Die Spiegellage in einzelnen Punkten kann aus (14) ermittelt werden, indem man vorerst (Abb. 79) die Hilfslinie $y = \dfrac{Q}{b\sqrt{2 g\, h_v}}$ entwirft und dann für jedes $H - z$ die zwei zugehörigen y ermittelt, die für den Scheitel zusammenfallen. Man erhält so die Punkte 1, 2, 3 usw., die man dadurch verbessern kann, daß man in den Fußpunkten der Querschnitte zu den Stromlinien normale Linien errichtet, die die Punkte 1', 2', 3' usw. ergeben. Es ist weiter zu ersehen, daß ein Abfluß bei gegebener Energiehöhe über der Sohle mit den mittleren Geschwindigkeiten $v \gtrless \sqrt{g\, y}$ erfolgen kann. Nun ist, wie später dargelegt wird, $\omega = \sqrt{g\,y}$ die Fortpflanzungsschnelligkeit von Wellen im seichten Wasser und bei $v < \sqrt{g\,y}$ spricht man von „strömen", bei $v > \sqrt{g\,y}$ von „schießen". Es ist somit $\dfrac{v}{\sqrt{g\,y}} = \mathfrak{F} \lessgtr 1$ das Kriterium für das Eintreten obiger Bewegungsarten und $\mathfrak{F}$ wird FROUDEsche Zahl genannt (Abschn. R).

Es wird also stromauf vom Scheitel der Schwelle das Wasser strömen und stromab schießen. Es sei nach Abb. 80 H die festgehaltene Energiehöhe über der Sohle eines Querschnitts, so gilt bei verschiedenen Spiegellagen $y = \dfrac{Q}{b\cdot v}$ die Bedingung

$$\frac{v^2}{2\,g} + y = H \quad \text{und weil} \quad v = \sqrt{2\,g\,(H-y)}, \text{ ergibt sich}$$

$Q = y \cdot \sqrt{2\,g\,(H-y)} = f\,(y)$, welche Funktion durch eine Schleifenlinie dar-

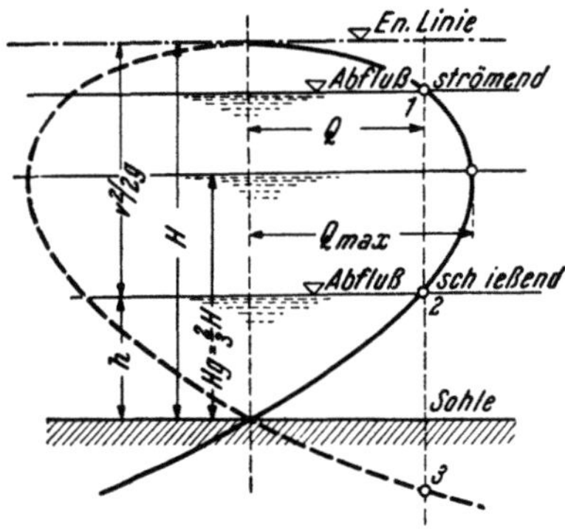

Abb. 80. Abflußmöglichkeiten bei festgehaltener Energiehöhe H

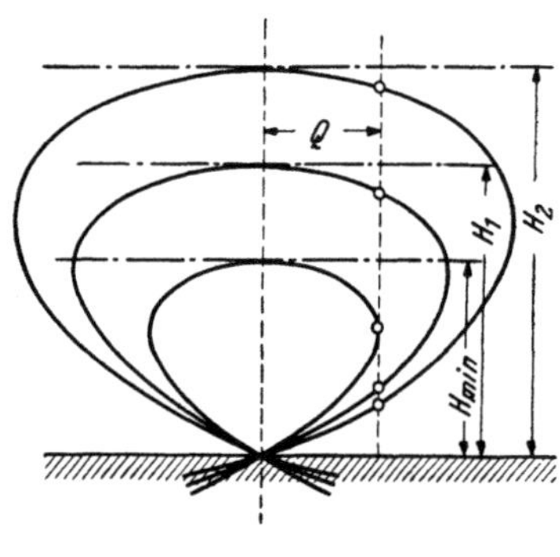

Abb. 81

gestellt wird (Abb. 80). Das Maximum des Durchflusses errechnet sich mit

$$\frac{dQ}{dy} = 0 \quad \text{für} \quad y_g = \frac{2}{3}\,H \quad \text{mit} \quad Q_{max} = \frac{2}{3}\,H \cdot \sqrt{2\,g\,\frac{H}{3}} = 0{\cdot}385 \cdot H\,\sqrt{2\,g\,H} \quad \text{und}$$

einem Abfluß $Q < Q_{max}$ entsprechen zwei reelle Spiegellagen in strömendem und schießendem Zustand. Der Energiehorizont kann nicht unter ein niedrigstes Maß fallen, wenn eine gegebene Menge Q noch zum Abfluß kommen soll. Diese tiefste Lage ist durch den Umstand bestimmt, daß dann Q das Maximum bei diesem H_{min} darstellt (Abb. 81). Die zugehörige Wassertiefe

$$\frac{2}{3}\,H_{min} = \sqrt[3]{\frac{Q^2}{g}}$$

wird als Grenztiefe oder kritische Tiefe bezeichnet.

h) Meßkanäle nach dem Venturi-Prinzip[1])

Der Satz von Bernoulli im Verein mit den vorhergehenden Darlegungen wird zur Wassermessung in offenen Gerinnen, Kanälen, benützt. Ähnlich wie beim Venturimeter erhält ein Betongerinne mit ebener Sohle und senkrechten Seitenwänden eine Einschnürung (Abb. 82). Sind b, h und v Breite, Höhe und Ge-

---

[1]) CONE, V. M.: Journ. Agricult. Research, Vol. IX (1917). — Diese Art der Wassermessung wurde zum erstenmal von Ingenieuren des Punjab-Irrigation-Departement verwendet.

schwindigkeit des normalen Profils und b_1, h_1 und v_1 die nämlichen Größen an der Einschnürungsstelle, so folgt aus $v \cdot b \cdot h = v_1 \cdot b_1 \cdot h_1 = Q$ und $\frac{v^2}{2g} + h =$ $= \frac{v_1^2}{2g} + h_1$

$$Q = \frac{b_1 h_1 \cdot \sqrt{2g(h - h_1)}}{\sqrt{1 - \left(\frac{b_1 h_1}{b h}\right)^2}}. \tag{16}$$

Die Untersuchungen haben gezeigt, daß obiger Wert nicht viel vom wirklichen Durchfluß Q_w abweicht. ENGEL[1]) hat Q nach (16) berechnet und mit dem gemessenen ins Verhältnis gesetzt und die

Abflußzahl $c = \frac{Q_w}{Q}$ als Funktion der Froudeschen bzw. Boussinesqzahl $Bou = \frac{v}{\sqrt{g R}}$ ermittelt. Es ergab sich $c = 0{\cdot}82 + 0{\cdot}14\ Bou$ im Bereiche des schießenden Abflusses in der Einschnürung. $R =$ hydraulischer Radius und gilt hier, wie später dargelegt wird, das Froudesche Ähnlichkeitsgesetz. Führt

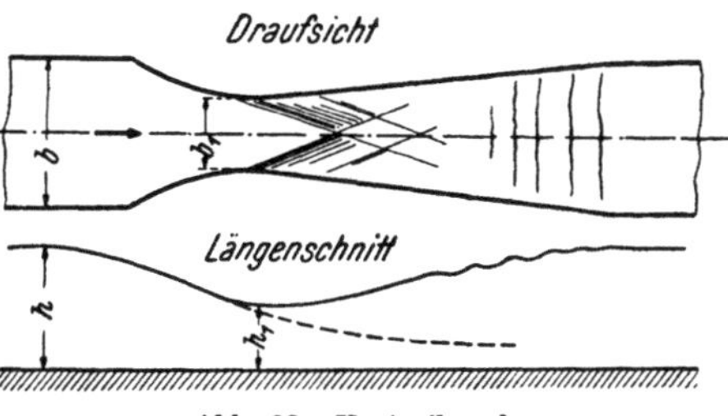

Abb. 82. Venturikanal

man die Verhältniszahlen $\alpha = \frac{h_1}{h}$ und $\beta = \frac{b_1}{b}$ ein, so folgt aus (16)

$$Q = \alpha \sqrt{\frac{1 - \alpha}{1 - \alpha^2 \beta^2}} \cdot b_1 h \cdot \sqrt{2 g h} = Q(\alpha)$$

und ein Maximum von Q für

$$\frac{d}{dx}\left(\frac{\alpha^2 - \alpha^3}{1 - \alpha^2 \beta^2}\right) = 0,$$

woraus die Bedingung $\alpha^3 \beta^2 - 3\alpha + 2 = 0$ und die nachstehende Tabelle zusammengehöriger Werte folgt.

Man sieht, daß für stärkere Einschnürungen als $\beta = 0{\cdot}54$ der Koeffizent μ sich nur mehr von $0{\cdot}412$ bis $0{\cdot}385$ ändert. Rechnet man mit letzterem Wert, so ist $Q = 1{\cdot}706 \cdot b_1 h^{1\cdot5}$ in m³/sec oder $Q = 3{\cdot}08\ b_1 h^{1\cdot5}$ in englischen Kubikfuß.

Demgegenüber fand INGLIS[2]) innerhalb der Grenzen $h = 0{\cdot}6$ bis $1{\cdot}932$ englische Fuß und der Abflußmenge $Q = 0{\cdot}701$ bis $4{\cdot}412$ englische Kubikfuß $Q = 3{\cdot}074\ b_1 \cdot h^{1\cdot577}$.

Wird an der Einschnürungsstelle eine Schwelle von der Höhe a angeordnet, so tritt leichter ein vor-

$\alpha = \dfrac{h_1}{h}$	$\beta = \dfrac{b_1}{b}$	$\mu = \alpha\sqrt{\dfrac{1 - \alpha}{1 - \alpha^2 \beta^2}}$
$1{\cdot}0$	$1{\cdot}0$	—
$0{\cdot}9$	$0{\cdot}98$	$0{\cdot}604$
$0{\cdot}8$	$0{\cdot}88$	$0{\cdot}492$
$0{\cdot}7$	$0{\cdot}54$	$0{\cdot}412$
$0{\cdot}66$	0	$0{\cdot}385$

teilhafter Fließwechsel (Wassersprung) ein. Es genügt dann eine Wasserstandsmessung im Oberwasser und man erhält mit der kritischen Tiefe h_k folgende Beziehungen

$$Q = b_1 \cdot \sqrt{g \cdot h_k^3} \quad \text{und} \quad h + \frac{v^2}{2g} - a \sim H_1 = \frac{3}{2} h_k,$$

[1]) ENGEL, F.: The Engineer 1933.
[2]) Government of Bombay, Technical Paper Nr. 22.

wenn von Verlusten oberhalb des Sprunges und von der ungleichförmigen Geschwindigkeitsverteilung über den Querschnitt abgesehen wird. Mit $\sigma = \dfrac{h_k}{h}$ erhält man

$$\sigma^3 - \frac{3\,\sigma}{\beta^2} + \left(1 - \frac{a}{h}\right)\frac{2}{\beta^2} = 0.$$

woraus sich mit σ auch h_k ergibt, wenn h gemessen wurde. Ferner ist

$$Q = b_1 \sqrt{g\,h_k^3} = b_1 \sqrt{g\,\sigma^3\,h^3} \tag{17}$$

und die wirkliche Wassermenge

$$Q_w = cQ, \tag{18}$$

wobei $c = 0{\cdot}95 - 1{\cdot}01$ aus zahlreichen Messungen, die DE MARCHI[1]) gemacht hat. Der mittlere Fehler beträgt etwa 3%. Große Unempfindlichkeit gegen Verschmutzung und geringer Gefällsverlust sind die Vorteile dieser auch als „Kanalmeßschleuse" bezeichneten Vorrichtung.

II. Die nichtstationäre Strömung

Für diese gilt die in *DI* 1 abgeleitete Gleichung (3), wobei das Integral von irgendeinem Anfangspunkt O auf dem Wege s zu nehmen ist Abb. (83).
Schreibt man

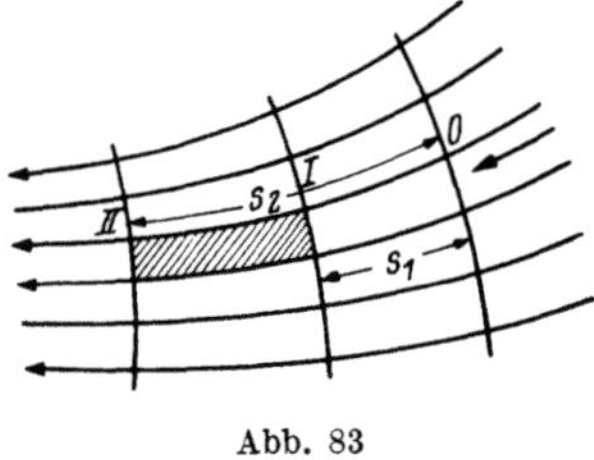

Abb. 83

$$\frac{1}{g}\int_0^{s_1} \frac{\partial v}{\partial t}\cdot ds = -\left(\frac{v^2}{2g} + z + \frac{p}{\gamma}\right)_0^{\mathrm{I}} = H_0 - H_1 \tag{1}$$

so heißt dies, daß zur Änderung der Geschwindigkeit des Massenelements ($m = 1$) auf dem Stromlinienweg s_1 eine Arbeit geleistet wird, die durch die Differenz der Energiehöhen am Anfang und Ende des zurückgelegten Weges gemessen wird.

Also gilt für die Strecke $s_2 - s_1$

$$\frac{1}{g}\int_{s_2}^{s_1} \frac{\partial v}{\partial t}\cdot ds = H_2 - H_1 \tag{2}$$

oder umgeformt und mit $\gamma \cdot dQ = \gamma \cdot v \cdot dF$ multipliziert

$$\varrho \cdot v \cdot dF \cdot \int_{s_1}^{s_2} \frac{\partial v}{\partial t}\cdot ds = \gamma \cdot (H_1 - H_2)\cdot dQ \tag{3}$$

und weiter, wenn für die zwischen zwei Querschnitten I und II strömende Wassermasse das Integral über den Querschnitt genommen wird

$$\varrho \cdot \int \frac{\partial}{\partial t}\frac{v^2}{2}\cdot dV = \int \gamma \cdot (H_1 - H_2)\cdot dQ. \tag{4}$$

Man kann (4) auch gewinnen aus dem Satz, daß die zeitliche Änderung der kinetischen Energie gleich ist der Leistung der Kraft, genommen in der Richtung der Geschwindigkeit, also

---

[1]) Energ. elletr. 1936/37.

$$m \cdot \frac{d}{dt}\left(\frac{v^2}{2}\right) = \cdot \mathfrak{P}\frac{ds}{dt}, \quad \text{wo} \quad m = \varrho \cdot dV = \varrho \cdot ds \cdot dF. \tag{5}$$

Es wirken in der Bewegungsrichtung die Gewichtskomponente $-\varrho \cdot g \cdot \dfrac{\partial z}{\partial s} \cdot dV$ und weiters die Druckkraft $-\dfrac{\partial p}{\partial s} \cdot ds \cdot dF = -\dfrac{\partial p}{\partial s} \cdot dV$.

Weil

$$\frac{d}{dt}\frac{v^2}{2} \cdot dV = \frac{\partial}{\partial t}\frac{v^2}{2}dV + \frac{\partial}{\partial s}\frac{v^2}{2}\cdot\frac{ds}{dt}\cdot dV = \frac{\partial}{\partial t}\frac{v^2}{2}\cdot dV + \frac{\partial}{\partial s}\frac{v^2}{2}\cdot dQ \cdot ds,$$

so folgt aus (5)

$$\varrho\,\frac{\partial}{\partial t}\frac{v^2}{2} \cdot dV = -\gamma\,\frac{\partial}{\partial s}\left(z + \frac{p}{\gamma} + \frac{v^2}{2g}\right)\cdot ds \cdot dQ$$

oder über das ganze Volumen genommen

$$\varrho \cdot \int dQ \int \frac{\partial v}{\partial t}\cdot ds = \gamma \cdot \int dQ \cdot (H_1 - H_2), \tag{6}$$

Um bei Einführung der mittleren Geschwindigkeit v_m der ungleichen Geschwindigkeitsverteilung Rechnung zu tragen durch entsprechende Beiwerte, setzt man

$$\int \frac{v^2}{2g} \cdot dQ = \alpha \cdot \frac{v_m^2}{2g}\,Q$$

und erhält den Korrektionsfaktor

$$\alpha = \frac{\int v^2\,dQ}{v_m^2\,Q} = \frac{\int v^3 \cdot dF}{v_m^3 \cdot F}.$$

Mit $v = v_m\,(1 + \nu)$ folgt[1]

$$\alpha = \frac{1}{F}\int (1 + \nu)^3 \cdot dF \cong 1 + \frac{3}{F}\int \nu^2 \cdot dF,$$

weil $\int \nu\, dF = 0$ sein muß und ν^3 wegen der Kleinheit von ν weggelassen werden kann. Es ist somit $\alpha > 1$, und zwar ist erfahrungsgemäß $\alpha = 1{\cdot}085$ bis $1{\cdot}15$ zu setzen. Schreibt man

$$\int dQ \cdot \int \frac{\partial v}{\partial t} \cdot ds = \frac{\partial}{\partial t}\int ds \cdot \int v^2 \cdot dF$$

und macht man ferner den Ansatz

$$\alpha'\, v_m^2 \cdot F = \int v^2 \cdot dF,$$

so daß

$$\alpha' = 1 + \frac{\int \nu^2 \cdot dF}{F} = 1 + \frac{\alpha - 1}{3}, \tag{7}$$

so lautet die Energiegleichung

$$\left(\alpha_1\frac{v_1^2}{2g} + \frac{p_1}{\gamma} + z_1\right) - \left(\alpha_2\frac{v_2^2}{2g} + \frac{p_2}{\gamma} + z_2\right) = \frac{\alpha'}{g}\cdot\int_{s_1}^{s_2}\frac{\partial v}{\partial t}\cdot ds. \tag{8}$$

Mit Hilfe dieser wichtigen Beziehung (8) sollen nun einige Aufgaben gelöst werden.

---

[1] Siehe R. v. MISES, Elemente der Hydromechanik. Straßburg 1914.

1. Gefäßentleerung

In einem zylindrischen Gefäß (Abb. 84) vom veränderlichen Querschnitt F_1 habe der Spiegel die Anfangslage in der Höhe z_0 über dem Auslaufquerschnitt F_2 und seine Größe sei F_0. Bei Entleerung sei die momentane Lage desselben in der Höhe z_1 und sein Querschnitt betrage F_1. Der Einfachheit halber werde die erlaubte Näherung $\alpha = \alpha' = 1$ gemacht. Dann folgt aus (8) mit $p_1 = p_2 = p_0$ und $z_2 = 0$

$$\frac{v_1{}^2 - v_2{}^2}{2g} + z_1 = \frac{1}{g} \cdot \int_{s_1}^{s_2} \frac{\partial v}{\partial t} \cdot ds = \frac{1}{g} \int_{s_1}^{s_2} \frac{\partial}{\partial t} \left(\frac{v_1 F_1}{F} \right) \cdot ds = \frac{F_1}{g} \cdot \frac{dv_1}{dt} \cdot \int_{s_1}^{s_2} \frac{ds}{F} . \qquad (9)$$

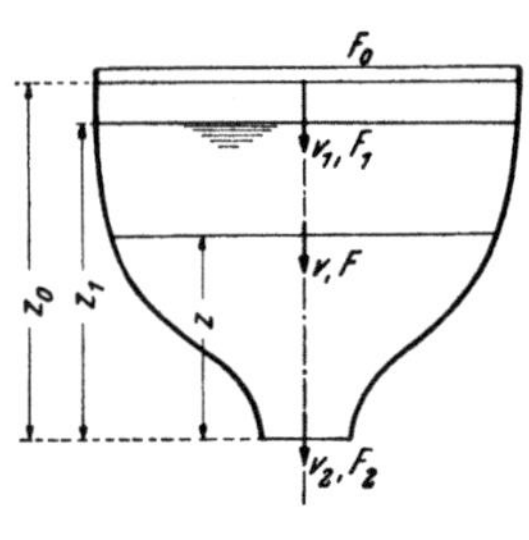

Abb. 84

Mit der Kontinuitätsgleichung

$$F \cdot v = F_1 v_1 = \mu \cdot F_2 \cdot v_2 = Q$$

(μ = Ausflußziff.) folgt

$$\frac{v_1{}^2}{2g} \left(1 - \frac{F_1{}^2}{\mu^2 \cdot F_2{}^2} \right) + z_1 = \frac{F_1}{g} \cdot \frac{dv_1}{\partial t} \cdot \int_{s_1}^{s_2} \frac{ds}{F} .$$

Setzt man für die von z_1 abhängigen Ausdrücke

$$\frac{1}{2g} \cdot \left(1 - \frac{F_1{}^2}{\mu^2 \cdot F_2{}^2} \right) = f(z_1) \quad \text{und} \quad \frac{F_1}{g} \int \frac{ds}{F} = \varphi(z_1),$$

so ergibt sich mit $\dfrac{f(z_1)}{\varphi(z_1)} = Z_1$ und $\dfrac{z_1}{\varphi(z_1)} = -Z_0$

$$\frac{dv_1}{dt} + v_1{}^2 \cdot Z_1 - Z_0 = 0. \qquad (10)$$

Bedenkt man, daß

$$v_1 = -\frac{dz_1}{dt} \quad \text{und} \quad \frac{dv_1}{dt} = \frac{dv_1}{dz_1} \cdot \frac{dz_1}{dt} = -\frac{d}{dz_1} \frac{v_1{}^2}{2},$$

so folgt

$$-\frac{1}{2} \frac{dv_1{}^2}{dz_1} + v_1{}^2 \cdot Z_1 - Z_0 = 0.$$

Substituiert man nach Bernoulli

$$v_1{}^2 = y = u \cdot w,$$

wo u und w selbständige neue Variable sind, so erhält man

$$-w \cdot \frac{du}{dz_1} - 2 Z_0 - u \left(\frac{dw}{dz_1} - 2 Z_1 w \right) = 0.$$

Weil u und v selbständig sind, kann man setzen

$$\frac{dw}{dz_1} - 2 Z_1 w = 0 \quad \text{und ebenso} \quad - 2 Z_0 - w \cdot \frac{du}{dz_1} = 0,$$

folglich ist

$$\frac{dw}{w} = 2 Z_1 dz_1 \quad \text{oder} \quad w = c \cdot e^{\int 2 Z_1 \, dz_1}.$$

und

$$u = -\int \frac{2 Z_0}{w} \, dz_1 + c_1 = c_1 - \frac{1}{c} \int 2 Z_0 \cdot e^{-\int 2 Z_1 \, dz_1} \cdot dz_1.$$

Also erhält man

$$v_1{}^2 = u \cdot w = e^{\int 2 Z_1 \cdot dz_1} \cdot \left(c \cdot c_1 - \int 2 Z_0 \cdot e^{-\int 2 Z_1 \, dz_1} \cdot dz_1 \right)$$

oder

$$v_1 = \pm \, e^{\int Z_1 \, dz_1} \cdot \sqrt{C - \int 2 Z_0 \cdot e^{-\int 2 Z_1 \, dz_1} \cdot dz_1}, \tag{11}$$

wobei die Konstante $cc_1 = C$ aus der Bedingung folgt, daß $z_1 = z_0$ sein muß für $t = 0$.

Für ein prismatisches Gefäß mit $F_1 = F = \text{const}$ und mit kleiner Ausfluß-öffnung $F_2 = f$, also großem $m = \dfrac{F}{f}$, wird

$$Z_1 = \frac{\dfrac{m^2}{\mu^2} - 1}{2 \, z_1} = \frac{a}{z_1} \quad \text{und} \quad Z_0 = g.$$

Wird weiters berücksichtigt, daß

$$e^{\int a \frac{dz_1}{z_1}} = e^{a \ln z_1} = z_1{}^a ,$$

so folgt aus (11)

$$v_1 = z_1{}^a \cdot \sqrt{C - 2g \int z_1{}^{-2a} \cdot dz_1} = z_1{}^a \cdot \sqrt{C - 2g \, \frac{z_1{}^{1-2a}}{1 - 2a}}.$$

Mit $v_1 = 0$ für $z_1 = z_0$ wird $C = 2g \, \dfrac{z_0{}^{1-2a}}{1 - 2a}$ und somit

$$v_1 = \sqrt{\frac{2g}{2a-1}} \cdot z_1{}^a \cdot \sqrt{z_1{}^{1-2a} - z_0{}^{1-2a}} = \sqrt{\frac{2g}{2a-1} \cdot z_1 \left\{ 1 - \frac{1}{\left(\dfrac{z_0}{z_1} \right)^{2a-1}} \right\}}.$$

Für große $m = \dfrac{F}{f}$ ist $2a - 1 \sim \dfrac{m^2}{\mu^2}$ und weil $\dfrac{z_0}{z_1} > 1$ ist, kann das 2. Glied in der geschwungenen Klammer gegen 1 vernachlässigt werden, so daß $v_1 \cong \dfrac{\mu}{m} \cdot \sqrt{2 g z_1}$ und $v_2 = \dfrac{m}{\mu} v_1 = \sqrt{2 g z_1}$ als Ausflußgeschwindigkeit resultiert.

Für die Ausflußzeit folgt aus $v_1 = -\dfrac{dz_1}{dt}$

$$t = -\int \frac{dz_1}{\sqrt{\dfrac{2 g z_1}{2a-1}}} + c' = -\frac{1}{2} \sqrt{\frac{2a-1}{2g}} \cdot \sqrt{z_1} + c' \tag{12}$$

und weil $z_1 = z_0$ sein soll für $t = 0$, so ist schließlich

$$t = \frac{1}{2} \sqrt{\frac{2a-1}{2g}} \cdot \left(\sqrt{z_0} - \sqrt{z_1} \right) \tag{13}$$

und die Ausflußzeit

$$T = \frac{1}{2} \sqrt{\frac{2a-1}{2g}} \, \sqrt{z_0} = \frac{m}{2 \, \mu \sqrt{2g}} \cdot \sqrt{z_0}. \tag{14}$$

2. Füllen und Entleeren von Schleusenkammern

Neuzeitlich werden Toreinlässe und bei älteren Konstruktionen Tor- und Mauerumläufe verwendet. In der Abb. 85 sind zwei Kammern dargestellt und es soll I die obere Haltung mit dem Grundriß F_1 und II die Schleusenkammer mit dem Grundriß F_2 darstellen. Der Toreinlaß habe den Querschnitt f_0 bei voller Öffnung und die Freigabe derselben erfolge gleichmäßig nach der Beziehung

$$f = f_0 \cdot \frac{t}{t_s},$$

wenn t_s die Öffnungs- bzw. Schließzeit ist. Damit der Einlauf ruhig erfolgt, pflegt man $\dfrac{f_0}{F_2} = \dfrac{1}{150}$ bis $\dfrac{1}{200}$ zu wählen, so daß die Trägheitswirkungen vollkommen zurücktreten (keine Schwingungen). H ist der Schleusenhub, also

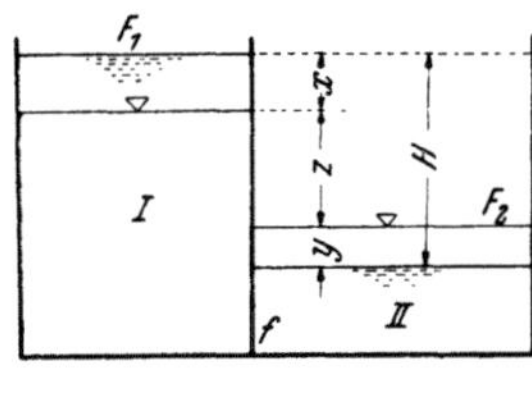

Abb. 85

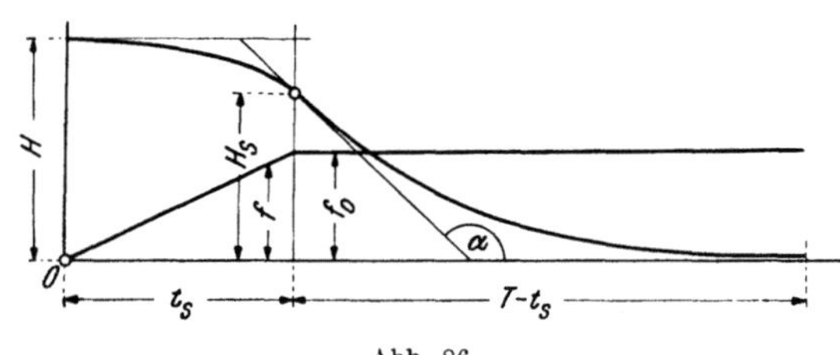

Abb. 86

der größte Spiegelunterschied in I und II, der sich für eine Zwischenlage auf z verringert, weil der Spiegel in I um x gefallen und in II um y gestiegen ist. Es ist somit

$$H = x + y + z, \quad \text{also} \quad dx + dy + dz = 0 \tag{15}$$

und weil

$$Q \cdot dt = F_1\,dx = F_2\,dy, \tag{16}$$

so folgt

$$dx = -\frac{F_2}{F_1 + F_2}\,dz \quad \text{und} \quad dy = -\frac{F_1}{F_1 + F_2} \cdot dz.$$

Setzt man für den Ausfluß aus der Toröffnung

$$Q = \mu \cdot \sqrt{2\,g\,z} \cdot f = \mu \cdot \sqrt{2\,g\,z} \cdot \frac{t}{t_s} \cdot f_0,$$

so wird aus (16)

$$\mu \cdot \sqrt{2\,g\,z} \cdot \frac{f_0}{t_s} \cdot t \cdot dt = -\frac{F_1 \cdot F_2}{F_1 + F_2} \cdot dz \tag{17}$$

oder

$$t \cdot dt = -\frac{1}{\mu} \cdot \frac{F_1 \cdot F_2}{F_1 + F_2} \cdot \frac{t_s}{f_0 \cdot \sqrt{2\,g}} \cdot \frac{dz}{\sqrt{z}} = -A \cdot t_s \cdot \frac{dz}{\sqrt{z}},$$

somit ist $t^2 = -4\,A\,t_s \sqrt{z} + c$ und mit $z = H$ für $t = 0$ und $z = H_s$ für $t = t_s$ folgt $t_s = 4\,A \cdot \left(\sqrt{H} - \sqrt{H_s}\right)$. Von diesem Zeitpunkt an (Abb. 86) gilt $t = -2\,A\sqrt{z} + c_1$, weil $f = f_0 =$ konstant bleibt bis zum Ende der Füllung. Also beträgt die Füllzeit

$$T = t_s + 2\,A \cdot \sqrt{H_s} = \frac{2\,F_1 \cdot F_2}{\mu\,(F_1 + F_2)\,f_0 \sqrt{2\,g}} \cdot \left(2\sqrt{H} - \sqrt{H_s}\right). \tag{18}$$

Gewöhnlich ist die Grundrißfläch e F_1 der oberen oder unteren Haltung sehr groß gegenüber dem Schleusengrund riß F_2 also $F_1 \gg F_2$, so daß

$$T = \frac{2\,F_2}{\mu \cdot f_0 \sqrt{2\,g}} \left(2\,\sqrt{H} - \sqrt{H_s}\right). \tag{18a}$$

Für Toreinlässe kann je nach ihrer Konstruktion $\mu = 0{\cdot}8$ bis $0{\cdot}6$ und für Torumläufe $0{\cdot}7$ bis $0{\cdot}5$ gesetzt werden.

3. Schwingungen

In zwei kommunizierenden zylindrischen Gefäßen (Abb. 87) sollen die Spiegel einen anfänglichen Höhenunterschied z_0 aufweisen. Sich selbst überlassen wird der Spiegelausgleich durch Schwingungen erfolgen. Mit den aus der Abbildung zu entnehmenden Bezeichnungen erhält man mit Hilfe von (8)

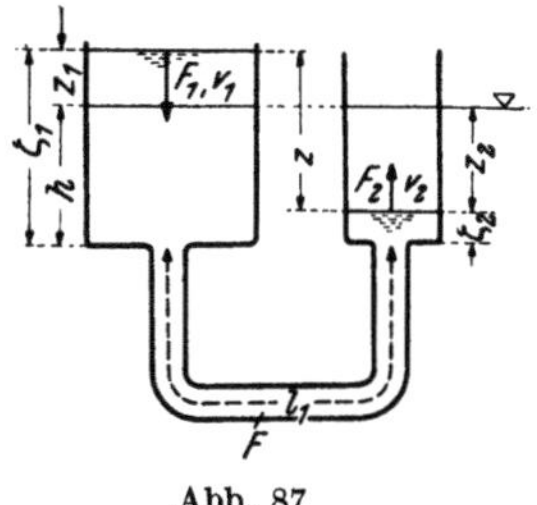
Abb. 87

$$\frac{1}{g} \cdot \left(\frac{dv_1}{dt} \cdot \zeta_1 + \frac{dv_2}{dt} \cdot \zeta_2 + \frac{dv_3}{dt} \cdot l_1\right) = -\left(z + \frac{v_1^2 - v_2^2}{2\,g}\right), \tag{19}$$

wobei wieder $\alpha_1 = \alpha_2 = \alpha' = 1$ gesetzt wurde.

Mit $z_1 \cdot F_1 = z_2\,F_2$ als Kontinuitätsbedingung und weil $z_1 + z_2 = z$ ist, folgt

$$z_1 = \frac{F_2}{F_1 + F_2} \cdot z \quad \text{und} \quad z_2 = \frac{F_1}{F_1 + F_2} \cdot z,$$

weiters für die Geschwindigkeiten

$$v_1 = \frac{dz_1}{dt} = \frac{F_2}{F_1 + F_2} \cdot \frac{dz}{dt}, \qquad v_2 = \frac{F_1}{F_1 + F_2} \cdot \frac{dz}{dt} \quad \text{und} \quad v_3 = \frac{F_1 F_2}{F(F_1 + F_2)} \frac{dz}{dt}.$$

Setzt man

$$\zeta_1 = h + z_1 = h + \frac{F_2}{F_1 + F_2} \cdot z \quad \text{und} \quad \zeta_2 = h - z_2 = h - \frac{F_1}{F_1 + F_2} \cdot z,$$

so wird aus (19)

$$\frac{1}{g} \cdot \frac{d^2 z}{dt^2} \cdot \left\{h + \frac{F_2 - F_1}{F_1 + F_2} \cdot z + \frac{F_1 \cdot F_2}{F(F_1 + F_2)} \cdot l_1\right\} = -z - \frac{1}{2\,g} \cdot \frac{F_1 - F_2}{F_1 + F_2} \cdot \left(\frac{dz}{dt}\right)^2. \tag{20}$$

Hier sei auf das auftretende quadratische Glied besonders hingewiesen und auch hier wird man nach Bernoulli vorgehen. Ist $F_1 = F_2$, so erhält man einfacher

$$\frac{d^2 z}{dt^2} \left(h + \frac{F_1 \cdot l_1}{2\,F}\right) = -g\,z$$

mit der Lösung

$$z = z_0 \cdot \cos\sqrt{\frac{2\,g}{2\,h + \dfrac{F_2\,l_1}{F}}} \cdot t$$

Die Schwingungszeit beträgt

$$T = 2\,\pi\,\sqrt{\frac{2\,h + \dfrac{F_2}{F}\,l_1}{2\,g}}$$

und für ein U-Rohr mit $F_1 = F_2 = F$ wird

$$T = 2\,\pi\,\sqrt{\frac{2\,h + l_1}{2\,g}} = 2\,\pi \cdot \sqrt{\frac{l}{2\,g}},$$

wenn l die Länge der schwingenden Wassersäule ist. Sind die Schenkel des U-Rohres unter den Winkeln α und β geneigt (Abb. 88), so gilt wieder mit Hilfe von (8) und den gewählten Bezeichnungen in der Abbildung und mit $\alpha_1 = \alpha_2 = \alpha = 1$

$$g \cdot (z_1 - z_2) = g\,s\,(\sin \alpha + \sin \beta) = \int_{s_1}^{s_2} \frac{\partial v}{\partial t}\,ds = l \cdot \frac{d^2 s}{dt^2}$$

mit der Lösung

$$s = s_0 \cdot \cos\left\{ t \cdot \sqrt{g\,\frac{(\sin \alpha + \sin \beta)}{l}} \right\}$$

und der Schwingungszeit

$$T = 2\,\pi \cdot \sqrt{\frac{l}{g\,(\sin \alpha + \sin \beta)}}$$

Schwingungen von der vorbezeichneten Art kommen praktisch häufig vor. Wenn z. B. in einer Druckrohrleitung (Abb. 89) der Schieber bei A rasch ge-

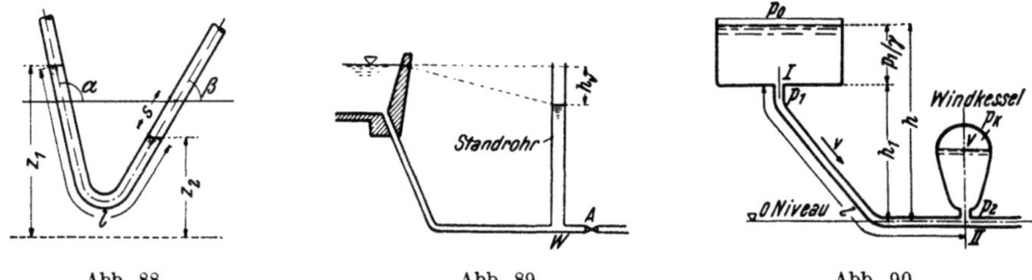

Abb. 88   Abb. 89   Abb. 90

schlossen wird, so pflanzt sich die erzeugte Druckerhöhung bei A mit sehr großer Schnelligkeit gegen den Behälter fort, wodurch sehr große Kräfte geweckt werden können, die den Bestand der Leitung gefährden. Man baut daher zur Entlastung vor der Abschlußstelle ein Standrohr (Wasserschloß) ein, wodurch außerdem die Erscheinung des „Wasserstoßes" auf die Strecke WA beschränkt wird, während im System Behälter—Leitung—Standrohr ein allmählicher Ausgleich der anfänglichen Spiegeldifferenz mittels gedämpfter Schwingungen erfolgt.

Wird an Stelle des Standrohres ein Windkessel angeordnet, so treten ähnliche Erscheinungen auf. Die im Windkessel befindliche Luft steht unter Druck, dessen Höhe ähnlichen Schwankungen unterliegt wie die Wassersäule im Standrohr. Wendet man (8) auf das Leitungsstück vom Behälter bis zum Windkessel an von der Länge l, so ist für den Querschnitt I (Abb. 90) die Energiehöhe

$$h + \frac{v_1^2}{2\,g} \quad \text{und jene im Querschnitt II} \quad \frac{v_2^2}{2\,g} + \frac{p_2}{\gamma} \quad \text{einzusetzen,}$$

so daß mit $\alpha_1 = \alpha_2 = 1$, ferner $v_1 = v_2$ und $p_2 \cong p_k = $ Druck im Kessel

$$h - \frac{p_k}{\gamma} = \frac{\alpha'}{g} \int_0^l \frac{\partial v}{\partial t}\,ds = \frac{\alpha'}{g}\,l \cdot \frac{dv}{dt}$$

resultiert.

Im stationären Betrieb, also bei $\dfrac{dv}{dt} = 0$ herrsche im Kessel der Druck p_{ko}, so folgt

$$\frac{p_{ko} - p_k}{\gamma} = \frac{\alpha'}{g} \cdot l \cdot \frac{dv}{dt} \cdot \tag{21}$$

Die Kontinuität erfordert, daß die zeitliche Abnahme des Luftvolumens im Kessel gleich ist der eingeströmten Wassermenge, daß also

$$v \cdot F_w = -\,\frac{dV}{dt}, \tag{22}$$

wenn F_w der Querschnitt des Verbindungsrohres zwischen Leitung und Kessel ist. Berücksichtigt man die Zustandsgleichung der Luft in der Form

$$p_k \cdot V = R\,T = \text{konstant} = k,$$

so folgt mit

$$\frac{p_{ko}}{p_k} = \frac{V}{V_0} = \zeta$$

aus (22)

$$\frac{dv}{dt} = -\,\frac{1}{F_w} \cdot \frac{d^2 V}{dt^2} = \frac{V_0}{F_w} \cdot \frac{d^2 \zeta}{dt^2}$$

und (21) erhält die Form

$$\frac{p_{ko}}{\gamma}\left(1 - \frac{1}{\zeta}\right) = -\,\frac{\alpha' l}{g} \cdot \frac{V_0}{F_w} \cdot \frac{d^2 \zeta}{dt^2}$$

oder

$$\frac{d^2 \zeta}{dt^2} = -\,\frac{p_{ko} \cdot F_w \cdot g}{\alpha' \cdot l \cdot V_0 \cdot \gamma}\left(1 - \frac{1}{\zeta}\right) = -\,B\left(1 - \frac{1}{\zeta}\right). \tag{23}$$

Nun ist

$$\frac{d^2 \zeta}{dt^2} = \frac{1}{2}\,\frac{d}{d\zeta}\left(\frac{d\zeta}{dt}\right)^2,$$

so daß aus (23)

$$\left(\frac{d\zeta}{dt}\right)^2 = -\,2\,B\int\left(1 - \frac{1}{\zeta}\right)\cdot d\zeta + c = c - 2\,B\,(\zeta - \ln \zeta)$$

sich ergibt und

$$t = \int \frac{d\zeta}{\sqrt{c - 2\,B\,(\zeta - \ln \zeta)}}.$$

Setzt man kleine Druckschwankungen voraus, setzt also $\zeta = 1 + \xi$, wo $\xi \ll 1$, so kann

$$\zeta - \ln \zeta = 1 + \xi - \ln(1 + \xi) \cong 1 + \frac{\xi^2}{2}$$

gesetzt werden und mit $d\zeta = d\xi$ folgt

$$t = \int \frac{d\xi}{\sqrt{c - (2 + \xi^2)\cdot B}} = \frac{1}{\sqrt{B}} \cdot \int \frac{d\xi}{\sqrt{\dfrac{c - 2\,B}{B} - \xi^2}} = -\,\frac{1}{\sqrt{B}}\,\text{arc cos}\,\frac{\xi\,B}{c - 2\,B}.$$

Also ist

$$\xi = \frac{2\,B - c}{B}\cos \sqrt{B} \cdot t = \xi_{max} \cdot \cos \sqrt{B} \cdot t,$$

wenn $c = B\,(2 - \xi_{max})$ gesetzt wird. Die Schwingungsdauer beträgt

$$T = \frac{2\,\pi}{\sqrt{B}} = 2\,\pi \cdot \sqrt{\frac{\alpha' l\, V_0\,\gamma}{p_{ko} \cdot F_w \cdot g}} = 2\,\pi \cdot V_0 \cdot \sqrt{\frac{\alpha'\, l \cdot \gamma}{k \cdot F_w \cdot g}}. \tag{24}$$

Es ist also für den Fall kleiner Schwingungen die Schwingungsdauer direkt proportional dem Volumen des Windkessels. In Wirklichkeit verläuft die Schwingung gedämpft.

4. Kleine Störungen[1])
in reibungslosen, aber zusammendrückbaren Flüssigkeiten

Wenn in ruhender Flüssigkeit kleine Änderungen (Störungen) der miteinander durch irgendeine Bedingung gekoppelten Größen p und ϱ hervorgerufen werden, so wird eine Bewegung einsetzen, deren Geschwindigkeit ebenfalls klein sein wird. Sind p_0 und ϱ_0 die Werte von Druck und Dichte im Gleichgewichtszustand, so mögen die gestörten Werte

$$\varrho = \varrho_0 + \Delta \varrho = \varrho_0 (1 + \lambda) \text{ und } p = p_0 + \Delta p = p_0 (1 + \mu) \tag{25}$$

sein, wenn λ und μ die relativen Änderungen darstellen, so daß auch

$$\frac{dp}{d\varrho} = \frac{p_0}{\varrho_0} \cdot \frac{d\mu}{d\lambda}$$

gilt, und

$$\frac{\partial \varrho}{\partial x} = \varrho_0 \frac{\partial \lambda}{\partial x} \text{ bzw. } \frac{\partial p}{\partial x} = p_0 \frac{\partial \mu}{\partial x}$$

Es wird nun vorausgesetzt, daß die Werte von λ, μ und v sowie ihre Ableitungen so klein sind, daß nur Glieder 1. Ordnung in den Grundgleichungen (2) und (3) in Abschnitt C 1 zu berücksichtigen sind. Erfolgt die Störung nur in der x-Richtung, so erhalten die genannten Gleichungen die Form

$$\frac{\partial u}{\partial t} + u \cdot \frac{\partial u}{\partial x} + \frac{1}{\varrho} \cdot \frac{\partial r}{\partial x} = 0 \tag{26}$$

und

$$\frac{\partial \varrho}{\partial t} + \frac{\partial \varrho u}{\partial x} = 0. \tag{27}$$

Mit Rücksicht auf (25) erhält man

$$\frac{\partial u}{\partial t} + \left(\frac{dp}{d\varrho}\right) \cdot \frac{\partial \lambda}{\partial x} = 0, \tag{28}$$

wenn $u \frac{\partial u}{\partial x}$ vernachlässigt und $\frac{\partial p}{\partial x} = \left(\frac{dp}{d\varrho}\right) \cdot \frac{\partial \varrho}{\partial x}$ gesetzt wird und aus (27)

$$\frac{\partial \lambda}{\partial t} + \frac{\partial u}{\partial x} = 0. \tag{29}$$

Um den zur Lösung von (28) und (29) benötigten Zusammenhang von p und ϱ zu gewinnen bzw. von μ und λ, denke man sich einen kleinen Zylinder von der Länge l und dem Querschnitt F, dessen Achse in der x-Richtung gelegen sei. Wird infolge der Pressung seine Länge um Δl verkürzt und die Masse konstant belassen, so ist

$$\Delta (\varrho \cdot F \cdot l) = 0 = \varrho_0 \cdot F \cdot l - (\varrho + \Delta \varrho) \cdot F \cdot (l - \Delta l) = -F \cdot l \cdot \Delta \varrho + \varrho_0 \cdot F \cdot \Delta l,$$

und

$$\frac{\Delta l}{l} = \frac{\Delta \varrho}{\varrho_0} = \lambda .$$

Nimmt man Linearität zwischen Spannung und Deformation an (Hooke), setzt also

$$\frac{\Delta l}{l} = \lambda = \frac{\Delta p}{E} = \frac{\mu p_0}{E} \tag{30}$$

wenn E der Elastizitätsmodul ist, so ergibt sich

---

[1]) FÜRTH, R.: Theoret. Physik. Wien 1936. Springer-Verl.

$$\frac{d\mu}{d\lambda} = \frac{dp}{d\varrho} \cdot \frac{\varrho_0}{p_0} = \frac{E}{p_0} \quad \text{oder} \quad \frac{dp}{d\varrho} = \frac{E}{\varrho_0}. \tag{30a}$$

Somit erhält man aus (28) mit $\dfrac{E}{\varrho_0} = \omega^2$ $\tag{30b}$

$$\frac{\partial u}{\partial t} + \omega^2 \cdot \frac{\partial \lambda}{\partial x} = 0 \tag{31}$$

und weil

$$\frac{\partial^2 u}{\partial t \cdot \partial x} + \omega^2 \frac{\partial^2 \lambda}{\partial x^2} = 0$$

aus (29)

$$\frac{\partial^2 \lambda}{\partial t^2} = \omega^2 \cdot \frac{\partial^2 \lambda}{\partial x^2}. \tag{32}$$

Eine ähnliche Schwingungsgleichung erhält man wegen (30) auch bezüglich μ. Weil die Richtung der Schwingung mit jener der Fortpflanzung übereinstimmt, spricht man von longitudinalen Schwingungen, zum Unterschied von den transversalen, die es bei einer idealen Flüssigkeit wegen des Fehlens der Scherkräfte nicht gibt. Die allgemeine Lösung von (32) stammt von D'ALEMBERT, der sie am Problem der schwingenden Saite entwickelt hat. Sie lautet

$$\lambda = \Phi(x + \omega t) + \psi(x - \omega t), \tag{33}$$

Φ und ψ sind willkürliche, jedoch stetige Funktionen, die also eine 1. und 2. Ableitung haben müssen. Diesen entsprechen Bewegungen, die nicht immer wirkliche Wellen sein müssen, sondern irgendwelche Bewegungen, die nur (33) erfüllen müssen. Die harmonische Wellenbewegung ist nur ein spezieller Fall. Verschiebt sich das System mit der Schnelligkeit ω in der Richtung der Fortpflanzung, so daß zur Zeit $t + \triangle t$ der Wert $x_1 = x - \omega \cdot \triangle t$, so bleibt λ ungeändert. Also ist ω die Schnelligkeit mit der die Störung vorwärtsschreitet, und zwar ist aus (30b)

$$\omega = \sqrt{\frac{E}{\varrho_0}}. \tag{34}$$

Bei jeder zu lösenden Aufgabe müssen gewisse Anfangs- oder Grenzbedingungen erfüllt und diesen die Funktionen Φ und ψ angepaßt werden. Wenn zur Zeit $t = 0$, $\lambda = f_1(x)$ und $\dfrac{\partial \lambda}{\partial t} = f_2(x)$ sein soll, so folgt aus (33)

$$f_1(x) = \Phi(x) + \psi(x)$$

und weiter

$$f_2(x) = \left\{ \Phi'(x) - \psi'(x) \right\} \cdot \omega$$

und weil aus letzter Gleichung

$$\Phi(x) - \psi(x) = \frac{1}{\omega} \cdot \int_{x_0}^{x} f(\xi) \cdot d\xi,$$

so ergibt sich

$$\Phi(x) = \frac{1}{2} \left\{ f_1(x) + \frac{1}{\omega} \int_{x_0}^{x} f(\xi) \cdot d\xi \right\}. \tag{35}$$

und

$$\psi(x) = \frac{1}{2} \left\{ f_1(x) - \frac{1}{\omega} \int_{x_0}^{x} f(\xi) \cdot d\xi \right\} \tag{35a}$$

Soll z. B. für $t = 0$ der Wert $\lambda = \text{konstant} = a$ und $\dfrac{\partial \lambda}{\partial t} = b\,x^2$ sein, so folgt mit $x_0 = 0$ aus (35), daß

$$\Phi(x) = \frac{a}{2} + \frac{b}{6\,\omega}\,x^3 \qquad \text{und} \qquad \psi(x) = \frac{a}{2} - \frac{b}{6\,\omega}\,x^3 .$$

Somit ist

$$\lambda = \Phi(x + \omega\,t) + \psi(x - \omega\,t) = a + \frac{b}{6\,\omega}\left\{(x + \omega\,t)^3 - (x - \omega\,t)^3\right\}$$

und erfüllt die geforderten Bedingungen.

E. Der Impulssatz und seine Anwendung

1. Allgemeine Darlegungen. Begriff der Reaktion

Wie aus der allgemeinen Mechanik bekannt ist, stellt das skalare Produkt $m \cdot \mathfrak{v} = \mathfrak{J}$ den Impuls oder die Bewegungsgröße des Massenelements m dar. Bildet man den Differentialquotienten nach der Zeit, so erhält man in vektorieller Darstellung

$$\frac{d\,\mathfrak{J}}{dt} = \frac{d\,(m\,\mathfrak{v})}{dt} = m \cdot \frac{d\,\mathfrak{v}}{dt} = \mathfrak{P}.$$

Nach GALILEI (1564—1642) erfolgt eine Bewegungsänderung nur wenn eine Kraft $\mathfrak{P}$ wirkt. Diese aber ist mit der zeitlichen Änderung des Impulses der Größe und Richtung nach identisch. Für eine flüssige volumbeständige Masse M ist dann nach dem Satz von der Bewegung des Schwerpunktes[1]

$$M \cdot \frac{d\,\mathfrak{v}_s}{dt} = \frac{d\,(M\,\mathfrak{v}_s)}{dt} = \frac{d}{dt}\,\Sigma\,(m\,\mathfrak{v}) = \Sigma\,\mathfrak{P} . \tag{1}$$

wenn $\Sigma\,\mathfrak{P}$ die geometrische Summe der angreifenden äußeren Kräfte[2], $\dfrac{d\,\mathfrak{v}_s}{dt}$ die Beschleunigung des Massenmittelpunktes und M die Gesamtmasse ist. Es ist somit die zeitliche Änderung des Impulses gleich der geometrischen Summe der angreifenden äußeren Kräfte. Ist $\mathfrak{r}$ ein Radiusvektor von einem beliebigen Pol O zum Massenelement m und bildet man das vektorielle Produkt

$$[\mathfrak{r} . \mathfrak{P}] = \mathfrak{M} = \text{statisches Moment der Kraft}$$

so folgt

$$\mathfrak{M} = \left[\mathfrak{r} \cdot \frac{d\,(m\,\mathfrak{v})}{dt}\right] = \frac{d}{dt}\left[\mathfrak{r} \cdot m\,\mathfrak{v}\right] \quad \text{weil} \quad \left[\frac{d\,\mathfrak{r}}{dt} . m\,\mathfrak{v}\right] = 0$$

und es ist somit $\mathfrak{M}$ die zeitliche Änderung des Impulsmoments. Über die ganze Masse genommen ist dann

$$\frac{d}{dt}\Sigma\left[\mathfrak{v} \cdot m\,\mathfrak{v}\right] = \Sigma\,\mathfrak{M} \tag{2}$$

und dies besagt, daß die zeitliche Änderung des Impulsmoments in bezug auf einen beliebigen Momentenpunkt gleich ist der geometrischen Summe der Momente aller angreifenden äußeren Kräfte, bezogen auf denselben Punkt. Für eine stationäre Strömung mit $\dfrac{d\,\mathfrak{v}}{dt} = \mathfrak{v} \cdot \dfrac{\partial\,\mathfrak{v}}{\partial s}$ und $m = \varrho \cdot dF \cdot ds$ folgt aus (1)

---

[1] KAUFMANN, W.: Einführung in die Mechanik starrer Körper, S. 494. Hannover 1927.
[2] Bei der Summation bleibt von inneren Kräften nichts übrig.

$$\Sigma \mathfrak{P} = \frac{d}{dt}\int \varrho \cdot \mathfrak{v} \cdot dV = \int \varrho \, \frac{d\mathfrak{v}}{dt} \cdot dV = \varrho \int\int \mathfrak{v} \cdot dF \cdot \frac{\partial \mathfrak{v}}{\partial s} \cdot ds = \varrho \int dQ \cdot (\mathfrak{v}_2 - \mathfrak{v}_1).$$

Ist $\mathfrak{G}$ das Gewicht und $\mathfrak{P}_r$ die Resultierende der Druckkräfte, so muß nach (1)

$$\mathfrak{G} + \mathfrak{P}_r = \varrho \int dQ \cdot (\mathfrak{v}_1 - \mathfrak{v}_2)$$

sein.

Die Kräfte, die auf die in Abb. 91 durch die Querschnitte $b\,c$ und $a\,d$ begrenzte Masse wirken, sind das Gewicht $\mathfrak{G} = Mg$, die Resultierende der von der Wand ausgeübten Druckkräfte $\mathfrak{P}_w$ und die auf die Querschnitte wirkenden Druckkräfte $\mathfrak{p}_1 \cdot F_1$ und $\mathfrak{p}_2 \cdot F_2$, wenn $\mathfrak{p}_1$ und $\mathfrak{p}_2$ die dortigen mittleren Drücke sind. Die Masse vom Volumen $a\,b\,c\,d$ verschiebt sich in der Zeit dt nach

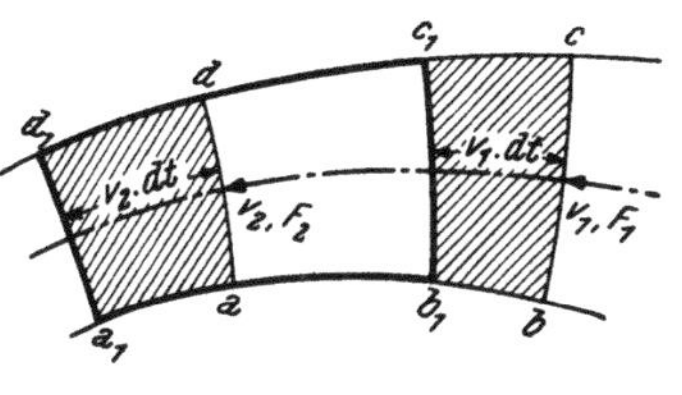

Abb. 91

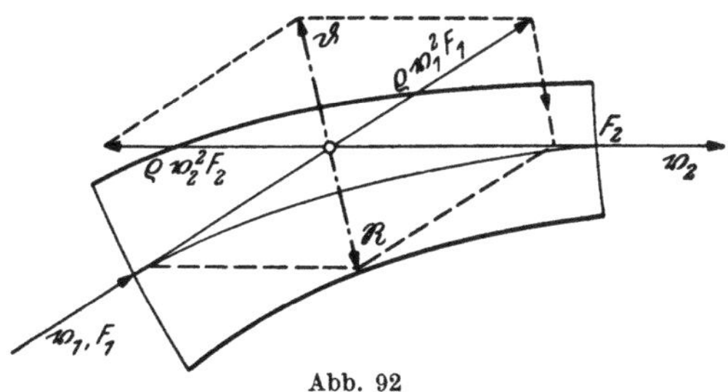

Abb. 92

$a_1 b_1 c_1 d_1$ und die Impulsänderung ist gleich der Differenz der Bewegungsgrößen in der Anfangs- und Endlage $\mathfrak{J}_1 - \mathfrak{J}_2$ und diese aber ist wieder nichts anderes als die Differenz der Impulse der schraffierten Teile. Also ist $\mathfrak{J}_1 - \mathfrak{J}_2 =$
$= \varrho \cdot (v_1 \cdot dt \cdot F_1) \cdot \mathfrak{v}_1 - \varrho\,(v_2 \cdot dt \cdot F_2) \cdot \mathfrak{v}_2 = \varrho\,Q \cdot dt\,(\mathfrak{v}_1 - \mathfrak{v}_2)$ und auf die Zeiteinheit bezogen $\varrho \cdot Q\,(\mathfrak{v}_1 - \mathfrak{v}_2)$ und man erhält schließlich

$$\mathfrak{G} + \mathfrak{P}_w + \mathfrak{p}_1 F_1 + \mathfrak{p}_2 F_2 + \varrho\,Q\,(\mathfrak{v}_1 - \mathfrak{v}_2) = 0. \qquad (3)$$

Wie aus Abb. 92 ersichtlich, ist zur Änderung von Größe und Richtung des eintretenden Impulsvektors in jene des austretenden ein Vektor $\mathfrak{R}$ nötig, der durch den Gesamtdruck der Leitungswände auf die Flüssigkeit, die Reaktion, dargestellt wird. Ihr entgegengesetzt gerichtet und gleich

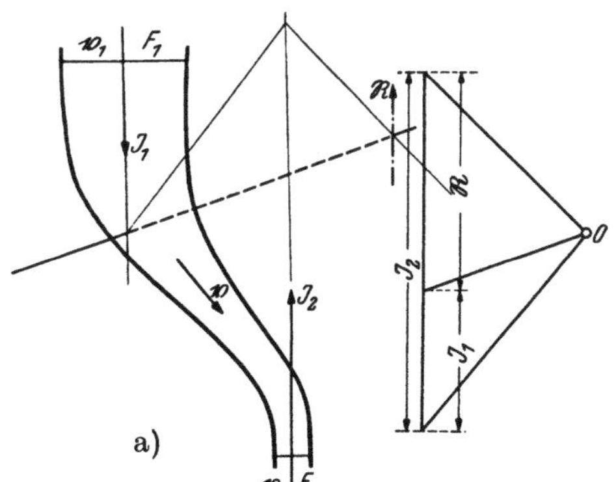

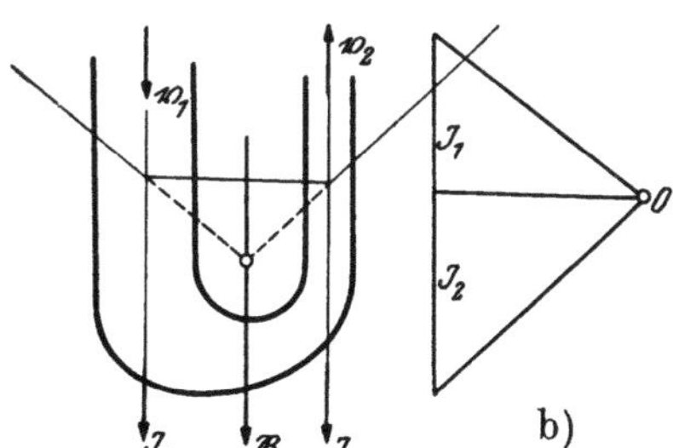

Abb. 93. Graphische Ermittlung der Reaktion

groß ist die Aktion $\mathfrak{D}$. Beide erhält man aus dem Kräfteparallelogramm wie aus der Abbildung zu ersehen ist.

Beispiele

In den Abb. 93a und b sind die Reaktionen durchströmter Rohrstücke nach den Regeln der Graphostatik dargestellt und ist das Nähere aus den Zeichnungen zu ersehen.

Fließt aus der seitlichen Öffnung eines Gefäßes die Menge

$$Q = \mu \sqrt{2\,g\,h} \cdot F,$$

so ist eine Reaktion (Rückdruck)

$$X = \varrho \cdot Q\,v = 2\,\gamma\,\mu \cdot F \cdot h \tag{4}$$

vorhanden und sie beträgt somit fast das doppelte des statischen Druckes. Ist da

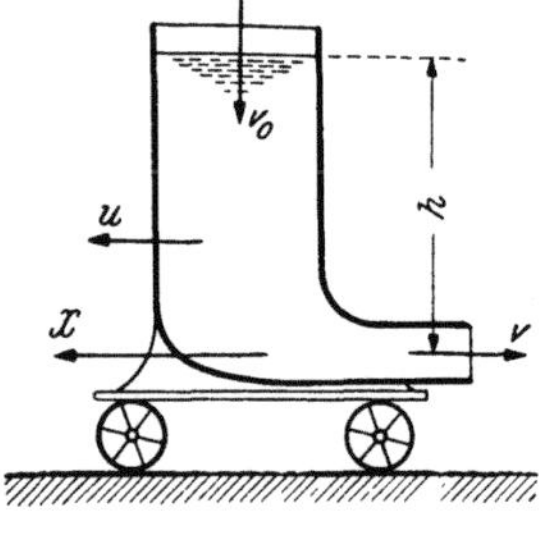

Abb. 94

Gefäß fahrbar angeordnet (Abb. 94), so wird es sich mit der Geschwindigkeit u entgegen dem Ausfluß bewegen. Die Leistung des Rückdruckes ist

$$L = X \cdot u \text{ und nachdem } X = \varrho \cdot Q\,(v - u)$$

wird

$$L = \varrho \cdot Q\,(v - u) \cdot u \text{ mit dem Maximum für } u = \frac{v}{2}.$$

Somit ist

$$L_{max} = \varrho\,\frac{Q\,v^2}{4} = \varrho\,\frac{Q \cdot g\,h}{2},$$

wenn h der Abstand der Öffnung vom Spiegel ist. Von der vorhandenen Arbeitsfähigkeit $\varrho\,g \cdot Q \cdot h$ wird noch

$$\varrho \cdot \frac{Q\,u^2}{2} = \varrho\,\frac{Q \cdot g\,h}{4}$$

verbraucht, um pro Zeiteinheit der Wassermasse $\varrho \cdot Q$ die kinetische Energie $\varrho\,\dfrac{Q\,u^2}{2}$ zu geben und schließlich wird beim Ausfluß die Energie

$$\varrho \cdot \frac{Q\,(v - u)^2}{2} = \varrho\,\frac{Q\,g\,h}{4}$$

weggeführt.

2. Der Strahldruck gegen feste Wände

a) Strahl senkrecht zur Wand

Hier erfolgt (Abb. 95) eine vollkommene Umlenkung der Wasserfäden und es bleibt keine Komponente in der ursprünglichen Fließrichtung übrig. Umgibt man den betrachteten Flüssigkeitsteil mit der strichlierten Kontrollfläche und erleichtert so die Bestimmung der Differenz von ein- und austretendem Impuls, so erhält man

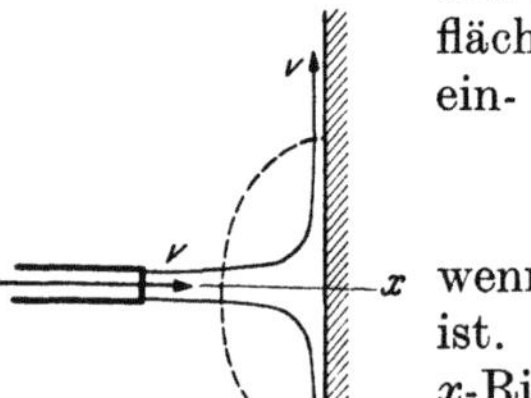

Abb. 95

$$\varrho \cdot Q \cdot v = \varrho \cdot F \cdot v^2 = 2\,\gamma\,F \cdot h, \tag{5}$$

wenn F der Strahlquerschnitt und h die Geschwindigkeitshöhe ist. Diese zeitliche Änderung der Bewegungsgröße in der x-Richtung ist der Strahldruck dem der Gegendruck P der Platte das Gleichgewicht hält. Nachdem hier das Gesetz von Bernoulli gilt und der deformierte Strahl unter demselben Druck steht (Atmosphärendruck), so muß Zu- und Abfluß mit gleicher Geschwindigkeit erfolgen.

F. Reich[1]) hat obige Formel gut bestätigt gefunden, indem der wirkliche Wert von P nur um 4—6% kleiner war als der berechnete. Bei einem senkrecht nach unten gegen eine waagrechte Platte gerichteten Strahl ergab sich der zur vollkommenen Umlenkung benötigte Plattendurchmesser mit $D = 5\,d \cdot \sqrt{\dfrac{d}{l}}$,

[1]) Forsch.-Heft **290**, VDI-Verlag. 1926.

wenn D der Plattendurchmesser, d jener des Strahles und l der Abstand der Platte von der Düsenöffnung ist. Wird die Platte in der Strahlrichtung mit der Geschwindigkeit $u < v$ bewegt, so beträgt $P = \varrho \cdot Q\,(v - u)$ und die Leistung des Strahldruckes ist

$$L = \varrho\,Q\,(v - u) \cdot u \tag{6}$$

mit dem Maximum für $u = \dfrac{v}{2}$.

b) Schräge Platte (Abb. 96)

Ist v_n die Komponente normal zur Wand, so ergibt sich für den Normaldruck

$$N = \varrho \cdot Q \cdot v_n = \varrho\,Q\,v \cdot \sin \alpha. \tag{7}$$

Bei Reibungslosigkeit wird der Druck in der Strahlrichtung infolge des Umstandes, daß in der Wand keine Kraft wirken kann,

$$X = N \cdot \sin \alpha = \varrho \cdot Q \cdot v \cdot \sin^2 \alpha.$$

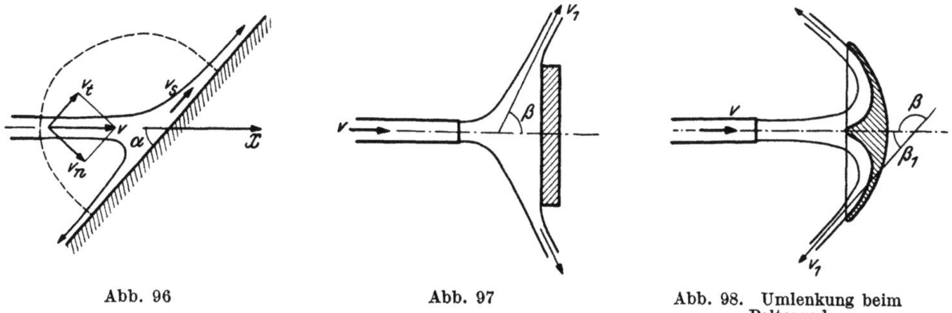

Abb. 96   Abb. 97   Abb. 98.   Umlenkung beim Peltonrad

Denkt man sich wieder eine Kontrollfläche (gestrichelt), so wird in der Richtung der Platte der Unterschied zwischen ein- und austretendem Impuls

$$\varrho \cdot Q\,(v \cos \alpha - v_s)$$

sein, wenn v_s die Geschwindigkeit des Schwerpunktes des gestauchten Strahlelements längs der Platte ist. Nachdem in der Platte keine Kraft wirken soll (in Wirklichkeit ist eine Reibungskraft vorhanden), so muß $v_s = v \cdot \cos \alpha$ sein und es ergibt sich für die Kraft X in der Strahlrichtung[1]

$$X = \varrho \cdot Q \cdot (v - v_s \cos \alpha) = \varrho\,Q \cdot v \cdot \sin^2 \alpha. \tag{8}$$

Ist die Platte rund und klein und liegt ihr Mittelpunkt in der Strahlachse, so werden alle Teilchen unter demselben Winkel mit der Strahlachse abströmen und der Strahldruck wird (Abb. 97)

$$P = \varrho\,Q\,(v - v_1 \cos \beta). \tag{9}$$

Weil bei Reibungslosigkeit nach Bernoulli $v = v_1$ wird, wegen des gleichen Druckes im Strahl, erhält man

$$P = \varrho\,Q \cdot v\,(1 - \cos \beta).$$

Bei entsprechender Formgebung kann durch Umlenkung mit $\beta > 90^0$ der Strahldruck vergrößert werden und man erhält nach Abb. 98 für die Schaufel eines Peltonrades

$$P = \varrho \cdot Q \cdot v\,(1 + \cos \beta_1). \tag{10}$$

Man nennt Räder, bei welchen der Strahldruck ausgenützt wird, Aktionsräder.

---

[1] WITTENBAUER, F.: Zschft. f. Math. Physik **46** (1901).

3. Druck der strömenden Flüssigkeit in rotierenden Kanälen. Reaktionsräder

Führt man Druckwasser einem drehbaren Rohrkopf zu, an den sich die in Abb. 99 dargestellten kurzen knieförmigen Ausflußrohre schließen, so gerät das drehbare Stück infolge des auftretenden Impulsmoments in Drehung. Ist ω die Winkelgeschwindigkeit, so hat man für die Reaktion an den Ausflußenden

$$|\mathfrak{R}| = \varrho \frac{Q}{2} \cdot (v - r\,\omega), \tag{11}$$

wenn v die Ausflußgeschwindigkeit ist und das Moment

$$|\mathfrak{M}| = 2\,|\mathfrak{R}| \cdot r = \varrho \cdot Q \cdot r\,(v - r\,\omega). \tag{12}$$

Bei einer Tiefenlage h des Ausflusses unter dem Spiegel beträgt die Leistungs-fähigkeit $\varrho \cdot Q \cdot g \cdot h$, wovon ein Teil auf die Nutzleistung $\mathfrak{M} \cdot \omega$ entfällt, ein weiterer steckt in der kine-tischen Energie des austreten-den Wassers $\varrho \dfrac{Q}{2}\,(v - r\,\omega)^2$ und der Rest wird aufgewendet, um der zufließenden Wassermasse pro

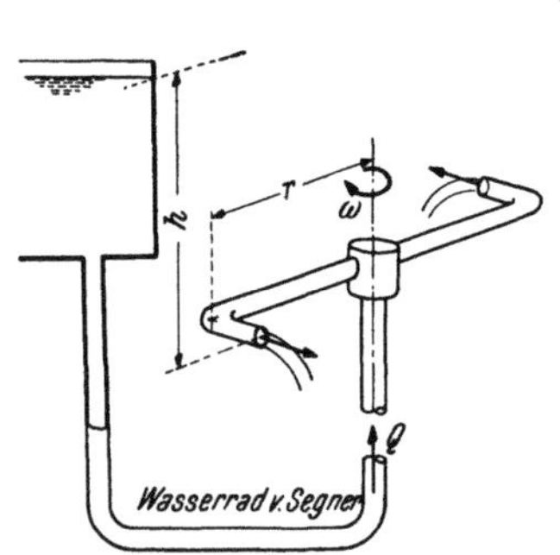

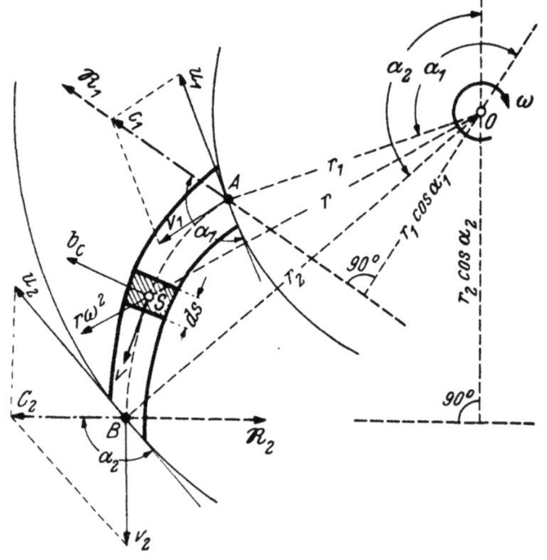

Abb. 99. Segnersches Wasserrad   Abb. 100. Verhältnisse bei einem Reaktionsrad

Zeiteinheit die kinetische Energie der Rotation $\varrho \dfrac{Q}{2}\,(r\,\omega)^2$ zu erteilen. Es ist

$$|\mathfrak{M}| \cdot \omega + \varrho \cdot \frac{Q}{2} \cdot (v - r\,\omega)^2 + \varrho \cdot \frac{Q}{2} \cdot (r\,\omega)^2 = \varrho\,Q\,\frac{v^2}{2} = \varrho \cdot Q \cdot g\,h,$$

wobei $Q = 2 f \sqrt{2\,g\,h}$, wenn f der Austrittsquerschnitt ist.

Die Ausnützung des Impulsmoments, wie es beim vorbesprochenen SEGNER-schen Wasserrad auftritt, kommt in der Praxis häufig vor, und zwar in ent-sprechender Gestalt bei der Feldberegnung, bei den Drehsprenklern der Tropf-körper (biologische Reinigung des Abwassers) usw.

Auf dem Rückdruck strömender Flüssigkeit beruht auch die Arbeit der Reaktionsturbinen. In Abb. 100 ist schematisch das Laufrad dargestellt, das durch die Laufschaufeln in einzelne Zellen geteilt erscheint. Die bei der Drehung auftretende absolute Geschwindigkeit c setzt sich zusammen aus der Relativ-geschwindigkeit v und der Umlaufgeschwindigkeit u. Aus den zu- und ab-geführten Impulsen resultieren die Kräfte

$$|\mathfrak{R}_1| = \varrho \cdot Q \cdot c_1 \quad \text{bzw.} \quad |\mathfrak{R}_2| = -\varrho\,Q \cdot c_2, \tag{12}$$

und deren Moment mit den Bezeichnungen in der Abb. 100

$$|\mathfrak{M}| = |\mathfrak{R}_1|\, r_1 \cos \alpha_1 - |\mathfrak{R}_2|\, r_2 \cos \alpha_2 = \varrho\, Q\, (c_1\, r_1 \cos \alpha_1 - c_2\, r_2 \cos \alpha_2) \qquad (13)$$

Letzteres wird nach dieser von EULER stammenden Gleichung zum Maximum, wenn $\cos \alpha_2 = 0$ ist, wenn also der Austritt aus dem Laufrad radial erfolgt. Dann beträgt die zugehörige maximale Leistung

$$L = |\mathfrak{M}| \cdot \omega = \varrho \cdot Q \cdot c_1 \cdot u_1 \cdot \cos \alpha_1. \qquad (14)$$

Denkt man sich das Massenelement von der Länge ds und dem Querschnitt df herausgeschnitten, so gilt bei gleichmäßiger Drehung und Vernachlässigung der Höhenunterschiede

$$\frac{d}{ds}\,\varrho\, df \cdot ds \cdot \frac{v^2}{2} = -\frac{\partial p}{\partial s} \cdot ds \cdot f + \varrho\, r\, \omega^2 \cdot f \cdot ds \cdot \frac{\partial r}{\partial s}. \qquad (15)$$

Die CORIOLISbeschleunigung $b_c = 2\, v \cdot \omega$ steht normal zur Strömungsrichtung und kommt nicht zur Geltung. Nach Integration und Vereinfachung erhält man

$$\frac{v^2}{2} + \frac{p}{\varrho} - \frac{r^2\, \omega^2}{2} = \text{konstant längs des Weges.}$$

Also ist

$$\frac{v_1^2}{2} + \frac{p_1}{\varrho} - \frac{u_1^2}{2} = \frac{v_2^2}{2} + \frac{p_2}{\varrho} - \frac{u_2^2}{2},$$

woraus der Einfluß der Drehgeschwindigkeiten auf p und v zuersehen ist. Es folgt

$$\frac{v_2^2}{2g} = \frac{v_1^2}{2g} + \frac{p_1 - p_2}{\gamma} - \frac{u_1^2 - u_2^2}{2g}.$$

Es wurde die Annahme der gleichmäßigen Führung der Wasserteilchen in der Radzelle bei relativ kleinen Schaufelabständen vorausgesetzt. Bei größeren Abständen, wie sie in Wirklichkeit auftreten, müssen andere Grundlagen für eine brauchbare Theorie verwendet werden[1]).

4. Weitere Anwendungen des Impulssatzes

a) Nichtstationärer Ausfluß mit Ansatzrohr (Abb. 101)

An ein zylindrisches Gefäß von großem Querschnitt F schließe an ein Ansatzrohr, dessen Querschnitt $f < F$ sei. Der Spiegel sei in der Höhe h über dem Ausfluß gelegen. Wird die Öffnung plötzlich freigegeben, so wird nicht sofort die Ausflußgeschwindigkeit $\sqrt{2\,g\,h}$ auftreten, sondern erst nach einer gewissen Anlaufzeit. Ist $\varrho \cdot l\, f\, v$ die Bewegungsgröße der im Rohr befindlichen Wassermasse, so gilt

$$\frac{d}{dt}(\varrho \cdot l \cdot f\, v) = \gamma\left(h - \frac{v^2}{2\,g}\right) \cdot f.$$

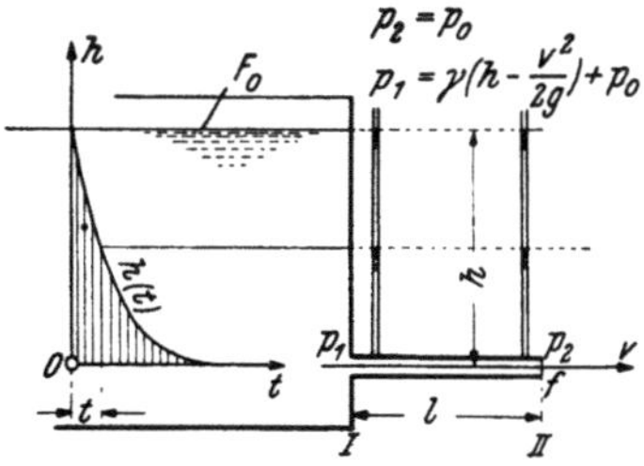

Der Druck im Querschnitt I ist

$$p_1 = p_0 + \gamma\left(h - \frac{v^2}{2\,g}\right),$$

jener in II $p_2 = p_0$, so daß die resultierende Kraft $\gamma\left(h - \dfrac{v^2}{2\,g}\right) f$ beträgt, wo v

Abb. 101

---

[1]) Einen guten Überblick über diese maschinentechnischen Probleme gibt W. KAUFMANN in seiner Hydromechanik, II. Bd., S. 194 bis 265.

die Ausflußgeschwindigkeit ist. Somit folgt

$$dt = 2\,l \cdot \frac{dv}{2\,g\,h - v^2}$$

und nach Integration

$$t = \frac{l}{\sqrt{2\,g\,h}} \cdot \ln\left(\frac{\sqrt{2\,g\,h} + v}{\sqrt{2\,g\,h} - v}\right) + c. \tag{16}$$

Mit der Bedingung $v = 0$ für $t = 0$ verschwindet c und es folgt

$$v = \sqrt{2\,g\,h} \cdot \mathfrak{Tg}\,\frac{t}{2\,l} \cdot \sqrt{2\,g\,h}. \tag{17}$$

Die $\mathfrak{Tg}$ nähert sich schon bei kleineren Argumenten dem Wert 1. So ist z. B. $\mathfrak{Tg}\,5{\cdot}0 = 0{\cdot}99992$, wobei dem Argument 5 eine Zeit $t = 0{\cdot}227 \cdot \dfrac{l}{\sqrt{h}}$ entspricht. Ist z. B. $l = 100$ cm und $h = 400$ cm, so verstreichen etwa $t = 1{\cdot}14$ sec, ehe der Wert $v = \sqrt{2\,g\,h}$ auftritt.

b) BORDASCHE Mündung (Abb. 102)

Der Ausflußstrahl einer in waagrechtem Boden gelegenen Öffnung, an die ein ins Innere des genügend großen Gefäßes gehender Rohrstutzen anschließt,

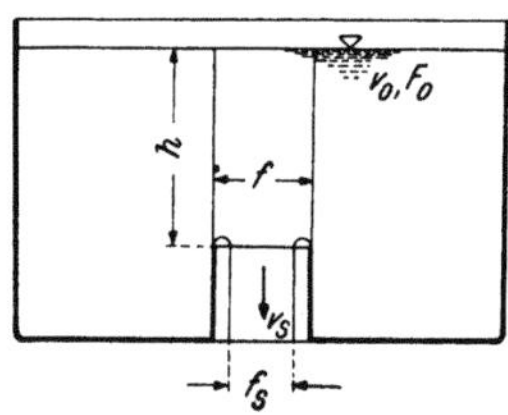

Abb. 102. Bordasche Mündung

weist eine starke Zusammenschnürung (Kontraktion) auf. Diese läßt sich folgend berechnen. Man denke sich eine Kontrollfläche gelegt, die durch den Spiegel, die Gefäßwände und den oberen Querschnitt des Stutzens gebildet wird. Auf die so begrenzte Masse wirken das Gewicht und die Drücke auf die Grenzflächen. Letztere heben sich auf und vom Gewicht bleibt als äußere Kraft nur $\gamma \cdot f \cdot h$ übrig, während der Rest dem Gegendruck des Bodens gleich ist. h ist die Spiegelhöhe über der oberen Stutzenöffnung f. Ist v_0 die Geschwindigkeit im Spiegel F_0, v_s jene im Strahl vom Querschnitt f_s, so beträgt die zeitliche Änderung der Bewegungsgröße

$$\varrho \cdot Q\,(v_s - v_0) = \varrho\,Q\,v_s\left(1 - \frac{f_s}{F_0}\right). \tag{18}$$

Es muß also

$$\gamma \cdot f \cdot h = \varrho\,Q\,v_s\left(1 - \frac{f_s}{F_0}\right) = \varrho\,f_s\,v_s^2 \cdot \left(1 - \frac{f_s}{F_0}\right)$$

sein und mit $v_s = \sqrt{2\,g\,h}$ folgt für die Kontraktionszahl

$$\frac{f_s}{f} = \frac{1}{2\left(1 - \dfrac{f_s}{F_0}\right)}.$$

Ist $f_s \lll F_0$, so kann $\dfrac{f_s}{f} = 0{\cdot}5$ gesetzt werden. Würde man die Reibung berücksichtigen, so würde $\dfrac{f_s}{f}$ etwas größer sein als genannte Zahl, was mit der Erfahrung übereinstimmt.

c) Richtungsänderungen in Druckrohrleitungen (Abb. 103)

Bei Druckrohrleitungen muß für die Übertragung der aus den Richtungsänderungen sich ergebenden Kräfte gesorgt werden. Ist $2\,\alpha$ der Schenkelwinkel,

so tritt die Kraft auf
$$|\mathfrak{P}| = 2\,\varrho \cdot Q \cdot v \cdot \cos\alpha, \tag{19}$$

die das Rohr von seiner Unterlage abzuheben sucht, was durch eine genügende Verankerung im Rohrsockel vermieden werden muß. Ist der Rohrknick entgegengesetzt, nach oben, so müssen zu den aus den Gewichten sich ergebenden Auflagerdrücken die aus der Impulsänderung entstehenden Zusatzdrücke berücksichtigt werden.

d) Eulergleichung aus dem Impulssatz

Diese kann aus (1a) Abschnitt E gleich angeschrieben werden, wenn man die Trägheitsreaktion $\overline{b}$ nach d'Alembert berücksichtigt und kleine Größen höherer Ordnung vernachlässigt. In Abb. 104 ist aus einer Stromröhre die Masse $\varrho \cdot F \cdot ds$ herausgezeichnet und die

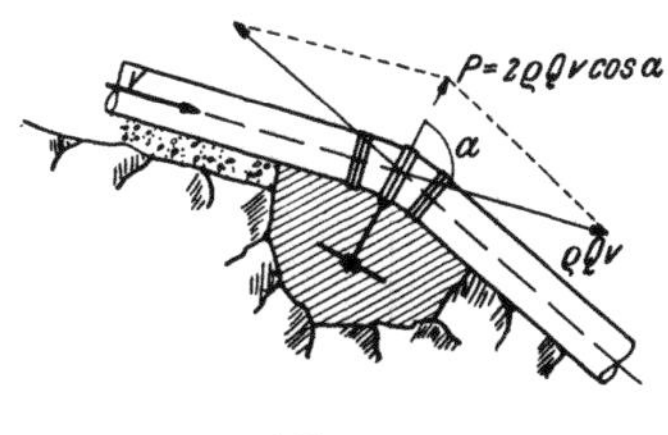

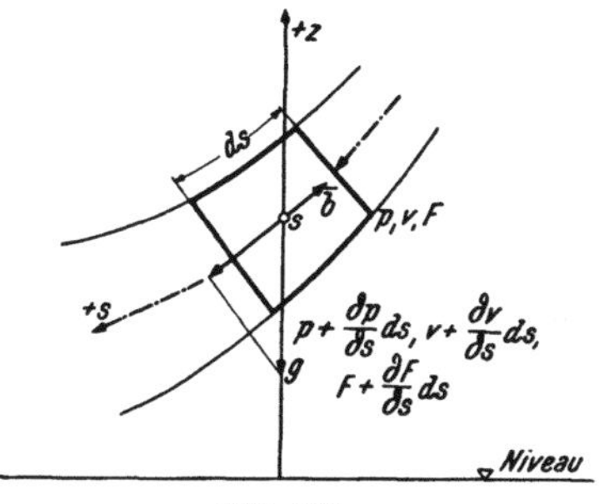

Abb. 103   Abb. 104

lokale Änderung der Bewegungsgröße beträgt
$$\varrho\,Q \cdot \frac{\partial v}{\partial s}\,ds = \varrho\,F \cdot v \cdot \frac{\partial v}{\partial s}\,ds.$$

Von Kräften wirken die Komponente des Gewichtes $-\varrho\,g F \cdot ds \cdot \dfrac{\partial z}{\partial s}$, die Druckkräfte auf die Begrenzungsquerschnitte und die Wand
$$p \cdot F - \left(p + \frac{\partial p}{\partial s} \cdot ds\right)\left(F + \frac{\partial F}{\partial s}\,ds\right) + p\,\frac{\partial F}{\partial s}\,ds = -F \cdot \frac{\partial p}{\partial s} \cdot ds$$

und schließlich die Trägheitsreaktion $\overline{b} = -\varrho \cdot F \cdot ds \cdot \dfrac{\partial v}{\partial t}$. Somit folgt auf die Volumeinheit bezogen
$$\varrho \cdot v \cdot \frac{\partial v}{\partial s} = -\varrho\,g\,\frac{\partial z}{\partial s} - \frac{\partial p}{\partial s} - \varrho\,\frac{\partial v}{\partial t}. \tag{20}$$

e) Schnelligkeit eines Schwalles

In der Abb. 105 sei der Längsschnitt eines Füllschwalles dargestellt, der z. B. beim Entleeren einer Schleuse entsteht, deren Spiegel höher gelegen ist, als jener im Kanal. Das Wasser

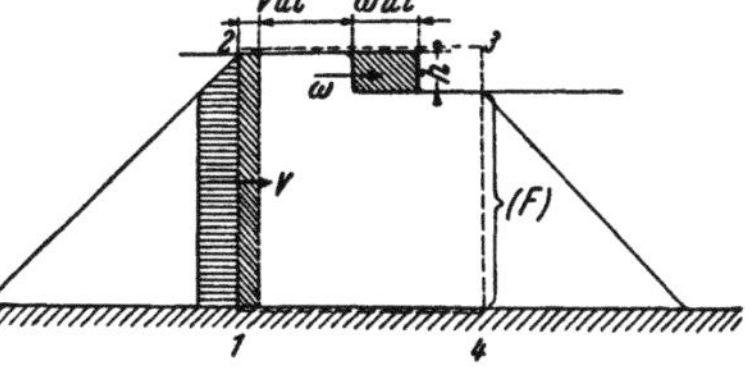

Abb. 105. Füllschwall

in letzterem sei in Ruhe und der Querschnitt sei F. Der Schwall von der Höhe h schreitet mit einer Schnelligkeit ω fort, die sich aus dem Impulssatz leicht bestimmen läßt. Ist v die Nachströmgeschwindigkeit, die den Schwall zu seiner Erhaltung speist, so lautet die Kontinuitätsbedingung $v \cdot (F + B\,h) = \omega\,h\,B$, wenn B die Spiegelbreite ist, oder es ist
$$v = \omega \cdot \frac{h\,B}{F + B\,h}.$$

Denkt man sich die Kontrollfläche 1 2 3 4 gelegt, so beträgt die Impulsänderung der umgrenzten Wassermasse

$$\varrho \cdot B\,h \cdot \omega^2 - \varrho \cdot (F + B\,h) \cdot v^2$$

und die in der Richtung dieser Änderung wirkenden Kräfte sind bei waagrechter
Sohle nur die Drücke auf die Begrenzungsquerschnitte mit der Resultierenden

$$\varrho \cdot g\left(\frac{B\,h^2}{2} + F \cdot h\right).$$

Es muß also gelten

$$\varrho \cdot g\left(\frac{B\,h^2}{2} + F\,h\right) = \varrho\,B\,h \cdot \omega^2 - \varrho\,(F + B\,h)\,v^2$$

und mit dem Werte v aus der Kontinuitätsbedingung und nach einiger Umformung folgt

$$\omega = \sqrt{g \cdot \frac{F + B\,h}{F \cdot B} \cdot \left(F + \frac{B\,h}{2}\right)}. \tag{21}$$

Für einen rechteckigen Querschnitt $F = B \cdot H$ ergibt sich

$$\omega = \sqrt{g\,H \cdot \left(1 + \frac{h}{H}\right)\left(1 + \frac{h}{2\,H}\right)}. \tag{21\,a}$$

f) Der Stauschwall

Wird z. B. in einem Werkkanal der Durchfluß $Q = v\,F$ plötzlich gedrosselt
auf $Q_1 < Q$, so entsteht ein „Stauschwall", der sich mit der Schnelligkeit ω stromaufwärts bewegt und dessen wissenswerte Höhe h
berechnet wird wie folgt. Man denkt sich unmittelbar vor dem Schwall ein Wasserprisma $a\,b\,c\,d$
vom Querschnitt F und der Länge $v\,dt + \omega\,dt$
(Abb. 106) und dieses gelangt in der Zeit dt unter
den aufwärtseilenden Schwall. Dabei ändert sich
die mittlere Fließgeschwindigkeit von v auf
$v_1 < v$, so daß die Impulsänderung in der Zeit-
einheit $\varrho \cdot F \cdot (v + \omega) \cdot (v_1 - v)$ beträgt. In der

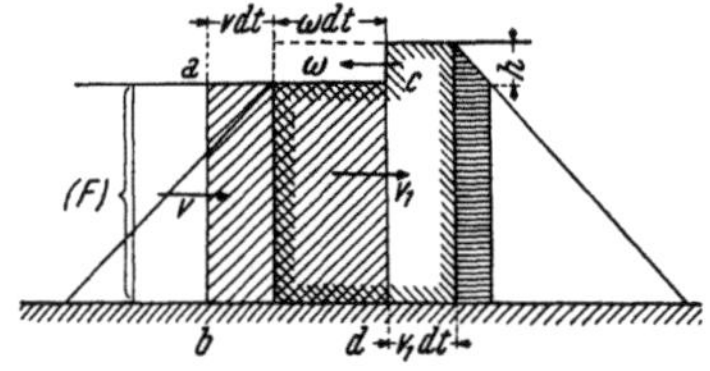

Abb. 106. Stauschwall

Richtung dieser wirkt die Resultierende der Druckkräfte auf die Begrenzungsquerschnitte

$$\varrho\,g\left(\frac{B\,h^2}{2} + h \cdot F\right),$$

so daß also

$$\varrho\,(\omega + v) \cdot F \cdot (v_1 - v) = -\varrho\,g\left(\frac{B\,h^2}{2} + h\,F\right)$$

sein muß und mit der Kontinuitätsbedingung

$$v \cdot F = v_1\,(F + B \cdot h) + \omega \cdot B\,h \quad \text{folgt} \quad \omega = (v - v_1)\,\frac{F}{B\,h} - v_1,$$

welcher Wert in die Impulsgleichung eingesetzt ergibt

$$\varrho\,(v - v_1)^2\left(\frac{F}{B\,h} + 1\right) \cdot F = \varrho\,g\left(\frac{B\,h^2}{2} + h\,F\right)$$

oder vereinfacht und bei Vernachlässigung des quadratischen Gliedes von h
in der Klammer

$$\frac{(v - v_1)^2}{g}\left(\frac{F}{B\,h} + 1\right) = h, \tag{22}$$

so daß

$$h^2 - h \cdot \frac{(v - v_1)^2}{g} = \frac{(v - v_1)^2}{g} \cdot \frac{F}{B}$$

folgt, woraus

$$h = \frac{(v - v_1)^2}{2\,g} \pm \sqrt{\left[\frac{(v - v_1)^2}{2\,g}\right]^2 + \frac{(v - v_1)^2}{g} \cdot \frac{F}{B}}$$

sich ergibt. Das Maximum der Schwallhöhe tritt bei plötzlichem vollkommenem Schließen ein, wenn also $v_1 = 0$ wird und es beträgt nach einiger Umformung

$$h_{max} = \frac{v^2}{2\,g}\left\{1 + \sqrt{1 + 4\,g\,\frac{F}{B\,v^2}}\right\}. \tag{23}$$

g) Sprunghafte Querschnittserweiterung (Abb. 107), Düsenmanometer

Die sprunghafte Erweiterung eines Querschnitts F_1 auf F_2 bringt mit sich, daß im erweiterten Querschnitt die Flüssigkeit nach vorerst geschlossenem Austritt aus F_1 verwirbelt wird, so daß Misch-verluste auftreten. Ohne über das Geschehen im Innern etwas Näheres zu wissen, kann aus Aussagen an den Grenz-querschnitten der betrachteten Wasser-masse auf den Mischverlust geschlossen werden. Die Kontrollfläche sei so gelegt, daß sie durch die Querschnitte I und II und die dazwischen liegende Rohrwandung gebildet wird. Querschnitt I sei knapp nach der Erweiterung gelegen, wo das Wasser noch in geschlossenen Fäden in die Erweiterung tritt und dann verwirbelt wird, um im Querschnitt II wieder nor-mal, d. h. mit geordneten Stromfäden,

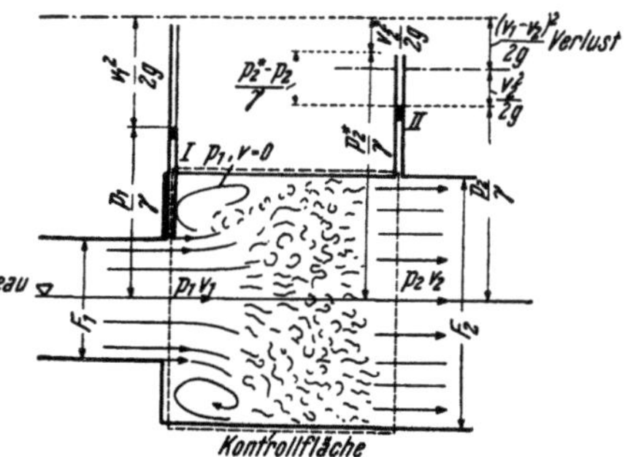

Abb. 107. Plötzliche Rohrerweiterung mit Mischverlust

zum Abfluß zu gelangen. Im Querschnitt I herrscht im Ausmaß der Fläche F_1 die Geschwindigkeit v_1 und der Druck p_1. Auf dem übrigen Teil $F_2 - F_1$ herrscht ebenfalls der Druck p_1, jedoch ist hier der Durchfluß Null. Im Querschnitt F_2 mögen p_2 und v_2 herrschen. Nach dem Impulssatz ist

$$p_1\,(F_2 - F_1) + p_1 F_1 - p_2 F_2 = \varrho\,Q\,(v_2 - v_1)$$

oder

$$p_1 - p_2 = \varrho\,\frac{Q}{F_2}\,(v_2 - v_1) = \varrho \cdot v_2\,(v_2 - v_1).$$

Mit der Kontinuitätsgleichung $v_1 F_1 = v_2 F_2 = Q$ und der Bernoullischen Beziehung

$$\frac{v_1^2}{2\,g} + \frac{p_1}{\gamma} = \frac{v_2^2}{2\,g} + \frac{\overset{*}{p_2}}{\gamma},$$

bezogen auf die Rohrachse als Niveau, erhält man die Druckverlusthöhe

$$\frac{p_2 - \overset{*}{p_2}}{\gamma} = -\frac{(v_1 - v_2)^2}{2\,g} = -\frac{v_1^2}{2\,g}\left(1 - \frac{F_1}{F_2}\right)^2, \tag{24}$$

wenn $\overset{*}{p_2} > p_2$ der Druck in II bei reibungslosem Durchfluß ist.

Mit den Rohrerweiterungen hat sich schon I. Ch. Borda[1]) befaßt, der die Tatsache des Mischverlustes als eine Stoßerscheinung ansah. Nach H. Schütt[2]) beträgt der Mischungsweg etwa das 8fache des größeren Rohrdurchmessers, so daß eine Messung des Druckes p_2 mindestens in dieser Entfernung zu erfolgen hat. Bei diesen Versuchen waren Düsen eingebaut und sie erwiesen, daß die Messungsresultate durchschnittlich weniger als 1% von den theoretischen Werten abwichen. Diese Tatsache erlaubt es, mit Hilfe solcher Erweiterungen Druckreduktionen herbeizuführen und die Messung hoher Drücke, z. B. in einem Stadtrohr-

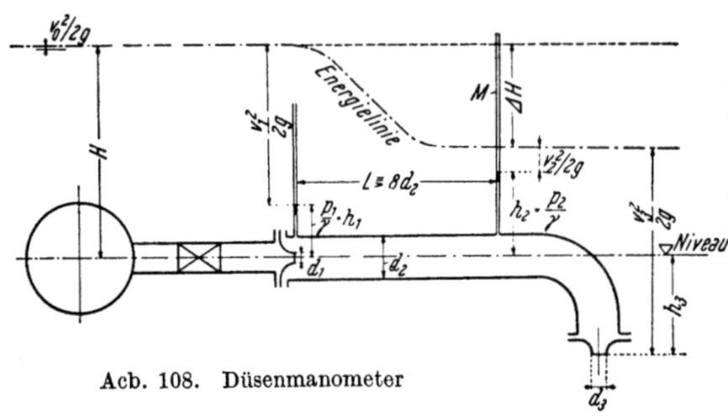

Acb. 108. Düsenmanometer

netz, bequem durchzuführen[3]). Man denke sich an eine Leitung mit hohem Druck eine Zweigleitung angesetzt, in welcher die Druckreduktion herbeigeführt werden soll. Entsprechend Abb. 108 lautet die erweiterte Bernoullische Gleichung

$$h_2 + \frac{v_2^2}{2g} + \Delta H = \frac{p_1}{\gamma} + \frac{v_1^2}{2g} \tag{25}$$

oder

$$h_2 - \frac{p_1}{\gamma} = \frac{v_1^2 - v_2^2}{2g} - \Delta H. \tag{25a}$$

Für den Querschnitt der Mischdüse gilt

$$H - \frac{p_1}{\gamma} = \frac{v_1^2}{2g}, \tag{26}$$

dividiert man (25a) durch (26), so erhält man

$$\frac{h_2 - \dfrac{p_1}{\gamma}}{H - \dfrac{p_1}{\gamma}} = \frac{\dfrac{v_1^2 - v_2^2}{2g} - \Delta H}{\dfrac{v_1^2}{2g}}$$

und setzt man

$$\Delta H = \frac{(v_1 - v_2)^2}{2g}$$

ein, so folgt

$$\frac{h_2 - \dfrac{p_1}{\gamma}}{H - \dfrac{p_1}{\gamma}} = 2\frac{v_2}{v_1}\left(1 - \frac{v_2}{v_1}\right) = 2\frac{d_1^2}{d_2^2}\left(1 - \frac{d_1^2}{d_2^2}\right). \tag{27}$$

Liegt der Ausfluß des Mischrohres in der Tiefe h_3 unter dem Bezugsniveau und ist v_3 die Ausflußgeschwindigkeit, so gilt

$$\frac{v_1^2}{2g} + \frac{p_1}{\gamma} = \frac{v_3^2}{2g} + \Delta H - h_3. \tag{28}$$

Macht man zur Vereinfachung $h_3 = 0$ und $\frac{p_1}{\gamma} = 0$, so wird

[1]) Mém. de l'acad. roy. d. sciences. Paris 1766 (erschien 1769).
[2]) Mitteilungen d. hydr. Inst. d. Techn. Hochsch. München. **1926.**
[3]) STEINWENDER, A.: Österr. Wasserwirtsch. **2** (1950).

$$v_1{}^2 = v_3{}^2 + (v_1 - v_2)^2 \quad \text{bzw.} \quad 1 = \frac{v_3{}^2}{v_1{}^2} + \left(1 - \frac{v_2}{v_1}\right)^2,$$

und nach Einführung der Durchmesser und wegen $v_1 \cdot d_1{}^2 = v_2 \, d_2{}^2 = v_3 \, d_3{}^2$ folgt

$$1 = \frac{d_1{}^4}{d_3{}^4} + \left(1 - \frac{d_1{}^2}{d_2{}^2}\right)^2,$$

mit $\dfrac{p_1}{\gamma} = 0$ folgt aus (27)

$$\frac{d_1{}^2}{d_2{}^2} = \frac{1}{2} - \sqrt{\frac{1}{4} - \frac{h_2}{2\,H}} \tag{28}$$

und zur Einhaltung der obigen Bedingung muß

$$\frac{d_1{}^4}{d_3{}^4} = 1 - \left(\frac{1}{2} + \sqrt{\frac{1}{4} - \frac{h_2}{2\,H}}\right)^2 \tag{29}$$

gemacht werden.

Beispiel

Im Rohrnetz betrage an der Meßstelle die Druckhöhe $H = 40$ m und man will die Druckhöhe $h_2 = 1$ m am Ableserohr M haben, so folgt mit dem Werte $\dfrac{h_2}{H} = \dfrac{1}{40}$ aus (28)
$\left(\dfrac{d_1}{d_2}\right)^2 = 0{\cdot}013$ bzw. $\dfrac{d_1}{d_2} = 0{\cdot}114$ und aus (29) $\left(\dfrac{d_1}{d_3}\right)^4 = 0{\cdot}0258$ oder $\dfrac{d_1}{d_2} = 0{\cdot}40$.

Wählt man wegen der Handlichkeit des Instruments ein Mischrohr von 400 mm Länge und $d_2 = 40$ mm, so wird der Durchmesser der Mischdüse $d_1 = 0{\cdot}114\,d_2 = 4{\cdot}6$ mm und jener der Abflußdüse $d_3 = \dfrac{d_1}{0{\cdot}4} = 11{\cdot}5$ mm.

Weil $v_1 = \sqrt{2\,g\,H} = 28{\cdot}01$ m/sec, wird eine Betriebswassermenge $Q = v_1 \cdot \dfrac{\pi \, d_1{}^2}{4} = 0{\cdot}47$ sl verbraucht, und die Ausflußgeschwindigkeit beträgt

$$v_3 = v_1 \cdot \left(\frac{d_1}{d_3}\right)^2 = 28{\cdot}01 \cdot 0{\cdot}16 = 4{\cdot}48 \text{ m/sec.}$$

h) Impulsaustausch und innere (molekulare) Reibung

Die Molekularbewegung in ruhender und nicht verdichtbar angenommener Flüssigkeit bringt eine Versetzung der Teilchen mit sich dergestalt, daß bezüglich jeder durch den Punkt m gehenden Ebene (Abb. 109) ein Massenaustausch erfolgt. Wegen der noch immer sehr großen Anzahl von Teilchen, die durch ein sehr kleines Flächenelement dF hindurchgehen, wird man den Begriff der Dichte (Abschn. A) beibehalten können, so daß der molekulare „Durchfluß" nach beiden Seiten die Größe $\pm\, \varrho \cdot \dfrac{dF}{2} \cdot v_1$ haben wird. v_1 sei lediglich als Quotient von Volumen der ausgetauschten Masse durch das Flächenelement definiert.

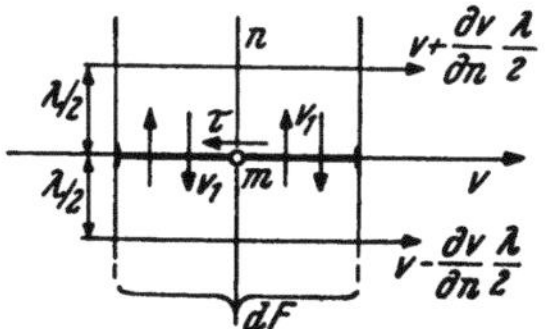

Abb. 109. Zur inneren Reibung

Ist nun die gedachte Ebene eine Strömungsfläche und herrscht normal zu ihr der Geschwindigkeitsabfall $\dfrac{\partial v}{\partial n}$, so ist mit dem Massenaustausch ein Impulsaustausch verbunden. Bezeichnet λ die mittlere Versetzung der Teilchen, genommen normal zur Ebene, so wird an Stelle der Masse $g\,v_1 \cdot \dfrac{dF}{2}$ mit der durchschnittlichen Strömungsgeschwindigkeit $\left(v - \dfrac{\partial v}{\partial n} \cdot \dfrac{\lambda}{2}\right)$ auf der einen Seite eine gleich große mit der Geschwindigkeit $\left(v + \dfrac{\partial v}{\partial n} \cdot \dfrac{\lambda}{2}\right)$ von der anderen Seite ge-

bracht. Bei diesem Austausch vollzieht sich somit eine Änderung der Bewegungsgröße im Ausmaße von

$$2 \cdot \varrho\, v_1 \frac{dF}{2} \left\{ \left(v + \frac{\partial v}{\partial n}\frac{\lambda}{2}\right) - \left(v - \frac{\partial v}{\partial n}\frac{\lambda}{2}\right) \right\} = \varrho\, v_1\, dF \cdot \frac{\partial v}{\partial n}\,\lambda,$$

der ein Schubwiderstand $\tau \cdot dF$ in der Trennungsfläche entspricht.

Die Schubspannung beträgt somit

$$\tau = \eta \cdot \frac{\partial v}{\partial n}. \tag{30}$$

wenn $\eta = \varrho\, v_1 \cdot \lambda$ gesetzt wird.

Der Ansatz 30) geht im Grunde auf I. NEWTON zurück[1]). Der Aufbau der Proportionalitätskonstanten η, die als Zähigkeit bezeichnet wird, macht es begreiflich, daß ihr Wert nicht nur von der Art der Flüssigkeit, sondern auch von der Temperatur abhängig ist (Abschn. A).

i) Der Wassersprung (Abb. 108)

Darunter versteht man den unvermittelten Übergang der Wasserbewegung aus dem schießenden in den strömenden Zustand. Dies kann, wie aus Abschnitt D I 2g

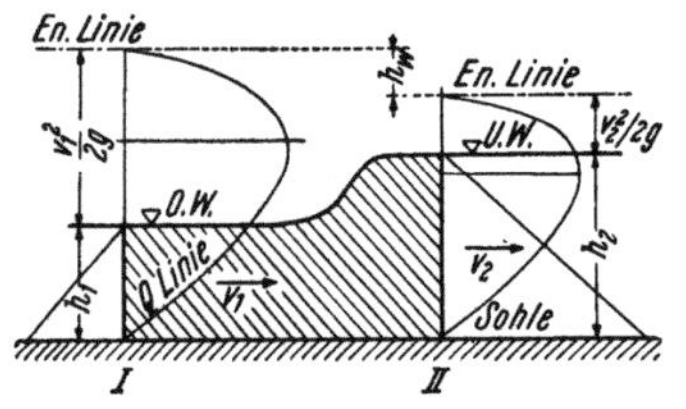

Abb. 110.　Wassersprung

und Abb. 110 hervorgeht, nur mit Hebung des Spiegels und Verlust an mechanischer Energie vor sich gehen. Der Übergang kann durch Gefällknick, Änderung der Wandbeschaffenheit usw. hervorgerufen werden.

Es sei ein Rechteckquerschnitt von der Breite b vorausgesetzt und die Untersuchung auf die Wassermasse zwischen den Querschnitten I und II bezogen. Die Impulsänderung derselben beträgt $\varrho \cdot Q \cdot (v_1 - v_2)$ und als Kräfte kommen nur die Druckkräfte auf die Grenzquerschnitte in Betracht. Es ist also

$$\varrho \cdot Q\,(v_1 - v_2) = \varrho\, g \cdot \frac{h_2{}^2 - h_1{}^2}{2} \tag{31}$$

zu setzen. Weil ferner

$$Q = b\, h_1\, v_1 = b\, h_2\, v_2, \tag{32}$$

so folgt

$$h_2 = -\frac{h_1}{2} \pm \sqrt{\frac{h_1{}^2}{4} + \frac{2\,Q^2}{g\, h_1}} = -\frac{h_1}{2} \pm \sqrt{\frac{h_1{}^2}{4} + \frac{2\, v_1{}^2\, h_1}{g}}. \tag{33}$$

Die Bedingung für das Auftreten des Wassersprungs, daß also $h_2 - h_1 > 0$ ist, lautet somit

$$h_1 < \sqrt[3]{\frac{Q^2}{g}} = h_g,$$

wenn h_g die Grenztiefe ist.

Man kann sich leicht überzeugen, daß der Wassersprung nicht verlustlos vor sich geht, wozu man die erweiterte Bernoulligleichung unter Hinzunahme der Verlusthöhe h_w verwendet in der Form

$$h_1 + \frac{v_1{}^2}{2\,g} = h_2 + \frac{v_2{}^2}{2\,g} + h_w. \tag{34}$$

woraus mit (32) folgt

$$h_w = \frac{v_1{}^2 - v_2{}^2}{2\,g} + Q \cdot \frac{(v_2 - v_1)}{v_1\, v_2}. \tag{35}$$

---

[1]) Philosophiae naturalis principia mathematica, Buch 2, Abschn. 9.

Aus der Impulsgleichung (1) folgt

$$Q\,(v_1 - v_2) = \frac{g}{2}\,Q^2 \left(\frac{1}{v_2^2} - \frac{1}{v_1^2}\right) \quad \text{oder} \quad Q = \frac{2}{g}\,\frac{v_1^2\,v_2^2}{v_1 + v_2}$$

und letzterer Wert in (35) gesetzt, ergibt

$$h_w = \frac{v_1 - v_2}{v_1 + v_2} \cdot \frac{(v_1 - v_2)^2}{2\,g}. \tag{36}$$

Die aus den vorgegebenen Werten h_1 und v_1 berechnete Unterwassertiefe h_2 nach Gleichung (33) stimmt recht gut mit zahlreichen Messungsergebnissen überein. Dennoch ist noch manches an dieser bemerkenswerten Erscheinung aufzuklären, worüber noch später gesprochen werden wird (Abschn. G II 3 d).

k) Wasserstoß in Druckleitungen.

Wird am Ende einer Druckleitung von der Länge l ein Schieber rasch geschlossen, so wirkt sich die damit verbundene Verminderung der Bewegungsgröße als stoßartige Druckerhöhung aus, die mit der Schnelligkeit ω fortschreitet. Ist die Leitung sehr lang oder die Schließzeit t kleiner als die Reflexionszeit $t_r = \frac{2\,l}{\omega}$, so kann die Druckerhöhung leicht ermittelt werden, wenn ω bekannt ist. Ist F der Leitungsquerschnitt, $\varDelta v = v_0 - v$ die Verminderung der Durchflußgeschwindigkeit und $\omega \cdot \varDelta t$ der von der Druckwelle in der Zeit dt zurückgelegte Weg, so hat in dieser Zeit die Wassermasse $\varrho\,F \cdot \omega\,dt$ ihre Bewegungsgröße um $(\varrho\,F \cdot \omega \cdot dt) \cdot \varDelta v$ vermindert. Diese auf die Zeiteinheit bezogene Änderung wird gleichgesetzt der Druckerhöhung, so daß

$$\frac{\varrho\,F \cdot \omega \cdot dt}{dt} \cdot \varDelta v = F \cdot \varDelta p$$

oder

$$\frac{\varDelta p}{\gamma} = \varDelta h = \frac{\omega}{g} \cdot \varDelta v. \tag{37}$$

l) Verdichtungsstoß[1])

Überall, wo man es mit einem Gemisch von Wasser- und Luft- bzw. Dampfblasen zu tun hat, sei es durch mitreißen von Luft oder Abscheidung infolge Unterdrucks, kann es zu Verdichtungsstößen kommen, wenn der Druck infolge Geschwindigkeitsabnahme ansteigt (Abb. 111). Sind Geschwindigkeit, Druck und Dichte des Gemisches bzw. des reinen Wassers mit v_1, p_1, ϱ_1 bzw. v_2, p_2 und ϱ_2 bezeichnet, so erfolgt nach dem Impulssatz beim Übergang vom Gemisch in den blasenlosen Zustand eine Druckerhöhung

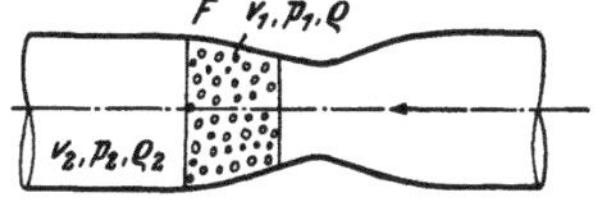

Abb. 111. Zum Verdichtungsstoß

$$(p_2 - p_1) \cdot F = g \cdot Q \cdot (v_1 - v_2),$$

woraus mit Hilfe der Kontinuitätsbedingung

$$\varrho_2 \cdot v_2 \cdot F = \varrho_1 \cdot v_1\,F$$

die Druckdifferenz

$$p_2 - p_1 = \varrho_1\,v_1^2 \left(1 - \frac{v_2}{v_1}\right) = \varrho_1\,v_1^2 \left(1 - \frac{\varrho_1}{\varrho_2}\right)$$

folgt.

---

[1]) ACKERET, J.: Hydraulische Probleme. Berlin 1926.

Ist das Volumen der Blasen, bezogen auf das Gesamtvolumen μ, also $\varrho_1 = \varrho_2 \cdot (1-\mu)$, so folgt für den Verdichtungsstoß

$$p_2 - p_1 = \varrho_2 (1 - \mu) \cdot \mu \cdot v_1^2, \qquad (38)$$

welcher bei $\mu = 0{\cdot}5$ ein Maximum erreichen würde, während bei dichtester Packung kugelförmiger Blasen $\mu = \dfrac{\pi \sqrt{2}}{6} = 0{\cdot}74$ beträgt.

F. Strömung in geschlossenen Leitungen mit Verlusten

Infolge der voneinander zu unterscheidenden Verluste durch molekulare (innere) Reibung und bei größeren Geschwindigkeiten durch turbulenten Impulsaustausch ist der Gehalt an mechanischer Energie in der Richtung des Flusses abnehmend, die Energielinie also nicht mehr horizontal, sondern geneigt.

I. Strömung in Schichten, laminare Bewegung

1. Stationäre Bewegung

Solange die Geschwindigkeit eine gewisse später besprochene Grenze nicht überschreitet, verläuft die Strömung in Schichten, so daß normal zu denselben ein Geschwindigkeitsabfall herrscht. Aus Abschnitt E g ist bekannt, daß dann infolge der Molekularbewegung an den Schichtflächen Schubspannungen auftreten, für die der Ansatz (30) gilt

$$\tau = \eta \cdot \frac{\partial v}{\partial n},$$

Die Zähigkeit wird im absoluten System in $g \cdot cm^{-1} \cdot sec^{-1}$ gemessen, im technischen Meßsystem hingegen in $kg \cdot sec \cdot cm^{-2}$. Sie ist von der Temperatur abhängig und beträgt für Wasser nach POISEUILLE[1])

$$\eta = \frac{0{\cdot}0178}{1 + 0{\cdot}0337\,t + 0{\cdot}00022\,t^2}$$

(absolutes Maßsystem).

Es hat sich als vorteilhaft erwiesen, das sogenannte kinematische Zähigkeitsmaß $v = \dfrac{\eta}{\varrho}$ einzuführen, das bei verschiedenen Temperaturen folgende Werte hat:

t	0° C	10° C	20° C	40° C	60° C	80° C	100° C
Wasser	$0{\cdot}0178$	$0{\cdot}0131$	$0{\cdot}0101$	$0{\cdot}0067$	$0{\cdot}0047$	$0{\cdot}0035$	$0{\cdot}0027$ cm²/sec
Luft 760 mm) .	$0{\cdot}145$	$0{\cdot}155$	$0{\cdot}165$	$0{\cdot}190$	$0{\cdot}216$	$0{\cdot}244$	$0{\cdot}271$
Maschinenöl ...		$7{\cdot}34$	$3{\cdot}82$	$0{\cdot}95$	$0{\cdot}39$	$0{\cdot}19$	$0{\cdot}10$

---

[1]) Mém. présentés par divers savants, S. 532. Paris 1846.

Schließlich sei erwähnt, daß die Zähigkeit mit dem Gasgehalt zunimmt[1]). Ein solcher ist stets vorhanden und insbesondere ist der O_2-Gehalt von der größten Bedeutung für die Reinhaltung der Gewässer.

a) Strömung zwischen parallelen Wänden

Sind die Wände waagrecht gelegen, so kann nur durch Druckdifferenzen Bewegung erzeugt werden und entsprechend Abb. 112 müssen für das Gleichgewicht bei einem herausgeschnitten und erstarrt gedachten Prismaelement die Summe der Schub- und Druckkräfte Null ergeben. Es muß somit

$$\frac{dp}{dx} \cdot dx \cdot dz = \frac{d\tau}{dz} \cdot dz \cdot dx \quad \text{oder} \quad \frac{dp}{dx} = \frac{d\tau}{dz} = \eta \cdot \frac{d^2 v}{dz^2} . \tag{1}$$

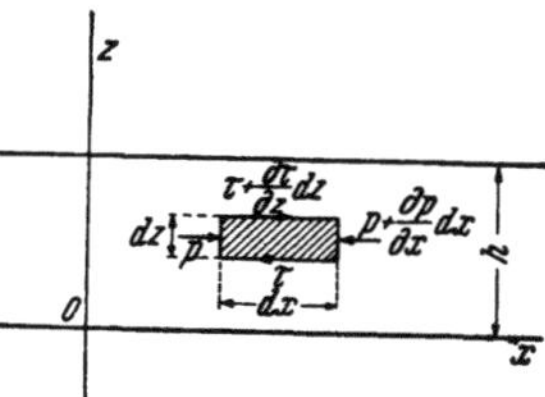

Abb. 112

Zur Aufrechterhaltung des in jeder Schicht mit gleicher Geschwindigkeit erfolgenden Durchflusses ist das konstante Gefälle $\frac{dp}{dx} = -\gamma J$ nötig, so daß also mit (1) folgt

$$\eta \frac{d^2 v}{dz^2} = -\varrho \cdot g\, J \tag{2}$$

und nach Integration

$$\eta \cdot v = -\varrho g J \frac{z^2}{2} + c_1 z + c_2 . \tag{3}$$

Mit der Bedingung des Haftens an den Wänden, also $v = 0$ für $z = 0$ bzw. $z = h$, wenn h der Abstand ist, folgt $c_2 = 0$ und $c_1 = \varrho\, g \frac{J h}{2}$, so daß

$$v = \varrho\, g \frac{J \cdot z}{2\,\eta} \cdot (h - z) \tag{4}$$

wird.

Der Durchfluß beträgt somit bei einer Spalttiefe b

$$Q = b \cdot \int_0^h v \cdot dz = \varrho \frac{g J b z^2}{2\eta} \cdot \left(\frac{h}{2} - \frac{z}{3} \right)_0^h = \frac{g J b h^3}{12\,v} . \tag{5}$$

Wird die Oberfläche einer ruhenden Wasserschichte durch einen nicht zu starken gleichförmigen Luftstrom von der Geschwindigkeit v_0 in Bewegung gesetzt, so ergibt sich für den stationären Zustand eine Geschwindigkeitsverteilung, die aus $\frac{d^2 v}{dz^2} = 0$ folgt, weil ein Druckgefälle fehlt. Es ist dann nach Integration

$$v = c\, z + c_1$$

und mit den Bedingungen $v = 0$ für $z = 0$ an der Sohle und $v = v_0$ für $z = h$ an der Oberfläche wird $c_1 = 0$ und $c = \frac{v_0}{h}$, so daß für die Geschwindigkeits-

---

[1]) GABRAN, O.: Die Zähigkeit des Wassers ..., Wasserkr. u. Wasserwirtsch. 1937. — Sickerversuche durch eine 15 mm starke poröse Zementmörtelschicht ergaben eine um 2·5 bis 18% längere Sickerzeit gashältigen Wassers gegenüber gasfreiem (gekocht) bei gleicher Temperatur. Eine eventuelle Verstopfung der Poren kam nicht in Frage.
Hier sind auch die Untersuchungen von E. G. RICHARDSON betreffend die Zähigkeit von Suspensionen zu nennen.
Dynamics of Real Fluids, London 1950, und Vortrag a. d. T. H., Wien 1952.

verteilung[1]) $v = v_0 \cdot \dfrac{z}{h}$ resultiert und die transportierte Wassermenge

$$Q = \int_0^h v\,dz = \frac{v_0\,h}{2}$$

beträgt.

Beispiel

Es sei eine verschiebbare Wand von dreieckigem Querschnitt (Abb. 113) und dem spezifischen Gewicht des Wassers derart über der waagrechten Sohle

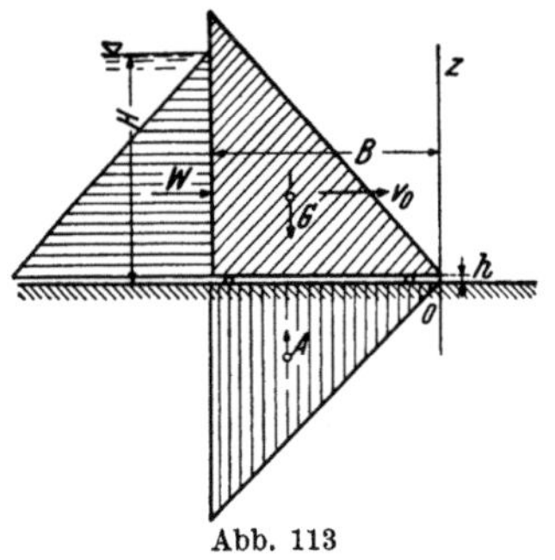

Abb. 113

gelagert, daß sich zwischen beiden ein Spalt von der Weite h ergibt. Infolge eines Aufstaues oberhalb von der Höhe H wird nun der Spalt durchströmt (x-Richtung) und außerdem wird durch den Wasserdruck $W = \gamma\,\dfrac{(H-h)^2}{2}$ eine Verschiebung der Wand mit der Geschwindigkeit v_0 erfolgen. Für den stationären Zustand, der nach einiger Zeit auftritt, muß die aus der Geschwindigkeitsverteilung normal zum Spalt sich ergebende Schubkraft an der Basis der Wand gleich sein dem Wasserdruck oder es muß

$$W = \gamma\,\frac{(H-h)^2}{2} = \tau \cdot B\Big|_{z=h} = \eta \cdot \frac{dv}{dz}\Big|_{z=h}\,B\cdot \tag{6}$$

sein.

Führt man in (3) die Bedingung ein $v = 0$ für $z = 0$ und $v = v_0$ für $z = h$, so folgt für die Konstanten

$$c_2 = 0 \text{ und } c_1 = \left(\frac{v_0}{h} + \varrho\,\frac{g\,J\,h}{2\,\eta}\right)\cdot \eta,$$

so daß schließlich für die Geschwindigkeitsverteilung

$$v = \frac{v_0\,z}{h} + \frac{g\,J\,z}{\nu}\,(h-z) \tag{7}$$

sich ergibt und der Durchfluß

$$Q = \int_0^h v\,dz = \frac{v_0\,h}{2} + \frac{g\,J\,h^3}{12\,\nu} = \frac{v_0\,h}{2} - \frac{h^3}{12\,\eta}\,\frac{dp}{dx}. \tag{8}$$

Also ist die Druckverteilung längs der Fuge gegeben durch

$$p = \frac{12\,\eta\,Q\,x}{h^3} - \frac{6\,v_0\,\eta\cdot x}{h^2} + C \tag{9}$$

und mit $p = 0$ für $x = 0$ bzw. $p = \gamma \cdot H$ für $x = B$ ist $C = 0$ zu setzen und somit bei einer Spaltlänge B

$$\varrho\,g\,H = \varrho\,g\,B\,J = \frac{6\,\eta}{h^3}\,(2\,Q - v_0\,h)\cdot B,\ \text{wenn}\ J = \frac{1}{\gamma}\,\frac{dp}{dx} = \frac{H}{B}$$

ist.

Aus (7) folgt

$$\tau_{z=h} = \eta\,\frac{dv}{dz}\Big|_{z=h} = \left(\frac{v_0}{h} - \frac{\varrho\,g\,J\,h}{2\,\eta}\right)\cdot \eta$$

---

[1]) M. COUETTE: Ann. de chim. et phys. **21** (1890), hat diese Strömungsart experimentell zwischen zwei koaxialen Zylindern untersucht, wobei der innere in Ruhe, der äußere aber um seine Achse gedreht wurde. Siehe Abschnitt L 4.

und mit (6)

$$\varrho\, g \cdot \frac{(H-h)^2}{2} = \left(\frac{v_0}{h} - \frac{\varrho\, g\, J\, h}{2\,\eta}\right)\eta \cdot B = \frac{\eta\, v_0}{h}\cdot B - \frac{\varrho\, g\, H \cdot h}{2}\,.$$

Somit ist die Verschiebungsgeschwindigkeit der Wand

$$v_0 = \frac{g\, h}{2\, B\, \nu}\cdot (H^2 + h^2 - H\, h) \tag{10}$$

und die entweichende Wassermenge pro Zeiteinheit folgt aus (8)

$$Q = \frac{g\, h^2}{4\, B\, \nu}(H^2 + h^2 - H\, h) - \frac{g\, h^3}{12\, \nu}\cdot \frac{H}{B} \cong \frac{g\, h^2}{4\, B\, \nu}\left(H^2 - \frac{4}{3}H\, h\right).$$

Der Auftrieb

$$A = \int_0^B p \cdot dx = 3\,\eta\, \frac{B^2}{h^2}\left(\frac{2Q}{h} - v_0\right) \cong -\frac{1}{2}\,\varrho\, g\, B \cdot H$$

pro m Wandlänge.

b) Ringspalt. Kreisrohr. Gesetz von Hagen-Poiseuille

Gegeben sei ein Ringspalt, dessen äußerer bzw. innerer Radius r_1 und r_2 seien. Um die stationäre Strömung zu berechnen, denke man sich ein ringförmiges

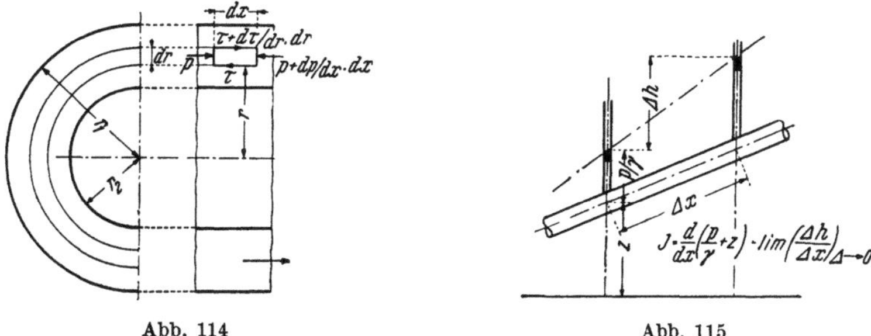

Abb. 114

Abb. 115

Element vom Radius r, der Dicke dr und der Länge dx herausgeschnitten (Abb. 114) und wieder für das Gleichgewicht die Summe der Druck- und Schubkräfte gleich Null gesetzt. Also ist

$$-\frac{\partial}{\partial r}(\tau \cdot 2\, r\, \pi)\, dr \cdot dx - dp \cdot 2\, r\, \pi \cdot dr - \varrho\, g \cdot \frac{dz}{dx}\cdot 2\, r\, \pi \cdot dr \cdot dx = 0. \tag{11}$$

Setzt man

$$\frac{d}{dx}\left(\frac{p}{\gamma} + z\right) = J = \text{Strömungsgefälle (Abb. 115)},$$

so folgt aus (11)

$$\frac{d}{dr}(\tau \cdot r) = -\gamma\, J\, r \tag{12}$$

und nach Integration mit

$$\tau = \eta \cdot \frac{dv}{dr}$$

$$\tau\, r = \eta\, \frac{dv}{dr}\cdot r = -\gamma\, \frac{J\, r^2}{2} + c_1$$

oder

$$\frac{dv}{dr} = -\gamma\, \frac{J\, r}{2\,\eta} + \frac{c_1}{r\,\eta} \tag{12a}$$

und nach weiterer Integration

$$v = -\gamma \frac{J r^2}{4\,\eta} + \frac{c_1}{\eta}\ln r + c_2. \tag{13}$$

Mit den Bedingungen $v = 0$ für $r = r_1$ (außen) und $r = r_2$ (innen) ergeben sich die Konstanten

$$c_1 = \frac{\gamma J}{4}\cdot\frac{r_2{}^2 - r_1{}^2}{\ln\dfrac{r_2}{r_1}}\qquad\text{und}\qquad c_2 = \gamma\,\frac{J r_1{}^2}{4\,\eta} - \gamma\,\frac{J}{4\,\eta}\,\frac{(r_2{}^2 - r_1{}^2)}{\ln\dfrac{r_2}{r_1}}\cdot\ln r_1.$$

Der Durchfluß beträgt

$$Q = \int_{r_1}^{r_2} v\cdot 2\,r\,\pi\cdot dr = -\gamma\,\frac{J\,\pi}{2\,\eta}\int_{r_1}^{r_2} r^3\,dr + 2\,\frac{c_1\,\pi}{\eta}\int_{r_1}^{r_2} r\cdot dr\,\ln r + c_2\,\pi\int_{r_1}^{r_2} 2\,r\,dr$$

und nach kurzer Zwischenrechnung folgt

$$Q = \gamma\,\frac{J\,\pi}{8\,\eta}\left\{r_1{}^4 - r_2{}^4 + \frac{(r_1{}^2 - r_2{}^2)^2}{\ln\dfrac{r_2}{r_1}}\right\}. \tag{14}$$

Ist die Spaltweite δ gering, so folgt

$$r_1{}^4 - r_2{}^4 + \frac{(r_1{}^2 - r_2{}^2)^2}{\ln\dfrac{r_2}{r_1}} = 2\,r\,\delta\left\{r_1{}^2 + r_2{}^2 + \frac{2\,r\,\delta}{\ln\left(1 - \dfrac{\delta}{r_1}\right)}\right\} \cong 2\,r\,\delta^3,$$

weil $r_1 + r_2 = 2\,r$ und $r_1 - r_2 = \delta$ ist. Man erhält schließlich

$$Q = \gamma\,\frac{J\cdot\pi\,r\,\delta^3}{4\,\eta}, \tag{15}$$

welche Formel z. B. den Verlust bei einem undichten Kolben bestimmen läßt. Hat derselbe den Halbmesser $r = 10$ cm, die Länge $l = 40$ cm, so beträgt das Gefälle bei einem Unterschied von Innen- und Außendruck $p - p_0 = 1$ kg/ cm²

$$J = \frac{p - p_0}{\gamma\,l} = 25.$$

Beträgt die Temperatur 20^0 C, also $\nu = 0\,01$ cm²/sec, und ist die Spaltweite $\delta = 0\,02$ cm, so erhält man für den Spaltverlust $Q = 154$ cm³/sec und weil der Spaltquerschnitt $f = 2\,r\,\pi\,\delta = 1\,26$ cm², so beträgt $v = 122\,2$ cm/sec.

Liegt ein Kreisrohr mit dem Halbmesser R vor, dann liegen nur andere Grenzbedingungen vor als beim Ringspalt. Weil beim Kreisrohr für $r = 0$ in der Achse $\dfrac{dv}{dr} = 0$ ist, wird $c_1 = 0$, also

$$\frac{dv}{dr} = -\gamma\,\frac{J r}{2\,\eta} \tag{15}$$

und nach Integration

$$v = -\gamma\,\frac{J r^2}{4\,\eta} + c_2.$$

Die Annahme des Haftens an der Wand bedingt $v = 0$ für $r = R$, so daß

$$c_2 = \gamma\,\frac{J R^2}{4\,\eta}\qquad\text{und}\qquad v = \frac{g\,J}{4\,\nu}\,(R^2 - r^2)$$

wird.

Die Geschwindigkeitsverteilung ist also eine parabolische, mit

$$v_{max} = \frac{g\,J}{4\,\nu}\,R^2 \text{ für } r = 0.$$

Weiters beträgt der Durchfluß

$$Q = 2\,\pi \int\limits_0^R v \cdot r \cdot dr = g\,\frac{J\,\pi\,R^4}{8\,\nu} \tag{16}$$

und

$$v_m = \frac{Q}{\pi\,R^2} = \frac{g\,J\,R^2}{8\,\nu}. \tag{16a}$$

Nach dieser Gleichung, dem HAGEN-POISEUILLEschen Gesetz[1]), ist der Durchfluß z. B. bei einem Kapillarrohr proportional dem Gefälle und der vierten Potenz des Radius, hingegen umgekehrt proportional der Zähigkeit. In (16) liegt die Möglichkeit der Bestimmung von ν, wenn mittels Manometer das Gefälle ermittelt und die Ausflußmenge gemessen wird. Beim Anbringen der Manometerrohre muß auf die Anlaufstrecke Rücksicht genommen werden.

c) Ausbildung der laminaren Strömung

Die behandelte laminare Strömung gelangt z. B. beim Ausfluß aus einem Behälter in eine Rohrleitung in einer zurückgelegten „Anlaufstrecke" zur Ausbildung, innerhalb der sich der Strömungswiderstand auf das endgültige Maß ändert. Nach jeder Störung dieser Strömung durch Querschnittsänderung bedarf es einer geradlinigen Beruhigungsstrecke unveränderlichen Querschnitts, bis wieder laminare Strömung herrscht. Werden durch gut abgerundete Einlaufkanten Ablösungserscheinungen verhütet, so bildet sich vorerst an der Wand eine dünne Schicht, in der die Geschwindigkeit von Null auf den Wert in der gleichmäßigen Verteilung ansteigt. Mit der Entfernung vom Einlauf wird diese Randschicht immer dicker, während der gleichmäßig strömende Kern abnimmt. Die durch das Haften am Rande festgehaltene Schicht übt infolge der Zähigkeit einen sich immer weiter ausbreitenden bremsenden Einfluß aus, während sich

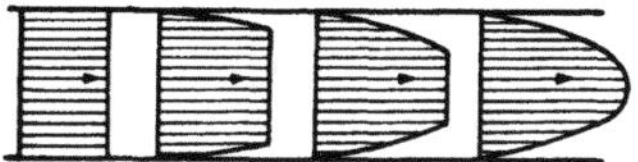

Abb. 116. Änderung des Geschwindigkeitsprofils in der Anlaufstrecke

der Kern beschleunigt (Abb. 116). Die Länge der Anlaufstrecke ist von der Geschwindigkeit, dem Querschnitt und Durchmesser nach folgender Formel abhängig, $l_a = c \cdot Re \cdot D$, wenn $Re = \frac{v\,D}{\nu}$ die Reynoldssche Zahl ist. L. PRANDTL[2]) nimmt als Anlaufstrecke jene Leitungslänge an, nach deren Durchströmen die Geschwindigkeit in der Rohrachse nur noch um 1% von der endgültigen abweicht. Die Konstante c wurde mit 0·065 von BOUSSINESQ[3]) gegen 0·029 von SCHILLER[4]) ermittelt. Bei Erreichen der parabolischen Verteilung hat der Widerstand den kleinsten Wert, denn es ist bei gleicher Durchflußmenge die größte kinetische Energie vorhanden. Wird z. B. ein kapillares Rohr von einem Behälter gespeist, so ist bei gleichem Durchfluß der Verbrauch an Druckenergie bei gleichmäßiger Geschwindigkeitsverteilung größer als bei der parabolischen, was unmittelbar

[1]) HAGEN, G.: Ann. d. Physik, Bd. 16 (1839).
POISEUILLE, J. L.: C. R. Acad. d. Sciences. Paris. Bd. 41 (1840).
[2]) PRANDTL-TIETJENS: Hydro- u. Aeromechanik 1931. Bd. 2. Die Annäherung an den Endzustand ist asymptotisch.
[3]) C. R. Acad. Sciences. Paris 1891 (113).
[4]) SCHILLER, L.: Zschft. f. a. Math. u. Mech. 1922.

aus der Abb. 117 zu ersehen ist, in der die einzigen möglichen Drucklinien für beide Fälle gezeichnet sind. HELMHOLTZ[1]) hat bewiesen, daß bei der Ausbildung von Bewegungen ohne Trägheitswirkung, wie z. B. der vorliegenden Schichtströmung, immer der kleinste Strömungswiderstand angestrebt wird.

2. Nichtstationäre Schichtströmungen

a) Kapillarrohr

Es sei ein knieförmig gebogenes Kapillarrohr (Abb. 118) mit dem kurzen senkrechten Schenkel in Wasser so eingetaucht, daß der waagrechte lange

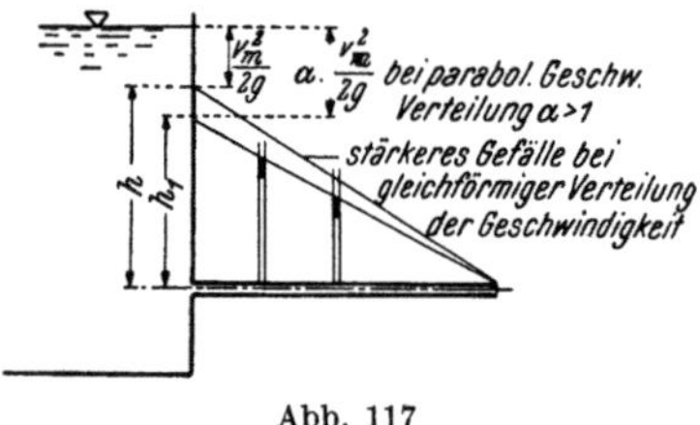

Abb. 117

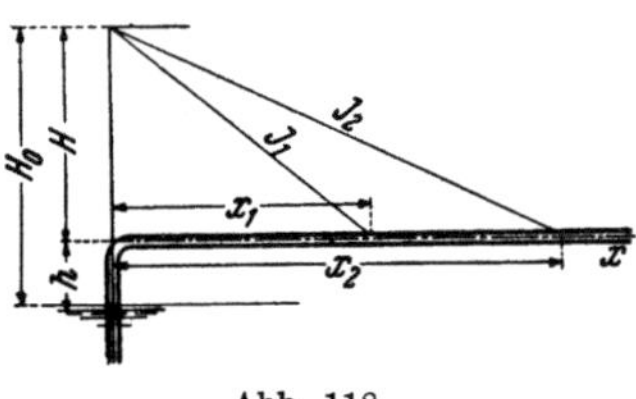

Abb. 118

Schenkel um $h < H_0$ über dem Spiegel liegt, wenn H_0 die kapillare Steighöhe ist. Dann wird eine Bewegung eingeleitet, für die nach dem Impulssatz gilt

$$\frac{d}{dt}(m \cdot v) = \text{kapillare Zugkraft} - \text{Reibung.}$$

Im waagrechten Rohr wirkt die Zugkraft $\gamma \cdot (H_0 - h) \cdot f$, während die Reibung durch $z \cdot h_w \cdot f$ ausgedrückt sei, wo h_w der Reibungsverlust und f der Querschnitt sei. Weil $m = \varrho \cdot f \cdot x$, wenn x der zurückgelegte Weg ist, so folgt mit $H_0 - h = H$

$$\frac{d}{dt}\left(\varrho \cdot f \cdot x \frac{dx}{dt}\right) = \gamma f (H - h_w) \quad \text{oder} \quad \frac{d^2 x^2}{dt^2} = 2g(H - h_{wr}). \tag{17}$$

Nach dem Hagen-Poiseuilleschen Gesetz ist aber

$$h_w = \frac{8\nu}{gR^2} \cdot x \cdot \frac{dx}{dt} = \frac{4\nu}{gR^2} \frac{dx^2}{dt}.$$

Setzt man

$$2gH = a, \quad \frac{8\nu}{R^2} = b \quad \text{und} \quad \frac{dx^2}{dt} = u,$$

so ergibt sich aus (17)

$$\frac{du}{dt} + bu = a, \tag{18}$$

woraus durch Integration

$$u = \frac{dx^2}{dt} = \frac{a - e^{-b(t+c)}}{b} \tag{19}$$

und schließlich

$$x^2 = \frac{a}{b}t + \frac{1}{b^2}e^{-b(t+c)} + c_1 \tag{20}$$

folgt.

Die Integrationskonstanten c und c_1 folgen aus den Grenzbedingungen $x = 0$ und $\frac{dx^2}{dt} = 0$ für $t = 0$, so daß eine endliche Anfangsgeschwindigkeit herrscht.

---

[1]) HELMHOLTZ, H.: Wiss. Abh. **1882.** Bd. 1.

Es folgt aus (19) für $t = 0$, $a = e^{-bc}$ und hiemit aus (20) $c_1 = -\dfrac{a}{b^2}$. Also lautet die Lösung

$$x^2 = \frac{a}{b}\,t - \frac{a}{b^2}\,(1 - e^{-bt}) = g\,\frac{H R^2}{4\,\nu}\cdot t - g\,\frac{H R^4}{32\,\nu^2}\left(1 - e^{-\frac{8\nu}{R^2}t}\right)$$

oder

$$\frac{x^2}{t} = g\,\frac{H R^2}{4\,\nu}\left(1 - \frac{R^2}{8\,\nu} + \frac{R^2}{8\,\varrho}\cdot e^{-\frac{8\nu}{R^2}t}\right). \tag{21}$$

Für ein gerades, unter dem Winkel β geneigtes Kapillarrohr gilt nach dem Impulssatz

$$\frac{d}{dt}\left(\varrho \cdot f x \cdot \frac{dx}{dt}\right) = \gamma\,f\,(H_0 - h_w - x \sin\beta), \tag{22}$$

woraus

$$\frac{d^2 x^2}{dt^2} + \frac{8\,\nu}{R^2}\,\frac{dx^2}{dt} + 2\,g\,x \sin\beta - 2\,g\,H_0 = 0 \tag{23}$$

folgt.

Die Beschleunigung von x^2 nimmt vom Anfangswert $2\,g\,H_0$ so rasch ab, daß man, von der kurzen Anlaufzeit abgesehen, schreiben kann

$$\frac{8\,\nu}{R^2}\cdot\frac{dx^2}{dt} + 2\,g\,x \sin\beta - 2\,g\,H_0 = 0, \tag{24}$$

woraus

$$x \sin\beta + H_0 \ln\frac{H_0 - x \sin\beta}{H_0} = -\frac{g\,R^2}{8\,\nu}\sin^2\beta\,t$$

ist.

Für ein senkrechtes Kapillarrohr mit $\beta = 90^0$ ergibt sich

$$t = \frac{8\,\nu}{g\,R^2}\cdot\left(H_O \cdot \ln\frac{H_O}{H_O - x} - x\right). \tag{25}$$

Ist H_O groß, so kann für eine längere Zeit am Anfang der Bewegung

$$\frac{x^2}{t} \sim \frac{g\,R^2 \cdot H_O}{4\,\nu} = \text{konstant} \tag{26}$$

gesetzt werden. Diese Beziehung wird praktisch benützt, z. B. zur Beurteilung der Güte von Dränröhren. Die Bewegung in porösen Medien folgt nämlich den Gesetzen der Schichtströmung und so ist auch (26) für das Aufsaugen von Wasser in eingetauchte Tonrohre durch Messung bestätigt worden. Je kleiner der Wert von $\dfrac{x^2}{t}$, desto schärfer und besser ist der Brand, also auch das Tonrohr.

b) Ermittlung der Zähigkeit.
Viskosimeter (Abb. 119)

Die Zähigkeit wird vornehmlich mit dem Viskosimeter von ENGLER ermittelt. Dieses besteht aus einem zylindrischen Gefäß mit angeschlossenem Kapillarrohr bestimmter Abmessungen. Es kommt

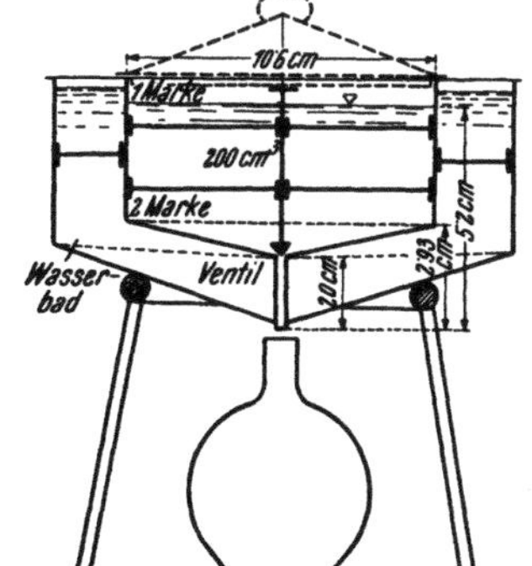

Abb. 119. Viskosimeter nach ENGLER

ein Inhalt von 200 cm³, meist Schmieröl, zum Ausfluß bei verschiedenen Temperaturen, die durch ein Wasserbad erzeugt werden. Bei der Berechnung wird nur die Widerstandshöhe im Röhrchen berücksichtigt

$$h_w = l \cdot J = \frac{8\,\nu \cdot v\,l}{g\,r^2}$$

und es ist

$$v = \sqrt{2\,g\,(h - h_w)} = \sqrt{2\,g\left(h - \frac{8\,\nu\,v\,l}{g\,r^2}\right)},$$

wo l die Länge und r der Halbmesser des Röhrchens sind. Hieraus folgt

$$v^2 = 2\,g\,h - \frac{16\,\nu\,v\,l}{r^2} \quad \text{oder} \quad v = \frac{8\,\nu\,l}{r^2}\left\{1 - \sqrt{1 + g\,\frac{r^4\,h}{32\,l^2\,\nu^2}}\right\}$$

Ist R der Halbmesser des Gefäßes und daher

$$v \cdot r^2\,\pi = R^2\,\pi\,\frac{dh}{dt},$$

so ergibt sich weiter

$$R^2 \cdot \frac{dh}{dt} = 8\,\nu\,l\left\{1 - \sqrt{1 + a\,h}\right\} \quad \text{mit} \quad a = \frac{g\,r^4}{32\,l^2\,\nu^2}.$$

Setzt man

$$1 - \sqrt{1 + a\,h} = \zeta, \text{ also } d\,\zeta = \frac{a \cdot dh}{2\,(\zeta - 1)}, \tag{28}$$

so folgt aus (28)

$$\frac{(\zeta - 1)}{\zeta}\,d\,\zeta = \frac{4\,\nu\,l\,a}{R^2}\,dt$$

und nach Integration

$$\zeta - \ln \zeta = \frac{4\,\nu\,l}{R^2}\,a \cdot t + c.$$

Es sei nun für $t = 0$ $\zeta = \zeta_0 = 1 - \sqrt{1 + a\,h_0}$

für $t = T$ $\zeta = \zeta_1 = 1 - \sqrt{1 + a\,h_1}$

dann ist nach kurzer Rechnung die Ausflußzeit

$$T = \frac{8\,\nu\,R^2 \cdot l}{g\,r^4} \cdot \left(\zeta_1 - \zeta_0 + \ln \frac{\zeta_0}{\zeta_1}\right) \tag{29}$$

und für Wasser beträgt sie

$$T_w = \frac{8\,\nu_w \cdot R^2\,l}{g\,r^4}\left(\zeta_{1w} - \zeta_{0w} + \ln \frac{\zeta_{0w}}{\zeta_{1w}}\right).$$

Die Zähigkeit wird nun in Englergraden $E = \dfrac{T}{T_w}$ ausgedrückt wobei T_w für Wasser von $20^0\,$C ermittelt wird.

Mit den Werten für den Englerschen Apparat folgender Abmessungen

$$R = 5\dot{}3\,\text{cm}, \quad r = 0\dot{}145\,\text{cm}, \quad h_0 = 5\dot{}2\,\text{cm}, \quad h_1 = 2\dot{}93\,\text{cm}, \quad l = 2\dot{}0\,\text{cm}$$

folgt

$$a = \frac{0\dot{}006773}{\nu^2} \quad \text{und} \quad \zeta_0 = 1 - \sqrt{1 + \frac{0\dot{}03522}{\nu^2}} \quad \text{sowie} \quad \zeta_1 = 1 - \sqrt{1 + \frac{0\dot{}01985}{\nu^2}}.$$

Es resultiert dann bei $\nu = 0\dot{}01\,\text{cm}^2/\text{sec}$ $(20^0\,$C) für Wasser die Ausflußzeit $T_w = 51\dot{}6\,$sec und es wird

$$E = \frac{T}{T_w} = 20\dot{}11\left(2\dot{}30\,\lg \frac{\zeta_0}{\zeta_1} + \zeta_1 - \zeta_0\right) \cdot \nu.$$

Für sehr zähe Flüssigkeiten mit $\nu > 1$ hat R. v. MISES[1]) die Näherungsformel

$$\nu = 0{\cdot}0864\,E - \frac{0{\cdot}08}{E}$$

entwickelt und KIRSTEN-SCHILLER[2]) haben durch entsprechende Abrundung des Rohreinlaufes eine bessere Übereinstimmung von Rechnung und Versuch erreicht, so daß die Unterschiede nur mehr $1 - 1{\cdot}5\%$ betragen. Sie fanden für sehr zähe Flüssigkeiten (Schmieröle usw.)

$$\nu = 0{\cdot}0783\,E - \frac{0{\cdot}08836}{E}.$$

c) Bewegte Wände in ruhender zäher Flüssigkeit

Bewegte starre Wände, an denen das Wasser haftet, übertragen ihre Geschwindigkeit infolge der Reibung allmählich auf die übrige Flüssigkeit. Eine waagrecht gelegene Wand bewege sich gleichförmig in der x-Richtung, so daß auf das prismatische Element $dx \cdot dy \cdot dz$ Schubspannungen übertragen werden. Setzt man diese mit der Trägheitsreaktion ins Gleichgewicht, so erhält man mit

$$\frac{\partial v}{\partial t} \cong \frac{dv}{dt} \qquad \frac{\partial \tau}{\partial z} \cdot dz \cdot dx \cdot dy = \varrho \cdot \frac{\partial v}{\partial t} \cdot dx \cdot dy \cdot dz$$

oder

$$\frac{1}{\varrho} \cdot \frac{\partial \tau}{\partial z} = \nu \cdot \frac{\partial^2 v}{\partial z^2} = \frac{\partial v}{\partial t}\,, \tag{30}$$

Für den stationären Zustand, für welchen $\nu \cdot \dfrac{\partial^2 v}{\partial z^2} = 0$ ist, folgt $v = c\,z + c_1$, also eine lineare Verteilung der Geschwindigkeit. Ist die Wand in der Oberfläche gelegen, deren Abstand von der Sohle h sei, so wird mit $v = 0$ in der Sohle $(z = 0)$ $c_1 = 0$ und ferner wird $c = \dfrac{v_0}{h}$. Also ergibt sich für die Geschwindigkeitsverteilung

$$v = v_0 \cdot \frac{z}{h}\,. \tag{31}$$

Wenn nun die Wand plötzlich stillstehen würde, so erfolgt eine Abbremsung der Bewegung, und zwar allmählich von der Wand her, bis die ganze Flüssigkeit wieder in Ruhe ist. Die momentanen Geschwindigkeitsverteilungen haben etwa das Aussehen der in Abb. 120 dargestellten Linien. Es sei daran erinnert, daß die Lösung der Gleichung (30), die mit jener der Wärmeleitung identisch ist (ν hat die Dimension des Wärmeleitkoeffizienten), aus partikulären Lösungen sich zusammensetzt von der Form

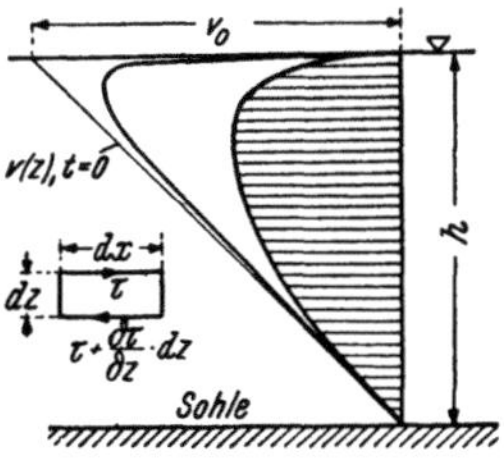

Abb. 120

$$v(z, t) = A \cdot e^{-\frac{\nu\,t}{\pi^2\,h^2}} \cdot \sin\frac{\pi z}{h}\,, \tag{32}$$

welche die Bedingung erfüllen, daß für alle Zeiten $v = 0$ ist für $z = 0$ und $z = h$. Um auch die Anfangsbedingung zu erfüllen, daß

$$v(z, t = 0) = f(z) = v_0 \cdot \frac{z}{h}$$

---

[1]) Phys. Zschft. **1911**, S. 812.
[2]) Zur Theorie u. Praxis d. Viskosimeters. Zschft. f. a. Math. u. Mech. **1925**, S. 111.

ist, bildet man die Summe der partikulären Lösungen

$$v\,(z,t) = \sum_{n=1}^{\infty}{}' A_n \cdot e^{-\frac{\nu t}{R^2 h^2}\cdot n^2} \cdot \sin \pi \cdot \frac{z}{h} \cdot n \tag{33}$$

so, daß für $t = 0$

$$f\,(z) = \sum_{n=1}^{\infty}{}' A_n \cdot \sin \frac{\pi z}{h}\, n. \tag{34}$$

Diese Bedingung erfüllen aber nur gewisse Koeffizienten A_n, deren Bildungsweise nach FOURIER erfolgt, und zwar ist

$$A_n = \frac{2}{h} \int_0^h f\,(z) \cdot \sin \frac{n\,\pi\,z}{h}\, dz. \tag{35}$$

Im vorliegenden Fall mit $f\,(z) = v_0 \cdot \dfrac{z}{h}$ ist

$$A_n = 2\,v_0 \int_0^h \frac{z}{h} \cdot \sin n\,\pi\,\frac{z}{h} \cdot d\,\frac{z}{h} = \frac{2\,v_0}{n^2\,\pi^2} \cdot (-n\,\pi \cos n\,\pi + \sin n\,\pi)$$

und es ergeben sich

$$A_1 = \frac{2\,v_0}{\pi},\quad A_2 = -\frac{2\,v_0}{\pi} \cdot \frac{1}{2},\quad A_3 = \frac{2\,v_0}{\pi} \cdot \frac{1}{3},\quad A_4 = \frac{2\,v_0}{\pi} \cdot \frac{1}{4}$$

bzw.

$$A_n = \frac{2\,v_0}{\pi} \cdot \frac{(-1)^{n+1}}{n}.$$

Somit lautet die Lösung

$$v\,(z,t) = \frac{2\,v_0}{\pi} \sum_{n=1}^{\infty}{}' (-1)^{n+1} \cdot \frac{1}{n} \cdot e^{\frac{-\nu t}{\pi^2 h^2}\, n} \cdot \sin \frac{\pi z}{h}\, n.$$

Als Kontrolle sei v für $t = 0$ und $z = \dfrac{h}{2}$ berechnet. In diesem Falle ist

$$\sum{}' = 1 - \frac{1}{3} + \frac{1}{5} - \frac{1}{7} + \cdots = \frac{\pi}{4}\ \text{(Leibniz)}$$

und $v = \dfrac{v_0}{2}$, wie aus $v = v_0 \cdot \dfrac{z}{h}$ für $z = \dfrac{h}{2}$ hervorgeht.

Zur Lösung von (30) kann auch das GAUßsche Fehlerintegral

$$\Phi\left(\frac{z}{2\,\sqrt{\nu t}}\right) = \frac{2}{\pi} \cdot \int_0^{\frac{z}{2\,\sqrt{\nu t}}} e^{-x^2} \cdot dx$$

herangezogen werden[1]. Gerät z. B. die Oberfläche ruhender Flüssigkeit in Bewegung mit der Geschwindigkeit v_0 (Wind), so teilt sich diese den tieferen Schichten nach der Gleichung

$$v\,(z,t) = v_0 \left\{ 1 - \Phi\left(\frac{z}{2\,\sqrt{\nu t}}\right) \right\}$$

---

[1] Siehe z. B. BAULE, B.: Die Mathematik des Naturforschers, Bd. VI, S. 54. Zürich 1947.

mit, so daß die Grenzbedingungen

$$v = 0 \text{ für } t = 0 \text{ und alle } z > 0$$
$$v = v_0 \text{ für } t = 0 \text{ und } z = 0$$
$$v = v_0 \text{ für } t = \infty \text{ und alle } z$$

erfüllt erscheinen (Abb. 121). Will man wissen, wann z. B. der halbe Wert von v_0 in einer bestimmten Tiefe auftritt, so sucht man aus den Tabellen für das Fehlerintegral das Argument für $\Phi = \dfrac{1}{2}$ und dieses beträgt

$$\frac{z}{2\sqrt{\nu t}} = 0\,{}^{\textstyle\cdot}4769.$$

Hat das Wasser 10^0 C, ist also $\nu = 0\,{}^{\textstyle\cdot}013$ cm²/sec, so ergibt sich $t = 84\,{}^{\textstyle\cdot}03\,z^2$ und es tritt $v = \dfrac{v_0}{2}$ nach 8403 sec in der Tiefe von 10 cm, aber erst nach 840 030 sec in der Tiefe von 100 cm auf.

II. Turbulente Strömung

1. Allgemeines. Das Kreisrohr

Wie im vorangehenden Abschnitt beschrieben wurde, fließt Wasser bei geringen Geschwindigkeiten in Schichten, wovon man sich durch den Versuch überzeugen kann, wenn man dem Wasser einen Zusatz, z. B. Farblösung, zugibt. In der Abb. 122 ist ein Gefäß dargestellt, aus welchem der Ausfluß in ein trompetenförmiges, an den Kanten abgerundetes Mundstück eines waagrecht gelagerten Glasrohres erfolgt. Durch ein kleines Röhrchen wird Farblösung von möglichst gleichem spezifischen Gewicht wie das Wasser eingeführt. Man sieht bei kleinen Geschwindigkeiten im Rohr ein zur Achse parallel laufendes Farbband, das sich bei größeren Geschwindigkeiten deformiert und alle möglichen verschlungenen Formen

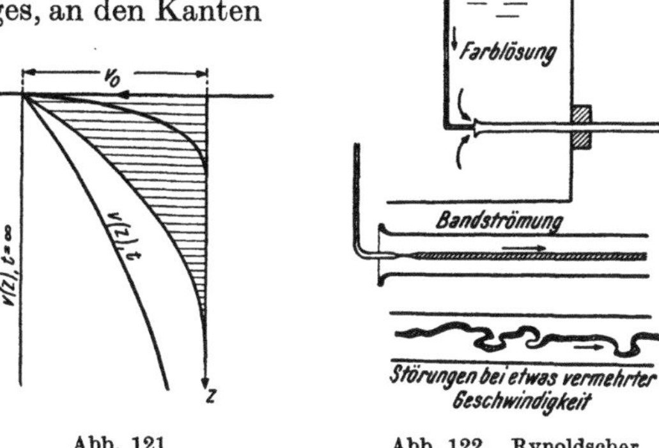

Abb. 121

Abb. 122. Rynoldscher Versuch

annimmt, ohne jedoch das Aussehen eines Bandes zu verlieren, wie dies SCHOKLITSCH[1]), DUBS[2]) u. a. festgestellt haben. Erst bei einer höheren Geschwindigkeit nimmt das Wasser über den ganzen Rohrquerschnitt gleichmäßige Färbung an, weil sich, eine dünne laminare Wandschicht ausgenommen, eine unruhige wirbelnde Bewegung einstellt, die Turbulenz. Das für die Praxis wesentlichste dieser Bewegung ist nun, daß das zur Aufrechterhaltung des Durchflusses benötigte Gefälle und somit der Strömungswiderstand größer sein muß als bei der Schichtströmung. Das erkennt man wieder aus der Abb. 117, in der die Drucklinien, nämlich die Verbindungslinien der Standrohrspiegel längs der Strömung, dargestellt sind. Die Lage derselben ist gegeben durch den Anfangspunkt, der um die Geschwindigkeitshöhe tiefer als der Spiegel im Gefäß gelegen ist und durch den Endpunkt des Rohres, weil der Ausfluß frei, ohne Druck erfolgt. Bei gleich-

---

[1]) Hdb. d. Wasserbaues, 2. Aufl., Bd. I, S. 75. Wien 1950.
[2]) Angewandte Hydraulik. Zürich 1947.

mäßig verteilter Geschwindigkeit ist nun die Geschwindigkeitshöhe kleiner als bei ungleichmäßig verteilter und somit ist die Neigung der Drucklinie im 1. Fall größer als im 2. Fall bei gleich groß angenommenem Durchfluß. Weil nun durch die Mischung bei Turbulenz eine Verzögerung der Strömung in den mittleren Partien, hingegen eine Beschleunigung jener gegen die Wand zu, also ein Ausgleich der Geschwindigkeiten erfolgt, muß der Widerstand bei Turbulenz

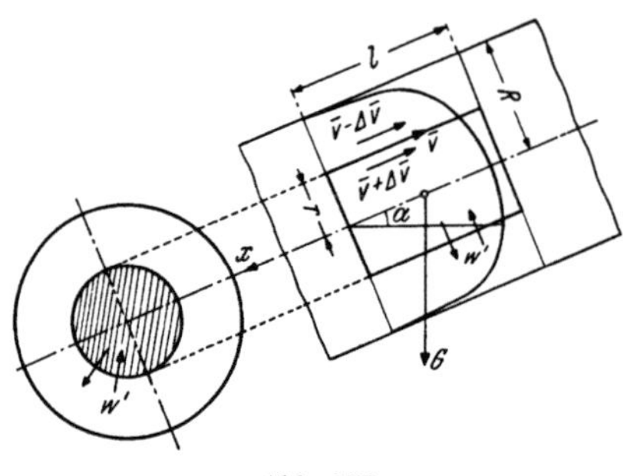

Abb. 123

größer sein, als bei laminarer Strömung. H. A. Lorentz[1]) hat zur Berechnung dieses Widerstandes die durch die Mischbewegung herbeigeführte Impulsänderung zugrunde gelegt. Man denke sich die Geschwindigkeit v der unregelmäßigen turbulenten Bewegung, entstanden durch Überlagerung des stationären (über die Zeit genommenen) Mittelwertes $\bar{v}$ in der Rohrachsenrichtung mit einer Schwankung v' in achsialer und einer solchen w' in radialer Richtung. Die momentane Geschwindigkeit in der Achsenrichtung ist dann $v = \bar{v} + v'$ und in radialer Richtung $w = w'$. An der Wand ist $v' = 0$, aber auch w' und $\bar{v}$ müssen dort wegen des Haftens verschwinden. Wendet man den Impulssatz auf einen herausgeschnitten gedachten koaxialen Zylinder von der Länge l und dem Radius r an (Abb. 123), so erhält man die Impulsgleichung in der Richtung der Rohrachse genommen, wenn man setzt

Gewichtskomponente + Druckdifferenz + Reibung am Umfang = Impulsänderung und mit den Bezeichnungen in der Abb. 123 folgt

$$\varrho \cdot g \sin \alpha \cdot r^2 \pi l + \frac{dp}{dx} \cdot l\, r^2 \pi + \eta \cdot \frac{dv}{dr} \cdot l\, 2\, r \pi = \varrho \int dF \cdot w'\, (\bar{v} + v')$$

Die Impulsänderung besteht darin, daß aus dem Zylinder der Impuls

$$\varrho \int dF \cdot w'\, (\bar{v} + v') = \varrho\, \bar{v} \int w' \cdot dF + \varrho \int dF \cdot w'\, v'$$

austritt. Weil aber definitionsgemäß die Mittelwerte

$$\bar{v'} = \frac{1}{F} \cdot \int v' \cdot dF \quad \text{und} \quad \bar{w'} = \frac{1}{F} \int w'\, dF$$

über den Umfang des Zylinders genommen verschwinden müssen, hat die Impulsänderung den Wert

$$\varrho \cdot \int dF \cdot w' \cdot v' = \varrho \cdot F \cdot \overline{w'\, v'},$$

wenn der Mittelwert aller $w' \cdot v'$ eingeführt wird. Also folgt aus (1) mit $F = 2\, r \pi \cdot l$ und Einführung des Gefälles

$$J = \sin \alpha + \frac{1}{\varrho\, g} \cdot \frac{dp}{dx}$$

$$g\, J\, r + 2\, v \cdot \frac{d\bar{v}}{dr} = 2\, \overline{w'\, v'}, \tag{2}$$

worin $-\varrho\, \overline{w'\, v'}$ die durch den Impulsaustausch hervorgerufene zusätzliche Schubspannung ist. Leider kommt in (2) nicht die Tatsache zum Ausdruck, daß

---

[1]) Lorentz, H. A.: Abhandlungen über theoret. Physik. 1907.

die zusätzliche Schubspannung vom Geschwindigkeitsabfall normal zur Strömungsrichtung abhängig sein muß, ähnlich wie bei der molekularen Reibung. Dies
hat schon seinerzeit BOUSSINESQ[1]) bewogen, einen Ansatz für die Schubspannung
zu machen, der sich von jenem für die Schichtreibung nur dadurch unterscheidet,
daß er an Stelle der Zähigkeit einen wesentlich größeren Turbulenzkoeffizienten ε
enthält, der von der Intensität der Mischbewegung und folglich vom Orte abhängig ist. Sind keine Geschwindigkeitsunterschiede quer zur Hauptbewegung
vorhanden, so gibt es keinen Impulsaustausch, also auch keine Reibung. Aus
dem betrachteten koaxialen Zylinder muß wegen der Raumerfüllung ebenso viel
Masse ein- als austreten, also die Summe
des Flusses durch seine Mantelfläche

$$\int_F w' \, dF = 0 \ \text{sein.}$$

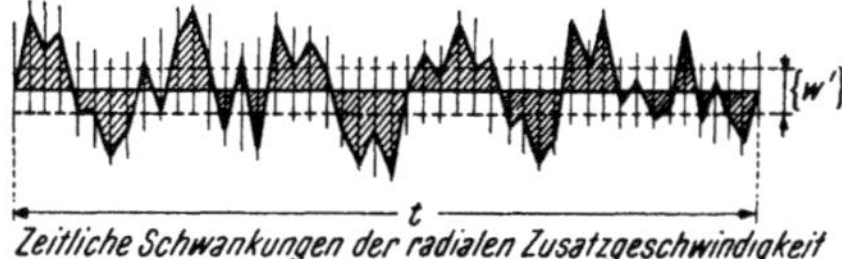

Abb. 124

Betrachtet man den zeitlichen Gang der
radialen Zusatzgeschwindigkeiten über
eine genügend lange Zeit (Abb. 124), so kommt für den Massentransport
während der Zeit t der Mittelwert der numerischen Werte von w' in Betracht,
nämlich

$$\frac{1}{t} \cdot \int_0^t |w'| \cdot dt = \{w'\},$$

wovon $-\frac{1}{2}\{w'\}$ für den Eintritt und $+\frac{1}{2}\{w'\}$ für den Austritt zu rechnen

sind. Der Massenaustausch beträgt dann

$$\pm \varrho \, 2\, r\pi\, l \cdot \frac{\{w'\}}{2}.$$

Nun kommen für die in der Zeit t aus dem Innern des Zylinders nach
außen und umgekehrt verlagerten Massen die stationären Mittelwerte der
Geschwindigkeiten $\bar{v} + \Delta\bar{v}$ bzw. $\bar{v} - \Delta\bar{v}$ in Betracht, so daß der durch die
Massenverlagerung herbeigeführte Impulsaustausch

$$\varrho \cdot 2\, r\pi l \cdot \frac{\{w'\}}{2}([\bar{v} + \Delta\bar{v}] - [\bar{v} - \Delta\bar{v}]) = \varrho \cdot 2\, r\pi \cdot l \cdot \{w'\} \cdot \Delta\bar{v}$$

ist, wobei $\Delta\bar{v}$ vorderhand nur den Geschwindigkeitsunterschied normal zur
Strömungsrichtung angeben soll. Gleichung (2) erhält dann die Form

$$g \cdot J r + 2\, v\, \frac{d\bar{v}}{dr} = 2\{w'\} \cdot \Delta\bar{v}. \tag{3}$$

Von $\{w'\} \cdot \Delta\bar{v}$ soll nur ausgesagt sein, daß dieses Produkt an der Wand Null
sein muß und daß es von r bzw. $\Delta\bar{v}$ abhängig ist. Durch Integration von (2) folgt

$$\bar{v} = \frac{1}{v} \int_0^r \{w'\} \cdot \Delta\bar{v} \cdot dr - \frac{r^2 g J}{4\, v} + C$$

und weil $\bar{v} = 0$ für $r = R$ ist, wird

$$C = \frac{R^2 g J}{4\, v} - \frac{1}{v} \int_0^R \{w'\} \cdot \Delta\bar{v}\, dr,$$

---

[1]) Eaux courantes. Paris 1877. Mém. prés. par div. sav. 23.

so daß schließlich

$$\bar{v} = \frac{gJ}{4\nu}\,(R^2 - r^2) - \frac{1}{\nu}\int\limits_0^R \{w'\}\cdot\Delta\bar{v}\,dr \tag{4}$$

folgt und der Durchfluß

$$Q = \int\limits_0^R 2\pi r\cdot dr\cdot\bar{v} = \pi r^2\bar{v}\Big|_0^R - \int\limits_0^R \pi r^2\cdot\frac{d\bar{v}}{dr}\cdot dr = -\int\limits_0^R \pi r^2\cdot\frac{d\bar{v}}{dr}\cdot dr, \tag{5}$$

weil

$$\pi r^2\bar{v}\Big|_0^R = 0$$

ist.

Mit dem Werte

$$\frac{d\bar{v}}{dr} = -\frac{gJr}{2\nu} + \frac{\{w'\}\cdot\Delta\bar{v}}{\nu}$$

aus (3) ergibt (5)

$$Q = \frac{\pi R^4}{8\nu}\cdot gJ - \frac{\pi}{\nu}\int r^2\cdot\{w'\}\cdot\Delta\bar{v}\cdot dr. \tag{6}$$

Will man den Geschwindigkeitsabfall für laminare und turbulente Strömung vergleichen, so erscheint es zweckmäßig, das Gefälle durch Q auszudrücken und man erhält für den laminaren Strömungszustand an der Wand

$$\frac{d\bar{v}}{dr}\Big|_{r=R} = -\frac{gR}{2\nu}\cdot\frac{8\nu Q}{\pi gR^4} = -\frac{4Q}{\pi R^3}, \tag{7}$$

hingegen bei Turbulenz

$$\frac{d\bar{v}}{dr}\Big|_{r=R} = -\frac{4Q}{\pi R^3}\left(1 + \frac{\pi}{\nu Q}\cdot\int\limits_0^R r^2\cdot\{w'\}\cdot\Delta\bar{v}\cdot dr\right). \tag{8}$$

Weil nach seinem Aufbau $\{w'\}\cdot\Delta v$ für gewöhnlich positiv sein wird, ersieht man aus (6), daß bei gegebenem Gefälle der Durchfluß bei Turbulenz kleiner ist als bei Schichtströmung. Es erfolgt im Inneren ein Geschwindigkeitsausgleich, während in einer dünnen Wandschicht ein sehr großer Geschwindigkeitsanstieg zu beobachten ist (Abb. 125). Hiezu sind Zusatzgeschwindigkeiten nötig, die nur einige Prozent der mittleren Geschwindigkeit betragen[1].

Der Unterschied zwischen Schichtströmung und Turbulenz ist schon lange bekannt und ist insbesondere von SAINT VENANT[2] besprochen worden. Auch die Hydrotekten kennen schon lange die Unruhe der Bewegung (Pulsation), die sich in allen Druck- und Geschwindigkeitsmessungen widerspiegelt. So hat z. B. H. BAZIN[3], der mit der DARCY-schen Röhre arbeitete, versucht, eine Abhängigkeit der Pulsation von der Geschwindigkeitsverteilung zu ermitteln. Er fand, daß die Pulsation durch Wandrauhigkeit gesteigert wird, was mit den Beobachtungen des Österreichischen hydrographischen Büros[4] insofern in Ein-

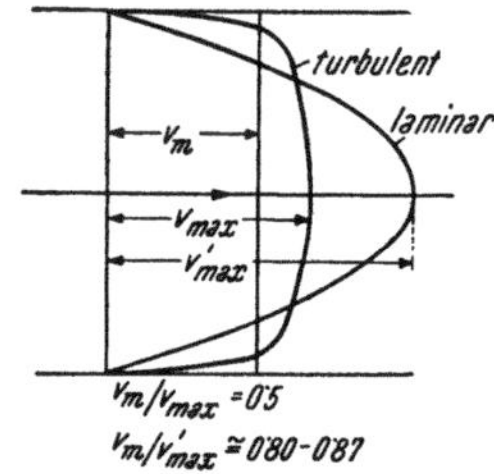

Abb. 125. Geschwindigkeitsverteilung bei laminarer und turbulenter Strömung

---

[1] MISES, R. v.: Elemente der techn. Hydromechanik, **1914**, 71.
[2] Ann. d. mines, 4. série 1851, **20**.
[3] Ann. d. ponts et chauss. 1887, **14**, 195.
[4] Beiträge z. Hydrographie Österr. **1897**, 3. Heft.

klang steht, als auch hier eine Zunahme der Pulsation mit der Annäherung
an die Gerinnesohle durch Flügelmessungen festgestellt worden ist, die aber
den Einfluß der Wandrauhigkeit enthält. In den folgenden Erörterungen soll
streng auseinandergehalten werden die Mischbewegung der Turbulenz, die
in den Eigenschaften der Flüssigkeit begründet ist und auch bei vollkommen
glatten Wänden auftritt, an denen sie allerdings verschwinden muß, vom Einfluß der Wandrauhigkeit, der mit der Entfernung von der Wand abklingt.

2. Das Ähnlichkeitsgesetz von Osborne Reynolds

Einen entscheidenden Fortschritt hat O. REYNOLDS[1]) erzielt, indem er ein
Kriterium fand für den Umschlag von der Schichtströmung zur Turbulenz.
Er suchte die Frage mittels des Begriffes der mechanischen Ähnlichkeit zu lösen,
wobei geometrische Ähnlichkeit vorausgesetzt wird (Abschn. R). Er ging von
dem Gedanken aus, daß bei zwei zu vergleichenden Strömungen, die durch die
Bewegungsgleichung beschrieben werden, dann Ähnlichkeit herrscht, wenn das
Verhältnis von Kräften gleicher Art bei beiden denselben Wert hat. Man denke
sich die in DI 1 entwickelte, auf die Masseneinheit bezogene Eulersche Gleichung durch das Reibungsglied W erweitert, also für die Stromröhre

$$\frac{\partial v}{\partial t} + v\,\frac{\partial v}{\partial s} = -g \cdot \frac{\partial}{\partial s}\left(\frac{p}{\gamma} + z\right) + W$$

gesetzt oder wenn das von der Ortsveränderung abhängige Beschleunigungs-
glied mit B bezeichnet und das Druckliniengefälle J eingeführt wird

$$\frac{\partial v}{\partial t} + B = -gJ + W. \tag{9}$$

Ist die Wirkung der Zähigkeit maßgebend für die Entwicklung der Strömung,
so ist mechanische Ähnlichkeit dann vorhanden, wenn das Beschleunigungs-
glied B zum Reibungsglied W bei beiden zu vergleichenden Vorgängen im
gleichen Verhältnis steht. Es muß also

$$\frac{B_1}{W_1} = \frac{B_2}{W_2} \tag{10}$$

sein.

Führt man nun charakteristische Größen v und l ein, z. B. die mittlere Geschwindigkeit v_m, den Rohrdurchmesser D usw., so können ihrem Aufbau
entsprechend die Trägheitskräfte $\left(\varrho\,v\,\frac{\partial v}{\partial s}\right)$ durch $\varrho \cdot \frac{v_m^2}{D}$ und die Reibungskräfte $\left(\eta \cdot \frac{\partial^2 v}{\partial s^2}\right)$ durch $\eta \cdot \frac{v_m}{D^2}$ ausgedrückt werden. Dies in Gleichung (10) berücksichtigt ergibt

$$\frac{\varrho_1 \cdot v_{m_1}^2}{D_1} : \eta_1 \cdot \frac{v_{m_1}}{D_1^2} = \frac{\varrho_2 \cdot v_{m_2}^2}{D_2} : \eta_2 \cdot \frac{v_{m_2}}{D_2^2} \tag{11}$$

oder

$$\frac{v_{m_1} \cdot D_1}{\nu_1} = \frac{v_{m_2} D_2}{\nu_2}, \tag{12}$$

das heißt, beide Strömungsvorgänge haben die gleiche Zahl $Re = \dfrac{v_m \cdot D}{\nu}$, die
nach ihrem Entdecker die REYNOLDSsche Zahl genannt wird.

---

[1]) Phil. Transactions 1883, **174**, 935.

Zwei Strömungsvorgänge verlaufen also ähnlich, wenn bei geometrischer Ähnlichkeit und überwiegendem Einfluß der Zähigkeit gleiche Reynoldssche Zahlen vorliegen[1]. Es gibt außer dieser Reynoldsschen Ähnlichkeit noch andere Ähnlichkeitsgesetze, auf die wegen ihrer Wichtigkeit für Modellversuche später hingewiesen wird. Tritt außer der Trägheitsreaktion mehr als eine Kraft in Wirkung, was gewöhnlich wegen des Zusammenwirkens von Reibung und Schwere der Fall ist, so gibt es streng genommen keine mechanische Ähnlichkeit (Abschn. R). Die Entdeckung der Re-Zahl war von größter Bedeutung, weil sie gewissermaßen eine Klassifikation der Strömungen zuläßt, eine Unterscheidung derselben nach der Größe der Reynoldsschen Zahl. Eine Strömung mit kleiner Re-Zahl ist laminar, mit großer hingegen turbulent. Zu den ersteren gehören entsprechend der Bildungsweise von Re Strömungen mit großer Zähigkeit (Schmieröle usw.) oder in kleinen Querschnitten (Kapillarröhren) oder mit sehr kleinen Geschwindigkeiten (schleichende Bewegung, z. B. Grundwasserströmung). O. REYNOLDS hat durch klassische Versuche den Übergang von der Schichtströmung zur Turbulenz zu erforschen gesucht, wobei er sich zweier Beobachtungsmethoden bediente. Die eine und naheliegendere ist die Sichtbarmachung des Umschlages von der Schichtströmung zur Turbulenz durch Zusatz von Farblösung und die andere besteht in der Messung des Widerstandes, der sich ebenfalls bei diesem Übergang ändert. REYNOLDS fand, daß noch bei $Re = 6290$ Laminarströmung war, die bei dieser Zahl in Turbulenz überging. Etwa 30 Jahre später ist es EKMAN[2] mit der verbesserten Reynoldsschen Originalapparatur gelungen, diese „obere kritische Zahl" bis auf $Re_{kr}' = {}= 50\,000$ hinaufzutreiben, bei welcher dann der Umschlag erfolgte. Die untere kritische Zahl, unterhalb welcher keine Turbulenz vorkommt, hat Reynolds

mit $Re_{kr} = \dfrac{v \cdot D}{\gamma} \simeq 2000$ ermittelt und später hat L. SCHILLER[3] für technisch

glatte Rohre den Wert 2320 gefunden[4]. Während oberhalb der oberen kritischen Zahl keine Schichtströmung vorkommt, sind zwischen unterer und oberer Zahl beide Strömungsarten möglich, von denen die Schichtströmung instabil ist. Durch bestimmte Störungsbeträge, die nach SCHILLER um so kleiner sind, je näher die Strömung der oberen Grenze liegt, kann die Turbulenz herbeigeführt werden.

Jedes Rohr hat eine kritische Geschwindigkeit $v_{kr} = \dfrac{Re_{kr} \cdot v}{D}$, unterhalb wel-

cher bei bestimmtem v (Temperatur) die Strömung auf alle Fälle laminar ist. Ihr Wert ist selbst für den kleinsten Durchmesser von $d = 80$ mm, der in dem Rohrnetz einer Wasserversorgung vorkommt, bei 10^0 C Wassertemperatur ($v = {}= 0\cdot013$ cm²/sec) und mit $Re_{kr} = 2320$ nur $3\cdot77$ cm/sec. Weil die üblichen Geschwindigkeiten viel größer sind, herrscht in solchen Leitungen stets Turbulenz.

3. Der Strömungswiderstand in geschlossenen Leitungen

Während bei der reibungslosen Bewegung die Energielinie eine waagrechte Linie (Energiehorizont) ist, ist sie bei der reibenden Flüssigkeit in der Strömungsrichtung geneigt (Abb. 126). Denn es muß zur Aufrechterhaltung der Strömung entgegen den Widerstand Arbeit geleistet, also Energie

---

[1]) Die Bezeichnung Re für die Reynoldssche Zahl wird hier zur Unterscheidung vom älteren hydraulischen Radius R benötigt.

[2]) EKMAN, W.: On the change from steady to turbulent motion of liquids. Ark. f. Math. Astr. och Fysik. 1911, Bd. 6, Nr. 12.

[3]) Forschungsarbeiten, Heft 248. Berlin: VDI-Verlag. 1922.

[4]) Bei der COUETTEschen Strömung zwischen ruhendem inneren und dem mit ω um seine Achse gedrehten äußeren koaxialen Zylinder ($r_a > r_i$) ist $Re_{krit} = \dfrac{r_a \cdot \omega \cdot (r_a - r_i)}{v} = 1900$.

verbraucht werden. Ein praktisches Maß hiefür ist das Gefälle der Drucklinie, die man durch Verbindung der Wasserspiegel in den längs der Leitung gedachten Standröhren (Piezometer) erhält. Die Geschwindigkeitshöhe bei ca. 1·0 m/sec Betriebsgeschwindigkeit von ca. 0·05 m macht selbst gegen einen Mindestdruck von 15 m in der Versorgungsleitung so wenig aus, daß sie außer acht gelassen wird und man praktisch mit dem Gefälle der Drucklinie rechnet. Das zur Leitung eines bestimmten Durchflusses benötigte Gefälle war seit jeher wegen seiner Wichtigkeit ein beliebtes Gebiet hydrotechnischer Forschung. Man betrachtete die Verlusthöhe h_w als Bruchteil der Geschwindigkeitshöhe und setzte $h_w = \psi \dfrac{v^2}{2g}$, wobei die

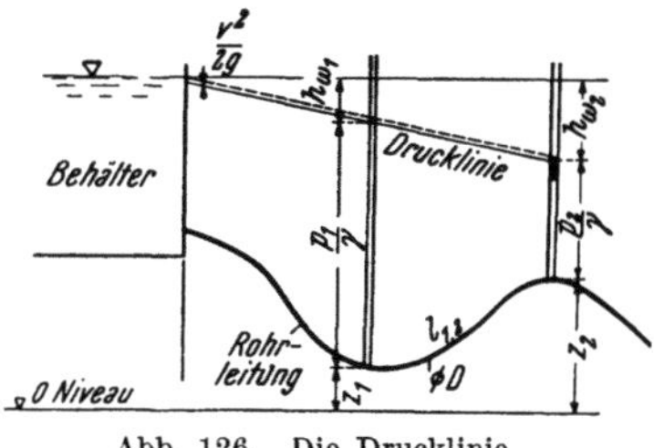

Abb. 126. Die Drucklinie

Widerstandszahl ψ von verschiedenen Umständen, wie von der Zähigkeit, der Wandrauhigkeit, der Dichte, der Geschwindigkeit und endlich der Querschnittsgröße, abhängig ist.

Der Widerstand W muß sich in der Wand übertragen, so daß auf der Länge ds der Leitung $W = \gamma \cdot h_w \cdot U\,ds$ wirkt, wenn U den Umfang des Querschnittes bedeutet. Ist $J = \dfrac{\cdot \partial}{\partial s}\left(\dfrac{p}{\gamma} + z\right)$ das Gefälle der Drucklinie, so kann die treibende Kraft durch $\gamma J \cdot F\,ds$ ausgedrückt werden und für die stationäre Strömung ist somit

$$W = \gamma\, h_w \cdot U\,ds = \gamma\, J\, F\,ds$$

oder

$$J = \psi\,\frac{v^2}{2g}\cdot\frac{U}{F}\,. \tag{13}$$

Führt man noch den Begriff des hydraulischen Radius $R_h = \dfrac{\text{Benetzter Umfang}}{\text{Durchflußquerschnitt}}$ ein, so lautet das Widerstandsgesetz

$$J = \psi\,\frac{v^2}{2g\,R_h} = 4\,\psi\,\frac{v^2}{2g\,D} = \frac{\lambda\,v^2}{2g\,D}\,. \tag{14}$$

Wie man aus der Abb. 126 ersieht, ist das Gefälle der Drucklinie auch durch die Verlusthöhe ausdrückbar. In dem Maße als die Energiehöhe abnimmt, steigt die Verlusthöhe, so daß $J = \dfrac{h_w}{l}$ gesetzt werden kann und die Verlusthöhe auf der Leitungslänge l ist dann

$$h_w = \psi \cdot \frac{v^2}{2g\,R_h}\cdot l.$$

4. Widerstandsgesetz und Geschwindigkeitsverteilung bei glatter Wand

Die richtige Ermittlung von h_w wird von der Schärfe abhängen, mit der wir die Widerstandszahl ψ erfassen können und dies wird dadurch erleichtert, daß man bald erkannt hatte, daß ψ nur von der Reynoldsschen Zahl abhängig sein kann, wenn anderweitige Einflüsse (Wandrauhigkeit) nicht vorhanden sind. Denn aus der Gleichung (9) folgt für mechanisch ähnliche Strömungen 1 und 2, daß auch $\dfrac{g\,J_1}{B_1} = \dfrac{g\,J_2}{B_2}$ gelten muß. Weil sich die Trägheitskräfte wie $\varrho\,\dfrac{v_m^2}{D}$ verhalten, erhält man $\dfrac{J_1 \cdot D_1}{v_{m1}^2} = \dfrac{J_2\,D_2}{v_{m2}^2}$. Nun ist aber aus (14) $\dfrac{D\,J}{v^2} = \dfrac{2\,\psi}{g}$, also müssen geometrisch ähnliche Strömungen mit der gleichen Reynoldsschen Zahl auch gleiche Widerstandszahlen haben, die bei glatten Wänden nur von Re abhängen können. Wenn von glatten Wänden gesprochen wird, so sei bedacht, daß es absolute Glätte nicht gibt, auch nicht bei feinster Polierung. Glätte ist folglich nur in hydraulischem Sinn zu verstehen, in dem eigenartigen Verhalten bezüglich des Widerstandes und der Geschwindigkeitsverteilung. Das Entstehen der Turbulenz bei glatten Wänden ist in Ablösungsvorgängen[1]) in der Grenzschicht zu suchen, so daß Flüssigkeit von der Wand in das Innere getragen wird (Abschn. L 8). Damit hängt, ähnlich wie bei der Laminarbewegung, der Begriff der Anlaufstrecke zusammen. Tritt aus einem Behälter Wasser in ein Rohr, so wird die Turbulenz zuerst an den Wänden erscheinen und erst nach einiger Zeit, also nach einem zurückgelegten Weg (Anlaufstrecke) über dem gesamten Querschnitt herrschen und damit die den vorliegenden Verhältnissen entsprechende endgültige Geschwindigkeitsverteilung. Nach Versuchen von KIRSTEN[2]) mit Luft in Zinklutten ($Re = 10^4$ bis $5 \cdot 10^4$) ergab sich als praktisch ausreichende Anlaufstrecke 50 bis 100 Rohrdurchmesser, während nach NIKURADSE das 25- bis 50fache genügen dürfte. Dies ist für Versuche von Wichtigkeit und es ist dieses Problem auch theoretisch[3]) untersucht worden.

An Hand der Versuche von SAPH und SCHODER[4]), deren Versuchsmaterial bis etwa $Re = 80\,000$ bis $100\,000$ reichte, fand H. BLASIUS[5]) für

$$4\,\psi = \lambda\,(Re) = \frac{0'316}{\sqrt[4]{Re}} \tag{15}$$

und mit (14) folgt hieraus

$$J = \frac{0'316\,v_m{}^2}{\sqrt[4]{\dfrac{v_m\,D}{\nu}} \cdot 2\,g\,D} = a \cdot v_m{}^{7/4} \cdot D^{-5/4}$$

oder

$$v_m = c \cdot D^{5/7} \cdot J^{4/7}, \tag{16}$$

welche Beziehung A. FLAMANT[6]), gestützt auf viele Versuche, auch für gebrauchte Rohre aufgestellt hat. Die Beziehung (15) kann aber schon aus dem Grunde nur eine Näherung für den obigen Bereich der Reynoldsschen Zahlen darstellen, weil mit wachsendem Re der Widerstand uneingeschränkt klein werden würde. Die späteren Untersuchungen von LEES[7]), JAKOB und ERK[8]) u. a. ergaben

$$\lambda = a + b \cdot Re^{-n}, \tag{16a}$$

so daß mit wachsender REYNOLDSscher Zahl ein quadratischer Widerstand sich schließlich einstellt. Die neueren Untersuchungen von L. SCHILLER[9]) auf Grund eigener Messungen und solcher von HERMANN und BURBACH[10]), bei welchen Re-Zahlen bis $2 \cdot 10^6$ erreicht wurden, ergaben $a = 0'0054$, $b = 0'396$ und $n = -0'3$, während nach J. NIKURADSE[11]) $a = 0'0032$, $b = 0'221$ und $n = -0'237$ ist.

---

[1]) JOUKOWSKY, N. E.: Zschft. f. ang. Math. u. Mech., Bd. 8 (1928); färbt man am Rand und in der Mitte, so beginnt die Wirbelung stets am Rande.
[2]) Experimentelle Untersuchungen, Dissert. Leipzig 1927.
[3]) LATZKO: Zschft. f. ang. Math. u. Mech. 1921.
[4]) Trans. Amer. Civ. Eng. 1903, Bd. 51.
[5]) VDI-Forsch.-Heft **131**. Berlin 1913.
[6]) Ann. d. ponts et chauss. 1892 (7).
[7]) Proc. Roy. Soc. London 1915, Bd. 91, S. 46.
[8]) Forsch.-Arbeiten, Heft **267**. Berlin: VDI-Verlag. 1924.
[9]) Ing. Archiv **1930**, Bd. 1, S. 392.
[10]) Strömungswiderstand u. Wärmeübergang. Leipzig 1930.
[11]) VDI-Forsch.-Heft **356**. Berlin 1932.

Daß mit dem Widerstandsgesetz irgendwie die Geschwindigkeitsverteilung zusammenhängen muß, ersieht man schon aus Gleichung (2), wenn man

$$J = \psi \, \frac{v_m^2}{g\,R}$$

einsetzt, so daß

$$\psi \cdot v_m^2 \cdot \frac{r}{R} + 2\,\nu \cdot \frac{d\bar{v}}{dr} = 2\,\overline{v'\,w'} \qquad (17)$$

folgt.

Für den Rand $r = R$ verschwindet die Turbulenz $2\,\overline{v'\,w'}$ und folglich muß

$$\left(\frac{d\bar{v}}{dr}\right)_{r\,=\,R}^{turb} = -\,\frac{\psi \cdot v_m^2}{2\,\nu} = -\,\frac{\psi}{2} \cdot \frac{v_m R}{\nu} \cdot \frac{v_m}{R} = -\,\frac{\psi}{2} \cdot Re \cdot \frac{v_m}{R} \qquad (17\,\text{a})$$

und weil für die laminare Strömung

$$\left(\frac{dv}{dr}\right)_{r\,=\,R}^{lam} = -\,\frac{2\,v_m}{R},$$

so folgt, daß

$$\left(\frac{d\bar{v}}{dr}\right)_{r\,=\,R}^{turb} = \frac{\psi \cdot Re}{4} \cdot \left(\frac{dv}{dr}\right)_{r\,=\,R}^{lam} \qquad (18)$$

Es sei ein glattes Rohr mit $R = 10$ cm, $v = 100$ cm/sec und $\nu = 0{\cdot}013$ cm²/sec (10^0 C) vorausgesetzt, also eine Strömung mit $Re \cong 77\,000$. Für diesen Fall gibt die Blasiussche Formel noch gute Resultate und kann

$$4\,\psi = \frac{0{\cdot}316}{\sqrt[4]{77\,000}} \sim 0{\cdot}019$$

gesetzt werden, so daß aus (18)

$$\left(\frac{d\bar{v}}{dr}\right)_{r\,=\,R}^{turb} = \frac{0{\cdot}019 \cdot 77\,000}{16} \left(\frac{dv}{dr}\right)_{r\,=\,R}^{lam} \cong 91{\cdot}5 \left(\frac{dv}{dr}\right)_{r\,=\,R}^{lam}$$

Der Geschwindigkeitsanstieg an der Wand beträgt also das 91fache jenes bei laminarer Verteilung (Parabel) und hat den Wert

$$\left(\frac{dv}{dr}\right)_{r\,=\,R} = 91{\cdot}5 \cdot \frac{2\,v_m}{R} = 91{\cdot}5 \cdot \frac{200}{10} = 1830,$$

woraus auf die äußerst geringe Dicke der Wandschicht geschlossen werden kann, in welcher der Anstieg vom Werte $v = 0$ erfolgt.

Will man die Größenordnung der Zusatzgeschwindigkeiten abschätzen, die diese eigenartige Geschwindigkeitsverteilung bedingen, so geht man von (17) aus. Nachdem ein Ausgleich der Geschwindigkeit angestrebt wird, also $\dfrac{d\bar{v}}{dr} \longrightarrow 0$ geht, so kann dies nur der Fall sein, wenn

$$\frac{\overline{v'\,w'}}{v_m^2} < \frac{\psi}{2} \quad \text{oder} \quad \sqrt{\overline{v'\,w'}} < v_m \cdot \sqrt{\frac{\psi}{2}} = v_m \sqrt{\frac{1}{8}\left(a + b\,Re^{-n}\right)}$$

Mit den Werten $a = 0{\cdot}0032$, $b = 0{\cdot}221$ und $n = -\,0{\cdot}237$ nach NIKURADSE wird

$$\sqrt{\overline{v'\,w'}} < v_m \cdot \sqrt{\frac{1}{8}\left(0{\cdot}0032 + 0{\cdot}01536\right)} = 0{\cdot}048\,v_m.$$

In diesem Falle sind es also Zusatzgeschwindigkeiten von etwa 5% der mittleren Geschwindigkeit, die diese eigenartige Geschwindigkeitsverteilung hervorrufen.

Daß die Geschwindigkeitsverteilung in glatten Rohren nur von der Reynoldsschen Zahl abhängen kann, hat schon STANTON[1]) behauptet. Er fand, daß bei gleichen Re-Zahlen, die sich aus verschiedenen Rohrdurchmessern, Geschwindigkeiten und Zähigkeitszahlen zusammensetzten, stets die gleiche Geschwindigkeitsverteilung nachzuweisen war. Mit wachsenden Re-Zahlen fand er die Geschwindigkeitsverteilung immer gleichmäßiger und die Randschichte immer dünner werdend. v. MISES[2]) hat auf die Möglichkeit hingewiesen, daß durch geeignete Annahmen über die Verteilung der Turbulenzgröße $\overline{v'w'}$ Geschwindigkeitsverteilungen erhalten werden können, die mit den beobachteten gut übereinstimmen. Später haben PRANDTL und v. KÁRMAN[3]) eine Geschwindigkeitsverteilung gefunden, die auf theoretischen Erwägungen beruht und mit den Beobachtungen in der Nähe der Wand recht gut übereinstimmt. Sie gingen von Ähnlichkeits- und Dimensionsbetrachtungen aus und sagten sich, daß die Geschwindigkeit an der Wand nur von den dort herrschenden Verhältnissen und von den Eigenschaften der Flüssigkeit abhängen kann. Es wird also die Zähigkeit η, die Dichte ϱ, der Wandabstand y und die dortige Schubspannung τ_0 maßgebend sein, so daß

$$v = f(\eta, \varrho, y, \tau_0) \tag{19}$$

gesetzt wird.

Nun ist an der Wand nach (17) $\tau_0 \sim \psi v_m^2$ und wird für ψ irgend ein Potenzgesetz angenommen $\psi \sim Re^n$, so wird $\tau_0 \sim v_m^{2+n}$ oder $v_m \sim \tau_0^{\frac{1}{2+n}}$. Dabei soll das Zeichen $\sim$ proportional heißen. Weil nun bei ähnlichen Geschwindigkeitsverteilungen für adäquate Geschwindigkeiten $\dfrac{v}{v_m} = \text{const}$ bzw. $v \sim \tau_0^{\frac{1}{2+n}}$ gilt, so ergibt sich aus (19)

$$v = f_1(\eta, \varrho, y) \cdot \tau_0^{\frac{1}{2+n}}. \tag{20}$$

Setzt man nun allgemein

$$v = \eta^\alpha \cdot \varrho^\beta \cdot y^\gamma \cdot \tau_0^{\frac{1}{2+n}}$$

und drückt die Dimensionen im allgemeinen Maßsystem aus, so erhält man

$$v = (m \cdot l^{-1} \cdot t^{-1})^\alpha \cdot (m \cdot l^{-3})^\beta \cdot l^\gamma \cdot (m \cdot l^{-1} \cdot t^{-2})^{\frac{1}{2+n}}$$

$$= m^{\alpha + \beta + \frac{1}{2+n}} \cdot l^{\gamma - \alpha - 3\beta - \frac{1}{2+n}} \cdot t^{-\alpha - \frac{2}{2+n}}.$$

Soll der Ausdruck rechts die Dimension einer Geschwindigkeit ergeben, so müssen die Exponenten $0, 1$ und -1 sein, woraus die Bedingungsgleichungen folgen

$$\alpha = 1 - \frac{2}{2+n} = \frac{n}{2+n}, \quad \beta = -\alpha - \frac{1}{2+n} = -\frac{1+n}{2+n} \quad \text{und} \quad \gamma = 1 - 2 \cdot \frac{1+n}{2+n}.$$

Hieraus folgt

$$v = A \cdot \eta^{\frac{n}{n+2}} \cdot \varrho^{-\frac{1+n}{2+n}} \cdot y^{1 - 2\frac{1+n}{2+n}} \cdot \tau_0^{\frac{1}{2+n}} = A \left(\frac{v}{y}\right)^{\frac{n}{n+2}} \cdot \left(\frac{\tau_0}{\varrho}\right)^{\frac{1}{2+n}}$$

[1]) Proc. Roy. Soc. London 1911, **85**.
[2]) Elem. d. techn. Hydromechanik, Leipzig-Berlin 1940, S. 70.
[3]) Zschft. f. ang. Math. u. Mech. 1921, S. 238.

Setzt man nach BLASIUS $n = -\dfrac{1}{4}$, so wird

$$v = A \left(\frac{y}{\nu}\right)^{1/7} \cdot \left(\frac{\tau_0}{\varrho}\right)^{4/7} \quad \text{und weil} \quad \frac{\tau_0}{\varrho} = \frac{g\,R\,J}{2} \ [\text{Gl. (2)}], \tag{21}$$

muß $v \sim y^{1/7}$ sein. Die Geschwindigkeit ist also der $^1/_7$-Potenz des Wandabstandes proportional, was man auch durch folgende Schlußweise erhalten kann. Setzt man in (17) für die Wand $\dfrac{r}{R} = 1$, $\overline{v'w'} = 0$ und $\left(\eta \cdot \dfrac{dv}{dr}\right)_{r=R} = \tau_0$, so folgt

$$\tau_0 = \psi \cdot \varrho \cdot \frac{v_m^2}{2}\,. \tag{22}$$

Soll nun ein Widerstandsgesetz von der Form $\psi = Re^n = \dfrac{v_m{}^n \cdot D^n}{\nu n}$ und die Geschwindigkeitsverteilung $v = ar^\alpha$ gelten, so muß für ähnliche Figuren der Verteilung

$$\frac{v_m}{r_m{}^\alpha} = a = \text{konstant} \tag{23}$$

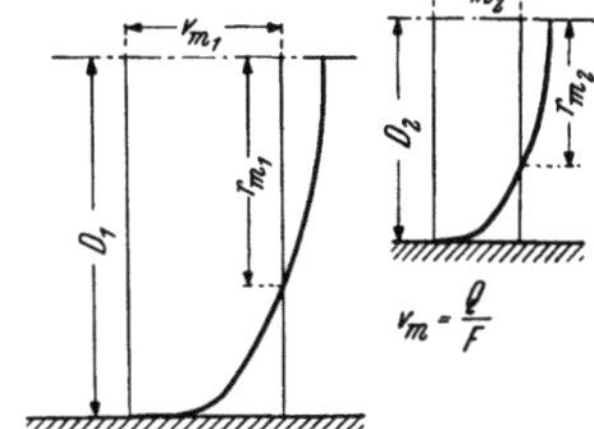

Abb. 127. Ähnliche Geschwindigkeits-profile

sein, wenn v_m jene im Abstand r_m gelegene Geschwindigkeit ist, die so groß ist wie die mittlere Geschwindigkeit (Abb. 127). Andererseits muß aus Ähnlichkeitsgründen auch

$$\frac{r_m}{D} = \zeta = \text{konstant}$$

sein und damit aus (23) auch

$$\frac{v_m}{(\zeta D)^\alpha} = a \quad \text{oder} \quad \frac{v_m}{D^\alpha} = a\zeta^\alpha = \text{konstant.}$$

Hieraus folgt aber, daß $D \sim v_m{}^{1/\alpha}$.
Weiters ist aus (22) mit dem Ansatz für $\psi\,(Re)$

$$\tau_0 \sim v_m{}^{n+2} \cdot D^n \sim D^{\alpha\,(n+2)+n}.$$

Wenn also τ_0 nur von den Verhältnissen an der Wand abhängen soll und der Durchmesser keine Rolle spielt, so muß dies durch die Bedingung $\alpha\,(n+2)+n = 0$ oder $\alpha = \dfrac{-n}{n+2}$ zum Ausdruck kommen.

Ist $n = -\dfrac{1}{4}$ nach BLASIUS, so folgt $\alpha = \dfrac{1}{7}$ und mit $n = -\dfrac{1}{3}$ ist $\alpha = \dfrac{1}{5}$. Das „$^1/_7$-Potenz-Gesetz" gilt nicht bloß für die Wandnähe, sondern es reicht seine Gültigkeit weit in das innere der Flüssigkeit hinein. Es gilt aber nur für den Bereich jener Re-Zahlen, für welche auch die Blasiussche Formel zutrifft, nämlich bis etwa $Re = 10^5$. Bei größeren Re-Zahlen wird der Exponent kleiner als $^1/_7$ und es trifft zunächst $^1/_8$ besser zu und bei sehr großen Re wird der Exponent noch größer, was besagt, daß mit wachsenden Re-Zahlen die Geschwindigkeitsverteilung immer gleichmäßiger wird.

Man kann das Widerstandsgesetz $\lambda = A \cdot Re^n$ in der Form des Blasiusschen Gesetzes an Stelle des für glatte Rohre in Gleichung (16a) dargestellten und für $Re \to \infty$ geltenden Ausdrucks verwenden, wenn n den verschiedenen Bereichen von Re entsprechend angepaßt wird. J. NIKURADSE hat aus seinen groß angelegten Versuchen den Zusammenhang von Re und n ermittelt, wobei er die Prandtlsche Scheergeschwindigkeit (an der Wand) $v_s = \sqrt{\dfrac{\tau_0}{\varrho}}$ benützte. Es ist einerseits allgemein $J = \dfrac{\lambda \cdot v_m{}^2}{2\,g\,D}$ und andererseits kann $J = \dfrac{4\,\tau_0}{\gamma\,D}$ geschrieben werden, wenn man für zwei in der Entfernung dx gelegene Querschnitte die Druckdifferenz dp gleichsetzt der Schubkraft in der Rohrwandung, wenn man also

$$R^2\pi \cdot dp = 2\,R\,\pi \cdot dx \cdot \tau_0 \quad \text{und} \quad \frac{dp}{dx} = \gamma J$$

setzt. Es folgt daraus

$$\frac{\tau_0\,g}{\gamma\,v_m{}^2} = \frac{v_s{}^2}{v_m{}^2} = \frac{\lambda}{8} = A \cdot Re^n$$

und wenn die Geschwindigkeit v im Abstand $R - r$ von der Wand eingeführt bzw. v an Stelle von v_m und $(R - r)$ an Stelle von R gesetzt wird, erhält man

$$\frac{\tau_0\,g}{\gamma\,v^2} = A \cdot \left\{ \frac{v\,(R - r)}{\nu} \right\}^n$$

oder logarithmiert

$$\log \frac{\tau_0\,g}{\gamma\,v^2} = \log A + n \log \frac{v\,(R - r)}{\nu}.$$

$$(23\,\text{a})$$

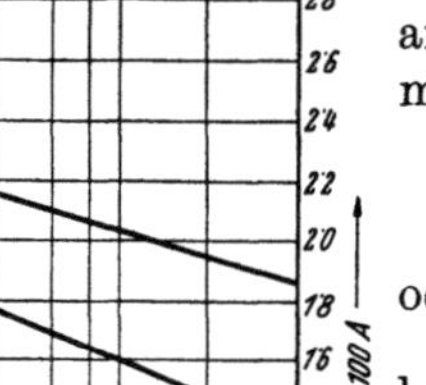

Nikuradse[1]) bestimmte die Konstante A, indem er das jeweilige Geschwindigkeitsprofil ermittelte, dann über

$$\log \left\{ \frac{v \cdot (R - r)}{\nu} \right\}$$

die Werte

$$\log \frac{\tau_0\,g}{\gamma \cdot v^2}$$

auftrug und bei

$$\log \left\{ \frac{v \cdot (R - r)}{\nu} \right\} = 0$$

den Wert von $\log A$ ablas. Weil dabei immer Re bekannt war und mit dem gefundenen A auch n, so konnte er durch Auftragung von n über Re den Zusammenhang beider (Abb. 128) und für verschiedene Re die zugehörigen Geschwindigkeitsparabeln ermitteln.

Er fand mit $\dfrac{\tau_0 \cdot g}{\gamma \cdot v^2} = \dfrac{v_s{}^2}{v^2}$ und mit der unbenannten Größe (ähnlich der

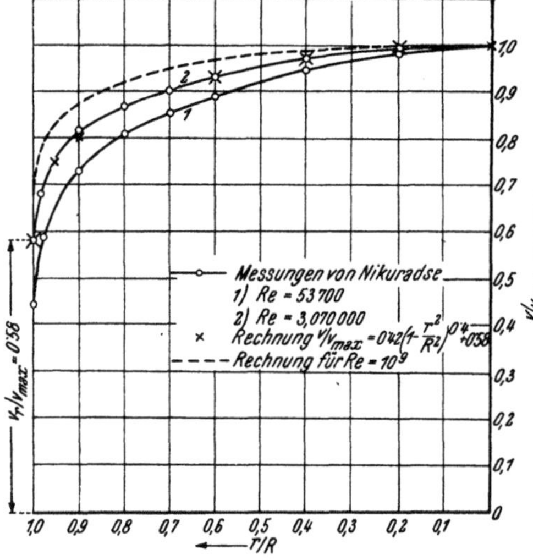

Abb. 128

Abb. 129. Geschwindigkeitsverteilung im glatten Kreisrohr

Reynoldsschen Zahl) $\mathfrak{R} = v_s \cdot \dfrac{(R - r)}{\nu}$ für genügend große $\mathfrak{R} > 10$ den ziemlich genauen Ausdruck

$$\frac{v}{v_s} = 5\,{}^\cdot84 + 5\,{}^\cdot52 \log \mathfrak{R},$$

so daß er für bestimmte τ_0, γ, ν und R bei beliebiger Re-Zahl die Geschwindigkeitsverteilung berechnen konnte, die für $Re = 10^9$ in Abb. 129 dargestellt

---

[1]) VDI-Forsch.-Heft **356**. Berlin 1932.

ist. Bei den Messungen handelt es sich darum, recht nahe an die Wand zu kommen, weshalb sehr feine Staurohre aus Messing, Stahl, Silber und Glas (NIKURADSE, RICHTER) verwendet werden. Speziell in Holland wurde von BURGERS und V. D. HEGGE-ZIJNEN[1]) das Heizdrahtanemometer entwickelt, wobei ein $0{\cdot}03$ mm dicker Draht elektrisch auf konstanter Temperatur gehalten wird. Die hiezu nötige Wärmezufuhr ist von der Geschwindigkeit der vorüberstreichenden Luft abhängig. Die wandnahen Geschwindigkeiten wurden von STANTON (1920) in Luft und Wasserströmen mittels feiner Pitotrohre von $0{\cdot}33$ mm Durchmesser gemessen, die in Wandvertiefungen verlegt wurden, so daß man bis auf $0{\cdot}02$ mm an die Wand herankommen konnte.

Versuche von HANSEN[2]) mit Luft deuten darauf hin, daß für kleinere Re bis etwa $15\,000$ der Exponent $n = -\dfrac{1}{3}$ und deshalb $v \sim y^{\overline{\frac{-n}{n+1}}} = y^{1/4}$ besser zutrifft. Weitere Untersuchungen V. KÁRMÁNS[3]) ergaben für die Konstante in (21) $A = 8{\cdot}7$, so daß für die Schubspannung an der Wand

$$\tau_0 = 0{\cdot}0225 \cdot \varrho \cdot v^{1/4} \cdot \left(\frac{v^7}{y}\right)^{1/4} \tag{24}$$

resultiert. In dem man für den turbulenten Bereich außerhalb der Wandschicht die molekulare Reibung als unwesentlich ansieht, erhält man durch Weglassung des entsprechenden Gliedes in (2) mit dem Boussinesqschen Ansatz

$$\overline{v'w'} = \varepsilon \cdot \frac{dv}{dr} \tag{25}$$

$$gJr = 2\,\varepsilon \cdot \frac{dv}{dr}, \tag{26}$$

worin ε jetzt den weit größeren, vom Orte abhängigen Turbulenzbeiwert darstellt. Ein möglichst einfacher begründeter Ansatz ist

$$\frac{\varepsilon}{\varrho} = a\,(v - v_r)^K, \tag{27}$$

wenn man die Dicke der Randschicht vernachlässigt und die Turbulenz am Rande Null, in der Mitte hingegen zum Maximum werden läßt. a ist ein konstanter Faktor und $K = \dfrac{1-n}{2n}$, wenn n der Exponent im Widerstandsgesetz $\psi \sim Re^{-n}$ ist. Dann folgt aus (26)

$$gJr = 2\,a\,(v - v_r)^K \cdot \frac{dv}{dr}.$$

wenn von nun ab statt $\bar{v}$ einfach v geschrieben wird. Die Integration ergibt

$$g\,\frac{Jr^2}{2} = \frac{a}{K+1}\,(v - v_r)^{K+1} + c$$

und mit $v = v_r$ für $r = R$ und $v = v_{max}$ für $r = 0$ resultiert

$$\frac{r^2}{R^2} + \left(\frac{v - v_r}{v_{max} - v_r}\right)^{K+1} = 1. \tag{28}$$

Setzt man für laminare Strömung $n = 1$, also $K + 1 = 1$, so folgt die parabolische Geschwindigkeitsverteilung.

[1]) BURGERS, J. M. u. van der HEGGE-ZIJNEN, B. G.: Verh. d. Kon.Akad. v. Wetenschap te Amsterdam XIII, Nr. 3.
[2]) Abhdlg. d. Aerodyn. Inst. Aachen, Heft 8. Berlin 1928.
[3]) Göttinger Nachr. Math. Phys. Kl. 1930.

Ist $n = \dfrac{1}{4}$ (BLASIUS), so folgt aus (28)

$$\frac{v}{v_{max}} = \left(1 - \frac{v_r}{v_{max}}\right)\left\{1 - \left(\frac{r}{R}\right)^2\right\}^{0\cdot4} + \frac{v_r}{v_{max}}. \tag{29}$$

Ist $n = \dfrac{1}{3}$, so wird

$$\frac{v}{v_{max}} = \left(1 - \frac{v_r}{v_{max}}\right)\left\{1 - \left(\frac{r}{R}\right)^2\right\}^{0\cdot5} + \frac{v_r}{v_{max}}. \tag{30}$$

das Geschwindigkeitsprofil ist eine Halbellipse mit den Halbachsen R und $v_{max} - v_r$. Gleichung (30) stimmt z. B. mit Messungen gut überein, die BAZIN[1]) in einem glatten Zementrohr mit $R = 40$ cm, $Re \sim 500\,000$, $\dfrac{v_r}{v_m} = 0\cdot741$ und $\dfrac{v_{max}}{v_m} = 1\cdot167$ durchgeführt hat, wie aus folgender Tabelle ersichtlich ist.

	r/R	0·00	0·125	0·250	0·375	0·500	0·625	0·750	0·875	0·937	1·00
$\dfrac{v}{v_m}$	Messung	1·167	1·160	1·147	1·126	1·092	1·047	1·001	0·922	0·846	0·741
	Rechnung	1·167	1·163	1·156	1·134	1·110	1·073	1·023	0·947	0·884	0·741

Hingegen stimmt (29) insbesondere für größere Re mit den Messungen von NIKURADSE besser überein (Abb. 129). Die Ergebnisse mit $\dfrac{v_r}{v_{max}} \cong 0\cdot44$ und ca. $0\cdot58$ sind in folgender Tabelle eingetragen.

				r/R					
Re	$\dfrac{v_r}{v_{max}}$	$\dfrac{v}{v_{max}}$	0·95	0·9	0·8	0·6	0·4	0·2
53 700	0·44	$0\cdot56\left(1 - \dfrac{r^2}{R^2}\right)^{0\cdot4} + 0\cdot44 =$	0·661	0·728	0·816	0·908	0·964	0·991
3 070 000	0·58	$0\cdot42\left(1 - \dfrac{r^2}{R^2}\right)^{0\cdot4} + 0\cdot58 =$	0·746	0·796	0·859	0·931	0·972	0·993

Für kleine Re-Zahlen erhält man bessere Resultate, wenn an Stelle $\left(\dfrac{r}{R}\right)^2$ der Wert $\left(\dfrac{r}{R}\right)^{1\cdot8}$ gesetzt wird. Für den Durchfluß folgt mit (29)

$$Q = \int_0^R 2\pi r\, dr \cdot v = \pi \cdot (v_{max} - v_r) \cdot R^2 \int_0^R \left(1 - \frac{r^2}{R^2}\right)^{0\cdot4} \cdot d\left(\frac{r^2}{R^2}\right) + R^2 \pi v_r =$$

$$= \frac{1}{1\cdot4}(v_{max} + 0\cdot4\, v_r) \cdot R^2 \pi \tag{31}$$

und

$$v_m = \frac{Q}{R^2 \cdot \pi} = \frac{1}{1\cdot4}(v_{max} + 0\cdot4\, v_r)$$

oder

$$\frac{v_m}{v_{max}} = 0\cdot714 + 0\cdot286\, \frac{v_r}{v_{max}}.$$

Für $\dfrac{v_r}{v_{max}} = 0\cdot44$ bis ca. $0\cdot58$ ($Re = 53 \cdot 10^3$ bis $3\cdot07 \cdot 10^6$) folgt $\dfrac{v_m}{v_{max}} = 0\cdot839$ bis $0\cdot88$, was mit der Erfahrung gut übereinstimmt. Es ist genügend genau für

[1]) Mém. prés. par divers savants à l'Acad., Bd. 32. Paris 1902.
V. MISES: El. d. techn. Hydromechanik, S. 67.

die hydrotechnische Praxis aus einer Messung in der Rohrachse bei entsprechender Wahl von $\dfrac{v_m}{v_{max}}$ auf die mittlere Geschwindigkeit und somit auf den Durchfluß zu schließen.

Ein besonders einfacher und häufig zutreffender Ansatz geht auf V. KÁRMÁN zurück, und zwar

$$\frac{v}{v_{max}} = \left\{1 - \left(\frac{r}{R}\right)^2\right\}^{\frac{n}{2-n}} \tag{32}$$

wenn n wieder der Exponent im Widerstandsgesetz $\psi \sim Re^{-n}$ ist.

Für $n = 1$ (laminar) folgt die Parabel $\dfrac{v}{v_{max}} = 1 - \left(\dfrac{r}{R}\right)^2$, wenn $n = \dfrac{1}{4}$, wird

$$\frac{v}{v_{max}} = \left\{1 - \left(\frac{r}{R}\right)^2\right\}^{1/7}$$

und

$$\frac{v_m}{v_{max}} = \int_0^R \left(1 - \frac{r^2}{R^2}\right)^{\frac{n}{2-n}} d\left(\frac{r^2}{R^2}\right) = \frac{2-n}{2}.$$

Man erhält für verschiedene n folgende Tabelle:

n	1	$1/3$	$1/3{\cdot}5$	$1/4$	$1/4{\cdot}5$
$\dfrac{n}{2-n}$	1	$\dfrac{1}{5}$	$\dfrac{1}{6}$	$\dfrac{1}{7}$	$\dfrac{1}{8}$
v_m / v_{max}	0·5	0·833	0·857	0·875	0·889
v_m / v_s		1·071	1·079	1·084	1·087

Bildet man das Produkt $q = 2\,r\,\pi\,v$ und trägt es längs eines Halbmessers auf (Abb. 130), so erhält man die q-Linie und die schraffierte Fläche ist dann der Durchfluß

$$Q = \int_0^R q\,dr.$$

Die q-Linie weist ein Maximum auf für $r = r_s$ mit einem Geschwindigkeitsverhältnis $\dfrac{v_m}{v_s}$, das sich bei größeren Re-Zahlen wenig ändert. In der Abb. 131 sind die Geschwindigkeitsprofile mit den entsprechenden q-Linien für drei Strömungszustände im Turbinenrohr der Centrale del Cinca dargestellt. Für dieses Rohr mit $D = 1605$ mm ergaben die Messungen folgende Werte[1]):

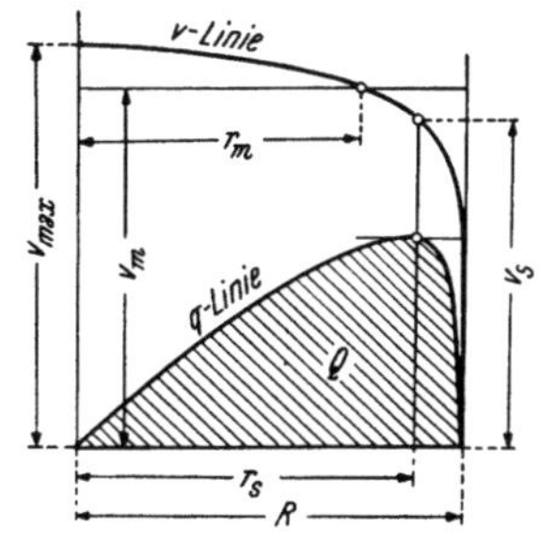

Abb. 130

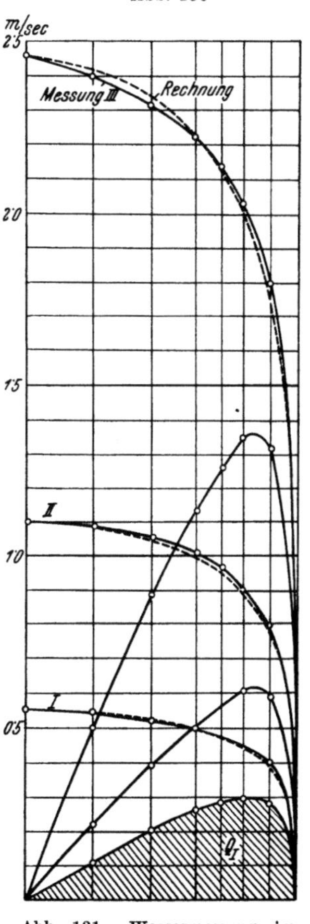

Abb. 131. Wassermessung im Zuleitungsrohr für Turbine I der „Central del Cinca" der S. A. Hidroelectrica Iberica-Bilbao

---

[1]) OTT, L. A.: Wasserkraftjahrbuch 1924, München.

Messung	$Q\,m^3/sec$	v_m/sec	v_{max}	$\dfrac{v_m}{v_{max}}$
I.	0˙9209	0˙453	0˙545	0˙831
II.	1˙8631	0˙916	1˙095	0˙836
III.	4˙1590	2˙045	2˙460	0˙831

Mit Rücksicht auf die sich ergebenden Werte von $\dfrac{v_m}{v_{max}}$, wäre aus der früheren Tabelle $n = \dfrac{1}{3}$ bzw. $\dfrac{n}{2-n} = \dfrac{1}{5}$ zu erwarten. Die Nachrechnung hat eine recht gute Übereinstimmung mit den Messungen ergeben, wie aus der Auftragung folgender Werte in Abb. 131 zu ersehen ist.

r/R	0	0˙2	0˙4	0˙6	0˙8	0˙9	0˙95	1˙0
v/v_{max}	1˙0	0˙992	0˙966	0˙915	0˙815	0˙717	0˙628	0˙0

Will man die richtige Geschwindigkeitsverteilung erhalten, so muß man in einer Entfernung von mindestens $50\,D$ vom Einlauf messen. Dies ist die „Anlaufstrecke", die zurückgelegt wird, ehe die von der Wand ausgehende Turbulenz sich über den gesamten Querschnitt ausgebreitet hat und eine den obwaltenden Umständen entsprechende endgültige Geschwindigkeitsverteilung erreicht wird, wie schon früher erwähnt worden ist.

5. Die neueren Untersuchungen von L. Prandtl und Th. v. Kárman

Die neueren Untersuchungen von PRANDTL[1]) und KÁRMAN[2]) gehen vom alten BOUSSINESQschen Ansatz (25) aus. Dies wird man begreiflich finden, wenn man sich den Impulsaustausch ähnlich erzeugt denkt, wie bei der molekularen Reibung, nur daß man es hier mit größeren Flüssigkeitsballen zu tun hat, die quer zur Strömung zum Austausch gelangen. Der Ansatz (25) ist gleichbedeutend mit jenem für die turbulente Schubspannung

$$\tau = \varrho \cdot \varepsilon \cdot \frac{d\bar{v}}{dr} = \varrho\,\overline{v'w'} = \varrho \cdot \{w'\} \cdot \Delta v, \tag{32a}$$

wie aus der durch Multiplikation beider Seiten von (26) mit $\varrho\,r\pi dx$ folgenden Gleichung

$$\varrho g J r^2 \pi \cdot dx = 2\,\varrho\,\varepsilon\,\frac{d\bar{v}}{dr} \cdot r\pi dx = \tau\,2\,r\pi dx \tag{33}$$

ersichtlich ist. Weil $\Delta\bar{v} = \dfrac{d\bar{v}}{dr} \cdot l$, wo l eine noch zu definierende Länge ist, so folgt aus (32a)

$$\tau = \varrho \cdot \{w'\} \cdot l\,\frac{d\bar{v}}{dr}$$

und es ist somit $\varepsilon = \{w'\} \cdot l$ das Produkt von Geschwindigkeit mal Länge,

---

[1]) Zschft. f. ang. Math. u. Mech. 1925, S. 135. Neuere Ergebnisse der Turbulenzforschung, Z. V. D. I. 1933, Nr. 5.
[2]) Mech. Ähnlichkeit und Turbulenz, Nachr. d. Ges. d. Wiss. zu Göttingen, Math. Naturw. Kl. 1930.

also von derselben Dimension wie $\nu = \dfrac{\eta}{\varrho}$. Die Länge l, deren Sinn aus der formalen Darstellung für $\varDelta v$ hervorgeht, nennt PRANDTL den „Mischweg". Er ist im wesentlichen proportional dem Durchmesser der Flüssigkeitsballen und muß an der Wand Null sein. Die Quergeschwindigkeit wieder, stellt sich PRANDTL erzeugt durch das Zusammentreffen zweier Flüssigkeitsballen verschiedener Geschwindigkeit vor und daher proportional gesetzt $l \cdot \left| \dfrac{d\bar{v}}{dr} \right|$, so daß man schreiben kann

$$\tau = \varrho \cdot l^2 \cdot \left| \frac{d\bar{v}}{dr} \right| \cdot \frac{dv}{dr}, \tag{34}$$

wobei $\left| \dfrac{d\bar{v}}{dr} \right|$ der vorzeichenlose Betrag der Ableitung ist. Dies hat auch v. KÁRMAN[2]) gefunden mit Hilfe von Ähnlichkeitsuntersuchungen der Schwankungsbewegung und außerdem fand er

$$l = \varkappa \cdot \frac{\dfrac{d\bar{v}}{dr}}{\dfrac{d^2\bar{v}}{dr^2}} \tag{35}$$

mit der Konstanten $\varkappa = 0{\cdot}38$, die vielleicht universeller Natur ist.

In der weiteren Rechnung soll für $\bar{v}$ einfach v geschrieben und zur Vereinfachung die erlaubte Vertauschung von $\left| \dfrac{dv}{dr} \right|$ mit $\dfrac{dv}{dr}$ vorgenommen werden, so daß für (34) gesetzt werden kann

$$\tau = \varrho\, l^2 \cdot \left(\frac{dv}{dr} \right)^2 \tag{36}$$

woraus

$$\frac{1}{l} \sqrt{\frac{\tau}{\varrho}} = \frac{dv}{dr} \tag{37}$$

sich ergibt.

Nimmt man für den Mischweg in Wandnähe $l = K r'$ an, also Proportionalität mit dem Wandabstand r', so daß er für $r' \to 0$ verschwindet, wie verlangt wird, und ist an der Wand $\tau = \tau_0$, so folgt aus (37)

$$\frac{1}{K \cdot r'} \cdot \sqrt{\frac{\tau_0}{\varrho}} = \frac{dv}{dr'}$$

und nach Integration

$$v = \frac{1}{K} \sqrt{\frac{\tau_0}{\varrho}} \cdot \ln r' + \text{const.} \tag{38}$$

Setzt man mit L. PRANDTL voraus, daß für einen gewissen Wert $r' = r_0$ $v = 0$ wird, so wird aus (38)

$$v = \frac{1}{K} \cdot \sqrt{\frac{\tau_0}{\varrho}} \cdot \ln \frac{r'}{r_0}. \tag{39}$$

Nun wird r_0 einem Ausdruck proportional gesetzt, der nur mehr von η, ϱ und τ_0 abhängig ist, weil es sich um die Strömung ganz knapp an der Wand handelt. Weil sich eine Länge ergeben muß, ist aus dimensionellen Gründen nur ein Ausdruck möglich von der Form

$$r_0 = c_1 \left| \frac{\eta}{\sqrt{\varrho\, \tau_0}} \right| = c_1 \left| \frac{\nu}{\sqrt{\dfrac{\tau_0}{\varrho}}} \right|, \tag{40}$$

wenn c_1 eine Konstante (reine Zahl) und $\sqrt{\dfrac{\tau_0}{\varrho}}$ die Schubspannungsgeschwindigkeit an der Wand ist. Somit folgt aus (39)

$$\frac{v}{\sqrt{\dfrac{\tau_0}{\varrho}}} = \frac{1}{K} \cdot \ln \frac{r'}{c_1 v} \cdot \sqrt{\frac{\tau_0}{\varrho}} = \frac{1}{K}\left(\ln \frac{r'}{v}\sqrt{\frac{\tau_0}{r}} - \ln c_1\right). \tag{41}$$

Nun ist für den Rand $r = R$ die Schubspannung $\tau = \tau_0$ an der Wand in (33) einzuführen, so daß

$$\tau_0 = \frac{\varrho g J R^2 \pi\, dx}{2 R \pi\, dx} = \frac{\varrho g J R}{2} \tag{41a}$$

folgt. Somit können die Größen

$$\frac{v}{\sqrt{\dfrac{\tau_0}{\varrho}}} = \frac{v\sqrt{2}}{\sqrt{g J R}} \quad \text{und} \quad \ln \frac{r'}{v}\sqrt{\frac{\tau_0}{\varrho}} = \ln \frac{r'}{v}\cdot\sqrt{\frac{g J R}{2}}$$

aus den Messungen unschwer ermittelt werden und die Auftragung von

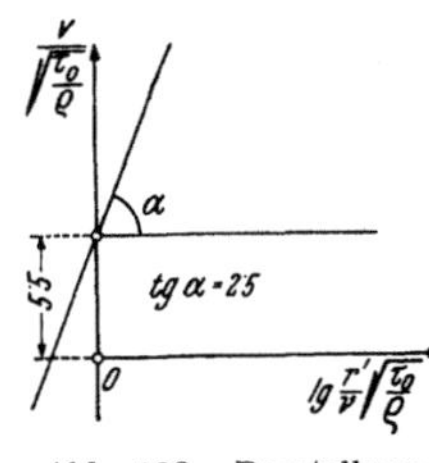

Abb. 132. Darstellung von Gl. (42)

$\dfrac{v}{\sqrt{\dfrac{\tau_0}{\varrho}}}$ als Funktion von $\ln \dfrac{r'}{v}\sqrt{\dfrac{\tau_0}{\varrho}}$

ergab bis nahe der Wand einen guten linearen Zusammenhang (Abb. 132) und die Werte

$$\frac{1}{K} = 2{\cdot}5 = \operatorname{tg}\alpha \quad \text{und} \quad -\frac{1}{K}\ln c_1 = 5{\cdot}5.$$

Somit ist aus (41)

$$v = \left[5{\cdot}5 + 2{\cdot}5 \ln\left(\frac{r'}{v}\sqrt{\frac{\tau_0}{\varrho}}\right)\right]\cdot\sqrt{\frac{\tau_0}{\varrho}} \tag{42}$$

oder

$$v = \left[5{\cdot}5 + 5{\cdot}76 \log\left(\frac{r'}{v}\cdot\sqrt{\frac{\tau_0}{\varrho}}\right)\right]\cdot\sqrt{\frac{\tau_0}{\varrho}}. \tag{43}$$

Für Wandnähe soll

$$v = \left[5{\cdot}84 + 5{\cdot}52 \log\left(\frac{r'}{v}\sqrt{\frac{\tau_0}{\varrho}}\right)\right]\sqrt{\frac{\tau_0}{\varrho}},$$

hingegen für Rohrmitte

$$v = \left[6{\cdot}68 + 5{\cdot}52 \log\left(\frac{r'}{v}\sqrt{\frac{\tau_0}{\varrho}}\right)\right]\cdot\sqrt{\frac{\tau_0}{\varrho}}$$

besser gelten.

Mit (42) folgt für den Durchfluß mit

$$r' = R - r \quad \text{und} \quad a = \frac{1}{v}\cdot\sqrt{\frac{\tau_0}{\varrho}}$$

$$Q = \int_0^R 2\pi r \cdot dr \cdot v = \int_0^R 2\pi r\, dr\, [5{\cdot}5 + 2{\cdot}5 \ln a\,(R - r)]\cdot\sqrt{\frac{\tau_0}{\varrho}} =$$

$$= 5{\cdot}5\,\pi R^2 \cdot \sqrt{\frac{\tau_0}{\varrho}} + \sqrt{\frac{\tau_0}{\varrho}}\int_0^R 2\pi r\, dr \cdot 2{\cdot}5 \ln a\,(R - r),$$

also ist die mittlere Geschwindigkeit

$$v_m = \frac{Q}{R^2\pi} = 5\cdot 5\,\sqrt{\frac{\tau_0}{\varrho}} + \frac{5}{R^2}\cdot\sqrt{\frac{\tau_0}{\varrho}}\cdot\int\limits_0^R r\cdot dr\cdot\ln a\,(R-r) =$$

$$= 5\cdot 5\,\sqrt{\frac{\tau_0}{\varrho}} - \frac{5}{R^2}\cdot\sqrt{\frac{\tau_0}{\varrho}}\left(\frac{3}{4}R^2 - \frac{R^2}{2}\ln a\,R\right)$$

und somit

$$\frac{v_m}{\sqrt{\dfrac{\tau_0}{\varrho}}} = 1\cdot 75 + 2\cdot 5\ln a\,R. \tag{44}$$

Nun ist aus (41 a)

$$\frac{\tau_0}{\varrho} = \frac{gJR}{2} = \frac{\psi}{2}\,v_m^2\ \ \text{bzw.}\ \ \sqrt{\psi} = \frac{\sqrt{2\dfrac{\tau_0}{\varrho}}}{v_m}, \tag{44a}$$

also folgt aus (44)

$$\frac{1}{\sqrt{\dfrac{\psi}{2}}} = 1\cdot 75 + 2\cdot 5\ln\frac{v_m D}{2\nu}\cdot\sqrt{\frac{\psi}{2}}$$

und mit $4\,\psi = \lambda$

$$\frac{1}{\sqrt{\lambda}} = \frac{1}{\sqrt{8}}\left(1\cdot 75 + 5\cdot 758\log\frac{v_m D}{\nu}\cdot\sqrt{\lambda} - 5\cdot 758\log\sqrt{32}\right)$$

und schließlich ergibt sich

$$\frac{1}{\sqrt{\lambda}} = 2\cdot 03\log Re\,\sqrt{\lambda} - 0\cdot 91. \tag{45}$$

Die aus den Messungen ermittelten $\dfrac{1}{\sqrt{\lambda}}$ als Funktion von $\log Re\,\sqrt{\lambda}$ aufgetragen[1]), zeigten ebenfalls einen recht genauen linearen Zusammenhang (Abb. 133).

$$\frac{1}{\sqrt{\lambda}} = 2\cdot 0\log Re\,\sqrt{\lambda} - 0\cdot 80. \tag{46}$$

Gleichung (41) stellt das Widerstandsgesetz für glatte Röhren dar. Man erkennt wieder den engen Zusammenhang von Geschwindigkeitsverteilung und Widerstandsgesetz und ermittelt aus (46) die Widerstandszahl, indem man sie vorerst, z. B. nach der Blasiusschen Formel, einschätzt. So ist für $Re = 100\,000$ nach BLASIUS $\lambda = 0\cdot 316\cdot Re^{-1/4} = 0\cdot 0178$ und mit diesem Werte folgt aus (46)

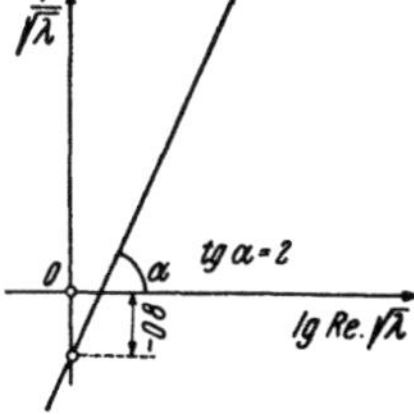

Abb. 133. Darstellung von Gl. (46)

$$\lambda = \frac{1}{\left(2\cdot 0\lg 100\,000\cdot\sqrt{0\cdot 0178} - 0\cdot 8\right)^2} = 0\cdot 185$$

und nach Wiederholung mit diesem Werte ist endgültig $\lambda = 0\cdot 0180$. Die nach der Formel gerechneten Werte stimmen ausgezeichnet mit jenen aus den Messungen überein. Für hydrotechnische Zwecke ist es vorteilhaft zu schreiben

$$v = c\cdot\sqrt{DJ},\ \text{also}\ J = \frac{v^2}{c^2 D} = \frac{\lambda v^2}{2gD}$$

zu setzen und somit

---

[1]) NIKURADSE, J.: VDI-Forsch.-Heft **356**, Berlin 1932.

$$c = \sqrt{\frac{2g}{\lambda}} \, , \text{ so daß (46) die Form erhält } \quad \frac{c}{\sqrt{2g}} = 2{\cdot}0 \cdot \log \frac{Re \cdot \sqrt{2g}}{c} - 0{\cdot}80.$$

Man erhält schließlich

$$c + 8{\cdot}86 \log c = 8{\cdot}86 \log Re + 2{\cdot}183 \qquad\qquad (46\,\mathrm{a})$$

und folgende Tabelle

c	20	25	30	35	40	45	50	55	60
Re	$2{\cdot}05{\cdot}10^3$	$9{\cdot}40{\cdot}10^3$	$4{\cdot}14{\cdot}10^4$	$1{\cdot}77{\cdot}10^5$	$7{\cdot}42{\cdot}10^5$	$3{\cdot}06{\cdot}10^6$	$1{\cdot}31{\cdot}10^7$	$5{\cdot}04{\cdot}10^7$	$2{\cdot}01{\cdot}10^8$

Beispiel

Welches Gefälle wird benötigt, um in einem glatten Rohr vom Durchmesser $D = 1000$ mm die Wassermenge $Q = 2{\cdot}0$ m³/sec bei 10^0C ($\nu = 0{\cdot}013$ cm²/sec) zu leiten? Es ist

$$\frac{\pi D^2}{4} = 0{\cdot}785 \text{ m}^2 \quad v = \frac{4Q}{\pi D^2} \; 2{\cdot}55 \text{ m/sec}$$

$$Re = \frac{vD}{\nu} = 1\,961\,540 \quad c = 42{\cdot}5 \text{ geschätzt (nach Tabelle),}$$

$$\text{also } J = \frac{v^2}{c^2 D} = \frac{6{\cdot}502}{1936} = 0{\cdot}00336.$$

Die Prandtlsche Theorie macht keine Aussage über die Abhängigkeit des Austausch- oder Mischweges l vom Orte und man weiß nur aus der Erfahrung, daß in der Nähe der Wand l mit dem Abstand von dieser proportional wachsen muß. Die neuere Entwicklung der Hydrodynamik geht dahin, die turbulente Austauschgröße ε ähnlich zu behandeln wie die kinematische Zähigkeit nach der physikalisch-statistischen Methode und sieht diese Größe als die mittlere Komponente eines „Turbulenz-Tensors" an, der auf Grund einfacher hydro-mechanischer Erfahrungstatsachen nach den Gedankengängen der Wahrscheinlichkeitstheorie berechnet wird[1]). Es ist gelungen, mittels Korrelation gewisse Gesetzmäßigkeiten zu finden[2]). Schließlich sei auf die Meinung F. MAGYARS[3]) hingewiesen, daß zur Beantwortung der Frage nach der Geschwindigkeitsverteilung der Ausdruck für die Kontinuität genügt, um zu Geschwindigkeitsverteilungen zu gelangen, die in befriedigender Übereinstimmung mit den Messungen stehen. Schon vorher hat S. MOHOROVICIC[4]) durch Trennung der hydromechanischen Grundgleichungen in zwei Systeme, und zwar eines für die Hauptbewegung längs der Achse und eines für die überlagerte Querbewegung, ferner durch Einführung einer virtuellen Reibung eine über den ganzen Rohrdurchmesser gehende befriedigende Geschwindigkeitsverteilung gefunden. MAGYAR hat gezeigt, wie durch Überlagerung der Hauptgeschwindigkeit v mit einer Quergeschwindigkeit w der Übergang erhalten werden kann von der mehr oder weniger gleichmäßigen Verteilung beim störungsfreien Einlauf zu den Geschwindigkeitsprofilen der laminaren und schließlich turbulenten Strömung am Ende der Anlaufstrecke. Ist der Fluß in radialer Richtung

$$q_r = w \cdot 2\pi r\, dx \text{ und axial } q_x = v \cdot 2\pi r \cdot dr,$$

[1]) GEBELEIN, H.: Turbulenz, physik. Statistik u. Hydrodynamik, Berlin 1935.
    MATTIOLI, G. P.: Teoria dinamica dei regini fluidi turbulenti, Padova 1937.
[2]) TAYLOR, G. J.: Proc. Roy. Soc. A 151 (1935). RICHARDSON, E. G.: Dynamics of real fluids, London 1950.
[3]) Revue Scientifique, Paris 1947, und Ztschr. f. Physik, Bd. 122, H. 9—12, 1944.
[4]) Zschft. f. techn. Physik, 1925.

so erhält die Kontinuitätsgleichung die Form (Abschn. C2)

$$\frac{\partial q_r}{\partial r}\,dr + \frac{\partial q_x}{\partial x}\cdot dx = \frac{\partial}{\partial r}\,(w\cdot 2\,\pi\,r\,dx)\,dr + \frac{\partial}{\partial x}\,(v\cdot 2\pi\,r\,dr)\,dx = 0$$

oder

$$\frac{\partial}{\partial r}\,(w\cdot r) + \frac{\partial}{\partial x}\,(v\cdot r) = 0,$$

woraus

$$w + r\,\frac{\partial w}{\partial r} + r\,\frac{\partial v}{\partial x} = 0$$

folgt und weiters

$$v = -\int_0^{x_0}\left(\frac{\partial w}{\partial r} + \frac{w}{r}\right)dx + f(r), \tag{47}$$

wobei die Integration vom Ausgangspunkt $x = 0$ bis $x = x_0$ zu erfolgen hat, wo w verschwindet. $f(r)$ stellt im allgemeinen eine willkürliche Funktion vor, die hier mit

$$f(r) = 2\,v_m\left\{1 - \left(\frac{r}{R}\right)^2\right\}$$

gewählt wurde, weil für $w = 0$ die Geschwindigkeitsverteilung der laminaren Strömung resultiert. Als Randbedingungen führt MAGYAR ein

$$v = 0 = w \text{ für } r = R \text{ und } w = 0 \text{ für } r = 0.$$

Dem genügt z. B. der Ansatz

$$w = A_1\cdot v_m\cdot \mu_n\left[\left(\frac{r}{R}\right)^{2n} - 1\right]\cdot\left[\left(\frac{r}{R}\right)^{2n} - 1\right]\cdot r \text{ mit } \mu < 1$$

und dieser wird verallgemeinert, indem man n die natürliche Zahlenfolge durchlaufen läßt und summiert. Integriert man hierauf von 0 bis μ_0, wenn der Parameter μ_0 eingeführt wird, der der Entfernung x_0 entspricht, so ergeben sich die dimensionslosen Ausdrücke

$$\frac{w}{v_m} = A_1\left\{-\left(\frac{R}{r}\right)^4\cdot\ln\left[1 - \mu_0\left(\frac{r}{R}\right)^4\right] + \right.$$
$$\left. + 2\left(\frac{R}{r}\right)^2\ln\left[1 - \mu_0\left(\frac{r}{R}\right)^2\right]\ln\,(1-\mu_0)\right\}\,r$$

und

$$\frac{v}{v_m} = 2\left[1 - \left(\frac{r}{R}\right)^2\right] - A_0\cdot\Phi,$$

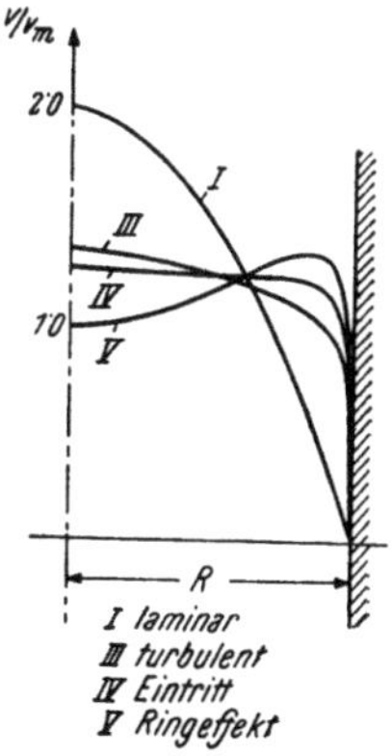

wobei A_1 und A_0 Konstanten sind. Entsprechend (47) ist

$$\Phi = 2\left(\frac{R}{r}\right)^4\ln\left[1 - \mu_0\left(\frac{r}{R}\right)^4\right] - 2\ln\,(1-\mu_0) +$$
$$+ \frac{4\,\mu_0}{1-\mu_0\left(\frac{r}{R}\right)^4} - \frac{4\,\mu_0}{1-\mu_0\left(\frac{r}{R}\right)^2}$$

Abb. 134

und es wird $\Phi = 0$ für $r = R$ und $\Phi = \Phi_{max} = -2\mu_0 - 2\ln\,(1-\mu_0)$ für $r = 0$. Weiters ist $\frac{v_{max}}{v_m} = 2 - A_0\cdot\Phi_{max}$ und je nach Wahl von A_0 und μ_0 kann man alle möglichen Verteilungen erhalten, wie die folgende kleine Tabelle für $A_0 = 1$ und verschiedene μ_0 zeigt (Abb. 134).

Form	I	II	III	IV	V
μ_0	0	0·5	0·643	0·679	0·698
$\dfrac{v_{max}}{v_m}$	2	1·614	1·225	1·085	1·001

Es entspricht I der laminaren Strömung, III der Turbulenz, IV und V einem Eintrittsquerschnitt. Durch entsprechende Wahl $A_0 \gtrless 1$ können andere weniger wichtige Verteilungen erhalten werden. Von Interesse ist V, wo zwei Maxima auftreten bei ziemlich gleichmäßiger Verteilung im übrigen Gebiet, welcher Fall von RICHARDSON[1]) behandelt worden ist und als „Ringeffekt" (Annular effect) bezeichnet wird. Wird $\mu_0 > 0·7$, so können sich Verteilungen mit Geschwindigkeitsumkehr am Rande ergeben, wie sie manchmal beobachtet werden. Es wäre wichtig, Näheres von den Größen A und μ zu wissen, was ohne Zuhilfenahme des Turbulenzmechanismus nicht möglich ist.

6. Nicht kreisförmige Querschnitte

Versuche von SCHILLER[2]) mit glatten Röhren, anderen als kreisförmigen Querschnitts (Dreieck, Quadrat, Rechteck), und von NIKURADSE[3]) (Dreieck und Trapez) haben ergeben, daß das Widerstandsgesetz bei kleineren Re-Zahlen ähnlich dem Blasiusschen ist. Nur muß an Stelle von $D = 4\,R_h$ gesetzt und als Kennzahl

$$Re_h = \frac{v \cdot R_h}{v} \text{ genommen werden, wenn } R_h = \frac{\text{Querschnittsfläche}}{\text{Umfang}} = \text{hydraulischer}$$

Radius ist, so daß

$$\psi = 0·0559\,Re_h^{-0·25} \tag{48}$$

wird, was obige Versuche bestätigen. Etwas abweichend davon setzt FROMM[4])

$$\psi = 0·0705\,Re_h^{-0·27}. \tag{49}$$

7. Widerstandsgesetz und Geschwindigkeitsverteilung
bei rauhen Wänden

Die Erfahrung lehrt, daß bei rauhen Wänden der Widerstand von der Beschaffenheit derselben beeinflußt wird und erheblich größer ist als bei glatten Wänden. Dies war schon den älteren Forschern bekannt, wie z. B. aus den klassischen Untersuchungen DARCYS[5]) hervorgeht, die lange Zeit die Grundlage weiterer Forschungen bildeten. Ein weiterer Fortschritt war gegeben durch die Einführung der relativen Rauhigkeit von NUSSELT[6]) und MISES[7]). Letzterer legte seinen Untersuchungen die Messungen von SAPH und SCHODER[8]) und O. REYNOLDS zugrunde und trug die Produkte $\psi \cdot Re$ als Funktion von Re auf.

Im Bereich $Re = \dfrac{v \cdot R}{v} < 1000$ ist für laminares Fließen $\psi \cdot Re = \text{konstant} = 8$,

was aus $v_m = \dfrac{g J R^2}{8\,v}$ [Gl. (16a) in F I 1] folgt.

[1]) RICHARDSON, E. G. u. E. TYLER: Proceedings of the Phys. Soc. of London **42**, 1 (1919).
[2]) Zschft. f. ang. Math. u. Mech. 2 (1923).
[3]) Ing.-Archiv **1**, 326 (1930).
[4]) Zschft. f. ang. Math. u. Mech. **339** (1923).
[5]) Mém. prés. par. div. sav. **15**, 176, Paris 1859.
[6]) VDI-Forsch.-Heft **89**, Berlin 1910.
[7]) Elemente d. techn. Hydromechanik (1914).
[8]) Americ. Soc. Civ. Eng. Trans. 51 (1903).

Außerhalb dieses Bereiches ergaben sich Linien (Abb. 135), die, anfangs stärker nach oben gekrümmt, allmählich in geneigte Gerade übergehen, deren Neigung die Widerstandszahl ψ darstellt. Dem kritischen Wert $Re_K = 1000$ entspricht $\psi_K = 0\cdot008$, von welchem Wert an ψ vorerst anwächst, um aber bald wieder abzunehmen und sich allmählich einem gleichbleibenden Wert bei großen Re zu nähern. Die Neigung dieser Geraden und hiemit ψ ist um so geringer, je größer der Durchmesser ist, gleiche Rohrwand natürlich vorausgesetzt. Daraus geht die wichtige Tatsache hervor, daß Röhren gleichen Materials um so glatter er-scheinen, je größer ihr Durchmesser ist. Damit ist aber die Grundlage für den Be-

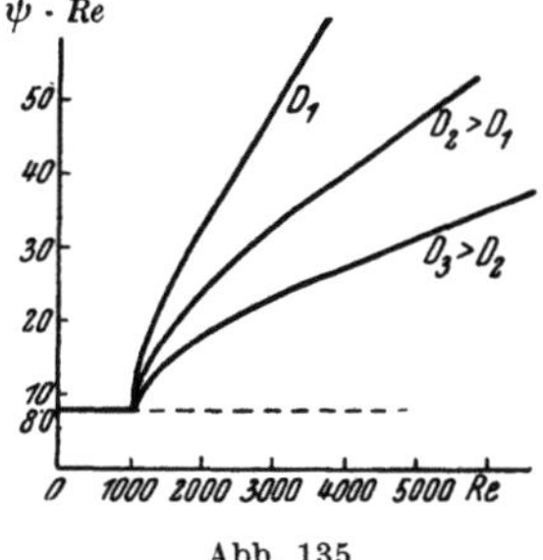

Abb. 135

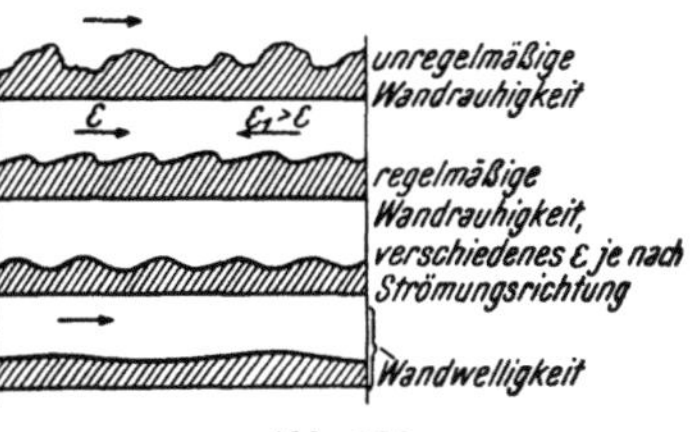

Abb. 136

griff der relativen Rauhigkeit geschaffen und es entspricht unserer Vorstellung, daß sich Rauhigkeiten bzw. Unebenheiten der Wand in ihrer Nähe am stärksten fühlbar machen werden und der Einfluß derselben mit der Entfernung abklingen muß. Damit scheint der Begriff der Einflußzone auf, deren Erstreckung normal zur Wand die gleiche sein wird, wenn die Wände in jeder Hinsicht vollkommen gleich sind. Ist letzteres der Fall, so wird das Verhältnis des beeinflußten Quer-schnitts zum unbeeinflußten Teil immer kleiner je größer der Querschnitt ist, und es ist die Abnahme des Widerstandes mit wachsendem Durchmesser ver-ständlich. Man gelangt so zum Begriff der relativen Rauhigkeit $K = \dfrac{\varepsilon}{R_h}$, in welchem ε die absolute Rauhigkeit von der Dimension einer Länge und $R_h = \dfrac{\text{Querschnitt}}{\text{benetz. Umfang}}$ den hydraulischen Radius bedeuten. In der Größe von ε soll nicht nur die Größe der Unebenheiten, sondern auch ihre Form zum Ausdruck ge-langen (Abb. 136), die einen großen Einfluß auf die Ablösungsvorgänge hat. Damit ist ein für hydrotechnische Zwecke äußerst wertvoller Begriff gewonnen worden, wenn auch die wirklichen Verhältnisse nur grob erfaßt erscheinen. Wie ε aus den genannten Faktoren zustande kommt, wozu sich noch die An-strömungsrichtung hinzugesellt, ist unbekannt. Es sei bemerkt, daß schon früher H. Lang[1]) auf Grund fremder und etwa 300 eigener Versuche für das Gefälle

$$J = \left(\alpha + \frac{\beta}{\sqrt{D\,v_m}}\right) \cdot \frac{v_m^2}{2\,g\,D} \tag{50}$$

gefunden hat, was durchaus dem Ähnlichkeitsgesetz entspricht, wenn die Zähig-keit in die von der Temperatur abhängige Konstante β verlegt wird. v. Mises hat nun mit Hilfe der Versuche von Darcy die Abhängigkeit von $\dfrac{\varepsilon}{R_h}$ ermittelt und indem er diese in die Größe α der Gleichung (50) verlegte, fand er

$$\alpha\left(\frac{\varepsilon}{R_h}\right) = \alpha_0 + \sqrt{\frac{\varepsilon}{R_h}}, \tag{51}$$

[1]) Ing.-Tasch.-Buch Hütte I, 240, Berlin 1896.
Forchheimer: Hydraulik, 3. Aufl., Berlin-Leipzig 1930.

mit $\alpha_0 = 0{\cdot}0024$, während er $\beta = 0{\cdot}3$ setzte. Somit ergibt sich mit Re-Zahlen, die nicht zu nahe dem kritischen Wert gelegen sind,

$$\frac{JRg}{v^2} = \frac{\lambda}{4} = 0{\cdot}0024 + \sqrt{\frac{\varepsilon}{R_h}} + \frac{0{\cdot}3}{\sqrt{Re}} = 0{\cdot}0024 + \sqrt{\frac{\varepsilon}{R_h}} + \frac{0{\cdot}03}{\sqrt{vD}}, \qquad (52)$$

wenn $v = 0{\cdot}01$ cm²/sec (20° C) genommen wird. Es folgt dann

$$\lambda = 0{\cdot}0096 + \sqrt{\frac{32\,\varepsilon}{D}} + \sqrt{\frac{2{\cdot}88}{Re}} \ \text{ mit } Re = \frac{vD}{v}. \qquad (53)$$

Für ε hat v. MISES ermittelt:

Material	$\varepsilon \cdot 10^6$ in cm	$10^3 \cdot \sqrt{\varepsilon}$ cm¹ᐟ²
Glas	0·2—0·8	0·45—0·9
Gezogenes Messing, Blei, Kupferrohre	0·2—1·0	0·45—1·0
Gummischlauch, gewöhnlich	6—12	2·4—3·5
„ rauh	15—30	3·9—5·5
Zement, geschliffen	7·5—15	2·7—3·9
„ roh	20—40	4·5—6·3
Gasrohr	20—50	4·5—7·0
Asphaltiertes Blech oder Gußrohr	30—60	5·5—7·7
Gußeisen, neu	100—200	10—14
„ gebraucht	250—500	16—22
Genietetes Blechrohr	200—500	14—22
Holz, glatt gehobelt	25—50	5—7
„ gewöhnlich	50—100	7—10
„ rauhe Bretter	200—400	14—20
Mauerwerk, bearbeitete Quader	200—400	14—20
„ gut gefügte Ziegel	200—400	14—20
„ gewöhnlich	300—600	17—25
„ roher Bruchstein	2000—4000	45—63
Erdwände, Kiesböschungen	10 000—20 000	100—140

Ist der Querschnitt nicht kreisförmig, so ist in (53) R_h für $\dfrac{D}{4}$ zu setzen, also

$$\psi = \frac{\lambda}{4} = 0{\cdot}0024 + \sqrt{\frac{\varepsilon}{2\,R_h}} + \frac{0{\cdot}03}{\sqrt{2\,Re}},$$

wenn $Re = \dfrac{v \cdot R_h}{v}$ ist.

Daß bei großen Re-Zahlen ein quadratisches Widerstandsgesetz resultiert, indem das Glied mit Re in den Hintergrund tritt, zeigen z. B. amerikanische Messungen[1] an einem genieteten Stahlblechrohr von 1800 mm Durchmesser.

Es ergaben sich bei Geschwindigkeiten von 0·5 bis 4·0 m/sec folgende Chézyschen Beiwerte $c = \dfrac{v_m}{\sqrt{DJ}}$

v_m	0·5	1·0	1·5	2·0	2·5	3·0	3·5	4·0 engl. Fuß/sec
	0·15	0·305	0·47	0·61	0·76	0·915	1·065	1·22 m/sec
c	30·4 (55)	30·4 (55)	30·7 (55·5)	30·4 (55)	29·9 (54·0)	29·9 (54·0)	30·4 (55)	30·7 (55·5)

---

[1] Le Genie Civil **36**, 151 (1899/1900).
WEYRAUCH: Hydraulisches Rechnen, 5. Aufl., 135, Stuttgart 1921.

Bei der Wandrauhigkeit müssen auf Grund eingehender Versuche von HOPF und FROMM[1]), die die Abhängigkeit $\psi\left(Re, \frac{\varepsilon}{D}\right)$ aufhellen sollten, zweierlei Arten unterschieden werden. Sind die Unebenheiten scharfkantig und unregelmäßig, so ist es die Wandrauhigkeit schlechthin, während bei sanften und in gewisser Ordnung vorkommenden Unebenheiten von Wandwelligkeit gesprochen wird (Abb. 136). Bei den „rauhen" Platten zeigte λ, von einer bestimmten Re-Zahl angefangen, Unabhängigkeit von derselben, was bei „welliger" Oberfläche nicht der Fall war. Hier ist vielmehr ψ bzw. λ von der Re-Zahl abhängig wie bei glatten Wänden und nur entsprechend größer. Es zählen zu diesen welligen Wänden Holzdaubenrohre, Eternitrohre (Asbestzement), asphaltierte Blechrohre usw. Zwischen beiden Rauhigkeiten gibt es ferner Übergänge.

Einen wesentlichen Fortschritt haben auch hier die schon früher erwähnten Betrachtungen von PRANDTL und v. KÁRMAN gebracht, die zur Gleichung

$$v_m = \sqrt{\frac{\tau_0}{\varrho}} \cdot \left(a + b \ln \frac{R}{\nu} \sqrt{\frac{\tau_0}{\varrho}}\right) \tag{54}$$

geführt haben [Gl. (44)].

Wenn die Rohrwand sehr rauh und die mittlere Wandunebenheit gegenüber der Dicke der laminaren Wandschichte δ groß ist, so kann man nach v. KÁRMAN annehmen, daß der Kleinstwert des Mischweges l am Rande der laminaren Schichte wesentlich durch die Abmessungen des Rauhigkeitselements bedingt ist und aus Dimensionsgründen proportional ε gesetzt werden kann. Weil nun der Mischweg in Wandnähe nur von τ_0, ϱ und ν abhängen kann, also proportional dem Ausdruck $\dfrac{\nu}{\sqrt{\dfrac{\tau_0}{\varrho}}}$ sein muß, der eine Länge darstellt, so kann auch

$$\varepsilon \sim \frac{\nu}{\sqrt{\dfrac{\tau_0}{\varrho}}}$$

gesetzt werden. Somit folgt aus (54)

$$v_m = \sqrt{\frac{\tau_0}{\varrho}} \cdot \left(a + b \ln \frac{R}{\varepsilon}\right) \tag{55}$$

und mit $\psi = \dfrac{\lambda}{4}$ und (44a) erhält man

$$\frac{1}{\sqrt{\lambda}} = A + B \cdot \log \frac{R}{\varepsilon} \tag{56}$$

und

$$v_m = \sqrt{\frac{2g}{\lambda}} \cdot \sqrt{DJ} = c \cdot \sqrt{DJ}. \tag{57}$$

Diese Beziehung (56) ist durch sorgfältige Untersuchungen von J. NIKURADSE[2]) bestätigt worden, für die gezogene Messingrohre verwendet wurden, deren Innenwand durch ein Gemisch von Lack und Sand bestimmter Korngröße künstlich rauh gemacht worden sind (Abb. 137). Es wurde für verschiedene relative Rauhigkeiten $\dfrac{\varepsilon}{R}$ die Widerstandszahl ermittelt und als Abhängige von

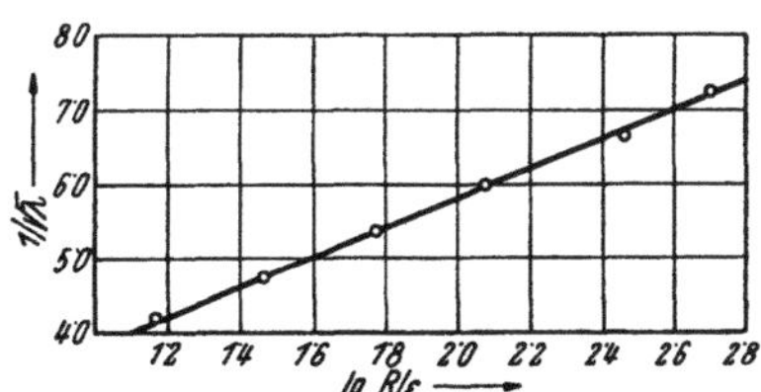

Abb. 137. Darstellung von Gl. (56), entsprechend den Versuchsergebnissen von Nikuradse

---

[1]) Abhdlg. aus d. Aerodynam. Institut der Techn. Hochschule, Aachen 1924.
[2]) VDI-Forsch.-Heft **361**, Berlin 1933.
PRANDTL, L.: Neuere Ergebnisse der Turbulenzforschung, Z. VDI. (1933).

der Re-Zahl aufgetragen, wie Abb. 138 zeigt. Aus diesen bis $Re = 10^6$ durchgeführten Versuchen sind folgende wichtige Ergebnisse zu nennen.

1. Die kritische Re-Zahl ist bei rauhen Wänden von ähnlicher Größe wie bei glatten, und zwar 2160 bis 2440 und innerhalb des laminaren Gebietes verläuft λ bei rauhen Rohren ähnlich wie bei glatten (gestrichelte Linie).

2. Die Widerstandszahl ist um so größer, je größer die relative Rauhigkeit ist und bei entsprechend großen Re-Zahlen gilt das quadratische Widerstandsgesetz.

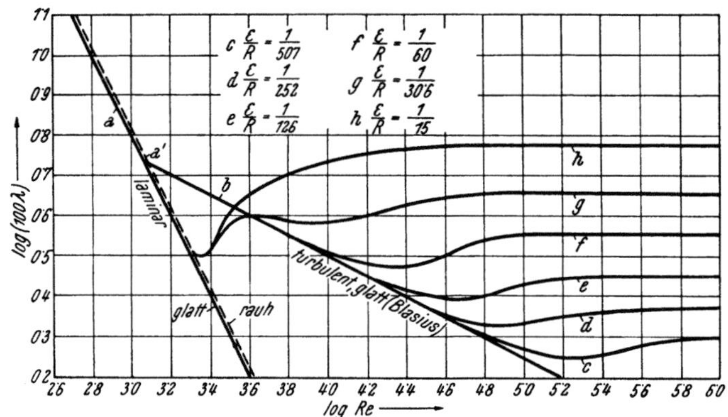

Abb. 138. Widerstandsgesetz für rauhe Rohre nach PRANDTL-NIKURADSE

Der Bereich des quadratischen Widerstandes wird um so eher erreicht, je größer die relative Rauhigkeit ist. Bei kleinerem Re wird das Widerstandsgesetz auch bei rauhen Wänden durch die Formel von BLASIUS (15) ausgedrückt. Diese scheinbare Glätte ist darauf zurückzuführen, daß bei kleinen Re-Zahlen die laminare Wandschichte so dick ist, daß sie alle Rauhigkeitsunterschiede verwischt (ähnlich der Sielhaut bei städtischen Kanälen, die den gleichen Effekt herbeiführt). Man nennt die Wand in diesem Zustand „hydraulisch glatt". Es nimmt λ mit wachsendem Re vorerst etwas ab, um dann wieder anzusteigen und sich einem konstanten, von Re unabhängigen Wert im Bereich des quadratischen Widerstandes zu nähern. In letzterem ist λ nur mehr von $\frac{\varepsilon}{R}$ abhängig. Für diesen Bereich fand NIKURADSE

$$\frac{1}{\sqrt{\lambda}} = 1{\cdot}74 + 2 \cdot \log \frac{R}{\varepsilon}, \tag{58}$$

somit ist die mittlere Geschwindigkeit in der Chézyschen Form

$$v_m = \sqrt{\frac{2g}{\lambda}} \cdot \sqrt{DJ} = \left(8{\cdot}86 \log \frac{R}{\varepsilon} + 7{\cdot}71\right) \cdot \sqrt{DJ} \tag{59}$$

Für $\frac{R}{\varepsilon} = 10^n$ folgt $8{\cdot}86\,n + 7{\cdot}71 = c$, so daß sich ergibt

für $\frac{R}{\varepsilon} =$	10	10^2	10^3	10^4	10^5	10^6	10^7
$c =$	16·6	25·4	34·2	43·2	52·0	60·9	69·7

Der Wert von c ist gegen starke Schwankungen von $\frac{R}{\varepsilon}$ wenig empfindlich, wie aus obiger Tabelle hervorgeht und es ist dann nicht so kritisch, wenn man bei der nicht immer leichten Abschätzung der absoluten Rauhigkeit einen Fehler begeht. Bei Anwendung des technischen Maßsystems folgt aus (59)

$$v_m = (8{\cdot}86 \cdot \log D + n) \cdot \sqrt{DJ}, \qquad (60)$$

wobei D in Metern und $n = 7{\cdot}71 - 8{\cdot}86 \lg \varepsilon$ einzusetzen ist mit folgenden Werten

$$\varepsilon_{\text{Meter}} = 10^{-1} \qquad 10^{-2} \qquad 10^{-3} \qquad 10^{-4} \qquad 10^{-5}$$
$$n \quad = 16{\cdot}57 \qquad 25{\cdot}4 \qquad 34{\cdot}3 \qquad 43{\cdot}15 \qquad 52{\cdot}0$$

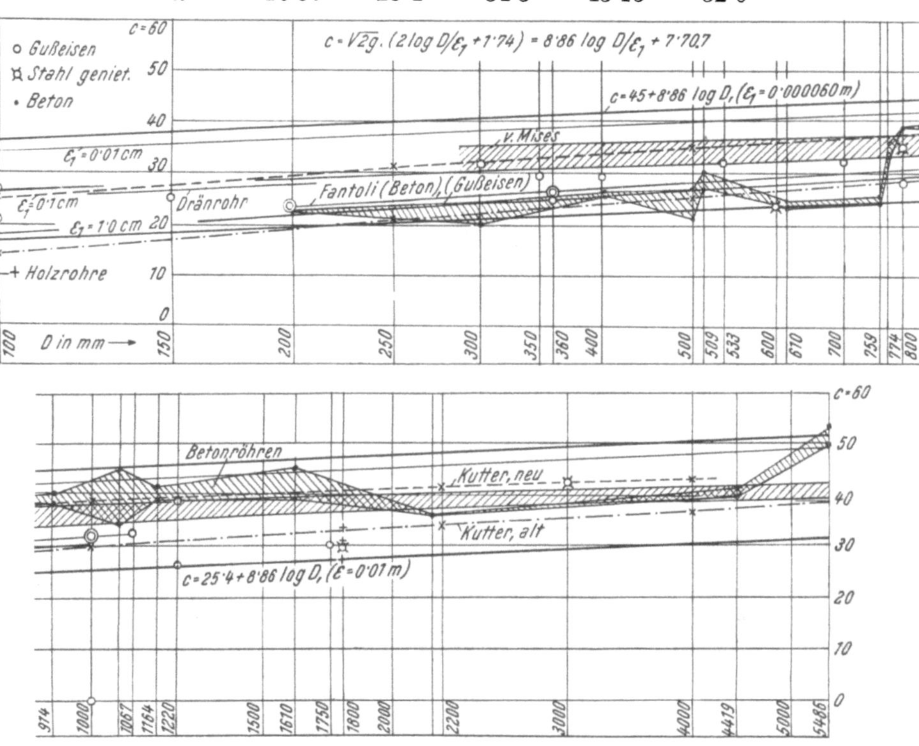

Abb. 139. Zuordnung der aus den Messungen erhaltenen CHÉZYschen Beiwerte

$$c = \frac{v}{\sqrt{DJ}} \quad \text{und der Durchmesser}$$

8. Weitere Messungen und Formeln der hydrotechnischen Praxis[1])

a) Eisen-, Beton- und Tonrohre

Die greifbaren Messungen, die für die Praxis bearbeitet wurden, fielen fast zur Gänze zwischen die beiden parallelen Geraden (Abb. 139)

$$c = 8{\cdot}86 \log D + 25{\cdot}4 \quad \text{und}$$
$$c = 8{\cdot}86 \log D + 45{\cdot}1 .$$

Diesen entsprechen die Werte

$$\varepsilon = 0{\cdot}01 \quad \text{bzw.} \quad 0{\cdot}00006 \text{ m,}$$

welche den praktischen Variabilitätsbereich von c für rauhe Röhren begrenzen dürften. In der Abb. 139 sind die aus der Kutterschen Formel für

---

[1]) KOZENY, J.: Einheitliche Fließformeln. Österr. Bauzeitschrift, Wien 1950.

alte ($m = 0\cdot35$) und neue Rohre ($m = 0\cdot25$) sich ergebenden $c = \dfrac{100\,\sqrt{D}}{2\,m + \sqrt{D}}$ eingetragen worden, ferner die Beobachtungen FANTOLIS[1]) an der APULISCHEN Wasserleitung $\left(c = \dfrac{43\cdot5\,\sqrt{D}}{0\cdot46 + \sqrt{D}}\ \text{für Gußeisen und }\ \dfrac{43\cdot5\,\sqrt{D}}{0\cdot40 + \sqrt{D}}\ \text{für Beton}\right)$. Insbesondere wurden auch die nach der Formel von MISES berechneten c eingetragen (schraffiertes Band), und zwar mit den Werten $10^6 \cdot k' = 10$ und 40, was nach v. MISES[2]) etwa geschliffenem bzw. rohem Zementverputz entsprechen dürfte. Diese Werte fügen sich sehr gut in den Variabilitätsbereich des c und der Einfluß der Reynoldsschen Zahl ist, wie zu erwarten war, ein geringer. Hingegen ergeben die Kutterschen Formeln für kleinere Rohrdurchmesser zu kleine Werte von c. Auch die Werte für Tonröhren (Dräne) sind eingetragen, für die Yarnell-Woodward[3]) aus zahlreichen Messungen

$$v = 92\cdot23 \cdot R^{2/3} \cdot J^{1/2} \tag{61}$$

gefunden haben.

Es ist somit

$$v = c \cdot \sqrt{DJ} = 36\cdot6 \cdot D^{1/6}\sqrt{DJ}$$

und mit

$$c = 8\cdot86 \log D + 33\cdot8 \tag{62}$$

bekommt man für den praktischen Bereich der Dründurchmesser fast die gleichen Werte, wie aus folgender Tabelle zu ersehen ist:

D Meter	$0\cdot04$	$0\cdot05$	$0\cdot10$	$0\cdot20$
$36\cdot6 \cdot D^{1/6}$	$21\cdot40$	$22\cdot21$	$24\cdot95$	$27\cdot99$
$8\cdot86 \lg D + 33\cdot8$	$21\cdot40$	$22\cdot27$	$24\cdot94$	$27\cdot61$

Die in Abb. 139 eingetragenen Werte c für Gußeisenrohre und anderweitige Eisenrohre sind in folgenden Tabellen verzeichnet.

Gußeisenrohre

Ort bzw. Beobachter	D in mm	$J^0/_{00}$	v m/sec	$c = \dfrac{v}{\sqrt{DJ}}$	Anmerkung
St. Paul[4])	1750	$1\cdot00$	$1\cdot25$	$30\cdot0$	
Buenos Aires[4])	1220	$2\cdot00$	$1\cdot31$	$26\cdot5$	
Boston[5])	1220	$0\cdot872$	$1\cdot33$	$38\cdot6$	gut gereinigt
Wien[6])	1500	$1\cdot529$	$1\cdot34$	$32\cdot7$	
Neapel[4])	800	$2\cdot196$	$1\cdot17$	$27\cdot9$	
	700	$1\cdot074$	$0\cdot88$	$32\cdot1$	
New Jersey[5])..........	580	—	—	$32\cdot7$	neue Leitung
Sevilla[4])	533	$1\cdot513$	$0\cdot91$	$32\cdot0$	
St. Gallen[5])	400	$1\cdot33$	$0\cdot667$	$29\cdot0$	
	350	$2\cdot58$	$0\cdot885$	$29\cdot5$	geteert
Iben[4]) (Beobachter) ...	305	$38\cdot03$	$1\cdot33$	$12\cdot3$	starke Ablagerung
	305	$11\cdot22$	$1\cdot85$	$31\cdot5$	neu geteert
Zürich, E. T. H.	150	$83\cdot1$	$2\cdot81$	$25\cdot1$	
	105	$29\cdot5$	$1\cdot132$	$20\cdot3$	alt
		$12\cdot5$	$0\cdot705$	$19\cdot5$	
Wien[7]), Versuchsanstalt.	100	$21\cdot6$	$1\cdot271$	$27\cdot3$	neu
		$14\cdot6$	$1\cdot02$	$26\cdot7$	
	100	$31\cdot25$	$1\cdot67$	$29\cdot8$	Schleuderguß
		$7\cdot5$	$0\cdot775$	$28\cdot3$	

[1]) FORCHHEIMER, PH.: Hydraulik, 3. Aufl., Leipzig-Berlin 1930.
[2]) El. d. techn. Hydromechanik, Leipzig-Berlin 1914.
[3]) US-Dep. of Agriculture, Bulletin 854, Washington 1920.
[4]) FORCHHEIMER, PH.: Hydraulik, 3. Aufl., Berlin-Leipzig 1930.
[5]) STROBL-WEYRAUCH: Hydraul. Rechnen, 6. Aufl., Stuttgart 1921.
[6]) Kontrollmessungen a. d. Wiener Wasserleitung von Baurat DRENIG, 1948.
[7]) EHRENBERGER, R.: Wasserwirtsch. u. Techn., Wien 1935.

Anderweitige Eisenrohre

Ort bzw. Beobachter	D in mm	$J\,^0/_{00}$	v m/sec	$c = \dfrac{v}{\sqrt{DJ}}$	Anmerkung
Wiener Wasserwerke...	150	5·74	0·915	31·1	Mannesmannrohr, neu
	—	3·67	0·713	30·3	
	150	16·5	1·466	29·5	Mannesmannrohr, alt
		10·98	1·178	29·0	
		5·25	0·808	28·8	
Genietete Stahlrohre[1].. 29 amerik. Versuche....	1800	—	0·5 bis 4·0 (engl. F.)	30·25 110	Die Schwankungen um diesen Wert sind sehr gering
Marchetti[2]	600	2·899	0·998	24·04	altes genietetes Stahlrohr
		8·015	1·666	23·93	
	800	1·23	1·098	34·9	neues geniet. Stahlrohr, frisch
		3·48	1·844	34·9	gestrichen
	3000	1·09	2·44	42·8	

Während bei großen Durchmessern das c bei verschiedenen Gefällen konstant bleibt, macht sich bei kleinem Durchmesser der Einfluß der Re-Zahl geltend. Die Grenze dieses Einflusses ist zum Beispiel für die relative Rauhigkeit des Gußeisens etwa bei $\log Re \leqq 5\cdot0$ bis $5\cdot2$ gelegen, wie aus Abb. 138 zu ersehen ist. Also bei $D = 150$ mm und $\nu = 0\cdot0131$ bis $0\cdot0101$ cm²/sec (10^0 bis 20^0 C) wären die Grenzgeschwindigkeiten $0\cdot87$ bzw. $0\cdot67$ m/sec, die z. B. bei den Wiener Versuchen überschritten sind, weshalb sich bei diesen ein mit J fallendes c gezeigt hat. Die nächste Tabelle enthält die c-Werte für Betonrohre, die für die Auftragung in der Abb. 139 verwendet worden sind und einer Zusammenstellung von F. Scobey entstammen.

Man kann nach Studium der Auftragungen und durch Vergleich mit zutreffenden Formeln anderer Forscher, die ebenfalls auf einer Menge von nicht im-

Material	n	Anmerkung
Gußeisen, neu oder gereinigt	35	
,, alt	30	
Nahtlose Stahlrohre, alt	38	Mannesmannrohre
,, ,, neu	36	
Genietete Rohre:		
neu	31	Die Werte entsprechen auch den Richterschen[3] Widerstandszahlen λ für solche Rohre von $0\cdot8$ bis $1\cdot2$ m Durchmesser
gebraucht	28—26	
mit versenkten Nietköpfen oder geschweißt, neu...............	34	
mit versenkten Nietköpfen oder geschweißt, alt	31—27	
Beton und Stahlbeton:		
sehr glatt, monolithisch	38	Die Werte decken sich gut mit jenen aus Scobeys Formel $\lambda = k \cdot D^{-0\cdot25}$ mit $k = 0\cdot0156,\ 0\cdot0218$ und $0\cdot0290$
zusammengesetzt (älter)	30	
rauh, mit wenig Sorgfalt	26—27	
Kanalisationsleitungen	28	Wegen der Sielhaut verwischen sich die Rauhigkeitsunterschiede
Tonrohre (Dräne)	34	Wegen Verstopfungsgefahr wird es in manchen Fällen gut sein, n kleiner zu wählen

---

[1] Strobl-Weyrauch l. c.
[2] Ehrenberger, R.: Wasserwirtsch. u. Techn., Wien 1935.
[3] Richter: Rohrhydraulik, Berlin 1934.

mer greifbaren Messungen basieren, mit einem Fehler von schätzungsweise $\pm 5\%$ im Maximum rechnen, wenn man in der Gleichung

$$v = c \cdot \sqrt{DJ} = (8\cdot86 \log D + n) \cdot \sqrt{DJ} \tag{63}$$

die Werte von n nach vorhergehender Tabelle einsetzt.

Nach PH. FORCHHEIMER[1]) ist für Kanäle $v = 76 \cdot R^{0\cdot7} \cdot J^{0\cdot5}$ oder $c = 28\cdot8 \cdot D^{0\cdot2}$, für welchen Wert man ebensogut $c = 8\cdot86 \cdot \log D + 28$ setzen kann, wie der Vergleich in der folgenden Tabelle aufzeigt:

$D =$	$0\cdot3$	$0\cdot5$	$0\cdot8$	$1\cdot0$ m
$8\cdot86 \log D + 28$	$23\cdot4$	$25\cdot3$	$27\cdot1$	$28\cdot0$
$28\cdot8 \cdot D^{0\cdot2}$	$22\cdot6$	$25\cdot1$	$27\cdot5$	$28\cdot8$

b) Eternit- und Holzrohre. Wandwelligkeit

Hier ist c nur von der Re-Zahl abhängig wie bei den glatten Rohren, nur ist sein Wert entsprechend kleiner. Die Abhängigkeit ist durch

$$c = a \cdot \log Re - b \tag{64}$$

gegeben. Für Eternit (Asbest-Zement) fand SCIMEMI[2]) aus Messungen

$$v = 64 \cdot D^{0\cdot68} \cdot J^{0\cdot56}, \quad \text{woraus} \quad \lambda = 0\cdot0119 \, (vD)^{-0\cdot21} = 0\cdot206 \, Re^{-0\cdot21}.$$

Mit $c = \sqrt{\dfrac{2g}{\lambda}}$ folgen wieder fast die gleichen Werte wie mit

$$c = 7\cdot78 \log Re - 5\cdot95, \tag{65}$$

wie folgende Tabelle zeigt:

Re	$25 \cdot 10^3$	$5 \cdot 10^4$	10^5	$2 \cdot 10^5$	$4 \cdot 10^5$	$6 \cdot 10^5$
$\lambda = 0\cdot206 \, Re^{-0\cdot21}$	$0\cdot0247$	$0\cdot0212$	$0\cdot0184$	$0\cdot0160$	$0\cdot0137$	$0\cdot0126$
$c = \sqrt{\dfrac{2g}{\lambda}}$	$28\cdot3$	$30\cdot4$	$32\cdot7$	$35\cdot2$	$37\cdot0$	$39\cdot5$
$7\cdot78 \lg Re - 5\cdot95$	$28\cdot2$	$30\cdot6$	$32\cdot95$	$35\cdot3$	$37\cdot6$	$39\cdot0$

Ähnlich ist es für Holzdaubenrohre, für welche aus SCOBEYS Potenzformel[3]) $\lambda = 0\cdot264 \cdot Re^{-0\cdot20}$ sich ergibt und die Werte $c = \sqrt{\dfrac{2g}{\lambda}}$ sind wieder sehr wenig verschieden von jener nach

$$c = 6\cdot5 \log Re - 5\cdot15, \tag{66}$$

wie aus nachstehender Tabelle zu ersehen ist:

Re	$25 \cdot 10^3$	$5 \cdot 10^4$	10^5	$2 \cdot 10^5$	$4 \cdot 10^5$	$6 \cdot 10^5$
$\lambda = 0\cdot264 \, Re^{-0\cdot20}$	$0\cdot0348$	$0\cdot0303$	$0\cdot0264$	$0\cdot0231$	$0\cdot0200$	$0\cdot0184$
$c = \sqrt{\dfrac{2g}{\lambda}}$	$23\cdot7$	$25\cdot4$	$27\cdot3$	$29\cdot1$	$31\cdot3$	$32\cdot6$
$6\cdot5 \log Re - 5\cdot15$	$23\cdot35$	$25\cdot4$	$27\cdot35$	$29\cdot3$	$31\cdot3$	$32\cdot4$

---

[1]) FORCHHEIMER. PH.: Der Durchfluß des Wassers ... Berlin 1923.
[2]) Ann. R. Scuola Ing. Padova **1** (1925).
[3]) RICHTER, H.: Rohrhydraulik **176**, Berlin 1934.

c) Geschlossene Leitungen mit nicht kreisförmigem Querschnitt

Geschlossenen Leitungen, die immer unter Druck durchflossen werden, wird man kreisförmigen Querschnitt geben, weil dieser den kleinsten Umfang bei gegebener Fläche hat. Aus verschiedenen Gründen werden aber auch andere Querschnittsformen, insbesondere in der Kanalisationstechnik, verwendet. Die für das Kreisrohr abgeleiteten Formeln werden auf solche Querschnitte übertragen, indem man den hydraulischen Radius $\dfrac{F}{U} = \dfrac{\text{Querschnitt}}{\text{benetzt. Umfang}} = R$ einführt. Verschiedene Beobachtungen, so auch jene des Umschlages der Laminarbewegung in Turbulenz im Kreisringrohr mit den äußeren bzw. inneren Durchmessern D_a und D_i bei $\dfrac{v \cdot (D_a - D_i)}{\nu} \sim 2700$, also bei einer Re-Zahl, die jener des Kreisrohres ähnlich ist und wobei $D_a - D_i = \dfrac{4F}{U}$, führten zur Ansicht, daß man die Querschnittsform berücksichtigen kann, indem für $D = \dfrac{4F}{U}$ gesetzt wird. Insbesondere die Untersuchungen von SCHILLER[1]), die von FROMM[2]), auch auf rauhe Rohre ausgedehnt und von NIKURADSE[3]) fortgesetzt worden sind, lassen diese Möglichkeit zu. Dann kann man für einige häufig vorkommenden Profilformen folgende Gleichungen aufstellen:

α) Normales Eiprofil (Abb. 140)

$$F = 1{\cdot}463 \, \frac{\pi D^2}{4} = 1{\cdot}148 \, D^2$$

$$R = \frac{4F}{U} = 1{\cdot}16 \, D$$

$$c = 8{\cdot}86 \log R + n \text{ mit } n = 28 \text{ für Kanalisations-}$$
anlagen wird dann

$$v = (9{\cdot}54 \log D + 30{\cdot}8) \cdot \sqrt{DJ}. \qquad (67)$$

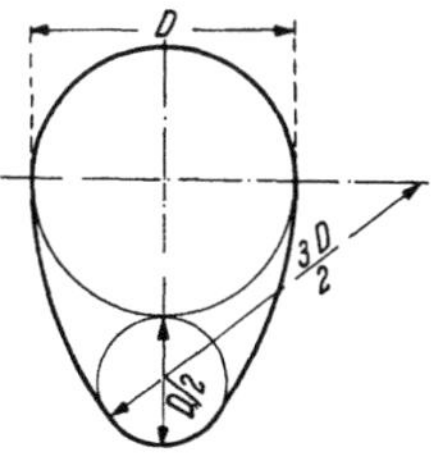

Abb. 140. Normales Eiprofil

β) Gedrückte Profile. Das Maulprofil (Abb. 141)

$$F = 0{\cdot}616 \cdot \frac{\pi D^2}{8} = 0{\cdot}484 \, D^2$$

$$R = 0{\cdot}186 \, D \qquad \frac{4F}{U} = 0{\cdot}744 \, D,$$

also ist $v = (8{\cdot}86 \log R + 28) \sqrt{RJ} = (7{\cdot}64 \log D +$
$$+ \, 23{\cdot}2) \sqrt{DJ}. \qquad (68)$$

Das Verhältnis der Geschwindigkeiten $v_{Kreis} : v_{Ei} : v_{Maul}$ ist bei gleicher Breite $D = b$ praktisch fast unveränderlich. Es ist für

$$D = \quad 0{\cdot}1 \text{ m} \quad v_k : v_e : v_m = 1{\cdot}0 : 1{\cdot}11 : 0{\cdot}81$$
$$D = \quad 1{\cdot}0 \text{ m} \quad \quad \text{,,} \quad \quad = 1{\cdot}0 : 1{\cdot}10 : 0{\cdot}83$$
$$D = 10{\cdot}0 \text{ m} \quad \quad \text{,,} \quad \quad = 1{\cdot}0 : 1{\cdot}09 : 0{\cdot}83.$$

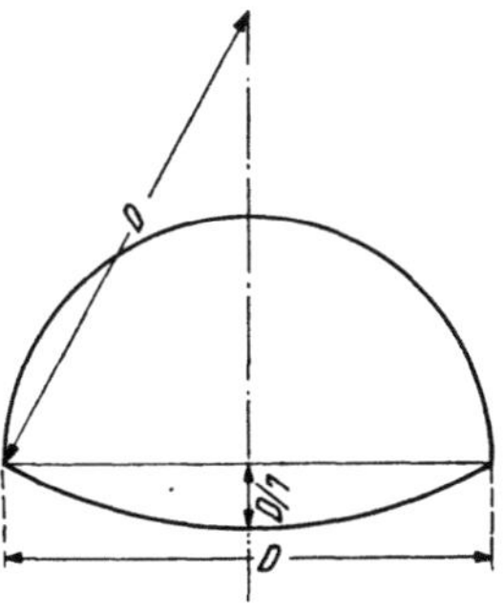

Abb. 141. Maulprofil

Nach IMHOFF K.[4]) ist $v_k : v_e : v_m = 1{\cdot}0 : 1{\cdot}09 : 0{\cdot}81$.

Weiters ist $Q_{Ei} = 1{\cdot}1 \cdot 1{\cdot}463 \, F_{Kreis} = 1{\cdot}609 \, Q_{Kreis}$ und
$$Q_{Maul} = 0{\cdot}83 \cdot 0{\cdot}616 \, F_{Kreis} = 0{\cdot}509 \, Q_{Kreis}.$$

[1]) SCHILLER, L.: Zschft. f. ang. Math. u. Mech. 1923.
[2]) FROMM, K.: l. c.
[3]) NIKURADSE, J.: Ing.-Archiv I (1930).
[4]) IMHOFF K.: Gesundheits-Ingenieur 30, oder auch Taschenbuch f. Kanalisationsing.

γ) **Das normalisierte Hufeisenprofil** (Abb. 142). Dieses wird häufig als Stollenquerschnitt auch in den USA. verwendet[1]). Führt man den Scheitelwinkel α ein, so muß

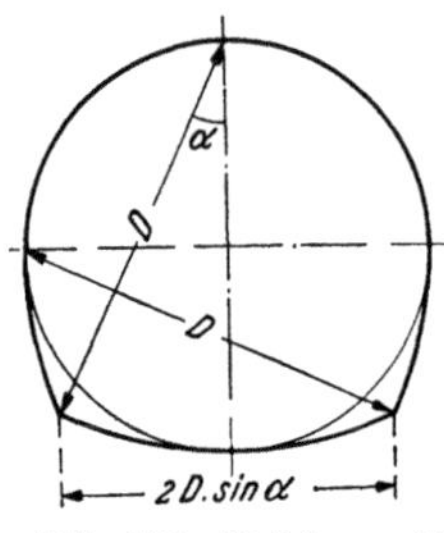

$$\sin(45^0 - \alpha) = \frac{1}{\sqrt{8}} \quad \text{und} \quad \alpha \sim 24^0/4' \text{ sein und es ist}$$

$$F = 0{\cdot}828\, D^2, \quad U = 3{\cdot}267\, D \quad \text{und} \quad \frac{F}{U} = 0{\cdot}2534 \cdot D \quad \text{und}$$

$$\text{mit} \quad \frac{4F}{U} = 1{\cdot}014\, D \quad \text{wird}$$

$$v = (8{\cdot}86 \cdot \log 1{\cdot}014\, D + n) \cdot \sqrt{1{\cdot}014\, DJ} =$$
$$= \{8{\cdot}92 \cdot \log D + (n + 0{\cdot}054) \cdot 1{\cdot}007\} \sqrt{DJ}. \qquad (69)$$

Abb. 142. Hufeisenprofil

Bei größter Glätte des Verputzes mit $n \sim 38$ folgt

$$c = 8{\cdot}92 \cdot \log D + 38{\cdot}32$$

und es ist somit der Unterschied gegenüber dem Kreisprofil nicht sehr groß.

Beispiel

Ein normales Eiprofil 80/120 hat bei Gewitterregen 1180 sl abzuführen. Dem entspricht bei $D = 80$ cm im Kreisprofil ein Durchfluß

$$Q_{Kreis} = \frac{Q_{Ei}}{1{\cdot}609} = \frac{1180}{1{\cdot}609} = 733 \text{ sl} = 0{\cdot}733 \text{ m}^3/\text{sec.}$$

Mit der leicht zu merkenden Formel $c = 8{\cdot}86 \log D + 28$ für den Kreisquerschnitt wird

$$\frac{\pi D^2}{4} \cdot (8{\cdot}86 \log D + 28) \cdot \sqrt{DJ} = 0{\cdot}733$$

und hieraus

$$J = \left(\frac{0{\cdot}733 \cdot 4}{3{\cdot}14 \cdot 27{\cdot}15}\right)^2 \cdot \frac{1}{0{\cdot}8^5} = 0{\cdot}00361.$$

Für dieses Gefälle ergibt sich mit der früher aufgestellten Formel für das Eiprofil als Kontrolle

$$Q = F \cdot v = F \cdot c \sqrt{DJ} = 1{\cdot}1485\, D^2\, (9{\cdot}54 \log D + 30{\cdot}8) \cdot \sqrt{DJ} = 1180 \text{ sl.}$$

9. Praktische Aufgaben

a) Es ist die Wassermenge $Q = 3{\cdot}4$ m^3/sec mit der Geschwindigkeit $v = 1{\cdot}50$ m/sec abzuführen bei einer Rohrleitungslänge $L = 4820$ m. Um sich für die eine oder andere Konstruktion zu entscheiden, sollen die Leitungsverluste verglichen werden für das Holzdaubenrohr mit jenem für das Stahlbetonrohr mit Glattstrich innen.

$$\text{Der nötige Durchmesser ist } D = \sqrt{\frac{4}{\pi} \cdot \frac{Q}{v}} = \sqrt{2{\cdot}887} = 1{\cdot}694 \text{ m.}$$

Somit ist $Re = \dfrac{v \cdot D}{v} = 2{\cdot}541 \cdot 10^6$ ($v = 0{\cdot}01$ cm^2/sec), und für Holzdauben ist

$$c = 12{\cdot}2 \log Re - 42{\cdot}8 = 35{\cdot}34.$$

Das benötigte Gefälle $J = \dfrac{v^2}{c^2 D} = 0{\cdot}00106$, dem die Verlusthöhe $L \cdot J = h_r = 5{\cdot}109$ m entspricht.

Für Stahlbeton ist

$$c = 8{\cdot}86 \log D + 38 = 40{\cdot}0$$

und folglich

$$J = 0{\cdot}00083 \text{ bzw. } h_r = 4{\cdot}001 \text{ m.}$$

---

[1]) DAVIS, Handbook of Applied Hydrauliks **485**, New York 1943.

Es sind also die Reibungsverluste in diesem Fall um $1\text{·}108$ m geringer. Setzt man nach V. MISES für geschliffenen Zement den oberen Wert $\varepsilon = 15 \cdot 10^{-6}$ ein, so folgt mit

$$\sqrt{\frac{32\varepsilon}{D}} = 0\text{·}0018$$

$$\lambda = 0\text{·}0096 + 0\text{·}00106 + 0\text{·}0018 = 0\text{·}01246 \quad \text{und} \quad c = \sqrt{\frac{2g}{\lambda}} = 39\text{·}7.$$

b) Es sollen 60 sl in einem Eternitrohr zum Abfluß kommen bei einer Leitungslänge von 400 m und 80 cm verfügbarem Gefälle. Es ist nach dem Durchmesser gefragt.

Aus

$$Q = \frac{\pi D^2}{4} \cdot c \sqrt{DJ}$$

folgt

$$D = \sqrt[5]{\frac{16\,Q^2}{\pi^2 c^2 J}}$$

und wenn man $C = 40$ wählt ergibt sich $D = 0\text{·}283$ m mit $F = 0\text{·}0629\,\text{m}^2$.

Dem entspricht $v = \dfrac{Q}{F} = \dfrac{0\text{·}060}{0\text{·}0629} = 0\text{·}954$ m/sec.

Bei einer Temperatur von 10^0 C ist $\nu = 0\text{·}013$ cm²/sec und $Re \backsim 2\text{·}08 \cdot 10^5$, folglich $c = 7\text{·}78 \log Re - 5\text{·}95 = 35\text{·}42$, womit der verbesserte Durchmesser $D = 0\text{·}297$ m folgt.

Es wird $D = 0\text{·}300$ m gewählt, so daß $v = 0\text{·}85$ m/sec und $Re \backsim 1\text{·}96 \cdot 10^5$.

Mit dem neuen $c = 7\text{·}78 \log 1\text{·}96 \cdot 10^5 - 5\text{·}95 = 35\text{·}22$ ergibt sich ein Gefällsverlust

$$\Delta h = \frac{L}{D} \cdot \frac{v^2}{c^2} = 0\text{·}775\ \text{m},$$

so daß ca. $2\text{·}5$ cm für anderweitige Verluste übrig bleiben.

c) Die Abflußleitungen zweier Hochbehälter I und II vereinigen sich in C und es ist nach dem größten möglichen Abfluß bei D gefragt. Die Höhenlagen sind aus der schematischen Darstellung (Abb. 143) zu entnehmen und es betragen

$$\begin{array}{ll} D_1 = 0\text{·}55\ \text{m} & l_1 = 680\ \text{m}, \\ D_2 = 0\text{·}60\ \text{m} & l_2 = 520\ \text{m}, \\ D_3 = 0\text{·}80\ \text{m} & l_3 = 800\ \text{m}. \end{array}$$

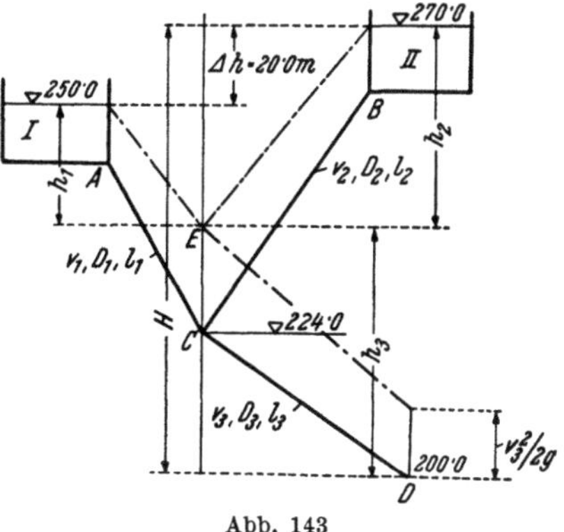

Abb. 143

Die Leitung ist 15 Jahre in Betrieb und besteht aus Gußeisen. Nachdem $Q_1 + Q_2 = Q_3$ sein muß, folgt

$$\frac{\pi}{4}\left(D_1{}^2 \cdot c_1 \sqrt{D_1 J_1} + D_2{}^2 \cdot c_2 \cdot \sqrt{D_2 J_2}\right) = \frac{\pi}{4} D_3{}^2 \cdot c_3 \sqrt{D_3 J_3} \quad \cdots\cdots\cdots (*)$$

Ferner ist

$$J_1 = \frac{h_1}{l_1},\ J_2 = \frac{h_2}{l_2} = \frac{h_1 + \Delta h}{l_2},\ \text{ferner } J_3 = \frac{H - h_1 - \Delta h - \dfrac{v_3{}^2}{2g}}{l_3}.$$

Mit $\Delta h = 20$ m wird $H - h_1 - \Delta h - \dfrac{v_3{}^2}{2g} = 50 - h_1 - \dfrac{v_3{}^2}{2g}$ und man rechnet vorerst unter Vernachlässigung von $v_3{}^2/2g$. Es ergibt sich

$$\begin{array}{llll} D_1 = 0\text{·}55\ \text{m} & D_1{}^2 = 0\text{·}303 & c_1 = 8\text{·}86 \lg D_1 + 30 = 27\text{·}7 & D_1{}^2 c_1{}^2 = 8\text{·}393,\ \text{ähnlich} \\ & D_2{}^2 = 0\text{·}360 & c_2 = 28\text{·}04 & D_2{}^2 c_2{}^2 = 10\text{·}08, \\ & D_3{}^2 = 0\text{·}640 & c_3 = 29\text{·}14 & D_3{}^2 c_3{}^2 = 18\text{·}65. \end{array}$$

Aus (*) folgt

$$D_1{}^2 c_1 \sqrt{D_1 \cdot \frac{h_1}{l_1}} + D_2{}^2 c_2 \sqrt{D_2 \frac{(h_1 + \Delta h)}{l_2}} = D_3{}^2 c_3 \cdot \sqrt{D_3 \frac{(H - \Delta h - h_1)}{l_3}}$$

und mit den obigen Werten

$$h_1{}^2 - 66\,h_1 + 914{\cdot}93 = 0 \quad \text{oder} \quad h_1 = 19{\cdot}81 \text{ m}$$

und mit diesem Werte ist

$$Q_1 = 0{\cdot}834 \text{ m}^3/\text{sec} \qquad Q_2 = 1{\cdot}696 \text{ m}^3/\text{sec} \qquad Q_3 = 2{\cdot}540 \text{ m}^3/\text{sec}.$$

Nun kann ungefähr $\dfrac{v^3}{2g} = \dfrac{c_3{}^2}{2g} \cdot D_3 \cdot J_3 = 1{\cdot}306$ m berechnet werden, so daß aus (*) folgt

$$8{\cdot}393 \cdot \sqrt{\frac{0{\cdot}55}{680}\,h_1} + 10{\cdot}08 \sqrt{\frac{0{\cdot}6}{520}\,(20 + h_1)} = 18{\cdot}65 \sqrt{\frac{0{\cdot}800}{800}\,(50 - h_1 - 1{\cdot}31)}$$

oder

$$h_1{}^2 - 64{\cdot}01\,h_1 + 859 = 0 \quad \text{und} \quad h_1 = 19{\cdot}16.$$

Endgiltig ergibt sich $Q_1 = 0{\cdot}818 \text{ m}^3/\text{sec}$, $\quad Q_2 = 1{\cdot}682 \text{ m}^3/\text{sec}$ und $Q_3 = 2{\cdot}517 \text{ m}^3/\text{sec}$. Man kann die vorliegende Aufgabe mit Vorteil graphisch lösen, wenn man bedenkt, daß zwischen Q und h_r ein quadratischer Zusammenhang besteht

$$Q^2 = v^2 \cdot F^2 = a \cdot h_r \text{ mit } a = \frac{c^2 D \cdot F^2}{l}.$$

Man konstruiert die in Abb. 144 dargestellten Abflußparabeln $Q = a \cdot \sqrt{h}$ für die Leitungsstücke AC, BC und CD, wozu man sich der Scheitelpunkte $s_1\,s_2\,s_3$ und der gerechneten Punkte 1, 2 und 3 bedienen kann. Hierauf bringt man die Linie $Q_1 + Q_2$ mit jener für Q_3 zum Schnitt in E', womit die Aufgabe gelöst erscheint, allerdings mit Vernachlässigung von $\dfrac{v_3{}^2}{2g}$.

d) Eine Gemeindeverwaltung plant die Einschaltung von Kraftzentralen in die bestehende Stadtzuleitung für Trinkwasser. Bei der seinerzeitigen Errichtung dieser Leitung, die reichlich bemessen für Jahre hinaus ihren Zweck erfüllen wird, wurde der hohe Betriebsdruck lästig empfunden und durch Anlage von Entlastungskam-

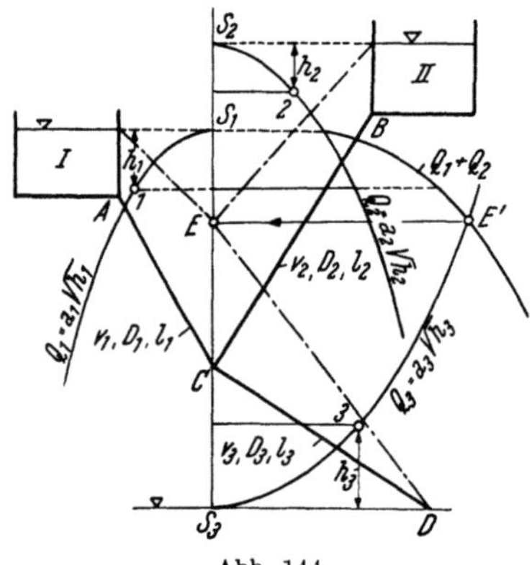

Abb. 144

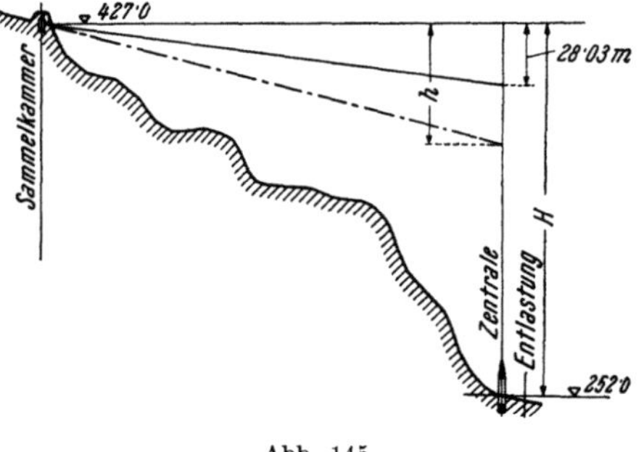

Abb. 145

mern eine Reduktion herbeigeführt. Außerdem sind an den tieferen Stellen, wo eine Druckhöhe von mehr als 80 m herrscht, Schmiedeeisenrohre verwendet worden. Es soll vorerst oberhalb der höchstgelegenen Entlastung eine Zentrale errichtet werden. Das Gefälle der Leitung beträgt $J = 0{\cdot}0016$, $D = 1000$ mm und Messungen ergaben bei einer mittleren Geschwindigkeit $v = 1{\cdot}20$ m/sec einen Durchfluß $Q = 0{\cdot}920 \text{ m}^3/\text{sec}$. Mit $m = 30$ folgt $c = 8{\cdot}86 \log D +$

$$+ m = \frac{v}{\sqrt{DJ}} = 30.$$

Oberhalb des Sammelbehälters steht ein etwa doppelt so großer Zufluß zur Verfügung, der derzeit nutzlos über die Entlastung der Sammelkammer zum Abfluß gelangt. Wenn man den Höhenunterschied zwischen dem Spiegel im Sammelbehälter und dem Gelände bei der Zentrale (Abb. 145) $H = 427 - 252 = 175{\cdot}0$ als angenäherte Fallhöhe ansieht, so ist die zu erwartende Leistung

$$N_{theor} = \gamma \cdot Q \cdot (H - h) = \gamma\,\frac{\pi D^2}{4} \cdot c \sqrt{\frac{D h}{l}}\,(H - h)$$

Der bezüglich der Leistung günstigste Wert ist durch $\dfrac{dN}{dh} = 0$ mit $h = \dfrac{H}{3}$ gegeben, so daß man ein Maximum erzielt, wenn der Zufluß so gesteigert wird, daß $\dfrac{H}{3} = \dfrac{175}{3} \cong 58$ m für Reibung verbraucht werden und also bei einer Länge der Leitung von 17 520 m vom Sammelbehälter bis zur Zentrale $J = \dfrac{58}{17\,520} = 0\,0033$ beträgt.

Mit $c = 30$ folgt $v = c\sqrt{DJ} = 1\,722$ m/sec und $Q = 1\,35$ m³/sec.
Bei einem mittleren Wirkungsgrad $\varphi = 0\,83$ ergibt sich

$$N_{PS} = \frac{\gamma \cdot \varphi}{75}\, Q \cdot (H - h) = \frac{1000 \cdot 0\,83}{75}\, Q\,(H - h) \sim 11\,Q \cdot (H - h)$$

und mit $^2/_3\,(H - h) \cong 117$ m folgt $N_{PS} = 1738$ PS, von welcher erzielbaren mechanischen Leistung etwa 10% in den Generatoren und etwa 5% in den Umspannern verlorengehen. Sind deren Wirkungsgrade $\varphi_g = 0\,85 - 0\,96$ und $\varphi_u = 0\,92 - 0\,975$, wird ferner 1 PS = $= 0\,736$ kW gesetzt, so beträgt die zu erwartende Jahresarbeit (8760 Stunden).

$$A = N_{PS} \cdot 8760 \cdot 0\,736 \cdot \varphi_g \cdot \varphi_u \cong 9\,87 \text{ Mill. kWh.}$$

e) Ein Bewässerungskanal, der 4 m³/sec führt, soll eine Talmulde überqueren, wozu ein Düker (Siphon) geplant ist. Der Wasserspiegel liegt beim Einlauf auf der Kote 376'4 und darf beim Auslauf wegen einer Eisenbahnkreuzung nicht höher als 374'80 zu liegen kommen. Es stehen somit höchstens 1'60 m an Höhe zur Verfügung bei einer Konstruktionslänge von 920 m. Der aus zwei gleichen Rohrsträngen (à 2'0 m³/sec) bestehende Düker soll aus Stahlbeton hergestellt werden mit glattem inneren Verputz ($n = 38$).

Aus

$$Q = \frac{\pi D^2}{4} \cdot c \cdot \sqrt{DJ} = \frac{\pi}{4}\sqrt{J}\left\{ D^2 \cdot (8\,86 \log D + 38) \sqrt{D} \right\}$$

folgt mit

$$J = \frac{\varDelta h}{L} = \frac{1\,60}{920} = 0\,00174$$

und

$$D^{5/2} \cdot (8\,86 \log D + 38) = 61\,2 = f\,(D).$$

Dem genügt $D = 1\,20$ m mit $F = \dfrac{\pi D^2}{4} = 1\,13$ m² und $v = \dfrac{Q}{F} = 1\,77$ m/sec, somit ist $c = 8\,86 \log D + 38 = 38\,7$ und nach V. MISES müßte bei

$$Re = \frac{Dv}{\nu} = \frac{177 \cdot 120}{0\,013} = 1\,634 \cdot 10^6$$

für

$$\lambda = \frac{2g}{c^2} = \frac{19\,62}{38\,7^2} = 0\,0096 + \sqrt{\frac{32\,\varepsilon}{D}} + \sqrt{\frac{2\,88}{Re}} = 0\,00174$$

gesetzt werden, woraus $\varepsilon = 0\,0000112$ cm = $11\,2 \cdot 10^{-6}$ cm resultiert, was mit den Werten $7\,5 - 15 \cdot 10^{-6}$ cm für geschliffenen Zement (nach MISES) gut übereinstimmt.

f) Es soll der Druckverlust ermittelt werden, der sich auf der Strecke der Abzweigung und Wiedervereinigung zweier alter Gußrohrstränge ergibt (Abb. 146). Außerdem sollen die Durchflüsse Q_1 und Q_2 berechnet werden.

Aus

$$Q = Q_1 + Q_2 = c_1 \frac{\pi D_1^2}{4} \cdot \sqrt{D_1 \cdot \frac{\varDelta h}{l_1}} + c_2 \frac{\pi D_2^2}{4} \cdot \sqrt{D_2 \cdot \frac{\varDelta h}{l_2}}$$

folgt

$$\varDelta h = \frac{16\,Q^2}{\pi^2 \left(c_1 \sqrt{\dfrac{D_1^5}{l_1}} + c_2 \sqrt{\dfrac{D_2^5}{l_2}} \right)^2} \cdot$$

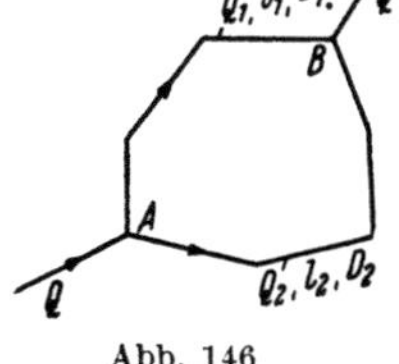

Abb. 146

Somit ist $Q_1 = (8\,66 \log D_1 + 30) \cdot \dfrac{\pi}{4} \cdot D_1^{5/2} \cdot \sqrt{\dfrac{\varDelta h}{l_1}}$ und $Q_2 = Q - Q_1$.

Mit $D_1 = 600$ mm, $l_1 = 300$ m, $D_2 = 800$ mm, $l_2 = 450$ m und $Q = 0\dot{}820$ m³/sec folgt

$$c_1 = 8\dot{}86 \log 0\dot{}6 + 30 \sim 28$$
$$c_2 = 8\dot{}86 \log 0\dot{}8 + 30 \sim 29\dot{}1.$$

Also ist

$$\Delta h = 0\dot{}715 \text{ m,}$$

ferner

$$Q_1 = 28 \cdot 0\dot{}785 \cdot 0\dot{}6^{5/2} \cdot \sqrt{\frac{0\dot{}715}{300}} = 0\dot{}299 \text{ m³/sec} = 299 \text{ sl}$$

$$Q_2 = 820 - 299 = 521 \text{ sl.}$$

Zur Kontrolle

$$Q_2 = 29\dot{}1 \cdot 0\dot{}785 \cdot 0\dot{}8^{5/2} \cdot \sqrt{\frac{0\dot{}715}{450}} = 0\dot{}521 \text{ m³/sec} = 521 \text{ sl.}$$

g) Zwei Orte A und B werden aus einem Hochbehälter versorgt durch eine Leitung, die bei C gabelt (Abb. 147 a). Für den Fall des normalen Betriebes sind die Drucklinien zur Zeit des maximalen Stundenverbrauchs aus dem schematischen Längenprofil

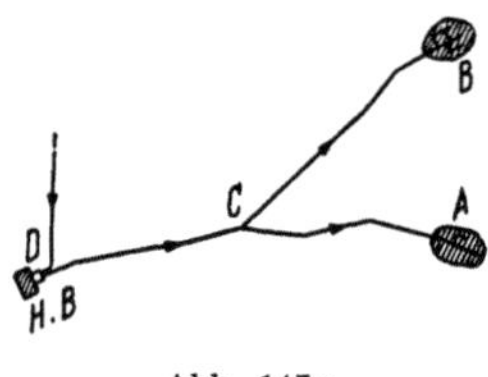

Abb. 147 a   Abb. 147 b

(Abb. 147 b) zu entnehmen. Es ist nun gefragt nach der Lage der Drucklinien, wenn in A ein Rohrbruch erfolgt, dergestalt, daß das Wasser vollkommen frei ausläuft. Wenn von der Geschwindigkeitshöhe in A abgesehen wird, so muß die Drucklinie durch A hindurchgehen.

Aus

$$Q = Q_1 + Q_2 \quad \text{oder} \quad 0\dot{}785 \cdot D^2 \cdot c \cdot \sqrt{\frac{D \cdot h}{l}} = 0\dot{}785\, D_1^2 \cdot c_1 \cdot \sqrt{D_1 \cdot \frac{h_a - h}{h_1}} + Q_2$$

ergibt sich mit

$$c = 8\dot{}86 \log 0\dot{}60 + 30 = 28\dot{}0$$
$$c_1 = 8\dot{}86 \log 0\dot{}40 + 30 = 26\dot{}0$$
$$c_2 = 8\dot{}86 \log 0\dot{}50 + 30 = 27\dot{}3$$

$$0\dot{}785 \cdot 0\dot{}6^2 \cdot 28 \cdot \sqrt{\frac{0\dot{}6\,h}{700}} = 0\dot{}785 \cdot 0\dot{}4^2 \cdot 26\dot{}5 \cdot \sqrt{\frac{0\dot{}4 \cdot (26\dot{}92 - h)}{500}} + 0\dot{}206$$

oder

$$0\dot{}232 \cdot \sqrt{h} - 0\dot{}0941 \cdot \sqrt{26\dot{}92 - h} = f(h) = 0\dot{}206.$$

Durch graphische Auftragung von

$$f(h) = 0\dot{}013 \quad \text{für } h = 4\dot{}0$$
$$= 0\dot{}1937 \quad ,, \quad h = 7\dot{}0$$
$$= 0\dot{}2977 \quad ,, \quad h = 9\dot{}0$$

ergibt sich $h \cong 7\dot{}20$ m. Die Drucklinie für CB erleidet eine Parallelverschiebung und liegt um $7\dot{}20 - 1\dot{}98 = 5\dot{}22$ m tiefer als bei normalem Betrieb. Die freie Steighöhe in B würde, wenn gerade der Höchstverbrauch von 206 sl in B herrscht, nur mehr $25\dot{}0 - 5\dot{}22 = 19\dot{}78$ m betragen.

Auf der Strecke CA beträgt das Gefälle infolge Rohrbruchs in A

$$\frac{h_a - h}{l_1} = \frac{258\dot{}38 - 229\dot{}48 - 7\dot{}20}{500} = 0\dot{}0435,$$

so daß sich durch den Rohrbruch die Geschwindigkeit erhöht auf

$$v_1 = c_1 \cdot \sqrt{D_1 \cdot 0{\cdot}0435} = 3{\cdot}48 \text{ m/sec}$$

und es geht

$$Q_1 = 3{\cdot}48 \cdot 0{\cdot}785 \cdot D_1^2 = 0{\cdot}487 \text{ m}^3/\text{sec}$$

verloren.

Bei genauer Rechnung, die allerdings praktisch kaum in Frage kommt, müßte die Geschwindigkeitshöhe $\dfrac{v_1^2}{2g} = 0{\cdot}618$ m beim Ausfluß berücksichtigt werden.

10. Bewegung in Schläuchen

Es handelt sich hier um die Strömung vornehmlich in Feuerwehrschläuchen, deren Durchmesser etwa zwischen 50 und 75 mm schwankt. Sind dieselben aus elastischem Material, so daß sie sich bei größerem Druck merklich ausweiten, so wird bei gegebenem Q der Gefällsaufwand J verringert, und zwar nach FREEMAN[1]) um

$$\Delta J = -5 \cdot \frac{\Delta D}{D} \cdot J,$$

wenn D den Durchmesser im normalen Zustand darstellt. Die ebenfalls von FREEMAN für Feuerwehrschläuche ermittelten c-Werte der Gleichung $v = c \sqrt{DJ}$ sind in folgender Tabelle verzeichnet:

	$2\,c$	$\dfrac{\Delta D}{D}$	$-\dfrac{\Delta J}{J}$	Mittelwert $n = c - 8{\cdot}86 \log D$
Gewöhnlicher nichtgummierter Flachs- oder Hanfschlauch	43·3	0·0006	0·003	33
Sehr rauher, innen gummierter Baumwollschlauch	49·5	0·0018	0·009	36
Guter Lederschlauch	53·9	0·0061	0·031	
Sehr glatter, innen gummierter Baumwollschlauch	66·5	0	0	
Gewöhnlicher Gummischlauch	66·7	0·0034	0·017	
Sehr glatter Gummischlauch	68·2	0·0041	0·021	

Für glatten Gummischlauch gilt nach Versuchen von H. RICHTER[2])

$$\lambda = \frac{c^2}{2g} = 0{\cdot}01113 + 0{\cdot}9170\, Re^{-0{\cdot}41}.$$

Außerdem fand O. SANDER[3]) bei Geschwindigkeiten zwischen 0·5 und 1·0 m/sec

$$\lambda = 0{\cdot}0351 - \frac{0{\cdot}0104}{v} \text{ für gummierten und}$$

$$\lambda = 0{\cdot}0558 - \frac{0{\cdot}0027}{v} \text{ für nichtgummierten Hanfschlauch.}$$

III. Besondere Widerstände in geschlossenen Leitungen

Eine Leitung, die sich aus Geraden und Verbindungsbögen zusammensetzt, bedarf zu ihrem Betriebe verschiedener Einbaustücke, wie Schieber, Klappen, Ventile usw., bei deren Durchfluß ein Energieverlust eintritt. Dieser wird durch die Geschwindigkeitshöhe hinter diesem Bestandteil gemessen. Ähnlich wie

---

[1]) Trans. Amer. Soc. Civ. Engr. 1889.
[2]) Rohrhydraulik Berlin 1934.
[3]) Untersuchungen über den Druckhöhenverlust in Hanfschläuchen Tübingen 1914.

früher die Verlusthöhe h_w der Rohrreibung ausgedrückt wurde, wird die Verlusthöhe bei einem Einbaustück

$$h_w{}' = \zeta \cdot \frac{v^2}{2g}$$

gesetzt, wo ζ eine dimensionslose, meist von der Re-Zahl und der relativen Rauhigkeit abhängige Größe ist, die auch hier als Widerstandszahl bezeichnet

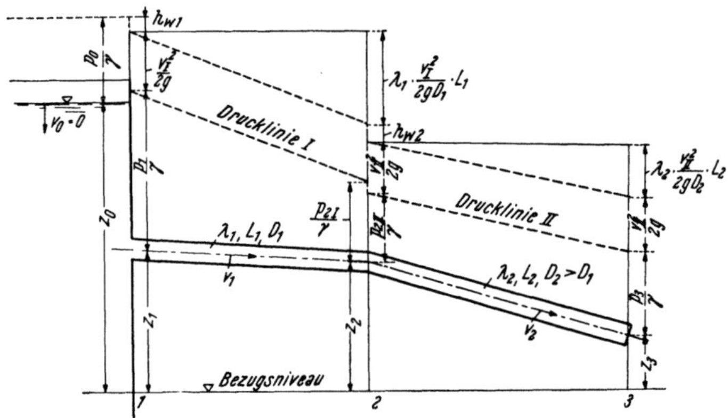

Abb. 148. BERNOULLIsche Gleichung mit Verlusten in graphischer Darstellung

wird. Es lautet dann die erweiterte Bernoullische Gleichung für stationäres Fließen

$$z_1 + \frac{p_1}{\gamma} + \frac{v_1{}^2}{2g} = z_2 + \frac{p_2}{\gamma} + \frac{v_2{}^2}{2g} \; \Sigma h_w + \Sigma h_w{}', \tag{70}$$

welche Gleichung in Abb. 148 dargestellt ist.

Die Widerstandszahl, deren Kenntnis zur Ermittlung der Verlusthöhen nötig ist, läßt sich in den seltensten Fällen richtig abschätzen und man ist besonders hier auf Versuche angewiesen.

1. Der Eintrittswiderstand

Schon beim Eintritt in die Rohrleitung macht sich ein Widerstand bemerkbar, der bei scharfen Einlaufkanten größer ist als bei abgerundeter, sogenannter Glockenform (Abb. 149). Ist v_i die ideelle Eintrittsgeschwindigkeit bei reibungsloser Strömung und guter Abrundung, so wird als Druckhöhenverlust die Differenz

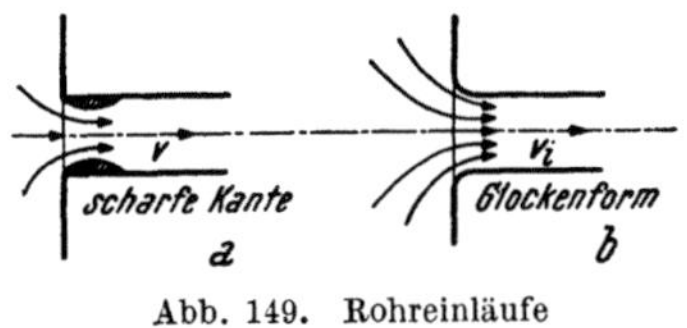

Abb. 149. Rohreinläufe

$$\frac{v_i{}^2}{2g} - \frac{v^2}{2g} = \frac{v^2}{2g}\left(\frac{v_i{}^2}{v^2} - 1\right) = \frac{v^2}{2g}\left(\frac{1}{\varphi^2} - 1\right)$$

angesehen und es beträgt $\varphi = 0{\cdot}96$ bis $0{\cdot}97$ bzw. $\zeta \sim 0{\cdot}09$ bis $0{\cdot}06$ bei abgerundeter Einlaufkante und $\varphi = 0{\cdot}82$ bis $0{\cdot}85$ bzw. $\zeta \sim 0{\cdot}5$ bis $0{\cdot}4$ bei scharfer Kante. Wenn das Rohr die Behälterwand durchbricht und scharfe Kanten aufweist, so kann ζ noch weit größer werden und bis auf $3{\cdot}0$ anwachsen. Es sei vorausgesetzt, daß die Länge des in den Behälter reichenden Rohrstutzens im Verhältnis zum Durchmesser genügend lang ist. Vorerst wird eine Einschnürung des Querschnitts mit darauffolgender Erweiterung eintreten, die mit einer Vermischung begleitet ist. Entsprechend Abb. 150 wird nach dem Impulssatz

$$\gamma \cdot h \cdot F_1 = \frac{\gamma}{g} \cdot F_1 v^2 \quad \text{oder} \quad v = \sqrt{gh} = 0{\cdot}707 \sqrt{2gh}$$

im Querschnitt 1 gelten. Ist der Einschnürungsquerschnitt $F_2 = m \cdot F_1$, also m der Kontraktionsbeiwert, so ist der auftretende Mischverlust

$$\frac{v^2}{2g}\left(\frac{1}{m} - 1\right)^2 = h_w$$

und wendet man auf die Querschnitte 1, 2 und 3 in der Abb. 150 angegebenen Querschnitte das Gesetz von BERNOULLI an, so folgt aus

$$h = h_1 + \frac{v^2}{2gm^2} = \frac{v^2}{2g} + \frac{v^2}{2g}\left(\frac{1}{m} - 1\right)^2,$$

der Wert $m = 0{\cdot}50$ und $h_1 = -h$.

Es wird somit der im Kontraktionsquerschnitt auftretende Unterdruck so groß wie der auf der Eintrittsöffnung lastende Druck[1]). Letzteres gilt aber für γh größer als der Atmosphärendruck nicht mehr, wegen der auftretenden Kavitation.

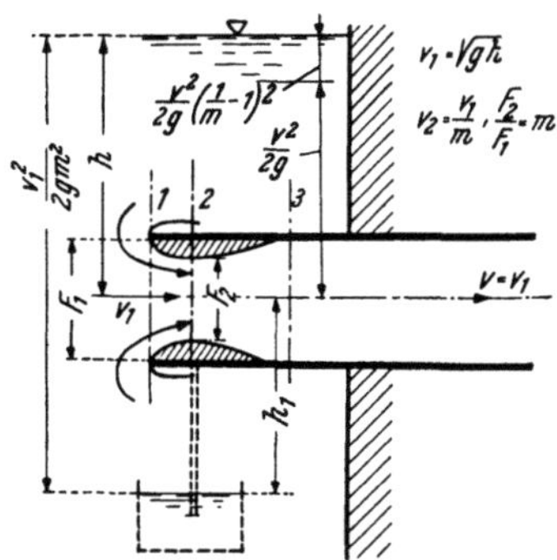

Abb. 150 Hydraulische Verhältnisse beim scharfkantigen Rohrstutzen, der ins Innere des Gefäßes reicht

Die Überprüfung durch Versuche ergab nur eine kleine systematische Abweichung der gemessenen Werte von den berechneten.

2. Querschnittsänderungen in Rohrleitungen

a) Plötzliche Änderungen

Bei einer plötzlichen Erweiterung wird nebst Deformation der in die Flüssigkeit als Trennungsschicht sich fortsetzenden Grenzschicht eine Verwirbelung der Flüssigkeit herbeigeführt und es bedarf einer gewissen Strecke, die durchströmt werden muß, ehe wieder die normale turbulente Strömung eintritt (Abb. 107). Sie beträgt nach Versuchen von H. SCHÜTT[2]) etwa $L = 8 \cdot D_2$, wenn D_2 der Durchmesser des erweiterten Rohres ist.

Im Abschnitt E, f wurde mittels des Impulssatzes der Druckhöhenverlust[3])

$$h_w = \frac{(v_1 - v_2)^2}{2g} = \zeta \cdot \frac{v_2^2}{2g} \tag{71}$$

ermittelt, wenn v_1 und v_2 die Geschwindigkeiten vor und nach der Rohrerweiterung sind. Somit ist die Widerstandszahl

$$\zeta = \left(\frac{F_2}{F_1} - 1\right)^2.$$

Durch die Versuche SCHÜTTS ist die Brauchbarkeit von (71) erwiesen worden, deren Ergebnisse durchschnittlich um weniger als 1% von den berechneten Werten abwichen.

---

[1]) ESCANDE, L.: C. R. Acad. Sciences **212**, 428 bis 430 (1941).
[2]) Mitteil. d. hydraul. Inst. d. T. H. **1**, München 1926.
[3]) Die Bordasche Formel (71) wird durch Versuche K. BÄNNINGERS gut bestätigt. Zschft. f. gesamte Turbinenwesen, 1906.

Bei plötzlichen Verengungen (Abb. 151) entsteht zunächst eine Strahleinschnürung $\mu\, F_2 = F$ und ein kleinerer Verlust als vorhin. Dieser beträgt

$$h_w = \zeta\,\frac{v_2{}^2}{2\,g} = \frac{(v - v_2)^2}{2\,g} = \left(\frac{1}{\mu} - 1\right)^2 \cdot \frac{v_2{}^2}{2\,g},$$

hieraus folgt

$$\zeta = \left(\frac{1}{\mu} - 1\right)^2, \text{ also ist } \mu = \frac{1}{1 + \sqrt{\zeta}}\,.$$

Man kann auch

$$h_w = \zeta_s \cdot \frac{(v_1 - v_2)^2}{2\,g}$$

schreiben, wo ζ_s nach Versuchen von J. WEISBACH[1]) mit etwa $0\,{}^{\cdot}4$ bis $0\,{}^{\cdot}5$ zu setzen wäre. Hat man einen Scheibenring im Rohrquer-

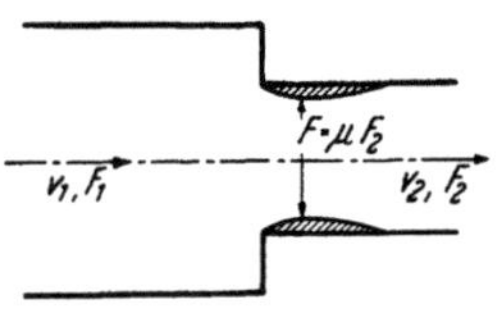

Abb. 151. Plötzliche Querschnittsverengung

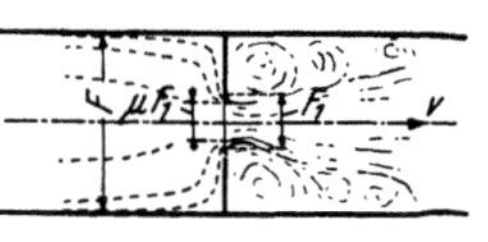

Abb. 152. Drosselscheibe

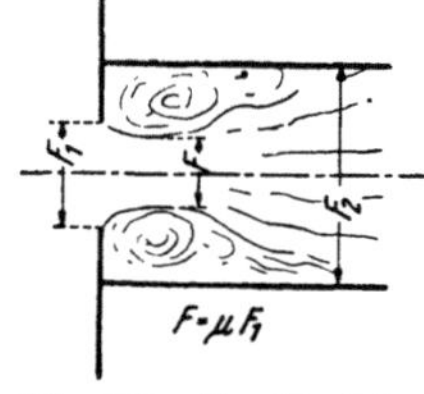

Abb. 153. Abgeblendeter Einlauf

schnitt, dessen Öffnung F_1 sei (Abb. 152), so erfolgt eine Drosselung, indem hinter der Öffnung eine Kontraktion des Strahles auf μF_1 erfolgt. Die zugehörige Geschwindigkeit ist

$$v' = \frac{Q}{\mu F_1}\,.$$

und somit tritt eine Verlusthöhe

$$h' = \frac{(v' - v)^2}{2\,g} = \frac{v^2}{2\,g}\left(\frac{F}{\mu F_1} - 1\right)^2$$

auf, wobei nach J. WEISBACH $\mu = 0\,{}^{\cdot}63 + 0\,{}^{\cdot}37\left(\frac{F_1}{F}\right)^3$ ist.

Ist der Einlauf in ein angesetztes Rohr abgeblendet nach Abb. 153, so folgt nach BERNOULLI

$$\frac{p_1}{\gamma} + \frac{v_1{}^2}{2\,g} = \frac{p^2}{\gamma} + \frac{v_2{}^2}{2\,g} + h_w\,.$$

Wird vom Verlust infolge Zähigkeit abgesehen, so ist

$$h_w = \frac{(v - v_2)^2}{2\,g} = \frac{v_2{}^2}{2\,g}\left(\frac{F_2}{\mu F_1} - 1\right)^2 = \zeta \cdot \frac{v_2{}^2}{2\,g},$$

und es ergeben sich folgende Werte für ζ mit $\mu \sim 0\,{}^{\cdot}60$ nach den Versuchen von J. WEISBACH:

$\frac{F_2}{F_1} =$	1	$1\,{}^{\cdot}25$	$1\,{}^{\cdot}5$	2	3	5	10
$\zeta =$	$0\,{}^{\cdot}44$	$1\,{}^{\cdot}17$	$2\,{}^{\cdot}25$	$5\,{}^{\cdot}44$	$16\,{}^{\cdot}0$	$53\,{}^{\cdot}7$	$245\,{}^{\cdot}5.$

b) Allmähliche Querschnittsänderungen

Um kleinere Verlusthöhen zu erhalten, muß man die Querschnittsänderung allmählich gestalten. Bei einer derartigen Erweiterung (Abb. 154) ist das Wasser

---

[1]) WEISBACH-HERRMANN: Lehrbuch der Ing.- und Maschinen-Mechanik, 5. Aufl., Braunschweig 1875.

gezwungen in der Richtung einer Druckzunahme zu fließen. Die Folge davon ist, daß die am Rande in der Grenzschicht strömenden Teilchen, die ohnehin einer starken Reibung unterworfen sind, aufgestaut werden, so daß die Grenzschichte in der Fließrichtung immer dicker wird. Bei zu großem Öffnungswinkel β kommt es dann zur Ablösung der Strömung von der Wand, indem sich infolge des großen Druckanstiegs in den wandnahen Schichten eine Bewegungsumkehr einstellt, also ein Gegenstrom einschiebt, wie er in der Natur an Flußufern, in Kanälen u. dgl. beobachtet werden kann (Abschn. L 8c). Schon BLASIUS[1])

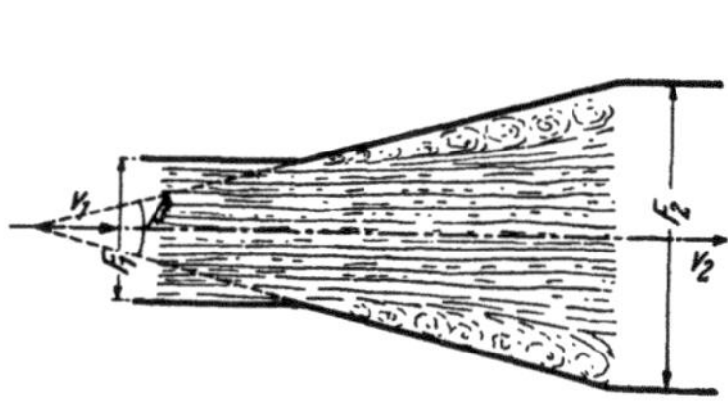

Abb. 154. Allmähliche Erweiterung. Bei zu großem Öffnungswinkel erfolgt Ablösung der Strömung

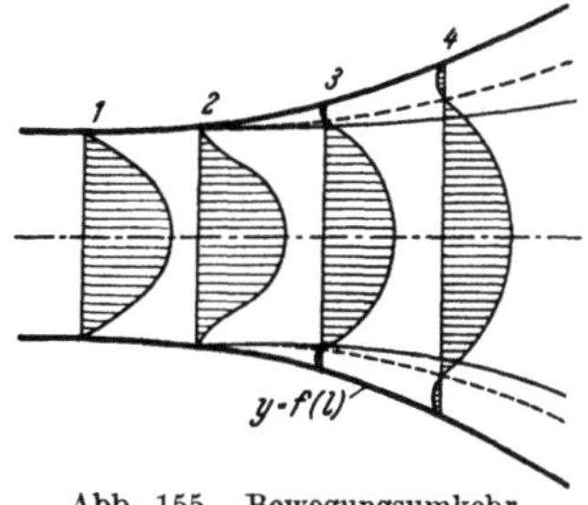

Abb. 155. Bewegungsumkehr am Rande

hat für laminare Strömung in rechteckigen Kanälen gleicher Breite, aber veränderlicher Höhe $y = f(l)$ als Kriterium für die Bewegungsumkehr (Abb. 155) den Ausdruck

$$Re_1 \cdot \frac{dy}{dl} = \frac{35}{2}$$

für das divergente Rohr (Diffusor) gefunden, wenn

$$Re_1 = \frac{y(l) \cdot v}{\nu}$$

gesetzt wird, welcher Wert also mit l veränderlich ist. Während der günstigste Öffnungswinkel bei Rohren 8^0 beträgt, zeigen sich in rechteckigen Kanälen bereits bei einem Winkel 10^0 Ablösungserscheinungen[2]). Die Verlusthöhe kann für $\delta = 8^0$ mit

$$h_w' = \eta \cdot \frac{v_2^2}{2g} \left\{ \left(\frac{F_2}{F_1} \right)^2 - 1 \right\}$$

angeschrieben werden, wobei $\eta = 0{\cdot}15$ bis $0{\cdot}20$ ist.

Führt man diese Verlusthöhe in die Bernoullische Gleichung ein, so erhält man

$$\frac{v_1^2}{2g} + \frac{p_1}{\gamma} = \frac{v_2^2}{2g} + \frac{p_2}{\gamma} + \eta \cdot \frac{(v_1^2 - v_2^2)}{2g}$$

oder

$$p_2 - p_1 = \frac{\varrho}{2} (v_1^2 - v_2^2) \cdot (1 - \eta)$$

und es ist der Wirkungsgrad der Rohrerweiterung, nämlich der Quotient

$$\frac{p_2 - p_1}{\frac{\varrho}{2}(v_1^2 - v_2^2)} = 1 - \eta \sim 0{\cdot}8 \text{ bis } 0{\cdot}85$$

mit den angegebenen Werten von η.

---

[1]) BLASIUS, H.: Laminare Strömung in offenen Kanälen usw., Zschft. f. Math., Physik **58** (1910).
[2]) NIKURADSE, J.: VDI-Forsch.-Heft **222** (1929).

3. Richtungsänderungen

Auch bei diesen treten die vorbeschriebenen Erscheinungen mit Mischverlusten auf, die die Strömungsenergie herabsetzen.

a) Rohrkrümmer

In den zur Herstellung von Richtungsänderungen benötigten bogenförmigen Zwischenstücken einer Leitung, den Krümmern, vollzieht sich eine verwickelte Strömung, die mit größeren Verlusten als in der geraden Strecke verbunden ist. Auch hier verlaufen die Stromfäden bei kleinen Re-Zahlen vorerst parallel zur Wand als Laminarströmung. Wird die Geschwindigkeit bzw. die Re-Zahl größer, so beginnt sich der Einfluß des

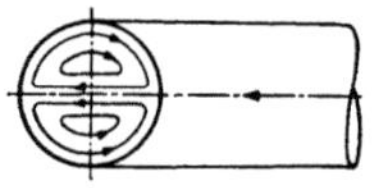

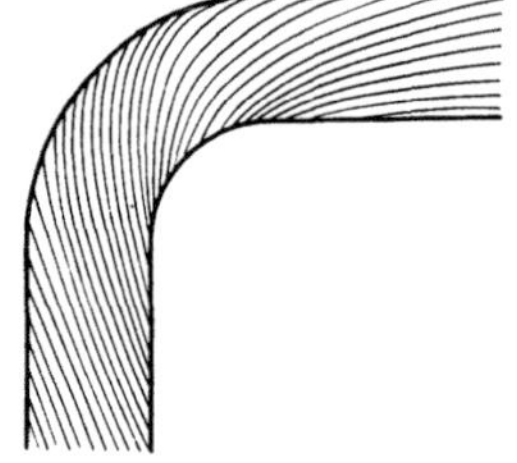

Abb. 157. Haupt- und Nebenströmung überlagern sich zur Spiralbewegung

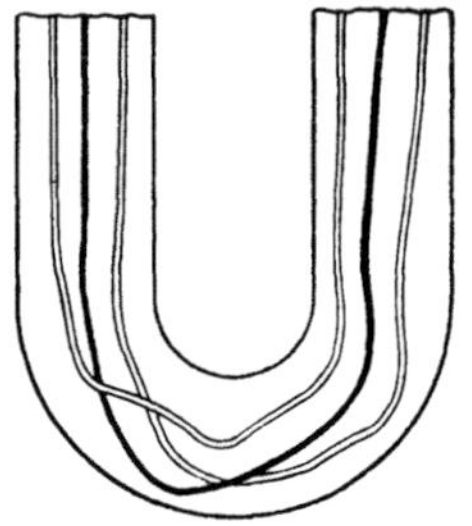

Abb. 158. Flechtströmung nach EUSTICE

Abb. 156. Die Nebenströmung im Krümmer von Kreisquerschnitt ist ein Doppelwirbel

Druckgefälles gegen den Krümmungsmittelpunkt der Strömung bemerkbar zu machen, indem die an der Rohrwand langsamer bewegten Teilchen stärker, jene des rascher bewegten Kerns jedoch schwächer abgelenkt werden. Hiedurch bildet sich eine doppelte Zirkulationsbewegung im Querschnitt, wobei die Wandteilchen gegen den Krümmungsmittelpunkt, die inneren Teilchen jedoch nach außen drängen (Abb. 156). Im Verein mit der Hauptbewegung ergeben sich zwei Wirbelzöpfe (Abb. 157), deren Anfangsstadium von EUSTICE[1] durch Färbung sichtbar gemacht worden ist. Es entsteht, wie aus Abb. 158 zu ersehen ist, eine verwickelte Flechtströmung, die sich bei Steigerung der Re-Zahl in eine turbulente Mischbewegung verwandelt. Indem die rascher bewegten Teilchen des Kerns nach außen drängen, verlagert sich die größte Geschwindigkeit gegen die Außenseite des Krümmers, wie aus der Abb. 159 zu ersehen ist, in der ein Isotachenbild nach den Beobachtungen NIPPERTS[2] dargestellt ist. Die sekundären Nebenbewegungen begünstigen die turbulente Mischbewegung, so daß der Mischverlust gegenüber dem geraden Rohr vergrößert

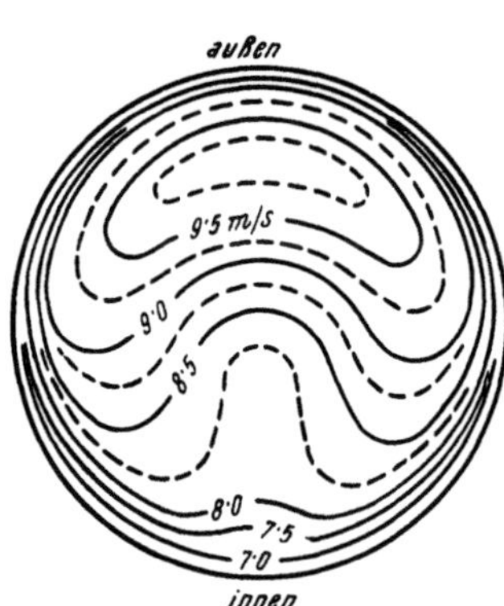

Abb. 159. Isotachen im Krümmerquerschnitt nach NIPPERT

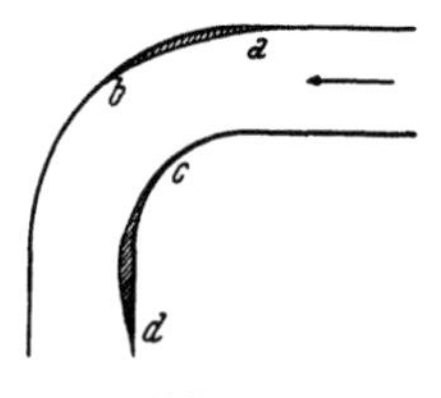

Abb. 160

wird. Hiezu gesellt sich ein weiterer Verlust; indem nämlich das Wasser gezwungen wird an den Außenseiten auf der Strecke ab oberhalb und cd unterhalb des Scheitels (Abb. 160) gegen den dort auftretenden Druckanstieg

[1] EUSTICE, I.: Flow of fluids, Engineering **120**, 604 (1925).
[2] VDI-Forsch.-Heft **30** (1929). Ähnliches fanden auch WILLIAMS, HUBELL und FENKELL, Am. Soc. Civ. Eng. Trans. 1902.

zu fließen, kommt es an diesen Stellen zur Ablösung der Strömung von der Wand, womit eine Einengung des Strömungsquerschnitts verbunden ist. Infolge der anschließenden Erweiterung wird ein Mischverlust herbeigeführt.

Während sich der Einfluß des Bogens oberhalb des Krümmers nur auf einer kurzen Strecke, etwa 1 bis $2\,D$ lang, bemerkbar macht, reicht derselbe in der unterhalb anschließenden geraden Leitung etwa 50 bis $70\,D$ weit. Dies ist die „Rückbildungsstrecke", in der die Strömung allmählich zur normalen Geschwindigkeitsverteilung zurückkehrt. Die untere kritische Re-Zahl, unterhalb welcher in Krümmern keine Turbulenz auftritt, wächst mit dem Krümmungsverhältnis $\dfrac{D}{D_b}$, wenn D den

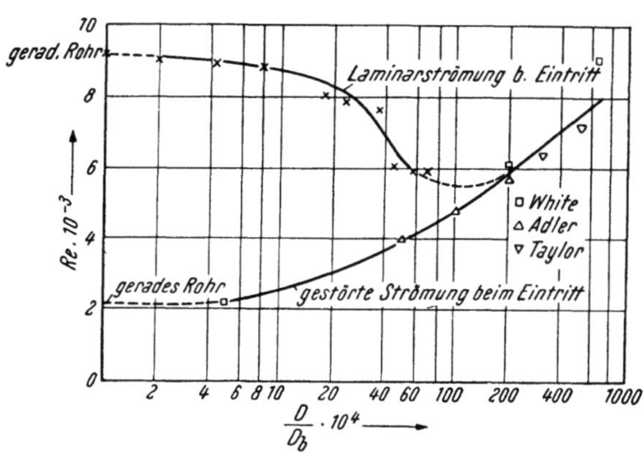

Abb. 161. Kritische Re-Zahlen in Abhängigkeit vom Krümmungsverhältnis $\dfrac{D}{D_b}$

Durchmesser des Rohres und D_b jenen des Krümmerbogens darstellt. Dies geht aus verschiedenen Versuchen hervor, deren Ergebnisse in folgender Tabelle eingetragen und in Abb. 161 dargestellt sind:

Neuere Versuche wurden von KEULEGAN und HILDING BEIJ[4]) durchgeführt. Diese arbeiteten mit Krümmern verschiedenen Krümmungsverhältnisses. Sie bestanden aus glatten Messingrohren von $0\,'95$ cm Durchmesser, die zwischen gerade Leitungen eingespannt wurden. Die Deutung der Meßergebnisse ist durch die theoretischen Arbeiten W. R. DEANS[5]) ermöglicht worden, der unter Annahme kleiner Krümmungsverhältnisse den

Autor	$\dfrac{D}{D_b}$	Re_{kr}
White[1])	0'000489	2250
	0'020	6000
	0'0660	9000
Adler[2])	0'0050	3980
	0'010	4730
	0'020	5620
Taylor[3])	0'031	6350
	0'054	7100

Widerstand aus den Stokes-Navierschen Gleichungen (Abschn. L 1) berechnete und für die Widerstandszahl des Krümmers

$$\lambda_b = \frac{J^2 \cdot g^2 \cdot D^7}{v^4 \cdot D_b} \cdot \lambda$$

fand, wenn λ die Widerstandszahl für das gerade Rohr ist.

Bedenkt man, daß für die Laminarströmung im geraden Rohr $\lambda = 64 \cdot Re^{-1}$ ist, so folgt mit $J = \dfrac{\lambda v^2}{2gD}$ aus obigem Ausdruck

$$\lambda_b = (32)^2 \cdot Re^2 \cdot \frac{D}{D_b} \cdot \lambda \quad \text{oder} \quad \frac{\lambda_b}{\lambda} = f\left(Re \cdot \sqrt{\frac{D}{D_b}}\right)$$

in allgemeiner Form.

[1]) WHITE, C. M.: Streamline flow through curved pipes, Proc. Roy. Soc. (London) **123** (A) (1929).
[2]) Z. A. M. M. 1934.
[3]) TAYLOR, G. I.: The criterion for turbulence in curved passages, Proc. Roy. Soc. (London) **124** (A) (1929).
[4]) Journal of Research **18** (1937), Washington 1938.
[5]) Proc. Roy. Soc. (London) **123** (A) (1929).

Die Abhängigkeit des Verhältnisses $\dfrac{\lambda_b}{\lambda}$ vom Parameter $Re \cdot \sqrt{\dfrac{D}{D_b}}$ aus den Versuchen von KEULEGAN und HILDING ist in Abb. 162 dargestellt. Den genannten Forschern gelang es durch Fernhaltung von Störungen beim Eintritt die kritische Re-Zahl bis auf $Re_{kr} = 9200$ im geraden Rohr zu steigern (obere Zahl), die aber vorerst fiel, wenn das Verhältnis $\dfrac{D}{D_b}$ wuchs. Es zeigten sich bei laminarem Einlauf folgende Werte:

$\dfrac{D}{D_b} \cdot 10^4$	0·00	2·04	4·45	8·07	12·8	18·2	36·3	45·3	57·2	69·7
$Re_{krit} \cdot 10^{-3}$	9·2	9·0	8·9	8·8	8·6	8·0	7·6	6·0	5·9	5·9
Zentriwinkel α^0	0	5	10	20	30	45	90	120	150	180

Diese kritische Re-Zahl wurde bestimmt durch Auftragung der ermittelten Widerstandszahlen als Funktion der Reynoldsschen Zahl (Abb. 163) und das Anwachsen der Widerstandszahl zeigt den Übergang von der laminaren zur turbulenten Strömungsform an. Während der Übergang im Krümmer allmählich erfolgt, vollzieht er sich in der

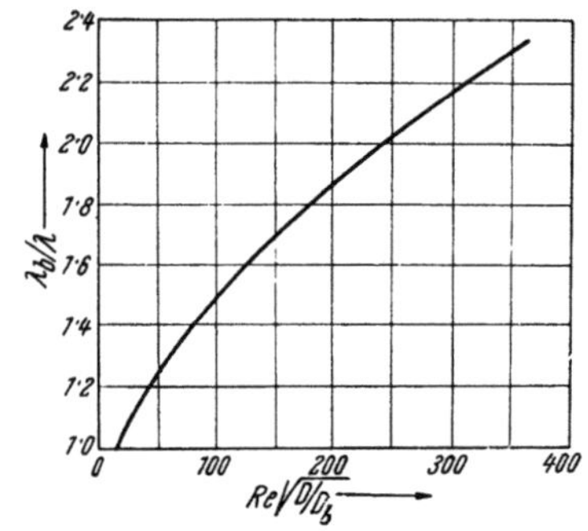

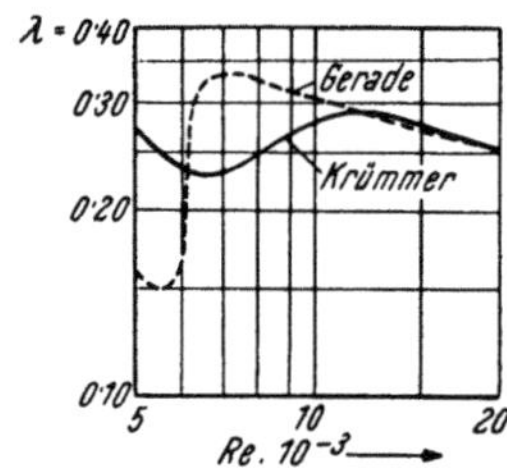

Abb. 162. Versuchsergebnisse von KEULEGAN und HILDING

Abb. 163. Widerstandszahlen nach Versuchen von KEULEGAN und HILDING

Rückbildungsstrecke brüsk, so daß letztere für die Ermittlung der oberen Re_{krit} als Abhängige des Krümmungsverhältnisses sehr geeignet erscheint und hiefür auch herangezogen worden ist. Die erhaltenen Werte der oberen kritischen Zahl sind in Abb. 161 dargestellt. Bei Reynoldsschen Zahlen, die größer als die obere kritische Zahl in der Rückbildungsstrecke waren, war die Strömung im Krümmer turbulent.

Für die relative Zunahme des Widerstandskoeffizienten des Krümmers bei Turbulenz ergaben sich folgende Werte als Funktion der Krümmung.

$\dfrac{D}{D_b} \cdot 10^4$ =	2·04	4·45	8·07	12·8	18·2	24·2	36·3	45·3	57·2	69·7
$\dfrac{\lambda_b - \lambda}{\lambda}$ =	0·010	0·006	0·011	0·010	0·017	0·028	0·042	0·058	0·057	0·073

Demgegenüber hat A. HOFMANN[1]) in umfangreichen Versuchen mit rechtwinkeligen Krümmern, deren Rohrdurchmesser 43 mm betrug, den Verlust an Strömungsenergie infolge Krümmerwirkung als Bruchteil der Geschwindigkeitshöhe dargestellt, also

$$h_{w1} = \zeta \cdot \frac{v^2}{2g}$$

gesetzt.

---

[1]) Mitt. d. Hydraul. Inst. d. Techn. Hochschule München **2** u. **3** (1929).

Bei glatter Wand ändert sich ζ mit v bzw. Re und dem Krümmungsverhältnis $\frac{D}{D_b}$ und nimmt mit wachsender Re-Zahl ab (Abb. 164). Die Aufteilung der Verlusthöhen ist in Abb. 165 schematisch dargestellt. Die Rückbildungsstrecke hört dort auf, wo die Differenz $h_w - x \cdot \dfrac{\lambda v^2}{2gD} = \mathrm{const}$ zu werden beginnt, wenn h_w die gesamte Verlusthöhe und $\dfrac{\lambda v^2}{2gD}$ die spezifische Verlusthöhe der geraden Strecke (also pro laufenden Meter) ist, bezogen auf den Krümmeranfang.

Für Krümmer, deren Wandrauhigkeit durch ein Gemisch von Ölfarbe und Sand hergestellt worden ist und deren größte Wandunebenheit etwa 0·25 mm

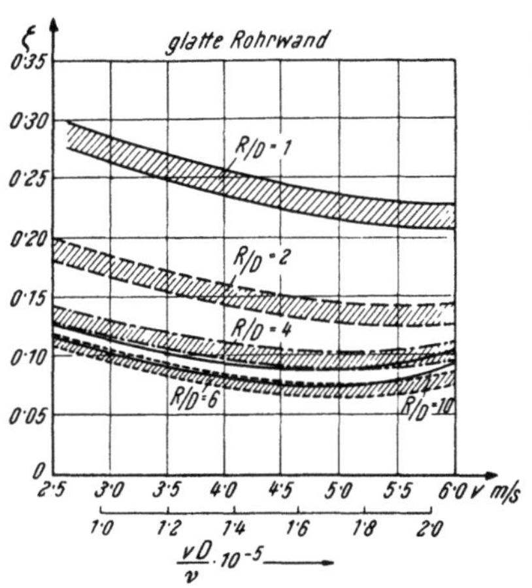

Abb. 164. Abhängigkeit des Krümmerverlustes von der Re-Zahl bei glatter Wand

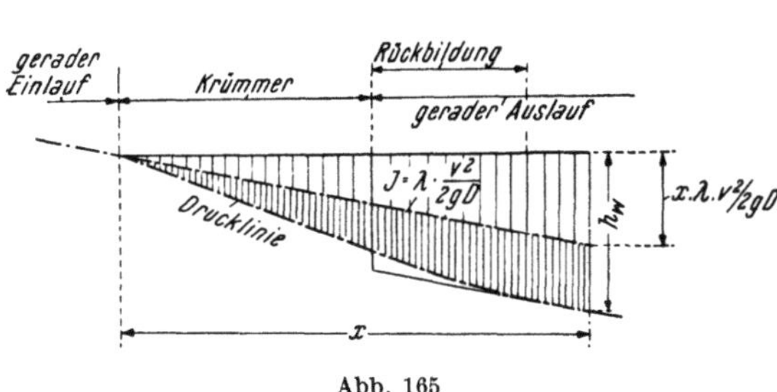

Abb. 165

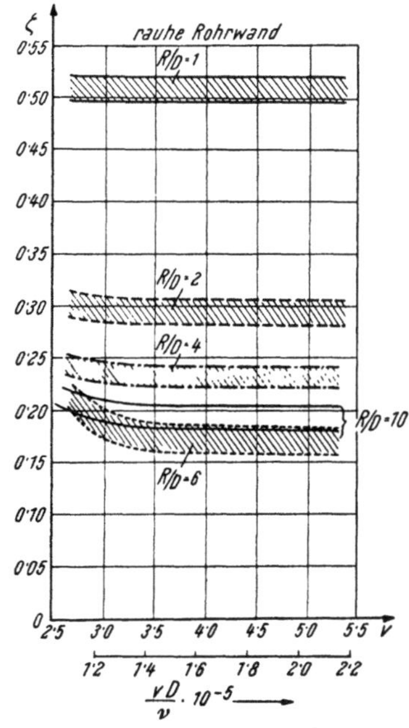

Abb. 166. Abhängigkeit des Krümmerverlustes von der Re-Zahl bei rauher Wand

bei Versuchsbeginn war, die aber sonst die gleichen Verhältnisse wie die glatten Krümmer aufwiesen, sind die ζ-Werte für $Re \gtreqqless 1\text{·}5 \cdot 10^5$ konstant, wie aus den in Abb. 166 dargestellten Münchner Versuchsergebnissen zu ersehen ist. Es ergaben sich für $Re = 1\text{·}4 \cdot 10^5$ bis $2\text{·}2 \cdot 10^5$ folgende Werte:

$\dfrac{D_b}{2D} = \dfrac{R}{D} =$	1	2	4	6	10
$\zeta =$	0·52	0·29	0·23	0·18	0·20,

woraus ein günstigstes[1]) Verhältnis $\dfrac{D_b}{2D} = 6$ abzulesen ist mit einem kleinsten $\zeta = 0\text{·}18$.

---

[1]) Ähnliches ist schon früher von zahlreichen Versuchsanstellern gefunden worden. Siehe H. RICHTER, Rohrhydraulik Berlin 1934.

Für Krümmer, deren Zentriwinkel $\alpha \gtreqless 90^0$ ist, kann angenähert $h_w = \zeta_1 \cdot \dfrac{v^2}{2g}$ gesetzt werden mit $\zeta_1 = \dfrac{\alpha^0}{90^0} \cdot \zeta$.

Krümmerverluste können durch Anordnung zweckmäßig geformter Leitvorrichtungen nicht unbedeutend herabgesetzt werden[1]) (Abb. 167).

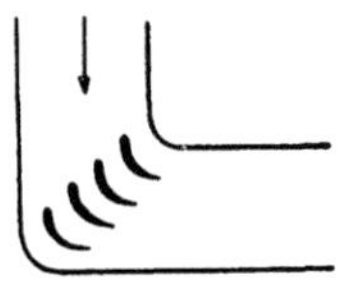

Abb. 167. Verminderung des Krümmerverlustes durch Umlenkschaufeln

b) Kniestücke

Obwohl hier die Richtungsänderungen unstetig sind, so kommen ähnliche Verhältnisse wie bei den Krümmern vor, weil hier wie dort das Wasser durch Ablösungserscheinungen sich gewissermaßen seine Krümmerform gestaltet. Meist wird in Stahlblechrohren großen Durchmessers, deren relative Rauhigkeit also gering ist, durch Aneinanderreihen mehrerer Kniestücke ein Formstück, ein Bogen usw. geschaffen. Schon J. WEISBACH hat Versuche mit Kniestücken aus Messing durchgeführt, deren Wandbeschaffenheit den wirklichen Verhältnissen gut entsprechen würde. Doch sind die von ihm gefundenen Widerstandsbeiwerte verglichen mit jenen anderer Versuchsansteller zu klein. So beträgt nach WEISBACH für ein Kniestück vom Ablenkungswinkel 90^0 $\zeta = 0{\cdot}984$, während BRIGHTMORE[2]) den wahrscheinlicheren Wert $\zeta = 1{\cdot}17$ für Eisenrohre von $D = 76{\cdot}2$ und $101{\cdot}6$ mm angibt. Diese Unsicherheit war mit der Anlaß zu neuen Versuchen, die von KIRCHBACH[3]) und SCHUBART[4]) vorgenommen worden sind. Ihre Untersuchungen erstreckten sich auf Kniestücke von $D = 43$ mm, die entweder glatt oder mittels Ölfarbe und Sand künstlich rauh gemacht worden sind. Die

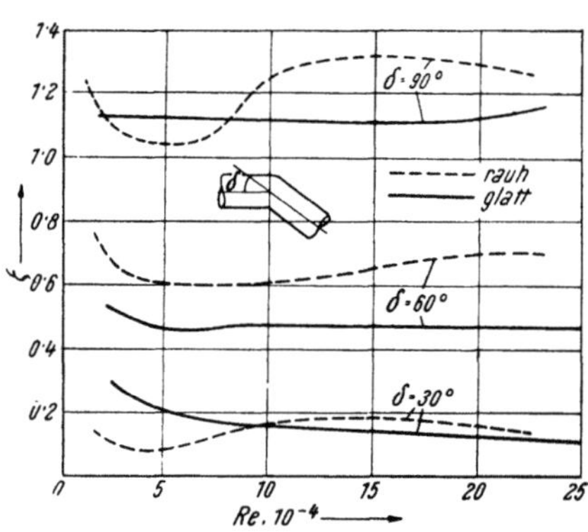

Abb. 168. Verluste bei Kniestücken

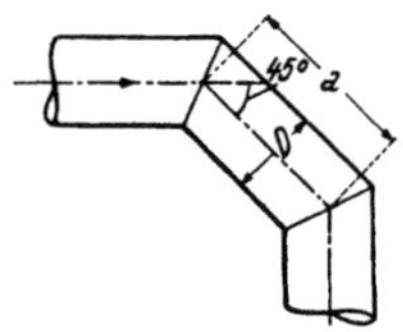

Abb. 169

Darstellung des ζ in Abhängigkeit von der Re-Zahl zeigt, daß für $Re \gtreqless 200\,000$ der Widerstandsbeiwert praktisch genommen als eine Konstante angesehen werden kann, deren Wert nunmehr vom Ablenkungswinkel δ abhängt (Abb. 168). Die Rückbildungsstrecke hinter dem Knie hat bei 90^0 eine Länge von $25\,D$, während merkwürdigerweise bei kleineren δ die normale Geschwindigkeitsverteilung erst in einer weit größeren Entfernung sich wieder einstellt, und zwar bei etwa $50\,D$. Diesem Umstand muß bei Messungen Rechnung getragen werden, wenn man richtige ζ erhalten will. Sind zwei oder mehrere Knickstellen in der Entfernung a vorhanden (Abb. 169), so zeigt sich gewöhnlich

[1]) KRÖBER, G.: Schaufelgitter zur Umlenkung von Flüssigkeitsströmungen mit geringem Energieverlust, Ing.-Archiv **3** (1932).
[2]) Minut. Proc. Inst. civ. Engr. **169** (1906/07).
[3]) Mitt. d. Hydraul. Inst. d. Techn. Hochschule München **3** (1929).
[4]) Wie unter [3]).

bei einem bestimmten Verhältnis, und zwar $\dfrac{a}{D} \sim 1\,5$ bis $1\,7$ ein kleinstes ζ, wie aus folgenden Tabellen zu entnehmen ist:

Formstück Abb. 169

$\dfrac{a}{D}$	0·71	0·943	1·174	1·42	1·86	2·56	3·72	6·28
ζ glatt	0·507	0·350	0·333	0·261	0·289	0·356	0·356	0·399
ζ rauh.......	0·510	0·415	0·384	0·377	0·390	0·429	0·460	0·444

Formstück Abb. 170

$\dfrac{a}{D}$ ..	1·23	1·44	1·67	1·70	1·91	2·37	2·96	4·11	4·70	6·10
ζ glatt	0·195	0·196	0·150	0·149	0·154	0·167	0·172	0·190	0·192	0·201
ζ rauh	0·347	0·320	0·300	0·299	0·312	0·337	0·342	0·354	0·360	0·360

Die Widerstandsbeiwerte für $Re \gtreqless 200\,000$ sind in folgender Tabelle für das einfache Kniestück verzeichnet[1]):

$\delta =$	10^0	15^0	$22\,5^0$	30^0	45^0	60^0	90^0
ζ glatt $=$	0·034	0·042	0·066	0·130	0·236	0·471	1·129
ζ rauh $=$	0·044	0·062	0·154	0·165	0·320	0·684	1·265

Bemerkenswert ist, daß der Gesamtwiderstand mehrerer aneinandergereihter Kniestücke kleiner ist als die Summe der Einzelwiderstände, sobald der Abstand der Knickstellen unterhalb gewisser Grenzen bleibt. Schubart hat die Untersuchungen auf rauhe Wände ausgedehnt und ähnlich wie früher $a \cong 1\,5\,D$ als günstigsten Knickstellenabstand gefunden. Auch hier zeigte sich die Rückbildungsstrecke bei kleinen δ länger als bei großen. Schließlich sei noch die Formel von A. H. Gibson[2]) erwähnt

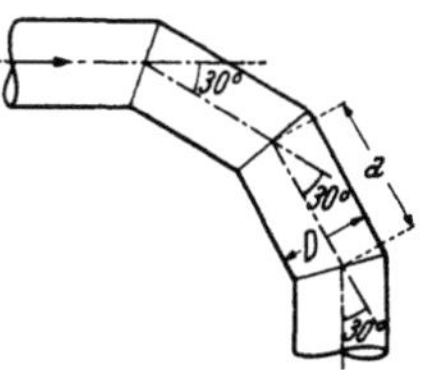

Abb. 170

$$\zeta = 67\,6 \cdot 10^{-6} \cdot \delta^{2\,17},$$

die für nicht zu kleine δ Werte ergibt, die nicht weit von den durch Messung ermittelten liegen, wie folgende Tabelle zeigt:

$\delta =$	30^0	45^0	60^0	90^0
Formel $\zeta =$	0·103	0·261	0·487	1·185
Münchner Messung $\zeta_{glatt} =$	0·130	0·236	0·471	1·129

c) Die Rohrverzweigung

Der Strömungsverlust ist bei der sehr verwickelten Strömung in Verzweigungen abhängig vom Abzweigwinkel, vom Verhältnis der Rohrdurchmesser und von der Strömungsrichtung. Er ist beim Zusammenfluß (Vereinigung) größer als bei einer Trennung. Auch hier wird die Verlusthöhe durch die Geschwindigkeitshöhe ausgedrückt und es zeigte sich der Beiwert ζ von der Re-Zahl unabhängig.

---

[1]) Weitere Angaben sind in den unter [4]) zitierten Abhandlungen zu finden.
[2]) Trans. Roy. Soc. **48** Edinbourgh 1913.

Die Versuche von Vogel[1]), Petermann[2]) und Kinne[3]) mit glatten Abzweigstücken, deren Durchdringungskanten abgerundet waren, ergaben folgende günstigsten Verhältnisse der Durchmesser bei Trennung, wobei die Bezeichnung der Abb. 171 verwendet wurden.

		$\dfrac{Q_a}{Q} = 0\cdot3$			$\dfrac{Q_a}{Q} = 0\cdot5$			$\dfrac{Q_a}{Q} = 0\cdot7$		
$\delta =$		90^0	60^0	30^0	90^0	60^0	30^0	90^0	60^0	30^0
günstig.	$\dfrac{D_a}{D}$	1	$0\cdot61$	$0\cdot58$	1	$0\cdot79$	$0\cdot75$	1	1	1
„	$\dfrac{v_a}{v}$	$0\cdot3$	$0\cdot8$	$0\cdot9$	$0\cdot5$	$0\cdot8$	$0\cdot9$	$0\cdot7$	$0\cdot7$	$0\cdot7$
„	ζ_a	$0\cdot76$	$0\cdot59$	$0\cdot35$	$0\cdot74$	$0\cdot54$	$0\cdot32$	$0\cdot88$	$0\cdot52$	$0\cdot30$

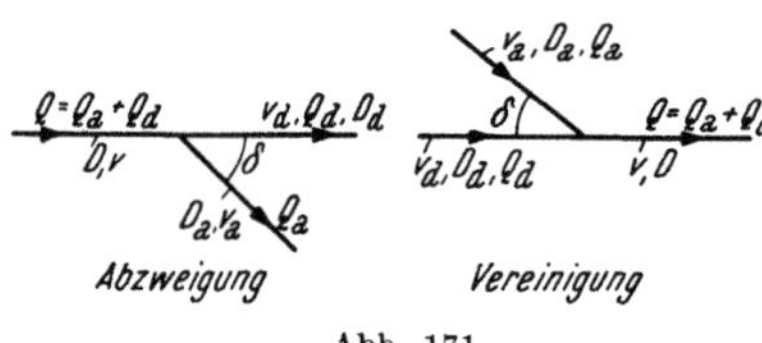

Abb. 171

Bei Stromvereinigung ist es zweckmäßig[4]), den relativen Verlust an Leistungsfähigkeit einzuführen, worunter man das Verhältnis von Energieverlust zur zugeführten Energie versteht. Der Energieverlust

$$E_{verl} = \gamma \cdot (Q_a \cdot \text{Verlusthöhe} + Q_d \cdot \text{Verlusthöhe})$$

die zugeführte Energie ist

$$E = \varrho \cdot \left(Q_a \frac{v_a^2}{2} + \frac{Q_d\, v_d^2}{2}\right).$$

Die aus den Münchner Versuchen sich ergebenden Werte $\xi = \dfrac{E_{verl}}{E}$ sind in folgender Tabelle eingetragen für Abzweigwinkel von 45^0 und 60^0:

		$\dfrac{Q_a}{Q} = 0\cdot3$		$\dfrac{Q_a}{Q} = 0\cdot5$		$\dfrac{Q_a}{Q} = 0\cdot7$	
$\delta =$		60^0	45^0	60^0	45^0	60^0	45^0
günstig.	$\dfrac{D_a}{D}$	1	$0\cdot58$	$0\cdot58$	$0\cdot58$	$0\cdot58$	1
„	$\dfrac{v_a}{v}$	$0\cdot3$	$0\cdot9$	$1\cdot5$	$1\cdot5$	$2\cdot0$	$0\cdot7$
„	ξ	$0\cdot33$	$0\cdot20$	$0\cdot56$	$0\cdot43$	$0\cdot66$	$0\cdot53$

IV. Die nichtstationäre Bewegung in Druckrohrleitungen

1. Energiegleichung

In der im Abschnitt D II erhaltenen Energiegleichung (8) kann unschwer die Reibung berücksichtigt werden. Hat die Verlusthöhe auf dem Leitungsstück von der Länge dx nach (14) in Abschnitt F II die Größe $\dfrac{\lambda\, v^2}{2\,g\,D} \cdot dx$, so beträgt sie

[1]) Mitt. d. Hydraul. Inst. d. Techn. Hochschule München 1 (1926) und 2 (1928).
[2]) Mitt. d. Hydraul. Inst. d. Techn. Hochschule München 3 (1929).
[3]) Mitt. d. Hydraul. Inst. d. Techn. Hochschule München 4 (1931).
[4]) Richter, H.: Rohrhydraulik Berlin 1934.

für das Stück zwischen zwei Querschnitten im Abstand x_1 und $x_2 > x_1$

$$\Delta h_v = \int_{x_1}^{x_2} \frac{\lambda v^2}{2gD} \cdot dx$$

und es erhält die oben zitierte Gl. (8) die Form

$$\int_{x_1}^{x_2} \frac{\partial v}{\partial t} \cdot dx = \left(\frac{v_1^2}{2g} + \frac{p_1}{\gamma} + z_1\right) - \left(\frac{v_2^2}{2g} + \frac{p_2}{\gamma} + z_2\right) + \int_{x_1}^{x_2} \frac{\lambda v^2}{2gd} \cdot dx. \tag{1}$$

Es sei ein Druckrohr vom Durchmesser D und der Länge L gegeben, das an einen Speicher anschließt. Der Ausfluß sei frei, so daß bei einer Spiegellage H über der Ausflußöffnung ein Strömungsgefälle $J = \dfrac{H}{L} = \dfrac{\lambda v^2}{2gD}$ und

$$v = \sqrt{\frac{2g}{\lambda} \cdot D \cdot \frac{H}{L}} \quad \text{resultiert.}$$

Ändert sich die Höhenlage des Spiegels im Speicher, ist also die Tiefe des Ausflusses unter dem Spiegel $H = f(t)$ und somit

$$v = \sqrt{\frac{2g}{\lambda} \cdot \frac{D}{L} \cdot f(t)},$$

so wird

$$\int_{x_1}^{x_2} \frac{\partial v}{\partial t} \cdot dx = \sqrt{\frac{2g}{\lambda} \frac{D}{L}} \cdot \frac{f'(t)}{2\sqrt{f(t)}} \cdot (x_2 - x_1)$$

und

$$\int_{x_1}^{x_2} \frac{\lambda v^2}{2gD} \cdot dx = f(t) \cdot \frac{x_2 - x_1}{L}.$$

Falls man für $x_2 = L$ (Ausflußquerschnitt) die Werte $\dfrac{p_2}{\gamma} = 0$ und $z_2 = 0$ einführt und für $x_1 = x$, $p_1 = p$, $z_1 = z$ setzt, folgt

$$\frac{p}{\gamma} + z - f(t) \cdot \frac{L-x}{L} - \sqrt{\frac{2g}{\lambda} \cdot \frac{D}{L}} \cdot \frac{f'(t)}{2\sqrt{f(t)}} \cdot (L-x), \tag{2}$$

aus welcher Beziehung für jeden Querschnitt im Abstand x vom Speicher und von bekannter geometrischer Höhe z zu jedem Zeitpunkt der herrschende Druck ermittelt werden kann. Anders ist es bei einer Störung des stationären Strömungszustandes durch Betätigung eines Abschlußorganes.

2. Der Wasserstoß[1])

Es wurde bereits in D II 4 gezeigt, daß kleine Druckstörungen sich mit einer im Verhältnis zur Strömungsgeschwindigkeit bedeutenden Schnelligkeit fort-

[1]) Schrifttum: ALIÉVI, LORENZO: Über die veränderliche Bewegung des Wassers. Deutsche Ausgabe von R. DUBS und V. BATAILLARD. Springer, Berlin 1909.

BOUCHAYER ET VIALLET: Conduites sous pression, Grenoble 1925.

KREITNER, H.: Druckschwankungen in Turbinenleitungen. Die Wasserwirtschaft, Wien 1926.

LÖWY, R.: Druckschwankungen in Druckrohrleitungen. Springer, Berlin 1928.

HRUSCHKA, A.: Druckrohrleitungen. Springer, Wien-Berlin 1929.

SCHNYDER: Druckstoß in Rohrleitungen. Wasserkr. u. Wasserwirtsch., München 1932. Druckstoß in Pumpensteigleitungen. Schweiz. Bauztg. 1929.

BERGERON, L.: Étude des variations de régime dans les conduites d'eau. Rév. Gen. Hydr. 1935. Méthode graphique générale du calcul des ondes planes. Mém. Soc. Ing Civils, 1937.

JAEGER, CH.: Théorie générale du coup de bélier, 1936.

ANGUS, R. W.: Water Hammer in Pipes usw. Proc. Inst. Mech. Eng. 1937.

GANDENBERGER, W.: Grundlagen der graphischen Ermittlung der Druckschwankungen in Wasserversorgungsleitungen, München 1950.

pflanzen. Ähnliches ist in einer Druckleitung zu beobachten, die aus einem Behälter kommend am unteren Ende eine Absperrvorrichtung (Schieber usw.) hat, vor der ein Manometer angebracht ist. Bei einmaliger rascher Betätigung des Schiebers werden aufeinanderfolgende, kurze und nur einige Sekunden dauernde Druckschwankungen beobachtet, die mittels eines Druckschreibers festgehalten werden können. Diese Druckschwankungen sind auf das elastische Verhalten des Wassers und der Rohrwand zurückzuführen. Beim raschen Abbremsen der Geschwindigkeit wird Bewegungsgröße in „Stoßdruck" umgewandelt[1]), womit eine Zusammendrückung des Wassers und eine Ausweitung der Rohrwand einhergeht. Die zunächst des Schiebers entstehenden Störungen pflanzen sich rasch fort, erreichen nach kurzer Laufzeit das Rohrende bzw. den Einlauf beim Wasserschloß, werden dort reflektiert und laufen gedämpft zurück zum Schieber. Dieser Vorgang wiederholt sich, bis die der neuen Schieberstellung entsprechende Druckverteilung erreicht worden ist. Der Vorgang ist nicht unähnlich jenem beim Fallen einer Stahlfeder (Abb. 172) auf eine Unterlage, deren unteres Ende beim Aufprall festgehalten wird, während das andere Ende frei bleibt. Auch hier werden die untersten Partien zuerst zusammengedrückt und die Deformation mit entsprechender Schnelligkeit nach oben zum freien Ende fortgepflanzt, so daß longitudinale Schwingungen entstehen. Im übrigen beruhen ja auf solchen Schwingungen der Luft die Pfeifentöne. Daß bei einer raschen Drosselung einer Druckleitung sehr große Kräfte auftreten können, zeigt folgende Impulsbetrachtung.

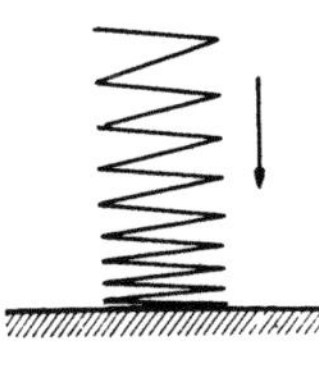

Abb. 172

Es sei F der Querschnitt, ω die Fortpflanzungsschnelligkeit der Druckerhöhung, v_0 die Geschwindigkeit im normalen Betrieb und v die Geschwindigkeit, auf welche gedrosselt wurde. Dann erleidet die Wassermasse $\varrho F \cdot (v_0 + \omega)\, dt$ eine zeitliche Änderung der Bewegungsgröße

$$\frac{\varrho \cdot F \cdot (v_0 + \omega) \cdot (v_0 - v)\, dt}{dt},$$

die sich als Kraft äußert. Die bewirkte Steigerung der Druckhöhe ist dann

$$\Delta h = \frac{P}{\varrho \cdot g \cdot F} = \frac{\omega \left(1 + \dfrac{v_0}{\omega}\right)}{g} \cdot (v_0 - v). \tag{3}$$

Gewöhnlich ist $v_0 = 2{\cdot}5 - 5$ m/sec und nur in seltenen Fällen ist die Normalgeschwindigkeit größer als $5{\cdot}0$ m/sec. Für Stahlrohre kann im Mittel $\omega \sim 1000$ m/sec gesetzt werden, so daß $\omega \gg v_0$ und man mit $v = 0$

$$\Delta h \sim \frac{\omega}{g} \cdot v_0 = 245 \text{ bis } 510 \text{ m}$$

als maximale Druckhöhensteigerung für mittlere Verhältnisse findet. Man wird deshalb ein zu rasches Schließen vermeiden; auch ist die Rohrlänge gewöhnlich beschränkt, so daß die Reflexion mitspielen wird. Jedenfalls sind die möglichen Drucksteigerungen so groß, daß sie eine Gefahr für die Konstruktion werden können und daher entsprechend berücksichtigt werden müssen.

---

[1]) Praktische Anwendung beim Stoßheber oder hydraulischen Widder in der ländlichen Wasserversorgung. Siehe z. B. FRIEDRICH, A.: Kulturtechn. Wasserbau. 4. Aufl., Berlin 1923.

a) Starres Rohr, Wasser unzusammendrückbar

Es soll vorerst vom Grenzfall ausgegangen werden, daß das Wasser nicht zusammendrückbar und das Druckrohr vollkommen starr ist. Dann wird die Druck- und Geschwindigkeitsänderung überall im Rohr gleichzeitig erfolgen, was mit dem tatsächlichen Vorgang allerdings im Widerspruch steht. Dennoch gestattet die Rechnung mit diesen Annahmen in nicht wenigen Fällen praktische Lösungen zu finden, die mit den Beobachtungen im Einklang stehen. Vor allem kann diese Annahme vollkommener Starrheit und der Unzusammendrückbarkeit des Wassers bei Druckleitungen gemacht werden, die kürzer sind als 50 bis 100 m und eine Reflexionszeit $t_r = 0\,{\cdot}1 - 0\,{\cdot}2$ sec haben. Es sei an den Behälter in Abb. 173 ein Druckrohr von der Länge L und dem Durchmesser D angeschlossen, das in eine Düse übergeht. Letztere habe den Durchgangsquerschnitt f, der bei vollkommener Öffnung f_{max} betragen möge, während der

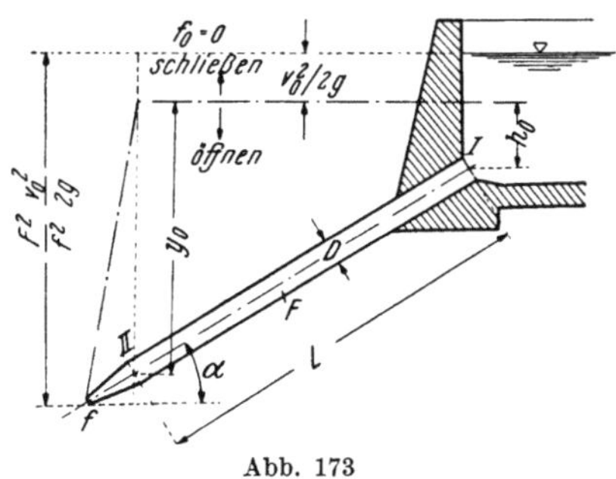

Abb. 173

Rohrquerschnitt F sei. Gemäß der Stromfadentheorie wird bei der Aufstellung der Hauptgleichung der Unterschied von Geschwindigkeit, Druck und Dichte in den Punkten eines Querschnitts nicht berücksichtigt, sondern deren mittlere Werte über den Querschnitt genommen und bei den Überlegungen die Wassermasse der Düse vernachlässigt. Für den stationären Zustand mit $v_0 = \dfrac{Q_0}{F}$ verläuft die Drucklinie waagrecht bis zum Querschnitt II und fällt dort bis zur freien Ausmündung ab. Wird die Düsenöffnung f verkleinert (Schließvorgang), so müßte sich die waagrechte Drucklinie überall um ein gleiches Maß heben und beim Öffnungsvorgang in derselben Art senken. Wird solch eine stationäre Anfangslage durch Regulieren der Düse gestört, so erleidet die Wassermasse zwischen I und II eine Änderung der Bewegungsgröße, die auf die Zeiteinheit bezogen gleich sein muß den in der Richtung dieser Änderung wirkenden Kräften. Letztere sind der Druck im Querschnitt I $\gamma \cdot F h_0$, die Gewichtskomponente $\gamma \cdot F \cdot L \cdot \sin \alpha$ und endlich der Druck im Querschnitt II $\gamma \cdot y \cdot F$.

Es muß also

$$-\varrho F \cdot L \cdot \frac{dv}{dt} + \gamma F \cdot h_0 + \gamma F L \sin \alpha - \gamma y F = 0$$

sein, oder

$$\frac{dv}{dt} = \frac{g}{L}(y_0 - y). \tag{4}$$

Ist v_d die Geschwindigkeit in der Düsenöffnung, so gilt $v_d \cdot f = v \cdot F$. Und die Druckhöhe $y = \left(\dfrac{F^2}{f^2} - 1\right) \cdot \dfrac{v^2}{2g}$ nach BERNOULLI oder

$$v = \sqrt{\frac{2gy}{\dfrac{F^2}{f^2} - 1}} = \frac{f}{F}\sqrt{\frac{2gy}{1 - \dfrac{f^2}{F^2}}}.$$

Gewöhnlich ist schon $f_{max} \lll F$, weshalb $v \sim \dfrac{f}{F} \cdot \sqrt{2gy}$ ist. Somit folgt aus (4)

$$\frac{\sqrt{2gy}}{F} \cdot \frac{df}{dt} + \frac{f}{2F} \cdot \frac{\sqrt{2g}}{\sqrt{y}} \cdot \frac{dy}{dt} = \frac{g}{L}(y_0 - y), \tag{5}$$

welche Gleichung mit Rücksicht auf die gemachten Annahmen mit Vorsicht zu diskutieren ist. Für den Beginn des nichtstationären Zustandes, also mit $y = y_0$ und $f = f_0$, folgt aus (5)

$$\Delta y = -\frac{2y_0}{f_0} \cdot \Delta f \tag{6}$$

und war im stationären Zustand die Leistungsfähigkeit $\gamma \cdot Q_0 \cdot y_0 = \gamma f_0 \cdot \sqrt{2g y_0^3}$ vorhanden, so wird diese im Augenblick nach der Störung die Größe $\gamma \cdot Q \cdot y = \gamma f \cdot \sqrt{2g y^3}$ haben und das Verhältnis beider

$$\lambda = \frac{f}{f_0} \cdot \sqrt{\frac{y^3}{y_0^3}} = \left(1 + \frac{\Delta f}{f_0}\right)\sqrt{\left(1 + \frac{\Delta y}{y_0}\right)^3} \sim \left(1 + \frac{\Delta f}{f_0}\right) \cdot \left(1 + \frac{3}{2}\frac{\Delta y}{y_0}\right).$$

Mit (6) folgt

$$\lambda = \left(1 + \frac{\Delta f}{f_0}\right)\left(1 - 3\frac{\Delta f}{f_0}\right) \cong 1 - 2\frac{\Delta f}{f_0}.$$

Man erhält so das paradoxe Ergebnis, daß bei Beginn des Schließvorganges (negativ Δf) die Leistungsfähigkeit vergrößert wird, während bei einem Öffunngsvorgang das Umgekehrte geschehen soll. Ähnlich ist es mit den Ausflußmengen, deren Verhältnis

$$\mu = \frac{Q}{Q_0} = \frac{f\sqrt{2gy}}{f_0\sqrt{2gy_0}} = \left(1 + \frac{\Delta f}{f_0}\right)\left(1 + \frac{\Delta y}{y_0}\right)^{1/2} = 1 - \left(\frac{\Delta f}{f_0}\right)^2$$

beträgt, so daß bei jeder Störung die Ausflußmenge abnehmen sollte, was ja auch nicht den Tatsachen entspricht. Indessen stimmen die Rechnungsergebnisse um so besser mit der Wirklichkeit, je zeitlich entfernter sie vom Störungsbeginn sind, während ihre Anwendung auf den Beginn von Regulierungsvorgängen ausgeschlossen ist. Schreibt man für (5)

$$f \cdot \frac{dy}{dt} = -2y\frac{df}{dt} + \frac{F}{L} \cdot \sqrt{2gy}\,(y_0 - y), \tag{5a}$$

so erhält man ein Maximum des Druckes mit $\frac{dy}{dt} = 0$, also

$$0 = -2y_{max} \cdot \frac{df}{dt} + \frac{F}{L}\sqrt{2g y_{max}}\,(y_0 - y_{max})$$

und dieses Maximum stimmt mit jenem bei vollkommenem Schließen mit $f = 0$ überein. $\frac{df}{dt}$ ist der Wert zur Zeit des Maximums oder jener für die Schließzeit $t = T$ und setzt man

$$a = \frac{L}{F} \cdot \frac{df}{dt} \cdot \sqrt{\frac{2}{g}},$$

so erhält man

$$y_{max} = y_0 + \frac{a^2}{2}\left\{1 \pm \sqrt{\frac{4y_0}{a^2} + 1}\right\}, \tag{7}$$

und es gilt das negative Zeichen für einen Öffnungsvorgang aus dem stationären Zustand. Aus (4) folgt, daß

$$y = -\frac{L}{g} \cdot \frac{dv}{dt} + y_0$$

und weil

$$-\int_0^T \frac{L}{g}\frac{dv}{dt} \cdot dt + \int_0^T y_0\,dt = \int_0^T y\,dt = -\frac{Lv}{g} + y_0 \cdot T$$

folgt für den Mittelwert

$$\bar{y} = -\frac{Lv}{gT} + y_0.$$

Wie also auch der Schließvorgang sein mag, der aus einem stationären Zustand erfolgt, es ist der Mittelwert des erzeugten Überdruckes $\bar{y} - y_0$ nur von der Schließzeit T bis zum völligen Abschluß abhängig. Bei angenommenem linearem Schließgesetz

$$f = f_0\left(1 - \frac{t}{T}\right) \text{ ist } \frac{df}{dt} = -\frac{f_0}{T} \text{ und } a_1 = -\frac{L}{F}\cdot\frac{f_0}{T}\sqrt{\frac{2}{g}}.$$

Bei einer beschleunigten oder verzögerten Schließbewegung ist für das Druckmaximum stets $\frac{df}{dt} > \frac{f_0}{T}$, weshalb $a > a_1$ und folglich der maximale Druck stets größer ist als jener, der sich bei der linearen Schließbewegung ergibt. Es folgt aus (5a) für den linearen Schließvorgang

$$(T-t)\cdot\frac{dy}{dt} = 2y + \frac{F\cdot T}{f_0\cdot L}\sqrt{2gy}\cdot(y_0 - y)$$

oder

$$a_1(T-t)\cdot\frac{d\sqrt{y}}{dt} = a_1\cdot\sqrt{y} + (y_0 - y) \qquad \text{und mit } \sqrt{y} = \eta$$

folgt

$$\frac{a_1\cdot d\eta}{-\eta^2 + a_1\eta + y_0} = \frac{dt}{T-t}$$

Nach Integration ergibt sich

$$\frac{a_1}{2\sqrt{\dfrac{a_1^2}{4} - y_0}}\cdot\ln\frac{\sqrt{\dfrac{a_1^2}{4} - y_0} - \dfrac{a_1}{2} + \sqrt{y}}{\sqrt{\dfrac{a_1^2}{4} - y_0} + \dfrac{a_1}{2} - \sqrt{y}} = \ln(t - T) + C.$$

C wird aus der Bedingung $y = y_0$ für $t = 0$ ermittelt. Die Druckänderungen klingen ab nach der Gleichung

$$f_0\cdot\frac{dy}{dt} = \frac{F}{L}\cdot\sqrt{2gy}\cdot(y - y_0),$$

die man erhält, wenn in (5a) $\frac{df}{dt} = 0$ und für f der am Ende der Regulierung vorhandene Düsenquerschnitt f_0 gesetzt wird. Der charakteristische Wert für das Abklingen der Druckänderung $\frac{dy}{dt}$ ist also abhängig vom Druckunterschied $y - y_0$ am Beginn und LÖWYS[1]) durchgerechnete praktische Beispiele zeigen ein rasches Verschwinden vorhandener Druckänderungen, was bei Reibung noch stärker der Fall sein wird.

b) Die Grundgleichungen des Wasserstoßes mit Rücksicht auf Elastizität

Um die Bewegungsgleichung des Druckstoßes zu erhalten, denke man sich die am Leitungsende durch Betätigung eines Schiebers erzeugte Druckwelle bis zum Querschnitt x fortgeschritten (Abb. 174). Erfolgt der Fortschritt mit der Schnelligkeit ω, so wird im nächsten Zeitelement dt der Weg $\omega\cdot dt$ zurück-

---

[1]) LÖWY: Druckschwankungen ... Wien: Springer, 1928.

gelegt. Die Masse des vor dem Querschnitt x liegenden Wasserzylinders $a\,b\,c\,d$ von der Länge $\omega \cdot dt$ und dem Querschnitt F wird sich im nämlichen Zeitelement um $v \cdot dt$ nach $a'\,b'\,c'\,d'$ verschoben haben und die zeitliche Änderung der Bewegungsgröße beträgt

$$\frac{d}{dt}\,(\varrho \cdot v \cdot \omega \cdot dt \cdot F) = B.$$

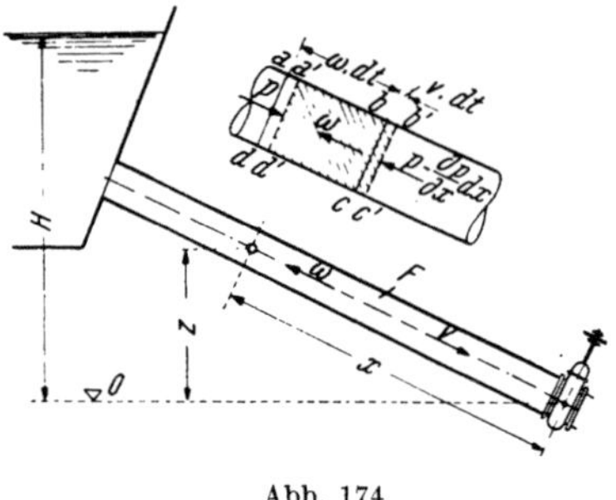

Weil die Dichte sich nur wenig ändert, kann dieselbe konstant gesetzt werden, so daß

$$B = \varrho \cdot \omega \cdot dt \cdot F \cdot \left(\frac{\partial v}{\partial t} + v \cdot \frac{\partial v}{\partial x}\right).$$

Abb. 174

Nun überschreitet v kaum den Wert von etwa 5 m/sec, während im Mittel $\omega \sim 900$ bis 1000 m/sec gesetzt werden kann, so daß die Verschiebung $v\,dt$ klein ist gegenüber $\omega \cdot dt$ (Abb. 174). Es dominiert also der lokale Differentialquotient. Für einen mit der Druckwelle fortschreitenden Beobachter ändert sich weder Druck noch Geschwindigkeit und weil $dx = \omega \cdot dt$ wird

$$dv = 0 = \frac{\partial v}{\partial t} \cdot dt + \frac{\partial v}{\partial x} \cdot dx = \frac{\partial v}{\partial t} \cdot dt + \frac{\partial v}{\partial x} \cdot \omega \cdot dt,$$

woraus

$$\frac{\dfrac{\partial v}{\partial x}}{\dfrac{\partial v}{\partial t}} = -\frac{1}{\omega} \ll 1$$

folgt. Somit kann für die Änderung der Bewegungsgröße

$$B = \varrho \cdot \omega \cdot F \cdot \frac{\partial v}{\partial t} \cdot dt \tag{8}$$

gesetzt werden.

Nach dem Impulssatz ist B gleich einer Kraft in der Richtung der Änderung, so daß nur jener Teil der Druckänderung

$$dp = \frac{\partial p}{\partial t}\,dt + \frac{\partial p}{\partial x} \cdot dx$$

in Frage kommt, der eine Richtung aufweist und dessen Größe durch den Gradienten $\dfrac{dp}{dx}$ gemessen wird.

Die durch die Impulsänderung bewirkte Kraft ist gleich dem Überdruck, also

$$\left\{p - \left(p + \frac{\partial p}{\partial x} \cdot dx\right)\right\} F = -\frac{\partial p}{\partial x} \cdot dx \cdot F = B$$

und somit erhält man die Bewegungsgleichung

$$\frac{\partial v}{\partial t} = -\frac{1}{\varrho}\,\frac{\partial p}{\partial x}. \tag{9}$$

Zur Lösung der Aufgabe ist noch eine weitere Beziehung nötig, die durch die Materialeigenschaften bedingt ist. Infolge des auftretenden Überdruckes erleidet das Wasser eine Zusammendrückung λ_1 und das Rohr eine Ausweitung, wodurch eine weitere Verkürzung λ_2 einer Wassersäule von der Länge dx bewirkt wird.

Die Kontinuitätsbedingung verlangt, daß der mit der Druckänderung auftretende Geschwindigkeitsunterschied gleich ist der gesamten Verkürzung, daß also

$$\frac{\partial v}{\partial x} \cdot dx \cdot dt = \lambda_1 + \lambda_2. \tag{10}$$

Für das Weitere wird das HOOKEsche Gesetz der Proportionalität zwischen relativer Zusammendrückung und Druck zugrunde gelegt

$$\frac{\lambda_1}{dx} = \frac{dp}{E_w},$$

wenn E_w der Elastizitätsmodul des Wassers ist. Nun kann auch hier wieder infolge der Kleinheit von v gegen ω

$$dp = \frac{\partial p}{\partial t} dt + \frac{\partial p}{\partial x} \cdot dx \sim \frac{\partial p}{\partial t} \cdot dt, \text{ also } \lambda_1 = \frac{dx}{E_w} \cdot \frac{\partial p}{\partial t} \cdot dt \tag{11}$$

gesetzt werden. Infolge der Druckerhöhung um dp wird in der Rohrwand eine Spannungserhöhung $\sigma = \dfrac{dp}{\delta} \cdot R$ erzeugt, wenn δ die Dicke der Rohrwand und R der Halbmesser ist. Somit wird der Umfang eine Vergrößerung um $2\pi \cdot dR = 2R\pi \cdot \dfrac{\sigma}{E}$ erfahren, wenn E der Elastizitätsmodul des Rohrmateriales ist und aus der Bedingung der Raumerfüllung (Abb. 175) folgt

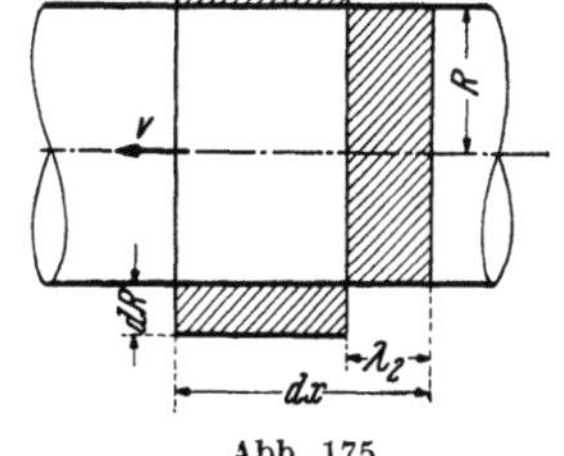

Abb. 175

$$\lambda_2 \cdot R^2\pi = dx \cdot \pi \cdot \{(R + dR)^2 - R^2\} \sim 2R\pi \cdot dx \cdot dR,$$

Folglich ist

$$\lambda_2 = \frac{2\,dR}{R} \cdot dx = \frac{2\,\sigma}{E} \cdot dx = \frac{D}{E\,\delta} \cdot dp \cdot dx = \frac{D}{E\,\delta} \cdot \frac{\partial p}{\partial t} \cdot dt \cdot dx. \tag{12}$$

Also ergibt sich aus (10) durch Einsetzen der Werte für λ_1 und λ_2

$$\frac{\partial v}{\partial x} = \left(\frac{1}{E_w} + \frac{D}{E\,\delta}\right) \cdot \frac{\partial p}{\partial t} = m \cdot \frac{\partial p}{\partial t}. \tag{13}$$

Um (9) und (13) aufzulösen, wird (13) mit ω multipliziert und zu (9) addiert, so daß man mit Rücksicht auf (8a) erhält

$$\frac{\partial v}{\partial t} + \omega \cdot \frac{\partial v}{\partial x} = \frac{1}{\varrho} \frac{\partial p}{\partial x} + m \cdot \omega \cdot \frac{\partial p}{\partial t} = 0 \tag{14}$$

bzw.

$$\frac{\partial p}{\partial t} + \frac{1}{\varrho m \omega} \cdot \frac{\partial p}{\partial x} = 0. \tag{15}$$

Wegen der sehr geringen Dichteänderung wird ϱ als Konstante behandelt. Die durch den Wegfall der quadratischen Glieder erhaltenen linearen Gleichungen (9) und (15) lassen die Superposition von partikulären Lösungen zu, insbesondere in der Form FOURIERscher Reihen, mit welchen beliebige Funktionen dargestellt werden können. Sie müssen nur den Grenzbedingungen genügen, die einerseits im Abschlußquerschnitt durch das Schließgesetz und beim Einlauf durch die Bedingung $\dfrac{p - p_0}{\gamma} = y - y_0 = 0$ gegeben sind.

Die Gleichungen (14) und (15) werden erfüllt durch willkürliche Funktionen $f(x \mp \omega t)$ bzw. $f\left(x \mp \dfrac{t}{\varrho m \omega}\right)$, in welchen das Vorzeichen die Richtung der

Fortpflanzung der Störung (in $+$ - oder $-$-Richtung) ergibt. Weil sich beide Änderungen, jene von v und von p, mit der gleichen Schnelligkeit fortpflanzen müssen, folgt

$$\omega = \frac{1}{\varrho \cdot m \cdot \omega} \qquad (15\,\mathrm{a})$$

und weil nach (13)

$$m = \frac{1}{E_w} + \frac{D}{E \cdot \delta}$$

ist

$$\omega = \pm \sqrt{\frac{1}{\varrho \left(\dfrac{1}{E_w} + \dfrac{D}{E\delta}\right)}} \qquad (16)$$

Für Druckschächte mit Eisenauskleidung gilt nach MÜHLHOFER[1])

$$\omega = \sqrt{\frac{1}{\varrho \left(\dfrac{1}{E_w} + \dfrac{\mu \cdot D}{E\delta}\right)}}$$

$$\mu = \frac{W}{W+1} \quad \text{und} \quad W = E \cdot \frac{2\,\delta}{D} \left(\frac{1}{\beta} \cdot \frac{2}{D_1} + \frac{1}{E_b} \cdot \frac{D_1}{D}\right).$$

E ist der Elastizitätsmodul des Eisens, E_b jener des Betons $= 2 \cdot 10^9 \,\mathrm{kg/m^2}$, β die Bettungsziffer des Gebirges mit ca. 400 bis 600 kg/cm³, D_1 ist der Außendurchmesser der Bettung aus Stampfbeton. Infolge der Einbettung wird die Spannung in der Eisenauskleidung verkleinert im Verhältnis $\dfrac{W}{W+1} = \mu$. Für freie Rohre wird $\beta = 0$ und somit $W = \infty$ und $\mu = 1$.

Für sehr festes Gestein mit $\beta = \infty$ bleibt in W noch der 2. Summand.

Die allgemeinen Integrale von (14) und (15) lauten

$$p = p_0 + \varPhi(x - \omega t) + \psi(x + \omega t) \qquad (17)$$

bzw. in Spannungshöhen ausgedrückt, also durch ϱg dividiert

$$y = y_0 + \frac{1}{\varrho g} \cdot \varPhi(x - \omega t) + \frac{1}{\varrho g} \psi(x + \omega t) \qquad (17\,\mathrm{a})$$

und weil aus (13)

$$v = m \int \frac{\partial p}{\partial t} \cdot dx$$

folgt

$$v = v_0 - \frac{1}{\varrho \omega} \cdot \varPhi(x - \omega t) + \frac{1}{\varrho \omega} \cdot \psi(x + \omega t). \qquad (18)$$

Ist das Rohr geneigt unter dem Winkel α, so ändert sich nichts an den Gleichungen, weil für irgend einen Querschnitt x die Drücke p und p_0 um $\gamma x \sin \alpha$ vermehrt werden müssen, also $p - p_0$ der aus dem Stoß folgende Überdruck ist. Die Kenntnis der Schnelligkeit ω ist für die nachstehenden Berechnungen von Wichtigkeit. Für die Fortpflanzung der Schallwellen im Wasser bleibt von (16) übrig

$$\omega = \sqrt{\frac{E_w}{\varrho}}$$

und mit $\omega = 1435$ m/sec, gemessen von COLLADON und STURM im Genfer See, folgt

$$E_w = \frac{w^2 \cdot \gamma}{g} = 2\,{}^\cdot 10 \cdot 10^8 \,\mathrm{kg/m^2}.$$

<hr>

[1]) Der Bauingenieur **18** (1923), ferner EFFENBERGER, R.: Theorie des Druckwasserstollens. MELAN-Festschrift 1923.

Setzt man weiters für Stahl $E = 2 \cdot 10^{10}$ kg/m², so ergibt sich aus (16)

$$\omega = 1000 \cdot \sqrt{\dfrac{196 \cdot 2}{95\cdot2 + \dfrac{D}{\delta}}} = \dfrac{9900}{\sqrt{47\cdot6 + 0\cdot5\,\dfrac{D}{\delta}}} \cdot \tag{16a}$$

Mit der zulässigen Spannung

$$\sigma_z = 1\cdot4 \cdot 10^7 \text{ kg/m}^2 \quad \text{(Kesselblech Nr. 2)}$$

folgt aus der bekannten Beziehung

$$p = \varrho g H = \frac{2\,\delta}{D} \cdot \sigma_z$$

das Verhältnis

$$\frac{D}{d} = \frac{2\,\sigma_z}{1000\,H} = \frac{2\cdot8 \cdot 10^4}{H}$$

und schließlich

$$\omega = \frac{9900}{\sqrt{47\cdot6 + \dfrac{1\cdot4 \cdot 10^4}{H}}} = 9900 \cdot \sqrt{\frac{H}{47\cdot6\,H + 14\,000}}\,,$$

so daß die Schnelligkeit der Druckwelle für die jeweilige Gefällshöhe H berechnet werden kann und sich folgende Werte ergeben

$H =$	100 m	250	500	750	1000 m
$\omega =$	723 m/sec	970	1137·5	1208	1250 m/sec

Schließlich sei bemerkt, daß (9) und (13) identisch sind mit den Schallgleichungen, die man erhält, wenn (9) nach t und (13) nach x differenziert werden. Im Verein mit (15a) ergeben sich die Gleichungen

$$\frac{\partial^2 v}{\partial t^2} = \omega^2 \cdot \frac{\partial^2 v}{\partial x^2}$$

und

$$\frac{\partial^2 p}{\partial t^2} = \omega^2 \cdot \frac{\partial^2 p}{\partial x^2}\,,$$

deren Lösung schon von D'ALEMBERT für die schwingende Saite gegeben wurde (siehe D II 4).

c) Die direkte Stoßwelle

(17) und (18) besagen, daß der augenblickliche Überdruck längs der Rohrachse aus zwei Komponenten $\Phi(x)$ und $\psi(x)$ besteht, die entgegengesetzt mit der Schnelligkeit $\pm\,\omega$ laufen. Ist in einem Leitungsquerschnitt im Abstand l der Überdruck zur Zeit τ gegeben durch

$$y - y_0 = \Phi(l - \omega\tau),$$

so wird zur Zeit $t > \tau$ die in der $+\,x$-Richtung laufende Druckwelle den Weg $\omega\,(t-\tau)$ zurückgelegt haben. An einem Orte $x = l + \omega\,(t-\tau)$ wird für den mit der Welle gleich schnell laufenden Beobachter stets derselbe Überdruck aufscheinen, das heißt

$$y - y_0 = \Phi(x - \omega t) = \Phi\{l + \omega\,(t-\tau) - \omega t\} = \Phi(l - \omega\tau)$$

sein.

Das gleiche gilt für einen mit der in der $-x$-Richtung fortschreitenden ψ-Welle laufenden Beobachter, nämlich

$$y - y_0 = \psi(x + \omega t) = \psi\{l - \omega(t - \tau) + \omega t\} = \psi(l + \omega\tau).$$

Es können dann alle möglichen Überlagerungen (Superpositionen) zustande kommen (Abb. 176), wie Überdruck + Überdruck, Überdruck + Entlastung usw., wobei der Überdruck + und die Entlastung — zu setzen ist.

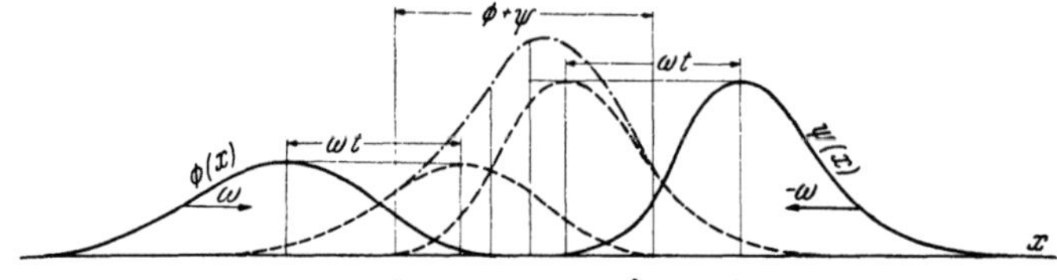

Abb. 176. Superposition der Φ- und ψ-Welle

Für ein sehr langes Rohr oder für die Zeit, in der die reflektierte Welle noch nicht zurückgelangt ist, entfällt ψ und man spricht vom direkten Stoß, dessen Gleichungen somit lauten

$$p = p_0 + \Phi(x - \omega t) \tag{19}$$

bzw.

$$y = y_0 + \frac{1}{\varrho g} \cdot \Phi(x - \omega t) \tag{19a}$$

und

$$v = v_0 - \frac{1}{\varrho \omega} \cdot \Phi(x - \omega t). \tag{20}$$

Eliminiert man Φ, so erhält man die Beziehung zwischen Druck und Geschwindigkeitserhöhung

$$p = p_0 + \varrho\omega(v_0 - v) \quad \text{bzw. durch } \gamma = \varrho g \text{ dividiert} \tag{21}$$

$$y = y_0 + \frac{\omega}{g}(v_0 - v). \tag{21a}$$

Das Maximum des Druckstoßes tritt für vollkommenes Schließen, also $v = 0$ ein und es ist die zugehörige Druckhöhenänderung

$$H - y_0 = \frac{\omega v_0}{g}. \tag{22}$$

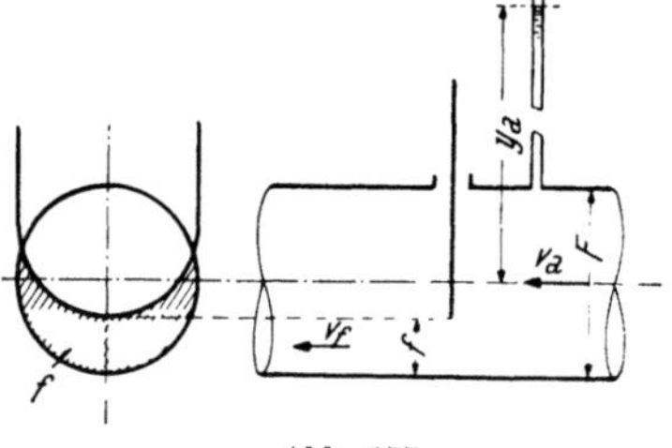

Abb. 177

Der Höchstdruck ist beim direkten Stoß von der Art des Schließvorgangs und von der Schließzeit $T < t_r$ unabhängig. Anders ist es allerdings mit dem örtlichen und zeitlichen Verlauf von Druck und Geschwindigkeit, deren charakteristisches Φ durch die Grenzbedingungen bestimmt wird, die von Fall zu Fall entwickelt werden müssen. Liegt z. B. ein Schieber vor (Abb. 177), so gilt an dieser Rohrstelle

$$v_f = \sqrt{2g\left(y_a + \frac{v_a^2}{2g}\right)}. \tag{23}$$

Wird das Öffnungsverhältnis $\dfrac{f(t)}{F} = q(t)$ als Funktion der Zeit eingeführt, so daß $v_a = \varphi \cdot v_f$, so folgt

$$v_f^2 - v_a^2 = v_f^2\,(1 - \varphi^2) = 2\,g\,y_a \qquad (24)$$

und weil

$$v_a = v_0 - \frac{1}{\varrho\,\omega}\cdot \varPhi\,(x - \omega\,t)_{x\,=\,0}$$

und

$$y = y_a + \frac{1}{\varrho\,g}\,\varPhi\,(x - \omega\cdot t)_{x\,=\,0},$$

so folgt für den zeitlichen Druckverlauf beim Schieber

$$y_a = y_0 + \frac{\omega}{g}\,(v_0 - v_a) = H - \frac{\omega}{g}\cdot \varphi\cdot v_f \qquad (25)$$

und mit (24) folgt aus (25)

$$(H - y_a)^2 = \frac{\omega^2}{g^2}\cdot \varphi^2\cdot v_f^2 = \frac{2\,\omega^2}{g}\cdot \frac{\varphi^2}{1-\varphi^2}\cdot y_a. \qquad (26)$$

Führt man ein

$$\lambda_a = \frac{\omega^2}{g}\cdot \frac{\varphi^2}{1-\varphi^2},$$

so ergibt sich für den Druckhöhenverlauf

$$y_a = H + \lambda_a - \sqrt{2\,H\cdot \lambda_a + \lambda_a^2}. \qquad (27)$$

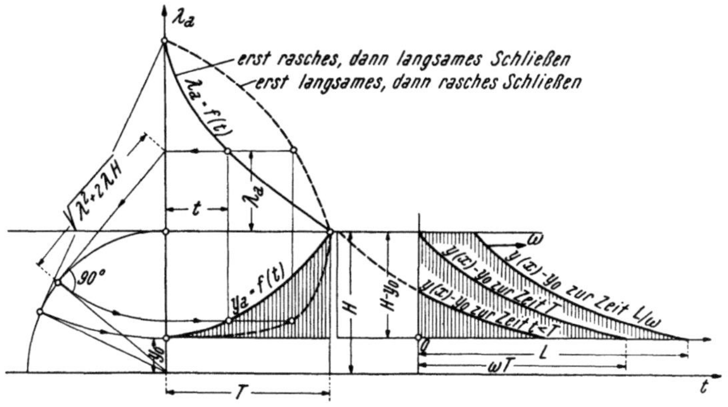

Abb. 178. Graphische Ermittlung des Druckverlaufes an der Abschlußstelle

(27) gilt für jedes Schließgesetz und sind die Grundgrößen H, y_0 und λ bekannt, so kann man leicht den Verlauf des Druckes an der Abschlußstelle zeichnerisch ermitteln (Abb. 178).

In vielen Fällen kann genau genug

$$\lambda_a = \frac{\omega^2}{g}\,\varphi^2 \qquad (28)$$

gesetzt werden, weil in (23) $\dfrac{v_a^2}{2\,g} \ll y_a$ ist.

Die vorstehenden Gleichungen gelten auch für Rohrleitungen begrenzter Länge L, und zwar für einen Querschnitt im Abstand x vom Abschlußquerschnitt, so lange die reflektierte Druckwelle nicht zurück ist, so lang also

$$0 < t < \frac{2\,L - x}{\omega}$$

ist.

Bezieht man (27) auf irgend einen Querschnitt im Abstand x, indem man für $y_a = y$ setzt und für $\lambda_a = \dfrac{\omega^2}{g}\,\varphi^2$ den Ausdruck $\lambda = \dfrac{\omega^2}{g}\,\varphi^2\left\{(x-\omega t)\left(-\dfrac{1}{\omega}\right)\right\}$, so folgt aus (26) für den zeitlichen Druckverlauf im Rohrquerschnitt x

$$\frac{(H-y)^2}{2y} = \frac{\omega^2}{g}\cdot\varphi^2\left(t-\frac{x}{\omega}\right). \tag{29}$$

(29) kann aber auch als eine bestimmte örtliche Druckverteilung längs des Rohres aufgefaßt werden, die sich mit der Schnelligkeit ω verschiebt und zur Zeit $t = T$, also am Ende der Schließzeit, zur vollkommenen Ausbildung gelangt ist. Dann ist beim Schieber die größte Druckhöhe H erreicht und die Druckverteilung längs des Rohres

$$\frac{(H-y)^2}{2y} = \frac{\omega^2}{g}\cdot\varphi^2\left(T-\frac{x}{\omega}\right).$$

Nimmt man z. B. ein lineares Schließgesetz an, wie es für viele Schließvorgänge zulässig ist und setzt

$$\varphi\,(t) = \left(1-\frac{t}{T}\right)\cdot\varphi_0, \tag{30}$$

wenn $\varphi_0 = \varphi\,(t=0)$ das Öffnungsverhältnis bei Beginn des Schließvorgangs ist, so gilt entsprechend (29) für den Querschnitt im Abstand x, also wenn man für t den Wert $t-\dfrac{x}{\omega}$ in (30) einsetzt,

$$\varphi\left(t-\frac{x}{\omega}\right) = \left(1-\frac{\omega t - x}{\omega T}\right)\cdot\varphi_0, \tag{31}$$

so daß für irgend einen Querschnitt im Abstand x zur Zeit $t = T$

$$\varphi\left(T-\frac{x}{\omega}\right) = \frac{x}{\omega T}\cdot\varphi_0 \tag{31a}$$

sein muß. Aus (29) folgt

$$\frac{(H-y)^2}{2y} = \frac{x^2}{g\,T^2}\cdot\varphi_0^{\,2} \tag{32}$$

und wegen (29) und (30)

$$\frac{(H-y_0)^2}{2y_0} = \frac{\omega^2}{g}\cdot\varphi_0^{\,2}. \tag{33}$$

Schließlich ergeben (32) und (33) für die Druckverteilung längs des Druckrohres im Augenblick des Schließens

$$x = \omega\cdot T\cdot\frac{H-y}{H-y_0}\cdot\sqrt{\frac{y_0}{y}}, \tag{34}$$

was nicht nur für ein ∞ langes Rohr, sondern auch bei begrenzter Länge gilt, wenn $T \leqq \dfrac{L}{\omega}$ ist, wenn also die Schließzeit kleiner als die Laufzeit $\dfrac{L}{\omega}$ ist.

Beispiel

Ein Druckrohr vom Durchmesser $D = 1200$ mm und der Länge $L = 2480$ m führt normal $Q = 4\cdot75$ m³/sec mit $v_0 = 4\cdot20$ m/sec. Ferner betrage $y_0 = 400$ m, so daß $\omega \sim 1100$ m/sec geschätzt werden kann. Wenn nun die Schließzeit des durch Servomotoren betriebenen Turbinenschiebers infolge Versagens, z. B. der Ölbremse, $T = 1\cdot8$ sec beträgt, so wird eine Druckerhöhung um

$$H - y_0 = \frac{\omega}{g}\cdot v_0 = 471\ \text{m}$$

Wassersäule eintreten.

Mit diesem Werte folgt aus (34) die Druckverteilung zur Zeit T (Abb. 179)

$$x = 1100 \cdot 1\text{'}8 \cdot \frac{871-y}{471} \cdot \sqrt{\frac{400}{y}} = 84\text{'}1 \cdot \frac{871-y}{\sqrt{y}},$$

und zwar

$y =$	871 m	700	600	500	400 m
$x =$	0	543'5	930	1396	1980 m

Der lineare Schließvorgang vermeidet Stöße. Denn die Bedingung für Stoßfreiheit ist, daß im Falle $v = 0$ wird, auch $\dfrac{\partial v}{\partial t} = 0$ sein soll, was nach den Grundgleichungen identisch ist mit $\dfrac{\partial y}{\partial x} = 0$.

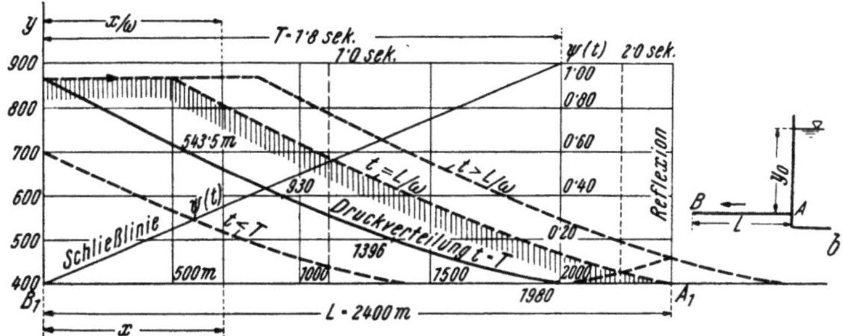

Abb. 179. Druckverteilung längs des Druckrohres bei raschem Schließen

Schreibt man (29) in der Form

$$y^2 - 2y\,(H + \lambda) + H^2 = 0$$

und differentiert nach x, so folgt

$$2y \cdot \frac{\partial y}{\partial x} - 2\,(H + \lambda)\,\frac{\partial y}{\partial x} - 2\,y\,\frac{\partial \lambda}{\partial x} = 0$$

und mit $\dfrac{\partial y}{\partial x} = 0$ erhält man

$$\frac{\partial \lambda}{\partial x} = \frac{2\,\omega^2}{g} \cdot q \cdot \frac{\partial \varphi}{\partial x} = 0. \tag{35}$$

Nun wird im Querschnitt x die Geschwindigkeit $v = 0$, wenn $y = H$ geworden ist, das ist nach Abb. 179 in der Zeit $t = T + \dfrac{x}{\omega}$.

Dann ist $\varphi\left(t - \dfrac{x}{\omega}\right) = \varphi\,(T) = 0$, also muß $\dfrac{\partial \varphi}{\partial x}$ einen endlichen Wert haben, was bei linearem Schließen stets der Fall ist, wie aus (31a) zu ersehen ist.

d) Die kinetische Energie

Für die maschinellen Einrichtungen (Turbinen, elektrische Installationen usw.) ist die Tatsache wichtig, daß im Verlauf des Schließvorgangs beim Austritt an der Düse ein Maximum der kinetischen Energie auftritt. Es beträgt die in der Sekunde ausfließende Wassermasse

$$M = \frac{\gamma}{g} \cdot v_f \cdot f = \frac{\gamma}{g} \cdot v_f \cdot F \cdot \varphi\,(t)$$

und die kinetische Energie

$$K = \frac{M\,v_f^2}{2} = \frac{\gamma}{2g}\,v_f^3 \cdot F \cdot \varphi\,(t).$$

Für das Maximum muß

$$\frac{\partial K}{\partial t} = 0 = \frac{3}{2}\frac{\gamma}{g}\cdot v_f{}^2\cdot F\cdot\varphi\cdot\frac{\partial v_f}{\partial t} + \frac{\gamma}{2g}\cdot v_f{}^3\cdot F\cdot\frac{\partial\varphi}{\partial t}$$

sein oder

$$3\,\varphi\cdot\frac{\partial v_f}{\partial t} = -\,v_f\cdot\frac{\partial\varphi}{\partial t}\,. \tag{36}$$

Weil bei Vernachlässigung der Geschwindigkeitshöhe im Druckrohr $v_f{}^2 = 2g\,y_a$, so folgt mit (25)

$$v_f{}^2 = 2gH - 2\omega\cdot v_f\cdot\varphi \tag{37}$$

und nach Differentiation

$$(v_f + \omega\cdot\varphi)\cdot\frac{\partial v_f}{\partial t} = -\,\omega\cdot v_f\cdot\frac{\partial\varphi}{\partial t}\,.$$

Setzt man den Wert $\dfrac{\partial\varphi}{\partial t}$ aus (36) ein, so erhält man

$$(v_f + \omega\,\varphi)\cdot\frac{\partial v_f}{\partial t} = 3\,\omega\cdot\varphi\cdot\frac{\partial v_f}{\partial t}.$$

Somit wird

$$v_f = 2\,\omega\cdot\varphi\,(t) \tag{38}$$

und mit diesem Wert folgt aus (37)

$$v_f = \sqrt{gH} \quad\text{und}\quad \varphi\,(t) = \frac{\sqrt{gH}}{2\,\omega}\,. \tag{39}$$

Die kinetische Energie des Strahles ist also in dem Augenblick ein Maximum, in welchem $y_a = \dfrac{H}{2}$ wird. Damit dieses Maximum zustande kommen kann, muß natürlich $\dfrac{H}{2} > y_0$ sein, bzw. $H > 2y_0$ oder $y_0 + \dfrac{v_0\,\omega}{g} > 2y_0$ und somit $y_0 < v_0\cdot\dfrac{\omega}{g}$. Diese Bedingung ist aber sehr häufig erfüllt, denn es ergibt sich mit dem Mittelwert $\omega = 1000$ m/sec und $v = 3{\cdot}0$ m/sec

$$v_0\cdot\frac{\omega}{g} \sim 306\ \text{m}.$$

Aus (33) ist

$$\omega = \frac{H - y_0}{\varphi_0}\cdot\sqrt{\frac{g}{2\,y_0}}\,,$$

mit welchem Werte aus (39) folgt

$$gH = 4\,\omega^2\cdot\varphi^2 = \frac{4\,(H - y_0)^2}{2\,y}\cdot g\cdot\frac{\varphi^2}{\varphi_0{}^2}\,.$$

Es resultiert somit für das Verhältnis

$$\frac{\varphi}{\varphi_0} = \alpha = \frac{1}{\sqrt{2}}\cdot\frac{\sqrt{H\,y_0}}{H - y_0}\,. \tag{40}$$

Das Verhältnis von maximaler zu normaler kinetischer Energie ist

$$\beta = \frac{v_f{}^3\cdot\varphi\,(t)}{v_0{}^3\cdot\varphi_0}\,.$$

Mit

$$v_f = \sqrt{gH} \quad\text{und}\quad v_{fo} = \sqrt{2g\left(y_0 + \frac{v_0{}^2}{2g}\right)}$$

ist

$$\beta = \alpha\left(\frac{gH}{2g\,y_0}\right)^{3/2} = \frac{H^2}{4\,y_0\,(H - y_0)}\,. \tag{41}$$

Beispiel

Gegeben ist $y_0 = 200\,\text{m}$, $v_0 = 4{\cdot}0\,\text{m/sec}$ und $\omega \sim 1000\,\text{m/sec}$ geschätzt. Dann folgt

$$H = y_0 + \frac{\omega}{g}\, v_0 = 608\,\text{m}$$

und somit aus (40) $\alpha = 0{\cdot}603$ und aus (41) $\beta = 1{\cdot}132$. Das heißt, es wächst die lebendige Kraft bis zu dem Augenblick, wo der Schieber noch 60% des Anfangsquerschnitts bei Schließbeginn freiläßt und die kinetische Energie ist um $132^0/_{00}$ größer als bei normalem Durchfluß.

e) Der Gegenstoß. Druck und Geschwindigkeit nach Reflexion

Wenn die primäre Druckwelle in der Zeit $t = \dfrac{L}{\omega}$ den Einlaufquerschnitt A erreicht hat, so tritt ein Vorgang ein, der nach ALLIÉVI[1]) als Gegenstoß bezeichnet wird und in einer Entlastung vom Überdruck besteht. In A muß der Überdruck verschwinden und der konstante statische Druck y_0 herrschen. Diese Grenzbedingung, die für $x = L$ gelten muß, läßt sich mit Rücksicht auf (17) und (18) schreiben

$$\Phi\,(L - \omega t) = -\,\psi\,(L + \omega t). \tag{42}$$

Jeder Druckerhöhung in A ist eine gleichgroße Entlastung zugeordnet, die die erstere parallisiert. Es muß also eine Entlastungs- oder Gegenwelle auftreten, die zur Reguliervorrichtung an der Düse (Schieber) zurückläuft und eine Abschwächung der primären Welle bewirkt. Diese Gegenwelle ist laut (42) das an der Lotrechten im Abstande L gespiegelte Bild der Primärwelle mit negativ aufgefaßten Ordinaten. Die primäre Druckwelle erreicht den Querschnitt im Abstande x in der Zeit $\dfrac{x}{\omega}$, während die Gegenwelle erst im Zeitpunkt $\dfrac{2L - x}{\omega}$ nach Beginn des Schließens auftritt, so daß die Gleichungen für den direkten Stoß für den Zeitraum 0 bis $\dfrac{2L - x}{\omega}$ gelten. Von $t = \dfrac{2L - x}{\omega}$ angefangen, macht sich der dämpfende Einfluß der Gegenwelle bemerkbar, was in ungeänderter Form bis zum Zeitpunkt $\dfrac{2L + x}{\omega}$ dauert. Aus (42) und wegen der Tatsache, daß die Druckverteilung längs der Rohrachse sich mit der Schnelligkeit $\pm\,\omega$ verschiebt, folgt, daß die durch die primäre Welle im Querschnitt x zur Zeit t hervorgerufene Druckerhöhung in der Phase des Gegenstoßes um jenes Maß der Druckerhöhung zu verringern ist, das dortselbst in der Zeit $\dfrac{2L - x}{\omega}$ vorher eingetreten ist oder formal ausgedrückt muß

$$\psi\,(x + \omega t) = -\,\Phi\left\{x - \omega\left[t - \frac{2\,(L - x)}{\omega}\right]\right\} = -\,\Phi\,(2L - x - \omega t) \tag{42a}$$

sein und es lauten somit die allgemeinen Lösungen für die Phase des Gegenstoßes

$$y = y_0 + \frac{1}{\varrho g}\left\{\Phi\,(x - \omega t) - \Phi\,(2L - x - \omega t)\right\} \tag{43}$$

und

$$v = v_0 - \frac{1}{\varrho\,\omega}\left\{\Phi\,(x - \omega t) + \Phi\,(2L - x - \omega t)\right\}. \tag{44}$$

---

[1]) DUBS, R. — BATAILLARD, V.: Allgemeine Theorie über die veränderliche Bewegung, Berlin 1909.

Für den Abflußquerschnitt B ($x = 0$) soll in der weiteren Untersuchung $v = v_a$ und $y = y_a$ gesetzt werden. Man erhält aus (43) und (44)

$$y_a = y_0 + \frac{1}{\varrho g} \{ \Phi(-\omega t) - \Phi(2L - \omega t) \} \tag{45}$$

$$v_a = v_0 - \frac{1}{\varrho \omega} \{ \Phi(-\omega t) + \Phi(2L - \omega t) \}. \tag{46}$$

Es stellt $\Phi(2L - \omega t)$ nichts anderes dar als den Verlauf von $\Phi(t)$, der für die vorhergegangene Periode in der Zeit t bis $\frac{2L}{\omega}$ gefunden worden ist und in diesem Sinne gelten (45) und (46) allgemein für alle Zeiträume

$$\frac{nL}{\omega} \text{ bis } \frac{n+2}{\omega} \cdot L, \text{ wenn } n = 0, 1, 2, 3 \ldots \text{ ist.}$$

Man erhält dann für eine beliebige Reflexionsperiode von $\frac{2nL}{\omega}$ bis $\frac{2(n+1)L}{\omega}$ die Drucksteigerung, wenn man von der Drucksteigerung des primären Stoßes den doppelten Betrag der Schwankung abzieht, die um ein Ganzzahliges der Reflexionsperiode früher geherrscht hat und so ist es begreiflich, daß die Abschwächung oder Dämpfung des primären oder direkten Stoßes durch die zurücklaufende Entlastung um so stärker wird, je kürzer die Rohrleitung ist. Dies ist von großer Wichtigkeit und ist $t_r = \frac{2L}{\omega}$ die Reflexionszeit, so erhält man für die Zeiten

$$t = 0, \ t_1 = \frac{2L}{\omega} = t_r, \ t_2 = 2t_r, \ t_3 = 3t_r \ldots t_n = nt_r$$

$$y_{a,1} = y_0 + \frac{1}{\varrho g} \{ \Phi(-\omega t_1) - \Phi(2L - \omega t_1) \}$$

$$y_{a,2} = y_0 + \frac{1}{\varrho g} \{ \Phi(2L - \omega t_1) - \Phi(4L - \omega t_1) \}$$

$$y_{a,n} = y_0 + \frac{1}{\varrho g} \{ \Phi[2(n-1)L - \omega t_1] - \Phi(2nL - \omega t_1) \}.$$

Somit folgt

$$y_{a,n} + y_{a,(n-1)} = 2y_0 + \frac{1}{\varrho g} \{ \Phi[2(n-2)L - \omega t_1] - \Phi(2nL - \omega t_1) \}. \tag{47}$$

Ähnlich ergeben sich die Gleichungen

$$v_{a,1} = v_0 - \frac{1}{\varrho \omega} \{ \Phi(-\omega t_1) + \Phi(2L - \omega t_1) \}$$

$$v_{a,n} = v_0 - \frac{1}{\varrho \omega} \{ \Phi[2(n-1)L - \omega t_1] + \Phi(2nL - \omega t_1) \}$$

und

$$v_{a,n} - v_{a,n-1} = \frac{1}{\varrho \omega} \{ \Phi[2(n-2)L - \omega t_1] - \Phi(2nL - \omega t_1) \}. \tag{48}$$

Aus (47) und (48) folgt

$$y_{a,n} + y_{a,n-1} = 2y_0 + \frac{\omega}{g} \{ v_{a,n-1} - v_{a,n} \}. \tag{49}$$

Nun gilt für die Ausflußgeschwindigkeit bei der Düse

$$v_{fn} = \sqrt{2g\,y_{an}}$$

bei Vernachlässigung von $\frac{v_a{}^2 n}{2g}$ gegen y_{an}.

Folglich ist

$$v_{an} = \frac{f_n}{F} \cdot \sqrt{2g\,y_{an}}$$

und sinngemäß

$$v_{a0} = v_0 = \frac{f_0}{F} \cdot \sqrt{2g\,y_0}, \text{ wo } y_{a0} = y_0.$$

Führt man das Öffnungsverhältnis $\eta_n = \dfrac{f_n}{f_0}$ der Düse ein, so folgt

$$v_{an} = \eta_n \cdot v_0 \sqrt{\frac{y_{an}}{y_0}} \tag{50}$$

und mit dem relativen Überdruck $\varepsilon_n = \dfrac{y_{an} - y_0}{y_0}$ ergibt sich aus (49) mit Hilfe von (50)

$$\varepsilon_n + \varepsilon_{n-1} = \frac{\omega v_0}{g y_0} \left\{ \eta_n \sqrt{\varepsilon_n + 1} - \eta_{n-1} \sqrt{\varepsilon_{n-1} + 1} \right\} \tag{51}$$

und weil $\varepsilon_0 = 0$ ist

$$\varepsilon_1 = \frac{\omega v_0}{g y_0} \left\{ \eta_1 \cdot \sqrt{\varepsilon_1 + 1} - \eta_0 \right\}$$

$$\varepsilon_2 = \frac{\omega v_0}{g y_0} \left\{ \eta_2 \cdot \sqrt{\varepsilon_2 + 1} - y_1 \sqrt{\varepsilon_1 + 1} \right\} - \varepsilon_1 \text{ usw.}$$

Wenn also das Schließgesetz $\eta(t)$ bekannt ist, so kann im Abschlußquerschnitt für irgend eine Zeit $t = n t_r$ die relative Druckschwankung aus den vorhergehenden Schwankungen ermittelt werden, das heißt, es wird aus (51) zuerst ε_1 berechnet ($\varepsilon_0 = 0$), dann ε_2 mit Hilfe von ε_1 usf. Diese von ALLIÉVI[1]) stammenden Gleichungen (49) für den Druckstoß in einfachen Leitungen sind bemerkenswert, weil sie nicht mehr die oft recht verwickelte Funktion Φ enthalten.

Für den direkten Stoß erhält man bei linearem Schließvorgang mit $\varepsilon_0 = 1$, ferner $\eta_0 = 1$ und $T = t_r$, also $\eta_1 = 0$,

$$\varepsilon_1 = -\frac{\omega \cdot v_0}{g y_0},$$

wobei zu bedenken ist, daß v_0 entgegen der $+x$-Richtung gerichtet, also negativ ist.

Beim Schließvorgang muß der Zeitabschnitt bis zur Beendigung des Schließens, das auch ein unvollkommenes sein kann, und jener nach Schließende unterschieden werden.

$\alpha)$ **Druckverlauf beim Schließen bis zum Stillstand der Absperrvorrichtung.** Aus (45) und (46) folgt für ein beliebiges Schließgesetz

$$y_a + \frac{\omega}{g} \cdot v_a = H - \frac{2\,\Phi\,(2L - \omega t)}{\varrho g}, \tag{52}$$

wo $H = y_0 + \dfrac{\omega}{g} \cdot v_0$ ist.

Mit $v_a = \varphi(t) \cdot v_f = \varphi(t) \cdot \sqrt{2g\,y_a}$ und $\Phi(2L - \omega t) = -\psi(\omega t)$ erhält man

$$y_a^2 - 2 y_a \left\{ H + \frac{2\psi}{\varrho g} + \frac{\omega^2}{g} \cdot \varphi^2 \right\} + \left(H + \frac{2\psi}{\varrho g} \right)^2 = 0 \tag{52a}$$

und mit $\dfrac{\omega^2}{g} \cdot \varphi^2 = \lambda_a$ folgt

---

[1]) ALLIÉVI, L.: Teoria del colpo d'ariete, Milano 1913.

$$y_a = H + \frac{2\,\psi}{\varrho g} + \lambda_a - \sqrt{2\,\lambda_a\left(H + \frac{2\,\psi}{\varrho g}\right) + \lambda_a^2}. \tag{53}$$

Der Endwert ε_m, dem die relative Drucksteigerung bei langsamem Schließen sich nähert, kann nach (51) erhalten werden, wenn man für größere n $\varepsilon_n = \varepsilon_{n-1} = \varepsilon_m$ setzt. Man erhält so aus (51)

$$\varepsilon_m = \frac{\omega v_0}{2 g y_0}\,(\eta_n - \eta_{n-1}) \cdot \sqrt{\varepsilon + 1}.$$

Nun ist aber

$$\eta_{n-1} = \left\{1 - (n-1) \cdot \frac{t_r}{T}\right\} \cdot \eta_0$$

und

$$\eta_n = \left(1 - \frac{n\,t_r}{T}\right) \cdot \eta_0,$$

wo $\eta_0 = 1$ ist. Somit ergibt sich

$$\varepsilon_m = \frac{\omega v_0}{2 g y_0} \cdot \frac{t_r}{T} \cdot \sqrt{\varepsilon_m + 1} = \frac{L v_0}{g y_0 T} \cdot \sqrt{\varepsilon_m + 1} \tag{54}$$

und es stellt ε_m die mittlere relative Drucksteigerung gegen das Ende des Schließvorganges dar. Ist ε_1 die relative Drucksteigerung zur Zeit t_r im Querschnitt vor der Düse, so hat das Verhältnis $\frac{\varepsilon_1}{\varepsilon}$ Bedeutung für den Verlauf der Druckschwankungen während des Schließvorganges. Wenn $\varepsilon_1 > \varepsilon$, so tritt der

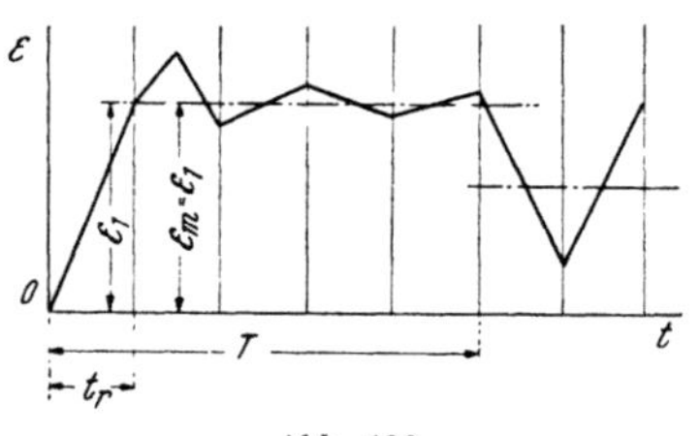

Abb. 180

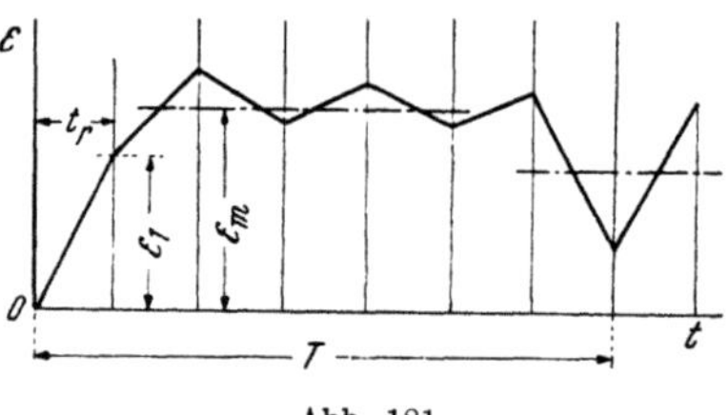

Abb. 181

Maximaldruck in der 2. Phase auf und es fällt nach ALLIÉVI der maximale Druck in die 1. Reflexionsperiode, wenn $\frac{\omega v_0}{2 g y_0} < 1$ und $\frac{T}{t_r} > 3{\cdot}5$ ist (Abb. 180). Ist aber $\frac{\omega v}{2 g y_0} > 1{\cdot}1$, so tritt das Druckmaximum am Ende der 1. Reflexionsperiode auf (Abb. 181).

β) **Druckverlauf bei unvollkommenem Abschluß nach Beendigung des Schließens.** Ist T die Schließzeit, so wird nach Schließende $\varphi\,(T) = $ konstant bleiben und ein gewisser Durchfluß stattfinden. Differenziert man (52a), so erhält man

$$-2\left(H + \frac{2\,\psi}{\varrho g} - y_a + \frac{\omega^2 \varphi^2}{g}\right) \cdot \frac{dy_a}{dt} - \frac{4}{\varrho g}\left(H + \frac{2\,\psi}{\varrho g} - y_a\right) \cdot \frac{d\psi}{dt} = 0$$

und mit (52) folgt

$$-2\left(\frac{\omega}{g} \cdot v_a + \frac{\omega^2 \varphi^2}{g}\right)\frac{dy_a}{dt} - \frac{4}{\varrho g}\frac{\omega}{g} \cdot v_a \cdot \frac{d\psi}{dt} = 0$$

oder

$$\frac{dy_a}{dt} = -\frac{2 v_a}{\varrho g\,(v_a + \omega \cdot \varphi^2)} \cdot \frac{d\psi}{dt} = -\frac{2}{\varrho g} \cdot \frac{v_l}{v_l + \omega \cdot \varphi\,(T)} \cdot \frac{d\psi}{dt}. \tag{55}$$

Nun ist aber mit $x = 0$ aus (17a)

$$y_a = y_0 + \frac{1}{\varrho g} \cdot \Phi(-\omega t) + \frac{1}{\varrho g}\, \psi(\omega t),$$

also

$$\frac{dy_a}{dt} = \frac{1}{\varrho g}\left(\frac{d\Phi}{dt} + \frac{d\psi}{dt}\right)$$

und weil in (55) der Faktor von $\frac{d\psi}{dt}$ stets positiv ist, so muß $\frac{dy_a}{dt}$ stets das verkehrte Vorzeichen von $\frac{d\psi}{dt}$ haben, das heißt, daß einer zeitlichen Zunahme von ψ eine Abnahme von y_a entspricht. Damit nach dem direkten Stoß ein Pendeln eintritt, muß für $t = T + \frac{2L}{\omega}$ der Wert $y_a < y_0$ sein, was auch in der Form $\omega \cdot \varphi(T) < \frac{v_{f_0} + v_{f T}}{2}$ geschrieben werden kann. Entwickelt man die Funktion Φ nach Taylor in der Form

$$\Phi(x - \omega t) = \Phi(-\omega t) - \frac{x}{\omega} \cdot \Phi'(-\omega t) + \ldots$$

und vernachlässigt die Glieder höherer Ordnung, so erhält man aus (43) und (44)

$$y - y_0 = \frac{2}{\varrho g} \cdot \frac{L - x}{\omega} \cdot \frac{d}{dt}\, \Phi(-\omega t) \tag{56}$$

und

$$v - v_0 = -\frac{2}{\varrho \omega} \cdot \left\{ \Phi(-\omega t) + \frac{2L}{\omega} \cdot \frac{d}{dt}(-\omega t)\right\}. \tag{57}$$

Während des Gegenstoßes ist also die Druckhöhe eine lineare Funktion von x, während die Geschwindigkeit davon unabhängig ist. Nun ist weiter $\frac{\partial y}{\partial t} = 0$ und ebenso $\frac{\partial^2 v}{\partial t^2} = 0$ oder für den Querschnitt vor der Düse

$$\frac{dy_a}{dt} = 0 = \frac{d^2 v_a}{dt^2}.$$

Weil aber

$$v_a = v_f \cdot \varphi(t) \cong \sqrt{2 g\, y_a} \cdot \varphi(t)$$

oder

$$y_a = \frac{v_a^2}{\varphi^2} \cdot \frac{1}{2g},$$

folgt

$$\frac{dy_a}{dt} = \frac{v_a}{g\, \varphi^2} \cdot \left(\frac{dv_a}{dt} - \frac{v_a}{\varphi} \cdot \frac{d\varphi}{dt}\right) = 0$$

und

$$\frac{dv_a}{dt} = \frac{v_a}{\varphi(t)} \cdot \frac{d\varphi}{dt} = v_f \cdot \frac{d\varphi}{dt} \cong \sqrt{2g\, y_a} \cdot \frac{d\varphi}{dt}. \tag{58}$$

Andererseits ergibt sich durch Differenzieren von (44) und mit $y = y_a$ für $x = 0$

$$\frac{dv_a}{dt} = -\frac{2}{\varrho \omega} \cdot \frac{d\Phi}{dt},$$

so daß aus (58)

$$\frac{d\Phi}{dt} = -\frac{\varrho \omega}{2} \cdot \sqrt{2g\, y_a} \cdot \frac{d\varphi}{dt}$$

folgt, welcher Wert in (56) eingesetzt mit $x = 0$

$$y_a = y_0 - \frac{L}{g} \sqrt{2\,g\,y_a} \cdot \frac{d\varphi}{dt} \qquad (59)$$

ergibt.

Mit

$$n = -\frac{L\sqrt{2}}{\sqrt{g\,y_0}} \cdot \frac{d\varphi}{dt}$$

wird die relative Druckerhöhung

$$\varepsilon = \frac{y_a - y_0}{y_0} = n\sqrt{\varepsilon + 1}$$

oder

$$\varepsilon = \frac{n^2}{2}\left(1 \pm \sqrt{1 + \frac{4}{n^2}}\right), \qquad (60)$$

wobei das negative Vorzeichen für den Öffnungsvorgang gilt. Die vorstehenden Bedingungen sind bei linearem Schließen erfüllt, weil dann

$$\frac{d\varphi}{dt} = \frac{-\varphi(0)}{T} \quad \text{und} \quad \frac{d^2\varphi}{dt^2} = 0,$$

also ist aus (59) durch Differenzieren

$$\left(1 + \frac{L}{\sqrt{2\,g\,y_0}}\,\frac{d\varphi}{dt}\right) \cdot \frac{d\,y_a}{dt} = 0,$$

wobei der Klammerausdruck endlich ist. Schließlich folgt

$$n = \frac{L \cdot \varphi(0)}{T \cdot \sqrt{g\,y_0}} \cdot \sqrt{2} = \frac{v_0 L}{g\,y_0\,T}, \quad \text{weil} \quad \frac{f_0}{F} = \varphi(0) = \frac{v_0}{v_f} = \frac{v_0}{\sqrt{2\,g\,y_0}}.$$

(60) liefert also die in der Phase des Gegenstoßes (Reflexion) auftretende Druckhöhe bis zum Stillstand der Schließbewegung und es stellt sich für $\frac{2L}{\omega} < t < T$ als Endwert eine annähernd konstante Druckhöhe $y_m\left(\varepsilon_m = \frac{y_m - y_0}{y_0}\right)$ im Rohrquerschnitt vor dem Abschlußorgan ein, was bis zum Augenblick $t = T$ dauert.

γ) **Druckverlauf nach vollkommenem Abschluß des Absperrorgans.** Im Augenblick $t = T$ des vollständigen Abschlusses wird

$$\omega \cdot \varphi(T) = 0 = \lambda_a$$

und daher folgt aus (53)

$$y_{a1} = H + \frac{2\,\psi(T)}{\varrho\,g}. \qquad (61)$$

Diese Gleichung gilt für jede Zeit $t > T$ und es tritt infolge des oszillierenden Druckes eine pendelnde Bewegung mit der Periode $t = \frac{4L}{\omega}$ auf. Dies ersieht man aus der Gl. (46), wenn $v_a = 0$ gesetzt wird, weil dann

$$\Phi(-\omega t) + \Phi(2L - \omega t) = \varrho\,\omega\,v_0 = \varrho\,g\,(H - y_0) = \text{konstant}$$

ist, was in Abb. 182 dargestellt erscheint. Ist y_0 der Wert für die Ruhelage, um welche das mit einer schon öfter beobachteten Hin- und Herströmung des Wassers verbundene Pendeln des Druckes erfolgt, so gilt

$$y_0 = \frac{y_{a1} + y_{a2}}{2},$$

wenn y_{a1} und y_{a2} die Grenzwerte sind. Also ist

$$y_{a2} = 2y_0 - y_{a1} = 2y_0 - H - \frac{2\psi(T)}{\varrho g}.$$

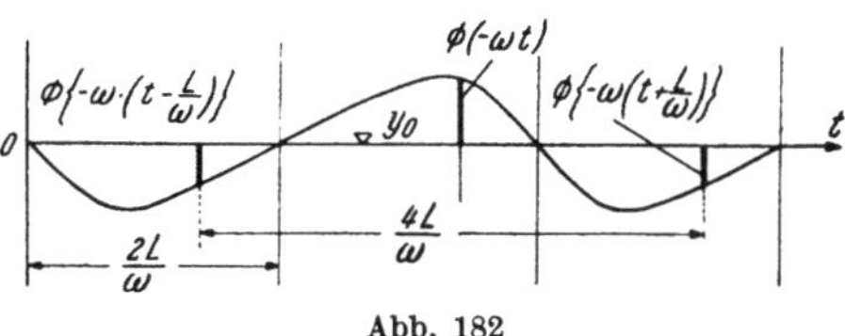

Abb. 182

Damit kein Unterdruck auftritt, also $y_{a2} > 0$ bleibt, muß $y_{a1} < 2y_0$ bleiben.

Dieses tritt nach ALLIÉVI ein, wenn $T > 0\cdot144 \frac{L}{y_0} v_0$ bleibt. Denn es ergibt sich

bei linearem Schließgesetz aus (59) mit $\frac{d\varphi}{dt} = -\frac{\varphi(0)}{T}$

$$T = \frac{\varphi(0) \cdot L \cdot \sqrt{2gy_a}}{g(y_a - y_0)} = \frac{v_0 \cdot L}{g(y_a - y_0)} \cdot \sqrt{\frac{y_a}{y_0}} = \frac{v_0 L}{gy_0} \cdot \frac{\sqrt{\varepsilon + 1}}{\varepsilon}. \tag{62}$$

Soll nun T so bestimmt werden, daß $y_{a1} = (\varepsilon + 1)\, y_0 < 2\, y_0$ ist, so muß mit (60)

$$\varepsilon + 1 = \frac{n^2}{4} \cdot \left(1 + \sqrt{1 + \frac{4}{n^2}}\right) + 1 < 2$$

oder

$$n \cdot \sqrt{2} = \frac{v_0 \cdot L \cdot \sqrt{2}}{g \cdot y_0 T} < 1,$$

folglich

$$T > \frac{\sqrt{2}}{g} \cdot \frac{v_0 \cdot L}{y_0} = 0\cdot144\,\frac{v_0 L}{y_0}$$

sein.

Beispiel (Abb. 183)

Das Druckrohr einer Hochdruckanlage durchfährt die Abschlußmauer eines Speichers, dessen höchster Spiegel die Kote 1020 hat und 40 m über dem Einlauf gelegen ist, während der Austritt aus der Turbinendüse auf 540 liegt, so daß das gesamte Bruttogefälle 480 m beträgt. Das Druckrohr von $L = 2200$ m führt bei einem Durchmesser $D = 1\cdot15$ m und bei Vollast (Pelton, $\eta \lessapprox 0\cdot82$) die Betriebswassermenge $Q_0 = 3\cdot34$ m³/sec und es beträgt somit die mittlere Geschwindigkeit $v_0 = 3\cdot21$ m/sec. Die einzelnen Rohrstücke seien mittels einer festen Flanschenverbindung aneinandergefügt, weshalb $m = 35$ gewählt und der Chezysche Beiwert $c = 8\cdot86 \log D + m \sim 35\cdot0$ berechnet wird, so daß die Verlusthöhe

$$h_w = \frac{v_0^2 \cdot L}{c^2 \cdot D} = 16\cdot1 \text{ m}$$

beträgt.

Berücksichtigt man noch die Geschwindigkeitshöhe $\frac{v_0^2}{2g} \sim 0\cdot5$ m, so wird unter Vernachlässigung anderweitiger Verluste bei der Düse eine Druckhöhe

$$y_0 = 1020 - 540 - (16\cdot1 + 0\cdot5) = 463\cdot4 \text{ m}$$

auftreten und somit eine Leistung von $11\cdot0 \cdot 3\cdot34 \cdot (463\cdot5 + 0\cdot5) \lessapprox 16\,064$ PS zu erwarten sein.

Nun soll die Ganglinie der Druckhöhe vor der Düse ermittelt werden, wenn in der Zeit von 14 Sekunden ein gleichmäßiger linearer Abschluß erfolgt. Es ist also die Schließzeit $T = 14$ sec, und schätzt man nach der in Absatz 6 dieses Abschnitts gegebenen Tabelle die Schnelligkeit der Druckwelle mit $\omega = 1100$ m/sec, so beträgt die Reflexionszeit

$$t_r = \frac{2L}{\omega} = 4\cdot0 \text{ sec.}$$

Ferner ist die Ausflußgeschwindigkeit $v_f = \sqrt{2gy_0} = 95\cdot4$ m/sec, also

$$\varphi_0 = \frac{v_0}{v_f} = \frac{3\cdot21}{95\cdot4} = 0\cdot0337,$$

so daß der Düsenquerschnitt $3\cdot37\%$ des Rohrquerschnitts beträgt. Nach Gl. (22) ist die größte Druckhöhe

$$H = y_0 + \frac{\omega}{g} \cdot v_0 = 463\cdot4 + \frac{1100}{9\cdot81} \cdot 3\cdot21 = 463\cdot4 + 359\cdot9 = 823\cdot3 \text{ m.}$$

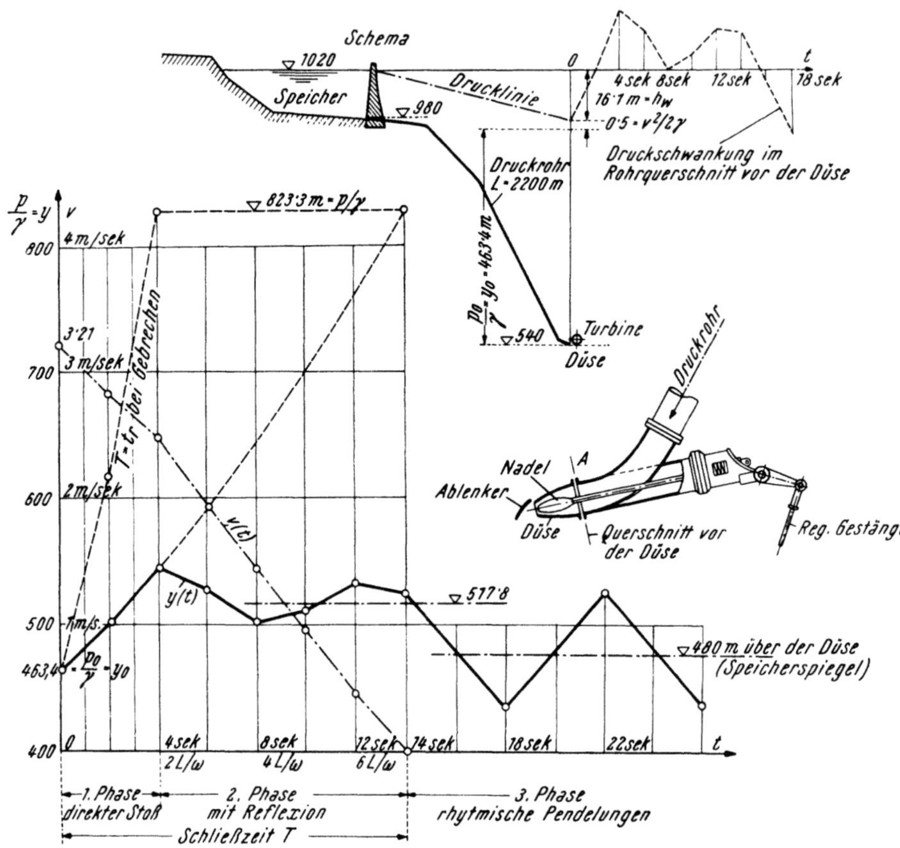

Abb. 183. Verlauf der berechneten Druckschwankungen (Beispiel)

Die weitere Rechnung erfolgt abschnittsweise. Aus dem Schließgesetz folgt nach (30)

$$\varphi(t) = \left(1 - \frac{t}{14}\right) \cdot 0\cdot0337 = (14 - t) \cdot 0\cdot00241$$

und weiter

$$\lambda(t) = \frac{\omega^2 \cdot \varphi^2}{g} = 0\cdot717 \cdot (14 - t)^2$$

und es folgt für die 1. Phase aus (27)

$$y = 823\cdot3 + 0\cdot716 (14 - t)^2 - (14 - t) \cdot \sqrt{1180\cdot6 + 0\cdot513 \cdot (14 - t)^2}.$$

Aus dieser Gleichung wird die Druckhöhe nach je 2 Sekunden berechnet. Für die 1. Phase (direkter Stoß) ist $\psi = 0$ und nach (17a)

$$y - y_0 = \frac{\Phi(t)}{\varrho \cdot g}.$$

Für die 2. Phase während des Schließens gilt

$$\psi\,(-\,\omega t) = \Phi\,(2L - \omega t) = \Phi\,(4400 - 1100\,t)$$

und nach Gl. (53) wird

$$y = H + \frac{2\,\psi}{\varrho g} + \lambda - \sqrt{2\,\lambda\left(H + \frac{2\,\psi}{\varrho g}\right) + \lambda^2}$$

und endlich nach (17a)

$$\Phi\,(t) = \varrho g\,(y - y_0) - \psi\,(t) = \varrho g\,(y - y_0) + \Phi\,(4400 - 1100\,t)$$

gerechnet.

Die Rechnung ist in der folgenden Tabelle dargestellt und während der Zeit des Schließens für je 2 Sekunden durchgeführt. Nach vollkommenem Abschluß ist

$$y_1 = H - \frac{2\,\psi\,(T_s)}{\varrho g} = 823\dot{}3 - 2 \cdot 153\dot{}8 = 525\dot{}5\;\mathrm{m}$$

und weil der Ruhespiegel um $y_s = 1020 - 540 = 480\;\mathrm{m}$ über dem Düsenquerschnitt gelegen ist, wird wegen

$$-\,\psi\,(T_s) = \Phi\,(2L - \omega t) = \Phi\,(-\,\omega t) = (2L + \omega t) = \ldots$$

ein Pulsieren mit der Periode $\dfrac{4L}{\omega} = 8\;\mathrm{sec}$ erfolgen. Die zusammengedrückte Wassersäule, der die Druckhöhe y_1 entspricht, dehnt sich wieder aus (Entlastung) und zieht sich wieder zusammen usf.

Die Entlastung durch Ausdehnung rechnet sich aus $y_s = \dfrac{y_2 + y_1}{2}$ mit

$$y_2 = 2\,y_s - y_1 = 960 - 525\dot{}5 = 434\dot{}5\;\mathrm{m},$$

so daß ein Pendeln des Druckes zwischen 525˙5 und 434˙5 m Wassersäule erfolgen würde, was mit einem wiederholt beobachteten Hin- und Hergang des Wassers verbunden ist. Infolge der Reibung wird die Oszillation immer kleiner und verschwindet mit der Zeit. Für die Geschwindigkeit ergibt sich in der 1. Phase

$$v = v_0 - \frac{g}{\omega}\,(y - y_0) = v_0 - 0\dot{}0089\,(y - y_0).$$

In der 2. Phase hingegen

$$v = \frac{g}{\omega}\left(H - y - \frac{2\,\psi}{\varrho g}\right) = 0\dot{}0089\left(823\dot{}3 - y - \frac{2\,\psi}{\varrho g}\right).$$

Würde infolge eines Gebrechens ein rascheres Schließen, etwa in 4 Sekunden, erfolgen, so daß die Schließzeit so groß wäre wie die Reflexionszeit, so wird der Höchstdruck von 823˙3 m im Düsenquerschnitt erreicht (Abb. 183) und mit dem Schließgesetz

$$\varphi = \left(1 - \frac{t}{4}\right) \cdot 0\dot{}0337 = (4 - t)\,0\dot{}00842$$

und

$$\lambda = \frac{\omega^2\,\varphi^2}{g} = 8\dot{}74\,(4 - t)^2$$

errechnen sich die Druckhöhen aus

$$y = 823\dot{}3 + 8\dot{}74\,(4 - t)^2 - (4 - t) \cdot \sqrt{1646\dot{}6 \cdot 8\dot{}74 + 8\dot{}74^2 \cdot (4 - t)^2}.$$

Für $t = 2\;\mathrm{sec}$ ergibt sich $y = 823\dot{}3 + 34\dot{}96 - 242\dot{}4 = 615\dot{}86\;\mathrm{m}$.

Für den Druck zur Zeit $t = T = 14\;\mathrm{sec}$ erhält man mit

$$n = \frac{v_0 L}{g\,y_0\,T} = \frac{3\dot{}21 \cdot 2200}{9\dot{}81 \cdot 463\dot{}4 \cdot 14} = \frac{7062}{63\,643} = 0\dot{}111$$

aus (54)

$$\varepsilon = 0\dot{}00616\left(1 + \sqrt{1 + 325}\right) = 0\dot{}118$$

somit

$$y_1 = y_0 + 0\dot{}118\,y_0 = 1\dot{}118 \cdot 463\dot{}4 = 518\dot{}1\;\mathrm{m}$$

gegenüber dem Mittelwert 519˙1 der 2. Zone der folgenden Tabelle.

$$0{\cdot}0089\,\Delta y$$

	t sec	$14-t$	$(14\cdot t)^2$	$\lambda = 0{\cdot}716\,(14\cdot t)^2 + \dfrac{\Phi(t)}{\varrho g}$	$y = y_0 + \dfrac{\Phi(t)}{\varrho g}$	$\dfrac{1}{\varrho g}\cdot\Phi(t)$	$y - y_0$	$\dfrac{g}{\omega}\cdot(y-y_0)$	$\dfrac{1}{\varrho g}\cdot\psi(t)$	$v = v_0 - 0{\cdot}0089\,(y-y_0)$	
1. Phase	0	14	—	—	463·4	0	0	0	—	3·21 m/sec	
direkter	2	12	144	103·25	501·7	38·3	38·3	0·34	—	2·87	
Stoß	4	10	100	71·7	543·9	80·5	80·5	0·72	—	2·49	
2. Phase	6	8	64	45·89	528·0	102·9	64·6	0·575	38·3	1·94	$v = 0{\cdot}0089\cdot\left(823{\cdot}3 - y - \dfrac{2\psi}{\varrho g}\right)$
	8	6	36	25·81	501·4	118·5	38·0	0·338	80·5	1·43	
Gegenstoß	10	4	16	11·47	509·4	148·9	46·0	0·409	102·9	0·96	
	12	2	4	2·87	531·1	186·2	67·7	0·602	118·5	0·49	
	14	0	0	0	525·5	211·0	62·1	0·553	148·9	0	
3. Phase	18	—	—	—	434·5	—	—	—	—	—	
	22	—	—	—	525·5	—	—	—	—	—	
Oszillation	26	—	—	—	434·5	—	—	—	—	—	

Zur besseren Übersicht sind die Ganglinien der Druckhöhen und Geschwindigkeiten in Abb. 183 dargestellt.

f) Der negative Wasserstoß beim Öffnen, Inbetriebsetzen einer Leitung

Hier gilt sinngemäß $\varphi(0) = 0$, $v_0 = 0$ und $H = y_0$ für $t = 0$. Aus (26) folgt angenähert mit $\dfrac{\varphi^2}{1-\varphi^2} \sim \varphi^2$

$$\varphi(t) = \frac{H - y_a}{\omega}\cdot\sqrt{\frac{g}{2\,y_a}} = \frac{y_0 - y_a}{\omega}\cdot\sqrt{\frac{g}{2\,y_a}} \tag{63}$$

und während der Gegenstoßphase ist zu verwenden (53) mit $\lambda_a = \dfrac{\omega^2}{g}\cdot\varphi(t)$. Es ist wieder ein lineares Schließgesetz vorausgesetzt

$$\varphi(t) = \frac{t}{T}\cdot\varphi(T) = \frac{t}{T}\,\frac{v_1}{\sqrt{2\,g\,y_0}}, \tag{63a}$$

wenn v_1 die entsprechende Geschwindigkeit für den Beharrungszustand und T die Öffnungszeit ist. So wie früher kann für $T > \dfrac{2L}{\omega}$ mit (60)

$$\varepsilon = \frac{n^2}{2}\left(1 - \sqrt{1 + \frac{4}{n^2}}\right) = \frac{y_a}{y_0} - 1$$

ermittelt werden, daß für die Phase des Gegenstoßes die Druckhöhe angenähert konstant bleibt, wobei $n = \dfrac{v_1 \cdot L}{g\,y_0\,T}$. Der kleinste Druck tritt am Ende der Phase des direkten Stoßes auf, und soll der Druck nicht unter ein gewisses Maß y_{as} sinken, so folgt aus (63) bzw. (63a), indem man $t = \dfrac{2L}{\omega}$ einführt,

$$\frac{y_0 - y_a}{\omega} \cdot \sqrt{\frac{g}{2\,y_a}} = \frac{2L}{\omega T} \cdot \frac{v_1}{\sqrt{2g\,y_0}}$$

und mit

$$\frac{y_0 - y_{as}}{y_0} = \varepsilon_s$$

ist

$$\varepsilon_s \sqrt{y_0} \cdot \sqrt{\frac{g}{2\,(1 - \varepsilon_s)}} = \frac{2L}{T} \cdot \frac{v_1}{\sqrt{2g\,y_0}}. \tag{64}$$

Somit ist weiter

$$T \gtreqless \frac{2L\,v_1}{g\,y_0} \cdot \frac{\sqrt{1 - \varepsilon_s}}{\varepsilon_s}. \tag{65}$$

Für $T < \dfrac{2L}{\omega}$, wenn also die Öffnungszeit geringer ist als die Dauer des direkten Stoßes bzw. die Reflexionszeit, so bleibt y_a konstant für den Rest der Phase und wird nach (63) berechnet. Vom Augenblick des Stillstehens des Absperrorgans angefangen nähert sich die Druckhöhe wieder dem Wert y_0, es geht der hydrodynamische Zustand in jenen der Beharrung über. Für diese Phase gilt Gleichung (53) und wie früher kann man sagen, daß je nachdem $\omega \cdot \varphi\,(T) \gtreqless v_{f0}$ ist, nähert sich der hydrodynamische Zustand entweder asymptotisch dem neuen Beharrungszustand oder es erfolgen Pendelungen mit der Periode $\dfrac{4L}{\omega}$. Es entstehen eine Reihe positiver Wasserstöße, deren Stärke mit der Zeit abnimmt. Bedenkt man, daß $v_{f0} = \sqrt{2g\,y_0}$ und $v_1 = v_{f0} \cdot \varphi\,(T)$, so folgt aus obiger Bedingung

$$v_1 \gtreqless \frac{2g}{\omega}\,y_0 \sim 0{\cdot}02\,y_0.$$

Beispiel

Es soll ein Öffnungsvorgang behandelt werden für die gleiche Hochdruckanlage, für die der Schließvorgang berechnet wurde.

Mit den früher angegebenen Ausmaßen $L = 2200$ m, $y_0 = 480$ m, $\omega = 1100$ m/sec folgt $\dfrac{2L}{\omega} = 4$ sec, $v_0 = \sqrt{2g\,y_0} = 97{\cdot}0$ m/sec und wenn $v_1 = 3{\cdot}21$ m/sec im Betrieb, so ist

$\varphi\,(T) = \dfrac{v_1}{v_{f0}} = \dfrac{3{\cdot}21}{97{\cdot}0} = 0{\cdot}033$. Somit ist $\omega \cdot \varphi\,(T) = 1100 \cdot 0{\cdot}033 = 36{\cdot}3$ m/sec $< v_{f0}$.

Daher müssen Pendelungen mit der Periode $\dfrac{4L}{\omega}$ eintreten. Es soll die Öffnungszeit so gewählt werden, daß am Ende des direkten Stoßes ein Druckabfall von $0{\cdot}10\,y_0$ nicht überschritten wird, also $y_{as} = 0{\cdot}9\,y_0$ beträgt. Dann ist aus (65)

$$T = \frac{4400 \cdot 3{\cdot}21}{9{\cdot}81 \cdot 480} \cdot \frac{\sqrt{0{\cdot}9}}{0{\cdot}1} = 88 \text{ sec.}$$

Ferner ergibt sich aus (60) mit $n = \dfrac{v_1 \cdot L}{g \cdot y_0 \cdot T} = 0{\cdot}017$

$$\varepsilon = \frac{0{\cdot}000289}{2}\left(1 - \sqrt{1 + 13\,841}\right) = -\,0{\cdot}0168,$$

woraus

$$y_a = (1 + \varepsilon)\, y_0 = 0{\cdot}9832 \cdot 480 = 471{\cdot}94 \text{ m}.$$

Im übrigen könnte eine Tabellenrechnung wie beim Schließen durchgeführt werden.

g) Zeichnerisches Verfahren. Schaubilder

Zur Verringerung der Rechenarbeiten sind verschiedene graphische Verfahren entwickelt worden, wie das folgende von KREITNER, das sehr übersichtlich ist und sich zur raschen Beurteilung von Entwürfen gut eignet. Man geht von Gleichung (21 a) aus, mit der man die relative Druckerhöhung ausdrücken kann durch

$$\varepsilon = \frac{y_a - y_0}{y_0} = \frac{v_0\,\omega}{g y_0}\left(1 - \frac{v_a}{v_0}\right), \tag{66}$$

wenn $y = y_a$ und $v = v_a$ für den Rohrquerschnitt A vor der Absperrvorrichtung gesetzt wird.

Mit den früheren Bezeichnungen ist dann zur Zeit t

$$f \cdot v_f = v_a \cdot F \quad \text{und für } t = 0 \text{ sinngemäß } f_0 \cdot v_{f0} = v_0 F$$

führt man das Öffnungsverhältnis $\varphi(t) = \dfrac{f}{F}$ ein und vernachlässigt die Geschwindigkeitshöhe, so wird

$$v_a = \varphi(t) \cdot v_f = \varphi(t)\sqrt{2g\,y_a} \quad \text{und} \quad v_0 = \varphi(0) \cdot \sqrt{2g\,y_0},$$

wenn

$$\varphi(0) = \frac{f_0}{F},$$

also ist

$$\varepsilon = \frac{v_0\,\omega}{g y_0}\left\{1 - \frac{\varphi(t)}{\varphi(0)}\sqrt{1 + \varepsilon}\right\}. \tag{67}$$

Es soll der „Öffnungsfaktor" KREITNERS

$$\frac{v_{f0} \cdot \omega}{g y_0} \cdot \varphi(t) = X_t$$

und sinngemäß

$$\frac{v_{f0} \cdot \omega}{g y_0} \cdot \varphi(0) = \frac{v_0\,\omega}{g y_0} = X_0$$

gesetzt werden. Dann erhält man

$$\varepsilon = X_0 - X_0 \cdot \frac{\varphi(t)}{\varphi(0)} \cdot \sqrt{1 + \varepsilon} = X_0 - X_t\sqrt{1 + \varepsilon} \tag{68}$$

und weil nach den Alliévischen Gleichungen (45) und (46), wie schon bemerkt wurde, die Drucksteigerung in der $n$ten Reflexionsperiode, also von $\dfrac{2(n-1)L}{\omega}$ bis $\dfrac{2nL}{\omega}$, gleich ist jener infolge des primären Stoßes vermindert um den doppelten Betrag der Schwankung in der vorangehenden Periode, so ist z. B. für die 4. Periode in der Zeit $\dfrac{6L}{\omega}$ bis $\dfrac{8L}{\omega}$

$$\varepsilon_4 = X_0 - X_4\sqrt{1 + \varepsilon_4} - 2(\varepsilon_1 + \varepsilon_2 + \varepsilon_3)$$

oder allgemein

$$\varepsilon_n = X_6 - X_n \sqrt{1 + \varepsilon_n} - 2 \sum_{m=1}^{m=n-1} \varepsilon_m,$$

so daß

$$\varepsilon_n - \varepsilon_{n+1} = X_{n+1} \sqrt{1 + \varepsilon_{n+1}} - X_n \sqrt{1 + \varepsilon_n} + 2 \varepsilon_n$$

oder

$$X_{n+1} \sqrt{1 + \varepsilon_{n+1}} + \varepsilon_{n+1} = X_n \sqrt{1 + \varepsilon_n} - \varepsilon_n$$

gilt.

Führt man nun die Größen

$$\mu = X \cdot \sqrt{1 + \varepsilon} + \varepsilon$$

und

$$\nu = X \cdot \sqrt{1 + \varepsilon} - \varepsilon$$

ein, so muß

$$\mu_{n+1} = \nu_n$$

sein.

Man kann also die Drucksteigerung in der $n + 1$-Reflexionsperiode durch jene in der vorhergehenden $n$ten Periode ermitteln, wenn man in ein Koordinatensystem X (Abszisse), ε (Ordinate) die μ- und ν-Linien einträgt, wie dies in Abb. 184 geschehen ist und deren Bezeichnung durch die X-Werte ihrer Schnittpunkte mit der Abszissenachse ($\varepsilon = 0$) gegeben ist.

Es soll nun an Hand des Graphikons ein Schließvorgang verfolgt werden, für welchen folgende Grundwerte vorliegen:

$$L = 1650 \text{ m}, \quad y_0 = 120 \text{ m}, \quad v_0 = 3\dot{}4 \text{ m/sec}, \quad \text{Schließzeit } T = 10 \text{ sec}.$$

Es kann $\omega \sim 900$ m/sec angenommen werden, so daß die Reflexionszeit $t_r = \dfrac{2L}{\omega} = 3$ sec beträgt. Das Verhältnis des Düsenquerschnitts zum Rohrquerschnitt sei

$$\frac{f_0}{F} = \varphi(0) = \frac{v_0}{v_{f_0}} = \frac{v_0}{\sqrt{2 g y_0}} = \frac{3\dot{}4}{48\dot{}5} = 0\dot{}07 .$$

Das Schließen soll gleichmäßig (linear) erfolgen, also

$$f_t = f_0 \cdot \left(1 - \frac{t}{T}\right) \text{ sein.}$$

Dann ist das Verhältnis

$$\frac{\varphi(t)}{\varphi(0)} = m_t = 1 - 0\dot{}1 t$$

und

$$X_t = \frac{v_0 \cdot \omega}{g y_0} \cdot m_t = \frac{3\dot{}4 \cdot 900}{9\dot{}81 \cdot 120} (1 - 0\dot{}1 t) = 2\dot{}61 (1 - 0\dot{}1 t)$$

und daraus folgen die Werte der Tabelle:

$t =$	0	1'0	2'0	3'0	4'0	5'0	6'0	7'0	8'0	9'0	10'0
$X_t =$	2'61	2'35	2'09	1'83	1'57	1'31	1'05	0'79	0'53	0'27	0

Für $t = 0$ ist $\varepsilon = 0$ und $X_t = 2\dot{}61$, welchen Werten der Punkt A entspricht, mit dem begonnen wird. Der Druck steigt längs der durch A gehenden μ-Linie bis $t = \dfrac{2L}{\omega} = 3$ sec (Periode des direkten Stoßes) mit dem Wert $X_3 = 1\dot{}83$, womit Punkt B erhalten wird. $\varepsilon_B = 0\dot{}44$, also ist $y_a = y_0 + 0\dot{}44 \, y_0 = 172\dot{}8$ m

Für die nächste Periode (1. Reflexionsperiode $t = 3$ bis 6 sec) erhält man den Wert, wenn man längs der durch B gehenden v-Linie bis zur Abszissenachse (Punkt D) fährt und längs der durch D gehenden μ-Linie bis C, welchem Punkt $X_6 = 1{\cdot}05$ und $\varepsilon_c = 0{\cdot}47$ entspricht. Will man Zwischenpunkte erhalten, so wird stufenweise vorgegangen. So wird der Punkt m' in der 1. Reflexionsperiode ($t = 3 - 6$ sec) erhalten aus m ($t = 1$ sec, $X = 2{\cdot}35$), indem man längs der durch m gehenden v-Linie bis zum Punkt n der Abszissenachse fährt und längs der durch n gehenden μ-Linie bis zum Punkt m', dem $X_{1+3} = 1{\cdot}57$ entspricht. Auf diese Weise kann man, sinngemäß fortsetzend, aus Zwischenpunkten der 2. Periode jene der 3. Periode ermitteln usf. Übrigens kann man dieses Verfahren auf jeden Schließvorgang anwenden und den Strömungswiderstand berücksichtigen. Denn es ist

$$v_a = \frac{f}{F} \cdot v_f = \varphi(t) \cdot \sqrt{2g(y_a - \alpha^2 v_a^2)},$$

wenn die verbrauchte Gefällshöhe

$$h_w = \frac{L \cdot v_a^2}{C^2 D} = \alpha^2 v_a^2$$

einführt. Es folgt dann

$$v_a = \frac{\varphi(t) \cdot \sqrt{2g\,y_a}}{\sqrt{1 + \alpha^2 \cdot \varphi^2(t) \cdot 2g}} = \varphi_1(t) \cdot \sqrt{2g\,y_a}.$$

Kennt man auf diese Weise

$$X = \frac{\varphi_1(t)}{\varphi_1(0)} \cdot \frac{v_0\,\omega}{g\,y_0} = f(t),$$

so kann man, wie es die Abb. 184 verdeutlicht, für die einzelnen Perioden die relativen Druckänderungen ermitteln.

Ähnlich geht man vor, wenn es sich um das Öffnen handelt, wie an folgendem Beispiel gezeigt werden soll.

Beispiel

Die Grundwerte seien $D = 0{\cdot}80$ m, $L = 400$ m, $y_0 = 80$ m, $Q = 1{\cdot}875$ m³/sec und $v_0 = 3{\cdot}75$ m/sec. Es kann $\omega \sim 800$ m/sec geschätzt werden und die Reflexionszeit $t_r = \dfrac{2L}{\omega} = 1{\cdot}0$ sec. Wenn zur Öffnungszeit T_1 die freigegebene Öffnung der Düse f_0 ist, so folgt mit

$$v_{f0} = \sqrt{2g\,y_0} = 39{\cdot}6 \text{ m/sec}$$

der Wert

$$\varphi(T_1) = \frac{v_0}{v_{f0}} = \frac{f_0}{F} = \frac{3{\cdot}75}{39{\cdot}6} = 0{\cdot}095$$

und weiter

$$m_t = \frac{\varphi(t)}{\varphi(T_1)} = 0{\cdot}1\,t.$$

Somit ist

$$X_t = \frac{\omega\,v_0}{g \cdot y_0} \cdot m_t = \frac{800 \cdot 3{\cdot}75}{981 \cdot 80} \cdot 0{\cdot}1\,t = 0{\cdot}38\,t$$

und es folgen die Wertepaare

$t =$	0	$1{\cdot}0$	$2{\cdot}0$	$3{\cdot}0$	$4{\cdot}0$	$5{\cdot}0$	$6{\cdot}0$
$X =$	0	$0{\cdot}38$	$0{\cdot}76$	$1{\cdot}14$	$1{\cdot}52$	$1{\cdot}90$	$2{\cdot}28$

Die Linie der Druckänderung beginnt also für $t = 0$ mit $\varepsilon = 0$ und $X = 0$ im Koordinatenursprung und folgt der μ-Linie bis Punkt 1 $(X = 0{\cdot}38)$, welches Stück der Periode des direkten Stoßes entspricht. Dann fährt man längs der durch 1 gehenden ν-Linie bis zur Abszissenachse bei a und von a längs der hindurch-

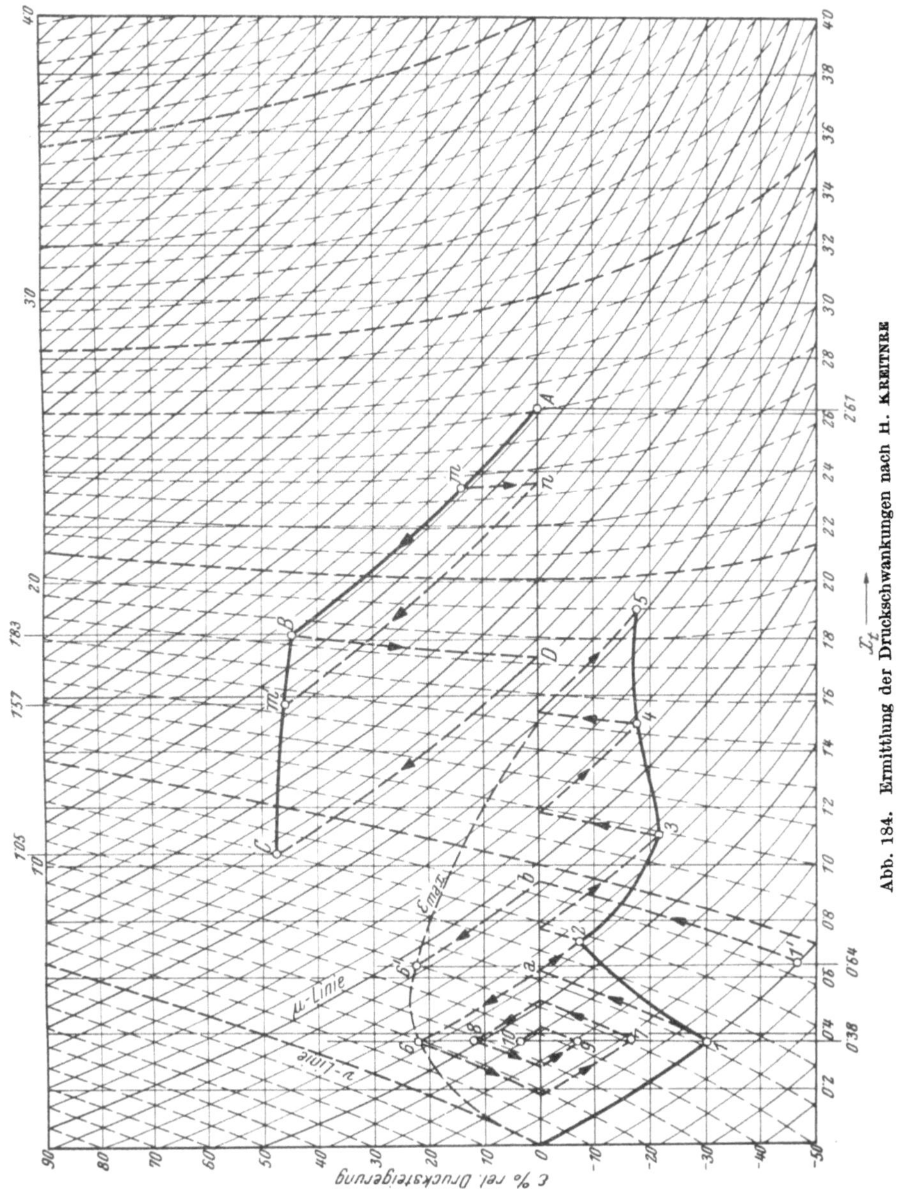

Abb. 184. Ermittlung der Druckschwankungen nach H. KREITNER.

gehenden μ-Linie bis 2, welchem Punkte $X = 0{\cdot}76$ entspricht und so weiter, wie aus den Pfeilrichtungen in der Abbildung zu erkennen ist. Würde schon in der 1. Periode für $t = t_r = 1{\cdot}0$ sec der Öffnungsvorgang zum Stillstand kommen, so daß $X = 0{\cdot}38 =$ konstant bleiben würde, so erhält man mittels der μ—ν-Linien die gestrichelte Spirale mit den Überdrucken in 6, 8, 10 und den Drucksenkungen in 7 und 9. Die gleiche Konstruktion kann auch gemacht werden, wenn der Stillstand bei $X = 1\cdot14$ (Punkt 3) erfolgt, nur sind dann die Drucksteigerungen kleiner, wie man sich leicht überzeugen kann.

So wie dem Punkt 6 das Maximum des Überdruckes (ε_{max}) entspricht, falls bei $t = t_r = 1\cdot0$ sec der Stillstand der Reguliervorrichtung eintritt, so läßt sich der geometrische Ort der größten erreichbaren Drucksteigerungen beim Öffnen ermitteln, wenn man bei festgehaltener Reflexionszeit das X ändert. Das heißt, man verschiebt den Punkt 1 auf der hindurchgehenden μ-Linie beispielsweise bis $1'$ mit dem neuen $X' = 0\cdot64$ und zieht durch $1'$ die v-Linie bis zur Abszissenachse bei b. Der Schnitt der durch b gehenden μ-Linie mit der Ordinate durch $1'$ ergibt den Punkt $6'$, einen weiteren Punkt der ε_{max}-Linie. Aus dem Verlaufe dieser Linie ist vieles zu entnehmen. Soll z. B. beim Öffnen einer Druckleitung die auftretende Drucksteigerung 15% nicht überschreiten, so muß in der 1. Periode die Öffnungsgeschwindigkeit so weit herabgesetzt werden, daß X um nicht mehr als $0\cdot20$ pro Reflexionsdauer zunimmt.

h) Neuere Methode mittels der Stoßgeraden

Diese wurde insbesondere durch die Arbeiten von SCHNYDER[1]) und BERGERON[2]) begründet und folgt unmittelbar aus den Gleichungen (17) und (18). Es sei

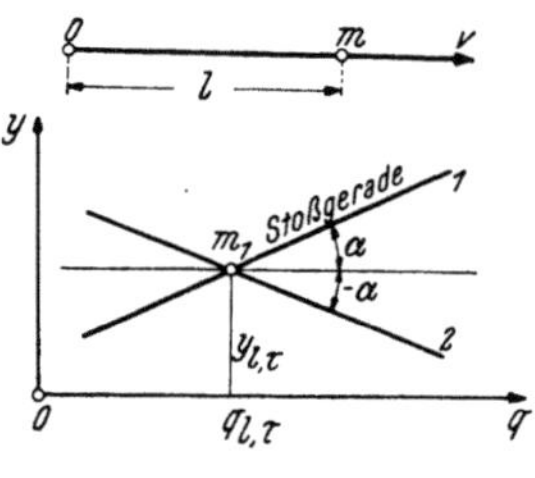

Abb. 185. Die Stoßgeraden in der Zustandsebene

im Leitungsquerschnitt m, dessen Abstand vom Bezugspunkt l betrage (Abb. 185), zur Zeit τ der Strömungszustand gegeben durch die daselbst herrschende Geschwindigkeit $v_{l,\tau}$ bzw. den Durchfluß $q_{l,\tau} = F \cdot v_{l,\tau}$ und durch die dynamische Druckhöhe $\dfrac{p_{l,\tau}}{\gamma} = y_{l,\tau}$. Dem Punkte m entspricht dann in der Zustandsebene q, y der Punkt $m_1(q_{l,\tau}, y_{l,\tau})$. Die früheren Gleichungen (17) und (18) für die Änderung der Zustandsgrößen können für einen Punkt im Abstand x zur Zeit t angeschrieben werden mit

$$y_{x,t} - y_0 = \frac{1}{\varrho g}\left\{\varPhi(x - \omega t) + \psi(x + \omega t)\right\} \tag{69}$$

und

$$v_{x,t} - v_0 = -\frac{1}{\varrho \omega}\left\{\varPhi(x - \omega t) - \psi(x + \omega t)\right\}$$

bzw. mit F multipliziert

$$q_{x,t} - q_0 = -\frac{F}{\varrho \omega}\left\{\varPhi(x - \omega t) - \psi(x + \omega t)\right\}. \tag{70}$$

Denkt man sich nun einen Beobachter vom Punkte m in der Richtung $+x$ der Strömung mit der Geschwindigkeit ω wandernd, so bleibt $\varPhi$ konstant. Denn für ihn ist zur Zeit $t > \tau$ der Abstand

$$x = l + (t - \tau)\,\omega$$

und somit

$$\varPhi(x - \omega t) = \varPhi(l - \omega \tau). \tag{71}$$

Hingegen ändert sich ψ und eliminiert man die für den wandernden Beobachter veränderliche Funktion ψ, so erhält man

[1]) Schweiz. Bauztg. **1929**, Wasserkr. u. Wasserwirtsch., München **1932**.
[2]) Revue Générale de l'Hydraulique **1935**.

$$\varrho g \left(y_{x,t} - y_0 \right) - \frac{\varrho \omega}{F} \left(q_{x,t} - q_0 \right) = 2 \, \Phi \left(x - \omega t \right) \qquad (72)$$

und weil diese Gleichung für alle Punkte der q-, y-Ebene gilt, also auch für den Punkt $m_1 \, (l, \tau)$, so folgt sinngemäß

$$\varrho g \cdot \left(y_{l,\tau} - y_0 \right) - \frac{\varrho \omega}{F} \left(q_{l,\tau} - q_0 \right) = 2 \, \Phi \left(l - \omega \tau \right) \qquad (73)$$

und bei Berücksichtigung von (71) durch Subtraktion von (72) und (73)

$$y_{x,t} - y_{l,\tau} = \frac{\omega}{F \cdot g} \left(q_{x,t} - q_{l,\tau} \right). \qquad (74)$$

(74) stellt die Gerade 1 dar (Variable $y_{x,t}$ und $q_{x,t}$), die durch den Punkt $m_1 \, (y_{l,\tau}, \, q_{l,\tau})$ hindurchgeht und als *Stoßgerade* bezeichnet wird. Ihr Neigungswinkel α gegen die q-Achse ist gegeben durch

$$\operatorname{tg} \alpha = \frac{\omega}{gF}. \qquad (75)$$

Ähnlich ist es bei einem Beobachter, der mit der Geschwindigkeit $-\omega$ entgegen der Strömung wandert. Zur Zeit t ist er nach $x = l - (t - \tau)\, \omega$ gelangt, so daß

$$\psi \left(x + \omega t \right) = \psi \left(l + \omega \tau \right) = \text{const} \qquad (76)$$

erscheint und veränderliche Φ vom wandernden Beobachter angetroffen werden. Eliminiert man Φ, so erhält man

$$y_{x,t} - y_0 = - \frac{\omega}{gF} \cdot \left(q_{x,t} - q_0 \right) + \frac{2}{\varrho g} \cdot \psi \left(x + \omega t \right) \qquad (77)$$

bzw.

$$y_{l,\tau} - y_0 = - \frac{\omega}{gF} \cdot \left(q_{l,\tau} - q_0 \right) + \frac{2}{\varrho g} \cdot \psi \left(l + \omega \tau \right) \qquad (78)$$

und mit Rücksicht auf (76) folgt die Gleichung der Stoßgeraden 2

$$y_{x,t} - y_{l,\tau} = - \frac{\omega}{gF} \left(q_{x,t} - q_{l,\tau} \right), \qquad (79)$$

deren Neigungswinkel gegen die q-Achse durch

$$\operatorname{tg} \alpha = - \frac{\omega}{gF} \qquad (80)$$

gegeben erscheint. Bei der Behandlung konkreter Aufgaben müssen die Randbedingungen berücksichtigt werden.

Es sei z. B. die Druckleitung einer Pelton-Turbine gegeben mit der Düsenöffnung f. Ist f_0 der volle Querschnitt und stellt $\varphi = \dfrac{f}{f_0}$ das Öffnungsverhältnis am Strahlaustritt vor, so gilt

$$\varphi \cdot f_0 \cdot u = q = F \cdot v$$

und bei voller Öffnung

$$f_0 \cdot u_0 = F v_0, \text{ wobei } u = \sqrt{2 g y} \text{ bzw. } u_0 = \sqrt{2 g y_0}$$

die Ausflußgeschwindigkeiten an der Düse sind. Schließlich ist

$$\varphi \cdot \frac{u}{u_0} = \varphi \cdot \frac{\sqrt{2 g y}}{u_0} = \frac{v}{v_0}$$

oder

$$q = \varphi \cdot \frac{v_0 \cdot F}{u_0} \cdot \sqrt{2 g y} \qquad (82)$$

Mit φ als Parameter stellt (82) eine Schar von Parabeln dar, die den Zustand an der Düsenöffnung bei variablem q und y wiedergeben. Sie sind affine Kurven, wie aus der Tangentenkonstruktion hervorgeht, so daß ihre Konstruktion auch bei nicht linearem Schließen leicht erfolgen kann (Abb. 186).

Hat man es mit einer Pumpenanlage (Kreisel) zu tun, so ist die q-, y-Ebene von den Kennlinien erfüllt, die in den Fabriken versuchsweise ermittelt werden und den Zusammenhang von Fördermenge, Druckhöhe und Tourenzahl angeben (Abb. 187). Es sei im Punkte m in der Entfernung l von der Pumpenachse (Abb. 188) zur Zeit τ der Zustand durch $q_{l,\tau}$ und $y_{l,\tau}$ bekannt, dem also der Punkt m_1 in der q-, y-Ebene entspricht. Soll der Zustandspunkt bestimmt werden, dessen Koordinaten den Druck und Durchfluß in der Pumpe zur Zeit $\tau + \dfrac{l}{\omega}$ darstellen, so ist der Schnittpunkt m_2 der Stoßgeraden durch m_1 mit der Kennlinie $n_{\tau + \frac{l}{\omega}}$ der gesuchte Punkt, der eben auf beiden Linien liegen muß.

Die Einfachheit und Übersichtlichkeit dieser Methode erweist sich an folgenden Beispielen.

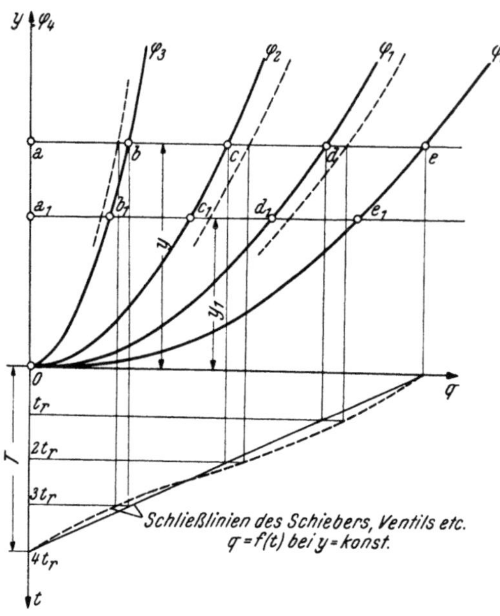

Abb. 186. Darstellung von Gl. (82)

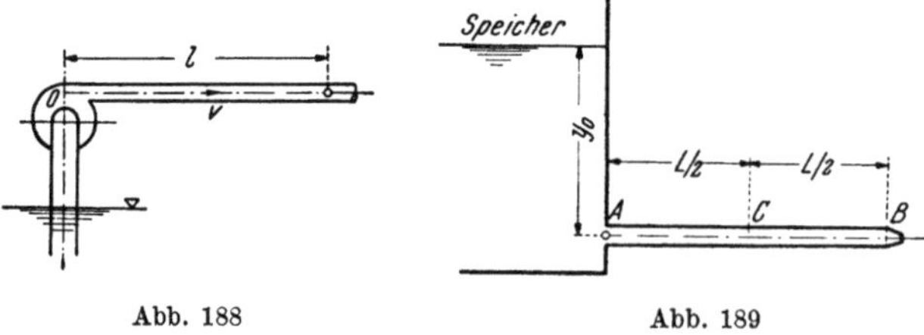

Abb. 187. Pumpenkennlinie als Randbedingung in Druckstoßaufgaben

Abb. 188.   Abb. 189

α) Langsames lineares Schließen in der Zeit $T > t_r = \dfrac{2L}{\omega}$.

Die Druckleitung von konstantem Durchmesser sei an einen großen Speicher angeschlossen (Abb. 189), so daß am Beginn in A die Druckhöhe $y_a = y_0$ immer den gleichen Wert hat. Die Schließzeit sei $T = 4\,t_r$ und die Schließkennlinie eine Gerade (Abb. 189). Man zeichnet nach (82) die φ-Parabeln, die die Randbedingungen zu den Zeiten 0, t_r, $2\,t_r$, $3\,t_r$ und $4\,t_r$ darstellen (Abb. 190). Man beginnt das Druckdiagramm bei Punkt B_0 zu zeichnen, der den Zustand in B zur Zeit $t = 0$ durch $q = q_0$ und $y = y_0$ kennzeichnet. Läßt man von B einen Beobachter mit der Schnelligkeit ω gegen A wandern, so gelangt er zur Zeit $0^{\cdot}25\,t_r$ nach der Mitte C und zur Zeit $0^{\cdot}5\,t_r$ nach A, was auch für die von B wandernde primäre Druckwelle gilt. Es fallen also die Zustandspunkte B_0, $C_{0\cdot25}$ und $A_{0\cdot5}$ zusammen. Läßt man nun den Beobachter von A zur Zeit $0\dot{5}\,t_r$ mit der Geschwindigkeit ω gegen B wandern, so gelangt er dorthin zur Zeit t_r, wobei sich der Druck linear nach der Stoßgeraden 2 erhöht. Zeichnet man also letztere durch den Punkt $A_{0\cdot5}$ und bringt sie zum Schnitt mit der Parabel φ_1, so erhält man den Punkt $B_{1\cdot0}$, dessen Koordinaten den dortigen Durchfluß q_1 und die dortige Druckhöhe y_1 zur Zeit $t = t_r$ angeben. Durch den erhaltenen Punkt B_1 wird nun die Stoßgerade 1 gelegt, der ein von B nach A wandernder und dort zur Zeit $1\dot{5}\,t_r$ ankommender Beobachter entspricht. Weil sich in A der Druck nicht ändert, ist der Schnittpunkt mit der zur q-Achse im Abstand y_0 liegenden Parallelen der gesuchte Punkt $A_{1\cdot5}$, dessen Koordinaten $q_{1\cdot5}$ bzw. $y_{1\cdot5} = y_0$ den Durchfluß bzw. den Druck in A zur Zeit $1\dot{5}\,t_r$ angeben. Die weitere Konstruktion ist aus

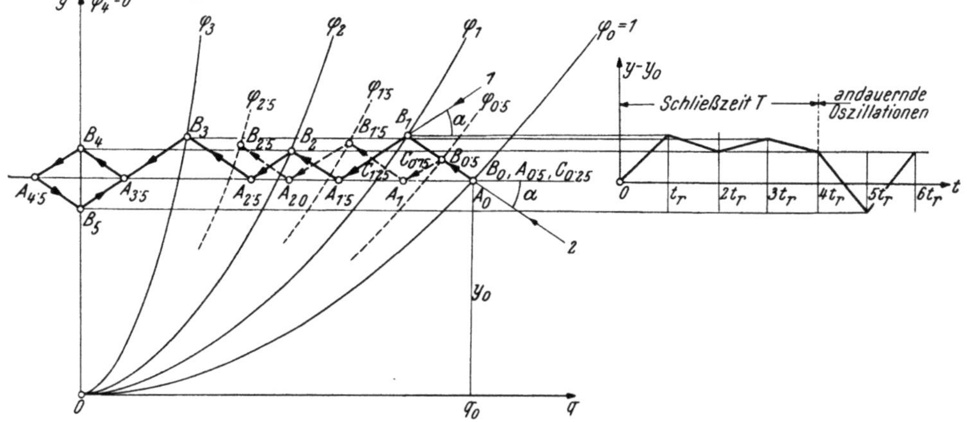

Abb. 190. Langsames lineares Schließen. $T > t_r$

Abb. 190 ohneweiters zu ersehen. Ist in der Zeit T das Abschlußorgan vollkommen geschlossen, also in der Konstruktion die entsprechende Parabel $\varphi_4 =$ Ordinatenachse y erreicht, so ergeben sich die weiteren Zustandspunkte als die Eckpunkte eines Rhombus. Es erfolgen also nach vollkommenem Abschluß Oszillationen um den Ruhedruck y_0, wie aus der Alliévi-Theorie schon bekannt ist und ihnen entspricht eine schon mehrfach beobachtete Pendelung der Wassermassen.

Der Druck in B in den Zwischenphasen $0\dot{5}\,t_r$, $1\dot{5}\,t_r$, $2\dot{5}\,t_r$ wird bestimmt, indem man sich den Beobachter von A zur Zeit $t = 0$ ausgehend denkt, der in B zur Zeit $t = 0\dot{5}\,t_r$ ankommt. Für ihn liegen wieder alle Zustandspunkte auf der durch A_0 (identisch mit Punkten B_0, $A_{0\cdot50}$) gehenden Stoßgeraden 2, deren Schnitt mit der Parabel $\varphi_{0\cdot5}$ den gesuchten Punkt $B_{0\cdot5}$ ergibt. Die Konstruktion wird durchgeführt wie für die Phasenpunkte, und man erhält entsprechend dem in Abb. 190 gestrichelten Linienzuge in der Pfeilrichtung die Punkte $B_{0\cdot5}$, $A_{1\cdot0}$, $B_{1\cdot5}$, A_2, $B_{2\cdot5}$ usw.

Will man die Verhältnisse in der Mitte der Leitung, also im Querschnitt C ermitteln, so muß bedacht werden, daß die Druckwelle von B zur Zeit 0 kommend in C zur Zeit $0\dot{25}\,t_r$ anlangt, so daß der Zustandspunkt $C_{0\cdot25}$ mit $A_{0\cdot5}$ und B_0 zusammenfällt. Der Zustand in C ist durch den Schnitt zweier Stoßgeraden nach folgender Überlegung zu finden. Es seien in zwei Querschnitten m_1 und m_2 einer Leitung die Größen q und y zur Zeit τ bekannt, so daß ihnen in der q-, y-Ebene die Punkte m'_1 und m'_2 mit den Koordinaten q_1, y_1 und q_2, y_2 zugeordnet erscheinen (Abb. 191). Soll nun der Druck in einem von diesen Punkten gleich weiten Punkt m ermittelt werden, so denkt man sich von beiden zu gleicher Zeit τ einen Beobachter in der $\pm\, v$-Richtung mit der Geschwindigkeit ω abgehen. Sie werden sich in der Mitte zur Zeit

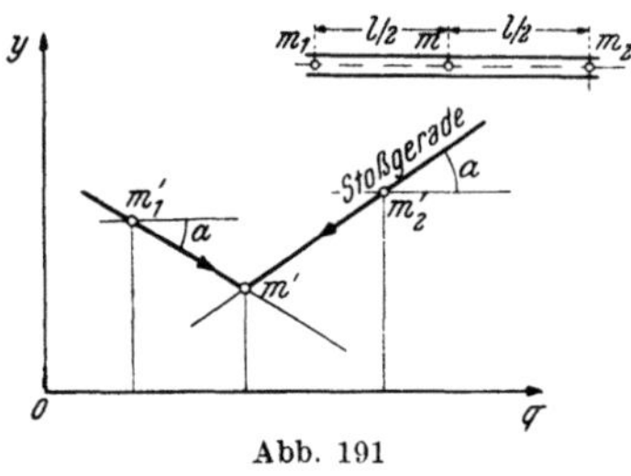

Abb. 191

$\tau + \dfrac{L}{2\,\omega}$ treffen und daselbst den gleichen Druck vorfinden. Also zeichnet man durch m'_1 und m'_2 der q-, y-Ebene die beiden unter $\pm\, \alpha$ geneigten Stoßgeraden und ihr Schnittpunkt m' ist der gesuchte Zustandspunkt mit y und q zur Zeit $\tau + \dfrac{L}{2\,\omega}$ im Leitungsquerschnitt m. Der in der

Phase der primären Welle (direkter Stoß) gelegene Zustandspunkt $C_{0\cdot75}$ fällt mit $B_{0\cdot5}$ zusammen, weil zur Zeit $t = 0\,{}^{\cdot}75\,t_r$ der Zustand in C identisch ist mit jenem in B zur Zeit $t = 0\,{}^{\cdot}50\,t_r$ (Abb. 191). Der in C jeweilig herrschende Durchfluß und Druck wird erhalten, indem man zwei Beobachter zu gleichen

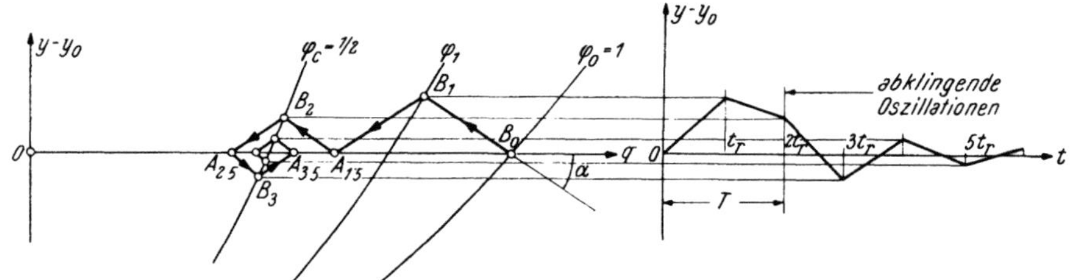

Abb. 192. Langsames partielles Schließen mit negativem Gegenstoß. $T > t_r$

Zeiten t_r, $2\,t_r$, $3\,t_r$ usw. von A bzw. B mit ω abgehen denkt und die Zustandspunkte $C_{1\cdot25}$, $C_{1\cdot75}$, $C_{2\cdot25}$ usw. als Schnittpunkte der Stoßgeraden durch die Zustandspunkte A_1 und B_1, $A_{1\cdot5}$ und $B_{1\cdot5}$, A_2 und B_2 usw. bestimmt.

Erfolgt der Abschluß langsam, aber nur partiell auf $\varphi = \varphi_c$, so nimmt der Stoß von Phase zu Phase ab und je nach der Neigung der Stoßgeraden erfolgt ein Abklingen mit oder ohne negativen Gegenstoß (Abb. 192 und 193).

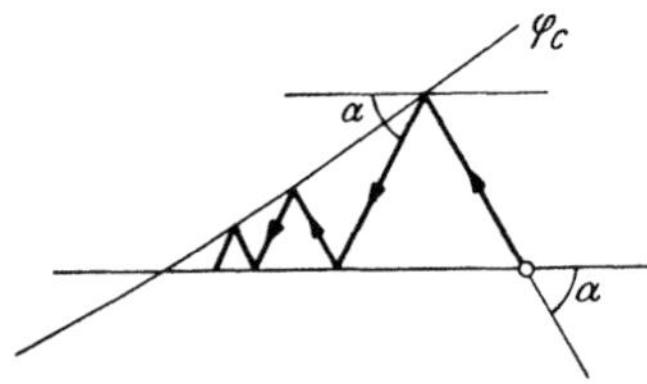

Abb. 193. Langsames partielles Schließen ohne Gegenstoß

β) **Rasches Schließen mit** $T < t_r$. Dieser Vorgang ist in Abb. 194 graphisch behandelt. Vom Beginn des Schließens zur Zeit $t = 0$ wird der Druck in B bis zum Zeitpunkt $t = T$ ansteigen und dann bis $t = t_r$ konstant bleiben, in welchem Zeitpunkt die reflektierte Welle in B eintrifft und einen Abbau des Überdruckes einleitet. Sucht man die zugehörigen Punkte in der Zustandsebene q, y, so entspricht B_0 $(q_0,\ y_0)$ dem Zustand in B zur Zeit $t = 0$ und dieser fällt zusammen mit A_0 und $A_{0\cdot5}$, welchen Punkten der Zustand im Querschnitt A zur Zeit $t = 0$ und $t = 0\,{}^{\cdot}5\,t_r$ entspricht. Zur Zeit T, also am Ende des Schließvorganges, ist der Überdruck in B auf $y - y_0 = \dfrac{v_0\,\omega}{g}$ gestiegen und es entspricht dem der Zustandspunkt B_T. Man gelangt zu diesem, wenn man sich von A zur Zeit

$T - 0{\cdot}5\,t_r$ einen Beobachter gegen B mit der Geschwindigkeit ω abgehend denkt, der in B zur Zeit T ankommt und dort den Überdruck $\dfrac{v_0\,\omega}{g}$ vorfindet. Also erhält man den Zustandspunkt B_T, wenn man durch $A_{T-0{\cdot}5}$ die Stoßgerade tg $\alpha = \dfrac{\omega}{g\,F}$ zieht und zum Schnitt mit der Parabel (Ordinatenachse) $\varphi_c = 0$ bringt. Der Zustandspunkt B_1 ist mit B_T identisch, und zieht man von diesen aus die Stoßgerade mit tg $\alpha = \dfrac{\omega}{g\,F}$, so erhält man die Zustandspunkte $A_{T+0{\cdot}5}$ bzw. $A_{1{\cdot}5}$ usw. Die Punkte, die man so erhält, bilden wieder die Eckpunkte eines Rhombus (Abb. 194), dessen lotrechte Diagonale $2 \cdot \dfrac{\omega\,v_0}{g}$ lang ist. Man erhält eine gute Übersicht, wenn man sich den zeitlichen Gang des Überdruckes

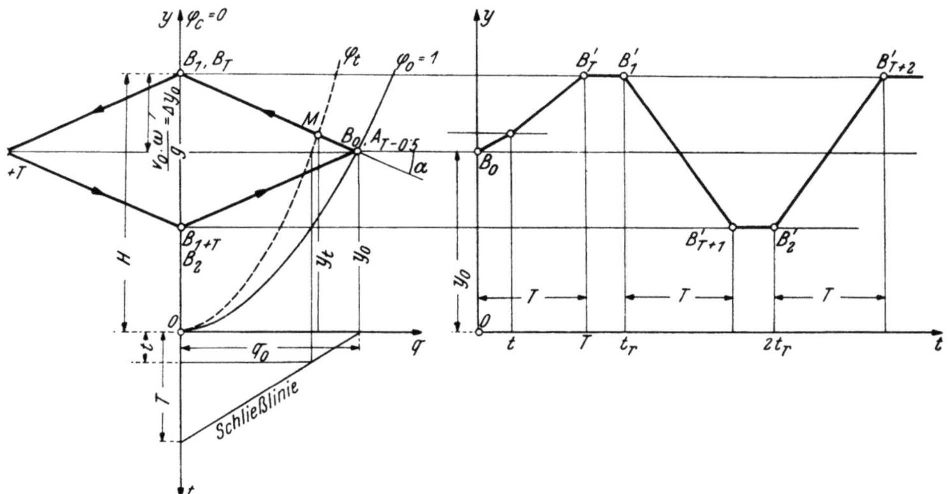

Abb. 194. Rasches Schließen mit $T > t_r$

aufzeichnet. Für einen beliebigen Zeitpunkt t während des Schließvorganges erhält man den Überdruck in B, wenn man die zugehörige Parabel φ_t zum Schnitt mit der Stoßgeraden durch B_0 bringt.

γ) **Langsames Öffnen, Öffnungszeit $T > t_r = \dfrac{2\,L}{\omega}$.** In der Abb. 195 ist die zeichnerische Ermittlung der Drücke für langsames lineares Schließen für $T = 3\,t_r$ dargestellt, wie auch die Ganglinien des Druckes in den Querschnitten A, B und C. Es wird sinngemäß wie beim Schließen vorgegangen, indem mittels der Stoßgeraden 1 und 2 der sägeförmige Linienzug $A_{0{\cdot}5}$, B_1, $A_{1{\cdot}5}$, B_2, $A_{2{\cdot}5}$, B_3 usw. gezeichnet wird und so der Druck in B zur Zeit t_r, $2\,t_r$, $3\,t_r$ usw. erhalten wird, während er in A stets denselben Wert $\gamma \cdot y_0$ hat. Der Druck im Querschnitt C wird auf Grund der Darlegungen zur Abb. 190 bestimmt, indem die Stoßgeraden durch die Zustandspunkte mit gleichem Index gezeichnet werden, nämlich durch A_1 und B_1, $A_{1{\cdot}5}$ und $B_{1{\cdot}5}$, A_2 und B_2 usw. Ihre Schnittpunkte $C_{1{\cdot}25}$, $C_{1{\cdot}75}$, $C_{2{\cdot}25}$ usw. geben den Druck in C zur Zeit $1{\cdot}25\,t_r$, $1{\cdot}75\,t_r$, $2{\cdot}25\,t_r$ usw. an, während $C_{0{\cdot}75}$ mit $B_{0{\cdot}5}$ zusammenfällt, weil der Zustand in C zur Zeit $0{\cdot}75\,t_r$ mit jenem in B zur Zeit $0{\cdot}5\,t_r$ identisch ist.

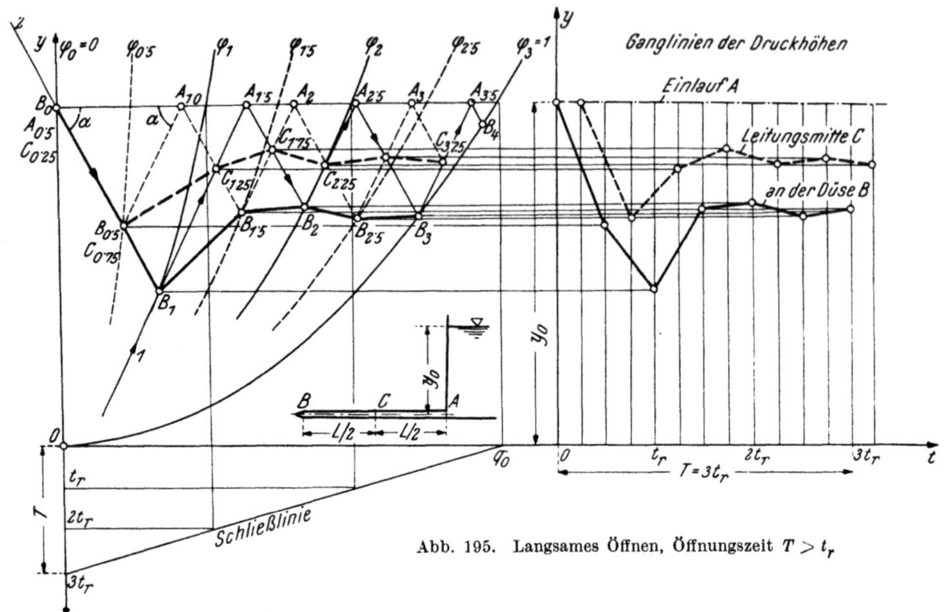

Abb. 195. Langsames Öffnen, Öffnungszeit $T > t_r$

δ) **Rasches Öffnen,** $T < t_r = \dfrac{2L}{\omega}$. Hier müssen die zwei in Abb. 196 a und b dargestellten Fälle mit und ohne positivem Gegenstoß unterschieden werden, was von der Neigung der Stoßgeraden zur Grenzparabel $\varphi_c = 1$ abhängig ist.

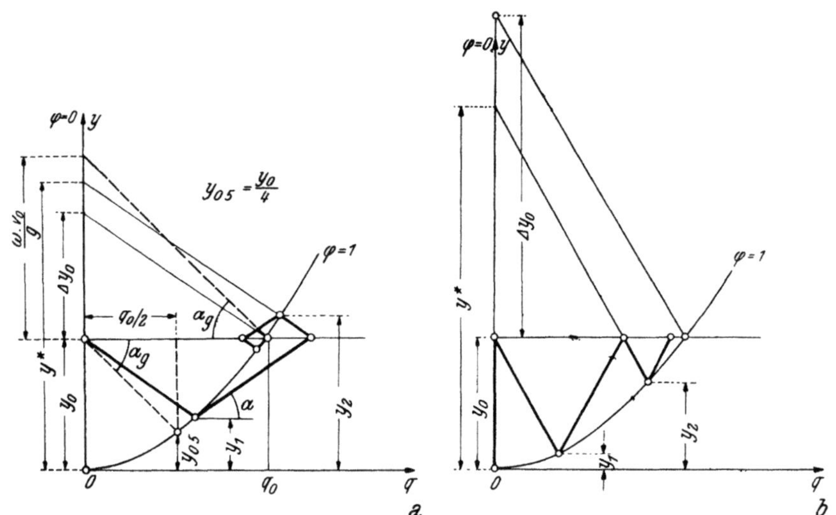

Abb. 196. a) Totales rasches Öffnen, $T < t_r$ mit positivem Gegenstoß. b) Totales rasches Öffnen, $T < t_r$ ohne Gegenstoß

Die Grenzneigung α_g der Stoßgeraden, die beide Fälle scheidet, ergibt sich aus Abb. 196a, und zwar ist

$$\operatorname{tg}\alpha_g = \frac{\omega v_0}{g} : q_0 = \frac{\omega}{gF} = \frac{2(y_0 - y_{0·5})}{q_0} = \frac{2y_0}{q_0}\left(1 - \frac{y_{0·5}}{y_0}\right).$$

Nun ist

$$\frac{y_{0\cdot5}}{y_0} = \frac{(0\cdot5\,q_0)^2}{q_0{}^2} = 0\cdot25.$$

Also ist

$$\operatorname{tg}\alpha_g = 1\cdot50\,\frac{y_0}{q_0}$$

und es tritt ein positiver Gegenstoß ein, wenn

$$\frac{\omega}{g\,F} < 1\cdot50\,\frac{y_0}{q_0} \tag{83}$$

ε) **Rasches Öffnen und ebensolches darauf folgendes Schließen.** Wird nach erfolgtem raschen totalen Öffnen ($T < t_r$) anschließend rasch geschlossen,

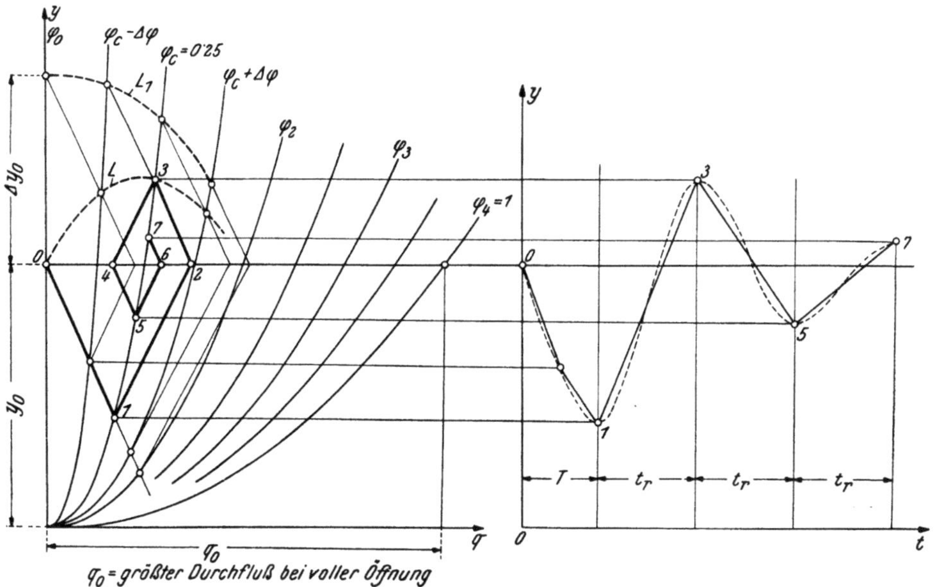

Abb. 197. Partielles rasches Öffnen. $T < t_r$

so erfolgt nach Abb. 196a dann ein Gegenstoß von der Größe

$$\gamma(y^* - y_0) > \Delta y_0 = \frac{\omega\,v_0}{g},$$

wenn die Bedingung (83) erfüllt ist. Die Untersuchung für partielles rasches Öffnen ist in Abb. 197 dargestellt. Wird mit $T < t_r$ auf $\varphi = 0\cdot25$ geöffnet, so ergibt die Stoßgeradenmethode den Linienzug 0—1—2—3—4 usw., wozu die Ganglinie des Druckes vor der Düse gezeichnet ist. Läßt man nun das Öffnungsverhältnis φ und somit die Beaufschlagung q variieren, so ergibt sich die Linie L, die ein Maximum des Gegenstoßes bei etwa $\varphi \sim 0\cdot20$ aufweist, also bei einem zugehörigen Durchfluß, der kleiner ist als der maximale. Wird nach partiellem raschen Öffnen ebenso um das gleiche Maß $\Delta\varphi$ geschlossen, wie in Abb. 197 dargestellt ist, so folgt graphisch die Linie L_1 mit einem Überdruckmaximum von $\Delta y_0 \sim 0\cdot22\,\frac{\omega\,v_0}{g}$ für dieses Beispiel.

ζ) **Berücksichtigung der Reibung** (Abb. 198). Wie aus der Ableitung der Grundgleichung des Druckstoßes zu ersehen ist, spielen bei dieser Erscheinung die partiellen Ableitungen von v und p nach der Zeit (lokalen Differentialquotienten) eine überragende Rolle, wenn ω gegenüber v sehr groß ist, wie es in den Stahlrohrleitungen der Hochdruckanlagen der Fall ist. Die Reibung tritt bei dieser, der allgemeinen Strömung überlagerten Erscheinung zurück, und das Wesen der Stoßgeraden ändert sich kaum. Anders ist es bei den Abflußparabeln φ, für die nach wie vor Gl. (82) gilt, wenn $y = \dfrac{p}{\gamma}$ die vor dem Ausflußquerschnitt herrschende Druckhöhe ist. Diese Druckhöhe ist aber nicht mehr konstant

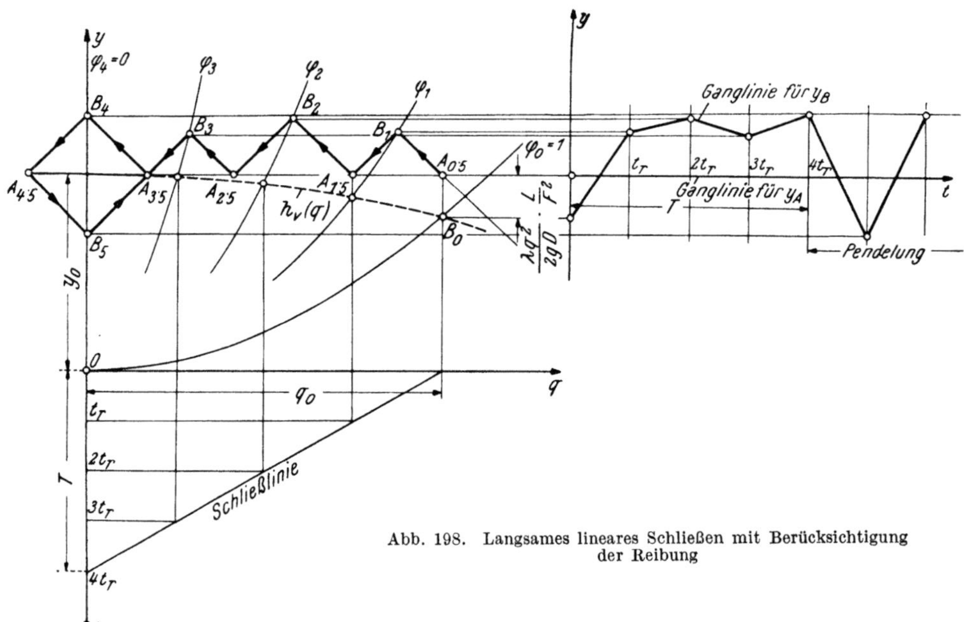

Abb. 198. Langsames lineares Schließen mit Berücksichtigung der Reibung

wie früher (Einfluß der Geschwindigkeitshöhe vernachlässigt), sondern infolge des Reibungsverlustes veränderlich um das Maß h_v (q). Somit liegen die den Teilausflüssen $q_0/_4$, $\dfrac{q_0}{2}$ usw. entsprechenden Zustandspunkte auf der Verlustlinie h_v (q). Die Konstruktion verläuft wie früher und beginnt bei Punkt B_0 bzw. $A_{0\cdot5}$ nach der Zickzacklinie, wobei die Punkte A immer auf $y = y_0$ zu liegen kommen, weil für den Beginn der Leitung keine Druckverluste aufscheinen, also die Druckhöhe immer $y = y_0$ ist.

V. Schwingungen im Wasserschloß

Bei einer Hochdruckanlage für Wasserkraftgewinnung wird zwischen den aus dem Hauptspeicher (Talsperre usw.) führenden meist längeren Stollen und die anschließende Druckrohrleitung ein Wasserschloß angeordnet, das eine ähnliche Funktion auszuüben hat, wie das in D II 3 erwähnte Standrohr. Einen schematischen Längenschnitt der Anlage gibt Abb. 199, aus der zu ersehen ist, daß die Geschwindigkeit im Stollen von der Spiegeldifferenz von Hauptspeicher und

Wasserschloß abhängig ist. Wenn nun die Turbinenbelastung (Durchfluß bei A) rasch wechselt, so entsteht neben dem im vorigen Abschnitt behandelten oszillatorischen Spannungszustand im Druckrohr infolge der erwähnten Abhängigkeit und infolge der Trägheit eine schwingende Wasserbewegung im Stollen und im Wasserschloß. Letzteres dient als Ausgleichsbehälter, der bei rasch anwachsender Turbinenbelastung Wasser in das Druckrohr abgibt (fallender Wasser-

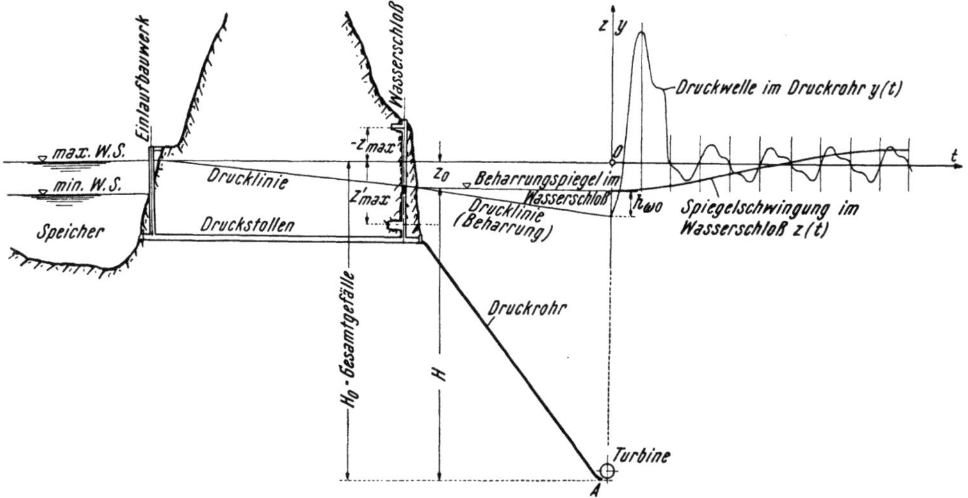

Abb. 199. Schema einer Hochdruckanlage für Kraftgewinnung

schloßspiegel und zunehmende Stollengeschwindigkeit), im entgegengesetzten Falle jedoch den überschüssigen Zufluß vom Hauptspeicher aufnimmt (steigender Spiegel und abnehmende Stollengeschwindigkeit). Das Wasserschloß ist dann entsprechend bemessen, wenn die Schwingungen so gedämpft verlaufen, daß in angemessener Zeit der neue Gleichgewichtszustand erreicht und bei voller Entlastung der Turbinen der Zufluß aus dem Hauptspeicher aufgenommen wird.

1. Die Grundgleichungen[1])

Mit $Q_z = v \cdot f$ für den Zufluß, $v =$ mittlere Geschwindigkeit im Stollen und f dessen Querschnitt, ferner $F =$ Spiegelfläche im Wasserschloß und $v_2 = \dfrac{dz}{dt}$ als Spiegelgeschwindigkeit, $Q_a = f \cdot v_a =$ Abfluß unterhalb des Wasserschlosses folgt die Kontinuitätsgleichung

$$Q_z - Q_a = -F \cdot \frac{dz}{dt} = f(v - v_a) \quad \text{bzw.} \quad -\frac{dz}{dt} = \frac{f}{F} \cdot (v - v_a). \tag{1}$$

Mit $Q_z \gtreqless Q_a$ ändert sich entsprechend das Vorzeichen von $\dfrac{dz}{dt}$. Die Grundgleichung der Bewegung lautet für das Stück einer Stromröhre zwischen zwei im Abstand $s_2 - s_1$ gelegenen Querschnitten I und II [Abschn. D II (8)]

$$\left(\frac{\alpha_2 v_2^2}{2g} + \frac{p_2}{\gamma} + z_2\right) - \left(\frac{\alpha_1 v_1^2}{2g} + \frac{p_1}{\gamma} + z_1\right) = \frac{\alpha'}{g}\int_{s_1}^{s_2}\frac{\partial v}{\partial t} \cdot ds + h_w. \tag{2}$$

---

[1]) Die ältere Literatur wurde von F. SITTE umfassend dargestellt in „Die Wasserwirtschaft", Wien 1925.

In sinngemäßer Anwendung auf das vorliegende System Stollen-Wasserschloß und falls der Nullpunkt im Spiegel oberhalb des Einlaufs liegt (Abb. 199), folgt mit

$$\frac{v_1{}^2}{2g} \cong 0, \quad z_1 = 0 \quad \text{und} \quad \frac{p_1}{\gamma} = 0,$$

ferner mit

$$\frac{v_2{}^2}{2g} = \frac{1}{2g} \cdot \left(\frac{dz}{dt}\right)^2, \quad z_2 = z \quad \text{und} \quad \frac{p_2}{\gamma} = 0,$$

wenn außerdem $\alpha_1 = \alpha_2 = 1$ gesetzt und die Formel

$$v = c \cdot \sqrt{D\frac{hw}{L}}$$

verwendet wird

$$z + \frac{1}{2g}\left(\frac{dz}{dt}\right)^2 = \frac{\alpha'}{g} \cdot \frac{dv}{dt} \cdot L + \frac{\alpha'}{g} \cdot \int_0^{h-z} \frac{d^2z}{dt^2} \cdot ds + \frac{Lv^2}{c^2D} + \frac{(h-z)}{c_1{}^2 \cdot D_1} \cdot \left(\frac{dz}{dt}\right)^2. \tag{3}$$

Es bedeuten L = Länge des Druckstollens vom Einlauf bis zum Wasserschloß, $h-z$ die Höhe der vertikalen Wassersäule im Wasserschloß, D bzw. D_1 sind die Durchmesser der kreisförmig gedachten Querschnitte, für die man bei anders geformten Querschnitten die hydraulischen Radien setzen darf. Aus (1) folgt

$$v = v_a - \frac{F}{f} \cdot \frac{dz}{dt},$$

welcher Ausdruck in (3) eingesetzt werden soll, wobei zu bemerken ist, daß F von der Spiegellage z und v_a außerdem noch von der Zeit abhängig ist. Man sieht sich daher veranlaßt, gewisse vereinfachende Annahmen zu treffen.

2. Das Schachtwasserschloß

Die Behandlung des Spiegelganges im Schachtwasserschloß, dessen Querschnitt F konstant ist, erfolgt gewöhnlich unter der Annahme eines plötzlichen, vollständigen Abschlusses, was mit Rücksicht auf die meist nur einige Sekunden dauernde Schließzeit erlaubt sein mag. Bei Freistrahlturbinen wird bei Ausfall der Belastung der Strahl vom Laufrad automatisch abgelenkt und die Düse durch die Nadel allmählich geschlossen[1]) (Abb. 183). Weil der Reibungsverlust im Wasserschloß gegen jenen im Druckstollen vernachlässigt werden kann, folgt mit $Q_a = 0$ aus (1)

$$v = -\frac{F}{f} \cdot \frac{dz}{dt} \tag{1a}$$

und aus (3)

$$z = -\frac{\alpha'}{g} \cdot \frac{F}{f} \cdot L\frac{d^2z}{dt^2} + \frac{L}{c^2D} \cdot \frac{F^2}{f^2}\left(\frac{dz}{dt}\right)^2 + \frac{\alpha'}{g}(h-z)\frac{d^2z}{dt^2} + \left(\frac{h-z}{c_1{}^2 \cdot D_1} - \frac{1}{2g}\right)\left(\frac{dz}{dt}\right)^2 \tag{3a}$$

Gewöhnlich ist der Querschnitt des Wasserschlosses viel größer als jener des Stollens, so daß die Geschwindigkeitshöhe $\frac{1}{2g}\left(\frac{dz}{dt}\right)^2$ sehr gering ist. Ferner ist die Länge der Wassersäule im Wasserschloß klein gegen die Stollenlänge und

---

[1]) Für lineares allmähliches Schließen haben CALAME und GADEN, Théorie des chambres d'équilibre, den Vorgang behandelt, Paris 1926.

man wird daher gewöhnlich alle Ausdrücke, welche $(h-z)$ enthalten, vernachlässigen können, so daß von (3a) nur mehr übrigbleibt[1])

$$z = -\frac{\alpha'}{g} \cdot \frac{F}{f} \cdot L \cdot \frac{d^2 z}{dt^2} + \frac{L F^2}{c^2 D^2 f^2} \cdot \left(\frac{dz}{dt}\right)^2 \tag{4}$$

oder geordnet mit

$$\alpha' \sim 1, \quad \frac{m}{2} = \frac{g}{c^2 D} \cdot \frac{F}{f} \quad \text{und} \quad n^2 = \frac{g f}{L F}$$

$$\frac{d^2 z}{dt^2} - \frac{m}{2} \left(\frac{dz}{dt}\right)^2 + n^2 z = 0. \tag{5}$$

Setzt man ferner $\dfrac{dz}{dt} = \dot{z}$, also

$$\frac{d^2 z}{dt^2} = \frac{d\dot{z}}{dt} = \frac{d\dot{z}}{dz} \cdot \frac{dz}{dt} = \frac{1}{2} \frac{d\dot{z}^2}{dz},$$

so folgt aus (5)

$$\frac{d\dot{z}^2}{dz} - m\dot{z}^2 + 2 n^2 z = 0. \tag{6}$$

Setzt man $\dot{z}^2 = u \cdot w$, wo u und w selbständig sind, so folgt aus (6)

$$u \cdot \frac{dw}{dz} + w \cdot \frac{du}{dz} - m u \cdot w + 2 n^2 z = 0$$

mit den beiden Gleichungen

$$u \cdot \frac{dw}{dz} - m u w = 0 \tag{7}$$

und

$$w \cdot \frac{du}{dz} = 2 n^2 z = 0. \tag{7a}$$

Weil aus (7)

$$\frac{1}{m} \cdot \frac{dw}{w} = dz$$

folgt nach Integration

$$z = \frac{1}{m} \ln w + c_0$$

und weiters

$$w = e^{m(z - c_0)} = c\, e^{mz}. \tag{8}$$

Dieser Wert in (7a) eingesetzt, gibt

$$c \cdot e^{mz} \cdot \frac{du}{dz} + 2 n^2 z = 0$$

oder

$$du = -\frac{2 n^2}{c} \cdot e^{-mz} \cdot z \cdot dz$$

und

$$u = \frac{2 n^2}{c m} \cdot z \cdot e^{-mz} + \frac{2 n^2}{c m^2} e^{-mz} + c_1 = \frac{2 n^2}{c m^2} \cdot e^{-mz}(1 + m z) + c_1, \tag{9}$$

---

[1]) Gleichung (4) kann unmittelbar aus dem Impulssatz abgeleitet werden, indem die zeitliche Änderung der Bewegungsgröße der Wassermasse im Stollen allein berücksichtigt wird und $\dfrac{d}{dt}(\varrho \cdot v \cdot f \cdot L) = \gamma \cdot (z - h_w) f = \gamma \left(z - \dfrac{v^2 L}{c^2 D}\right) \cdot f$ gesetzt wird, wenn rechts der um die Reibung verminderte Überdruck auf den Wasserquerschnitt im Stollen ist.

Schließlich ergibt sich

$$\dot{z}^2 = u \cdot w = \frac{2\,n^2}{m^2} \cdot (1 + m z) + c\,c_1 e^{m z}. \tag{9a}$$

Setzt man noch $c \cdot c_1 = C$, so folgt dann

$$\dot{z} = \frac{dz}{dt} = \pm \sqrt{C \cdot e^{m z} + \frac{2\,n^2}{m^2}(1 + m z)}. \tag{10}$$

Für die größten Ausschläge $z = Z$ ist immer $\dfrac{dz}{dt} = 0$, so daß

$$C\,e^{m Z} + \frac{2\,n^2}{m^2}(1 + m Z) = 0$$

wird oder

$$(1 + m Z) \cdot e^{-m Z} = -\frac{m^2}{2\,n^2} \cdot C, \tag{11}$$

also auch

$$\ln(1 + m Z) - m Z = \ln \frac{m^2}{2\,n^2}\,C = -\xi \tag{12}$$

gilt.

Wenn Z_1 und Z_2 zwei aufeinanderfolgende Ausschläge sind, so folgt die Beziehung[1])

$$\ln(1 + m Z_1) - (1 + m Z_1) = \ln(1 + m Z_2) - (1 + m Z_2). \tag{13}$$

Man kann die aufeinanderfolgenden Elongationen ermitteln[2]), indem man zur besseren Übersicht in (12) $m Z = 2\zeta$ setzt und die Linie $\xi = 2\zeta - \ln(1 + 2\zeta)$ zeichnet (Abb. 200).

Es ist dann

$$\left(\frac{d\xi}{d\zeta}\right)_{\zeta \to \infty} = 2 \quad \text{(Asymptote)}.$$

Zeichnet man noch die Hilfslinie, indem man jedem ζ_n das zugehörige ζ_{n+1} zuordnet, so ist die Aufeinanderfolge der Elongationen leicht zu ersehen. Die höchste Spiegellage $Z_0 = Z_{max}$ wird durch folgende Betrachtung gewonnen[3]). Im Augenblick des Absperrens ist

$$\frac{dz}{dt} = -\frac{v \cdot f}{F} \quad \text{und} \quad \frac{d^2 z}{dt^2} = 0,$$

also folgt mit $z = h_w$ aus (5)

$$-\frac{m}{2} \cdot \left(\frac{v \cdot f}{F}\right)^2 + n^2 h_w = 0$$

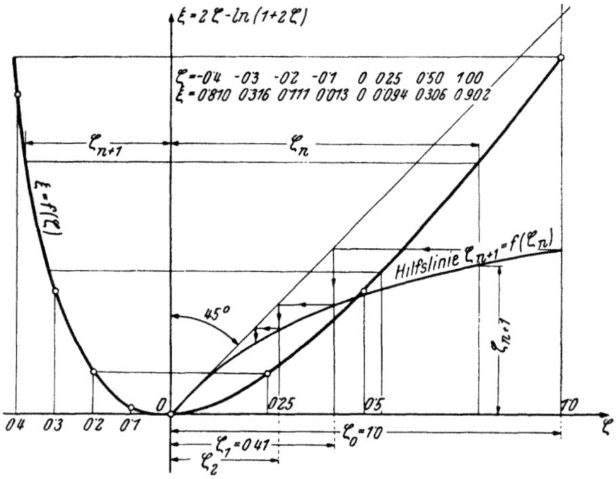

Abb. 200. Ermittlung aufeinanderfolgender Elongationen nach v. Mises

und aus (10)

$$\frac{2\,n^2}{m} \cdot h_w = C \cdot e^{m\,h_w} + \frac{2\,n^2}{m^2}(1 + m\,h_w).$$

---

[1]) Wurde zum erstenmal von F. Prašil abgeleitet. Schweizer Bauzeitung (1908). A. Schoklitsch, Schweiz. Bauzeitung **1923,** hat gute Übereinstimmung von Versuchen mit der Rechnung gefunden und F. Kuhn, Zschft. f. d. ges. Turbinenwesen **1920,** hat ein Graphikon ausgearbeitet.

[2]) v. Mises, R.: El. d. techn. Hydromechanik, Straßburg 1914.

[3]) Forchheimer, Ph.: Zschft. v. VDI **1912** u. **1913.**

Somit ist

$$C = -\frac{2\,n^2}{m^2} \cdot e^{-m\,h_w}$$

und dieser Wert in (11) eingesetzt ergibt

$$(1 + m\,Z_{max}) \cdot e^{-m \cdot Z_{max}} = e^{-m\,h_w}$$

beziehungsweise

$$-m\,h_w = -m\,Z_{max} + \ln(1 + m\,Z_{max}) \tag{14}$$

oder der bequemeren Rechnung halber

$$(1 + m\,h_w) = (1 + m\,Z_{max}) - \ln(1 + m\,Z_{max}). \tag{14a}$$

Denkt man sich (6) mit $\left(\dfrac{F}{f \cdot v_0}\right)^2$ multipliziert, wo

$$v_0 = c \cdot \sqrt{D \cdot \frac{h_0}{L}}$$

und $h_0 = h_w$ der Reibungsverlust im stationären Zustand ist, so folgt analog (9a) die Lösung

$$\left(\frac{v}{v_0}\right)^2 = \frac{2\,n^2}{m^2\,v_0^2} \frac{F^2}{f^2} (1 + m\,z) + C\,e^{mz},$$

welche Beziehung auch für den Beginn des Ausschwingens für $v = v_0$ und $z = h_0$ gilt. Es ist dann

$$C = 1 - \frac{2\,n^2}{m^2\,v_0^2} \cdot \frac{F^2}{f^2} (1 + m\,h_0) \cdot e^{-m\,h_0}$$

und schließlich ergibt sich

$$\left(\frac{v}{v_0}\right)^2 = \frac{z}{h_0} + \frac{1}{m\,h_0}\left\{1 - e^{m\,h_0\left(\frac{z}{h_0} - 1\right)}\right\}, \tag{14b}$$

wo

$$m\,h_0 = \frac{2\,g \cdot h_0^2 \cdot F}{L\,v_0^2 \cdot f}.$$

Für die Beziehung (14b) zwischen dem Durchfluß im Stollen und dem Wasserstand im Wasserschloß sind zur leichteren numerischen Auswertung Tabellen ausgearbeitet worden[1]).

Die erste und größte Elongation Z_{max} tritt ein, wenn $v = 0$ geworden ist, so daß aus (14b)

$$m\,Z_{max} + 1 = e^{m(Z_{max} - h_0)}$$

folgt oder

$$m\,(Z_{max} - h_0) = \ln(m\,Z_{max} + 1),$$

was mit (14) übereinstimmt.

Zur vollständigen Beschreibung der gedämpften Schwingung ist noch die Kenntnis der Schwingungszeiten nötig. Zu diesem Zweck wird festgesetzt, daß zu Beginn für $z = Z_0$ die Geschwindigkeit $\dfrac{dz}{dt} = 0$ sei und finden aus (10)

$$\frac{dz}{dt} = \frac{n}{m}\sqrt{2(1 + m\,z) - 2(1 + m\,Z_0)\,e^{-m\,(Z_0 - z)}}.$$

---

[1]) FRANK-SCHÜLLER: Schwingungen ... **123**, Berlin 1938.

Setzt man der einfacheren Darstellung halber $mz = 2\zeta$, $m Z_0 = 2\zeta_0$ und $\dfrac{n}{\sqrt{2}} \cdot t = \tau$, so erhält man

$$\tau = \int_{\zeta}^{\zeta_0} \frac{d\zeta}{\sqrt{(1 + 2\zeta) - (1 + 2\zeta_0) \cdot e^{-2(\zeta_0 - \zeta)}}} . \tag{15}$$

TH. Pöschl[1]) hat gezeigt, wie man angenähert die Schwingungszeit für eine Halbschwingung erhalten kann. Wird der Radikant mit ξ bezeichnet und setzt man den Anfangswert $\zeta_0 = 1$, so erhält man durch Auftragung der berechneten Werte $\sqrt{\xi}$ die in Abb. 201 dargestellte Linie, die den Größtwert ξ_0 bei $\zeta = \zeta_m$ aufweist. Setzt man $\dfrac{d\xi}{d\zeta} = 0$, also auch

$$1 - (1 + 2\zeta_0) \cdot e^{-2(\zeta_0 - \zeta_{m_0})} = 0,$$

so erhält man

$$\zeta_{m_0} = \zeta_0 - \frac{1}{2}\ln(1 + 2\zeta_0) = \frac{\xi_0}{2} .$$

Die genannte Linie $\xi(\zeta)$ ersetzt Pöschl durch eine Ellipse von der Gleichung

$$\frac{\left(\zeta - \dfrac{\zeta_0 + \zeta_1}{2}\right)^2}{\left(\dfrac{\zeta_0 - \zeta_1}{2}\right)^2} + \frac{\xi^2}{\xi_0} = 1 \tag{16}$$

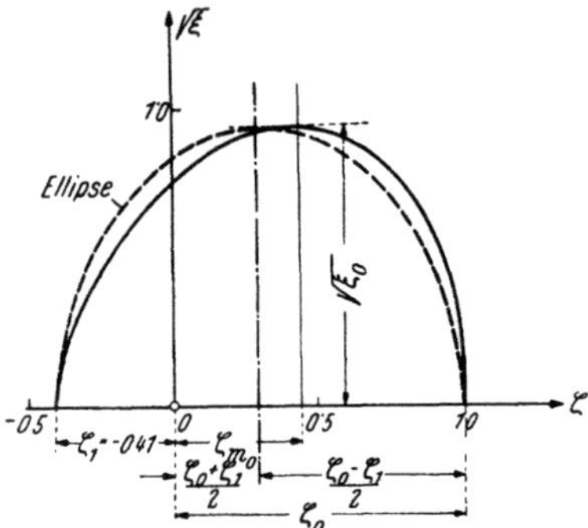

Abb. 201.   Pöschls Näherung

und mit $\dfrac{\zeta_0 + \zeta_1}{2} = S_0$ bzw. $\dfrac{\zeta_0 - \zeta_1}{2} = D_0$ wird

$$\xi = \sqrt{\xi_0} \cdot \sqrt{1 - \left(\frac{\zeta - S_0}{D_0}\right)^2} .$$

Somit ergibt sich für die Zeit der ersten halben Schwingung

$$\tau_0 = \frac{1}{\sqrt{\xi_0}} \cdot \int_{\zeta_1}^{\zeta_0} \frac{d\zeta}{\sqrt{1 - \left(\dfrac{\zeta - S_0}{D_0}\right)^2}} = \frac{D_0}{\sqrt{\xi_0}}\left(\text{arc}\sin \frac{\zeta - S_0}{D_0}\right)_{\zeta_1}^{\zeta_0} = \frac{\pi D_0}{\sqrt{\xi_0}} \tag{17}$$

und

$$\tau_n = \frac{\pi D_n}{\sqrt{\xi_n}} = \frac{\pi}{2} \cdot \frac{\zeta_n - \zeta_{n+1}}{\sqrt{2\zeta_n - \ln(1 + 2\zeta_n)}} .$$

Für große n wird $\zeta_{n+1} = -\zeta_n$ und wegen der Kleinheit von ζ_n kann

$$2\zeta_n - \ln(1 + 2\zeta_n) = 2\zeta_n - \left(2\zeta_n - \frac{4\zeta_n^2}{2!} + \ldots\right) \cong 2\zeta_n^2$$

gesetzt werden, so daß $\tau_n \to \dfrac{\pi}{\sqrt{2}}$ für sehr große n. Letzteres ist die Schwingungsdauer der ungedämpften Schwingung. Die Abnahme auf den Wert der ungedämpften Schwingung erfolgt langsam und ist vom Schwingungsbogen unabhängig[2]). Gleichung (17) sagt, daß die Linie $\xi = f(t)$ aus aneinandergereihten Sinuslinien dargestellt wird, deren Wendepunkte in der Entfernung S_0, S_1

[1]) Physik. Zschft. **1928**.
[2]) Nach Pöschl l. c. hat dies schon Poisson in seinem Traité de mécanique, Band I, ausgesprochen.

und so weiter von der τ-Achse gelegen sind. Dies ist für die Praxis sehr wichtig, wie aus folgendem zu ersehen ist. Entsprechend (17) kann gesetzt werden

$$\frac{\zeta - S_0}{D_0} = \sin \frac{\tau \sqrt{\xi_0}}{D_0} \tag{18}$$

oder

$$\frac{mz}{z} = D_0 \sin \frac{nt}{\sqrt{2}} \cdot \frac{\sqrt{\xi_0}}{D_0} + S_0.$$

Zur Zeit $t = 0$, also am Beginn der Schwingung, ist (Abb. 202)

$$y = z - h_w = \frac{2 D_0}{m} \sin \frac{nt}{\sqrt{2}} \cdot \frac{\sqrt{\xi_0}}{D_0} = a \sin b t,$$

wenn h_w die Reibungshöhe im Beharrungszustand ist. Es ist somit das erste Aufschwingen als eine $^1/_4$-Sinusschwingung anzusehen mit $y = a \sin b t$ und $y = 0$ für $t = 0$ bzw. $y_e = a$ für $t = \frac{\pi}{2b}$.

Dann ist

$$\frac{y}{y_e} = \sin b t \quad \text{und weil} \quad \frac{dz}{dt} =$$

$$= \frac{dy}{dt} = -\frac{vf}{F} = -ab \cdot \cos b t,$$

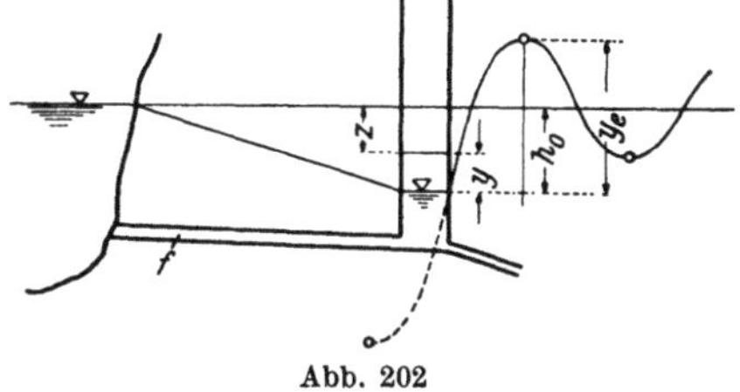

Abb. 202

wird $v = -\dfrac{a b F}{f} \cos b t$ und für den Beginn gilt $v = v_a = -\dfrac{a b F}{f}$, so daß

$$\frac{v}{v_a} = \cos b t = \sqrt{1 - \sin^2 b t} = \sqrt{1 - \left(\frac{y}{y_e}\right)^2} \quad \text{folgt.} \tag{18a}$$

In Abb. 203 ist eine gedämpfte Sinusschwingung für ein Schachtwasserschloß dargestellt.

3. Wasserschloß mit veränderlichem Querschnitt

Schreibt man wieder die Bewegungsgleichung an, indem man vom Impulssatz ausgeht, so ergibt sich

$$\frac{d \varrho v f \cdot L}{dt} = \Sigma \mathfrak{P} = \gamma \cdot f (h_0 - y - \varepsilon v^2), \tag{19}$$

wo $h_0 = \varepsilon v_a^2$.

Für plötzliches Schließen ist $f \cdot v = - F(y) \cdot \dfrac{dy}{dt}$, wenn $F(y)$ der Querschnitt F des Wasserschlosses als abhängig von y gedacht ist.

Multipliziert man den linken Teil von (19) mit v und rechts mit

$$-\frac{F(y)}{f} \cdot \frac{dy}{dt} = v,$$

so erhält man nach Integration und kleiner Umformung

$$\frac{L v_a^2 f}{2g} = - \varepsilon v_a^2 \int_0^{y_e} F(y)\, dy + \int_0^{y_e} F(y) \cdot y \cdot dy + \varepsilon v_a^2 \int_0^{y_e} \left\{ 1 - \left(\frac{y}{y_e}\right)^2 \right\} F(y) \cdot dy$$

$$= \int_0^{y_e} F(y) \cdot y \cdot dy - \frac{\varepsilon v_a^2}{y_e^2} \cdot \int_0^{y_e} y^2 \cdot F(y) \cdot dy,$$

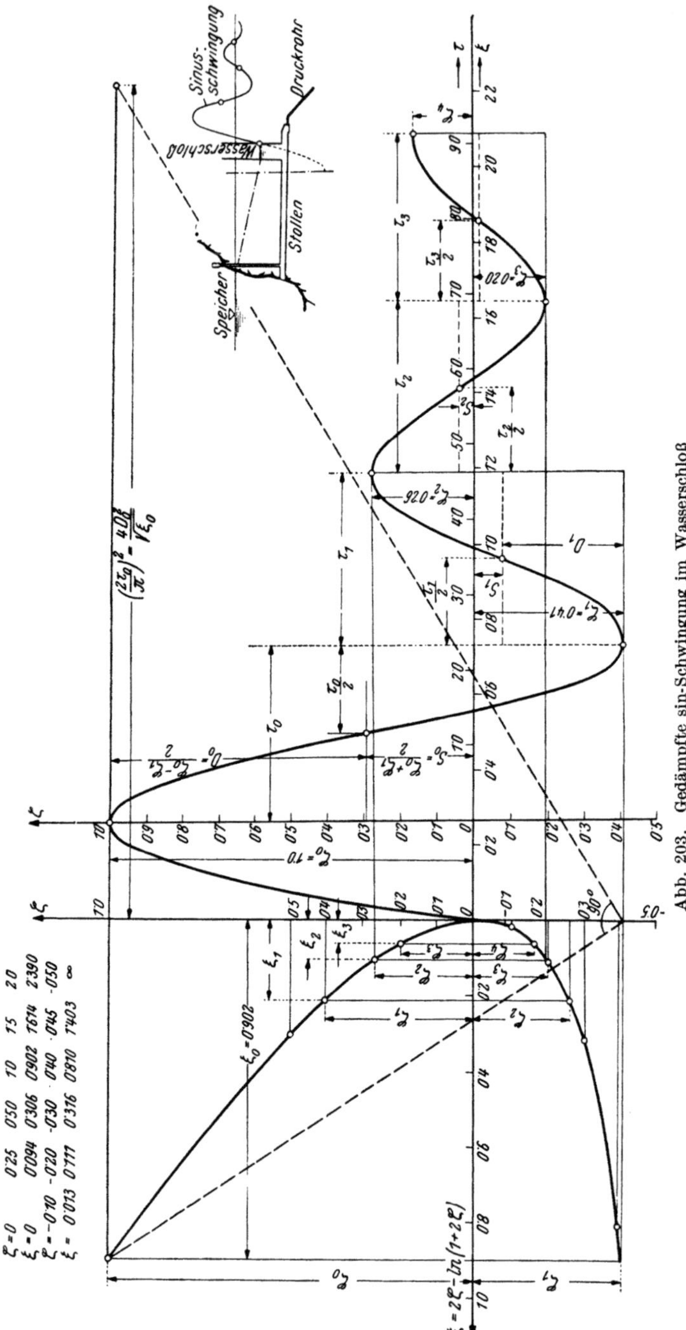

Abb. 203. Gedämpfte sin-Schwingung im Wasserschloß

wobei v_a die Stollengeschwindigkeit am Beginn der Schwingung ist. Es folgt

$$Q_a = f \cdot v_a = f \cdot \sqrt{\dfrac{\displaystyle\int_0^{y_e} F(y) \cdot y \cdot dy}{\dfrac{Lf}{2g} + \dfrac{\alpha}{y_e^2} \cdot \displaystyle\int_0^{y_e} F(y) \cdot y^2 \cdot dy}} \,. \tag{20}$$

Wird der Vorgang reibungsfrei betrachtet, so ist

$$Q_a = \sqrt{\dfrac{2gf}{L} \cdot \int_0^{y_e} F(y) \cdot y \cdot dy} \tag{21}$$

und bei konstantem Querschnitt F (Schachtwasserschloß)

$$Q_a = y_e \sqrt{\dfrac{gfF}{L}} \,.$$

Somit beträgt der größte Ausschlag

$$y_e = v_a \cdot \sqrt{\dfrac{LF}{gf}}$$

welchen Wert man auch durch eine einfache Energiebetrachtung gewinnen kann.

Man kann (20) zur Beurteilung des Verhaltens eines schon bestehenden Stollens mit Wasserschloß benützen, wenn es sich um die Erweiterung der Anlage oder um die Vergrößerung der Belastung handelt[1]). Nach (21) ist jedem Spiegel-

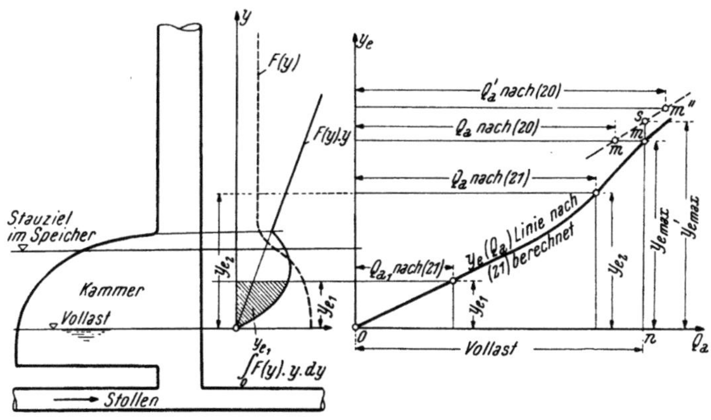

Abb. 204

ausschlag y_e ein zugehöriger Durchfluß Q_a vor dem plötzlichen Abschließen zugeordnet. Die Ermittlung einer solchen $y_e(Q_a)$-Linie ist aus der Abb. 204 zu ersehen. Es wird die Linie $F(y) \cdot y$ aufgetragen, das Integral $\int_0^{y_e} F(y) \cdot y \cdot dy$ ermittelt, hierauf Q_a berechnet und dem gewählten y_e zugeordnet.

Von besonderer Bedeutung ist die Ermittlung der größten Wasserspiegelhebung bei plötzlicher Absperrung der Vollast, wenn also im Becken der Spiegel auf der Stauzielhöhe liegt und im Wasserschloß der Beharrungsspiegel den tief-

[1]) SCHAUTA, F.: Versuche und Untersuchungen am Wasserschloß, Wasserkr. u. Wasserwirtsch., München 1940.

sten Stand hat. Die nach (21) ermittelte $y_e(Q_a)$-Linie zeigt bei Vollast den größten Anstieg $\overline{nm}$ und in der Nähe des Punktes m wird nun die $y_e(Q_a)$-Linie nach (20) mit Berücksichtigung der Reibung ermittelt. Und zwar wird zunächst mit $y_{emax} = \overline{nm}$ das zugehörige Q_a nach (20) gerechnet und ebenso für ein größer

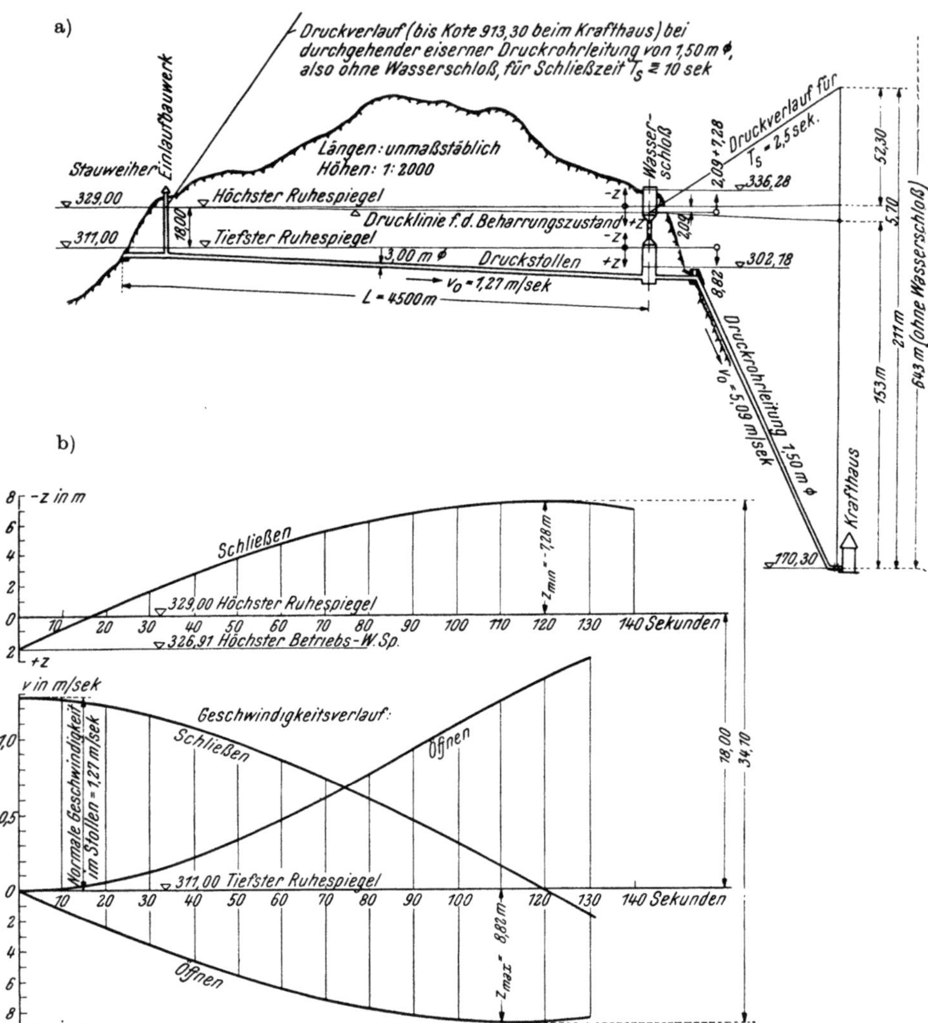

Abb. 205. a) Schematischer Längenschnitt einer Hochdruckanlage. b) Geschwindigkeits- und Druckverlauf beim Schließen und Öffnen

angenommenes $y_{e\,max}'$ und durch Auftragung die Punkte m' und m'' erhalten. Die Verbindungslinie $m'm''$ schneidet die Ordinate mn im Punkte S und $\overline{sn}$ ist dann der gesuchte maximale Anstieg nach (20), also mit Berücksichtigung der Verluste.

4. Schrittweise Lösung der Wasserschloß-Aufgabe (Abb. 205)

Um eine geschlossene Lösung für die Grundgleichungen zu finden, mußten verschiedene Vereinfachungen in den Annahmen gemacht werden. In allgemeineren Fällen kann man schrittweise vorgehen, am besten zahlenmäßig durch Einführung von endlichen Intervallen Δz und Δt an Stelle der Differentiale[1]).

Dann lautet Gleichung (1)

$$v = v_a - \frac{F}{f} \cdot \frac{\Delta z}{\Delta t} \qquad (22)$$

und für (3a) kann, falls $\alpha' \sim 1$ genommen wird,

$$z = \frac{L}{g} \cdot \frac{\Delta v}{\Delta t} + \frac{L}{c^2 D} v^2 \qquad (22\,a)$$

geschrieben werden, weil

$$\frac{F}{f} \cdot \frac{dz}{dt} = v.$$

Wie schon erwähnt, sind Reibung und Trägheit bei der Bewegung im Wasserschloß nicht berücksichtigt. Das Verfahren soll in folgendem vereinfachten Beispiel gezeigt werden, doch ist es auch für allgemeinere Fälle anwendbar.

Bei einer Hochdruckanlage betrage die Länge des Druckstollens vom Einlauf bis zum Wasserschloß $L = 4500$ m. Der normale Durchfluß beträgt $9\cdot0$ m³/sec, so daß bei einem kreisförmigen Querschnitt $f = 7\cdot07$ m² und dem Durchmesser $D = 3\cdot0$ m eine mittlere Durchflußgeschwindigkeit $v_0 = 1\cdot27$ m/sec herrscht. Für die mit rauh gelassenem Beton verkleidete Stollenwand gilt nach Abschnitt F II 8 eine Chézy-Zahl $c = 8\cdot86 \lg D + 30 \sim 34$. Es beträgt somit der Reibungsverlust

$$h_w = J \cdot L = \frac{v_0{}^2}{c^2 D} \cdot L = 2\cdot09 \text{ m}.$$

Der mittlere Querschnitt des Wasserschlosses sei $F = 70\cdot7$ m². Wählt man zweckmäßigerweise die Zeitdifferenz $\Delta t = 10$ sec, so erhält man mit[2])

$$\frac{F}{f \cdot \Delta t} = 1, \quad \frac{L}{c^2 D} = 1\cdot298 \quad \text{und} \quad g \cdot \frac{\Delta t}{L} = 0\cdot0218$$

aus (22) und (22a)

$$v_m = v_a - \Delta z \qquad (23)$$

und

$$\Delta v = (z_m - 1\cdot298\, v_m{}^2) \cdot 0\cdot0218, \qquad (23\,a)$$

wobei v_m und z_m Mittelwerte, genommen über die Intervalle, sind. Die Rechnung ergibt bei plötzlicher Absperrung, also mit $v_a = 0$, die in folgendem Schema verzeichneten Werte:

t	Δz	z	z_m	$1\cdot298\, v_m{}^2$	$z_m + 1\cdot298\, v_m{}^2$	Δv	v	v_m
0		$2\cdot09$					$1\cdot27$	
	$-1\cdot27$		$1\cdot46$	$2\cdot07$	$-0\cdot61$	$-0\cdot0133$		$1\cdot263$
$10''$		$0\cdot82$					$1\cdot256$	
	$-1\cdot24$		$0\cdot21$	$1\cdot98$	$-1\cdot77$	$-0\cdot039$		$1\cdot237$
$20''$		$-0\cdot42$					$1\cdot218$	
	.	.	.	.	.	.	.	.
	.	.	.	.	.	.	.	.
	.	.	.	.	.	.	.	.
	.	.	.	.	.	.	.	.
110		$-7\cdot22$					$+0\cdot318$	
	$-0\cdot06$		$-7\cdot25$	$0\cdot00$	$-7\cdot25$	$-0\cdot158$		$0\cdot059$
120		$-7\cdot28$					$-0\cdot020$	
	$+0\cdot10$		$-7\cdot23$	$0\cdot01$	$-7\cdot24$	$-0\cdot158$		$-0\cdot099$
130		$-7\cdot18$					$-1\cdot178$	

---

[1]) PRESSEL, K.: Schweiz. Bauztg. **1909**.
[2]) Studienblätter der Lehrkanzel für Wasserbau (Prof. Dr. SCHAFFERNAK), T. H. Wien.

Es ergibt somit die schrittweise Rechnung eine größte Hebung des Spiegels im Wasserschloß von 7·28 über den Speicherspiegel. Demgegenüber folgt aus (14) in der Form

$$(1 - h_w) = (1 - m Z_{max}) - \ln (1 - m Z_{max}) \quad \text{mit} \quad m = \frac{2gF}{c^2 \cdot Df} = 0\cdot0566,$$

also

$$m \, h_w = 0\cdot0566 \cdot 2\cdot09 = 0\cdot1641$$

der Wert

$$m Z_{max} = -0\cdot4109 \quad \text{oder es ist} \quad Z_{max} = -\frac{0\cdot4109}{0\cdot0566} = -7\cdot26 \, \text{m}.$$

Wird wieder geöffnet (aus der Ruhelage), so wird die Druckleitung zuerst vornehmlich aus dem Wasserschloß gespeist und erst nach Maßgabe der Spiegelabsenkung auch vom Speicher. Es kommt zu einer gedämpften Schwingung, in deren Folge sich der Spiegel allmählich dem stationären Betriebswasserspiegel nähert.

Soll die Abflußmenge, also die Beaufschlagung der Turbinen, konstant gehalten werden, somit $v_a = 1\cdot27$ m/sec sein, so folgt aus (23) $\Delta z = 1\cdot27 - v_m$ und die Rechnung ergibt folgende Werte:

t''	Δz	z_{Meter}	z_m	$1\cdot298\,v_m^2$	$1\cdot298\,v_m^2 - z_m$	Δv	$v_{m/sec}$	v_m
0		0					0	
	−1·26		0·63	0·000	0·630	0·014		0·01
10		1·26					0·014	
	−1·24		1·88	0·001	1·879	0·041		0·03
20		2·50					0·055	
·	·	·	·	·	·	·	·	·
·	·	·	·	·	·	·	·	·
·	·	·	·	·	·	·	·	·
·	·	·	·	·	·	·	·	·
100		8·70					1·075	
	+0·12		8·76	1·720	7·000	0·153		1·15
110		8·82					1·228	
	−0·03		8·81	2·200	6·610	0·144		1·30
120		8·79					1·372	

Mit der von FORCHHEIMER entwickelten Näherungsformel

$$z_{max} = 0\cdot178\,h + \sqrt{(0\cdot178\,h)^2 + h_0^2} \quad \text{ergibt sich mit} \quad h = \frac{L v_0^2}{c^2 D} = 2\cdot09 \, \text{m} \quad (24)$$

und

$$h_0 = \sqrt{\frac{L}{g} \frac{f}{F}} \cdot v_0 = 8\cdot60.$$

$$z_{max} = 8\cdot98 \, \text{m}$$

Mit der Näherungsformel von E. BRAUN ergibt sich mit $\varepsilon = \dfrac{h}{h_0} = 0\cdot243$

$$z_{max} = (0\cdot50\,\varepsilon + \sqrt{1 - 0\cdot81\,\varepsilon + 0\cdot25\,\varepsilon^2})\, h_0 = 8\cdot83 \, \text{m}.$$

5. Zeichnerische Verfahren

Wie aus den vorhergehenden Berechnungen zu ersehen ist, mußten gewisse Annahmen gemacht werden, die beim Schachtwasserschloß (F = konstant) sogar eine exakte Lösung des Problems ermöglichen. Dies kommt jedoch selten vor, und aus dem Bedarf des Ingenieurs heraus wurden zur Lösung allgemeinerer Fälle zeichnerische Verfahren entwickelt, wie von E. BRAUN[1]), A. SCHOKLITSCH[2]), L. MÜHLHOFER[3]) u. a. Es soll hier kurz das Wesen des recht übersichtlichen und genügend genauen BRAUNschen Verfahrens besprochen werden. Dieses beruht auf der Elimination der Zeit aus den beiden Grundgleichungen

$$\frac{dz}{dt} = \frac{f}{F}\,(v_a - v)$$

und

$$\frac{a'L}{g}\,\frac{dv}{dt} = z - \frac{Lv^2}{c^2 D}\,,$$

wobei letztere aus (3) erhalten wird, in dem man wieder nur die schwingende Wassermasse im Stollen ins Kalkül zieht. Dividiert man die erste Gleichung durch die zweite und setzt $a' \cong 1$, ferner $\frac{L}{c^2 D} = \varepsilon$, so erhält man mit einer kleinen Umformung

$$\frac{dz}{dv} = \frac{g}{L} \cdot \frac{f}{F} \cdot \frac{(v_a - v)}{z - \varepsilon v^2}. \tag{25}$$

Zur zeichnerischen Darstellung obiger Gleichung, die darin gipfelt, den Zusammenhang $z\,(v)$ zu finden, erweist sich die Einführung von relativen Werten als äußerst praktisch und man setzt

$$\widehat{v} = \frac{v}{v_{a\,max}}, \quad \widehat{v}_a = \frac{v_a}{v_{a\,max}}, \quad \widehat{z} = \frac{z}{\zeta}, \quad \text{wobei } \zeta = v_{a\,max} \cdot \sqrt{\frac{gf}{LF_0}}.$$

ζ bedeutet den größten Ausschlag bei reibungsloser Bewegung im Stollen ($\varepsilon = 0$) und bei gewöhnlichem Schachtwasserschloß vom konstanten Querschnitt F_0. Setzt man weiter $\widehat{F} = \frac{F}{F_0} = \varPhi\,(\widehat{z})$, indem der veränderliche Querschnitt des Wasserschlosses auf einen Anfangsquerschnitt F_0 (in der Rechnung) bezogen erscheint, so kann für (25) geschrieben werden

$$\frac{d\widehat{z}}{d\widehat{v}} = \frac{\widehat{v}_a - \widehat{v}}{\widehat{z} - e\,\widehat{v}^2} \cdot \frac{1}{\widehat{F}}\,, \tag{26}$$

wenn für $e = \dfrac{\varepsilon v_{a}^{2}\,max}{\zeta}$ gesetzt wird. Bei Einführung endlicher Differenzen erhält man

$$\frac{\Delta \widehat{z}}{\Delta \widehat{v}} = \frac{\widehat{v}_a - \widehat{v}}{\widehat{z} - e\,\widehat{v}^2} \cdot \frac{1}{\widehat{F}}. \tag{27}$$

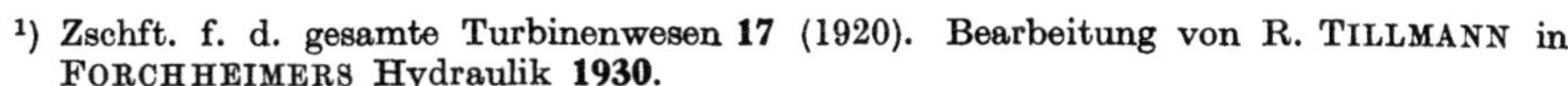

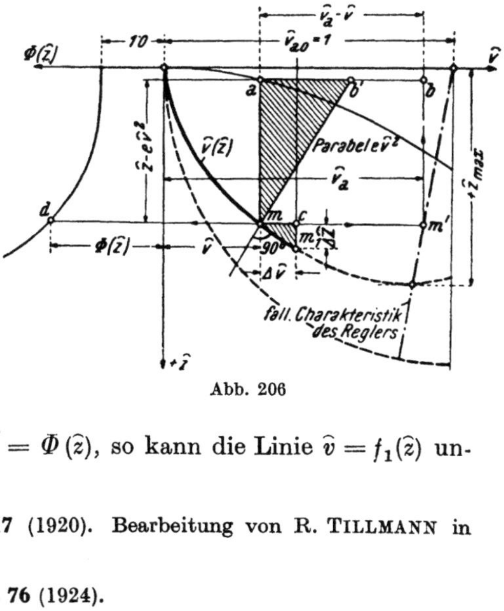

Abb. 206

Zeichnet man ein Koordinatensystem $\widehat{v}\widehat{z}$, dessen Ursprung der Ausgangspunkt der Rechnung ist und trägt die Parabel $e\widehat{v}^2$ ein, ferner die Charakteristik des Reglers $\widehat{v}_a = f\,(\widehat{z})$ und schließlich $\widehat{F} = \varPhi\,(\widehat{z})$, so kann die Linie $\widehat{v} = f_1(\widehat{z})$ unschwer konstruiert werden (Abb. 206).

---

[1]) Zschft. f. d. gesamte Turbinenwesen **17** (1920). Bearbeitung von R. TILLMANN in FORCHHEIMERS Hydraulik **1930**.
[2]) Schweiz. Bauztg. **81** (1923).
[3]) Zschft. d. österr. Ing.- u. Arch.-Vereines **76** (1924).

Ist m ein bereits bekannter Punkt der $\hat{v}(\hat{z})$-Linie, so sucht man die zugehörigen Werte $\hat{v}_a - \hat{v}$, $\hat{z} - e\hat{z}^2$ und $\Phi(\hat{z})$, was durch Bestimmung der Punkte a, m', b und d erfolgt. Hierauf vermindert man $\hat{v}_a - \hat{v}$ auf $\dfrac{\hat{v}_a - \hat{v}}{\Phi(z)}$, so daß man den Punkt b' erhält. Wählt man nun ein entsprechendes $\Delta\hat{v}$ oder $\Delta\hat{z}$, so kann das zugehörige

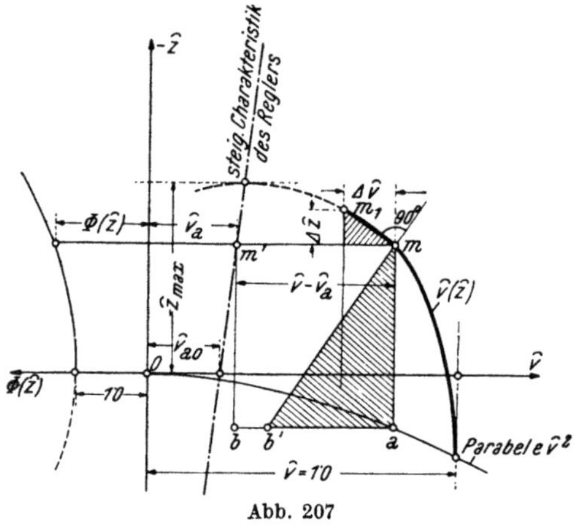

Abb. 207

$\Delta\hat{z}$ bzw. $\Delta\hat{v}$ aus der Ähnlichkeit der Dreiecke $a\,\overline{m\,b}'$ und $m\,e\,m_1$ ermittelt werden, weil dann $\overline{m\,m}_1 \perp$ stehen muß auf $\overline{m\,b}'$ und somit der Punkt m_1 bestimmt ist. Die Konstruktion ist in Abb. 206 für einen Öffnungsvorgang (Belastung), in Abb. 207 für einen Schließvorgang (Entlastung der Turbinen) angegeben. Die Schwierigkeit, daß im Punkt $\hat{z} = 0$ der $\hat{v}(\hat{z})$-Linie der Wert $\dfrac{\Delta\hat{z}}{\Delta\hat{v}} = \infty$ wird, kann nach BRAUN dadurch behoben werden, daß dort für die $\hat{v}(\hat{z})$-Linie der Krümmungskreis mit dem Radius $\hat{v}_{a0} = 1\cdot0$ gesetzt wird.

Beispiel

Es liegt ein Kammerwasserschloß[1]) vor, bestehend aus einer oberen und unteren Kammer, die durch einen Schacht miteinander verbunden sind (Abb. 208).

Die obere Kammer ist zylindrisch mit dem Durchmesser $D_1 = 7\cdot0$ m, also $F_1 = 39\cdot2$ m². Der Verbindungsschacht hat $D_0 = 3\cdot0$ m, also $F_0 = 7\cdot07$ m² und die prismatische untere Kammer $F_2 = 50\cdot0$ m². Der tiefste Punkt A der oberen Kammer liegt

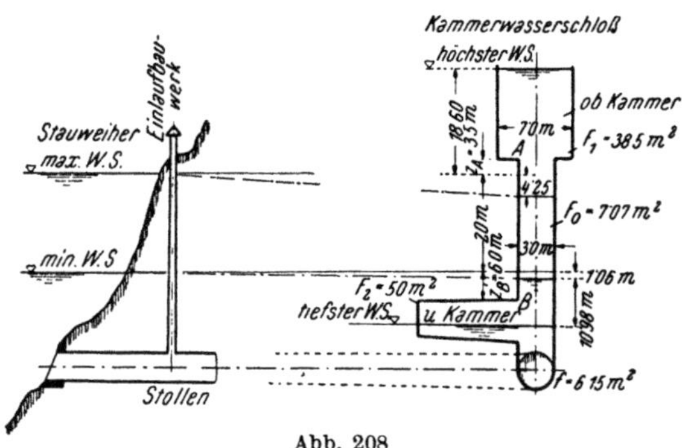

Abb. 208

$3\cdot50$ m $= Z_A$ über dem höchsten Stau im Weiher, der 20 m höher gelegen ist, als der tiefste Wasserspiegel. Letzterer wiederum liegt $6\cdot0$ m $= Z_B$ über dem höchsten Punkt B der unteren Kammer.

Der Stollen hat eine Länge von 8000 m, kreisförmigen Querschnitt $f = 6\cdot15$ m² mit $D = 2\cdot8$ m, ist innen glatt verputzt und führt bei Vollast $Q_{a\,max} = 10\cdot0$ m³/sec mit $v = 1\cdot62$ m/sec. Nachdem $c = 8\cdot86\,\lg D + m$ ist, so folgt mit $m = 38$ für verputzten Beton $c \cong 42$ und somit ein Gefällsverlust von $h_w = \dfrac{L}{c^2 D} \cdot v^2 = 4\cdot25$ m.

Weil $v_{a\,max} = 1\cdot62$ m/sec folgt

$$\zeta = v_{a\,max} \sqrt{\frac{L}{g} \cdot \frac{f}{F_0}} = 44\cdot29\ \text{m}.$$

---

[1]) Hier ist der größte Teil des Volumens in einer oberen und unteren Kammer gelegen, wodurch eine rasche Beschleunigung bzw. Verzögerung der Wassersäule im Stollen bewirkt wird. Hiemit erscheint die wirtschaftliche Forderung nach günstigster Dämpfung bei kleinstem Fassungsraum erfüllt.

a) Schließvorgang (Entlastung Abb. 209a)

Wird nun aus dem Zustand der Vollast plötzlich vollkommen geschlossen, so ist

$$e = \frac{h_w}{\zeta} = \frac{4{\cdot}25}{44{\cdot}29} = 0{\cdot}096,$$

und die Differenzengleichung (27) lautet für das Stück des Verbindungsschachtes bis zum unteren Punkt der oberen Kammer, wo $\Phi(\hat{z}) = \frac{F}{F_0} = 1$ ist, weil $F = F_0$

$$\frac{\varDelta \hat{z}}{\varDelta v} = \frac{\hat{v}_a - \hat{v}}{\hat{z} - e v^2}.$$

Man trägt in das Koordinatensystem $\hat{v}, \hat{z}$ die $e\hat{v}^2$-Parabel ein mit $e\hat{v}^2 = 0{\cdot}096$ für $\hat{v} = 1{\cdot}0$ und setzt für die $\hat{v}(\hat{z})$-Linie auf dem vorgenannten Stück des Ver-

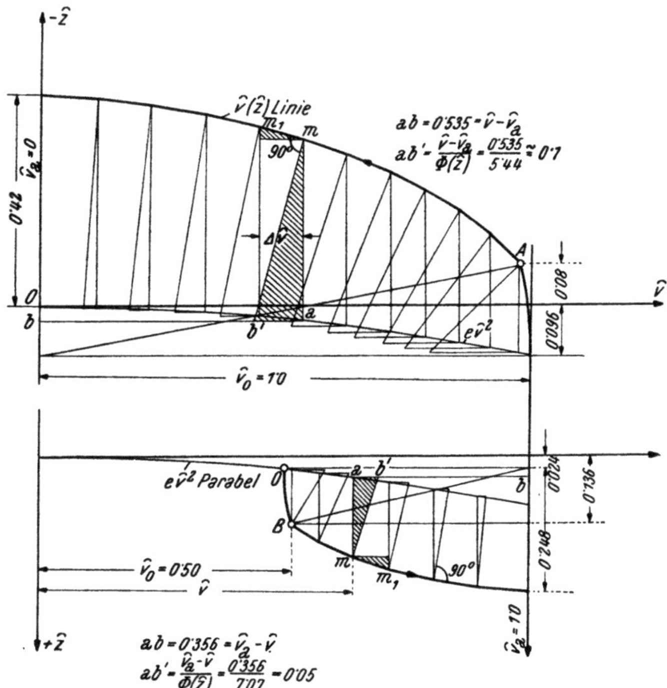

Abb. 209. a) Ermittlung der maximalen Spiegelhebung im Wasserschloß bei Entlastung der Turbinen. b) Ermittlung der größten Spiegelabsenkung im Wasserschloß bei Belastungsvergrößerung

bindungsschachtes genau genug einen Kreisbogen vom Halbmesser $\hat{v} = 1{\cdot}0$, der bis zum Punkt A mit $\hat{z} = \frac{z_A}{\zeta} = -\frac{3{\cdot}5}{44{\cdot}29} = -0{\cdot}08$ reicht. Von diesem Punkt an beginnt die Konstruktion mit $\Phi(\hat{z}) = \frac{F_1}{F_0} = \frac{39{\cdot}2}{7{\cdot}07} = 5{\cdot}44$, wie sie beschrieben worden und aus der Abbildung zu ersehen ist. Man lotet z. B. von m der $\hat{v}(\hat{z})$-Linie auf die $e\hat{v}^2$-Parabel und erhält Punkt a, somit $ba = \hat{v} - \hat{v}_a$, weil $\hat{v}_a = 0$ für den ganzen Vorgang. Nun wird $\frac{\overline{ba}}{\Phi(z)} = \frac{0{\cdot}535}{5{\cdot}44} = \overline{ab'} \cong 0{\cdot}1$ aufgetragen und auf $b'm$ in m eine Normale errichtet, so daß man bei entsprechend gewähltem $\Delta \widehat{v}$ den zugehörigen Punkt m_1 erhält. Dieser Vorgang fortgesetzt, ergibt auf der $-\widehat{z}$-Achse $-\widehat{z} = 0\ensuremath{\dot{}}42$, woraus eine größte Hebung des Spiegels im Wasserschloß von $-z = 0\ensuremath{\dot{}}42\,\zeta = 18\ensuremath{\dot{}}60$ m folgt.

b) Belastungsvergrößerung (Abb. 209 b)

Es werde aus dem Betriebszustand 50%iger Belastung plötzlich auf Vollast übergegangen. Man beginnt die Konstruktion bei Punkt 0 mit den Koordinaten

$$\widehat{v} = 0\ensuremath{\dot{}}50 \quad \text{und} \quad \widehat{z} = \frac{0\ensuremath{\dot{}}096}{4} = 0\ensuremath{\dot{}}024.$$

Auch hier kann der Anfang der $\widehat{v}(\widehat{z})$-Linie durch einen Kreisbogen ersetzt werden, dessen Radius jedoch $\widehat{v}_a - \widehat{v}_0 = 1\ensuremath{\dot{}}0 - 0\ensuremath{\dot{}}5 = 0\ensuremath{\dot{}}5$ ist, wobei für $\widehat{v}_a = 1\ensuremath{\dot{}}0$ zu setzen ist. Dieser Kreisbogen reicht bis zum Punkt B, der dem gleichnamigen höchsten Punkt der unteren Kammer entspricht und die Ordinate

$$\widehat{z}_B = \frac{z_B}{\zeta} = \frac{6\ensuremath{\dot{}}0}{44\ensuremath{\dot{}}29} = 0\ensuremath{\dot{}}136$$

hat. Von B an erfolgt die Konstruktion wie früher und ist ihr Gang aus der Abbildung zu erkennen. Nur ist hier

$$\Phi(\widehat{z}) = \frac{F_2}{F_0} = \frac{50}{7\ensuremath{\dot{}}07} = 7\ensuremath{\dot{}}07$$

einzusetzen. Als Endordinate der $\widehat{v}(\widehat{z})$-Linie ergibt sich

$$+\widehat{z} = 0\ensuremath{\dot{}}248 + 0\ensuremath{\dot{}}024 = 0\ensuremath{\dot{}}272.$$

Somit ist der tiefste Spiegel im Wasserschloß um $z = 0\ensuremath{\dot{}}272 \cdot 44\ensuremath{\dot{}}29 = 12\ensuremath{\dot{}}05$ m tiefer gelegen als der niedrigste Wasserspiegel im Stauweiher.

In vorliegendem Beispiel war die Linie $\widehat{v}_a(\widehat{z})$ eine zur $\widehat{z}$-Achse parallele Linie, und es lag somit konstante Belastung (0 oder 100%) während des Schwingungsvorganges vor. Doch läßt sich die Konstruktion auf Fälle ausdehnen, wo die Wasserentnahme mit z veränderlich ist, also auch $\widehat{v}_a$ mit $\widehat{z}$.

Kennt man die $\widehat{v}(\widehat{z})$-Linie, so kann man die Ganglinie $\widehat{z}(t)$ des Wasserschloßspiegels erhalten, wenn man z. B. von der Kontinuitätsgleichung ausgeht

$$F \cdot \frac{dz}{dt} = f \cdot (v_a - v)$$

und die früheren Relativwerte und Differenzen einführt. Dann folgt, wie leicht nachzuweisen,

$$\Delta \widehat{z} = \frac{\widehat{v}_a - \widehat{v}}{\Phi(z)} \cdot \sqrt{\frac{g f}{L F_0}} \cdot \Delta t,$$

so daß wieder schrittweise $\widehat{z}$ als Funktion von t gefunden wird.

6. Untersuchung der Stabilität der Schwingungen im Wasserschloß

Soll das Wasserschloß seinen Zweck erfüllen, so müssen die entstehenden Schwingungen so gedämpft werden, daß in kurzer Zeit die dem neuen Gleichgewichtszustand entsprechende Spiegellage sich einstellt. Seitdem die Beobachtung gemacht worden ist, daß bei zu kleiner Bemessung des Wasserschlosses die durch Belastungsschwankungen erzeugten kleinen Spiegelschwankungen nicht nur eine gewisse Beständigkeit, sondern unter Umständen ein Anwachsen aufweisen können, hat man den Bedingungen, unter welchen diese unerwünschte

Erscheinung verhindert werden kann, ein besonderes Augenmerk zugewendet. Vor allem erschien die Beantwortung der Frage nach dem Grenzquerschnitt von praktischer Bedeutung, bei welchem noch eine Dämpfung des Schwingungsvorganges gesichert erscheint. Grundlegend sind die Untersuchungen von D. Thoma, an die sich solche von R. D. Johnson, E. Braun, F. Vogt und anderen reihen[1]).

Es wird von der Kontinuitätsgleichung ausgegangen

$$Q_a = v \cdot f + F \cdot \frac{dz}{dt} \qquad (28)$$

und der Gleichung für die Bewegung in der Form des Impulssatzes

$$\frac{d}{dt}(\varrho \cdot f \cdot L \cdot v) = \varrho \cdot g \cdot f(z - \varepsilon v^2), \qquad (29)$$

welche besagt, daß die zeitliche Änderung der Bewegungsgröße der Stollenwassermasse gleich ist dem erzeugten Überdruck, vermindert um die Reibung.

Es wird also wie früher die Wassermasse im Wasserschloß gegenüber jener im Stollen vernachlässigt.

Durch Differenzieren von (28) nach t folgt

$$\frac{dQ_a}{dt} = \frac{dQ_a}{dz} \cdot \frac{dz}{dt} = f \cdot \frac{dv}{dt} + F \cdot \frac{d^2z}{dt^2}, \qquad (28\,\mathrm{a})$$

und setzt man den Wert für $\dfrac{dv}{dt}$ aus dieser Gleichung in die aus (29) folgende Gleichung

$$\frac{L}{g} \cdot \frac{dv}{dt} = z - \varepsilon v^2 \qquad (29\,\mathrm{a})$$

ein, so erhält man

$$\frac{L}{gf} \cdot \frac{dQ_a}{dz} \cdot \frac{dz}{dt} - \frac{LF}{f \cdot g} \cdot \frac{d^2z}{dt^2} = z - \varepsilon \frac{Q_a^2}{f^2} + \frac{2\,\varepsilon\,Q_a \cdot F}{f^2} \cdot \frac{dz}{dt} - \frac{\varepsilon F^2}{f^2} \cdot \left(\frac{dz}{dt}\right)^2$$

und geordnet

$$\frac{LF}{fg} \cdot \frac{d^2z}{dt^2} + \left\{ \frac{2\,\varepsilon \cdot Q_a \cdot F}{f^2} - \frac{L}{gf} \cdot \frac{dQ_a}{dz} - \frac{\varepsilon F^2}{f^2} \cdot \frac{dz}{dt} \right\} \cdot \frac{dz}{dt} + z - \frac{\varepsilon Q_a^2}{f^2} = 0. \qquad (30)$$

Setzt man in dieser Gleichung $z = \mathrm{const} = z_0$, so folgt die Gleichung für die Schwingungsachse (neue Gleichgewichtslage)

$$f^2 \cdot z_0 - \varepsilon Q_{a_0}^2 = 0. \qquad (30\,\mathrm{a})$$

Man sieht, daß zur Diskussion von (30) die Kenntnis der Abhängigkeit der Turbinenbelastung vom Gefälle nötig ist. Diese ist durch die Reglergleichung $Q_a = \varphi\,(z)$ gegeben.

Führt man zweckmäßigerweise die neue Veränderliche $s = z - z_0$ ein, indem die Ausschläge auf die Schwingungsachse bezogen werden, so erhält man mit der Taylorschen Entwicklung

$$Q_a^2 = Q_{a_0}^2 + \left(\frac{dQ_a^2}{ds}\right)_{s=0} \cdot s + \left(\frac{d^2Q_a^2}{ds^2}\right)_{s=0} \cdot \frac{s^2}{2!} + \cdots$$

---

[1]) Thoma, D.: Beiträge zur Theorie des Wasserschlosses, München 1910.
Johnson, R. D.: Eng. Record 1912/II, 1913/II und 1915/I.
Braun, E.: Zschft. f. d. gesamte Turbinenwesen **1920**.
Vogt, F.: Berechnung u. Konstruktion des Wasserschlosses, Stuttgart 1923.
Kammüller: Wasserkraft **1925**.
Schüller, J.: Schweiz. Bauztg. **1927**.

aus (30)

$$\frac{LF}{fg} \cdot \frac{d^2s}{dt^2} + \left(\frac{2\,\varepsilon\,Q_a F}{f^2} - \frac{L}{gf} \cdot \frac{dQ_a}{ds} - \frac{\varepsilon F^2}{f^2}\frac{ds}{dt}\right)\frac{ds}{dt} +$$

$$+ \left\{1 - \frac{\varepsilon}{f^2}\left[(\dot{Q}_a{}^2)_{s=0} + (\ddot{Q}_a)^2{}_{s=0}\cdot\frac{s}{2} + \dots\right]\right\} s = 0 \qquad (31)$$

Ehe auf diese Gleichung näher eingegangen wird, soll an die gewöhnliche Gleichung der gedämpften Schwingung erinnert werden, und zwar

$$\frac{d^2s}{dt^2} + 2\,m\cdot\frac{ds}{dt} + n^2 s = 0 \qquad (32)$$

mit der partikulären Lösung

$$s = A\cdot e^{-\beta t},$$

so daß $\beta^2 - 2\,m\,\beta + n^2 = 0$ folgt, mit den Wurzeln

$$\beta_{1,2} = m \pm \sqrt{m^2 - n^2}.$$

Die totale Lösung lautet dann

$$s = e^{-mt}\left(A\cdot e^{-\sqrt{m^2-n^2}\cdot t} + B\cdot e^{\sqrt{m^2-n^2}\cdot t}\right),$$

und es liegen Schwingungen vor, wenn $n > m$, weil dann z. B.

$$e^{-\sqrt{m^2-n^2}\cdot t} = e^{-i\sqrt{n^2-m^2}t} = \cos\sqrt{n^2-m^2}\cdot t - i\sin\sqrt{n^2-m^2}\cdot t.$$

Hingegen ist für $n < m$ die Bewegung aperiodisch und mit $n = m$ am raschesten der neuen Gleichgewichtslage zustrebend. Ist $m > 0$, so erfolgt eine zeitliche Abnahme der Schwingungen infolge des Dämpfungsfaktors e^{-mt}. Sollen also gedämpfte Schwingungen eintreten, so muß $n^2 > 0$ und $m > 0$ sein. Multipliziert man (32) mit $\frac{ds}{dt}$ und integriert nach Umformung, so folgt

$$\left(\frac{ds}{dt}\right)^2 + n^2\cdot s^2 = -\,4\int_0^t m\cdot\left(\frac{ds}{dt}\right)^2\cdot dt. \qquad (33)$$

Links steht die gesamte Energie pro Masseneinheit, die mit der Zeit abnimmt, wenn $m > 0$ ist. Diese Erkenntnis ist noch anwendbar, wenn $n^2\,(t)$ und $m\,(t)$ mit der Zeit veränderlich, aber innerhalb enger Grenzen schwankend sind. Man kann dann für (33) schreiben

$$\left(\frac{ds}{dt}\right)^2\bigg|_{t_1}^{t_2} + n^2\,(t)\cdot s^2\bigg|_{t_1}^{t_2} = -\,4\int_{t_1}^{t_2} m\,(t)\cdot\left(\frac{ds}{dt}\right)^2\cdot dt. \qquad (34)$$

Wenn m während aller Zeitintervalle, also während des ganzen Schwingungsvorganges $+$ ist, so erfolgt Dämpfung.

Um also die Stabilität der Wasserschloßschwingungen beurteilen zu können, wird die Schwingungsgleichung (30) bzw. (31) auf die Form (32) mit zeitlich veränderlichen Koeffizienten gebracht, wie dies in (31) geschehen ist und nachgesehen, unter welchen Bedingungen die Faktoren von $\frac{ds}{dt}$ und s während des Schwingungsvorganges positiv bleiben[1]). Es seien nun folgende Fälle betrachtet.

---

[1]) FRANK-SCHÜLLER, Schwingungen in den Zuleitungs- und Ableitungskanälen von Wasserkraftanlagen. Berlin 1938.
Die Grundlage der Abschätzungsmethode stammt von P. FUNK.

a) Konstante Wasserabgabe an die Druckleitung $Q_a =$ const

Dann wird in (31) der Faktor von $\dfrac{ds}{dt}$

$$\frac{\varepsilon g}{f L}\left(2Q_a - F\cdot\frac{ds}{dt}\right) = 2\,\mathrm{m}$$

und weil der größte Wert von $F\cdot\dfrac{ds}{dt}$ aus (28) sich mit Q_a ergibt, wenn $v = 0$ wird, so beträgt der Kleinstwert

$$(2\,\mathrm{m})_{min} = \frac{\varepsilon g}{f L}\cdot Q_a$$

und es sind die hier vom Wasserschloßquerschnitt unabhängigen Schwingungen stets gedämpft.

b) Linear anwachsende Belastung bei steigendem Gefälle

$$Q_a = \frac{b-z}{a} = \frac{b-z_0-s}{a},$$

wo b und a Konstanten sind.

Dann ist

$$\left(\frac{dQ_a}{ds}\right)^2_{s=0} = -\frac{2(b-z_0)}{a^2} = -\frac{2Q_{a0}}{a}$$

und

$$\left(\frac{d^2 Q_a^2}{ds^2}\right)_{s=0} = \frac{2}{a^2}.$$

Es wird somit

$$n^2 = \left\{1 + \frac{\varepsilon}{f^2}\left(\frac{2Q_{a0}}{a} - \frac{s}{a^2}\right)\right\}$$

stets positiv, weil

$$\frac{2Q_{a0}}{a} - \frac{s}{a^2} = \frac{2Q_a}{a} + \frac{s}{a^2}$$

und

$$2\,\mathrm{m} = \frac{2\,\varepsilon Q_a\cdot F}{f^2} + \frac{L}{g f a} - \frac{\varepsilon F^2}{f^2}\cdot\frac{ds}{dt}$$

erhält den kleinsten Wert, wenn wieder in (28) $v = 0$ gesetzt und somit $F\cdot\dfrac{ds}{dt} = Q_a$ wird. Damit folgt

$$(2\,\mathrm{m})_{max} = \frac{\varepsilon\cdot Q_a\cdot F}{f^2} + \frac{L}{g f a},$$

welcher Wert stets $+$ ist, so daß auch in diesem Fall immer gedämpfte Schwingungen auftreten. Dies tritt selbst bei reibungsloser Strömung im Stollen ein, wenn also alle Glieder mit ε in (31) entfallen.

c) Linear zunehmende Belastung bei abnehmendem Gefälle

$$Q_a = \frac{b+z}{a} = \frac{b+z_0+s}{a}.$$

Hier lautet die erste Stabilitätsbedingung

$$n^2 = \left\{1 - \frac{\varepsilon}{f^2}\left(\frac{2Q_{a0}}{a} + \frac{s}{a^2}\right)\right\} > 0$$

oder

$$a^2 f^2 - \varepsilon \left\{ 2(b + z_0) + s \right\} > 0 \quad \text{bzw.} \quad z_0 < \frac{a^2 f^2}{2\,\varepsilon} - b - \frac{s}{2}.$$

Die zweite Stabilitätsbedingung mit $\dfrac{dQ_a}{ds} = \dfrac{1}{a}$ lautet

$$2\,\mathrm{m} = \frac{2\,\varepsilon\, Q_a \cdot F}{f^2} - \frac{L}{g f a} - \frac{\varepsilon F^2}{f^2} \cdot \frac{ds}{dt} > 0$$

und mit

$$F \cdot \frac{ds}{dt} = Q_a - v f$$

aus (28) erhält man

$$\frac{\varepsilon F}{f^2}(Q_a + v \cdot f) > \frac{L}{g f a}$$

oder es muß

$$F > \frac{f \cdot L}{a\,\varepsilon\,g} \cdot \frac{1}{Q_a + v f} \tag{35}$$

sein.

Diese Bedingung ist hinreichend, damit Dämpfung erfolgt. Denn bei kleinen Störungen kann die Belastung gleich der Wasserzufuhr aus dem Stollen gesetzt werden, nämlich $b \cdot v = Q_a$ und folglich gilt für die Dämpfung kleiner Schwingungen

$$F > \frac{L \cdot f}{2\,a\,\varepsilon\,g\,Q_a} = F_K. \tag{36}$$

Wird dieser Grenzquerschnitt F_K unterschritten, so sind angefachte Schwingungen zu erwarten. In vorliegendem Fall ergeben sich bei reibungsloser Strömung im Stollen angefachte Schwingungen, weil der Faktor von $\dfrac{ds}{dt}$ den Wert $- \dfrac{1}{a F}$ annimmt.

d) Regelung auf konstante Leistung

In diesem in der Praxis angestrebten Fall lautet die Reglergleichung

$$Q_a \cdot (H_0 - z) = \text{const} = C, \tag{37}$$

was einer Schar gleichseitiger Hyperbeln mit C als Parameter entspricht. Es sei vorerst darauf erinnert, daß ein Wasserkraftwerk bei dem Gefälle $z = \dfrac{H_0}{3}$ seine Höchstleistung aufweist (Beispiel d in F II 9). Es ist dann mit

$$Q_a = c \cdot \sqrt{\frac{D z}{L}} \cdot f$$

$$C_{max} = \varrho \cdot g \cdot c \cdot f \cdot \sqrt{\frac{D z}{L}} \cdot (H_0 - z)_{z = \frac{H_0}{3}} = 0{\cdot}385\,\varrho \cdot g \cdot c \cdot f \cdot \sqrt{\frac{D}{L}} \cdot H_0^{3/2}.$$

Für die Schwingungsachse erhält man mit Rücksicht auf (37) mit $z = z_0$ in (30)

$$f^2 \cdot z_0 - \varepsilon \frac{C^2}{(H_0 - z_0)^2} = 0, \tag{38}$$

aus welcher Gleichung sich zwei reelle und eine imaginäre Wurzel für z_0 ergeben. Von den reellen Wurzeln ist eine größer und eine kleiner als $\dfrac{H_0}{3}$, wie aus

Abb. 210 zu ersehen ist. Setzt man *kleine Schwingungen* voraus, also kleine s, so erhält man für dessen Beiwert in der Schwingungsgleichung

$$n^2 = 1 - \frac{\varepsilon}{f^2} \cdot \frac{d}{ds}(Q_a)^2 = 1 - \frac{2\varepsilon C^2}{f^2 \cdot (H_0 - z)^3} > 0 \qquad (39)$$

mit f^2 aus (38) folgt die Bedingung

$$\frac{\varepsilon C^2}{z_0 \cdot (H_0 - z_0)} - \frac{2\varepsilon C^2}{(H_0 - z_0)^3} > 0 \text{ oder } z_0 < \frac{H_0}{3}.$$

Es tritt also für $z_0 > \dfrac{H_0}{3}$ keine stabile Schwingung auf. Als zweite Stabilitätsbedingung erhält man für den Beiwert von $\dfrac{ds}{dt}$ in (31)

$$2\mathrm{m} = \left(2Q_a - F\frac{ds}{dt}\right) \cdot \frac{\varepsilon g}{f \cdot L} - \frac{1}{F} \cdot \frac{dQ_a}{ds} > 0,$$

weil

$$\frac{dQ_a}{ds} = C \cdot \frac{d}{ds}\left(\frac{1}{H_0 - z_0 - s}\right) =$$

$$= \frac{C}{(H_0 - z_0 - s)^2} \cong \frac{C}{(H_0 - z_0)^2},$$

so folgt im Falle, daß

$$F\frac{ds}{dt} \lll Q_a \text{ und somit wegen (28) } Q_a \cong v \cdot f$$

zu setzen ist

$$2Q_a \cdot \frac{\varepsilon g}{f \cdot L} - \frac{C}{F \cdot (H_0 - z_0)^2} > 0$$

oder weil

$$\frac{C}{H_0 - z_0} \cong Q_a$$

$$2\frac{\varepsilon g}{f \cdot L} - \frac{1}{(H_0 - z_0)F} > 0$$

bzw.

$$F > \frac{f \cdot L}{2\varepsilon g(H_0 - z_0)}, \qquad (40)$$

welche Bedingung D. Thoma als erster gefunden hat. Bedenkt man, daß

$$z_0 - \varepsilon v_0^2 = 0 \text{ und } v_0 = \frac{Q_{a0}}{f} = \frac{C}{(H_0 - z_0)f}, \text{ also } \varepsilon = \frac{z_0 \cdot (H_0 - z_0)^2 \cdot f^2}{C^2}, \qquad (40\,\mathrm{a})$$

so folgt aus (40)

$$F > \frac{C^2 \cdot L}{2fgz_0(H_0 - z_0)^3}. \qquad (41)$$

Die rechte Seite von (41) weist für $z_0 = \dfrac{H_0}{4}$ ein Minimum auf, so daß für diesen Wert der Reibungshöhe der kleinste Querschnitt des Wasserschlosses sich ergibt, mit dem kleine Schwingungen gedämpft werden können. Bei *endlichen Schwingungsweiten* gilt für den Beiwert von s in (31) im Falle von Stabilität

$$\frac{g}{Lf \cdot F}\left\{f^2 - \varepsilon C^2\left[\frac{2}{(H_0 - z_0)^3} + \frac{3}{(H_0 - z_0)^4} \cdot s + \cdots\right]\right\} > 0, \qquad (42)$$

und werden nur die zwei ersten Glieder der Reihe berücksichtigt, so folgt für die Leistung die Bedingung

$$C < \frac{f \cdot (H_0 - z_0)^2}{\sqrt{\varepsilon \left[2 (H_0 - z_0) + 3 s\right]}} . \tag{43}$$

Als zweite Stabilitätsbedingung folgt für den Beiwert von $\dfrac{ds}{dt}$ in (31)

$$\frac{\varepsilon g}{f \cdot L} \left(2 Q_a - F \cdot \frac{ds}{dt}\right) - \frac{1}{F} \cdot \frac{dQ}{ds} = \frac{\varepsilon g}{f \cdot L} \left(2 Q_a - F \frac{ds}{dt}\right) - \frac{C}{F} \cdot \frac{1}{(H_0 - z_0 - s)^2} > 0$$

und mit (28) ergibt sich

$$\frac{\varepsilon g}{f L} \cdot \left(Q_a + v \cdot f\right) - \frac{C}{F} \cdot \frac{1}{(H_0 - z_0 - s)^2} > 0$$

oder

$$F > \frac{C \cdot f \cdot L}{\varepsilon g \cdot (H_0 - z_0 - s)^2 \cdot (Q_a + v f)} \tag{44}$$

Setzt man wieder kleine Schwingungen voraus, so erhält man die THOMAsche Bedingung (40), weil dann $Q_a = v \cdot f$ gesetzt werden darf und aus (37) $\dfrac{C}{Q_a} =$ $= H_0 - z_0$ ist. Wird aus der Ruhelage ($v = 0$, $z_0 + s = 0$) die Turbinenbelastung Q_a eingeschaltet, so folgt

$$F > \frac{f \cdot L}{\varepsilon g H_0} . \tag{44 b}$$

Aus (44) ist zu ersehen, daß der Ausdruck rechts mit $z = z_0 + s$ veränderlich ist. Man müßte also die Abhängigkeit $v\,(z)$ kennen, um den z-Wert zu bestimmen, für welchen der Querschnitt des Wasserschlosses seinen maximalen Wert erreicht.

e) Das gedämpfte Wasserschloß

Hier ist das Wasserschloß mittels eines Schachtes kleineren Querschnittes mit dem Stollen verbunden (Abb. 211), so daß zu (28) und (29a) noch die Gleichungen kommen

$$v_1 f_1 = F \frac{dz}{dt} \tag{42}$$

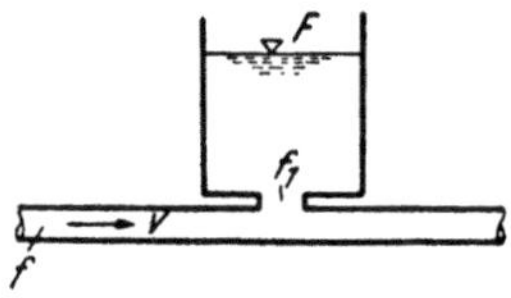

Abb. 211. Gedämpftes Wasserschloß

und der Ausdruck für die Verlusthöhe nach (E 4 g)

$$h_w' = \frac{\left(v_1 - \dfrac{dz}{dt}\right)^2}{2 g} = \varepsilon_1 \cdot \frac{F^2}{f^2} \cdot \left(\frac{dz}{dt}\right)^2 \tag{43}$$

mit

$$\varepsilon_1 = \frac{1}{2 g} \cdot \left(1 - \frac{f_1}{F}\right)^2 \cdot \frac{f^2}{f_1^2} .$$

An Stelle von (29a) lautet dann die Bewegungsgleichung

$$\frac{L}{g} \cdot \frac{dv}{dt} = z - \varepsilon v^2 + \varepsilon_1 \frac{F^2}{f^2} \cdot \left(\frac{dz}{dt}\right)^2 . \tag{44}$$

Für dieses in der Praxis wichtige Wasserschloß hat F. VOGT unter Voraussetzung kleiner Schwingungen die Stabilitätsbetrachtung in der üblichen Weise gemacht.

α) **Kleine Schwingungen.** Bei konstanter Leistung

$$C = Q_a \cdot \left[H_0 - z - \varepsilon_1 \frac{F^2}{f^2} \cdot \left(\frac{dz}{dt}\right)^2\right]$$

und Annahme kleiner Schwingungen $s \ll H_0 - z_0$ kann

$$Q_a = \frac{C}{H_0 - z - \varepsilon_1 \frac{F^2}{f^2}\left(\frac{dz}{dt}\right)^2} \cong \frac{C}{H_0 - z_0} \tag{45}$$

gesetzt werden, weil das Glied mit $\left(\frac{dz}{dt}\right)^2 = \left(\frac{ds}{dt}\right)^2$ vernachlässigt werden kann. Dann erhält man an Stelle von (31)

$$\frac{d^2 s}{dt^2} + \left[\frac{\varepsilon g}{fL} \cdot \frac{2C}{H_0 - z_0} - \frac{C}{F(H_0 - z_0)^2}\right]\frac{ds}{dt} +$$

$$+ \frac{g}{LfF}\left\{f^2 - \frac{\varepsilon C^2}{(H_0 - z_0)^4}\left[2(H_0 - z_0) + 3s\right]\right\}s = 0. \tag{46}$$

Es folgt als Stabilitätsbedingung

$$\frac{2\varepsilon g}{f \cdot L(H_0 - z_0)} - \frac{1}{F(H_0 - z_0)^2} > 0 \text{ oder } F > \frac{fL}{2\varepsilon g(H_0 - z_0)}. \tag{47}$$

β) **Endliche Schwingungsweiten.** Hier suchen J. FRANK und J. SCHÜLLER[1]) die Stabilitätsuntersuchung so zu führen, daß der zur Dämpfung benötigte Querschnitt des Wasserschlosses zwischen einer oberen und unteren Grenze eingeschlossen erscheint. Man vernachlässigt zunächst in der Leistungsgleichung (45) das aus der Dämpfung im Wasserschloß stammende Glied gegenüber dem Gesamtgefälle, während es in der Bewegungsgleichung beibehalten wird, als von gleicher Größenordnung. Dann lautet die Bewegungsgleichung an Stelle (31)

$$\frac{d^2 s}{dt^2} + \left\{\frac{\varepsilon g}{f \cdot L}\left[2Q_a - \left(1 - \frac{\varepsilon_1}{\varepsilon}\right) \cdot F \cdot \frac{ds}{dt}\right] - \frac{1}{F}\frac{dQ_a}{ds}\right\}\frac{ds}{dt} +$$

$$+ \frac{g}{L \cdot f \cdot F}\left\{f^2 - \varepsilon\left[(\dot{Q}_a^2)_{s=0} + (\ddot{Q}_a^2)_{s=0} \cdot \frac{s}{2} + \dots\right]\right\}s = 0. \tag{48}$$

Es muß also nach der Abschätzungsmethode SCHÜLLERS

$$\frac{\varepsilon g}{f \cdot L}\left[2Q_a - \left(1 - \frac{\varepsilon_1}{\varepsilon}\right) \cdot F \cdot \frac{ds}{dt}\right] - \frac{1}{F} \cdot \frac{dQ_a}{ds} > 0 \tag{49}$$

sein.

Mit $F\frac{ds}{dt}$ aus (28) und

$$\frac{dQ_a}{ds} = \frac{C}{(H_0 - z_0 - s)^2} \tag{50}$$

folgt aus (49)

$$\frac{\varepsilon g}{f \cdot L}\left[2Q_a - \left(1 - \frac{\varepsilon_1}{\varepsilon}\right)(Q_a - f \cdot v)\right] - \frac{1}{F}\frac{Q_a}{(H_0 - z_0 - s)} > 0$$

und schließlich

$$F > \frac{f \cdot L \cdot Q_a}{\varepsilon g(H_0 - z_0 - s) \cdot \left[\left(1 + \frac{\varepsilon_1}{\varepsilon}\right)Q_a + \left(1 - \frac{\varepsilon_1}{\varepsilon}\right)f v\right]}. \tag{51}$$

Für kleine Schwingungen erhält man wegen $Q_a \cong fv$ die Beziehung (47). Erfolgt die Einschaltung der Turbinen aus der Ruhe, so ist $v = 0$, $z = z_0 + s = 0$ und $Q_{a0} = 0$ zu setzen und es ergibt sich die Bedingung

$$F_1 \gtreqqless \frac{fL}{\varepsilon g H_0\left(1 + \frac{\varepsilon_1}{\varepsilon}\right)}. \tag{52}$$

---

[1]) FRANK. J. u. SCHÜLLER J.: Schwingungen ... , Berlin 1938.

Es wird also infolge der Dämpfung im Wasserschloß ein kleinerer Querschnitt zur Schwingungsdämpfung benötigt und es ist F_1 die untere Grenze derselben. Denn je größer die Dämpfung im Wasserschloß ist und hiemit $\frac{\varepsilon_1}{\varepsilon}$ gegen 1 zurücktritt, desto größer wird der benötigte Querschnitt, für dessen obere Grenze gilt

$$F_1 > \frac{f L}{\varepsilon g H_0}. \tag{52a}$$

Wie aus (50) hervorgeht, ist der Wert der Belastungsänderung stets positiv, also wirkt dieses Glied stets anfachend auf die Schwingung. Je rascher der Zuwachs, desto ungünstiger wird die Stabilität. Man setzt somit den ungünstigsten Wert, jenen bei plötzlicher Belastung ein

$$Q_a = \frac{C}{H_0 - z - \varepsilon_1 \dfrac{F^2}{f^2}\left(\dfrac{dz}{dt}\right)^2}, \tag{53}$$

wo das Glied aus der Dämpfung im Wasserschloß seinen größten Wert hat und faßt diesen für den ganzen Schwingungsvorgang als konstant auf, was auf eine Verkleinerung des Gesamtgefälles auf den Wert

$$H_0' = H_0 - \varepsilon_1 \frac{F_1^2}{f^2}\left(\frac{dz}{dt}\right)^2_{\substack{v=0\\z=0}}$$

hinausläuft. Indem man diesen Wert an Stelle von H_0 in (52) einsetzt, erhält man

$$F_2 \gneqq \frac{f L}{\varepsilon g H_0'\left(1 + \dfrac{\varepsilon_1}{\varepsilon}\right)} \tag{54}$$

als obere Grenze des Wasserschloßquerschnitts, der in der Höhe $z = 0$ zur Dämpfung der Schwingungen benötigt wird. Um der Gefahr des Abreißens der Wassersäule im Druckrohr zu begegnen, die bei plötzlichem Wechsel der Turbinenbelastung entsteht, wird man nur kleine Dämpfungszahlen ε_1 zulassen[1]. Die Sinkgeschwindigkeit für $v = 0$ und $z = 0$ ergibt sich aus der kubischen Gleichung

$$\left(\frac{dz}{dt}\right)^3 - \frac{H_0 \cdot f^2}{\varepsilon_1 F_1} \cdot \frac{dz}{dt} + \frac{f^2 \cdot C}{\varepsilon_1 F_1^3} = 0, \tag{55}$$

die man erhält, wenn Q_a aus (53) in (28) eingeführt und an Stelle von F der Wert F_1 gesetzt wird. Der Rechnungsvorgang erfolgt so, daß mit den gegebenen Größen aus (52) die untere Grenze F_1 des Wasserschloßquerschnitts und hierauf aus (55) die Sinkgeschwindigkeit $\frac{dz}{dt}$ ermittelt wird. Hierauf wird H_0' bestimmt und mit diesem Werte aus (54) der obere Grenzwert berechnet. Oft kann $\left(\frac{dz}{dt}\right)^3$ in (55) wegen seiner Kleinheit gegenüber den übrigen Gliedern vernachlässigt werden.

VI. Das Wassermeßverfahren von N. Gibson[2]

Wenn in einem Druckrohr (Abb. 212a) die stationär vorausgesetzte Strömung durch Betätigung einer Abschlußvorrichtung (Schieber, Leitapparat der Tur-

---

[1] K. Karas hat das Näherungsverfahren von Schüller ergänzt in Ing.-Archiv 1941. Mit gekuppelten Wasserschlössern haben sich befaßt W. Straubel, Wasserkr. u. Wasserwirtsch. 1943, und mit hintereinandergeschalteten Wasserschlössern H. Jurecka; Österr. Ing.-Archiv, Wien 1951.

[2] Gibson, Norman R.: Paper presented at the Annual Meeting of the Americ. Soc. of Mech., Eng., Dezember 1923.

binen usw.) gestört wird, so tritt eine Druckerhöhung auf. Wird letztere im Meßquerschnitt C durch einen Druckschreiber aufgezeichnet, so stellt der Flächeninhalt des Druckdiagramms ein Maß für den sekundlichen Durchfluß vor. Unter Vernachlässigung des elastischen Verhaltens folgt für den durch die Geschwindigkeitsverminderung übertragenen Impuls

$$P = \frac{d}{dt}(mv), \qquad (1)$$

worin die Wassermasse $m = $ Dichte $\frac{\gamma}{g} \cdot$ Querschnitt $f \cdot$ Rohrlänge L.

Führt man die Druckhöhe $h_p = \frac{P}{\gamma \cdot f}$ ein, wenn $\gamma \cdot h_p$ der dynamische Überdruck ist, so folgt aus (1) für einen beliebigen Zeitpunkt t

$$\int_0^t h_p \cdot dt = \frac{L}{g}(v_0 - v_t) \qquad (2)$$

v_0 und v_t sind die Geschwindigkeiten zur Zeit $t = 0$ und t.

Der linke Teil von (2) stellt die Diagrammfläche F_t in Abb. 213 dar. Wird ein vollkommener Abschluß erreicht, ist somit $v_T = 0$ für die Schließzeit $t = T$, so ergibt sich

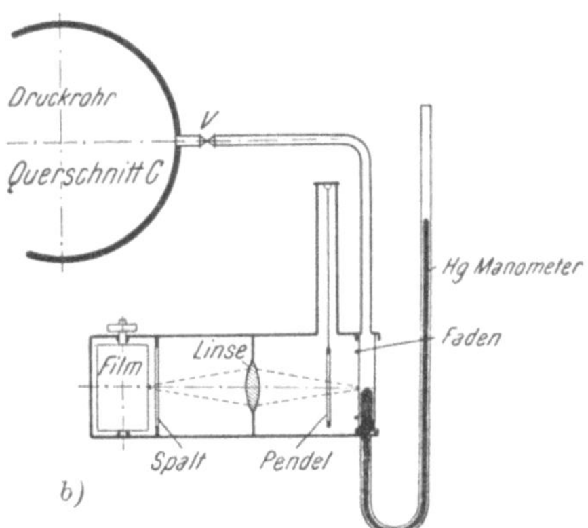

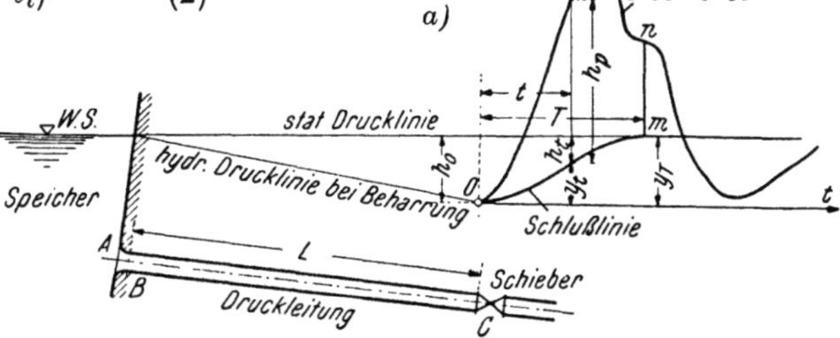

Abb. 212. a) Schematische Darstellung des Druckverlaufes bei C. b) GIBSONS Apparatur

$$\int_0^T h_p \cdot dt = \frac{L}{g} v_0 = \text{Diagrammfläche } F_T. \qquad (3)$$

Also ist der Durchfluß

$$Q = v_0 \cdot f = \frac{g}{L} \cdot f \cdot F_T \qquad (4)$$

und falls die Rohrleitung aus Teilen verschiedenen Querschnitts zusammengesetzt ist

$$Q = g \cdot F_T \cdot \frac{1}{\sum \frac{\Delta L}{f}}. \qquad (4\,\text{a})$$

In Abb. 212b ist nun der GIBSONsche Apparat zur Aufzeichnung des zeitlichen Druckverlaufes im Meßquerschnitt dargestellt. An das Druckrohr ist bei c ein Hg-Manometer angeschlossen, und es wird von einer Linse das Schattenbild der beleuchteten Quecksilbersäule durch einen vertikalen Spalt auf einen rotierenden Film (Uhrwerk) entworfen. Ein Fadenpendel gibt die Zeitmarken, indem sekundlich der Spalt für eine kurze Zeit verdeckt wird. Die Eichung erfolgt durch Einstellung verschiedener Drücke im Manometer bei geschlossenem Ventil V. Unter gleichzeitiger photographischer Aufzeichnung wird der Höhenunterschied der Quecksilberspiegel gemessen. Vor dem Glasrohr sind zwei feine waagrechte Fäden gespannt, um den Druckmaßstab auf dem Film festzulegen. Die Druckhöhe h_p ist gegeben durch die Höhenlage der Druckdiagrammpunkte über der Schlußlinie $o\,m$. Die Ordinaten y_t der letzteren (Abb. 213) stellen die rückgewonnenen Reibungs- und Geschwindigkeitshöhen dar, und sie sind daher dem Quadrat der Geschwindigkeit proportional. Folglich gilt für jeden Punkt der Schlußlinie

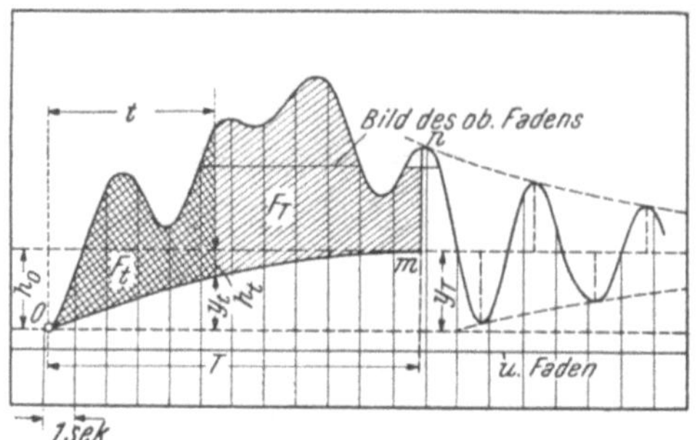

Abb. 213. Druckdiagramm mit GIBSONS Apparatur

$$\frac{y_t}{y_T} = \frac{v_0{}^2 - v_t{}^2}{v_0{}^2}. \tag{5}$$

Nun folgt aus (2) und (3)

$$\frac{v_0 - v_t}{v_0} = \frac{F_0}{F_T}, \tag{6}$$

so daß sich für die übrigbleibende Reibungs- und Geschwindigkeitshöhe

$$h_t = y_T - y_t = y_T \left(1 - \frac{F_t}{F_T}\right)^2 \tag{7}$$

ergibt.

Die vorerst schätzungsweise gezeichnete Schlußlinie wird dann entsprechend der Bedingung (7) berichtigt, wozu gewöhnlich die einmalige Wiederholung des Verfahrens genügt.

Ist der Abschluß nicht vollkommen, so daß eine Leckwassermenge Q_l besteht, so gilt für den Durchfluß an Stelle von (4a)

$$Q = g \cdot F_T \cdot \frac{1}{\sum' \frac{\Delta L}{f}} + Q_l. \tag{8}$$

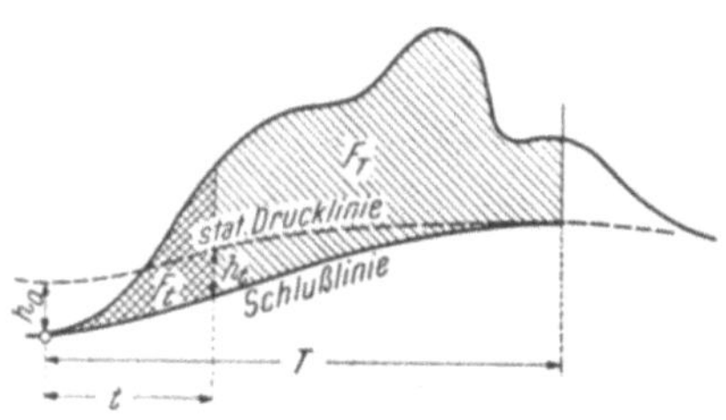

Abb. 214. Entwicklung der Schlußlinie
aus der statischen Drucklinie

Schließt das Druckrohr an ein Wasserschloß an, so muß der Spiegelgang in demselben berücksichtigt werden. Durch einen Schwimmer mit Schreibvorrichtung kann die Aufzeichnung der „statischen" Drucklinie erfolgen (Abb. 214) und für die Schlußlinie gilt die Beziehung

$$h_t = h_0 \cdot \left(1 - \frac{F_t}{F_T}\right)^2.$$

Die Voraussetzung vollkommener Starrheit von Wasser und Druckrohr ist nicht immer zulässig, insbesondere bei Druckleitungen größerer Länge. Aus den vorhergehenden Abschnitten ist bekannt, daß am Ende des Schließvorgangs das Wasser nicht gleich zur Ruhe kommt und daß mit den folgenden Druckoszillationen eine hin- und hergehende Wasserbewegung eintritt. Die dabei auftretenden Durchflüsse sind gegen den zu messenden anfänglichen Durchfluß nicht vernachlässigbar, weshalb das vorgenannte Verfahren einer Ergänzung bedarf[1]). Um die Nachschwingungen zu berücksichtigen, bedarf es einer entsprechenden Vorrichtung zum Aufzeichnen derselben, wozu die GIBSONsche Apparatur infolge der Trägheit der Quecksilbersäule nicht ausreicht. Aus diesem Grunde

---

[1]) THOMA D.: Mitteilungen des Hydr. Inst. d. Techn. Hochschule München 1 (1926).

haben VOLKHARDT und DECKEL[1]) einen Kolbendruckschreiber mit sehr kleiner Eigenschwingungsdauer entwickelt (Abb. 215), der auf den vorhergehenden grundlegenden Arbeiten von D. THOMA beruht.

Ein Meßkolben b überträgt die aus den Druckschwankungen entstehenden kleinen Bewegungen mittels Fühlhebel auf einen Drehspiegel e. Durch Rotation des Kolbens während der Messung wird die Reibung so weit als möglich verringert. Die von einer Nernstlampe f auf den Spiegel fallenden Lichtstrahlen übertragen durch Reflexion die Bewegung auf den rotierenden Film g und erzeugen so ein Druckdiagramm, das die Nachschwingungen enthält. Sind letztere stark gedämpft (Abb. 216), wie dies bei der Benützung des Drehschaufel-Leitrades einer Turbine als Absperrorgan mit großer Leckwassermenge sich ergibt, so rechnet man mit der schraffierten Fläche. Denn schon in geringer Entfernung vom Hauptdiagramm weicht die Drucklinie nur mehr wenig von der Linie des statischen Druckes ab.

Bei guter Dichtung des Abschlußorgans (z. B. Nadeldüse eines Peltonrades) sind die Nachschwingungen so schwach gedämpft, daß zur Auswertung viel Diagrammpapier verwendet werden müßte und außerdem die Genauigkeit leiden würde. Weicht die Nachschwingung nicht merklich von einer schwach gedämpften sin-Schwingung ab, so geht man folgendermaßen vor. Man setzt voraus, daß zur Zeit des Eintretens der Minima

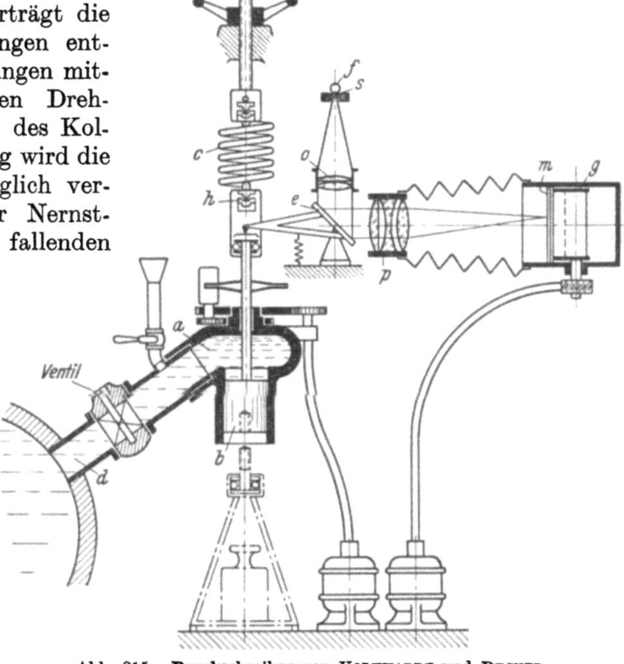

Abb. 215. Druckschreiber von VOLKHARDT und DECKEL

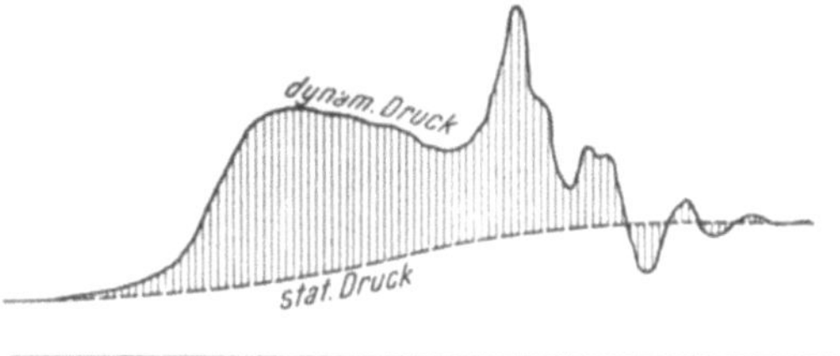

Abb. 216. Druckdiagramm mit stark gedämpften Nachschwingungen

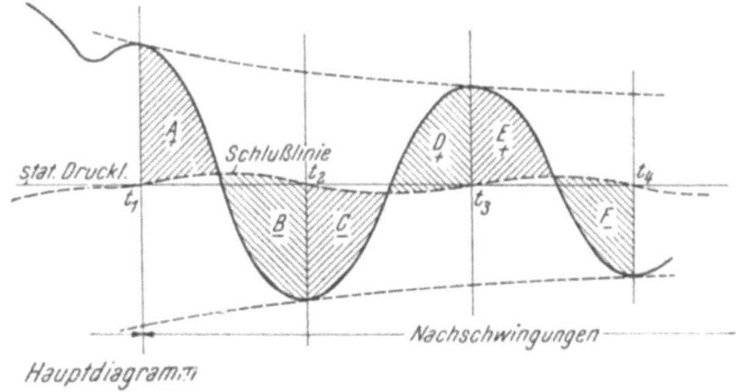

Abb. 217. Nachschwingungen mit schwacher Dämpfung

---

[1]) THOMA, D.: Mitteilungen des Hydr. Inst. d. Techn. Hochschule München 1 (1926).

und Maxima des dynamischen Überdrucks die Flüssigkeit in Ruhe ist, also kein Durchfluß herrscht. In der Zeit $t_1 - t_2$, $t_3 - t_4$ usw. fließt das Wasser von der Meßstelle zum Einlauf zurück, hingegen während der Zeit $t_2 - t_3$, $t_4 - t_5$ usw. in der normalen Richtung. Weil nun ein Teil des Überdruckes zur Überwindung der Reibung benötigt wird, so fällt die Schlußlinie während der Nachschwingung nicht mit der Linie des statischen Druckes zusammen (Abb. 217). Die Folge davon ist, daß die Flächenteile des Diagramms paarweise annähernd gleich sind, daß also $C \sim D$, $E \sim F$, $G \sim H$ usw. Bei ihrer Summation resultiert ein vernachlässigbarer Betrag. Es genügt somit, das Diagramm bis zum ersten Minimum des Überdruckes zur Zeit t_2 auszuplanimetrieren. Die Genauigkeit des GIBSON-Verfahrens reicht an die guter Flügelmessungen heran[1]).

G. Offene Gerinne

I. Stationäre gleichförmige Bewegung

Bei offenen Gerinnen (Kanäle, Flüsse usw.) wird die Begrenzung des Querschnitts zum Teil von der „freien" Oberfläche, dem Spiegel, gebildet. Während man den Durchfluß in geschlossenen Leitungen rechnerisch schon ziemlich gut erfassen kann, stellen sich hier der formelmäßigen Darstellung der mittleren Geschwindigkeit selbst bei Voraussetzung regelmäßiger fester Wände große

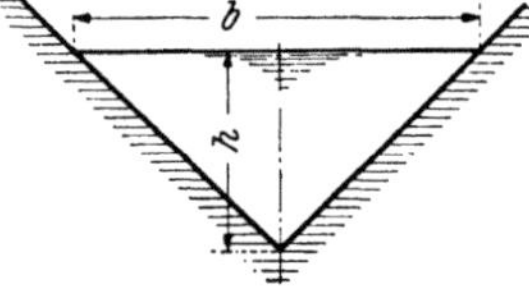

Abb. 218. Winkelrinne

Schwierigkeiten entgegen. Eine der Hauptaufgaben des projektierenden Ingenieurs, die Berechnung des Durchflusses bei verschiedenen Wasserständen in einem Profil von gegebener Form und bei bekanntem Gefälle wird dadurch erschwert, daß die Forderung nach geometrischer Ähnlichkeit der Durchflußprofile bei verschiedenen Wasserständen selten erfüllt erscheint. Letzteres trifft zu bei der Winkelrinne (Abb. 218), wie sie in Bergbaugebieten als offener Abwasserkanal häufig Verwendung findet und ferner bei sehr breiten Querschnitten mit waagrechter Sohle, die einer analytischen Behandlung noch am ehesten zugänglich sind.

1. Gleichförmige Bewegung bei großer Gerinnebreite und festen Wänden

Es wird ähnlich vorgegangen, wie früher bei den geschlossenen Leitungen. Vorausgesetzt wird die Vernachlässigbarkeit des Einflusses der Seitenwände auf das Innere des strömenden Wassers und dasselbe wird bezüglich der kleinen Druckdifferenzen angenommen, die durch die Reibung mit der angrenzenden Luft hervorgerufen werden. Sohle und Spiegel sollen parallele in der Strömungsrichtung geneigte Ebenen sein, so daß in allen in der Bewegungsrichtung gelegenen Vertikalebenen die gleiche Geschwindigkeitsverteilung angenommen werden kann. Die Linien gleicher Geschwindigkeit, die Isotachen, stellen also im Querschnitt zur Sohle parallele Gerade dar. Wie bei geschlossenen Leitungen tritt unterhalb der kritischen Re-Zahl die Laminarbewegung auf.

---

[1]) O. KIRSCHMER hat Vergleichsmessungen am Walchenseewerk durchgeführt, aus denen die Abweichung der Gibson-Werte gegenüber jenen aus Flügelmessungen nur -0.5% betragen hat, wie zu ersehen in Z. d. VDI **1930**, 521.

a) Die Schichtströmung (Laminarbewegung)

Auf ein herausgeschnitten gedachtes Wasserprisma von der Breite 1, der Höhe y und der Länge l wirken (Abb. 219) die Gewichtskomponente $-G \sin \alpha = -\gamma\, y \cdot l \cdot \sin \alpha$ und die Schubkraft $T = \tau \cdot l \cdot 1$, wenn $-\alpha$ der Neigungswinkel und τ die Schubspannung ist. Mit NEWTONS Ansatz für die Tangentialspannung

$$\tau = -\eta \cdot \frac{\partial v}{\partial y}$$

folgt

$$\gamma \cdot y \cdot l \sin \alpha + \eta \cdot \frac{\partial v}{\partial y} \cdot l = 0, \qquad (1)$$

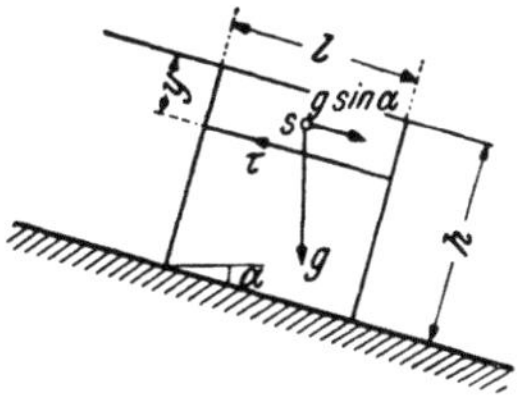

somit folgt nach Integration

$$\frac{g y^2}{2 v} \cdot \sin \alpha + v = C$$

Abb. 219

und mit $v = 0$, für $y = h$ wegen des Haftens an der Sohle ergibt sich

$$v = \frac{g}{2 v} (h^2 - y^2) \cdot J, \qquad (2)$$

wenn $J = \sin \alpha$.

Der Durchfluß pro Breiteneinheit ist also

$$q = \frac{g}{2 v} \cdot J \int\limits_0^h (h^2 - y^2)\, dy = \frac{g \cdot h^3 \cdot J}{3 v} \qquad (3)$$

und die mittlere Geschwindigkeit

$$v_m = \frac{q}{h} = \frac{g h^2 J}{3 v}. \qquad (4)$$

Es gilt somit auch hier das HAGEN-POISEUILLEsche Gesetz. Denn es folgt aus dem allgemeinen Widerstandsgesetz $J = \dfrac{\psi \cdot v_m^2}{2\, g\, R_h}$ die Widerstandszahl

$$\psi_r = \frac{2 g \cdot R_h\, J}{v_m^2} = \frac{6}{Re_1},$$

wenn $Re_1 = \dfrac{h \cdot v}{v}$ ist, zum Unterschied vom Kreisrohr, wo $\psi_k = \dfrac{8}{Re_2}$ mit $Re_2 = \dfrac{R \cdot v}{v}$ ist. Es beträgt somit das Verhältnis der Durchflüsse Q_k für den Kreisquerschnitt und Q_r für das gleichgroße Rechteck

$$\frac{Q_k}{Q_r} = \sqrt{\frac{\psi_r}{\psi_k}} \cdot \sqrt{\frac{R}{2h}} = \sqrt{\frac{6}{8}} \sqrt{\frac{R^2}{2h^2}} = \frac{R}{h} \cdot \sqrt{\frac{3}{8}}$$

oder es muß bei gleicher Leistung die Tiefe des Rechtecks $h = R \cdot \sqrt{{}^3/_8}$ betragen. Auch hier erfolgt bei größeren Geschwindigkeiten ein Übergang zur Turbulenz. L. HOPF[1] hat bei glatten Wänden den Übergang bei einer kritischen Re-Zahl

$$Re_{kr} = \frac{h \cdot v_m}{v} \sim 360$$

gefunden. Es muß somit z. B. bei einer Tiefe von 2 cm und der Wassertemperatur

---

[1] Hydromechan. Untersuchungen, Inaugural-Dissert. München, Leipzig 1910.

von 10^0C ($\nu = 0\dot{}013$ cm^2/sec) der Übergang bei

$$v_m = \frac{360\,\nu}{h} = 2\dot{}34 \text{ cm/sec}$$

eintreten.

b) Turbulenz und Rauhigkeit

Ähnliche Überlegungen wie in E II 5 führen zum allgemeinen Widerstandsgesetz

$$J = \psi\left(Re, \frac{\varepsilon}{h}\right) \cdot \frac{v_m^2}{2gh}. \tag{5}$$

In den *großen* Kanälen und Flüssen vollzieht sich der Abfluß bei derart großen Re-Zahlen, daß der Einfluß der Zähigkeit ganz zurücktritt und nur die Wandrauhigkeit im Verein mit der Querschnittsform maßgebend ist. Setzt man wie früher für die Schubspannung an der Sohle $\tau = \tau_0$, so muß für die gleichförmige stationäre Bewegung gelten

$$\varrho \cdot g \cdot \sin\alpha \cdot F \cdot l = \tau_0 \cdot U \cdot l,$$

wenn U der benetzte Umfang ist und mit

$$\tau_0 = \frac{\psi \cdot v_m^2 \cdot \varrho}{2}$$

[Gl. (17a) Abschn. F II] folgt

$$v_m = \sqrt{\frac{2g}{\psi}} \cdot \sqrt{\frac{F}{U} \cdot J} = C\sqrt{R_h \cdot J}, \tag{6}$$

wobei $c = \sqrt{\frac{2g}{\psi}}$ und der hydraulische Radius $R_h = \frac{F}{U}$ gesetzt wurde. Gleichung (6) ist schon lange bekannt und soll von Chézy[1]) stammen. Der Beiwert c, der früher als Konstante betrachtet wurde, ist im Laufe der Zeit öfters eingehend untersucht worden. Die wichtigsten Ergebnisse bzw. Formeln sind vor allem jene von Ganguillet und Kutter[2]). Diese fanden aus 210 Messungen für kleine und große Wasserläufe

$$c = \frac{23 + \dfrac{1}{n} + \dfrac{0\dot{}00155}{J}}{1 + \left(23 + \dfrac{0\dot{}00155}{J}\right) \cdot \dfrac{n}{\sqrt{R_h}}} \tag{6a}$$

mit folgenden Werten von n (Rauhigkeitskategorien):

	n
1. Kanäle, sorgsam gehobeltes Holz oder glatter Zementputz	$0\dot{}010$
2. Kanäle mit Bretterverkleidung	$0\dot{}012$
3. Kanäle aus Quadern oder gut gefügten Ziegeln ...	$0\dot{}013$
4. Kanäle aus Bruchstein	$0\dot{}017$
5. Kanäle in Erde, Bäche und Flüsse	$0\dot{}025$
6. Gewässer mit grobem Geschiebe und Pflanzen	$0\dot{}030$

(6a) schrieb Kutter auch abgekürzt

$$c = \frac{100\sqrt{R_h}}{m + \sqrt{R_h}}. \tag{7}$$

Für städtische Kanäle wird $m = 0\dot{}35$ gesetzt.

---

[1]) Forchheimers Hydraulik, 3. Aufl., mit zahlreichen Angaben (1930).
[2]) Allg. Bauztg. **35** (1870).

H. Bazin[1]) hat später aus vielen eigenen Messungen und solchen die er gemeinsam mit H. Darcy durchgeführt hatte einen ähnlichen Ausdruck gefunden

$$c = \frac{87}{1 + \dfrac{\gamma}{\sqrt{R_h}}}. \tag{8}$$

Die von der Wandrauhigkeit abhängige Größe γ hat folgende Werte:

1. Glatter Putz, gehobeltes Holz .... 0·06
2. Holz, Quader, Ziegel .... 0·16
3. Bruchsteinmauerwerk .... 0·46
4. Pflaster, regelmäßiges Erdbett .... 0·85
5. Erdkanäle üblichen Zustands .... 1·30
6. Erdkanäle mit besonderen Widerständen .... 1·75

Es sei bemerkt, daß (7) und (8) bereits dem Ähnlichkeitsgesetz bei großen Re-Zahlen genügen, bei welchen c nur mehr von der relativen Rauhigkeit abhängig ist. Ähnlich ist der Ausdruck, den v. Mises[2]) auf dem Ähnlichkeitsprinzip gegründet hat

$$\psi = 0·0024 + \sqrt{\frac{\varepsilon}{R_h}} \tag{9}$$

und die eine Abkürzung der allgemeineren Formel ist

$$\psi = 0·0024 + \sqrt{\frac{\varepsilon}{R_h}} + \frac{0·3}{\sqrt{2\,Re}} \tag{9a}$$

v. Mises hat für natürliche Flüsse empfohlen die Bazinsche Formel beizubehalten und

$$\psi = 0·0026\left(1 + \sqrt{\frac{\varepsilon'}{R_h}}\right)^2 \tag{10}$$

zu setzen, wobei die „Rauhigkeitslänge" $\varepsilon' = 350$ bis 700 cm und in Ausnahmefällen bis 1500 cm beträgt und die in F II 7 angegebenen Werte einzusetzen sind. Einen weiteren Fortschritt haben auch hier die Untersuchungen von Prandtl und Kármán[3]) gebracht, die in E II 5 dargestellt worden sind und für ein sehr breites Gerinne angewendet werden sollen. Setzt man in der dortigen Gleichung (41) für den Wandabstand r' im Kreisrohr den Abstand y von der ebenen Wand, so erhält man sinngemäß für die Geschwindigkeit

$$v = \left(\frac{1}{K}\ln\frac{y}{\nu}\sqrt{\frac{\tau_0}{\varrho}} - \frac{1}{K}\ln c_1\right)\cdot\sqrt{\frac{\tau_0}{\varrho}} \tag{11}$$

und nachdem die Größe der Schubgeschwindigkeit an der Wand

$$\sqrt{\frac{\tau_0}{\varrho}} = \sqrt{gJh} \tag{11a}$$

unschwer gemessen werden kann, so können die Konstanten aus Versuchen ermittelt werden. Dies tat Schlichting[4]), der für rauhe ebene Wände

[1]) Ann. d. ponts et chauss. 1897
[2]) Techn. Hydromechanik, Berlin - Leipzig 1914.
[3]) Lit. Nachweis bei E II 5.
[4]) Z. f. ang. Math. u. Mech. 1933.

$$v = \left(8.48 + 5.75 \log \frac{y}{\nu} \sqrt{\frac{\tau_0}{\varrho}}\right) \sqrt{\frac{\tau_0}{\varrho}} \qquad (12)$$

fand, während für glatte Wände an Stelle von 8.48 die Zahl 5.5 zu setzen ist. Diese Geschwindigkeitsverteilung wurde in Flüssen schon von JASMUND[1]) als die wahrscheinlichste angegeben und ist für den Wind über dem Boden von G. HELLMANN[2]) gefunden worden, während MODEL[3]) dies auch über dem Meere bestätigt fand. Mit der absoluten Rauhigkeit

$$\varepsilon = \nu \cdot \sqrt{\frac{\varrho}{\tau_0}} \quad \text{folgt aus (12)} \quad v = \left(8.48 + 5.75 \log \frac{y}{\varepsilon}\right) \sqrt{g} \cdot \sqrt{Jh} \qquad (12a)$$

Im folgenden sind einige Werte von ε in cm angegeben:

Hamburger Sand .... $\varepsilon = 0.222$ nach SCHLICHTING

Schneefläche, eben .... 15 $\Big\rangle$

Göttinger Flugplatz .... 52 $\;$ nach PAESCHKE

Brachland .... 64 $\Big\rangle$

Grasland, niedriges .... 95 $\Big\rangle$

Kurzgeschnittenes Gras 16   nach ROSSBY u. MONTGOMERY[4])

Hohes Gras .... 118 $\Big\rangle$

Getreideland .... 135 $\Big\rangle$ nach PAESCHKE

Rübenland .... 196 $\Big\rangle$

Meeresfläche 2   nach MODEL

Die Rauhigkeit der Meeresoberfläche erscheint nach MODELS Untersuchungen vom Seegang unabhängig, was damit erklärt wird, daß mit der Wellenhöhe auch die Wellenlänge zunimmt (siehe Abschn. I 2). Bei der vorgenannten Geschwindigkeitsverteilung ergibt sich für ein breites Gerinne von der Tiefe h eine mittlere Geschwindigkeit[5])

$$v_m = \frac{1}{h}\int\limits_0^h v \cdot dy = \sqrt{g} \cdot \sqrt{Jh} \cdot \left\{8.48 + 5.75\, \frac{\varepsilon}{h}\int\limits_0^h \log\frac{y}{\varepsilon} \cdot d\left(\frac{y}{\varepsilon}\right)\right\}$$

oder

$$v_m = \left(18.72 + 18 \log\frac{h}{\varepsilon}\right) \cdot \sqrt{Jh} \qquad (13)$$

Setzt man weiters $18.72 - 18 \log \varepsilon = n$, so folgt

$$v_m = (n + 18 \log h) \cdot \sqrt{Jh}, \qquad (14)$$

welche Gleichung sich von jener für Kreisröhren wenig unterscheidet, wenn man an Stelle von D in Gl. (60) Abschn. F II 8 den Wert $4\,h$ einsetzt. Die Anwendung der Beziehung (14) auf offene Gewässer hat die folgende lehrreiche Tabelle ergeben, die auf Messungen des Wiener Strombauamtes basiert. Aus ihr ist die Zunahme der absoluten und die Abnahme der relativen Rauhigkeit mit wachsendem Durchfluß zu entnehmen.

---

[1]) Zschft. f. Bauwesen 1893 u. 1897.
[2]) Meteorolog. Zschft. 1917, ferner W. PAESCHKE in Beitr. Phys. frei. Atm. 1937.
[3]) GERLANDS Beitr. z. Geophysik 1943.
[4]) ROSSBY u. MONTGOMERY, The Layer of Friction Influence in Wind usw. Phys. Oceanography and Meteorology 3 (1935).
[5]) KOZENY, Einheitliche Fließformeln, Österr. Bauzschft. 1951.

Meßstelle	Datum	Q m³/sec	F m²	B m	h m	J $^0/_{00}$	$\dfrac{v_m}{\sqrt{Jh}}$	$18 \log h$	n	$\dfrac{\varepsilon}{h}$	$\dfrac{\varepsilon}{m}$
Donau km 2136·515 (Linz)	20. 7. 1951	2.589	1.145·1	211·6	5·41	0·350	51·95	13·20	38·75	0·0143	0·077
	26. 6. 1951	2.444	1.109·5	211·1	5·26	0·360	50·64	12·98	37·66	0·0169	0·088
	6. 6. 1951	1.913	939	207·9	4·52	0·360	50·52	11·79	38·73	0·0171	0·077
	13. 4. 1951	1.244	711·6	201·7	3·53	0·347	49·96	9·85	40·11	0·0184	0·065
	18. 1. 1951	716·6	496·8	197·3	2·52	0·359	47·98	7·21	40·77	0·0237	0·060
Donau km 1934·65 (Nußdorf)	26. 3. 1952	4.941	1.971	288·1	6·84	0·430	46·22	15·04	31·16	0·0297	0·203
	24. 3. 1952	4.744	1.912	286·8	6·67	0·430	46·34	14·83	31·51	0·0292	0·195
	6. 6. 1952	2.614	1.266	275·8	4·59	0·411	47·54	11·91	35·63	0·0251	0·115
	5. 12. 1950	1.876	1.016·3	268·7	3·78	0·427	45·93	10·39	35·54	0·0308	0·116
	6. 12. 1950	1.787	981·4	268·3	3·66	0·413	46·85	10·12	36·73	0·0274	0·100
	27. 9. 1951	994	678·7	262·3	2·59	0·425	44·16	7·42	36·74	0·0386	0·100
	7. 11. 1951	821·6	605	261·6	2·31	0·411	44·05	6·55	37·50	0·0392	0·090

2. Gerinne von gleichmäßiger Tiefe[1]). Günstigster Querschnitt

Erfahrungsmäßig kann man auch für sonstige Gerinne mit gleichmäßiger Tiefe

$$\frac{v_m}{\sqrt{RJ}} = m \log h + n \tag{15}$$

setzen, wobei

$$h = \frac{\text{Durchflußquerschnitt } F}{\text{Spiegelbreite } B}$$

die mittlere Tiefe darstellt. Es seien als Beispiele der Sitterstollen[2]) (Abb. 220) und der Rutzwerkstollen[3]) (Abb. 221) angeführt, für welche $c = 18{\cdot}8 \log h + 79{\cdot}5$ bzw. $c = 21{\cdot}21 \log h + 69{\cdot}0$

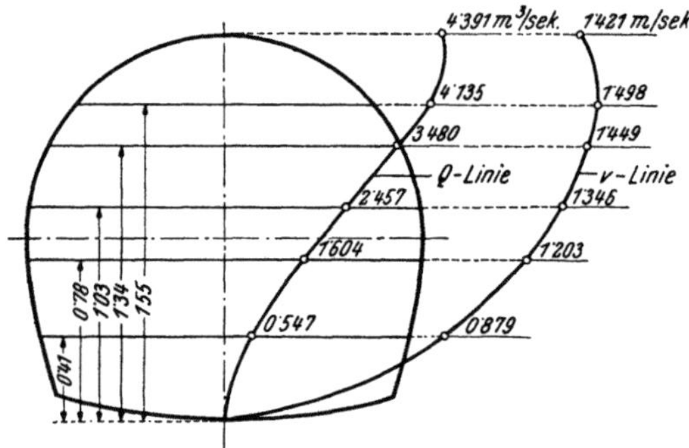

Abb. 220. Querschnitt des Sitterstollens

Abb. 221. Rutzwerkstollen

gelten, und zwar in ziemlich großer Übereinstimmung mit den Meßwerten, wie aus folgenden Tabellen zu ersehen ist:

Sitterstollen (glatter Verputz, $J = 0{\cdot}555\,^0/_{00}$)

h Meter Wassertiefe	U m	F m^2	$\frac{F}{U} = R$	v m/sec	$\dfrac{v}{\sqrt{RJ}}$	$18{\cdot}8 \log h + 79{\cdot}5$	Q m³/sec
1·523	4·71	2·761	0·586	1·50	83·1	82·92	4·135
1·308	4·19	2·401	0·573	1·45	81·4	81·69	3·480
1·005	3·56	1·825	0·513	1·35	80·0	79·54	2·457
0·753	3·06	1·333	0·436	1·20	76·9	77·18	1·604
0·385	2·30	0·622	0·270	0·88	71·9	71·71	0·547

Rutzwerkstollen (Rechteck, unten abgeschrägte Ecken)

Wassertiefe m	mittl. Tiefe h	$R = \frac{F}{U}$	v m/sec	Q	$\dfrac{v}{RJ}$	$21{\cdot}21 \lg h + 69{\cdot}0$
0·66	0·633	0·367	1·24	1·175	64·7	64·79
0·91	0·883	0·429	1·41	1·88	68·1	67·85
1·08	1·053	0·462	1·50	2·37	69·3	69·48
1·29	1·263	0·493	1·58	3·00	71·2	71·15
1·86	1·833	0·522	1·75	4·81	74·5	74·59

[1]) KOZENY, J.: Einheitliche Fließformeln, Österr. Bauzschft. (1951).
[2]) WEYRAUCH-STROBL: Hydraul. Rechnen, S. 139, 6. Aufl. 1930.
[3]) V. BÜLOW, F.: Die Leistungsfähigkeit . . ., Gesundheitsing. (1927).

Für die im Verhältnis zur Tiefe sehr breiten Rechtecks-Gerinne BAZINS, und zwar für die folgenden Serien trifft (15) gut zu, nach folgender Zusammenstellung

Serie 7 (Bretter), $c = 18 \cdot \log h + 75\cdot91$
Serie 13 (Bretter mit aufgenagelten Latten, $J = 5\cdot966^0/_{00}$), $c = 18\cdot7 \log h + 62$
Serie 14 wie 13 ($J = 8\cdot862^0/_{00}$), $c = 18 \log h + 61$
Serie 32 und 33 (Bruchstein, $J = 100\cdot76^0/_{00}$ bzw. $36\cdot86^0/_{00}$), $c = 18 \log h + 55\cdot5$.
Es folgt z. B. für Serie 12 (Latten), $c = 22 \log h + 64\cdot7$ und folgende Tabelle.

Bazins Serie 12 ($B = 1\cdot99$ m, $J = 1\cdot5^0/_{00}$)

$R = \dfrac{F}{U}$	$h = \dfrac{B \cdot R}{B - 2R}$	$\dfrac{v}{\sqrt{RJ}}$	$22 \log h + 64\cdot7$
0·0921	0·101	42·54	42·80
0·1346	0·156	46·45	46·95
0·1932	0·239	51·11	51·02
0·2361	0·309	53·67	53·48
0·2710	0·373	56·05	55·28
0·3004	0·43	57·00	56·66
0·3281	0·485	57·70	57·79

Die Zahlen der letzten und vorletzten Kolonne zeigen auffallend geringe Unterschiede insbesondere in Hinblick auf die Genauigkeit der Geschwindigkeitsmessung.

Ebenso gilt die Beziehung (15) für die Winkelrinne nach den Meßergebnissen BÜLOWS[1]). Hier waren die Böschungen $1:1\cdot5$ geneigt und aus glatten Betonplatten gebildet. Es hatte sich für den Durchfluß

$$Q = a \cdot U^{2\cdot61}$$

ergeben, wenn U der benetzte Umfang ist. Nun ist aber für vorliegenden Fall

$$U = 3\cdot606\,h, \quad F = 1\cdot5\,h^2 = 0\cdot1154\,U^2, \quad R = \frac{F}{U} = 0\cdot1154\,U = 0\cdot416\,h,$$

somit

$$v_m = \frac{Q}{F} = \frac{a \cdot 3\cdot606^{2\cdot61} \cdot h^{2\cdot61}}{1\cdot5 \cdot h^2} = c\,\sqrt{RJ} = c\,\sqrt{0\cdot416\,hJ}$$

und weiter

$$c = \frac{29\cdot39 \cdot a}{\sqrt{J}} \cdot h^{0\cdot11} = \frac{29\cdot39 \cdot a}{\sqrt{J}} \cdot (1 + 0\cdot223 \cdot \log h), \tag{16}$$

weil man kleine Potenzen schreiben kann

$$h^a = (1 - 10^{-a}) \log h + 1$$

wie aus nachstehender Tabelle zu ersehen ist:

h	$h^{0\cdot11}$	$1 + 0\cdot223 \log h$	$h^{0\cdot03}$	$1 + 0\cdot066 \log h$
0·1	0·777	0·774	0·934	0·934
0·2	0·838	0·841	0·953	0·954
0·4	0·904	0·908	0·979	0·980
0·6	0·946	0·948	0·985	0·985
1·0	1·000	1·000	1·000	1·000
1·5	1·046	1·039	1·012	1·013

---

[1]) Gesundheitsingenieur 1927. Leider ist das Gefälle nicht angegeben und konnte dasselbe nicht eruiert werden.

Von besonderem Interesse ist, daß die Formeln von BAZIN und HERMANEK auf die obige Form (15) gebracht werden können. So kann man den γ-Werten in Formel (8) entsprechende m und n in (15) zu ordnen. Es entsprechen den BAZINschen Rauhigkeitskategorien folgende Formeln für c:

Glatter Putz ($\gamma = 0{\cdot}06$), $c = 5{\cdot}6 \log R + 81{\cdot}57$
Quader, Ziegelmauerwerk ($\gamma = 0{\cdot}16$), $c = 14{\cdot}1 \log R + 74{\cdot}1$
Bruchstein ($\gamma = 0{\cdot}46$), $c = 24 \cdot \log R + 59{\cdot}6$
Pflaster usw. ($\gamma = 0{\cdot}85$), $c = 24 \log R + 47{\cdot}0$
Erdkanäle ($\gamma = 1{\cdot}35$), $c = 24 \log R + 37{\cdot}4$
Erdkanäle mit größeren Widerständen,
    Flüsse ($\gamma = 1{\cdot}75$), $c = 24 \log R + 32{\cdot}5$

Hier ein Beispiel der guten Übereinstimmung:

$\gamma = 0{\cdot}85$	$R = 0{\cdot}16$	$0{\cdot}36$	$0{\cdot}49$	$0{\cdot}81$	$1{\cdot}21$	$1{\cdot}69$	$2{\cdot}56$	$9{\cdot}0$ m
$c = \dfrac{87}{1 + \gamma/\sqrt{R}}$	27·84	36·0	39·3	44·75	49·1	52·60	56·8	67·8
$24 \log R + 47$	27·90	36·4	39·6	44·8	49·0	52·5	56·8	69·9

Auffallend ist der in den letzten 4 Kategorien wiederkehrende Koeffizient 24. HERMANEK[1]) hat für Flüsse, die meist ein Gerinne großer Breite darstellen, auf Grund von etwa 800 Messungen folgende häufig angewendeten Geschwindigkeitsformeln aufgestellt, wobei h die mittlere Wassertiefe bedeutet:

$$v_m = 30{\cdot}7 \, \sqrt{h} \cdot \sqrt{hJ}, \text{ wenn } h < 1{\cdot}50 \text{ m,} \qquad (17\,\mathrm{a})$$

$$v_m = 34 \cdot h^{0{\cdot}25} \cdot \sqrt{hJ}, \text{ wenn } 1{\cdot}5 < h < 6{\cdot}0 \text{ m, und} \qquad (17\,\mathrm{b})$$

$$v_m = 44 \cdot h^{0{\cdot}1} \cdot \sqrt{hJ}, \text{ wenn } h > 6{\cdot}0 \text{ m.} \qquad (17\,\mathrm{c})$$

Setzt man für Flüsse ohne Geschiebetrieb in (15) $n = 33$, dem $\varepsilon = 0{\cdot}20$ m aus $n = 18{\cdot}72 - 18 \log \varepsilon$ entspricht und $m = 24$, so erhält man c-Werte, die mit jenen von HERMANEK für $h > 1{\cdot}0$ m gut übereinstimmen.

Mittl. Tiefe h	10·0 m	8·0	6·0	4·0	2·0	1·5	1·0	0·5	0·1
$c = 44{\cdot}5 \, h^{0{\cdot}1}$	56·0	54·8	53·2						
$c = 34 \cdot h^{0{\cdot}25}$	—	—	—	47·8	40·4	37·61			
$c = 30{\cdot}7 \, h^{0{\cdot}5}$	—	—	—	—	—	—	30·7	21·7	9·7
$c = 24 \log h + 33$	57·0	54·7	51·7	47·9	40·3	37·2	33·0	25·8	9·0

Auch die gebräuchliche Formel von MANNING-STRICKLER[2]), die auf GAUCKLER[3]) zurückzuführen ist, kann in die Form (15) gebracht werden, wobei sich allerdings eine Unstimmigkeit ergibt. Die Formel lautet

$$v_m = k \cdot R^{2/3} \cdot J^{1/2} = k \cdot R^{1/6} \cdot \sqrt{RJ} \qquad (18)$$

---

[1]) Zeitschr. d. Österr. Ing. u. Arch.-Verein (1905)
[2]) STRICKLER: Beiträge zur Frage der Geschwind.-Formel, Mitteil. d. Amtes f. Wasserwirtschaft, **16**, Bern 1923.
[3]) Ann. d. ponts et chauss. (1868).

mit $k = 15$—28 für Fels je nach Oberfläche

$= 25$—30 für kopfgroße Steine

$= 35$—45 grober bis feiner Kies

$= 50$ Kies mit viel Sand

$k = 60$ für gutes Bruchsteinmauerwerk, unverputzten

$=$ gutgeschalten Beton

$= 80$ Hausteinquader, gut gefugte Ziegel

$= 100$ Zementglattstrich, gehobeltes Holz

Wie man sich überzeugen kann, kann für den meist vorkommenden hydraulischen Radius von 0.1 m bis 2.0 m mit einer größten Abweichung von $26^0/_{00}$

$$R^{1/_6} = 0.319 \log R + 1$$

geschrieben werden. Dann wäre an Stelle von (18) zu setzen

$$v_m = k \cdot (0.319 \log R + 1) \cdot \sqrt{RJ} \qquad (19)$$

welche Gleichung auf ein sehr breites Gerinne angewendet im Aufbau nicht mit (14) in Einklang steht.

Beim Studium der Gl. (15) zeigt es sich, daß es weniger auf den Wert m als auf die richtige Einschätzung von n ankommt, welcher Wert die Rauhigkeit ε enthält. Denn ob nun der von der Profilform beeinflußte Koeffizient $m = 18$ oder 24 gesetzt wird, so macht der Unterschied bei mittleren Tiefen von 0.4 bis 3.0 m höchstens $(24$—$18) \cdot \log 0.4$ bis $(24$—$18) \log 3$ aus, nämlich 2.19 bis 2.86 gegenüber den 15- bis 25fach so großen Werten von n. Deshalb wird die für etwa $Re > 40\,000$ geltende praktische Formel vorgeschlagen:

$$v_m = (20 \cdot \log h + n) \cdot \sqrt{RJ} \qquad (20)$$

in welcher folgende n zu benützen wären:

Zementglattstrich $\dots\dots\dots\dots\dots\dots n \sim$	84—90
Quader, Ziegel $\dots\dots\dots\dots\dots\dots\dots\dots$	70—76
Gewöhnlicher Verputz $\dots\dots\dots\dots\dots\dots$	60—70
Roher Beton $\dots$ } Bruchstein, Sand $\}\dots\dots\dots\dots\dots\dots\dots$	58—62
Fels, nicht ausgemauert $\dots\dots\dots\dots\dots\dots$	36—50
Sehr unregelmäßiger Fels $\dots\dots\dots\dots\dots$	28—36
Steine ca. $\varnothing$ 15—20 cm $\dots\dots\dots\dots\dots$	28—32
Grober Kies (bis Kegelkugelgröße) $\dots\dots\dots$	32—38
Mittlerer Kies (bis Gänseeigröße) $\dots\dots\dots$	38—42
Feiner Kies (Haselnußgröße) $\dots\dots\dots\dots$	42—46

Auch eine Reihe von natürlichen Gerinnen folgt der Gl. (15), falls die Tiefen gleichmäßig verteilt sind, und es gelten z. B. folgende c-Werte[1]).

Rhône bei Port du Seex $\dots\dots\dots\dots$	$c = 18.4 \log h + 39$
Reuß bei Seedorf $\dots\dots\dots\dots\dots$	$c = 17 \log h + 31.5$
Aare bei Thalmatten $\dots\dots\dots\dots$	$c = 19.0 \log h + 35$
Inn bei Innsbruck $\dots\dots\dots\dots\dots$	$c = 17.4 \log h + 37.29$
Rhein bei Kaiserstuhl $\dots\dots\dots\dots$	$c = 24 \log h + 38$ usw.

Natürlich ist auch hier die formelmäßige Berechnung von v_m als eine genaue Schätzung aufzufassen, und man wird immer, wenn möglich, zur unmittelbaren

[1]) KOZENY J.: Einheitliche Fließformen, Österr. Bauzschft., **6** (1951).

Messung der Geschwindigkeiten schreiten. Die Übereinstimmung der aus obigen Beziehungen ermittelten c mit jenen aus den Messungen $c = \dfrac{v}{\sqrt{RJ}}$ ist eine recht gute wie folgende Beispiele beweisen:

Reuß bei Seedorf[1]) (regelmäßiges Trapezprofil, gepflasterte Böschung)

h	$R = \dfrac{F}{U}$	$J^0/_{00}$	v_m	$\dfrac{v}{\sqrt{RJ}}$	$17 \log h + 31\cdot5$
0·523	0·515	3·48	1·132	26·74	26·71
0·947	0·926	2·96	1·675	31·99	31·10
1·055	1·029	3·20	1·767	30·80	31·89
1·445	1·400	3·03	2·177	33·42	34·22
1·570	1·522	3·11	2·385	34·68	34·83
1·640	1·583	3·04	2·438	35·14	35·15

Inn bei Innsbruck[2])

h	$J^0/_{00}$	v	$\dfrac{v}{\sqrt{RJ}}$	$17\cdot4 \log h + 37\cdot29$
2·43	1·15	2·31	44·4	44·4
1·85	1·04	1·82	42·0	41·94
0·74	0·89	0·91	35·4	35·4

Setzt man in (12a) für $y = h$, so erhält man die Oberflächengeschwindigkeit $v_0 = \left(8\cdot48 + 5\cdot75 \log \dfrac{h}{\varepsilon}\right) \cdot \sqrt{g} \cdot \sqrt{Jh}$ für sehr breite Gerinne und es gilt für diese

$$\frac{v_m}{v_0} = 1 - \frac{2\cdot5}{8\cdot48 - 5\cdot75 \log \dfrac{\varepsilon}{h}}. \tag{21}$$

Es strebt also dieses Verhältnis mit wachsendem h und somit relativ glatter werdendem Gerinne dem Wert 1 zu. Mit $\dfrac{\varepsilon}{h} = 0\cdot1$ bis $0\cdot01$, was etwa kopfgroßen Steinen bis feinem Kies entsprechen dürfte, variiert $\dfrac{v_m}{v_0}$ zwischen $0\cdot823$ und $0\cdot875$, welche Werte häufig in Flüssen beobachtet werden. Wie schon gesagt, wird man bei natürlichen Gerinnen mehr messen und weniger rechnen. Dennoch kann der projektierende Ingenieur der Fließformeln nicht entraten, insbesondere wenn es sich um künstliche Gerinne handelt. Natürlich ist die Fragestellung je nach Zweck der Anlage eine verschiedene. So wird z. B. bei einer modernen Kraftwasserstraße nebst der Wirtschaftlichkeit die Betriebssicherheit und eventuelle Erbreiterungsfähigkeit das Profil bestimmen. Bei Bewässerungs- und Werkskanälen hingegen wird man an Gefälle zu sparen suchen, um das Bewässerungsgebiet besser zu beherrschen oder um mehr Energie zu gewinnen. Die Fragestellung ist gewöhnlich so, daß der Durchfluß Q, die zulässige Geschwindigkeit v und die zulässige Neigung der Uferböschung tg α gegeben sind. Die Gl. (6) sagt nun, daß der Gefällsverbrauch dann am geringsten ist, wenn bei gegebener Querschnittsfläche $F = \dfrac{Q}{v}$ der hydraulische Radius $R_h = \dfrac{F}{U} = \dfrac{Q}{vU}$ am größten, also der Umfang U am kleinsten gemacht wird.

---

[1]) Angaben nach STRICKLERS „Beiträge zur Frage . . . “
[2]) FORCHHEIMER: 3. Aufl., 1930, S. 157. Die Messung mit $h = 4\cdot06$ m wurde nicht einbezogen, weil nur an der Oberfläche beobachtet wurde.

Setzt man entsprechend Abb. 222

$$U = 2s + b, \text{ ferner } F = h \cdot b + h^2 \operatorname{ctg}\alpha = h\left(U - \frac{2h}{\sin\alpha}\right) + h^2 \cdot \operatorname{ctg}\alpha,$$

so folgt

$$U = \frac{F}{h} - h\operatorname{ctg}\alpha + \frac{2h}{\sin\alpha}$$

und

$$\frac{\partial U}{\partial h} = -\frac{F}{h^2} - \operatorname{ctg}\alpha + \frac{2}{\sin\alpha} = 0$$

gesetzt, ergibt die Bedingung

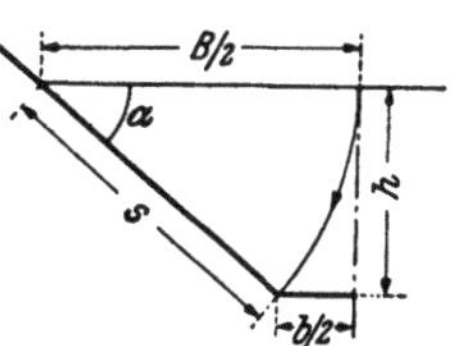

Abb. 222. Bestimmung des günstigsten Trapezprofils

$$\frac{F}{h^2} = \frac{2}{\sin\alpha} - \operatorname{ctg}\alpha.$$

Mit

$$F = \frac{B+b}{2} \cdot h \text{ folgt } \frac{B+b}{2} = h\left(\frac{2}{\sin\alpha} - \operatorname{ctg}\alpha\right)$$

und weil

$$\frac{B-b}{2} = h\operatorname{ctg}\alpha,$$

muß

$$\frac{B}{2} = \frac{h}{\sin\alpha} = s$$

sein, woraus die Konstruktion des Profils folgt. Man trägt das berechnete $\frac{B}{2}$ waagrecht auf und durch den Endpunkt eine Gerade unter der Neigung α, auf welcher $\frac{B}{2}$ abgetragen wird.

Ferner folgt aus vorstehenden Gleichungen

$$\frac{b}{2} = \frac{1}{\sin\alpha}(1 - \cos\alpha)\,h = s\,(1 - \cos\alpha) = \frac{B}{2}(1 - \cos\alpha).$$

Somit ist

$$F = \frac{B+b}{2} \cdot h = \frac{B^2}{4}(2 - \cos\alpha)\sin\alpha$$

oder

$$\frac{B}{2} = \sqrt{\frac{F}{(2 - \cos\alpha)\sin\alpha}} = \sqrt{\lambda_1 F},$$

wobei

$$\lambda_1 = \frac{1}{(2 - \cos\alpha)\sin\alpha} = \frac{1 + \operatorname{tg}^2\alpha}{(2\sqrt{1 - \operatorname{tg}^2\alpha} - 1)\cdot\operatorname{tg}\alpha}$$

mit folgenden Werten

$\operatorname{tg}\alpha$	$1:0=\infty$	$1:0{\cdot}25=4$	$1:0{\cdot}5=2$	1	$1:1\frac{1}{2}=\frac{2}{3}$	$1:2=0{\cdot}5$
λ_1	$0{\cdot}5$	$0{\cdot}59$	$0{\cdot}72$	$1{\cdot}10$	$1{\cdot}55$	$2{\cdot}02$

Für gemauerte lotrechte Seitenwände ergibt sich

$$\frac{B}{2} = \sqrt{0{\cdot}5F} = \sqrt{0{\cdot}5Bh} \text{ oder } h = \frac{B}{2}.$$

1. Beispiel

$Q = 36 \text{ m}^3/\text{sec}$, $v = 1\text{'}2$ m/sec, $\operatorname{tg} \alpha = \dfrac{2}{3} = 1 : 1\frac{1}{2}$, mittlerer Kiesboden $n = 40$.

Es ergibt sich

$$\lambda_1 = 1\text{'}55, \quad F = \frac{Q}{v} = 30 \text{ m}^2,$$

also ist

$$\frac{B}{2} = \sqrt{\lambda_1 \cdot F} = \sqrt{1\text{'}55 \cdot 30} = 6\text{'}82 \text{ m},$$

hiemit ist

$$h_m = \frac{F}{B} = \frac{30}{13\text{'}64} \gtrless 2\text{'}2 \text{ m} = \text{mittlere Tiefe}$$

$$U = b + 2s = b + B = B (2 - \cos \alpha) = B \left(2 - \frac{1}{\sqrt{1 + \operatorname{tg}^2 \alpha}} \right).$$

also ist

$$U = 13\text{'}64 \left(2 - \frac{3}{\sqrt{13}} \right) = 13\text{'}64 \cdot 1\text{'}168 = 15\text{'}93 \text{ m}$$

$$R_h = \frac{F}{U} = \frac{30}{15\text{'}93} = 1\text{'}883 \text{ m}$$

$$\sqrt{J} = \frac{v}{(20 \log h_m + 40) \cdot \sqrt{R_h}} = \frac{1\text{'}2}{46\text{'}8 \cdot \sqrt{1\text{'}883}} = 0\text{'}0187.$$

Somit ist das kleinste benötigte Gefälle $J = 0\text{'}349^0/_{00}$ weil U ein Minimum.

2. Beispiel

Ein als Kraftwasserstraße ausgebauter Schiffahrtskanal von trapezförmigem Querschnitt (Abb. 223) habe den Durchfluß Q. Um mehr Energie erzeugen zu können, soll der Durchfluß auf Q_1 so vergrößert werden, daß die mittlere Geschwindigkeit der Bergfahrt nicht hinderlich ist. Man wird zweckmäßigerweise eine Erbreiterung des Kanals um x vornehmen, die auch dem Verkehr zugute kommen wird. Weil das Gefälle vor und nach Erbreiterung das gleiche sein soll, gilt

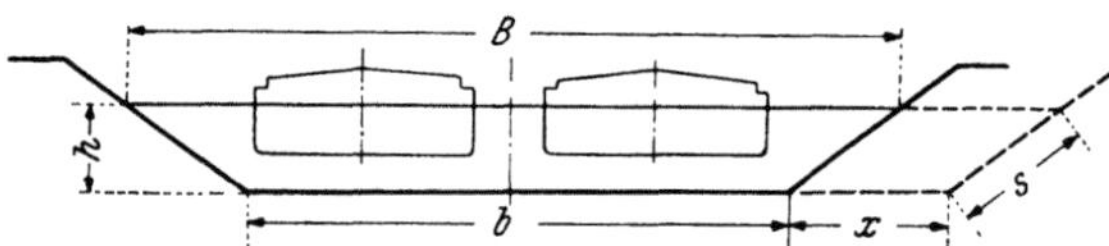

Abb. 223.   Erbreiterung eines Schiffahrtskanal

$$J = \frac{Q^2}{c^2 R_h \cdot F^2} = \frac{Q_1{}^2}{c_1{}^2 R_{h_1} \cdot F_1{}^2},$$

wobei die Indizes sich auf die Größen nach der Erbreiterung beziehen. Hier kann vor allem $c = 20 \log h + n \sim c_1$ gesetzt werden, und mit den Bezeichnungen der Abbildung folgt

$$\left(\frac{F_1}{F} \right)^2 = \left(\frac{Q_1}{Q} \right)^2 \cdot \frac{R_h}{R_{h_1}}$$

oder

$$\left(1 + \frac{x \cdot h}{F} \right)^2 = \left(\frac{Q_1}{Q} \right)^2 \cdot \frac{F}{F_1} \cdot \frac{U_1}{U} = \left(\frac{Q_1}{Q} \right)^2 \cdot \frac{b + B}{b + B + x} \cdot \frac{2s + b + x}{2s + b},$$

welche Gleichung graphisch gelöst wird.

3. Durchfluß in geschlossenen Leitungen bei Teilfüllung

Dieser ist insbesondere für städtische Kanäle von Bedeutung, deren obere Querschnittspartie gewöhnlich durch einen Kreisbogen begrenzt erscheint. Die Geschwindigkeitsformeln, die den hydraulischen Radius allein zur Charakterisierung des Profils verwenden, ergeben für Kreisprofile bei halber Füllung dieselbe mittlere Geschwindigkeit wie bei Vollfüllung, weil in beiden Fällen der hydraulische Radius dieselbe Größe, nämlich $\frac{D}{4}$ hat. Nach den Beobachtungen jedoch ist die mittlere Geschwindigkeit bei Vollfüllung größer, so daß man folgern kann, daß ein Widerstand nicht nur am benetzten Umfang, sondern auch im Wasserspiegel wirksam ist. SCHOKLITSCH sucht dies durch einen Zuschlag $\mu \cdot b$ zum benetzten Umfang zu berücksichtigen, wenn b die Spiegelbreite und μ ein Koeffizient ist, der der Größe dieses Zuschlages Rechnung tragen soll. Unter Anwendung der Potenzformel

$$v_{voll} = \frac{1}{m} \cdot J^{0.5} \cdot R_h{}^{0.7} = \frac{1}{m} J^{0.5} \cdot \left(\frac{D}{4}\right)^{0.7}$$

beziehungsweise

$$v = \frac{1}{m} \cdot J^{0.5} \cdot \left\{ f(\varphi) \cdot \frac{D}{4} \right\}^{0.7} \tag{22}$$

erhält er für das Verhältnis

$$\frac{v}{v_{voll}} = f(\varphi)^{0.7},$$

wobei

$$f(\varphi) = \frac{\dfrac{\varphi \cdot \pi}{180} - \sin\varphi}{\dfrac{\varphi\,\pi}{180} + 2\,\mu \cdot \sin\dfrac{\varphi}{2}}$$

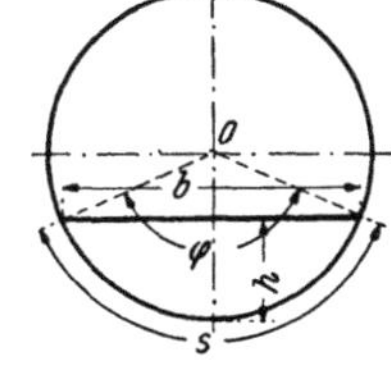

Abb. 224. Teilfüllung

und φ der zur Teilfüllung gehörige Zentriwinkel (Abb. 224) ist.

Indem nun SCHOKLITSCH $\mu \sim 0.4$ setzt, erhält er Geschwindigkeitsverhältnisse, wie sie durch Versuche von YARNELL-WOODWARD[1], v. BÜLOW[2] u. a. bestätigt werden. Letztere haben eine stetige Zunahme des Durchflusses bis zur Vollfüllung ergeben, während sich nach den älteren Formeln ein maximaler Durchfluß bei etwa 95%iger Teilfüllung einstellt. Aber auch die neuerlichen Versuche von L. G. STRAUB[3] an Betonkanälen von 18″ (Inches) und 24″ Durchmesser zeigen bei ersterem kein Maximum und bei letzterem ein recht bescheidenes Maximum unterhalb des Scheitels, das wegen der obwaltenden Umstände als nicht ganz einwandfrei bezeichnet werden muß.

E. LINDQUIST[4] setzt in Anpassung an die Versuchsergebnisse YARNELL-WOODWARDS

$$v = 53 \cdot \left(\frac{h}{D}\right)^{1/4} \cdot \sqrt{R_h J},$$

was bei Vollfüllung einen vom Durchmesser unabhängigen CHÉZYschen Koeffizienten ergeben würde. Mit $\frac{h}{D} = \lambda$ erscheint es besser

$$v = (8.86 \log \lambda \cdot D + n) \cdot \lambda^{1/4} \cdot \sqrt{DJ} \tag{23}$$

zu setzen, so daß kein Widerspruch beim Übergang zur Vollfüllung mit $\lambda = 1$ auftritt[5]. Gl. (23) steht mit $n = 34.0$ in guter Übereinstimmung mit den

[1]) U. S. A. Departement of Agriculture, Bulletin Nr. 854. Washington 1920.
[2]) Der Gesundheitsingenieur.
[3]) Technical Paper Nr. 4, Series B, University of Minnesota 1950.
[4]) Teknisk Tidskrift 1926, Stockholm.
[5]) KOZENY: Einheitliche Fließformeln, Österr. Bauzschft., Wien 1950.

amerikanischen Versuchen, deren
Ergebnis in Abb. 225 und 226
dargestellt sind und ergibt den

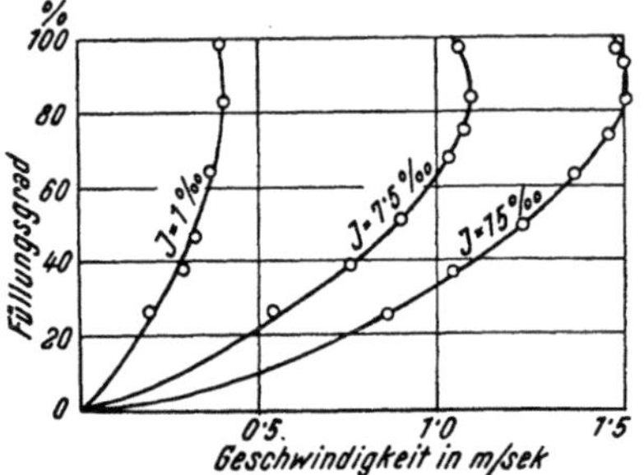

Abb. 225. Versuche von YARNELL-WOODWARD

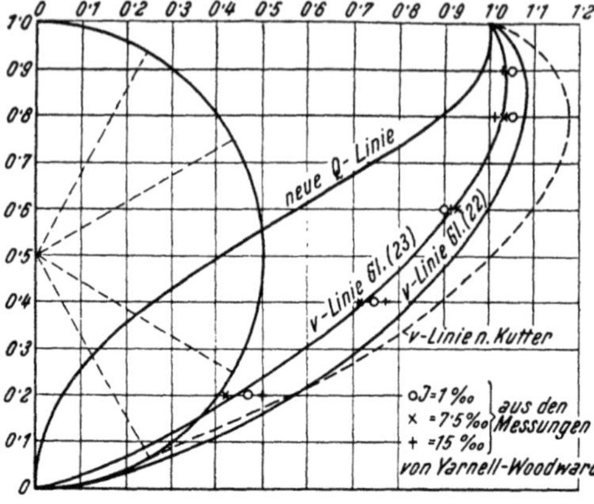

Abb. 226

größten Durchfluß bei Scheitel-
füllung. Daß es aber auch Maxima
des Durchflusses bei Teilfüllung
gibt, zeigen Versuche von
L. STRAUB[1]) an gerillten Blech-
röhren, bei welchen allerdings
eigenartige Abflußerscheinungen
auftreten müssen. Ein stetiger
Übergang des Spiegels im Rohr
bei maximalem Durchfluß in den
höher stehenden Unterwasserspie-

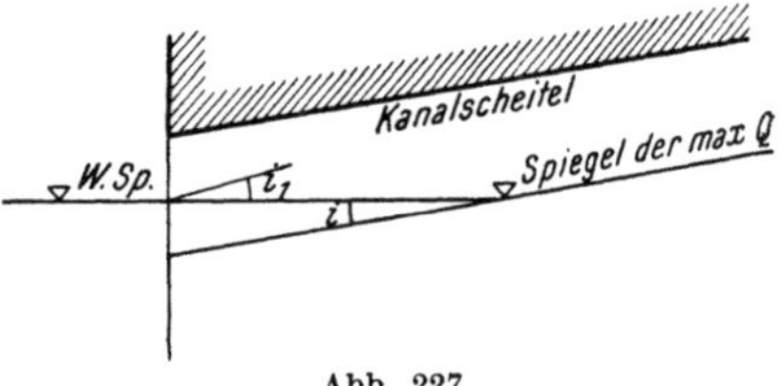

Abb. 227

gel ist nicht denkbar (Abb. 227).
Für die Praxis ist nach Gl. (23)
ein Diagramm für v und Q bei
verschiedenen Füllungsgraden
dargestellt, dessen Anwendung
aus folgendem Beispiel leicht zu
verstehen ist (Abb. 228).

Beispiel

Ein Kreisrohr von 0·40 m Durchmesser habe eine Neigung von $J = 0·004$. Bei
Vollfüllung wird mit $n = 30$ (altes Gußeisen) eine Wassermenge

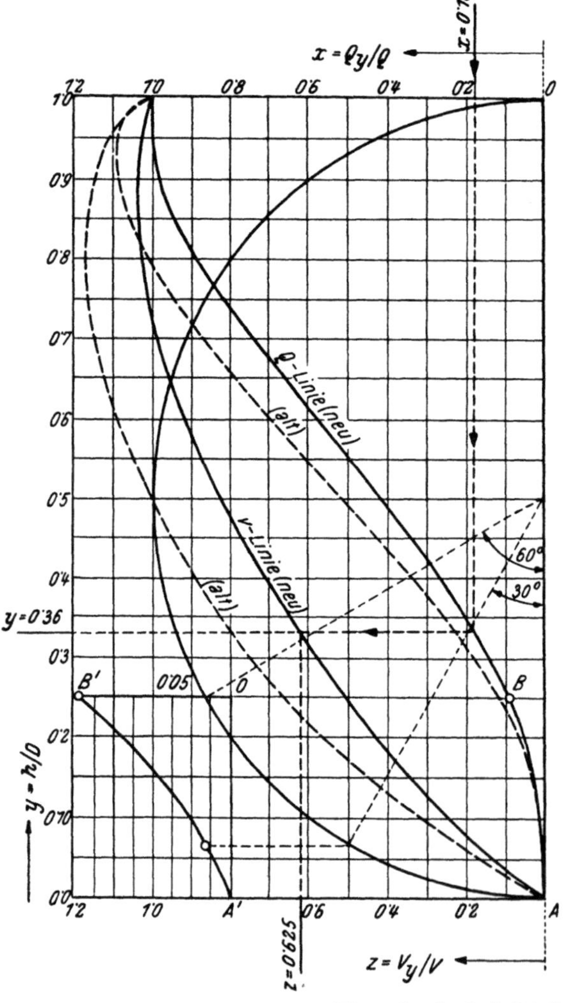

Abb. 228. Diagramm zur Ermittlung der Geschwindigkeit
und des Durchflusses bei Teilfüllung im Kreisprofil

---

[1]) Technical Paper Nr. 5, Series B,
University of Minnesota 1950.

$$Q = v \cdot F = (8\ ^\cdot 86 \log D + 30) \sqrt{DJ} \cdot \frac{\pi D^2}{4} = 0\ ^\cdot 133\ \text{m}^3/\text{sec}$$

mit einer mittleren Geschwindigkeit von $1\ ^\cdot 06$ m/sec hindurchfließen.

Für ein Durchflußverhältnis $\dfrac{Q_y}{Q} = x = 0\ ^\cdot 18$ ergibt sich aus dem Diagramm ein Füllungs-

grad $y = \dfrac{h}{D} = 0\ ^\cdot 36$ oder für den Durchfluß $Q = 0\ ^\cdot 18 \cdot 0\ ^\cdot 133 = 0\ ^\cdot 0239$ m³/sec wird eine

Füllhöhe von $h = 0\ ^\cdot 36 \cdot 0\ ^\cdot 4 = 0\ ^\cdot 144$ m benötigt. Die mittlere Geschwindigkeit folgt aus dem sich im Diagramm ergebenden Verhältnis

$$z = \frac{v_y}{v} = 0\ ^\cdot 625 \quad \text{mit} \quad v = 0\ ^\cdot 625 \cdot 1\ ^\cdot 06 = 0\ ^\cdot 663\ \text{m/sec}.$$

4. Bewegung in Krümmungen

Hier treten ähnliche Erscheinungen auf, wie sie bei geschlossenen Leitungen festgestellt worden sind (F III 3a). Man kann ein quadratisches Widerstandsgesetz voraussetzen, was in den großen Re-Zahlen begründet ist und kann also

$$J = a \cdot v^2 \qquad (24)$$

schreiben.

Wird nun weiter der Höhenunterschied der Energiehorizonte in den Profilen I und II in Abb. 229 mit Δh bezeichnet, so ist

$$J = \frac{\Delta h}{r \cdot \varphi}, \qquad (24a)$$

wenn r der Krümmungsradius und φ der Bogen ist. Also ist

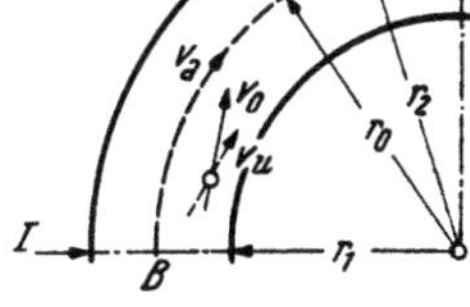

Abb. 229. Krümmung

$$v = \sqrt{\frac{\Delta h}{\varphi \cdot a}} \cdot \frac{1}{\sqrt{r}} = \frac{\varkappa}{\sqrt{r}}. \qquad (25)$$

Mit $r = r_0$ für die Gerinneachse, für welche $v = v_a$ sei, folgt $\varkappa = v_a \sqrt{r_0}$ und somit das Verteilungsgesetz der Geschwindigkeit

$$v = v_a \cdot \sqrt{\frac{r_0}{r}}. \qquad (26)$$

Ist r_2 der äußere und r_1 der innere Halbmesser des Bogens, also die Gerinnebreite $B = r_2 - r_1$, so erhält man für den Höhenunterschied des Spiegels an der Außen- und Innenseite des Querschnitts

$$\Delta z = \frac{v_a^2}{2g} \left(\frac{r_0}{r_1} - \frac{r_0}{r_2} \right) = \frac{v_a^2}{2g} \cdot \frac{B \cdot r_0}{r_1 r_2}. \qquad (27)$$

Mit $v_a = 3\ ^\cdot 0$ m/sec, $r_1 = 700$ m, $r_2 = 900$ m, $r_0 = 800$ m und $B = 200$ m, folgt $\Delta z \cong 0\ ^\cdot 12$ m, was der Größenordnung nach mit den

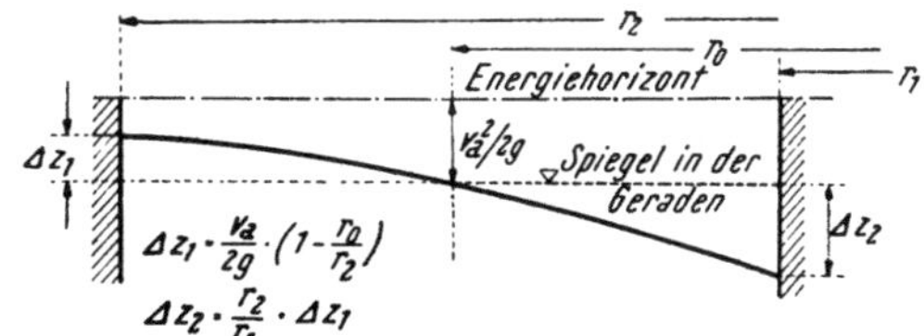

Abb. 230. Spiegel im Querschitt einer Krümmung

Beobachtungen im Einklang stehen dürfte. Der Spiegel im Querschnitt hat eine konvexe Form (Abb. 230) wie leicht zu beweisen ist und es beträgt die Überhöhung am äußeren Rand

$$\frac{v_a^2}{2g} \left(1 - \frac{r_0}{r_2} \right) = 0\ ^\cdot 111\ \frac{v_a^2}{2g}$$

und die Absenkung am inneren Rand

$$\frac{v_a^2}{2g}\left(\frac{r_0}{r_1}-1\right)=0{\cdot}143\,\frac{v_a^2}{2g}\,.$$

Diese Verhältnisse würden eintreten, wenn man es mit einer gleichförmigen Bewegung — immerfort im Kreise — zu tun hätte. In Wirklichkeit kommt die Flüssigkeit aus der Geraden und tritt nach Durchfließen des Bogens wieder in eine solche ein. Infolge der Trägheit bedürfen die Teilchen je nach der Größe ihrer Geschwindigkeit einer mehr oder weniger großen Zentripetalkraft, die sie in die krummlinige Bahn zwingt. Es gehorchen die der Sohle näher gelegenen und daher langsamer fließenden Teilchen früher dem Zwarge des gekrümmten Gerinnes, während die rascher bewegten höher gelegenen Teilchen diesem später folgen. Hiedurch erfolgt am Beginn des Bogens ein Aufstau am äußeren Ufer und es muß daher die Überhöhung größer sein als für den obigen Fall der gleichförmigen Kreisbewegung berechnet wurde. Der Stauhügel und die ihm entsprechende Einsenkung am inneren Ufer sind z. B. aus den Versuchen RAMPONIS[1]) (Abb. 231) sehr gut zu ersehen. Aus diesem Stauhügel ist das Transversalgefälle zu erklären, durch das eine Bewegung der tiefer gelegenen Teilchen von außen nach innen erzeugt wird. Ist die Sohle nicht fest, sondern bildsam, so erfolgt durch die entstehende Querbewegung eine Umbildung des regelmäßigen Querschnitts gleichmäßiger Wassertiefe in einen solchen von größerer Wassertiefe am äußeren Ufer, welche Erscheinung im Flußbau eine wichtige Rolle spielt. Zieht man vom Gesamtverlust im Bogen den Verlust in einer gleich langen geraden Strecke ab, so ist der Rest der infolge der Krümmung mit den auftretenden Querströmungen usw. entstehende Krümmerverlust

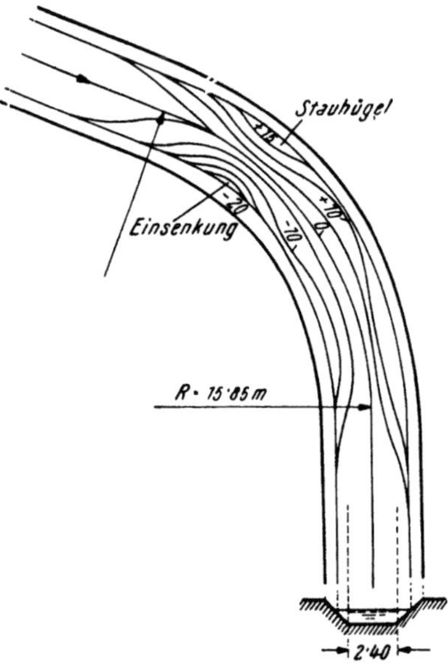

Abb. 231. Spiegelform in einer Krümmung in Schichtenlinien dargestellt nach RAMPONI

$$h_{kr}=\zeta\cdot\frac{v^2{}_{kr}}{2g}\tag{28}$$

ζ hängt vom Verhältnis $\dfrac{\text{Bogenradius } r}{\text{Gerinnebreite } b}$ ab, und es ergaben Versuche[2]) an einem 300 mm breiten Rechteckgerinne (Bogen 90⁰) $\zeta=0{\cdot}035$ bei $\dfrac{r}{b}=5$ und $\zeta=0{\cdot}233$ bei $\dfrac{r}{b}=1$. Letzterer Wert ist jenem für einen Rohrkrümmer mit $\dfrac{r}{D}=1$ gleich. Um kleine Verluste zu erhalten, soll $\dfrac{r}{b}$ und auch das Verhältnis $\dfrac{\text{Tiefe}}{\text{Breite}}$ möglichst groß gemacht werden.

---

[1]) RAMPONI, FR.: Energ. elektr. (1940).
[2]) SANJIVA PUTU RAJU: Versuche über den Strömungswiderstand gekrümmter Kanäle, Mitt. d. Hydr. Inst. d. Techn. Hochsch. München **6** (1933).

5. Messung des Durchflusses. Bewegungsgröße und kinetische Energie

Die Messung der Geschwindigkeit in einem Querschnittspunkt erfolgt in der hydrotechnischen Praxis gewöhnlich mit dem hydrometrischen Flügel[1]), den man in zweckmäßig verteilten Lotrechten eines Querschnitts von Meßpunkt zu Meßpunkt gleiten läßt (Abb. 231). Der Flügel wird vorerst geeicht und die Eichkurve hat im einfachsten Fall die Gleichung

$$v = a + b \cdot n,$$

wobei n die Anzahl der Flügelumdrehungen, b die Ganghöhe der Flügelschraube und a die Geschwindigkeit angibt, die den Flügel in Drehung setzt. Die Fehlangabe eines Flügels ist gering und beträgt unmittelbar unter der Wasseroberfläche im Mittel etwa -3%, in Wand- und Sohlennähe etwa -1%. Die in den Meßpunkten der Lotrechten I, II usw. ermittelten Geschwindigkeiten ergeben die lotrechte Geschwindigkeitsverteilungslinie (Abb. 232) und die mittlere Geschwindigkeit $\bar{v}_m$ kann durch Planimetrieren oder zeichnerisch gefunden werden. Für die Austeilung der Meßpunkte in künstlichen Gerinnen sind Regeln aufgestellt worden, um mit möglichst wenig Meßarbeit genügend genaue Ergebnisse zu erhalten. Solche haben z. B. der Schweiz. Ing.- und Arch.-Verein, der Verein Deutscher Ingenieure usw. aufgestellt[2]). In neuerer Zeit wird als lotrechtes Geschwindigkeitsprofil die Viertelellipse bevorzugt, die man erhält, wenn man die Austauschgeschwindigkeit im Turbulenzbeiwert proportional $v - v_r$ setzt[3]). Es bedeutet v_r die Sohlengeschwindigkeit und der Austausch verschwindet an der Sohle. Geht man wie in G I 1a vor und setzt an Stelle von η den Wert $c\,(v - v_r)$, so erhält man entsprechend Abb. 219 ähnlich (1) für breite Gerinne

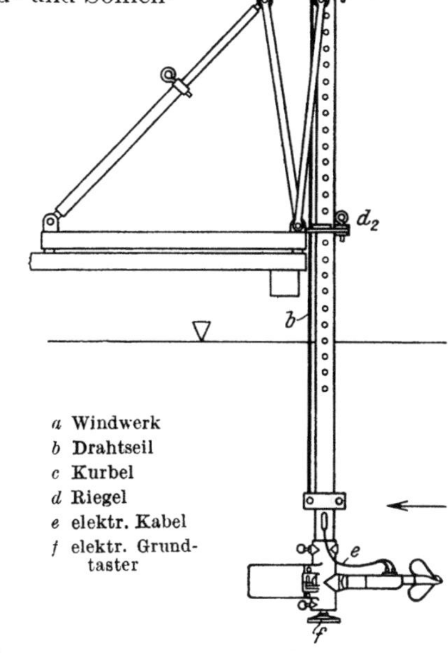

Abb. 232.
Lotrechtes
Geschwindig-
keitsprofil

Abb. 231. Hydrometrischer Flügel
mit Aufwindevorrichtung. Ausführung
A. OTT in Kempten

$$\gamma y J + c\,(v - v_r)\,\frac{\partial v}{\partial y} = 0$$

und integriert

$$\gamma y^2 J + c\,(v - v_r)^2 = C.$$

---

[1]) SCHAFFERNAK, F.: Hydrographie, Wien 1935. Die Vergleichsmessungen am Walchenseewerk von O. KIRSCHMER fielen wegen der geringen Streuung zugunsten der Flügelmessung aus, siehe Zschft. d. VDI 1930.
Siehe auch STAUS, A.: Der Genauigkeitsgrad von Flügelmessungen. Berlin 1926.
[2]) SCHAFFERNAK, F.: Hydrographie, Wien 1935.
[3]) KOZENY, J.: Diss. T. H., Wien 1919.

Mit $v = v_0$ an der Oberfläche, also für $y = 0$ und $v = v_r$ an der Sohle $y = H$ folgt $\gamma H^2 J = C = c (v_0 - v_r)^2$ oder $c = \dfrac{\gamma H^2 J}{(v_0 - v_r)^2}$. Schließlich ergibt sich

$$\frac{y^2}{H^2} + \frac{(v - v_r)^2}{(v_0 - v_r)^2} = 1$$

und es genügen dann zwei Meßpunkte zur Festlegung des Geschwindigkeitsprofils, wenn H gemessen worden ist. Verbindet man im Querschnitt die Punkte gleicher Geschwindigkeit, so erhält man die Isotachen, die gewissermaßen als Schichtenlinien den Wasserberg darstellen, der in der Sekunde durch das Profil hindurchfließt und aus deren Verlauf manches herausgelesen werden kann. So zeigen dieselben bei einem Doppelprofil den grundsätzlichen Unterschied zwischen der Strömung im Hauptgerinne und jener im Vorland. Beide Strömungen können unter Umständen durch eine Trennungsschicht geschieden sein, die sich in Wirbel auflöst, wie aus Abb. 233 zu ersehen ist. Hier müssen die

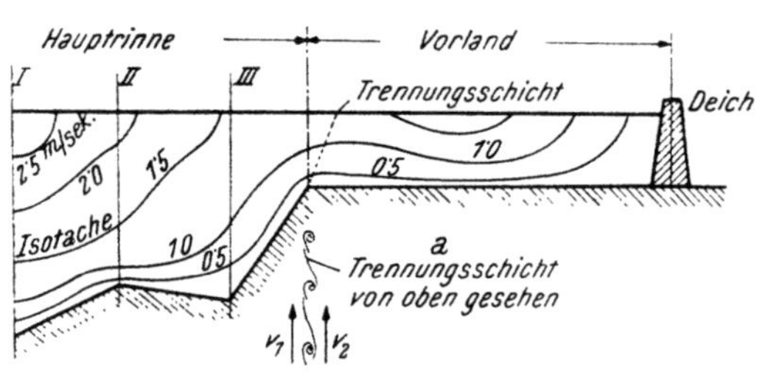

Abb. 233. Isotachen

Durchflüsse im Hauptgerinne und über dem Vorland getrennt berechnet werden, wobei die Trennungsschicht nicht als Teil des benetzten Umfanges eingesetzt werden soll. Aus den in den einzelnen Lotrechten ermittelten mittleren Geschwindigkeiten $\bar{v}_m$ ergibt sich der Durchfluß

$$Q = \int \bar{v}_m \cdot h \cdot dx = \Sigma \bar{v}_m \cdot h \cdot \varDelta x,$$

wenn h die Tiefe in der Lotrechten und $\varDelta x$ ein Breitenelement ist.

Man kommt leicht und genügend genau zum Ziele, wenn man in den Lotrechten die zugehörigen v_{mI}, v_{mII} usw. aufträgt und durch ihre Verbindung die Linie $\bar{v}_m (x)$ zeichnet. Dann wird mittels der beliebig anzunehmenden Hilfsgröße a die Linie $y (x) = \bar{v}_m \cdot \dfrac{h}{a}$ gezeichnet (Abb. (234) und die zwischen dieser und der Wasserspiegellinie befindliche Fläche durch Planimetrieren oder zeichnerisch bestimmt. Es gilt dann

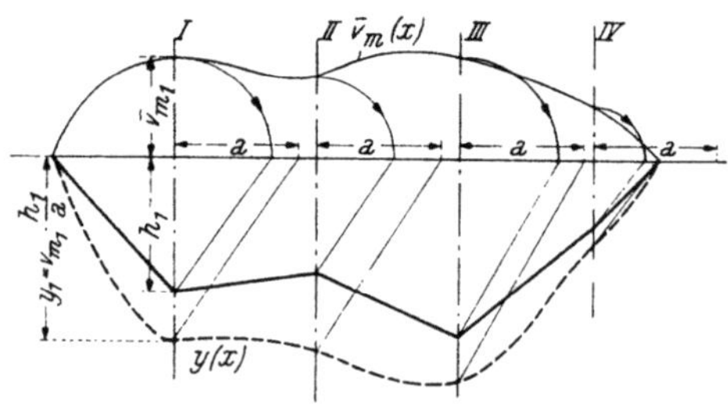

Abb. 234. Ermittlung des Durchflusses

$$F_y = \int y (x) \cdot dx = \frac{1}{a} \int \bar{v}_m \cdot h \cdot dx =$$

$$= \frac{1}{a} \cdot \Sigma \bar{v}_m \cdot h \cdot \varDelta x$$

und schließlich $Q = a \cdot F_y$.

Bei Einhaltung der für Flügelmessungen geltenden Vorschriften sind im günstigsten Fall Unsicherheiten von $- 1·7\%$ und $+ 0·9\%$ der Einzelmessung gegenüber der Urmessung[1]) zu erwarten, die bei Verwendung der einfachen Integrationsmessung mit lotrechtem Flügelverschub bis auf etwa $+ 6·8\%$ bzw. $- 5·4\%$ ansteigen kann.

---

[1]) SCHAFFERNAK: Hydrographie.

Im Gebirge, in Wildbächen kommt die Wassermessung mittels des Salzverdünnungsverfahrens zur Anwendung, mit dem eine hohe Genauigkeit erreicht werden kann. Ist k_0 die natürliche Salzkonzentration (Gramm Salz pro m^3) und wird dem Durchfluß Q eine Salzlösung q mit der Konzentration k_1 zugeführt, so wird nach Vermischung die Konzentration k_2 aufscheinen und weil

$$Q\,k_0 + q\,k_1 = (Q + q)\,k_2$$

sein muß,

$$Q = q \cdot \frac{k_1 - k_2}{k_2 - k_0}$$

erhalten.

Von Bedeutung sind weiter folgende Integralausdrücke, und zwar

$$\varrho \int \frac{v^2}{2} \cdot dq = \alpha \cdot \varrho \cdot \frac{v_m{}^2}{2} \cdot q = E_k = \text{kinetische Energie des Durchflusses,}$$

ferner

$$\varrho \int v \cdot dq = \beta \cdot \varrho \cdot v_m \cdot q = B = \text{mitgeführte Bewegungsgröße.}$$

Es folgt vorerst

$$\alpha = \frac{\int v^2 \cdot dq}{q \cdot v_m{}^2} = \frac{\int v^3 \cdot dF}{F \cdot v^3{}_m}, \tag{29}$$

wo dF ein Flächenelement des Querschnitts ist. α ist stets größer als 1. Setzt man $v = v_m\,(1 + \zeta)$, so wird

$$\alpha = \frac{1}{F} \int (1 + \zeta)^3 \cdot dF = 1 + \frac{3}{F} \int \zeta^2 dF + \frac{1}{F} \int \zeta^3 dF,$$

weil $\int \zeta\, dF = 0$ infolge der Definition des Mittelwertes v_m. Das Integral mit ζ^3 kann wegen dessen Kleinheit vernachlässigt werden, und das Integral mit ζ^2 ist stets positiv. In natürlichen Flüssen kann α bis 1·35 wachsen, während für künstliche Gerinne $\alpha = 1\cdot085$ bis 1·15 beträgt[1]) und im Mittel etwa 1·11.

Ferner ist

$$\beta = \frac{\int v^2 \cdot dF}{v_m{}^2 \cdot F} = \frac{\int (1 + \zeta)^2\, dF}{F} = 1 + \frac{\int \zeta^2\, dF}{F}, \tag{30}$$

und folglich

$$\alpha = 1 + (\beta - 1) \cdot 3 \quad \text{oder} \quad \beta = \frac{\alpha + 2}{3}, \tag{30 a}$$

so daß im Mittel $\beta \sim 1\cdot04$ gesetzt werden darf. Diese Beiwerte sind bei genaueren Untersuchungen wohl zu beachten.

II. Die ungleichförmige Bewegung

Diese zumeist vorkommende Bewegung für die bei den hydrotechnischen Ausmaßen das quadratische Widerstandsgesetz in Frage kommt, zeichnet sich dadurch aus, daß sie von Ort zu Ort wechselt, nicht aber mit der Zeit. Die Kenntnis der Wasserspiegellagen (Stau- und Senkungskurven) ist von großer Wichtigkeit (Landwirtschaft, Schiffahrt usw.), weshalb sich die hydraulische Forschung schon frühzeitig mit diesem Gegenstand befaßt[2]) hat.

---

[1]) v. MISES: Techn. Hydromechanik.
[2]) BELANGER, J. B.: Essai sur la solution de quelques problèmes relatifs ..., Paris 1828.
BRESSE: Cours de mécanique appliquée, 2. partie, Hydraulique, Paris 1860.
BOUSSINESQ, J.: Essai sur la théorie des eaux courantes, Paris 1877.
MISES, R. v.: Elemente der techn. Hydromechanik, Straßburg 1914.

Bei der Behandlung der Aufgabe soll ein zylindrisches geradliniges Bett vorausgesetzt werden und so kleine Neigungswinkel, daß an Stelle der trigonometrische Funktionen einfach die Argumente gesetzt und die Normale zur Sohle mit der lotrechten y-Richtung vertauscht werden können. Der Spiegel soll in jedem Querschnitt waagrecht sein und es ist dessen Verlauf im Längenschnitt zu bestimmen. In Abb. 235a sei ein prismatischer Wasserkörper mit den Begrenzungen y_1 und y_2 sowie der Länge dx dargestellt. Trägt man in den Lotrechten I und II über dem Spiegel die infolge der ungleichen Geschwindigkeitsverteilung korrigierte Geschwindigkeitshöhe $h_e = \alpha \cdot \dfrac{v_m^2}{2\,g}$ auf und verbindet die Endpunkte, so erhält man die Energielinie. Ihr Höhenunterschied zwischen den zwei Querschnitten gibt die zur Aufrechterhaltung der Strömung von I nach II verbrauchte Energiehöhe an, und ihr Gefälle $J = \dfrac{d\,h_r}{dx}$ ist daher für die Bewegung maßgebend. Zieht man durch den Punkt der Energielinie im Profil I Parallele zur Sohle und zum Wasserspiegel, deren Gefälle mit J_0 und J_w bezeichnet seien, so erkennt man aus den Abb. 235a bzw. 235b folgende

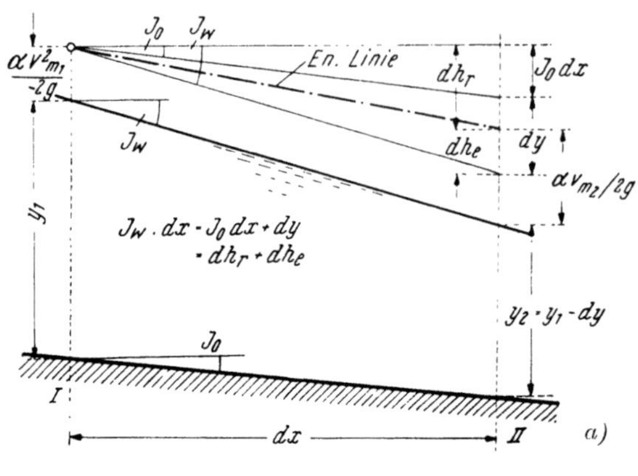

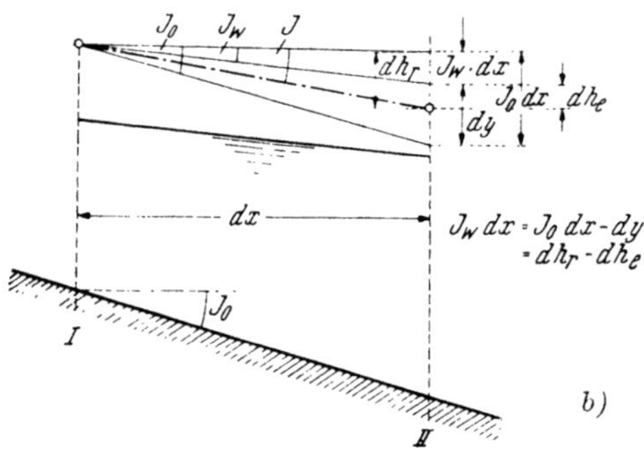

Abb. 235. a) Beschleunigte Bewegung. b) Verzögerte Bewegung

Beziehungen

$$J_0 \cdot dx - dy = J_w\,dx \quad \text{oder} \quad J_w = J_0 - \frac{dy}{dx}. \tag{31}$$

Nun ist

$$J_w \cdot dx = dh_r \pm dh_e \tag{32}$$

d. h., daß der Spiegelunterschied aufgewendet wird zur Überwindung der Reibung (dh_r) und zur Umwandlung von potentionaler Energie in kinetische und umgekehrt ($\pm dh_e$). Aus (31) und (32) folgt

$$J_0 - \frac{dy}{dx} = \frac{dh_r}{dx} = \frac{dh_e}{dx} \tag{33}$$

und mit dem allgemeinen Widerstandsgesetz

$$J = \frac{\psi \cdot v_m^2}{2\,g\,R_h} = \frac{dh_r}{dx}$$

$$J_0 - \frac{dy}{dx} - \psi \cdot \frac{v_m^2}{2\,g\,R_h} = \frac{\alpha}{2\,g} \cdot \frac{d}{dx}\,v_m^2. \tag{34}$$

Denkt man sich (34) mit dem Gewicht des Massenelements $\varrho\,g\,F\,dx$ multipliziert, so wird ausgesagt, daß die Resultierende der Kräfte in der Bewegungsrichtung gleich ist der Impulsänderung. Für den Fall der Praxis dürfte (34) als Ausgangsgleichung genügen. Bei wissenschaftlichen Untersuchungen, wie Diskussion der möglichen Formen der Spiegellinie usw., muß noch die Krümmung der Stromfäden berücksichtigt werden, die hier mit den Bahnlinien identisch sind. Schon in D I 1 wurde klargelegt, daß der Bewegung eines Teilchens in gekrümmter Bahn infolge der Fliehkraft ein Druckanstieg quer zur Bahnlinie entspricht, und zwar immer nach der konvexen Seite zu (Abb. 236 a und b). Es ist

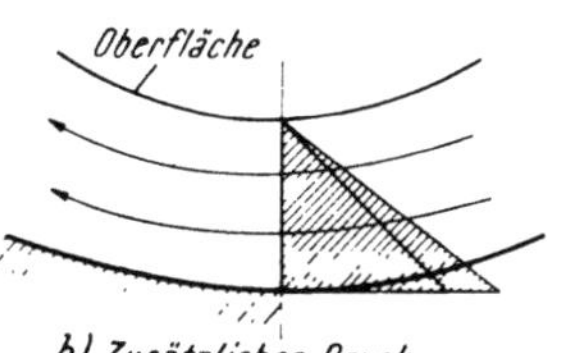

Abb. 236. Druckverhältnisse infolge Krümmung

$$\varrho \cdot \frac{v^2}{r} = \frac{\partial p}{\partial n},$$

und die Änderung des statischen Druckes in der Lotrechten infolge der Krümmung ist dann

$$P_{kr} = \int \frac{\partial p}{\partial n} \cdot \cos (n \cdot y)\, dy,$$

so daß die Druckverteilung nicht mehr statisch ist. Sie ändert sich auf dem Stück dx um $\frac{dP_{kr}}{dx}$, und es folgt somit aus (34)

$$J_0 - \frac{dy}{dx} - \psi \frac{v_m{}^2}{2gR_h} - \frac{1}{\varrho g} \frac{dP_{kr}}{dx} = \frac{\alpha}{2g} \cdot \frac{d}{dx} v_m{}^2. \tag{35}$$

In vielen Fällen ist die Krümmung so gering, daß man von (34) ausgehen kann wie bei der Ermittlung von Stau- und Senkungslinien.

1. Stau- und Senkungslinien

a) ohne Rücksicht auf die Krümmung

Gehören die mit dem Index 0 bezeichneten Größen dem normalen gleichförmigen Abfluß an, ist also

$$J_0 = \frac{\psi_0 v_{m0}{}^2}{2gR_{h0}}, \quad \frac{v_m}{v_{m0}} = \frac{F_0}{F}, \quad \text{somit} \quad \frac{d}{dx}\left(\frac{v_m{}^2}{2}\right) = \frac{F_0{}^2 v_0{}^2}{2} \frac{d}{dx}\left(\frac{1}{F^2}\right) = -\frac{F_0{}^2 v_0{}^2}{F^3} \cdot b \cdot \frac{dy}{dx},$$

so folgt aus (34)

$$J_0 \cdot \left(1 - \frac{\psi}{\psi_0} \cdot \frac{R_0}{R} \cdot \frac{F_0{}^2}{F^2}\right) = \frac{dy}{dx}\left(1 - \frac{\alpha}{g} \frac{F_0{}^2 v_0{}^2}{F^3} \cdot b\right). \tag{36}$$

Nun kann für breite rechteckige Gerinne

$$\frac{R_{h0}}{R_h} \sim \frac{y_0}{y} = \frac{F_0}{F}$$

gesetzt werden. Ebenso ist $\frac{\psi}{\psi_0} \sim 1$ und nach DI2g stellt $\sqrt[3]{\dfrac{Q^2}{gb^2}} = h_g =$ Grenztiefe dar, so daß mit $\alpha \sim 1$

$$\frac{\alpha}{gb} \cdot F_0{}^2 \cdot v_0{}^2 = \frac{\alpha Q^2}{gb^2} \simeq h_g{}^3$$

gesetzt werden kann. Also folgt aus (36)

$$J_0 \cdot (y^3 - y_0{}^3) = \frac{dy}{dx}(y^3 - h_g{}^3) \tag{37}$$

und integriert

$$J_0 \cdot x = \int \frac{y^3 - h_g^3}{y^3 - y_0^3} \cdot dy + C = \int \left(1 + \frac{y_0^3 - h_g^3}{y^3 - y_0^3}\right) dy + C.$$

Mit Hilfe der Partialbruchzerlegung erhält man schließlich

$$J_0 x = y + \frac{y_0^2 - h_g^2}{6\,y_0^2} \cdot \left\{ \ln \frac{(y - y_0)^2}{y^2 + y\,y_0 + y_0^2} + \frac{6}{\sqrt{3}} \operatorname{arc\,tg} \frac{y_0\,\sqrt{3}}{2\,y + y_0} \right\} + c. \tag{38}$$

Bresse[1]) hat **für** den Klammerausdruck Zahlentafeln $B\,(y/y_0)$ berechnet. Zur Diskussion der verschiedenen Übergangsformen von der gleichförmigen in die ungleichförmige Bewegung eignet sich (37) in der Form

$$\frac{dy}{dx} = J_0 \cdot \frac{y^3 - y_0^3}{y^3 - h_g^3}. \tag{39}$$

Nun ist

$$J_0 = \frac{\psi_0 \cdot v_{m0}^2}{2\,g\,y_0} = \frac{\psi_0}{2} \cdot \frac{Q^2}{g\,b^2 \cdot y_0^3} = \frac{\psi_0}{2} \cdot \frac{h_g^3}{y_0^3}$$

zu setzen und man spricht von Fluß bzw. Wildbach in hydraulischem Sinne, je nachdem, ob $h_g \gtrless y_0$ ist, je nachdem also die Wassertiefe größer oder kleiner als die Grenztiefe ist. Bezeichnet man den Wert von J_0 für den Fall $h_g = y_0$ als das kritische Gefälle $J_k = \frac{\psi_0}{2} = \frac{g}{c_0^2}$, wenn c_0 der Chézysche Koeffizient ist, so hat man einen Fluß vor sich, wenn $J_0 < J_k$, einen Wildbach jedoch, wenn $J_0 > J_k$ ist[2]). Mit (31) wird

$$\frac{dy}{dx} = J_0 \left(1 - \frac{J_w}{J_0}\right),$$

so daß mit (37)

$$\frac{J_w}{J_0} = \frac{y_0^3 - h_g^3}{y^3 - h_g^3}$$

folgt, und man erhält folgende charakteristische Werte[3]) für Fluß und Wildbach

  a) **Fluß** $y_0 > h_g$

$$y > y_0 \qquad \frac{J_w}{J_0} < 1 \qquad \frac{dy}{dx} = 0 \qquad y \text{ wachsend, also verzögerte Bewegung (Ast 1)}$$

$$y_0 > y > h_g \qquad \frac{J_w}{J_0} > 1 \qquad \frac{dy}{dx} < 0 \qquad y \text{ abnehmend, beschleunigte Bewegung (Ast 2)}$$

$$y < h_g \qquad \frac{J_w}{J_0} < 0 \qquad \frac{dy}{dx} > 0 \qquad \text{verzögerte Bewegung (Ast 3)}$$

  b) **Wildbach** $y_0 < h_g$

$$y < y_0 \qquad \frac{J_w}{J_0} > 1 \qquad \frac{dy}{dx} > 0 \qquad \text{verzögerte Bewegung (Ast 4)}$$

$$h_g > y > y_0 \qquad \frac{J_w}{J_0} < 1 \qquad \frac{dy}{dx} < 0 \qquad \text{beschleunigte Bewegung (Ast 5)}$$

$$y > h_g \qquad \frac{J_w}{J_0} < 0 \qquad \frac{dy}{dx} > 0 \qquad \text{verzögerte Bewegung (Ast 6)}$$

Weitere besondere Werte sind

$$\frac{dy}{dx} = 0 \text{ für } y = y_0 \qquad J_w = 0 \text{ und } \frac{dy}{dx} = J_0 \text{ für } y = \infty \qquad \frac{dy}{dx} = \pm \infty \text{ für } y = h_g.$$

---

[1]) Cours de mécanique appliquée, T. II, Hydraulique, Paris 1860.
[2]) Dies hat schon Barré de Saint-Venant in Comptes rendus de l'Acad. 73, Paris 1871, festgestellt.
[3]) Siehe auch Kaufmann, W.: Hydromechanik II, Berlin 1934.

Es weisen somit die Äste 1, 3 in Abh. 238 sowie 4 und 6 in Abb. 239 für die verzögerte Bewegung Asymptoten auf. In der Abb. 237 sind die

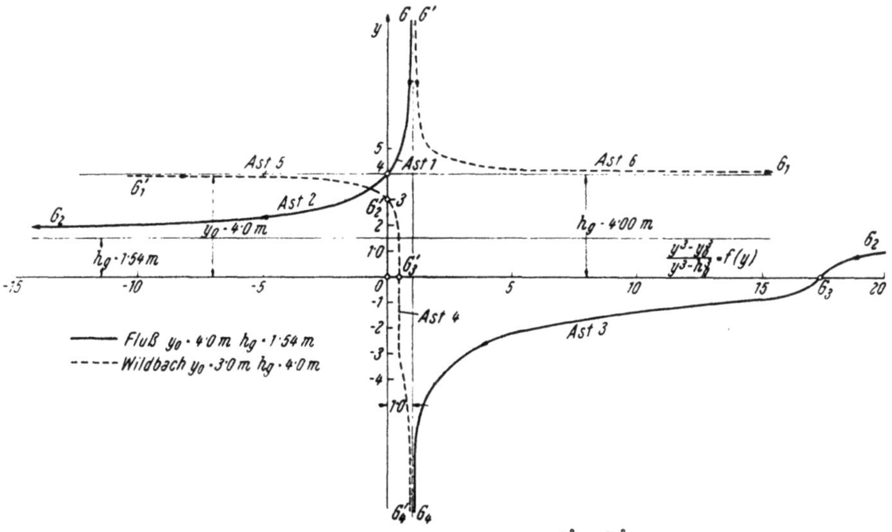

Abb. 237. Darstellung von $f(y) = \dfrac{y^3 - y_0^3}{y^3 - h_g^3}$

Funktionswerte $\dfrac{y^3 - y_0^3}{y^3 - h_g^3}$ für einen Fluß mit $y_0 = 4{\cdot}0$ m und $h_g = 1{\cdot}54$ und für einen Wildbach mit $y_0 = 3{\cdot}0$ und $h_g = 4{\cdot}0$ m eingezeichnet. Ihnen entsprechen die in den Abb. 238 und 239 dargestellten Äste der Spiegellinien. Wie sich Störungen in Fluß und Wildbach durch Einbauten und Gefällsbrüche auswirken, ist aus den Abb. 240 und 241 zu ersehen. Der Abfluß unterhalb eines Wehres, beim Einlauf in Floßgassen und in bestimmten Fällen auch beim Wassersprung, weist, wie aus der Abb. 240 b (Ast 7) zu ersehen, eine Wellung auf, bei der die Krümmung nicht mehr vernachlässigbar ist.

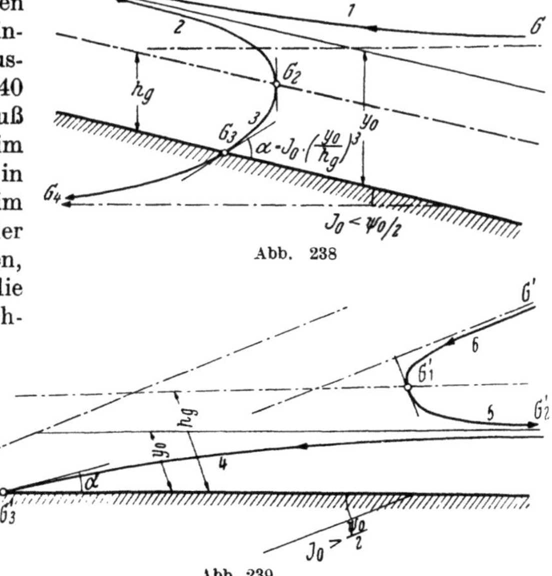

Abb. 238

Abb. 239

b) Berücksichtigung der Krümmung[1])

Zur leichteren Diskussion des Überganges sei ein breites rechteckiges Gerinne vorausgesetzt, so daß $R_h \sim y$ und $R_{h0} \sim y_0$ gesetzt werden darf. Bei nicht zu starker Krümmung ist angenähert

----

[1]) v. MISES: Elemente d. techn. Hydromechanik.

$\dfrac{1}{r} \sim \dfrac{d^2 y}{dx^2}$, wenn r den Krümmungsradius bedeutet, so daß in jedem Querschnitt der statische Druck um

$$P_{kr} = \int \frac{\partial p}{\partial r} \cdot \cos\,(r,y)\,dy = \int \varrho\,\frac{v^2}{r}\cdot dy = \int \varrho\,v^2 \cdot \frac{d^2 y}{dx^2} \cdot dy$$

geändert wird. Wird in allen Punkten einer Lotrechten vorerst gleiche Bahnkrümmung vorausgesetzt, so ist mit (30)

$$P_{kr} = \varrho\,\frac{d^2 y}{dx^2} \cdot \int v^2 \cdot dy = \varrho \cdot \beta \cdot \frac{d^2 y}{dx^2} \cdot v_m^2 \cdot y$$

Ist jedoch wie gewöhnlich die Sohle im Längenschnitt eine Gerade, so wird P_{kr} einen kleineren Wert haben, weil der Druckgradient normal zur Bahn vom

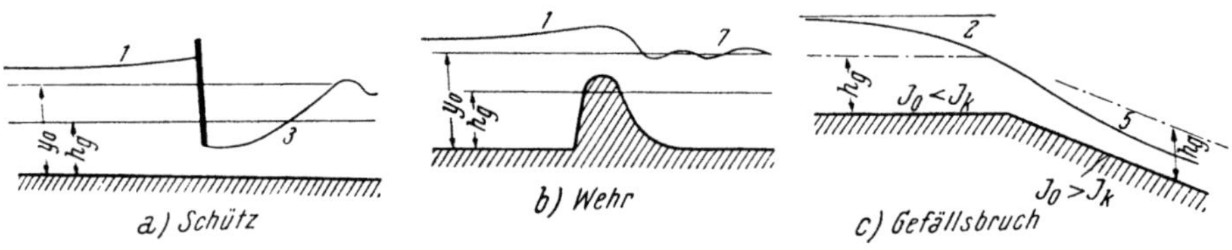

Abb. 240. Spiegelverlauf in einem „Flusse" bei Störungen

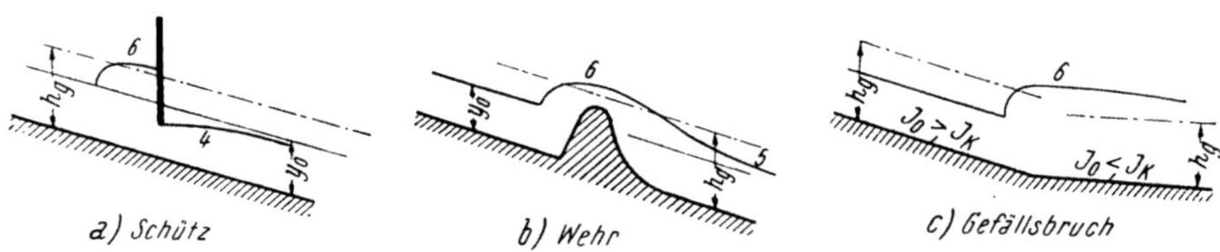

Abb. 241. Spiegelverlauf in einem „Wildbach"

Werte $\varrho \cdot v_{ob}^2 \cdot \dfrac{d^2 y}{dx^2}$ an der Oberfläche auf Null in der Sohle sinkt. Man trägt dem Rechnung, indem man den Druckgradienten an der Oberfläche mit einem Bruchteil $\lambda_1 y$ der Lotrechten multipliziert und erhält mit $v_{ob} = \lambda\,v_m$ und $\lambda^2 \cdot \lambda_1 = \varkappa \cong \dfrac{1}{3}$ nach Boussinesq

$$P_{kr} = \frac{\varkappa}{g} \cdot v_m^2 \cdot y \cdot \frac{d^2 y}{dx^2}$$

und dieser Wert in (35) eingesetzt, gibt

$$J_0 - \frac{dy}{dx} - \psi \cdot \frac{v_m^2}{2\,g\,R_h} - \frac{\varkappa}{g} \cdot \frac{d}{dx}\left(v_m^2 \cdot y\,\frac{d^2 y}{dx^2}\right) = \frac{\alpha}{2\,g}\,\frac{d}{dx}\,v_m^2. \tag{40}$$

Mit $y = y_0\,(1 + \eta)$ und $\eta \ll y_0$ wird

$$\frac{dv_m^2}{dx} \cong \frac{-2\,Q^2}{b^2\,y_0^2} \cdot \frac{d\eta}{dx} \quad \text{und} \quad v_m^2 \cdot y \cdot \frac{d^2 y}{dx^2} \cong \frac{Q^2}{b^2}\,(1 - \eta) \cdot \frac{d^2 \eta}{dx^2}.$$

Es ergibt sich mit $\psi \sim \psi_0$ und

$$J_0 = \frac{\psi_0 \cdot v_{mo}^2}{2\,g\,y_0} = \frac{\psi_0 \cdot Q^2}{2\,g\,b^2\,y_0^3}$$

$$-y_0 \cdot \frac{d\eta}{dx} + 3 \cdot \frac{\psi_0 \cdot Q}{2\,g \cdot b^2 \cdot y_0^3} \cdot \eta - \frac{\varkappa}{g\,b^2} \cdot Q^2 \cdot \frac{d^3 \eta}{dx^3} + \frac{\alpha}{g}\,\frac{Q^2}{b^2\,y_0^2} \cdot \frac{d\eta}{dx} = 0$$

und geordnet

$$\frac{d^3\eta}{dx^3} + \left(\frac{g\,b^2\,y_0}{\varkappa\,Q^2} - \frac{\alpha}{\varkappa}\cdot\frac{1}{y_0^2}\right)\frac{d\eta}{dx} - \frac{3\,\psi_0}{2\,\varkappa\,y_0^3}\cdot\eta = 0. \tag{41}$$

Setzt man zur Vereinfachung $\dfrac{x}{y_0} = \xi$, so erhält man

$$\frac{d^3\eta}{d\xi^3} + \left(\frac{\psi_0}{2\,J_0} - \alpha\right)\cdot\frac{1}{\varkappa}\cdot\frac{d\eta}{d\xi} - \frac{3\,\psi_0}{2\,\varkappa}\cdot\eta = 0. \tag{42}$$

Die Lösung dieser homogenen Differentialgleichung 3. Ordnung mit konstanten Koeffizienten lautet

$$\eta = A\cdot e^{m_1\xi} + B\,e^{m_2\xi} + C\cdot e^{m_3\xi}, \tag{43}$$

wo A, B und C die Integrationskonstanten und m_1, m_2, m_3 die Wurzeln der kubischen Gleichung

$$m^3 + 3\,p\,m - 2\,q = 0 \tag{44}$$

sind mit

$$p = \frac{1}{3}\left(\frac{\psi_0}{2\,J_0} - \alpha\right)\cdot\frac{1}{\varkappa} \quad\text{und}\quad q = \frac{3}{4}\,\frac{\psi_0}{\varkappa}. \tag{44a}$$

Nimmt man angenähert gleichförmige Geschwindigkeitsverteilung über dem Querschnitt an, so daß $\alpha \sim 1$ gesetzt werden darf, so wird $p \gtrless 0$, wenn $J_0 \lessgtr \frac{\psi_0}{2}$. Es entspricht somit dem Fluß eine positive Konstante p und es ist dann $p^3 + q^2 > 0$.

Dann hat, wie aus der Rechnung mit kubischen Gleichungen bekannt ist, die Gl. (44) eine reelle und zwei konjugiert komplexe Wurzeln und die letzteren haben die Form $m_{1,2} = -\sigma_1 \pm i\,\sigma_2$ mit den positiven Konstanten σ_1 und σ_2. Der Teil der Lösung mit den konjugiert komplexen Wurzeln $m_{1,2}$ lautet

$$\eta_1 = A\cdot e^{(-\sigma_1 + i\,\sigma_2)\xi} + B\,e^{(-\sigma_1 - i\,\sigma_2)\xi} \tag{45}$$

oder

$$\eta_1 = A\cdot e^{-\sigma_1\xi}(\cos\sigma_2\xi + i\sin\sigma_2\xi) + B\cdot e^{-\sigma_1\xi}\cdot(\cos\sigma_2\xi - i\sin\sigma_2\xi)$$

$$= e^{-\sigma_1\xi}\{(A+B)\cos\sigma_2\xi + i\,(A+B)\sin\sigma_2\xi\}.$$

Soll η_1 reell werden, so müssen A und B zwei konjugierte komplexe Werte sein etwa

$$A = \frac{w_1 + i\,w_2}{2} \quad\text{und}\quad B = \frac{w_1 - i\,w_2}{2},$$

so daß

$$\eta_1 = e^{-\sigma_1\xi}\cdot(w_1\cos\sigma_2\xi - w_2\sin\sigma_2\xi). \tag{46}$$

Es liegt also ein wellenartiger Verlauf des Spiegels mit abklingender Amplitude vor. Wird $A = -B$, was dann der Fall ist, wenn $w_1 = 0$ ist, so folgt

$$\eta_1 = -w_2\cdot e^{-\sigma_1\xi}\cdot\sin\sigma_2\xi$$

mit $\eta_1 = 0$, wenn $\xi = 0$. Es fällt also der Anfang der ξ-Achse mit einem Schnittpunkt der Wellenlinie mit dem Spiegel zusammen. Mit wachsendem ξ geht die

Abb. 242. Überströmung eines großen Steines

Störung η_1 gegen Null und es erfolgt der Übergang in die gleichförmige Strömung (Ast 7 in Abb. 240b), wie man dies so häufig bei Hindernissen (Steine usw.) in natürlichen Gewässern bei nicht zu hohem Wasserstand beobachten kann (Abb. 242). Der gewellte Spiegel der ungleichförmigen Strömung ist von der wahren Wellenerscheinung wohl zu unterscheiden. Er ist es, der der Oberfläche insbesondere unserer Gebirgsflüsse das charakteristische Aussehen verleiht, wo der regelmäßig gewellte Spiegel, wie z. B. beim Ziller zwischen Mayrhofen und Hippach. auf lange Strecken in Erscheinung tritt. Schreibt man die Wurzeln von (44) in der bekannten Form

$$m_1 = 2 \cdot \sqrt{p}\,\mathfrak{Sin}\,q\,, \quad m_{2,3} = -\sqrt{p}\,\mathfrak{Sin}\,q \pm i\sqrt{3p}\,\mathfrak{Cos}\,q,$$

wo

$$q = \frac{1}{3}\,\mathfrak{Ar}\,\mathfrak{Sin}\,\frac{2}{\sqrt{p^3}},$$

so findet man, daß $\mathfrak{Sin}\,q$ sehr klein sein muß. Denn nach G I 1 kann in $v = c\sqrt{RJ}$ der Wert

$$c = \sqrt{\frac{2g}{\psi_0}} \sim 35$$

gesetzt. also $\psi_0 \gtreqless 0{\cdot}016$ angenommen werden. Mit $\varkappa \sim {}^1/_3$ wird

$$q = \frac{3}{4}\,\frac{\psi_0}{\varkappa} = 0{\cdot}036$$

und $p = \dfrac{\psi_0}{2J_0} - 1$, wenn $\alpha \gtreqless 1$ gesetzt wird. Es kommt sohin nur noch auf ein entsprechendes J_0 an, damit sich die Wellung auf lange Strecken aufrechterhält.

2. Praktische Berechnungen. Stau- und Senkungskurven

a) Regelmäßiges Profil

Bei den früheren Betrachtungen wurde $\psi \sim \psi_0$ gesetzt. was in Wirklichkeit nicht zutrifft, wie in G I 1, 2 ausführlich behandelt worden ist. Es erscheint zweckmäßig, von der erweiterten BERNOULLIschen Gleichung auszugehen. Entsprechend Abb. 243 ist

$$y + \frac{\alpha \cdot v^2_m}{g\,2} + z = H = \text{const} \quad (47)$$

und nach x differenziert, folgt für ein Rechtecksgerinne mit $v_m = \dfrac{Q}{by}$

$$\frac{dy}{dx} - \frac{\alpha Q^2}{2g b^2 y^3} \cdot \frac{dy}{dx} + \frac{dz}{dx} = 0. \quad (48)$$

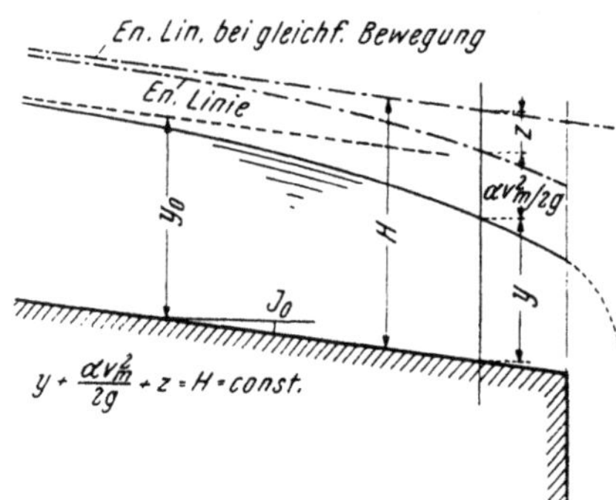

Abb. 243. Senkungslinie

Nun kommt viel darauf an, welche Geschwindigkeitsformel benützt wird. Wendet man $v_m = c \cdot \sqrt{R_h J} \sim (20 \log y + n) \cdot \sqrt{yJ}$ an. wenn y die Wassertiefe ist, so ist es zweckmäßig, diese in die Potenzform zu bringen.

Es ist nun für Flüsse mit mittlerem Kies $n \sim 40$ und

$$20 \log y + 40 = 40 \cdot (0{\cdot}5 \log y + 1) \sim 40\,y^{0{\cdot}2},$$

wie aus folgender Tabelle nachgewiesen erscheint,

$y = 0{\cdot}5$	$y^{0{\cdot}20} = 0{\cdot}870$	$0{\cdot}50 \log y + 1 = 0{\cdot}85$
$= 1{\cdot}0$	$= 1{\cdot}0$	$= 1{\cdot}0$
$= 2{\cdot}0$	$= 1{\cdot}15$	$= 1{\cdot}15$
$= 4{\cdot}0$	$= 1{\cdot}32$	$= 1{\cdot}30$

so daß $v_m \sim 40 \cdot y^{0\cdot70} \cdot J^{0\cdot5}$ gesetzt werden kann, wie dies schon FORCHHEIMER[1]) getan hat.

Nun ist

$$\frac{dz}{dx} = J - J_0 = J_0\left(\frac{J}{J_0}-1\right),$$

wie aus der Abbildung zu entnehmen und weil

$$Q = n \cdot y_0^{1\cdot7} \cdot J_0^{0\cdot5} \sim n\, y^{1\cdot7} \cdot J^{0\cdot5},$$

so folgt

$$\frac{J}{J_0} = \frac{y_0^{3\cdot4}}{y^{3\cdot4}}$$

und aus (48)

$$\frac{dy}{dx} - \frac{a\,n^2\,y_0^{0\cdot4}}{g}\cdot J_0\cdot\left(\frac{y_0}{y}\right)^3\cdot\frac{dy}{dx} + J_0\left(\frac{y_0^{3\cdot4}}{y^{3\cdot4}}-1\right) = 0.$$

Setzt man

$$\frac{a\,n^2\,y_0^{0\cdot4}}{g}\cdot J_0 = k_1 \quad \text{und}\quad \frac{y}{y_0} = \eta,$$

so folgt

$$dy\left(1-\frac{k_1}{\eta^3}\right) + J_0\,dx\left(\frac{1}{\eta^{3\cdot4}}-1\right) = 0 \tag{49}$$

oder weil $dy = y_0\cdot d\eta$

$$\frac{J_0\cdot dx}{y_0} = -\frac{\eta^{3\cdot4}-k_1\eta^{0\cdot4}}{1-\eta^{3\cdot4}}\cdot d\eta = \left(-\sum_1^{\infty}\eta^{3\cdot4\,m} + k_1\sum_0^{\infty}\eta^{3\cdot4\,m+0\cdot4}\right)\cdot d\eta$$

und nach Integration folgt

$$\frac{J_0 x}{y} = -\sum_1^{\infty}\frac{1}{3\cdot4\,m+1}\,\eta^{3\cdot4\,m+1} + k_1\sum_0^{\infty}\frac{1}{3\cdot4\,m+1\cdot4}\cdot\eta^{3\cdot4\,m+1\cdot4} + C'$$

$$= -\Phi_1(\eta) + k_1\cdot\Phi_2(\eta) + C.$$

Setzt man für die Stelle $x = 0$

$$\eta_s = \frac{y_s}{y_0}, \text{ so wird } C = \Phi_1(\eta_s) - k_1\,\Phi_2(\eta_s)$$

und es folgt

$$\frac{J_0 x}{g}\; \Phi_1(\eta_s) - \Phi_1(\eta) + k_1\left\{\Phi_2(\eta) - \Phi_2(\eta_s)\right\}. \tag{50}$$

Aus der folgenden Tabelle kann man leicht ein Graphikon entwerfen[2]) aus dem man mit genügender Genauigkeit die zugeordneten Größen ermitteln kann:

$\dfrac{1}{\eta} = \dfrac{y_0}{y} =$	10	5	3·33	2·5	2·0	1·66	1·43	1·25	1·11	1·054
$\eta =$	0·1	0·2	0·3	0·4	0·5	0·6	0·7	0·8	0·9	0·95
$10\,000\,\Phi_1(\eta) =$	0·09	1·9	11·5	41	114	267	574	1190	2605	4316
$10\,000\,\Phi_2(\eta) =$	284	751	1351	2006	2787	3696	4794	6270	8521	10641

Herrscht am Absturz kein Rückstau, also freier Überfall, so wird der kritische Querschnitt ($x = 0$) mit der Grenztiefe

$$y_g = y_s = \sqrt[3]{\frac{q^2}{g}} = \sqrt[3]{\frac{Q^2}{b^2 g}}$$

---

[1]) Der Durchfluß des Wassers usw., Berlin 1924.
[2]) KOZENY: Wasserkr. u. Wasserwirtsch. 1928.

also

$$\eta_s = \frac{y_s}{y_0} = \sqrt[3]{\frac{n^2 \cdot y_0^{0 \cdot 4} \cdot J_0}{g}} = \sqrt[3]{\frac{k_1}{\alpha}} \tag{51}$$

in der Entfernung $l_s \sim 3\,y_s$ oberhalb des Absturzes liegen. Am Absturz selbst sinkt der Spiegel infolge der Krümmung auf etwa $0\cdot 7\,y_g$, wie die Messungen von Böss, Einwachter und Rouse zeigen. Oberhalb des kritischen Querschnitts kann die Krümmung vernachlässigt werden.

Beispiel

Gegeben ist ein Kanal mit dem Sohlengefälle $J_0 = 0\cdot 0004$, der Sohlenbreite $b = 11\cdot 66$ m, normale Wassertiefe $y_0 = 1\cdot 75$ m, Böschungen $1:1$ und Durchfluß $Q = 21$ m³/sec.

Es hat sich die Notwendigkeit eines Absturzbauwerkes ergeben, dessen Krone über dem Unterwasser gelegen ist. Dann ist nach (51) bei einer mittleren Breite $b_m = 11\cdot 66 \div 1\cdot 75 = 13\cdot 41$ m und es folgt für die Höhe des Spiegels im kritischen Querschnitt

$$y_s = \sqrt[3]{\frac{Q^2}{g\,b_m^2}} = 0\cdot 62\,\text{m}$$

und die mittlere Geschwindigkeit

$$v_{ms} = \sqrt{g\,y_s} = 2\cdot 48\,\text{m/sec.}$$

Behufs Beurteilung einer Sohlensicherung wegen der zunehmenden Geschwindigkeit gegen den Absturz zu, soll jene Entfernung ermittelt werden, in der die Sohlengeschwindigkeit v_s $0\cdot 6$ m/sec ist, wenn $\dfrac{v_s}{v_m} \sim 0\cdot 38$ angenommen wird. Es ist dann $v_m = 1\cdot 58$ m/sec und der Durchflußquerschnitt

$$F = \frac{Q}{1\cdot 58} = 13\cdot 38\,\text{m}^2.$$

Somit ist die Wassertiefe

$$y = -\frac{b}{2} + \sqrt{\frac{b^2}{4} \div F} = 1\cdot 05\,\text{m}.$$

Also folgt

$$\eta = \frac{y}{y_0} = 0\cdot 60 \quad\text{und}\quad \eta_0 = \frac{y_s}{y_0} = 0\cdot 354.$$

Es ergibt sich aus der graphischen Darstellung der vorstehenden Tabelle (Abb. 244)

$$\Phi_1(\eta) = 0\cdot 027 \quad \Phi(\eta_s) = 0\cdot 002 \quad \Phi_2(\eta) = 0\cdot 369 \quad \Phi_2(\eta_s) = 0\cdot 169$$

und es beträgt die gesuchte Entfernung nach (49)

$$x = \frac{1\cdot 75}{0\cdot 0004}\left\{0\cdot 002 - 0\cdot 027 + k_1\,(0\cdot 369 - 0\cdot 169)\right\}.$$

Mit

$$n = 40 \quad\text{und}\quad \alpha = 1\cdot 1 \quad\text{wird}\quad k_1 = \frac{1\cdot 1 \cdot 40^2 \cdot 1\cdot 75^{0\cdot 1} \cdot 0\cdot 0004}{9\cdot 81} = 0\cdot 0894$$

und

$$x = -\frac{1\cdot 75}{0\cdot 0004} \cdot 0\cdot 0071 \cong -31\,\text{m},$$

d. i. 31 m oberhalb des kritischen Querschnitts bzw. $31 + \mathbf{3} \cdot y_s = 32\cdot 86$ m oberhalb des Absturzes.

Gl. (49) gilt auch für den Stau und zweckmäßigerweise wird der Wert

$$\frac{1}{\eta} = \zeta = \frac{y_0}{y}$$

eingeführt, der hier ebenfalls stets kleiner als 1 ist. Man erhält dann

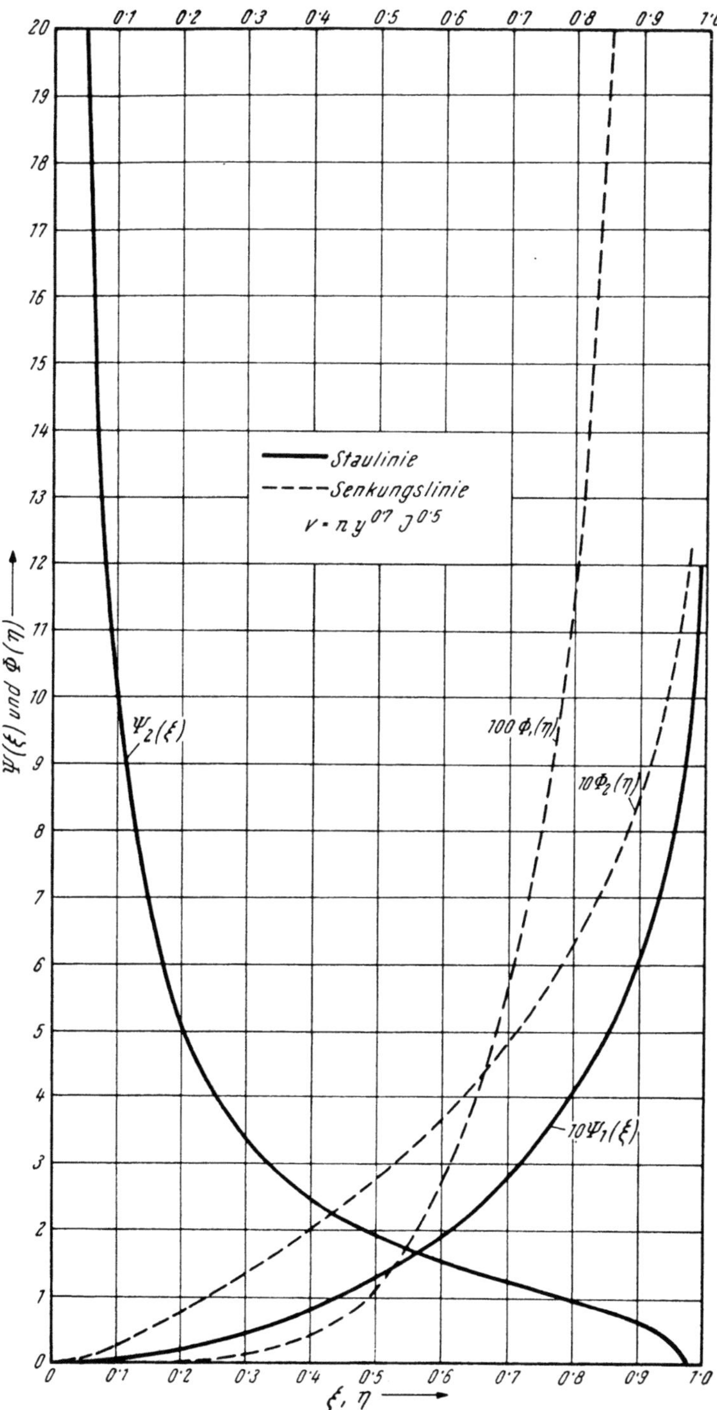

Abb. 244. Diagramm zur Ermittlung von Stauhöhen und Absenkungen

$$dy\,(1 - k_1\,\xi^3) + J_0\,dx \cdot (\xi^{3\cdot4} - 1) = 0 \tag{52}$$

und weil

$$dy = d\left(\frac{y_0}{\xi}\right) = -\frac{y_0}{\xi^2}\cdot d\xi,$$

so ergibt sich schließlich

$$x = \frac{y_0}{J_0}\int \frac{k_1\,\xi^3 - 1}{\xi^2 - \xi^{5\cdot4}}\cdot d\xi,$$

welches Integral wieder durch Reihenentwicklung gelöst wird. Man erhält

$$x = \frac{y_0}{J_0}\cdot\int\left(k_1\sum_0 \xi^{1+3\cdot4\,m} - \sum_0 \xi^{3\cdot4\,m-2}\right)\cdot d\xi = C +$$

$$+ \frac{y_0}{J_0}\left(k_1\cdot\sum_0 \frac{\xi^{2+3\cdot4\,m}}{2+3\cdot4\,m} - \sum_0 \frac{\xi^{3\cdot4\,m-1}}{3\cdot4\,m-1}\right) = \frac{y_0}{J_0}\cdot\{k_1\,\Psi_1(\xi) - \Psi_2(\xi)\} + C.$$

Kennt man an irgend einer Stelle den Wert ξ, z .B. $\xi = \xi_0$ an der Staustelle $x = 0$, so ist

$$C = \Psi_2(\xi_0) - k_1\,\Psi_1(\xi_0)$$

und somit

$$x = \frac{y_0}{J_0}\cdot\{k_1\,[\Psi_1(\xi) - \Psi_1(\xi_0)] - [\Psi_2(\xi) - \Psi_2(\xi_0)]\}. \tag{53}$$

In der folgenden Tabelle sind die Funktionswerte angegeben und in Abb. 244 graphisch zur bequemen Entnahme dargestellt:

$\xi =$	0	0.05	0.1	0.2	0.3	0.4	0.5	0.6	0.7	0.8	0.9	1.0
$\Psi_1(\xi) =$	0	0.00125	0.005	0.0200	0.0453	0.0813	0.1297	0.1932	0.2770	0.4000	0.6053	
$\Psi_2(\xi) =$	∞	20.00	9.998	4.999	3.310	2.453	1.9182	1.5352	1.2245	0.9372	0.6030	0.3844

Beispiel

Im Gerinne des vorigen Beispiels werde ein Stau $H = 2\,y_0$ erzeugt, so daß an der Staustelle $\xi_0 = 0.4$ ist. Es ist gefragt nach der Entfernung des Profils in welchem,

$$\xi = 0.65 = \frac{y_0}{y}.$$

Die Funktionswerte sind $\Psi_1(\xi_0) = 0.0813$, $\Psi_2(\xi_0) = 2.453$
Ferner aus Abb. 244 $\Psi_1(0.65) = 0.235$, $\Psi_2(0.65) = 1.36$
Somit ist mit $k_1 = 0.0894$ des vorigen Beispiels

$$x = \frac{1.75}{0.0004}\cdot\{0.0894\,(0.235 - 0.0813) - (1.36 - 2.453)\} = 4842\ \mathrm{m}.$$

b) Unregelmäßiges Profil

Hier zeigen sich die früher erwähnten Schwierigkeiten einer formalen Darstellung wegen der nicht vorhandenen geometrischen Ähnlichkeit der Durchflußprofile, und es kann hier die Rechnung nur den Charakter einer genaueren Schätzung annehmen. Man wird hier streckenweise verfahren, indem man den Wasserlauf in einzelne Abschnitte so zerlegt, daß der Wasserspiegel im Längenschnitt noch als geneigte Gerade angesehen werden darf. Ist die Profilgestalt bekannt, so kann bei der Füllhöhe y_0 im untersten Profil der Durchflußquerschnitt F_0 und der hydraulische Radius R_0 bestimmt werden. Aus

$$\frac{Q}{F_0} = v_{m0} = n \cdot R_0^{0'7} \cdot y_{01}^{0'5}$$

erhält man mit genügender Genauigkeit das Spiegelgefälle J_{01}, das bis zum nicht zu weit zu wählenden nächsten Profil I reicht, und erhält so die nötige Durchflußfläche F_1 und den hydraulischen Radius R_1 bei bekannter Profilgestalt in I. Die Rechnung wird für den Abschnitt I bis II fortgesetzt und auf diese Weise schrittweise stromaufwärts vorgegangen. Noch vorteilhafter[1]) ist folgender Rechnungsvorgang.

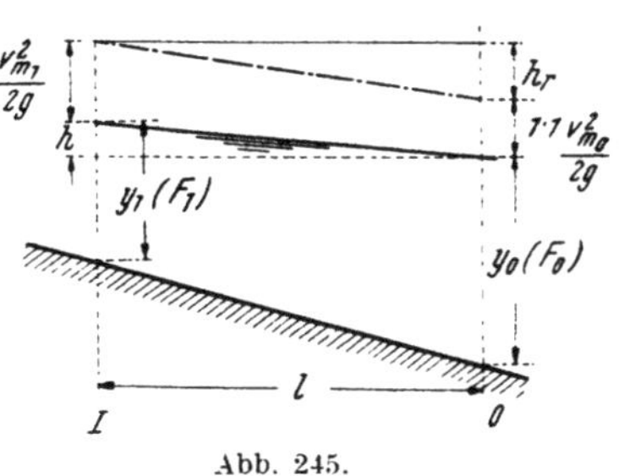
Abb. 245.

Es seien die Profile F_0 und F_1 bekannt, die eine Entfernung l aufweisen. Der Wasserspiegelunterschied sei nach Abb. 245

$$h = h_r + \frac{1'1}{2g}(v_{m0}^2 - v_{m1}^2), \tag{54}$$

weil nun

$$Q = F \cdot v_m = F_1 v_{m1} = F_0 \cdot v_{m0},$$

so folgt

$$h = h_r + \frac{1'1}{2g}\left(\frac{F^2}{F_0^2} - \frac{F^2}{F_1^2}\right) v_m^2.$$

Nun werden die Mittelwerte

$$F = \frac{F_1 + F_2}{2}, \quad R = \frac{R_1 + R_2}{2}$$

eingeführt und $v_m = \dfrac{Q}{F}$ gesetzt. Dann ist

$$h_r = l \cdot J = l \cdot \frac{v_m^2}{n^2 R^{1'4}},$$

und

$$h = v_m^2 \left\{ \frac{l}{n^2 R^{1'4}} + \frac{1'1}{2g}\left(\frac{F^2}{F_0^2} - \frac{F^2}{F_1^2}\right) \right\}. \tag{55}$$

Ist also F_0 gegeben, so wird in der Entfernung l der Wert F_1 gewählt, F und $R = \dfrac{F}{U}$ ermittelt und bei bekanntem Q die Werte von v_m und h berechnet. Dies erfolgt durch wiederholtes Probieren, bis (55) erfüllt erscheint. Ist so F_1 und h festgelegt, so wiederholt man den Vorgang für den nächstgelegenen Abschnitt und erhält schließlich die Staulinie. Aus (55) kann die Wassermenge angenähert ermittelt werden, wenn zwei nicht zu entfernte bekannte Querschnitte vorliegen, deren Spiegelhöhenunterschied und Entfernung gemessen worden ist

Beispiel

Es seien in der Entfernung $l = 60$ m zwei Profile aufgenommen worden mit einer Spiegelhöhendifferenz $h = 12$ cm und folgenden Ausmaßen: $F_0 = 74$ m², Umfang $U_0 = 96$ m, ferner $F_1 = 58$ m² und $U_1 = 72$ m.

Also ergibt sich $F = \dfrac{F_0 + F_1}{2} = 61\,\text{m}^2$, weiter $R = \dfrac{1}{2}\left(\dfrac{F_0}{U_0} + \dfrac{F_1}{U_1}\right) = 0'79\,\text{m}.$

---

[1]) FORCHHEIMER, PH.: Grundriß der Hydraulik, Leipzig-Berlin 1926.

Nun muß n richtig gewählt werden, hier mit etwa $n = 30$. Dann folgt aus (55)

$$0{\cdot}12 = v_m^2 \left\{ \frac{2}{30 \cdot 0{\cdot}79^{1{\cdot}4}} - \frac{1{\cdot}1}{19{\cdot}62}\,(0{\cdot}67 - 1{\cdot}103) \right\} = 0{\cdot}068\, v_m^2$$

und somit

$$v_m = \sqrt{\frac{0{\cdot}12}{0{\cdot}068}} = 1{\cdot}33\ \text{m/sec} \quad \text{und} \quad Q = F v_m = 81{\cdot}13\ \text{m}^3/\text{sec}.$$

c) Kurze Bauwerke

Das sind solche Bauten, bei welchen die Umwandlung von kinetischer in potentieller Energie auf so kurzer Strecke erfolgt, daß die Verluste infolge Wandreibung gegen den Mischverlust zurücktreten. Die Energielinie ist hier ein bequemes Hilfsmittel zur Bestimmung der Wasserspiegellagen, wenn man den Unterschied zwischen Schießen und Strömen beachtet $v \gtrless \sqrt{gy}$, wie in D I 2 g erläutert wurde.

Ist $v > \sqrt{gy}$, so machen sich Störungen oberhalb des Einbaus nicht geltend, wohl aber wenn $v < \sqrt{gy}$. Einen besonderen Fall stellt der Wassersprung dar, bei dem ansehnliche Mengen mechanischer Energie in Wärme umgewandelt werden, zu deren Ermittlung der Impulssatz benötigt wird. Bezeichnet man den Abstand der Energielinie von der Sohle mit

$$H = y + \alpha \cdot \frac{v_m^2}{2g} = y + \alpha \cdot \frac{Q^2}{2gF^2},$$

so ist mit $\alpha \sim 1$ für einen rechteckigen Querschnitt $F = b \cdot y$

$$y^3 - H \cdot y^2 + \frac{Q^2}{2gb^2} = 0. \qquad (56)$$

Wie aus der Auftragung von Q als Funktion von y bei festgehaltenem H ersichtlich (Abb. 80), hat (56) drei reelle Wurzeln, davon eine negative. Betrachtet man Q als unveränderlich und stellt H als Abhängige von y dar (Abb. 246), so erhält man ein H_{min}, dessen Wert sich analytisch für die Grenztiefe

$$y_g = \sqrt[3]{\frac{Q^2}{gb^2}}, \text{ also mit } H_{min} = \frac{3}{2}\,y_g,$$

ergibt, wie früher erläutert wurde.

Ein weiteres Hilfsmittel ist der Impulssatz. Erfolgt z. B. ein Ausfluß längs waagrechter Sohle (Abb. 247), so macht ein erstarrt gedachtes, herausgeschnit-

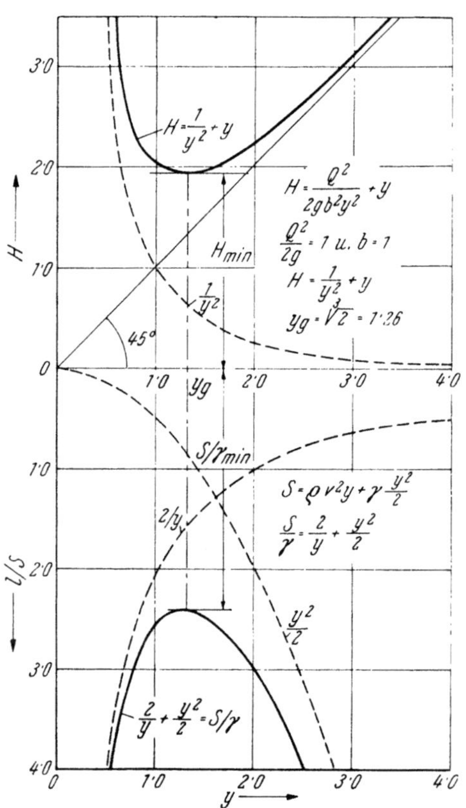

Abb. 246. Zum Satz von der „Stützkraft"

tenes Prisma $abcd$ die Verschiebung nach $a'b'c'd'$. Es erfolgt eine Impulsänderung in der Zeiteinheit um

$$\varrho \int_{F_1} v \cdot dQ - \varrho \int_{F_2} v\, dQ$$

und diese steht mit den äußeren Kräften im Gleichgewicht. Letztere sind hier die Drücke auf die Querschnitte F_1 und F_2, und zwar

$$\int_{F_1} p \cdot dF \quad \text{bzw.} \quad \int_{F_2} p\, dF$$

sowie die Reibung am Umfang $\tau_0 \cdot U$. Somit lautet die Bedingung

$$\int_{F_2} (\varrho\, v^2 + p)\, dF - \int_{F_1} (\varrho\, v^2 + p)\, dF = \tau_0 \cdot U. \tag{57}$$

Das Flächenintegral hat sich in der hydrotechnischen Literatur als „Stützkraft" eingebürgert, für die also geschrieben wird

$$S = \varrho\, \beta \cdot v_m{}^2 \cdot F + \beta_1 \gamma\, z_s \cdot F, \tag{58}$$

wenn $\beta = \dfrac{\int v^2\, dF}{v_m{}^2 F}$ und $\beta_1 = \dfrac{\int p \cdot dF}{\gamma \cdot z_s F}$, wobei z_s der Abstand des Schwerpunktes des Querschnitts vom Spiegel ist, falls keine Krümmung besteht. Ist Letzteres

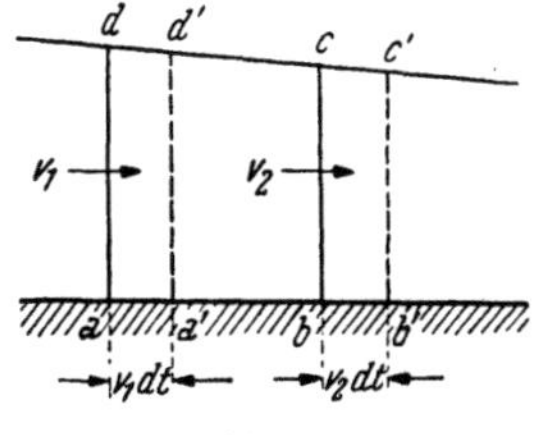

Abb. 247

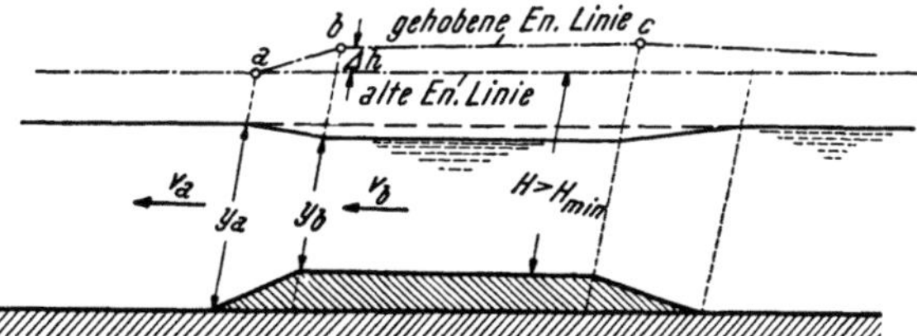

Abb. 248. Strömender Abfluß über einer Sohlschwelle

der Fall, so muß β_1 entsprechend geändert werden. Für einen Rechteckquerschnitt ist $z_s = \dfrac{y}{2}$ und daher aus (58)

$$S = \varrho \beta\, \frac{Q^2}{y b} + \beta_1 \gamma\, \frac{y^2 b}{2}. \tag{59}$$

Man erkennt sofort, daß S ein Minimum hat, wie auch die Auftragung von S als Funktion von y zeigt (Abb. 246). Es tritt ein, wenn

$$y_g = \sqrt[3]{\frac{\beta}{\beta_1} \cdot \frac{Q^2}{b^2 g}}, \tag{60}$$

welcher Ausdruck mit der früher berechneten Grenztiefe identisch ist, wenn $\dfrac{\beta}{\beta_1} \sim 1$ gesetzt wird. Dann ist aus (59)

$$S_{min} = \frac{3}{2}\, \gamma \cdot b \cdot y_g{}^2. \tag{61}$$

Es sei nun die Wasserspiegellage in einem Gerinne zu bestimmen, in das eine Sohlschwelle eingebaut ist, etwa wie Abb. 248 zeigt. Ist der Durchfluß oberhalb und auch über der Schwelle strömend, so muß über der Schwelle eine Absenkung des Spiegels erfolgen, weil die Energielinienhöhe H eine Verminderung erfahren hat, der im Bereiche des Strömens eine Verringerung der Wassertiefen entspricht. Nach der Schwelle hebt sich wieder der Spiegel. Infolge des Impulsaustausches auf der Übergangsstrecke a—b wird eine Reibungshöhe Δh verbraucht, die folgendermaßen berechnet werden kann.

Aus dem Impulssatz erhält man

$$\varrho\, v_a{}^2 \cdot y_a - \varrho\, v_b{}^2\, y_b = \frac{\gamma \cdot y_b{}^2}{2} - \frac{\gamma \cdot y_a{}^2}{2} \tag{62}$$

und mit $v_a \cdot y_a = v_b \cdot y_b = Q$ ist aus (62)

$$\frac{Q^2}{y_a} - \frac{Q^2}{y_b} = \frac{g}{2}\,(y_b{}^2 - y_a{}^2),$$

woraus

$$y_b = -\frac{y_a}{2} + \sqrt{\frac{y_a{}^2}{4} + \frac{2\,Q^2}{y_a \cdot g}}. \tag{63}$$

Nach der erweiterten Bernoulli-Gleichung ist schließlich

$$y_a + \frac{\alpha\, v_a{}^2}{2\,g} - y_b - \frac{\alpha\, v_b{}^2}{2\,g} = \Delta h$$

der Energiehöhenverlust, um den sich die Energielinie vorerst heben wird. Über der Schwelle wird infolge der größeren Geschwindigkeit die Energielinie etwas geneigter verlaufen als bei normalem Abfluß und von c an wird dann ein Übergang der Energielinie in ihre normale Lage erfolgen.

d) Übergang vom Schießen zum Strömen. Der Wassersprung

Ist das Wasser in schießende Bewegung geraten, sei es beim Ausfluß unter einem gehobenen Schütz oder beim Überströmen eines Wehrrückens u. dgl., so erfolgt der Übergang zurück ins Strömen mit einer brüsken Spiegelerhebung, dem Wassersprung. Er ist zuerst von BIDONE[1]) beschrieben und behan-

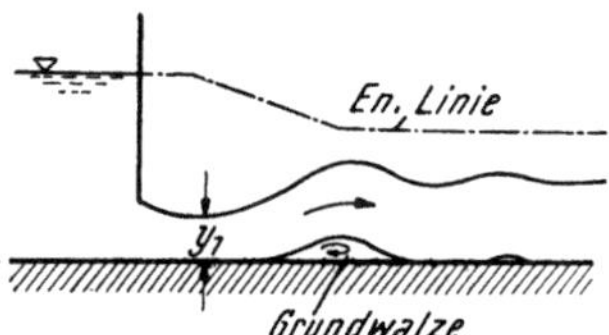

Abb. 249. Gewellter Wassersprung
mit Grundwalze

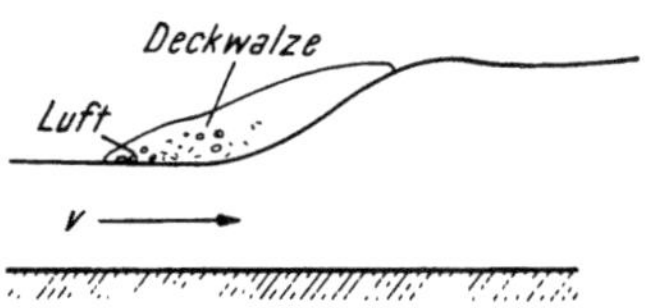

Abb. 250. Freier Wassersprung
mit Deckwalze

delt worden. Der Abfluß kann gewellt mit Grundwalze (Abb. 249) oder ungewellt mit einer Deckwalze erfolgen (Abb. 250). Nach Untersuchungen von J. EINWACHTER[2]), bei welchen durch Freigabe einer Schützenöffnung in einem 50 cm breiten Gerinne und Regulierung des Unterwassers diese Erscheinung erzeugt wurde, ergab sich das Auftreten des gewellten Abflusses mit Grundwalze, wenn die Unterwassertiefe nahe der theoretischen Grenztiefe gelegen war.

Dies hat auch J. SMETANA[3]) festgestellt, indem er bei schießendem Abfluß am Ende der Rinne durch Hindernisse eine Hebung des Spiegels erzwang. So

[1]) Mémoires de l'académie de Turin (1819).
[2]) Wasserwirtschaft u. Technik, Wien 1935.
[3]) Bulletin de l'institut T. G. MASARYK des recherches hydrologiques No. 5, Prag 1933.

lange diese Hebung unter der kritischen Tiefe blieb, schritt sie nicht aufwärts und erst als diese erreicht wurde, erfolgte ein gewellter Übergang. Wird der Unterwasserspiegel noch höher gehoben, so liegt die Deckwalze nicht mehr „frei" auf dem Spiegel, sondern sie reicht bis zur Stauwand und man hat den „rückgestauten" Wassersprung[1]) vor sich (Abb. 258). Mit dem Wassersprung ist ein beträchtlicher Verlust an mechanischer Energie verbunden, indem die von den Schubkräften geleistete Arbeit in Wärme übergeführt wird. Bei der formalen Behandlung des verwickelten Vorganges leistet der Impulssatz gute Dienste, der ohne nähere Kenntnis des inneren Geschehens aus den Bedingungen an den Grenzflächen einer abgegrenzten Wassermasse wichtige Aussagen zu machen gestattet. Die Rechnung ist in $E\,4\,i$ durchgeführt worden und mit der Einführung der Kennzahl

$$\mathfrak{F} = \frac{v_1}{\sqrt{g\,y_1}} \tag{64}$$

ist die Wassertiefe nach dem Sprung

$$y_2 = -\frac{y_1}{2} + \sqrt{\frac{y_1{}^2}{4} + \frac{2\,Q^2}{g\,y_1}} = -\,y_1\left(0\cdot5 - \sqrt{0\cdot25 + 2\,\mathfrak{F}^2}\right) \tag{65}$$

Die Ergebnisse aus (65) stimmen mit den zahlreich vorhandenen Versuchsergebnissen recht gut überein[2]). Ferner ergab sich für die Verlusthöhe

$$\varDelta H = \frac{1}{2g}\,(v_1 - v_2)\left(v_1 + v_2 - \frac{4\,v_1 v_2}{v_1 + v_2}\right) = \frac{1}{2g}\,\frac{v_1 - v_2}{v_1 + v_2}\cdot(v_1 - v_2)^2 \tag{66}$$

und die verlorene mechanische Energie ist[3]) somit

$$W = \gamma\cdot Q\cdot\varDelta H = \frac{\varrho\cdot Q}{2}\cdot\frac{v_1 - v_2}{v_1 + v_2}\cdot(v_1 - v_2)^2 = \frac{\varrho g Q}{4}\cdot y_1\,\frac{\left(\sqrt{2\,\mathfrak{F}^2 + 0\cdot25} - 1\cdot5\right)^3}{\sqrt{2\,\mathfrak{F}^2 + 0\cdot25} - 0\cdot5}. \tag{67}$$

Die Berechnungsweise ist für beide Fälle, mit und ohne Walze, die gleiche. ENGEL[4]) hat aus den Messungen von Böss und EINWACHTER gefunden, daß die nach obiger Methode berechneten Tiefen y_2 bei gewelltem Abfluß um ca. 10% kleiner sind als die beobachteten, während für den Fall mit Walze die Rechnung mit der Beobachtung sehr gut übereinstimmt. ENGEL hat das Verhältnis vom berechneten y_2 zum beobachteten und ebenso die zerstreute Energie in Prozent der Gesamtenergie als Funktion der Boussinesq-Zahl $Bou = \dfrac{v_1}{\sqrt{g\,R_h}}$ aufgetragen, was in Abb. 251 dargestellt erscheint. Dabei ist

$$R_h = \frac{2\,b\cdot y_1}{2\,y_1 + b}.$$

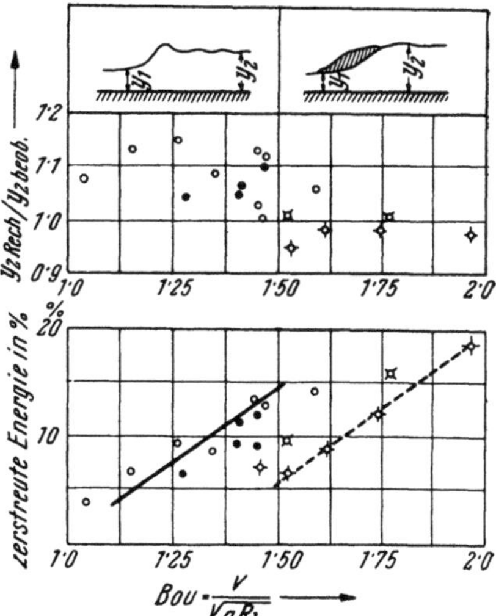

Abb. 251. Wassersprung ohne und mit Deckwalze nach ENGEL

<hr>

[1]) JÄGER, CH.: Hydraulik, Basel 1950.
[2]) SAFRANEZ, K.: Wasserbaul. Strömungslehre III. im Hdb. d. phys. u. techn. Mechanik, Bd. V. Berlin 1931.
[3]) BRESSE, J. CH.: Cours de mécanique appliquée gibt bereits 1860 $\varDelta H = \dfrac{(y_2 - y_1)^3}{4\,y_2\,y_1}$ an, was mit obiger Beziehung identisch ist.
[4]) The Engineer, London 1933.

Aus der Auftragung ersieht man, daß ein Übergang des freien Wassersprungs mit gewelltem Spiegel in jenen mit Walze bei *Bou* $\cong$ 1˙5 eintritt. Insbesondere zeigen dies die Messungen von Böss. Bei *Bou*-Zahlen, die um 1˙5 liegen, geht beim Sprung ohne Walze mehr mechanische Energie verloren, als bei jenem mit Walze.

Führt man $\ \xi = \dfrac{y_1}{y_2} = \dfrac{v_2}{v_1}\ $ ein, so folgt aus (66)

$$\Delta H = \frac{(1-\xi)^3}{1+\xi} \cdot \frac{v_1{}^2}{2g} = \frac{(1-\xi)^3}{1+\xi}(H-y_1), \tag{68}$$

wenn H die totale Energiehöhe ist. Der spezifische Verlust ist

$$\frac{\Delta H}{H} = \frac{(1-\xi)^3}{1+\xi}\left(1-\frac{y_1}{H}\right). \tag{69}$$

wobei

$$\xi = \frac{1}{8\left(\dfrac{H}{y_1}-1\right)} \cdot \left\{1 \pm \sqrt{1+16\left(\frac{H}{y_1}-1\right)}\right\} \tag{70}$$

darstellt und es ergeben sich folgende zusammengehörige Werte.

$\dfrac{y_1}{H} =$	$\dfrac{4}{5}$	$\dfrac{2}{3}$	$\dfrac{1}{2}$	$\dfrac{1}{3}$	$\dfrac{1}{4}$	$\dfrac{1}{5}$	$\dfrac{1}{10}$	$\dfrac{1}{20}$
$\zeta =$	1˙62	1˙00	0˙64	0˙42	0˙33	0˙28	0˙181	0˙121
$\dfrac{\Delta H}{H} =$		0	0˙0142	0˙091	0˙167	0˙233	0˙420	0˙575

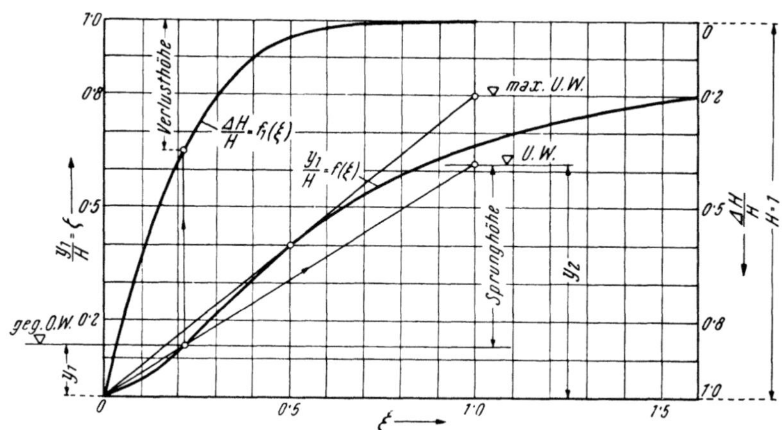

Abb. 252. Zur Ermittlung der Wasserspiegellagen beim Wassersprung

Die zeichnerische Darstellung (Abb. 252) zeigt, daß es bei gegebener Energiehöhe H eine höchste Spiegellage des Unterwassers gibt. Setzt man $\dfrac{y_1}{H} = \zeta$, also für

$$\xi = \frac{\zeta}{8(1-\zeta)} \cdot \left\{1 \pm \sqrt{1+\frac{16(1-\zeta)}{\zeta}}\right\} \tag{71}$$

so ist die Bedingung für diese höchste Lage $\dfrac{d\zeta}{d\xi} = \dfrac{\zeta}{\xi}$, wie aus Abb. 252 zu entnehmen ist.

Nun ist aus (65)

$$y_2^2 + y_2 y_1 = \frac{2 y_g^3}{y_1} = 4 y_1 (H - y_1)$$

oder

$$\frac{1}{\xi^2} + \frac{1}{\xi} + \frac{4 (H - y_1)}{y_1} = 4 \left(\frac{1}{\zeta} - 1 \right) = m,$$

woraus

$$m \xi^2 = \xi + 1 \tag{72}$$

folgt und differenziert $2 m \xi d\xi + \xi^2 dm = d\xi$. Weil $dm = - \dfrac{4}{\zeta^2} \cdot d\zeta$, ergibt sich

$$8 \left(\frac{1}{\zeta} - 1 \right) \xi - \frac{4 \xi^2}{\zeta^2} \cdot \frac{d\zeta}{d\xi} = 8 \left(\frac{1}{\zeta} - 1 \right) \xi - \frac{4 \xi}{\zeta} = 1.$$

Somit ist

$$8 \left(\frac{1 - \zeta}{\zeta} \right) \cdot \xi - 1 = \frac{4 \xi}{\zeta}$$

und nach einiger Rechnung folgt mit (67)

$$\sqrt{1 + \frac{16 (1 - \zeta)}{\zeta}} = \frac{1}{1 - 2 \zeta},$$

woraus sich $\zeta = 0{\cdot}4$ ergibt[1]). Folglich wird $m = 4 \left(\dfrac{1 - \zeta}{\zeta} \right) = 6{\cdot}0$ und aus (72)

$$\xi^2 - \frac{1}{6} \xi = \frac{1}{6} \text{ oder } \xi = 0{\cdot}50.$$

Nun ist

$$\zeta = 0{\cdot}4 = \frac{y_1}{H} \text{ und } H = y_1 \left(1 + \frac{\mathfrak{F}^2}{2} \right),$$

woraus $\mathfrak{F} = \sqrt{3} = 1{\cdot}73$ folgt.

Favre[2]) hat experimentell festgestellt, daß der Sprung mit Deckwalze auftritt, wenn $\dfrac{y_1}{y_g} < 0{\cdot}61$ ist. Nun ist

$$\frac{y_1}{y_g} = \frac{3}{2} \frac{y_1}{H} = \frac{3}{2 + \mathfrak{F}^2} \tag{73}$$

Somit muß für diesen Fall $\mathfrak{F} > 1{\cdot}71$ sein.

Hingegen tritt bei $\dfrac{y_1}{y_g} > 0{\cdot}67$ oder $\mathfrak{F} < 1{\cdot}57$ der gewellte Wassersprung mit Grundwalzen auf.

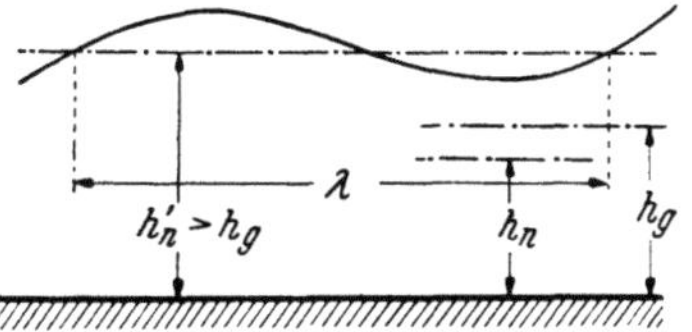

Abb. 253. Gewellter Wassersprung

Die Wellung der Oberfläche (Abb. 253) zeigt nach Favre eine Wellungslänge

$$\lambda = 1{\cdot}2 \frac{2 \pi \cdot y_n}{[2{\cdot}5 \{ (y_n / y_g)^3 - 1 \}]^{1/2}}, \tag{74}$$

wobei y_n die Tiefe bei normalem Abfluß und y_g die Grenztiefe darstellt. J. Einwachter[3]) suchte die Walzenbildung zu verhindern, indem er über dem Schußstrahl eine entsprechend geformte Platte anordnete. Bei ebener Platte wanderte die Sprungstelle etwas stromabwärts. Er fand, daß das Auftreten

[1]) Kozeny J.: Wasserwirtschaft, Wien 1929.
[2]) Etudes de quelques écoulements, Lausanne 1937.
[3]) Wasserwirtschaft u. Technik, Wien 1935.

einer freien Deckwalze dann mit bedeutenden Verlusten an mechanischer Energie verbunden war, wenn die FROUDEsche Zahl (D I 2g) genügend groß gehalten wurde. Dann wird durch die Aufwirbelung der Grenzschicht der Impulsaustausch und hiemit der Widertand im Innern besonders gefördert.

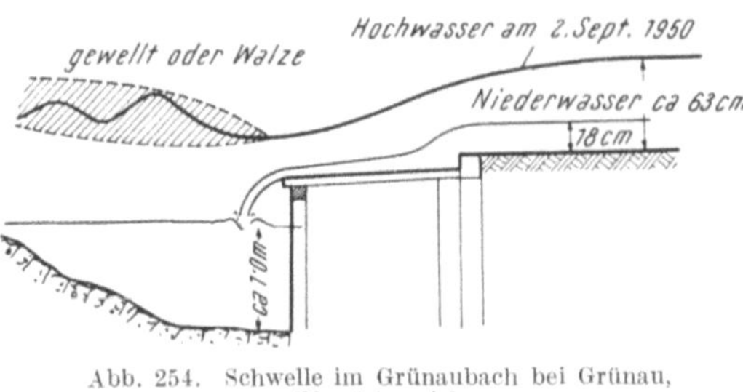

Abb. 254. Schwelle im Grünaubach bei Grünau, Oberösterreich

In einem ähnlichen labilen Zustand[1]) befand sich der Abfluß über eine Wehrschwelle im Grünaubach (Almtal, O.-Ö.) am 2. September 1950. Das getrübte Wasser des nach vorangegangenen Niederschlägen stark angeschwollenen Baches floß über die hölzerne Schußtenne (Abb. 254) schießend ab und im Unterwasser traten Abfluß mit Walze und mit gewellter Oberfläche auf. Dies erfolgte so, daß bei einer über die ganze Breite sich erstreckenden Wellung (Abb. 255a) die Wellen z. B. am linken Ufer stromauf zu kippen be-

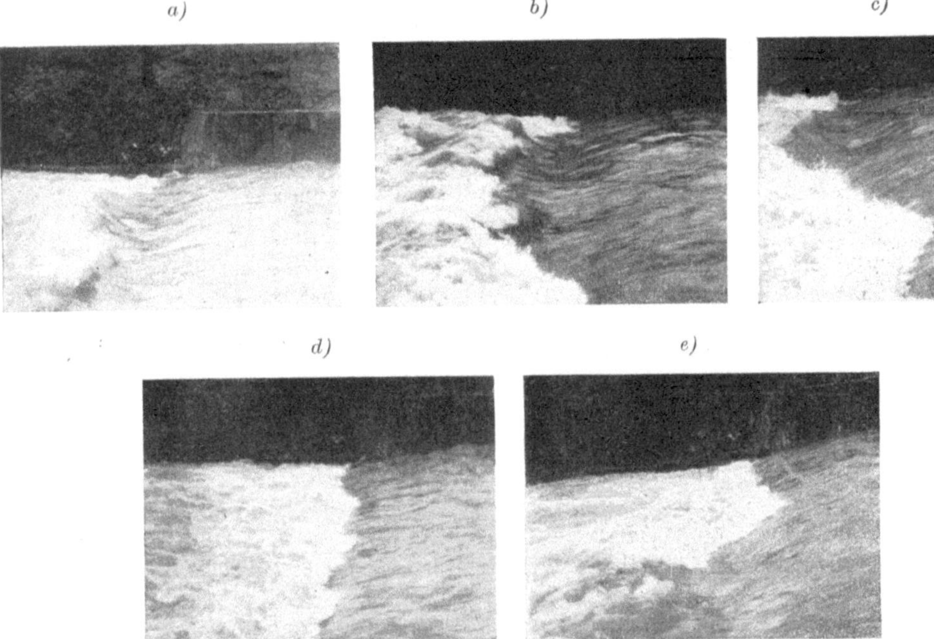

Abb. 255 a—e. Abfluß über die Schwelle im Grünaubach während des Hochwassers am 2. September 1950

gannen, wobei sich eine schäumige Walze bildete (Vordergrund in Abb. 255b). Dieser Zustand breitete sich allmählich aus (Abb. 255c), so daß schließlich über der ganzen Breite eine schäumige Deckwalze lag (Abb. 255d). Hierauf begann sich die gewellte Oberfläche wieder aufzurichten (Abb. 255e) und das Ganze erfolgte in einem rhythmischen Wechsel von etwa 40 bis 80 Sekunden, so daß

---

[1]) KOZENY, J.: Über eine bemerkenswerte Abflußerscheinung usw. Öst. Bauzeitschr. (1952).

sich ein recht auffallendes Strömungsbild darbot. Der Abfluß mit Walze war viel ruhiger als bei gewellter Oberfläche, die sich erst eine Strecke stromabwärts beruhigte.

Beim Wassersprung muß zwischen der Sprunglänge l und der gewöhnlich kleineren Walzenlänge l_1 unterschieden werden, deren Verhältnis für große $\mathfrak{F}$ sich dem Werte Eins nähert. Ist α der Steigwinkel beim Wassersprung, ähnlich dem Öffnungswinkel bei einem Diffusor, so ist

$$\operatorname{tg}\alpha = \frac{y_2 - y_1}{l} \quad \text{oder} \quad l = \frac{y_1}{\operatorname{tg}\alpha}\left(\sqrt{2\,\mathfrak{F}^2 + 0{\cdot}25} - 1{\cdot}50\right). \tag{74a}$$

Nun hat A. HOFMANN[1]) bei Saugrohren den Erweiterungswinkel $\alpha = 8{\cdot}5^0$ als den günstigsten gefunden, bei welchem das Verhältnis von rückgewonnener Druckhöhe zur Geschwindigkeitshöhe im engsten Querschnitt am größten ist.

Setzt man in (74a) für $\alpha = 9^0$, somit $\operatorname{tg}\alpha \sim 0{\cdot}158$, und angenähert für den Klammerausdruck

$$\sqrt{2\,\mathfrak{F}^2 + 0{\cdot}25} - 1{\cdot}50 \sim \sqrt{2}\left(\mathfrak{F} - 1{\cdot}06 + \frac{0{\cdot}06}{\mathfrak{F}}\right),$$

so folgt für die Sprunglänge

$$l \cong 9{\cdot}0 \cdot y_1\left(\mathfrak{F} - 1{\cdot}06 + \frac{0{\cdot}06}{\mathfrak{F}}\right),$$

welcher Ausdruck, ohne einen großen Fehler zu begehen,

$$l \sim 9{\cdot}0 \cdot y_1\,(\mathfrak{F} - 1) \tag{74b}$$

gesetzt werden kann.

Weil die Walzenlänge für $\mathfrak{F} = 1{\cdot}57$ verschwinden soll und nach der Erfahrung für große $\mathfrak{F}$ das Verhältnis $\frac{l_1}{l} \to 1$ zustrebt, wird für die Walzenlänge

$$l_1 \cong 9{\cdot}0\,y \cdot (\mathfrak{F} - 1{\cdot}57) \tag{75}$$

gesetzt.

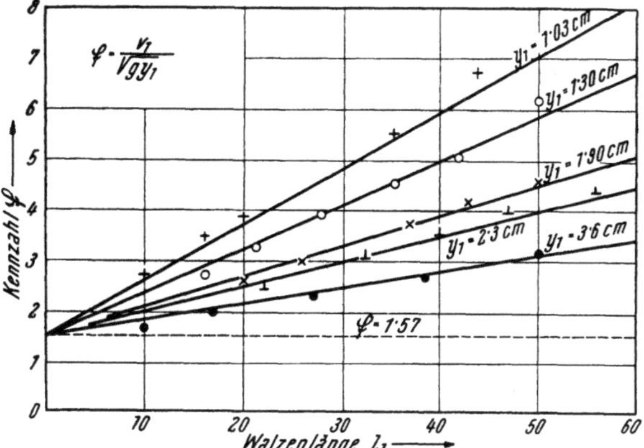

Abb. 256. Berechnetes Strahlenbündel $l_1 = 9\,y_1\,(\mathfrak{F} - 1{\cdot}57)$ und Versuchsergebnisse J. EINWACHTERS in Cambridge, USA

Die nach (75) berechneten Walzenlängen stimmen mit den von J. EINWACHTER[2]) gemessenen recht gut überein (Abb. 256).

Zum Zwecke weiterer Aussagen soll der Einfluß der Stromfadenkrümmung abgeschätzt werden, der in einem Druckabfall in der Richtung zum Krümmungsmittelpunkt

$$\frac{\partial p}{\partial n} = -\frac{\gamma}{g} \cdot \frac{v^2}{R}$$

besteht, wenn R den Krümmungsradius darstellt.

Es soll nun die Oberfläche des Schußstrahls durch eine Zylinderfläche ersetzt werden, deren Kreisspur durch die Punkte A und B der Querschnitte I und II in Abb. 257 geht. Dann folgt mit $\Delta y = y_2 - y_1$ die Beziehung

$$(2R - \Delta y) \cdot \Delta y = l^2, \tag{76}$$

---

[1]) Mitt. d. hydraul. Inst. d. Techn. Hochschule München, **4**, Berlin-München 1931.
[2]) Wassersprung u. Deckwalzenlänge, Wasserkr. u. Wasserwirtsch., München 1935.

die zur Ermittlung von R dient. Mit der Voraussetzung, daß der Druckabfall zum Krümmungsmittelpunkt linear mit der Tiefe n unter der Schußstrahloberfläche abnimmt, also dort der Druckanstieg mit der Tiefe

$$\frac{\partial p}{\partial n} = 1 + \frac{y_1 - n}{y_1} \cdot \frac{v_1^2}{gR}$$

beträgt, folgt für die Druckverteilung längs der Lotrechten

$$p = \gamma \left(n + \frac{v_1^2}{gR} \cdot \int_0^n \frac{y_1 - n}{y_1} \cdot dn \right) = \gamma \left\{ n + \frac{2y_1 - n}{2y_1} \cdot n \cdot \frac{v_1^2}{gR} \right\}$$

und der Druck auf den Querschnitt $y_1 \cdot 1$ ist dann

$$P = \int_0^{y_1} p \cdot dn = \frac{\gamma y_1^2}{2} \left(1 + \frac{2}{3} \frac{v_1^2}{gR} \right),$$

woraus sich die mittlere Druckhöhe ergibt

$$\frac{P}{\gamma \cdot y_1} = \frac{y_1}{2} \left(1 + \frac{2}{3} \frac{v_1^2}{gR} \right).$$

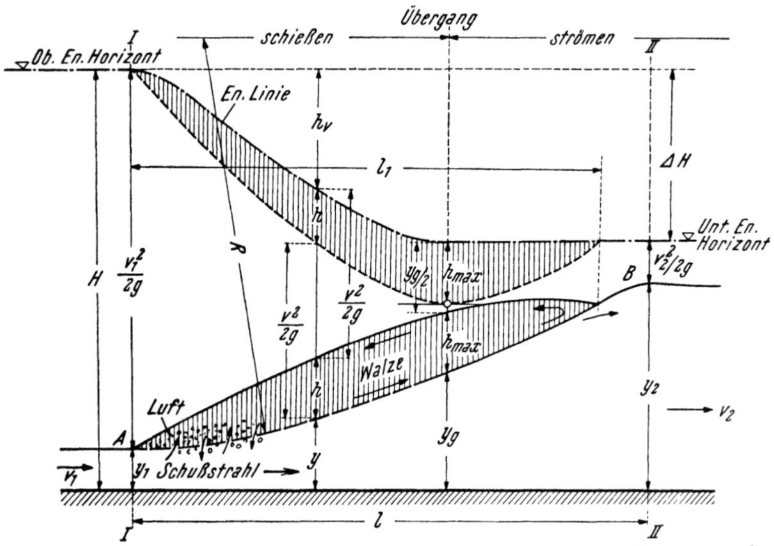

Abb. 257. Freier Wassersprung mit Deckwalze. Im Übergangsquerschnitt ist $\dfrac{dh}{dx} = 0$ und $\dfrac{dh_v}{dx} = 0$

Ist z. B. gegeben $y_1 = 6$ cm, $\mathfrak{F} = 4$ und somit $v_1 = \mathfrak{F}\sqrt{gy_1} = 307$ cm/sec, so folgt aus (69) $y_2 = 5\cdot15\, y_1 = 30\cdot9$ cm.

Die Sprunglänge ist $l \cong 9\, y_1 (\mathfrak{F} - 1\cdot0) = 162$ cm, also ist aus (76)

$$R = \frac{1}{2} \cdot \left(\frac{l^2}{\Delta y} + \Delta y \right) = 539\cdot4\ \text{cm, so daß}\ \ \frac{P}{\gamma y_1} = \frac{y_1}{2}\,(1 + 0\cdot119)$$

und somit im Querschnitt I die Druckerhöhung infolge Krümmung etwa $11\cdot9\%$ beträgt. Entsprechend den Bezeichnungen in Abb. 257, wo h_v die jeweilige Verlusthöhe und h die Wassersäulenhöhe der Walze ist, lautet die Energiegleichung für irgendeinen zwischen I und II gelegenen Querschnitt

$$y + \frac{v^2}{3\,g\,R} + h + \frac{v^2}{2g} + h_v = H = \text{const}$$

und nach Einführung von $v = \dfrac{Q}{y}$ folgt durch Differenzieren

$$\frac{dy}{dx}\left\{1 - \frac{Q^2}{g\,y^3}\left(1 + \frac{y}{3\,R}\right)\right\} + \frac{dh}{dx} + \frac{dh_v}{dx} = 0. \tag{77}$$

Nun ist $\dfrac{y}{3\,R} \lll 1$, im vorigen Beispiel etwa höchstens $\dfrac{30\cdot9}{1618\cdot2} \sim 1\cdot9\%$, so daß die Krümmung nicht weiter berücksichtigt wird. Für den Übergang vom Schießen zum Strömen (Grenztiefe y_g) verschwindet der Klammerausdruck in (77) und die Summe der beiden Differentialquotienten, bzw. jeder einzelne $\dfrac{dh}{dx}$ und $\dfrac{dh_v}{dx}$ muß Null sein. Weil h_v in der Fließrichtung stets zunimmt, so erkennt man, daß für einen stationären Übergang eine sich einschaltende, aus der Walze herrührende Auflast $\gamma \cdot h$ zur zwingenden Notwendigkeit wird[1]). Dies ist aus der Abbildung zu ersehen, in welcher die Walzenhöhe h ohne Rücksicht auf die Luftbeimischung von der Energielinie nach abwärts aufgetragen worden ist (gestrichelt gezeichnete Linie). Für die Strömungsenergie im Schußstrahl tritt ein Minimum auf, und zwar an der Stelle, wo die Grenztiefe y_g herrscht und h_{max} liegt. Stromauf von dieser Stelle ist der Übergang nicht möglich, weil $\dfrac{dh}{dx}$ und $\dfrac{dh_v}{dx}$ gleiches Vorzeichen haben, weshalb der Übergang entweder an dieser Stelle selbst oder stromabwärts von derselben erfolgen muß. Darüber entscheidet folgende Betrachtung. Indem aus der zerfallenden Grenzschichte des Schußstrahles immer wieder Wasser in die zirkulatorische Walze gelangt und wieder abgegeben wird, wird in der Zeit der Erneuerung des Walzeninhalts eine Nebenarbeit $\gamma \cdot h_s \cdot \int h\,dx$ geleistet, wenn h_s die Schwerpunktshöhe ist. Diese potentielle Energie wird nur zum Teil als kinetische Energie wiedergewonnen und ist um so kleiner, je kleiner der Walzenquerschnitt $\int h\,dx$ und mit diesem h_s ist. Unter der Voraussetzung, daß diese Nebenarbeit und somit $\int h\,dx$ möglichst klein ist, wird entsprechend der Darstellung die Energieumsetzung so erfolgen, daß sie auf der Strecke vom Walzenbeginn bis zur Stelle $y = y_g$ schon zum größten Teil vollzogen ist. Das entspricht dem Sonderfall von (77), daß am Orte des Überganges

$$\frac{dh}{dx} = 0 \quad \text{und} \quad \frac{dh_v}{dx} = 0$$

ist. Daß der größte Teil der Energieumsetzung in Wärme sich in einem beschränkten Bereich der Verwirbelungszone vollzieht, ist durch eine der subtilsten Untersuchungen auf diesem Gebiet, jene von G. A. Oosterholt[2]), nachgewiesen worden.

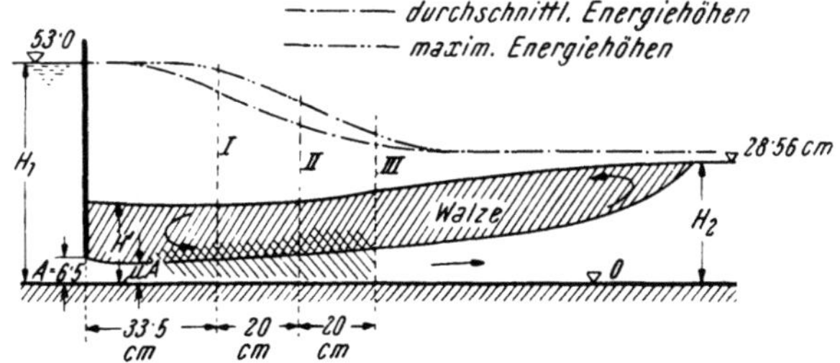

Abb. 258. Versuch von G. A. Oosterholt. Gerinnebreite 50 cm $Q = 56\cdot25$ *sl.* |||||||||| Sitz der Verzehrung mech. Energie

In einem 50 cm breiten Glasgerinne wurde durch Hochziehen eines Schützes ein „rückgestauter" Wassersprung[3]) erzeugt, dessen Ausmaße aus Abb. 258

---

[1]) Beim gewellten Sprung spielt die Grundwalze eine ähnliche Rolle.

[2]) An investigation of the energy dissipated in a surface roller. Delft 1947.

[3]) Bei einem „freien" Wassersprung sind die Messungen erschwert durch Luftbeimischung und die äußerst ungeordnete Bewegung in der Walze.

zu entnehmen sind. Mittels Staurohr wurden Größe und Richtung der Geschwindigkeit gemessen in den Querschnitten I, II und III, deren Durchflüsse etwas voneinander abwichen, infolge der Geschwindigkeitsschwankungen und $56{\cdot}25$, $59{\cdot}95$ bzw. $61{\cdot}35$ sl betrugen. Die mittlere Verteilung der Geschwindigkeit und des Druckes in der Lotrechten wurden aus den Messungen in der Waagrechten ermittelt (Abb. 259). Es wurde ein durchschnittliches Stromliniennetz entwickelt, mit den hiezu senkrechten Scharen und die Schubspannungen $\tau_{ns} = \eta \cdot \dfrac{\partial v}{\partial n}$ bestimmt nach einer von J. M. BURGERS entwickelten

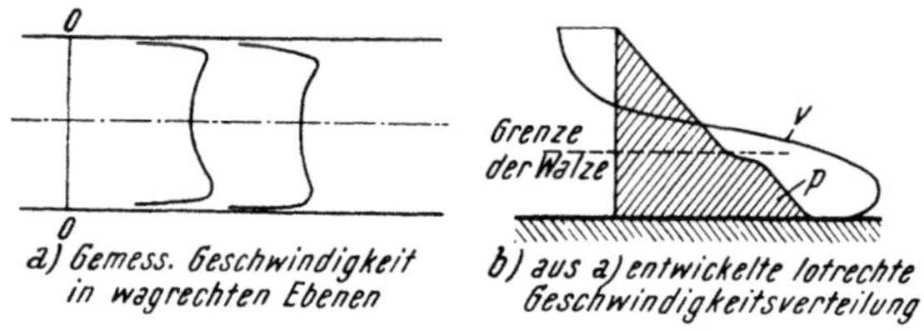

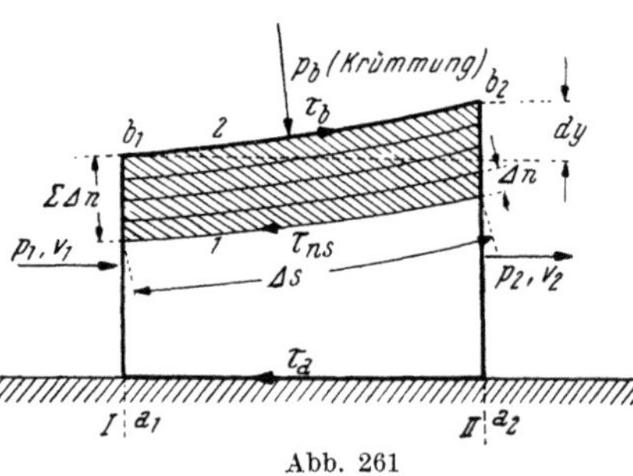

Abb. 259. Zum Versuche OOSTERHOLTS

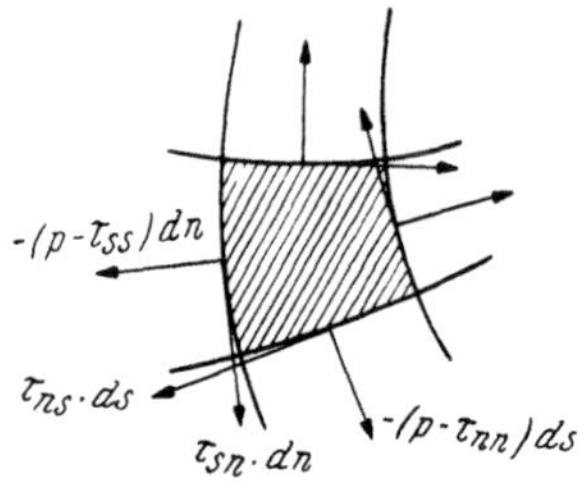

Abb. 260. Flächenkräfte am Massenelement

Methode. Die an einem Element angreifenden Kräfte sind in Abb. 260 dargestellt. Beziehen sich die Indizes auf die Querschnitte I und II, so gilt für die zwischen diesen und zwei Stromlinien befindliche Masse

$$(\tau_{ns} \cdot ds^2)_2 - (\tau_{ns} \cdot ds^2)_1 \gtrsim \int\limits_{I}^{II} dn \cdot \varrho g \cdot \frac{\partial H}{\partial s} \cdot ds^2, \qquad (75\,\mathrm{a})$$

wenn $H = \dfrac{v^2}{2g} + z + \dfrac{p}{\varrho g}$ die gesamte Energiehöhe ist. Für die praktische Berechnung wurde (75a) in Differenzenform gebracht, und zwar

$$[\tau_{ns} \cdot (\varDelta s)^2]_2 - [\tau_{ns} \cdot (\varDelta s)^2]_1 = \sum_{1}^{2} \varDelta n \cdot \frac{\varDelta H}{\varDelta s} \cdot (\varDelta s)^2 = \sum_{1}^{2} \varDelta n \cdot \varDelta H \cdot \varDelta s.$$

Die Rechnung wurde an der Sohle begonnen, wo die Reibung vernachlässigbar war. Denn mit $\psi = 0{\cdot}0040$ nach MISES (Glas $k = 0{\cdot}5 \cdot 10^{-6}$ cm und $Re = 27\,900$) ist bei $R_h = 1{\cdot}5$ cm und $v = 223$ cm/sec das Reibungsgefälle

$$J = \frac{\psi v^2}{2 g R_h} = 0{\cdot}0675,$$

also $\tau_0 = \gamma R_h \cdot J \sim 0{\cdot}109\ \mathrm{g/cm^2}.$

Eine theoretische Schätzung des Einflusses der Krümmung ergab, daß bei ihrer Vernachlässigung der Fehler in τ_{ss} bzw. τ_{nn} höchstens 10% von $\varrho g \dfrac{\partial H}{\partial s}$ betragen kann. Es kann nun τ_{ns} mittels

Abb. 261

Anwendung des Impulssatzes auf die Masse zwischen der Sohle, einer Stromlinie und zwei Querschnitten ermittelt werden. Und zwar ist nach Abb. 261

$$\int\limits_{a_2}^{b_2} \varrho v_2^2\,dy - \int\limits_{a_1}^{b_1} \varrho v_1^2\,dy = \int\limits_{a_1}^{b_1} p_1 \cdot dy - \int\limits_{a_2}^{b_2} p_2\,dy + \int\limits_{I}^{II} p_b \cdot \frac{\partial y}{\partial s} \cdot ds - \int\limits_{I}^{II} \tau_a \cdot ds_a + \int\limits_{I}^{II} \tau_b \cdot \frac{\partial x}{\partial s} \cdot ds_b$$

und es folgt zum Zwecke der praktischen Berechnung

$$\sum_{a_2}^{b_2} (p + \varrho \cdot v^2)\Delta y - \sum_{a_1}^{b_1} (p + \varrho v^2)\Delta y + \tau_a \cdot \Delta s_a - p_b \cdot \Delta y \gtrless \tau_b \cdot \Delta y.$$

Schließlich ergab sich die in Abb. 262 dargestellte lotrechte Verteilung der Schubspannungen τ_{ns} zwischen I und II. Ähnlich war der Verlauf zwischen II und III. Für den Verlust an mechanischer Energie (Abschn. L 2) wurde erhalten

$$W = \tau_{ns} \cdot \left(\frac{v}{R_k} + \frac{\partial v}{\partial n}\right),$$

wo $R_k = $ Krümmungsradius {Gl. (17) in L II}.

Die nach Tabellen geordnete Rechnung ergab z. B. zwischen II und III die in Abb. 263 dargestellte Verteilung von W längs der Lotrechten.

Die turbulente Reibung war etwa 10- bis 20mal so groß wie die Sohlenreibung

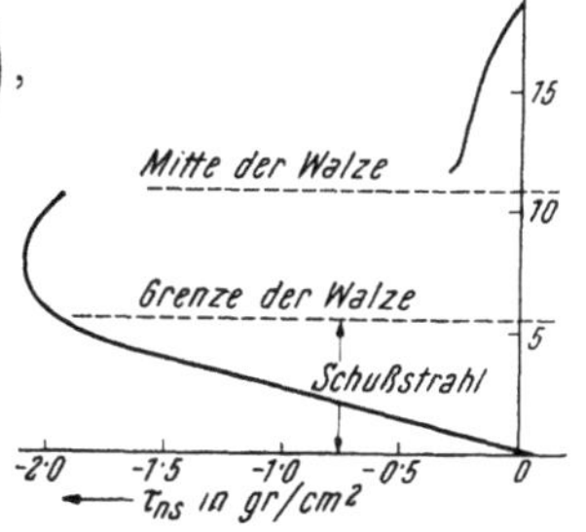

Abb. 262.
Verteilung der Schubspannung τ_{ns} in der Lotrechten nach OOSTERHOLT

Abb. 263.
Lotrechte Verteilung der umgewandelten mech. Energie W

und der Energieumsatz vollzog sich in einem beschränkten Bereich der Verwirbelungszone zwischen Schußstrahl und Walze, auf einer Länge, die etwa die Hälfte der Walzenlänge betrug.

Es ist daher nicht zutreffend[1]), Wasserwalzen als die Träger des Energieumsatzes anzusehen, weil es dann mehr oder weniger aktive Walzen gibt, was vom Verhältnis der Verwirbelungszone zum Volumen der Walze abhängt. Bei großen FROUDEschen Zahlen kann die ganze Walze verwirbelt sein. Man muß zwischen der zirkulatorischen Walzenbewegung und den materiegebundenen Wirbeln, in welche eine Trennungsschicht sich auflöst, wohl unterscheiden. So bildet sich z. B. in einem Buhnenfeld, das zur Auflandung bestimmt ist, eine Walze (Zirkulation) mit lotrechter Achse. Die zwischen dieser und dem Strome liegende Trennungsschichte wird bei lebhafterer Bewegung verwirbelt, und zwar unterhalb des Buhnenkopfes, so daß dort Impulsaustausch und Energieumsatz erfolgt. In dieser

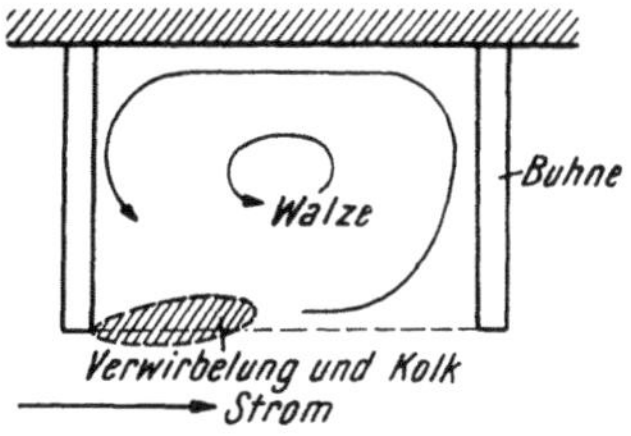

Abb. 264.   Walze im Buhnenfeld

Zone der Wirbel, deren Achsen an der Sohle sehr flach gelegen sind, macht sich ein erhöhter Sohlenangriff bemerkbar und es liegen dort die Kolke (Abb. 264), wie man sich leicht durch Versuche überzeugen kann.

III. Die nichtstationäre Bewegung

Bei dieser Bewegungsart tritt zur Abhängigkeit des Druckes und der Geschwindigkeit vom Orte auch jene von der Zeit hinzu, wodurch die formale Behandlung des verwickelten Bewegungsproblems erschwert wird und ihre Durchführung erheischt dann gewisse vereinfachende Annahmen. Diese Be-

---

[1]) SCHOKLITSCH, A.: Handbuch d. Wasserbaus, II. Aufl. 1. Bd. S. 153, Wien 1950.

wegungsart tritt häufig auf und wird insbesondere bei den modernen hydrotechnischen Anlagen durch Hemmung oder Freigabe des Durchflusses herbeigeführt, wodurch bei den heutigen Ausmaßen obiger Anlagen Wellenerscheinungen ausgelöst werden, die nicht vernachlässigt werden können. Ob es sich dann um eine Hebungswelle (Füllschwall und Stauschwall) oder eine Senkungswelle (Entnahme- und Absperrsunk) handelt, ist für den Aufbau der Gleichungen nicht wesentlich und es sind nur gewisse Vorzeichenänderungen zu beachten.

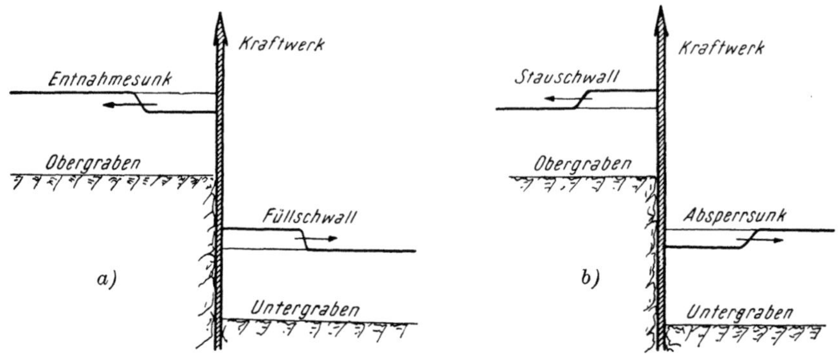

Abb. 265. a) Füllschwall und Entnahmesunk. b) Stauschwall und Absperrsunk

Die obengenannten Erscheinungen sind in den Abb. 265a und 265b dargestellt und es ist mit einem Füllschwall im Unterwassergraben stets ein Entnahmesunk im Oberwassergraben verbunden, wenn die Turbinenbelastung vergrößert wird. Wird letztere jedoch verkleinert, so wird im Obergraben ein Stauschwall und im Untergraben ein Absperrsunk erzeugt.

1. Grundgleichungen für das breite Gerinne. Kleine Wasserstandsänderungen

a) Ohne Berücksichtigung der Krümmung des Wasserspiegels

Um gewisse allgemeingültige Aussagen zu erhalten, soll zunächst unter Vernachlässigung der Krümmung die Bewegungsgleichung aufgestellt werden, die man angenähert erhält, wenn man in der Gl. (34) des Abschnitts G II einfach das nichtstationäre Glied $\frac{1}{g}\frac{\partial v}{\partial t}$ der Eulerschen Bewegungsgleichung hinzufügt, wobei man die ungleiche Geschwindigkeitsverteilung bei größerem Querschnitt durch $\frac{a_1}{g}\frac{\partial v_m}{\partial t}$ berücksichtigt mit $a_1 \cong 1{\cdot}05$.

Man muß nun an Stelle der totalen Differentiale partielle Ableitungen schreiben und erhält so als Grundgleichung

$$J_0 - \frac{\partial y}{\partial x} - \psi \cdot \frac{v_m^2}{2gR_h} = \frac{a}{2g}\frac{\partial v_m^2}{\partial x} + \frac{a_1}{g}\cdot\frac{\partial v_m}{\partial t}. \tag{1}$$

Bedenkt man, daß der Unterschied im Durchfluß zweier benachbarter Profile zur Änderung des Volums des zwischen beiden Querschnitten liegenden Wasserprismas führen muß, so erhält die Kontinuitätsgleichung die Form

$$\frac{\partial Q}{\partial x}\cdot dx + \frac{\partial}{\partial t}(F\cdot dx) = 0 \tag{2}$$

und mit $Q = v_m \cdot F$ folgt schließlich

$$\frac{\partial F}{\partial t} + v_m \cdot \frac{\partial F}{\partial x} + F \cdot \frac{\partial v_m}{\partial x} = 0. \tag{2a}$$

Zur Erleichterung der Lösung von (1) und (2) wird angenommen (Abb. 266) daß die Differenzen zwischen geänderter und normaler Spiegellage $y - y_0 = \eta$ bzw. zwischen geänderter und normaler mittlerer Geschwindigkeit $v_m - v_0 = w$ so klein sein mögen, daß die höheren Potenzen gegenüber den normalen Werten vernachlässigt werden können. Dann folgt für das Reibungsgefälle

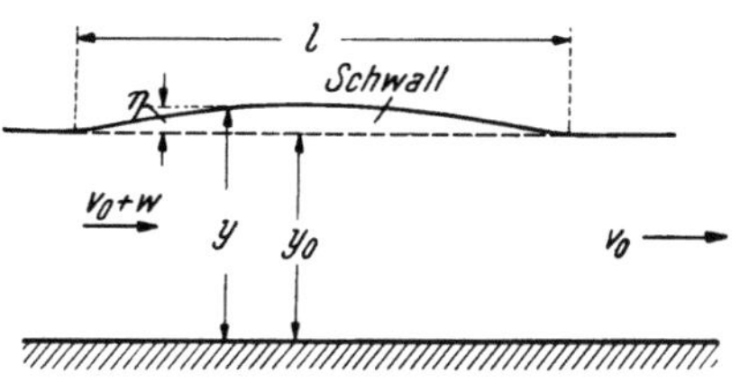

Abb. 266. Schwallwelle

$$\psi \cdot \frac{v_m{}^2}{2gR_h} \cong \frac{\psi(v_0 + w)^2}{2g(y_0 + \eta)} \cong \frac{\psi(v_0{}^2 + 2wv_0)}{2gy_0{}^2} \cdot (y_0 - \eta) \cong \frac{\psi}{2gy_0{}^2} \cdot (v_0{}^2 y_0 + 2v_0 y_0 w - \eta v_0{}^2).$$

Man kann nun $\psi \cong \psi_0$ setzen und

$$J_0 \cong \frac{\psi_0 v_0{}^2}{2gy_0}.$$

so daß mit $\alpha = 1 = \alpha_1$ aus (1) folgt

$$-\frac{\partial \eta}{\partial x} - \frac{\psi_0 v_0 w}{g y_0} + \frac{\psi_0 v_0{}^2}{2 g y_0{}^2} \cdot \eta = \frac{v_0}{g} \frac{\partial w}{\partial x} + \frac{1}{g} \cdot \frac{\partial w}{\partial t}. \tag{3}$$

Ferner wird aus (2a) mit $F = F_0 + B_0 \cdot \eta$, wenn B_0 die Spiegelbreite ist,

$$B_0 \frac{\partial \eta}{\partial t} + \frac{\partial}{\partial x}(F_0 + B_0 \eta)(v_0 + w) = 0$$

und mit $F_0 = y_0 \cdot B_0$

$$\frac{\partial \eta}{\partial t} + v_0 \cdot \frac{\partial \eta}{\partial x} + y_0 \cdot \frac{\partial w}{\partial x} = 0. \tag{4}$$

Zunächst wird $\dfrac{\partial w}{\partial x}$ aus (4) in (3) eingesetzt und so folgt

$$-\frac{\partial \eta}{\partial x} - \frac{\psi_0 v_0 w}{g y_0} + \frac{\psi_0 v_0{}^2}{2 g y_0{}^2} \cdot \eta = -\frac{v_0}{g y_0}\left(\frac{\partial \eta}{\partial t} + v_0 \frac{\partial \eta}{\partial x}\right) + \frac{1}{g}\frac{\partial w}{\partial t}. \tag{5}$$

(5) nach x differenziert ergibt

$$-\frac{\partial^2 \eta}{\partial x^2} - \frac{\psi_0 v_0}{g y_0} \frac{\partial w}{\partial x} + \frac{\psi_0 v_0{}^2}{2 g y_0{}^2} \cdot \frac{\partial \eta}{\partial x} = -\frac{v_0}{g y_0}\left(\frac{\partial^2 \eta}{\partial x \cdot \partial t} + v_0 \frac{\partial^2 \eta}{\partial x^2}\right) + \frac{1}{g}\frac{\partial^2 w}{\partial x \cdot \partial t}. \tag{6}$$

In die Gl. (6) wird nun wieder $\dfrac{\partial w}{\partial x}$ aus (4) und $\dfrac{\partial^2 w}{\partial x \cdot \partial t}$ aus der nach t differenzierten Gl. (4)

$$\frac{\partial^2 \eta}{\partial t^2} + v_0 \frac{\partial^2 \eta}{\partial x \cdot \partial t} + y_0 \frac{\partial^2 w}{\partial x \cdot \partial t} = 0 \tag{7}$$

eingesetzt und so folgt aus (6)

$$-\frac{\partial^2 \eta}{\partial x^2} + \frac{\psi_0 v_0}{g y_0{}^2}\left(\frac{\partial \eta}{\partial t} + v_0 \cdot \frac{\partial \eta}{\partial x}\right) + \frac{\psi_0 v_0{}^2}{2 g y_0{}^2} \cdot \frac{\partial \eta}{\partial x} =$$

$$= -\frac{v_0}{g y_0} \cdot \left(\frac{\partial^2 \eta}{\partial x \partial t} + v_0 \frac{\partial^2 \eta}{\partial x^2}\right) - \frac{1}{g y_0}\left(\frac{\partial^2 \eta}{\partial t^2} + v_0 \frac{\partial^2 \eta}{\partial x \cdot \partial t}\right)$$

und geordnet

$$\frac{\partial^2 \eta}{\partial x^2}\left(1-\frac{v_0^2}{g y_0}\right)-\frac{\partial \eta}{\partial x}\cdot\frac{3\psi_0 v_0^2}{2 g y_0}-\frac{\partial^2 \eta}{\partial x \partial t}\cdot\frac{2 v_0}{g y_0}-\frac{\partial \eta}{\partial t}\cdot\frac{\psi_0 v_0}{g y_0^2}-\frac{\partial^2 \eta}{\partial t^2}\cdot\frac{1}{g y_0}=0. \tag{8}$$

Ein partikuläres Integral von (8) ist

$$\eta = C\cdot e^{mx+nt}, \tag{9}$$

wenn C eine Konstante und m, n Wertepaare sind, die durch die aus (8) folgende Gleichung gekoppelt sind

$$m^2\left(1-\frac{v_0^2}{g y_0}\right)-m\frac{3\psi_0 v_0^2}{2 g y_0^2}-2m\frac{n v_0}{g y_0}-\frac{n\psi_0\cdot v_0}{g y_0^2}-\frac{n^2}{g y_0}=0 \tag{10}$$

oder nach n geordnet

$$n^2+n\left(\frac{\psi_0 v_0}{y_0}+2m v_0\right)+\frac{3}{2}m\psi_0\frac{v_0^2}{y_0}-m^2(g y_0-v_0^2)=0. \tag{11}$$

Hieraus folgt

$$n = -\frac{\psi_0 v_0}{2 y_0}-m v_0\pm\sqrt{\left(\frac{\psi_0 v_0}{2 y_0}+m v_0\right)^2-\frac{3}{2}m\psi_0\frac{v_0^2}{y_0}+m^2(g y_0-v_0^2)}$$

$$= -\frac{\psi_0 v_0}{2 y_0}-m v_0\pm m\sqrt{g y_0}\sqrt{1+\frac{\psi_0^2}{m^2}\cdot\frac{v_0^2}{2 g y_0^3}-\frac{1}{2m}\psi_0\cdot\frac{v_0^2}{g y_0^2}}. \tag{12}$$

Nachdem die Glieder

$$\frac{\psi_0^2}{m^2}\cdot\frac{v_0^2}{2 g y_0^3}\cong\frac{\psi_0}{m^2 y_0^2}\cdot J_0 \quad\text{und}\quad \frac{1}{2m}\psi_0\cdot\frac{v_0^2}{g y_0^2}\cong\frac{1}{m y_0}\cdot J_0$$

gegen 1 vernachlässigt werden können, folgt aus (9)

$$\eta = C\cdot e^{m\left\{x-(v_0\mp\sqrt{g y_0})t\right\}-\frac{\psi_0 v_0}{2 y_0}\cdot t}. \tag{13}$$

Mit dem wichtigen Ansatz $m = \mp k i$, kann mit Rücksicht auf die Beziehung $\sin x = \dfrac{e^{ix}-e^{-ix}}{2i}$ die Gl. (13) auf die Form gebracht werden

$$\eta = A\cdot\sin K\left\{x-\left(v_0\mp\sqrt{g y_0}\right)t\right\}e^{\cdot\frac{-\psi_0 v_0}{2 y_0}t}. \tag{14}$$

Ist zur Zeit $t=0$ eine sinusförmige Schwallwelle gegeben von der halben Länge l (Abb. 266), so daß $k=\dfrac{\pi}{l}$, so gilt als Lösung

$$\eta = A\cdot\sin\frac{\pi}{l}\left\{x-\left(v_0\mp\sqrt{g y_0}\right)t\right\}\cdot e^{\frac{-\psi_0 v_0}{2 y_0}t}, \tag{15}$$

d. h., daß die Welle unter fortwährender Verflachung nach beiden Seiten, nämlich stromauf und stromab fortschreitet, wenn $v_0<\sqrt{g y_0}$ ist, wenn es sich also um einen „Fluß" handelt. Hingegen lauft die Störung bei einem „Wildbach", wenn also $v_0>\sqrt{g y_0}$ ist, nur stromab. Dieser beidseitige Wellenfortschritt ist zuerst von amerikanischen Forschern[1] beobachtet worden und auch schon Gegenstand theoretischer Untersuchungen[2] gewesen.

b) Berücksichtigung der Krümmung des Wasserspiegels[3]

Die Schnelligkeit kann durch Berücksichtigung der Krümmung eine kleine Änderung erfahren, wenn man in der Grundgleichung (3) noch das der Krüm-

---

[1] FORCHHEIMER, PH.: Hydraulik, III. Aufl. S. 256, Leipzig-Berlin 1930.
[2] EXNER, F. M.: Wiener Sitz.-Ber. d. Akad. d. Wiss., Wien 1922.
[3] v. MISES, R.: Elemente der techn. Hydromechanik.

mung entsprechende Zusatzgefälle (siehe Gl. (40) von G II 2) hinzunimmt. Dieses beträgt von einem Oberflächenpunkt nach innen gehend $\frac{v_{ob}^2}{g} \cdot \frac{\partial^2 y}{\partial x^2}$ und wird gegen die ebene Sohle auf Null herabsinken. Es wird dann in jedem Querschnitt der Mittelwert der statischen Höhe um den Betrag $\frac{v_{ob}^2}{g} \cdot \frac{\partial^2 y}{\partial x^2} \cdot \lambda_1 y$ je nach der Krümmung zu vermehren oder zu vermindern sein.

Setzt man wieder $J_0 \cong \psi \frac{v_m^2}{2 g R_h}$, so kann Gl. (1) erweitert werden in

$$\frac{\partial \eta}{\partial x} + \frac{1}{2g} \cdot \frac{\partial v_m^2}{\partial x} + \frac{\partial}{\partial x}\left(\frac{\lambda_1 y \, v_{ob}^2}{g} \cdot \frac{\partial^2 \eta}{\partial x^2}\right) + \frac{1}{g}\frac{\partial v_m}{\partial t} = 0 \tag{16}$$

und weil schon $\frac{\partial^2 \eta}{\partial x^2}$ eine kleine Größe ist, wird

$$\frac{\partial}{\partial x}\left(\frac{\lambda_1 y \, v_{ob}^2}{g} \cdot \frac{\partial^2 \eta}{\partial x^2}\right) = \frac{\lambda_1 y_0 \cdot v_{ob}^2}{g} \cdot \frac{\partial^3 y}{\partial x^3}$$

gesetzt, wo $\lambda \cong \frac{1}{3}$ ist.

Mit Rücksicht auf die Beziehung

$$\frac{\partial v}{\partial t} + \omega \frac{\partial v}{\partial x} = 0, \tag{17}$$

aus welcher der Wert von $\frac{\partial v}{\partial t}$ in (16) eingesetzt wird, folgt mit den früheren Voraussetzungen

$$\frac{\partial \eta}{\partial x} + \frac{1}{g} v_0 \frac{\partial w}{\partial x} + \frac{1}{2g}\frac{\partial w^2}{\partial x} + \frac{v_{ob}^2 \cdot y_0}{3g} \cdot \frac{\partial^3 \eta}{\partial x^3} - \frac{\omega}{g} \cdot \frac{\partial w}{\partial x} = 0 \tag{18}$$

oder

$$\frac{\partial}{\partial x}\left(\eta + \frac{v_0 w}{g} + \frac{w^2}{2g} + \frac{v_{ob}^2 y_0}{3g}\frac{\partial^2 \eta}{\partial x^2} - \frac{\omega}{g} \cdot w\right) = 0.$$

Es ist somit der Klammerausdruck von x unabhängig, was auch für $\eta \rightarrow 0$ und $w \rightarrow 0$ gelten muß. In letzterem Fall ist aber auch $\frac{\partial^2 \eta}{\partial x^2} = 0$, so daß

$$\eta + \frac{v_0 w}{g} + \frac{w^2}{2g} + \frac{v_{ob}^2 y_0}{3g}\frac{\partial^2 \eta}{\partial x^2} - \frac{\omega}{g} w = 0. \tag{19}$$

Aus der Kontinuitätsbedingung folgt

$$(v_0 + w) \cdot (F_0 + B_0 \eta) - v_0 F_0 = \omega B_0 \eta, \tag{20}$$

weil zur Speisung des Schwalles ein erhöhter Zufluß auftreten muß. Es ist somit

$$w = \frac{B_0 \cdot \eta \cdot (\omega - v_0)}{F_0 + B_0 \eta}$$

und es folgt mit diesem Wert aus (19)

$$\frac{(\omega - v_0)^2 \cdot B_0 \cdot \eta}{F_0 + B_0 \eta} - \frac{(\omega - v_0)^2}{2} \cdot \frac{B_0^2 \eta^2}{(F_0 + B_0 \eta)^2} - \frac{v_{ob}^2 y_0}{3} \cdot \frac{\partial^2 \eta}{\partial x^2} = g \eta.$$

Ferner ist nach einiger Zwischenrechnung unter Voraussetzung kleiner η

$$(\omega - v_0)^2 \cong g\left\{\frac{F_0}{B_0}\left(1 + \frac{\eta B_0}{F_0}\right) + \frac{v_{ob}^2}{3g}\frac{y_0}{\eta} \cdot \frac{F_0}{B_0}\left(1 + \frac{\eta B_0}{F_0}\right)\frac{\partial^2 \eta}{\partial x^2}\right\} \cdot \left(1 + \frac{\eta B_0}{2F_0} \cdot \frac{1}{1 + \frac{\eta B_0}{F_0}}\right)$$

$$\cong g\,\frac{F_0}{B_0}\left\{\left(1+\frac{\eta B_0}{F_0}\right)\cdot\left(1+\frac{\eta B_0}{2F_0}\cdot\frac{1}{1+\frac{\eta B_0}{F_0}}\right)+\frac{v_{ob}^2}{3g}\cdot\frac{F_0}{B_0}\left(1+\frac{\eta B_0}{F_0}\right)\frac{\partial^2\eta}{\partial x^2}\right\}$$

$$\cong g\,\frac{F_0}{B_0}\left\{1+\frac{3}{2}\frac{\eta B_0}{F_0}+\frac{v_{ob}^2}{3g}\frac{F_0}{B_0}\left(1+\frac{\eta B_0}{F_0}\right)\frac{\partial^2\eta}{\partial x^2}\right\},$$

und schließlich

$$\omega\cong v_0+\sqrt{g\,\frac{F_0}{B_0}\left\{1+\frac{3}{2}\frac{\eta B_0}{F_0}+\frac{v_{ob}^2}{3g}\left(1+\frac{\eta B_0}{F_0}\right)\frac{\partial^2\eta}{\partial x^2}\right\}}.\qquad(21)$$

Aus (21) ersieht man, daß die Krümmung auf die Schnelligkeit einen Einfluß hat dergestalt, daß bei positiver Krümmung (konvexe Oberfläche, Krümmungsradius ins Innere der Flüssigkeit weisend) eine größere und bei negativer Krümmung eine kleinere Schnelligkeit resultiert. Es muß daher der konvexe Schwallkopf rascher fortschreiten als der konkave Fuß im ganzen genommen, was schließlich zum Kippen führt (Abb. 267). Später wird gezeigt werden, daß dabei auch die Verschiedenheit

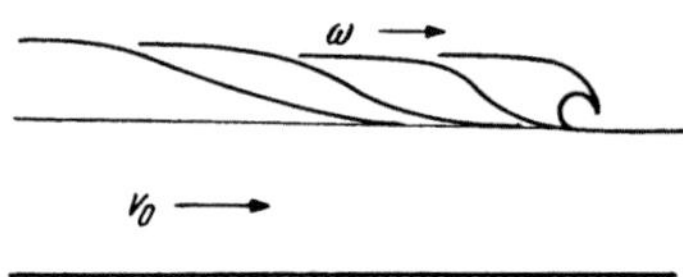

Abb. 267. Voreilen des Schwallkopfes

der Schnelligkeit der verschieden hochgelegenen Wasserteilchen eine ausschlaggebende Rolle spielt. Es kommt so schließlich zur Sprungwelle, die als sich überstürzende Wasserwand heraneilt, wie es beim Eindringen der Flutwelle in den Liman des Tsieng-tang-kiang[1]) der Fall ist (Abb. 268). Ihr Brausen ist meilenweit zu hören und sie vermag infolge der ihr innewohnenden Wucht große Zerstörungen an den Uferschutzwerken anzurichten (Abb. 269).

Die Energie des Schwalles. Betrachtet man eine Wasserscheibe von der Dicke dx, so beträgt die Arbeit, um den Schwall über den Ausgangsspiegel zu heben und somit dessen potentielle Energie

$$E_1=\gamma\cdot B_0\cdot\frac{\eta^2}{2}\cdot dx.$$

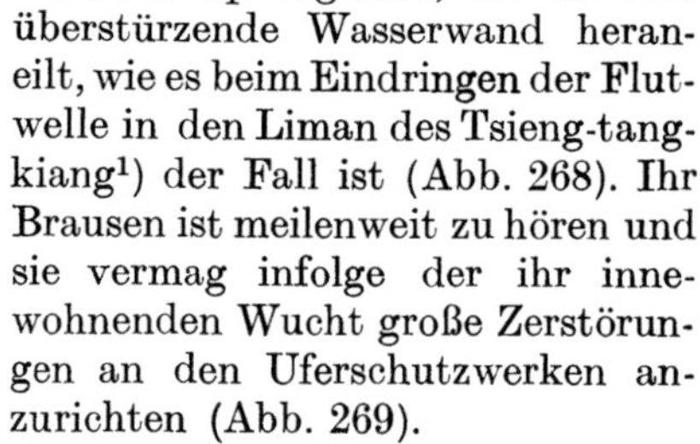

Die kinetische Energie der nachströmenden Wassermasse ist

$$E_2=\varrho\cdot\frac{v_m^2}{2}(F_0+B_0\,\eta)\cdot dx.$$

In ruhendem Wasser $v_0=0$ ist aus (21)

$$\omega\cong\sqrt{\left(\frac{F_0}{B_0}+\frac{3}{2}\,\eta\right)g}$$

und weil

Abb. 269. Zerstörungswerk der Bore am Tsieng-tang-kiang

---

[1]) Die Lichtbilder stammen von DR. NEYER, der längere Zeit an Ort und Stelle gewirkt hat.

$$v_m = \frac{B_0\,\eta \cdot \omega}{F_0 + B_0\,\eta}$$

folgt

$$E_2 = \gamma \cdot \frac{B_0 \cdot \eta^2}{2} \cdot \frac{1 + \dfrac{3}{2}\,\eta\,\dfrac{B_0}{F_0}}{1 + \eta \cdot \dfrac{B_0}{F_0}} \cdot dx \cong \gamma\,\frac{B_0\,\eta^2}{2}\,dx\,.$$

Es ist also die kinetische Energie des Schwalles etwa so groß wie dessen potentielle Energie und die Gesamtenergie beträgt

$$E = \gamma\,B_0\,\eta^2\,dx\,.$$

Bei der vorausgesetzten Reibungslosigkeit bleibt der Energieinhalt des Schwalles, der das Doppelte der potentiellen Energie ist, erhalten. Also bleibt die potentielle Energie $\gamma \cdot B_0 \int \dfrac{\eta^2}{2}\,dx = \gamma\,B_0\,F \cdot \eta_s$ und hiemit die Schwerpunktshöhe η_s des Längenschnitts F des Schwalles unveränderlich.

2. Behandlung von Schwall und Sunk mittels des Impulssatzes[1])

a) Der Füllschwall

Mittels obigen Satzes können die vorerwähnten Erscheinungen leichter und übersichtlicher behandelt werden. In der Abb. 270 sei der Längenschnitt eines mit ω fortschreitenden Schwalles dargestellt, für den nach den Bezeichnungen der Abbildung die Kontinuitätsgleichung gilt

$$Q_0 + \Delta Q = v_m\,(F_0 + B_0\,\eta) =$$
$$= \omega \cdot \eta \cdot B_0 + F_0 \cdot v_0\,. \qquad (22)$$

Hieraus ist

$$\Delta Q = \omega \cdot \eta \cdot B_0 \qquad (23)$$

und

$$v_m = \frac{B_0\,\omega \cdot \eta + F_0\,v_0}{F_0 + B_0\,\eta}\,. \qquad (24)$$

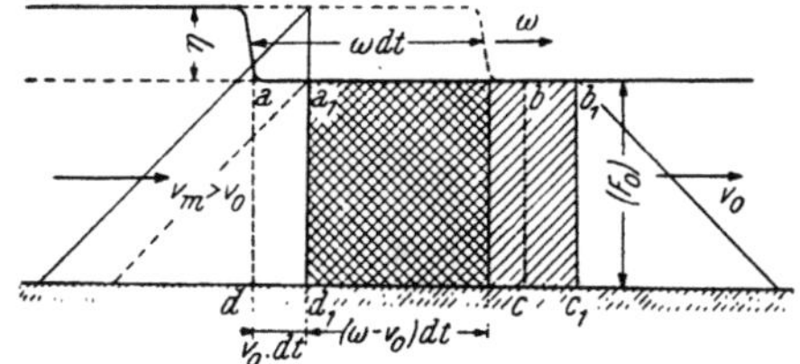

Abb. 270. Abwärtsschreitender Schwall

Betrachtet man die begrenzte Wassermasse $a\,b\,c\,d$, die sich in der Zeit dt nach $a'b'c'd'$ um das Stück $v_0\,dt$ verschiebt, so wird diese infolge des Voreilens des Schwalles um $(\omega - v_0) \cdot dt$ von diesem überlagert, so daß die Masse $\varrho\,F_0 \cdot (\omega - v_0) \cdot dt$ eine Änderung der Geschwindigkeit von v_0 auf v_m erhält. Also beträgt die Impulsänderung in der Zeiteinheit

$$\varrho \cdot F_0\,(\omega - v_0) \cdot (v_m - v_0)\,.$$

Von den Kräften kommen nur die an den Querschnittsflächen wirkenden Drücke in Betracht, gegen welche die Reibung verschwindet. Somit lautet die Impulsgleichung

$$\varrho \cdot F_0 \cdot (\omega - v_0) \cdot (v_m - v_0) = \gamma \cdot F_0\,\eta + \gamma \cdot \frac{\eta^2}{2}\,B_0\,. \qquad (25)$$

Mit v_m aus (24) folgt aus (25)

$$\frac{F_0\,(\omega - v_0) \cdot (\omega - v_0)\,B_0\,\eta}{F_0 + B_0\,\eta} = g\,F_0\,\eta + g\,\frac{\eta^2}{2}\,B_0$$

---

[1]) B. DE SAINT VENANT: Comptes Rendus, Paris 1870, hat als erster diese Methode angewendet.

oder nach einiger Rechnung

$$\omega = v_0 + \sqrt{g\left(\frac{F_0}{B_0} + \frac{3}{2}\eta - \frac{\eta^2 B_0}{2 F_0}\right)} \tag{26}$$

und bei einem Rechteckgerinne mit $\dfrac{F_0}{B_0} = y_0$

$$\omega = v_0 + \sqrt{g y_0\left(1 + \frac{3}{2}\frac{\eta}{y_0} + \frac{\eta^2}{2 y_0^2}\right)} \approx v_0 + \sqrt{g y_0\left(1 + \frac{3}{2}\frac{\eta}{y_0}\right)}. \tag{27}$$

Die aus den Gl. (23) und (26) ermittelte Schnelligkeit ω und Schwallhöhe η stimmen recht gut mit Versuchen überein, die P. Böss[1]) in einem rechteckigen Laboratoriumsgerinne durchgeführt hat (Abb. 271).

Für praktische Zwecke genügt es, vorerst mit

$$\omega = v_0 + \sqrt{g\frac{F_0}{B_0}} \quad \text{und} \quad \eta = \frac{\Delta Q}{B_0 \cdot \omega}$$

zu rechnen und den verbesserten Wert aus

$$\omega_1 = v_0 + \sqrt{g\left(\frac{F_0}{B_0} + \frac{3}{2}\eta\right)}$$

und

$$\eta_1 = \frac{\Delta Q}{B \omega_1}$$

zu bestimmen.

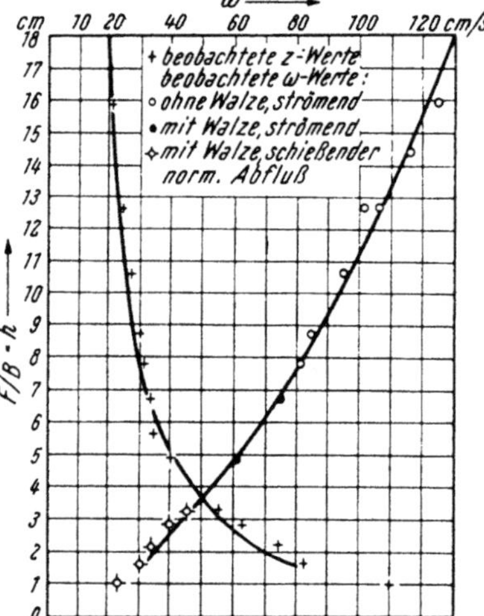

Abb. 271. Vergleich der Rechnungsergebnisse mit den Versuchsergebnissen von Böss

Beispiel

Der trapezförmige Querschnitt einer modernen Kraftwasserstraße habe folgende Ausmaße: $B_0 = 45$ m, Tiefe $y_0 = 3{\cdot}0$ m, $F_0 = 121{\cdot}5$ m². Bei Entleerung einer Schiffszug-Schleuse von ca. 2500 m² Grundriß sollen $\Delta Q = 50$ m³/sec in die untere Haltung abgegeben werden. Mit Rücksicht auf den Widerstand bei der Bergfahrt sind 36·45 m³/sec für Kraftnutzung zugestanden worden, so daß im Kanal eine Geschwindigkeit $v_0 = 0{\cdot}30$ m/sec herrscht. Es sind nun die Verhältnisse bei der vorerwähnten Wasserabgabe zu untersuchen.

Es ergibt sich

$$\omega = v_0 + \sqrt{g\frac{F_0}{B_0}} = 0{\cdot}30 + \sqrt{9{\cdot}81 \cdot 2{\cdot}6} = 0{\cdot}3 + 5{\cdot}05 = 5{\cdot}35 \text{ m/sec}$$

$$\eta = \frac{\Delta Q}{B_0 \omega} = \frac{50}{45 \cdot 5{\cdot}35} = 0{\cdot}28 \text{ cm},$$

somit

$$\omega_1 = v_0 + \sqrt{g\left(\frac{F_0}{B_0} + \frac{3}{2}\eta\right)} = 0{\cdot}30 + \sqrt{9{\cdot}81(2{\cdot}6 + 0{\cdot}42)} = 5{\cdot}74 \text{ m/sec}$$

und

$$\eta_1 = \frac{50}{45 \cdot 5{\cdot}74} = 0{\cdot}194 \text{ m}$$

genau genug.

Die mittlere Geschwindigkeit erreicht somit den Wert

$$v = \frac{Q + \Delta Q}{F_0 + B_0 \eta} = \frac{36{\cdot}45 + 50}{121{\cdot}5 + 45 \cdot 0{\cdot}194} = \frac{86{\cdot}45}{130{\cdot}23} \approx 0{\cdot}66 \text{ m/sec} .$$

---

[1]) VDI-Forsch.-Heft **284**, Berlin 1927, ferner FRANK-SCHÜLLER: Schwingungen in den Zu- u. Ableitungskanälen..., Berlin 1933.

Dieser Wert vergrößert sich beim Passieren eines Schiffszuges auf

$$v' = \frac{F_0 + B_0\,r_{i1}}{F_0 + B_0\,r_{i1} - f} \cdot v_m,$$

wobei $f = 20\ m^2$ der Tauchquerschnitt eines Schleppkahnes sei, also auf

$$v' = \frac{130{\cdot}23}{120{\cdot}23} \cdot 0{\cdot}66 = 0{\cdot}71 \ \text{m/sec}.$$

Beträgt die Fahrtgeschwindigkeit $v = 1{\cdot}2$ m/sec, so ist die zugehörige Rückströmungsgeschwindigkeit $v_1 = \dfrac{v\,f}{F_0 - f} = 0{\cdot}236$ m/sec und die relative Geschwindigkeit $v_r = v + v_1 +$

$+\, v_0 = 1{\cdot}736$ m/sec im normalen Fall. Mit Rücksicht auf die Schleusenentleerung jedoch

$$v_r' = v_r + (v' - v_0) = v_r + 0{\cdot}41 = 2{\cdot}146\ \text{m/sec},$$

so daß sich die Fahrtwiderstände etwa wie

$$1{\cdot}736^{2{\cdot}25} : 2{\cdot}146^{2{\cdot}25} = 3{\cdot}38 : 5{\cdot}57$$

verhalten, woraus eine mehr als 60% betragende Steigerung des Fahrtwiderstandes folgt.

Für den Sunk gelten die nämlichen Gleichungen, nur ist η negativ zu nehmen, so daß

$$\omega = v_0 + \sqrt{g\left(\frac{F_0}{B_0} - \frac{3}{2}\eta\right)} \cong v_0 + \sqrt{g\,\frac{F_0}{B_0}}\left(1 - \frac{3}{4}\frac{B_0}{F_0}\eta\right) \tag{28}$$

zu verwenden ist.

Den Sunk hat Bazin durch Verminderung des Zuflusses und Scott-Russel durch Herausziehen eines festen Körpers erzeugt. Sie fanden, daß der Sunk auf die Dauer keine einzelne Welle bildet[1]), sondern immer von vielen Wellen gefolgt wird.

Aber auch die Schwallwellen lösen sich bald in Einzelwellen auf, die verschiedene Höhe haben. Den Hydrotekten interessiert begreiflicherweise der Größte dieser Ausschläge, der vom Verhältnis der durchschnittlichen Schwallhöhe η

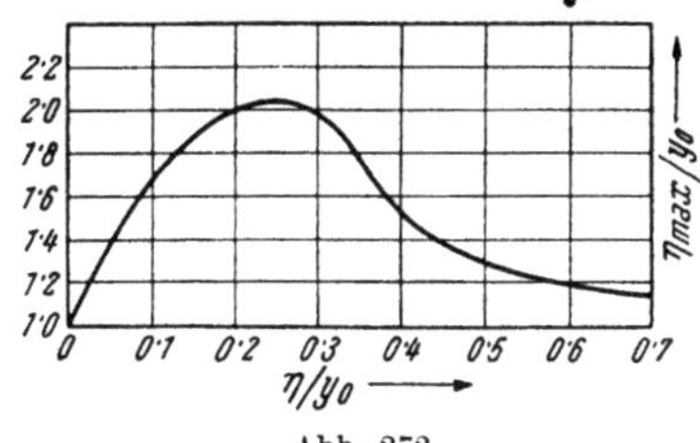

Abb. 272

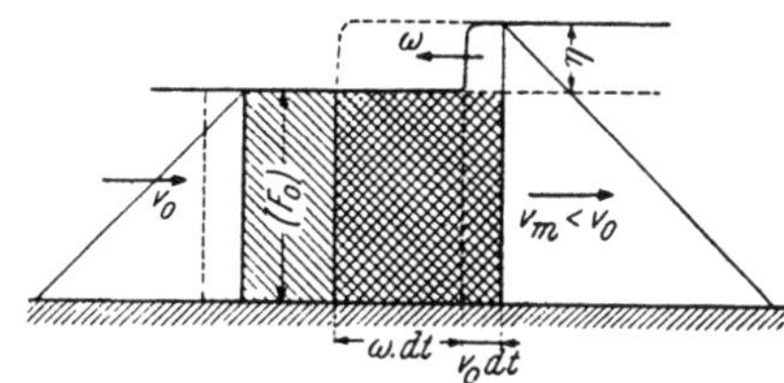

Abb. 273. Aufwärtsschreitender Schwall

zur Wassertiefe y_0 abhängig ist. Favre[2]) hat diese Abhängigkeit ermittelt (Abb. 272) und ist bei etwa $\dfrac{\eta}{y_0} = 0{\cdot}28$ das Verhältnis $\dfrac{\eta_{max}}{\eta} = 2{\cdot}06$, so daß η_{max} mehr als das Doppelte von η aus den Formeln ausmacht. Nach Favre zeigen die Wellen mit $\dfrac{\eta}{y_0} > 0{\cdot}28$ einen brandenden Schwallkopf.

b) Der Stauschwall

Werden im Kraftwerk die Turbinen entlastet, also der Zufluß gedrosselt, so entsteht im Obergraben ein Stauschwall. Mit den Bezeichnungen nach Abb. 273 erhält man als Kontinuitätsbedingung

---

1) Forchheimer: Hydraulik, S. 263 (1930).
2) Étude théorique et expérimental des on des ..., Paris 1935.

$$v_0 \cdot F_0 = v_m \cdot (F_0 + B_0 \eta) + \omega \cdot B_0 \eta, \tag{29}$$

woraus

$$\omega = \frac{F_0 v_0 - v_m (F_0 + B_0 \eta)}{B_0 \eta}.$$

Als Impulsgleichung erhält man für den schraffierten Wasserkörper

$$\varrho \cdot F_0 \cdot (\omega + v_0) \cdot (v_m - v_0) = - \gamma \cdot \eta \cdot F_0 - \gamma \frac{\eta^2}{2} B_0. \tag{30}$$

Setzt man in (30) den aus (29) erhaltenen Wert für ω ein, so folgt

$$- F_0 \cdot (v_m - v_0)^2 \cdot \frac{(F_0 + B_0 \eta)}{B_0 \eta} = - g \eta \left(F_0 + \frac{\eta B_0}{2} \right)$$

oder geordnet bei Vernachlässigung des Gliedes mit η^3

$$\eta^2 - \frac{(v_m - v_0)^2}{g} \eta = \frac{(v_m - v_0)^2}{g} \cdot \frac{F_0}{B_0}, \tag{30a}$$

woraus

$$\eta = \frac{(v_m - v_0)^2}{2g} = \sqrt{\left\{ \frac{(v_m - v_0)^2}{2g} \right\}^2 + \left(\frac{v_m - v_0}{g} \right)^2 \frac{F_0}{B_0}}. \tag{31}$$

Die größte Schwallhöhe wird für $v_m = 0$ bei plötzlichem Abschluß erreicht

$$\eta_{max} = \frac{v_0^2}{2g} + \sqrt{\left(\frac{v_0^2}{2g} \right)^2 + \frac{v_0^2}{g} \frac{F_0}{B_0}}. \tag{32}$$

Gewöhnlich wird allmählich gedrosselt, so daß einer Änderung von η um $d\eta$ eine solche der Geschwindigkeit v_m um dv_m entsprechen wird. Schreibt man (30a) in der Form

$$\frac{\eta}{\sqrt{\eta + \frac{F_0}{B_0}}} = \frac{v_m - v_0}{\sqrt{g}}$$

und differenziert, so folgt

$$\frac{\left(\eta + \frac{2F_0}{B_0} \right) \cdot d\eta}{2 \left(\eta + \frac{F_0}{B_0} \right)^{3/2}} = - \frac{dv_m}{\sqrt{g}},$$

weil einer Zunahme von η um $+ d\eta$ eine Abnahme von v_m auf $v_m - dv_m$ entspricht. Man kann dann angenähert schreiben

$$\frac{\cdot d\eta}{\sqrt{\eta + \frac{F_0}{B_0}}} = - \frac{dv_m}{\sqrt{g}},$$

und nach Integration folgt

$$2 \cdot \sqrt{\left(\eta + \frac{F_0}{B_0} \right) g} = - v_m + C.$$

Nun ist $\eta = 0$, wenn $v_m = v_0$ und somit

$$2 \cdot \sqrt{\left(\eta + \frac{F_0}{B_0} \right) g} - 2 \sqrt{\frac{F_0}{B_0} g} = v_0 - v_m.$$

Wird also auf v_{m1} abgedrosselt, so folgt das zugehörige η_1 mit

$$\eta_1 = \frac{(v_0 - v_{m1})^2}{4g} + (v_0 - v_{m1}) \sqrt{\frac{F_0}{B_0 g}} \tag{33}$$

und bei vollständigem Abschluß ist[1])

$$\eta_{vm=0} = \frac{v_0{}^2}{4g} + v_0 \cdot \sqrt{\frac{F_0}{B_0 g}}. \tag{34}$$

Die obigen Betrachtungen gelten auch für den Absperrsunk, wobei η negativ einzusetzen ist.

Für einen Werkskanal mit $F = 17 \text{ m}^2$, $v_0 = 1\dot{5} \text{ m/sec}$ und $B_0 = 11\dot{0} \text{ m}$ folgt bei plötzlichem Abschluß aus (32) mit $\frac{v_0{}^2}{2g} = 0\dot{1}14$

$$\eta = 0\dot{1}14 + \sqrt{0\dot{1}14^2 + 0\dot{1}14 \cdot \frac{2 \cdot 17}{11}} = 0\dot{7}16 \text{ m}$$

und bei allmählichem Entlasten

$$\eta = 0\dot{0}57 + 1\dot{5}\sqrt{\frac{17}{11 \cdot 9\dot{8}1}} = 0\dot{6}51 \text{ m}.$$

c) Formänderung von Schwall und Sunk

Die Berechnung der Formänderung geht in ihren Grundlagen auf BOUSSINESQ zurück. Denkt man sich den von den Ordinaten zweier benachbarter Spiegelpunkte (Abb. 274) begrenzten Streifen, so wird zwar dessen Höhe η und seine Breite $\varDelta x$ eine Änderung erfahren, nicht aber seine Größe $\eta \cdot dx$. Nun ist, wie aus der Abb. zu ersehen, nach der Zeit $\varDelta t$ die Streifenbreite

$$\varDelta x + \varDelta t \left(\omega + \frac{\partial \omega}{\partial x} \cdot \varDelta x\right) - \varDelta t \cdot \omega =$$
$$= \varDelta x \left(1 + \varDelta t \cdot \frac{\partial \omega}{\partial x}\right) = \varDelta x',$$

wo jetzt ω die veränderliche Schnelligkeit eines Umrißpunktes ist, die mit der Höhe zunimmt. Die Streifenhöhe beträgt nach der Zeit $\varDelta t$

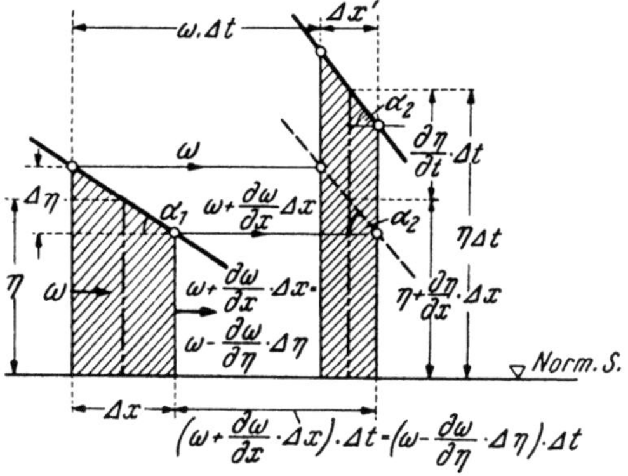

Abb. 274. Der Schwallfortschritt

$$\eta_{\varDelta t} = \eta + \frac{\partial \eta}{\partial t} \cdot \varDelta t + \omega \cdot \frac{\partial \eta}{\partial x} \cdot \varDelta t.$$

Also folgt bei Vernachlässigung der kleinen Größen höherer Ordnung

$$\eta \cdot \varDelta x = \eta_{\varDelta t} \varDelta x \left(1 + \varDelta t \cdot \frac{\partial \omega}{\partial x}\right) = \eta \varDelta x + \left(\frac{\partial \eta}{\partial t} + \omega \frac{\partial \eta}{\partial x} + \eta \frac{\partial \omega}{\partial x}\right) \varDelta t \cdot \varDelta x$$

oder

$$\frac{\partial \eta}{\partial t} + \frac{\partial \eta \omega}{\partial x} = 0 \quad \text{bzw.} \quad \frac{\partial \eta}{\partial t} = -\frac{\partial \eta \omega}{\partial x}. \tag{35}$$

Nun ist aus (26) mit $v_0 = 0$ und Vernachlässigung kleiner Glieder von η

$$\omega \simeq \sqrt{g y_0 \left(1 + \frac{3}{2} \frac{\eta}{y_0}\right)}, \tag{36}$$

---

[1]) FEIFEL, E.: VDI-Forsch.-Heft **205**, Berlin 1918.

wobei jetzt η die veränderliche Höhe des Umrißpunktes über dem ungestörten Spiegel bedeutet. Also ist

$$\frac{\partial \eta}{\partial t} \cong -\frac{\partial}{\partial x}\,\eta \cdot \sqrt{g y_0 \cdot \left(1 + \frac{3}{2}\frac{\eta}{y_0}\right)} = -\sqrt{g y_0}\left(1 + \frac{3}{2}\frac{\eta}{y_0}\right)\frac{\partial \eta}{\partial x}, \tag{37}$$

und der Schwallumriß (Längenschnitt) ist gegeben durch das Integral von (37)

$$x = \sqrt{g y_0} \cdot \left(1 + \frac{3}{2}\frac{\eta}{y_0}\right)t + f(\eta)_0, \tag{38}$$

wenn $f(\eta)_0$ der Umriß zur Zeit $t = 0$ ist. Die Richtigkeit der Lösung wird bestätigt, wenn man aus

$$1 + \frac{3}{2}\frac{\eta}{y_0} = \frac{x - f(\eta)_0}{t\sqrt{g y_0}}$$

die partiellen Ableitungen von η bestimmt und den Quotienten bildet

$$\frac{\partial \eta}{\partial t}\bigg/\frac{\partial \eta}{\partial x} = -\frac{x - f(\eta)_0}{t^2 \cdot \sqrt{g y_0}}\bigg/\frac{1}{t\sqrt{g y_0}} = -\frac{x - f(\eta)_0}{t} = -\left(1 + \frac{3}{2}\frac{\eta}{y_0}\right)\sqrt{g y_0}.$$

Während also der Schwall als Ganzes mit der Schnelligkeit ω nach (36) fortschreitet, wandert ein Umrißpunkt mit $\omega' = \sqrt{g y_0}\left(1 + \frac{3}{2}\frac{\eta'}{y_0}\right)$, wenn η' seine veränderliche Höhe über dem ungestörten Spiegel ist.

Somit wandert der Scheitel $(\eta' = \eta)$ mit $\omega_1 = \sqrt{g y_0} \cdot \left(1 + \frac{3}{2}\frac{\eta}{y_0}\right)$ und der Fuß mit $\omega_2 = \sqrt{g y_0}$, also ist

$$\omega = \frac{\omega_1 + \omega_2}{2} = \sqrt{g y_0} \cdot \left(1 + \frac{3}{2}\frac{\eta}{y_0}\right)$$

wie in Gl. (36).

Der Unterschied der Schnelligkeit zweier Umrißpunkte vom Höhenunterschied $d\eta$ beträgt

$$d\omega = \frac{3}{2}\sqrt{\frac{g}{y_0}} \cdot d\eta.$$

Ist α_1 der Neigungswinkel zur Zeit t und α_2 zur Zeit $t + \Delta t$, so folgt aus Abb. 274

$$\omega \cdot \Delta t + \operatorname{cotg}\alpha_2 \cdot \Delta \eta = \left(\omega + \frac{\partial \omega}{\partial x} \cdot \Delta x\right)\Delta t + \operatorname{cotg}\alpha_1 \cdot \Delta \eta$$

oder

$$\Delta t = \frac{\Delta \eta}{\Delta x} \cdot (\operatorname{cotg}\alpha_2 - \operatorname{cotg}\alpha_1) : \frac{\partial \omega}{\partial x} = (\operatorname{cotg}\alpha_1 - \operatorname{cotg}\alpha_2) : \frac{\partial \omega}{\partial \eta}.$$

Der Schwall bricht, wenn seine Front sich senkrecht gestellt hat, wenn also $\alpha_2 = \frac{\pi}{2}$ und dies tritt ein in der Zeit

$$T = \frac{2}{3}\sqrt{\frac{y_0}{g}}\,\operatorname{cotg}\alpha_1.$$

Für den Entnahmesunk gilt mit negativem η ebenfalls (38), welche Gleichung besagt, daß die Begrenzung der Vorderfront des Sunkes im Längenschnitt jederzeit eine Gerade ist, die durch den Punkt $x = 0$, $\eta = \frac{2}{3}y_0$ hindurchgeht (Abb. 275). Diese aus der unmittelbaren Rechnung hervorgehenden Geraden sind aber nichts anderes als die Tangenten an die BOUSSINESQschen Parabeln im obersten Spiegelpunkt. Denn nach BOUSSINESQ ist

$$x = \left(3\sqrt{g\,(y_0 - \eta)} - 2\sqrt{g\,y_0}\right) \cdot t \qquad (38\,a)$$

und

$$\left(\frac{dx}{d\eta}\right)_{\eta=0} = -\frac{3}{2}\sqrt{\frac{g}{y_0}} \cdot t = -\frac{3}{2}\frac{\sqrt{g\,y_0}\cdot t}{y_0}.$$

Obige Entwicklungen gelten allerdings nur bei Erfüllung der gemachten Voraussetzung kleiner Sunke infolge kleiner Wasserentnahmen. Diese aber

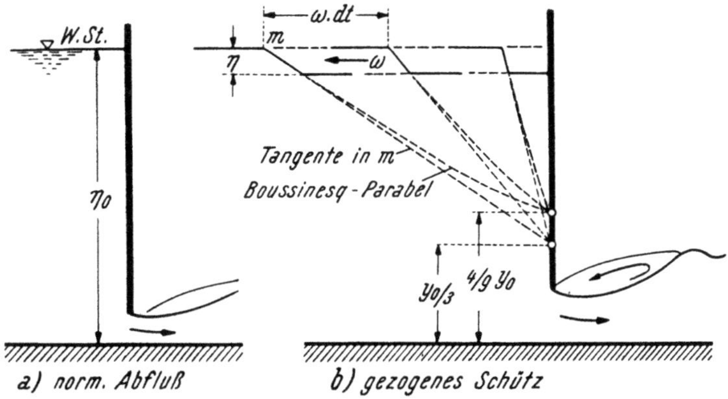

Abb. 275. Der Entnahmesunk

verhalten sich dann so, wie die Rechnung angibt. In der Abb. 276 sind die Ergebnisse von Versuchen dargestellt, die EGIAZAROFF[1]) in einem 30 m langen Kanal mit Rechtecksquerschnitt von 300 mm Tiefe vorgenommen hat. Es sind dargestellt die selbsttätig aufgezeichneten Wasserstandsganglinien, die treppenartig aussehen, weil der Sunk am Kanalende reflektiert worden ist. Die anfänglich fast senkrechte Front des Sunkes wird immer flacher, wie aus den Aufzeichnungen für die Querschnitte in 11·0, 12·5 und 14·0 m Entfernung vom 0-Querschnitt der Schützenöffnung hervorgeht und es schneiden sich die als Gerade anzusprechenden Sunklinien in einem Punkte, der in der Lotrechten im Schützquerschnitt gelegen ist[2]).

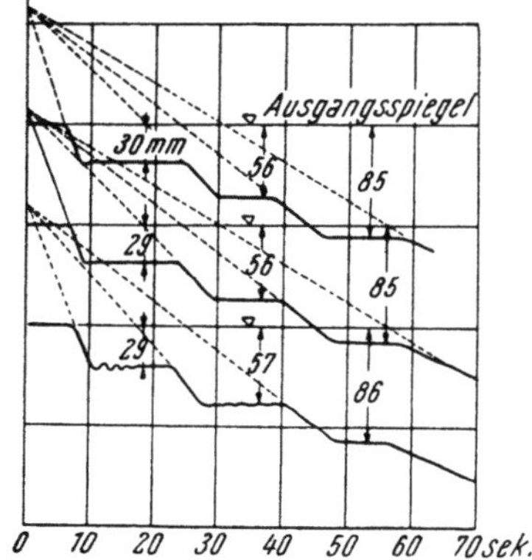

Abb. 276. Sunkversuch von EGIAZAROFF
$y_0 = 300$ mm, Öffnungsdauer 0·3 sec. Versuch 423 nach FRANK-SCHÜLLER

d) Einfluß von Querschnittsänderungen

Schwall und Sunk pflanzen sich so lange mit unveränderter Höhe fort, so lange keine Querschnittsänderungen auftreten. Erfährt der Querschnitt eine Verkleinerung,

---

[1]) Zur Frage der täglichen Regulierung hydroelektrischer Anlagen, mit englischer Inhaltsübersicht, Leningrad 1931.

[2]) Entsprechend der dortigen Auftragung liegt der Punkt oberhalb des Ausgangsniveaus, um das gleiche Maß höher, als er nach Abb. 276 unter dem Ausgangsspiegel gelegen ist.

so wird die Welle im gleichen Sinn verstärkt, gleichgültig ob es sich um einen Schwall oder Sunk handelt, wie in den Abb. 277 und 278 dargestellt erscheint. Tritt hingegen die Welle in vergrößerte Querschnitte, so wird ihre Höhe verringert, wobei der Schwall einen Sunk rücksendet und der Sunk einen Schwall. wie in den Abb. 279 und 280 verdeutlicht ist.

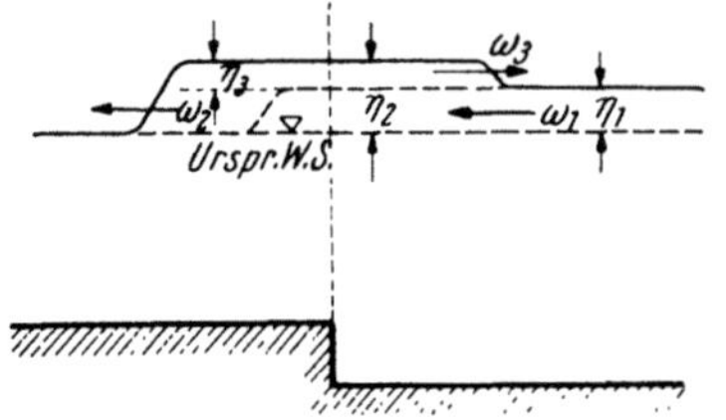
Abb. 277. Einfluß einer Verengung auf den Schwall

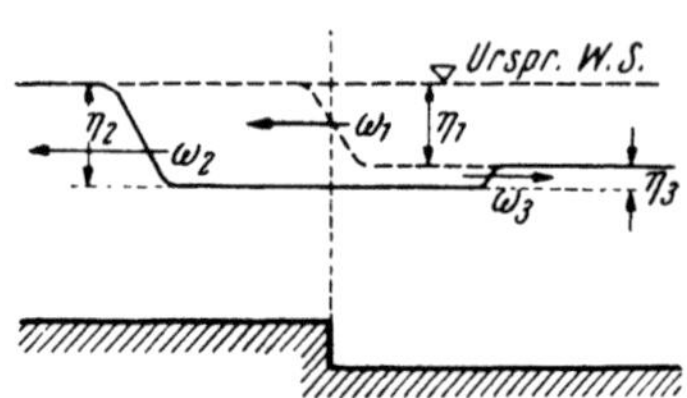
Abb. 278. Einfluß einer Verengung auf den Sunk

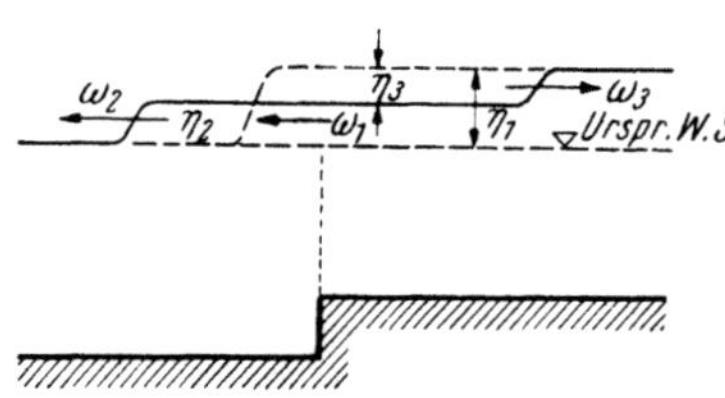
Abb. 279. Einfluß einer Erweiterung auf den Schwall

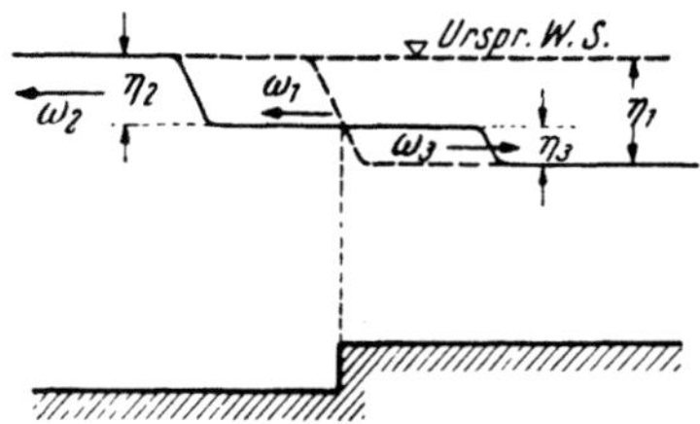
Abb. 280. Einfluß einer Erweiterung auf den Sunk

Die Gesetze, die diesen Erscheinungen zugrunde liegen, sind aus der Bedingung der Raumerfüllung und aus dem Energiesatz abzuleiten. Werden die Indizes 1, 2 und 3 auf die herankommende, weiterlaufende und zurückgeworfene Welle bezogen, so folgt aus der Raumbedingung

$$B_1 \cdot \eta_1 \cdot \omega_1 = B_2 \cdot \eta_2 \cdot \omega_2 + B_3 \cdot \eta_3 \cdot \omega_3. \tag{39}$$

Nach dem Energiegesetz muß die Summe der Energien der weiterlaufenden und der zurückgeworfenen Welle gleich sein jener der herankommenden Welle und es muß also nach S. 257 (oben) gelten

$$\omega_1 B_1 \eta_1^2 = \omega_2 \cdot B_2 \eta_2^2 + \omega_3 \cdot B_3 \cdot \eta_3^2. \tag{40}$$

Erfolgt z. B. der Eintritt eines Schwalles in einen engeren Querschnitt, Abb. 277, so kann $\omega_1 \gtrless \omega_3$ gesetzt werden und weil $B_1 = B_3$ folgt aus (39) und (40)

$$B_1 \omega_1 (\eta_1 - \eta_3) = \omega_2 \cdot B_2 \eta_2 \tag{41}$$

$$B_1 \omega_1 (\eta_1^2 - \eta_3^2) = \omega_2 B_2 \eta_2^2 \tag{42}$$

und aus dem letzten Gleichungspaar ist

$$\eta_1 + \eta_3 = \eta_2 \tag{43}$$

(41) und (43) ergeben

$$\eta_2 = \frac{2 B_1 \omega_1}{\omega_1 B_1 + \omega_2 B_2} \cdot \eta_1 \quad \text{und} \quad \eta_3 = \frac{\omega_1 B_1 - \omega_2 B_2}{\omega_1 B_1 + \omega_2 B_2} \cdot \eta_1. \tag{43a}$$

Beispiel (Abb. 281)

Bei der Abwicklung eines klaglosen Schleusenbetriebes spielen die ober- und unterhalb einer Schleuse gelegenen Vorhäfen eine ausschlaggebende Rolle. Es sind dies etwa 1000 m lange, der Dichte des Verkehrs entsprechend erbreiterte Kanalstrecken, in die die Entleerung der Schleuse unmittelbar erfolgt. Werden 50 m³/sec $= \varDelta Q$, abgegeben, so wird bei $F_1 = 256{\cdot}5$ m²,

$$B_1 = 90 \text{ m}, \quad \omega_1 \cong \sqrt{g \cdot \frac{F_1}{B_1}} = 5{\cdot}29 \text{ m/sec} \quad \text{(genau genug)} \quad \text{und} \quad \eta_1 = \frac{\varDelta Q_1}{\omega_1 B_1} = 0{\cdot}105 \text{ m betragen.}$$

Im anschließenden Kanal mit $F_2 = 121{\cdot}5$ m², $B_2 = 45$ m ist

$$\omega_2 = \sqrt{g \cdot \frac{F_2}{B_2}} = 5{\cdot}14 \text{ m/sec}.$$

Also ist

$$\eta_1 - \eta_3 = \frac{\omega_2 B_2 \eta_2}{B_1 \omega_1} = \frac{231{\cdot}30}{486{\cdot}0} \cdot \eta_2 = 0{\cdot}476 \, \eta_2$$

und mit (43) folgt $2 \eta_1 = 1{\cdot}476 \, \eta_2$ oder $\eta_2 = 0{\cdot}14$ m und schließlich $\eta_3 = \eta_2 - \eta_1 = 0{\cdot}14 - 0{\cdot}105 = 0{\cdot}035$ m.

Es wird also der Schwall von 50 m³/sec zerspalten in einen im Kanal weiterlaufenden Teil $\varDelta Q_2 = \omega_2 \cdot B_2 \cdot \eta_2 = 32{\cdot}38$ m³/sec, während $\varDelta Q_3 = \varDelta Q_1 - \varDelta Q_2 = 17{\cdot}62$ m³/sec zurückgeworfen werden.

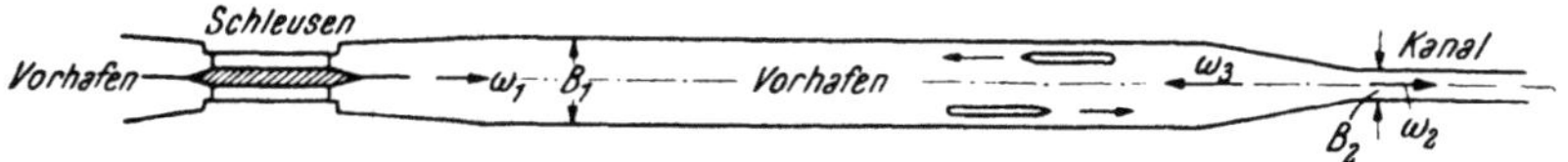

Abb. 281. Schwall im Vorhafen der Schleuse

Nun erfolgt aber der Übergang von der Schleuse zum Vorhafen und von diesem zum Kanal allmählich wie aus Abb. 281 zu ersehen ist. In der Rechnung wird dies folgendermaßen berücksichtigt. Aus (43) und (43a) folgt

$$\frac{\eta_2 - \eta_1}{\eta_1} = \frac{\omega_1 B_1 - \omega_2 B_2}{\omega_1 B_1 + \omega_2 B_2}. \tag{44}$$

Man führt kleine Änderungen ein, so daß

$$\eta_2 = \eta_1 + d\eta_1 \quad \text{und} \quad \omega_2 B_2 = \omega_1 B_1 + d\omega_1 B_1.$$

Somit folgt aus (44)

$$\frac{d\eta_1}{\eta_1} = -\frac{d(\omega_1 B_1)}{2\omega_1 B_1}$$

oder integriert

$$\ln \eta_1 = \ln \frac{1}{\sqrt{\omega_1 B_1}} + \text{const.} \tag{45}$$

(45) gilt aber auch für η_2 mit $\omega_2 B_2$, so daß

$$\ln \frac{\eta_2}{\eta_1} = \ln \sqrt{\frac{\omega_1 B_1}{\omega_2 \cdot B_2}} \quad \text{bzw.} \quad \frac{\eta_2}{\eta_1} = \sqrt{\frac{\omega_1 B_1}{\omega_2 B_2}}$$

resultiert.

Für das vorliegende Beispiel ergibt sich

$$\frac{\eta_2}{\eta_1} = \sqrt{\frac{486{\cdot}0}{231{\cdot}30}} = 1{\cdot}45,$$

somit $\eta_2 = 1{\cdot}45 \cdot \eta_1 = 0{\cdot}152$.

Die weiterlaufende Wassermenge ist also

$$\varDelta Q_2 = \omega_2 \cdot \eta_2 \cdot B_2 = 35{\cdot}16 \text{ m}^3/\text{sec}$$

und der Rest

$$\varDelta Q_3 = \varDelta Q_1 - \varDelta Q_2 = 14{\cdot}84 \text{ m}^3/\text{sec}$$

wird zurückgeworfen.

Jedenfalls ist aus dem Beispiel der günstige Einfluß des Vorhafens auf die hydraulischen Vorgänge zu erkennen[1]).

---

[1]) DANTSCHER, K.: Zschft. f. Wasserkr. u. Wasserwirtsch., München **1940.**

e) Die Dauerform des Schwalles

Diese von SCOTT-RUSSELL[1]) zuerst beobachtete Form der Schwallwelle tritt auf, wenn keine Unterschiede in den Schnelligkeiten bestehen, wenn also nach (21) für ruhendes Wasser

$$\omega \gtreqless \sqrt{g \frac{F_0}{B_0} \cdot \left\{ 1 + \frac{3}{4} \eta \cdot \frac{B_0}{F_0} + \frac{v_{ob}^2}{6g} \frac{y_0}{\eta} \left(1 + \eta \frac{B_0}{F_0} \right) \frac{\partial^2 \eta}{\partial x^2} \right\}} \tag{45a}$$

in allen Umrißpunkten des Schwalles gleich groß ist. Nun ist die Oberflächengeschwindigkeit der Nachströmung $v_{ob} \gtreqless \sqrt{g y_0}$ und für einen Rechtecksquerschnitt mit $F_0 = B_0 \cdot y_0$ folgt

$$\frac{\partial^2 \eta}{\partial x^2} \gtreqless \left(\frac{\omega}{\sqrt{g y_0}} - 1 - \frac{3}{4} \frac{\eta}{y_0} \right) \frac{6 \eta}{y_0^2} \cdot \left(1 - \frac{\eta}{y_0} \right)$$

und mit $\left(\dfrac{\omega}{\sqrt{g y_0}} - 1 \right) = m$ nach Umformung

$$\frac{d^2 \eta}{d x^2} = \left\{ m \frac{\eta}{y_0} - \left(\frac{3}{4} + m \right) \frac{\eta^2}{y_0^2} + \frac{3}{4} \frac{\eta^3}{y_0^3} \right\} \cdot \frac{6}{y_0} . \tag{46}$$

Multipliziert man (46) mit $2 \cdot \dfrac{d\eta}{dx}$, so folgt nach Integration

$$\left(\frac{d\eta}{dx} \right)^2 = 6 \left\{ m \frac{\eta^2}{y_0^2} - \left(\frac{3}{4} + m \right) \frac{2}{3} \frac{\eta^3}{y_0^3} + \frac{3}{8} \frac{\eta^4}{y_0^4} \right\} + c . \tag{47}$$

Nachdem für $\eta = 0$ bei ungestörtem Spiegel $\dfrac{d\eta}{dx}$ verschwindet, ist $c = 0$. Für den höchsten Punkt des Schwallrückens, also für $\eta = \eta_{max}$ ist ebenfalls

$$\left(\frac{d\eta}{dx} \right)_{\eta = \eta_{max}} = 0 .$$

Somit verschwindet der Klammerausdruck und es muß

$$m - \left(\frac{3}{4} + m \right) \cdot \frac{2}{3} \frac{\eta_{max}}{y_0} + \frac{3}{8} \frac{\eta^2_{max}}{y_0^2} = 0$$

sein.

Schließlich ergibt sich bei Vernachlässigung des quadratischen Gliedes

$$\frac{\eta_{max}}{y_0} = \frac{\frac{3}{2} m}{m - \frac{3}{4}} = \frac{\frac{3}{2} \cdot \left(\frac{\omega}{\sqrt{g y_0}} - 1 \right)}{\frac{\omega}{\sqrt{g y_0}} - \frac{1}{4}} .$$

Mit $\omega \sim \sqrt{g y_0} \left(1 + \dfrac{3}{4} \dfrac{\eta}{y_0} \right)$ folgt

$$\frac{\eta_{max}}{y_0} = \frac{3}{2} \frac{\eta}{y_0 - \eta} \quad \text{oder es ist} \quad \eta_{max} \sim \frac{3}{2} \eta , \tag{48}$$

d. h., daß der Rücken der Dauerform der Einzelwelle um die Hälfte der aus (24) und (25) berechneten Schwallhöhe höher zu liegen kommt, worauf bei der Bemessung von im Auftrag gelegenen Kanalprofilen zu achten ist. Die Form des Längenschnitts dieser Einzelwelle wird erhalten, wenn man aus (47) unter Vernachlässigung von $\dfrac{3}{8} \left(\dfrac{\eta}{y_0} \right)^4$

[1]) Report of the 7th meeting of the British Association 1837, London 1838, ferner PH. FORCHHEIMER: Hydraulik, 1930.

$$\frac{d\eta}{dx} = \sqrt{6m - (3+4m)\frac{\eta}{y_0} \cdot \frac{\eta}{y_0}}$$

schreibt.

Mit der neuen Variablen

$$\sqrt{6m - (3+4m)\frac{\eta}{y_0}} = \zeta \quad \text{folgt} \quad \frac{\eta}{y_0} = \frac{6m - \zeta^2}{3+4m}$$

und

$$d\eta = -2\zeta\, d\zeta \cdot \frac{6m}{3+4m} \cdot y_0 ,$$

so daß sich ergibt

$$dx = -12\,m\,y_0 \cdot \frac{d\zeta}{6m - \zeta^2} = -2y_0\sqrt{6m} \cdot \frac{d\dfrac{\zeta}{\sqrt{6m}}}{1 - \dfrac{\zeta^2}{6m}}$$

und

$$x = -2y_0\sqrt{6m}\,\operatorname{Ar\,Tg}\frac{\zeta}{\sqrt{6m}} .$$

Es folgt weiter

$$\frac{\zeta}{\sqrt{6m}} = -\operatorname{Tg}\frac{x}{2y_0\sqrt{6m}}$$

oder

$$6m - (3+4m)\frac{\eta}{y_0} = 6m\,\operatorname{Tg}^2\frac{x}{2y_0\sqrt{6m}} = 6m - \frac{6m}{\operatorname{Cof}^2\dfrac{x}{2y_0\sqrt{6m}}}$$

und schließlich

$$\sqrt{\frac{y_0}{\eta}} = \sqrt{\frac{3+4m}{6m}} \cdot \operatorname{Cof}\frac{x}{2y_0\sqrt{6m}} . \tag{49}$$

Die Welle ist bezüglich der y-Achse symmetrisch und es ist für $x = \infty$ die Erhebung $y = 0$, für

$$x = 0 \text{ ist } \eta_{max} = \frac{6m}{3+4m}\,y_0, \text{ wo } m = \frac{\omega}{\sqrt{g\,y_0}} - 1 \approx \frac{3}{4}\frac{\eta}{y_0};$$

also ist

$$\eta_{max} = \frac{3}{2} \cdot \frac{\eta}{y_0 + \eta} \cdot y_0 \sim \frac{3}{2}\eta ,$$

wobei η die aus (24) und (25) hervorgehende Schwallhöhe gemeint ist. Angenähert in den Punkten mit $\eta = \frac{2}{3}\eta_{max}$ hat die Wellenlinie Wendetangenten.

Schließlich sei einer periodischen Schwallerscheinung, der Wanderwellen, gedacht, wie sie wiederholt und auch vom Verfasser z. B. im 1950 regulierten Büchlbach (Zillertal bei Hippach) gefunden wurde. Bei 110 cm Breite der Sohle (obere Strecke Steinplatten, untere gehobelte Bohlen) und 4 bis 5 cm Wassertiefe im Schwallkopf bzw. 2·5 cm vor demselben, wurden im Beobachtungsprofil ca. 20 vorüberziehende Schwälle pro Minute gezählt. Eine kritische Froudesche Zahl $\mathfrak{F}_{min} = \dfrac{v^2}{l}$ scheint für das Zustandekommen dieses intermittierenden Abflusses mit sägeartigem Längsschnitt des Spiegels maßgebend zu sein. Siehe auch FORCHHEIMER, Hydraulik, III. Aufl., 1930.

H. Mehrdimensionale Behandlung der drehungsfreien Bewegung

I. Grundlagen der Potentialströmung

1. Geschwindigkeitspotential. Randbedingungen

Wie schon aus einigen der vorangegangenen Abschnitte ersichtlich, wird zur befriedigenden Lösung verschiedener Aufgaben die mehrdimensionale Behandlung nötig, deren Grundgleichungen für ideale Flüssigkeiten im Abschnitt C

angegeben worden sind. Es wurde dort der Begriff des Geschwindigkeitspotentials genannt, dessen Existenz aus der Drehungslosigkeit begründet wurde.
Wenn entsprechend (12) in C 4 die Drehungskomponenten verschwinden

$$\mathfrak{u}_x = \frac{1}{2}\left(\frac{\partial w}{\partial y} - \frac{\partial v}{\partial z}\right) = 0$$

$$\mathfrak{u}_y = \frac{1}{2}\left(\frac{\partial u}{\partial z} - \frac{\partial w}{\partial x}\right) = 0 \tag{1}$$

$$\mathfrak{u}_z = \frac{1}{2}\left(\frac{\partial v}{\partial x} - \frac{\partial u}{\partial y}\right) = 0,$$

so muß

$$\frac{\partial w}{\partial y} = \frac{\partial v}{\partial z} \qquad \frac{\partial u}{\partial z} = \frac{\partial w}{\partial x} \qquad \frac{\partial v}{\partial x} = \frac{\partial u}{\partial y}, \tag{2}$$

was der Fall ist, wenn eine stetige differenzierbare Funktion Φ (x, y, z, t) existiert,
deren spezifische Änderung nach irgend einer Richtung die Geschwindigkeit
in dieser Richtung ergibt. Es sind also die Geschwindigkeiten u, v, w in der
x-, y- bzw. z-Richtung gegeben durch

$$u = \frac{\partial \Phi}{\partial x} \qquad v = \frac{\partial \Phi}{\partial y} \qquad w = \frac{\partial \Phi}{\partial z}, \tag{3}$$

so daß in der Richtung $ds = \sqrt{dx^2 + dy^2 + dz^2}$ die totale Änderung von Φ beträgt

$$d\Phi = \frac{\partial \Phi}{\partial x} \cdot dx + \frac{\partial \Phi}{\partial y}\, dy + \frac{\partial \Phi}{\partial z}\, dy = \frac{\partial \Phi}{\partial s} \cdot ds = v_s ds \tag{4}$$

oder es ist

$$u \cdot dx + v \cdot dy + w \cdot dz = v_s ds, \tag{5}$$

wenn $v_s = \sqrt{u^2 + v^2 + w^2}$ ist. Die Flächen gleichen Geschwindigkeitspotentials
$\Phi =$ const werden Äquipotentialflächen genannt und für diese ist laut (4)
$d\Phi = 0 = u \cdot dx + v \cdot dy + w \cdot dz = v_s\, ds$. Diese Gleichung besagt, daß v_s
senkrecht stehen muß auf den Äquipotentialflächen und daß zufolge des Begriffes
der Stromlinien auch diese senkrecht zu den genannten Flächen verlaufen müssen.
Je näher die Äquipotentialflächen aneinanderrücken, desto größer muß nach (4)
die Geschwindigkeit sein.

Sie können sich also nicht durchdringen, weil sonst an den Schnitten ∞ große
Geschwindigkeiten auftreten müßten. Ist die bewegte Flüssigkeit von festen
Wänden begrenzt, so kann an denselben nur eine tangentiale Bewegung herrschen und die Normalkomponente der Geschwindigkeit muß verschwinden,
also $\dfrac{\partial \Phi}{\partial n} = 0$ sein.

Die Potentialtheorie lehrt, daß in einem einfach zusammenhängenden vollkommen mit Flüssigkeit erfüllten und ganz im Endlichen liegenden Raume
bei eindeutigem Φ die Bewegung dann bestimmt ist, wenn für die Begrenzung
Φ bzw. $\dfrac{\partial \Phi}{\partial n}$ bekannt ist oder wenn für einen Teil derselben Φ und für den Rest
derselben $\dfrac{\partial \Phi}{\partial n}$ festgesetzt sind. Dasselbe gilt auch für eine Flüssigkeit, die ∞
ausgedehnt im ∞ ruht und im Innern von einer Fläche begrenzt ist, für die der
Wert $\dfrac{\partial \Phi}{\partial n}$ vorgeschrieben ist[1]. Die Probleme der Potentialströmung sind also

---

[1] LAMB, H.: Hydrodynamik, Leipzig-Berlin 1931.

Randwertaufgaben, weil die gesuchte Funktion Φ in einem bestimmten Bereich der Kontinuitätsgleichung (4) aus C 2 genügen muß, also

$$\frac{\partial u}{\partial x} + \frac{\partial v}{\partial y} + \frac{\partial w}{\partial z} = \frac{\partial^2 \Phi}{\partial x^2} + \frac{\partial^2 \Phi}{\partial y^2} + \frac{\partial^2 \Phi}{\partial z^2} = 0 \tag{6}$$

sein muß, unter gleichzeitiger Erfüllung gewisser Randbedingungen. Die Gl. (6) wird nach ihrem Autor als LAPLACEsche Gleichung bezeichnet. In C 3 wurde für den „Fluß" die Gleichung

$$\int v_n \cdot dF = \int \operatorname{div} \mathfrak{v} \cdot d\tau \tag{7}$$

aufgestellt, die bei Existenz von Φ für eine geschlossene Fläche

$$\int v_n \cdot dF = \int \operatorname{div} \mathfrak{v} \cdot d\tau = \int \left(\frac{\partial^2 \Phi}{\partial x^2} + \frac{\partial^2 \Phi}{\partial y^2} + \frac{\partial^2 \Phi}{\partial z^2} \right) \cdot d\tau = 0 \tag{8}$$

lautet. Sie gilt für ein beliebig großes Gebiet, woraus folgt, daß überall im Innern desselben

$$\frac{\partial^2 \Phi}{\partial x^2} + \frac{\partial^2 \Phi}{\partial y^2} + \frac{\partial^2 \Phi}{\partial z^2} = \triangle \Phi = 0$$

sein muß.

Von großer Wichtigkeit für Aufgaben der Praxis ist die Tatsache, daß Φ in keinem inneren Punkt der Flüssigkeit ein Maximum oder Minimum hat. Denn wäre dies der Fall, so müßte $\dfrac{\partial \Phi}{\partial n}$ auf einer geschlossenen Fläche um diesen Punkt überall entweder $+$ oder $-$ sein, was mit Gl. (8) nicht vereinbar ist. Nach KIRCHHOFF[1]) gilt das gleiche auch für die Geschwindigkeit. Zur weiteren Diskussion wird ein Hilfssatz benötigt, der von STOKES stammt.

Es sei bemerkt, daß mit den Zylinderkoordinaten r, φ und z die Kontinuitätsbedingung (6) die Form annimmt

$$\frac{\partial^2 \Phi}{\partial r^2} + \frac{1}{r} \frac{\partial \Phi}{\partial r} + \frac{1}{r^2} \frac{\partial^2 \Phi}{\partial \varphi^2} + \frac{\partial^2 \Phi}{\partial z^2} = 0. \tag{9}$$

Denn es ist nach Abb. 282 der Unterschied zwischen Ein- und Ausströmung im Raumelement $dr \cdot r \cdot d\varphi \cdot dz = dV$

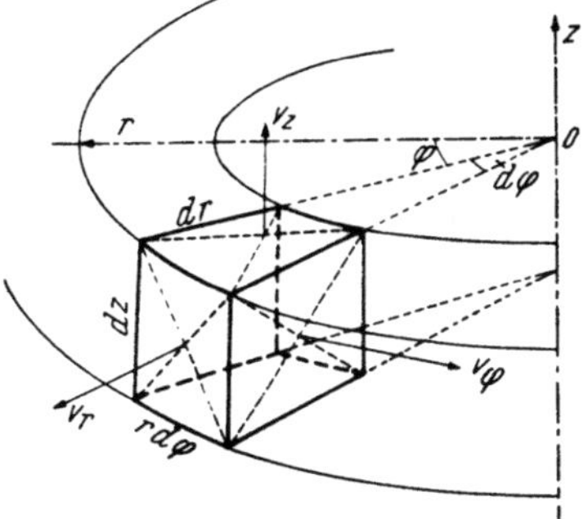

Abb. 282. **Zur Kontinuitätsgleichung in Zylinderkoordinaten**

$$\frac{\partial}{\partial r}(v_r \cdot r \cdot d\varphi \cdot dz)\, dr + \frac{\partial}{r \cdot \partial \varphi}(v_\varphi \cdot dr \cdot dz) \cdot r\, d\varphi + \frac{\partial}{\partial z}(v_z \cdot r \cdot d\varphi \cdot dr)\, dz = 0$$

oder auf die Raumeinheit bezogen

$$\frac{\partial}{\partial r}(v_r \cdot r) + \frac{1}{r} \cdot \frac{\partial v_\varphi}{\partial \varphi} + \frac{\partial v_z}{\partial z} = 0. \tag{10}$$

Die weitere Rechnung mit

$$v_r = \frac{\partial \Phi}{\partial r} \qquad v_\varphi = \frac{1}{r} \cdot \frac{\partial \Phi}{\partial \varphi} \qquad v_z = \frac{\partial \Phi}{\partial z}$$

ergibt dann Gl. (9).

---

[1]) KIRCHHOFF, G.: Vorlesungen über Mechanik, 1876.

2. Die Zirkulation. Satz von Stokes. Satz von Thomson

Ist v_s der Geschwindigkeitsvektor in der Richtung ds, so versteht man nach Lord KELVIN (W. THOMSON) unter Zirkulation das Integral längs einer geschlossenen Linie

$$\Gamma = \oint v_s \cdot ds = \oint (u \cdot dx + v \cdot dy + w \cdot dz) = 0.$$

Dieses muß im Geschwindigkeitsfeld der drehungsfreien Bewegung Null werden, weil das Geschwindigkeitspotential eindeutig ist. Daß die Zirkulation bei drehungsfreier Bewegung verschwinden muß, ergibt sich auch aus folgendem. Die geschlossene Linie möge den Rand einer beliebigen krummen Fläche bilden. Diese wird in kleine Elemente Δf zerlegt, die auch als Elemente der Tangentialebenen gelten können und es wird die Rotation um eine Achse, die in der Normalenrichtung gelegen ist, definiert durch

$$\mathrm{rot}_n \mathfrak{v} = \lim_{\Delta f \to 0} \frac{1}{\Delta f} \oint v_s \cdot ds. \tag{11}$$

Dabei ist die Normalenrichtung stets so gewählt, daß die Umlaufrichtung längs der Grenze des Flächenelements mit n eine Rechtsschraube bildet. Z. B. ist für $\Delta f = \Delta y \cdot \Delta z$, dessen Normale in die x-Richtung fällt nach Abb. 283

$$\oint v_s ds = \left(\frac{\partial w}{\partial y} - \frac{\partial v}{\partial z} \right) \cdot \Delta y \cdot \Delta z = \mathrm{rot}_x \mathfrak{v} \cdot \Delta f_x,$$

wobei $\mathrm{rot}_x \mathfrak{v} = 2\,\mathfrak{u}_x$ ist, wie aus (12) in C 4 zu ersehen ist. Durch zyklisches Vertauschen kann man die anderen Komponenten erhalten, so daß schließlich

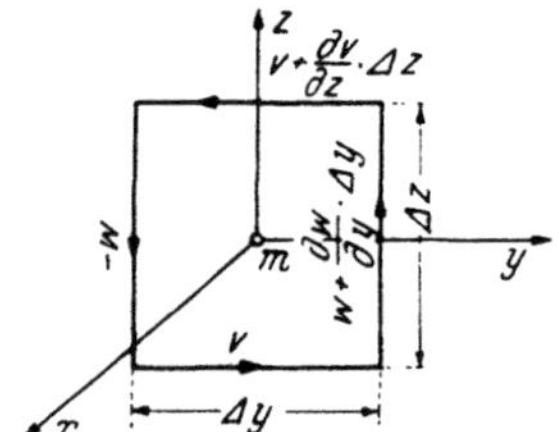

Abb. 283. Zum Satz von STOKES

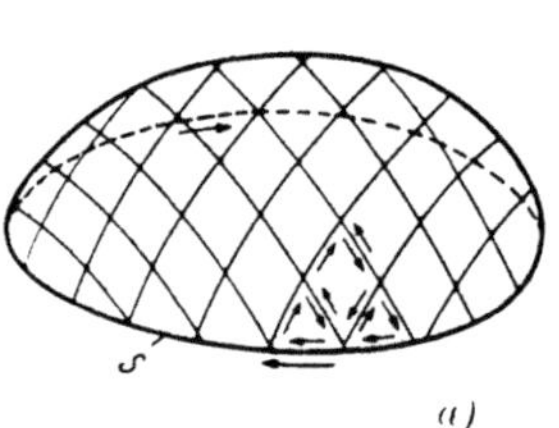

Abb. 284. Zum STOKESschen Satz

für die Resultierende die Gl. (11) folgt. Über die ganze Fläche (Abb. 284a) ergibt die Summation

$$\lim_{m \to \infty} \sum^m \mathrm{rot}_n \mathfrak{v} \cdot \Delta f_m = \lim_{m \to \infty} \sum^m \lim_{\Delta f \to 0} \frac{\Delta f_m}{\Delta f} \oint v_s \cdot ds_m \tag{12}$$

und weil die inneren Begrenzungen s_m benachbarter Gebiete in entgegengesetztem Sinn durchlaufen werden, folgt aus (12)

$$\int \mathrm{rot}_n \mathfrak{v} \cdot df = \oint v_s \cdot ds. \tag{13}$$

Dieser Integralsatz (13) von STOKES besagt, daß die, eine beliebige Fläche durchsetzende, gesamte Wirbelung gleich ist der Zirkulation längs der Berandungslinie. Ist also keine Wirbelung oder Drehung vorhanden, so verschwindet die Zirkulation und dies ist der Fall, wenn die Geschwindigkeit der Gradient von Φ ist, also $v_s = \dfrac{\partial \Phi}{\partial s}$.

Durch (13) wird ein Linienintegral in ein Flächenintegral übergeführt. Ist die Fläche geschlossen (Abb. 284 b), so muß wegen der verschiedenen Normalenrichtung

$$\int v_s \cdot ds = \int \mathrm{rot}_{n_1} \mathfrak{v} \cdot df_1 = - \int \mathrm{rot}_{n_2} \mathfrak{v} \cdot df_2$$

sein, so daß über die ganze Fläche genommen

$$\int \mathrm{rot}_n \mathfrak{v} \cdot df = 0. \tag{14}$$

Ist ein Kräftepotential Ω vorhanden, so lautet die EULER-Gleichung

$$\frac{dv_s}{dt} = -\frac{\partial \Omega}{\partial s} - \frac{1}{\varrho}\frac{\partial p}{\partial s}$$

oder mit ds multipliziert

$$\frac{dv_s}{dt} \cdot ds = \frac{d}{dt}(v_s \cdot ds) - v_s dv_s = -d\left(\Omega + \frac{p}{\varrho}\right)$$

oder

$$\frac{d}{dt}\oint v_s \cdot ds = -\left(\Omega + \frac{p}{\varrho} - \frac{v_s^2}{2}\right)_A^A = 0, \tag{15}$$

womit W. THOMSON[1]) bewiesen hat, daß die Zirkulation längs einer geschlossenen flüssigen, also immer aus den gleichen Teilchen bestehenden Linie zeitlich unveränderlich ist.

Gerät also eine reibungslose Flüssigkeit aus dem Zustand der Ruhe in Bewegung, so muß diese drehungsfrei und somit eine Potentialströmung sein. Den scheinbaren Widerspruch, daß in Flüssigkeiten mit relativ sehr geringer Zähigkeit trotzdem leicht und rasch Wirbel entstehen, hat L. PRANDTL[2]) aufgeklärt, worüber in den späteren Abschnitten gesprochen wird.

Das Geschwindigkeitspotential kann auch mehrdeutig sein, wie aus folgendem zu ersehen ist. Die „Strömung" längs jeder Linie von A bis B ist

$$\int_A^B v_s ds = \Phi_B - \Phi_A$$

und sie ist aber nur dann vom Weg unabhängig, wenn Φ eindeutig ist, was nicht immer der Fall ist. Wird z. B. an einer singulären Stelle mit $v = \infty$ deren nächste Umgebung durch eine geschlossene Kurve 1 vom übrigen Gebiet $ABCD$ getrennt, so entsteht ein zweifach zusammenhängender Raum, der Ring zwischen diesen Kurven. Wenn letzterer einmal geschnitten wird, so können noch immer zwei Punkte dieses Raumes ineinander übergeführt werden, ohne eine Grenze zu überschreiten. Es müßte der Ring ein zweitesmal geschnitten werden, damit letzteres nicht geschehe. Es gilt für den *einmal* geschnittenen Ring das Linienintegral (siehe auch Abb. 350)

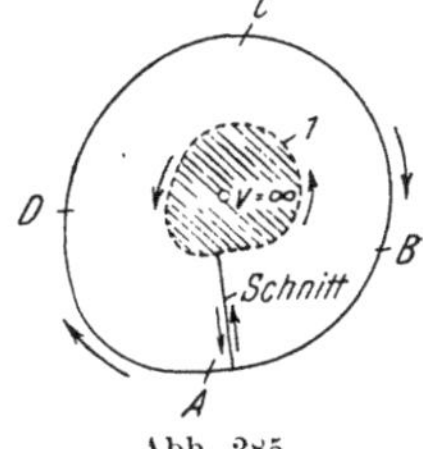

Abb. 285.
Zur Zirkulation

$$\oint_{\mathrm{Ring}} v_s \cdot ds = \oint_A v_s \cdot ds + \int_{\mathrm{Schnitt}} v_s \cdot ds - \oint_{\mathrm{Kurve\ 1}} v_s \cdot ds - \int_{\mathrm{Schnitt}} v_s \cdot ds = 0$$

und weil das Integral über die geschlossene Linie zerlegt werden kann in jenes

[1]) On Vortex Motion, Edinburgh Trans. 1869.
[2]) Vortrag in der Roy. Aeron. Soc. London 1927, Zschft. f. Flugtechnik u. Motorluftschiff-fahrt **1927**.

von A über B bis C und von C über D bis A, also schreiben kann

$$\oint_A^A = \int_{ABC} + \int_{CDA}$$

so folgt

$$\int_{ABC} d\Phi = \int_{ADC} v_x \cdot ds + \oint_{\text{Kurve 1}} v_x \cdot ds = \int_{ADC} d\Phi + \Gamma_1 . \tag{16}$$

Es ist also der Wert des Linienintegrals nicht mehr unabhängig vom Wege und es beträgt der Unterschied Γ_1, welcher die zyklische Konstante Lord KELVINS genannt wird. Ist die Kurve 1 ein kleiner Kreis mit $r \to 0$, $ds = r\,d\varphi$ und $v_s = \dfrac{c}{r}$, so wird $\Gamma_1 = c \cdot 2\pi$, welcher Wert für alle die Kurve 1 umschlingenden Linien der gleiche ist (Näheres in H I 10).

Werden die Richtwinkel von d_s mit $\alpha_s \cdot \beta_s$ und γ_s bezeichnet, so ist

$$v_s = u \cdot \cos \alpha_s + v \cos \beta_s + w \cos \gamma_s,$$

also folgt aus (8)

$$\int \operatorname{div} \mathfrak{v} \cdot d\tau = \int (u \cdot l + v \cdot m + w \cdot n)\, df,$$

wobei l, m und n die Richtungskosinusse von v_n sind (Abb. 286 für die Ebene). Schließlich sei noch auf einen Zusammenhang zwischen dem Translator $\mathfrak{t}$ des Wirbelvektors $\mathfrak{u}$ mit der Zirkulation hingewiesen[1]). Für die stationäre Strömung gilt (16) in C 4

$$\operatorname{grad}\left(\frac{|\mathfrak{v}|^2}{2} + p + \Omega\right) = [\mathfrak{v} \cdot \mathfrak{u}] = \mathfrak{t}.$$

Nach STOKES folgt für das Linienintegral von $\mathfrak{t}$ längs einer geschlossene Linie

$$\oint \mathfrak{t} \cdot d\mathfrak{f} = \int\int \operatorname{grad} \mathfrak{t} \cdot df = 0.$$

Bildet man den substantiellen (totalen) Differentialquotienten von Γ

$$\frac{d\Gamma}{dt} = \oint \frac{d\mathfrak{v}}{dt}\, d\mathfrak{f} + \oint \mathfrak{v} \cdot \frac{d}{dt}\, d\mathfrak{f}$$

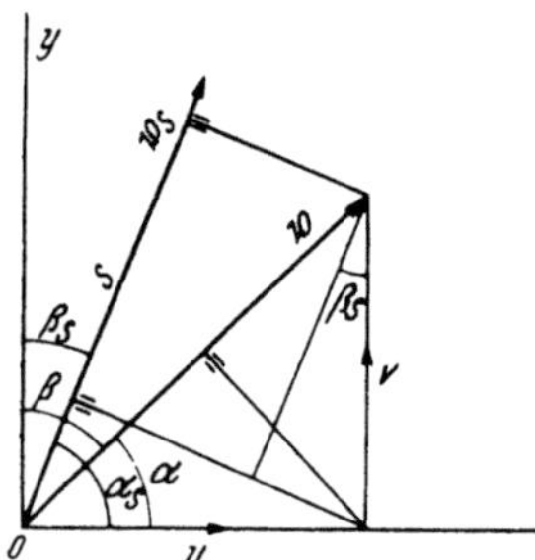

Abb. 286. $\mathfrak{v} = u \cos \gamma + v \cos \beta$
$v_s = \mathfrak{v}\,(\cos \gamma \cdot \cos \gamma_s + \cos \beta \cdot \cos \beta_s)$

und setzt

$$\frac{d\mathfrak{v}}{dt} = \frac{\partial \mathfrak{v}}{\partial t} + \operatorname{grad} \frac{|\mathfrak{v}|^2}{2} - [\mathfrak{v} \cdot \mathfrak{u}],$$

so folgt für stationäre Bewegung

$$\frac{d\Gamma}{dt} = \oint\left(\operatorname{grad} \frac{|\mathfrak{v}|^2}{2} - [\mathfrak{v} \cdot \mathfrak{u}]\right) \cdot d\mathfrak{f} + \oint d\left(\frac{|\mathfrak{v}|^2}{2}\right) = -\oint \mathfrak{t} \cdot d\mathfrak{f} + \oint d\,|\mathfrak{v}|^2$$

und weil das letzte Integral über die geschlossene Linie verschwindet, folgt

$$\frac{d\Gamma}{dt} = -\oint \mathfrak{t} \cdot d\mathfrak{f} .$$

Es ist also der substantielle Differentialquotient der Zirkulation längs einer geschlossenen Linie gleich dem Linienintegral des Translators längs dieser Linie.

---

[1]) HEINRICH, G.: Zur Energieverteilung in strömenden Medien, ZAMM. 1952.

3. Der Greensche Satz. Eine Bemerkung von W. Thomson (Lord Kelvin)

Von besonderer Bedeutung für die Potentialtheorie ist der Satz von G. GREEN[1]). Er läßt sich mit Hilfe des Gaußschen Satzes, den GREEN wahrscheinlich nicht kannte, in vektorieller Form unschwer ableiten[2]). Denkt man sich zwei beliebige skalare Funktionen U und V, die stetig sind (Existenz einer zweiten Ableitung und Stetigkeit der ersten partiellen Ableitung), so folgt aus dem Gaußschen Satz

$$\int \operatorname{div} \mathfrak{A} \cdot d\tau = \int \mathfrak{A}_n \cdot df, \tag{17}$$

in welchem der Vektor $\mathfrak{A} = U \cdot \operatorname{grad} V - V \cdot \operatorname{grad} U$ gesetzt wird, für eine beliebige Begrenzung f des Raumes τ der Greensche Satz in der ersten Form

$$\int (U \cdot \Delta V - V \cdot \Delta U) \cdot d\tau = \int \left(U \frac{\partial V}{\partial n} - V \cdot \frac{\partial U}{\partial n} \right) df, \tag{18}$$

wie folgende kurze Rechnung beweist. Es ist

$$\operatorname{div} (U \cdot \operatorname{grad} V) = \frac{\partial}{\partial x} \left(U \cdot \frac{\partial V}{\partial x} \right) + \frac{\partial}{\partial y} \left(U \cdot \frac{\partial V}{\partial y} \right) + \frac{\partial}{\partial z} \left(U \cdot \frac{\partial V}{\partial z} \right)$$

$$= U \left(\frac{\partial^2 V}{\partial x^2} + \frac{\partial^2 V}{\partial y^2} + \frac{\partial^2 V}{\partial z^2} \right) + \frac{\partial U}{\partial x} \cdot \frac{\partial V}{\partial x} + \frac{\partial U}{\partial y} \cdot \frac{\partial V}{\partial y} + \frac{\partial U}{\partial z} \cdot \frac{\partial V}{\partial z}$$

$$= U \, \Delta V + (\operatorname{grad} U \cdot \operatorname{grad} V)$$

und ähnlich $\operatorname{div} (V \cdot \operatorname{grad} U) = V \cdot \Delta U + (\operatorname{grad} U \cdot \operatorname{grad} V)$. $\tag{18a}$

Ferner $\mathfrak{A}_n = U \cdot \dfrac{\partial V}{\partial n} - V \cdot \dfrac{\partial U}{\partial n}$, so daß sich aus (17) der Satz (18) ergibt.

Ist der Raum ein hohler Körper, so tritt zur äußeren Begrenzung noch die innere hinzu und es ist über beide zu integrieren. Im Falle singulärer Stellen im Innern für U und V werden diese durch innere Begrenzungsflächen f_i ausgeschieden und das Integral über diese wird auf der rechten Seite von (18) hinzuaddiert.

Gleichung (18) kann unschwer für ebene Probleme umgeformt werden. In der x—y-Ebene sei eine geschlossene Linie, die die Kontur eines Zylinders vorstellen möge, dessen Erzeugenden in der z-Richtung liegen mögen. Dann kann für (18) geschrieben werden

$$\int dz \cdot \int (U \cdot \Delta V - V \cdot \Delta U) \cdot df = \int dz \int \left(U \frac{\partial V}{\partial n} - V \cdot \frac{\partial U}{\partial n} \right) ds,$$

wenn df ein Element des Zylinderquerschnitts und ds ein Element der Kontur ist. Also kann auch geschrieben werden

$$\int (U \cdot \Delta V - V \cdot \Delta U) df = \int \left(U \cdot \frac{\partial V}{\partial n} - V \frac{\partial U}{\partial n} \right) ds \tag{18b}$$

und ist einer der beiden Skalare z. B. konstant, so folgt

$$\int V \cdot \Delta U \, df = V \int \left(\frac{\partial^2 U}{\partial x^2} + \frac{\partial^2 U}{\partial y^2} \right) \cdot df = V \cdot \int \frac{\partial U}{\partial n} ds. \tag{18c}$$

Mit (18) wird die Lösung folgender äußerst wichtigen Aufgabe erleichtert. Es sei gegeben ein wirbelfreies Vektorfeld $\mathfrak{A}$, das überall stetig sei und das samt

---

[1]) GREEN, GEORG: Essay on Electricity and Magnetism, Nottingham 1828.
[2]) SOMMERFELD, ARNOLD: Vorlesungen über theor. Physik, Bd. II, Wiesbaden 1947.

der ersten Ableitung im Unendlichen verschwindet. Man kann dann ein Geschwindigkeitspotential Φ einführen, so daß

$$\mathfrak{A} = -\operatorname{grad}\Phi + \text{const}$$

gesetzt werden kann, woraus

$$\operatorname{div}\mathfrak{A} = -\Delta\Phi \tag{19}$$

folgt. Um nun bei nicht verschwindender Divergenz den Wert Φ in einem Punkt zu finden, dessen Abstand vom Quellpunkt r ist und in welchem man sich das Raumelement $d\tau$ denkt, setzt man in (18)

$$U = \Phi, \quad V = \frac{1}{r}$$

und schaltet die Stelle $r = 0$ durch eine kleine Kugel vom Radius ϱ von der Integration aus. Führt man letztere über die Oberfläche der kleinen Kugel durch, unter Benützung des räumlichen Winkels ε, so erhält man für den rechten Teil von (18) mit konstantem Φ über der Oberfläche dieser Kugel und

$$\frac{\partial U}{\partial n} = -\frac{\partial\Phi}{\partial\varrho} \quad \text{sowie} \quad \frac{\partial V}{\partial n} = -\frac{d}{d\varrho}\frac{1}{\varrho} = \frac{1}{\varrho^2}$$

$$\Phi\cdot\int\left(\frac{1}{\varrho^2} + \frac{1}{\varrho}\frac{\partial\Phi}{\partial\varrho}\right)\cdot df$$

und mit $df = \varrho^2\cdot d\varepsilon$ folgt

$$\Phi\int d\varepsilon + \int\varrho\frac{\partial\Phi}{\partial\varrho}\cdot d\varepsilon = 4\pi\cdot\Phi.$$

weil das zweite Integral mit uneingeschränkt abnehmendem ϱ verschwindet. Zu diesem Wert gesellt sich das Oberflächenintegral über eine genügend groß genommene Kugel vom Radius R mit $df = R^2\cdot d\varepsilon$

$$-\int\Phi\cdot d\varepsilon - \int R\cdot\frac{\partial\Phi}{\partial R}\cdot d\varepsilon,$$

wo das erste Integral wegen der Voraussetzung und das zweite ebenfalls verschwindet, wenn $\frac{\partial\Phi}{\partial R}$ stärker als $\frac{1}{R}$ im Unendlichen abnimmt. Dann folgt aus (18)

$$\int\frac{\operatorname{div}\mathfrak{A}}{r}\cdot d\tau = 4\pi\cdot\Phi. \tag{20}$$

Wird in (17) $\mathfrak{A} = U\operatorname{grad}V$ gesetzt, so wird mit (18a)

$$\int\operatorname{div}(U\operatorname{grad}V) = \int U\cdot\Delta V\,d\tau + \int(\operatorname{grad}U\cdot\operatorname{grad}V)\cdot d\tau = \int U\cdot\frac{\partial V}{\partial n}\cdot df. \tag{20a}$$

Wird $U = V$ gesetzt, so folgt für das skalare Produkt

$$(\operatorname{grad}U\cdot\operatorname{grad}V) = \left(\frac{\partial U}{\partial x}\right)^2 + \left(\frac{\partial U}{\partial y}\right)^2 + \left(\frac{\partial U}{\partial z}\right)^2$$

und schließlich aus (20a) die zweite Form des Greenschen Satzes

$$\int\left\{\left(\frac{\partial U}{\partial x}\right)^2 + \left(\frac{\partial U}{\partial y}\right)^2 + \left(\frac{\partial U}{\partial z}\right)^2\right\}d\tau + \int U\cdot\Delta U\cdot d\tau = \int U\cdot\frac{\partial U}{\partial n}\cdot df. \tag{21}$$

Dieser Satz wird z. B. später zur Berechnung der Energie einer in reibungsloser Flüssigkeit bewegten Kugel verwendet und ist ein Hauptsatz der Potentialtheorie, die sich mit der Lösung der Gleichung $\Delta U = 0$ befaßt, wenn U das

Potential darstellt. Mit $U = 1$ und $V = \Phi$ folgt aus (20) und (21) der Gaußsche Satz in der Form

$$\int \Delta\,\Phi \cdot d\tau = \int \frac{\partial \Phi}{\partial n} \cdot df.$$

Mittels des Greenschen Satzes kann vor allem die Eindeutigkeit der Randwertaufgabe nachgewiesen werden. Würde es zwei Lösungen U_1 und U_2 geben, so beträgt ihre Differenz $U = U_1 - U_2$. Wird nun die Bedingung gemacht, daß U auf einer geschlossenen Fläche verschwinden soll und im Innern derselben überall regulär ist, so muß sie nach (21) im ganzen von F begrenzten Innern verschwinden, weil von (21) nur

$$\int \left\{ \left(\frac{\partial U}{\partial x} \right)^2 + \left(\frac{\partial U}{\partial y} \right)^2 + \left(\frac{\partial U}{\partial z} \right)^2 \right\} d\tau = 0 \qquad (22)$$

übrig bleibt. (22) ist aber nur erfüllt, wenn der Klammerausdruck für alle Punkte verschwindet, wenn also $U = $ const ist. Weil aber in den Punkten der Begrenzung U verschwinden soll, so muß $U = $ const $= 0$ sein und somit $U_1 = U_2$.

Bei einer Randwertaufgabe zweiter Art, bei der also ΔU im Innern und $\frac{\partial U}{\partial n}$ an der Begrenzung eines Gebietes verschwinden, wird nach dem Greenschen Satz ebenfalls $U = $ const, aber nicht Null. Folglich ist $U_1 = U_2 + $ const und es ist hier die Lösung eindeutig bis auf eine additive Konstante.

Nach W. Thomson[1]) besitzt die drehungsfreie Bewegung einer inkompressiblen Flüssigkeit im einfach zusammenhängenden Raume (der durch einen Schnitt in zwei Teile getrennt werden kann) immer eine kleinere kinetische Energie als jede andere Bewegung, die die gleiche Geschwindigkeit normal zur Begrenzungsfläche hat.

Es seien allgemein $\frac{\partial \Phi}{\partial x}$, $\frac{\partial \Phi}{\partial y}$ und $\frac{\partial \Phi}{\partial z}$ die Komponenten der Potentialströmung und es sei die Bewegung betrachtet, deren Geschwindigkeitskomponenten

$$u = \frac{\partial \Phi}{\partial x} - u_0, \quad v = \frac{\partial \Phi}{\partial y} - v_0 \text{ und } w = \frac{\partial \Phi}{\partial z} - w_0,$$

wobei div $\mathfrak{v}_0 = 0$ und $u_0 \cdot l + v_0 m + w_0 n = 0$ an der Grenzfläche erfüllt seien, wenn l, m und n die Richtungskosinusse der Normalen daselbst sind. Sind L und L_0 die kinetischen Energien der Bewegungen mit $|\mathfrak{v}| = \sqrt{u^2 + v^2 + w^2}$ und $|\mathfrak{v}_0| = \sqrt{u_0^2 + v_0^2 + w_0^2}$, ferner L_1 jene der Potentialströmung, so ist

$$L_1 = \frac{\varrho}{2} \int \left\{ \left(\frac{\partial \Phi}{\partial x} \right)^2 + \left(\frac{\partial \Phi}{\partial y} \right)^2 + \left(\frac{\partial \Phi}{\partial z} \right)^2 \right\} d\tau = L - L_0 + \varrho \int \left(u_0 \frac{\partial \Phi}{\partial x} + v_0 \frac{\partial \Phi}{\partial y} + w_0 \cdot \frac{\partial \Phi}{\partial z} \right) d\tau.$$
$$(23)$$

Nach dem Gaußschen Satz ergibt sich mit $U = u_0 \Phi$, $V = v_0 \Phi$ und $W = w_0 \Phi$

$$\int \left(\frac{\partial U}{\partial x} + \frac{\partial V}{\partial y} + \frac{\partial W}{\partial z} \right) \cdot d\tau = \int \Phi \left(u_0 l + v_0 m + w_0 n \right) \cdot df = 0$$

und weil

$$\int \left(\frac{\partial U}{\partial x} + \frac{\partial V}{\partial y} + \frac{\partial W}{\partial z} \right) \cdot d\tau = \int \Phi \cdot \operatorname{div} \mathfrak{v}_0 \cdot d\tau + \int \left(u_0 \frac{\partial \Phi}{\partial x} + v_0 \frac{\partial \Phi}{\partial y} + w_0 \frac{\partial \Phi}{\partial z} \right) d\tau,$$

wobei das Integral mit div $\mathfrak{v}_0$ verschwindet. Also folgt, daß

$$\int \left(u_0 \cdot \frac{\partial \Phi}{\partial x} + v_0 \frac{\partial \Phi}{\partial y} + w_0 \frac{\partial \Phi}{\partial z} \right) d\tau = 0, \qquad (24)$$

und somit aus (23) $L_1 = L - L_0$, womit der Satz bewiesen erscheint.

---

[1]) W. Thomson (Lord Kelvin): Cambridge and Dublin Mathem., Journal 1849.

II. Räumliche Potentialströmung

1. Quellen und Senken

Wenn Φ nur vom Abstand r (x, y, z) vom Koordinatenursprung abhängig ist, also Kugelsymmetrie herrscht, so kann man schreiben

$$\frac{\partial \Phi}{\partial x} = \frac{d\Phi}{dr} \cdot \frac{\partial r}{\partial x} = \frac{d\Phi}{dr} \cdot \frac{x}{r},$$

woraus

$$\frac{\partial^2 \Phi}{\partial x^2} = \frac{d^2 \Phi}{dr^2} \cdot \frac{x^2}{r^2} + \frac{d\Phi}{dr} \cdot \frac{1}{r} - \frac{d\Phi}{dr} \cdot \frac{x^2}{r^3}$$

entwickelt werden kann.

Ähnliche Ausdrücke ergeben sich für $\frac{d^2 \Phi}{dy^2}$ und $\frac{d^2 \Phi}{dz^2}$ und man erhält schließlich

$$\Delta \Phi = \frac{\partial^2 \Phi}{\partial x^2} + \frac{\partial^2 \Phi}{\partial y^2} + \frac{\partial^2 \Phi}{\partial z^2} = \frac{d^2 \Phi}{dr^2} + \frac{2}{r} \cdot \frac{d\Phi}{dr} = 0. \tag{25}$$

Die einfachste Lösung von (24) ist dann

$$\Phi = \mp \frac{c}{r} \tag{26}$$

als Potential einer Quelle oder Senke im Raum. Die Äquipotentialflächen sind konzentrische Kugelflächen, auf welche senkrecht die Geschwindigkeit

$$v_r = \frac{d\Phi}{dr} = \pm \frac{c}{r^2}$$

gerichtet ist, so daß der „Fluß" $q = 4 r^2 \pi \cdot v_r = \pm 4 \pi c$ beträgt und somit $c = \dfrac{q}{4\pi}$ ist.

Durch entsprechende Anordnung von Quellen und Senken kann jede Strömung im Raum eindeutig festgelegt werden, weil infolge des linearen Aufbaus der Laplaceschen Gleichung (25) durch Addition oder Subtraktion bekannter Lösungen, neue Lösungen gefunden werden. Bewegt sich z. B.[1] ein stabförmiger Körper mit der Geschwindigkeit v_0, so wird am vorderen Kopf ebensoviel Flüssigkeit verdrängt als am rückwärtigen Ende in den frei werdenden Raum zusammenfließt. Ist f der Stabquerschnitt, also $f \cdot v_0 = q$ die in Sekunde verdrängte Wassermasse, so erhält man ein genähertes Strömungsbild, wenn man sich eine Quelle und eine Senke mit der Ergiebigkeit $q = v_0 f$ an den Enden angeordnet denkt. Bezüglich eines Punktes m, der die Abstände r_1 und r_2 aufweist (Abb. 287), sind die Geschwindigkeitspotentiale

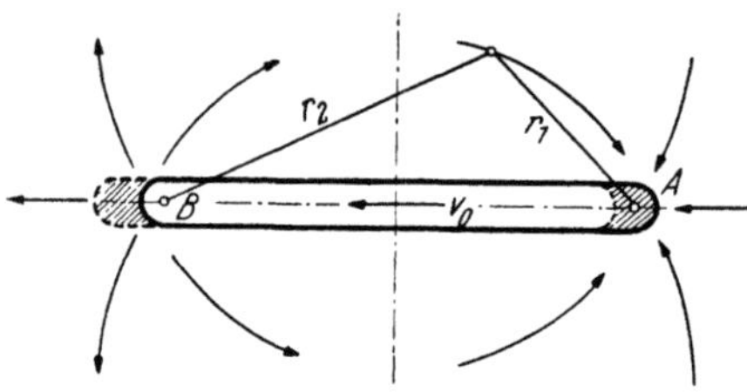

Abb. 287. Bewegter stabförmiger Körper

$$\Phi_1 = \frac{-q}{4\pi r_1} \quad \text{und} \quad \Phi_2 = \frac{q}{4\pi r_2}.$$

Der Aufbau der linearen Laplaceschen Differentialgleichung erlaubt die Superposition der Einzellösungen, wodurch man erhält

$$\Phi = \frac{v_0 f}{4\pi} \cdot \left(\frac{1}{r_2} - \frac{1}{r_1} \right). \tag{26a}$$

---

[1] PRANDTL, L.: Abriß der Flüssigkeits- und Gasbewegung, Jena 1913.

Wird die Bewegung auf ein mit dem Stab fest verbundenes Achsenkreuz bezogen, so erscheint sie stationär und es lautet dann das neue Potential

$$\Phi = v_0 \cdot x + \frac{v_0 f}{4\pi} \cdot \left(\frac{1}{r_2} - \frac{1}{r_1} \right),$$

das auch für einen ruhenden Stab gilt, an dem sich die Flüssigkeit mit v_0 vorbeibewegt. Aus der Abb. 288 ist die Symmetrie des Strömungsbildes zu ersehen.

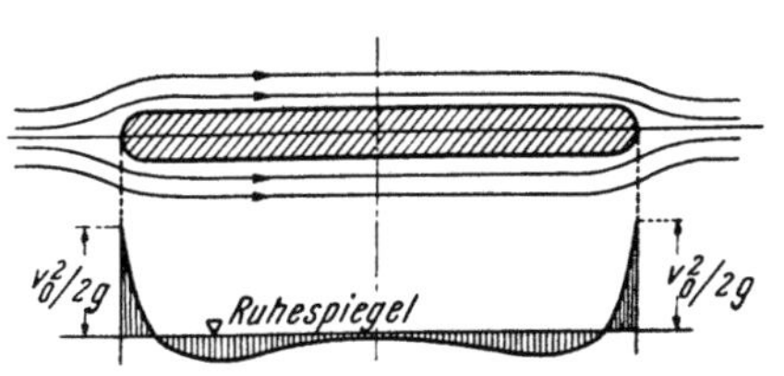

Abb. 288. Symmetrisches Strömungsbild

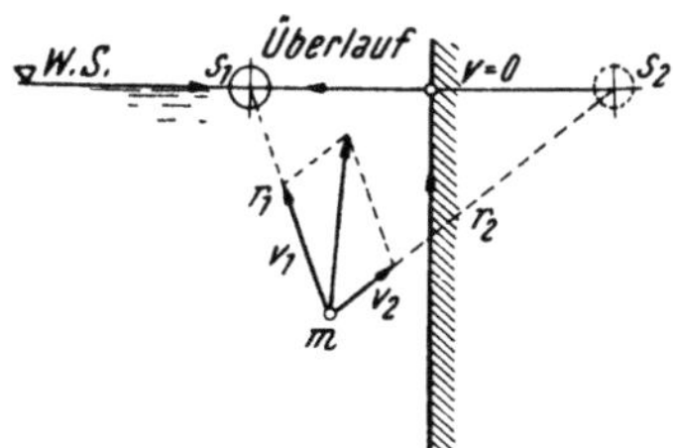

Abb. 289. Überlauf als Senke

Solchen räumlichen Senken und Quellen begegnet man häufig im Wasserbau. Jede Aus- und Einmündung eines Rohres kann als solche aufgefaßt werden. Für den in Abb. 289 dargestellten Rohreinlauf S, von nicht zu großen Abmessungen erhält man das Strömungsbild, wenn man sich eine Senke S_2 symmetrisch zur Wandebene angeordnet denkt. Ist q der Rohrabfluß, der nur aus einem Quadranten des Raumes zuströmt, so ist für die Senke eine Ergiebigkeit $4q$ anzusetzen, so daß das Potential für die vorliegende Anordnung

$$\Phi = \frac{q}{\pi} \cdot \left(\frac{1}{r_1} + \frac{1}{r_2} \right) \tag{27}$$

lauten wird. Das Strömungsbild wird in allen durch $S_1 - S_2$ gehenden Ebenen das gleiche sein; Äquipotential- und Strömungsflächen sind Rotationsflächen mit der Achse $S_1 - S_2$.

2. Doppelquellen. Ruhende Kugel in bewegter Flüssigkeit

Wird die Entfernung von Quelle und Senke sehr klein, also $r_1 - r_2 = dr$, so erhält man aus (26) für dieses als „Doppelquelle" bezeichnete Strömungsbild

$$\Phi = \frac{q}{4\pi} \cdot \left(\frac{1}{r} - \frac{1}{r + dr} \right) = \frac{q}{4\pi} \frac{dr}{r^2}. \tag{28}$$

Nun ist nach Abb. 290 $dr = dx \cdot \cos\alpha$ und führt man das Moment $M = q\,dx$ der Doppelquelle ein, das bei entsprechend großem q endlich gehalten werden kann, so folgt

$$\Phi = \frac{M \cdot \cos\alpha}{4\pi r^2}. \tag{29}$$

Denkt man sich eine Fläche mit derartigen Doppelquellen kontinuierlich so belegt, daß die Verbindung von Quelle zur Senke die Richtung der Flächennormalen hat, so ist

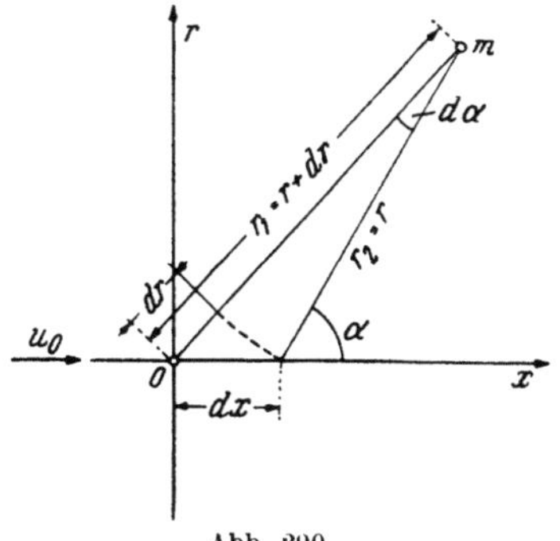

Abb. 290

$$\Phi = -\frac{1}{4\pi} \int m \frac{\partial \frac{1}{r}}{\partial n} \cdot \partial F, \tag{30}$$

wobei m die Flächendichte der Doppelquellen ist.

Mit Hilfe des Stokesschen Satzes (13) folgt dann für die Geschwindigkeit

$$v_s = -\frac{1}{4\pi} \cdot \frac{\partial}{\partial s} \int m \, \frac{\partial \frac{1}{r}}{\partial n} \cdot dF = \frac{1}{4\pi} \cdot \mathrm{rot} \int m \, \frac{ds}{r}. \tag{31}$$

Die Ableitung längs der Fläche, also in der Tangentialrichtung, wird unstetig also auch die Geschwindigkeitsverteilung normal zur Fläche, so daß auf ihr ein Wirbelbelag gefolgert wird.

Überlagert man das Potential einer Doppelquelle (28) mit jenem einer Parallel-strömung in der x-Richtung $\Phi_1 = u_0 \cdot x$, so erhält man Φ für die Strömung gegen eine Kugel, die im Koordinatenursprung gelegen ist. Es lautet

$$\Phi = u_0 \cdot x + \frac{M \cos\alpha}{4\pi r^2} = x\left(u_0 + \frac{M}{4\pi r^3}\right). \tag{32}$$

Die Geschwindigkeit in der x-Richtung ist dann

$$u = \frac{\partial\Phi}{\partial x} = u_0 + \frac{M}{4\pi r^3} - \frac{3Mx^2}{4\pi r^5}. \tag{33}$$

Für die Staupunkte, also $r = a = $ Kugelradius und $x = \mp a$ muß die Geschwindigkeit Null werden. Somit muß

$$u_0 + \frac{M}{4\pi a^3} - \frac{3M}{4\pi a^3} = 0$$

sein, woraus sich $M = 2\pi a^3 \cdot u_0$ ergibt und schließlich erhält man[1])

$$\Phi = u_0 \cdot x \cdot \left(1 + \frac{a^3}{2r^3}\right). \tag{34}$$

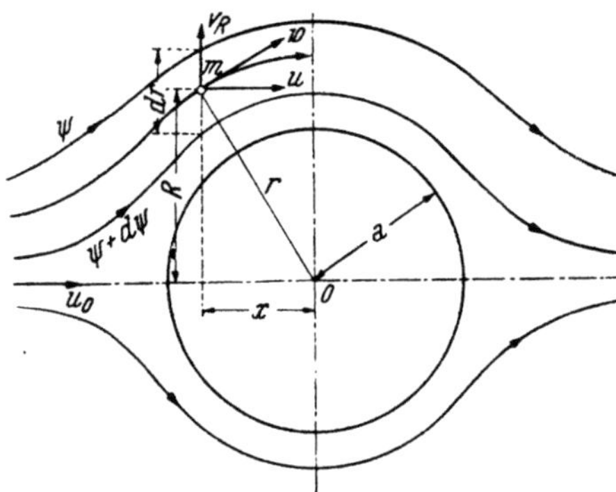

Abb. 291. Kugel in strömender Flüssigkeit

Die Strömung hat in allen durch die x-Achse gelegten Ebenen das gleiche Bild. Die Äquipotential-flächen und die auf ihnen senkrecht stehende Schar der Strömungs-flächen sind Rotationsflächen. Nach Abb. 291 kann man für den Durchfluß zwischen zwei benachbarten Strömungs-flächen mit

$$dQ = 2R\pi \cdot dR \cdot u = 2R\pi \cdot dn \cdot |\mathfrak{v}|$$

anschreiben, so daß für den Durchfluß zwischen der Kugel und einer Strömungsfläche

$$Q = 2\pi \int\limits_0^R R \cdot dR\, u = 2\pi \int\limits_0^R R\, dR \cdot \left\{u_0 + \frac{M}{4\pi r^3}\left(1 - \frac{3x^2}{r^2}\right)\right\}$$

resultiert. Weil $r^2 = R^2 + x^2$ und x hier als konstant erscheint, ist $r \cdot dr = R\, dr = \dfrac{dr^2}{2}$ zu setzen und r^2 zwischen den Grenzen x^2 und $R^2 + x^2$ gelegen. Folglich ist

$$Q = \pi \cdot \int\limits_{x^2}^{R^2+x^2=r^2} dr^2 \left\{u_0 + \frac{M}{4\pi r^3}\left(1 - \frac{3x^2}{r^2}\right)\right\}. \tag{35}$$

[1]) LEJEUNE-DIRICHLET, G.: Ber. d. Kgl. preuß. Akad. d. Wiss., Berlin 1852.

Zur leichteren Rechnung werde $r^2 = \zeta$ gesetzt, so daß aus (35)

$$Q = \pi \int_{x^2}^{r^2} d\zeta \left\{ u_0 + \frac{M}{4\pi\zeta^{1\cdot5}} - \frac{3Mx^2}{4\pi\zeta^{2\cdot5}} \right\} = \pi \left(\zeta u_0 - \frac{M}{2\pi\zeta^{1/2}} + \frac{Mx^3}{2\pi\zeta^{3/2}} \right)\Big|_{x^2}^{r^2},$$

also ist weiter

$$Q = u_0 \pi R^2 - \frac{M}{2} \left(\frac{1}{r} - \frac{1}{x} \right) + \frac{Mx^2}{2} \left(\frac{1}{r^3} - \frac{1}{x^3} \right) = \pi R^2 \left(u_0 - \frac{M}{2\pi\,r^3} \right). \tag{36}$$

Ist im Unendlichen $p = p_0$ und $v = u_0$, so gilt für irgend eine Stelle im Raum

$$\frac{v^2}{2} + \frac{p}{\varrho} = \frac{u_0^2}{2} + \frac{p_0}{\varrho}$$

und somit für den Druck daselbst

$$p = \frac{\varrho}{2} \cdot (u_0^2 - v^2) + p_0. \tag{37}$$

Unter p bzw. p_0 ist der Unterschied zwischen Druck bei Bewegung und bei Ruhe verstanden, die Schwere ist ausgeschaltet.

Ist bei Bewegung $\frac{v^2}{2} + \frac{p_1}{\varrho} + gz = c$ und in Ruhe $\frac{p_2}{\varrho} + gz = c_1$, so folgt

$$\frac{v^2}{2} + \frac{p_1 - p_2}{\varrho} = \text{konstant.}$$

Setzt man in (33) den Wert für M ein, so folgt

$$u = u_0 \left(1 + \frac{a^3}{2r^3} - {}^3/_2 \cdot \frac{x^2 \cdot a^3}{r^5} \right). \tag{38}$$

Und es ist im Hauptkreis normal zur x-Richtung, also für $x = 0$ und $r = a$
$u = \frac{3}{2} u_0$.

Für eine beliebige Richtung ist $\mathfrak{v}^2 = u^2 + v_R^2$ (Abb. 291), wobei

$$v_R = \frac{\partial \Phi}{\partial R} = -\frac{3}{2} a^3 \cdot \frac{xu_0}{r^4} \cdot \frac{\partial r}{\partial R} = -\frac{3}{2} \cdot \frac{xu_0 R a^3}{r^5}, \tag{39}$$

weil $r^2 = R^2 + x^2$ und $\frac{\partial r}{\partial R} = \frac{R}{r}$ ist.

An der Kugeloberfläche $r = a$ ist nach (38) und (39)

$$(u^2)_{r=a} = \frac{9}{4} u_0^2 \left(1 - \frac{x^2}{a^2} \right)^2 \quad \text{und} \quad (v_R^2)_{r=a} = \frac{9}{4} \frac{x^2 u_0^2 R^2}{a^4}$$

und für die Oberfläche $R^2 = a^2 - x^2$ folgt

$$\mathfrak{v}^2 = \frac{9}{4} u_0^2 \left(1 - \frac{x^2}{a^2} \right). \tag{40}$$

Also beträgt nach (37) der Druck an der Kugeloberfläche

$$p = \frac{\varrho}{8} u_0^2 \left(9\frac{x^2}{a^2} - 5 \right). \tag{41}$$

Der Druck ist bezüglich r symmetrisch verteilt, so daß in der x-Richtung keine Resultierende entsteht und die Kugel infolge der Strömung der idealen Flüssigkeit keinen Kraftangriff erfährt. Ebenso hat eine in ruhender idealer Flüssigkeit bewegte Kugel keinen Widerstand zu überwinden. Bei den wirklichen Flüssigkeiten ändert sich infolge des Haftens, der Reibung und Grenzschichtablösung vollkommen das Strömungsbild an der Rückseite der Kugel und sie erfährt einen Widerstand bzw. Kraftangriff.

Für die Bewegung einer Kugel in ruhendem Wasser gilt das Potential

$$\Phi = \frac{M}{4\pi r^2} \cdot \cos \alpha \qquad (42)$$

mit der Bedingung, daß ein an der Oberfläche liegendes Teilchen die Bewegung der Oberfläche mitmacht. Es ist dann

$$\frac{\partial \Phi}{\partial r} = u \cdot \cos \alpha,$$

wenn u die Geschwindigkeit des Kugelmittelpunktes ist (Abb. 292). Und es folgt weiter

$$\frac{\partial \Phi}{\partial r} = -\frac{M}{2\pi r^3} \cdot \cos \alpha = -\frac{u \cdot a^3}{r^3} \cos \alpha$$

oder

$$\left(\frac{\partial \Phi}{\partial r}\right)_{r=a} = -u \cdot \cos \alpha \quad \text{und} \quad \Phi_{r=a} = \frac{1}{2}\, u \cdot a \cdot \cos \alpha. \qquad (43)$$

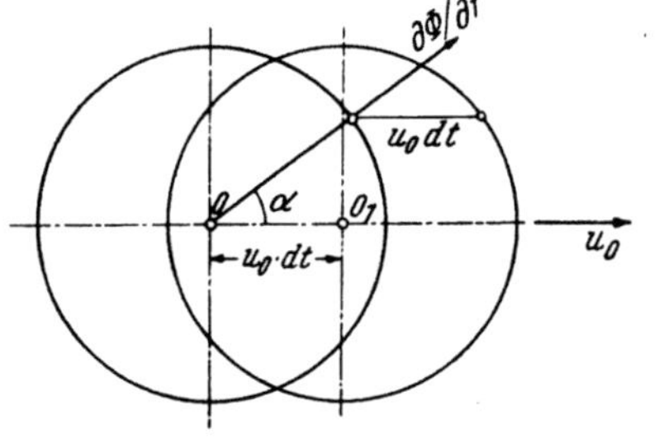

Abb. 292. Bewegte Kugel

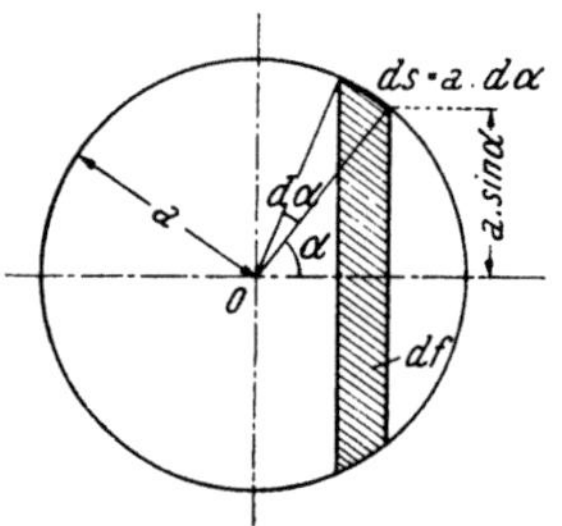

Abb. 293

Nach dem 2. GREENschen Satz Gl. (21) ist die kinetische Energie

$$L = \frac{\varrho}{2} \cdot \int \left\{ \left(\frac{\partial \Phi}{\partial x}\right)^2 + \left(\frac{\partial \Phi}{\partial y}\right)^2 + \left(\frac{\partial \Phi}{\partial z}\right)^2 \right\} d\tau = \frac{\varrho}{2} \int \Phi \cdot \frac{\partial \Phi}{\partial n} \cdot df = -\frac{\varrho}{4} \cdot \int u^2 \cdot a \cos^2 \alpha \cdot df \qquad (44)$$

und mit $df = 2\pi a^2 \sin \alpha\, d\alpha$ nach GULDIN (Abb. 293) folgt

$$L = -\varrho \pi a^3 \cdot \frac{u^2}{2} \cdot \int \cos^2 \alpha \cdot \sin \alpha \cdot d\alpha = \tfrac{1}{3}\pi \varrho \cdot a^3 \cdot u^2.$$

Die kinetische Energie der Kugel vom spezifischen Gewicht γ beträgt

$$L_k = \frac{2}{3}\pi \cdot \varrho_1 \cdot a^3 \cdot u^2$$

und es ist die gesamte kinetische Energie

$$\varrho \frac{\pi}{3} \cdot a^3 u^2 \left(1 + \frac{2\varrho_1}{\varrho}\right) = \varrho \cdot \frac{u^2}{2} \cdot \frac{2\pi}{3} a^3 \left(1 + \frac{2\varrho_1}{\varrho}\right).$$

Wird also eine Kugel beschleunigt oder verzögert bewegt, so tritt eine Kraftwirkung $\varrho \cdot \frac{2}{3}\pi a^3 \cdot \frac{du}{dt}$ auf, weil die hinzugedachte Wassermasse $\varrho \cdot \frac{2\pi}{3} \cdot a^3$ mitbeschleunigt werden muß, was bei gleichförmiger Bewegung entfällt. Diesen

Widerstand hat schon Du Buat[1]) aus Versuchen festgestellt, indem er im Wasser ein Pendel schwingen ließ und dabei fand, daß es einen Wasserkörper mitschleppte von angenähert dem halben Rauminhalt des Pendels. Die Versuche wurden nicht nur mit Kugeln, sondern auch mit Würfeln und Zylindern gemacht.

3. Pulsierende Kugeln. Theorie von Bjerknes[2])

Schließlich seien wegen ihrer allgemeinen Bedeutung für Potentialströmungen die pulsierenden Kugeln erwähnt. Eine kleine in einer Flüssigkeit gedachte Kugel, die ihr Volumen periodisch vergrößert und verkleinert, bewirkt hiedurch eine Änderung des hydrodynamischen Druckes in ihrer Umgebung. Sind mehrere solche Kugeln vorhanden, so werden hiedurch Wechselwirkungen herbeigeführt, die sich in Anziehung und Abstoßung äußern. Ist r der Kugelradius und R jener einer konzentrisch gedachten Kugelfläche, so wird jeden Augenblick

$$q = v_0 \cdot 4 r^2 \pi = v \cdot 4 R^2 \pi$$

sein, wenn q die Ergiebigkeit, $v_0 = \dfrac{dr}{dt}$ die Geschwindigkeit der Kugeloberfläche und v die Geschwindigkeit im Abstand R ist. Ist q eine periodische Funktion der Zeit mit der Periode τ, so daß also $f(t + \tau) = f(t)$, dann verschwindet der zeitliche Mittelwert

$$\frac{1}{\tau} \int_0^\tau q(t) \cdot dt = 0.$$

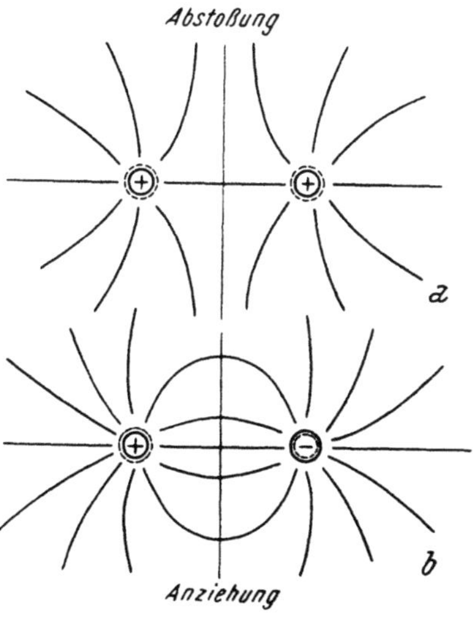

Abb. 294. Pulsierende Kugeln

Bjerknes sucht nun einen mittleren Bewegungszustand im Radialfeld zu formulieren, indem er als Maß der Intensität der Volumenausdehnungsgeschwindigkeit den Ausdruck

$$q_m = \pm \sqrt{\frac{1}{\tau} \cdot \int_t^{t+\tau} q^2 \cdot dt}$$

einführt, wobei $q_m \gtrless 0$ ist, je nachdem die Kugel sich ausdehnt oder zusammenzieht. Dabei kommt es auf Phase, Periode usw. nicht an und weil $v = \dfrac{q_m}{4 \pi R^2}$ ist, kann ein mittleres Potential $\Phi_m = -\dfrac{q_m}{4 \pi R}$ aufgestellt werden. So ist das Potential zweier pulsierender Kugeln $\Phi = -\dfrac{q_1}{4 \pi R_1} \mp \dfrac{q_2}{4 \pi R_2}$ bei gleicher und entgegengesetzter Phase und die Flüssigkeitsteilchen schwingen längs Stromlinien hin und her, die den Kraftlinien von zwei gleich- oder ungleichnamigen elektrischen Ladungen entsprechen (Abb. 294). Aus nicht zu großer Höhe ins Wasser fallende Holzkugeln von gleicher Größe und Gewicht zeigten infolge des Ein- und Austauchens Entfernung bzw. Annäherung, je nachdem sie bei gleicher Fallhöhe Quellen bzw. bei ungleicher Fallhöhe Quelle und Senke ersetzten.

---

[1]) Prinzipes d'hydraulique 2, nouv. édition 1860.
Forchheimer, Ph.: Hydraulik, 3. Aufl., Leipzig 1930.
[2]) Bjerknes, V.: Vorlesungen über hydrodynamische Fernkräfte nach C. A. Bjerknes, Leipzig 1900—1902.

III. Axialsymmetrische Potentialströmung

1. Allgemeines

Bei dieser Bewegung ist das Geschwindigkeitspotential nur vom radialen Abstand $r = \sqrt{x^2 + y^2}$ von der z-Achse abhängig. Es ist, wie schon bei der Kugel abgeleitet wurde

$$\frac{\partial^2 \Phi}{\partial x^2} = \frac{\partial^2 \Phi}{\partial r^2} \cdot \frac{x^2}{r^2} + \frac{\partial \Phi}{\partial r} \cdot \frac{1}{r} - \frac{\partial \Phi}{\partial r} \cdot \frac{x^2}{r^3}$$

und ähnliche Gleichungen gelten in der y- und z-Richtung, so daß

$$\triangle \Phi = \frac{\partial^2 \Phi}{\partial x^2} + \frac{\partial^2 \Phi}{\partial y^2} + \frac{\partial^2 \Phi}{\partial z^2} = \frac{\partial^2 \Phi}{\partial r^2} + \frac{\partial \Phi}{\partial r} \cdot \frac{1}{r} + \frac{\partial^2 \Phi}{\partial z^2} = 0. \tag{45}$$

Es sei v_r die radiale Geschwindigkeit und w jene in der z-Richtung. Als Bedingung für Drehungsfreiheit im Axialschnitt (Abb. 295) gilt

$$\frac{\partial w}{\partial r} - \frac{\partial v_r}{\partial z} = 0 \tag{46}$$

und die Kontinuität ist erfüllt, wenn

$$\frac{\partial}{\partial z}(w \cdot 2\pi r \cdot dr)\, dz + \frac{\partial}{\partial r}(v_r \cdot 2\pi r \cdot dz)\, dr = 0$$

ist, und somit

$$\frac{\partial}{\partial z}(r \cdot w) + \frac{\partial}{\partial r}(r\, v_r) = 0. \tag{47}$$

(37) wird auch erfüllt, wenn

$$w = \frac{1}{r} \cdot \frac{\partial \Psi}{\partial r} \quad \text{und} \quad v_r = -\frac{1}{r} \cdot \frac{\partial \Psi}{\partial z}, \tag{48}$$

so daß aus (46)

$$\frac{\partial^2 \Psi}{\partial r^2} - \frac{1}{r} \cdot \frac{\partial \Psi}{\partial r} + \frac{\partial^2 \Psi}{\partial z^2} = 0. \tag{49}$$

Die zwischen zwei benachbarten Stromflächen durchfließende Menge ist

$$dQ = w \cdot dr \cdot 2r\pi = v_r \cdot dz \cdot 2r\pi$$

oder

$$d\Psi = \frac{dQ}{2\pi} = w \cdot r\, dr = v_r \cdot r\, dz$$

und folglich ist

$$\Psi = \int w r\, dr = \int v_r \cdot r\, dz. \tag{50}$$

Ψ wird nach Stokes als Stromfunktion bezeichnet und die Linien $\Psi = $ const stehen normal auf den Äquipotentiallinien (Abb. 295), weil

$$\frac{\partial \Phi}{\partial r} \cdot \frac{\partial \Psi}{\partial r} + \frac{\partial \Phi}{\partial z} \cdot \frac{\partial \Psi}{\partial z} = 0. \tag{51}$$

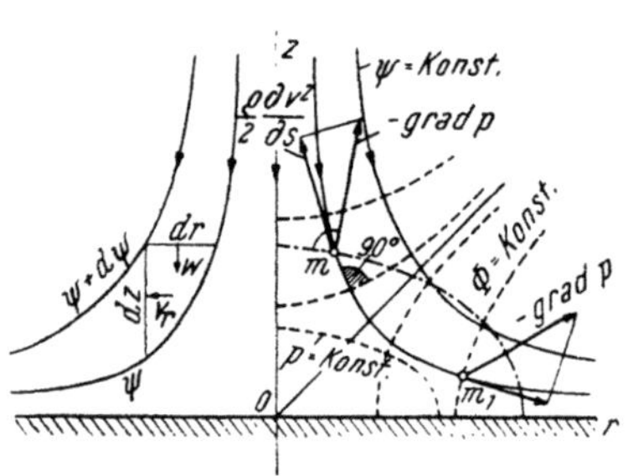

Abb. 295. Bewegung gegen einen Staupunkt

Die Richtungskosinusse der Normalen n bzw. n_1 der Linien $\Phi = $ const und $\Psi = $ const sind gegeben durch

$$\cos(nr) = \frac{\dfrac{\partial \Phi}{\partial r}}{\sqrt{\left(\dfrac{\partial \Phi}{\partial r}\right)^2 + \left(\dfrac{\partial \Phi}{\partial z}\right)^2}} = \frac{\dfrac{\partial \Phi}{\partial r}}{\dfrac{\partial \Phi}{\partial n}} \quad \text{und} \quad \cos(nz) = \frac{\dfrac{\partial \Phi}{\partial z}}{\dfrac{\partial \Phi}{\partial n}}$$

ähnlich ist

$$\cos(n_1 r) \cdot \frac{\partial \Psi}{\partial n} = \frac{\partial \Psi}{\partial r} \quad \text{und} \quad \cos(n_1 z) \cdot \frac{\partial \Psi}{\partial n} = \frac{\partial \Psi}{\partial z}$$

und schließlich

$$\frac{\partial \Phi}{\partial r} \cdot \frac{\partial \Psi}{\partial r} + \frac{\partial \Phi}{\partial z} \cdot \frac{\partial \Psi}{\partial z} = \frac{\partial \Phi}{\partial n} \cdot \frac{\partial \Psi}{\partial n} \left\{ \cos(nr) \cdot \cos(nz) + \cos(n_1 r) \cdot \cos(n_1 z) \right\}.$$

Mit (51) folgt $\cos(nr) \cdot \cos(nz) + \cos(n_1 r) \cdot \cos(n_1 z) = \cos(nn_1) = 0$.

Es stehen die Normalen von $\Phi = \text{const}$ und $\Psi = \text{const}$ senkrecht aufeinander und somit auch die Axialschnitte dieser Flächen.

Für die Geschwindigkeit folgt mit (48)

$$v = \sqrt{v_r^2 + w^2} = \frac{1}{r} \sqrt{\left(\frac{\partial \Psi}{\partial z}\right)^2 + \left(\frac{\partial \Psi}{\partial r}\right)^2} = \frac{1}{r} \cdot \frac{\partial \Psi}{\partial n},$$

so daß mit $v = \dfrac{\partial \Phi}{\partial s}$ die Beziehung

$$r \cdot \frac{\partial \Phi}{\partial s} = \frac{\partial \Psi}{\partial n} \tag{52}$$

folgt.

2. Die Strömung gegen einen Staupunkt (Abb. 295)

ist gegeben durch $\Phi = a\,(r^2 - 2\,z^2)$ mit beliebiger Konstanten a als Lösung von (45). Als Stromfunktion ergibt sich aus (51)

$$\Psi = \int \frac{\partial \Phi}{\partial z} \cdot r \cdot dr = -\int \frac{\partial \Phi}{\partial r} \cdot r\,dz = -2\,a\,z\,r^2 \tag{53}$$

und

$$v^2 = w^2 + v_r^2 = \left(\frac{\partial \Phi}{\partial z}\right)^2 + \left(\frac{\partial \Phi}{\partial r}\right)^2 = 4\,a^2\,(4z^2 + r^2),$$

folglich

$$p = \text{const} - \varrho \cdot \frac{v^2}{2} = \text{const} - \varrho\,2\,a^2\,(4z^2 + r^2). \tag{54}$$

Die Flächen gleichen Druckes sind Rotationsellipsoide. Obiger Fall ist ein Sonderfall von

$$\Psi = z \cdot \left(\frac{Q}{2\pi} - 2\,a\,r^2\right)$$

und zugehörigem

$$\Phi = \int \frac{1}{r} \frac{\partial \Psi}{\partial r}\,dz - \int \frac{1}{r} \frac{\partial \Psi}{\partial z} \cdot dr = a\,(r^2 - 2\,z^2) - \frac{Q}{2\pi} \ln r$$

$v_r = \dfrac{\partial \Phi}{\partial r} = 2\,a\,r - \dfrac{Q}{2\pi r}$ verschwindet auf der Zylinderfläche $r_0 = \sqrt{\dfrac{Q}{4\pi a}}$. Auf dieser ist $w = \dfrac{\partial \Phi}{\partial z} = -4\,a\,z$ und für $z = 0$ wird $w = 0$, für $r < r_0$ wird v_r negativ. Es wird durch die obigen Ansätze die Strömung längs eines von einer ∞ ausgedehnten Platte begrenzten Kreiszylinders vom Radius r_0 dargestellt, die mit $r_0 = 0$ in die Staupunktströmung übergeht.

3. Strömung um Rotationskörper[1])

Hier kann man durch passende Anordnung von Quellen und Senken, die sich absättigen und von einer Parallelströmung überlagert werden, zum Ziele kommen.

---

[1]) Zuerst behandelt von RANKINE, Phil. Trans. 1864.

Es tritt dann eine geschlossene Strömungsfläche auf, dergestalt, daß im umschlossenen Innern die Quellen und Senken gelegen sind und im Außenraum ein Umströmen der geschlossenen Fläche wie bei einem starren Körper erfolgt, wie folgendes Beispiel zeigt. Im Koordinatenursprung sei eine Quelle (q) gelegen und im Abstand a auf der x-Achse eine gleichstarke Senke $(—q)$ wie Abb. 296 zeigt. Dann ist

$$\Phi = \frac{q}{4\pi}\left(\frac{1}{r_2} - \frac{1}{r_1}\right),$$

wenn der Aufpunkt m durch r_1, r_2 gegeben ist, oder bei Überlagerung mit der Parallel-

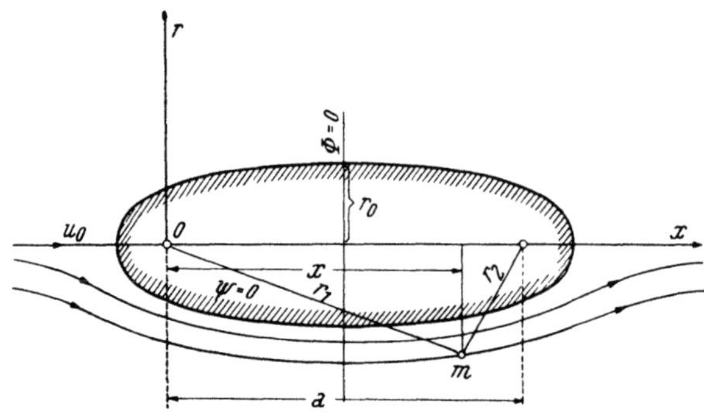

Abb. 296. Quelle und Senke im Strom. Axialsymmetrischer Körper

strömung $\Phi_1 = u_0 \cdot x$

$$\Phi = \frac{q}{4\pi}\left(\frac{1}{\sqrt{(x-a)^2 + r^2}} - \frac{1}{\sqrt{x^2 + r^2}}\right) + u_0 x. \tag{55}$$

Folglich ist

$$u = \frac{\partial \Phi}{\partial x} = u_0 - \frac{q}{4\pi}\left\{\frac{x-a}{[(x-a)^2 + r^2]^{3/2}} - \frac{x}{(x^2 + r^2)^{3/2}}\right\} \tag{56}$$

und

$$\Psi = \int_0^r u \cdot r\, dr = u_0 \frac{r^2}{2} - \frac{q}{4\pi}\left\{(x-a)\cdot \int_0^r \frac{r\, dr}{[(x-a)^2 + r^2]^{3/2}} - x\int_0^r \frac{r\cdot dr}{(x^2 + r^2)^{3/2}}\right\}$$

oder

$$\Psi = u_0 \frac{r^2}{2} - \frac{q}{4\pi}\left(\frac{x-a}{r_2} - \frac{x}{r_1}\right). \tag{57}$$

Setzt man $\Psi = 0$, so erhält man die das Quell-Senken-System umschließende Rotationsfläche. Ihr größter Parallelkreisradius ergibt sich mit r_0 für $x = \frac{a}{2}$ und $r_1 = r_2 = \sqrt{r_0^2 + \frac{a^2}{4}}$ aus

$$\Psi = 0 = \frac{u_0 r_0^2}{2} - \frac{q}{4\pi} \cdot \frac{a}{\sqrt{r_0^2 + \frac{a^2}{4}}}.$$

Für den Hydrotekten sind jene rotationssymmetrischen Halbkörper von Interesse[1]), deren Umströmung gegeben ist durch eine im Ursprung gedachte Quelle von der Ergiebigkeit $q = 4\pi \cdot c$ und einer überlagerten Parallelströmung längs x mit der Geschwindigkeit v_0. Das Potential lautet

$$\Phi = u_0 \cdot x - \frac{c}{\sqrt{x^2 + r^2}}, \tag{58}$$

wo r wieder der Axialabstand des betrachteten Punktes ist. Es ergibt sich

$$u = \frac{\partial \Phi}{\partial x} = u_0 + \frac{c\,x}{(x^2 + r^2)^{3/2}}$$

und

$$v_r = \frac{\partial \Phi}{\partial r} = \frac{c\cdot r}{(x^2 + r^2)^{3/2}},$$

---

[1]) LAGALLY, M.: Handb. d. Phys.. VII. Bd.

folglich

$$v^2 = u^2 + v_r{}^2 = \frac{c^2}{r_1{}^4} + \frac{2\,c\,u_0\cos\alpha}{r_1{}^2} + u_0{}^2, \text{ wenn } x^2 + r^2 = r_1{}^2 \text{ (Abb. 297)}.$$

Ferner ist

$$\varPsi = \int_0^r u \cdot r \cdot dr = \frac{u_0\,r^2}{2} - \frac{c\,x}{\sqrt{x^2 + r^2}} =$$

$$= \frac{u_0}{2}\,r_1{}^2 \sin^2\alpha - c \cdot \cos\alpha, \qquad (59)$$

wobei x bei der Integration als Konstante behandelt wurde.

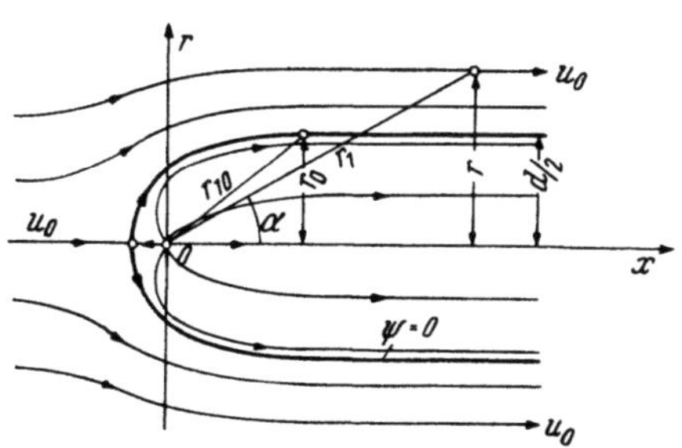

Abb. 297. Quelle in bewegter Flüssigkeit. Staurohr-Umriß

Mit $\varPsi = c$ ergibt sich im Axialschnitt eine geschlossene Stromlinie, deren Inneres durch einen starren Körper ersetzt gedacht werden kann.

Diese Tatsache wird zur Untersuchung der Staurohre (D I 2a) benützt. Für die Begrenzung im Axialschnitt gilt dann

$$c = \frac{u_0}{2}\,r_0{}^2 - c\cos\alpha \text{ oder } r_0 = \sqrt{\frac{2\,c\,(1+\cos\alpha)}{u_0}} \text{ und } r_{10} = \frac{r_0}{\sin\alpha} = \sqrt{\frac{c}{u_0}} \cdot \frac{1}{\sin\alpha/_2}.$$

Es ergeben sich die Werte

$\alpha = 0$	30^0	60^0	90^0	180^0
$r_0 = 2\sqrt{\dfrac{c}{u_0}} = 0^.5\,d$	$0^.966\,\dfrac{d}{2}$	$0^.866 \cdot \dfrac{d}{2}$	$0^.707\,\dfrac{d}{2}$	0
$r_{10} = \infty$	$1^.932\,\dfrac{d}{2}$	$\dfrac{d}{2}$	$0^.707\,\dfrac{d}{2}$	$0^.5\,\dfrac{d}{2}$

deren Auftragung den in Abb. 62 dargestellten Körperumriß eines Staurohrs ergeben. Dort erscheint auch der Druck aufgetragen, der sich nach BERNOULLI ergibt aus

$$p = p_0 + (u_0{}^2 - v^2) \cdot \frac{\varrho}{2} = p_0 - \frac{\varrho}{2} \cdot \frac{C}{r_{10}{}^2} \cdot \left(\frac{C}{r_{10}{}^2} + 2\,u_0\cos\alpha\right). \qquad (60)$$

Mit $\dfrac{C}{r_{10}} = u_0 \cdot \sin^2\dfrac{\alpha}{2}$ und nach Umformung erhält man

$$\frac{p - p_0}{\cdot\,\dfrac{\varrho}{2} \cdot u_0{}^2} = \sin^2\frac{\alpha}{2}\left(2 - 3\sin^2\frac{\alpha}{2}\right) = f\!\left(\frac{\alpha}{2}\right)$$

und damit folgende Werte

$\alpha =$	0	15^0	30^0	$70^0\,22'\,50''$	90^0	$109^0\,20'$	180^0
$f(\alpha) =$	0	$0^.052$	$0^.12$	$0^.3\dot{3}$	$0^.25$	0	$-1^.00$

Das Maximum von $f(\alpha)$ ergibt sich mit $0^.3\dot{3} = \dfrac{1}{3}$ für $\alpha = 70^0\,22'\,50''$. Indem man das Verhalten von $f(\alpha)$ kennt, kann beurteilt werden, wo die Entnahmen des statischen Druckes bei derart geformten Staurohren zu erfolgen haben. Denn $f(\alpha)$ ist das Maß für die Abweichung des dynamischen Druckes vom statischen (siehe D I 2a, Staurohre).

4. Streckenförmig verteilte Quellen und Senken[1]. Orthogonale Koordinaten

Ist $q(\xi)$ über die Strecke ξ verteilt, deren Element $d\xi$ sei (Abb. 298), so ist dessen Potential in bezug auf den im Abstand ϱ gelegenen Punkt (r, α)

$$d\Phi = \frac{q \cdot d\xi}{4\pi\varrho},\qquad 61$$

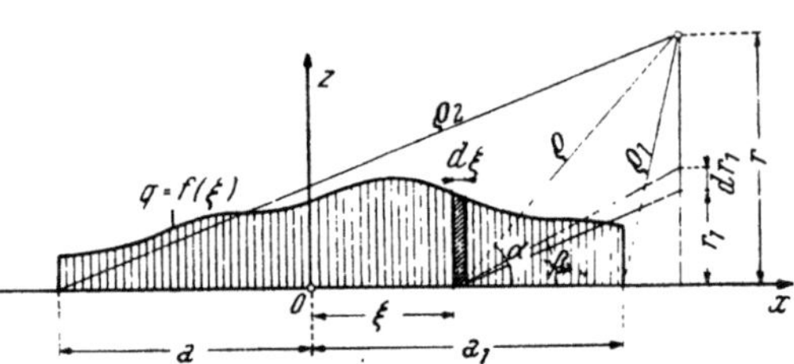

Abb. 298. Streckenförmige Quelle im Raum

wenn $q \cdot d\xi$ die Ergiebigkeit auf dem Stück $d\xi$ ist. Man erhält mit $q = f(\xi)$ für das Potential der Streckenquelle

$$\Phi = \frac{1}{4\pi \cdot \varrho} \cdot \int\limits_a^{a_1} f(\xi) \cdot d\xi. \qquad (62)$$

Bei gleichförmiger Verteilung des q von $+a$ bis $-a$ auf der x-Achse erhält man mit $q = \dfrac{Q}{2a}$

$$\Phi = -\frac{Q}{8\pi a} \cdot \int\limits_{-a}^{+a} \frac{d\xi}{\varrho} = -\frac{Q}{8\pi a} \cdot \int\limits_{-a}^{+a} \frac{d\xi}{\sqrt{(x-\xi)^2 + r^2}} = \frac{Q}{8\pi a} \ln\left\{ x-\xi + \sqrt{(x-\xi)^2 + r^2} \right\}\Big|_{-a}^{+a}.$$

schließlich ist

$$\Phi = \frac{Q}{8\pi a} \ln \frac{x-a+\varrho_1}{x+a+\varrho_2}. \qquad (63)$$

Es ist somit im Unendlichen $\Phi = 0$ und weil auf der Strecke $x = a$ bis $x = -a$ $\varrho_1 = a - x$, so ist dort $\Phi = -\infty$.

Mit $\dfrac{Q}{8\pi a} = \lambda$ ergibt eine einfache Umformung der letzten Gleichung

$$\frac{x^2}{\mathfrak{Coj}\,(\Phi/\lambda + 1)} + \frac{r^2}{2} = \frac{a^2}{\mathfrak{Coj}\,(\Phi/\lambda - 1)}. \qquad (64)$$

Es sind also die Flächen gleichen Potentials Rotationsellipsoide[2], deren Meridianschnitte die Halbachsen

$$a\sqrt{\frac{\mathfrak{Coj}\,(\Phi/\lambda + 1)}{\mathfrak{Coj}\,(\Phi/\lambda - 1)}} \quad \text{und} \quad a\sqrt{\frac{2}{\mathfrak{Coj}\,(\Phi/\lambda - 1)}}$$

aufweisen.

Die Stromfunktion erhält man auf folgende Weise. Infolge der punktförmig gedachten Quelle $q \cdot d\xi$ ist der Durchfluß in der x-Richtung durch die Fläche $r^2\pi$ mit den in Abb. 298 gegebenen Bezeichnungen

$$dQ = 2\pi \int\limits_0^r u \cdot r_1 dr_1 = 2\pi \int\limits_0^r \frac{q\,d\xi}{4\pi} \cdot \frac{\sin\beta}{\varrho_1^2} \cdot r_1 \cdot dr_1 = \frac{q\,d\xi}{4} \int\limits_0^r \frac{x-\xi}{[(x-\xi)^2 + r_1^2]^{3/2}}\, dr_1^2,$$

folglich

$$dQ = -\frac{q\,d\xi}{2} \cdot \frac{x-\xi}{\sqrt{(x-\xi)^2 + r_1^2}}\Big|_{r_1=0}^{r_1=r} = \frac{q\,d\xi}{2}\left(1 - \frac{x-\xi}{\sqrt{(x-\xi)^2 + r^2}}\right).$$

Weil $q = \dfrac{Q}{2a}$ und $d\Phi = \dfrac{dQ}{2\pi}$ ist, so ergibt die letzte Gleichung

---

[1] FUHRMANN, G.: Jahrb. d. Motorluftschiff-Studiengesellschaft, V. Bd., 1911/12.
[2] GAUSTER, W.: Archiv f. Elektrotechnik, Wien 1925, behandelt jene räumlichen Strömungsfelder, die durch Rotation ebener Laplacescher Felder erhalten werden können. Es sind jene, deren orthogonale Trajektorien konfokale Kegelschnitte sind.

$$\Psi = \frac{Q}{8\pi a} \cdot \int_{-a}^{+a} \left(1 - \frac{x-\xi}{\sqrt{(x-\xi)^2 + r^2}}\right) d\xi = \frac{Q}{8\pi a}\left(\xi + \sqrt{(x-\xi)^2 + r^2}\right)_{-a}^{+a}$$

oder

$$\Psi = \frac{Q}{4\pi}\left(1 + \frac{\varrho_1 - \varrho_2}{2a}\right). \tag{65}$$

Die Flächen $\Psi = $ const sind Rotationshyperboloide und durch entsprechende Kombination von Punktquellen mit Streckensenken und Überlagerung derselben mit einer Translation gelingt es günstige Formen von See- und Luftschiffkörpern zu entwickeln.

Ist im Ursprung (Abb. 299) eine Quelle von der Stärke q und anschließend eine gleichstarke Streckensenke von der Länge l und ist das Ganze überlagert mit der Translation u_0 in der x-Richtung, so wird

$$\Psi = \Psi_q + \Psi_s + \Psi_0. \tag{66}$$

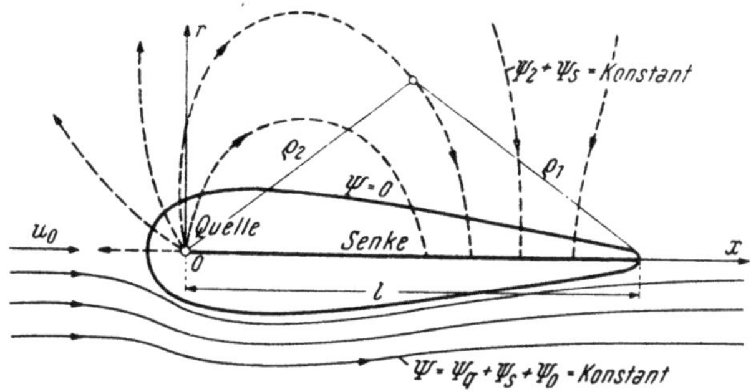

Abb. 299. Quelle und streckenförmige Senke in bewegter Flüssigkeit. Luftschiffkörper

Entsprechend der Abbildung wird nach obigen Darlegungen

$$\Psi_q = \frac{q}{4\pi}\left(1 - \frac{x}{\varrho_2}\right)$$

für die Quelle

$$\Psi_s = -\frac{q}{4\pi}\left(1 + \frac{\varrho_1 - \varrho_2}{l}\right)$$

für die Senke und mit

$$\Psi_0 = u_0 \cdot \frac{r^2 \pi}{2\pi} = \frac{u_0 r^2}{2}$$

für die Translation folgt

$$\Psi = \frac{u_0 r^2}{2} - \frac{q}{4\pi}\left(\frac{x}{\varrho_2} + \frac{\varrho_1 - \varrho_2}{l}\right), \tag{67}$$

welcher Ausdruck gleich Null gesetzt, die Form des Körpers festlegt. Man kann nach den früheren Gleichungen Geschwindigkeit und Druck berechnen. Die Abweichungen dieser von den Messungen sind gering.

Zum Schluß sei erwähnt, daß zur Lösung mancher Aufgaben die Wahl eines geeigneten Koordinatensystems von praktischer Bedeutung ist[1]). Von diesen sind die orthogonalen Systeme die wichtigsten. Ist dQ der „Fluß" durch ein kleines Prisma $dx\,dy\,dz = d\tau$, also

$$dQ = \frac{\partial}{\partial x}(u \cdot dy \cdot dz) \cdot dx + \frac{\partial}{\partial y}(v \cdot dx \cdot dz)\,dy + \frac{\partial}{\partial z}(w\,dx \cdot dy) \cdot dz, \tag{68}$$

so wird $\Delta\,\Phi = \frac{dQ}{d\tau}$ und falls nun andere orthogonale Koordinaten ξ, η und ζ verwendet werden, so folgt aus der Abhängigkeit der alten Koordinaten von den neuen

[1]) MADELUNG, E.: Die math. Hilfsmittel d. Phys., Berlin 1924.
OLLENDORF: Erdströme (1928).

$$dx = \frac{\partial x}{\partial \xi}\, d\xi + \frac{\partial x}{\partial \eta} \cdot d\eta + \frac{\partial x}{\partial \zeta} \cdot d\zeta$$

und ähnliche Gleichungen für dy und dz.

Die Bedingung, daß die Flächenscharen aufeinander senkrecht stehen sollen, sind

$$\left.\begin{aligned}
\frac{\partial x}{\partial \xi}\cdot\frac{\partial x}{\partial \eta}+\frac{\partial y}{\partial \xi}\cdot\frac{\partial y}{\partial \eta}+\frac{\partial z}{\partial \xi}\cdot\frac{\partial z}{\partial \eta}&=0\\[6pt]
\frac{\partial x}{\partial \eta}\cdot\frac{\partial x}{\partial \zeta}+\frac{\partial y}{\partial \eta}\cdot\frac{\partial y}{\partial \zeta}+\frac{\partial z}{\partial \eta}\cdot\frac{\partial z}{\partial \zeta}&=0\\[6pt]
\frac{\partial x}{\partial \zeta}\cdot\frac{\partial x}{\partial \xi}+\frac{\partial y}{\partial \zeta}\cdot\frac{\partial y}{\partial \xi}+\frac{\partial z}{\partial \zeta}\cdot\frac{\partial z}{\partial \xi}&=0
\end{aligned}\right\} \tag{69}$$

was ähnlich wie für (51) nachgewiesen werden kann. Denn es ist

$$\cos(\xi x) = \frac{\dfrac{\partial x}{\partial \xi}}{\sqrt{\left(\dfrac{\partial x}{\partial \xi}\right)^2+\left(\dfrac{\partial x}{\partial \eta}\right)^2+\left(\dfrac{\partial x}{\partial \zeta}\right)^2}} = \frac{\dfrac{\partial x}{\partial \xi}}{\dfrac{\partial x}{\partial n}}, \tag{70}$$

wenn n die Flächennormale ist. Ähnlich ist

$$\cos(\eta x)\cdot\frac{\partial x}{\partial n}=\frac{\partial x}{\partial \eta}, \quad \cos(\xi y)\cdot\frac{\partial x}{\partial n}=\frac{\partial y}{\partial \xi}, \quad \cos(\eta y)\cdot\frac{\partial x}{\partial n}=\frac{\partial y}{\partial \eta} \text{ usw.}$$

Es folgt dann

$$\cos(\xi x)\cdot\cos(\eta x)+\cos(\xi y)\cdot\cos(\eta y)+\cos(\xi z)\cdot\cos(\eta z)=\cos(\xi\eta)=0, \tag{71}$$

ähnlich ist $\cos(\eta\zeta)=0$ und schließlich $\cos(\zeta\xi)=0$, so daß die Orthogonalität von ξ, η und ζ bewiesen ist. Setzt man noch

$$\left.\begin{aligned}
\left(\frac{\partial x}{\partial \xi}\right)^2+\left(\frac{\partial y}{\partial \xi}\right)^2+\left(\frac{\partial z}{\partial \xi}\right)^2&=\mathfrak{x}^2\\[6pt]
\left(\frac{\partial x}{\partial \eta}\right)^2+\left(\frac{\partial y}{\partial \eta}\right)^2+\left(\frac{\partial z}{\partial \eta}\right)^2&=\mathfrak{y}^2\\[6pt]
\left(\frac{\partial x}{\partial \zeta}\right)^2+\left(\frac{\partial y}{\partial \zeta}\right)^2+\left(\frac{\partial z}{\partial \zeta}\right)^2&=\mathfrak{z}^2
\end{aligned}\right\} \tag{72}$$

So folgt

$$dx^2 + dy^2 + dz^2 = (d\xi\cdot\mathfrak{x})^2+(d\eta\cdot\mathfrak{y})^2+(d\zeta\cdot\mathfrak{z})^2$$

und weil die Glieder einander paarweise gleich sind, ist

$$dx = \mathfrak{x}\cdot d\xi \qquad dy = \mathfrak{y}\cdot d\eta \qquad dz = \mathfrak{z}\cdot d\zeta.$$

Also folgt

$$d\tau = dx\cdot dy\cdot dz = d\xi\cdot d\eta\cdot d\zeta\cdot\mathfrak{x}\cdot\mathfrak{y}\cdot\mathfrak{z}$$

und somit aus (68)

$$dQ = \left\{\frac{\partial}{\partial \xi}\left(\frac{\mathfrak{y}\mathfrak{z}}{\mathfrak{x}}\cdot\frac{\partial \Phi}{\partial \xi}\right)+\frac{\partial}{\partial \eta}\left(\frac{\mathfrak{z}\mathfrak{x}}{\mathfrak{y}}\cdot\frac{\partial \Phi}{\partial \eta}\right)+\frac{\partial}{\partial \zeta}\left(\frac{\mathfrak{x}\cdot\mathfrak{y}}{\mathfrak{z}}\cdot\frac{\partial \Phi}{\partial \zeta}\right)\right\} d\tau$$

und somit

$$\Delta\Phi = \frac{dQ}{d\tau} = \frac{\partial}{\partial \xi}\left(\frac{\mathfrak{y}\cdot\mathfrak{z}}{\mathfrak{x}}\cdot\frac{\partial \Phi}{\partial \xi}\right)+\frac{\partial}{\partial \eta}\left(\frac{\mathfrak{z}\mathfrak{x}}{\mathfrak{y}}\cdot\frac{\partial \Phi}{\partial \eta}\right)+\frac{\partial}{\partial \zeta}\left(\frac{\mathfrak{x}\mathfrak{y}}{\mathfrak{z}}\cdot\frac{\partial \Phi}{\partial \zeta}\right)=0 \tag{73}$$

als Kontinuitätsgleichung, die bei verschiedenen Aufgaben, so auch in der Grundwasserbewegung angewendet wird.

IV. Die ebene Potentialströmung

1. Geschwindigkeitspotential und Stromfunktion
Analytische Funktionen

Hier verlaufen die Bahnen der flüssigen Teilchen in einer Ebene und man spricht auch dann noch von ebener Bewegung, wenn in den Lotrechten zu dieser Ebene alle Teilchen die gleiche Geschwindigkeit haben. So ist die Bewegung beim freien Überfall ohne Seitenkontraktion eine ebene Bewegung in der zur Wehrkrone normal gelegenen Vertikalebene. In den folgenden Darlegungen soll die Ebene der Strömung die x—y-Ebene sein und es soll ein Geschwindigkeitspotential $\Phi\,(x, y)$ existieren mit den früher erwähnten Eigenschaften, so daß die Geschwindigkeiten in den Achsenrichtungen

$$u = \frac{\partial \Phi}{\partial x} \qquad v = \frac{\partial \Phi}{\partial y}$$

sind und die Kontinuitätsgleichung

$$\frac{\partial u}{\partial x} + \frac{\partial v}{\partial y} = \frac{\partial^2 \Phi}{\partial x^2} + \frac{\partial^2 \Phi}{\partial y^2} = 0 \tag{74}$$

lautet.

Die Linien gleichen Potentials, kurz Potentiallinien genannt, sind durch $\Phi = $ konstant gekennzeichnet.

Die Gl. (74) wird aber auch erfüllt, wenn

$$u = \frac{\partial \Psi}{\partial y} \quad \text{und} \quad v = -\frac{\partial \Psi}{\partial x} \tag{75}$$

gesetzt werden.

Daraus folgt

$$d\Psi = \frac{\partial \Psi}{\partial x} \cdot dx + \frac{\partial \Psi}{\partial y} \cdot dy = u \cdot dy - v \cdot dx,$$

welcher Ausdruck den „Fluß" durch das Linienelement ds bedeutet, dessen Normale mit den Koordinatenachsen die Richtungswinkel α und β einschließt (Abb. 300). Dann ist der „Fluß" durch das Linienstück A—B gleich

$$\Psi = \int_A^B (u \cos \alpha + v \cos \beta) \cdot ds \tag{76}$$

und es ist das Integral vom Verlauf der Linie A—B

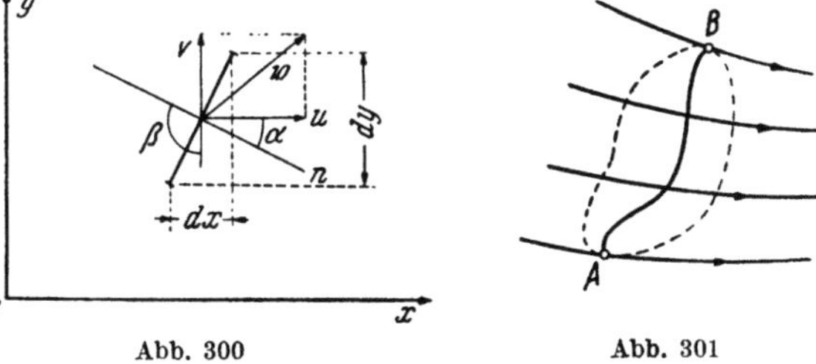

Abb. 300   Abb. 301

unabhängig (Abb. 301). Fällt das Linienelement mit der Geschwindigkeitsrichtung zusammen, so ist $d\Psi = 0$ und $\Psi = $ const. Letzteres ist die Gleichung der Stromlinien, welche die Potentiallinien rechtwinklig schneiden, weil die Beziehung besteht

$$\frac{\partial \Phi}{\partial x} \cdot \frac{\partial \Psi}{\partial x} + \frac{\partial \Phi}{\partial y} \cdot \frac{\partial \Psi}{\partial y} = 0.$$

Die Beziehungen

$$u = \frac{\partial \Phi}{\partial x} = \frac{\partial \Psi}{\partial y} \quad \text{und} \quad v = \frac{\partial \Phi}{\partial y} = -\frac{\partial \Psi}{\partial x} \tag{77}$$

ermöglichen folgende Deutung von Ψ. Stellt dn ein Potentiallinien-Element dar und ds das hiezu normale der Linie $\Psi = $ const, so ist der Durchfluß durch dn gegeben durch

$$dq = \frac{\partial \Phi}{\partial s} \cdot dn, \quad \text{und weil} \quad \frac{\partial \Phi}{\partial s} = \frac{\partial \psi}{\partial n},$$

so ist der „Fluß" zwischen zwei Linien $\Psi_1 = $ const und $\Psi_2 = $ const

$$q = \int\limits_{\psi_2}^{\psi_1} \frac{\partial \Psi}{\partial n} \, dn = \Psi_1 - \Psi_2 ,$$

und man bezeichnet deshalb Ψ als Strömungsfunktion. Man kann ein Strömungsbild sofort beurteilen, wenn das orthogonale Netz von Strom- und Potentiallinien gleichen Unterschiedes vorliegt. Je näher Potential- und Stromlinien aneinanderrücken, desto größer ist die Geschwindigkeit, weil letztere umgekehrt

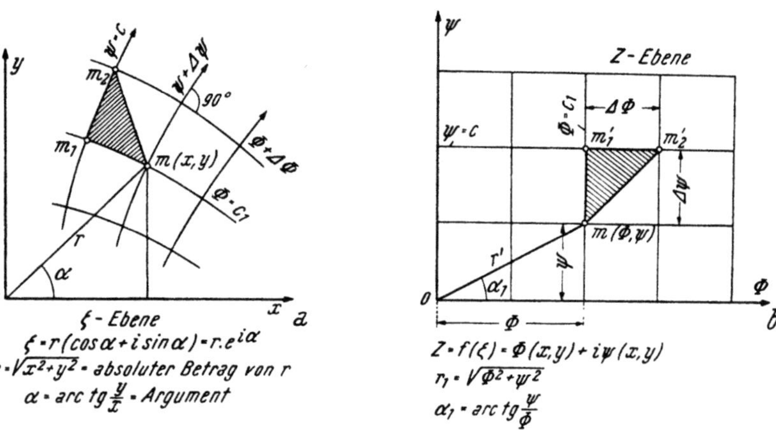

Abb. 302

proportional den Abständen δs und δn ist. Wie schon früher erwähnt, ist die Hauptaufgabe die Lösung der Laplaceschen Gl. (74) bei vorgegebener Randbedingung. Eine ähnliche Gleichung von der Form $\dfrac{\partial^2 f}{\partial x^2} = a^2 \dfrac{\partial^2 f}{\partial y^2}$ wurde bereits in F IV 2 genannt, deren Lösung nach D'ALEMBERT durch eine beliebige Funktion $f(y + ax)$ gegeben erscheint. Denkt man sich $a = \sqrt{-1} = i$, so erkennt man, daß

$$\frac{\partial^2 f}{\partial x^2} + \frac{\partial^2 f}{\partial y^2} = 0 \tag{78}$$

durch stetige und differenzierbare Funktionen komplexen Arguments, also analytische Funktionen, erfüllt wird

$$Z = f(\zeta) = f(x + iy) = \Phi(x_1 y) + i \Psi(x_1 y), \tag{79}$$

deren reeller Bestandteil das Geschwindigkeitspotential Φ und deren imaginärer Bestandteil die Stromfunktion Ψ ist. Beide genügen für sich der Laplaceschen Gl. (74) bzw. (78) und Z wird als komplexes Potential bezeichnet. Die komplexen Argumente erfüllen die Gaußsche Zahlenebene und zur Darstellung der Funktion ist eine weitere Z-Ebene nötig. Jedem Punkte der ζ-Ebene ist durch gegebene Vorschrift $Z = f(\zeta)$ ein Punkt in der Z-Ebene zugeordnet, wie in Abb. 302 dargestellt ist.

Den Eckpunkten eines kleinen Dreiecks m, m_1 und m_2 in der ζ-Ebene entsprechen solche m', m_1' und m_2' in der Z-Ebene. Bildet man den Differentialquotienten

$$\frac{\Delta f(\zeta)}{\Delta \zeta}_{\Delta \to 0} = \frac{df(\zeta)}{d\zeta},$$

so erkennt man, daß dieser von der Richtung unabhängig ist. Es ist z. B. entsprechend der Abbildung

$$\frac{\Delta f(\zeta)}{\Delta \zeta} = \frac{\overline{m\,m_1}}{\overline{m'\,m_1'}} = \frac{\overline{m\,m_2}}{\overline{m'\,m_2'}}, \tag{80}$$

wenn m der Aufpunkt ist: ist es aber m_1, so wird sinngemäß

$$\frac{\Delta f(\zeta)}{\Delta \zeta} = \frac{\overline{m_1\,m}}{\overline{m_1'\,m'}} = \frac{\overline{m_1\,m_2}}{\overline{m_1'\,m_2'}}, \tag{80 a}$$

also gilt

$$\frac{\overline{m\,m_1}}{\overline{m'\,m_1'}} = \frac{\overline{m\,m_2}}{\overline{m'\,m_2'}} = \frac{\overline{m_1\,m_2}}{\overline{m_1'\,m_2'}}. \tag{80 b}$$

Somit sind die beiden kleinen schraffierten Dreiecke einander ähnlich und haben paarweise gleiche Winkel, so daß man von konformer oder winkeltreuer Abbildung spricht. Die orthogonale Schar der Strom- und Potentiallinien erscheint in der Z-Ebene durch das Rechtecksnetz Φ und ψ dargestellt. Die Abbildung ist umkehrbar, indem einer Parallelströmung in der Z-Ebene die Potential- und Stromlinien in der ζ-Ebene entsprechen.

An den Stellen, wo $\dfrac{dZ}{d\zeta}$ Null oder ∞ wird, hört die Abbildung auf, ähnlich zu sein, und man spricht von *singulären Punkten*, in welchen die Geschwindigkeit Null oder unendlich groß ist.

Denn es ist

$$Z' = \frac{dZ}{d\zeta} = \frac{\partial \Phi}{\partial x} + \frac{i\,\partial \Psi}{\partial x} = u - iv \tag{81}$$

und

$$|\mathfrak{v}| = \sqrt{u^2 + v^2}.$$

Wegen der Unabhängigkeit des Differentialquotienten von der Richtung ist aber auch

$$Z' = \frac{\partial \Phi}{i\,\partial y} + \frac{i\,\partial \Psi}{i\,\partial y},$$

so daß durch Gleichsetzung der reellen und imaginären Bestandteile, die zuerst von CAUCHY und RIEMANN angegebenen Beziehungen folgen

$$\frac{\partial \Phi}{\partial x} = \frac{\partial \Psi}{\partial y} \quad \text{und} \quad \frac{\partial \Phi}{\partial y} = -\frac{\partial \Psi}{\partial x}. \tag{82}$$

Auch die Ableitung einer analytischen Funktion ist wieder eine solche, so daß durch sie eine Abbildung vermittelt werden kann. Man kann von einem Pol aus die Geschwindigkeiten ihrer Richtung und Größe nach auftragen, also das Argument $\text{arc tg}\,\dfrac{v}{u}$ und den absoluten Betrag $|\mathfrak{v}| = \sqrt{u^2 + v^2}$ der komplexen Größe

$$\mathfrak{v} = u + iv.$$

Macht man dies für die Punkte einer Stromlinie in der ζ-Ebene, so erhält man in der $\mathfrak{v}$- oder Hodographenebene durch Verbindurg der Endpunkte der aufgetragenen Geschwindigkeiten das Hodographenbild dieser Stromlinie. Macht man dies für die Isotachen bzw. Isoklinen, also für die Linien, in deren Punkten gleichgroße bzw. gleichgerichtete Geschwindigkeiten herrschen, so erhält man als Hodographenbilder konzentrische Kreise um den Pol bzw. Halbstrahlen,

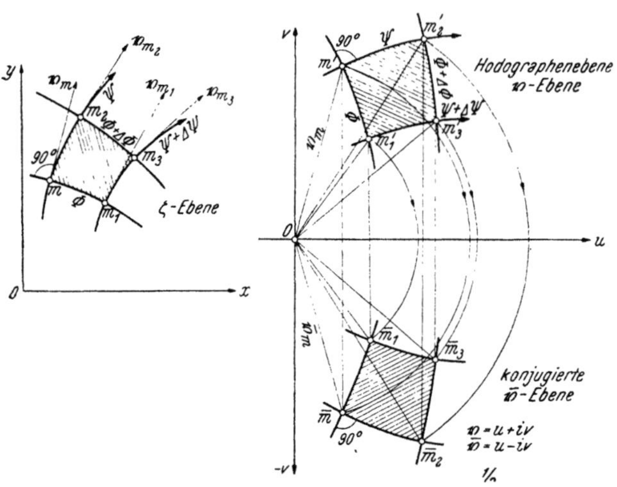

Abb. 303. Darstellung des zum Strömungsbild in der ζ-Ebene zugehörigen Hodographenbildes

die von diesem ausgehen. Sie sind orthogonale Trajektorien, weshalb Isotachen und Isoklinen auch im Strömungsbild aufeinander senkrecht stehen müssen. Kennt man die Geschwindigkeitsverteilung an der Grenze in der ζ-Ebene, so wird dem Gebiet der ζ-Ebene ein bestimmtes in der Hodographenebene entsprechen. Die zu $\mathfrak{v}$ konjugierten Größen

$$\overline{\mathfrak{v}} = u - iv$$

erfüllen die $\overline{\mathfrak{v}}$-Ebene, deren Gebilde durch Spiegelung an der reellen

Achse auf jene der Hodographenebene abgebildet werden und umgekehrt. In der Abb. 303 sind Stromlinien und ihr Hodographenbild, sowie dessen konjugiertes Bild dargestellt. Kennt man $\overline{\mathfrak{v}}(Z)$, so ist es möglich, den Zusammenhang von ζ mit Z zu bestimmen. Denn es ist

$$\frac{dZ}{d\zeta} = \overline{\mathfrak{v}} \quad \text{und} \quad \zeta = \int \frac{dZ}{\overline{\mathfrak{v}}}. \tag{83}$$

So wird der Streifen der Z-Ebene zwischen $\Psi = 0$ und $\Psi = 2\pi$ mittels

$$\overline{\mathfrak{v}}(Z) = e^Z = e^\Phi (\cos\Psi + i\sin\Psi)$$

auf die $\overline{\mathfrak{v}}$-Ebene abgebildet. Weil

$$|\overline{\mathfrak{v}}| = \sqrt{u^2 + v^2} \cdot (\cos\alpha + i\sin\alpha),$$

so entsprechen der Geraden $\Phi = \text{const}$ und $\Psi = \text{const}$ Kreise $r = e^\Phi = \text{const}$ bzw. Halbstrahlen mit arc tg $\Psi = \text{const}$ als Isotachen und Isoklinen der $\overline{\mathfrak{v}}$-Ebene. Man erhält

$$\zeta = \int \frac{dZ}{\overline{\mathfrak{v}}} = \int e^{-Z} dZ = -e^{-Z} \tag{84}$$

oder es ist $Z = \ln\zeta$.

Hat der Streifen in der Z-Ebene die Breite q, so ist

$$\frac{2\pi}{q} \cdot Z = \ln\zeta$$

zu setzen oder

$$Z = \frac{q}{2\pi}\ln\zeta = \frac{q}{2\pi}\ln r + \frac{q}{2\pi}\alpha,$$

so daß die Potentiallinien die Kreise

$$\Phi = \frac{q}{2\pi} \ln r = \text{const}$$

und die Stromlinien die Halbstrahlen

$$\Psi = \frac{q}{2\pi} \alpha = \text{const}$$

sind.

Für die Lösung der Laplaceschen Gleichung bei Erfüllung gewisser Randbedingungen ist der Integralsatz von CAUCHY[1]) wichtig. Er sagt, daß längs jeden von ζ_0 nach ζ_1 führenden und ganz im Gebiet verlaufenden Integrationsweg das Integral

$$\int_{\zeta_0}^{\zeta_1} f(\zeta) \cdot d\zeta$$

immer denselben Wert annimmt.

Also muß längs einer geschlossenen Kurve (Berandung des Gebietes)

$$\int_c f(\zeta) \cdot d\zeta = 0 \tag{85}$$

sein und die wichtigste Folgerung ist die Cauchysche Integralformel

$$f(\zeta) = \frac{1}{2\pi i} \int^c \frac{f(\zeta_0)}{\zeta_0 - \zeta} d\zeta_0, \tag{86}$$

die für jeden im Innern des Gebietes gelegenen Punkt ζ gilt. Es ist auch

$$f(\zeta) = \frac{1}{2\pi i} \cdot \int^c \frac{f(\zeta)}{\zeta_0 - \zeta} \cdot d\zeta_0 + \frac{1}{2\pi i} \int^c \frac{f(\zeta_0) - f(\zeta)}{\zeta_0 - \zeta} d\zeta_0. \tag{87}$$

Setzt man $\zeta_0 - \zeta = r\,(\cos\alpha + i\sin\alpha)$, also $d\zeta_0 = r\,(-\sin\alpha + i\cos\alpha) \cdot d\alpha$, weil ζ als Konstante zu behandeln ist, so wird über den Umfang des Kreises r als Weg

$$\frac{1}{2\pi i} \cdot \int^c \frac{f(\zeta)}{\zeta_0 - \zeta} \cdot d\zeta_0 = \frac{f(\zeta)}{2\pi i} \cdot \int_0^{2\pi} \frac{r(-\sin\alpha + i\cos\alpha)\,d\alpha}{r\,(\cos\alpha + i\sin\alpha)} = \frac{f(\zeta)}{2\pi i} \int_0^{2\pi} i\,d\alpha = f(\zeta). \tag{88}$$

Für das zweite Integral kann der Weg C durch jeden andern, den Punkt ζ umschließenden Weg ersetzt werden, also auch durch einen Kreis mit ζ als Mittelpunkt, dessen r so klein gemacht wird, daß für jeden Punkt ζ_0 seines Umfanges der absolute Wert

$$|f(\zeta_0) - f(\zeta)| < \varepsilon$$

der Null zustrebt. Somit wird

$$\int^c \frac{f(\zeta_0) - f(\zeta)}{\zeta_0 - \zeta} \cdot d\zeta_0 \leqq \varepsilon \int^c \frac{d\zeta_0}{\zeta_0 - \zeta} = \varepsilon \cdot 2\pi i. \tag{89}$$

Es verschwindet dann das zweite Integral und durch (86) ist $f(\zeta)$ in jedem Punkte ζ eines Gebietes bestimmt, wenn die Werte an der Begrenzung desselben nämlich $f(\zeta_0)$ festgelegt sind. Sind also Geschwindigkeit und Druck an den Grenzen eines

---

1) KNOPP: Funktionentheorie, S. 49, Berlin-Leipzig 1937.

Gebietes ohne Doppelpunkten bekannt, so ist über diese für jeden Punkt im Innern durch (86) verfügt bzw. ausgesagt. Ist z. B. die Geschwindigkeit $v_0 = f(\zeta_0)$ am Umfang eines Kreises vom Radius r_0 um den Ursprung vorgegeben, so ist sie in jedem Punkte im Kreisinnern durch (86) festgelegt.

Denn es ist $\zeta_0 - \zeta = r(\cos \alpha + \sin \alpha)$ und $\zeta_0 = r_0(\cos \alpha + i \sin \alpha)$, ferner $d\zeta_0 = r_0 \cdot (-\sin \alpha + i \cos \alpha)$ und somit

$$v = f(\zeta) = \frac{1}{2\pi i} \int_{}^{c} \frac{f(\zeta_0) \cdot d\zeta_0}{\zeta_0 - \zeta} = \frac{v_0}{2\pi i} \int_{0}^{2\pi} \frac{r_0}{r} \cdot \frac{(-\sin \alpha + i \cos \alpha) d\alpha}{(\cos \alpha + i \sin \alpha)} = \frac{v_0 \cdot r_0}{r}, \tag{90}$$

womit das Geschwindigkeitsverteilungsgesetz im Innern des Kreises gefunden wurde. Es ist also die Lösung der Laplaceschen Gleichung eine Randwertaufgabe, und zwar erster oder zweiter Art, je nachdem das Geschwindigkeitspotential Φ oder $\frac{\partial \Phi}{\partial n}$ am Rande gegeben sind. Schwieriger ist die Randwertaufgabe dritter Art, wenn für einen Teil des Randes Φ und für den Rest die zu ihm senkrecht verlaufende Geschwindigkeit $\frac{\partial \Phi}{\partial n}$ gegeben ist.

Von den Hilfsmitteln bzw. Methoden zur Lösung seien vor allem genannt:

1. Die zweckentsprechende Anordnung von punkt- und linienförmigen Quellen und Senken mit Anwendung des Überlagerungsprinzips (Superposition) und des Spiegelungsprinzips;
2. die konforme Abbildung;
3. die Methode des Hodographen.

2. Die einzelne Quelle bzw. Senke

Für die Quelle bzw. Senke im Punkt A (Abb. 304) gilt als komplexes Potential

$$Z = f(\zeta) = \frac{q}{2\pi} \cdot \ln(\zeta - \zeta_a) = \frac{q}{2\pi} (\ln r + i\delta). \tag{91}$$

Durch $\Phi = \frac{q}{2\pi} \ln r = \text{const}$ sind die Potentiallinien als Kreise und $\Psi = \frac{q}{2\pi} \cdot \delta = \text{const}$ die auf ersteren normal stehenden Stromlinien als Halbstrahlen durch den Ursprung definiert. Nach der Abbildung ist

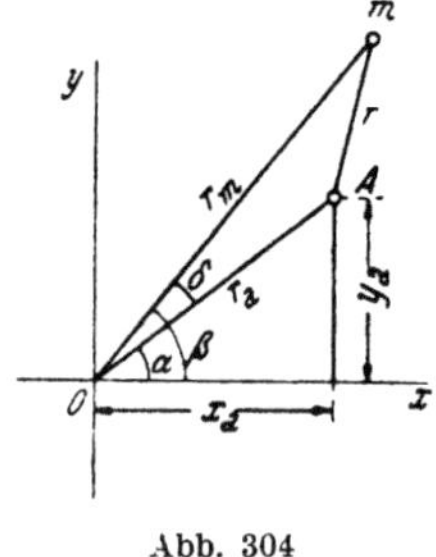

Abb. 304

$$\overline{Am} = r = \sqrt{r_a^2 + r_m^2 - 2 r_a r_m \cos \delta},$$

und weil

$$\frac{dZ}{d\zeta} = u - iv = \frac{q}{2\pi} \cdot \frac{1}{\zeta - \zeta_a} = \frac{q}{2\pi} \cdot \frac{1}{(x - x_a) + i(y - y_a)},$$

so folgt

$$u = \frac{q}{2\pi} \frac{x - x_a}{(x - x_a)^2 + (y - y_a)^2} = \frac{q}{2\pi} \cdot \frac{x - x_a}{r^2}$$

und

$$v = \frac{q}{2\pi} \frac{y - y_a}{r^2},$$

folglich ist

$$|\mathfrak{v}| = \sqrt{u^2 + v^2} = \frac{q}{2\pi} \cdot \frac{1}{r}. \tag{92}$$

Multipliziert man mit i, so wird

$$Z_1 = iZ = i \frac{q}{2\pi} \ln(\zeta - \zeta_0)$$

und man erhält den Ausdruck einer Zirkulation um A, bei welcher die Potential-
und Stromlinien der Quellen- bzw. Senkenströmung vertauscht erscheinen.

Beispiel

Zur Beaufschlagung eines rückenschlächtigen Wasserrades sei im Zulaufgerinne vor der
Radkammer ein schräges Schütz angebracht, dessen Druckverhältnisse untersucht werden
sollen. Nach BERNOULLI ist entsprechend
den Bezeichnungen in Abb. 305

$$z + \frac{p}{\gamma} + \frac{v^2}{2g} = \frac{v_\lambda^2}{2g} + \lambda = \frac{v_0^2}{2g} + h.$$

Mit $v_0 h = \lambda \cdot v_\lambda$ folgt aus obiger Gleichung

$$\frac{v^2}{2g} = \frac{h^2}{h + \lambda}$$

und bei Vernachlässigung von $\frac{v_0^2}{2g}$

$$\frac{p}{\gamma} = h - z - \frac{v^2}{2g} = h - z - \frac{v_\lambda^2}{2g} \cdot \left(\frac{v}{v_\lambda}\right)^2 =$$

$$= h - z - \frac{h^2}{h + \lambda} \cdot \frac{\lambda^2}{z^2}.$$

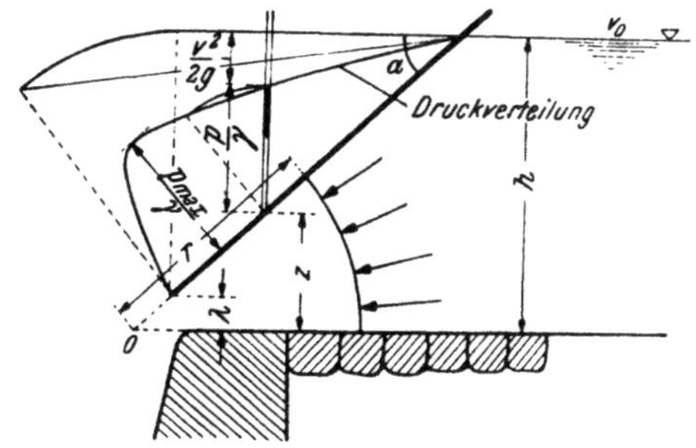

Abb. 305. Ausfluß unter schrägem Schütz und
Druckverteilung auf dasselbe

Weil $\dfrac{v}{v_\lambda} = \dfrac{\lambda}{z}$, so folgt für die Bedingung des Maximaldruckes, der zwischen den Werten Null
an der Oberfläche und Unterkante des geöffneten Schützes auftreten muß,

$$\frac{dp}{dz} = 0 = \gamma \left\{ -1 + \frac{2h^2 \lambda^2}{(h + \lambda) \cdot z^3} \right\}$$

und somit die Stelle des Maximums bei

$$z = \sqrt[3]{\frac{2h^2 \lambda^2}{h + \lambda}}.$$

Die Lage des Druckmaximums wie auch die Größe sind vom Winkel α unabhängig. Für den
Gesamtdruck auf das Schütz folgt

$$D = \int p \cdot ds = \frac{\gamma}{\sin \alpha} \int_\lambda^h \left\{ (h - z) - \frac{a}{z^2} \right\} dz = \frac{\gamma}{\sin \alpha} \left\{ \frac{(h - \lambda)^2}{2} - h\lambda \cdot \frac{h - \lambda}{h + \lambda} \right\}.$$

Ist $h = 2{\cdot}0$ m und $\lambda = 0{\cdot}1$ m, so wird

$$z = 0{\cdot}34 \text{ m} \qquad \left(\frac{p}{\gamma}\right)_{max} = 1{\cdot}5 \text{ m} \qquad D = 1{\cdot}792 \frac{\gamma}{\sin \alpha} \text{ Tonnen} \big/ \text{lfd. m.}$$

Die vorliegende Berechnung ist nur anwendbar, wenn λ klein ist gegen h.

3. Quell-Senken-Strömung (Abb. 306). Beispiel Walzenwehr

In A $(x = a, y = 0)$ und B $(x = -a, y = 0)$ seien eine Senke und Quelle gleicher
Stärke $\dfrac{q}{2\pi}$ gelegen und wegen Superposition ist das komplexe Potential der
Strömung

$$Z = \frac{q}{2\pi} \ln(\zeta - a) + \left\{ -\frac{q}{2\pi} \ln(\zeta + a) \right\} = \frac{q}{2\pi} \ln \frac{\zeta - a}{\zeta + a}. \tag{93}$$

Mit $\zeta - a = r_1 e^{i\gamma_1}$ und $\zeta + a = r_2 e^{i\gamma_2}$ folgt für die Potentiallinien

$$\Phi = \frac{q}{2\pi} \ln \frac{r_1}{r_2} = \text{const}$$

und für die Stromlinien

$$\Psi = \frac{q}{2\pi}\,(\widehat{a}_1 - \widehat{a}_2) = \frac{q}{2\pi}\,\widehat{\beta} = \text{const.}$$

Es sind zwei orthogonale Kreisscharen und die Potentiallinien teilen die Strecke $\overline{AB}$ harmonisch. Zufolgedessen muß

$$\frac{a+\lambda}{a-\lambda} = \frac{a+\lambda+2R}{\lambda-a+2R}, \tag{94}$$

woraus $a^2 - \lambda^2 = 2R\lambda$ und hiemit die Konstruktion von A folgt, wenn eine Potentiallinie (Kreis mit R) gegeben ist.

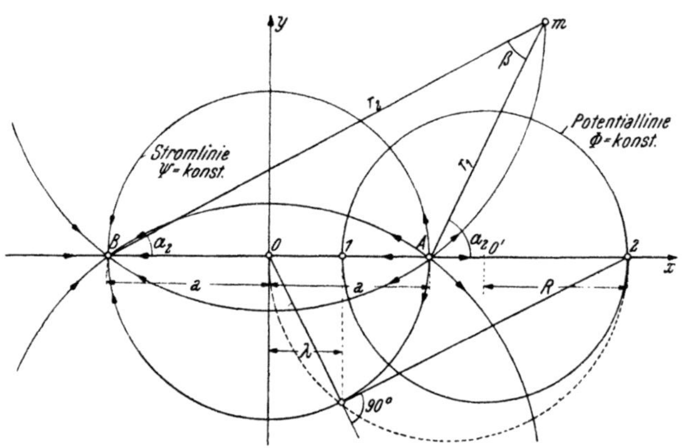

Abb. 306.   Quell- Senken-Strömung

Nachdem

$$\frac{dZ}{d\zeta} = u - iv = \frac{q}{2\pi}\left(\frac{1}{\zeta-a} - \frac{1}{\zeta+a}\right) = \frac{q}{2\pi}\left(\frac{e^{-i\tau_1}}{r_1} - \frac{e^{-i\tau_2}}{r_2}\right),$$

so folgt für die Geschwindigkeit

$$|\mathfrak{v}| = \sqrt{u^2+v^2} = \frac{q}{2\pi}\cdot\sqrt{\frac{1}{r_1^2} + \frac{1}{r_2^2} - \frac{2}{r_1 r_2}\cos\beta}$$

nach den Rechnungsregeln mit komplexen Zahlen und wie aus Abb. 307 ersichtlich. Nun ist $4a^2 = r_1^2 + r_2^2 - 2\,r_1 r_2 \cdot \cos\beta$, also ist

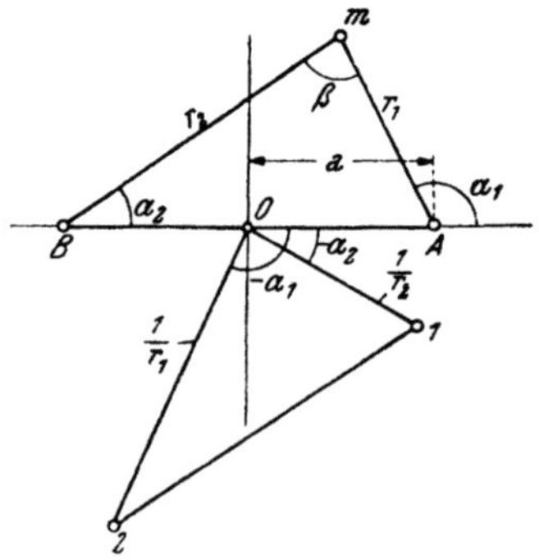

Abb. 307

$$|\mathfrak{v}| = \frac{q}{2\pi}\sqrt{\frac{r_1^2 + r_2^2 - (r_1^2 + r_2^2 - 4a^2)}{r_1^2 + r_2^2}} = \frac{q\cdot a}{\pi\cdot r_1 r_2} \tag{95}$$

das Geschwindigkeitsverteilungsgesetz bei vorliegender Strömung. Kennt man den Betrag der Geschwindigkeit an irgend einer Stelle m

$$|\mathfrak{v}_m| = \frac{q\cdot a}{\pi\,r_{m_1}\cdot r_{m_2}},$$

so folgt aus

$$|\mathfrak{v}| = |\mathfrak{v}_m|\cdot\frac{r_{m_1}\cdot r_{m_2}}{r_1\cdot r_2}. \tag{96}$$

Die Kenntnis von (96) ist wertvoll für Aufgaben des Wasserbaues, wenn es sich z. B. um die Ermittelung der Druckverteilung auf stählerne, kreisförmig begrenzte Wehrabschlüsse handelt. So wird die Strömung unterhalb der gehobenen Walze (R) eines Walzenwehres (Abb. 308) angenähert dargestellt durch[1])

$$Z = i \frac{q}{2\pi} \ln \frac{\zeta - a}{\zeta + a}, \tag{97}$$

also durch das mit i multiplizierte komplexe Potential des vorigen Beispiels. Es erscheinen Strom- und Potentiallinien vertauscht und nach BERNOULLI ist entsprechend der Abbildung

$$\frac{p}{\gamma} + \frac{v^2}{2g} + z = H + \frac{v_0{}^2}{2g} = \lambda + \frac{v_a{}^2}{2g}$$

oder

$$\frac{p}{\gamma} = H - \lambda - z - \frac{v_a{}^2}{2g} \left\{ \left(\frac{r_{a1} \cdot r_{a2}}{r_1 r_2} \right)^2 - 1 \right\},$$

wobei angenähert $\frac{v_a{}^2}{2g} = H - \lambda$, wenn $\frac{v_0{}^2}{2g} \lll H$ ist. Also ist dann mit $r_{a1} = a - \lambda$ und $r_{a2} = a + \lambda$

$$\frac{p}{\gamma} \cong H - z - (H - \lambda) \cdot \left(\frac{a^2 - \lambda^2}{r_1 r_2} \right)^2 = H - z - (H - \lambda) \frac{4 R^2 \lambda^2}{r_1{}^2 r_2{}^2},$$

weil $a^2 = 2 R \lambda + \lambda^2$.

Die in Laboratoriumsversuchen ermittelten Drücke stimmen insbesondere, wenn $\lambda \lll H$ ist, recht gut mit den errechneten Werten überein, wenn man an Stelle von λ den Wert λ_e des Ablösungspunktes in die Gleichung einführt. Im unteren Teil der Walze ergibt sich eine Saugwirkung.

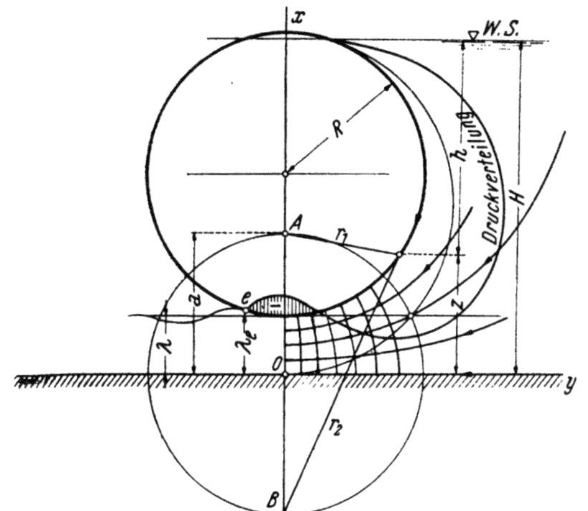

Abb. 308. Druckverteilung am Walzenwehr

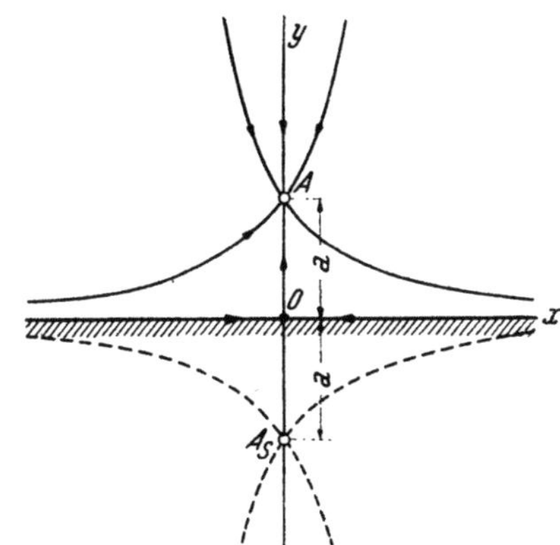

Abb. 309. Spiegelung

Dem Leser sei es überlassen, den Fall zu diskutieren, wenn in beiden Punkten A und B entweder Quellen oder Senken vorhanden sind. Hiemit kommt man zu einem Hilfsmittel, nämlich zur Spiegelung, um gewisse Aufgaben lösen zu können. Ist beispielsweise die x-Achse eine feste Grenze und im Abstand a (Abb. 309) eine Quelle oder Senke gelegen, so erhält man das Strömungsbild, indem man die Quelle bzw. Senke mit ihrem Spiegelbild überlagert. Es lautet dann das Potential

$$Z = \frac{q}{2\pi} \cdot \ln (\zeta - ia) \cdot (\zeta + ia).$$

<hr>

[1]) KULKA, H.: Eisenwasserbau 1, S. 63 u. 81, Berlin 1928,
ferner KAUFMANN, W.: Hydromechanik, I. Bd, Berlin 1931.

4. Quelle in fortschreitender Strömung. Umströmung zylindrischer Halbkörper

Dies ist ebenfalls ein praktisch wichtiger Fall. Die Quelle von der Ergiebigkeit q liege im Ursprung (Abb. 310) und die Parallelströmung erfolge in der x-Richtung mit der Geschwindigkeit u_0. Dann ist

$$Z = \frac{q}{2\pi} \ln \zeta + u_0 \zeta = \Phi + i\Psi, \qquad (98)$$

woraus

$$\Phi = \frac{q}{2\pi} \ln r + u_0 x$$

und

$$\Psi = \frac{q}{2\pi} \widehat{a} + u_0 y$$

mit

$$\widehat{a} = \operatorname{arc\,tg} \frac{y}{x}$$

hervorgeht.

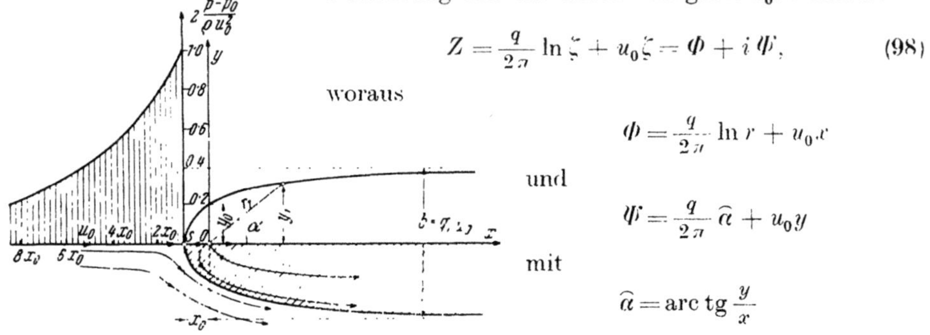

Abb. 310. Zylindrischer Halbkörper

Die Grenze der Quellenströmung wird durch die Stromlinien $\Psi = \pm \dfrac{q}{2}$ gebildet und ist gegeben durch

$$\frac{q}{2} = \frac{q}{2\pi} \widehat{a} + u_0 y_1$$

mit folgenden zugeordneten Größen

$$\widehat{a} = \quad 0 \qquad \pi/6 \qquad \pi/3 \qquad \pi/2 \qquad \pi$$
$$y_1 = \quad q/2u_0 \qquad {}^5/_{12}\, q/u_0 \qquad q/3u_0 \qquad q/4u_0 \qquad 0$$

Der Scheitel s ist durch $y = 0$ und $u = 0$ bestimmt, weshalb $x_0 = -\dfrac{q}{2\pi u_0}$.

Man kann das Innere der Stromlinien $+\dfrac{q}{2}$ durch einen festen Körper ausgefüllt denken und hat die Umströmung eines zylindrischen Halbkörpers vor sich, wie er für verschiedene hydrotechnische Zwecke passend erscheint (D I 2a). Der Druck folgt nach BERNOULLI aus

$$p = p_0 + \{u_0^2 - (u^2 + v^2)\}\frac{\varrho}{2} = p_0 - \varrho\,\frac{q}{2\pi r^2}\cdot\left(\frac{q}{4\pi} + x u_0\right).$$

Setzt man $\dfrac{q}{2\pi} = -x_0 u_0$, so wird $\dfrac{p-p_0}{\varrho\, \frac{1}{2} u_0^2} = \dfrac{2x_0}{r^2}\left(x - \dfrac{x_0}{2}\right)$ und für die Achse, also mit $r = x$ ergibt sich für den Verlauf von $\dfrac{p-p_0}{\varrho/2\cdot u_0^2} = f\left(\dfrac{x}{x_0}\right) = \dfrac{2x_0^2}{x^2}\cdot\left(\dfrac{x}{x_0} - \dfrac{1}{2}\right)$,

woraus auf den Einfluß des stauenden Körpers, z. B. des als Handhabe benützten vertikalen Schenkels des PRANDTLschen Staurohres auf den Druck vor dem Staukörper geschlossen werden kann. Hiezu ist die folgende Tabelle nützlich:

$\dfrac{x}{x_0} =$	0	1	2	8	16	30	100	∞
$f\left(\dfrac{x}{x_0}\right) =$	∞	1	0·75	0·235	0·121	0·065	0·0199	0

Man wird daher die Öffnung zur Übernahme des statischen Druckes beim Staurohr etwa $x = 100\,x_0$ vor den Staupunkt des vertikalen Schenkels legen.

·5. Reihenförmig angeordnete Quellen und Senken. Doppelquellen

Auch diese sind von Bedeutung für gewisse Aufgaben und es wird wieder das Potential der Strömung durch Zusammenfassung der Einzellösungen erhalten. Für den Aufpunkt m (Abb. 311) wird das Potential bei gleicher Ergiebigkeit q der ∞-Reihe dargestellt durch

$$Z = \frac{q}{2\pi}\{\ln(\zeta-\zeta_0) + \ln(\zeta-\zeta_0-l)\ln + (\zeta-\zeta_0+l) + \ldots\} =$$

$$= \frac{q}{2\pi}\ln(\zeta-\zeta_0)\cdot\prod_1^\infty\left\{1-\left(\frac{\zeta-\zeta_0}{nl}\right)^2\right\}\cdot(-n^2l^2),\tag{99}$$

·wobei l der Abstand der Quellen ist.

Weil $\sin x = x\prod_1^\infty\left\{1-\left(\frac{x}{n\pi}\right)^2\right\}$ als ∞-Produkt angeschrieben werden kann, so wird

$$Z = \frac{q}{2\pi}\cdot\ln\,\sin\frac{\zeta-\zeta_0}{l}\cdot\pi + \frac{q}{2\pi}\ln l\cdot\prod_1^\infty(inl)^2 = \frac{q}{2\pi}\ln\sin\frac{\zeta-\zeta_0}{l}\cdot\pi + C\tag{100}$$

und

$$\frac{dZ}{d\zeta} = u-iv = \frac{q}{2\pi}\cdot\cot\frac{\zeta-\zeta_0}{l}\cdot\pi.$$

Ist l reell und $\zeta_0 = 0$, hat man es also mit einer ∞-Reihe in der x-Achse zu tun, wobei eine Quelle als Bezugspunkt in den Ursprung verlegt ist, so wird

$$Z = \frac{q}{2\pi}\cdot\ln\sin\frac{\pi\zeta}{l} + C.\tag{101}$$

Für eine Quelle und Senke in den Punkten $x = +a,\ y = 0$ und $x = -a,\ y = 0$ gilt Gl. (93)

$$Z = \frac{q}{2\pi}\cdot\ln\frac{\zeta-a}{\zeta+a}.$$

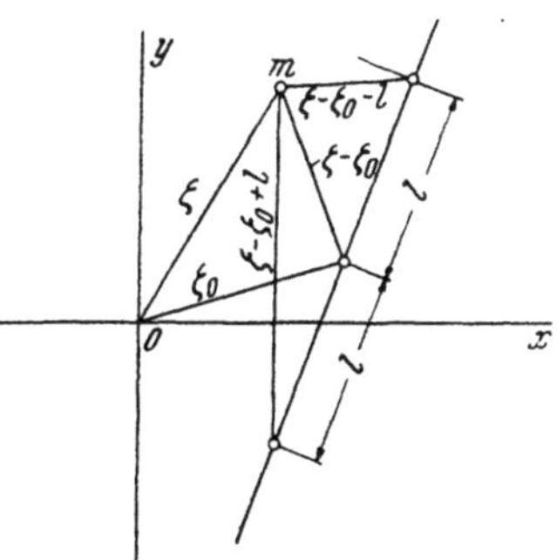

Abb. 311

Nähern sich nun beide uneingeschränkt, so daß $2a = d\zeta$, so wird

$$\ln\frac{\zeta-a}{\zeta+a} = \ln\left(1-\frac{d\zeta}{2\zeta}\right)-\ln\left(1+\frac{d\zeta}{2\zeta}\right) = \frac{d\zeta}{\zeta}$$

und somit

$$Z = \frac{q\,d\zeta}{2\pi\zeta} = \frac{M}{2\pi\zeta} = \frac{dq}{2\pi}\ln\zeta.\tag{102}$$

Ein solches System wird als Dipol oder Doppelquelle bezeichnet mit dem Moment $M = q\,d\zeta$, das einen endlichen Wert annimmt, wenn q entsprechend wächst. Es wird also das Potential eines Dipols erhalten durch ·Differenzieren des Potentials der einfachen Quelle. Diese Tatsache wird angewendet, um das Potential einer unendlichen Reihe von Doppelquellen mit dem Abstand l zu finden, die in der reellen x-Achse gelegen sind. Ob man die Potentiale der Dipole superponiert oder die superponierten Quellen differenziert, ist gleich, nur ist die letztere Methode rascher zum Ziele führend, weil man das Potential der Quellenreihe Gl. (101) kennt. Differenziert man den dortigen Ausdruck, so erhält man für die Dipol-Reihe

$$Z = \frac{q}{2\pi}\cdot d\zeta\cdot\cot\frac{\pi\zeta}{l} = \frac{M}{2l}\cot\frac{\pi\zeta}{l}.\tag{103}$$

6. Lineare Quellen und Senken. (Abb. 312)

Diese spielen in der Technik bei der Ermittlung von Stromlinienprofilen. bei der Berechnung von Sickergalerien und anderen Grundwasseraufgaben usw. eine Rolle. Es sei in der x-Achse eine solche Senke vom Ursprung bis $x = a$ reichend und die Ergiebigkeit eines Streckenelements $d\xi$ sei $q \cdot d\xi$. Dann gilt für ein Element der Ansatz (91)

$$Z = \frac{+\, q \cdot d\xi}{2\,\pi} \cdot \ln(\zeta - \xi)$$

und für die ganze Strecke

$$Z = \frac{1}{2\pi} \int_0^a q \ln(\zeta - \xi) \cdot d\xi. \tag{104}$$

Ist q gleichmäßig verteilt, und zwar $q = \dfrac{Q}{a}$, wenn Q die gesamte Ergiebigkeit ist, so folgt

$$Z = -\frac{Q}{2\pi a}\{1 - \ln(\zeta - \xi)\} \cdot (\zeta - \xi)\Big|_0^a = \frac{Q}{2\pi a} \cdot \left\{ \ln \frac{\zeta - a}{\zeta} \cdot \zeta - a\ln(\zeta - a) + a \right\}. \tag{105}$$

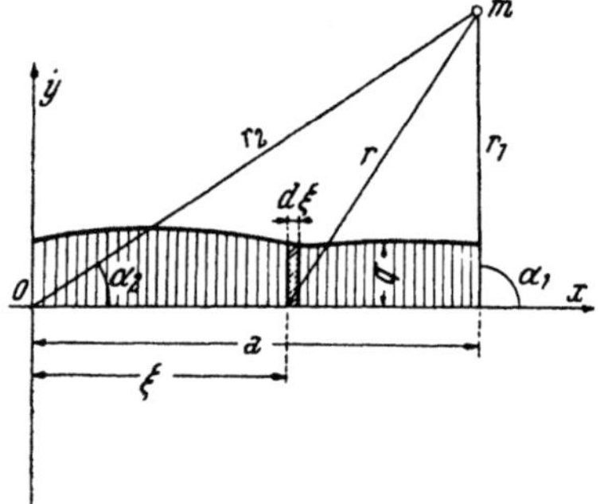

Abb. 312. Streckenförmige Senke

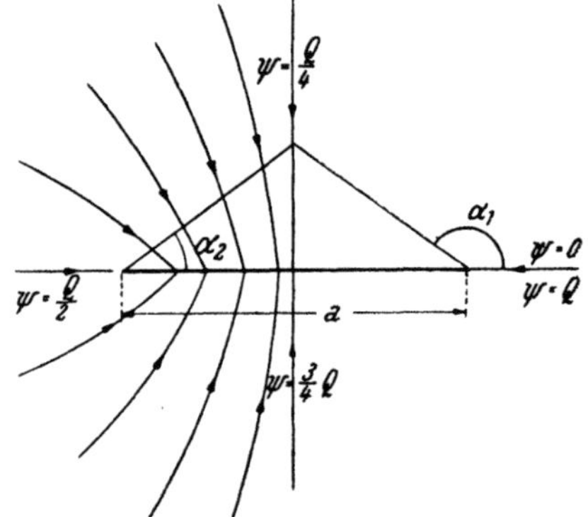

Abb. 313. Strömung zur linearen Senke, $q = \dfrac{Q}{a} = $ const.

Die Geschwindigkeit folgt aus

$$\frac{dZ}{d\zeta} = \frac{Q}{2\pi a} \cdot \int_0^a \frac{d\xi}{\zeta - \xi} = -\frac{Q}{2\pi a} \ln(\zeta - \xi)\Big|_0^a = -\frac{Q}{2\pi a} \ln \frac{\zeta - a}{\zeta} = u - i\,v.$$

also ist

$$u = -\frac{Q}{2\pi a} \ln \frac{r_1}{r_2} \quad \text{und} \quad v = -\frac{Q}{2\pi a}(\widehat{\alpha}_1 - \widehat{\alpha}_2). \tag{106}$$

Die Linien $u = $ const und $v = $ const sind senkrecht aufeinander stehende Kreisscharen. Mit $\zeta = x + i\,y$ folgt aus (105)

$$Z = \frac{Q}{2\pi a}\left\{(x + i\,y)\left[\ln \frac{r_1}{r_2} + i(\widehat{\alpha}_1 - \widehat{\alpha}_2)\right] - a\ln r_1 - i\,a \cdot \widehat{\alpha}_1 + a\right\}.$$

Folglich ist

$$\Phi = \frac{Q}{2\pi a}\left\{x\ln \frac{r_1}{r_2} - y(\widehat{\alpha}_1 - \widehat{\alpha}_2) - a\ln r_1 + a\right\}$$

und

$$\Psi = \frac{Q}{2\pi a}\left\{y\ln \frac{r_1}{r_2} + x(\widehat{\alpha}_1 - \widehat{\alpha}_2) - a \cdot \widehat{\alpha}_1\right\}.$$

Wenn $y = 0$ und $\alpha_1 = 0 = \alpha_2$ ist $\Psi = 0$. Also ist die $+x$-Achse die Stromlinie $\Psi = 0$.

Wenn $x = \dfrac{a}{2}$ und $\dfrac{r_1}{r_2} = 1$ ist $\alpha_1 + \alpha_2 = \pi$ und $\Psi = \dfrac{Q}{2\pi a} \cdot \left(-\dfrac{\pi a}{2}\right) = -\dfrac{Q}{4}$

$y = 0,\ \alpha_1 = \alpha_2 = \pi$ ist $\Psi = -\dfrac{Q}{2}$ (negative x-Achse)

$x = \dfrac{a}{2},\ r_1 = r_2$ und $\alpha_1 + \alpha_2 = \dfrac{3\pi}{2}$ ist $\Psi = -\dfrac{3}{4} Q$

$y = 0\ \alpha_1 = \alpha_2 = 2\pi$ wird $\Psi = -Q$ (positive x-Achse von $x = a$ bis $x = \infty$).

Das Strömungsbild ist in Abb. 313 dargestellt.

Die Geschwindigkeit v ist auf der Strecke 0 bis a konstant gleich $\dfrac{Q}{2a}$ und weil der Zufluß auf beiden Seiten von a erfolgt, ist $2a \cdot v = Q$.

7. Kreisförmig verteilte Quellen und Senken[1]). Das Poisson-Integral

Bei einer einfachen Quell- oder Senkenströmung wurden als Potentiallinien die Kreise

$$\Phi = \frac{q}{2\pi} \cdot \ln \frac{r_1}{r_2} = \text{const} \tag{106a}$$

und als Stromlinien die hiezu senkrechten Kreise

$$\Psi = \frac{q}{2\pi} \bar\beta = \text{const} \tag{107}$$

gefunden.

Greift man eine kreisförmige Stromlinie heraus und ordnet auf derselben beliebig eine weitere Quelle und gleichstarke Senke an, so bleibt sie noch immer eine Stromlinie.

Man kann also folgenden Satz aussprechen.

Liegen gleichstarke Quellen und Senken auf einem Kreise, so ist dieser zufolge der schon behandelten Quell-Senken-Strömung (Abb. 306) immer Stromlinie und bleibt es, wie auch die Quellen und gleichstarken Senken auf dem Kreise verteilt sein mögen. Ist nun im Punkte m (Abb. 314) eines Kreises vom Radius r_0 eine Quelle von der Stärke $dQ = q \cdot r_0 \cdot d\alpha$ vorhanden, so wird im Punkte m_1 des Umfanges eine Geschwindigkeit*)

$$|\mathfrak{v}| = \frac{dQ}{2l\pi} = \frac{dQ}{4r_0\pi \cdot \sin\dfrac{\alpha_1 - \alpha}{2}} \tag{108}$$

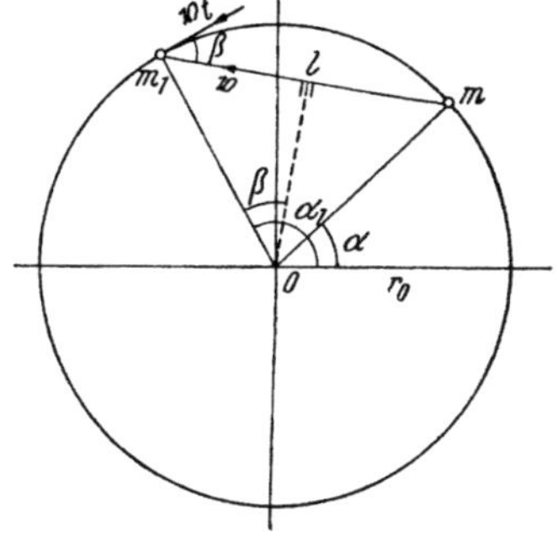

Abb. 314

auftreten mit der tangentialen Komponenten

$$v_t = |\mathfrak{v}| \cos\beta = |\mathfrak{v}| \cos\frac{\alpha_1 - \alpha}{2} = \frac{dQ}{4r_0\pi} \operatorname{ctg}\frac{\alpha_1 - \alpha}{2}, \tag{109}$$

Mit der Ergiebigkeit pro Längeneinheit

$$q(\alpha) = \frac{dQ}{r_0 d\alpha}$$

[1]) Praktische Anwendung z. B. beim Kapillarkranz der Strömungslager, Vortrag von Prof. G. HEINRICH a. d. Techn. Hochschule, Wien 1951.
*) $|\mathfrak{v}|$ bedeutet den Betrag der Geschwindigkeit.

ergibt sich die in einem Punkte m infolge dieser Quellverteilung entstehende Komponente

$$\mathfrak{v}_t(\alpha_1) = \int_0^{2\pi} \frac{q(\alpha)}{4\pi} \cdot \operatorname{ctg} \frac{\alpha_1 - \alpha}{2} \cdot d\alpha. \tag{110}$$

Falls $q(\alpha) = \mathrm{const}$, also gleichmäßige Verteilung der Quellenstärke vorliegt, so wird

$$\mathfrak{v}_t = 0, \quad \text{weil} \int_0^{2\pi} \operatorname{ctg} \frac{\alpha_1 - \alpha}{2} \cdot d\alpha = 0, \tag{111}$$

was auch aus Symmetriegründen hervorgeht.

Weil in der Nähe der Quelle bzw. Senke infolge allseitiger Symmetrie der Strömung die eine Hälfte von $q(\alpha) \cdot r_0 \cdot d\alpha$ in das Innere und die andere Hälfte in das Äußere des Kreises fließt, kann für die durch die Belegung mit $q(\alpha)$ erzeugte Normal- bzw. Radialgeschwindigkeit

$$\mathfrak{v}_n = \frac{q(\alpha) \cdot r_0 \cdot d\alpha}{2} \cdot \frac{1}{r_0 \cdot d\alpha} = \frac{q(\alpha)}{2}$$

gesetzt werden. Es folgt dann aus (110) durch Hinzufügung von

$$- \frac{q(\alpha_1)}{2} \int_0^{2\pi} \operatorname{ctg} \frac{\alpha_1 - \alpha}{2} \, d\alpha$$

$$\mathfrak{v}_t(\alpha_1) = \frac{1}{2\pi} \int_0^{2\pi} \mathfrak{v}_n(\alpha) \cdot \operatorname{ctg} \frac{\alpha_1 - \alpha}{2} \cdot d\alpha = \frac{1}{2\pi} \int_0^{2\pi} \left\{ \mathfrak{v}_n(\alpha) - \mathfrak{v}_n(\alpha_1) \right\} \operatorname{ctg} \frac{\alpha_1 - \alpha}{2} \cdot d\alpha. \tag{112}$$

welcher Ausdruck für $\alpha \to \alpha_1$ endlich bleibt, weil

$$\left\{ \mathfrak{v}_n(\alpha) - \mathfrak{v}_n(\alpha_1) \right\} \cdot \operatorname{ctg} \frac{\alpha_1 - \alpha}{2} = 0 \cdot \infty$$

wird. Kennt man also die Verteilung der Normalkomponenten der Geschwindigkeit, so kann die Tangentialkomponente nach (112) berechnet werden. Mit $\Phi = 0$ für den Punkt $r = r_0$, $\alpha = 0$ des Kreisumfanges, für welchen auch $\psi = 0$ sein soll, folgt das Potential in einem Umfangspunkt mit dem Winkel α_2

$$\Phi(\alpha_2) = \int_0^{\alpha_2} \mathfrak{v}_t(\alpha_1) \cdot r_0 \cdot d\alpha_1 = \frac{1}{2\pi} \int_0^{\alpha_2} r_0 \cdot d\alpha_1 \cdot \int_0^{2\pi} \mathfrak{v}_n(\alpha) \cdot \operatorname{ctg} \frac{\alpha_1 - \alpha}{2} \cdot d\alpha =$$

$$= - \frac{r_0}{\pi} \int_0^{2\pi} \mathfrak{v}_n(\alpha) \cdot \left\{ \ln \left| \sin \frac{\alpha_2 - \alpha}{2} \right| - \ln \left| \sin \frac{\alpha}{2} \right| \right\} d\alpha \tag{113}$$

und es bedeutet $| \ |$ den positiv zu nehmenden Betrag des zwischen den Strichen stehenden Wertes.

Die Stromfunktion hat im Punkte (r_0, α) den Wert

$$\Psi(\alpha) = - \int_0^{\alpha} \mathfrak{v}_n \cdot r_0 \cdot d\alpha \tag{114}$$

und durch partielle Integration von (113) folgt

$$\Phi(\alpha_2) = -\frac{1}{\pi}\,\Psi(\alpha)\left\{\ln\left|\sin\frac{\alpha_2-\alpha}{2}\right| - \ln\left|\sin\frac{\alpha}{2}\right|\right\}\Big|_0^{2\pi} + \frac{1}{2\pi}\cdot\int_0^{2\pi}\Psi(\alpha)\left(\operatorname{ctg}\frac{\alpha_2-\alpha}{2}\right. -$$

$$\left. - \operatorname{ctg}\frac{\alpha}{2}\right)d\alpha\,.$$

Der erste Ausdruck verschwindet und

$$\int_0^{2\pi}\Psi(\alpha)\operatorname{ctg}\frac{\alpha}{2}\cdot d\alpha$$

ist von α_2 unabhängig und stellt eine Integrationskonstante dar[1]), durch welche der Nullpunkt der Zählung von Φ nach $\alpha_2 = 0$ verlegt wird. Wird auf letzteres verzichtet, so bleibt übrig

$$\Phi(\alpha_2) = \frac{1}{2\pi}\int_0^{2\pi}\Psi(\alpha)\cdot\operatorname{ctg}\frac{\alpha_2-\alpha}{2}\cdot d\alpha \qquad\qquad (115)$$

oder wenn man wieder den mit $\psi(\alpha_2)$ multiplizierten Ausdruck

$$\int_0^{2\pi}\operatorname{ctg}\frac{\alpha_2-\alpha}{2}\cdot d\alpha$$

abzieht

$$\Phi(\alpha_2) = \frac{1}{2\pi}\int_0^{2\pi}\{\Psi(\alpha)-\Psi(\alpha_2)\}\operatorname{ctg}\frac{\alpha_2-\alpha}{2}\cdot d\alpha, \qquad\qquad (115\mathrm{a})$$

so daß aus einer bekannten Verteilung der Stromfunktion am Kreisrand das Potential nach (115) gefunden wird. Weil Strom- und Potentiallinien vertauscht werden können, so kann (112) bzw. (115) geschrieben werden

$$\mathfrak{v}_n(\alpha_1) = \frac{1}{2\pi}\cdot\int_0^{2\pi}\mathfrak{v}_t(\alpha)\cdot\operatorname{ctg}\frac{\alpha_1-\alpha}{2}\,d\alpha \qquad\qquad (116)$$

und

$$\Psi(\alpha_2) = \frac{1}{2\pi}\int_0^{2\pi}\Phi(\alpha)\cdot\operatorname{ctg}\frac{\alpha_2-\alpha}{2}\cdot d\alpha\,. \qquad\qquad (116\mathrm{a})$$

Die gleichen Beziehungen werden auch für Punkte außerhalb des Kreises erhalten, nur wechselt dabei ψ das Vorzeichen.

Für den Punkt m_1 im Innern des Kreises ist das Geschwindigkeitspotential

$$\Phi = \int_0^{2\pi}\frac{dQ}{2\pi}\cdot\ln\frac{r}{s}(\alpha) = \frac{r_0}{\pi}\int_0^{2\pi}\mathfrak{v}_n\cdot\ln\frac{r}{s}(\alpha)\cdot d\alpha, \qquad\qquad (117)$$

denn es ist

$$d\Phi = \int\frac{dQ}{2\pi r}\,dr = \frac{dQ}{2\pi}\ln r + c = \frac{dQ}{2\pi}\ln\frac{r}{s},$$

---

[1]) BETZ, A.: Konforme Abbildung, Berlin-Göttingen-Heidelberg 1948.

wo r und s aus Abb. 315 zu ersehen,

$$\Psi = -\frac{r_0}{2\pi} \cdot \int_0^{2\pi} q(\alpha) \cdot \nu(\alpha) \cdot d\alpha = \frac{r_0}{\pi} \int_0^{2\pi} \mathfrak{v}_n \cdot \nu(\alpha) \cdot d\alpha. \tag{118}$$

Durch partielle Integration erhält man schließlich mit (114) und entsprechend der Abbildung

$$\Phi = -\frac{1}{\pi} \int_0^{2\pi} \Psi(\alpha) \cdot \left(\frac{dr}{r\,d\alpha} - \frac{ds}{s\cdot d\alpha}\right) d\alpha = \frac{1}{\pi} \int_0^{2\pi} \Psi(\alpha) \cdot \left(\frac{r_0 \sin\beta}{r} - \frac{1}{2}\,\mathrm{ctg}\,\frac{\alpha}{2}\right) d\alpha \tag{119}$$

und

$$\Psi = \frac{1}{\pi} \int_0^{2\pi} \Psi(\alpha) \cdot \frac{d\nu}{d\alpha} \cdot d\alpha = \frac{1}{\pi} \int_0^{2\pi} \Psi(\alpha) \left(\frac{r_0}{r}\cos\beta - \frac{1}{2}\right) d\alpha = \frac{1}{\pi} \int_0^{2\pi} \Psi(\alpha)\frac{r_0{}^2 - r_1{}^2}{r^2}\,d\alpha. \tag{120}$$

Ist $q(\alpha)$ konstant, also auch v_n, so verschwindet das komplexe Potential für das Innere des Kreises.

Gl. (115) und (118) sind POISSON-Integrale, die die Ermittlung des Realteils aus dem auf dem Rande gegebenen Imaginärteil einer analytischen Funktion und umgekehrt ermöglichen.

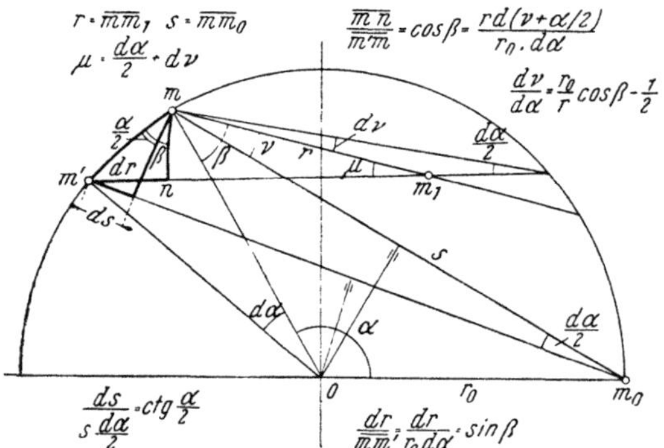

Abb. 315. Kreisförmig verteilte Quellen bzw. Senken

Wie aus (119) bzw. (120) zu ersehen, stellt das Poissonsche Integral die Lösung der Randwertaufgabe 1. Art für den Kreis dar und erlaubt daher eine Lösung für alle einfach zusammenhängenden Bereiche. Denn es sind diese nach RIEMANN auf den Kreis abbildbar. Setzt man ferner für die Variablen x und y einer Potentialfunktion $\Phi(x, y)$ den Realteil und Imaginärteil einer analytischen Funktion $f(\xi + i\eta) = x + iy$, so entsteht eine Potentialfunktion der neuen Variablen ξ und y. Kennt man also die Abbildungsfunktion (siehe konforme Abbildung), so erhält man durch Einführung des Realteils und Imaginärteils in das Poissonsche Integral an Stelle der unabhängigen Variablen die Lösung[1]).

Von Wichtigkeit ist noch folgende Betrachtung[2]). Es liege eine Parallelströmung vor mit $\Phi = u_0 \cdot x$ und $\Psi = u_0 y$, also längs der x-Achse mit der Geschwindigkeit u_0.

Zeichnet man um den Nullpunkt einen Kreis mit dem Radius r_0, so wird für die Punkte desselben, wenn α der Richtwinkel ist

$$\Phi = u_0 \cdot r_0 \cdot \cos\alpha \quad \text{und} \quad \Psi = u_0 \cdot r_0 \cdot \sin\alpha.$$

Ist also umgekehrt Φ auf einem Kreis nach $\cos\alpha$ verteilt, so herrscht im Innern desselben Parallelströmung. Wird nun die Ebene des Kreises auf einen Winkelraum (α_0) abgebildet durch

---

[1]) BIEBERBACH, L.: Konforme Abbildung.
[2]) BETZ, A.: Konforme Abbildung.

$$\zeta_1 = \zeta^{\gamma_0/2\pi} = \zeta^{\frac{1}{n}}, \text{ wo } n = \frac{2\pi}{\alpha_0},$$

so geht der Vollkreis in einen Kreissektor vom Winkel $\alpha_0 = \frac{2\pi}{n}$ und dem Radius $\varrho_0 = r_0^{\frac{1}{n}}$ über. Für einen Punkt der inneren Kreisfläche mit den Polarkoordinaten r und α gelten dann

$$\Phi = u_0 \cdot r_0 \left(\frac{\varrho}{\varrho_0}\right)^n \cdot \cos n\,\alpha \tag{121}$$

und

$$\Psi = u_0 \cdot r_0 \left(\frac{\varrho}{\varrho_0}\right)^n \cdot \sin n\,\alpha, \tag{122}$$

womit die Verteilung von Φ und Ψ in der ganzen Sektorfläche gegeben ist. Wenn n eine ganze Zahl ist, so kann durch Aneinanderreihen solcher n-Sektoren ein Kreis gebildet werden, ohne daß hiedurch die Verteilung von Φ und Ψ im einzelnen Sektor verändert würde. Es erscheinen die Punkte mit gleichem Φ und Ψ n-mal in der ζ_1-Ebene und ihr entsprechen n-Blätter der ζ-Ebene. Nun kann man jede praktisch vorkommende Verteilung $\Phi\,(\alpha)$ nach FOURIER in eine cosinus- bzw. sinus-Reihe entwickeln[1]) und schreiben

$$\Phi(\alpha) = a_0 + a_1 \cos\alpha + a_2 \cos 2\alpha + a_3 \cos 3\alpha + \ldots + b_1 \sin\alpha + b_2 \sin 2\alpha + \ldots, \tag{123}$$

wo für die Koeffizienten gilt

$$a_0 = \frac{1}{2\pi}\int_0^{2\pi} \Phi(\alpha)\,d\alpha \qquad a_n = \frac{1}{\pi}\int_0^{2\pi} \Phi(\alpha)\cos(n\,\alpha)\cdot d\alpha \qquad b_n = \frac{1}{\pi}\int_0^{2\pi} \Phi(\alpha)\sin(n\,\alpha)\cdot d\alpha.$$

Ist also Φ oder Ψ auf dem ganzen Rand gegeben, so kann für jede praktisch mögliche Verteilung derselben die zugehörige Strömung im Innern berechnet werden[2]).

8. Strömung um zylindrische Körper. Der Kreiszylinder und seine Anwendung zur Geschwindigkeitsmessung

Überlagert man Quelle A und Senke B gleicher Intensität q, die die Abstände $-a$ und $+a$ vom Ursprung aufweisen und in der x-Achse gelegen sind, mit einer Parallelströmung in der x-Richtung, deren Geschwindigkeit u_0 sei, so erhält man das komplexe Potential, indem man zu (93) das Potential der Parallelströmung $Z_0 = u_0 \cdot \zeta$ hinzufügt.

Somit ist für diesen Fall (Abb. 316)

$$Z = \frac{q}{2\pi} \ln \frac{\zeta - a}{\zeta + a} + u_0\,\zeta = \Phi + i\,\Psi \tag{124}$$

und nach Trennung des Reellen vom Imaginären

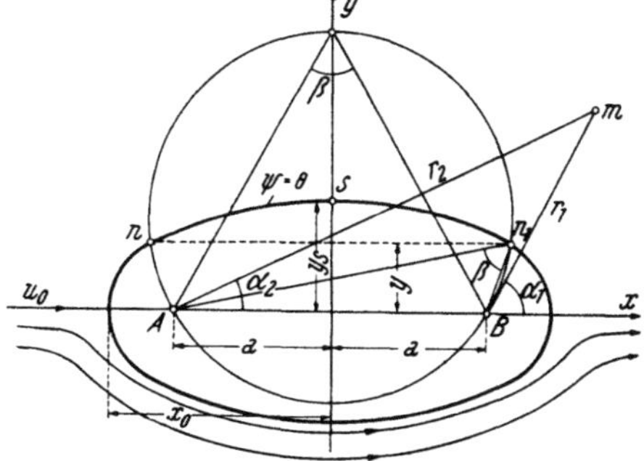

Abb. 316. Umströmung eines Zylinders

---

[1]) z. B. AUERBACH, F.: Die Methoden der theoretischen Physik, S. 101. Leipzig 1925.
[2]) Nicht aber bei gemischten Randwertaufgaben, wo auf einem Teil des Randes Φ und auf dem anderen Ψ gegeben ist.

$$\Phi = -\frac{q}{2\pi}\ln\frac{r_1}{r_2} + u_0 x \quad\text{und}\quad \Psi = -\frac{q}{2\pi}\beta + u_0 y, \tag{125}$$

wenn $\beta = \alpha_1 - \alpha_2$.

Ferner ist

$$\frac{dZ}{d\zeta} = u_0 + \frac{q}{2\pi}\left(\frac{1}{\zeta-a} - \frac{1}{\zeta-a}\right) = u - iv$$

und weil

$$\frac{1}{\zeta+a} = \frac{1}{r_2 e^{i\gamma_2}} = \frac{\cos\alpha_2 - i\sin\alpha_2}{r_2} \quad\text{und}\quad \frac{1}{\zeta-a} = \frac{\cos\alpha_1 - i\sin\alpha_1}{r_1}$$

folgt

$$u = u_0 - \frac{q}{2\pi}\cdot\left(\frac{\cos\alpha_1}{r_1} - \frac{\cos\alpha_2}{r_2}\right)\quad\text{und}\quad v = \frac{q}{2\pi}\cdot\left(\frac{\sin\alpha_2}{r_2} - \frac{\sin\alpha_1}{r_1}\right). \tag{126}$$

Man sieht aus (124), daß für $\alpha_1 = \alpha_2 = 0$ bzw. 2π, also für die x-Achse ($x < -a$ bzw. $x > +a$), sowohl $v = 0$ als auch $\Psi = 0$ ist. Mit $r_1 = \frac{x-a}{\cos\alpha_1}$ und $r_2 = \frac{x+a}{\cos\alpha_2}$ folgt aus (126)

$$u = u_0 - \frac{q}{2\pi}\cdot\left(\frac{\cos\alpha_1{}^2}{x-a} - \frac{\cos\alpha_2{}^2}{x+a}\right), \tag{127}$$

so daß in der x-Achse zwei symmetrisch gelegene Punkte existieren, in welchen auch u verschwindet. Es sind die Staupunkte im Abstand $\pm x_0$, der sich aus (127) mit $u = 0$ und $\cos^2\alpha_1 = 1 = \cos^2\alpha_2$ ergibt, und zwar

$$x_0 = \pm\sqrt{a^2 + \frac{q}{\pi}\cdot\frac{a}{u_0}}. \tag{128}$$

Die Stromlinie $\psi = 0$ ist eine geschlossene Linie, für welche $\frac{q}{2\pi}\cdot\beta + u_0 y = 0$ gilt und deren Punkte man folgendermaßen erhält. Man zeichnet mit beliebigem Radius einen durch die Quell- und Senkenpunkte gehenden Kreis, dessen Mittelpunkt auf der y-Achse gelegen ist und der den Peripheriewinkel β hat. Die auf ihm im Abstande $y = \mp\frac{q}{2\pi}\cdot\frac{\beta}{u_0}$ gelegenen Punkte n und n_1 sind dann Punkte der Linie $\Psi = 0$.

Für den Punkt s derselben auf der y-Achse gilt die Beziehung

$$\operatorname{tg}\frac{\beta}{2} = \operatorname{tg}\frac{y_s\cdot u_0\pi}{q} = \frac{y_s}{a}. \tag{129}$$

Der Schlankheitsgrad ist somit gegeben durch

$$\sigma = \frac{x_0}{y_s} = \sqrt{1 + \frac{q}{\pi u_0 a}}\cdot\operatorname{cotg}\frac{\pi u_0 y_s}{q}. \tag{130}$$

Ist dieser gewählt und die Größe durch y_s festgelegt, so sind q und a durch (130) gekoppelt. So folgt z. B. mit $\sigma = 5$, $y_s = 10$ cm und $u_0 = 20$ cm

$$5 = \sqrt{1 + \frac{q}{15\,70\,a}}\cdot\operatorname{cotg}\frac{200\,\pi}{q},$$ woraus z. B. für $q = 800$ cm³/sec $a = 2{\cdot}12$ cm folgt. Für die zwischen $+y_s$ und $-y_s$ gelegenen Punkte der y-Achse ist $r_1 = r_2 = r$ und $\cos\alpha_1 = -\cos\alpha_2 = -\frac{a}{r}$, somit gilt für die Geschwindigkeit daselbst

$$u = u_0 + \frac{q}{2\pi}\cdot\frac{2a}{r^2} = u_0 + \frac{q}{\pi}\cdot\frac{a}{a^2+y^2}. \tag{131}$$

Nun ist aber

$$\int_{-y_s}^{y_s} u \cdot dy = q,$$

also

$$q = 2\,u_0\,y_s + \int_{-y_s}^{y_s} \frac{d\left(\dfrac{y}{a}\right)}{1+\left(\dfrac{y}{a}\right)^2} = 2\,u_0\,y_s + \frac{2\,q}{\pi}\,\text{arc tg}\,\frac{y_s}{a}$$

oder

$$q = \frac{2\,u_0\,y_s}{1 - \dfrac{2}{\pi}\,\text{arc tg}\,\dfrac{y_s}{a}} \tag{132}$$

und wenn a gegen Null strebt, geht q gegen ∞, so daß in (131) der Wert $2a \cdot q = M$ immer noch endlich sein kann. Dann folgt aus (128)

$$x_0{}^2 = \frac{M}{2\,\pi\,u_0},$$

welche Beziehung bei der Umströmung des Kreiszylinders zutrifft. Letztere ist gegeben durch das Potential (102) der Doppelquelle, ergänzt durch jenes der Parallelströmung, also durch

$$Z = \frac{q}{2\,\pi} \cdot \frac{d\zeta}{\zeta} + u_0 \cdot \zeta = \frac{M}{2\,\pi\,\zeta} + u_0\,\zeta. \tag{133}$$

Somit ist

$$\frac{dZ}{d\zeta} = u_0 - \frac{M}{2\,\pi\,\zeta^2} = u - i\,v. \tag{134}$$

An den Staupunkten $\zeta = \pm\,x_0 = \pm\,R =$ Radius des Zylinders, wird die Geschwindigkeit Null, womit das Moment der Doppelquelle bestimmt ist durch

$$M = 2\,\pi\,R^2 \cdot u_0 \tag{135}$$

und es folgt für das Potential

$$Z = u_0\left(\zeta + \frac{R^2}{\zeta}\right), \tag{136}$$

ferner

$$\frac{dZ}{d\zeta} = u_0\left(1 - \frac{R^2}{\zeta^2}\right) = u_0\left\{1 - \frac{R^2}{r^2}\,(\cos 2\,\alpha - i\,\sin 2\,\alpha)\right\},$$

also ist

$$u = u_0\left(1 - \frac{R^2}{r^2}\,\cos 2\,\alpha\right) \quad\text{und}\quad v = u_0 \cdot \frac{R^2}{r^2}\,\sin 2\,\alpha.$$

Am Umfang $r = R$ ist dann

$$|\mathfrak{v}| = \sqrt{u^2 + v^2} = u_0 \cdot \sqrt{2 \cdot (1 - \cos 2\,\alpha)} = 2\,u_0\,\sin\alpha \tag{137}$$

und für $\alpha = 90^0$ ist $\mathfrak{v}_{max} = 2\,u_0$.

Aus (136) erhält man

$$Z = u_0\,x\left(1 + \frac{R^2}{r^2}\right) + i\,u_0\,y\left(1 - \frac{R^2}{r^2}\right)$$

und somit

$$\Phi = u_0\,x\left(1 + \frac{R^2}{r^2}\right) \quad\text{und}\quad \Psi = u_0\,y\left(1 - \frac{R^2}{r^2}\right) \tag{138}$$

und die Druckverhältnisse sind wieder aus der Bernoullischen Gleichung zu ermitteln

$$\frac{p_0}{\gamma} + \frac{u_0^2}{2g} = \frac{p}{\gamma} + \frac{v^2}{2g}$$

und es ist der Unterschied des Druckes in irgendeinem Punkte des Umfangs gegenüber jenem p_0 bei ungestörter Strömung gegeben durch

$$p - p_0 = \varrho \frac{(u_0^2 - v^2)}{2} = \varrho \cdot \frac{u_0^2}{2}\left(1 - \frac{v^2}{u_0^2}\right) = \frac{\gamma}{2g} u_0^2 (1 - 4\sin^2\alpha), \qquad (139)$$

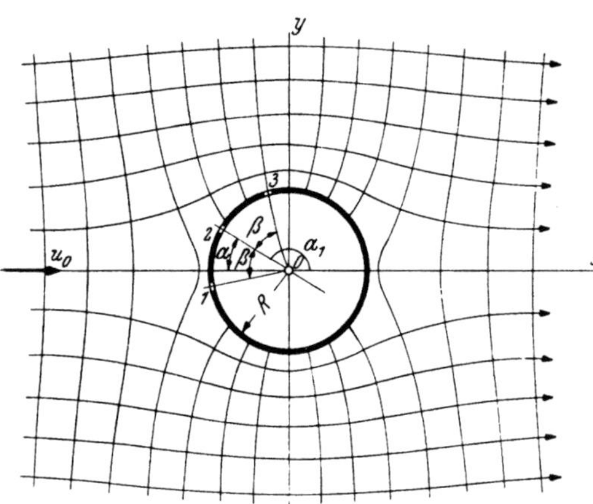

Abb. 317. Angeströmtes Staurohr von Gutsche

dem entspricht ein Druckhöhenunterschied

$$\Delta h = \frac{p - p_0}{\gamma} = \zeta \cdot \frac{u_0^2}{2g},$$

wenn $\zeta = 1 - 4\sin^2\alpha$ gesetzt wird.

Diese Differenz kann nun mittels zwei Standrohren gemessen werden, von welchen das eine zur Bohrung (Abb. 317) führt und das andere außerhalb des Einflußbereiches des Staues als Drucksonde (Basisrohr) eingebaut wird, was F. Gutsche[1]) getan hat. Die Abweichungen der wirklichen Strömung von der theoretischen erfordert eine Eichung der ζ-Werte und diese hat gezeigt, daß die ζ-Werte von u_0 wenig abhängig sind, so daß für gleiche Winkel α angenähert die gleichen ζ gelten. Diese Eigenschaft wurde von Gutsche zur Ausarbeitung eines Meßverfahrens für Geschwindigkeiten benützt[2]).

Sind drei Bohrungen: 1, 2 und 3 vorhanden (Abb. 317), so gilt nach Bernoulli

$$p_1 = p_0 + \frac{\varrho}{2} u_0^2 \cdot \zeta_1$$

$$p_2 = p_0 + \frac{\varrho}{2} u_0^2 \cdot \zeta_2$$

$$p_3 = p_0 + \frac{\varrho}{2} u_0^2 \cdot \zeta_3,$$

wobei
$$\zeta_1 = 1 - 4\sin^2(\alpha - \beta)$$
$$\zeta_2 = 1 - 4\sin^2\alpha$$
$$\zeta_3 = 1 - 4\sin^2(\alpha + \beta),$$

setzt man $\dfrac{p_1 - p_0}{\gamma} = \Delta h_1$ usw., so kann leicht nachgewiesen werden, daß

$$\Delta h_1 - \frac{\Delta h_2 + \Delta h_3}{2} = \left(\zeta_1 - \frac{\zeta_2 + \zeta_3}{2}\right) \cdot \frac{u_0^2}{2g},$$

so daß

$$u_0 = \sqrt{\frac{2\Delta h_1 - (\Delta h_2 + \Delta h_3)}{2\zeta_1 - (\zeta_2 + \zeta_3)}}$$

resultiert. $\zeta = f(\alpha)$ wird durch Eichung festgelegt.

---

[1]) Gutsche: Das Zylinderstaurohr. Mitteil. Preuß. Vers.-Anst. f. Wasser- u. Schiffbau. Berlin 1931.

[2]) Schaffernak: Hydrographie. Wien 1935.

Bewegt sich der Kreiszylinder in ruhender Flüssigkeit, so lautet das komplexe Potential

$$Z = u_0 \cdot \frac{R^2}{\zeta} = u_0 \frac{R^2 x}{x^2 + y^2} - i \cdot \frac{u_0 R^2 y}{x^2 + y^2}. \qquad (140)$$

Es ist also

$$\Phi = u_0 \cdot \frac{R^2 x}{x^2 + y^2} \quad \text{und} \quad \Psi = u_0 \frac{R^2 y}{x^2 + y^2}.$$

Potential- und Stromlinien sind orthogonale Kreisscharen (Abb. 318), deren Kreismittelpunkte auf der x- bzw. y-Achse gelegen sind.

Formuliert man den GREENschen Satz (21) für die ebene Strömung, so folgt für die kinetische Energie

$$L = \frac{\varrho}{2} \left\{ \left(\frac{\partial \Phi}{\partial x} \right)^2 + \left(\frac{\partial \Phi}{\partial y} \right)^2 \right\} dF \cdot 1 = \frac{\varrho}{2} \int \Phi \cdot \frac{\partial \Phi}{\partial n} \cdot ds = -\frac{\varrho}{2} \int \Phi \, d\Psi. \qquad (141)$$

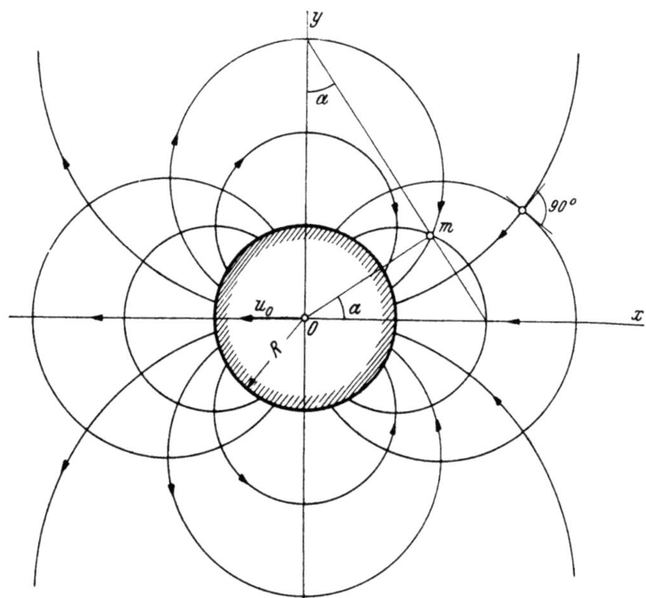

Abb. 318. Bewegter Kreiszylinder in ruhender Flüssigkeit

Nun ist am Zylinderumfang für $r = R$

$$\Phi = u_0 \cdot R \cdot \cos \alpha \quad \text{und} \quad \Psi = -u_0 \cdot R \cdot \sin \alpha, \quad \text{also} \quad d\Psi = -u_0 R \cos \alpha \cdot d\alpha,$$

folglich ist

$$L = \frac{\varrho}{2} \int_0^{2\pi} u_0^2 R^2 \cdot \cos^2 \alpha \cdot d\alpha = \frac{\varrho}{2} u_0^2 R^2 (\cos \alpha \cdot \sin \alpha + \alpha)_0^{2\pi} = \frac{\varrho}{2} u_0^2 \cdot a^2 \pi.$$

Wirkt in der x-Richtung die äußere Kraft X, so ist deren Leistung gleich der zeitlichen Änderung der kinetischen Energie des Systems und also

$$X \cdot u_0 = \frac{d}{dt} \left\{ (\varrho_1 + \varrho_2) \cdot \frac{u_0^2}{2} \cdot R^2 \pi \right\}$$

oder pro Längeneinheit des Zylinders

$$\frac{d}{dt} (\varrho_1 \cdot R^2 \pi \cdot 1 \cdot u_0) = X - \varrho R^2 \pi \cdot \frac{d u_0}{dt}.$$

Es macht sich somit im Falle der beschleunigten Bewegung ein Gegendruck pro Längeneinheit des Zylinders geltend

$$P_x = \varrho \cdot R^2 \pi \cdot \frac{d u_0}{dt},\qquad(142)$$

und dieser verschwindet, falls die beschleunigte Bewegung in die gleichförmige Bewegung übergeht. In der Abb. 319 ist die Druckverteilung nach der Potentialtheorie und nach Messungen von EISNER an wirklichen Strömungsvorgängen dargestellt. Das Bild der Druckverteilung ist bei der wirklichen Strömung nicht symmetrisch. Der rückwärtige Staupunkt entfällt infolge Ablösungsvorgängen und es tritt bei solchen Strömungen auch bei stationärer Bewegung eine Kraftwirkung auf, deren Ursachen später erklärt werden.

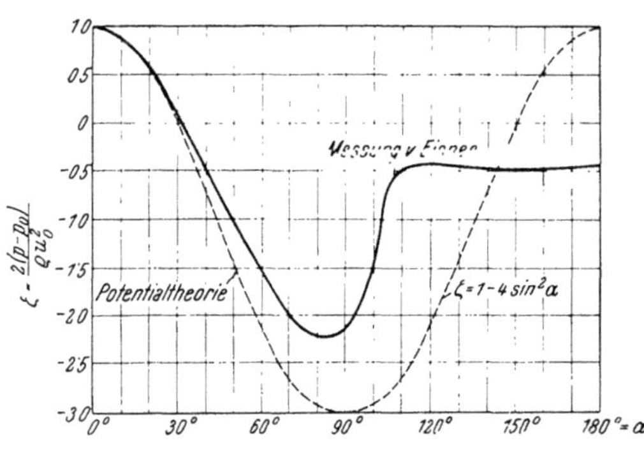

Abb. 319.   Druckverteilung am Kreiszylinder

9. Die konforme Abbildung

Wie aus (54a, b, c) ersichtlich, wird durch die analytische Funktion

$$\zeta_a = f(\zeta) = \xi + i \eta$$

die ζ-Ebene auf die ζ_a-Ebene winkeltreu abgebildet, wobei die singulären Stellen ausgenommen sind. Insbesondere gehen orthogonale Netze der einen Ebene in solche der anderen Ebene über. Wenn zwei Flächenstücke konform (winkeltreu) auf eine dritte Fläche abgebildet sind, so sind sie auch aufeinander konform abgebildet oder mathematisch ausgedrückt: sind zwei Funktionen von ζ gegeben, also $f_1(\zeta)$ und $f_2(\zeta)$, so sind diese auch Funktion voneinander. Von großer praktischer Bedeutung ist der Satz von RIEMANN[1]), daß sich jeder einfach zusammenhängende Bereich (durch einen Schnitt in zwei Bereiche trennbar) winkeltreu auf das Innere eines Kreises abbilden lasse.

Von einfachen Abbildungen seien folgende kurz besprochen.

a) Der Winkel (Abb. 320)

Eine Winkelfläche, begrenzt von den Geraden $\beta = 0$ und $\beta = \dfrac{\pi}{n}$, wird auf die obere Halbebene mittels der Funktion abgebildet

$$\zeta_a = c\,\zeta^n = c\,\zeta^{\frac{\pi}{\beta}} = c \cdot r^{\frac{\pi}{\beta}}\left(\cos\frac{\pi}{\beta}\alpha + i\sin\frac{\pi}{\beta}\alpha\right).\qquad(143)$$

Es gehen also Kreise und Strahlen der einen Ebene in solche der ζ_a-Ebene über. Wählt man als ζ_a-Ebene jene des komplexen Potentials $\Phi + i\psi = Z$, so ist

$$\frac{dZ}{d\zeta} = u - iv = c \cdot n \cdot \zeta^{n-1},\qquad(144)$$

folglich

$$u = c \cdot n \cdot r^{n-1} \cdot \cos(n-1)\cdot\alpha \quad \text{und} \quad v = c\,n\,r^{n-1}\cdot\sin(n-1)\,\alpha$$

und

$$|\mathfrak{v}| = \sqrt{u^2 + v^2} = c \cdot n \cdot r^{n-1}.\qquad(145)$$

---

[1]) BIEBERBACH, L.: Einführung in die konforme Abbildung. Berlin-Leipzig 1915.

Für $r = 0$ (Ursprung) ist $\mathfrak{v} = 0$, wenn $n > 1$, wenn also $\alpha < 180^0$. Ist jedoch $\alpha > 180^0$, somit $n < 1$, so wird $\mathfrak{v}_{r=0} = \infty$.

Wegen (145) sind die Linien $\mathfrak{v} = \text{const}$, die Isotachen, konzentrische Kreise um den Ursprung 0, und die Isoklinen, in deren Punkten die gleiche Geschwindigkeits-

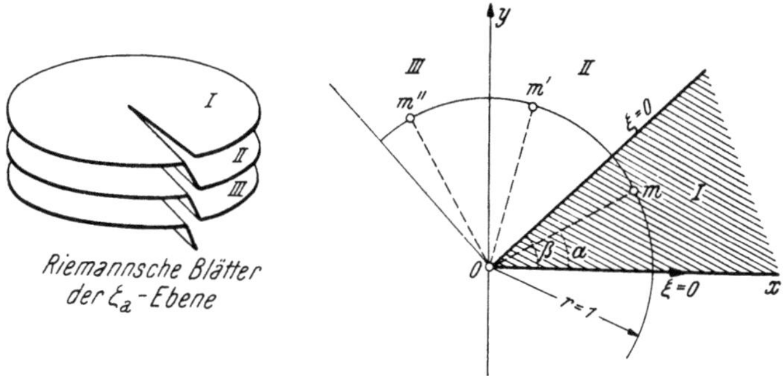

Abb. 320. Abbildung des Winkels auf die volle Ebene

richtung herrscht, sind die von 0 ausgehenden Halbstrahlen entsprechend der Gleichung

$$\frac{u}{v} = -\operatorname{tg}(n-1)\,\alpha.$$

Ist zum Beispiel $\beta = 270^0$ (Abb. 321), so gilt $n = \dfrac{\pi}{\beta} = \dfrac{2}{3}$; also folgt aus (143)

$$\varPhi = c\, r^{2/3} \cdot \cos \frac{2}{3}\,\alpha$$

und

$$\varPsi = c \cdot r^{2/3} \cdot \sin \frac{2\,\alpha}{3},$$

ferner

$$u = \frac{2}{3}\,\frac{c}{r^{1/3}} \cdot \cos \frac{\alpha}{3}$$

und

$$v = \frac{2}{3} \cdot \frac{c}{r^{1/3}} \cdot \sin \frac{\alpha}{3}$$

und schließlich

$$\mathfrak{v}\big| = \sqrt{u^2 + v^2} = \frac{2}{3}\,\frac{c}{r^{1/3}}. \tag{146}$$

Für die Hydrotechnik ist wichtig die Erkenntnis, daß in ausspringenden Ecken die Geschwindigkeit sehr großen Werten zustrebt und umgekehrt sehr kleinen Werten bei einspringenden Ecken (Abb. 321 a).

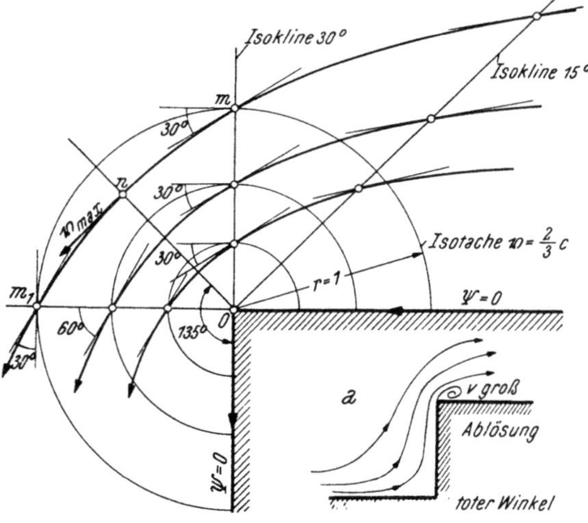

Abb. 321. Strömung in und um Ecken

Mittels der Abbildung

$$\zeta_a = c \cdot \zeta^n = c \cdot r^n(\cos n\,\alpha + i \sin n\,\alpha) \tag{147}$$

gehen insbesondere die Halbstrahlen $\alpha = 0$ bzw. $\dfrac{2\,\pi}{n}$ in die positive reelle

Achse der ζ_a-Ebene über und weil $r^n \cdot e^{in\alpha}$ alle Werte in der ζ_a-Ebene annehmen kann, wird der Winkelraum $\beta = \dfrac{2\pi}{n}$ durch obige Funktion auf die volle ζ_a-Ebene abgebildet. Einem Punkte der ζ_1-Ebene entsprechen n Punkte der ζ-Ebene, weil $e^{in\alpha} = e^{in(\alpha + \beta)} = e^{in(\alpha + 2\beta)} = \ldots$

Die Punkte $\zeta_a = 0$ bzw. ∞ machen eine Ausnahme, weil ihnen $\zeta = 0$ bzw. ∞ entsprechen und dort die Winkeltreue verlorengeht. Man denkt sich die Blätter so übereinandergelegt, daß alle Punkte mit gleichem ζ_a übereinander zu liegen kommen und in derselben Reihenfolge längs der positiven reellen Achse der aufgeschlitzten ζ_a-Ebene aneinander geheftet, als die entsprechenden Winkel in der ζ-Ebene aneinander grenzen (Abb. 320 a). Erst durch Einführung dieser übereinanderliegenden Blätter ist eine eindeutige Zuordnung aller Punkte ermöglicht, weshalb das Studium derselben bei Behandlung von Strömungsaufgaben von großer Wichtigkeit ist[1]). Denn nicht immer sind die Bilder in den Riemannschen Blättern alle gleich, wie bei der vorgenannten Abbildung des Winkelraumes. Ein Beispiel hiefür ist die unter (156) dieses Abschnitts erwähnten Abbildung $\zeta_a = e^{\zeta}$.

b) Die zusammengesetzte Funktion $\zeta_a = \sqrt{1 - \zeta^2}$ bzw. $\zeta = \sqrt{1 - \zeta_a^2}$ (148)

Die obige Funktion ist besonders lehrreich für den Aufbau der durch sie bewirkten Abbildung aus einfacheren Abbildungen. Schreibt man

$$\zeta_1 = i\sqrt{\zeta^2 - 1},$$

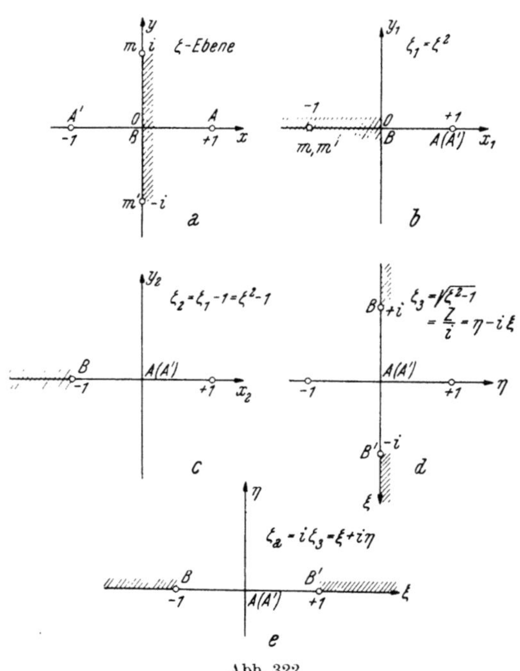

Abb. 322

so bedeutet dies eine Drehung von $\sqrt{\zeta^2 - 1}$ um 90^0 im entgegengesetzten Uhrzeigersinn. $\sqrt{\zeta^2 - 1}$ wird erhalten, indem vorerst die Abbildung $\zeta_1 = \zeta^2$ gemacht wird, wodurch die rechte halbe ζ-Ebene auf die ganze ζ_1-Ebene bzw. die ζ-Ebene auf zwei Riemannsche Blätter der ζ_1-Ebene abgebildet wird. In Abb. 322 sind die einander entsprechenden Ränder schraffiert. Die einander entsprechenden Punkte haben die gleiche Bezeichnung und (A') bedeutet, daß A' der ζ-Ebene auf das zweite Riemannsche Blatt der ζ_1-Ebene fällt. Schreibt man weiter $\zeta_2 = \zeta_1 - 1 = \zeta^2 - 1$, so stellt dies eine Verschiebung des Punktes B nach $-1,0$ in der ζ_2-Ebene vor und A bzw. (A') erscheinen im Nullpunkt. Setzt man weiter

$$\zeta_3 = \sqrt{\zeta^2 - 1} = \frac{\zeta_a}{i} = \eta - i\xi, \text{ so}$$

stellt dies die Abbildung der ζ_2-Ebene auf die rechte Halbebene von ζ_3 dar, die einander entsprechenden Punkte und die Orientierung von ξ und η sind aus Abb. 322d zu ersehen. Schließlich wird die ζ_3-Ebene um 90^0 entgegen den Uhrzeiger gedreht, was der Multiplikation von ζ_3 mit i entspricht, also ζ_a erhalten wird.

---

[1]) Siehe z. B. BETZ, A.: Konforme Abbildung.

c) Die lineare Transformation

Mittels der linearen gebrochenen Funktion

$$\zeta_a = a\,\frac{\zeta - b}{\zeta - c} \qquad (149)$$

werden die Kreise der ζ-Ebene in Kreise der ζ_a-Ebene übergeführt[1]).

a, b und c sind willkürlich wählbare komplexe Konstanten, so daß drei Punkten der ζ-Ebene (ζ_1, ζ_2 und ζ_3) willkürlich drei Punkte der ζ_a-Ebene (ζ_{a_1}, ζ_{a_2} und ζ_{a_3}) zugeordnet werden können. Diese drei Konstanten werden so bestimmt, daß durch sie die Zuordnung bewirkt wird und der Kreis der durch ζ_1, ζ_2 und ζ_3 hindurchgeht in den durch ζ_{a_1}, ζ_{a_2} und ζ_{a_3} hindurchgehenden Kreis übergeführt wird. Insbesondere wird mit $a = \dfrac{1 - i}{1 + i}$, $b = + i$ und $c = - i$, also durch

$$\zeta_a = \frac{\zeta + i}{\zeta - i} \cdot \frac{1 - i}{1 + i} \qquad (150)$$

der Kreis mit $|\zeta| = 1$ in den unendlich großen Kreis übergeführt, den die reelle Achse darstellt. Es wird somit durch (150) das Innere des Kreises $|\zeta| = 1$ auf die obere halbe ζ_a-Ebene abgebildet (Abb. 323). Dies ist mit Rücksicht auf den schon früher zitierten Satz Riemanns

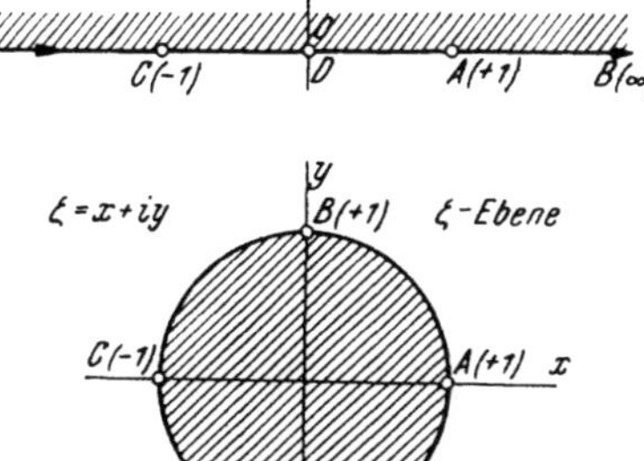

Abb. 323. Abbildung des Kreises auf die obere Halbebene

von der Abbildbarkeit einfach zusammenhängender Bereiche auf den Kreis von großer Wichtigkeit.

$\zeta - b$ und $\zeta - c$ sind die komplexen Werte der Abstände des Punktes ζ von zwei festen Punkten b und c und die Beträge dieser Abstände seien mit r_1 bzw. r_2 bezeichnet. Ist dann v der Winkel, den r_1 und r_2 miteinander einschließen, so gilt

$$\frac{\zeta - b}{\zeta - c} = \frac{r_1}{r_2} \cdot e^{iv} \quad \text{oder} \quad \ln\frac{\zeta - b}{\zeta - c} = \ln\frac{r_1}{r_2} + i\,v. \qquad (151)$$

Etwas Ähnliches kam schon bei der Quell-Senken-Strömung vor {Gleichung (93) und folgend}. Wird im Punkte b eine Quelle und in c eine gleichstarke Senke angeordnet von der Stärke Q, so lautet das komplexe Potential

$$\frac{Q}{2\pi} \ln\frac{\zeta - b}{\zeta - c} = \frac{Q}{2\pi} \cdot \ln\frac{\zeta_a}{a}. \qquad (152)$$

Der rechte Teil dieser Gleichung ist eine einfache Quelle, in welche also das Quell-Senke-System der ζ-Ebene durch die lineare Transformation übergeführt wird, wobei der Punkt c, in welchem die Senke in der ζ-Ebene sich befindet, ins ∞ verlegt wird. Der Punkt b mit der Quelle rückt in der ζ_a-Ebene in den Nullpunkt derselben (Abb. 324). Jedem der durch b und c gehenden Kreise der ζ-Ebene entsprechen Strahlen durch den Nullpunkt der ζ_a-Ebene, deren Neigung gegen die reelle Achse gleich ist dem Peripheriewinkel v des zugeordneten Kreises.

Die gleichzeitige Überführung zweier Kreise der ζ-Ebene in solche der ζ_a-Ebene durch lineare Transformation ist nur dann durchführbar, wenn entweder die Lage (Kreismittelpunkte) oder die Durchmesser vorgegeben sind, nicht aber beide zugleich[2]).

---

[1]) Siehe z. B. Bieberbach, L.: Konforme Abbildung, S. 21, Berlin-Leipzig 1915.
[2]) Betz, A.: Konforme Abbildung, S. 179.

d) Weitere Abbildungsfunktionen. Zweieck. Kreissektor. Sichel

Durch die Funktion $\zeta_a = \dfrac{\zeta - b}{\zeta - c}$ wird, wie aus Abb. 324 zu ersehen ist, die schraffierte Halbebene auf das Äußere eines Kreises mit dem Halbmesser 1 und dem Mittelpunkt O der ζ_a-Ebene abgebildet, während das Innere desselben auf die übrige Hälfte der Ebene abgebildet erscheint.

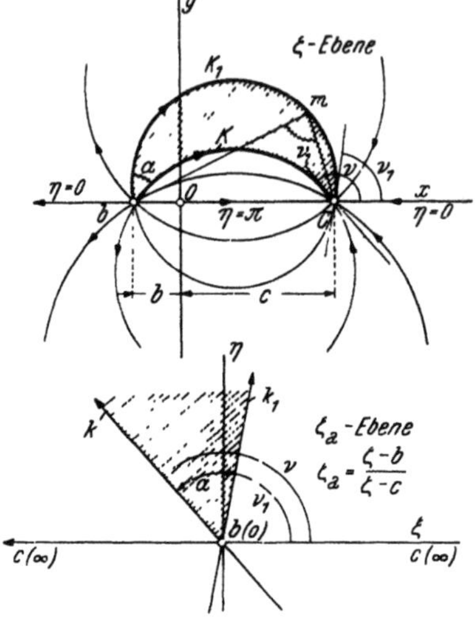

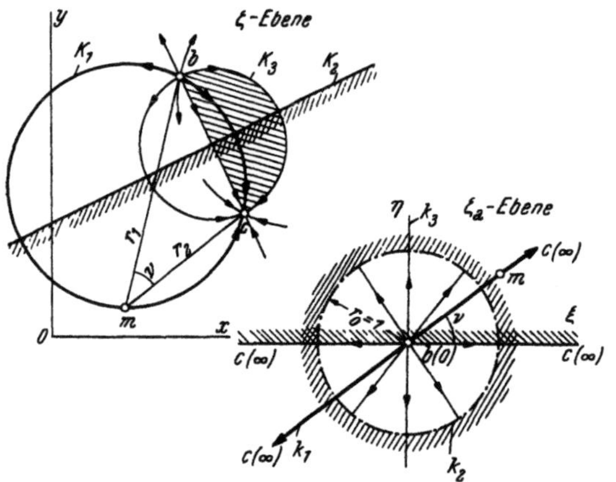

Abb. 324. Abbildung der Halbebene auf das Äußere eines Kreises

Abb. 325. Abbildung eines Zweiecks mit dem Winkel

Hat man ein aus zwei durch b und c gehende Kreise K und K_1 gebildetes *Zweieck* vor sich (Abb. 325), so wird dasselbe durch lineare Transformation auf den Winkelraum zwischen den Halbstrahlen r und r_1 abgebildet. Letzterer wieder wird durch die schon früher behandelte Funktion $\zeta^{\frac{\pi}{r - r_1}} = \zeta^{\frac{\pi}{\alpha}}$ auf eine Halbebene abgebildet, so daß schließlich als Abbildungsfunktion eines Kreisbogenzweiecks mit dem Winkel α auf eine Halbebene

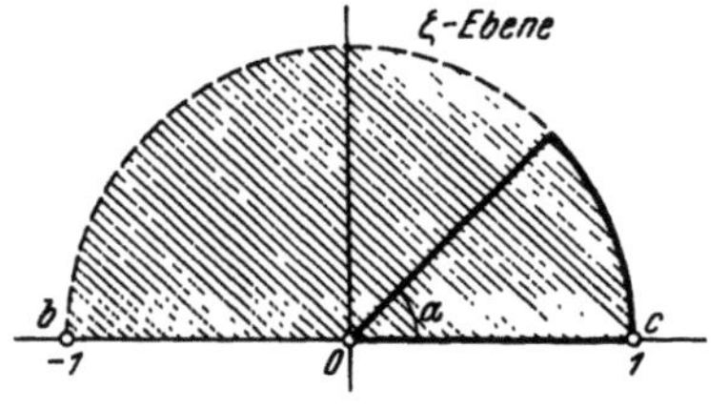

$$\zeta_a = \left(\frac{\zeta - b}{\zeta - e}\right)^{\frac{\pi}{\alpha}} \tag{153}$$

sich ergibt, wenn b und c die Eckpunkte und α der Eckwinkel ist. Insbesondere wird durch

$$\zeta_a = \left(\frac{\zeta + 1}{\zeta - 1}\right)^2 \tag{154}$$

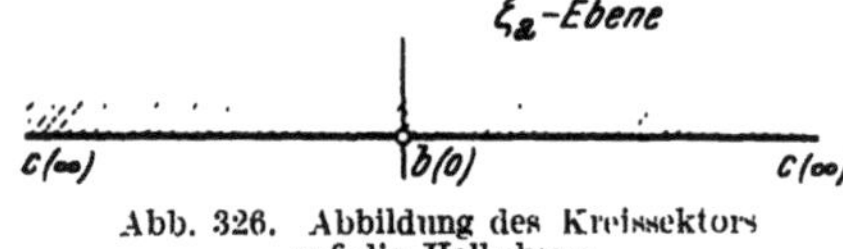

Abb. 326. Abbildung des Kreissektors auf die Halbebene

der um den Nullpunkt in der ζ-Ebene mit dem Radius 1 gezeichnete obere Halbkreis auf die obere Halbebene abgebildet. Bedenkt man, daß der Winkelraum α durch die Funktion $\zeta^{\frac{\pi}{\alpha}}$ auf die Halbebene abgebildet erscheint, so erhält man durch

$$\zeta_a = \left(\frac{\zeta^{\frac{\pi}{\alpha}} + 1}{\zeta^{\frac{\pi}{\alpha}} - 1}\right)^2 \tag{155}$$

die *Abbildung eines Kreissektors* vom Winkel α und dem Halbmesser 1 auf die obere Halbebene (Abb. 326).

Mittels
$$\zeta_a = e^{\zeta} \tag{156}$$

wird der Parallelstreifen, begrenzt von den Geraden $y = \pm \pi$ in der ζ-Ebene, auf die volle ζ_a-Ebene abgebildet. Dies ist unschwer einzusehen, wenn man bedenkt, daß $e^{\zeta} = e^x \cdot e^{iy} = e^x (\cos y + i \sin y)$.

Aus den Geraden $x = \text{const}$ werden Kreise $\varrho = e^x = \text{const}$ und insbesondere aus dem Stück der y-Achse von $+\pi$ bis $-\pi$ wird der Einheitskreis. Die Geraden $y = \text{const}$ gehen in Strahlen durch den Nullpunkt der ζ_a-Ebene über, die vom Bildbereich des Streifens gerade einmal überdeckt wird. Die Begrenzungsgeraden des Streifens gehen in die doppelt zählende positive reelle Achse über (Abb. 327) und so kann man sich Streifen an Streifen, jeder von der Breite 2π, aneinandergereiht denken, deren Abbildung immer eine volle ζ_a-Ebene ist. Die Abbildung der ζ-Ebene ist dann eine unendlich vielblättrige RIE-MANNsche Fläche[1]) mit den Verzweigungspunkten in Null und Unendlich. Die Bilder in den Blättern sind nicht immer die gleichen, wie z. B. aus der Abbildung einer geneigten Geraden

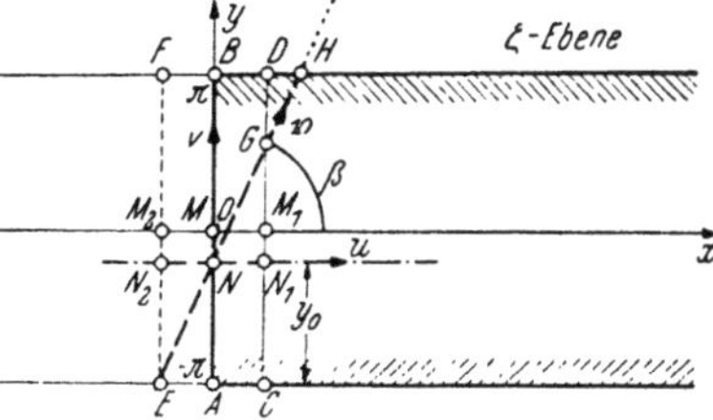

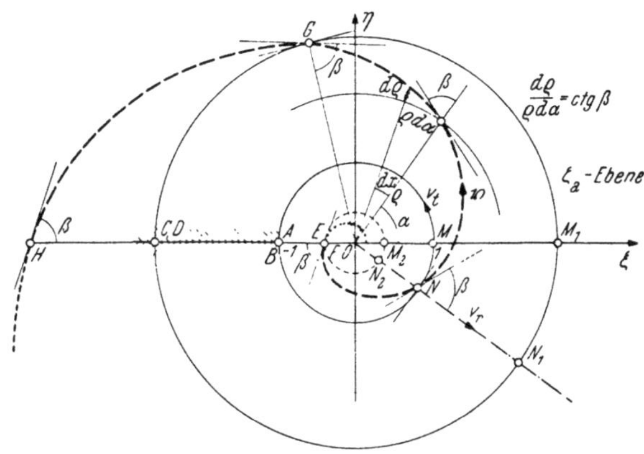

Abb. 327. Abbildung eines Parallelstreifens auf die volle Ebene

$$y = y_0 + x \cdot \text{tg}\,\beta$$

hervorgeht. Diese schneidet alle Geraden $y = \text{const}$ der ζ-Ebene unter dem gleichen Winkel β und wegen der Winkeltreue ist das auch bei den abgebildeten Linien in der ζ_a-Ebene der Fall. Die Kurve, die die vom Nullpunkt ausgehenden Strahlen unter dem gleichen Winkel β schneidet, ist eine logarithmische Spirale. Es ist

$$\zeta_a = e^{\zeta} = e^x \cdot e^{iy} = \varrho^{i\alpha},$$

wenn $e^x = \varrho$ und $y = \alpha$ gesetzt werden. Mit $x = (y - y_0)\,\text{ctg}\,\beta$ folgt

$$\varrho = e^{(y - y_0)\,\text{ctg}\,\beta}$$

und

$$\frac{d\varrho}{\varrho\,dy} = \frac{d\varrho}{\varrho\,d\alpha} = \frac{d\varrho}{ds} = \text{ctg}\,\beta = \text{const.}$$

Letzteres aber ist die Eigenschaft der logarithmischen Spirale.

Durch die vorgenannte Abbildung wird eine zur x-Achse parallele Strömung mit der Geschwindigkeit u in eine Quellenströmung und eine zur y-Achse parallele Strömung mit der Geschwindigkeit v in eine Zirkulationsströmung transformiert.

Somit entspricht dem komplexen Potential $(u - i\,v)\,\zeta$ einer schrägen Parallelströmung (Richtung E--H in Abb. 327) eine Wirbelquelle mit dem komplexen

---

[1]) Näheres in BIEBERBACH, L.: Konforme Abbildung und BETZ, A.: Konforme Abbildung.

Potential

$$Z = \Phi + i\,\Psi = (u - iv) \cdot \ln \zeta_a, \tag{157}$$

wobei

$$u = \frac{Q}{2\pi}, \quad v = \frac{\Gamma}{2\pi} \quad \text{und} \quad \frac{\Gamma}{Q} = \frac{v}{u} = \frac{v_t}{v_r} = \operatorname{tg}\beta,$$

wenn Γ die Zirkulation ist.

Eine weitere Abbildungsfunktion ergibt sich aus dem Strömungsbild einer Doppelquelle (Dipol). Der herausgeschnittenen Sichel (Abb. 328) in der ζ-Ebene

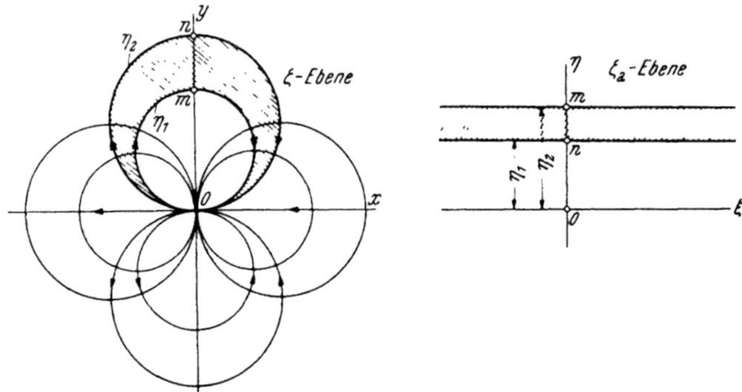

Abb. 328. Abbildung der Sichel auf einem Parallelstreifen

entspricht ein Streifen in der ζ_a-Ebene entsprechend der Funktion

$$\zeta_a = \frac{1}{\zeta}. \tag{158}$$

Wird der Streifen mittels $\ln w$ auf die obere Halbebene abgebildet, so folgt aus

$$\ln w = \frac{1}{\zeta} \quad \text{die Funktion} \quad w = e^{1/\zeta}, \tag{159}$$

welche die Abbildung der Sichel auf die Halbebene vermittelt.

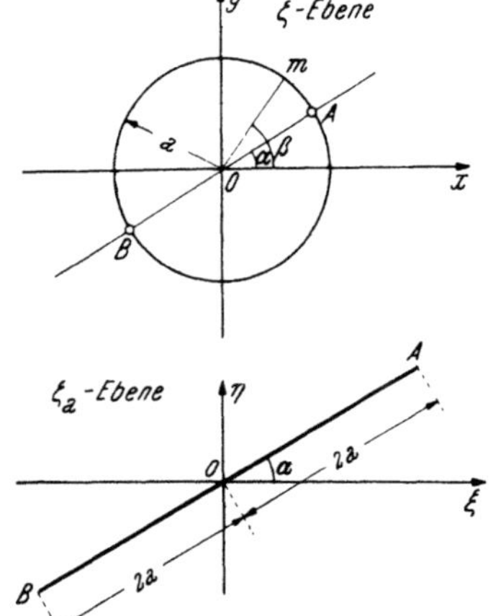

Abb. 329. Abbildung des Kreises auf eine Gerade

e) Abbildung eines Kreises auf eine Gerade (Abb. 329)

Diese wird vermittelt durch die Funktion

$$\zeta_a = \zeta + \frac{a^2}{\zeta}. \tag{160}$$

Diese Funktion ist schon bei der Umströmung des Kreiszylinders in Gl. (136) aufgetreten und hat für die Praxis große Bedeutung. Zeichnet man in der ζ-Ebene einen Kreis mit dem Radius a um den Nullpunkt, wo a der Betrag des komplexen Wertes $\mathfrak{a} = a \cdot e^{i\alpha}$ ist, so wird jedem Punkt m des Kreisumfangs mit dem zugehörigen Winkel β (Abb. 329) ein Punkt der ζ_a-Ebene

$$\zeta_a = a \cdot e^{i\beta} + \frac{a^2 e^{2i\alpha}}{a e^{i\beta}} = a\,(e^{i\beta} + e^{2i\alpha} \cdot e^{-i\beta}) = 2a \cdot e^{i\alpha} \cdot \cos(\beta - \alpha) \tag{161}$$

entsprechen. D. h., es wird dem Kreisumfang in der ζ-Ebene eine Gerade von der Neigung α gegen die reelle Achse der ζ_a-Ebene entsprechen, die durch den

Nullpunkt geht und deren Endpunkte durch $\zeta_{a1,2} = \pm\, 2a\, e^{i\alpha}$ gegeben sind. Lauft der Punkt m einmal um den Kreis von der Anfangslage a ausgehend, so lauft der zugehörige Punkt in der ζ_a-Ebene auf der Geraden von A nach B

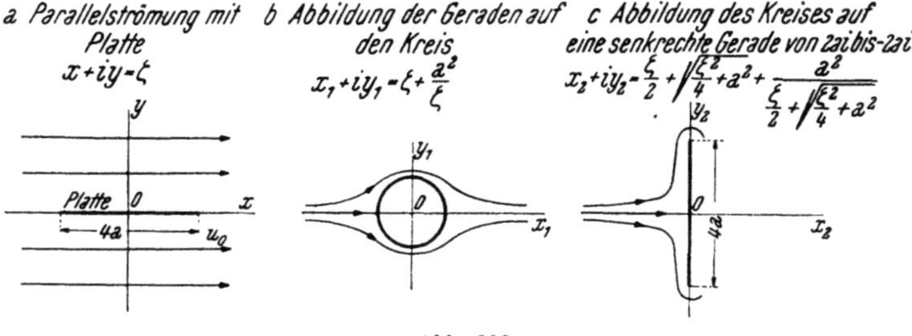

Abb. 330

und zurück. Durch (160) wird also je nach Wahl von α auf eine beliebig geneigte von $+ 2\alpha$ bis $- 2\alpha$ gehende Gerade der ζ_a-Ebene abgebildet. Für $\alpha = 0$ z. B., also mit

$$\zeta_a = \zeta + \frac{a^2}{\zeta} \tag{161a}$$

wird der Kreis auf die Gerade von $2a$ bis $-\,2a$ in der reellen Achse der ζ_a-Ebene abgebildet und mit $\alpha = 90^0$, also

$$\zeta_a = \zeta - \frac{a^2}{\zeta} \tag{162}$$

erfolgt die Abbildung auf eine in der imaginären Achse der ζ_a-Ebene gelegene Gerade mit $\pm\, i\, a$ als Endpunkten.

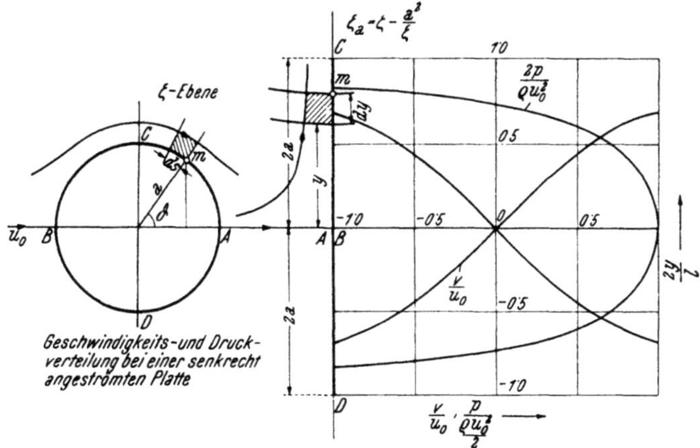

Abb. 331. Senkrecht angeströmte ebene Platte[1])

f) Strömung senkrecht zur ebenen Platte

Das oben Gesagte kommt zur Anwendung, wenn z. B. das komplexe Potential einer senkrecht angeströmten Platte aufbauen will (Abb. 331).

Man geht vom komplexen Potential der Parallelströmung aus

$$Z = u_0 \zeta, \tag{163}$$

in der eine in der x-Achse gelegene Gerade von $2a$ bis $-\,2a$ sich befindet

---

[1]) BETZ, A.: Konforme Abbildung.

und die den Schnitt durch eine ruhende Platte darstellen möge, die ohne Einfluß auf die Strömung sei. Bildet man mit (161) ab, indem man an Stelle von ζ in (163) die Funktion $\zeta + \dfrac{a^2}{\zeta}$ setzt, so erhält man das komplexe Potential der Strömung um den Kreiszylinder

$$Z = u_0\left(\zeta + \frac{a^2}{\zeta}\right). \tag{164}$$

Der Übergang vom Kreis in die, in der imaginären also, senkrecht zur Parallelströmung stehenden Achse gelegenen Gerade von $+\,2\,i\,a$ bis $-\,2\,i\,a$ erfolgt durch die inverse Funktion von (162), nämlich $\dfrac{\zeta}{2} + \sqrt{\dfrac{\zeta^2}{4} + a^2}$. Setzt man letztere an Stelle von ζ in (164), so erhält man

$$Z = u_0\left(\frac{\zeta}{2} + \sqrt{\frac{\zeta^2}{4} + a^2} + \frac{a^2}{\dfrac{\zeta}{2} + \sqrt{\dfrac{\zeta^2}{4} + a^2}}\right) \tag{165}$$

und dies ist das komplexe Strömungspotential einer senkrecht angeströmten Platte. Die Geschwindigkeitsverteilung erhält man aus

$$\frac{dZ}{d\zeta} = u - i\,v = \frac{u_0}{2}\left\{1 + \frac{1}{2\sqrt{\dfrac{\zeta^2}{4} + a^2}}\left(\zeta - \frac{2a^2}{\dfrac{\zeta}{2} + \sqrt{\dfrac{\zeta^2}{4} - a^2}}\right)\right\}, \tag{166}$$

woraus sofort zu ersehen ist, daß $\mathfrak{v} = 0$, wenn $\zeta = 0$, $\mathfrak{v} = \infty$ wenn $\zeta = \mp\,2\,a\,i$ und $\mathfrak{v} = u_0$, wenn $\zeta = \infty$ ist.

Von besonderem Interesse ist die Geschwindigkeitsverteilung an der Platte selbst, weil aus ihr mittels der Bernoullischen Gleichung die Druckverteilung gewonnen wird. Die Geschwindigkeiten an der Platte lassen sich durch folgende Betrachtung unschwer ermitteln, wenn man von der Abbildungsfunktion (162)

$$\zeta_a = \zeta - \frac{a^2}{\zeta} \tag{167}$$

ausgeht.

Durch diese Funktion wird, wie schon gezeigt wurde, der Kreis (Radius a) auf das Geradenstück der y-Achse von $+\,2\,i\,a$ bis $-\,2\,i\,a$ abgebildet. Entsprechend der Beziehung $\zeta = a \cdot e^{i\,\eta}$ folgt

$$\zeta_a = a\,(e^{i\,\eta} - e^{-i\,\eta}) = 2\,i\,a \cdot \sin\alpha. \tag{168}$$

Es entspricht somit einem Punkte dieses Kreises ein Punkt der Geraden mit dem Abstand $y = 2a\sin\alpha$ vom Nullpunkt und wenn man differenziert folgt

$$dy = 2\,a\cos\alpha \cdot d\alpha = 2\cos\alpha \cdot ds,$$

wenn ds ein Bogenelement des Kreises ist. Nun ist das Verhältnis der Geschwindigkeiten in zugeordneten Quadraten der Strömung um den Zylinder $\mathfrak{v}$ und jener um die Platte $\mathfrak{v}_1$

$$\frac{\mathfrak{v}}{\mathfrak{v}_1} = \frac{\varDelta\varPhi}{\varDelta s} : \frac{\varDelta\varPhi}{\varDelta s_1} = \frac{\varDelta s_1}{\varDelta s},$$

also für die Randgeschwindigkeiten

$$\frac{\mathfrak{v}}{\mathfrak{v}_1} = \frac{dy}{ds}, \quad\text{während}\quad \frac{\mathfrak{v}}{\mathfrak{v}_1} = 1$$

im Unendlichen gilt.

Somit ist für die Platte

$$\mathfrak{v}_1 = \mathfrak{v} \cdot \frac{ds}{dy} = \frac{2\,u_0 \sin \alpha}{2 \cos \alpha} = u_0 \cdot \operatorname{tg} \alpha, \tag{169}$$

und weil $\sin \alpha = \dfrac{y}{2a}$, so folgt

$$\mathfrak{v}_1 = u_0 \cdot \frac{y}{\sqrt{4a^2 - y^2}} = v \tag{170}$$

für $y = \pm\,2a$ wird $v = \infty$ und für $y = 0$ ist $v = 0$ (Staupunkt).
Der Druck verteilt sich nach

$$p = \frac{\varrho}{2}\,(u_0^2 - v^2) = \frac{\varrho}{2}\,u_0^2 \left(1 - \frac{y^2}{4a^2 - y^2}\right). \tag{171}$$

Druck- und Geschwindigkeitsverteilung sind in Abb. 331 dargestellt.

g) Die schief angeströmte Platte

Bei einer schief angeströmten Platte (Abb. 332) wird die Annahme gemacht, daß die parallel zur Platte gerichtete Komponente $u_0 \sin \vartheta$ durch die Platte keine Änderung erfährt, hingegen wohl die Komponente $u_0 \cos \delta$. Das komplexe Potential der Strömung ohne Platte lautet

$$Z = u_0 \cos \delta \cdot \zeta - i\,u_0 \sin \delta \cdot \zeta \tag{172}$$

und nach obiger Überlegung für die Strömung gegen die in der y-Achse gelegene Platte

$$Z = u_0 \cdot \cos \vartheta \left\{ \frac{\zeta}{2} + \sqrt{\frac{\zeta^2}{4} + a^2} + \frac{a^2}{\frac{\zeta}{2} + \sqrt{\frac{\zeta^2}{4} + a^2}} \right\} - i\,u_0 \sin \vartheta \cdot \zeta. \tag{173}$$

Wie man sieht, geht (173) für größere Entfernungen $\zeta \gg a$ in die Gl. (172) über. Aus (173) folgt für

$$\frac{dZ}{d\zeta} = u_0 \cdot \cos \delta \left\{ \frac{1}{2} + \frac{\zeta}{4\sqrt{\frac{\zeta^2}{4} + a^2}} - a^2\, \frac{\frac{1}{2} + \frac{\zeta}{4\sqrt{\frac{\zeta^2}{4} + a^2}}}{\left(\frac{\zeta}{2} + \sqrt{\frac{\zeta^2}{4} + a^2}\right)^2} \right\} - i\,u_0 \sin \vartheta. \tag{173a}$$

Für die an der Vorder- und Rückseite auftretenden Staupunkte $x = 0$, $y = y_0$ gilt

$$\mathfrak{v} = 0 = u_0 \cos \delta \left\{ \frac{1}{2} \pm \frac{i\,y_0}{4\sqrt{a^2 - \frac{y_0^2}{4}}} - \frac{a^2\left(\frac{1}{2} \pm \frac{i\,y_0}{4\sqrt{a^2 - \frac{y_0^2}{4}}}\right)}{\left(\pm \frac{i\,y_0}{2} + \sqrt{a^2 - \frac{y_0^2}{4}}\right)^2} \right\} - i\,u_0 \sin \vartheta. \tag{174}$$

Mit $\dfrac{y_0}{2a} = \sin \mu$ wird

$$\frac{y_0}{2\sqrt{a^2 - \frac{y_0^2}{4}}} = \operatorname{tg} \mu, \tag{175}$$

ferner

$$\frac{1}{\cos^2 \mu} = 1 + \operatorname{tg}^2 \mu = (1 + i\operatorname{tg}\mu) \cdot (1 - i\operatorname{tg}\mu)$$

und es ergibt sich aus (174)

$$1 + i\,\mathrm{tg}\,\mu - \frac{1 + i\,\mathrm{tg}\,\mu}{(1 + i\,\mathrm{tg}\,\mu)^2} \cdot \frac{1}{\cos^2 \mu} = 2\,i\,\mathrm{tg}\,\vartheta$$

und weiter

$$1 + i\,\mathrm{tg}\,\mu - (1 - i\,\mathrm{tg}\,\mu) = 2\,i\,\mathrm{tg}\,\mu = 2\,i\,\mathrm{tg}\,\vartheta.$$

Folglich muß $\mu = \vartheta$ sein und aus (175) folgt daher

$$y_0^2 = 4\,a^2\,\mathrm{tg}^2\,\vartheta - y_0^2\,\mathrm{tg}^2\,\vartheta \quad \text{oder} \quad y_0 = \frac{2\,a\,\mathrm{tg}\,\vartheta}{\sqrt{1 + \mathrm{tg}^2\,\vartheta}} \underset{-}{+} 2\,a\sin\vartheta, \qquad (176)$$

so daß die Staupunkte s und s_1 leicht auffindbar sind (Abb. 332).

An den Kanten $\zeta = \pm\, 2\,a\,i$ ist $\mathfrak{v} = \infty$, was in Wirklichkeit nicht eintreten kann, sondern es erfolgt Ablösung der Strömung. Im Punkt $\zeta = 0$ ist

$$\frac{dZ}{d\zeta} = u_0 \cdot \cos\vartheta\left\{\frac{1}{2} - \frac{1}{2}\right\} - i\,u_0\sin\vartheta = -\,i\,u_0\sin\vartheta \qquad (173\,\mathrm{b})$$

und es ist dort

$$u = 0 \quad \text{und} \quad v = u_0 \cdot \sin\vartheta.$$

Es muß noch bemerkt werden, daß im Falle die Platte um eine durch O gehende Mittelachse drehbar angeordnet ist, dieselbe dann in stabiler Lage sich befindet, wenn sie zur Strömungsrichtung senkrecht steht. Denn beim Auslenken aus dieser Lage tritt entsprechend der Ermittlung der Stau-

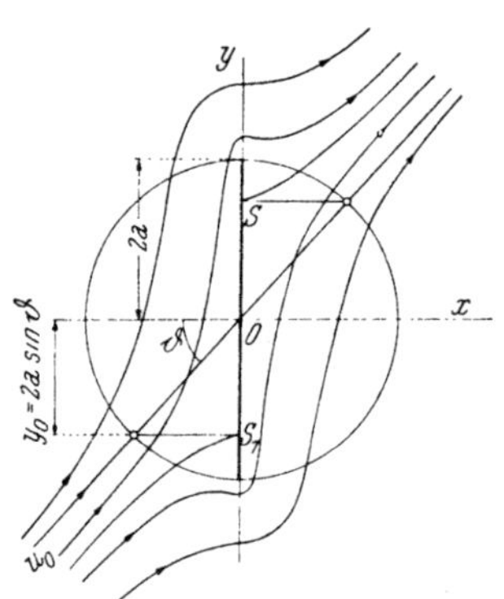

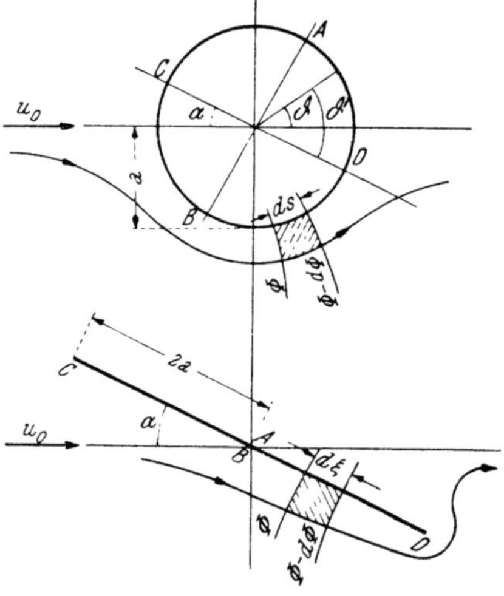

Abb. 332. Schräg angeströmte ebene Platte   Abb. 333

punkte in Abb. 332 ein rückführendes Moment auf. Demgegenüber ist die Lage parallel zur Strömungsrichtung instabil, weil das bei Auslenkung aus dieser Lage auftretende Moment im Sinne der Auslenkung wirkt. Über das Auftreten diskontinuierlicher Bewegung hinter der Platte wird in (H IV 9 m) und (L 8) gesprochen.

Auch bei der schief angeströmten Platte kann die Geschwindigkeits- und Druckverteilung an der Platte dadurch gewonnen werden, daß man von der Geschwindigkeitsverteilung am Kreis des Zylinders (137)

$$\mathfrak{v} = 2\,u_0\sin\vartheta$$

ausgeht und entsprechend der Abb. 333

$$d\,\xi = 2\,a\sin\vartheta' \cdot d\,\vartheta' = 2\sin\vartheta' \cdot ds$$

setzt, so daß das Maßstabverhältnis

$$\frac{d\xi}{ds} = 2\sin\vartheta'$$

beträgt und das Verhältnis zwischen den Geschwindigkeiten $\mathfrak{v}_1$ an der Platte und $\mathfrak{v}$ am Kreis

$$\frac{\mathfrak{v}_1}{\mathfrak{v}} = \frac{d\,\Phi}{d\,\xi} : \frac{d\,\Phi}{ds} = \frac{ds}{d\,\xi}.$$

Somit ist

$$\mathfrak{v}_1 = u_0 \cdot \frac{\sin(\vartheta' - \alpha)}{\sin\vartheta'} = u_0 \cdot \left(\cos\alpha - \sin\alpha \cdot \frac{\cos\vartheta'}{\sin\vartheta'}\right).$$

h) Abbildung eines Kreises auf einen Kreisbogen

Diese erfolgt ebenfalls durch die Funktion $\zeta + \dfrac{a^2}{\zeta}$ und es ist diese Transformation in der Aerodynamik[1]) von großer Bedeutung. Durch sie werden Kreise,

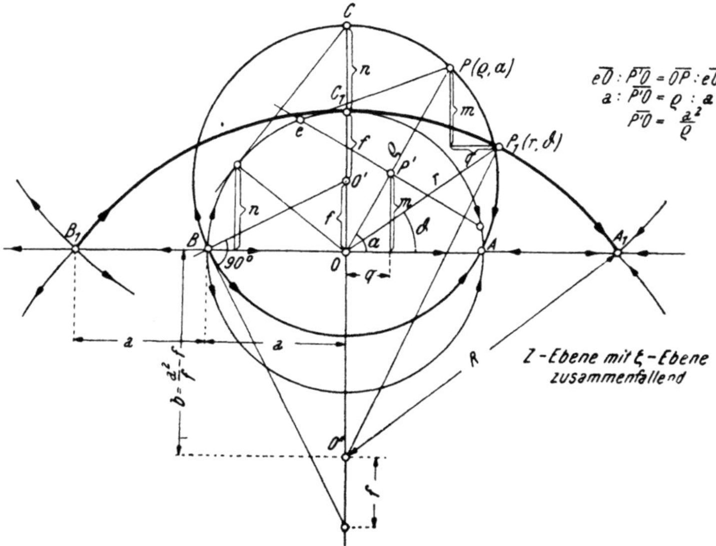

Abb. 334. Abbildung des Kreises BCA auf den Kreisbogen $B_1 C_1 A_1$

die durch zwei symmetrisch gelegene Punkte $A\,(a,\,o)$ und $B\,(-a,\,o)$ der x-Achse gehen, in Kreisbogen übergeführt (Abb. 334).

Ist $P\,(\varrho,\,\alpha)$ ein Punkt des Kreises ACB und $P_1\,(r,\,\vartheta)$ der zugeordnete Punkt, so muß

$$\mathfrak{z}a = \zeta + \frac{a^2}{\zeta} = \varrho \cdot e^{i\alpha} + \frac{a^2}{\varrho} \cdot e^{-i\alpha} = r \cdot e^{i\vartheta}$$

und nach Trennung des Reellen vom Imaginären folgt

$$\frac{\varrho - \dfrac{a^2}{\varrho}}{\varrho + \dfrac{a^2}{\varrho}} \cdot \operatorname{tg}\alpha = \operatorname{tg}\vartheta$$

und

$$\left(\varrho - \frac{a^2}{\varrho}\right)^2 + 4\,a^2 \cdot \cos^2\alpha = r^2.$$

Für $\alpha = 0^0$ ist $\vartheta = 0^0$ und $\varrho_0 = \pm\,a$. Folglich ist $r_0 = \pm\,2\,a$.

---

[1]) KUTTA, W.: Über eine mit den Grundlagen des Flugproblems in Beziehung stehende zweidimensionale Strömung. Sitz.-Ber. d. Bayr. Akad. d. Wiss. München 1910.

Den Punkten A und B entsprechen die Punkte $A_1\,(2a,\,0)$ und $B_1\,(-2a,\,0)$. Wenn $\alpha = 90^0$, so ist $\vartheta = 90^0$ und $\varrho_1 - \dfrac{a^2}{\varrho_1} = 2f$, also $r_1 = 2f$. Dem Punkt $C\,(0.\varrho_1)$ entspricht der Punkt $C_1\,(0,\,2f)$ auf der y-Achse. Wird der Kreis im Sinne $ACBD$ durchlaufen, so entspricht dem ein Hin- und Hergang auf dem Bogen von A_1 nach B_1 und zurück.

Ist in der ζ-Ebene ein Quell-Senken-System gegeben mit dem Potential

$$Z_1 = \frac{Q}{2\pi}\ln\frac{\zeta - 2a}{\zeta - 2a}.\tag{177}$$

so wird dieses durch die Abbildungsfunktion $\zeta + \dfrac{a^2}{\zeta}$ in

$$Z = \frac{Q}{\pi}\cdot\ln\frac{\zeta - a}{\zeta + a}\tag{178}$$

übergeführt. Die Quellen und Senken in den Punkten $2a$ und $-2a$ gehen in solche von der halben Ergiebigkeit in den Punkten a und $-a$ über.

i) Abbildungsfunktion $\zeta_a = \mathfrak{Coj}\,\zeta = \dfrac{1}{2}\left(e^{\zeta} + \dfrac{1}{e^{\zeta}}\right)$

Strömung zu einem geraden Schlitz

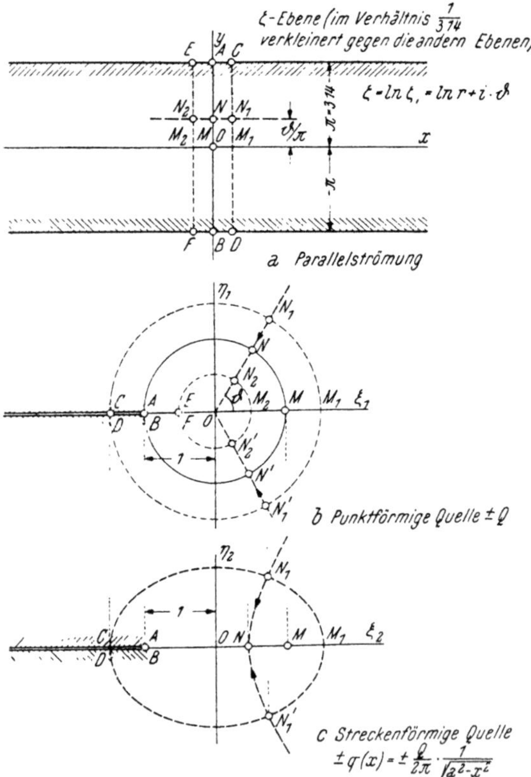

Abb. 335. Abbildung des Halbstreifens auf die volle Ebene. Strömung zu einem Schlitz

Nach den früheren Darlegungen ist man nun imstande die Abbildung

$$\zeta_a = \mathfrak{Coj}\,\zeta = \frac{1}{2}\left(e^{\zeta} + e^{-\zeta}\right)\tag{179}$$

durchzuführen. Aus früherem ist bekannt, daß durch die Abbildungsfunktion $\zeta_1 = e^{\zeta}$ die Abbildung eines zur x-Achse parallelen Streifens der ζ-Ebene zwischen $y = +\pi$ und $-\pi$ auf die volle ζ_1-Ebene vermittelt. Dabei gehen die zur x- und y-Achse parallelen Geraden in Kreise- bzw. Radialstrahlen der ζ_1-Ebene über (Abb. 335), wie aus $\zeta_1 = e^x$ (cos $y + i\sin y$) zu ersehen ist. Insbesondere geht das Geraden-Stück AB der y-Achse in den Einheitskreis der ζ_1-Ebene über und der rechte Halbstreifen wird auf das Äußere des Einheitskreises, der linke aber auf das Innere desselben abgebildet.

Durch die Abbildung

$$\zeta_2 = \frac{1}{2}\left(\zeta_1 + \frac{1}{\zeta_1}\right) =$$
$$= \frac{1}{2}\left(e^{\zeta} + e^{-\zeta}\right) = \mathfrak{Coj}\,\zeta\tag{179a}$$

wird der Einheitskreis der ζ_1-Ebene zusammengedrückt in die Gerade AM der ζ_2-Achse der ζ_2-Ebene und die größeren Kreise gehen in Ellipsen, die Radialstrahlen in konfokale Hyperbeln über. Es wird also mit dem Bereich außerhalb des Einheitskreises der ζ_1-Ebene die volle ζ_2-Ebene bedeckt, das erste Riemannsche Blatt. Das Innere des Einheitskreises wird auf ein zweites Riemannsches Blatt abgebildet.

Liegt also ein gerader Schlitz vor, auf dem das Potential $\Phi = 0$ ist und ist ferner $\Phi = \infty$ im Unendlichen, so erhält man die Strömung zu demselben, indem man den Halbstreifen zwischen $y = \pi$ und $y = -\pi$ der $Z = \Phi + i\Psi$-Ebene auf die volle ζ-Ebene abbildet mittels $\zeta = a\,\mathfrak{Cof}\,\dfrac{Z}{b}$.

Es ist dann

$$x = a\,\mathfrak{Cof}\,\frac{\Phi}{b}\cdot\cos\frac{\Psi}{b}\quad\text{und}\quad y = a\,\mathfrak{Sin}\cdot\frac{\Phi}{b}\cdot\sin\frac{\Psi}{b}.$$

Somit folgt

$$\frac{x^2}{a^2\cdot\mathfrak{Cof}^2\frac{\Phi}{b}}+\frac{y^2}{a^2\cdot\mathfrak{Sin}^2\frac{\Phi}{b}}=1\quad\text{und}\quad\frac{x^2}{a^2\cdot\cos^2\frac{\Psi}{b}}-\frac{y^2}{a^2\cdot\sin^2\frac{\Psi}{b}}=1. \qquad (180)$$

Es sind also die Potentiallinien und die Stromlinien konfokale Ellipsen und Hyperbeln, deren Brennpunkte den Abstand $\pm a$ vom Nullpunkt der ζ-Ebene aufweisen. Die Geschwindigkeitsverteilung am Schlitz folgt aus

$$\frac{dZ}{d\zeta}=u-i\,v=\frac{b}{a\,\mathfrak{Sin}\,Z}=\frac{b}{\sqrt{\zeta^2-a^2}}=$$

$$=\frac{b}{\sqrt{r_1 r_2}}\cdot\left(\cos\frac{\alpha_1+\alpha_2}{2}-i\sin\frac{\alpha_1+\alpha_2}{2}\right),$$

so daß

$$u=\frac{b\cdot\cos\dfrac{\alpha_1+\alpha_2}{2}}{\sqrt{r_1\cdot r_2}}\quad\text{und}\quad v=\frac{b\cdot\sin\dfrac{\alpha_1+\alpha_2}{2}}{\sqrt{r_1\cdot r_2}}. \qquad (181)$$

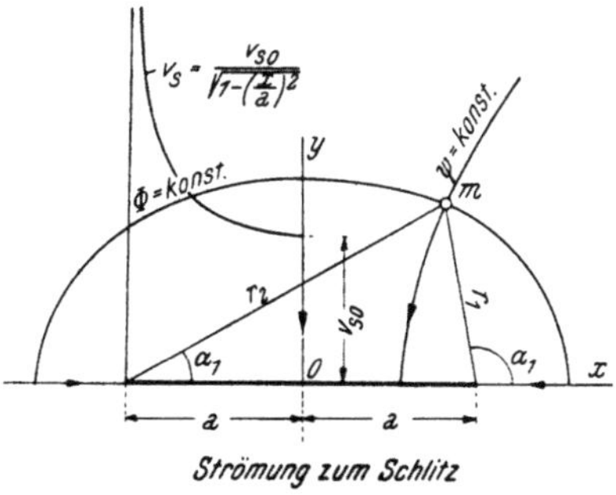

Strömung zum Schlitz

Abb. 336

Am Schlitz (Abb. 336) ist $\alpha_1 = 180^0$, $\alpha_2 = 0$, ferner $r_1 = a - x$ und $r_2 = a + x$, also ist dort $u_s = 0$ und

$$v = v_s = \frac{b}{a\sqrt{1-\dfrac{x^2}{a^2}}}. \qquad (182)$$

Die dem Schlitz zuströmende Wassermenge ist dann

$$Q = 2\int_{-a}^{+a}\frac{b}{a}\cdot\frac{dx}{\sqrt{1-\dfrac{x^2}{a^2}}}=2b\cdot\arcsin\frac{x}{a}\,\Big|_{-a}^{+a}=2b\pi,$$

womit für die Konstante $b = \dfrac{Q}{2\pi}$ resultiert.

Also beträgt in Schlitzmitte die Geschwindigkeit

$$v_{s0} = \frac{Q}{2\pi a}$$

und wächst gegen die Enden auf ∞ nach dem Gesetz (182).

Die Abbildung durch $\mathfrak{Sin}\,\zeta$ unterscheidet sich von der vorigen lediglich dadurch, daß der Einheitskreis in eine senkrechte Gerade zusammengeklappt wird, also der Schlitz in die Richtung der y-Achse fällt.

j) Quellenreihe (negative Quelle = Senke)

Bei periodischen Anordnungen (Brunnenreihen, Stabrechen, Wirbelreihen usw.) ist die Abbildung e^{ζ} von fundamentaler Bedeutung. Es sei in dem Streifen von der Breite $y = \pi$ bis $y = -\pi$ der ζ-Ebene im Nullpunkt eine Quelle von der

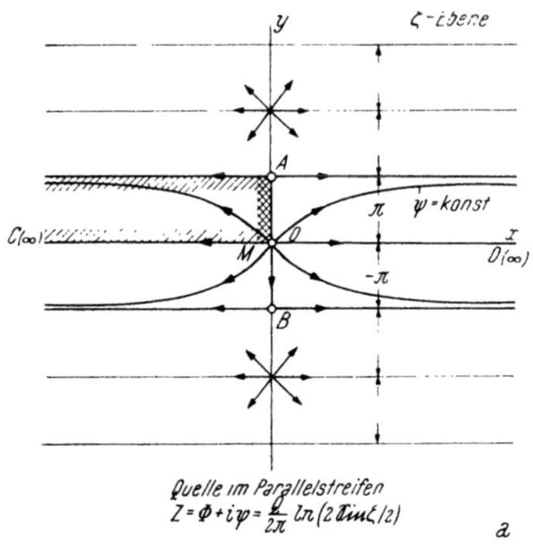

Quelle im Parallelstreifen
$Z = \Phi + i\psi = \dfrac{Q}{2\pi}\, ln(2\,\mathfrak{Sin}\,\zeta/2)$

a

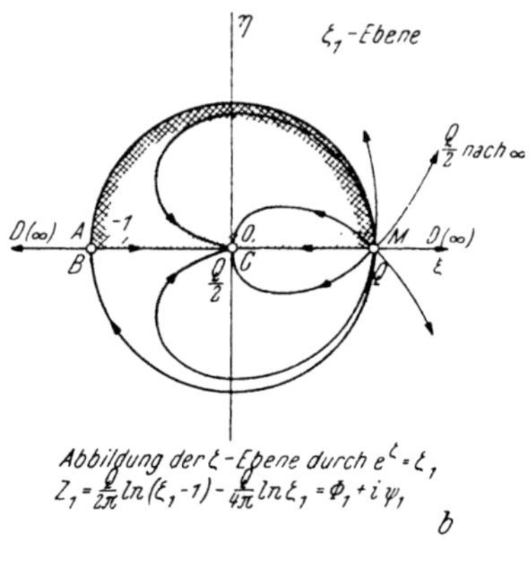

Abbildung der ζ-Ebene durch $e^{\zeta} = \zeta_1$
$Z_1 = \dfrac{Q}{2\pi}\, ln(\zeta_1 - 1) - \dfrac{Q}{4\pi}\, ln\,\zeta_1 = \Phi_1 + i\psi_1$

b

Abb. 337

Stärke Q angeordnet (Abb. 337). Infolge der Symmetrie zur y-Achse wird nach $+\infty$ und $-\infty$ je $\dfrac{Q}{2}$ fließen und mit der Entfernung von der Quelle wird die Bewegung der Parallelströmung mit der Geschwindigkeit $u_\infty = \dfrac{Q}{4\pi}$ zustreben. Es ist gefragt nach dem Geschwindigkeitspotential Φ und der Stromfunktion Ψ dieser Strömung.

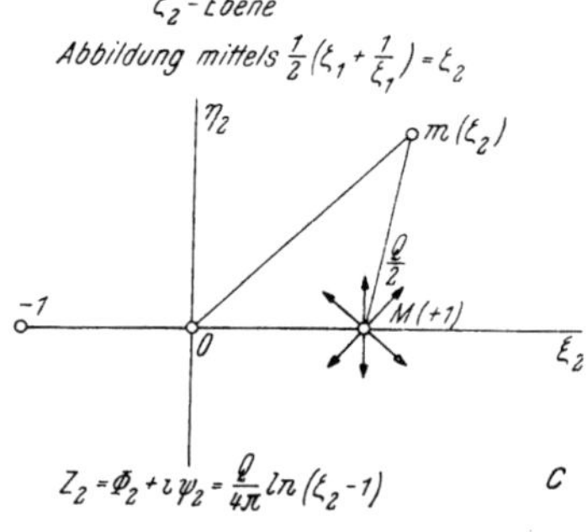

$Z_2 = \Phi_2 + i\psi_2 = \dfrac{Q}{4\pi}\, ln(\xi_2 - 1)$

c

Man bildet den vorgenannten Streifen mittels e^{ζ} auf die volle Ebene ab, wobei das Stück AB der y-Achse von $+\pi$ bis $-\pi$ in den Einheitskreis übergeht und die Quelle in den Punkt M $(+1, 0)$ gelangt. Es entsprechen weiters

$$\zeta = \pm \infty \qquad e^{\zeta} = +\infty \text{ bzw. } 0.$$

Die Quelle in der e^{ζ}-Ebene gibt $\dfrac{Q}{2}$ nach dem Nullpunkt und $\dfrac{Q}{2}$ ins Unendliche ab. Das zugehörige komplexe Strömungspotential ist mit $e^{\zeta} = \zeta_1$

$$\frac{Q}{2\pi}\cdot \ln(\zeta_1 - 1) - \frac{Q}{4\pi}\ln\zeta_1 = \frac{Q}{2\pi}\ln\left(\sqrt{\zeta_1} - \frac{1}{\sqrt{\zeta_1}}\right) = \frac{Q}{2\pi}\cdot\ln\left(2\cdot\mathfrak{Sin}\,\frac{\zeta}{2}\right) = \Phi + i\,\Psi$$

$$(183)$$

$$2\,\mathfrak{Sin}\,\frac{\zeta}{2} = e^{\frac{x}{2}}\left(\cos\frac{y}{2} + i\sin\frac{y}{2}\right) - e^{-\frac{x}{2}}\left(\cos\frac{y}{2} - i\sin\frac{y}{2}\right) = 2\,\mathfrak{Sin}\,\frac{x}{2}\cos\frac{y}{2} +$$

$$+ 2\,i\,\mathfrak{Cof}\,\frac{x}{2}\cdot\sin\frac{y}{2}.$$

Also folgt aus (183)

$$\Phi = \frac{Q}{4\pi} \ln 4 \left(\mathfrak{Sin}^2 \frac{x}{2} + \sin^2 \frac{y}{2} \right) \tag{184}$$

und

$$\Psi = \frac{Q}{2\pi} \cdot \text{arc tg} \left(\frac{\text{tg} \frac{y}{2}}{\mathfrak{Tg} \frac{x}{2}} \right). \tag{185}$$

Man kann (183) leicht umformen, indem man $\mathfrak{Sin} \frac{\zeta}{2} = \sqrt{\mathfrak{Cof}^2 \frac{\zeta}{2} - 1}$ einführt. Es folgt

$$\Phi + i\,\Psi = \frac{Q}{2\pi} \ln 2 + \frac{Q}{4\pi} \ln \left(\mathfrak{Cof}^2 \frac{\zeta}{2} - 1 \right) = \frac{Q}{4\pi} \ln \left(\mathfrak{Cof}\,\zeta - 1 \right) \tag{186}$$

und man erhält die gleichen Ausdrücke (184) und (185), wenn man eine Reihe von Quellen mit der Einzelergiebigkeit Q auf eine Quelle von der halben Ergiebigkeit im Punkt 1 mittels der Funktion $\mathfrak{Cof}\,\zeta$ abbildet. Denn letztere bildet den Halbstreifen zwischen $y = \pm\pi$ der ζ-Ebene auf die volle Ebene so ab, daß der Nullpunkt mit der Quelle in den Punkt $+1$ zu liegen kommt und weil im Halbstreifen der Gesamtfluß nur $\frac{Q}{2}$ beträgt, so ist dies auch die Ergiebigkeit der Quelle (Abb. 337).

k) Abbildung von Vielecken. Verfahren von Schwarz-Christoffel

Es liegt die folgende Aufgabe vor. Gegeben sei ein Vieleck durch die Eckpunkte

$$\zeta_{a1} = \xi_1 + i\eta_1 \quad \zeta_{a2} = \xi_2 + i\eta_2 \text{ usw.}$$

Das Innere des Polygons soll nun so auf die obere halbe ζ-Ebene abgebildet werden, daß die Eckpunkte in die x-Achse dieser Ebene fallen (Abb. 338). Das zum Ziele führende, in seinen Grundzügen von Schwarz und Christoffel[1] stammende Verfahren sei hier unter Benützung hydrodynamischer Begriffe[2] kurz dargestellt.

Man geht vom Differentialquotienten aus in der Form

$$\frac{d\zeta_a}{d\zeta} = \lambda \cdot e^{i\nu}, \tag{187}$$

wo λ und ν reell sein sollen. (144) besagt, daß das Linienelement $d\zeta$ beim Übergang in $d\zeta_a$ eine Steckung im Verhältnis $\lambda : 1$ und eine Drehung um den Winkel ν entgegen den Uhrzeiger erfährt. Das Polygon möge nun so umfahren werden, daß sein innerer Bereich links liegenbleibt. Hiebei erfährt der Winkel ν solange keine Änderung, als man sich auf ein und derselben Polygonseite befindet. Wird aber ein Eckpunkt erreicht, so springt der Wert ν z. B. bei ζ_{a2} vom Werte ν_1 vor dem Punkte auf ν_2 nach dem Punkte ζ_{a2}, so daß die sprunghafte Änderung $\Delta\nu = \nu_2 - \nu_1 = \alpha_2$ beträgt.

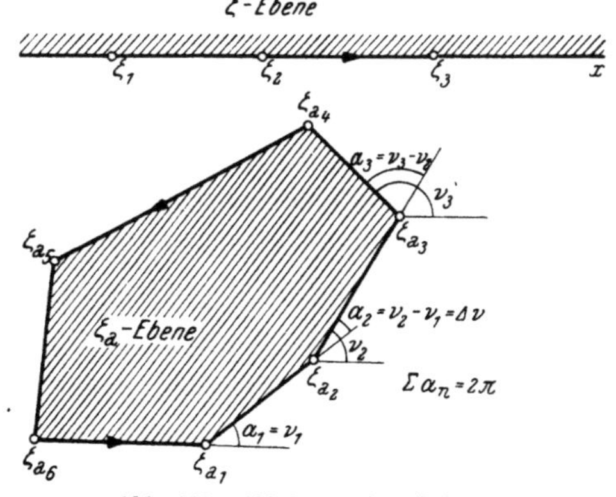

Abb. 338. Abbildung eines Polygons auf die obere Halbebene

[1]) HURWITZ-COURANT: Funktionentheorie. Berlin 1929.
[2]) BETZ, A.: Konforme Abbildung. Berlin 1948.

Führt man die Funktion

$$\ln \frac{d\zeta_a}{d\zeta} = \ln \lambda + i\,\nu = \Phi + i\,\Psi \tag{188}$$

ein, so läßt dies die Deutung einer Strömung zu, deren Stromfunktion ν am Rande gegeben ist, weshalb nach Abschn. H IV (86) die ganze Strömung berechnet werden kann. Soll nun diese Strömungsfunktion beim Passieren der den Eckpunkten entsprechenden ζ-Punkte sprunghaft zunehmen, so wird dies erreicht, indem man in diesen Punkten z. B. ζ_n eine Senke von der Intensität $2\,\Delta\nu_n$ anordnet, so daß aus dem Innern der halben ζ-Ebene die Hälfte davon, also $\Delta\nu_n$, gegen die Senke strömt (Abb. 339). Hat die gedachte Stromfunktion

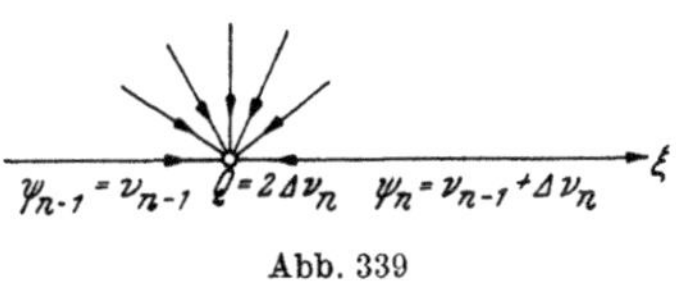

Abb. 339

vor dem Punkte ζ_n den Wert ν_{n-1}, so wird sie nach Passieren dieses Punktes den Wert $\nu_{n-1} + \Delta\nu_n = \nu_{n-1} + (\nu_n - \nu_{n-1}) = \nu_n$ haben. Der Sprung beträgt jeweils $\Delta\nu_{n-1}$ was den Winkeln $\alpha_1, \alpha_2, \alpha_3$ usw. der Abb. 338 entspricht. Bezüglich eines Aufpunktes ζ erhält man durch Überlagerung sämtlicher Senken den Ausdruck

$$\ln \frac{d\zeta_a}{d\zeta} = - \sum \frac{\Delta\nu_n}{\pi} \ln(\zeta - \zeta_n) + \ln c \tag{189}$$

oder

$$\ln \frac{d\zeta_a}{d\zeta} = \ln \Pi\,(\zeta - \zeta_n)^{\tfrac{-\Delta\nu_n}{\pi}} + \ln c = \ln c\,\Pi\,(\zeta - \zeta_n)^{\tfrac{-\nu_n}{\pi}} \tag{190}$$

Hieraus folgt als Abbildungsfunktion das Integral

$$\zeta_a = c \int_a^{\zeta} \frac{d\zeta}{\Pi\,(\zeta - \zeta_n)^{\tfrac{\Delta\nu_n}{\pi}}} = c \int_a^{\zeta} \frac{d\zeta}{(\zeta - \zeta_1)^{\tfrac{\nu_1}{\pi}} \cdot (\zeta - \zeta_2)^{\tfrac{\nu_2}{\pi}} \cdot (\zeta - \zeta_3)^{\tfrac{\nu_3}{\pi}} \ldots} \tag{191}$$

Soll der Nullpunkt der ζ_a-Ebene jenem der ζ-Ebene entsprechen, so ist als untere Grenze an Stelle von a Null zu setzen.

Indem man nun das Polygon nicht auf die obere Halbebene, sondern auf das Innere eines Kreises in einer ζ'-Ebene abbildet, umgeht man die schwierige Vorstellung des Verhaltens im unendlich fernen Punkt der x-Achse. In diesem müßte eine Quelle liegen von der Stärke sämtlicher Senken, nämlich $\Sigma\Delta\nu_n = \Sigma\alpha_n = 2\pi$ und beim Übergang von $+\infty$ auf $-\infty$ müßte demzufolge eine Drehung um 360^0 erfolgen. Zur Durchführung der Abbildung auf den Kreis wird außer den einzelnen Senken (negative Quellen) noch eine gleichmäßig verteilte Quellbelegung am Kreis erfordert, die der stetigen Richtungsänderung der Tangente gegenüber der x-Achse Rechnung trägt.

Nun ist aber nach H IV 7 das komplexe Potential bei einer gleichmäßigen Quellbelegung am Rande innerhalb des Kreises Null, so daß für $\ln \dfrac{d\zeta_a}{d\zeta'}$ nur die Summe der Potentiale der einzelnen Senken aufzuschreiben ist wie bei der Abbildung auf die Halbebene. Man erhält so als Abbildungsfunktion

$$\zeta_a = c' \cdot \int_a^{\zeta} \frac{d\zeta'}{\Pi\,(\zeta' - \zeta_n')^{\tfrac{\Delta\nu_n}{\pi}}} = c' \int_a^{\zeta} \frac{d\zeta'}{(\zeta' - \zeta_1')^{\tfrac{\nu_1}{\pi}} \cdot (\zeta' - \zeta_2')^{\tfrac{\nu_2}{\pi}} \ldots} \tag{192}$$

---

[1]) Siehe den anfangs zitierten von B. RIEMANN in seiner Dissertation (1853) ausgesprochenen Satz von der Abbildbarkeit jedes einfach zusammenhängenden Bereiches auf das Innere eines Kreises.

Wenn nun ein Kreis vom Radius r_0 durch die lineare Transformation

$$\zeta' = r_0 \cdot \frac{\zeta - b}{\zeta - c} \tag{193}$$

auf die Halbebene abgebildet wird, so geht der Nullpunkt der ζ'-Ebene, in welchem der Kreismittelpunkt liegen möge, in den Punkt b und der Punkt $\zeta' = \infty$ in den Punkt c über. Der Kreis r_0, für den $\zeta' = 0$ und $\zeta' = \infty$ spiegelbildlich liegen, geht in die Symmetriegerade zu b und c über. Dies ist aus Abb. 324 zu ersehen, wo der Kreis k_2 ($r_0 = 1$) der ζ_a-Ebene der Geraden K_2 der ζ-Ebene entspricht. Soll letztere mit der reellen Achse (x-Achse) zusammenfallen, so müssen b und $c = \bar{b}$ konjugiert sein, also zur x-Achse spiegelbildlich liegen. Durch Differenzieren von (193) erhält man mit $c = \bar{b}$

$$d\zeta' = r_0 \frac{b - \bar{b}}{(\zeta - \bar{b})^2} d\zeta \tag{194}$$

und weil entsprechend (193)

$$(\zeta' - \zeta_n') = r_0 \cdot \frac{\zeta - b}{\zeta - \bar{b}} - r_0 \cdot \frac{\zeta_n - b}{\zeta_n - \bar{b}} = r_0 \frac{(b - \bar{b}) \cdot (\zeta - \zeta_n)}{(\zeta - \bar{b}) \cdot (\zeta_n - \bar{b})} \tag{195}$$

und $\Sigma \Delta \nu_n = 2\pi$ ist, so folgt

$$\Pi (\zeta - \zeta_n')^{\frac{\Delta \nu_n}{\pi}} = \left(r_0 \frac{b - \bar{b}}{\zeta - \bar{b}} \right)^2 \cdot \frac{\Pi (\zeta - \zeta_n)^{\frac{\Delta \nu_n}{\pi}}}{\Pi (\zeta_n - \bar{b})^{\frac{\Delta \nu_n}{\pi}}} .$$

Somit folgt aus (192) und (194)

$$\zeta_a = c' \cdot \frac{\Pi (\zeta_n - \bar{b})^{\frac{\Delta \nu_n}{\pi}}}{r_0 \cdot (b - \bar{b})} \cdot \int_0^{\zeta} \frac{d\zeta}{\Pi (\zeta - \zeta_n)^{\frac{\Delta \nu_n}{\pi}}} . \tag{196}$$

Weil der Faktor vor dem Integral eine Konstante ist, stimmt (196) mit (192) überein.

Die Abbildung des äußeren Gebietes eines Polygons auf einen Kreis wird in ähnlicher Weise durchgeführt. Es sei der Umfang des Vielecks wieder so durchlaufen, daß das abzubildende Gebiet links gelegen sei. Es werden also die Eckpunkte in umgekehrter Reihenfolge passiert und die Winkeländerungen haben das umgekehrte Vorzeichen wie früher. Es müssen deshalb an Stelle der Senken Quellen und anstatt der gleichmäßig verteilten Quellen ebensolche Senken angebracht werden von der Stärke -4π, die auf außerhalb des Kreises liegende Punkte wie eine gleichstarke im Mittelpunkt gelegene Senke wirken und deren komplexes Potential mit $Q = -4\pi$

$$Z' = \frac{Q}{2\pi} \ln \zeta' = \ln \frac{1}{(\zeta')^2} \tag{197}$$

lautet.

Somit wird durch Überlagerung von (197) mit den Potentialen der einzelnen Quellen

$$\ln \frac{d\zeta_a}{d\zeta} = \ln \Pi (\zeta' - \zeta_n')^{\frac{\Delta \nu_n}{\pi}} + \ln \frac{1}{(\zeta')^2} + \ln c_1$$

oder

$$\zeta_a = c_1 \cdot \int_{a'}^{\zeta'} \frac{\Pi (\zeta' - \zeta_n')^{\frac{\Delta \nu_n}{\pi}}}{(\zeta')^2} d\zeta' , \tag{198}$$

wobei $\Delta \nu_n$ die frühere Bedeutung hat.

Wird das Äußere des Kreises durch die gleiche lineare Transformation wie früher auf die untere Halbebene abgebildet, so erhält man als Abbildungsfunktion

$$\zeta_a = c' \; \frac{r_0 \, (b - \bar{b})^3}{\mathit{\Pi} \, (\zeta_n - b)^{\frac{\Delta \nu_n}{\pi}}} \cdot \int_0^{\dot{z}} \frac{\mathit{\Pi} \, (\zeta - \zeta_n)^{\frac{\Delta \nu_n}{\pi}}}{(\zeta - b)^2 \cdot (\zeta - \bar{b})^2} \cdot d\zeta. \tag{199}$$

Die Zuordnung der Punkte auf der x-Geraden ist hier eine andere als bei der Abbildung des Inneren des Polygons auf die Halbebene. Zu gegebenen Punkten der x-Achse kann also die Abbildungsfunktion ermittelt werden, je nachdem die Halbebene auf das Innere oder Äußere des Vielecks abgebildet werden soll nach (192) bzw. (199). In letzterem Fall ist auch noch der Punkt vorzugeben, der in das Unendliche der Polygonebene übergehen soll. Die Seitenlängen des Polygons ergeben sich aus der Lage der vorgegebenen Punkte der ζ-Ebene und können nicht vorgeschrieben werden[1]).

l) Abbildung von Rechtecken. Elliptische Integrale

Ist das abzubildende Gebiet rechteckig, so ist in allen Eckpunkten

$$\Delta \nu_n = \frac{\pi}{2} \quad \text{bzw.} \quad \frac{\Delta \nu_n}{\pi} = \frac{1}{2},$$

so daß die Abbildungsfunktion lautet

$$\zeta_a = \xi + i\eta = c \int_a^{\dot{z}} \frac{d\zeta}{\sqrt{(\zeta - \zeta_1)(\zeta - \zeta_2)(\zeta - \zeta_3)(\zeta - \zeta_4)}}. \tag{200}$$

Durch diese wird die obere Halbebene auf das Innere des Rechtecks abgebildet und die Punkte ζ_1, ζ_2, ζ_3 und ζ_4 der ξ-Achse gehen in die Eckpunkte über. Gl. (200) stellt ein elliptisches Integral 1. Gattung dar.

Die Abbildungsfunktion auf das Äußere des Rechtecks lautet entsprechend (199)

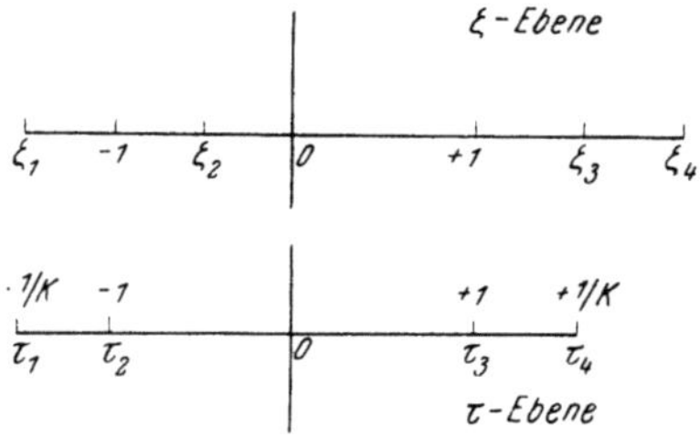

$$\zeta_a = c \cdot \int_a^{\xi} \frac{\sqrt{(\zeta - \zeta_1)(\zeta - \zeta_2)(\zeta - \zeta_3)(\zeta - \zeta_4)}}{(\zeta - b)^2 \cdot (\zeta - \bar{b})^2} \cdot d\zeta. \tag{201}$$

Sie ist ebenfalls ein elliptisches Integral, allerdings nicht 1. Gattung.

Das elliptische Integral (200) wird durch eine lineare Transformation[2]) auf die Normalform gebracht, die an Stelle der vier Parameter nur einen, den Modul, hat. Man läßt hiebei die Punkte ζ_1, ζ_2, ζ_3 und ζ_4 der ξ-Achse in der ζ-Ebene in die Punkte $\tau_1 = -\dfrac{1}{k}$, $\tau_2 = -1$, $\tau_3 = +1$ und $\tau_4 = \dfrac{1}{k}$ auf der reellen Achse in der neuen τ-Ebene übergehen (Abb. 340) und erhält

$$\zeta_a = c \int_a^{\dot{z}} \frac{d\tau}{\sqrt{(\tau^2 - 1)\left(\tau^2 - \dfrac{1}{k^2}\right)}} = C \int_a^{\dot{z}} \frac{d\tau}{\sqrt{(1 - \tau^2) \cdot (1 - k^2 \tau^2)}} = F(k_1 \tau). \tag{202}$$

Abb. 340

---

[1]) BETZ, Konforme Abbildung.
[2]) Die Transformation ist in A. BETZ, Konforme Abbildung, durchgeführt.

Mit $C = 1$, $\tau = \sin \varphi$ und der unteren Integrationsgrenze $a = 0$ folgt mit k als Modul

$$\zeta_a = \int\limits_0^\varphi \frac{d\varphi}{\sqrt{1 - k^2 \sin^2 \varphi}} = F(k_1 \varphi) \tag{203}$$

und es kann der Wert dieses elliptischen Integrals 1.Gattung aus Tabellenwerken[1]) entnommen werden.

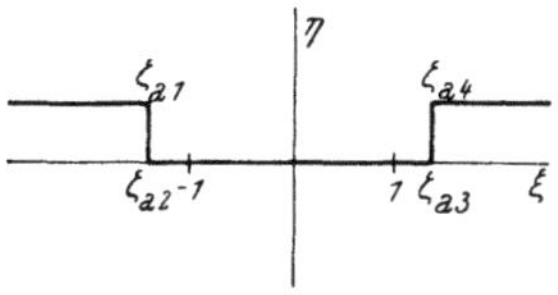

Soll das in Abb. 341 links vom Umfahrungssinn $-\infty - \zeta_{a1} - \zeta_{a2} - \zeta_{a3} - \zeta_{a4} - \infty$ gelegene Gebiet auf die obere Halbebene abgebildet werden, so muß bedacht werden, daß die Richtungsänderungen an den Ecken ζ_{a1} und ζ_{a4} das umgekehrte Vorzeichen wie an den Ecken ζ_{a2} und ζ_{a3} haben und daß die abzubildende Fläche unendlich groß wird. Weil hier

Abb. 341

$\frac{\varDelta \nu_1}{\pi} = \frac{\varDelta \nu_4}{\pi} = -\frac{1}{2}$ im entgegengesetzten Sinn wie früher für $\frac{\varDelta \nu_2}{\pi} = \frac{\varDelta \nu_3}{\pi} = \frac{1}{2}$ zu nehmen sind, so lautet hier die Abbildungsfunktion

$$\zeta_a = \int\limits_0^\zeta \frac{\sqrt{(\zeta - \zeta_1)(\zeta - \zeta_4)}}{\sqrt{(\zeta - \zeta_2)(\zeta - \zeta_3)}} \cdot d\zeta, \tag{204}$$

und sie wird als elliptisches Integral 2. Gattung bezeichnet. Werden die in einer t-Ebene gelegenen, den Ecken entsprechenden Punkte so angeordnet, daß der Reihe nach $\tau_1 = -\frac{1}{k}$, $\tau_2 = -1$, $\tau_3 = +1$, $\tau_4 = \frac{1}{k}$ ist, so erhält man die Normalform dieses Integrals

$$\zeta_a = \int\limits_0^\tau \frac{\sqrt{1 - k^2 \tau^2}}{\sqrt{1 - \tau^2}} \cdot d\tau = E(k_1 \tau) \tag{205}$$

oder es ist ähnlich wie früher

$$\zeta_a = \int\limits_0^\varphi \sqrt{1 - k^2 \sin^2 \varphi} \cdot d\varphi = E(k_1 \varphi), \tag{206}$$

dessen Wert ebenfalls aus den genannten Tafeln entnommen werden kann. Beispiel im Abschn. K II 3a, Grundwasserbewegung.

m) Die Hodographenmethode

α) **Berandung bekannt.** Diese Methode beruht auf der Tatsache, daß das schon früher beschriebene konjugierte Hodographenbild einer Strömung in der ζ-Ebene als winkeltreue Abbildung auf die Z-Ebene angesehen werden kann, weil die Ableitung

$$\frac{dZ}{d\zeta} = \overline{\mathfrak{v}} = u - iv$$

auch eine analytische Funktion von ζ und hiemit von Z ist. Es ist also

$$\zeta = \int \frac{dZ}{\overline{\mathfrak{v}}} \tag{207}$$

und man ersieht daraus die gute Anwendbarkeit der Methode in jenen Fällen, wo der Zusammenhang von Z und $\overline{\mathfrak{v}}$ ein einfacherer ist als jener von Z und ζ.

---

[1]) JAHNKE-EMDE: Funktionentafel. Leipzig 1938.

Konstruiert man dann auf Grund von Aussagen über die Geschwindigkeiten in der ζ-Ebene das Hodographenbild in der $\bar{\mathfrak{v}}$-Ebene, so kann auf dem Umweg über die $\bar{\mathfrak{v}}$-Ebene zunächst $\bar{\mathfrak{v}}$ als Funktion von Z aufgestellt werden und durch Integration Z gefunden werden. Ein klassisches Beispiel ist die sogenannte Bordasche[1]) Mündung, der Einlauf einer Flüssigkeit in einen von parallelen Wänden begrenzten Spalt. Es wird zu einem gefühlsmäßig entworfenen Strömungsbild in der ζ-Ebene (Abb. 342) der Hodograph gezeichnet, wobei das Unendliche als ein Punkt aufgefaßt wird, in welchem $\mathfrak{v}_A \to 0$. Bei den Kanten B hingegen wird die Geschwindigkeit jeden Wert überschreiten, also $\mathfrak{r}_B \to \infty$.

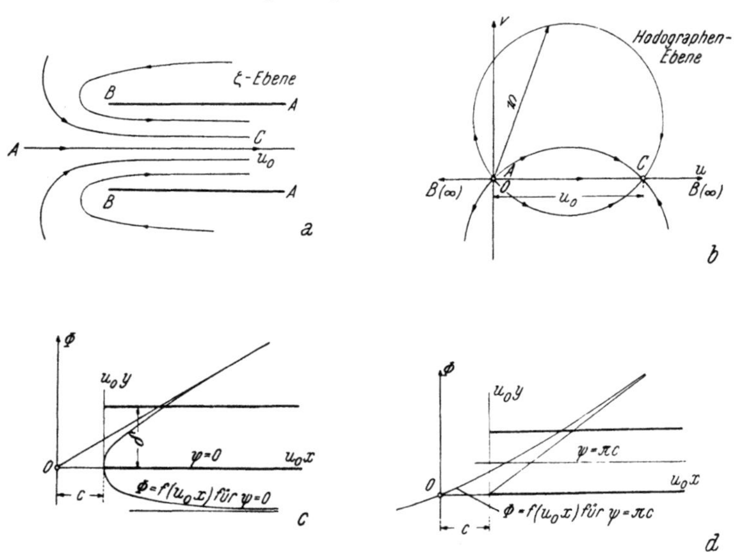

Abb. 342. Die Bordasche Mündung.

Im Spalt selbst wird $\mathfrak{v} = u_0$ sein. Mit Hilfe dieser Aussagen wird nun zur Konstruktion des Hodographenbildes geschritten. Jedenfalls entspricht dem ∞ fernen Punkt der ζ-Ebene der Ursprung in der w-Ebene. Den Kanten B entspricht der ∞ ferne Punkt der w-Ebene, während im mittleren Stromfaden $\overline{AC}$ die Geschwindigkeit dauernd zunimmt von 0 auf u_0 und dem entspricht die Strecke $\overline{OC}$ im Hodographenbild. Die Spiegelung, die nun vorgenommen wird, ändert nichts am Hodographenbild und man erhält das Strömungsbild von Quelle und Senke (Abb. 342b) in der $\bar{\mathfrak{v}}$-Ebene mit

$$F(\bar{\mathfrak{v}}) = c \cdot \ln \frac{\bar{\mathfrak{v}}}{\bar{\mathfrak{v}} - u_0} = Z \tag{207a}$$

oder nach Umkehrung

$$\bar{\mathfrak{v}} = \frac{u_0}{1 - e^{-Z/c}}, \tag{208}$$

somit

$$\zeta = \int \frac{dZ}{\bar{\mathfrak{v}}} + k = \frac{1}{u_0} \cdot \int (1 - e^{-Z/c}) \cdot dZ + k = \frac{Z}{u_0} + \frac{c}{u_0} \cdot e^{-Z/c} + k.$$

Geschwindigkeits- und Strömungspotential ergeben sich aus

$$\zeta = x + iy = \frac{1}{u_0}\left\{ \Phi + i\Psi + ce^{-\Phi/c} \cdot \left(\cos\frac{\Psi}{c} - i\sin\Psi/c \right) \right\} + k$$

---

[1]) PRANDTL, L.: Vorlesungen über Hydro- und Aeromechanik. Herausgegeben von TIETJENS, Wien 1944.

und wenn die Konstante $k = 0$ gesetzt, also die untere Begrenzung des Spalts in die reelle Achse der ζ-Ebene versetzt wird, folgt (Abb. 342 c und d)

$$u_0 x = \Phi + c\,e^{-\Phi/c} \cdot \cos\frac{\Psi}{c} \quad \text{und} \quad u_0 y = \Psi - c \cdot e^{\Phi/c} \cdot \sin\frac{\Psi}{c} \tag{209}$$

Die Grenzbedingungen sind $\Psi = 0$, wenn $uy = 0$, der untere Rand ist Stromlinie, $\Psi = 2\pi c$, wenn $u_0 y = 2\pi c$, wenn also $c = \dfrac{\delta u_0}{2\pi}$ mit Plattenabstand δ. Damit ist auch die obere Wand des Spaltes zur Stromlinie geworden und die Grenzbedingungen sind hiemit erfüllt.

Für den mittleren Stromfaden in der Entfernung $\dfrac{\delta}{2} = \dfrac{\pi \cdot c}{u_0}$ von der reellen Achse ist $\Psi = \pi c$. Hingegen wird für den Wert $\Psi = \dfrac{\pi \cdot c}{2}$ aus (209)

$$u_0 \cdot y = \frac{\pi c}{2} - e^{-\Phi/c}$$

und weil daselbst $\Phi = u_0\, x$, erhält man

$$y = \frac{\pi c}{2 u_0} - \frac{c}{u_0} \cdot e^{\frac{-u_0 x}{c}}$$

Für die Stromlinie $\Psi = 0$ (unterer Rand) folgt aus (209)

$$u_0 x = \Phi + c \cdot e^{-\Phi/c} \quad \text{bzw.} \quad \frac{d\Phi}{dx} = \frac{u_0}{1 - e^{-\Phi/c}}$$

und somit $\dfrac{d\Phi}{dx} = u_0$, wenn $\Phi = \diagdown$, und $\dfrac{d\Phi}{dx} = \diagdown$, wenn $\Phi = 0$ ist.

Ist $\Psi = \pi c$ (mittlere Stromlinie), so gilt

$$u_0 x = \Phi - c\,e^{-\Phi/c} \quad \text{bzw.} \quad \frac{d\Phi}{dx} = \frac{u_0}{1 + e^{-\Phi/c}}$$

mit $\dfrac{d\Phi}{dx} = u_0$, wenn $\Phi = \diagup$, und $\dfrac{d\Phi}{dx} = \dfrac{u_0}{2}$, wenn $\Phi = 0$ ist.

β) Form der Berandung teilweise unbekannt. Diskontinuierliche Bewegung. Die praktische Bedeutung der Hodographenmethode zeigt sich in vollem Licht bei der klassischen Aufgabe der Ermittlung der Form von Diskontinuitätsflächen bzw. Linien. HELMHOLTZ[1]) hat als Erster darauf hingewiesen, daß in einer reibungslosen Flüssigkeit Trennungs- bzw. Diskontinuitätsflächen vorkommen können, an deren beiden Seiten die tangentialen Geschwindigkeiten verschieden groß sein können. Es besteht kein Widerspruch zu den Gesetzen der Potentialströmung und es müssen nur die Geschwindigkeiten normal zur Trennungsfläche auf beiden Seiten gleich sein und ebenso die auf beiden Seiten herrschenden Drücke. Schon HELMHOLTZ weist darauf hin, daß diese Trennungsflächen sich stets an scharfe Kanten anschließen, so daß die aus der Theorie sich ergebenden hohen negativen Drücke ausgeschaltet bleiben. In der Abb. 343 ist die normale Anströmung einer Platte mit den Diskontinuitätslinien dargestellt, die im Verein mit der Platte die Strömung vom „Totwasser" scheiden. In letzterem ist die Geschwindigkeit gleich Null und der Druck soll dort mit p_0 angenommen werden, während die Geschwindigkeit der Parallelströmung im Unendlichen u_0 und der Druck daselbst mit Null angesetzt sei. Dann gilt nach BERNOULLI

$$\frac{p_0}{\varrho} + \frac{c_0{}^2}{2} = \text{const} = \frac{u_0{}^2}{2},$$

---

[1]) HELMHOLTZ, H. v.: Monatsber. d. Preuß. Akad. d. Wiss. Berlin 1868.

wenn c_0 die Tangentialgeschwindigkeit an der Diskontinuitätslinie ist und weil p_0 im Totwasser konstant ist, muß auch

$$c_0{}^2 = u_0{}^2 - \frac{2\,p_0}{\varrho} = \text{const}$$

sein. Diese Tatsache der konstanten Tangentialgeschwindigkeit längs der Diskontinuitätslinie bzw. -fläche ist für die Hodographenmethode von grundlegender Bedeutung. KIRCHHOFF[1]) hat zur Behandlung solcher Aufgaben eine Methode ausgearbeitet, die wegen ihrer Klassizität kurz besprochen werden soll. Bekanntlich ist

$$\frac{dZ}{d\zeta} = u - i\,v = \bar{\mathfrak{v}}$$

und KIRCHHOFF führt die neue Variable $w = \dfrac{1}{\bar{\mathfrak{v}}}$ ein. Zeichnet man nun in der w-Ebene das Abbild der Grenze zwischen Strömung und Totwasser, so erhält man einen Halbkreis vom Radius $\dfrac{1}{u_0}$, auf welchem gelegen sind der dem unendlich fernen entsprechende Punkt $\bar{c}$ auf der positiven imaginären Achse, und zwar im Abstand $\dfrac{1}{\bar{\mathfrak{v}}} = -\dfrac{1}{i\,u_0} = \dfrac{i}{u_0}$. Ferner die Punkte $\bar{A}$ und $\bar{B}$, die den Plattenkanten A und B entsprechen. Den reellen Werten $\dfrac{1}{\bar{\mathfrak{v}}}$ längs der Platte entsprechen die reellen Achsenstücke von $\bar{A}$ bis $\bar{0}$ und von $\bar{B}$ bis $\bar{0}$ (Abb. 343). Dem Strömungsgebiet der ζ-Ebene entspricht dann das schraffierte Gebiet der w-Ebene.

Weist man nun der sich bei 0 verzweigenden Stromlinie den Wert $\Psi = 0$ zu, so wird bei der Abbildung auf die $Z = \Phi + i\,\Psi$-Ebene aus den Diskontinuitätslinien die negative reelle Achse (Φ). Ordnet man ferner dem Staupunkt 0 den Wert $\Phi = 0$ zu, so muß längs $0A$ und $0B$ der Wert von Φ negativ sein, so daß diesen Wegen in der Z-Ebene das Stück $0B$ bzw. $0A$ mit der noch unbekannten Länge

$$\int\limits_{0}^{a} u\,dx = \Phi_a = Z_a$$

entspricht. Wegen der zweifachen Zuordnung muß man sich die Z-Ebene in der negativen reellen Achse aufgeschlitzt denken, so daß sich an die eine Schnittlinie das zweite RIEMANNsche Blatt mit der Abbildung des Totwassers anschließt.

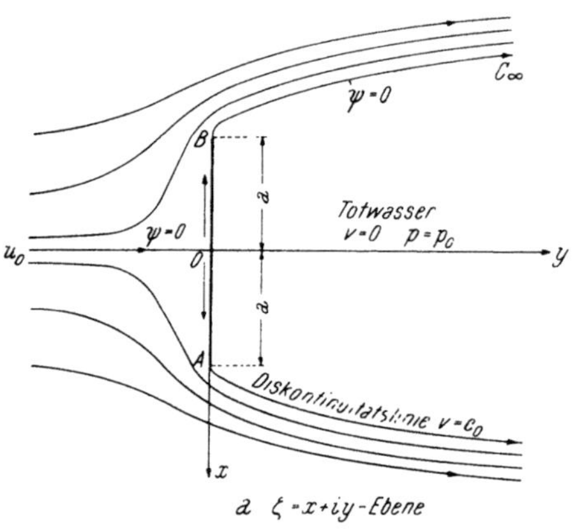

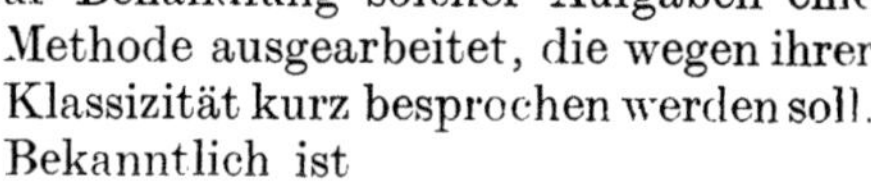

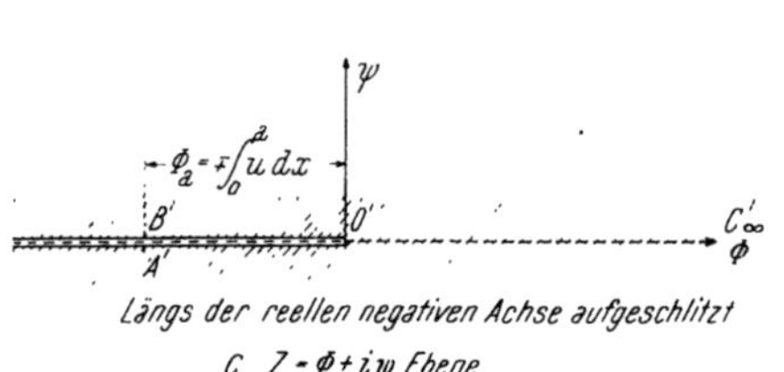

Abb. 343. Diskontinuierliche Bewegung

[1]) KIRCHHOFF, G.: Crelles Journal 1869. Bd. **70**.

Die Aufgabe läuft nun darauf hinaus, in der Gleichung

$$\frac{d\zeta}{dZ} = w = \frac{1}{\mathfrak{v}}$$

für w den Zusammenhang mit Z zu bestimmen, so daß die obige Gleichung integriert werden kann.

Hiezu verhilft die Betrachtung der Abbildung der w-Ebene auf die Z-Ebene. Es muß der ∞ ferne Punkt der w-Ebene in den Nullpunkt der Z-Ebene und die in der Abbildung schraffierte Begrenzung in die negative reelle Achse der Z-Ebene übergeführt werden, wobei die bei $\overline{A}$, $\overline{B}$ und $\overline{C}$ vorkommenden Winkel $\frac{\pi}{2}$ und π auf das Doppelte in der Z-Ebene wachsen, nämlich auf π bei A' und B' und 2π bei C'. Dies wird geleistet durch die Beziehung

$$w = \frac{1}{c_0}\left(\sqrt{\frac{Z_a}{Z}} \pm \sqrt{\frac{Z_a}{Z} - 1}\right), \tag{210}$$

wenn Z_a der Wert von Z am Plattenrand, also für $\zeta = a$ ist.

Setzt[1]) man

$$\sqrt{\frac{Z}{Z_a}} = \sin\alpha,\ \text{also}\ \sqrt{\frac{Z_a}{Z}} = \frac{1}{\sin\alpha}\ \text{und}\ \sqrt{\frac{Z_a}{Z} - 1} = \frac{\cos\alpha}{\sin\alpha},$$

so wird

$$dZ = 2\,Z_a \sin\alpha\cos\alpha\,d\alpha \tag{210a}$$

und

$$\zeta = x + iy = \int \frac{2Z_a}{c_0}(\cos\alpha + \cos^2\alpha)\,d\alpha = \frac{2Z_a}{c_0}\left\{\sin\alpha + \frac{1}{2}(\sin\alpha\cos\alpha + \alpha)\right\}. \tag{210b}$$

Weil für $Z = 0$ (Staupunkt) $\alpha = 0$ ist, entfällt also die Integrationskonstante. Für den Plattenrand $\zeta = a$ ist $\alpha = \frac{\pi}{2}$ und somit folgt

$$a = \frac{2Z_a}{c_0}\left(1 + \frac{\pi}{4}\right)\ \text{oder}\ Z_a = \Phi_a = \frac{2c_0 \cdot a}{4 + \pi}.$$

Aus (210a) ist

$$Z = \Phi + i\,\Psi = \frac{2c_0 \cdot a}{4 + \pi} \cdot \sin^2\alpha$$

und weiters ist aus (210b)

$$\zeta = x + iy = \frac{4a}{4 + \pi}\left\{\sin\alpha + \frac{1}{2}(\sin\alpha\cos\alpha + \alpha)\right\}$$

und es hat in dieser allgemeinen Lösung α beliebige komplexe Werte. Es wird dann

$$Z_a = \Phi_a = \int_0^a \frac{\partial\Phi}{\partial x} \cdot dx = \Phi_a = \frac{2c_0 a}{4 + \pi}$$

wie oben.

γ) **Der Ausflußstrahl.** Es soll nun das Problem des Strahlaustritts aus dünner, waagrechter Wand mittels des Hodographen gelöst werden. Die vorliegende ebene Bewegung genüge allen Bedingungen einer Potentialströmung, die durch entsprechenden Zufluß stationär gehalten wird. Weil der Druck an der Strahloberfläche konstant ist, wird nach BERNOULLI auch die Geschwindigkeit c_0 da-

---

selbst konstant sein und man kann somit den Hodographen der Stromlinie zeichnen, die durch die waagrechte Sohle und die Strahlbegrenzung gegeben ist. Dabei ist es praktisch[1]) das Verhältnis $\dfrac{\mathfrak{v}}{c_0} = w$ einzuführen, so daß der Hodograph der Strahlbegrenzung ein Halbkreis mit dem Radius $r = 1$ ist (Abb. 344). Man sucht das konjugierte Gebiet II auf und nach dem früher erwähnten Satz vom Maximum von $\dfrac{\partial \Phi}{\partial s}$ am Rande, wird dem Inneren des Halbkreises im konjugierten $\overline{\mathfrak{w}}$-Gebiet das Strömungsgebiet der ζ-Ebene entsprechen. Nun wird der

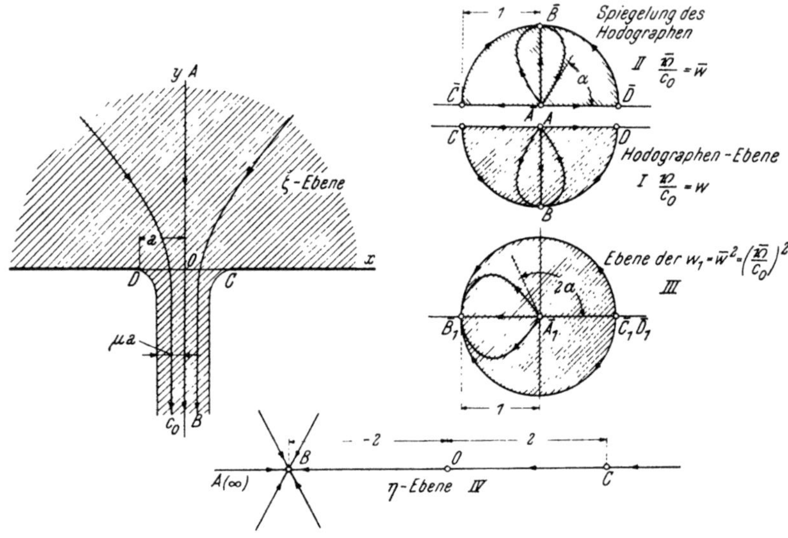

Abb. 344. Ermittlung der Strahlbegrenzung aus dem Hodographenbild

Halbkreis in einen Vollkreis transformiert durch $w_1 = \left(\dfrac{\mathfrak{v}}{c_0}\right)^2$ und dessen Inneres III auf eine η-Ebene IV mittels

$$\eta = w_1 + \frac{1}{w_1} = \left(\frac{\overline{\mathfrak{v}}}{c_0}\right)^2 + \left(\frac{c_0}{\overline{\mathfrak{v}}}\right)^2$$

abgebildet.

Die einander entsprechenden Punkte mögen aus der Abbildung entnommen werden. Man erhält in der IV. Ebene das Bild einer Senke B im Abstand $\eta_B = -2$ vom Nullpunkt und ihre Abbildung auf die Z-Ebene bewirkt

$$Z = f(\overline{\mathfrak{w}}) = -\frac{Q}{2\pi} \cdot \ln(\eta - \eta_B) = -\frac{Q}{2\pi} \ln\left\{\left(\frac{\overline{\mathfrak{v}}}{c_0}\right)^2 + \left(\frac{c_0}{\overline{\mathfrak{v}}}\right)^2 + 2\right\}$$

$$= -\frac{Q}{\pi} \ln\left(\frac{\overline{\mathfrak{v}}}{c_0} + \frac{c_0}{\overline{\mathfrak{v}}}\right) = -\frac{Q}{\pi} \ln(\overline{\mathfrak{v}}^2 + c_0^2) + \frac{Q}{\pi} \ln \overline{\mathfrak{v}}\, c_0. \tag{211}$$

Somit ist $dZ = -\dfrac{Q}{\pi} \cdot \dfrac{2\overline{\mathfrak{v}}\, d\overline{\mathfrak{v}}}{\overline{\mathfrak{v}}^2 + c_0^2} + \dfrac{Q}{\pi} \cdot \dfrac{d\overline{\mathfrak{v}}}{\overline{\mathfrak{v}}}$ und folglich

$$\zeta = \int \frac{dZ}{\overline{\mathfrak{v}}} = -\frac{2Q}{\pi} \cdot \int \frac{d\overline{\mathfrak{v}}}{\overline{\mathfrak{v}}^2 - c_0^2} + \frac{Q}{\pi} \cdot \int \frac{d\overline{\mathfrak{v}}}{\overline{\mathfrak{v}}^2} = -\frac{2Q}{\pi c_0} \operatorname{arc\,tg} \frac{\overline{\mathfrak{v}}}{c_0} - \frac{Q}{\pi \overline{\mathfrak{v}}}. \tag{212}$$

---

[1]) KAUFMANN, W.: Hydromechanik II. Berlin 1934.

An den Kanten $\zeta = \pm a$ ist $\bar{\mathfrak{v}} = c_0$, folglich $a = \dfrac{Q}{2\,c_0} + \dfrac{Q}{\pi\,c_0}$ und weil $Q = 2\,\mu \cdot a \cdot c_0$, wenn μ der Kontraktionskoeffizient ist, so ergibt sich

$$\mu = \frac{\pi}{\pi + 2} = 0{\cdot}611,$$

welcher Wert mit den Versuchsergebnissen gut übereinstimmt.

Weitere Hilfsmittel zur Lösung der Randwertaufgabe $\varDelta\,\varPhi = 0$ sind noch die WEINIGsche Methode[1]) mittels des Isotachen-Isoklinen-Netzes und schließlich die Relaxationsmethode von SOUTHWELL[2]).

n) Strömungsgebiete beliebiger Form

In vielen praktischen Fällen ist die Ermittlung der abbildenden Funktion mit großen Schwierigkeiten verbunden und außerdem sind die Rechenarbeiten so groß, daß aus Gründen der Zeitersparnis graphische Näherungsverfahren mit Vorteil verwendet werden, die entsprechend genau durchgeführt werden müssen. Die Genauigkeit kann man durch weitgehende Unterteilung des entworfenen Netzes steigern. Die Ränder des vorliegenden Strömungsbereiches seien aus Stromlinien und Potentiallinien zusammengesetzt. Man zeichnet zu den gegebenen Randstromlinien nach dem durch Studium und Erfahrung geleiteten Gefühl weitere Stromlinien und sucht entsprechend der Beziehung

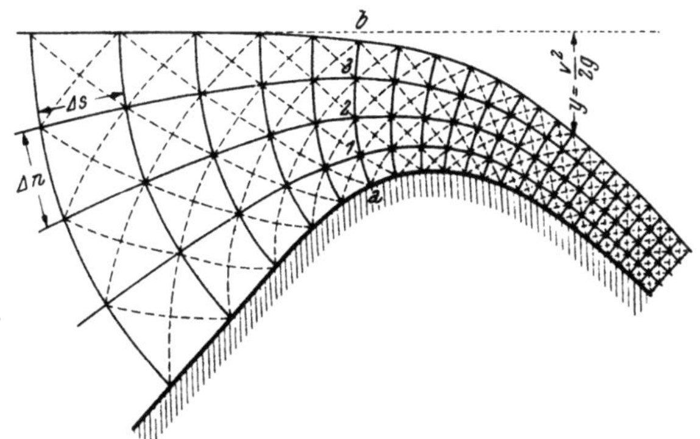

Abb. 345. Netzkonstruktion für den Überfall

$$\frac{\varDelta\,\varPhi}{\varDelta\,s} = \frac{\varDelta\,\varPsi}{\varDelta\,n}$$

für gleiche Intervalle $\varDelta\,\varPhi$ und $\varDelta\,\varPsi$ ein quadratähnliches Netz $\dfrac{\varDelta\,s}{\varDelta\,n} = 1$ zu entwerfen, welche Bedingung nur für $\varDelta \longrightarrow 0$ erfüllt werden kann. Dabei wird berücksichtigt, daß an Stellen großer Geschwindigkeit die Quadratseiten klein sind und umgekehrt. Manchmal ist nur eine feste Begrenzung gegeben, während die andere meist als freie Oberfläche der Bedingung $p = 0$ unterliegt. So gilt z. B. für die Oberfläche beim Überströmen eines Wehrrückens $\dfrac{v^2}{2\,g} = y$ als Kontrolle der Richtigkeit des Netzentwurfes, wenn y die Tiefenlage des Oberflächenpunktes unter dem Ruhespiegel ist (Abb. 345).

Der Entwurf des quadratähnlichen Netzes ist dann verhältnismäßig einfach, wenn auch Potentiallinien die Begrenzung bilden. Man wird zweckmäßigerweise so vorgehen, daß man den Strömungsbereich vorerst in große quadratähnliche Figuren zerlegt und diese wieder unterteilt, wobei man darauf achten soll, daß auch die Diagonalen der quadratähnlichen Netzteile aufeinander normal gerichtet sein sollen. Der Entwurf des Netzes kann durch Strömungsversuche zwischen

[1]) WEINIG, F. u. A. SHIELDS: Wasserkr. u. Wasserwirtsch. 1936.
[2]) SOUTHWELL, R. V. Relaxation Methods in Theoretical Physics, Oxford 1946.

zwei in kleinem Abstand gelegenen parallelen Glasplatten[1]) unterstützt werden und auch die Strömung in dünner, waagrechter Schicht mit freier Oberfläche ergibt gute Anhaltspunkte. In Abb. 440 ist eine solche dünne Schichtströmung längs der Sohle einer weiten Porzellanschale dargestellt, und zwar von einer Quelle zu zwei Senken. Die Stromlinien wurden durch Körnchen von Kaliumpermanganat erzeugt, die nach dem Aufstreuen zu Boden sanken und dort hafteten. Obzwar die Strömung mit Reibung erfolgt, so kann sie doch formal wie eine Potentialströmung behandelt werden (Abschn. L 5). Hat man nun das quadrat

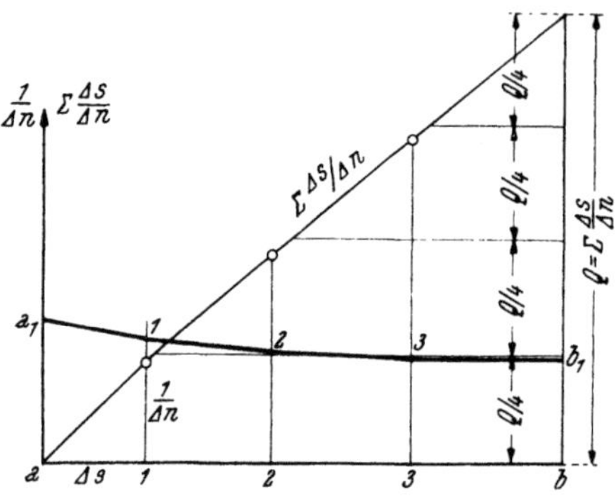

Abb. 346. Kontrolle der Netzzeichnung

ähnliche Netz gezeichnet, so kann man bezüglich seiner Richtigkeit folgende Kontrolle machen. Man denke sich die Potentiallinie $a-b$ längs der Abszissenachse entwickelt und für die einzelnen Netzpunkte 1, 2, 3 usw. die Werte $\frac{1}{\Delta n}$ als Ordinaten aufgetragen, so daß man den Linienzug a_1 b_1 erhält (Abb. 346). Bildet man nun die Summenlinie $\Sigma \frac{\Delta s}{\Delta n}$, so stellt die Endordinate dieser Integralkurve den Durchfluß Q dar, wenn $\Delta \Phi = 1$ gesetzt wird. Man teilt nun diese Endordinate in gleiche Teile ΔQ und erhält so auf der Summenlinie die Punkte der Potentiallinie, durch die die Stromlinien mit gleichen Durchflußdifferenzen hindurchgehen, $\Psi = 0$, ΔQ, $2 \Delta Q$. Ähnliches kann man längs der Stromlinien machen und die Punkte gleicher Potentialdifferenz $\Delta \Phi$ bei bekannter totaler Differenz $\Phi_a - \Phi_e$ ermitteln. Ist das quadratähnliche Netz richtig gezeichnet worden, so müssen dessen Netzpunkte mit jenen aus der Kontrolle zusammenfallen und wo dies nicht zutrifft, muß an die Verbesserung geschritten werden.

o) **Versuchstechnische Lösung konformer Abbildungen[2])**

α) **Elektrische Methode.** Gewisse Analogien wie jene zwischen Geschwindigkeitspotential und elektrischer Spannung usw. haben zur Ausbildung eines elektrischen Meßverfahrens geführt, das bei zwar geringerer Anschaulichkeit sehr genau ist, insbesondere dann, wenn man an Stelle einer leitenden Metallplatte eine schwach leitende Flüssigkeitsschicht, z. B. stark verdünnte Sodalösung, in einer flachen Wanne benützt. In der Abb. 347 ist schematisch eine derartige Anordnung dargestellt. Die entsprechend geformten Randstücke (hier Kreisstücke) konstanten Potentials, die mit einer Stromquelle verbunden sind, werden einfach in die Wanne gestellt und dazwischen die nichtleitenden Randstücke angeordnet Ein auf einer Meßbrücke verschiebbarer Kontakt K gestattet die Abnahme beliebiger Potentialwerte zwischen den Netzpotentialen Φ_1 und Φ_2, die die leitenden Ränder haben, und man kann diese Potentialwerte entweder mittels einer Skala an der Kontaktstellung oder an einem eingeschalteten Voltmeter ablesen. Ein Suchstift S ist mit einem beweglichen Draht mit dem Kontakt verbunden, und stellt man diesen auf ein bestimmtes Potential ein, so erhält man die zugehörige Potentiallinie durch Aufsuchen von Punkten, die keine Spannungsdifferenz auf-

---

[1]) HELE-SHAW: Inst. Naval Archit. Trans. 1897.
[2]) BETZ, A.: Konforme Abbildung. Berlin-Göttingen-Heidelberg 1948.
SCHMIDT, K.: Ing.-Archiv 1943.
DACHLER, R.: Grundwasserbewegung 1936.

weisen. Zu diesem Zweck ist zwischen Suchstift und Kontakt ein Spannungsanzeiger eingeschaltet. Bei der konformen Abbildung bestimmter Bereiche, wie z. B. der Strömung in einer Kreisplatte auf ein Rechteck (Abb. 347), muß bedacht werden, daß ein Quadratnetz der Potential- und Stromlinien der Kreisfläche in ein adäquates der Rechtecksfläche übergehen soll. Ist bei gleicher Potentialdifferenz $\Phi_1 - \Phi_2$ für das Rechteck und den Kreis die Zahl der adäquaten das Quadratnetz bildenden Potentiallinien die gleiche, z. B. bei beiden 8, so wird man den Gesamtwiderstand in 8 gleiche Teile teilen und diesen entsprechend die Potentiallinien aufsuchen. Dabei ist die Verwendung von Wechselstrom vorteilhaft wegen der Ausschaltung von Polarisationserscheinungen und außerdem können an Stelle des Spannungsanzeigers Kopfhörer verwendet werden

Aber nicht nur die Zahl der Potentiallinien, sondern auch jene der Stromlinien muß die gleiche sein, und weil das Verhältnis zweier Quadratseiten

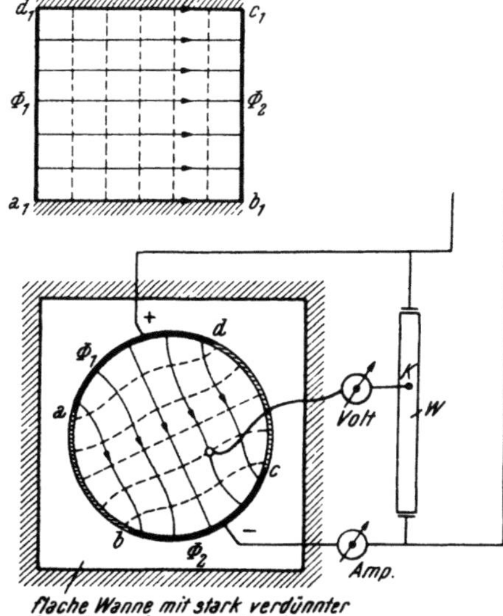

Abb. 347. Elektrische Methode zum Aufsuchen von Potentiallinien

$$\frac{\dfrac{J \cdot w}{h \cdot n_s}}{\dfrac{\Phi_1 - \Phi_2}{n_p}} = 1$$

sein muß, wenn J die Stromstärke, w den spezifischen Widerstand der Scheibe, h deren Dicke und n_s bzw. n_p die Zahl der Stromlinien und Potentiallinien bedeuten, so folgt als Verhältnis der Seiten des konform abgebildeten Rechtecks

$$\frac{\overline{a_1 d_1}}{\overline{a_1 b_1}} = \frac{n_s}{n_p} = \frac{J w}{h \cdot (\Phi_1 - \Phi_2)}.$$

Man kann auch die Stromfunktion ausmessen, indem man bei Vertauschung der leitenden Ränder mit den nichtleitenden so wie früher vorgeht. Es wird sich hier eine andere Stromstärke J_1 bei gleicher Potentialdifferenz ergeben und weiter die Beziehung

$$\frac{n_p}{n_s} = \frac{J_1 \cdot w}{h (\Phi_1 - \Phi_2)},$$

so daß schließlich für das Verhältnis der Rechteckseiten

$$\frac{n_s}{n_p} = \sqrt{\frac{J}{J_1}}$$

sich ergibt, falls die Abbildung konform sein soll[1]).

β) **Analogie zur gespannten Membran**[2]). In B 10 wurde gesagt, daß für eine dünne kapillar gespannte Haut (Seifenhaut) die Gleichung gilt

$$\frac{\partial^2 z}{\partial x^2} + \frac{\partial^2 z}{\partial^2 y} = 0,$$

---

[1]) Hier seien speziell die Arbeiten von C. G. J. VREEDENBURGH genannt, der die Methode zur Bestimmung von Dammsickerungen verwendet hat. Siehe Proc. Int. Conf. on Soil Mech. and Found. Eng., Vol. I., No. K-1.

[2]) PRANDTL, L.: Phys. Zschft. 1903.

wenn z die Höhenlage der schwachgekrümmten Haut über der xy-Ebene ist.
Herrscht auf beiden Seiten der Haut verschiedener Druck, ist also eine Druckdifferenz Δp vorhanden, so gilt

$$\frac{\partial^2 z}{\partial x^2} + \frac{\partial^2 z}{\partial y^2} = -\frac{\Delta p}{\alpha} = \text{const}.$$

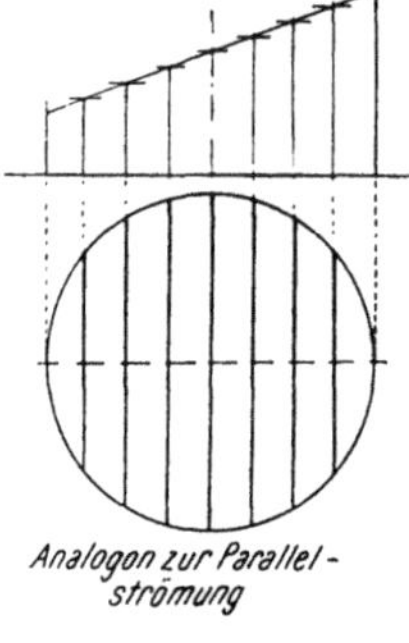

Analogon zur Parallel-
strömung

Abb. 348

Ist die Membran aus Gummi, so ist an Stelle der Oberflächenspannung α die Zugspannung im Gummi zu nehmen.
Man hat also ein praktisches Mittel[1]), um gewisse Strömungsaufgaben, die der Gleichung $\Delta \Phi = 0$ in der Ebene genügen,
zu lösen. So wird eine drehungsfreie Parallelströmung durch
die Schichtenlinien einer ebenen Membran dargestellt, die zur
waagrechten xy-Ebene schräg gelegen ist (Abb. 348). Durch
Änderung der Berandung können verschiedene Strömungsvorgänge abgebildet werden, wie jene um einen Zylinder, an
dessen Umfang die Strömungsfunktion konstant sein muß. Es
muß dann die Einspannung am Zylinderumfang
waagrecht sein (Abb. 349a). Durch Heben oder
Senken dieser Einspannung erhält man ein Analogon zur Zirkulation und geschieht dies bei
einer schrägen ebenen Membran, wie in Abb. 349b
dargestellt, so kann das Strombild für einen um-
strömten Zylinder mit Zirkulation gewonnen
werden.

10. Potentialbewegung mit Zirkulation. Magnus-Effekt

Multipliziert man das Quellen- oder Senken-
potential Gl. (91) mit i, so werden Potential-
und Stromlinien vertauscht und man erhält so
das Potential einer Umlaufbewegung um den
Punkt ζ_0

$$Z = i\,c \cdot \ln(\zeta - \zeta_0) = i\,c \cdot (\ln r + i\,\alpha). \quad (213)$$

Die Linien $\Phi = -c\alpha =$ konstant sind Halbstrahlen durch den Punkt ζ_0 und $\Psi = c \cdot \ln r =$
konstant sind konzentrische Kreise um ζ_0.
Ähnlich wie früher im zweifach zusammenhängenden Raum ist das Potential mehrdeutig
(zyklisch) und einem beliebigen Punkt m entspricht $\Phi = -c(\alpha + 2k\pi)$ mit $k = 1, 2 \dots$
Die Zirkulation ist hier nicht Null, sondern

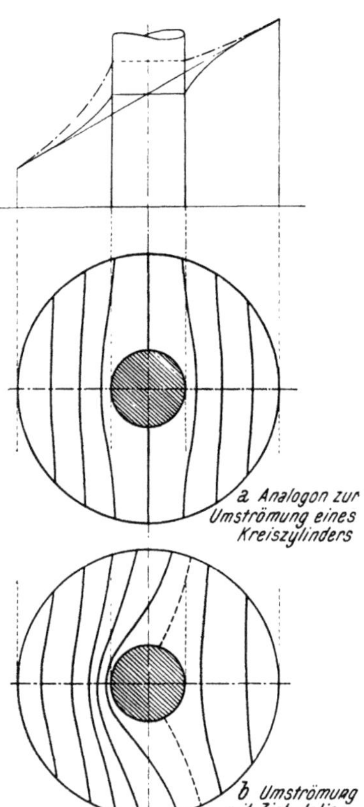

a Analogon zur
Umströmung eines
Kreiszylinders

b Umströmung
mit Zirkulation

Abb. 349

$$\Gamma = \oint \mathfrak{v} \cdot ds = \oint_{0}^{2\pi} \frac{c}{r} \cdot r\,d\varphi = 2\pi c = 2\pi r \mathfrak{v}. \quad (214)$$

Zerschneidet man den zwischen den Kreisen
K und K_1 gelegenen Ring durch eine Linie l (Abb. 350), so erhält man eine

---

[1]) BAUERSFELD, W.: Über eine Erweiterung der Prandtlschen Membrangleichnisses.
Ing.-Arch. 1943.

einfach zusammenhängende Fläche mit der Zirkulation längs der Berandung

$$\oint\limits^{K_1} \mathfrak{v}\cdot ds + \oint\limits^{K} \mathfrak{v}\, ds + \int\limits^{l} \mathfrak{v}\, ds - \int\limits_{0}^{l} \mathfrak{v}\, ds = 0,$$

wie es die Gesetze der Potentialströmung im einfach zusammenhängenden Raum vorschreiben.

Denkt man sich das Innere des Kreises K mit starrer Masse erfüllt, so hat man die Umlaufbewegung um einen Kreiszylinder, mit dem Potential

$$Z = i\,\frac{\varGamma}{2\,\pi}\cdot \ln \zeta, \tag{215}$$

falls der Mittelpunkt im Nullpunkt gelegen ist.

Eigentümliche Verhältnisse entstehen, wenn obige Umlaufbewegung der Strömung um einen Kreiszylinder nach Gl. (136) überlagert wird. Man erhält ein

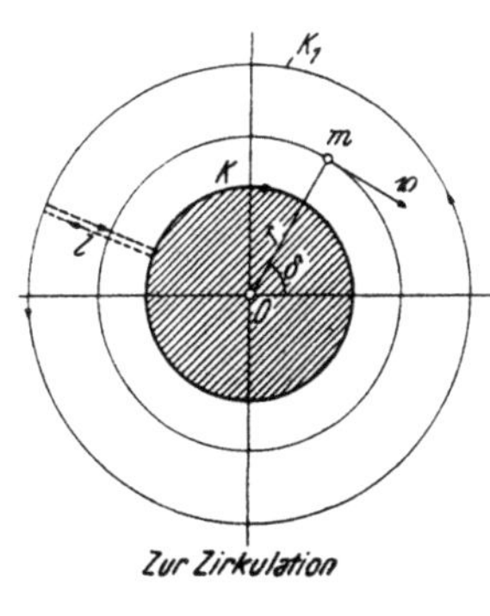

Abb. 350

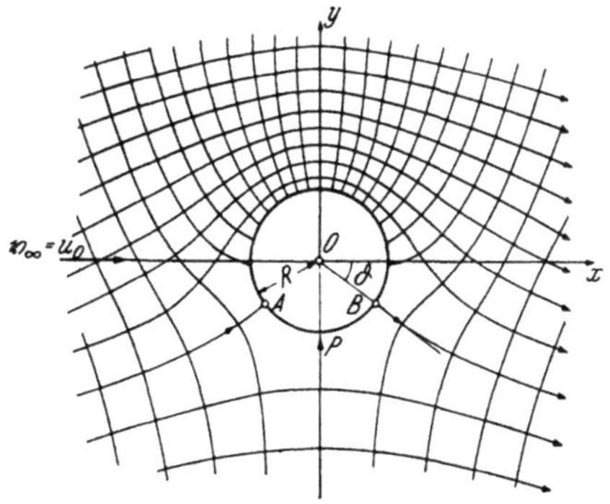

Abb. 351. Quertrieb bei angeströmtem rotierendem Kreiszylinder

bezüglich der Parallelströmungsrichtung unsymmetrisches Strömungsbild, so daß quer zu dieser Kraftwirkungen auftreten müssen (Abb. 351). Das komplexe Potential lautet

$$Z = u_0\,\zeta + \left(\frac{R^2}{\zeta}\right) + i\,\frac{\varGamma}{2\,\pi}\cdot \ln \zeta. \tag{216}$$

folglich ist

$$\frac{dZ}{d\zeta} = u - iv = u_0\left(1 - \frac{R^2}{\zeta^2}\right) + i\,\frac{\varGamma}{2\,\pi\,\zeta}. \tag{217}$$

somit

$$u = u_0\left(1 - \frac{R^2}{r^2}\cos 2\,\alpha\right) + \frac{\varGamma}{2\,\pi\,r}\cdot \sin \alpha \quad \text{und} \quad v = -u_0\cdot\frac{R^2}{r^2}\sin 2\,\alpha - \frac{\varGamma}{2\,r\,\pi}\cdot \cos \alpha.$$

Für die Staupunkte A und B ($r = R$, $\alpha = \pi + \delta$ bzw. $-\delta$) muß $u = 0 = v$ sein, so daß

$$u_0\,(\cos 2\,\delta - 1) = +\frac{\varGamma}{2\,\pi\,R}\sin \delta$$

und

$$u_0 \sin 2\,\delta = -\frac{\varGamma}{2\,\pi\,R}\cos \delta,$$

woraus der Winkel folgt

$$\delta = -\arcsin \frac{\varGamma}{4\,\pi\,R\,u_0}. \tag{218}$$

Am Zylinder ist für $r = R$

$$\mathfrak{v}_1 = \sqrt{u_1{}^2 + v_1{}^2} = 2\,u_0 \cdot \sin \alpha + \frac{\Gamma}{2\,\pi\,R}.$$

Die kleinste Geschwindigkeit folgt für $\alpha = 90^0$ mit $\mathfrak{v}_{max} = 2\,u_0 + \dfrac{\Gamma}{2\,\pi\,R}$, die größte für $\alpha = 270^0$ mit $\mathfrak{v}_{min} = \dfrac{\Gamma}{2\,\pi\,R} - 2\,u_0$.

Nach BERNOULLI ist wieder der Druck an der Zylinderwand aus

$$p = k - \frac{\mathfrak{v}_1{}^2}{2} \cdot \varrho$$

zu berechnen.

Es wird an den Staupunkten mit $\alpha = \pi + \delta$ bzw. $-\delta$ am größten und für $\alpha = 90^0$ am kleinsten.

Die zur Hauptströmung normal gerichtete resultierende Druckkraft ist

$$P = -\int_0^{2\pi} p \cdot r \cdot d\alpha \cdot \sin \alpha = +\int_0^{2\pi} \varrho \frac{\mathfrak{v}_1{}^2}{2} \cdot R \cdot \sin \alpha \cdot d\alpha =$$

$$= 4\,\varrho\,u_0{}^2 \cdot R \int_0^{2\pi} \sin^3 \alpha \cdot d\alpha + \frac{\varrho\,u_0 \cdot \Gamma}{\pi} \cdot \int_0^{2\pi} \sin^2 \alpha \cdot d\alpha + \frac{\varrho\,\Gamma^2}{2\,R\,\pi^2} \cdot \int_0^{2\pi} \sin \alpha \cdot d\alpha. \quad (219)$$

Nun ist

$$\int_0^{2\pi} \sin^3 \alpha \cdot d\alpha = 0 \quad \text{und} \quad \int_0^{2\pi} \sin \alpha \cdot d\alpha = 0,$$

folglich

$$P = \frac{\varrho\,u_0\,\Gamma}{\pi} \cdot \int_0^{2\pi} \sin^2 \alpha \cdot d\alpha = \frac{\varrho\,u_0\,\Gamma}{\pi} \cdot \left(\frac{\alpha}{2} - \frac{1}{2} \cos \alpha \sin \alpha \right)_0^{2\pi} = \varrho\,u_0\,\Gamma. \quad (220)$$

Das Auftreten dieses Quertriebes, der Magnus-Effekt[1]), spielt eine große Rolle im Flugwesen.

11. Hydrodynamischer Auftrieb. Satz von Kutta[2])-Joukowsky[3]). Formeln von Blasius[4])

Die Beziehung (220) gilt auch für Zylinder beliebigen Querschnitts mit der Umrandung K. Es werde ein solcher normal zu seiner waagrecht liegenden Achse angeströmt und außerdem sei die Zirkulation $\Gamma = \oint \mathfrak{v} \cdot ds$ vorhanden (Abb. 352). Hier erfährt der Zylinder einen aufwärts gerichteten Quertrieb, den Auftrieb, der mittels des Impulssatzes berechnet wird. Zu diesem Zwecke umgibt man den Zylinder mit einem genügend großen Kreis, dessen Mittelpunkt in S gelegen ist und auf dessen Umfang die Geschwindigkeit w herrscht, die konstant gesetzt wird. Wird nämlich der Kreisradius R genügend groß gewählt, so verhält sich das Innere des Zylinderquerschnitts wie ein Punkt zu dem-

---

[1]) MAGNUS, G.: Abhdlg., Berliner Akad. d. Wiss., **1851**.
[2]) KUTTA, W.: Sitz.-Ber. d. Bayr. Akad. d. Wiss. München **1919**.
[3]) JOUKOWSKY, N.: Aerodynamique. Paris 1916.
[4]) Zschft. f. Math. u. Phys. **1910**.

selben und es ist die Zirkulation dargestellt durch

$$\Gamma = \oint_{K} \mathfrak{v} \cdot ds = \int_{0}^{2\pi} \mathfrak{w} \cdot R \cdot d\alpha = 2R\pi \cdot \mathfrak{w}.$$

Es wird nun der Impulssatz auf die Masse in der Scheibe von der Dicke 1 zwischen dem Kreis K_1 und der Zylinderbegrenzung K angewendet und sind P_x, bzw. P_y die entsprechenden Auftriebskomponenten, J_x, bzw. J_y die Komponenten der Bewegungsgrößen und p die Drücke auf die äußere Begrenzung der betrachteten Masse, so gelten die Impulsgleichungen

$$\frac{dJ_x}{dt} + P_x + \int p \cdot R \cdot d\alpha \cdot \cos\alpha = 0, \qquad (221)$$

$$\frac{dJ_y}{dt} + P_y + \int_{0}^{2\pi} p \cdot R \cdot d\alpha \cdot \sin\alpha = 0. \qquad (222)$$

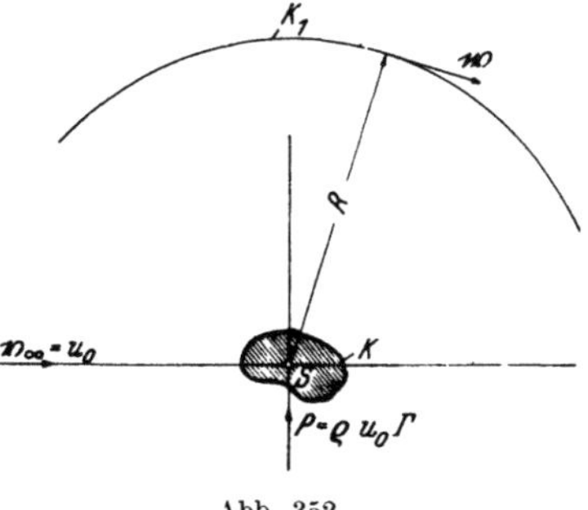

Abb. 352

Nun ist die Änderung der Bewegungsgröße gegeben durch den Unterschied zwischen dem in der Zeiteinheit durch K_1 ein- und austretenden Impuls, der in der x- bzw. y-Richtung beträgt

$$\frac{dJ_x}{dt} = \varrho \int_{0}^{2\pi} v_r \cdot R\, d\alpha \cdot u \quad \text{und} \quad \frac{dJ_y}{dt} = \varrho \int_{0}^{2\pi} v_r \cdot R \cdot d\alpha \cdot v,$$

wenn v_r die Radialgeschwindigkeit ist.

Folglich ist

$$P_x = -\varrho \int_{0}^{2\pi} v_r \cdot R \cdot d\alpha \cdot u - \int_{0}^{2\pi} p \cdot R \cdot \cos\alpha \cdot d\alpha$$

und

$$P_y = -\varrho \int_{0}^{2\pi} v_r \cdot R \cdot d\alpha \cdot v - \int_{0}^{2\pi} p \cdot R \sin\alpha \cdot d\alpha.$$

Nach BERNOULLI ist $p = k - \dfrac{\varrho \mathfrak{v}^2}{2}$ und nach Abb. 352 ist

$$\mathfrak{v}^2 = \mathfrak{w}^2 + u_0{}^2 + 2\,\mathfrak{w}\, u_0 \sin\alpha$$

und mit $v_r = u_0 \cdot \cos\alpha,\ u = u_0 + \mathfrak{w}\sin\alpha,\ v = -\mathfrak{w}\cos\alpha$ folgt

$$P_x = -\varrho R \left(\int_{0}^{2\pi} v_r \cdot u_0\, d\alpha - \int_{0}^{2\pi} \frac{\mathfrak{v}^2}{2} \cdot \cos\alpha\, d\alpha \right) = 0 \qquad (223)$$

und

$$P_y = -\varrho R \left(\int_{0}^{2\pi} v_r \cdot v \cdot d\alpha - \int_{0}^{2\pi} \frac{\mathfrak{v}^2}{2} \sin\alpha\, d\alpha \right) = \varrho\, u_0\, \Gamma. \qquad (224)$$

Die Beziehung (224) wurde zuerst von KUTTA und nicht viel später unabhängig von ersterem von JOUKOWSKY (SHUKOWSKIJ) ausgesprochen.

Die Erscheinung des hydrodynamischen Auftriebs ist nicht nur für die Flugtechnik grundlegend, sondern vermag auch manche andere Vorgänge zu erklären. Bewegt sich ein Körper fortschreitend und drehend in ruhender Flüssigkeit, so treten ähnliche Verhältnisse ein, wie sie den hydrodynamischen Auftrieb zur Folge haben. Wirft man einen flachen Kiesel (Abb. 353) längs einer Wasseroberfläche, so wird er, die Hand verlassend, je nachdem man Rechts- oder Linkshänder ist, von oben gesehen, im oder gegen den Uhrzeigersinn sich drehen. Infolge Reflexion an der Oberfläche plätschert er vor dem Versinken längs derselben, wobei seine Bahn infolge des Quertriebes nach rechts oder links abgebeugt wird. Diese bei Strömungen um rotierende Zylinder auftretende Erscheinung, der MAGNUS-*Effekt*, wurde seinerzeit bei der Konstruktion der FLETTNERschen Rotor-Schiffe benutzt[1]). Weil die Bewegung eines festen Teil-

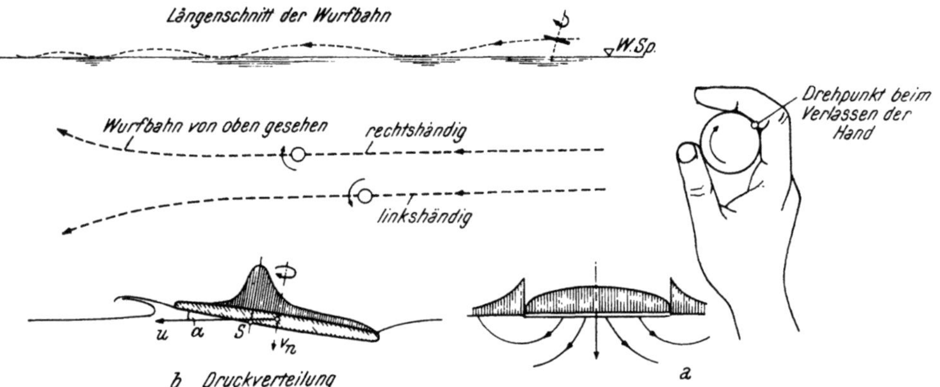

Abb. 353. Hüpfende Bewegung mit Quertrieb des geworfenen flachen Kiesels

chens in der Regel mit einer Drehung um dessen Schwerpunkt verbunden ist, mag diese Erscheinung auch bei der Bewegung des Geschiebes nicht ohne Einfluß sein.

Zum Verständnis der hüpfenden Bewegung des geworfenen Kiesels sei auf Abb. 353a hingewiesen. Dort ist ein aus der Ruhelage absinkender flacher Kiesel dargestellt mit der entstehenden Verdrängungsströmung und der mit letzterer verbundenen Druckverteilung. Weil die Bewegung aus der Ruhe erfolgt, ist ein Potential Φ vorhanden und die Grundgleichung (15) im Abschnitt C geht über in

$$\frac{\partial \Phi}{\partial t} + \frac{p}{\varrho} = f(t),$$

woraus nach Integration

$$\Phi(t) + \frac{1}{\varrho} \int_0^{\bar{t}} p \cdot dt = \Phi(o) + \int_0^{\bar{t}} f(t) \cdot dt$$

folgt. Nun ist $\Phi(o) = \text{const}$, weil die Bewegung aus der Ruhe erfolgt und ebenso ist $\int_0^{\bar{t}} f(t)\, dt = \text{const}$, wenn $f(t)$ die Bedeutung hat, daß in einem bestimmten Punkt ein vorgeschriebener Druck herrschen soll. Dann kann aus der sich ergebenden Gleichung

$$\Phi(t) + \frac{1}{\varrho} \int p\, dt = \text{const}$$

[1]) FLETTNER, A.: Die Anwendung der Erkenntnis der Aerodynamik zum Windantrieb von Schiffen, W. R. H. 1924.

der Stoßdruck berechnet werden, den eine Potentialbewegung mit dem Potential Φ hervorbringt. Ist der Kiesel beim Aufschlagen auf das Wasser unter einem sehr geringen Winkel α gegen den Spiegel geneigt, wie in Abb. 353 b dargestellt, so entsteht bei dem beschleunigt erfolgenden Absinken die vorerwähnte Verdrängungsströmung mit der sich vehement steigernden Druckwirkung. Der Kiesel springt vom Spiegel ab, was sich bei geschicktem Wurf mehrmals wiederholt. Dabei spritzt[1]) am vorderen Rand Wasser auf, weil sich der Druck in Geschwindigkeit verwandelt.

Geht man vom Impulssatz aus und setzt die zeitliche Änderung der Bewegungsgröße des auf die Flüssigkeit fallenden Körpers von der Masse M gleich jener, der noch zu bestimmenden, mit der Tauchtiefe wachsenden Flüssigkeitsmasse m, so folgt

$$\frac{\partial}{\partial t}\{(M+m)\,v\} = 0 \quad \text{oder} \quad -M\cdot\frac{\partial v}{\partial t} = \frac{\partial}{\partial t}\,(m\,v) = P = \text{Stoßkraft}$$

und es ist daher

$$P = -\frac{m}{M}\cdot P + v\cdot\frac{\partial m}{\partial t}.$$

v. KARMAN[2]) setzt für m bei einem axialsymmetrischen Körper

$$m = \frac{2}{3}\,\pi\,r^3\cdot\varrho,$$

also die Masse einer Halbkugel, deren Radius gleich jenem des Schnittkreises mit der Schwimmebene ist. Dann wird bei Einführung der Tauchtiefe h und $\frac{\partial h}{\partial t} = v$

$$P = \frac{M}{m+M}\cdot 2\,\pi\,r^2\cdot\varrho\cdot v^2\cdot\frac{\partial r}{\partial h}.$$

Ist der Körper eine Kugel vom Radius a, also $h = a > \sqrt{a^2-r^2}$, so folgt mit dem Satz vom Stoße $M\cdot v_0 = (M+m)\,v$, wenn v_0 die ursprüngliche Fallgeschwindigkeit des Körpers beim Aufschlagen ist

$$P = \left(\frac{M}{m+M}\right)^3\cdot 2\,\pi\,r\cdot\sqrt{a^2-r^2}\cdot\varrho\,v_0{}^2$$

und ist $m \ll M$, so tritt mit $r = \dfrac{a}{\sqrt{2}}$ ein Maximum auf, und zwar

$$P_{max} = \pi\,a^2\cdot\varrho\,v_0{}^2.$$

E. G. RICHARDSON[3]) machte kinematographische Aufnahmen einer aus 1 m Höhe fallenden Kugel von 12 Gramm Masse und fand die Kármansche Rechnung gut bestätigt.

Schließlich seien noch die Formeln von H. BLASIUS[4]) genannt, die bei der Untersuchung des Hydrodynamischen Auftriebs gute Dienste leisten. Es sei ein Zylinder beliebigen Querschnitts gegeben, dessen Kontur Stromlinie sei (Abb. 354). Dann gilt für diese Kontur

$$\frac{u}{v} = \frac{dx}{dy} \quad \text{oder} \quad u\,dy - v\,dx = 0. \tag{225}$$

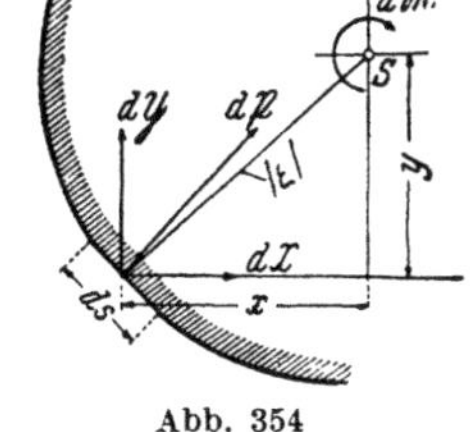

Abb. 354

[1]) Ähnliche Erscheinungen kommen bei Gleitbooten usw. vor, die H. WAGNER behandelt hat in Z. A. M. M. 1932.

[2]) KARMAN, TH. v.: N. A. C. A. Techn. Note Nr. 32 (1930).

[3]) RICHARDSON, E. G.: Proc. Phys. Soc. 61 (1948).

[4]) BLASIUS, H.: Zschft. f. Math. u. Phys. 56 (1908).

Der Druck auf ein Flächenelement sei in vektorieller Darstellung

$$d\mathfrak{P} = dX + i\,dY = p\,(dy + i\,dx),$$

so daß für die Resultierende

$$\mathfrak{P} = \oint p\,(dy + i\,dx) \tag{226}$$

folgt und mit der Bernoullischen Gleichung

$$p + \frac{\varrho\,\mathfrak{v}^2}{2} = \text{const}$$

ist

$$\mathfrak{P} = -\oint \frac{\varrho\,\mathfrak{v}^2}{2}\,(dy + i\,dx) = -\frac{\varrho}{2}\oint (u - i\,v)\cdot(u + i\,v)\cdot(dy + i\,dx). \tag{227}$$

Also wird wegen (225)

$$\mathfrak{P} = -\frac{\varrho\,i}{2}\oint (u - i\,v)\cdot(v\,dy + u\,dx)$$

und weil $u\,dx + v\,dy = (u - i\,v)\cdot(dx + i\,dy)$ geschrieben werden kann entsprechend der Gl. (6) in $C\,3$ für die Stromlinien

$$u\,dx - v\,dy = 0,$$

so folgt

$$\mathfrak{P} = -\frac{\varrho\,i}{2}\int (u - i\,v)^2\cdot(dx + i\,dy) = -\frac{\varrho\,i}{2}\int \left(\frac{dZ}{d\zeta}\right)^2\cdot d\zeta. \tag{228}$$

Das Moment der Kraft $d\mathfrak{P}$ bezüglich des Schwerpunktes s ist

$$d\mathfrak{M} = dY\cdot x - y\cdot dX \tag{229}$$

und ist, wie leicht nachgerechnet werden kann, der reelle Teil von

$$(x + i\,y)\cdot(dY + i\,dX) = \zeta\,(\overline{-i\cdot d\mathfrak{P}}).$$

Nun ist aber der konjugierte Wert von $-i\cdot d\mathfrak{P}$, wie aus (227) zu ersehen.

$$(\overline{-i\cdot d\mathfrak{P}}) = i\cdot\frac{\varrho}{2}(u - i\,v)\cdot(u - i\,v)\cdot(dy - i\,dx) = \frac{\varrho}{2}(u - i\,v)^2\,(dx + i\,dy).$$

Also ergibt sich für das Moment der reelle Teil von

$$\mathfrak{M} = \oint \frac{\varrho}{2}(u - i\,v)^2\cdot(x + i\,y)\cdot(dx + i\,dy) = \frac{\varrho}{2}\oint \left(\frac{dZ}{d\zeta}\right)^2\cdot\zeta\cdot d\zeta. \tag{230}$$

Man kann dann auf funktionentheoretischem Wege bei beliebigem Zylinderquerschnitt die Querkraft (Auftrieb) berechnen. Wird für die Strömung außerhalb der Umrandung die Entwicklung (Laurent)

$$\bar{\mathfrak{v}} = \frac{dZ}{d\zeta} = c_0 + \frac{c_1}{\zeta} + \frac{c_2}{\zeta^2} + \frac{c_3}{\zeta^3} + \cdots$$

vorausgesetzt, so daß im Unendlichen $\bar{\mathfrak{v}}_\infty = u_\infty - i\,v_\infty = c_0$ ist, so wird die Zirkulation $\Gamma = \oint \bar{\mathfrak{v}}\,d\zeta = \oint \frac{c_1}{\zeta}\,d\zeta = 2\pi\,i\,c_1$ und die Querkraft

$$\mathfrak{P} = -\frac{\varrho}{2}\cdot\oint \bar{\mathfrak{v}}^2\cdot d\zeta = -\frac{\varrho}{2}\oint \frac{2\,c_0\,c_1}{\zeta}\cdot d\zeta,$$

weil für das Integral nur das Glied mit $\frac{1}{\zeta}$ in Betracht kommt, so daß schließlich

$$\mathfrak{P} = -\varrho\, c_0' c_1 \cdot \oint \frac{d\zeta}{\zeta} = -\varrho \cdot c_0 \cdot c_1 \cdot 2\,\pi\,i = -\varrho\,\bar{\mathfrak{v}}_\infty \cdot \frac{\Gamma}{2\,\pi\,i} \cdot 2\,\pi\,i = -\varrho\,\bar{\mathfrak{v}}_\infty \Gamma \quad (231)$$

resultiert. Für das Moment folgt wieder nur mit den Gliedern mit $\frac{1}{\zeta}$

Setzt man

$$\mathfrak{M} = \text{Realteil von } \oint \frac{\varrho}{2}\left(\frac{c_1^2}{\zeta} + \frac{|2\,c_0\,c_2}{\zeta}\right) d\zeta = \pi\,i\,\varrho\,(c_1^2 + 2\,c_0\,c_2). \quad (232)$$

Setzt man

$$\bar{\mathfrak{v}} \cdot \zeta = c_0\,\zeta + c_1 + \frac{c_2}{\zeta} + \frac{c_3}{\zeta^2}\cdots,$$

so wird das Moment der Zirkulation[1])

$$\oint \bar{\mathfrak{v}}\,\zeta \cdot d\zeta = \oint \frac{c_2}{\zeta}\,d\zeta = 2\,\pi\,i\,c_2,$$

woraus die Bedeutung von c_2 hervorgeht.

Schließlich wird auf die weitere Entwicklung durch R. v. MISES[2]) hingewiesen.

V. Wirbelbewegung

Es handelt sich hier um die mit Drehung behaftete Bewegung idealer Flüssigkeit, die zwar reibungsfrei erfolgt, jedoch keine Potentialströmung ist. Demgegenüber gibt es mit Reibung behaftete Strömungen, die drehungsfrei erfolgen, also Potentialströmungen sind, wie jene im Strudel.

1. Sätze von H. v. Helmholtz. Analogie zum Biot-Savartschen Gesetz

In C 4 wurde die Eulersche Bewegungsgleichung in der vektoriellen Form

$$\frac{\partial \mathfrak{v}}{\partial t} + \text{grad}\left(\frac{\mathfrak{v}^2}{2} + \frac{p}{s}\right) - [2\,\mathfrak{v} \cdot \mathfrak{u}] = \mathfrak{P} \quad (233)$$

erhalten, wo

$$2\,\mathfrak{u} = \text{rot } \mathfrak{v}$$

den Vektor der Drehung darstellt. Wenn dieser nicht verschwindet, so spricht man von Wirbelbewegung. Zu ihrer Erzeugung und Aufrechterhaltung bedarf es Kräfte, die nicht durch den Schwerpunkt des sich drehenden Teilchens hindurchgehen. Es müßten z. B. auf ein kugelförmiges Teilchen außer der Schwere und den Normaldrücken auf die Begrenzung noch solche Kräfte wirken, die tangential angreifen und nur aus Schubspannungen stammen können (siehe Abschn. L 4). Man beobachtet immer wieder wie leicht und rasch in Flüssigkeiten mit geringer Zähigkeit Wirbel entstehen und kann die hier gewonnenen Gesetze im Versuch bestätigen, weil es sich um den Grenzfall $\eta \rightarrow 0$ handelt. Führt man an (233) die Operation rot durch, so folgt mit rot grad $= 0$ und nach kleiner Umformung

$$\frac{\partial \text{ rot }\mathfrak{v}}{\partial t} + \text{rot }[\text{rot }\mathfrak{v} \cdot \mathfrak{v}] = \text{rot }\mathfrak{P}. \quad (234)$$

---

[1]) Handbuch der Experimentalphysik, Bd. 4, 1. T., S. 194.
  KNOPP, K.: Funktionentheorie I, Grundlagen. Berlin-Leipzig 1937.
[2]) MISES, R. v.: Zschft. f. Flugtechnik u. Motorluftschiffahrt 1917 und Hydrodynamik v. H. LAMB, Leipzig-Berlin 1931, 2. Aufl.

Nun ist

$$\mathrm{rot}\,[\mathfrak{A}\,\mathfrak{B}] = \mathfrak{A}\cdot\mathrm{div}\,\mathfrak{B} - \mathfrak{B}\cdot\mathrm{div}\,\mathfrak{A} - (\mathfrak{A}\,\mathrm{grad})\,\mathfrak{B} + (\mathfrak{B}\,\mathrm{grad})\,\mathfrak{A}.$$

Setzt man $\mathfrak{A} = \mathrm{rot}\,\mathfrak{v} = \mathfrak{u}$ und $\mathfrak{B} = \mathfrak{v}$, so wird $\mathrm{rot}\,[\mathrm{rot}\,\mathfrak{v}\cdot\mathfrak{v}] = (\mathfrak{v}\,\mathrm{grad})\,\mathrm{rot}\,\mathfrak{v} -$
$- (\mathrm{rot}\,\mathfrak{v}\,\mathrm{grad})\,\mathfrak{v}$, weil $\mathrm{div}\,\mathfrak{v}$ und $\mathrm{div}\,\mathrm{rot}\,\mathfrak{v}$ verschwinden. Also folgt aus (234)

$$\frac{\partial\mathfrak{u}}{\partial t} + (\mathfrak{v}\,\mathrm{grad})\,\mathfrak{u} - (\mathfrak{u}\,\mathrm{grad})\,\mathfrak{v} = \mathrm{rot}\,\mathfrak{P}, \tag{235}$$

weil nun für einen Vektor $\mathfrak{A}\,(s,\,t)$ die Regel gilt[1]

$$\frac{d\mathfrak{A}}{dt} = \frac{\partial\mathfrak{A}}{\partial t} + \frac{\partial\mathfrak{A}}{\partial s}\cdot\frac{ds}{dt} = \frac{\partial\mathfrak{A}}{\partial t} + (\mathfrak{v}\,\mathrm{grad})\,\mathfrak{A},$$

so folgt

$$\frac{d\mathfrak{u}}{dt} = (\mathfrak{u}\,\mathrm{grad})\,\mathfrak{v} + \mathrm{rot}\,\mathfrak{P}. \tag{236}$$

Hat die Kraft ein Potential, so daß $\mathfrak{P} = -\,\mathrm{grad}\,\Omega$ und befindet sich ein Teilchen zu irgend einer Zeit nicht in Drehung, so ist

$$\frac{d\mathfrak{u}}{dt} = 0. \tag{237}$$

Es können daher nach v. Helmholtz[2] in idealer Flüssigkeit Wirbel bzw. Drehungen weder entstehen, noch vergehen, wenn sie einmal vorhanden sind. (237) ist identisch mit dem Satz von W. Thomson in H I 2, wenn man in der dortigen Gleichung (15)| nach Stokes $\oint \mathfrak{v}_s\,ds = \int \mathrm{rot}_n\,\mathfrak{v}\cdot df$ schreibt.

Denkt man sich durch eine geschlossene Linie Wirbellinien so gelegt, daß der Mantel einer Wirbelröhre entsteht (Definition in C 4), so ergibt die Anwendung des Gaußschen Satzes auf ein Element derselben

$$\int \mathrm{div}\,\mathrm{rot}\,\mathfrak{v}\cdot d\tau = -\int \mathrm{rot}_n\,\mathfrak{v}\cdot df = 0.$$

Wählt man den Querschnitt klein genug (Wirbelfaden), so daß $\mathfrak{u}$ über den Querschnitt als konstant angesehen werden darf, so wird

$$\int \mathrm{rot}_n\,\mathfrak{v}\cdot df = 2\,\mathfrak{u}_1\cdot f_1 - 2\,\mathfrak{u}_2 f_2 = 0,$$

weil $\mathrm{rot}_n\,\mathfrak{v}$ am Mantel verschwindet. Es ist somit das Produkt $2\mathfrak{u}\cdot f = \Gamma$, das als Wirbelstärke bezeichnet wird, längs einer Wirbelröhre konstant. Dies ist der 2. Helmholtzsche Wirbelsatz, der wegen des Stokesschen Satzes in H I 2 auch ausspricht, daß die Zirkulation längs eines Wirbelfadens konstant ist. Aus dem 1. Helmholtzschen Wirbelsatz geht hervor, daß ein Wirbel stets aus denselben Flüssigkeitsteilchen bestehen muß. Es können bei einer Wirbelröhre genau so wie bei einer Stromröhre Flüssigkeitsteilchen weder heraus- noch hereingelangen. Der Wirbel ist somit an die Materie gebunden und ist diese bewegt, so bewegt er sich mit ihr, wie man es auch beobachten kann[3]. Er ist gewissermaßen ein flüssiger rotierender Körper für sich, der im Wasser schwimmt. Aus den obigen Darlegungen folgt, daß ein Wirbelfaden innerhalb einer Flüssigkeit nicht enden kann, sondern nur an den Grenzflächen, z. B. im Wasserspiegel, oder er ist in sich geschlossen und tritt als Wirbelring auf. Von besonderem Interesse ist die

---

[1] Man kann für $(\mathfrak{v}\,\mathrm{grad})\,\mathfrak{A}$ auch $(\mathfrak{v}\cdot\nabla)\,\mathfrak{A}$ schreiben.

[2] Nach einer Bemerkung von H. Falkenhagen im Hdb. d. Exper. Physik, IV., 1. Teil, v. Wien-Harms soll bereits Cauchy diesen Gegenstand behandelt haben in seiner Abhdlg. Theorie de la propagation des ondes . . ., Mém. de l'Acad. roy. d. Sciences. Paris 1821.

[3] Damit hängt der Ausdruck „Verwirbelung" zusammen, worunter man den Austausch kleiner Wirbelballen und hiemit einen Impulsaustausch versteht. Die im Wasserbau auftretenden Wasserwalzen haben mit den besprochenen Wirbeln nichts zu tun.

Geschwindigkeit, die ein beliebig geformter Wirbelfaden in einem Punkte seiner nächsten Umgebung erzeugt. Um diese zu ermitteln, geht man von der schon erwähnten Tatsache aus, daß der Fluß durch eine geschlossene Fläche verschwindet, also

$$\int \mathfrak{v} \cdot df = 0, \tag{239}$$

wenn die Strömung quellenfrei ist und das Integral über die ganze Fläche genommen wird. Führt man die noch näher zu bestimmende Vektorfunktion $\mathfrak{A}$ ein, deren Zirkulation längs einer auf der Fläche gelegenen geschlossenen Linie verschwindet, so erhält man mit Benützung des Stokesschen Satzes

$$\oint \mathfrak{A}\, d\mathfrak{j} = \int \operatorname{rot} \mathfrak{A} \cdot df = 0, \tag{240}$$

so daß durch Vergleich mit (239) sich ergibt

$$\mathfrak{v} = \operatorname{rot} \mathfrak{A}$$

wo $\mathfrak{A}$ als „Vektorpotential" bezeichnet wird.

Nun ist[1])

$$\operatorname{rot} \mathfrak{v} = \operatorname{rot}(\operatorname{rot} \mathfrak{A}) = \operatorname{grad} \operatorname{div} \mathfrak{A} - \Delta \mathfrak{A}, \tag{241}$$

welche Gleichung erfüllt wird durch

$$\mathfrak{A} = \frac{1}{4\pi} \cdot \int \frac{\operatorname{rot} \mathfrak{v}}{r} \cdot d\tau. \tag{242}$$

Denn es verschwindet dann grad div $\mathfrak{A}$ in (241), so daß die Gleichung

$$\operatorname{rot} \mathfrak{v} = -\Delta \mathfrak{A} \tag{243}$$

resultiert, deren Lösung (242) darstellt. Diese ist analog jener von (19), die durch (20) in H I 3 gegeben ist. Das Volumselement $d\tau = df \cdot ds$, wo df den Querschnitt des Wirbelfadens und ds dessen Länge darstellt. Ferner ist r die Entfernung eines festen Aufpunktes vom veränderlichen Punkt des Wirbelfadens.

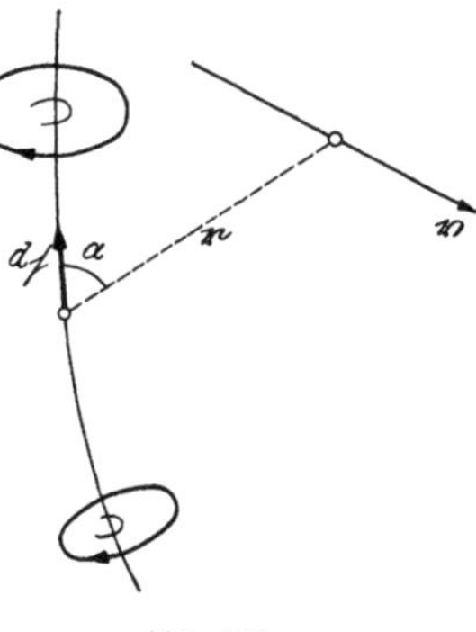

Abb. 355

Weil $\operatorname{rot} \mathfrak{v} \cdot df = \Gamma =$ konstant ist, so folgt aus (242)

$$\mathfrak{v} = \operatorname{rot} \mathfrak{A} = \frac{\Gamma}{4\pi} \cdot \operatorname{rot} \int \frac{d\mathfrak{j}}{r} = \frac{\Gamma}{4\pi} \cdot \int \operatorname{rot}\left(d\mathfrak{j} \cdot \frac{1}{r}\right). \tag{244}$$

Nun ist nach (16) der Formelsammlung

$$\operatorname{rot}\left(d\mathfrak{j} \cdot \frac{1}{r}\right) = \frac{1}{r} \cdot \operatorname{rot}(d\mathfrak{j}) - \left[d\mathfrak{j} \cdot \operatorname{grad} \frac{1}{r}\right] = \left[\operatorname{grad} \frac{1}{r} \cdot d\mathfrak{j}\right]$$

und mit $\operatorname{grad} \dfrac{1}{r} = -\dfrac{1}{r^2} \cdot \dfrac{dr}{d\mathfrak{j}} = -\dfrac{\mathfrak{r}}{r^3}$ (Abb. 355) ergibt sich

$$\mathfrak{v} = \frac{\Gamma}{4\pi} \int \left[\operatorname{grad} \frac{1}{r} \cdot d\mathfrak{j}\right] = \frac{\Gamma}{4\pi} \int \frac{[d\mathfrak{j} \cdot \mathfrak{r}]}{r^3}. \tag{245}$$

Der absolute Betrag zur Strömungsgeschwindigkeit, den ein Element des Wirbelfadens von der Länge ds liefert, ist

$$d\mathfrak{v} = \frac{\Gamma}{4\pi} \cdot \frac{ds \cdot \sin \alpha}{r^2}, \tag{246}$$

wenn α den von r und s eingeschlossenen Winkel bedeutet. Es gilt hier ein gleiches

---

[1]) Siehe die Formelsammlung.

Gesetz wie jenes von BIOT-SAVART in der Elektrodynamik, wobei der Wirbelfaden dem stromdurchflossenen Leiter entspricht und die Strömungsgeschwindigkeit der Stärke des magnetischen Feldes. Ist der Wirbelfaden geradlinig, so wird $r \cdot d\alpha = ds \cdot \sin \alpha$ und

$$d\mathfrak{v} = \frac{\Gamma}{4\pi r} \cdot d\alpha = \frac{\Gamma}{4\pi a} \cdot \sin \alpha \cdot d\alpha, \qquad (247)$$

wenn $a = r \sin \alpha$ der vertikale Abstand vom Wirbelfaden ist (Abb. 356).
Also folgt

$$\mathfrak{v} = \frac{\Gamma}{4\pi a} \int_{\alpha_1}^{\alpha_2} \sin \alpha \cdot d\alpha = \frac{\Gamma}{4\pi a}(\cos \alpha_1 - \cos \alpha_2). \qquad (248)$$

Für einen unendlich langen Wirbelfaden folgt für die Geschwindigkeit seiner Umgebung, die man „Strudel" nennt, mit $\alpha_1 = 0$ und $\alpha_2 = 180^0$

$$\mathfrak{v} = \frac{\Gamma}{2\pi a}. \qquad (249)$$

Alle Punkte gleichen Abstandes von der Wirbelachse haben gleiche Geschwindigkeit. Die Bahnen der Teilchen sind Kreise, deren Ebenen senkrecht zur Wirbel-

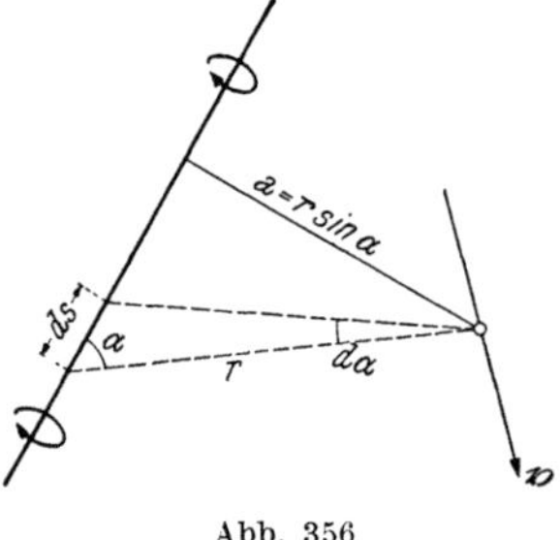

Abb. 356

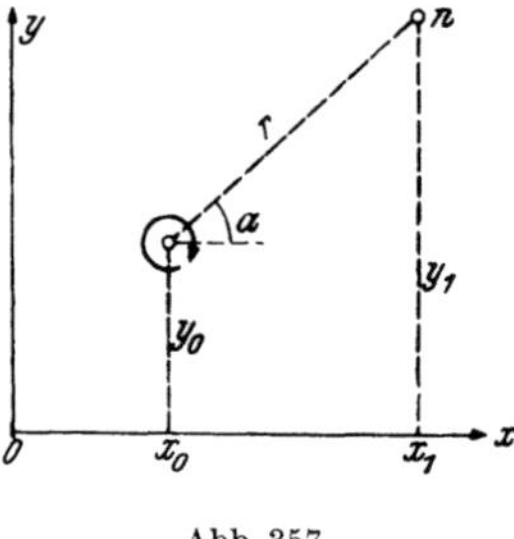

Abb. 357

achse liegen. Wegen der großen Geschwindigkeit in der Nähe der Wirbelachse entstehen derartige Unterdrücke, daß Sand, Staub, Wasser u. dgl. angesaugt und in kreisende Bewegung versetzt werden, wie man es bei Wind- und Wasserhosen beobachten kann.

Es sei im Punkte m (x_0, y_0) der Abb. 357 ein parallel zur z-Achse laufender Wirbelfaden gelegen. Er erzeugt im Punkt n (x_1, y_1) mit dem Abstand r von der Wirbelachse eine Geschwindigkeit

$$\mathfrak{v} = \frac{\Gamma}{2\pi r}. \qquad (250)$$

Man kann diese Zirkulationsbewegung aus dem komplexen Potential in H IV 10 ableiten

$$Z = i\,\frac{\Gamma}{2\pi} \ln(\zeta - \zeta_0) = \Phi + i\,\Psi.$$

Es ist dann

$$\Phi = -\frac{\Gamma}{2\pi} \operatorname{arc\,tg} \frac{y_1 - y_0}{x_1 - x_0} \text{ und } \Psi = \frac{\Gamma}{2\pi} \ln r.$$

Die Geschwindigkeiten folgen aus

$$\frac{dZ}{d\zeta} = i \cdot \frac{\Gamma}{2\pi} \cdot \frac{1}{\zeta - \zeta_0} = i \cdot \frac{\Gamma}{2\pi r}(\cos \alpha - i \sin \alpha) = u - i\,v,$$

so daß

$$u = \frac{\Gamma \sin \alpha}{2\pi r} = \frac{\Gamma(y - y_0)}{2\pi r^2} \quad \text{und} \quad v = -\frac{\Gamma \cos \alpha}{2\pi r} = -\frac{\Gamma(x - x_0)}{2\pi r}$$

und somit Gl. (250) folgt.

2. Wirbel und Strudel

Der wesentliche Unterschied zwischen Wirbel und Strudel ist, daß dem ersten Drehung anhaftet, wogegen der zweite drehungsfrei und somit eine Potentialströmung ist. Während im Wirbel die Geschwindigkeit mit der Achsenentfernung zunimmt, ist dies beim Strudel umgekehrt. Wirbel und Strudel kommen häufig kombiniert vor, wie z. B. beim Einströmen in eine Bodenöffnung bei nicht zu hohem Wasserstand beobachtet werden kann. Nach B 9 ist der Spiegel im Wirbel konkav, beim Strudel konvex (Abb. 358) und es gilt für ein Teilchen, das sich in waagrecht gelegener gekrümmter Bahn bewegt,

$$\varrho \cdot \frac{v^2}{r} - \frac{\partial p}{\partial r} = 0$$

woraus mit $v = \dfrac{\Gamma}{2\pi r}$ folgt

$$p = \int \varrho \cdot \frac{\Gamma^2}{4\pi^2 r^3}\, dr = -\frac{\varrho \cdot \Gamma^2}{8\pi^2 r^2} = c.$$

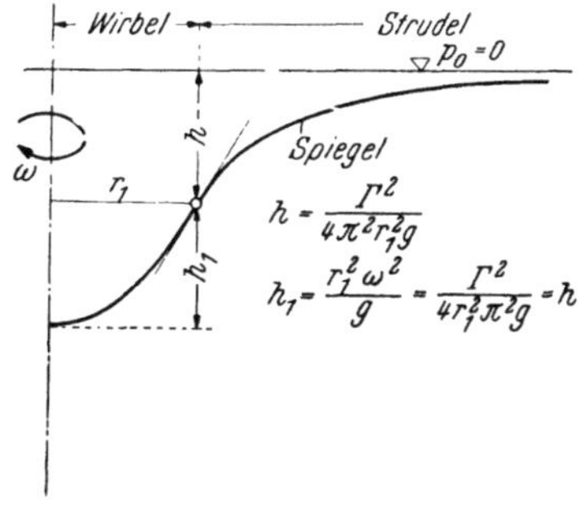

Abb. 358. Oberflächenform von Wirbel und Strudel

Wenn $p = p_0$ für $r = \infty$ gesetzt wird, so folgt für die radiale Druckverteilung

$$p = p_0 - \frac{\varrho\, \Gamma^2}{8\pi^2 r^2}. \tag{251}$$

An der Grenze zwischen Wirbel und Strudel sei $r = r_1$, so daß daselbst

$$p = p_1 = p_0 - \frac{\varrho\, \Gamma^2}{8\pi^2 \cdot r_1^2} \tag{252}$$

und $v_1 = \dfrac{\Gamma}{2\pi r_1}$ ist.

Weil innerhalb des Wirbels das Verteilungsgesetz der Geschwindigkeit $\dfrac{v}{v_1} = \dfrac{r}{r_1}$ herrscht, so ist daselbst

$$v = \frac{\Gamma \cdot r}{2\pi r_1^2} \quad \text{und} \quad p = \int \frac{\varrho\, \Gamma^2 r \cdot dr}{4\pi^2 \cdot r_1^4} = \frac{\varrho\, \Gamma^2 \cdot r^2}{8\pi^2 r_1^4} + c \tag{253}$$

und mit der obigen Bedingung $p = p_1$ für $r = r_1$ ergibt sich die Konstante mit

$$c = p_1 - \frac{\varrho\, \Gamma^2}{8\pi^2 r_1^2}$$

Schließlich folgt aus (253)

$$p = p_1 - \frac{\varrho\, \Gamma^2}{8\pi^2 r_1^4} \cdot (r_1^2 - r^2) = p_0 - \frac{\varrho\, \Gamma^2}{8\pi^2 r_1^4}(2r_1^2 - r^2). \tag{254}$$

Der Druck in der Wirbelachse, wenn also $r = 0$ ist, beträgt

$$p_a = p_0 - \frac{\varrho\, \Gamma^2}{4\pi^2 r_1^2}.$$

Von technischer Bedeutung ist die Tatsache, daß die dem Strudel innewohnende Energie bei gleichem Γ um so größer ist, je kleiner der Halbmesser r_1
des Wirbels ist. Denn es ist die kinetische Energie des Strudels vom Halbmesser R bezogen auf die Längeneinheit des Wirbelfadens

$$E = \varrho \int_0^{2\pi} d\alpha \cdot \int_{r_1}^{R} \frac{v^2}{2} \cdot r\,dr = \varrho\,2\pi \int_{r_1}^{R} \frac{\Gamma^2}{8\pi^2 r}\,dr = \varrho \cdot \frac{\Gamma^2}{4\pi} \cdot \ln\frac{R}{r_1}. \tag{255}$$

Denkt man sich den Wirbel durch einen starren rotierenden Zylinder, z. B.
eine Nabe, ersetzt, so muß zur Aufrechterhaltung gleichgroßer Umdrehungs-
geschwindigkeiten um so mehr Energie aufgewendet werden, je kleiner der Durchmesser der Nabe ist.

3. Mehrere parallele Wirbelfäden

Sind in den Punkten $m = 1, 2, 3 \ldots$ der xy-Ebene Wirbel vorhanden, so ist
die im Punkte x, y erzeugte Geschwindigkeit mit Hilfe der Superposition durch
ihre Komponenten gegeben

$$u = \frac{1}{2\pi} \sum_1^m \Gamma_m \cdot \frac{y - y_m}{r_m{}^2} \quad \text{und} \quad v = \frac{1}{2\pi} \cdot \sum_1^m \Gamma_m \frac{x - x_m}{r_m{}^2} \tag{256}$$

oder auf den einzelnen Wirbel angewendet

$$u_1 = \frac{1}{2\pi} \left\{ \Gamma_2 \cdot \frac{y_1 - y_2}{r_{12}{}^2} + \Gamma_3 \frac{y_1 - y_3}{r_{13}{}^2} + \Gamma_4 \frac{y_1 - y_4}{r_{14}{}^2} + \ldots \right\} \tag{257}$$

$$u_2 = \frac{1}{2\pi} \left\{ \Gamma_1 \frac{y_2 - y_1}{r_{12}{}^2} + \Gamma_3 \frac{y_2 - y_3}{r_{23}{}^2} + \Gamma_4 \cdot \frac{y_2 - y_4}{r_{24}{}^2} + \ldots \right\}.$$

Ähnliche Gleichungen ergeben sich für v_1, v_2 usw. Man erkennt aus diesen
Gleichungen, daß

$$u_1\,\Gamma_1 + u_2\,\Gamma_2 + \ldots u_m\,\Gamma_m = 0 \text{ sein muß und ebenso}$$
$$v_1\,\Gamma_1 + v_2\,\Gamma_2 + \ldots v_m\,\Gamma_m = 0.$$

Wird also die Zirkulation Γ als Masse in den einzelnen Punkten aufgefaßt,
so ist die Bewegungsgröße dieses Systems Null und der Massenmittelpunkt, der
sogenannte Schwerpunkt des Wirbel-
systems, behält bei der Bewegung seine
Lage, die durch die Koordinaten gegeben ist

$$x_0 = \frac{\Sigma(\Gamma_m \cdot x_m)}{\Sigma\Gamma_m} \quad \text{und} \quad y_0 = \frac{\Sigma(\Gamma_m \cdot y_m)}{\Sigma\Gamma_m}. \tag{258}$$

Somit ergibt sich für zwei Wirbelpunkte A_1 und A_2, welchen die Zirku-
lationen Γ_1 und $-\Gamma_2 > -\Gamma_1$ zugeordnet sind, auf zeichnerischem Wege der
Schwerpunkt S, um den die Wirbel

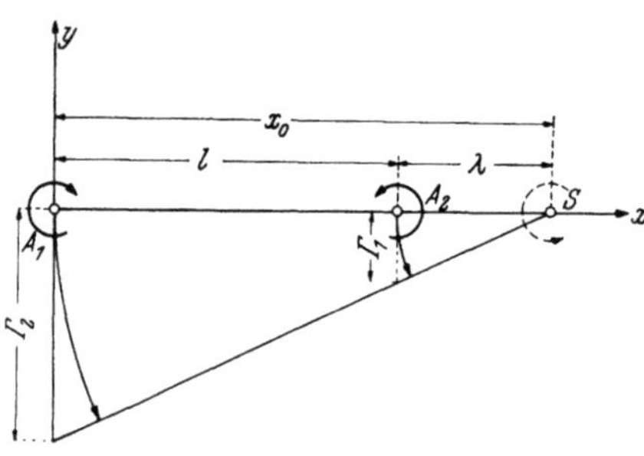
Abb. 359. Zwei parallele Wirbelfäden

Kreisbahnen beschreiben, wie aus der Abb. 359 zu entnehmen ist. Liegt A_1
im Ursprung des Koordinatensystems, in dessen x-Achse beide Wirbelpunkte
gelegen seien, so muß nach (258) $x_0 = -\dfrac{l \cdot \Gamma_2}{\Gamma_1 - \Gamma_2}$ und $y_0 = 0$ oder

$$\Gamma_1 \cdot x_0 = \Gamma_2 (x_0 - l) \text{ sein.}$$

Setzt man $x_0 = l + \lambda$, wie aus der Abbildung zu ersehen, so folgt

$$\frac{\Gamma_1}{\Gamma_2} = \frac{\lambda}{l + \lambda}.$$

Die Geschwindigkeiten können mittels (257) berechnet werden. Ist $\Gamma_1 = -\Gamma_2$, so rückt der Schwerpunkt S ins Unendliche und beide Wirbelpunkte bewegen sich senkrecht zu ihrer Verbindungslinie $\overline{A_1 A_2}$ mit der Geschwindigkeit $v = \dfrac{\Gamma}{2\pi l}$.

Die Mittellinie kann man sich durch eine feste Wand ersetzt denken und hat dann die Bewegung eines Wirbelfadens längs einer Wand vor sich, mit der Geschwindigkeit $v = \dfrac{\Gamma}{4\pi\delta}$, wenn δ der Abstand des Fadens von der Wand ist.

Falls $\Gamma_1 = \Gamma_2$ ist, so liegt S in der Mitte der Verbindungslinie beider Wirbel und die Wirbelpunkte bewegen sich auf einem Kreis vom Halbmesser $\dfrac{l}{2}$ mit der Winkelgeschwindigkeit $\omega = \dfrac{\Gamma}{\pi l^2}$.

4. Kreisförmige Wirbelringe

Nimmt man ein geschlossenes Kuvert, dessen eine Seite ein kreisförmig ausgeschnittenes Loch hat, und bläst man vorsichtig Tabakrauch hinein, so genügt ein kleiner Schnalzer mit dem Finger, um aus der Öffnung die schönsten, kreisförmigen Wirbelringe hervortreten zu lassen, wie sie jedem Raucher bekannt sind. Sie weisen ein eigentümliches Verhalten auf. Bewegen sich nämlich hintereinander zwei Wirbelringe mit gemeinsamer Achse und gleichem Drehungssinn, so erweitert sich der vordere Wirbelring, während sich der rückwärtige zusammenzieht. Mit der Verkleinerung des Ringdurchmessers ist eine raschere Vorwärtsbewegung verbunden, so daß schließlich der rückwärtige Ring durch den vorderen hindurchschlüpft, was sich theoretisch mit Rollenvertauschung wiederholen kann. Bewegen sich jedoch zwei Wirbelringe mit entgegengesetzter Fortschreitungsgeschwindigkeit aufeinander zu, so vergrößern sich bei ihrer Annäherung immer rascher ihre Durchmesser, ohne daß sie zur Berührung kommen.

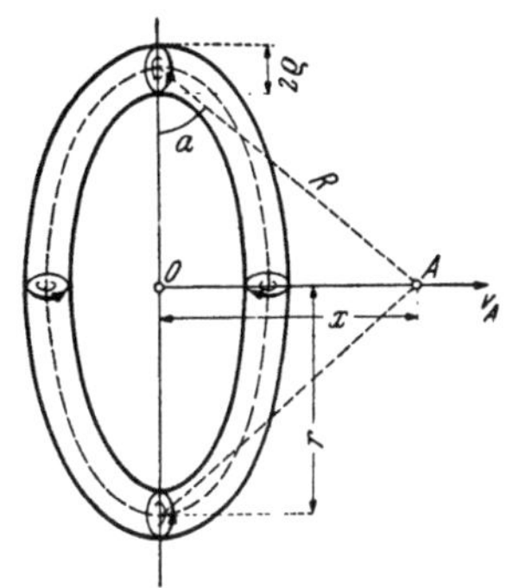

Abb. 360. Wirbelring

Die mittlere Ebene zwischen den Ringen verhält sich wie eine feste Wand, so daß das gleiche Verhalten eines Wirbelringes bei der Bewegung desselben gegen eine feste Wand eintritt.

Die Anwendung der früheren Gl. (246) auf den Mittelpunkt M des Ringes ergibt als den durch das Element von der Länge ds erzeugten Geschwindigkeitsanteil mit $\sin\alpha = 1$ $\quad d\mathfrak{v}_M = \dfrac{\Gamma}{4\pi} \cdot \dfrac{ds}{r^2}$ und somit für die vom ganzen Ring in M erzeugte Geschwindigkeit

$$\mathfrak{v}_M = \frac{\Gamma}{4\pi} \int \frac{d\varphi}{r} = \frac{\Gamma}{2r}. \tag{259}$$

Die Geschwindigkeit nimmt somit zu, wenn der Ringdurchmesser abnimmt. Für einen beliebigen Punkt der zur Ringebene senkrecht stehenden Achse mit dem Abstand $R = \sqrt{x^2 + r^2}$ (Abb. 360) ergibt sich nur eine axiale Geschwindigkeit

$$v_a = \frac{\Gamma}{2\pi R^2} \cdot \cos\alpha \int ds = \frac{\Gamma \cdot r^2}{R^3} = \frac{\Gamma \cdot r^2}{(r^2 + x^2)^{3/2}} \tag{260}$$

mit $(v_a)_{x \to \infty} = 0$.

Will man die Eigenbewegung des Wirbelringes, also die Rückwirkung des Wirbels auf sich selbst, behandeln, so muß ein endlich großer Wirbelquerschnitt angenommen werden. Wenn der sehr kleine Radius ϱ ist, so gilt für die Wirbelstärke $\Gamma = 2\,\pi\,\varrho^2\,\omega$. Helmholtz ist von einer zu (40) in H III 1 analogen Gleichung ausgegangen, und zwar

$$\frac{\partial^2 \Psi}{\partial r^2} - \frac{1}{r}\frac{\partial \Psi}{\partial r} + \frac{\partial^2 \Psi}{\partial z^2} = 2\,\omega$$

und hat für die Eigengeschwindigkeit

$$v_e = \frac{\Gamma}{4\,\pi r} \cdot \left(\ln \frac{8r}{\varrho} - \frac{1}{4} \right) \tag{261}$$

erhalten, wenn ϱ der Halbmesser des Wirbelquerschnitts (Wirbelseele) ist.

Leider ist das Verhältnis $\dfrac{r}{\varrho}$ physikalisch nicht definiert[1]), so daß je nach Wahl dieser Größe $v_e \gtrless v_0$ sein kann.

Schließlich sei noch eine eigentümliche Erscheinung erwähnt. Läßt man aus einem entsprechend angesogenen Malpinsel einen Farbtropfen (z. B. Indigoblau)

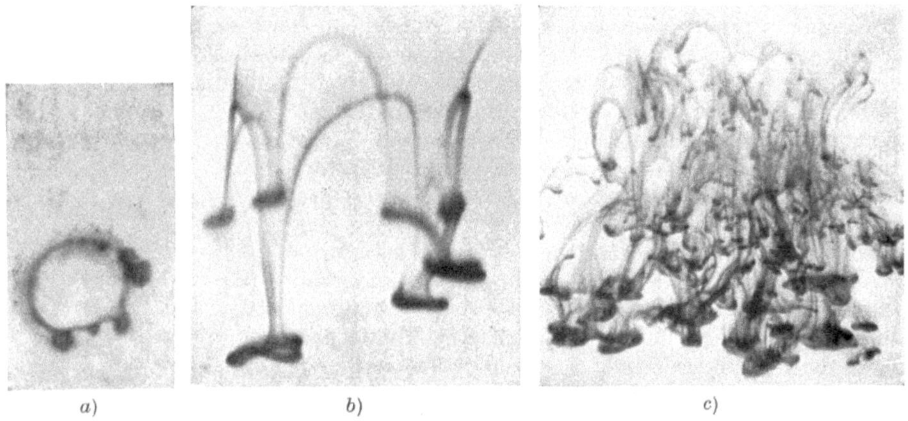

a)   b)   c)

Abb. 361
a) Wirbelring aus einem fallenden Farbtropfen entstanden; von oben gesehen. b) Nach einiger Zeit sind nur noch die sekundären Ringe vorhanden, die wieder zerfallen. c) Verwackelter, auseinandergefallener Tropfen

in ruhendes Wasser fallen, so bildet sich durch Aufrollung einer Grenzschicht ein schöner Wirbelring. Bei weiterem Niedersinken in genügend tiefem Glase entstehen im Ring Verdichtungsstellen, aus welchen durch rascheres Herabsinken neue sekundäre Ringe hervorgehen (Abb. 361a, b). Wird der Tropfen verwackelt, so explodiert er gewissermaßen beim Auffallen auf den Wasserspiegel, eine Unzahl von kleinen Ringen hinterlassend (Abb. 361 c).

5. Wirbelschichten

Denkt man sich eine Fläche mit Wirbelfäden belegt, so daß sie dicht nebeneinander zu liegen kommen, so hat man eine Wirbelschichte vor sich (Abb. 362). Infolge der Zirkulation entsteht im unendlich schmalen Streifen der Fläche die Geschwindigkeit

$$\mathfrak{v} = \frac{1}{4\,\pi} \operatorname{rot} \int d\Gamma \int \frac{ds}{r}, \tag{262}$$

---

[1]) SOMMERFELD, A.: Vorlesungen über theor. Physik, Bd. VI. Wiesbaden 1947.

wobei die Integration quer zu den Wirbellinien zu erfolgen hat. Diesem Wirbelbelag entspricht eine kontinuierliche flächenförmige Verteilung von Doppelquellen (H II 2), deren Potential lautet

$$\Phi = -\frac{1}{4\pi} \cdot \int \Gamma \cdot \frac{\partial \frac{1}{r}}{\partial n} \cdot dF, \tag{263}$$

wenn Γ die von Ort zu Ort auf der Fläche veränderliche Dichte des Moments

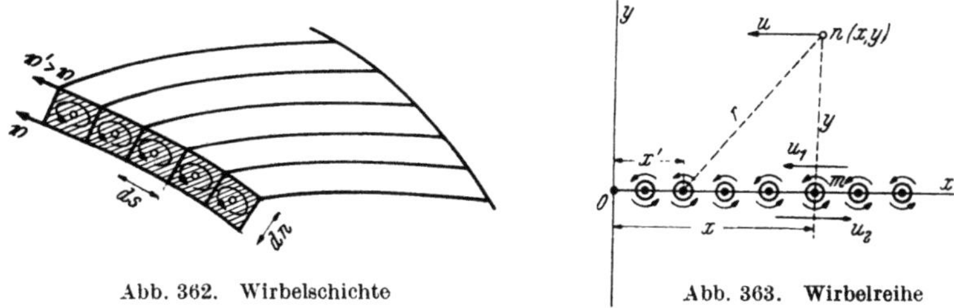

Abb. 362. Wirbelschichte

Abb. 363. Wirbelreihe

der Doppelquellen ist. Die tangentielle Geschwindigkeitskomponente (quer zu den Wirbellinien) ist unstetig. Der Sprung beträgt

$$v' - v = \frac{d\Gamma}{ds} = 2\,\omega \cdot dn, \tag{264}$$

wenn $dn \cdot ds$ der Querschnitt des Wirbelelements ist (Abb. 362).

Bei einer ebenen Wirbelreihe, deren Spur der Einfachheit wegen in der x-Achse gelegen sei (Abb. 363), ist

$$u = -\frac{\Gamma}{2\pi} \cdot \sum_{-\infty}^{\infty} \frac{y}{r^2} \quad \text{und} \quad v = -\frac{\Gamma}{2\pi} \cdot \sum_{-\infty}^{\infty} \frac{x-x'}{r^2}. \tag{265}$$

Denkt man sich die Wirbel wieder dicht gelagert und führt die Wirbeldichte $\frac{d\Gamma}{dx} = \gamma_w$ ein, so gilt

$$u = -\frac{\gamma_w}{2\pi} \cdot y \cdot \int_{-\infty}^{+\infty} \frac{dx'}{(x-x')^2 + y^2}, \tag{266}$$

während $v = 0$ wird, weil je zwei symmetrisch zu $m\,(x,\,0)$ gelegene Wirbel im Aufpunkt $n\,(x,\,y)$ nur eine Geschwindigkeit in der x-Richtung erzeugen. Es folgt aus (266)

$$u = -\frac{\gamma_w}{2\pi} \left(\operatorname{arc\,tg} \frac{x-x'}{y} \right)_{-\infty}^{+\infty} = \mp \frac{\gamma_w}{2}, \tag{267}$$

wo das Vorzeichen durch jenes von y bestimmt ist. Überlagert man eine Parallelströmung u_0, so wird an einer als Wirbelschicht aufzufassenden Diskontinuitätsfläche

$$u_1 = u_0 - \frac{\gamma_w}{2} \quad \text{bzw.} \quad u_2 = u_0 + \frac{\gamma_w}{2}.$$

Man kann dann u_0 und γ_w so wählen, daß u_1 und u_2 vorgeschriebene Werte annehmen, von denen einer auch Null sein kann. Für die Untersuchung kreisförmiger Wirbelschichten[1]) kommen die Ausführungen in H IV 7 in Betracht, wenn man Wirbel statt der Quellen nimmt. Das Potential einer gleichmäßigen

―――――――――――

[1]) MAGYAR, F.: Kreisringförmige Wirbelschichten ..., Wasserwirtsch. u. Technik, Wien 1936.

Wirbelbelegung ist dann für das Innere des Kreises Null und die Flüssigkeit ist dort in Ruhe. Das Potential für die Strömung außerhalb erhält man, wenn die auf dem Kreis gleichförmig verteilt gedachte Wirbelstärke im Mittelpunkt vereinigt wird.

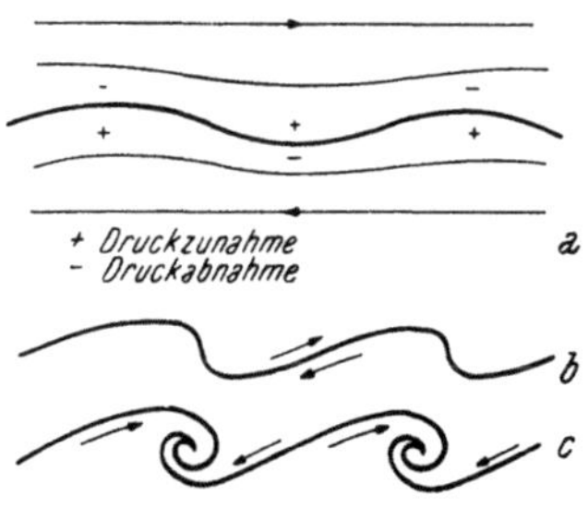

Die Wirbelschichten sind nicht stabil, wie LAGALLY[1]) nachgewiesen hat, indem er ihr Verhalten im Falle kleiner Störungen untersuchte. L. PRANDTL[2]) hat die Bildung einzelner Wirbel aus der Deformation von Trennungsschichten erklärt. Diese äußerst labilen Trennungsschichten entstehen meist hinter einem Hindernis aus den sich ablösenden Grenzschichten. Weisen diese eine Durchbiegung auf, so sucht sich die Deformation zu vergrößern, weil auf der konkaven Seite zufolge der kleineren Geschwindigkeit größere Drücke auftreten (+).

Abb. 364. Deformierte Trennungsschichte nach PRANDTL

Die Trennungsschicht deformiert sich dann nach Abb. 364 und es entsteht eine Wirbelreihe bzw. „Wirbelstraße". L. PRANDTL[3]) hat durch seine Grenzschichttheorie die Schwierigkeiten beseitigt, die die Unmöglichkeit der Entstehung von Wirbeln in idealen Flüssigkeiten (HELMHOLTZ) bereitete.

6. Wirbelstraßen. Stabilität. v. Kármansche Wirbelstraße

Während die einreihige Wirbelstraße, wie sie sich z. B. von einer lotrechten Kante ablöst, immer unstabil ist, gibt es bei zweireihigen Wirbelstraßen, wie sie hinter einer lotrecht durch ruhendes Wasser gezogenen Platte auftreten, eine stabile Anordnung der Wirbel.

Es sei eine einreihige Wirbelstraße gegeben, die in der x-Achse gelegen sei. Die einzelnen Wirbel sollen bei gleichem Γ einen gleichen Abstand l voneinander haben. Gl. (265), angewendet auf einen Wirbel n, ergibt $u_n = 0$ und $v_n = 0$ und es erhält der Wirbel von den übrigen der Reihe keine Geschwindigkeit. Wenn die Wirbel aber kleine Störungen x_m und y_m erhalten, so folgt aus (265)

$$u_n = \frac{dx_n}{dt} = -\frac{\Gamma}{2\pi} \cdot \sum_{-\infty}^{+\infty} \frac{y_n - y_m}{r_m{}^2} \tag{268}$$

und

$$v_n = \frac{dy_n}{dt} = \frac{\Gamma}{2\pi} \cdot \sum_{-\infty}^{+\infty} \frac{x_n - ml - x_m}{r_m{}^2}, \tag{269}$$

wobei $r_m{}^2 \gtrless (n - m)^2 \cdot l^2$ angenähert gesetzt werden kann. Hat die Störung die Form $x_m = \alpha \cdot e^{im\varphi}$ und $y_m = \beta \cdot e^{im\varphi}$, wobei α und β komplexe mit der Zeit veränderliche Größen sind und jeder Wirbelfaden dieselbe periodische

---

[1]) LAGALLY, M.: Zur Theorie der Wirbelschichten, Sitz.-Ber. d. Bayr. Akad. d. Wiss. 1915. Vgl. W. KAUFMANN: Hydromechanik, I. Bd., 1931.

[2]) PRANDTL, L.: Über Entstehung von Wirbeln, Vorträge a. d. Geb. d. Hydro- u. Aerodynamik, Innsbruck 1922.

In der technischen Praxis kommen Wirbelschichten häufig vor, aber sie werden auch absichtlich erzeugt. Ein Beispiel ist das Zentrisieb bei der Abwasserreinigung, dessen Umfangsgeschwindigkeit entsprechend größer gehalten wird als die Strömungsgeschwindigkeit im tangential gerichteten Kanal, damit die Schmutzstoffe sich nicht an das Sieb anlegen.

[3]) PRANDTL, L.: Über Flüssigkeitsbewegung bei sehr kleiner Reibung, Verh. d. 3. Intern. Math. Kongr., Heidelberg 1904.

Bewegung mit der Phasenverschiebung φ erfährt, so kann für (268) geschrieben werden

$$e^{in\varphi} \cdot \frac{da}{dt} = -\frac{\Gamma \cdot \beta}{\pi l^2} \cdot \sum_0^\infty m \frac{e^{in\varphi} - e^{im\varphi}}{(n-m)^2} \tag{270}$$

oder

$$\frac{da}{dt} = -\frac{\Gamma \cdot \beta}{\pi \cdot l^2} \sum_0^\infty \frac{1 - e^{i(m-n)\varphi}}{(n-m)^2} = -\beta \lambda,$$

wobei λ erhalten wird, wenn man $(m-n)$ die natürliche Zahlenreihe von 0 bis ∞ durchlaufen läßt, so daß also

$$\lambda = -\frac{\Gamma}{\pi l^2}\left(\frac{1-\cos\varphi}{1^2} + \frac{1-\cos 2\varphi}{2^2} + \frac{1-\cos 3\varphi}{3^2} + \cdots\right).$$

Ähnlich folgt aus (269)

$$\frac{d\beta}{dt} = a\lambda + c \quad \text{mit } c = -\frac{\Gamma}{\pi l} \cdot \sum_0^\infty \frac{m}{(n-m)^2}.$$

Es ergibt sich durch weiteres Differenzieren

$$\frac{d^2 a}{dt^2} = -\lambda \cdot \frac{d\beta}{dt} = -a\lambda^2, \tag{271}$$

und ferner

$$\frac{d^2 \beta}{dt^2} = \lambda \cdot \frac{da}{dt} = -\beta\lambda^2 \tag{272}$$

mit der Lösung für beide Gleichungen

$$a = \beta = c_1 \cdot e^{\lambda t} + c_2 e^{-\lambda t}, \tag{273}$$

so daß mit wachsender Zeit die Störungen zunehmen.

Bei der zweireihigen Wirbelstraße hinter einem bewegten Zylinder ist der Drehsinn der Wirbel der einen Reihe entgegengesetzt jenem der Wirbel der anderen Reihe. Ist der Reihenabstand h, so ist Stabilität dann vorhanden, wenn die Wirbel der Reihen gegeneinander verschränkt liegen (Abb. 365) und wenn das Verhältnis $\frac{h}{l} = 0{\cdot}2806$ beträgt, was aus der von TH. V. KÁRMAN[1]) aufgestellten Stabilitätsbedingung

$$\mathfrak{Cof}\,\frac{h}{l}\,\pi = \sqrt{2} \tag{274}$$

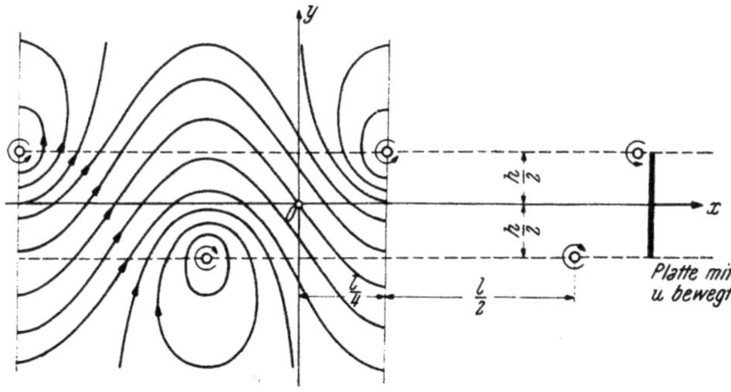

Abb. 365. KÁRMANsche Wirbelstraße

hervorgeht. Mit der Ablösung der beiden Wirbelreihen ist eine eigentümliche pendelnde Bewegung verbunden und das ganze Wirbelsystem folgt dem bewegten Zylinder mit der kleineren Geschwindigkeit

$$u_0 = \frac{\Gamma}{2l\sqrt{2}}. \tag{275}$$

---

[1]) V. KÁRMAN, TH.: Über den Mechanismus d. Widerstandes usw., Nachr. d. Ges. d. Wiss., Göttingen 1911/12.

Man kann dies mit Hilfe der in H IV 5 entwickelten Formeln berechnen, wenn man an Stelle von $\dfrac{q}{2\pi}$ entsprechend (215) den Ausdruck $-\dfrac{i\,\Gamma}{2\pi}$ setzt. Sind die Wirbelreihen parallel zur x-Achse angeordnet im Abstand $\pm\dfrac{h}{2}$ von derselben, so folgt für das komplexe Potential der oberen Reihe, die durch den Index 1 gekennzeichnet sei

$$Z = -\frac{i\,\Gamma}{2\pi}\cdot\ln\sin\frac{\zeta-\zeta_1}{l}\cdot\pi + C \tag{276}$$

und für die untere Reihe

$$Z = \frac{i\,\Gamma}{2\pi}\cdot\ln\sin\frac{\zeta-\zeta_2}{l}\cdot\pi - C. \tag{277}$$

Durch Überlagerung ergibt sich das vollständige komplexe Potential mit

$$Z = -\frac{i\,\Gamma}{2\pi}\cdot\ln\frac{\sin\dfrac{\zeta-\zeta_2}{l}\cdot\pi}{\sin\dfrac{\zeta-\zeta_1}{l}\cdot\pi}, \tag{278}$$

und weil gemäß Abb. 365 $\quad \zeta_1 = -\zeta_2$ gilt, so folgt

$$Z = \frac{i\,\Gamma}{2\pi}\cdot\ln\frac{\sin\dfrac{\zeta+\zeta_1}{l}\cdot\pi}{\sin\dfrac{\zeta-\zeta_1}{l}\cdot\pi} \tag{279}$$

Also ist

$$u - iv = \frac{dZ}{d\zeta} = \frac{i\,\Gamma}{2\pi}\cdot\left\{\cot g\,\frac{\zeta+\zeta_1}{l}\pi - \cot g\,\frac{\zeta-\zeta_1}{l}\cdot\pi\right\}. \tag{280}$$

Wird statt eines beliebigen Punktes ζ ein Wirbelpunkt $\zeta_1 + n\,l$ als Aufpunkt gewählt, wo n alle Zahlen von $+\infty$ bis $-\infty$ durchläuft, so ergibt sich

$$\frac{dZ}{d\zeta} = \frac{i\,\Gamma}{2\pi}\cdot\cot g\,\frac{2\zeta_1\pi}{l} \quad\text{und mit }\zeta_1 = \frac{l}{4} + i\,\frac{h}{2}$$

folgt

$$\frac{dZ}{d\zeta} = \frac{i\,\Gamma}{2\pi}\cdot\cot g\left(\frac{i\,h}{l}\pi + \frac{\pi}{2}\right) = -\frac{i\,\Gamma}{2\pi}\cdot\operatorname{tg}\frac{i\,\pi h}{l} = \frac{\Gamma}{2\pi}\cdot\mathfrak{Tg}\,\frac{\pi h}{l}. \tag{281}$$

Der Einzelwirbel hat eine Fortbewegungsgeschwindigkeit in der x-Richtung, mit der auch das ganze System fortschreitet, und zwar beträgt diese mit Rücksicht auf (274)

$$u_0 = \frac{\Gamma}{2\pi}\cdot\frac{\mathfrak{Sin}\dfrac{h}{l}\pi}{\mathfrak{Cof}\dfrac{h}{l}\pi} = \frac{\Gamma}{2\pi}\cdot\frac{\sqrt{\mathfrak{Cof}^2\dfrac{h}{l}\pi - 1}}{\mathfrak{Cof}\dfrac{h}{l}\pi} = \frac{\Gamma}{2\pi}\cdot\frac{1}{\sqrt{2}}. \tag{282}$$

Die experimentellen Untersuchungen von KÁRMAN[1] und RUBACH ergaben gute Übereinstimmung von Theorie und Versuch[2].

---

[1] Physik. Zschft. **1912.**

[2] MAUE, A. W.: Z. A. M. M. **1940,** hat eine allgemeine Behandlung der Stabilitätsuntersuchung gebracht.

I. Die Wellenbewegung

1. Einleitung. Prinzip von Huyghens. Superposition und Reflexion

Zum Unterschied vom stationären gewellten Abfluß (G II 2) seien unter Wellenbewegung alle nichtstationären, aus sin- und cos-Schwingungen zusammensetz-
baren Bewegungen verstanden, bei welchen im wesentlichen Energie und Phase
fortgepflanzt werden.

Die Wasserteilchen beschreiben eine nicht vollkommen geschlossene elliptische
Bahn, so daß eine wenn auch geringe Massenversetzung stattfindet. Die Wellen
sind fast durchwegs Oberflächenerscheinungen, die durch Bewegung schwimmender Körper (Schiff u. dgl.), Ein- und Austauchen fester Körper usw. hervorgerufen
werden. Jedermann kennt die Wellenringe, die beim Einwurf eines Steines ins
Wasser auftreten. Insbesondere ist es der Wind, der die Wellen erzeugt. Ist dessen
Geschwindigkeit kleiner als 25 cm/sec, so macht sich noch kein Einfluß geltend.
Bei einer Geschwindigkeit von etwa 50 cm/sec beginnt sich die Oberfläche an den
vom Winde getroffenen Stellen mit „Kräuselwellen" zu bedecken, die im Grundriß flache Bögen bilden, wenige cm lang und wenige mm hoch. Erst bei Wind-
geschwindigkeiten von mehr als 100 cm/sec entstehen Wellen, die mit der Wind-
dauer wachsen und in der „ausgewachsenen" See ihr Maximum erreichen, dessen
Größe mit der Tiefe und Ausdehnung des Meeresbeckens zunimmt. Nach einem
Sturme bleibt von dem Gewirr der aufgeregten Meeresoberfläche die „Dünung"
zurück, die sich durch regelmäßige Wellenformen auszeichnet. Von solchen regelmäßigen Wellenformen soll hier die Rede sein und es wird die Spiegelhebung als
Wellenberg, die Senkung als Wellental bezeichnet. Die Wellenhöhe ist durch den
Höhenunterschied zwischen Wellenberg und Wellental gegeben, während die
Entfernung zweier benachbarter Wellenscheitel bzw. der Sohle zweier benachbarter Wellentäler als Wellenlänge λ gilt. Die zum Durchlaufen der letzteren
benötigte Zeit wird als Schwingungszeit τ bezeichnet, während welcher ein Teilchen einen Umlauf in seiner orbitalen Bahn vollendet.

Für die Wellenerscheinungen gelten zwei wichtige Prinzipe bzw. Gesetze, und
zwar das HUYGHENSsche Prinzip und das Gesetz der Superposition. Ersteres
besagt, daß jeder Punkt der zur Wellenbewegung veranlaßten Oberfläche als
neues Erregungszentrum anzusehen ist und die Superposition folgt aus der reibungslos aufgefaßten Bewegung, deren Poten-
tial der LAPLACEschen Gleichung genügt. Stellt
man ins Wasser parallel zur Schar gerader fortschreitender Wellen ein senkrecht stehendes
Brett, das einen vertikalen Schlitz hat, so
entstehen hinter der Wand kreisförmige Wellen,
in deren Mittelpunkt der Schlitz gelegen ist
(Abb. 366) und aus welcher Erscheinung auf
das HUYGHENSsche Prinzip geschlossen wird.
Hat man zwei solcher Spalte, so entsteht ein

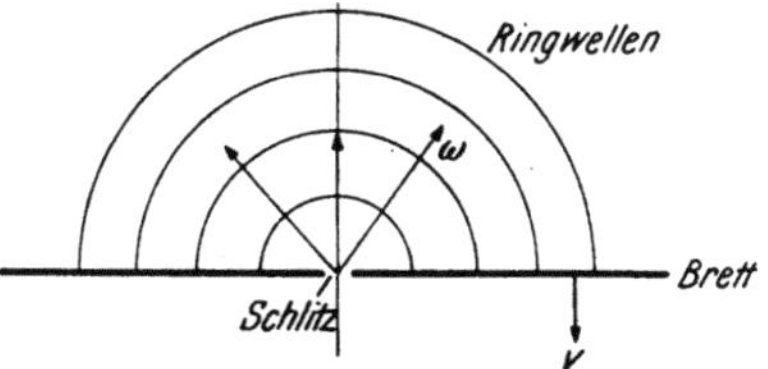

Abb. 366. Zum Prinzip von HUYGHENS

Wellensystem, das sich aus der Superposition zweier kreisförmiger Wellensysteme
ergibt. Für Punkte, deren Entfernungen von den Schlitzen a und b einen Unterschied im Ausmaße des n-fachen der Wellenlänge aufweisen, addieren sich die
Wellenberge und Wellentäler, wenn $n = 0, 1, 2, 3$ usw. Dies gilt z. B. für die
Mittellinie $m\,m$, für deren Punkte $n = 0$ zu setzen ist. Für Punkte, deren Entfernungen von den Schlitzen einen Unterschied aufweisen, der das $\frac{1}{2}$-, $\frac{3}{2}$-, $\frac{5}{2}$-
fache usw. der Wellenlänge beträgt, löschen sich die Wellenberge und Wellen-

täler gegenseitig aus. Diese Punkte weisen keinen Niveauunterschied gegenüber der unbewegten Wasserfläche auf und sie liegen auf Hyperbeln, deren große Achsen das $\frac{1}{2}$-, $\frac{3}{2}$-, $\frac{5}{2}$- usw. fache der Wellenlänge betragen.

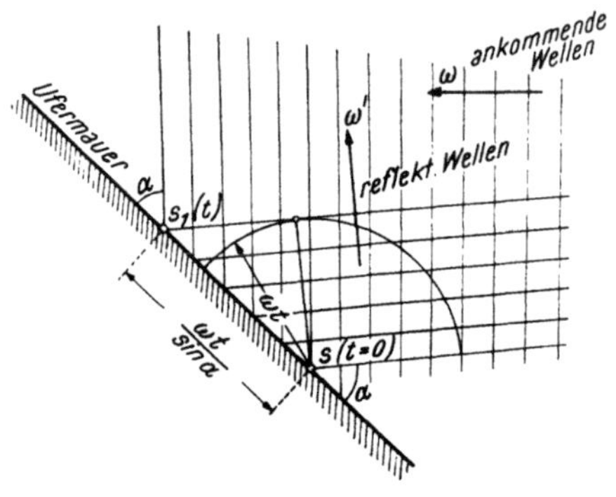

Abb. 367. Reflexion der Wellen

Stellt man sich nun viele solcher Spalte nebeneinander vor, deren Abstand immer kleiner werdend gedacht sein soll, so daß die Wand schließlich verschwindet, so verlieren die Einzelpunkte der Flüssigkeit an Stelle der Wand nicht ihre Eigenschaft, als Erregungszentren neuer elementarer Wellensysteme zu gelten. Auf Grund dieses HUYGHENSschen Prinzip wird die Erscheinung der Reflexion von Wasserwellen verständlich. So wird z. B. eine geradlinige Welle, die mit der Schnelligkeit ω und unter dem Winkel a gegen eine Ufermauer läuft, unter dem gleichen Winkel reflektiert, wie Abb. 367 zeigt. Denn der Schnittpunkt s der Welle mit der Mauer rückt in der Zeit t um das Stück $l = \frac{\omega\,t}{\sin a}$ vor und nachdem er das Erregungszentrum einer Elementarwelle ist, muß die reflektierte Welle zur Zeit t wieder eine geradlinige Welle sein und sie ist die Tangente vom Schnittpunkt s_1 an den um s mit dem Radius $\omega\,t$ gezeichneten Kreis.

Wegen ihrer Bedeutung für Geophysik, Schiffahrt und Hydrotechnik ist die Wellenbewegung seit langer Zeit Gegenstand intensiver Forschungen theoretischer[1]) und experimenteller[2]) Art. Von letzteren sind insbesondere die Versuche der Brüder E. H. und W. WEBER[3]) zu nennen, die zu den klassischen Arbeiten des hydraulischen Versuchswesens gezählt werden müssen.

2. Die ebene fortschreitende Welle

Eine ideale Flüssigkeit lagere über einer waagrechten Sohle, die in der Tiefe H unter dem Spiegel gelegen sei. Die Fortschreitungsrichtung der Wellen sei parallel zur waagrechten, im Spiegel gelegenen x-Achse und die y-Achse sei lotrecht nach abwärts gerichtet. In allen zur xy-Ebene parallelen Ebenen sei die Bewegung die gleiche, so daß es sich um eine ebene Wellenbewegung handelt, deren komplexes Potential Z nur von $\zeta = x + i\,y$ und der Zeit t abhängig ist.

Es ist

$$Z(\zeta, t) = \Phi(x, y, t) + i \cdot \Psi(x, y, t) \tag{1}$$

und die totale Änderung

$$dZ = \frac{\partial Z}{\partial t} \cdot dt + \frac{\partial Z}{\partial \zeta} \cdot d\zeta. \tag{2}$$

---

[1]) DE LAPLACE, P. S.: Histoire de l'académie, Paris 1779.
LAGRANGE, I.: Nouv. mém. Acad. Roy., Berlin 1781.
GERSTNER, I.: Abhdlg. d. böhm. Ges. d. Wiss., Prag 1804.
AIRY, G. B.: Tides and Waves, London 1845.
STOKES, G. G.: Cambridge Trans. 1847.
RAYLEIGH, LORD: Phil. Mag. I (1876); THORADE: Probleme der Wasserwellen, Hamburg 1931. Neuere Literaturangaben in W. KAUFMANNS Hydromechanik II, Berlin 1934.
[2]) Handbuch d. Experimentalphysik v. WIEN-HARMS, Bd. 4, 4. Teil, Offene Gerinne v. F. EISNER, Leipzig 1932.
[3]) Wellenlehre auf Experimente gegründet, Göttingen 1925.

Setzt man für

$$\frac{d\zeta}{dt} = \frac{dx}{dt} + i\,\frac{dy}{dt} = u + iv = \mathfrak{v}, \tag{3}$$

so soll für einen Beobachter, der mit der Geschwindigkeit $\mathfrak{v} = \omega$ in der x-Richtung fortschreitet, der Bewegungszustand der gleiche bleiben, also die totale Änderung $dZ = 0$ sein.

Es soll also die Beziehung gelten

$$\frac{dZ}{dt} = \frac{\partial Z}{\partial t} + \omega \cdot \frac{\partial Z}{\partial \zeta} = 0 \tag{4}$$

und diese Gleichung wird erfüllt durch beliebige Funktionen der Form

$$Z = f(\zeta - \omega t), \tag{5}$$

wo ω die Schnelligkeit bedeutet, mit der sich der Bewegungszustand in der x-Richtung fortpflanzt. Es genügt (5) der Laplaceschen Gleichung und wegen der Periodizität wird

$$Z = A \cdot \cos\left[\frac{2\pi}{\lambda}(\zeta - \omega t) + m\right]$$

gesetzt, wo λ die Wellenlänge bedeutet und m eine entsprechend zu wählende Konstante ist. Soll an der Sohle, also für $y = H$, sowohl $v = 0$ als auch $\Psi = 0$ sein, so lautet das komplexe Potential

$$Z = A \cdot \cos\frac{2\pi}{\lambda}(\zeta - wt - iH). \tag{6}$$

Die Gl. (6), deren Konstante A später noch definiert wird, beschreibt in ihren Folgerungen mit sehr guter Annäherung den wirklichen Verlauf der Bewegung. Es folgt aus (6) durch Trennung des Reellen vom Imaginären

$$\Phi = A \cdot \mathfrak{Cof}\,\frac{2\pi}{\lambda}(y - H) \cdot \cos\frac{2\pi}{\lambda}(x - \omega t) \tag{7}$$

und

$$\Psi = A \cdot \mathfrak{Sin}\,\frac{2\pi}{\lambda}(y - H) \cdot \sin\frac{2\pi}{\lambda}(x - \omega t). \tag{8}$$

Die Geschwindigkeiten ergeben sich aus

$$\frac{dZ}{d\zeta} = -\frac{2\pi}{\lambda} \cdot A \cdot \sin\left[(\zeta - \omega t) - iH\right] \cdot \frac{2\pi}{\lambda} =$$

$$= -\frac{2\pi}{\lambda} \cdot A \cdot \sin\left[(x - \omega t) \cdot \frac{2\pi}{\lambda} + i(y - H)\frac{2\pi}{\lambda}\right] = u - iv \tag{9}$$

und es ist somit

$$u = -\frac{2\pi}{\lambda} \cdot A \cdot \sin\frac{2\pi}{\lambda}(x - \omega t) \cdot \mathfrak{Cof}\,\frac{2\pi}{\lambda}(y - H) = \frac{dx}{dt}, \tag{10}$$

ferner

$$v = \frac{2\pi}{\lambda} \cdot A \cdot \cos\frac{2\pi}{\lambda}(x - \omega t) \cdot \mathfrak{Sin}\,\frac{2\pi}{\lambda}(y - H) = \frac{dy}{dt}, \tag{11}$$

für $y = H$ ist dann $v = 0$ und

$$u = -\frac{2\pi}{\lambda} \cdot A \sin\frac{2\pi}{\lambda}(x - \omega t).$$

Wie schon erwähnt wurde, machen die Teilchen eine zirkulierende Bewegung um eine Mittellage, deren Koordinaten x_1 und y_1 seien und auf welche die obigen

Geschwindigkeiten bezogen werden. Man erhält dann aus (10) und (11) mittels Integration

$$x = -\frac{1}{\omega} \cdot A \cos \frac{2\pi}{\lambda} (x_1 - \omega t) \cdot \mathfrak{Cof} \frac{2\pi}{\lambda} (H - y_1) + c_1 \tag{12}$$

und

$$y = \frac{1}{\omega} \cdot A \cdot \sin \frac{2\pi}{\lambda} (x_1 - \omega t) \cdot \mathfrak{Sin} \frac{2\pi}{\lambda} (H - y_1) + c_2 . \tag{13}$$

Somit ist die Bahn eines Teilchens, bezogen auf die Mittellage, gegeben durch

$$\frac{(x - c_1)^2}{\frac{A^2}{\omega^2} \cdot \mathfrak{Cof}^2 \frac{2\pi}{\lambda} (H - y_1)} + \frac{(y - c_2)^2}{\frac{A^2}{\omega^2} \cdot \mathfrak{Sin}^2 \frac{2\pi}{\lambda} (H - y_1)} = 1 . \tag{14}$$

Die Bahnen der Teilchen sind also Ellipsen mit den Halbachsen

$$a_x = \frac{A}{\omega} \cdot \mathfrak{Cof} \frac{2\pi}{\lambda} (H - y_1) \quad \text{und} \quad a_y = \frac{A}{\omega} \cdot \mathfrak{Sin} \frac{2\pi}{\lambda} (H - y_1) \tag{14a}$$

und gleicher Exzentrizität für alle Tiefen

$$e = \sqrt{a_x^2 - a_y^2} = \frac{A}{\omega} .$$

An der Sohle verschwindet die kleine Halbachse, weil $\mathfrak{Sin} (H - y_1) \frac{2\pi}{l} \Big|_{y_1 = H} = 0$ ist und die andere Halbachse ist $\frac{A}{\omega}$, womit die Konstante A definiert erschein t Bei großen Tiefen $H \gg y_1$ kann $\mathfrak{Cof} (H - y_1) \frac{2\pi}{l} \cong \mathfrak{Sin} (H - y_1) \frac{2\pi}{l}$ gesetzt werden und die Bahnen sind dann kreisförmig mit dem Radius

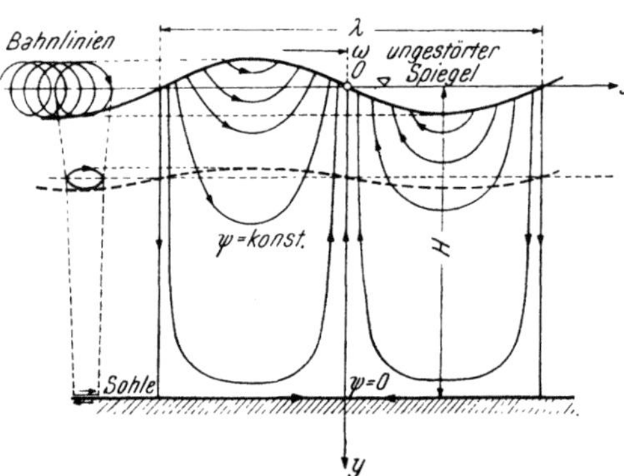

Abb. 368. Bahn- und Stromlinien bei der Wellenbewegung

$$r \cong \frac{A}{\omega} \cdot e^{\frac{2\pi}{\lambda}(H - y_1)} = h \cdot e^{-\frac{2\pi}{\lambda} y} ,$$

wenn h die halbe Wellenhöhe ist.

Zum Unterschiede von den elliptischen Bahnlinien haben die Stromlinien (Gl. 8) die in Abb. 368 dargestellte Form[1]).

Um die Gestalt des gewellten Spiegels zu erhalten, benützt man die Bernoullische Gleichung (3) in Abschnitt D I 1, die bei Vorhandensein eines Geschwindigkeitspotentials bei der vorliegenden Orientierung die Form

$$\frac{\partial \Phi}{\partial t} + \frac{v^2}{2} + \frac{p}{\varrho} - g y = f(t)$$

annimmt.

Denkt man sich $f(t)$ in $\frac{\partial \Phi}{\partial t}$ enthalten, so folgt für den Spiegel mit $p = 0$ und bei kleinen Geschwindigkeiten

$$\frac{\partial \Phi}{\partial t} \Big|^{y = -\eta} \cong \frac{\partial \Phi}{\partial t} \Big|^{y = 0} = -g \eta , \tag{15}$$

---

[1]) Siehe die schönen Lichtbilder bei längerer und kürzerer Belichtung in SOMMERFELD, A.: Vorlesungen über theoret. Physik, II. Bd., Wiesbaden 1947.

wenn η die Ordinate eines Oberflächenpunktes in bezug auf die ungestörte Spiegellinie ist. Also ist mit Rücksicht auf (7) die Gleichung der Spiegellinie

$$\eta = -\frac{1}{g}\frac{\partial \Phi}{\partial t}\bigg|^{y=0} = -\frac{2\pi}{\lambda}\frac{\omega}{g}\cdot A\cdot \mathfrak{Cof}\frac{2\pi}{\lambda}H\cdot \sin\frac{2\pi}{\lambda}(x-\omega t), \qquad (16)$$

weil nun

$$\frac{\partial \eta}{\partial t} = \frac{\partial \Phi}{\partial y}\bigg|^{y=0} = -\frac{1}{g}\cdot\frac{\partial^2 \Phi}{\partial t^2}\bigg|^{y=0}, \qquad (17)$$

ferner

$$\frac{\partial \Phi}{\partial y}\bigg|^{y=0} = -\frac{2\pi}{\lambda}\cdot A\cdot \mathfrak{Sin}\frac{2\pi}{\lambda}H\cdot \cos\frac{2\pi}{\lambda}(x-\omega t)$$

und

$$\frac{1}{g}\frac{\partial^2 \Phi}{\partial t^2}\bigg|^{y=0} = -\left(\frac{2\pi\omega}{\lambda}\right)^2\cdot\frac{1}{g}\cdot A\cdot \mathfrak{Cof}\frac{2\pi}{\lambda}H\cdot \cos\frac{2\pi}{\lambda}(x-\omega t),$$

so folgt aus der Gleichsetzung der beiden letzten Ausdrücke

$$\mathfrak{Sin}\frac{2\pi}{\lambda}H = \omega^2\cdot\frac{2\pi}{\lambda\cdot g}\cdot \mathfrak{Cof}\frac{2\pi}{\lambda}H, \qquad (18)$$

woraus sich

$$\omega = \sqrt{\frac{g\cdot\lambda}{2\pi}\cdot \mathfrak{Tg}\frac{2\pi}{\lambda}H} \qquad (19)$$

ergibt. Wie man sieht, ist hier für die Größe der Wellenschnelligkeit das Verhältnis $\frac{H}{\lambda}$ maßgebend. Ist $\frac{H}{\lambda}$ so klein, daß $\mathfrak{Tg}\frac{2\pi}{\lambda}H \cong \frac{2\pi H}{\lambda}$ gesetzt werden kann, so spricht man von „langen" Wellen oder auch von Wellen in seichtem Wasser (Grundwellen). Für diese ist

$$\omega = \sqrt{gH}. \qquad (20)$$

Diese Gleichung gilt auch für die Gezeitenwelle, deren Länge so groß ist, daß das Meer als seichtes Gewässer aufzufassen ist.

Wenn $\frac{2H}{\lambda} > 1$ ist, wenn also die Wassertiefe größer ist als die halbe Wellenlänge, so kann $\mathfrak{Tg}\frac{2\pi}{\lambda}H \cong 1$ gesetzt werden. Für tiefes Wasser gilt daher

$$\omega = \sqrt{\frac{g\lambda}{2\pi}}. \qquad (21)$$

Die Formel (19) hat D. D. GAILLARD[1]) durch Beobachtung an 533 Wellen verschiedenen Ausmaßes bestätigt gefunden. In den großen Meeresbecken kann die Wellenlänge auf $\lambda = 250$ bis 300 m wachsen und $\omega = 25$ bis 30 m/sec betragen. Die gewöhnlichen Meereswellen sind also Wellen in tiefem Wasser und für diese gilt (21), somit eine Schnelligkeit, die mit der Wellenlänge wächst. Sie weisen, einem aus der Optik stammenden Ausdruck zufolge, eine normale Dispersion auf.

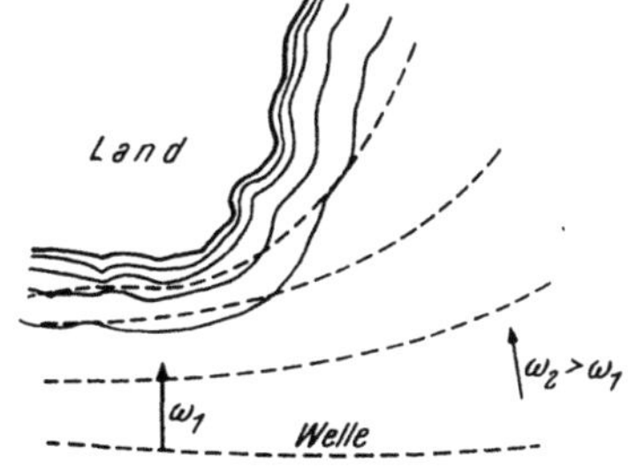

Abb. 369. Beugung der Wasserwellen

Gelangen Wellen in seichteres Wasser, so daß laut (20) die Wassertiefe für ω maßgebend wird, so läuft der Teil im tieferen Wasser rascher als jener im seichten und die Welle krümmt sich dergestalt, daß sie immer normal zum Strand aufzulaufen sucht (Abb. 369). Diese „Beugung" der Welle bringt es mit sich, daß bei

---

[1]) Wave Action, Washington 1904.

Strandwind, der parallel zur Küste weht, schräg auflaufende Wellen entstehen können, die eine Küstenströmung erzeugen. Denn die den Strand hinauflaufenden Wasserteilchen erleiden bei der Rückströmung eine Versetzung und man spricht von „Strandvertriftung". Dieser Küstenstrom kann eine Geschwindigkeit bis zu vier Seemeilen[1]) pro Stunde erreichen und spielt bei der Versetzung eines sandigen Strandes eine Rolle (Abb. 370).

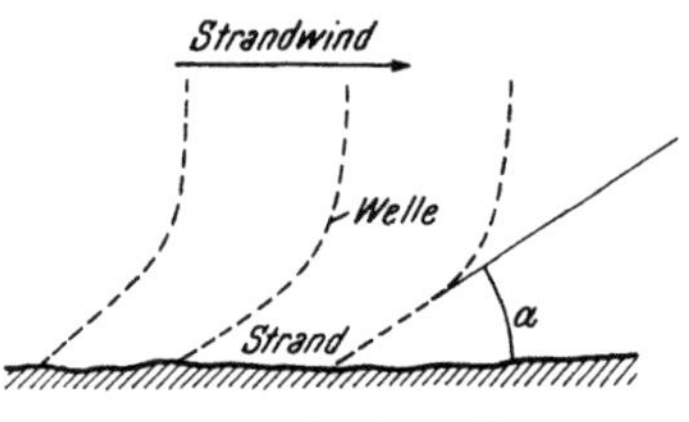

Abb. 370. Strandvertriftung

Zum Schluß sei noch einiges über das Verhalten der Flutwelle in Flußmündungen gesagt, wo infolge des Steigens und Sinkens des Meeresspiegels ein Flut- bzw. Ebbestrom auftritt. Hier geht die Orbitalbewegung in eine fortschreitende Bewegung über und es macht sich die Sohlenreibung dergestalt geltend, daß die gegen die Oberfläche zu gelegenen Teilchen rascher fließen als die tiefer gelegenen, so daß der Wellenkopf immer steiler wird und schließlich eine steile Wand (Sprungwelle) bildet[2]). Sie ist im Tsieng-tang-kiang[3]) etwa 3'7 m hoch (Abb. 268), kommt mit weithin hörbarem Brausen daher und schließt beim Vorübergang jegliche Schiffahrt aus. Mit Hilfe des Impulssatzes (Abschn. G III) folgt für die Fortschreitungsgeschwindigkeit

$$\omega = -v_0 + \sqrt{g\,\frac{F_0}{B_0}\left(1 + \frac{3}{2}\,\eta\,\frac{B_0}{F_0}\right)}, \tag{22}$$

wenn der Einfluß der Krümmung vernachlässigt wird und v_0 die mittlere Fließgeschwindigkeit, F_0 den Querschnitt, B_0 die Spiegelbreite und η die Höhe der Sprungwelle ist. Die Ergebnisse von (22) stimmen mit den Messungsergebnissen gut überein[3]).

3. Wellen in geschichteten Flüssigkeiten

Es seien zwei Flüssigkeiten so gelagert, daß die schwerere (Dichte ϱ) die untere Schichte mit der Dicke H und die leichtere (ϱ_1) die obere Schichte mit der Dicke H_1 bildet (Abb. 371). Die obere Schichte möge die Strömungsgeschwindigkeit u haben und an der Oberfläche sowie an der Sohle möge die Wellenbewegung verschwinden. Ähnliche Verhältnisse kommen bei der Einmündung von Flüssen in das Meer nicht selten vor.

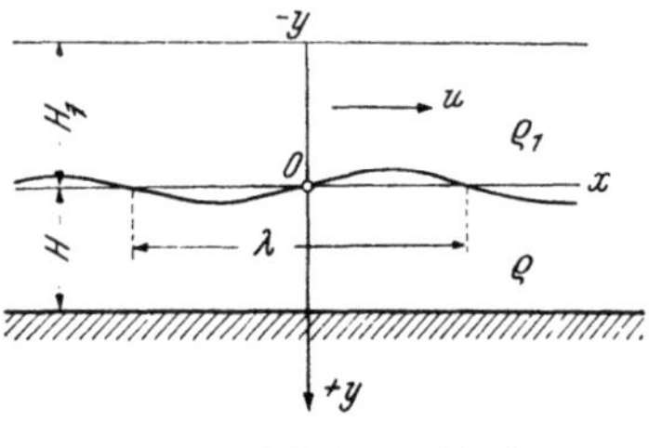

Falls die Grenzfläche durch $y = 0$ gegeben ist, kann man nach (7) das Geschwindigkeitspotential für beide Schichten sinngemäß anschreiben und es ist

$$\Phi = A \cdot \mathfrak{Cof}\, b\,(y - H) \cdot \cos b\,(x - \omega t) \tag{23}$$

$$\Phi_1 = A \cdot \mathfrak{Cof}\, b\,(H_1 + y) \cdot \cos b\,(x - \omega t), \tag{24}$$

wo $b = \dfrac{2\pi}{\lambda}$ bedeutet.

Abb. 371. Welle in geschichteten Flüssigkeiten

Weil an der Grenzfläche gelten muß

$$\left(\frac{\partial \Phi}{\partial y}\right)_{y=0} = \left(\frac{\partial \Phi_1}{\partial y}\right)_{y=0} \tag{25}$$

[1]) KRESSNER, B.: Modellversuche über die Wirkung von Brandungswellen, Diss., Danzig 1928.
[2]) PARTIOT, H. L.: Ann. d. ponts et chauss. 1861
[3]) MOORE, W. U.: Report on the Bore of the Tsieng-tang-kiang. London 1888.
     NEYER, W.: Unveröff. Dissert., Wien 1949.

so folgt mit (23) und (24) die **Bedingung**

$$-\mathfrak{Sin}\, bH = \mathfrak{Sin}\, bH_1.\tag{26}$$

Nun gilt bei kleinen Geschwindigkeiten die Eulersche Gleichung

$$\frac{\partial \Phi}{\partial t} + \frac{p}{\varrho} + gy = 0 \quad \text{bzw.} \quad \frac{\partial \Phi_1}{\partial t} + \frac{p_1}{\varrho_1} + gy_1 = 0,\tag{27}$$

wobei Φ_1, p_1 und ϱ_1 auf die obere Flüssigkeit bezogen seien. Differenziert man (27) nach t und setzt man $\dfrac{\partial y}{\partial t} = \dfrac{\partial \Phi}{\partial y}$, so erhält man

$$\frac{\partial^2 \Phi}{\partial t^2} + \frac{1}{\varrho}\frac{\partial p}{\partial t} + g\cdot\frac{\partial \Phi}{\partial y} = 0 \quad \text{bzw.} \quad \frac{\partial^2 \Phi_1}{\partial t^2} + \frac{1}{\varrho_1}\cdot\frac{\partial p_1}{\partial t} + g\frac{\partial \Phi_1}{\partial y} = 0\tag{28}$$

und weil an der Grenzfläche die Bedingung

$$\frac{\partial p}{\partial t} = \frac{\partial p_1}{\partial t}\tag{29}$$

zu erfüllen ist, folgt die Beziehung

$$\varrho\,\frac{\partial^2 \Phi}{\partial t^2} + \varrho g\,\frac{\partial \Phi}{\partial y} = \varrho_1 \cdot \frac{\partial^2 \Phi_1}{\partial t^2} + \varrho_1 g \cdot \frac{\partial \Phi_1}{\partial y}.\tag{30}$$

Somit folgt mit (23) und (24) für die Grenzfläche $(y = 0)$

$$-\varrho \cdot A \cdot b^2 \omega^2 \cdot \mathfrak{Cof}\, bH + \varrho A \cdot bg \cdot \mathrm{Sin}\, bH = -\varrho_1 A\, b^2 \omega^2 \cdot \mathfrak{Cof}\, bH_1 - \varrho_1 A\, bg \cdot \mathrm{Sin}\, bH_1.\tag{31}$$

Dividiert man (31) durch (26), so erhält man

$$-\varrho \omega^2 \cdot b \cdot \mathfrak{Cotg}\, bH + \varrho g = \varrho_1 \cdot \omega^2 \cdot b \cdot \mathfrak{Cotg}\, bH_1 + \varrho_1 g$$

und hieraus folgt

$$\omega = \sqrt{\frac{g\lambda}{2\pi}} \cdot \sqrt{\frac{\varrho - \varrho_1}{\varrho\,\mathfrak{Cotg}\,\dfrac{2\pi}{\lambda}\,H + \varrho_1\,\mathfrak{Cotg}\,\dfrac{2\pi}{\lambda}\,H_1}}.\tag{32}$$

Sind $\dfrac{H}{\lambda}$ und $\dfrac{H_1}{\lambda}$ so klein, daß an Stelle der $\mathfrak{Cotg}$ die reziproken Argumente gesetzt werden können, so ergibt sich

$$\omega = \sqrt{\frac{g(\varrho - \varrho_1)}{\varrho_1 H + \varrho H_1} \cdot H H_1}.\tag{32a}$$

Ist dagegen $\dfrac{2H}{\lambda}$ und $\dfrac{2H_1}{\lambda} \gtrless 1$, so wird $\mathfrak{Cotg}\,\dfrac{2\pi H}{\lambda} \sim 1$ und es folgt dann

$$\omega = \sqrt{\frac{g\lambda}{2\pi} \cdot \frac{\varrho - \varrho_1}{\varrho_1 + \varrho_1}}.\tag{32b}$$

Bewegen sich die Schichten mit der relativen Geschwindigkeit v_r gegeneinander, so ist nach LORD KELVIN[1])

$$\omega^2 = \frac{g\lambda}{2\pi} \cdot \frac{\varrho - \varrho_1}{\varrho + \varrho_1} - \frac{\varrho \cdot \varrho_1}{(\varrho + \varrho_1)^2} \cdot v_r^2$$

und ω ist reell, wenn

$$v_r < \sqrt{\frac{g\lambda}{2\pi} \cdot \frac{(\varrho - \varrho_1)^2}{\varrho \cdot \varrho_1}}.\tag{32c}$$

---

[1]) Phil. Mag. **42** (1871).

4. Einfluß der Kapillarität

Wenn bei geringer Wellenlänge die Krümmung (Radius r) und somit der Kapillardruck $p_k = \dfrac{a}{r}$ nicht vernachlässigt werden darf, so gilt an der Oberfläche an Stelle von (15) die Gleichung

$$\frac{\partial \Phi}{\partial t} = -g\,\eta + \frac{a}{\varrho \cdot r} \tag{33}$$

und weil genügend genau $\dfrac{1}{r} \cong \dfrac{\partial^2 y}{\partial x^2}\bigg|_{y=\eta}$ gesetzt werden kann, so gilt für den Spiegel mit Rücksicht auf (16)

$$\frac{\partial^2 y}{\partial x^2}\bigg|_{y=\eta} = -\left(\frac{2\pi}{\lambda}\right)^2 \cdot \eta$$

und somit folgt

$$\frac{\partial \Phi}{\partial t} = -\left\{ g + \frac{a}{\varrho}\left(\frac{2\pi}{\lambda}\right)^2 \right\} \cdot \eta. \tag{34}$$

Führt man also in die Gl. (19) sinngemäß an Stelle von g den Wert $g + \dfrac{a}{\varrho}\left(\dfrac{2\pi}{\lambda}\right)^2$ ein, so erhält man

$$\omega = \sqrt{\left\{ g + \frac{a}{\varrho} \cdot \left(\frac{2\pi}{\lambda}\right)^2 \right\} \cdot \frac{\lambda}{2\pi} \cdot \mathfrak{Tg}\,\frac{2\pi H}{\lambda}}. \tag{35}$$

Für große $\dfrac{H}{\lambda}$ ist $\mathfrak{Tg}\,\dfrac{2\pi H}{\lambda} \cong 1$ und (35) erhält dann die Form

$$\omega = \sqrt{\frac{g\lambda}{2\pi} + \frac{a}{\varrho} \cdot \frac{2\pi}{\lambda}} \tag{35a}$$

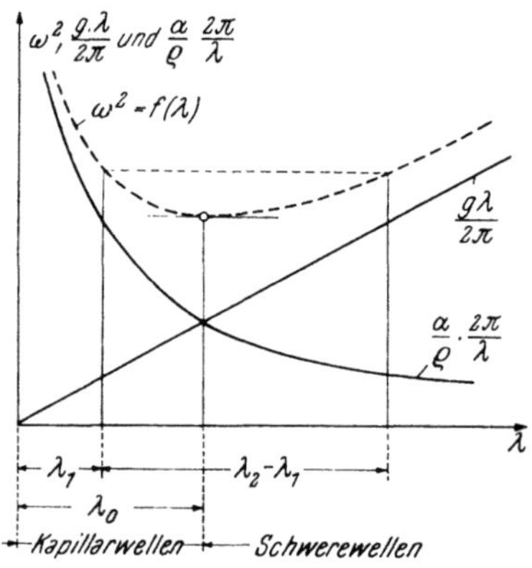

Abb. 372. Zur kleinsten Wellenfortpflanzungsschnelligkeit

und es stammt der erste Summand unter der Wurzel aus dem Einfluß der Schwere, der zweite hingegen aus jenem der Oberflächenspannung. Trägt man die einzelnen Summanden als Funktionen von λ auf und addiert sie, so erhält man eine Kurve, die ein Minimum von ω^2 aufweist (Abb. 372) und dem eine bestimmte Wellenlänge λ_0 zugeordnet ist. Für Werte $\omega > \omega_{min}$ ergeben sich, wie aus der Abbildung ersichtlich, zwei Werte von λ, und zwar

$$\lambda_1 < \lambda_0 \quad \text{und} \quad \lambda_2 > \lambda_0.$$

Bei den ersteren Wellen dominiert der Einfluß der Oberflächenspannung[1], man nennt sie Kapillarwellen, bei den zweiten hat die Schwere das Übergewicht und sie werden als Schwerewellen bezeichnet.

Schreibt man (35a) in der Form

$$\omega^2 = f(\lambda),$$

so muß für ω_{min} der Ausdruck

---

[1] Wird die Schwere vernachlässigt (reine Kapillarwellen), so ist $\omega = \sqrt{\dfrac{a}{\varrho} \cdot \dfrac{2\pi}{\lambda}}$ und man spricht von „anomaler" Dispersion, weil ω um so größer wird, je kleiner λ ist.

$$f'(\lambda)_{\lambda=\lambda_0} = \frac{g}{2\pi} - \frac{\alpha}{\varrho}\frac{2\pi}{\lambda_0^2} = 0$$

sein, woraus

$$\lambda_0 = 2\pi \cdot \sqrt{\frac{\alpha}{\varrho g}} \sim 1\cdot73\ \text{cm}$$

folgt und

$$\omega_{min} = \sqrt[4]{\frac{4\alpha g}{\varrho}} = 23\cdot4\ \text{cm/sec}$$

sich ergibt, als kleinste mögliche Wellenschnelligkeit.

Ist die Strömungsgeschwindigkeit gegen einen störenden Gegenstand kleiner als ω_{min}, so treten keine Wellen auf. Die zur Wellenbildung benötigte Geschwindigkeit ist um so größer, je größer die Oberflächenspannung und je kleiner die Dichte ist. Gl. (35a) zeigt, daß die Kapillarwellen rascher laufen als die Schwerewellen gleicher Wellenlänge. Daher sind den Schwerewellen immer Kapillarwellen vorgelagert, wie man dies beim Fallen eines Steines ins Wasser usw. beobachten kann.

Führt man in (32 c) für $\sqrt{\dfrac{g\lambda}{2\pi}} = \omega_{min} = 23\cdot4\ \text{cm/sec}$ und $\dfrac{\varrho\,\text{Wasser}}{\varrho_1\,\text{Luft}} = 800$ ein, so folgt

$$v_r > \frac{799}{\sqrt{800}} \cdot 23\cdot4 \cong 660\ \text{cm/sec},$$

wenn ω reelle Werte annehmen soll. v_r ist dann die Windgeschwindigkeit über ruhendem Wasser, bei der sich der Wasserspiegel zu kräuseln beginnt. Je größer die Kapillarspannung und damit ω_{min}, desto größer ist die zur Deformation der Grenzschicht benötigte Relativgeschwindigkeit. Für Gase z. B. ist $v_r = 0$, sie vermischen sich bald. Dennoch können lange Wellen bestehenbleiben, wie die HELMHOLTZschen Luftwogen der Atmosphäre, wo warme Luft über kälterer geschichtet ist.

5. Stehende Wellen

Treffen zwei Wellenzüge gleicher Amplitude, gleicher Wellenlänge und gleichgroßer, aber entgegengesetzter Geschwindigkeit aufeinander, so entstehen durch Interferenz stehende Wellen. Man kann diese Erscheinung an Uferwänden beobachten, wo die ankommende und reflektierte Welle interferieren, so daß in Abständen von einer halben Wellenlänge Schwingungsknoten auftreten. Durch Superposition der Geschwindigkeitspotentiale beider Wellenzüge [Gl. (23)] erhält man

$$\Phi = A\,\mathfrak{Cof}\,b\,(y-H) \cdot \{\cos b\,(x-\omega t) + \cos b\,(x+\omega t)\} =$$
$$= 2A \cdot \mathfrak{Cof}\,b\,(y-H) \cdot \cos b\,x \cdot \cos b\,\omega t \tag{36}$$

und es ist zufolge (16)

$$\eta = -\frac{1}{g}\frac{\partial\Phi}{\partial t}\bigg|_{y=0} = -\frac{2Ab\omega}{g} \cdot \mathfrak{Cof}\,b\,x \cdot \sin b\,\omega t. \tag{37}$$

Es verschwindet η, wenn $b\,x = \dfrac{2n+1}{2}\,\pi$ und $n = 0, 1, 2, 3\ldots$, wenn also

$$x = \frac{2n+1}{2b} \cdot \pi = \frac{2n+1}{4} \cdot \lambda = \frac{\lambda}{4},\ \frac{3\lambda}{4},\ \frac{5\lambda}{4}\ \text{usw.}$$

Die Punkte mit $\eta = 0$ werden Knotenpunkte genannt und ihr Abstand beträgt eine halbe Wellenlänge. Dazwischen liegen die Schwingungsbäuche, deren Amplituden das Doppelte jener der Einzelwelle betragen. Weiters ist

$$u = \frac{\partial\Phi}{\partial x} = -2Ab\,\mathfrak{Cof}\,b\,(y-H) \cdot \sin b\,x \cdot \cos b\,\omega t$$

und u verschwindet für $bx = n\pi$ bzw. $x = \dfrac{n\lambda}{2}$, wenn n die Zahlenreihe durchläuft.

Das Strömungsbild einer stehenden Welle ist aus Abb. 373 zu ersehen. Nach obigem können in einem Becken mit waagrechter Sohle und lotrechten Wänden stehende Wellen von verschiedenster Knotenzahl entstehen, von welchen jene

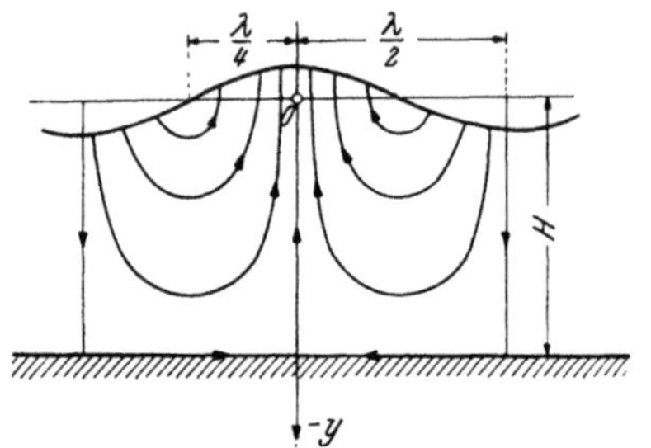

Abb. 373. Stromlinien bei der stehenden Welle

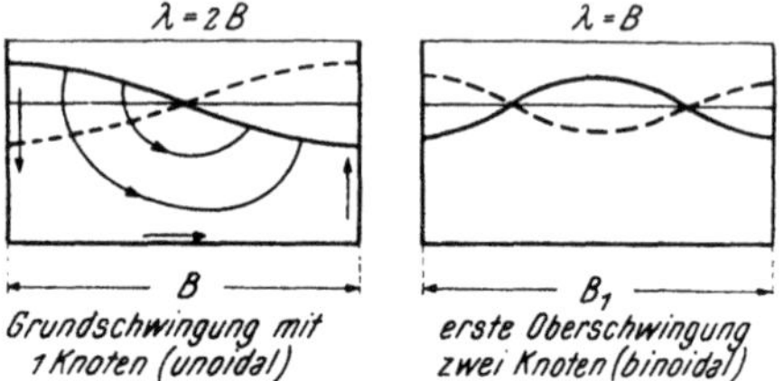

Abb. 374. Stehende Wellen

mit einem Knoten die *Grundschwingung* darstellt, jene mit zwei Knoten die erste Oberschwingung usf. (Abb. 374).

Die Schwingungsdauer der stehenden Welle ist bei Einführung der Beckenbreite $B = \dfrac{n\lambda}{2}$ entsprechend (19)

$$\tau = \frac{2\pi}{b\omega} = \frac{\lambda}{\omega} = \sqrt{\frac{2\pi\lambda}{g}}\sqrt{\mathfrak{Cotg}\,\frac{2\pi H}{\lambda}} = 2\sqrt{\frac{\pi B}{ng}}\cdot\sqrt{\mathfrak{Cotg}\,\frac{n\pi H}{B}}. \tag{38}$$

Zu diesen stehenden Schwingungen gehören unter anderem die Seiches[1] des Genfer Sees (Lac Leman). Sie entstehen durch Interferenz des direkten und reflektierten Wellenzuges, wodurch vornehmlich unoidale Wellen hervorgerufen werden. Bei diesen ist charakteristisch, daß einer Hebung auf dem einen Ufer eine Senkung des Spiegels auf dem gegenüberliegenden Ufer entspricht. Die Seiches werden auf Luftdruckschwankungen zurückgeführt, deren Spiegelbild sie gleichsam

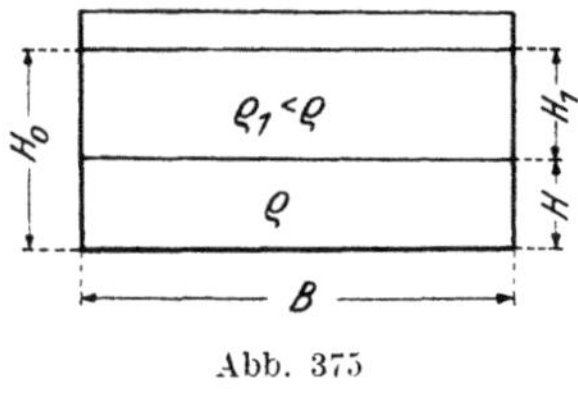

Abb. 375

darstellen. Jeder größere See zeigt ähnliche Erscheinungen; so auch der Balaton (Plattensee) in Ungarn. Weitere Beispiele sind die eigentümlichen Meeresbewegungen im südlichen Teil des Euripus von Euböa, mit denen sich schon ARISTOTELES beschäftigt hat[2]. Wahrscheinlich gehören hiezu auch jene starken, aber rasch vorübergehenden Gleichgewichtsstörungen in der Ostsee, die dem dortigen Küstenbewohner als *Seebär* bekannt sind. Es seien zwischen zwei normal stehenden parallelen Wänden mit dem Abstand B (Abb. 375) zwei verschiedene Flüssigkeiten gelagert. Ihre Dichten seien ϱ bzw. ϱ_1, ihre Schichtstärken H bzw. H_1. Dann beträgt nach (32) und (38) die Schwingungszeit für eine mögliche stehende Welle in der Grenzschichte[3]

$$\tau = \frac{2\pi}{b\cdot\omega} = \lambda\cdot\sqrt{\frac{2\pi}{g\lambda}}\cdot\sqrt{\frac{\varrho\cdot\mathfrak{Cotg}\,\dfrac{2\pi H}{\lambda} + \varrho_1\cdot\mathfrak{Cotg}\,\dfrac{2\pi H_1}{\lambda}}{\varrho - \varrho_1}}$$

$$= 2\sqrt{\frac{\pi B}{n\cdot g}}\cdot\sqrt{\frac{\varrho\cdot\mathfrak{Cotg}\,\dfrac{n\pi H}{B} + \varrho_1\cdot\mathfrak{Cotg}\,\dfrac{n\pi H_1}{B}}{\varrho - \varrho_1}}. \tag{39}$$

[1] FORÈL, A.: Le Leman.
[2] GÜNTHER, S.: Physische Geographie, Berlin-Leipzig 1913.
[3] SCHMIDT, W.: Sitz.-Ber. d. Akad. d. Wiss., Wien 1908.

Man sieht, daß für die Schwingungszeit das Verhältnis $\dfrac{H}{B}$ bzw. $\dfrac{H_1}{B}$ maßgebend ist. Weil bei kleinen Werten die $\mathfrak{Cotg}$ durch das reziproke Argument ersetzt werden kann, wird[1])

$$\tau = \frac{2B}{n} \cdot \sqrt{\frac{H_1 \cdot \varrho + H \cdot \varrho_1}{g(\varrho - \varrho_1) \cdot H \cdot H_1}}. \qquad (39\,\text{a})$$

Ist hingegen $\dfrac{H}{B}$ bzw. $\dfrac{H_1}{B} \gtrless 1$, so wird $\mathfrak{Cotg}\,\dfrac{\pi H}{B} = 1{\cdot}0035$ bis $1{\cdot}000$ und somit[2])

$$\tau = 2\sqrt{\frac{\pi B}{ng}} \cdot \sqrt{\frac{\varrho + \varrho_1}{\varrho - \varrho_1}}. \qquad (39\,\text{b})$$

6. Wellengruppen[3])

Der Kürze halber sei in Gl. (16) für die gewellte Spiegellinie

$$-\frac{2\pi}{\lambda}\frac{\omega}{g} \cdot A \cdot \mathfrak{Cof}\frac{2\pi}{\lambda} H = A_0$$

gesetzt, so daß die Spiegellinie durch

$$\eta = A_0 \cdot \sin b\,(x - \omega t)$$

gegeben erscheint mit $b = \dfrac{2\pi}{\lambda}$ wie früher.

Wenn nun Wellenzüge mit gleicher Amplitude, aber etwas verschiedener Schnelligkeit und Wellenlänge aufeinandertreffen, so folgt das neue η durch Superposition der η für die einzelnen Wellenzüge, also

$$\eta = A_0 \cdot \sin b\,(x - \omega t) + A_0 \cdot \sin b_1\,(x - \omega_1 t). \qquad (40)$$

Setzt man weiter $b\,(x - \omega t) = \varphi$ und $b_1\,(x - \omega_1 t) = \psi$ und bedenkt, daß

$$\sin \varphi + \sin \psi = 2\sin \frac{\varphi + \psi}{2} \cdot \cos \frac{\varphi - \psi}{2},$$

so entsteht aus (40) mit $b - b_1 = \varDelta b$ und $\omega - \omega_1 = \varDelta \omega$

$$\eta = 2\,A_0 \cdot \sin \frac{(b + b_1)x - (b\omega + b_1\omega_1)t}{2} \cdot \cos \frac{\varDelta b \cdot x - \varDelta (b\omega) t}{2}. \qquad (41)$$

Diese Gleichung stellt eine Gruppe von sin-Wellen dar, deren Amplituden

$$2\,A_0 \cdot \cos \frac{\varDelta b \cdot x - b\,\varDelta \omega \cdot t}{2}$$

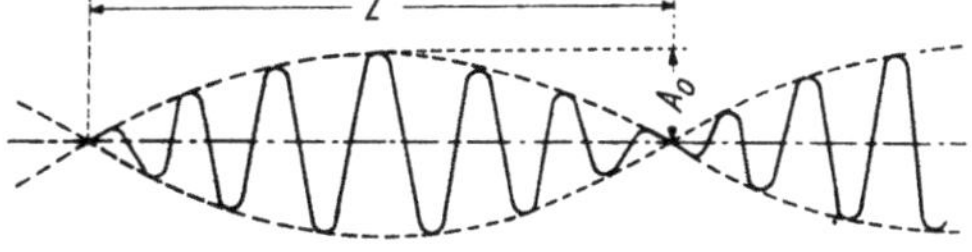

Abb. 376. Wellengruppen

zwischen Null und $2\,A_0$ schwanken (Abb. 376). Die Länge der Wellengruppe ist gegeben durch den Abstand jener Punkte, in welchen die Amplitude verschwindet. Das ist der Fall, wenn

$$\varDelta b \cdot x_n - b \cdot \varDelta \omega \cdot t = (2\,n + 1)\,\pi,$$

also auch

$$\varDelta b \cdot x_{n+1} - b \cdot \varDelta \omega \cdot t = \{2\,(n + 1) + 1\}\,\pi,$$

[1]) WATSON, R. R.: Geogr. Journal, London 1904.
[2]) Ähnliches haben H. HELMHOLTZ u. W. WIEN untersucht, Sitz.-Ber. d. Preuß. Akad. d. Wiss., Berlin 1889 bzw. 1894.
[3]) LORD RAYLEIGH: Theory of Sound, § 191, u. W. KAUFMANN: Hydromechanik II, Berlin 1934.

so daß die Länge der Gruppe als die Differenz erscheint

$$L = x_{n+1} - x_n = \frac{2\pi}{\Delta b}. \tag{42}$$

Infolge der kleinen Amplituden treten zwischen den Gruppen Streifen glatten Wassers auf, wie man dies in der Natur öfter beobachten kann.

Aus (41) folgt für die Zeit, die zur Zurücklegung der Länge L benötigt wird,

$$\frac{\Delta(b\omega)}{2}\tau = \pi \quad \text{bzw.} \quad \tau = \frac{2\pi}{\Delta(b\omega)}. \tag{43}$$

Also folgt für die Gruppengeschwindigkeit bei kleinen Differenzen

$$\omega_0 = \frac{L}{\tau} = \frac{\Delta(b\omega)}{\Delta b}\bigg|_{\Delta \to 0} = \frac{d(b\omega)}{db} = \omega + b \cdot \frac{d\omega}{db} = \omega - \lambda \cdot \frac{d\omega}{d\lambda}. \tag{44}$$

Für Wellen in tiefem Wasser (flache Wellen) folgt mit (21)

$$\omega_0 = \sqrt{\frac{g\lambda}{2\pi}} - \frac{1}{2}\sqrt{\frac{g\lambda}{2\pi}} = \frac{1}{2}\sqrt{\frac{g\lambda}{2\pi}}, \tag{45}$$

d. h., die Gruppengeschwindigkeit ist halb so groß wie die Schnelligkeit der Einzelwelle. Bei größeren Tiefen gilt für ω die Gl. (20) und nach (44) muß $\omega_0 = \omega$ sein.

Weil für Kapillarwellen $\omega = \sqrt{\dfrac{2\pi\alpha}{\varrho\lambda}}$ gilt, ergibt sich aus (44)

$$\omega_0 = \omega - \lambda \cdot \frac{d\omega}{d\lambda} = \frac{3\omega}{2}.$$

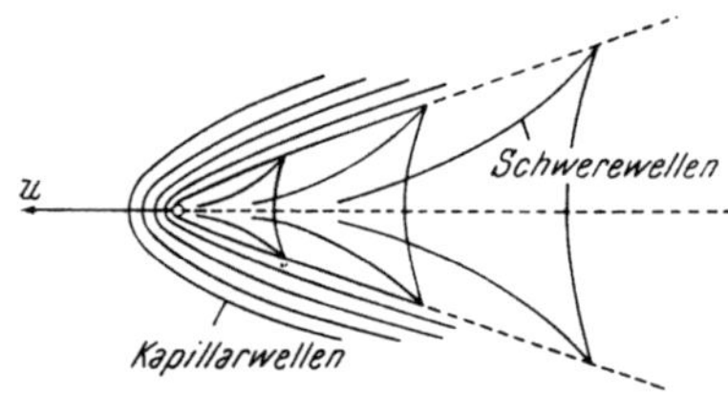

Abb. 377. Wellenbildung bei bewegtem schwimmenden Körper

Die Gruppengeschwindigkeit ist hier im Gegensatz zu den Schwerewellen größer als die Schnelligkeit der Einzelwelle. Ein störendes Objekt, das sich in der Oberfläche ruhenden Wassers bewegt, wird dann Wellen erzeugen, wenn seine Geschwindigkeit größer ist als die kleinste Wellenschnelligkeit $\omega_{min} =$

$$= \sqrt[4]{\frac{4g\alpha}{\varrho}}.$$ Die Wellen lagern sich entsprechend ihrer Gruppengeschwindigkeit so, daß vorn die Kapillarwellen und in einem rückwärtigen Sektor die Schwerewellen auftreten (Abb. 377).

7. Ringwellen[1])

Ringwellen, wie sie z. B. ein in ruhendes Wasser fallender Stein erzeugt, pflanzen sich radial vom Erregungszentrum in der Oberfläche fort. Hier hat das Geschwindigkeitspotential der Kontinuitätsgleichung (LAPLACE) zu genügen, die in Zylinderkoordinaten (Abschn. H I) lautet

$$\frac{\partial^2 \Phi}{\partial r^2} + \frac{1}{r}\frac{\partial \Phi}{\partial r} + \frac{1}{r^2}\cdot\frac{\partial^2 \Phi}{\partial \varphi^2} + \frac{\partial^2 \Phi}{\partial y^2} = 0. \tag{46}$$

Für die ebene Welle kann bei ∞ tiefem Wasser für (7) allgemeiner

$$\Phi = A\, e^{i(x-\omega t)\cdot\frac{2\pi}{\lambda}} = A \cdot e^{i(x-\omega t)b} \cdot e^{-by}$$

geschrieben werden.

[1]) SOMMERFELD, A.: Vorlesungen über theoret. Physik, II. Bd., Wiesbaden 1947.

Analog dieser Form erhält man für die Ringwelle bei Kreissymmetrie (Unabhängigkeit von φ) durch Einsetzen von $f(r)$ an Stelle von e^{ix}

$$\Phi = A \cdot f(r) \cdot e^{-by} \cdot e^{-ib \cdot \omega t}, \tag{47}$$

wobei $f(r)$ der sich aus (46) ergebenden Besselschen Differentialgleichung genügen muß, nämlich

$$\frac{d^2 f}{dr^2} + \frac{1}{r} \cdot \frac{df}{dr} + b^2 f = 0 \tag{48}$$

oder bei Einführung von $br = \varrho$

$$\frac{d^2 f}{d\varrho^2} + \frac{1}{\varrho} \frac{df}{d\varrho} + f = 0 \tag{49}$$

mit der Besselschen Funktion 0ter Ordnung als Lösung. Diese lautet in Reihenform

$$J_0(\varrho) = 1 - \left(\frac{\varrho}{2}\right)^2 + \frac{1}{2!^2} \cdot \left(\frac{\varrho}{2}\right)^4 - \frac{1}{3!^2} \left(\frac{\varrho}{2}\right)^6 + \cdots \tag{50}$$

Für $\varrho = 0$ ist sie regulär und nimmt den Wert 1 an. Man kann sie mittels (49) und Koeffizientenvergleich ermitteln[1]).

Der Gl. (49) genügt auch die Integralform

$$J_0(\varrho) = \frac{1}{2\pi} \int\limits_{-\pi}^{+\pi} e^{i\varrho \cos\alpha} \cdot d\alpha = \frac{1}{\pi} \int\limits_{0}^{\pi} e^{i\varrho \cos\eta} d\alpha, \tag{51}$$

wie man sich durch Reihenentwicklung überzeugen kann.

Wenn auch Abhängigkeit von φ vorhanden ist, so ist an Stelle von $f(r)$ der Ausdruck $f_n(r) \, e^{in\varphi}$ zu setzen mit der wieder aus (46) folgenden Bedingungsgleichung

$$\frac{d^2 f_n}{d\varrho^2} + \frac{1}{\varrho} \frac{df_n}{d\varrho} + \left(1 - \frac{n^2}{\varrho^2}\right) f_n = 0, \tag{52}$$

deren für $\varrho = 0$ sich regulär verhaltende Lösung wieder durch Koeffizientenvergleichung aus (52) folgt, und zwar ist

$$J_n(\varrho) = \left(\frac{\varrho}{2}\right)^n - \frac{1}{1!(n+1)} \left(\frac{\varrho}{2}\right)^{n+2} + \frac{1}{2!(n+1)\cdot(n+2)} \cdot \left(\frac{\varrho}{2}\right)^{n+4} -$$
$$- \frac{1}{3!(n+1)(n+2)(n+3)} \left(\frac{\varrho}{2}\right)^{n+6} + \cdots \tag{53}$$

Sie wird als Besselsche Funktion n^{ter} Ordnung bezeichnet.

---

[1]) Man setze
$$f(\varrho) = a_0 + a_1 \varrho + a_2 \varrho^2 + a_3 \varrho^3 + \cdots$$
Dann folgt
$$f''(\varrho) + \frac{1}{\varrho} f'(\varrho) + f(\varrho) = \frac{a_1}{\varrho} + a_0 + 4a_2 + (a_1 + 9a_3)\varrho + (a_2 + 16a_4)\varrho^2 + \cdots = 0,$$
soll diese Bedingung erfüllt und $f(\varrho)\big|_{\varrho=0} = 1$ sein, so muß
$$a_0 = 1, \; a_1 = 0, \; a_0 + 4a_2 = 0, \; a_1 + 9a_3 = 0, \; a_2 + 16a_4 = 0 \text{ usw.}$$
sein und weiters
$$a_2 = -\frac{a_0}{4} = -\frac{1}{4}, \; a_3 = 0, \; a_4 = -\frac{a_2}{16} = \frac{1}{64}$$
usw. Also ist
$$f(\varrho) = 1 - \frac{\varrho^2}{4} + \frac{\varrho^4}{64} - \cdots \cdots \cdots = J_0(\varrho).$$

Aus (49) und (52) ist zu ersehen, daß

$$\frac{d}{d\varrho} J_0(\varrho) = - J_1(\varrho),\tag{54}$$

so daß aus (49)

$$\frac{d}{d\varrho}\{\varrho \cdot J_1(\varrho)\} = \varrho \cdot J_0(\varrho)$$

und durch Integration bei beliebigem ϱ_0 folgt

$$\varrho_0 \cdot J_1(\varrho_0) = \int_0^{\varrho_0} \varrho \cdot J_0(\varrho) \cdot d\varrho.\tag{55}$$

Setzt man in (47) $f(r) = J_0(br)$, so erhält man

$$\Phi = A \cdot J_0(br) \cdot e^{-by} \cdot e^{-ib\cdot\omega t},\tag{56}$$

welche Lösung der Forderung bei Tiefwasser $\Phi \to 0$ für $y \to \infty$ genügt. Weil für die Oberfläche nach (15)

$$\left.\frac{\partial \Phi}{\partial t}\right|_{y=0} = - g\,\eta = - A\,ib\,\omega\,J_0(br)\,e^{-by} \cdot e^{-ib\omega t}\,\Big|_{y=0}$$

sein muß, gilt für die Wellentäler mit $a = \dfrac{A\,i\,\omega\,b}{g}$

$$\eta = a \cdot J_0(br) \cdot e^{-ib\omega t}.\tag{57}$$

Denkt man sich die einmalige Störung (z. B. durch den fallenden Stein) ersetzt durch einen Stempel vom Radius r_0, der um ein Stück a in die Oberfläche versenkt und zur Zeit $t = 0$ aus dieser herausgezogen wird, so gilt für den Anfangszustand

$$\eta = a,\ r < r_0$$
$$\eta = o,\ r > r_0.$$

Man kann nun analog der Integralform des Fourierschen Theorems für eine willkürliche Funktion

$$F(x) = \frac{1}{2\pi} \int_{-\infty}^{+\infty} db \cdot e^{ibx} \int_{-\infty}^{-\infty} d\xi \cdot F(\xi) \cdot e^{-ib\xi}\ \text{für}\ -\infty < x < +\infty$$

mit Verwendung der Besselschen Funktionen schreiben[1]

$$F(r) = \int_{-\infty}^{+\infty} b \cdot db \cdot J_0(br) \cdot \int_0^{\infty} \xi \cdot d\xi \cdot F(\xi) \cdot J_0(\xi),$$

so daß für den Anfangszustand

$$\eta_{t=0} = a \int_0^{\infty} b \cdot db \cdot J_0(br) \cdot \int_0^{r_0} \xi \cdot d\xi \cdot J_0(\xi)$$

folgt.

Mit $b\xi = \varrho$ und $br_0 = \varrho_0$ ist

$$\int_0^{r_0} \xi \cdot d\xi\, J_0(b\xi) = \frac{1}{b^2} \int_0^{r} \varrho \cdot d\varrho \cdot J_0(\varrho) = \frac{\varrho_0}{b} \cdot J_1(br_0).$$

---

[1] Z. B. SOMMERFELD, A.: Vorlesungen über theoret. Physik, VI. Bd.

Somit ist schließlich

$$\eta_{t=0} = a\, r_0 \int_0^\infty J_0(b\, r_0) \cdot J_1(b\, r_0)\, db. \tag{58}$$

Man kann dann nach A. SOMMERFELD für jede folgende Zeit $t > 0$

$$\eta = a\, r_0 \int_0^\infty J_0(b\, r) \cdot J_1(b\, r_0)\, e^{-i\sqrt{gb}\cdot t} \cdot db, \tag{59}$$

setzen, so daß (59) für $t = 0$ in (58) übergeht.

Beachtet man die Darstellung von $J_0(b\, r)$ in (51), so kann man auch schreiben

$$\eta = \frac{a\, r_0}{\pi} \cdot \int_0^\pi d\alpha \cdot \int_0^\infty db \cdot J_1(b\, r_0) \cdot e^{i b r \cos\gamma - i\sqrt{gb}\cdot t}. \tag{60}$$

Um das Integral nach b zu bestimmen, soll $\sqrt{b\, r_0} = p$ und $\dfrac{\tau}{t} = \dfrac{\sqrt{g r_0}}{2\, r}$ gesetzt werden, so daß für dieses Integral

$$\text{Int} = \int_0^\infty \frac{dp^2}{r_0} \cdot J_1(p^2)\, e^{i \frac{r}{r_0}(p^2 \cos\gamma - 2 p\tau)} \tag{61}$$

folgt.

Nun ist $\dfrac{r}{r_0}$ eine sehr große Zahl, so daß die Exponentialfunktion mit p so stark veränderlich ist, daß die langsam Veränderlichen $J_1(p^2)$ und p als Konstante vor das Integralzeichen gegeben werden können.

Es sei ferner $p^2 \cos\alpha - 2 p\tau = f(p)$ gesetzt und

$$f'(p) = 0 \quad \text{für} \quad p = p_0 = \frac{\tau}{\cos\alpha}. \tag{62}$$

Während im allgemeinen die $\pm$-Werte des Integranden sich durch „Interferenz" aufheben, wird bei $p = p_0$ die „Phase" der schnell veränderlichen Exponentialfunktion stationär, worauf die von LORD KELVIN oft verwendete „Methode der stationären Phase" begründet ist. Für die Umgebung von p_0 kann man mit (62) schreiben $f(p) = p^2 \cos\alpha - 2 p\, p_0 \cos\alpha = [(p - p_0)^2 - p_0^2]\cos\alpha$.

Beschränkt man also die Integration auf die Nähe von p_0 mit $\varepsilon \ll 1$, so folgt nach dem Obigen aus (61)

$$\text{Int} = \frac{2 p_0}{r_0} \cdot e^{-i \frac{r}{r_0} p_0^2 \cos\gamma} \cdot J_1(p_0^2) \cdot \int_{p_0 - \varepsilon}^{p_0 + \varepsilon} e^{i \frac{r}{r_0} \cos\gamma\,(p - p_0)^2}\, dp \tag{63}$$

oder mit $\dfrac{r}{r_0}\cos\alpha\,(p - p_0)^2 = s^2$ und $dp = d(p - p_0) = \sqrt{\dfrac{r_0}{r\cos\alpha}}\, ds = q \cdot ds$ ergibt sich

$$\text{Int} = \frac{2 p_0}{\sqrt{r_0\, r \cos\alpha}} \cdot e^{-i \frac{r}{r_0} p_0^2 \cos\gamma} \cdot J_1(p_0^2) \cdot \int_{q - \varepsilon}^{q + \varepsilon} e^{i s^2} \cdot ds. \tag{64}$$

Weil τ positiv ist, wird $p_0 > 0$ für $0 < \alpha < \dfrac{\pi}{2}$ entsprechend (62)

$$p_0 < 0 \quad \text{für} \quad \frac{\pi}{2} < \alpha < \pi.$$

Im ersten Fall liegt $p = p_0$ und daher $s = 0$ im Integrationsgebiet $0 < b < \infty$, im letzten jedoch nicht. Also ist (64) nur für den ersten Fall gültig, während für den zweiten Fall Int $= 0$ ist, was vollständige Auslöschung durch „Interferenz" bedeutet.

Mit dem bekannten Integral

$$\int_{-\infty}^{+\infty} e^{-t^2} \cdot dt = \sqrt{\pi} \qquad \text{und} \qquad t^2 = -i s^2 = \left(\cos\frac{\pi}{2} - i\sin\frac{\pi}{2}\right) s^2$$

oder

$$t = \left(\cos\frac{\pi}{4} - i\sin\frac{\pi}{4}\right) s = e^{-\frac{i\pi}{4}} s \qquad \text{und} \qquad dt = e^{-\frac{i\pi}{4}} \cdot ds$$

folgt

$$\int_{-\infty}^{+\infty} e^{is^2} \cdot ds = e^{\frac{i\pi}{4}} \cdot \sqrt{\pi}. \tag{65}$$

Die Integrationsgrenzen in (64) werden ∞ groß, wenn bei festgehaltenem ε und $\cos\alpha \neq 0$ das Verhältnis $\frac{r}{r_0} \infty$ groß wird. Mit (65) folgt aus (64)

$$\text{Int} = \frac{2\sqrt{\pi} \cdot p_0}{\sqrt{r r_0 \cos\alpha}} e^{-i\frac{r}{r_0} p_0^2 \cos\gamma + \frac{i\pi}{4}} \cdot J_1(p_0^2). \tag{66}$$

Nun ist $p_0 = \frac{t}{\cos\alpha} = \sqrt{\frac{g r_0}{4 r^2}} \cdot \frac{t}{\cos\alpha}$ sehr klein, also nach (53)

$$J_1(p_0^2) \simeq \frac{p_0}{2} \quad \text{oder} \quad p_0 \cdot J_1(p_0^2) \simeq \frac{p_0^3}{2} = \left(\frac{g r_0}{4 r^2}\right)^{3/2} \cdot \frac{t^3}{2\cos^3\alpha}.$$

so daß

$$\text{Int} = \sqrt{\frac{\pi}{\cos^7\alpha}} \cdot \frac{r_0}{r^2} \cdot \left(\frac{g t^2}{4 r}\right)^{3/2} \cdot e^{-i\frac{g t^2}{4 r\cos\gamma} + i\frac{\pi}{4}} \tag{67}$$

und dieses Integral in (60) eingesetzt, ergibt mit dem Volumen $V_0 = \pi r_0^2 a$ des eingetauchten Stempels und der Variablen

$$\frac{g t^2}{4 r} = u \tag{67a}$$

$$\eta = \frac{V_0}{r^2} \cdot \left(\frac{u}{\pi}\right)^{3/2} \cdot \int_0^{\frac{\pi}{2}} \frac{d\alpha}{\cos^{7/2}\alpha} \cdot e^{-i\frac{u}{\cos\gamma} + \frac{i\pi}{4}}. \tag{68}$$

Es sei der Wert dieses Integrals für $u \to \infty$ gesucht. Dann ist der Exponent in (68) wieder eine schnell veränderliche Größe und man kann wieder die Methode der stationären Phase benützen.

Setzt man also den Faktor von u im Exponenten

$$\frac{1}{\cos\alpha} = f(\alpha), \text{ so daß } f'(\alpha) = \frac{\sin\alpha}{\cos^2\alpha},$$

so erhält man den kritischen Wert für $f'(\alpha) = 0$ mit $\alpha_0 = 0$ und es ist

$$f(\alpha_0) = 1, \text{ ferner } \cos^{7/2}\alpha_0 = 1 \text{ und } f(\alpha) = 1 + \frac{\alpha^2}{2}.$$

Mit diesen Werten folgt aus (68)

$$\eta = \frac{V_0}{r^2} \cdot \left(\frac{u}{\pi}\right)^{3/2} \cdot e^{-iu + \frac{i\pi}{4}} \int_0^{\frac{\pi}{2}} e^{-i\frac{u}{2}\alpha^2} \cdot d\alpha. \tag{69}$$

Setzt man wieder

$$\frac{u\,a^2}{2} = s^2 \text{ oder } a = \sqrt{\frac{2}{u}} \cdot s, \text{ somit } da = \sqrt{\frac{2}{u}}\,ds,$$

so wird

$$\int e^{-i\frac{u\,a^2}{2}} \cdot da = \sqrt{\frac{2}{u}} \cdot \int\limits_0^\infty e^{-is^2} \cdot ds = \sqrt{\frac{\pi}{2u}} \cdot e^{-i\frac{\pi}{4}},$$

so daß

$$\eta = \frac{V_0}{\pi\,r^2\sqrt{2}} \cdot u \cdot e^{-iu}, \tag{70}$$

dessen reeller Teil

$$\eta = \frac{V_0}{\pi\,r^2\sqrt{2}}\,u \cdot \cos u \tag{71}$$

lautet[1]).

Die Höhe der Wellenberge nimmt mit wachsendem r wie $\frac{u}{r^2}$, also wie $\frac{1}{r^3}$, ab, und ihr veränderlicher Abstand beträgt

$$\Delta r = \frac{8\,r^2\,\pi}{g\,t^2}, \tag{72}$$

weil für große u bzw. r der Unterschied der Phasen

$$\Delta n = u_n - u_{n+1} = 2\pi\,[n-(n+1)] = \frac{g\,t^2}{4r} - \frac{g\,t^2}{4(r+\Delta r)} \cong \frac{g\,t^2}{4r^2} \cdot \Delta r \text{ ist.}$$

Obige Formel gibt das Bild einer Wasserfläche gut wieder, wie sie z. B. durch einen hineingeworfenen Stein erzeugt wird und die aus Abb. 378 zu ersehen ist, in der die Oberflächenerhebung bei festem t dargestellt erscheint[2]).

8. Schiffswellen

Bewegt man in einem genügend tiefen Becken einen senkrecht in die Oberfläche tauchenden, wenige mm starken Stab vorerst mit einer Geschwindigkeit die kleiner als 23·2 cm/sec ist, so entstehen keine Wellen. Denn es gibt nach den Darlegungen über den Einfluß der Kapillarität keine Wellen, die sich im Wasser mit einer kleineren Geschwindigkeit fortpflanzen. Bei

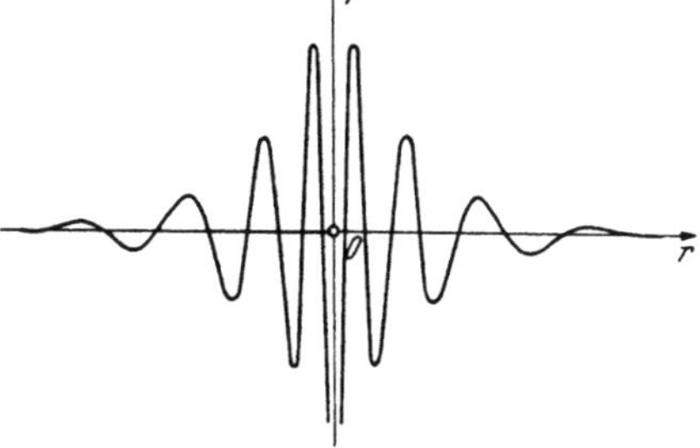

Abb. 378. Ringwellen im Schnitt

größerer Geschwindigkeit, aber doch in der Nähe von 23·2 cm/sec, lagern sich vor den Stab Kapillarwellen und erst wenn dieser mit einer größeren Geschwindigkeit bewegt wird, sieht man Schwerewellen, die in einem Kreissektor gelegen sind und außen von „Rippeln" begleitet sind. Letztere sind die Kapillarwellen mit $\lambda < \lambda_{min}$, LORD KELVINS Ripples (Abb. 377). Im Versuch sieht man bei entsprechend auffallendem Licht sehr deutlich, daß die Schwerewellen aus einem System von Längs- und Querwellen besteht. Bei größeren Geschwindigkeiten treten die Kapillarwellen zurück.

---

[1]) BURKHARDT, H.: Jahresbericht der deutschen Math. Ver., X. Bd. (1908), gibt über das Problem und die daran knüpfenden Arbeiten von CAUCHY und POISSON einen ausführlichen Bericht.

[2]) SOMMERFELD, A.: Vorl. über theoret. Physik, II. Bd.

Ähnlich ist es beim fahrenden Schiff, von dessen jeweiligem Ort Ringwellen ausgehen, deren Erregungszentrum also mit der Schiffsgeschwindigkeit wandert. Durch Überlagerung der aufeinanderfolgenden Wellenringe entsteht ein vom Schiff aus stationär erscheinendes eigentümliches Wellenbild, auf das näher eingegangen werden soll.

Es sei das Schiff zur Zeit $t = 0$ in O gelegen und zur Zeit t vorher in S gewesen, so daß $\overline{SO} = vt$ (Abb. 379) beträgt.

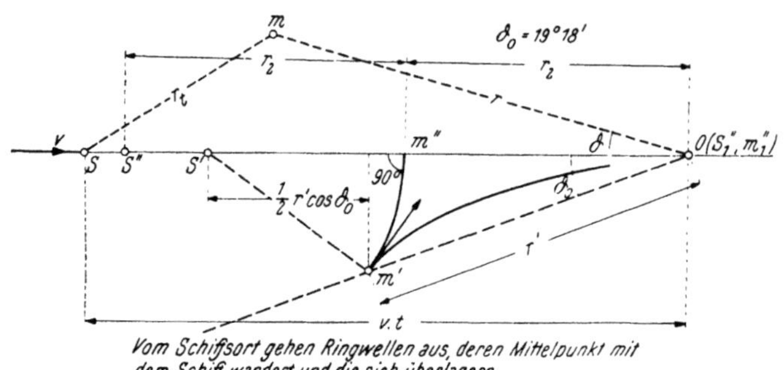

Abb. 379. Schiffswellen

Für einen Punkt m, dessen Polarkoordinaten r und ϑ seien (bezogen auf O), ergibt sich als Oberflächenerhebung

$$\eta = \beta \int_{\infty}^{0} \eta_t \cdot dt, \tag{73}$$

d. h., sie ist die Summe aller vorher im Punkte m aufgetretenen Erhebungen. Der Faktor β hat die Dimension t^{-1} und man setzt

$$\beta = \frac{v}{l} = \frac{v}{\sqrt[3]{V_0}},$$

so daß aus (73) und (71) folgt

$$\eta = \frac{v \cdot V_0^{2/3}}{\pi \sqrt{2}} \cdot \int_{-\infty}^{0} \frac{1}{r_t^2} \cdot u_t \cdot e^{-iu_t} \cdot dt, \tag{74}$$

wobei analog (67a) $u_t = \dfrac{g t^2}{4 r_t} = f(t)$ sei.

Wird nun die für die vorgegangene Darstellung gemachte Voraussetzung $u \gg 1$ aufrecht gehalten, so daß $f(t)$ wieder schnell veränderlich ist, so empfiehlt sich wieder, die Methode der stationären Phase anzuwenden. Man bildet also $f'(t) = 0$ und weil mit negativ gesetztem t aus Abb. 379

$$r_t^2 = r^2 + v^2 t^2 + 2 r v t \cos \delta,$$

so ist

$$\frac{4}{g} \cdot f'(t) = \frac{2t}{r_t} - \frac{t^2}{r_t^2} \cdot \frac{d r_t}{dt} = \frac{t}{r_t^3}\,(v^2 t^2 + 3 r v t \cos \delta + 2 r^2) = 0$$

mit den beiden Wurzeln

$$t_{1,2} = -\frac{3r}{2v}\left(\cos \delta \mp \sqrt{\cos^2 \delta - \frac{8}{9}}\right). \tag{75}$$

Für das Integrationsgebiet $-\infty < t < 0$ kommt nur die negative reelle Wurzel in Betracht, so daß

$$\cos^2 \delta > \frac{8}{9} \text{ und } \delta < \delta_0$$

wird.

Der schon von Lord Kelvin bestimmte Grenzwinkel ergibt sich aus

$$\cos^2 \delta_0 = \frac{8}{9} \text{ mit } \delta_0 = 19^0 28'.$$

Das ganze Wellenbild wird begrenzt durch die beiderseits zur Fahrtrichtung geneigten Geraden $\delta = \pm \delta_0$.

Das Integral (74) wird durch Integration über die Umgebung der Stellen $t = t_1$ und $t = t_2$ erhalten, somit aus zwei Beiträgen. Der Verlauf der diesen entsprechenden Längs- und Querwellen kann durch Konstantsetzen von $f(t_1)$ und $f(t_2)$ verfolgt werden. Für $\delta = \delta_0$ fallen die Stellen $t = t_1$ und $t = t_2$ zusammen. Die einem solchen Punkt m' zugeordnete Störungsquelle S' erhält man, indem man in (75) dessen Polarkoordinaten r' und δ_0 einsetzt. Es wird dann

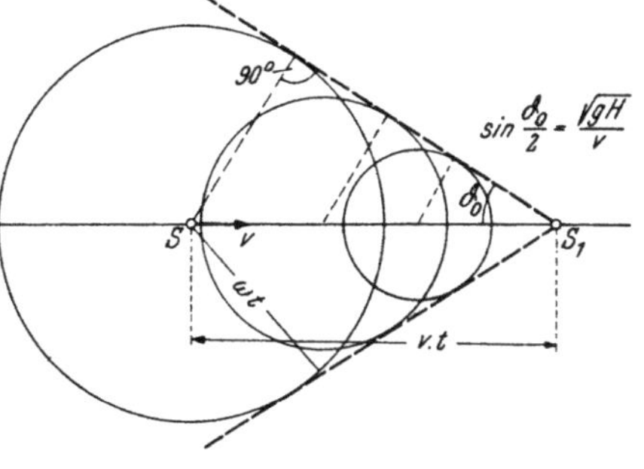

Abb. 380

$$-v t_1' = -v t_2' = \frac{3}{2} r' \cos \delta_0 = \overline{S'O}.$$

Nimmt δ von δ_0 ab, so nimmt $v t_2$ nach (75) zu und S' wandert gegen S und erreicht in S'' die Grenzlage, für welche mit $\delta = 0$ laut (75)

$$-v t_2'' = \frac{3}{2} r_2 \left(1 + \frac{1}{3}\right) = 2 r_2, \text{ wenn } 2 r_2 = \overline{S''O}.$$

Für den Verlauf des Kammes der Längswelle ist $v t_1$ maßgebend, welcher Wert mit abnehmendem $\delta < \delta_0$ ebenfalls abnimmt, so daß der Punkt S' gegen O wandert, etwa nach S_1''. Dabei nimmt der Neigungswinkel der Tangente ab und für kleine ϑ folgt aus (75)

$$-v t_1 = \frac{3}{2} r \left(1 - \frac{\delta^2}{2} + \sqrt{\frac{1}{9} - \frac{\delta^2}{2}}\right) = r \left(1 + \frac{3}{8} \delta^2\right),$$

so daß S_1'' mit m_1'' und 0 fast zusammenfällt.

Wenn das Schiff auf seichtem Wasser fährt, also für Grundwellen, ist $\omega = \sqrt{gH}$ und wandert das Erregungszentrum mit $v > \omega$, so schließen die die Ringwellen umhüllenden Geraden einen Winkel δ_0 ein (Abb. 380), der gegeben ist durch

$$\sin \frac{\delta_0}{2} = \frac{\omega \cdot t}{v} = \frac{\sqrt{gH}}{v},$$

so daß δ_0 mit wachsendem v vom Grenzwert $\vartheta_0 = 90^0$ $\left(v = \sqrt{gH}\right)$ gegen Null abnimmt. Dieses eigenartige Verhalten ist im Fehlen der Dispersion[1]) bei Grundwellen zu suchen, während bei Tiefseewellen infolge Dispersion jeder Schiffsgeschwindigkeit Wellen entsprechen, die mit dem Schiff laufen. Auch die vom fahrenden Schiff in Kanälen erzeugten Wellen sind Grundwellen. Die von ihnen

---

[1]) Ähnlich ist es bei dem Geschoß, das mit Überschallgeschwindigkeit fliegt, wie E. Mach in lichtvoller Weise dargelegt hat. Siehe Sommerfeld, A.: Vorl. über theoret. Physik, II. Bd.

getragene Energie muß von den Schiffsmaschinen geliefert werden und äußert sich in der Arbeit des Wellenwiderstandes, der einen Teil des Gesamtwiderstandes des Schiffes darstellt. Wenn auch beim Entwurf der modernen Wasserstraßen noch andere Faktoren mitsprechen, so muß dennoch der Widerstand durch sorgfältige Bemessung des Kanalprofils entsprechend berücksichtigt werden (Abschn. O 10).

9. Meereswellen und ihre Wirkung auf Bauwerke

Ist das Meer stark bewegt, so erscheint es bei dem ersten Anblick als wilde tobende Flut, in der systemlos kleine und große Wellen auftreten, sich kreuzen. überholen und vernichten. In diesem Durcheinander erkennt man aber bald auch vom Lande aus jene großen, majestätisch daherrollenden Wogen, denen unsere Betrachtungen gewidmet sind. Die Schwierigkeiten beim Vergleich der theoretischen Ergebnisse mit den Beobachtungen in der Natur werden geringer, wenn nach dem Sturme das Meer sich zu glätten beginnt und jene reine Wellenform aufzutreten beginnt, die man „Dünung" nennt. Für diese treffen die gemachten Voraussetzungen gut zu und diese Wellen können infolge der geringen Reibung ohne wesentliche Verringerung ihrer Energie Tausende von Kilometern zurücklegen. Die Größe der Wellen ist meist überschätzt worden.

D. D. GAILLARD[1]) hat zahlreiche Messungen gemacht und hat ihm bekanntgewordene verläßliche Messungen veröffentlicht, von welchen hier die folgende Zusammenstellung mitgeteilt wird:

Meer	Wellen-			$\dfrac{\lambda}{h}$	$\omega = \dfrac{\lambda}{t}$	Beobachter
	Höhe h	Länge λ	Periode t			
	m	m	sec		m/sec	
Südl. Stiller Ozean .	14·0	233	16·5	16·6	14·1	R. Abercromby
Atlant. Ozean	13·1	170	11·7	13·0	14·5	W. Scoresby
Südl. Atlant. Ozean.	12·0	214	11·7	17·8	18·3	G. Schott
Peterhead	10·7	183	15·0	17·1	12·2	W. Shield
Indischer Ozean ...	10·2	114	7·5	11·1	15·2	Paris
Indischer Ozean ...	10·0	129	9·1	12·9	14·2	G. Schott

Den Ingenieur interessiert vor allem die den Wogen innewohnende gewaltige Energie, die beim Übergang auf Baukonstruktionen in Arbeit der entstehenden inneren Kräfte verwandelt wird[2]). Der Vorgang wird recht verwickelt, wenn Brandung auftritt, bei der die Orbitalbewegung der Welle fast zur Gänze in fortschreitende Bewegung übergeht.

Die Wellenenergie setzt sich zusammen aus der potentiellen E_p und der kinetischen Energie E_k. Entsprechend der Abb. 381 ist unter der Annahme, daß die Wellenberge und Täler die gleiche Form haben,

$$E_p = \varrho \cdot V \cdot g \left(y_s - \frac{h}{2}\right) = \varrho \cdot F \cdot 1 \cdot g \left(y_s - \frac{h}{2}\right). \tag{46}$$

---

[1]) Professional Papers of the Corps of Engineers U. S. Army. D. D. GAILLARD: Wave Action, Washington 1904.
Siehe auch PH. FORCHHEIMER: Hydraulik, III. Aufl., Leipzig-Berlin 1930.

[2]) WEY, JOST: Die Energie der Meereswellen. Jahrbuch d. hafenbautechn. Gesellschaft, Hamburg 1920; ferner JACOBI, E.: „Werft, Rhederei u. Hafen", 1939, und i. d. „Bautechnik" 7 (1950).

Hierin bedeutet $V = F \cdot 1 = h \cdot \lambda$ das Volumen der Wassermasse in der oberen Schichte, die bei Bildung der Welle um das Maß $y_s - \dfrac{h}{2}$ (Schwerpunktsverschiebung) gehoben werden muß.

Nun ist

$$\varrho\, F = \varrho \int_0^\lambda \eta \cdot dx$$

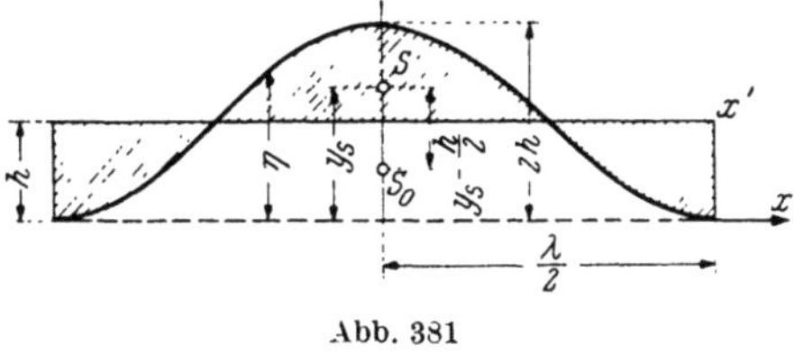

Abb. 381

und weil nach dem Momentensatz

$$F\, y_s = \Sigma\,(\eta \cdot \varDelta x) \cdot \frac{\eta}{2},$$

wenn y_s die Schwerpunktshöhe über der Sohle des Wellentales ist, so folgt

$$y_s = \frac{1}{2F} \int_0^\lambda \eta \cdot dF = \frac{1}{2F} \cdot \int_0^\lambda \eta^2\, dx.$$

Somit wird

$$E_p = \frac{\varrho\, g}{2} \left(\int_0^\lambda \eta^2 \cdot dx - h \int_0^\lambda \eta \cdot dx \right). \tag{47}$$

Setzt man die Sinusform voraus, also $\eta - h = h \cdot \sin bx$, so wird

$$E_p = \frac{\varrho\, g}{2} \cdot \int_0^\lambda (\eta - h) \cdot \eta \cdot dx = \frac{\varrho\, g}{2} \left\{ \int_0^\lambda h^2 \sin^2 bx \cdot dx + \int_0^\lambda h^2 \cdot \sin bx \cdot dx \right\}$$

$$= \frac{\varrho\, g\, h^2}{2b} \left(\frac{bx}{2} - \sin bx \cdot \cos bx \right)\Big|_0^\lambda - \frac{\varrho\, g\, h^2}{2b} \cdot \cos bx \Big|_0^\lambda = \frac{\varrho\, g\, h^2 \lambda}{4}. \tag{48}$$

Für die kinetische Energie gilt der Ausdruck

$$E_k = \frac{\varrho}{2} \int_0^\lambda \int_0^H (u^2 + v^2) \cdot dx \cdot dy. \tag{49}$$

Es wurde schon erwähnt, daß im Falle großer Tiefen, wenn also in (14) $H \gg y_1$ ist, die Bahnen der Teilchen als Kreise angesehen werden können.

Denn es sind die Halbachsen der Ellipsen gleich groß und der Radius der Bahn nimmt vom Werte $r_0 = \dfrac{A}{\omega}\, \mathfrak{Cof}\, \dfrac{2\pi}{\lambda}\, H = h$ im Spiegel ziemlich rasch mit der Tiefe ab, nach dem Gesetz

$$r = h \cdot e^{-y \cdot \frac{2\pi}{\lambda}}, \tag{50}$$

wie aus den Ausdrücken für die Halbachsen der Ellipsen hervorgeht, wenn die mittlere Tiefe y_1 des Teilchens mit der Tiefe y identifiziert wird. Die Abnahme mit der Tiefe ist also vom Verhältnis $\dfrac{y}{\lambda}$ abhängig und mit $r_0 = 1{\cdot}0$ an der Oberfläche sind in der folgenden Tabelle $\dfrac{y}{\lambda}$ und $r\left(\dfrac{y}{\lambda}\right)$ eingetragen:

$\dfrac{y}{\lambda}$	0·00	0·01	0·02	0·1	0·2	0·4	0·6	0·8	1·00	2·00
r	1·00	0·939	0·883	0·533	0·285	0·081	0·023	0·0066	0·0019	0·0000035

Nun ist

$$u^2 + v^2 = r^2 \cdot \left(\frac{d\varphi}{dt}\right)^2 = r^2 \cdot \left(\frac{2\pi}{\tau}\right)^2,$$

wenn $\dfrac{d\varphi}{dt}$ die Winkelgeschwindigkeit, $\dfrac{2\pi}{\tau}$ die Kreisfrequenz und τ die Umlaufzeit der Orbitalbewegung ist. Während der letzteren hat sich der Bewegungszustand um $\lambda = \omega \cdot \tau$ fortgepflanzt, so daß

$$\frac{dq}{dt} = \frac{2\pi}{\lambda} \cdot \omega = \frac{2\pi}{\lambda} \cdot \sqrt{\frac{g\lambda}{2\pi}} = \sqrt{\frac{2\pi \cdot g}{\lambda}}$$

wird. Somit folgt

$$u^2 + v^2 = \frac{2\pi g}{\lambda} \cdot r^2 = \frac{2\pi g h^2}{\lambda} \cdot e^{-\frac{4\pi}{\lambda} y} \tag{51}$$

und bei großen Tiefen ist

$$E_K = \frac{\varrho\,\pi g h^2}{\lambda} \cdot \int_0^\lambda dx \cdot \int_0^H e^{-\frac{4\pi}{\lambda} y} \cdot dy = \frac{\varrho g h^2 \lambda}{4}\left(1 - e^{-\frac{4\pi}{\lambda} H}\right) \approx \frac{\varrho g h^2 \lambda}{4}. \tag{52}$$

Es ist somit die kinetische Energie ebenso groß wie die potentielle und die Gesamtenergie beträgt

$$E = \frac{\varrho \cdot g \cdot h^2 \cdot \lambda}{2}, \tag{53}$$

worin h die halbe Wellenhöhe darstellt. Diese Energiemenge stellt einen maximalen Wert insofern dar, als die Wellen vor dem Auftreffen auf das Bauwerk Gebiete mit geringerer Tiefe, also größerem Reibungseinfluß, durchlaufen müssen.

Die elliptischen Bahnen gehen an der Sohle in eine Hin- und Herbewegung über mit Reibungswiderstand, der sich den oberen Schichten mitteilt und eine Verminderung der Wellenenergie zur Folge hat.

Wie aus (51) zu ersehen, hat das Geschwindigkeitsquadrat den größten Wert $\dfrac{2\pi g h^2}{\lambda}$ im Spiegel und nach der letzten Tabelle würde dasselbe in der Tiefe $y = 0{\cdot}2\,\lambda$ nur mehr etwa 8% des maximalen Wertes betragen. Der hauptsächliche Sitz der kinetischen Energie ist also in den obersten Schichten gelegen. Nach (52) ist der Energiegehalt einer Welle vom Spiegel bis zur Tiefe y

$$E_K = \frac{\varrho g h^2 \lambda}{4}\left(1 - e^{-\frac{4\pi}{\lambda} y}\right) \tag{54}$$

und für eine Schichte von der Dicke dy beträgt er

$$dE_K = \varrho g h^2 \pi \cdot e^{-\frac{4\pi}{\lambda} y} \cdot dy \tag{55}$$

oder pro Dickeneinheit

$$\frac{dE_K}{dy} = E_{Ky} = \varrho g h^2 \pi \cdot e^{-\frac{4\pi}{\lambda} y} \tag{56}$$

mit dem Maximum für $y = 0$

$$E_{K0} = \varrho g h^2 \pi. \tag{57}$$

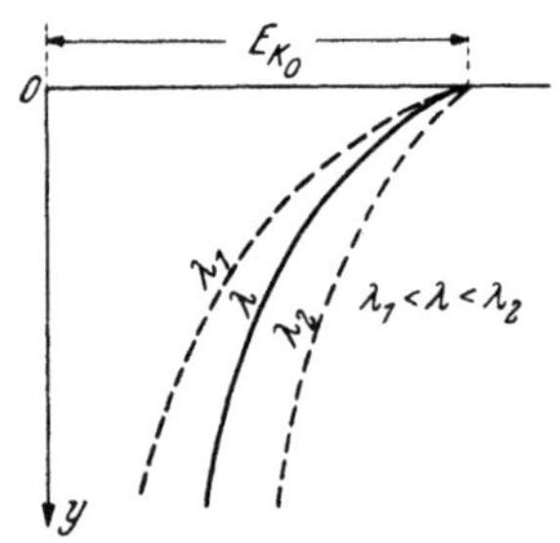

Abb. 382. Einfluß der Wellenlänge auf die Abnahme des Energiegehaltes mit der Tiefe

Die Wellenlänge bewirkt eine Abnahme des Energiegehaltes mit der Tiefe dergestalt, daß die langen Wellen ihre Wirkung in tiefere Zonen erstrecken als die kürzeren, weshalb bei ihnen die Abnahme des Energiegehaltes mit der Tiefe langsamer erfolgt als bei den kürzeren Wellen (Abb. 382). Die maximale

Energieentfaltung, das ist jene in der obersten Schicht, hingegen ist nach (57) von der Wellenlänge unabhängig, dagegen von der Wellenhöhe stark abhängig (Abb. 383). Für die Energieübertragung kommt nur der schraffierte Teil in Frage (Abb. 384), dessen Teilchen eine Geschwindigkeitskomponente in der Lauf-

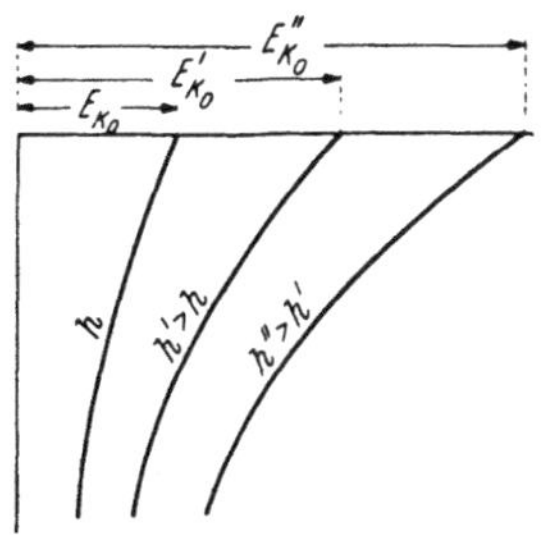

Abb. 383. Einfluß der Wellenhöhe auf die
Energieverteilung mit der Tiefe

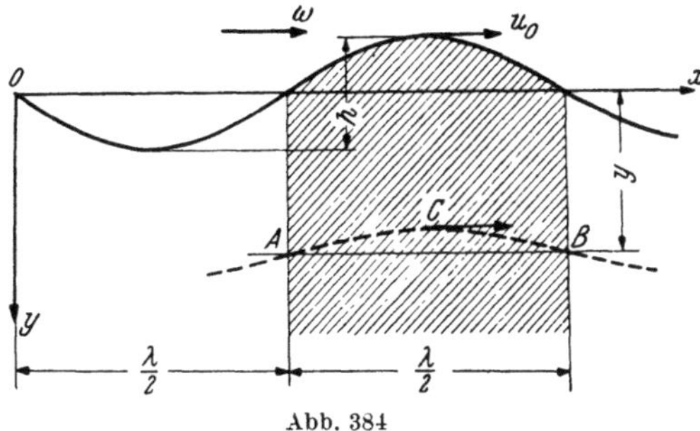

Abb. 384

richtung der Welle haben. Dies bedingt eine Abminderung der oben berechneten Energie auf die Hälfte.

Will man die auf ein Bauwerk wirkende Kraft erhalten, die von der rollenden Woge ausgeübt wird, so ist es zweckmäßig, vom Impulssatz auszugehen. Die Teilchen in der Vertikalen durch den Wellenscheitel haben die Geschwindigkeit

$$u = u_0 \cdot e^{-\frac{2\pi}{\lambda} y} = h \cdot \frac{d\varphi}{dt} \cdot e^{-\frac{2}{\lambda} y} = \frac{2\pi\omega}{\lambda} \cdot h \cdot e^{-\frac{2\pi}{\lambda} y}. \tag{58}$$

Von der Fläche $(H + h) \cdot 1$ der Wand wird ein Impuls aufgenommen

$$P = \varrho \cdot \omega \cdot \int\limits_0^{H+h} u \cdot dy = \varrho \frac{2\pi\omega^2}{\lambda} \cdot h \int\limits_0^{H+h} e^{-\frac{2\pi}{\lambda} y} \cdot dy = \int\limits_0^{H+h} p \cdot dy. \tag{59}$$

Werden Tiefseewellen vorausgesetzt mit $\omega = \sqrt{\frac{g\lambda}{2\pi}}$, so folgt aus (59) eine spezifische Kraft in der Spiegelhöhe

$$p = \left(\frac{dP}{dy}\right)_{y=0} = \varrho \cdot gh,$$

die sich zum statischen Druck hinzugesellt. Es tritt somit in der Höhe des Wasserspiegels infolge des Wellenanpralls ein gesamter Wasserdruck

$$p = 2\varrho gh \tag{60}$$

auf, was unter anderem auch von Coen Cagli bestätigt wird, der bei einer Sturmwelle am 12. März 1934 mit einer Höhe $2h = 4{\cdot}50$ m und bei einer Wassertiefe $H = 10{\cdot}0$ m einen maximalen Druck von $4{\cdot}4$ tfm² an der Uferwand gemessen hat. Die von dem Genannten ermittelten Drücke sind in Abb. 385 dargestellt.

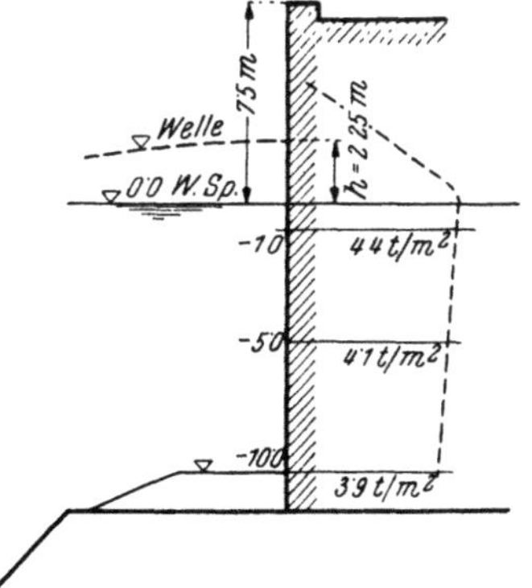

Abb. 385.
Messungen von Coen Cagli

Weil der Radius der orbitalen Bahn nach (50) mit der Tiefe abnimmt und dementsprechend auch u, so beträgt die Druckerhöhung infolge des Impulses in der Tiefe y nur $\varrho \cdot gh \cdot e^{-\frac{2\pi}{\lambda} y}$, so daß die gesamte Druckerhöhung z. B. auf die in Abb. 386 schematisch dargestellte Mole in der Sohle

$$(p)_{y=H} = p_H = \varrho g h \left(1 + e^{-\frac{2\pi}{\lambda}H}\right)$$

sich ergibt.

Der größte im Spiegel wirkende Wasserdruck beträgt danach bei Tiefseewellen und einer Wellenhöhe von 13 bis 14 m (maximal) etwa 1·4 kg/cm². Nach
L. Franzius und C. Schilling[1]) kann an
der deutschen Nordseeküste der größte
Druck mit 1·5 kg/cm² und an der Ostsee-
küste mit 1·0 kg/cm² angesetzt werden.
An der Ozeanküste Frankreichs wurde
nie mehr als 2 kg/cm² beobachtet und
im allgemeinen der größte Stoßdruck
zwischen 1·5 und 1·8 kg/cm² gefunden.

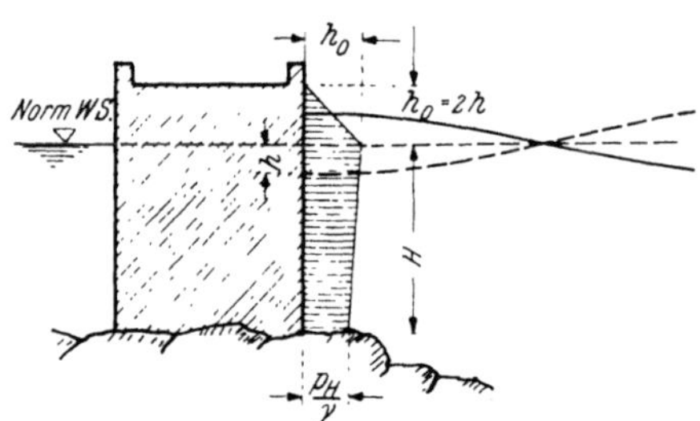

Abb. 386. Ermittlung der Druckverteilung auf
eine Hafenmole infolge Wellen-Anprall

Wenn in verschiedenen Fällen etwas
größere Drücke gemessen worden sind, so
liegt dies darin begründet, daß die Wellen,
ehe sie zum Bauwerk gelangen, seichtere
Stellen durchlaufen müssen. Infolge der
an der Sohle auftretenden und in die oberen Partien sich übertragenden Reibung
schieben sich die Wellen zusammen, die vorderen Wellenseiten werden immer
steiler, bis die Wellen kippen, brechen oder branden. Nach Beobachtungen
erfolgt letzteres bei dem Verhältnis

$$\frac{H}{h_0} \sim 0·72 \text{ bis } 2·71, \text{ wenn } h_0 \text{ die Wellenhöhe ist,}$$

je nachdem der Wind gegen oder mit der Wellenrichtung weht. Auch ist die
Neigung des Strandes von Einfluß. Bei der brandenden Woge wird der größte
Teil der Wellenhöhe in Geschwindigkeit umgesetzt, und zwar etwa 80 bis 85%, so daß

$$v = \sqrt{1·65\,g\,h_0} \cong \sqrt{16·0\,h_0}.$$

Für den Stoßdruck folgt dann pro Flächeneinheit

$$P = \varrho \cdot v^2 = \varrho g \cdot 1·65\,h_0 \cong 1600\,h_0 \text{ kg/m}².$$

Neuerdings hat E. G. Richardson[2]) eine Vorrichtung zur Aufzeichnung des
Druckes angegeben. Die Druckübertragung auf eine elastische Membran ähnelt
jener bei manchen Mikrobarographen und die Bewegung eines an der Membran
befestigten Stiftes wird photoelektrisch registriert. Die Genauigkeit geht bis auf
0·005 Atm.

K. Das Wasser im Boden. Grundwasserbewegung

I. Statik des Wassers im Boden[3])

Das Verhalten des Wassers im Boden in seinen Auswirkungen bezüglich des
Pflanzenwuchses und damit auf den Wasserhaushalt in der Natur, dessen Kenntnis die Grundlage jeder größeren hydrotechnischen Planung ist, lassen den Gegen-

---

[1]) Forchheimer, Ph.: Hydraulik, III. Aufl., 1930.
[2]) Phil. Mag. **37** (1946).
[3]) Kozeny, J.: Das Wasser im Boden und seine Bindung, Österr. Bauzschft. **1952**.

stand von größter Wichtigkeit für jeden Hydrotekten erscheinen. Wenn es sich um Sande und Kiese handelt, also um grobdisperse Systeme, wie sie zur Versorgung unserer Städte und Siedlungen in Betracht kommen, so werden auf das als „Grundwasser" bezeichnete Bodenwasser nur mechanische Kräfte, also Druck- und Massenkräfte, und im Falle der Bewegung die Reibung als wirkend angenommen. Weit verwickelter ist das Verhalten des Wassers in den feindispersen Anteilen (Ton, Lehm usw.) des polydispersen Bodens. Hier wirken außer der Schwere, noch Kräfte molekularer und elektrischer Natur, die die substanzielle Bindung mittel- oder unmittelbar an die Bodenteilchen (Mikronen und Ultramikronen) bewirken.

Während die Schwere die Bodenporen zu entleeren sucht, binden die früher genannten Kräfte das Wasser an den Boden. Als Maß der Bindung hat sich der relative Dampfdruck, besser noch das relative Dampfdruckdefizit, bewährt, wie in B 3 (22) und B 10 f dargestellt worden ist. Bei diesen feindispersen Böden spielt die Tatsache eine große Rolle, daß das Bodenwasser niemals chemisch rein ist, sondern stets eine Lösung von sehr schwacher Konzentration darstellt. Die infolge der Dissoziation (SVANTE ARRHENIUS) darin befindlichen Kationen (Basen) weisen je nach ihrem Chemismus mehr oder weniger starke Wasser- oder Hydrathüllen auf und lagern sich an die negativ geladenen Bodenteilchen als sogenanntes Schwarmwasser an. Die Bindung ist so stark, daß eine Verdichtung des Wassers bei Benetzung erfolgt und die Benetzungswärme frei wird.

Dieses gebundene oder hygroskopische Wasser führt eine Verkleinerung des für die Durchlässigkeit maßgeblichen Porenvolumens μ um das Volumen μ_0 des adsorbierten Wassers herbei, so daß für den Durchgang des Wassers bei feinverteilten Böden nur das „spannungslose" Porenvolumen $\mu - \mu_0$ in Frage kommt. Für Sande kann μ_0 vernachlässigt werden. Dagegen ist die Durchlässigkeit z. B. eines sandigen Lehmbodens für hartes Wasser eine andere als für kochsalzhaltiges, dessen hydrophiles Na-Ion durch Anlagerung die Poren verengt.

Wenn auch die Erscheinungen in solch dispersen Systemen von Gesetzen beherrscht werden, die in das Gebiet der physikalischen Chemie gehören, so muß doch zur Förderung des Verständnisses einiges scheinbar nicht hieher Gehöriges gesagt werden. Vor allem gilt der wichtige Satz, daß jedes disperse System mit allen Mitteln der kleinsten Grenzflächenenergie zustrebt. Die Grenzfläche besteht hier gewöhnlich aus jener zwischen den festen Bodenteilchen (Mikronen bzw. Ultramikronen) und dem Wasser, sowie aus jener zwischen Wasser und Luft. Weil die Grenzflächenenergie das Produkt von Grenzfläche und Grenzflächenspannung ist, so kann eine Änderung derselben durch Änderung eines ihrer Faktoren oder beider zugleich erfolgen. Ist die Grenzfläche Boden-Wasser durch Adsorption abgesättigt, so strebt noch jene zwischen Wasser und Luft einem Minimum zu.

Der sorbierten Schwarmwassermenge entspricht ein osmotischer Druck p_{os} nach B 10 f (43)

$$p_{os} = \varrho \cdot g \cdot z_{os} = \varrho g \cdot \frac{RT}{M} \ln \frac{p_0}{p} = - \varrho g \cdot \frac{RT}{M} \ln (1 - \delta), \qquad (1)$$

wenn z_{os} die osmotische Höhe und $\delta = \dfrac{p_0 - p}{p_0}$ das relative Dampfdruckdefizit darstellt. p_{os} beträgt für die unmittelbar an der Teilchenoberfläche festgehaltenen Wasserschichten einige 100 Atmosphären und nimmt rasch mit der Entfernung ab. Von Bedeutung ist jene Wassermenge, die ein trockener Boden bei der Benetzung unter Abgabe der Benetzungswärme bindet. Dieses Wasser ist verdichtet und wird als Hygroskopizität W_h bezeichnet. Es ist mit einer Kraft von ca. 50·6 Atm. gebunden ($\delta \simeq 3·9$ bis 4%), was der osmotischen Saugung einer 10%igen Schwefelsäure entspricht. Hierauf stützt sich die ältere Methode von MITSCHERLICH zur Ermittlung der Hygroskopizität, indem man den Wassergehalt einer Bodenprobe bestimmt, den sie im Dampfraum einer 10%igen Schwefelsäure aufweist. P. VAGELER[1]) hat die Abhängigkeit der Hygroskopizität von der Art der Kationen festgestellt, so daß W_h einen anderen Wert bei Na-Ionenbelag hat, als bei einem solchen von Ca-Ionen.

Zur erwähnten Sorption gesellt sich die Wirkung der Oberflächenspannung in der Grenzfläche zwischen Wasser und Luft. Die infolge der gekrümmten Menisken auftretende Kapillarspannung kann durch eine analoge Gleichung wie (1) ausgedrückt werden. Nun möge eine anfangs trockene Bodenprobe ($W = 0$, $\delta = 100\%$) allmählich mit Wasser benetzt werden. Der vorerst große Sorptionsdruck nimmt mit fortschreitender Benetzung ab und schließlich tritt die Kapillarwirkung der Grenzfläche Wasser-Luft in den Vordergrund. Will man der Bodenprobe die Wassermenge dW entziehen, die mit der Kraft $\varrho \cdot g \cdot z_k$ festgehalten wird, wenn z_k die Spannungshöhe ist, so muß die Arbeit $\varrho \cdot g \cdot z_k \cdot dW$ geleistet werden, wobei die Grenzflächenenergie sich um $d\Omega$ ändert. Es muß also

$$- \varrho \cdot g \cdot z_k \cdot dW + d\Omega = 0 \tag{2}$$

sein, woraus folgt

$$\frac{d\Omega}{dW} = \varrho \cdot g z_k = - \varrho \cdot g \cdot \frac{RT}{M} \cdot \ln(1 - \delta). \tag{3}$$

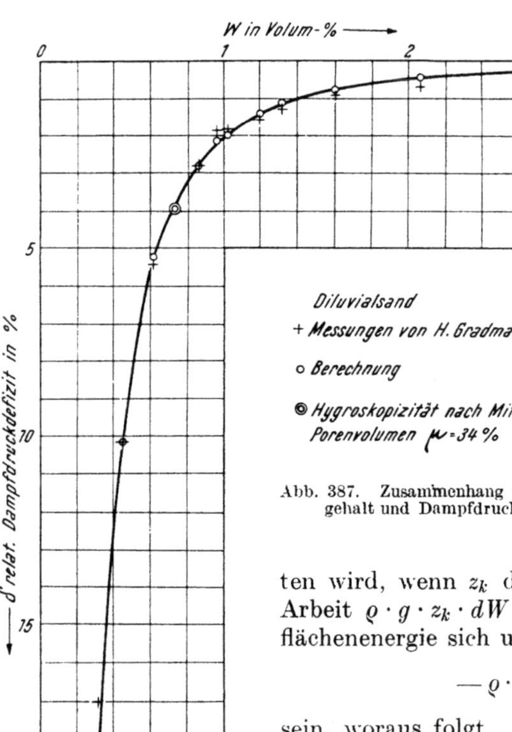

Abb. 387. Zusammenhang von Wassergehalt und Dampfdruckdefizit

Setzt man

$$\Omega = A \cdot W + \frac{B}{W}, \tag{4}$$

wo $\frac{B}{W}$ den der Sorption entsprechenden mit W abnehmenden Anteil der Grenzflächenenergie darstellt, so wird Ω ein Minimum aufweisen, das für $z_k = 0$ bei dem Wassergehalt W_0 auftritt und es folgt aus

$$\left(\frac{d\Omega}{dW}\right)_{W=W_0} = \left(A - \frac{B}{W^2}\right)_{W=W_0} = 0. \tag{5}$$

$B = A \cdot W_0^2$ und somit aus (4)

$$\Omega = A\left(W + \frac{W_0^2}{W}\right). \tag{6}$$

---

[1]) VAGELER, P.: Der Kationen- und Wasserhaushalt des Mineralbodens, Berlin 1932.

Weiter ist aus

$$\left(\frac{d\Omega}{dW}\right)_{W=W_h} = A\left(1 - \frac{W_0^2}{W_h^2}\right) = p_s, \tag{7}$$

wenn p_s der osmotische Druck der 10%igen Schwefelsäure ist. Folglich ergibt sich

$$A = p_s \cdot \frac{W_h^2}{W_h^2 - W_0^2}$$

und schließlich

$$\Omega = p_s \cdot \frac{W_h^2}{W_h^2 - W_0^2} \cdot \left(W + \frac{W_0^2}{W}\right). \tag{8}$$

Aus (3) folgt

$$\delta\,\% = 100\left(1 - e^{-\frac{M}{RT} \cdot \frac{1}{\gamma g} \cdot \frac{d\Omega}{dW}}\right), \tag{9}$$

welche Gleichung im Verein mit (8) die Wasserbindung als Funktion des Wassergehaltes ergibt. Für einen von H. GRADMANN[1]) untersuchten Diluvialsand wurde das Volumgewicht $\gamma_b = 1{\cdot}72$ und das spezifische Gewicht $\gamma_s = 2{\cdot}61$ bestimmt, so daß ein Porenvolumen $\mu = \dfrac{\gamma_s - \gamma_b}{\gamma_s} = 0{\cdot}34$ resultierte.

Die nach MITSCHERLICH bestimmte Hygroskopizität betrug $W_h' = 0{\cdot}43$ Gew.-% oder in Volumprozenten

$$W_h = \gamma_s \cdot (1 - \mu)\, W_h' = 0{\cdot}741.$$

Es wurden weiters folgende Werte eingesetzt:

Molekulargewicht $M = 18$ Gaskonstante $R = 0{\cdot}0824$ Lit.-Atm.
absolute Temperatur $T = 288^0$ (15^0 C) $p_s = 50$ Atm.

und aus der Auftragung der Gradmannschen Messungen wurde auf $W_0 = 5\%$ (Vol.) geschlossen. Es folgt mit den vorgenannten Werten aus (9)

$$\delta = 100\left(1 - 1{\cdot}001\, e^{-\frac{0{\cdot}0213}{W^2}}\right). \tag{10}$$

Die aus (10) berechneten Werte stimmen recht gut mit den von GRADMANN gefundenen Werten überein, wie die folgende Tabelle und Abb. 387 zeigen.

Wassergehalt W in Vol.-%	0·0	0·33	0·45	0·62	0·86	0·96	1·02	1·20	1·32	1·60	2·06
δ gemessen bzw. wirklich	100	17·0	9·8	5·5	2·8	1·9	1·9	1·57	1·26	0·94	0·76
δ theoretisch nach (10).........	100	18·05	9·87	5·3	2·77	2·18	1·98	1·37	1·11	0·73	0·40

Zwischen dem Wert W_0, der die Wasserkapazität darstellt, und der Hygroskopizität kann die genäherte Beziehung

$$W_0 \cong 4{\cdot}5\, W_h + 3{\cdot}4 \cdot e^{-0{\cdot}11 W_h} \tag{11}$$

aufgestellt werden, wie aus folgender Tabelle zu ersehen ist.

---

[1]) GRADMANN, H.: Untersuchungen über die Wasserverhältnisse des Bodens, Jb. f. wiss. Bot. **69** (1928).

Boden	$W_h \%$	W_0 gemessen	W_0 nach (11)	Autor
Diluv.-Sand	0·43	5·0	5·14	Nach GRADMANNS Messungen
K 58	3·2	16·8	16·8	
K 67	4·8	23·8	23·6	
K 56	8·3	43·9	38·7	P. VAGELER und F. ALTEN[1])
G 33	11·6	50·7	53·15	
G 19	14·7	71·7	66·8	
G 10	16·7	68·2	75·6	

Auch für den von GRADMANN untersuchten Ackerboden ergibt sich eine befriedigende Übereinstimmung von Messung und Rechnung nach einer Formel ähnlich (10). Es wurden für diesen Boden gefunden

$$\gamma_s = 2·49, \quad \gamma v = 1·29, \quad \text{somit} \quad \mu = \frac{\gamma_s - \gamma_v}{\gamma_s} = 0·482.$$

Die Hygroskopizität in Gewichtsprozenten betrug $W_h' = 4·64$, somit in Volumprozenten $W_h = \gamma_s(1-\mu) \cdot W_h' = 6·01$ nach MITSCHERLICH, während aus der Auftragung der Messungen, die mit dem Lösungshygrometer gemacht wurden, $W_h \cong 5·7$ Vol.-% folgt.

Mit letzterem Wert ergibt (11) den Wert $W_0 \cong 26\%$ und mit den gleichen Werten für M, R und T beim Diluvialsand folgt aus (9)

$$\delta = 100\left(1 - 1·002 \cdot e^{-\frac{1·30}{W^2}}\right) \tag{12}$$

und folgende Tabelle:

W in Vol.-%	0	3·2	4·3	5·4	5·9	6·4	7·4	8·5	9·5
δ gemessen	100	14·5	7·6	4·6	3·3	2·20	1·5	1·2	0·91
theoretisch	100	11·76	6·52	4·2	3·5	2·94	2·1	1·6	1·24

Es ist somit möglich, den Verlauf der Wasseraufnahme in Abhängigkeit vom relativen Dampfdruck bzw. Dampfdruckdefizit in befriedigender Weise darzustellen, wenn die Hygroskopizität W_h bestimmt und aus (9) der Wert der Wasserkapazität W_0 ermittelt worden ist.

Daß ein trockener Boden Wasser aufzunehmen und zu tragen vermag bis zur Grenze $\delta = 0$ ist dadurch zu erklären, daß die auftretenden Menisken in einem gewissen Stadium der Befeuchtung den Charakter von Minimalflächen annehmen, wie die Wasserringe um die Berührungspunkte der Bodenteilchen (B 10e). Wird einem mit $W < W_0$ gesättigten Boden Wasser entzogen, so muß Arbeit geleistet werden. Die Wasserkapazität wächst nach (11) mit der Hygroskopizität und es

---

[1]) VAGELER, P. u. ALTEN, F.: Die Böden des Nil und Gash, Zschft. f. Pflanzenernährung A **23** (1932).

vermögen die Kulturböden ziemliche Wasservorräte aufzunehmen und zu tragen. Der größte Teil des Wasservorrates, der mit $\delta < 4\%$ gebunden ist, kann von den Pflanzen aufgenommen werden, weil diese in den Saugwurzeln osmotische Werte von 20 bis 25 Atm., in besonderen Fällen auch mehr, entwickeln können, was einem $\delta \simeq 2\%$ entspricht. Freilich spielen bei der Wasseraufnahme die Bewegungswiderstände bei der Nachleitung eine große Rolle, die nach Untersuchungen von F. Sekera[1]) bei einem, jedem Boden charakteristischen, Wassergehalt plötzlich so stark zunehmen, daß das restliche Wasser (kritischer Wassergehalt) den Pflanzen nicht mehr zur Verfügung steht.

Aus folgender Tabelle mag eine vorläufige Orientierung gewonnen werden:

Bodenart	Wasserkapaz. W_0 in Vol.-$\%$	Poren- volumen $_{\prime\prime}$	Krit. Wasser- gehalt W_k	$W_0 - W_k$
Lehmiger Sand....	25—15	34·2—41·0	10	24·2—31
Sandiger Lehm ...	36—30	46·5—59·7	15	31·5—59·7
Lehm	43—39	50·8—61·0	21	29·8—40
Ton	51—48	56 —63	26	30 —37

Man kann sagen, daß je größer der Wasservorrat in ein und demselben Boden ist, desto geringer ist die Wasserbindung. Dies ist aber von großer Bedeutung für den natürlichen Wasserhaushalt, dessen Gleichung lautet

$$\text{Niederschlag } N = \text{Abfluß } A + \text{Verdunstung } V + \text{ Rückhalt bzw. Aufbrauch } R. \quad (12)$$

Es ist bekannt, daß obige Gleichung für eine genügend lange Reihe von Jahren genommen zu

$$\Sigma\,(N - A) = \Sigma\,V \quad (13)$$

führt, wegen des wechselnden Vorzeichens von R, so daß aus (13) die Verdunstung folgt. Nun wächst aber die Verdunstung mit dem Niederschlag[2]) und es bildet dabei die Transpiration der Pflanzen den größten Anteil. Die Pflanzen zehren vom Wasservorrat, so daß dieser am Ende der Hauptvegetationsperiode ein Minimum, vor Beginn aber ein Maximum aufweist. Der Unterschied zwischen beiden gemittelt über eine größere Anzahl von Jahren, also die mittlere jährliche Schwankung der Rücklage, ist von der Größe des Niederschlages wenig abhängig[3]). Dies ist nur so zu verstehen, daß nach (13) die Verdunstung mit $N - A$ wächst, weil die Pflanzen bei größeren Niederschlägen aus den größeren Wasservorräten leichter das Wasser aufnehmen können als aus den geringen Wasservorräten bei kleinen Niederschlagsmengen.

Geringe Saugspannungen bis zu 200 cm Wassersäule werden mit dem Kapillarimeter gemessen, dessen Konstruktion von R. Ch. Fischer[4]) stammt und als dessen Vorläufer die Meßvorrichtung von H. Gradmann[5]) angesehen werden

---

[1]) Sekera, F.: Die nutzbare Wasserkapazität..., Zschft. f. Pflanzenernährung **A 2** (1931).

[2]) Z. B. nach Keller, H.: Jhrb. f. Gewässerkunde, Bd. 1, Nr. **4**, Berlin 1906. Schaffernak, F.: Hydrographie, Wien 1935.

[3]) Fischer, K.: Die natürliche Vorratsbildung in unseren Flußgebieten, Met. Zschft. **2** (1941).

[4]) Donat, J.: Ein Verfahren zur Kennzeichnung des Bodengefüges, Ernährung der Pflanze 1937.

[5]) Gradmann, H.: Jhrb. f. wiss. Botanik **1928**.

kann. Das Vakuumkapillarimeter[1]) ermöglicht mit Hilfe einer Wasserstrahl-
pumpe Saugspannungen bis zu 10 m Wassersäule zu erzeugen, die mit einem
Vakuummanometer gemessen werden. Ein wesentlicher Bestandteil des Kapillarimeters ist eine aus feinporiger Glas-
sintermasse bestehende Filterplatte, die
in einen Glaszylinder mit röhren-
förmigem Fortsatz eingeschmolzen ist
(Abb. 388). Dieser Zylinder ist mit
einem Beschickungsgefäß a und einer
Meßbürette b verbunden. Wird die
feuchte Bodenprobe im Entnahmering
auf die Filterplatte gesetzt, nachdem
vorher der unter dem Filter befindliche Raum mit Wasser gefüllt worden
ist, so stellt sich zwischen dem letzteren und den
Wasserfäden im Boden eine Verbindung ein, so
daß die Spannungen übertragen werden.

Jedem Wasserspiegel in der Meßbürette, der
durch Betätigung des Quetschhahnes erhalten
wird, entspricht ein bestimmter Wassergehalt und
diesem eine bestimmte Saughöhe. Geht man von
der vollen Sättigung aus, so erhält man etwa die
in Abb. 389 dargestellten charakteristischen Entwässerungskurven. Sie zeigen, daß die größte Anspannung der Menisken bei voller Sättigung nur
eine geringe ist. Für Sand beträgt sie etwa 10 cm
Wassersäule, für Ackerboden noch weniger und
es erfolgt schon bei geringen Saugspannungen

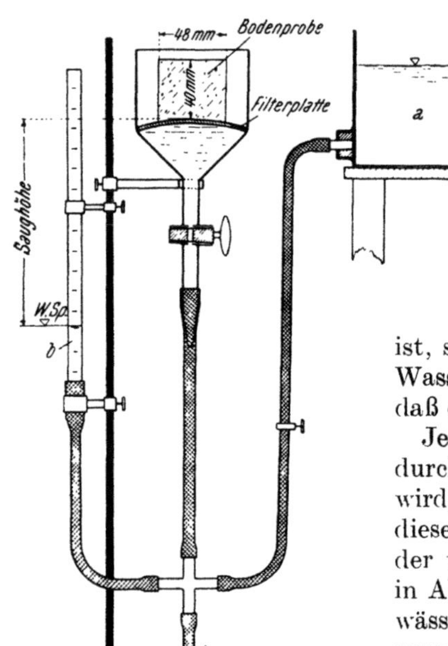

Abb. 388. Kapillarimeter

Wasserabgabe. Diese ist bei gröber dispersen Systemen und solchen mit
Krümelstruktur (Ackerboden) vorerst sehr groß, weil hiezu relativ geringe

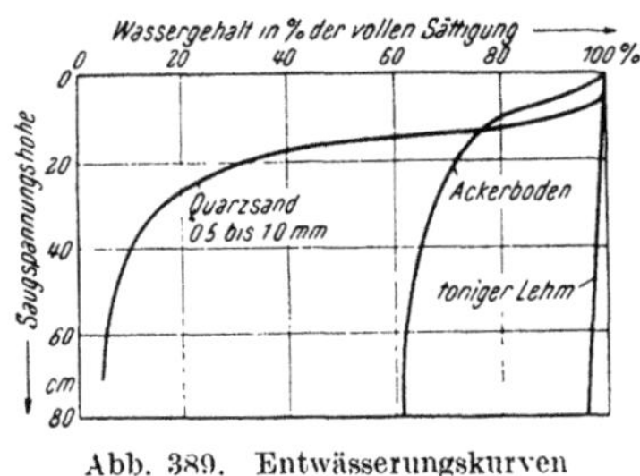

Abb. 389. Entwässerungskurven

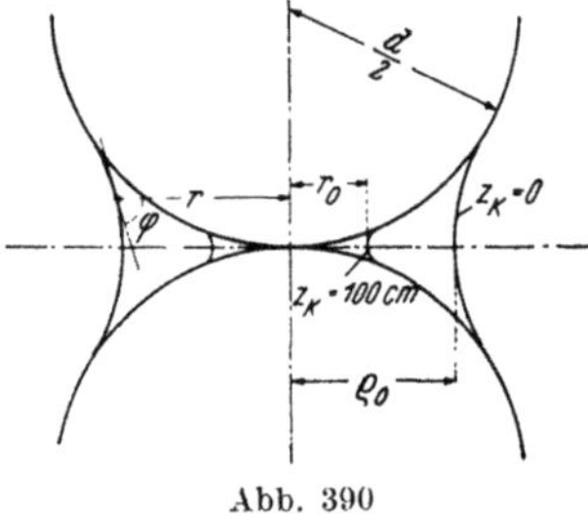

Abb. 390

Saugspannungen genügen. Nach (36) in B 10 gilt für den spannungslosen
Meniskus des Wasserringes um den Berührungspunkt zweier kugelförmiger
Bodenteilchen

$$\frac{dr\sin\varphi}{dr^2}=0$$

oder $r\sin\varphi=\varrho_0$, wenn ϱ_0 der Radius des Halsquerschnitts (Abb. 390) ist.
Für genügend große Saugspannungshöhen folgt aus (36) in B 10

$$r\sin\varphi=-\frac{\varrho g z_k}{2\,a}\,r^2+c.$$

[1]) SEKERA, F.: Die Strukturanalyse des Bodens, Bodenkunde u. Pflanzenernährung 1938.

Bei Spannungslosigkeit ergibt sich für die Konstante $c = \varrho_0$ und wenn für $\varphi = 90°$ der Parallelkreisradius $r = r_0$ gesetzt wird, so folgt

$$r_0 = -\frac{\varrho g z_k}{2\alpha} r_0{}^2 + \varrho_0$$

oder

$$r_0 = -\frac{\alpha}{\varrho g z_k} + \sqrt{\frac{\alpha}{\varrho g z_k}\left(\frac{\alpha}{\varrho g z_k} + 2\varrho_0\right)}. \tag{14}$$

Für ein die Kugeln berührendes Katenoid[1]) mit $z_k = 0$ ergibt sich

$$r_0 = \varrho_0 = 0\!\cdot\!341 \cdot d,$$

wenn d der Kugeldurchmesser ist und aus (14) folgen die nachstehenden Tabellenwerte.

Saugspannung z_k	d cm	ϱ_0 cm	r_0 cm	$\dfrac{r_0}{\varrho_0}$
1000 cm	0˙01	0˙00341	0˙000636	0˙19
	0˙001	0˙000341	0˙000162	0˙47
	0˙0001	0˙0000341	0˙0000285	0˙84
	0˙00001	0˙00000341	0˙0000033	0˙97
100 cm	0˙1	0˙0341	0˙00636	0˙19
	0˙01	0˙00341	0˙00162	0˙47
	0˙001	0˙000341	0˙000285	0˙84
	0˙0001	0˙0000341	0˙000033	0˙97
30 cm	0˙1	0˙0341	0˙0133	0˙39

Aus der Tabelle ist ersichtlich, daß z. B. bei einem Grobsand von 1 mm Durchmesser eine Saugung von 100 cm Wassersäule ($\delta \cong 0\!\cdot\!008\%$) genügt, um das Porenwinkelwasser fast ganz abzuzapfen, weil $\dfrac{r_0}{\varrho_0} = 0\!\cdot\!19$ ist. Auch bei Feinsanden mit $d = 0\!\cdot\!1$ mm erscheint bei $z_k = 100$ cm mit $\dfrac{r_0}{\varrho_0} = 0\!\cdot\!47$ der größte Teil des Porenwinkelwassers entfernt (Abb. 390). Je kleiner der Korndurchmesser ist, desto größere Saugspannungen werden benötigt, um das Porenwinkelwasser abzusaugen.

Nun hängt das Wasser der einzelnen Porenwinkel zusammen, so daß bei kleinen Spannungen und längeren Wassersäulen an Stelle von (3)

$$\frac{d\Omega}{dW} = \varrho g (z_k - z)$$

zu setzen ist. Wegen der vollen Absättigung der Grenzfläche zwischen Wasser und Boden, kommt nur die mittlere Krümmung der Grenzfläche zwischen Wasser und Luft in Frage, so daß $\dfrac{d\Omega}{dW} = \alpha \cdot \left(\dfrac{1}{r_1} + \dfrac{1}{r_2}\right)$.

Verlegt man das spannungslose Wasser W_0 in das Niveau $z = 0$, so folgt

$$\alpha \cdot \left(\frac{1}{r_1} + \frac{1}{r_2}\right) = -\varrho g z. \tag{15}$$

---

[1]) SCHIEL, F.: Zschft. f. Math. u. Mech. **1943**, 200.

Oberhalb dieses Wassers nimmt mit wachsenden positiven z die Krümmung zu und der Wassergehalt ab, während unterhalb dieses Niveau das Entgegengesetzte stattfindet. Zunahme des Wassergehalts über den Wert W_0 kann aber nur dann eintreten, wenn sich entsprechend konvex gekrümmte Menisken als stützende Grenze ausbilden können.

Ist die untere Grenze eine ebene undurchlässige Fläche, an der sich das von oben zusickernde, die Poren vollerfüllende Wasser sammelt, so bilden sich die Menisken entsprechend ihrer Höhe über der undurchlässigen Schichte aus, bis infolge weiterer Zusickerung jene Höhe erreicht wird, die der größten Anspannung bei voll erfüllten Poren entspricht. Letztere ist, wie schon erwähnt, sehr gering

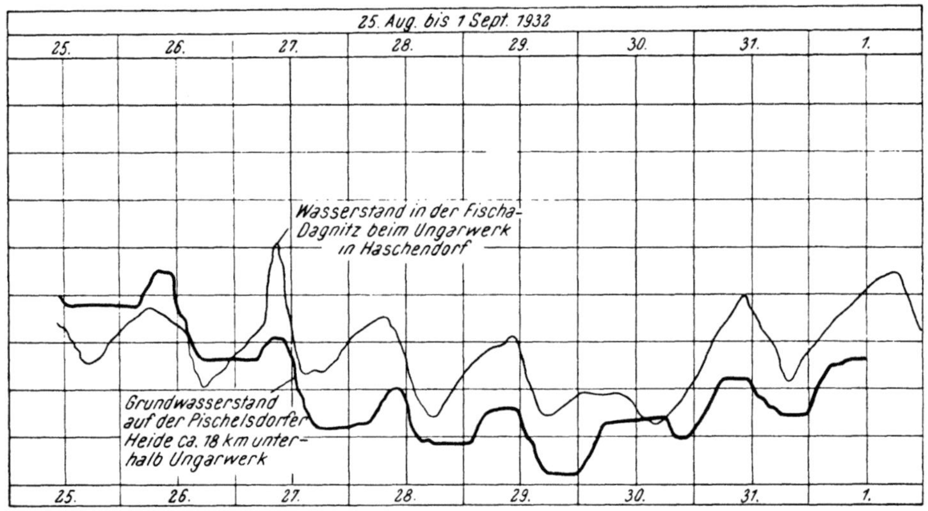

Abb. 391. Täglich periodische Schwankungen des Wasserstandes im Bohrloch und im offenen Vorfluter

und beträgt etwa 15 bis 25 cm nach den Messungen mittels des Kapillarimeters. Über diese vollgesättigte Zone des Kapillarsaumes erscheinen die Poren durch Luftschläuche miteinander verbunden und je größer der Unterschied zwischen voller Sättigung und dem spannungslosen Wert W_0 ist, desto krasser ist der Übergang, wie aus Abb. 389 zu ersehen ist.

Die im Boden befindliche Luft unterliegt in den oberen Schichten Temperaturänderungen und weil sie häufig nicht oder nur langsam entweichen kann, übertragen sich die Spannungsänderungen[1]) auf das Bodenwasser. Verschiedene Erscheinungen, wie tägliche Schwankungen des Wasserspiegels in Bohrlöchern usw. sind manchmal darauf zurückzuführen.

Solche periodische Schwankungen werden aber auch durch den täglichen Gang der Verdunstung herbeigeführt, wenn bei genügender Höhenlage des Grundwasserspiegels eine Verbindung mit der Bodenoberfläche infolge der Kapillarfäden besteht. In der Zeit der stärkeren Verdunstung (bei zunehmender Tagestemperatur) wird infolge der stärkeren Ansaugung zur Bodenoberfläche weniger Wasser an den Vorfluter abgegeben als in der Zeit geringerer Verdunstung, womit eine

---

[1]) LARSEN, TH.: Verhandlungen der VI. Komm. d. Internat. bodenkundl. Ges., Groningen 1932.

KOZENY, J.: Wasserwirtschaft **31**, Wien 1933.

BOUSEK, R.: Das tägl. periodische Steigen u. Fallen des Grundwasserspiegels, Baden 1936.

periodische Änderung des Wasserstandes einhergeht. So beginnt in der Fischa-Dagnitz (Abb. 391) in der Regel um 10 Uhr vormittags, also zur Zeit starken Temperaturanstieges, ein Absinken des Wasserstandes und ähnlich ist es in den Bohrlöchern auf der Pischelsdorfer Heide. Auch wird die Transpirationstätigkeit der Pflanzen von Einfluß sein, insbesondere dann, wenn die Versorgung aus dem Kapillarsaum erfolgt (Phreatophyten).

II. Die Bewegung des Grundwassers

Wenn nachfolgend von Grundwasserbewegung gesprochen wird, so soll es sich vornehmlich um die Bewegung in jenen der menschlichen Tätigkeit entzogenen Untergrundschichten handeln, in welchen es zwar mit sehr geringer Geschwindigkeit, aber die Poren voll erfüllend, zum Abfluß kommt.

Es wird sich also um die Bewegung in natürlichen Sand- und Kiesablagerungen handeln, wie sie in den fluviatilen Bildungen des Diluviums und Aluviums, als auch in künstlichen Anhäufungen, wie bei Dämmen, Filtern u. dgl., anzutreffen sind. Aber es sollen auch kurz jene hydraulischen Vorgänge besprochen werden, die sich in den als Baugrund genützten Feinböden infolge der wechselnden Belastung bei voll erfüllten Poren vollziehen. Hingegen soll auf eine Behandlung des für die Wasserversorgung der Pflanzen äußerst wichtigen Problems der Wasserleitung des Bodens bei nicht voll erfüllten Poren verzichtet werden.

1. Die Durchlässigkeit

Der Porenraum, in welchem die Grundwasserbewegung sich vollzieht, hat selbst bei angenommener Kugelgestalt der Bodenteilchen eine äußerst verwickelte Begrenzung[1]) und bei der unregelmäßigen Gestalt der Bodenteilchen ist erst recht die wahre räumlich erfolgende Bewegung des Wassers kaum zu formulieren. Man hilft sich indessen, indem man den Boden als ein homogenes Medium bestimmter Wasserleitfähigkeit (Durchlässigkeit) denkt, ähnlich wie es bei der Wärmeleitung ist. Fundamental ist der Versuch DARCYS[2]), der bei einem mit Filtersand gefüllten Holzrohr gleichbleibenden rechteckigen Querschnitts (Abb. 392) fand, daß die hindurchfließende Wassermenge proportional war dem Höhenunterschied h der Wasserspiegel beim Ein- und Auslauf.

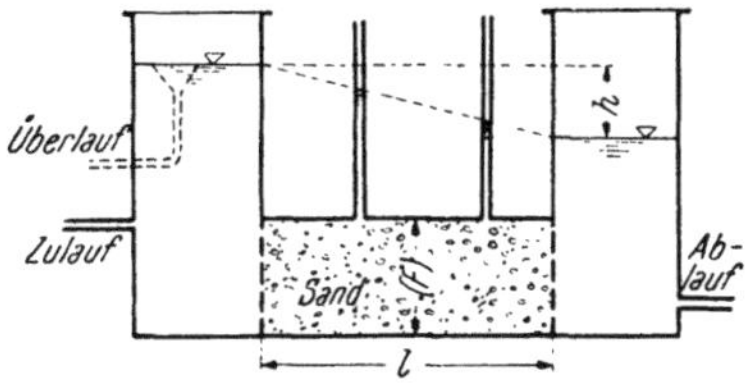

Abb. 392. Filterversuch von DARCY

Somit kann man schreiben

$$Q = F \cdot v = a \cdot h,$$

woraus

$$v = a \frac{h}{F} = \frac{a\,l}{F} \cdot \frac{h}{l} = kJ \tag{16}$$

folgt, wobei $k = \frac{a\,l}{F}$ als Durchlässigkeit bezeichnet wird und $\frac{h}{l} = J$ das Gefälle darstellt. Ferner ist unter F der gesamte Querschnitt verstanden, so daß die Filtergeschwindigkeit definiert erscheint durch den Quotienten

$$v = \frac{\text{Sickermenge } Q}{\text{Querschnitt } F}.$$

---

[1]) Siehe die Studien C. S. SLICHTERS in Annual Report of the United States Geological Survey **1899**, ferner FORCHHEIMER: Hydraulik 1930, III. Aufl.

[2]) Les fontaines publiques de la ville de Dijon 1856.

Somit ist die Durchlässigkeit identisch mit der Filtergeschwindigkeit bei dem Gefälle $J = 1$. Es tritt nun die wichtige Frage auf, innerhalb welcher Grenzen man dieses Gesetz (16) als Grundlage für weitere Untersuchungen benützen darf. E. LINDQUIST[1]) hat für Schüttungen vollkommen gleichgroßer Kugeln von $d = 1{\cdot}05$ bis $4{\cdot}92$ mm sehr deutlich das Widerstandsgesetz

$$J = \lambda \cdot \frac{v^2}{2gd} \quad \text{mit} \quad \lambda = \frac{c_1}{Re} + c_2 \qquad (17)$$

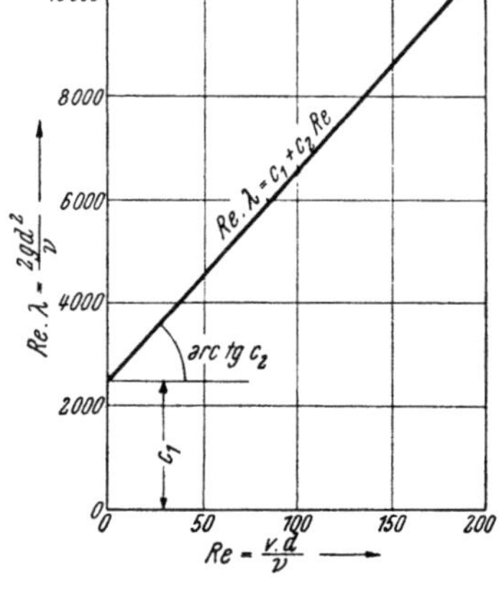

Abb. 393

gefunden (Abb. 393), wo die Reynoldssche Zahl $Re = \dfrac{v \cdot d}{\nu}$ aus dem Kugeldurchmesser und der Filtergeschwindigkeit abgeleitet wurde. Man kann (17) auch in der Form

$$J = \frac{c_1 \nu}{2gd^2} \cdot v + \frac{c_2}{2gd} \cdot v^2 = c_1 \left(1 + \frac{c_2}{c_1} \cdot Re\right) \cdot \frac{\nu v}{2gd^2} \qquad (18)$$

schreiben, so daß für die Gültigkeit des linearen Widerstandsgesetzes

$$\frac{c_2}{c_1} \cdot Re = \frac{Re}{60} \ll 1 \qquad (19)$$

gefordert wird, mit den von LINDQUIST gefundenen Werten $c_1 = 2500$ und $c_2 = 40$. Nun beträgt k für die in der Natur gewöhnlich auftretenden Sand- und Kiesablagerungen nach Erfahrungen des Verfassers etwa $0{\cdot}3$ bis $1{\cdot}0$ cm/sec. Nimmt man feinen Kies von $d = 0{\cdot}3$ cm, ein Gefälle von 33% und Wasser von 10^0 C mit $\nu = 0{\cdot}0131$ cm² · sec⁻¹, so ergibt sich mit $k = 0{\cdot}5$ cm/sec der Wert $Re = 3{\cdot}8$, so daß in den meisten Fällen die Forderung (19) erfüllt sein wird und die Verluste quadratischer Form in (18) vernachlässigt werden dürfen.

Mit $\nu = 0{\cdot}0131$ cm² · sec⁻¹ folgt dann aus (18)

$$v = 60\, d^2 \cdot J. \qquad (20)$$

Der Zahlenwert ist etwas größer als jener, den man bei sorgfältigen Versuchen mit reinem Quarzsand erhielt, dessen Körner als Kugeln gedacht sind[2]). Turbulenz tritt bei solchem Material bei etwa $Re = 50$ ein, so daß bei den natürlichen Grundwasserträgern fast immer mit laminarer Strömung gerechnet werden kann[3]). Wird linearer Widerstand vorausgesetzt, dessen Sitz in der Oberfläche der Bodenteilchen gelegen ist, so läßt eine Dimensionsbetrachtung[4]) auf den Zusammenhang der die Durchlässigkeit bedingenden Faktoren schließen, bis auf eine versuchstechnisch zu bestimmende reine Zahl. Daß die Größe des Widerstandes pro Volumseinheit, der mit W bezeichnet werde, von der Größe der Oberfläche der Bodenteilchen in der Volumseinheit der strömenden Flüssigkeit abhängt, ist evident. Ist O die Oberfläche der Bodenteilchen, so ist die auf das Volumen der strömenden Flüssigkeit bezogene Oberfläche $O_1 = \dfrac{O}{\mu V}$, wenn V das Gesamtvolumen des Bodens ist. Ferner wird der Widerstand von der mittleren Porengeschwindigkeit abhängen. Ist $\varDelta s$ die Länge einer Stromröhre vom Quer-

---

[1]) LINDQUIST, E.: On the flow of water through porous soil 1ᵉʳ Congres des Grands Barrages, Stockholm 1933.

[2]) Ausführliche Literaturangaben in FORCHHEIMER: Hydraulik 1930.

[3]) DACHLER, R.: Grundwasserströmung Wien, 1936.

[4]) KOZENY, J.: Sitz.-Ber. d. Akad. d. Wiss., Wien 1927.

schnitt ΔF, so beträgt der Inhalt der vollerfüllten Poren $\mu \cdot \Delta s \cdot \Delta F$ und folglich der lichte Querschnitt für den Wasserdurchgang $\dfrac{\mu \cdot \Delta s \cdot \Delta F}{\Delta s} = \mu \cdot \Delta F$.

Also ist die mittlere Porengeschwindigkeit

$$v_\mu = \frac{Q}{\mu \cdot \Delta F} = \frac{v}{\mu}. \tag{21}$$

Endlich wird der Widerstand auch von der Zähigkeit der Flüssigkeit η abhängen. Soll nun der Ausdruck

$$W = f(O, v_\mu, \eta)$$

die Dimension $\dfrac{\text{Kraft}}{\text{Volumen}} = m \cdot l^{-2} \cdot t^{-2}$ haben, so ist dies nur möglich, wenn

$$W = c \cdot O_1{}^2 \cdot v_\mu \cdot \eta \tag{22}$$

gesetzt wird und in diesem Ausdruck c eine reine Zahl bedeutet. Führt man den Begriff des Dispersitätsgrades ein

$$\Delta = \frac{\text{Kornoberfläche } O}{\text{Bodenvolumen } (1 - \mu)\, V},$$

so folgt aus (22)

$$W = c \cdot \Delta^2 \cdot \frac{(1 - \mu)^2}{\mu^3} \cdot \eta \cdot v = \gamma J, \tag{23}$$

wenn der Widerstand durch das Strömungsgefälle gemessen wird. Hiemit ergibt sich

$$v = \frac{\mu^3}{c \cdot \Delta^2 \cdot (1 - \mu)^2} \cdot \frac{g}{\nu} \cdot J = k \cdot J. \tag{24}$$

Der Ausdruck für die Durchlässigkeit k in (24) nämlich

$$k = \frac{\mu^3}{c \cdot \Delta^2 \cdot (1 - \mu)^2} \cdot \frac{g}{\nu}$$

ist in seiner Abhängigkeit vom Porenvolumen wiederholt überprüft und für Sande gut zutreffend gefunden worden[1].

Für sehr feine Böden muß der Rauminhalt des adsorbierten Wassers berücksichtigt werden, indem das von ihm beanspruchte Porenvolumen μ_0 berücksichtigt und jenes vom beweglichen Wasser erfüllte mit $\mu - \mu_0$ bezeichnet wird. Dann ist für die Durchlässigkeit

$$k = \frac{g}{c \cdot \nu \cdot \Delta^2} \cdot \frac{(\mu - \mu_0)^3}{(1 - \mu)^2} \tag{25}$$

zu setzen.

$\dfrac{1}{c}$ kann nach Versuchen von DONAT mit etwa 70 bei sehr scharfkantigen Sanden gesetzt werden, welcher Wert mit der Rundung der Körner bis auf etwa 400 bei Kugeln wächst. Es sind für die Korngrößen internationale Bezeichnungen eingeführt worden, und zwar

$$\text{Rohton bei } d < 0\text{·}0002 \text{ cm}$$
$$\text{Schluff oder Mo } d = 0\text{·}0002 \text{ bis } 0\text{·}002 \text{ cm}$$
$$\text{Feinsand} = 0\text{·}002 \text{ bis } 0\text{·}02 \text{ cm}$$
$$\text{Grobsand} = 0\text{·}02 \text{ bis } 0\text{·}2 \text{ cm}.$$

---

[1] DONAT, J.: Wasserkr. u. Wasserwirtsch., München 1929.

Was größer als 0·2 cm ist, wird zum Bodenskelett gerechnet. Bei den gröberen Arten versteht man unter d die Maschenweite des Siebes, durch welches das Korn noch hindurchgeht, bei den kleineren ist es der Durchmesser einer Kugel von gleicher Fallgeschwindigkeit, wie sie das unregelmäßige Teilchen hat. Es sei der Boden durch Pipettieren oder Schlämmen in obige Fraktionen zerlegt, deren jede den Gewichtsanteil ΔG_i vom Gesamtgewicht der Probe G habe. Ferner seien ΔO_i die zugehörigen Oberflächenanteile, so daß also

$$\Sigma \Delta G_i = G \quad \text{und} \quad \Sigma \Delta O_i = O.$$

Dann kann man schreiben

$$\Delta = \frac{O}{V} = \frac{O \cdot \gamma}{G} = \frac{\gamma \cdot \Sigma \Delta O_i}{G}, \tag{26}$$

worin γ das spezifische Gewicht ist (Pyknometer). Bei den weiteren Betrachtungen wird immer Kugelform der Teilchen angenommen und die aus dieser Idealisierung erhaltenen Werte, so auch der Dispersitätsgrad, sind natürlich keine wahren Größen, sondern nur Vergleichswerte, die aber sehr gut geeignet sind, um an Hand der Erfahrung gültige Regeln für die zweckmäßige Durchführung hydrotechnischer Maßnahmen (Dränungen usw.) zu schaffen. Infolge der geringen Krümmung der Kornanteilslinie genügt es für den mittleren Korndurchmesser einer Fraktion, die zwischen den Grenzen d_1 und d_2 gelegen ist,

$$d_{i\,m} = \frac{1}{3}\left(\frac{1}{d_1} + \frac{2}{d_1 + d_2} + \frac{1}{d_2}\right)$$

zu setzen und weiters

$$\Delta O_i = n\pi d_{i\,m}^2 \text{ sowie } \Delta G_i = \frac{n\pi d_{i\,m}^2}{6}, \quad \text{so daß} \quad \Delta O_i = \frac{6}{d_{i\,m}} \cdot \Delta G_i. \tag{27}$$

Dann folgt mit (26)

$$\Delta = \frac{6 \cdot \gamma}{G} \cdot \sum \frac{\Delta G_i}{d_{i\,m}}. \tag{28}$$

Nach (28) ist der Dispersitätsgrad aus der Kornanteilslinie leicht zu finden, wie aus Abb. 394 zu ersehen ist. Der *wirksame* Korndurchmesser d_w Zunkers wird dann erhalten, wenn man die schraffierte Fläche in ein Rechteck von der Höhe G verwandelt, dessen Basis die Länge $\frac{1}{d_w}$ hat. d_w ist der Durchmesser der kugelförmigen Teilchen eines substituierten Bodens, die bei gleicher Anzahl wie in der wirklichen Probe, deren Kornoberfläche aufweisen. Es ist also

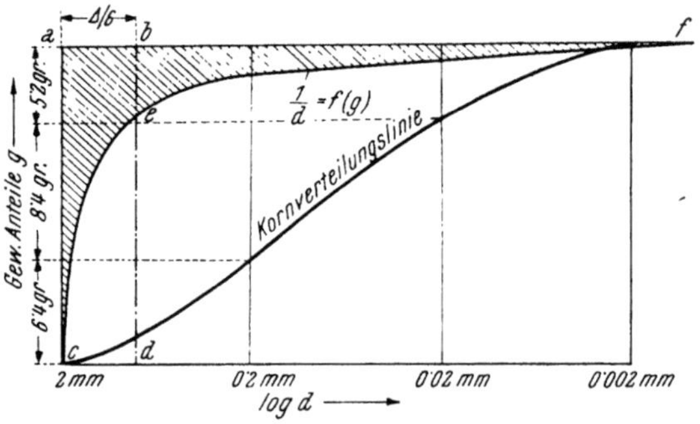

$$\frac{O}{G} = \frac{6}{\gamma d_w}$$

Abb. 394. Ermittlung der Dispersität (Zerteilungsgrad) des Grundwasserträgers (Bodens)

und somit

$$\Delta = \frac{\gamma O}{G} = \frac{6}{d_w}. \tag{29}$$

Für die Praxis wird die Durchlässigkeit aus Versuchen ermittelt. Ein zu diesem Zweck konstruierte Vorrichtung ist in ihren Einzelheiten aus Abb. 395 zu ersehen. Vorerst wird die Durchlässigkeit der unteren Filterschicht bestimmt, indem diese zuerst eingebracht wird. Bei geschlossenem Zylinder wird dann Wasser aufgebracht und der Spiegelgang im Steigrohr verfolgt. Es muß mit den Bezeichnungen der Abbildung

$$f \cdot \frac{dh}{dt} = -k_1 \cdot J \cdot F = -k_1 \cdot \frac{h}{l} \cdot F \quad (30)$$

sein, woraus durch Integration und mit der Bedingung, daß h_1 und h_2 die Ablesungen im Steigrohr zur Zeit t_1 bzw. t_2 seien,

$$k_1 = \frac{f}{F} \cdot l_1 \cdot \frac{1}{t_2 - t_1} \cdot \ln \frac{h_1}{h_2} \quad (31)$$

sich ergibt.

Ist die Durchlässigkeit der Filter ermittelt, so wird der normierte, die Bodenprobe enthaltende Stahlzylinder[1]) (Weite 63 bis 64 mm) eingebracht, mit der oberen Filterschichte versehen, der geschlossene Apparat wieder mit Wasser beschickt und das Sinken des Spiegels im Steigrohr beobachtet. Vom Gesamtgefälle h soll Δh_1 der Anteil für die Filter, Δh jener für die Bodenprobe sein. Weil nun die Filtergeschwindigkeit überall die gleiche ist, nämlich $\frac{Q}{F}$, so muß

$$k_1 \cdot \frac{\Delta h_1}{2\,l_1} = k \cdot \frac{\Delta h}{l} \quad (32)$$

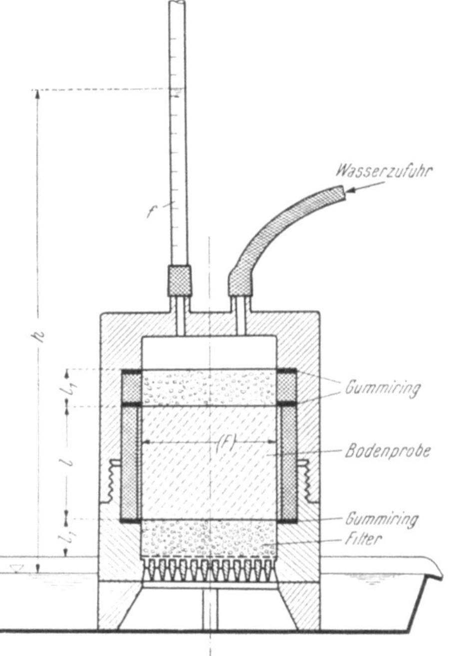

Abb. 395. Apparat zur genaueren Bestimmung der Durchlässigkeit

und mit $h = \Delta h + \Delta h_1$ folgt

$$\Delta h = \frac{h}{1 + \dfrac{\Delta h_1}{\Delta h}} = \frac{h}{1 + \dfrac{k}{k_1} \cdot \dfrac{2\,l_1}{l}}. \quad (33)$$

Für das Absinken des Spiegels im Steigrohr gilt

$$f \cdot \frac{dh}{dt} = - \frac{k\,F \cdot h}{\left(1 + \dfrac{k}{k_1} \dfrac{2\,l_1}{l}\right) l}. \quad (34)$$

Nach Integration und Umformung unter Berücksichtigung der Spiegellagen h_1 und h_2 im Steigrohr zu den Zeiten t_1 bzw. t_2 folgt

$$k = \frac{f \cdot l \cdot \ln \dfrac{h_1}{h_2}}{F\,(t_1 - t_2) - \dfrac{2\,l_1}{k_1} \cdot f \cdot \ln \dfrac{h_2}{h_1}}, \quad (35)$$

welche Gleichung für $l_1 = 0$ in (31) übergeht. Man erkennt, daß in vielen Fällen das 2. Glied im Nenner vernachlässigbar sein wird.

Von den Messungsmethoden zur Bestimmung der Grundwassergeschwindigkeit in natürlich gelagerten Böden hat sich die elektrische Methode gut bewährt. Sie beruht auf der Tatsache, daß durch Zusatz eines Elektrolyten — hier NaCl

---

[1]) Z. B. FAUSER, O.: Meliorationen, Leipzig 1941, Sammlung Göschen.

oder $NH_4 \cdot Cl$ — die elektrische Leitfähigkeit des Wassers geändert wird. Man ermittelt vorerst die Gefällsrichtung des Grundwasserspiegels, wozu die Beobachtung der Höhenlage desselben in drei Beobachtungsröhren 1, 2 und 3 genügt, die aus gelochten Eisenröhren bestehen (Abb. 396). Dann bringt man in dieser Gefällsrichtung zwei Meßrohre I und II dergestalt ein, daß sie mit einem Beobachtungsrohr (z. B. 2) in eine Gerade fallen; das Beobachtungsrohr wird dann als Beschickungsrohr verwendet. Die Meßrohre sind ebenfalls gelochte Eisenrohre, in welche Drähte (Elektroden)

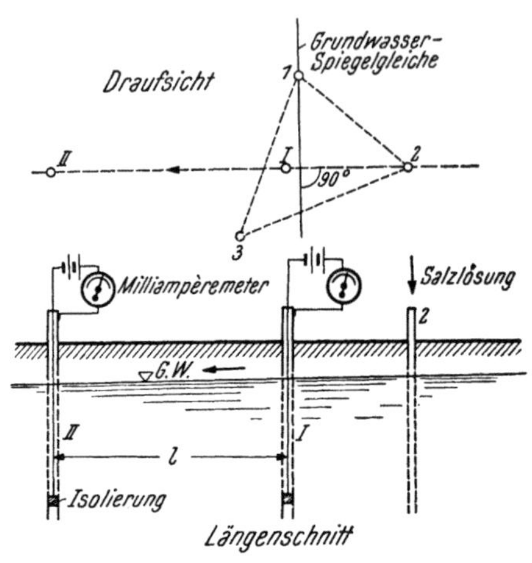

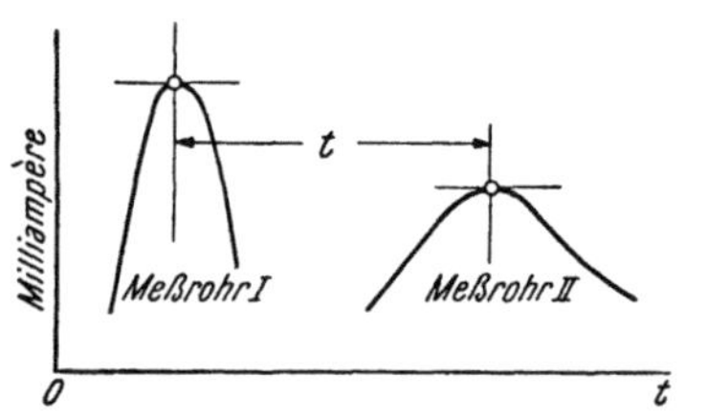

Abb. 396. Messung der Grundwassergeschwindigkeit auf elektrischem Wege

reichen, die an einem Ende mit dem Rohrmantel verbunden, sonst aber von diesem gehörig isoliert sind. Eine eingeschaltete Schwachstromquelle bewirkt, daß sich mit dem vorbeigehenden Grundwasser ein Stromkreis bildet. Geht nun nach Beschickung mit NaCl-Lösung im Rohr 2 die Salzwolke bei I vorbei, so wird die Leitfähigkeit des Wassers vergrößert, das eingeschaltete Milliampèremeter zeigt einen Ausschlag, der bis zum Vorübergang des Konzentrationsmaximums wächst und dann wieder abnimmt. Dasselbe ist in II zu beobachten, wo das Konzentrationsmaximum in der Zeit t später und weniger ausgeprägt beobachtet wird. Ist l die Entfernung der Meßrohre, so ergibt sich für die Grundwassergeschwindigkeit $v_\mu = \dfrac{l}{t}$ und für die Durchlässigkeit $k = \mu \cdot \dfrac{l}{t} \cdot \dfrac{1}{J}$.

Die Ermittlung des Porenvolumens der Grundwasserträger begegnet gewissen Schwierigkeiten. Man entnimmt eine entsprechend große Menge des Materials, deren ausgehobenes Volumen V gemessen wird und bringt den lockeren Aushub unter Verdichtung in ein Gefäß ein, dessen Rauminhalt mit jenem des Entnahmekörpers übereinstimmt. Ist zur Füllung der Poren die Wassermenge V_1 nötig, so ist $\dfrac{V_1}{V} = \mu$ das angenähert erhaltene Porenvolumen.

Die Größenordnung gemessener Durchlässigkeiten ist aus folgender Zusammenstellung[1]) für dichte bis lockere Lagerung und 10^0 C Wassertemperatur zu ersehen.

Grober Sand ...$k = 0\dot{5}$ —$1\dot{0}$ cm/sec　　Lehm .....$(0\dot{1} — 1) \cdot 10^{-4}$ cm/sec
Feiner Sand ....$0\dot{1}$ —$0\dot{3}$ cm/sec　　Ton .....$(0\dot{02}—20) \cdot 10^{-7}$ cm/sec
Sehr feiner Sand ...$0\dot{01}$—$0\dot{02}$ cm/sec　　Löß ......$(0\dot{5} — 1) \cdot 10^{-3}$ cm/sec
　　　　　　　　　　　　　　　　　　　　　ungestört

---

[1]) Nach Taschenbuch f. Bauingenieure, Berlin 1943.

Schließlich sei zur näheren Beleuchtung des Begriffes der Durchlässigkeit folgender Versuch beschrieben. Zwischen die zwei parallelen Glasplatten einer schmalen Küvette sei ein Damm geschüttet, der einen dichteren Kern enthält (Abb. 397). Läßt man Wasser hindurchströmen und kennzeichnet durch aufgelegte Kaliumpermanganatkörner die einzelnen Strömungsbänder, so sieht man, daß die tiefer gelegenen durch den dichteren Kern hindurchgehen, die höher gelegenen aber denselben umfließen. Es zeigt sich also der Kern einmal durchlässig, dann wieder undurchlässig, je nachdem der Weg durch den Kern

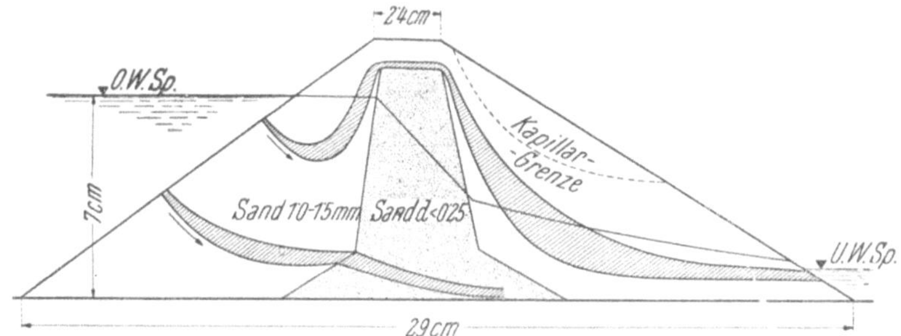

Abb. 397. Kapillare Heberwirkung bei einem geschütteten Damm-Modell

oder um den Kern herum den kleineren Gefällsverlust aufweist. Dieses Prinzip macht sich insbesondere bei Strukturänderungen geltend, wie sie in der vom Menschen bearbeiteten, Vegetation tragenden Schicht, dem Boden, immer vorkommen. So wird durch chemisch-physikalische Vorgänge eine Agglomeration kleiner Einzelkörner zu größeren Krümeln herbeigeführt und es kommen dann fast ausschließlich nur die zwischen den Krümeln gelegenen größeren Porenräume für eine Wasserbewegung in Betracht. Diesen Strukturänderungen muß natürlich bei der Behandlung der Aufgaben Rechnung getragen werden und man wird

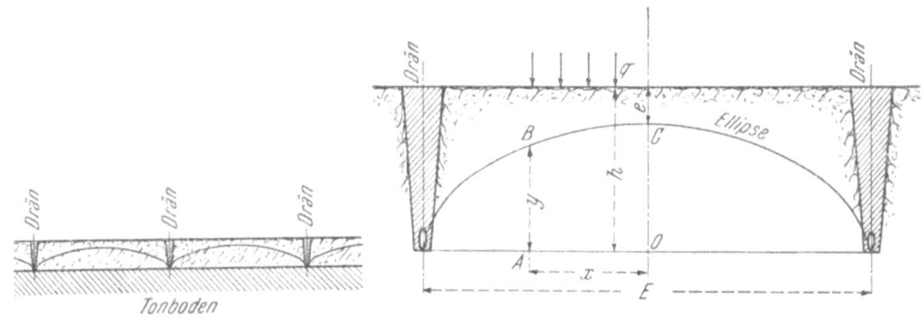

Abb. 398. Wirkungsweise der Dränung in schwerem Boden

z. B. die Dränung eines Filterkörpers mit Einzelkornstruktur anders behandeln, als jene eines schweren tonigen Bodens, der so gut wie undurchlässig ist. Denn bald nach Ausführung der Dränung zeigt sich an den Ausläufen eine Wasserabgabe, die nur durch Strukturänderung des Füllmaterials der Drängräben und seitwärtiges Fortschreiten dieser Änderungen (Rißbildung, Krümelung usw.) erklärt werden kann. So bildet sich mit der Zeit zwischen den die obere Schicht durchschneidenden Drängräben eine durchlässige Platte, die auf dem wenig durchlässigen Untergrund liegt (Abb. 398). Will man z. B. eine Beziehung zwischen dem Dränabstand E und der Dräntiefe h gewinnen, wenn die abzuführende Wassermenge q pro Flächeneinheit in der Sekunde gegeben ist, so geht man aus den vorgenannten Gründen von der Anschauung aus, daß das versickernde Wasser sich auf dem in der Dräntiefe liegenden Niveau so lange sammelt, bis durch die entstehende Aufwölbung ein entsprechender Abfluß nach den Dränen erfolgt (Abb. 398). Im stationären Zustand sickert also in den Raum $OABC$ die Menge $q \cdot x$ und strömt seitwärts gegen den Drän $k \cdot \dfrac{dy}{dx} \cdot y$, wenn nach dem später erläuterten Dupuitschen Ansatz $\dfrac{q \cdot x}{y} = v = k \cdot \dfrac{dy}{dx}$ gesetzt wird. Es muß also gelten $q \cdot x + k \dfrac{dy}{dx} \cdot y = 0$ oder $q x^2 + k y^2 = c$ mit den Bedingungen $y = (h - e)$ für $x = 0$ und $y = 0$ für $x = \dfrac{E}{2}$, so daß als Gleichung des Grundwasserspiegels

$$\frac{x^2}{\left(\dfrac{E}{2}\right)^2} + \frac{y^2}{(h - e)^2} = 1,$$

also die Gleichung einer Ellipse folgt.

Weil $c = q \left(\dfrac{E}{2}\right)^2 = k\,(h - e)^2$, so erhält man die Beziehung $E = 2\sqrt{\dfrac{k}{q}} \cdot (h - e)$, wobei e mit Rücksicht auf die Kulturart $0{\cdot}5$ (Acker) bzw. $0{\cdot}4$ (Wiese) gewählt wird.

Die auch vom Klima abhängige reine Zahl $\sqrt{\dfrac{k}{q}}$ wird versuchsweise unter Berücksichtigung der Ernteergebnisse bestimmt und so hat ROTHE und BONNACKER

$$E = (2h - 1) \cdot \frac{425}{W}$$

für Nordost-Deutschland ermittelt, wenn W der prozentuelle Anteil der Bodenkörner mit $d < 0{\cdot}02$ mm ist.

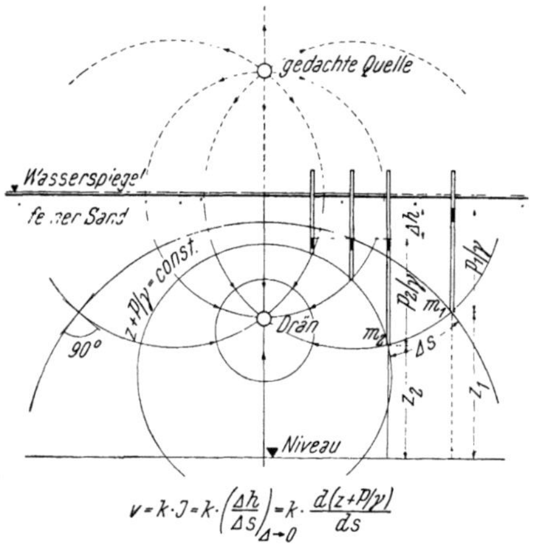

Anders ist es, wenn solche Strukturänderungen unbeachtet bleiben können und man vom einzelnen entwässernden Punkt in der vertikalen Ebene ausgehen kann, mit dem komplexen Potential (Abb. 399)

$$Z = \frac{q}{2\pi} \ln \frac{z - a}{z + a} + c,$$

das schon in H IV besprochen worden ist.

Abb. 399. Sickerung zum Einzel-Drän in Sandboden

Liegt ein Dränfeld vor, dessen undurchlässiger Untergrund in der Tiefe H liegt, so lautet das Potential bei dem einfacheren Fall des bis zur Oberfläche wassergefüllten Bodens[1]

$$Z = \frac{iq}{2} - \frac{q}{2\pi} \ln \frac{\dfrac{\operatorname{tg} p + i \mathfrak{T}\mathfrak{g}\, r}{1 - \operatorname{tg} p \cdot \mathfrak{T}\mathfrak{g}\, r}}{\dfrac{\operatorname{tg} q + i \mathfrak{T}\mathfrak{g}\, r}{1 - i \operatorname{tg} q \cdot \mathfrak{T}\mathfrak{g}\, r}}$$

mit den Werten

$$p = \frac{\pi}{4} \cdot \frac{x - H + h}{H} \qquad q = \frac{\pi}{4} \cdot \frac{x + H - h}{H} \qquad r = \frac{\pi}{4} \cdot \frac{y}{H}$$

---

[1] GUSTAFSSON, INGRE: Untersuchungen über die Strömungsverhältnisse in gedräntem Boden, Acta Agriculturae Suecana **1948**.

2. Die Grundgleichungen. Randbedingungen

Führt man in die allgemeine Bewegungsgleichung

$$\varrho \frac{d\mathfrak{v}}{dt} = -\frac{\partial}{\partial s}(\gamma z + p) + W \tag{36}$$

den aus (23) und (24) sich ergebenden Wert des linearen Widerstandes

$$W = \frac{\gamma \cdot \mathfrak{v}}{k} \tag{37}$$

ein unter der Annahme, daß er entgegen der Geschwindigkeitsrichtung wirkt, so folgt

$$\frac{\partial \mathfrak{v}}{\partial t} + \frac{\partial}{\partial s}\frac{|\mathfrak{v}|^2}{2} + \frac{\partial}{\partial s}\left(gz + \frac{p}{\varrho}\right) + \frac{g\mathfrak{v}}{k} = 0, \tag{38}$$

wo $\mathfrak{v}$ den Vektor der Filtergeschwindigkeit darstellt. Die Frage, ob eine Potentialströmung möglich ist, ob also $\mathfrak{v} = \dfrac{\partial \Phi}{\partial s}$ gesetzt werden darf, muß bejaht werden, weil eine Integration von (38) möglich ist. Diese ergibt

$$\frac{1}{g}\frac{\partial \Phi}{\partial t} + \frac{|\mathfrak{v}|^2}{2g} + z + \frac{p}{\gamma} + \frac{\Phi}{k} = f(t), \tag{39}$$

wenn $f(t)$ eine beliebige Funktion der Zeit ist. Es sei bemerkt, daß schon HELM-HOLTZ den Satz ausgesprochen hat, daß jede Bewegung, die mit Drehung behaftet ist, gegen eine Potentialströmung konvergiert. Bildet man die Linienintegrale aller Glieder von (38) über eine geschlossene Linie, so geht (38) über in

$$\frac{d}{dt}\oint \mathfrak{v}\, ds + \frac{g}{k}\oint \mathfrak{v}\, ds = \frac{d}{dt}\varGamma + \frac{g}{k}\varGamma = 0, \tag{40}$$

woraus für die Zirkulation der Ausdruck folgt

$$\varGamma = e^{-\frac{g}{k}t} \quad \text{und weil} \lim_{t \to +\infty}\varGamma = 0,$$

kann auf die oben vermerkte Konvergenz geschlossen werden. Ist die Bewegung stationär und eben, so existiert ein komplexes Potential $Z = (x + iy) = \Phi + i\varPsi$ und es kann (38) geschrieben werden

$$\mathfrak{v}\cdot\left(\frac{\partial \mathfrak{v}}{\partial s} + \frac{g}{k}\right) + \frac{\partial}{\partial s}\left(gz + \frac{p}{\varrho}\right) = 0. \tag{41}$$

Wenn nun wie gewöhnlich $\dfrac{\partial \mathfrak{v}}{\partial s} \ll \dfrac{g}{k}$, so folgt

$$\mathfrak{v} = k\cdot\frac{\partial}{\partial s}\left(z + \frac{p}{\gamma}\right), \tag{42}$$

wobei der Klammerausdruck als Standrohrspiegelhöhe bezeichnet wird und das Geschwindigkeitspotential

$$\Phi = -k\left(z + \frac{p}{\gamma}\right) \tag{43}$$

lautet.

Die Werte von $\dfrac{g}{k}$, die eine reziproke Zeit darstellen, sind gewöhnlich sehr groß. Schon für groben Sand von $d = 0.2$ cm ist mit $k = 0.5$ bis 1.0 cm/sec $\dfrac{g}{k} \simeq 2000$ bis 1000 sec^{-1} und es wächst diese Größe sehr rasch mit der Feinheit des Materials. An folgendem Beispiel soll untersucht werden, wie sich die Grenzen für laminares Fließen (Re_k) und jene der erlaubten Vernachlässigung des grad $\mathfrak{v}$ verhalten. Zwischen zwei kreisförmigen Platten vom Halbmesser $R = 100$ cm und dem Abstand 1 cm sei grober Sand gelagert (Abb. 400). Die

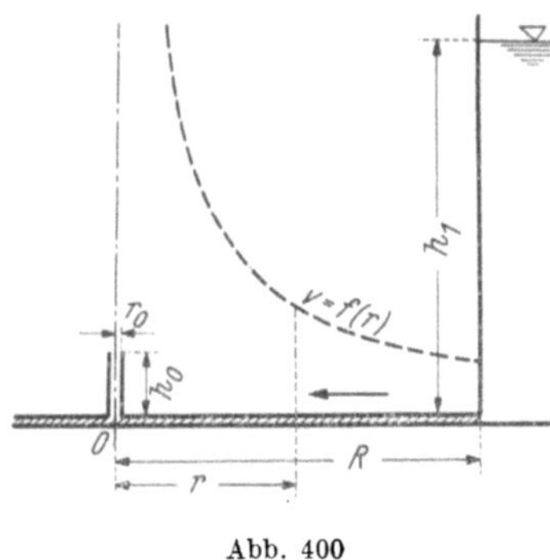

Sandscheibe soll radial von außen nach innen durchströmt werden, indem am Außenrand ein freier Wasserspiegel in der Höhe $h_0 = 1000$ cm, im Abflußrohr $\left(\varnothing = 2\ \text{cm, Mitte}\right)$ ein solcher in der Höhe $h_1 = 10$ cm gehalten wird. Das Niveau sei in die waagrecht gelegene Scheibe verlegt und ihre Dicke gegen die Druckhöhen $\dfrac{p}{\gamma}$ vernachlässigt. Dann ist aus (42) mit $z = 0$ und $\dfrac{p}{\gamma} = h$

Abb. 400

$$\mathfrak{v} = k\,\frac{\partial h}{\partial r} \quad \text{und} \quad Q = 2\pi r \cdot 1 \cdot k\,\frac{\partial h}{\partial r}.$$

Nach Integration mit $h = h_1$ für $r = R$ und $h = h_0$ für $r = r_0$ folgt

$$Q = \frac{2\pi k\,(h_1 - h_0)}{\ln \dfrac{R}{r_0}} = \frac{6{\cdot}28 \cdot 1{\cdot}0 \cdot 990}{2{\cdot}30 \cdot 2{\cdot}0} = 1351{\cdot}6\ \text{cm}^3/\text{sec}$$

und

$$-v = \frac{Q}{2\pi r} = \frac{215{\cdot}2}{r}, \quad \text{somit} \quad \frac{\partial v}{\partial r} = \frac{215{\cdot}2}{r_2}.$$

Für die Entfernung $r = 5$ cm von der Mitte kann der Betrag von $\left|\dfrac{\partial v}{\partial r}\right|$, also ca. $8{\cdot}6$ gegen $\left|\dfrac{g}{k}\right| \sim 1000$, als klein angesehen werden. Hingegen ist die zu $(v)_{r\,=\,5\ \text{cm}} = 43{\cdot}04$ cm/sec gehörige Zahl $Re = \dfrac{vd}{v} = \dfrac{43{\cdot}04 \cdot 0{\cdot}2}{0{\cdot}01} \cong 861$ schon weit größer als die kritische Zahl, bei der Turbulenz eintritt. Es ist somit die Vernachlässigbarkeit des Gradienten der Geschwindigkeit im laminaren Strömungsbereich und hiemit die Gültigkeit von (42) nachgewiesen.

Abb. 401. Sickerlinien nach zwei Senken, erzeugt durch Kapillarheber

Aber auch die mittels Färbung ($KMnO_4$) erzeugten Stromlinienbilder zeigen durchaus den Verlauf wie bei Potentialströmungen. In Abb. 401 ist eine solche für die Strömung nach zwei Senken in einer senkrecht stehenden, zwischen zwei parallelen Glasplatten eingebrachten Sandschicht dargestellt. Die Senken werden durch Kapillarheber hergestellt, die so eingestellt sind, daß das Zu- und Abtropfen gleich ist und über dem Sand ein stationärer waagrechter Wasserspiegel liegt. Die durch die Berandung beeinflußte Strömung hat durchaus den Charakter einer Potentialströmung von zwei zu den genannten Senken spiegelbildlich zum freien Spiegel gelegenen

Quellen. Dies ist dadurch begründet, daß die Reibungskräfte sich dergestalt ausgleichen, daß es zu keiner Drehung kommt. Die Strömung erfolgt senkrecht zu den Linien gleicher Standrohrspiegelhöhe

$$h = \frac{p}{\gamma} + z = \text{const},$$

wie dies in Abb. 402 bei der Zusickerung zu einem Entwässerungsgraben dargestellt ist. Von diesen unterscheiden sich die Linien gleichen Druckes, auf

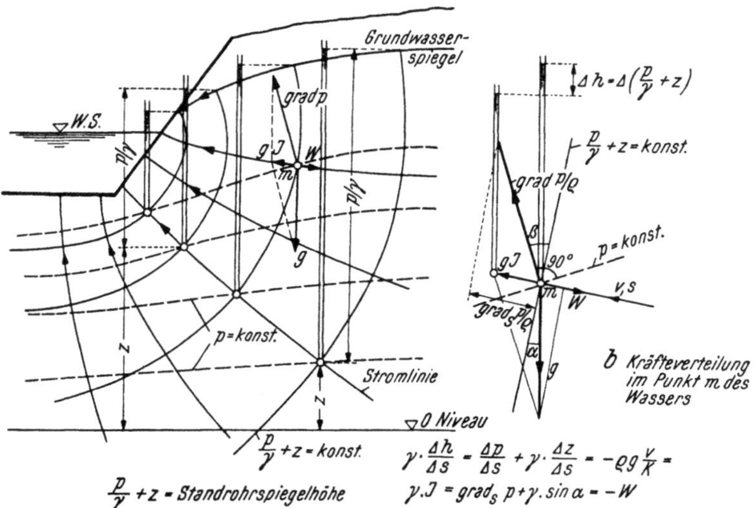

Abb. 402

welchen der Druckgradient senkrecht steht und es ergibt sich dann die in Abb. 402 b dargestellte Kraftverteilung, bei der Trägheitskräfte nicht in Erscheinung treten. Denkt man sich in zwei Punkten einer Stromlinie vom Abstand Δs Standrohre eingesetzt, deren Spiegel den Höhenunterschied Δh aufweisen, so ist unter dem Strömungsgefälle

$$J = \lim_{\Delta \to 0} \frac{\Delta h}{\Delta s}$$

zu verstehen und weil $\mathfrak{v} = k\cdot J = \dfrac{\partial(kh)}{\partial s} = \dfrac{\partial\Phi}{\partial s}$, so ist das Geschwindigkeitspotential $\Phi = kh$, wenn h die Standrohrspiegelhöhe ist.

Die Kontinuitätsgleichung lautet somit für die ebene Grundwasserströmung

$$\frac{\partial u}{\partial x} + \frac{\partial v}{\partial y} = \frac{\partial^2\Phi}{\partial x^2} + \frac{\partial^2\Phi}{\partial y^2} = \frac{\partial^2}{\partial x^2}(kh) + \frac{\partial^2}{\partial y^2}(kh) = 0 \qquad (44)$$

und man kann nach den Methoden der Potentialströmung[1]) vorgehen, wobei folgende Randbedingungen erfüllt sein müssen.

a) Eine feste undurchlässige Berandung kann nur Stromlinie sein und es muß längs dieser $\Psi = \text{const}$ und $\dfrac{\partial\Phi}{\partial n} = 0$ sein. Schließt das Linienelement Δs

[1]) Mit den mathem.-geom. Grundlagen hat sich A. BASCH befaßt in Proc. II. Internat. Conf. Soil Mechanics and Found. Engineering, Rotterdam 1948.

der Berandung mit der x-Achse den Winkel α ein, ist also

$$u = \frac{\partial \Phi}{\partial s} \cos \alpha \quad \text{und} \quad v = \frac{\partial \Phi}{\partial s} \cdot \sin \alpha,$$

so folgt

$$\frac{u}{v} = \operatorname{cotg} \alpha.$$

Handelt es sich um eine ebene Berandung mit $\alpha = \text{const}$, so ist ihr Hodographenbild das Stück einer parallelen Geraden durch den Nullpunkt der Hodographenebene.

b) Die freie Oberfläche muß ebenfalls aus Stromlinien bestehen und somit die Bedingungen von a) erfüllen. Außerdem muß $p = \text{const}$ und nach (43)

$$\Phi + kz = \text{const} \tag{44a}$$

sein. Ist α der Neigungswinkel, somit $\dfrac{\partial z}{\partial s} = \sin \alpha$, so folgt aus (44a)

$$\frac{\partial \Phi}{\partial s} + k \sin \alpha = 0$$

und mit $\dfrac{\partial \Phi}{\partial s}$ multipliziert folgt

$$\left(\frac{\partial \Phi}{\partial s}\right)^2 + k \cdot v = u^2 + v^2 + kv = 0$$

oder

$$u^2 + \left(v + \frac{k}{2}\right)^2 = \frac{k^2}{4}.$$

Es ist somit das Bild der Oberfläche in der Hodographenebene ein Kreis durch den Nullpunkt desselben, mit dem Mittelpunkt $u = 0$ und $v = -\dfrac{k}{2}$.

c) Grenzen, die an ruhendem Wasser mit freiem Spiegel liegen, sind Linien gleicher Standrohrspiegelhöhe und es gelten für diese die Bedingungen

$$z + \frac{p}{\gamma} = \text{const} \quad \text{und} \quad \frac{\partial \Phi}{\partial s} = 0.$$

Die Geschwindigkeiten sind zur Grenze normal und ist diese geradlinig, so ist auch deren Hodographenbild eine durch den Nullpunkt gehende Gerade, die zur Grenze normal steht (Abb. 404).

Weil nun die strenge Grundgleichung lautet

$$\frac{1}{2} |\mathfrak{v}|^2 + \frac{g}{k} \Phi = \text{const}, \tag{45}$$

so folgt nach Differenzieren

$$|\mathfrak{v}| \cdot \frac{\partial |\mathfrak{v}|}{\partial s} + \frac{g}{k} \frac{\partial \Phi}{\partial s} = 0.$$

Nun ist die Geschwindigkeitskomponente in der Richtung s

$$\frac{\partial \Phi}{\partial s} = \mathfrak{v} \cdot \cos \beta,$$

wenn β der Winkel zwischen $\mathfrak{v}$ und der Grenzkurve ist. Somit folgt

$$\frac{\partial |\mathfrak{v}|}{\partial s} + \frac{g}{k} \cos \beta = 0,$$

also ist

$$\left| \frac{\partial |\mathfrak{v}|}{\partial s} \right| \leqq \frac{g}{k}$$

und ein Unendlichwerden der Geschwindigkeit bei endlicher Länge der Grenze ausgeschlossen[1]).

d) Handelt es sich um Sickerflächen, wie z. B. beim Austritt von Sickerwasser an Böschungen (Hangquelle, Abb. 403), so ist $p = \text{const} = p_a$, während Ψ längs der Böschung veränderlich ist. Dabei ist die Form der Sickerlinie (Grundwasserspiegel) wichtig, die beim Austritt die Böschung tangiert, wie im Lichtbild, Abb. 404, zu ersehen ist[2]). Bei bekannter Grenze des Austritts

$$\frac{dy}{ds} = \sin\beta \quad \text{und} \quad \frac{dx}{ds} = \cos\beta,$$

folgt aus der Grundgleichung

$$g\sin\beta + \frac{g}{k}\cdot\frac{\partial\Phi}{\partial s} = 0. \qquad (46)$$

Weil für $\dfrac{\partial\Phi}{\partial s}$ die Komponente der Austrittsgeschwindigkeit (Abb. 403) längs der Sickergrenze zu nehmen ist, also

$$\frac{\partial\Phi}{\partial s} = u\cos\beta + v\cdot\sin\beta,$$

so ergibt sich als Grenzbedingung

$$g\sin\beta + \frac{g}{k}(u\cos\beta + v\sin\beta) = 0. \quad (46a)$$

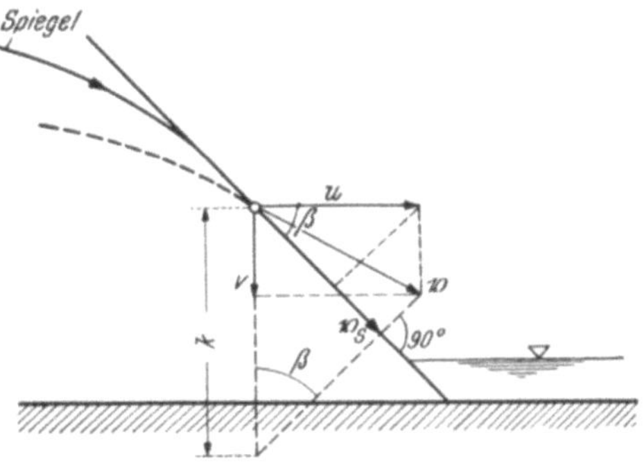

Abb. 403. Austritt des Sickerwassers an der luftseitigen Böschung. Hangquelle

Abb. 404. Strömungs- und Sickerlinien nach der elektr. Methode im Vergleich mit den Strömungsbändern nach der Färbungsmethode

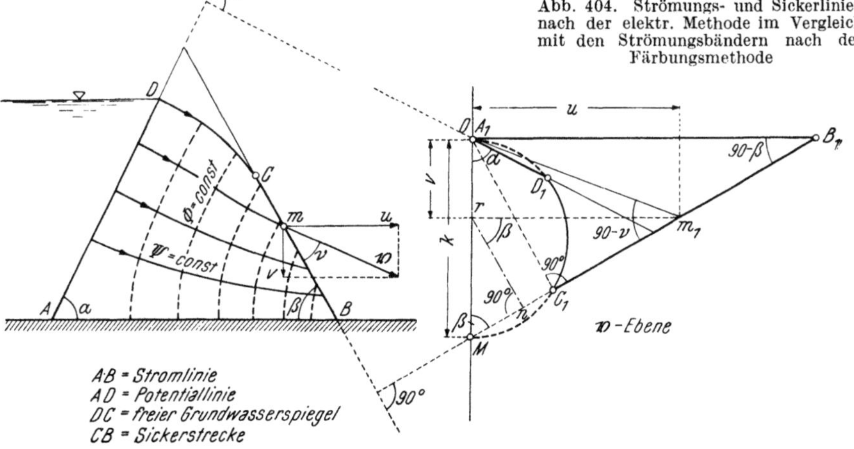

Abb. 405. Hodographenbild einer Dammsickerung

Ist β konstant, so ist das Bild der Böschungsgeraden in der Hodographenebene eine um 90^0 gedrehte Gerade, die durch den Punkt $u = 0$ und $v = -k$

---

[1]) HAMEL, G.: Z.A.M.M., Berlin 1934.
[2]) Den Verlauf der Sickerlinie, für welche $\dfrac{p}{\gamma} = 0$ ist, hat E. NEMECEK, insbesondere als nichtstationären Vorgang (Absinken des Außenwasserspiegels), eingehend untersucht und dabei ein neues elektrisches Kontaktmeßverfahren entwickelt (Diss. T. H., Wien 1953).

hindurchgeht, also durch den tiefsten Punkt des Bildkreises des Grundwasserspiegels. Dies ist in Abb. 405 ersichtlich gemacht, in der das Hodographenbild des Strömungsgebietes eines durchsickerten Dammes dargestellt ist. Mit seiner Hilfe wird das Sickerproblem auf eine einfache Randwertaufgabe zurückgeführt, weil die Hodographenbilder der Strom- bzw. Potentiallinien für den Rand des Hodographen vorgeschrieben sind. Aus diesen Bedingungen heraus kann man bei entsprechender Übung und ebensolchem Geschick das orthogonale Netz der Strom- und Potentiallinien in der Hodographenebene zeichnen und zu dessen Übertragung in die Strömungsebene schreiten[1]).

Schließlich sei bemerkt, daß wegen $h = \dfrac{p}{\gamma} + z$ die Gl. (44) übergeht in

$$\frac{\partial^2}{\partial x^2}\left(\frac{p}{\varrho g}\right) + \frac{\partial^2}{\partial y^2}\left(\frac{p}{\varrho g}\right) = 0.$$

Für den Grundwasserspiegel ist $h = z$ und somit $\dfrac{p}{\varrho g} = 0$ zu setzen.

3. Strömung ohne freiem Grundwasserspiegel

a) Waagrechte unbegrenzte Grundwasserschicht mit gespanntem Wasser

Grundwasser, das keinen freien Spiegel aufweist, wird als gespannt bezeichnet. Ist die wasserführende Schicht zwischen zwei undurchlässigen waagrechten Schichten gelegen, wie es ungestörten Ablagerungen entspricht, so können mittels der Potentialtheorie exakte Lösungen angeschrieben werden. Man braucht nur in den Lösungen für die Ebene an Stelle der Durchlässigkeit k ihren H-fachen Wert einsetzen, wenn H die Mächtigkeit der wasserführenden Schicht ist. Für den Zufluß zu einem kreisförmigen Schachtbrunnen, der die Schichte durchführt, gilt

$$Q = 2\pi r H \cdot k \cdot \frac{\partial h}{\partial r}, \tag{47}$$

wenn h die Standrohrspiegelhöhe ist oder nach Integration

$$k \cdot H \cdot h = \frac{Q}{2\pi}\ln r + \text{const.}$$

Ist am Brunnenrand $h = h_0$ für $r = r_0$, so folgt

$$kH(h - h_0) = \frac{Q}{2\pi}\ln\frac{r}{r_0} \tag{48}$$

als Bestandteil des komplexen Potentials

$$Z - Z_0 = \frac{Q}{2\pi}\cdot\ln\frac{\zeta}{\zeta_0}, \tag{48a}$$

wo $Z = \Phi + i\,\Psi$, $\Phi = kH \cdot h$ und $\zeta = x + iy = r \cdot e^{i\,z}$ ist.

Für eine Gruppe von n Brunnen gilt

$$Z = \sum\frac{Q_n}{2\pi}\cdot\ln(\zeta - \zeta_n) + c, \tag{49}$$

wenn Q_n die Entnahmen aus den einzelnen Brunnen und $|\zeta_n| = r_n$ die Abstände der Brunnen vom Koordinatenursprung sind. Ist die Entfernung eines Aufpunktes von den einzelnen Brunnen $R_n = |\zeta - \zeta_n|$, so folgt bei gleicher Entnahme

$$kH \cdot h = \frac{Q}{2\pi}\ln r_1 \cdot r_2 \cdot r_3 \ldots + c \quad\text{und}\quad kH \cdot h_R = \frac{Q}{2\pi}\ln R_1 \cdot R_2 \cdot R_3 \ldots + c.$$

---

[1]) WEINIG, F. und A. SHIELDS: Wasserkr. u. Wasserwirtsch. **1936**.

Für einen Aufpunkt, dessen Entfernungen R_1, R_2 usw. sehr groß sind gegen die Ausdehnung der Brunnengruppe, kann $\ln R_1 \cong \ln R_2 \cong \ln R_3 \ldots$ gesetzt werden, so daß

$$kH(h-h_R) = \frac{Q \cdot n}{2\pi} \cdot \ln \frac{\sqrt[n]{r_1 \cdot r_2 \ldots r_n}}{R} \qquad (49\,\mathrm{a})$$

und es wirkt die Brunnengruppe wie ein Einzelbrunnen vom Halbmesser $\sqrt[n]{r_1 r_2 r_3} \ldots$, dem die n-fache Menge des Einzelbrunnens entnommen wird.

Ist die wasserführende Schicht geradlinig begrenzt (z. B. Flußufer) und befindet sich ein Schachtbrunnen B im Abstand a von dieser Begrenzung, so erhält man die genäherte Lösung, indem man sich einen negativen symmetrisch zur Begrenzung gelegenen Brunnen A vorstellt, so daß eine Quell-Senken-Strömung eintritt. Aus $Z = \frac{Q}{2\pi} \ln \frac{\zeta-a}{\zeta+a}$ in H IV 3 folgt für die Linien gleicher Standrohrspiegelhöhe (Potentiallinien), die eine Apolloniussche Kreisschar bilden,

$$k \cdot H \cdot h = \frac{Q}{2\pi} \cdot \ln \frac{r_1}{r_2}. \qquad (50)$$

Für irgend einen Kreis R dieser Schar gilt nach Abb. (308)

$$a^2 - \lambda^2 = 2R\lambda \quad \text{mit} \quad \lambda = -R + \sqrt{R^2 + a^2}$$

und für den Brunnenrand, der auch zur Schar gehört, ist $R = r_0 =$ Brunnenhalbmesser zu setzen. Ferner ist für die geradlinige Begrenzung $r_1 = r_2$, also $h = 0$ und für den Brunnenrand $\frac{r_1}{r_2} = \frac{a+\lambda}{a-\lambda}$ mit $\lambda = -r_0 + \sqrt{r_0{}^2 + a^2}$.

Liegt am Brunnenrand der Standrohrspiegel um s tiefer als an der Grenze, so folgt aus (50)

$$k \cdot H \cdot s = \frac{Q}{2\pi} \cdot \ln \frac{a - r_0 + \sqrt{r_0{}^2 + a^2}}{a + r_0 - \sqrt{r_0{}^2 + a^2}} \qquad (50\,\mathrm{a})$$

und diese Gleichung gilt natürlich nur so weit, als s nicht jene Grenze überschreitet, bei der ein ungespannter Spiegel auftritt und am Brunnen andere Randbedingungen gelten.

Für den Schlitz von der Länge $2\,t$ (Abb. 406) wird nach H IV 9

$$Z = \Phi + i\,\Psi = k_1 \operatorname{\mathfrak{Ar}} \mathfrak{Cof} \frac{\zeta}{t} = k_1 \cdot \ln \left(\frac{\zeta + \sqrt{\zeta^2 - t^2}}{t} \right), \qquad (51)$$

wo $k_1 = \frac{Q}{2\pi}$ ist. Es folgt dann

$$\zeta = x + iy = t \operatorname{\mathfrak{Cof}} \frac{\Phi}{k_1} \cdot \cos \frac{\Psi}{k_1} + i\,t \operatorname{\mathfrak{Sin}} \frac{\Phi}{k_1} \cdot \sin \frac{\Psi}{k_1}$$

für die Potentiallinien (konfokale Ellipsen)

$$\frac{x^2}{t^2 \operatorname{\mathfrak{Cof}}^2 \dfrac{\Phi}{k_1}} + \frac{y^2}{t^2 \operatorname{\mathfrak{Sin}}^2 \dfrac{\Phi}{k_1}} = 1$$

und für die Stromlinien (konfokale Hyperbeln)

$$\frac{x^2}{t^2 \cos^2 \dfrac{\Psi}{k_1}} - \frac{y^2}{t^2 \sin^2 \dfrac{\Psi}{k_1}} = 1.$$

Durch den Ansatz (51) erscheint der Brunnenkreis, dessen Ebene mit $\bar{\zeta}$-Ebene bezeichnet und dessen Halbmesser $\dfrac{t}{2}$ sei, auf einen geraden Schlitz von der Länge $2\,t$ der ζ-Ebene abgebildet. Setzt man für den Brunnen

$$Z = k_1 \cdot \ln \frac{\bar{\zeta}}{t},$$

so erhält man (51), indem man

$$\bar{\zeta} = \zeta + \sqrt{\zeta^2 - t^2} \quad \text{und} \quad \zeta = \bar{\zeta} + \frac{t^2}{\bar{\zeta}}$$

setzt. Es entsprechen dann den Werten $\bar{\zeta} = \dfrac{t}{2} \cdot e^{i\alpha}$ am Brunnenrande die Werte

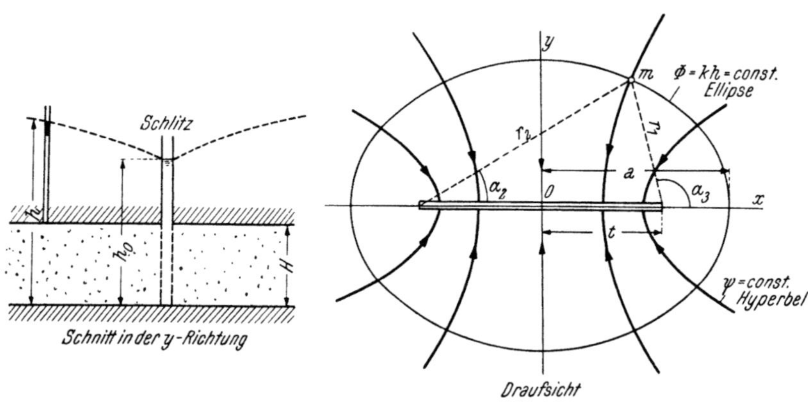

Abb. 406. Strömung zum Schlitz in gespanntem Grundwasser

$\zeta = \dfrac{t}{2} \cdot \left(e^{i\alpha} + e^{-i\alpha}\right) = t \cdot \cos\alpha$ in der ζ-Ebene, also reelle Werte von $+t$ nach $-$ und zurück. Der reelle Teil von (51) lautet

$$\Phi = k \cdot H \cdot h = \frac{Q}{2\pi} \ln\left(\frac{a + \sqrt{a^2 - t^2}}{t}\right), \tag{52}$$

wenn $a = \dfrac{r_1 + r_2}{2}$ die große Halbachse einer Ellipse mit konstantem h ist (Abb. 406). Ist in der Entfernung $a = R \gg t$ die Standrohrspiegelhöhe $h = h_R$, so folgt

$$Q = 2\pi k H \cdot h_R \ln \frac{2R}{t}$$

und weil am Schlitz $h = 0$ ist, wegen $a = t$, so bedeutet h_R die Absenkung am Schlitz. Aus

$$\frac{dZ}{d\zeta} = \frac{Q}{2\pi} \frac{1}{\sqrt{\zeta^2 - t^2}} = u - iv$$

und mit $\zeta - t = r_1 e^{i\alpha_1}$ und $\zeta + t = r_2 e^{i\alpha_2}$ ergibt sich

$$u - iv = \frac{Q}{2\pi} \cdot \frac{1}{\sqrt{r_1 r_2}} \left(\cos\frac{\alpha_1 + \alpha_2}{2} - i \sin\frac{\alpha_1 + \alpha_2}{2}\right). \tag{53}$$

Für den Schlitz gilt somit

$$u = 0 \quad \text{und} \quad v = \frac{Q}{2\pi} \cdot \frac{1}{\sqrt{r_1 r_2}} = \frac{Q}{2\pi} \cdot \frac{1}{\sqrt{t^2 - x^2}}.$$

Die letzte Gleichung gilt auch für die Geschwindigkeitsverteilung an der ebenen Sohle eines Grabens, der eine undurchlässige Deckschicht durchschneidet, unter welcher sich gespanntes Grundwasser befindet (Abb. 407).

Schließlich sei folgende Aufgabe kurz behandelt, bei welcher die Abbildungsmethode von SCHWARZ-CHRISTOFFEL zur Anwendung kommt. Gegeben sei ein offenes Gewässer, dessen geradliniges Ufer aus durchlässigem Material besteht und von einer undurchlässigen Schichte überdeckt wird. Entsprechend Abb. 408 liegt gespanntes Wasser vor und es werde parallel zum Ufer im Abstand L ein Graben von der Sohlenbreite b geführt, der die Deckschicht bis zur durchlässigen Schicht durchschneidet. Es sei der Wasserzudrang pro lfd. m zu ermitteln, wenn durch Pumparbeit der Spiegel im Graben um Δh tiefer

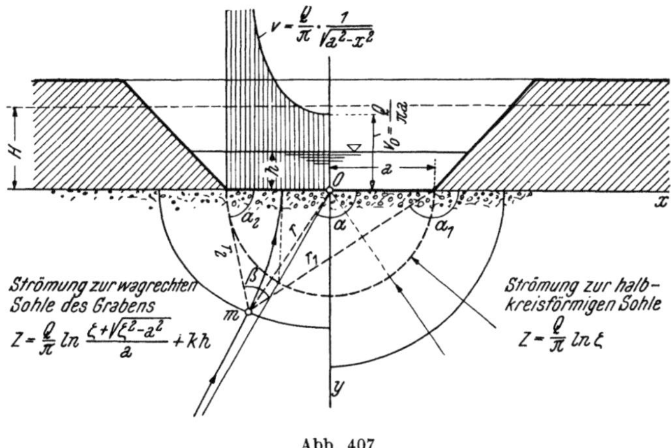

Abb. 407

gehalten wird als im natürlichen Gewässer. Man denkt sich symmetrisch zur Uferlinie einen Liefergraben gleicher Abmessungen, in welchem der Spiegel um $2\Delta h$ höher gelegen ist als im Entnahmegraben und sieht die Strömung zwischen beiden Gräben als konformes Abbild der in Abb. 408 dargestellten Strömung in der Z-Ebene an. Das Rechteck $A\,B\,C\,D$ der Z-Ebene ($\Phi + i\,\Psi$) erscheint auf die untere Hälfte der ζ-Ebene ($x + i\,y$) abgebildet durch das elliptische Integral (Abschn. H IV 9 k)

$$Z = \int\limits_0^{\zeta} \frac{d\zeta}{(\zeta - \zeta_1)^{1/2} \cdot (\zeta - \zeta_2)^{1/2} \cdot (\zeta - \zeta_3)^{1/2} \cdot (\zeta - \zeta_4)^{1/2}}.$$

Sollen nun in einer weiteren τ-Ebene ($\xi + i\eta$) die Punkte ζ_1, ζ_2, ζ_3 und ζ_4 in die Punkte $\tau_1 = 1\ (A')$, $\tau_2 = -1\ (B')$, $\tau_3 = \dfrac{-1}{\varkappa}\ (C')$ und $\tau_4 = \dfrac{1}{\varkappa}\ (D')$ in der ξ-Achse übergehen (Abb. 408), so wird dies durch eine lineare Transformation der ζ-Ebene auf die τ-Ebene bewirkt[1]) und man erhält

$$Z = c \int\limits_0^{\tau} \frac{d\tau}{\sqrt{(\tau^2 - 1) \cdot \left(\tau^2 - \dfrac{1}{\varkappa^2}\right)}} = C \cdot \int\limits_0^{\tau} \frac{d\tau}{\sqrt{(1 - \tau^2)(1 - \varkappa^2 \tau^2)}}.$$

[1]) BETZ, A.: Konforme Abbildung, Berlin-Göttingen-Heidelberg 1948.

Mit $\tau = \sin \varphi$ erhält man die bekannte Form des elliptischen Integrals 1. Gattung

$$Z = \int_0^{\varphi} \frac{d\varphi}{\sqrt{1 - \varkappa^2 \cdot \sin^2 \varphi}} \,,$$

wobei $\varkappa$ der Modul ist. Für den in der Abbildung dargestellten Fall der

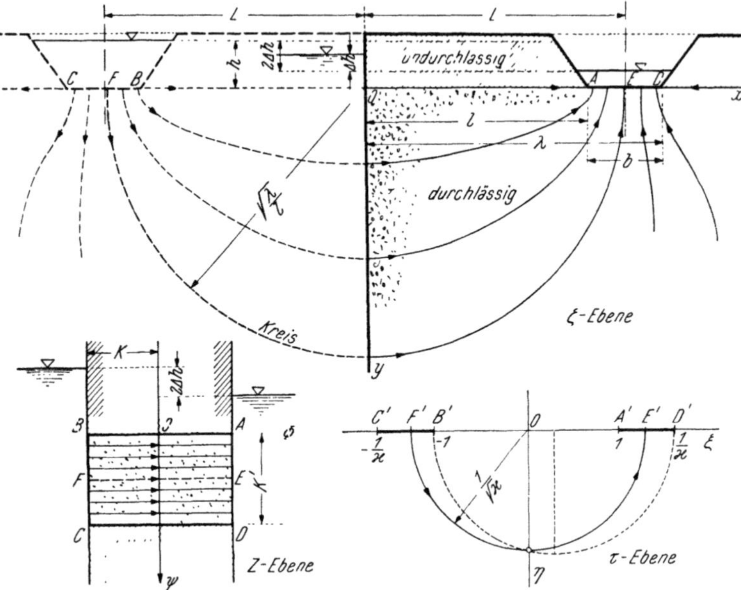

Abb. 408. Wasserzudrang zu einem Graben, der längs eines offenen Gewässers gelegen ist

Strömung im Rechteck ist der Wasserzudrang pro lfd. m mit den dortigen Bezeichnungen

$$q = k \cdot \frac{\Delta h}{K} \cdot K'$$

und man hat zur Lösung der Aufgabe zu setzen

$$K(\varkappa) = \int_0^1 \frac{d\tau}{\sqrt{(1 - \tau^2)(1 - \varkappa^2 \tau^2)}} \,,$$

das vollständige elliptische Integral 1. Gattung und

$$K'(\varkappa) = \int_1^{1/\varkappa} \frac{d\tau}{\sqrt{(1 - \tau^2) \cdot (1 - \varkappa^2 \tau^2)}} = K\left(\sqrt{1 - \varkappa^2}\right),$$

wobei als Modul $\varkappa = \dfrac{l}{\lambda} = \dfrac{L - \dfrac{b}{2}}{L + \dfrac{b}{2}}$ zu nehmen ist.

Man kann auch angenähert setzen

$$K \sim \frac{\pi}{2} \cdot \left(1 + \frac{\varkappa^2}{4}\right) \text{ und } K' \sim \ln \frac{4}{\varkappa} + \left(\ln \frac{4}{\varkappa} - 1\right) \cdot \frac{\varkappa^2}{4}.$$

Es sei bemerkt, daß es unter den Stromlinien einen Halbkreis mit $r = \dfrac{1}{\sqrt{\varkappa}}$ gibt, der der Stromlinie EF in Abb. 408 entspricht, so daß die Strömung innerhalb desselben ein Spiegelbild jener außerhalb ist.

Beispiel

Gegeben sei $L = 120$ m, $b = 6$ m, also $\varkappa = \dfrac{117}{123} = 0{\cdot}951$, ferner sei $\varDelta\,h = 1{\cdot}50$ m und $k = 0{\cdot}006$ m/sec ermittelt worden.

Es folgt

$$\frac{\varkappa^2}{4} \sim 0{\cdot}226 \quad \text{und} \quad K \cong \frac{\pi}{2} \cdot \left(1 + \frac{\varkappa^2}{4}\right) = 1{\cdot}925,$$

ferner

$$K' \cong \ln\frac{4}{\varkappa} + \left(\ln\frac{4}{\varkappa} - 1\right)\frac{\varkappa^2}{4} = 1{\cdot}435 + (0{\cdot}435)\cdot 0{\cdot}226 = 1{\cdot}533$$

und schließlich $q = 0{\cdot}006 \cdot 1{\cdot}50 \cdot \dfrac{1{\cdot}533}{1{\cdot}925} = 0{\cdot}0072$ m³/sec pro lfd. m.

b) Wasserzudrang unter Wänden, insbesondere Spundwänden

Es sei die Basis einer Wand von der Dicke $2\,\varrho$ halbkreisförmig begrenzt und sie würde an beiden Seiten verschieden hohe Wasserspiegel aufweisen. Unter dem Einfluß der Spiegelhöhendifferenz wird eine Strömung vom höheren zum tieferen Spiegel erfolgen mit dem komplexen Potential

$$Z = i\,\frac{Q}{2\,\pi}\cdot\ln\zeta + c. \tag{54}$$

Es erscheinen infolge der Multiplikation mit i die Potential- und Strömungslinien einer Senke bzw. Quelle vertauscht.

Bei einer Spundwand, die linienartig aufgefaßt wird, erhält man Z, indem man ähnlich wie beim Schlitz die abbildende Funktion (47) einführt und für ζ in (54) den Wert $\zeta_1 = \zeta + \sqrt{\zeta^2 - t^2}$ einsetzt, wenn t die Tiefe der Spundwand im unbegrenzten Grundwasser ist. In diesem Fall gilt also

$$Z = i\,\frac{Q}{2\,\pi}\ln\left(\zeta + \sqrt{\zeta^2 - t^2} + c.\right) \tag{55}$$

Die Potentiallinien sind hier die Strömungshyperbeln beim Schlitz und die Strömungslinien sind die konfokalen Ellipsen (Abb. 409). Sie haben die Gleichungen

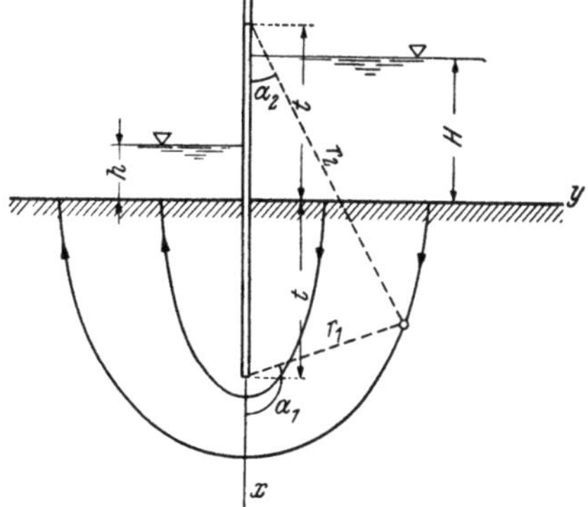

Abb. 409. Strömung um eine Spundwand

$$\varPhi = 2c\,\operatorname{arc\,tg}\frac{\sqrt{r_1}\sin\dfrac{\alpha_1}{2} + \sqrt{r_2}\sin\dfrac{\alpha_2}{2}}{\sqrt{r_1}\cos\dfrac{\alpha_1}{2} + \sqrt{r_2}\cos\dfrac{\alpha_2}{2}} + c_1$$

und

$$\varPsi = 2c\ln\left(\frac{r_1 + r_2}{2} + \sqrt{r_1\cdot r_2}\cdot\cos\frac{\alpha_1 - \alpha_2}{2}\right) + c_1$$

$$= 2c\ln\left(\frac{r_1 + r_2}{2} + \sqrt{\left(\frac{r_1 + r_2}{2}\right)^2 - t^2}\right).$$

Für die Geschwindigkeiten gilt das gleiche Gesetz (53) wie beim Schlitz, nämlich

$$u - iv = \frac{c}{\sqrt{r_1 r_2}}\left(\cos\frac{\alpha_1 + \alpha_2}{2} - i\sin\frac{\alpha_1 + \alpha_2}{2}\right).$$

In den Punkten der y-Achse (Bodenoberfläche) verschwindet v, weil $\alpha_1 + \alpha_2 = 180^0$ und u wird für die nach Abb. 409 rechts von der Wand gelegenen Punkte positiv, hingegen für die links gelegenen negativ, weil dort $\frac{\alpha_1 + \alpha_2}{2} = 270^0$ ist. Der einer Stromlinie entsprechende Durchfluß folgt aus

$$q = \int\limits_0^y u \cdot dy = c \cdot \int\limits_0^y \frac{dy}{r_1 \cdot r_2}$$

und mit $r_1 = r_2 = \sqrt{y^2 + t^2}$ folgt

$$q = c\ln\left(\frac{y}{t} + \sqrt{\frac{y^2}{t^2} + 1}\right). \tag{56}$$

Der Durchfluß ist also mit $y = \infty$ unendlich groß und dementsprechend müßte die geschöpfte Wassermenge sein, um eine Spiegeldifferenz aufrechtzuerhalten.

Für die Punkte der y-Achse mit $y > 0$ ist $r_1 = r_2$ und $\cos\frac{\alpha_1}{2} = -\cos\frac{\alpha_2}{2}$ und weil $\sin\alpha_{1,2}$ positiv ist, wird

$$\Phi = k \cdot H = 2c \cdot \operatorname{arc\,tg}\infty = c\pi.$$

Für die Punkte $y < 0$ der y-Achse ist $\sin\alpha_{1,2}$ negativ und deshalb

$$\Phi = kh = 2c\operatorname{arc\,tg}(-\infty) = -c\pi,$$

so daß aus (56)

$$q = \frac{k \cdot (H-h)}{2\pi} \cdot \ln\left(\frac{y}{t} + \sqrt{\frac{y^2}{t^2} + 1}\right)$$

resultiert.

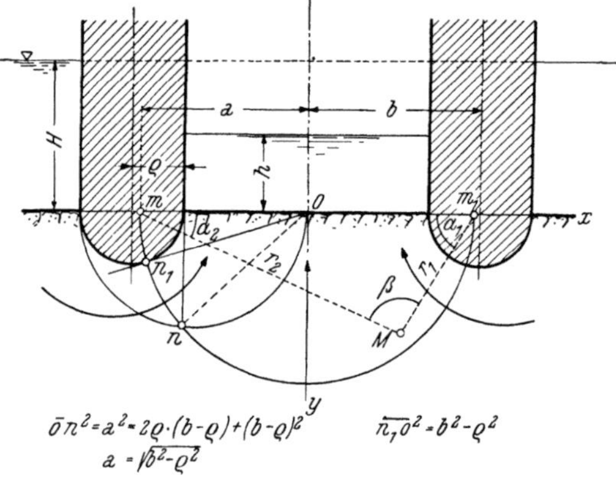

Abb. 410

Es seien nun zwei halbkreisförmig begrenzte Wände (Abb. 410) im Abstande $2b$ gegeben, die entgegengesetzt umströmt werden infolge der Spiegelhöhendifferenz $H - h$. Für diesen Fall ist zu setzen

$$Z = ic\ln\frac{\zeta - a}{\zeta + a} + c_1. \tag{57}$$

Ist ϱ der Radius des Halbkreises, so gilt nach H IV (59a)

$$a^2 = 2\varrho \cdot (b - \varrho) + (b - \varrho)^2 \quad \text{oder} \quad a = \sqrt{b^2 - \varrho^2}.$$

Es folgt

$$\frac{dZ}{d\zeta} = u - iv = i2ca\frac{x^2 - y^2 - a^2 - i\,2xy}{(x^2 - y^2 - a^2)^2 - 4x^2y^2}$$

mit

$$u = 4ca\frac{x \cdot y}{(x^2 - y^2 - a^2)^2 - 4x^2y^2}$$

und

$$v = -2ca\frac{x^2 - y^2 - a^2}{(x^2 - y^2 - a^2)^2 - 4x^2y^2}.$$

In den Punkten der x-Achse, also für $y = 0$, wird $u = 0$ und

$$v = -\frac{2ca}{x^2 - a^2}.$$

Bei einer Wandstärke 2ϱ (Durchmesser des Basishalbkreises) wird die zudringende Wassermenge

$$\frac{Q}{2} = -\int_0^{b-\varrho} v \cdot dx = 2c \ln \frac{1 + \dfrac{x}{a}}{1 - \dfrac{x}{a}} \Bigg|_0^{b-\varrho} = 2c \ln \frac{a + b - \varrho}{a - b + \varrho}. \tag{58}$$

Nun ist

$$\Phi = Z_{reell} = c\,(\alpha_1 - \alpha_2) + c_1 = c\widehat{\beta} + c_1,$$

wenn β der von den Fahrstrahlen r_1 und r_2 zum Aufpunkt eingeschlossene Winkel ist.

Für die Bodenoberfläche innerhalb der Wände ist $\Phi = kh$ und $\widehat{\beta} = \pi$ außerhalb $\Phi = kH$ und $\beta = 0$.

Es gelten somit $kh = -c\pi + c_1$ und $kH = c_1$ oder $k\,(H - h) = c\pi$ und schließlich mit (44) für den Wasserzudrang

$$Q = \frac{4k \cdot (H - h)}{\pi} \ln \frac{a + b - \varrho}{a - b + \varrho} = \frac{4k}{\pi}\,(H - h)\ln \frac{\sqrt{b + \varrho} + \sqrt{b - \varrho}}{\sqrt{b + \varrho} - \sqrt{b - \varrho}}. \tag{59}$$

4. Strömung mit freiem Spiegel

a) Strömung längs einer waagrechten Sohle, ebenes Problem

Die Strömung soll aus dem Unendlichen kommen und längs einer waagrechten undurchlässigen Schicht erfolgen (Abb. 411). Vom Punkte B an sei die Sohle durchlässig (waagrechtes Sieb usw.). Zeichnet man die Grenzen des Strömungsgebietes in der Hodographenebene, so entspricht dem freien Spiegel der durch den Nullpunkt ($u = o$, $v = o$) gehende Kreis mit dem Durchmesser k. Weiter entspricht der waagrechten Sohle die durch O_1 gehende waagrechte Linie $\overline{AB}$ und der Sickerstrecke CB die zu ihr senkrechte Linie $\overline{CB}$.

Das konjugierte Bild (Spiegelung an der $\bar{u}$-Achse) gibt dann die Umrandung des Bereiches $\bar{\mathfrak{v}} = u - iv$, der eine Kreisbogensichel ist und mittels der Funktion[1])

$$\bar{\mathfrak{v}} = f\,(Z) = \frac{1}{aZ}$$

auf den Streifen zwischen $\Psi = 0$ und $\Psi = Q$ der Z-Ebene abgebildet wird. Nun ist nach H IV (56)

$$\zeta = x + iy = \int \frac{dZ}{\bar{\mathfrak{v}}} = \frac{aZ^2}{2} + c = \frac{a}{2}\,(\Phi^2 - \Psi^2) + ia\,\Phi\,\Psi + c, \tag{60}$$

weil für $x = 0$ und $y = 0$ auch $Z = \Phi + i\Psi = 0$ ist, folgt $c = 0$. Ferner ist

$$\bar{\mathfrak{v}} = \frac{dZ}{d\zeta} = aZ = \sqrt{\frac{1}{2a\zeta}} = \sqrt{\frac{1}{2a}}\,\frac{\cos\dfrac{\alpha}{2} - i\sin\dfrac{\alpha}{2}}{\sqrt{r}} = u - iv. \tag{61}$$

Die Geschwindigkeiten in Punkten eines Polstrahls (Winkel α) haben alle die gleiche Richtung $\left(\dfrac{\alpha}{2}\right)$ und die Größe $|\bar{\mathfrak{v}}| = \dfrac{1}{\sqrt{2ar}}$.

---

[1]) Z. B. BIEBERBACH, L.: Einführung in die konforme Abbildung, Berlin 1915.

Für die Punkte der y-Achse, also $\alpha = 90^0$, ist mit $r = y$ aus (61)

$$u = v = \frac{1}{\sqrt{4\,a\,y}}$$

und es beträgt der Durchfluß

$$Q = \int_0^{y_{80}} u\,dy = \sqrt{\frac{y_{80}}{a}} \quad \text{bzw.} \quad a = \frac{y_{80}}{Q^2},$$

wenn y_{80} die Spiegelordinate für $x = 0$ ist.

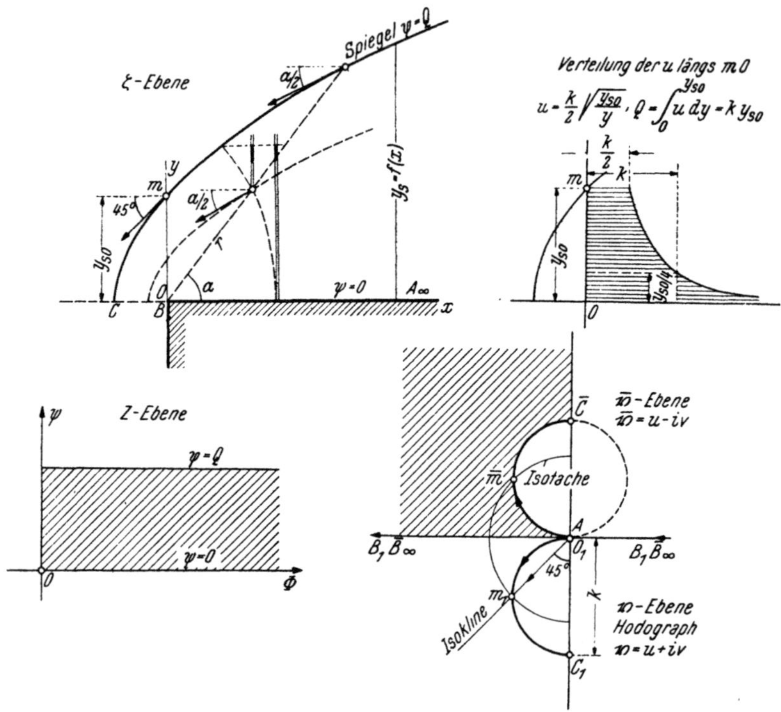

Abb. 411. Strömung zum Schlitz mit freiem Grundwasserspiegel

Ist die Spiegellinie die Stromlinie $\Psi = Q$ und setzt man für das Potential im Spiegel $\Phi = k\,y_s$, wenn y_s die Höhenlage des Spiegels über der Sohle bedeutet, so folgt aus (60)

$$x = \frac{a}{2}\,(k^2\,y_s{}^2 - Q^2). \tag{62}$$

Die Spiegellinie und alle übrigen Stromlinien sind Parabeln mit dem gleichen Brennpunkt in O. Weil $y_s = y_{80}$ für $x = 0$, folgt aus (62) $Q = k\,y_{80}$ und weiter $a = \frac{1}{k\,Q}$. Differenziert man (62), so erhält man nach Umformung

$$Q = k\,y_s \cdot \frac{dy_s}{dx} \tag{63}$$

eine Beziehung, die schon von DUPUIT[1]) als Ausgangsgleichung vorausgesetzt wurde und zufällig formal, aber nicht dem Sinn nach mit den exakten Ergebnissen

---

[1]) FORCHHEIMER, PH.: Hydraulik, III. Aufl., S. 70, Leipzig-Berlin 1930.

übereinstimmt. Das gleiche exakte Resultat würde man erhalten, wenn entsprechend dem durch Pfeile angegebenen Umlauf der Begrenzung im Hodographen ein Dipol {H IV (65)} mit dem Moment $M = \dfrac{1}{a} = kQ$ angenommen würde, so daß $Z = \dfrac{M}{\bar{\mathfrak{v}}}$ oder $\bar{\mathfrak{v}} = \dfrac{M}{Z}$ wäre.

b) Strömung längs einer geneigten undurchlässigen Sohle
(Abb. 412)

Ist α der Neigungswinkel, so gilt für den Durchfluß im Unendlichen $Q = kH \sin \alpha$, wenn H der Spiegelabstand von der Sohle ist. Man zeichnet wieder das Hodographenbild der Berandung und erhält für den Spiegel den durch O gehenden

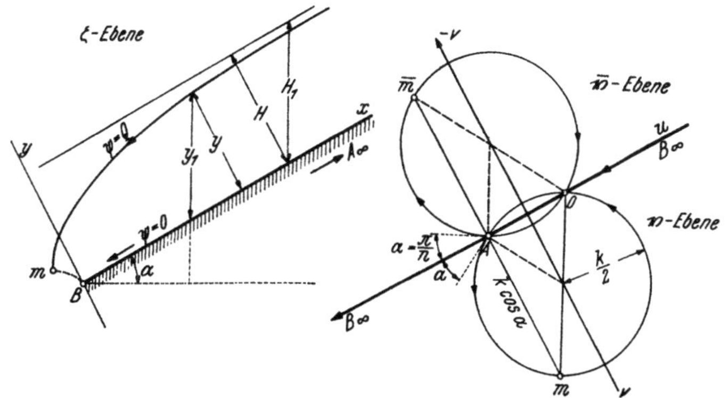

Abb. 412. Strömung mit freiem Grundwasserspiegel längs geneigter undurchlässiger Schicht

Kreis vom Halbmesser $\dfrac{k}{2}$, und zwar von A bis M. Die Sohle ist durch die zu ihr parallele Gerade AB dargestellt und man erhält eine mögliche Strömung, wenn man das zum ergänzten Kreiszweieck im Hodographen konjugierte (gespiegelte) Bild mittels der Funktion[1]

$$Z = \left(\frac{\bar{\mathfrak{v}} - a}{\bar{\mathfrak{v}} - b} \right)^n \tag{64}$$

auf die halbe Z-Ebene und diese mittels $\bar{\mathfrak{v}} = e^Z$ auf den Streifen zwischen $\Psi = 0$ und $\Psi = Q$ der Z-Ebene abbildet. Es bedeuten a und b die $\bar{\mathfrak{v}}$-Werte für die Ecken, also $a = k \cdot J$ und $b = 0$ und der Winkel des Zweiecks ist durch $\alpha = \dfrac{\pi}{n}$ gegeben.

Die Abbildung auf den Streifen wird geleistet durch

$$\left(\frac{\bar{\mathfrak{v}} - kJ}{\bar{\mathfrak{v}}} \right)^n = e^Z,$$

so daß

$$\bar{\mathfrak{v}} = \frac{kJ}{1 - e^{Z/n}},$$

also ist weiter

$$\zeta = \frac{1}{kJ} \cdot \int (1 - e^{Z/n}) \cdot dZ = \frac{1}{kJ} (Z - n e^{Z/n}) + C_{reell}. \tag{65}$$

---

[1] BIEBERBACH, L.: Einführung in die konforme Abbildung.

Dieses Resultat erhält man auch, wenn man die Punkte O und A in der $\bar{\mathfrak{v}}$-Ebene als Senken bzw. Quellen mit gleichem Q ansieht und das Potential nach H IV aufstellt

$$Z = \frac{Q}{a} \cdot \ln \frac{\bar{\mathfrak{v}} - kJ}{\bar{\mathfrak{v}}}. \tag{66}$$

Es folgt dann aus (65)

$$x + iy = \zeta = \frac{\varPhi}{kJ} - \frac{n \cdot e^{\varPhi/n}}{kJ} \cdot \cos \frac{\varPsi}{n} + \frac{i\,\varPsi}{kJ} + i\,n \cdot \frac{e^{\varPhi/n}}{kJ} \sin \frac{\varPsi}{n} + C_{reell}$$

und weiter

$$kJ\,x = \varPhi - n\,e^{\varPhi/n} \cdot \sin \frac{\varPsi}{n} \tag{66a}$$

bzw.

$$kJy = \varPsi + n \cdot e^{\varPhi/n} \cdot \sin \frac{\varPsi}{n}. \tag{66b}$$

Mit $\varPsi = Q$ für die Oberfläche ergibt sich aus der letzten Gleichung

$$n \cdot e^{\varPhi/n} = - \frac{Q - kJy}{\sin \dfrac{Q}{n}} = - \frac{Q - kJy}{\sin \alpha} = - k\,(H - y), \tag{67}$$

somit ist weiter

$$kJx = \varPhi + k\,(H - y) \cdot \cos \alpha + C.$$

Nachdem aus (67)

$$Q = kJ \left(y - \frac{n}{k} e^{\varPhi/n} \right) = kJH,$$

folglich

$$\varPhi = n \cdot \ln \frac{k}{n} \cdot (y - H),$$

so ergibt sich mit (66a)

$$kJx = n \ln \frac{k}{n} \cdot (y - H) + k\,(H - y) \cos \alpha + C \tag{68}$$

und hieraus folgt mit $\dfrac{n}{k} = - \dfrac{Q}{ak} = - H$

$$Jx = - H \cdot \ln \frac{H - y}{H} + (H - y) + C$$

und mit der Grenze $y = y_0$ für $x = 0$ erhält man schließlich

$$J \cdot x = H \ln \frac{H - y_0}{H - y} + y_0 - y. \tag{69}$$

Diese Beziehung stimmt mit jener überein, die für kleine α mittels des schon erwähnten Dupuitschen Ansatzes erhalten wird, wenn man also schreibt

$$Q = v \cdot y_1 = k \left(\sin \alpha + \frac{dy_1}{dx} \right) y_1$$

und integriert. Es ist dann

$$Jdx = \frac{y_1 \cdot dy_1}{H_1 - y_1} \quad \text{und} \quad J \cdot x = - y_1 + H \cdot \ln (y_1 - H) + C$$

mit der Grenze $y_1 = \dfrac{y_0}{\cos \alpha}$ für $x = 0$ und mit $H_1 = \dfrac{H}{\cos \alpha}$ folgt schließlich

$$Jx \cos \alpha = y_0 - y + H \cdot \ln \frac{H - y_0}{H - y}.$$

c) Abfluß über eine lotrechte Stauwand

Eine lotrechte Wand[1]) (Grundwasserstau) werde mit freiem Spiegel überflossen, wobei die Strömung aus dem Unendlichen kommen soll (Abb. 413).

Auch hier kann man in der $\mathfrak{v}$-Ebene eine Strömung von der Quelle $A\,(0,\overline{0})$ zur Senke $B\,(\overline{0},\,i\,k)$ annehmen und das komplexe Potential

$$Z = a \cdot \ln \frac{\overline{\mathfrak{v}}}{\overline{\mathfrak{v}} - k\,i} \tag{70}$$

aufstellen und mit

$$\frac{1}{\overline{\mathfrak{v}}} = \frac{1}{k\,i}\,(1 - e^{-Z/a})$$

wird

$$\zeta = \int \frac{dZ}{\overline{\mathfrak{v}}} = \frac{1}{k\,i}\int (1 - e^{-Z/a})\,dZ = \frac{1}{k\,i}\,(Z + a e^{-Z/a})$$

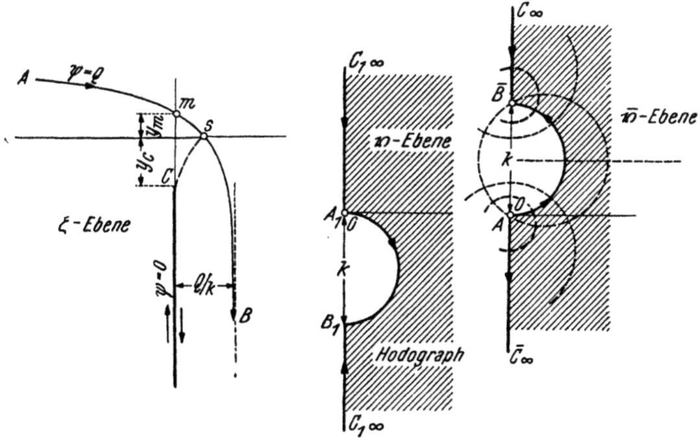

Abb. 413. Grundwasserabfluß mit freiem Spiegel über eine senkrechte Stauwand

oder

$$k\,i\,\zeta = k\,i\,x - k\,y = Z + a e^{-Z/a} = \varPhi + a e^{-\varPhi/a}\cdot\cos\varPsi/a + i\,(\varPsi - a e^{-\varPhi/a}\cdot\sin\varPsi/a),$$

so daß also

$$k\,y = -\varPhi - a e^{-\varPhi/a}\cdot\cos\varPsi/a \tag{71}$$

und

$$k\,x = \varPsi - a e^{-\varPhi/a}\cdot\sin\varPsi/a\,. \tag{72}$$

Für die Oberfläche folgt mit $\dfrac{p}{\gamma} = 0$, $\varPhi = -k\,y$ und $\varPsi = Q$ die Gleichung

$$k\,x = Q - a^{+ky/a}\cdot\sin Q/a\,. \tag{73}$$

Für den Kantenpunkt C ist $\varPsi = 0$ und aus (71) folgt durch Differenzieren

$$k\,\frac{dy}{d\varPhi} = -1 + e^{-\varPhi/a} \quad\text{und}\quad \frac{d\varPhi}{dy} = \frac{k}{e^{-\varPhi/a}-1}$$

Letzterer Wert ist bei C unendlich, weshalb für den dortigen Wert $\varPhi = 0$ sich ergibt. Damit folgt aus (71) die Höhe von c $y_c = \dfrac{-a}{k}$, womit a definiert er-

---

[1]) BARANOFF, A.: University Research Institute, Shanghai 1934.

scheint. Für den Punkt m folgt aus (73) mit $x = 0$

$$y_m = \frac{a}{k} \cdot \ln \frac{Q/a}{\sin Q/a}$$

und der Abstand

$$\overline{mc} = y_m - y_c = \frac{a}{k}\left(\ln \frac{Q/a}{\sin Q/a} + 1\right).$$

Weil für die Oberfläche mit $\Psi = Q$ und $\Phi = -ky$ aus (71) $\cos\dfrac{Q}{a} = 0$ sich ergibt, folgt $a = \dfrac{2Q}{\pi}$ oder $\dfrac{Q}{a} = \dfrac{\pi}{2}$, so daß

$$\overline{mc} = \frac{2Q}{\pi k}\cdot\left(\ln \frac{\pi}{2} + 1\right) = 0.924\,\frac{Q}{k}. \tag{74}$$

d) Austritt aus Böschungen. Hangquelle

In der Praxis hat man es meist mit geneigten Sickerstrecken zu tun, wie Damm- und Grabenböschungen. Schon der einfache Fall des Wasseraustritts aus einer senkrechten Wand bei horizontaler Unterlage erfordert für die exakte

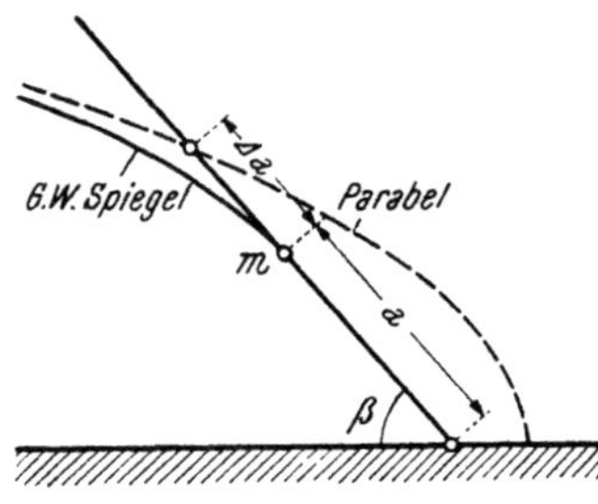

Abb. 414.   Austritt aus einer Böschung

analytische Behandlung[1]) einen großen mathematischen Apparat und die schließliche numerische Auswertung[2]) wird sehr zeitraubend. Deshalb versuchte A. CASAGRANDE[3]) das Verhältnis $c = \dfrac{\Delta a}{a + \Delta a}$ in Abb. 414 auf dem Wege der gewöhnlichen Konstruktion des orthogonalen Netzes der Potential- und Stromlinien zu ermitteln. Dabei hielt er sich an die Tatsache, daß die Sickerlinie (Spiegel) die Böschung tangiert und daß der Tangierungspunkt (Austritt) tiefer liegen muß als die Parabel bei waagrechter Sickerstrecke. Auch wird der Unterschied zwischen Sickerlinie und Parabel mit der Entfernung von der Böschung immer geringer. CASAGRANDE fand, daß c um so kleiner wurde, je größer der Böschungswinkel β war, wie folgend.

$\beta =$	60^0	90^0	180^0
$c =$	0.32	0.26	0

Der Wert für 90^0 stimmt mit jenem von M. BREITENÖDER[4]) auf anderem Wege gefundenen recht gut überein.

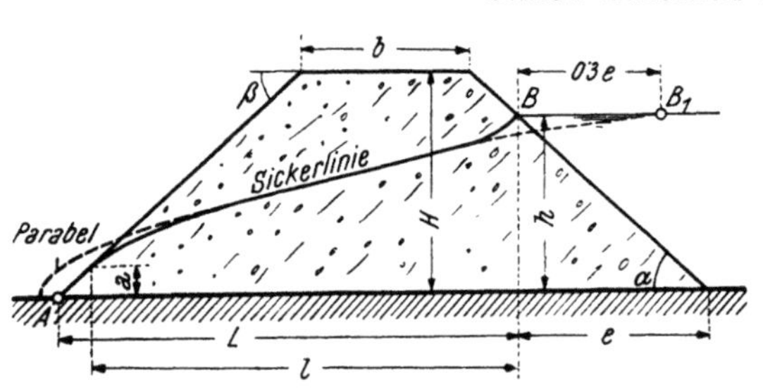

Abb. 415.   Sickerung durch einen Damm
cotg $\alpha = m$ cotg $\beta = m_1$

Weitere Näherungslösungen ergaben die Versuche von A. ZEJTLIN[5]) und A. P. BLEICHMANN an Dämmen in der Natur und im Modell. Mit den Bezeichnungen in der Abb. 415 können sie

---

[1]) Siehe die zitierte grundlegende Arbeit v. G. HAMEL.

[2]) Numerische Durchrechnung unter Mitwirkung v. E. GÜNTHER in der gleichen Zeitschrift 1935.

[3]) Seepage through dams 1937, Harward University, Soil Mechanics Series Nr. 5.

[4]) BREITENÖDER, M.: Ebene Grundwasserströmung mit freier Oberfläche, Berlin 1942.

[5]) Österr. Wasserwirtsch. 1 (1952).

in die zwei Gleichungen zusammengefaßt werden

$$\frac{a}{h} = c \cdot \frac{h}{L} + 0^{\cdot}02 \quad \text{und} \quad \frac{q}{k\,h} = 0^{\cdot}435 \cdot \frac{h+a}{L}$$

mit folgenden Werten c als Abhängige von der wasserseitigen Böschung

$$\operatorname{ctg}\alpha = m_1 = 2^{\cdot}5 \qquad 3^{\cdot}0 \qquad 3^{\cdot}5 \qquad 4^{\cdot}0$$
$$c = \qquad 1^{\cdot}025 \qquad 1^{\cdot}275 \qquad 1^{\cdot}485 \qquad 1^{\cdot}720$$

und genau genug für die Praxis $c = 0^{\cdot}46\,m_1 - 0^{\cdot}115$.

Beispiel

Gegeben: $H = 5\,\mathrm{m}$ $h = 4^{\cdot}0\,\mathrm{m}$ $b = 4^{\cdot}0\,\mathrm{m}$ $m_1 = 3^{\cdot}0 = m$, somit $c = 1^{\cdot}275$.
Der Damm sei aus standfester Sand- und Kiesmischung mit $k = 0^{\cdot}002\,\mathrm{m/sec}$ hergestellt.
Es folgt

$$L = (H-h) \cdot m + b + m_1 H = 3 + 4 + 15 = 22^{\cdot}0\,\mathrm{m}$$

$$\frac{a}{h} = 1^{\cdot}275 \cdot \frac{4}{22} + 0^{\cdot}02 \quad \text{oder} \quad a \eqsim 1^{\cdot}01\,\mathrm{m},$$

also ist weiter

$$\frac{q}{k\,h} = 0^{\cdot}435 \cdot \frac{4 + 1^{\cdot}01}{22} \quad \text{und} \quad q = 0^{\cdot}396\,k \cdot h \eqsim 0^{\cdot}0008\,\mathrm{m^3/sec} \text{ und lfd. m.}$$

Nach anderen Versuchen[1] fällt die Sickerlinie zum größten Teil mit jener Parabel zusammen, die durch den Punkt B_1 hindurchgeht und den Punkt A als Brennpunkt hat (Abb. 415).

Eine Gefährdung des luftseitigen Böschungsfußes infolge der dort auftretenden größten Sickergeschwindigkeiten kann nach F. Schaffernak[2] durch Anlage eines waagrechten Kiesfilters behoben werden, wie in Abb. 416 dargestellt ist. Man läßt es nicht zur Bildung der luftseitigen Hangquelle kommen und bei undurchlässigem Untergrund liegt dann die in Abb. 411 dargestellte Strömung vor.

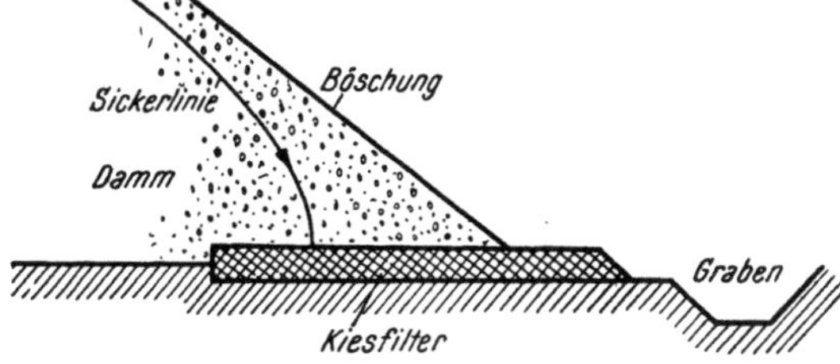

Abb. 416. Sickerung zum Kiesfilter am luftseitigen Dammfuß

e) Kanalversickerung

Bei der Versickerung aus Kanälen, die vorerst ohne Rücksicht auf kapillare Wirkungen betrachtet sei, können zwei Fälle unterschieden werden. Der erste Fall, ein „freies" Versickern erfolgt dann, wenn der Grundwasserspiegel im tiefer gelegenen Sand und Kies sich befindet, über dem eine dichtere Schichte lagert, in der der Kanal gegraben ist (Abb. 417). Es erfolgt dann in der oberen

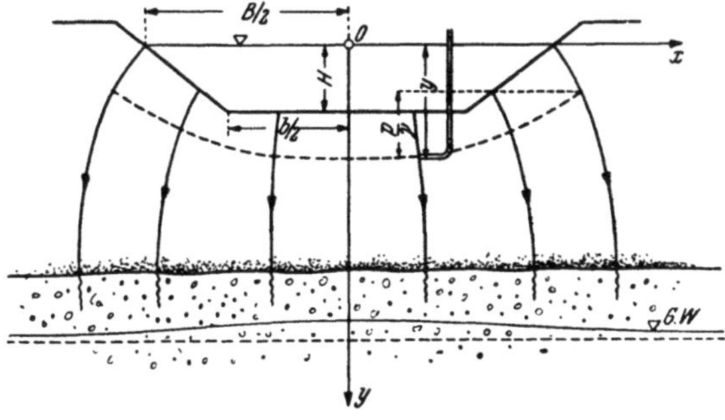

Abb. 417. Kanalversickerung

[1] Casagrande, L.: Bautechnik **1934.**
[2] Schaffernak, F.: Allg. Bauztg., Wien 1917.

Schicht die Versickerung bei voll erfüllten Poren, während in die Unterschicht das Wasser in einzelnen Sickeradern vordringen wird. Ein ähnliches freies Versickern erfolgt auch, wenn der Grundwasserspiegel im Verhältnis zur Kanaltiefe sehr tief gelegen ist. Wenn die Ausmaße des Kanals im Verhältnis zur Tiefenlage des Grundwasserspiegels sehr groß sind, so daß die absinkenden Wassermengen nur durch Erbreiterung des Sickerbereiches bewältigt werden können, so spricht man von einem Stau. Der den Sickerbereich begrenzende freie Spiegel geht dann allmählich in den Grundwasserspiegel über[1]).

Bei der in Abb. 417 gegebenen Orientierung des Koordinatensystems ist das Geschwindigkeitspotential

$$\Phi = k\left(y - \frac{p}{\gamma}\right) \tag{75}$$

oder

$$\frac{p}{\gamma} = y - \frac{\Phi}{k} \tag{76}$$

mit der Bedingung, daß an den freien Grenzen der Sickerfigur $\frac{p}{\gamma} = 0$ und am Rande des Kanalquerschnitts $\frac{p}{\gamma} = h = $ Wassertiefe ist. Man kann nun die Druckhöhe als den imaginären Teil einer neuen Funktion betrachten

$$\Pi = \Pi_1 + i\,\Pi_2 = x + iy - \frac{i}{k}\cdot(\Phi + i\,\Psi) + a = x + \frac{\Psi}{k} + a + i\left(y - \frac{\Phi}{k}\right). \tag{77}$$

Dann entspricht bei freiem Versickern zum ∞ tief gelegenen Grundwasser der Sickerfigur, bestehend aus Kanalumrandung und freiem Spiegel im Boden, der ∞ Halbstreifen in der Φ, Ψ-Ebene. Diesem wieder entspricht in der Π-Ebene eine Fläche, die begrenzt ist durch ein Stück der Π_1-Achse, das dem freien Spiegel mit $\Pi_2 = \frac{p}{\gamma} = 0$ entspricht und dessen Enden durch eine Linie verbunden sind, die sich aus der Form des Kanalrandes ergibt. Man kann umgekehrt vorgehen und zu einer bestimmten Form dieser Linie die Kanalumrandung bestimmen. Nimmt man einen Halbkreis an und bildet man diesen auf den Halbstreifen der Φ, Ψ-Ebene ab (H IV 9) durch[2])

$$\Phi + i\,\Psi = -c\cdot k\cdot\ln\frac{\Pi}{c_1}, \tag{78}$$

so wird

$$\Pi = c_1\cdot e^{-\frac{\Phi}{kc}}\cdot\left(\cos\frac{\Psi}{kc} - i\sin\frac{\Psi}{kc}\right), \tag{79}$$

und nach Trennung der reellen und imaginären Bestandteile ist

$$x + \frac{\Psi}{k} + a = c_1\cdot e^{-\frac{\Phi}{kc}}\cdot\cos\frac{\Psi}{kc} \qquad y - \frac{\Phi}{k} = c_1\cdot e^{-\frac{\Phi}{kc}}\cdot\sin\frac{\Psi}{kc}.$$

Die Konstanten bestimmen sich zu $c_1 = H = $ größte Wassertiefe

$$a = c = \frac{B + 2H}{\pi}$$

und es ist dann

$$x = -\frac{\Psi}{k} + H\cdot e^{-\frac{\Phi}{B+2H}\cdot\frac{\pi}{k}}\cdot\cos\left(\frac{\Psi}{B+2H}\cdot\frac{\pi}{k}\right) + \frac{B+2H}{\pi} \tag{80}$$

$$y = \frac{\Phi}{k} + H\cdot e^{-\frac{\Phi}{B+2H}\cdot\frac{\pi}{k}}\cdot\sin\left(\frac{\Psi}{B+2H}\cdot\frac{\pi}{k}\right). \tag{81}$$

---

[1]) HOPF u. TREFFTZ, Z. A. M. M. **1921**, behandeln einen Abfangkanal, der auf der Bergseite Grundwasser aus einem Grundwasserstrom aufnimmt und an der Talseite Wasser an diesen abgibt.

[2]) WEDERNIKOW, V.: Wasserkraft und Wasserwirtschaft 1934.

Für die Kanalumrandung mit $\Phi = 0$ folgt dann

$$v = \frac{d\Phi}{ds} = \frac{1}{\sqrt{\left(\frac{\partial x}{\partial \Phi}\right)^2 + \left(\frac{\partial y}{\partial \Phi}\right)^2}} = \frac{k}{\sqrt{1 - \frac{2H\pi}{B+2H} \cdot \sin\left(\frac{\Psi}{B+2H} \cdot \frac{\pi}{k}\right) + 2\left(\frac{H\pi}{B+2H}\right)^2}} \tag{82}$$

Weiters folgt für die Sickerwassermenge pro laufenden Meter Kanal[1]

$$Q = k \cdot (B + 2H). \tag{83}$$

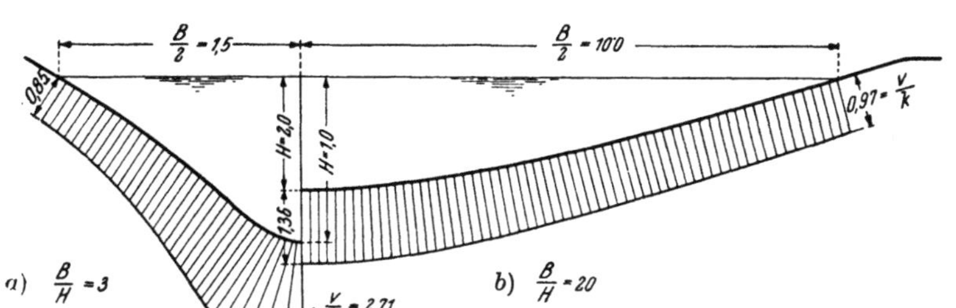

Abb. 418. Geschwindigkeitsverteilung längs der Sohle bei verschiedenen Profilen

Die aus (80), (81) und (82) sich ergebenden Werte sind für $B = 3$ m und $H = 1$ m sowie für $B = 20$ m und $H = 2$ m in der folgenden Tabelle enthalten und es entsprechen diesen Werten die in Abb. 418 dargestellten Kanalprofile.

	$\dfrac{2\Psi}{k(B+2H)}$	1	0·9	0·8	0·7	0·6	0·5	0·4	0·3	0·2	0·1	0·0
$H = 1$ m $B = 3$ m	y in m	1·0	0·99	0·95	0·89	0·81	0·71	0·59	0·45	0·31	0·16	0·00
	x in m	0·0	0·094	0·19	0·30	0·41	0·54	0·69	0·86	1·05	1·26	1·50
	$\dfrac{v}{k}$	2·71	2·56	2·24	1·90	1·63	1·41	1·24	1·10	1·00	0·91	0·85
$H = 2$ m $B = 20$ m	x	0·0	0·89	1·78	2·70	3·62	4·58	5·58	6·62	7·70	8·82	10·00
	y	2·00	1·98	1·90	1·78	1·62	1·41	1·18	0·91	0·62	0·31	0·00
	$\dfrac{v}{k}$	1·36	1·35	1·33	1·29	1·25	1·20	1·15	1·10	1·05	1·01	0·97

Wenn die Kanalsohle waagrecht ist, so geht man ähnlich vor[2]. Führt man die Funktion ein

$$\Pi = \Pi_1 + i\,\Pi_2 = x + iy - \frac{i}{k}(\Phi + i\Psi) - iH, \tag{84}$$

so ist

$$\Pi_1 = x + \frac{\Psi}{k} \quad \text{und} \quad \Pi_2 = y - \frac{\Phi}{k} - H, \quad \text{wo} \quad \frac{\Phi}{k} = y - \frac{p}{\gamma}.$$

Es entspricht dann der Sohle in der Π-Ebene (Abb. 419) ein Stück der Π_1-Achse und der seitlichen Begrenzung der Sickerfigur eine Parallele zur Π_1-Achse im

[1] KOZENY, J.: Wasserkr. u. Wasserwirtsch. **1931.**
[2] WEDERNIKOW, V.: ebenda **1934.**

Abstand $H_2 = -H$. Für die Böschungen wird nun

$$\Pi_1 = \text{const} = \pm\left(\frac{B_k}{2} - \frac{Q}{2k}\right)$$

gesetzt, so daß den Punkten innerhalb des Rechteckes $M_1 N_1 P_1 R_1$ die Punkte des Sickerbereiches $E\,P\,R\,M\,N\,E$ zugeordnet sind, samt den zugehörigen Φ- und Ψ-Werten. Um die Beziehung zwischen Π und der Potentialfunktion zu erhalten, wird mittels der Formel von SCHWARZ-CHRISTOFFEL (H IV 9 k) das Rechteck der

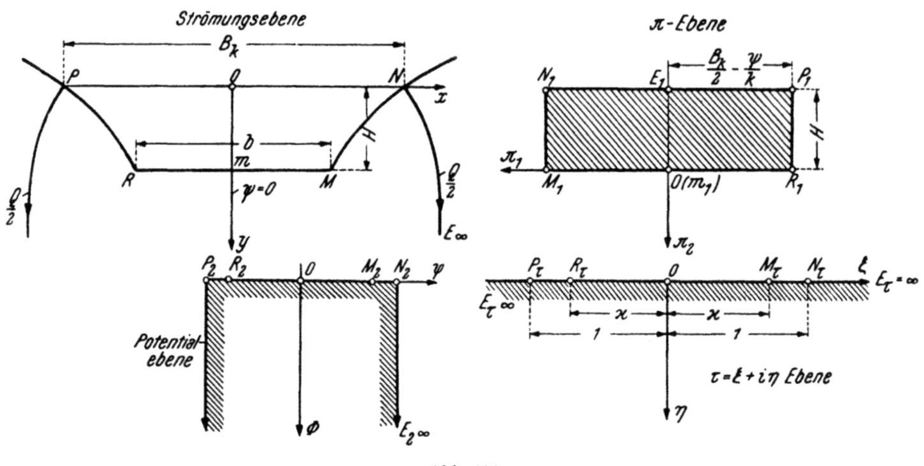

Abb. 419

Π-Ebene so auf die Halbebene der neuen Variablen $\iota = \xi + i\eta$ abgebildet, daß die in Abb. 419 dargestellten Punkte einander entsprechen. Man setzt

$$\Pi = x + \frac{\Psi}{k} + i\left(y - \frac{\Phi}{k} - H\right) = c \cdot \int_0^{\tau} \frac{d\iota}{\sqrt{1-\tau^2}\cdot\sqrt{\varkappa^2-\tau^2}} = a \cdot K, \qquad (85)$$

wenn

$$K = \int \frac{d\sigma}{\sqrt{1-\sigma^2}\cdot\sqrt{1-\varkappa^2\sigma^2}}. \qquad (85\,\text{a})$$

K ist das elliptische Integral 1. Gattung mit dem Modul $\varkappa$.

Hierauf wird die Halbebene τ auf den Halbstreifen der Φ,Ψ-Ebene abgebildet, indem

$$\frac{i}{k}(\Phi + i\Psi) = c_1\int_0^{\tau}\frac{d\iota}{\sqrt{1-\tau}\cdot\sqrt{1+\tau}} = c_1\int\frac{d\iota}{\sqrt{1-\tau^2}} = c_1 \arcsin \tau \qquad (86)$$

geschrieben wird.

Es wird dann

$$\iota = \xi + i\eta = \sin\left(\frac{i\Phi - \Psi}{kc_1}\right) = i\,\mathfrak{Sin}\frac{\Phi}{kc_1}\cdot\cos\frac{\Psi}{kc_1} - \mathfrak{Cof}\frac{\Phi}{kc_1}\cdot\sin\frac{\Psi}{kc_1}. \qquad (87)$$

Damit nun die Zuordnung der Punkte entsprechend Abb. 419 ist, die Punkte des Rechteckes also auf die reelle Achse der τ-Ebene fallen, muß $c_1 = \dfrac{Q}{\pi k}$ sein. Dann wird für die Sickerlinien am Rande

$$\eta = \mathfrak{Sin}\,\frac{\Phi}{kc_1}\cdot\cos\frac{\Psi}{Q}\,\pi\,\Big|_{\Psi=\frac{Q}{2}} = 0. \tag{88}$$

Dem Böschungspunkt $M\left(x=\frac{b}{2},\ y=H\right)$ entspricht in der τ-Ebene der Punkt M_τ mit $\xi = \varkappa$ und $\eta = 0$. Aus (85) folgt im Verein mit (86)

$$\frac{b}{2}-\frac{Q}{\pi k}\,\mathrm{arc\,sin}\,\varkappa = \alpha K \tag{89}$$

und wird $\frac{b}{2}=\frac{B}{2}-mH$ gesetzt, wenn m das Böschungsverhältnis ist, so wird schließlich

$$\frac{Q}{\pi k}\,\mathrm{arc\,sin}\,\varkappa = \alpha\cdot K + mH - \frac{B}{2}. \tag{89a}$$

Dem Punkt $N\left(x=\frac{B}{2},\ y=0\right)$ entspricht N_τ mit $\xi = 1$, $\eta = 0$ und es folgt aus (85) und (86) mit $\varkappa = 1$ bzw. $\mathrm{arc\,sin}\,\varkappa = \frac{\pi}{2}$

$$\frac{B}{2}-\frac{Q}{2k}-iH = \alpha K + i\alpha K_1, \tag{90}$$

wobei K_1 das elliptische Integral 1. Gattung mit dem komplementären Modul

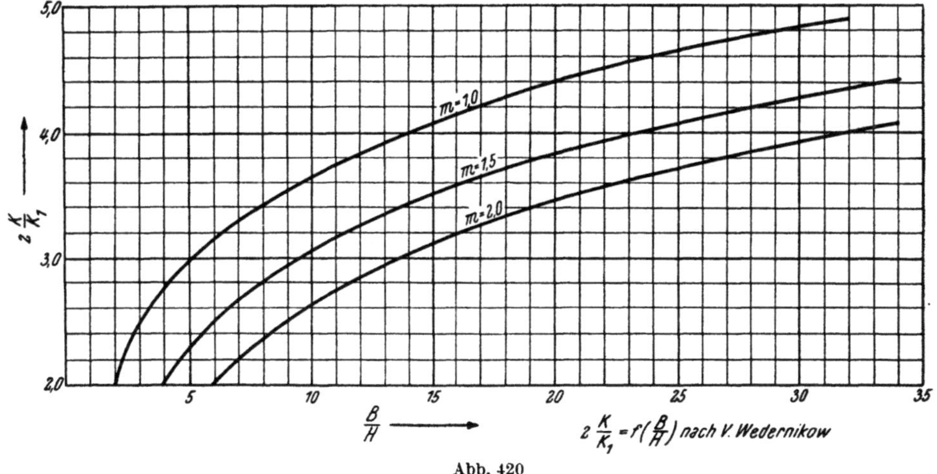

Abb. 420

$\varkappa_1 = \sqrt{1-\varkappa^2}$ darstellt. Aus der Gleichsetzung der reellen und imaginären Anteile der beiden Seiten von (90) folgt

$$\alpha = -\frac{H}{k_1}\ \text{und}\ Q = \left(B + 2H\cdot\frac{K}{K_1}\right)\cdot k, \tag{91}$$

ferner aus (89) und (91)

$$Q = \frac{\pi k\cdot mH}{\frac{\pi}{2}-\mathrm{arc\,sin}\,\varkappa}. \tag{92}$$

Das von WEDERNIKOW auf Grund der Abhängigkeit des Moduls $\varkappa$ von $\frac{K}{K_1}$ und der Gleichungen (91) und (92) ermittelte Diagramm in Abb. 420 ermöglicht die rasche Lösung von Versickerungsaufgaben dieser Art.

Beispiel

Ein trapezförmiger Kanal hat folgende Ausmaße:

$$B = 70\,\mathrm{m} \qquad H = 3{\cdot}5\,\mathrm{m} \qquad m = 1{\cdot}5$$

Messungen haben als Durchlässigkeit des Untergrundes $k = 0{\cdot}000002\,\mathrm{m/sec}$ ergeben. Es ist $\dfrac{B}{H} = 20$, welchem Werte im Diagramm $\dfrac{2K}{K_1} \cong 3{\cdot}86$ entspricht und somit versickert pro km Kanal nach (91)

$$Q = (70 + 7 \cdot 3{\cdot}86) \cdot 0{\cdot}000002 = 0{\cdot}194\ \mathrm{m^3/sec} = 194\ \mathrm{sl}.$$

Nicht selten wird zur Anreicherung von Grundwasser, das nicht zu tief gelegen ist, Flußwasser in Versickerungsgräben geleitet und die eintretende Sickerbewegung mit freier Oberfläche ist ähnlich der Strömung gegen einen Staupunkt.

Der Einfluß der Kapillarität ist von WEDERNIKOW[1]) in einer weiteren Arbeit behandelt worden.

5. Axialsymmetrische Grundwasseraufgaben

a) Schachtbrunnen ohne freiem Grundwasserspiegel

Häufig ist der Grundwasserträger von einer undurchlässigen Deckschicht überlagert und unter Druck stehend. Wird ein Schlitz bis zum durchlässigen Material ausgehoben, so würden bei Vorhandensein einer Standrohrspiegeldifferenz nach Abschnitt H IV Hyperbeln als Stromlinien auftreten und die Potentiallinien sind dann konfokale Ellipsen (Abb. 407). Wenn es sich jedoch um einen kreisförmigen Schacht handelt, wie es gewöhnlich bei einem Brunnen der Fall ist[2]), so führt man unter der Annahme, daß in den Axialschnitten ähnliche Strömungen auftreten wie bei dem ebenen Problem, elliptische Koordinaten ξ, η und ζ ein und untersucht,

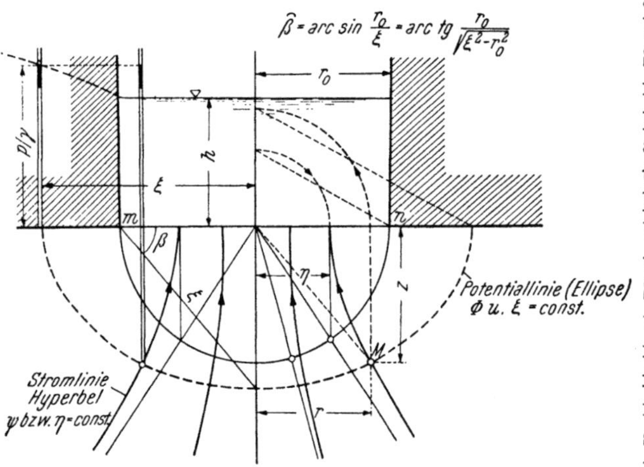

Abb. 421. Sickerung zum kreisförmigen Schachtbrunnen aus gespanntem Grundwasser

wann für dieses Problem die Bedingung (73) Abschnitt H III erfüllt wird, daß nämlich

$$\frac{\partial^2 \Phi}{\partial x^2} + \frac{\partial^2 \Phi}{\partial y^2} + \frac{\partial^2 \Phi}{\partial z^2} = \frac{\partial}{\partial \xi}\left(\frac{\eta \cdot \zeta}{\xi} \cdot \frac{\partial \Phi}{\partial \xi}\right) + \frac{\partial}{\partial \eta}\left(\frac{\zeta \xi}{\eta} \cdot \frac{\partial \Phi}{\partial \eta}\right) + \frac{\partial}{\partial \zeta}\left(\frac{\xi \cdot \eta}{\zeta} \cdot \frac{\partial \Phi}{\partial \zeta}\right) = 0.$$

$$(93)$$

---

[1]) Wasserkr. u. Wasserwirtsch. **1935**.

[2]) Brunnen sind vertikale Wasserfassungsanlagen, in welche das Wasser durch die Wandung oder die Sohle hindurchtritt. Der aus Amerika stammende Ranney-Brunnen ist ein Sammelbrunnen mit dichter Wand, von dem aus radial die waagrechten Sickerrohre vorgetrieben werden.

Für das vorliegende Problem sind die gegebenen Abhängigkeiten (Abb. 421)

$$r\,(\xi,\eta)\ \text{und}\ z\,(\xi,\eta),$$

wenn r den axialen Abstand eines Punktes M und z seine Ordinate darstellt. Ferner ist $x = r \cdot \cos\alpha$ und $y = r \cdot \sin\alpha$.

Also kann im Sinne von (72) in H III

$$\mathfrak{z}=\sqrt{\left(\frac{\partial x}{\partial\alpha}\right)^2+\left(\frac{\partial y}{\partial\alpha}\right)^2}=r$$

gesetzt werden, so daß bei der Gleichheit der Strömung in allen Axialschnitten von (93) bleibt

$$\frac{\partial}{\partial\xi}\left(r\cdot\frac{\mathfrak{y}}{\mathfrak{x}}\cdot\frac{\partial\Phi}{\partial\xi}\right)+\frac{\partial}{\partial\eta}\left(r\cdot\frac{\mathfrak{x}}{\mathfrak{y}}\cdot\frac{\partial\Phi}{\partial\eta}\right)=0. \tag{94}$$

Nimmt man als Axialschnitte der Potentialflächen konfokale Ellipsen

$$\frac{r^2}{\xi^2}+\frac{z^2}{\xi^2-r_0^2}=1 \tag{95}$$

und der Strömungsflächen konfokale Hyperbeln an, mit der Gleichung

$$\frac{r^2}{\eta^2}-\frac{z^2}{r_0^2-\eta^2}=1,$$

so daß $r=\dfrac{\xi\cdot\eta}{r_0}$ und $z=\dfrac{\sqrt{\xi^2-r_0^2}\cdot\sqrt{r_0^2-\eta^2}}{r_0}$ ist, so folgt aus (72) in Abschnitt H III

$$\mathfrak{x}=\sqrt{\left(\frac{\partial z}{\partial\xi}\right)^2+\left(\frac{\partial r}{\partial\xi}\right)^2}=\sqrt{\frac{\xi^2-\eta^2}{\xi^2-r_0^2}}\ \text{und}\ \mathfrak{y}=\sqrt{\left(\frac{\partial z}{\partial\eta}\right)^2+\left(\frac{\partial r}{\partial\eta}\right)^2}=\sqrt{\frac{\xi^2-\eta^2}{r_0^2-\eta^2}}.$$

Nachdem die Ellipsoide $\xi = $ const zugleich Niveauflächen des Potentials (Standrohrspiegelhöhe) sein sollen und die Hyperboloide $\eta = $ const die Strömungsflächen darstellen, so restringiert sich (93) auf

$$\frac{\partial}{\partial\xi}\left(r\cdot\frac{\mathfrak{y}}{\mathfrak{x}}\cdot\frac{\partial\Phi}{\partial\xi}\right)=\frac{\partial}{\partial\xi}\left(\frac{\xi\eta}{r_0}\cdot\sqrt{\frac{\xi^2-r_0^2}{r_0^2-\eta^2}}\cdot\frac{\partial\Phi}{\partial\xi}\right)=0. \tag{96}$$

Die Integration ergibt bei konstant aufgefaßtem η mit den Konstanten A und B

$$\Phi = A\cdot\arcsin\frac{r_0}{\xi}+B = A\arcsin\beta+B, \tag{97}$$

wie man sich leicht durch Einführung der neuen Veränderlichen $\dfrac{r_0}{\xi}=\varkappa$ überzeugen kann. Man erkennt, daß auch die Brunnensohle mit $\xi = r_0$ (kleine Halbachse $\xi - r_0 = 0$) zu der Flächenschar mit konstantem Φ gehört, womit die Aufgabe gelöst ist. Grenzbedingung ist $\Phi = k\left(\dfrac{p}{\gamma}+z\right) = k\cdot H$ für die Ellipse (Ellipsoid) mit der Halbachse $\xi = \infty$ und $\Phi = kh$ für die Brunnensohle mit $\xi = r_0$, somit muß $B = kH$ und $kh = A\arcsin 1 + kH$ bzw. $A = \dfrac{2k\,(h-H)}{\pi}$. Somit folgt aus (97) für das Potential auf irgend einer Ellipse von der Halbachse ξ

$$\Phi = \frac{2k\,(h-H)}{\pi}\cdot\arcsin\frac{r_0}{\xi}+kH = \frac{2k\,(h-H)}{\pi}\operatorname{arc\,tg}\frac{r_0}{\sqrt{\xi^2-r_0^2}}+kH. \tag{98}$$

Für Ellipsoide mit großer Halbachse ξ, die einer Kugel nahe kommen, kann für den Durchfluß

$$Q = v \cdot F = \frac{\partial \Phi}{\partial \xi} \cdot 2\,\xi^2 \pi = -\frac{k \cdot 2\,(h-H)}{\pi} \cdot \frac{1}{\sqrt{1 - \frac{r_0^2}{\xi^2}}} \cdot \frac{r_0}{\xi} \cdot 2\,\xi^2 \pi$$

gesetzt werden und weil $\frac{r_0^2}{\xi^2}$ gegen 1 vernachlässigt werden kann, folgt

$$Q = 4\,k\,(H-h) \cdot r_0 . \qquad (99)$$

Die Beziehung (99) hat PH. FORCHHEIMER[1]) unter Voraussetzung gleicher Strömungs- und Potentiallinien wie bei dem ebenen Problem durch folgende Betrachtung gewonnen. Für eine ganz nahe der z-Achse gelegene Hyperbel gilt die Gleichung

$$\frac{r^2}{\eta^2} - \frac{z^2}{r_0^2} = 1 . \qquad (100)$$

wobei angenähert als große Achse der Brunnenhalbmesser gesetzt wird. Es ist dann der Durchflußquerschnitt des zugehörigen Rotationshyperboloids in der Tiefe z mit (100)

$$\pi\,r^2 = \pi\,\eta^2 \cdot \frac{(r_0^2 + z^2)}{r_0^2}$$

und der zugehörige Durchfluß

$$q = v \cdot \pi r^2 = \frac{\partial \Phi}{\partial z} \cdot \pi\,\eta^2 \cdot \frac{(r_0^2 + z^2)}{r_0^2} ,$$

woraus für den Verlauf des Potentials längs der z-Achse

$$\Phi = \frac{q\,r_0^2}{\pi\,\eta^2} \int \frac{dz}{(r_0^2 + z^2)} = \frac{q\,r_0}{\pi\,\eta^2} \cdot \operatorname{arc\,tg} \frac{z}{r_0} + c \qquad (101)$$

resultiert. Der Zudrang längs der z-Achse ist der gleiche, wie wenn der Zufluß zu einem Brunnen mit halbkugelförmiger Sohle erfolgen würde, so daß das Verhältnis

$$\frac{\text{Teildurchfluß } q}{\text{Gesamtmenge } Q} = \frac{v \cdot \pi\,\eta^2}{v \cdot 2\,\pi\,r_0^2} = \frac{\eta^2}{2\,r_0^2}$$

und aus (101)

$$\Phi = \frac{Q}{2\,\pi\,r_0} \cdot \operatorname{arc\,tg} \frac{z}{r_0} + c$$

sich ergibt.

Mit $\Phi = k\,h$ für $z = 0$ und $\Phi = K\,H$ für $z = \infty$ folgt (99).

b) Rohrbrunnen im gespannten Grundwasser

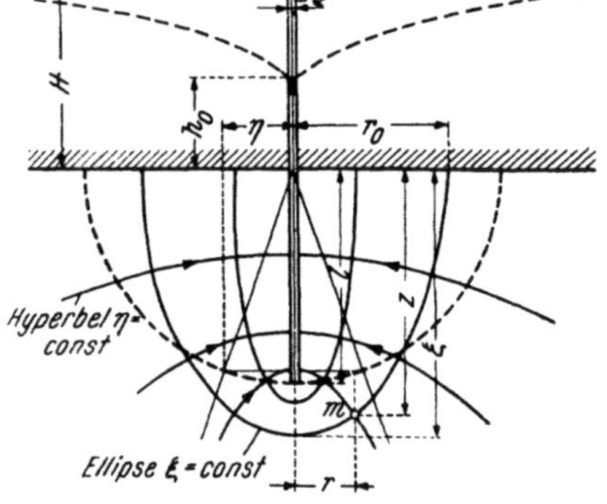

Abb. 422. Sickerung zum Rohrbrunnen aus gespanntem Grundwasser

Dringt ein Rohrbrunnen in das gespannte Grundwasser auf die Tiefe l unterhalb der Decke des Hangenden (Abb. 422), so kann er bei Vernachlässigung der Rohrweite ähnlich behandelt werden, wie die streckenförmige Senke in H III. Aber auch hier ist die Einführung elliptischer Koordinaten notwendig.

---

[1]) Zschft. d. Österr. Ing.- u. Arch.-Vereins **1905**. FORCHHEIMERS Versuche bestätigen die Gültigkeit von (99).

Für die Flächen mit $\xi = \mathrm{const}$ erhält man als Axialschnitt die Ellipsen

$$\frac{z^2}{\xi^2} + \frac{r^2}{\xi^2 - l^2} = 1$$

und für jene mit $\eta = \mathrm{const}$ die konfokale Hyperbelschar

$$\frac{z^2}{\eta^2} - \frac{r^2}{l^2 - \eta^2} = 1.$$

Während die Ausdrücke für $\mathfrak{x}$ und $\mathfrak{y}$ dieselben bleiben, wie im vorherigen Beispiel, ist r mit z zu vertauschen und an Stelle von r_0 die Länge l des eintauchenden Rohrbrunnens zu setzen. Man erhält weiter

$$z = \frac{\xi \cdot \eta}{l} \quad \text{und} \quad r = \frac{\sqrt{\xi^2 - l^2} \cdot \sqrt{l^2 - \eta^2}}{l},$$

ferner bei der gleichen Bildungsweise wie früher

$$\mathfrak{x} = \sqrt{\frac{\xi^2 - \eta^2}{\xi^2 - l^2}} \qquad\qquad \mathfrak{y} = \sqrt{\frac{\xi^2 - \eta^2}{l^2 - \eta^2}}$$

und zufolge der restringierten Laplaceschen Gleichung (96)

$$\frac{\partial}{\partial \xi}\left(r \cdot \frac{\mathfrak{y}}{\mathfrak{x}} \cdot \frac{\partial \Phi}{\partial \xi} \right) = \frac{\partial}{\partial \xi}\left(\frac{\xi^2 - l^2}{l} \cdot \frac{\partial \Phi}{\partial \xi} \right) = 0. \tag{102}$$

Diese Gleichung ist erfüllt, wenn das Potential

$$\Phi = A \cdot \ln \frac{\xi + l}{\xi - l} + c,$$

wie durch Integration von (102) gefunden wird. Für den Durchfluß zwischen der undurchlässigen Decke und einem dieser unendlich nahen Hyperboloid ist

$$dQ = 2r\pi \cdot dz \cdot \frac{\partial \Phi}{\partial \xi} \cdot \frac{\partial l\xi}{dr} = \frac{4\pi A \cdot l \cdot dz}{\xi} \tag{103}$$

und weil für große r

$$\frac{dQ}{Q} = \frac{2r\pi \cdot dz}{2r^2\pi} = \frac{dz}{r},$$

so folgt aus (103) $A = \dfrac{Q}{4\pi l}$.

Wenn für $\xi = \infty$ die Standrohrspiegelhöhe H ist, so hat dort das Potential den Wert $c = kH$ und es ist dann der Spiegelhöhenunterschied

$$H - h = \frac{Q}{4\pi k l} \ln \frac{\sqrt{l^2 + r_0^2} + l}{\sqrt{l^2 + r_0^2} - l}, \tag{104}$$

wo $l^2 + r_0^2 = \xi^2$ und r_0 die kleine Achse einer Ellipse bedeutet.

Natürlich gilt (104) nur so lange, als der Rohrhalbmesser ϱ klein bleibt gegen die Rohrlänge und falls im Rohr die Standrohrspiegelhöhe h_0 ist, so kann

$$H - h_0 = \frac{Q}{4\pi k l} \cdot \ln \frac{\sqrt{l^2 + \varrho^2} + l}{\sqrt{l^2 + \varrho^2} - l} \tag{105}$$

für die Absenkung bei der Brunnenentnahme Q gesetzt werden.

Gewöhnlich hat die wasserführende Schichte nur eine endliche Mächtigkeit, die mit H bezeichnet sei und die Eintauchtiefe des Rohrbrunnens sei l (Abb. 423).

Dann gilt für den Wasserzudrang empirisch[1])

$$Q = Q_{rad}\left(1 + 7 \cdot \sqrt{\frac{\varrho}{2H}} \cdot \sqrt{\frac{H}{l}} \cdot \cos\frac{l}{H}\frac{\pi}{2}\right) = Q_{rad} \cdot \mu, \qquad (106)$$

wenn der radiale Wasserzudrang

$$Q_{rad} = 2\pi \cdot k \cdot \frac{(h - h_0)}{\ln\dfrac{r}{\varrho}} \cdot H$$

gesetzt wird, wo $h - h_0$ die Standrohrspiegeldifferenz auf dem Radialstrahl von r bis ϱ ist. Der Wasserzudrang pro Einheit des Potentialgefälles und der Mächtigkeit der wasserführenden Schicht ist dann

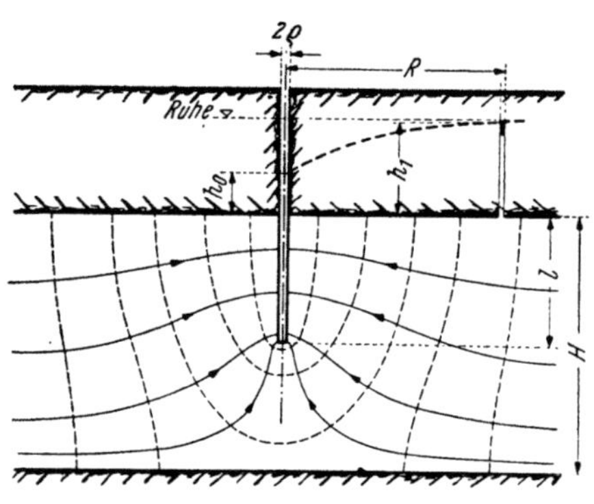

Abb. 423. Sickerung zum unvollkommenen Rohrbrunnen aus gespannter Grundwasserschicht

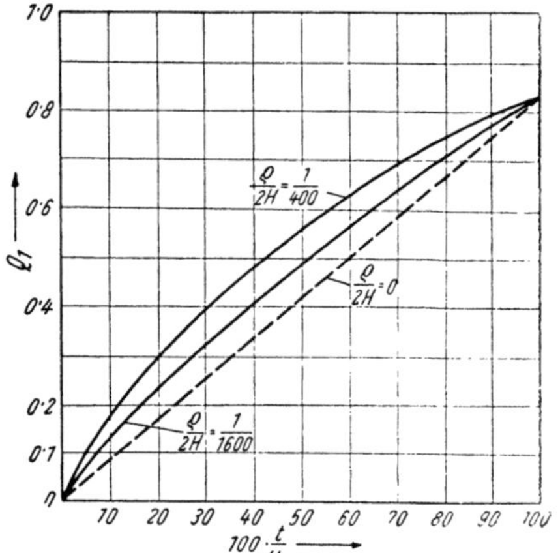

Abb. 424

$$Q_1 = \frac{Q}{k(h - h_0)\cdot H} = \frac{2\pi}{\ln\dfrac{r}{\varrho}} \cdot \left(1 + 7 \cdot \sqrt{\frac{\varrho}{2H}} \cdot \sqrt{\frac{H}{l}} \cdot \cos\frac{l}{H}\frac{\pi}{2}\right) \cdot \frac{l}{H}. \qquad (106a)$$

In der folgenden Tabelle sind die Werte von Q_1 nach (106a) verzeichnet und in Abb. 424 dargestellt.

$\varrho/2H$ \ l/H	0·1	0·3	0·5	0·7	0·9	1·0
$\dfrac{1}{400}$	0·173	0·39	0·56	0·69	0·79	0·83
$\dfrac{1}{1600}$	0·128	0·32	0·49	0·64	0·77	0·83
0	0·083	0·25	0·42	0·58	0·75	0·83

Wenn sich in der Entfernung R kaum eine Senkung des Standrohrspiegels bemerkbar macht (Abb. 423), also h_1 als konstant zu betrachten ist, so folgt

$$Q = \mu \cdot 2\pi k \cdot \frac{(h_1 - h_0)}{\ln\dfrac{R}{\varrho}} \cdot H$$

---

[1]) KOZENY, J.: Theorie und Berechnung d. Brunnen, Wasserkr. u. Wasserwirtsch., München 1933. Eine exakte Berechnung findet man in M. MUSKAT, Potential distributions in large cylindrical disks with partially penetring electrode Physics Vol. 2 (1932).

und beim Einstellen der Pumparbeit gilt dann

$$Q \cdot dt = \pi \varrho^2 \cdot dh_0$$

oder

$$\mu \cdot \frac{2\pi k}{\ln \dfrac{R}{\varrho}} \, dt = \pi \varrho^2 \cdot \frac{dh_0}{h_1 - h_0}$$

und nach Integration folgt für die Durchlässigkeit

$$k = \frac{\varrho^2}{2\mu} \cdot \ln \frac{R}{\varrho} \cdot \frac{1}{t_2 - t_1} \cdot \ln \frac{h_1 - h_{01}}{h_1 - h_{02}}, \tag{107}$$

wenn h_{01} und h_{02} die Spiegellagen im Bohrloch zur Zeit t_1 bzw. t_2 sind.

c) Schacht- und Rohrbrunnen bei freiem Grundwasserspiegel. (Abb. 425)

Durchfährt der kreisförmig gedachte Brunnen den Grundwasserträger bis auf die undurchlässige Sohle, so spricht man vom vollkommenen Brunnen und man kann bei freiem Spiegel und nicht zu großer Absenkung den Dupuitschen Ansatz (63) machen und für die Zuströmung

$$Q = k \, 2 r \pi y \cdot \frac{dy}{dr} \tag{108}$$

setzen, so daß nach Integration

$$y^2 = \frac{Q}{k\pi} \cdot \ln r + \text{const}, \tag{109}$$

woraus man sofort erkennt, daß für $r = \infty$ auch $y = \infty$ sein muß. Dies kommt natürlich in der Praxis nicht vor, wo man es immer mit Grundwasser von begrenzter Mächtigkeit H zu tun hat und wo es sich bei der Entnahme eigentlich um ein nicht stationäres Problem handelt, bei welchem mit dem Abschöpfen ein wachsender Entnahmetrichter um den Brunnen entsteht. Die Schwierigkeit der genauen Behandlung der Aufgabe, als auch die Tatsache, daß nach einiger Zeit in einer als Reichweite R bezeichneten Entfernung vom Brunnen die Ausbreitung des Senkungstrichters äußerst

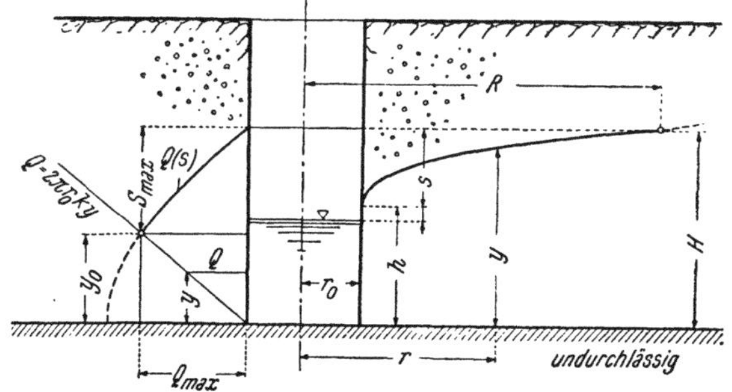

Abb. 425 Vollkommener Schachtbrunnen bei freiem Grundwasserspiegel. Schätzung des Wasserfassungsvermögens

langsam erfolgt, hat in der Praxis zur Annahme eines stationären Vorganges geführt. Die Integration von (109) mit den Grenzen $y = H$ für $r = R$ und $y = h_0$ für $r = r_0$, wo r_0 der Brunnenhalbmesser und h_0 der Wasserstand im Brunnen ist, ergibt aus (109)

$$Q = \pi k \cdot \frac{H^2 - h^2}{\ln \dfrac{R}{r_0}}. \tag{110}$$

Daß infolge der Voraussetzungen gewisse Unstimmigkeiten[1]) auftreten werden, ist zu erwarten und es handelt sich darum, wie man dieselben für die Praxis auf noch zulässige Weise beseitigen kann. Führt man die Absenkung ein $(H - h) = s$, so folgt aus (110)

$$Q(s) = \pi k \, \frac{s \cdot (2H - s)}{\ln \dfrac{R}{r_0}} \tag{111}$$

und für $s = H$ würde die gelieferte Wassermenge am größten sein. Dies ist jedoch nicht möglich, weil einer endlich großen Zuströmungsgeschwindigkeit am Brunnenrande ein Zuströmungsquerschnitt $= 0$ zugeordnet wäre. Außerdem weiß jeder, der mit Brunnenarbeiten beschäftigt ist, daß der Grundwasseraustritt aus der Brunnenwand nur bis zu einem gewissen Tiefstmaß, nie aber bis auf die Sohle gesenkt werden kann. Es hängt diese Erscheinung eng mit der vorhin behandelten Sickerstrecke bei Dammböschungen zusammen. Dieser tiefsten Absenkung an der Brunnenwand im Verein mit der tiefsten Lage des Brunnenspiegels entspricht eine bestimmte größtmögliche Wasserlieferung, das Fassungsvermögen. Zu dessen Abschätzung wird von dem Ergebnis des ebenen Problems in Abschnitt K 2a ausgegangen, daß

$$Q = k \cdot y_{s0},$$

wenn $y_{s0} \cdot 1$ der Durchflußquerschnitt am Siebrand ist. Auch hier wird

$$Q_{max} = k \, 2\pi r_0 \cdot y_0 \tag{112}$$

gesetzt, wo y_0 die noch unbekannte Höhe an der Grenze des Bereiches (Brunnenbzw. Siebrand) ist. Man erhält dieselbe durch Schnitt der Geraden $Q = k \cdot 2\pi r_0 \cdot y$

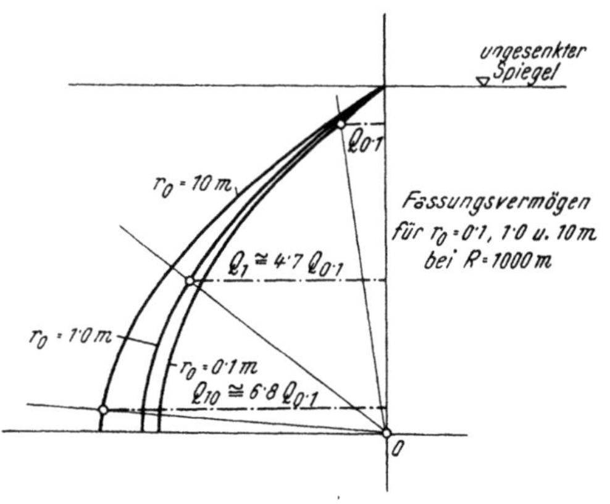

Abb. 426. Einfluß des Brunnenhalbmessers auf das Wasserfassungsvermögen

mit der Ergiebigkeitsparabel (111). wie in Abb. 425 dargestellt ist. Die zugehörige Wassermenge Q_{max} ist dann der abgeschätzte größtmögliche Zudrang zum Brunnen, weil die Zusickerungsgeschwindigkeit den Wert k nicht überschreiten kann. Wie bei dem ebenen Problem wird auch hier der Wasseraustritt um Δh tiefer liegen als $y_0 = h$, als jener der dem logarithmischen Spiegel entspricht. Das Verhältnis $c = \dfrac{\Delta h}{h}$ ist vom Brunnenradius abhängig und dürfte bei größeren Brunnenradien jenem von CASAGRANDE für ebene lotrechte Austrittswände $c \simeq 0{\cdot}26$ nahekommen.

Wendet man die zeichnerische Ermittlung des Fassungsvermögens auf Brunnen mit $r_0 = 0{\cdot}1$ m, $1{\cdot}0$ m und 10 m an und wird z. B. $R = 1000$ m gewählt, so erkennt man aus Abb. 426, daß das Fassungsvermögen erheblich vom Brunnenhalbmesser abhängig ist.

---

[1]) Aus Versuchen von R. D. WYCKOFF, H. G. BOTSET und R. MUSKAT, Flow of liquids trough porous media..., Physics Vol. 3 (1932), geht hervor, daß bis in Brunnennähe der Dupuitsche Ansatz angewendet werden kann. Dies hat auch J. KOZENY, Theorie und Berechnung von Brunnen, Wasserkr. u. Wasserwirtsch., München 1933, bestätigt.

d) Der Wasserzudrang zum vollkommenen Brunnen als nicht-stationärer Vorgang[1])

Auf einer waagrechten undurchlässigen Unterlage sei eine Grundwasser enthaltende Schicht gelegen, durch die ein kreisförmiger Brunnen vom Radius r_0 bis zur undurchlässigen Sohle abgeteuft sei. Die durchlässige Schichte sei durch eine koaxiale durchlässige Wand vom Radius R begrenzt und der Wasserspiegel liege im Zustand der Ruhe innerhalb und außerhalb des Grundwasserträgers in der Höhe H über der Sohle (Abb. 427). Wird nun die Wassermenge Q gepumpt, so ist zunächst der Wasserzudrang beim Brunnen am größten und nimmt gegen den Rand zu ab. Es entsteht ein trichterförmiger Grundwasserspiegel und dieser Absenkungstrichter breitet sich mit immer kleiner werdender Geschwindigkeit aus.

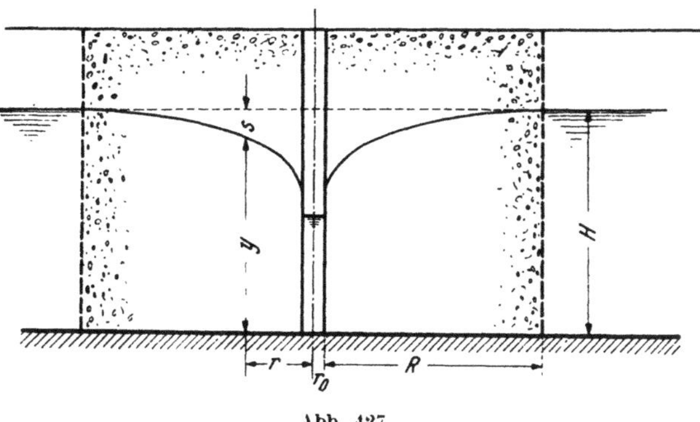

Abb. 427

Unter Verwendung des Dupuitschen Ansatzes lautet die Gleichung für den Wasserzudrang im Abstand r bei einer Spiegelhöhe $y\,(r, t)$ über der Sohle

$$Q_r = 2\pi r \cdot y \cdot k \cdot \frac{\partial y}{\partial r}. \tag{113}$$

Der radiale Unterschied desselben bewirkt die Senkung des Spiegels, was durch die Gleichung ausgedrückt wird

$$\frac{\partial Q_r}{\partial r} \cdot dr = 2\pi r \cdot dr \cdot \frac{\partial y}{\partial t} \cdot \mu, \tag{114}$$

wenn μ das Porenvolumen bedeutet. Somit folgt nach einiger Umformung

$$\frac{\partial^2 y^2}{\partial r^2} + \frac{1}{r}\,\frac{\partial y^2}{\partial r} = \frac{\mu}{ky} \cdot \frac{\partial y^2}{\partial t}. \tag{115}$$

Führt man nun die Absenkung s ein, so daß

$$y = H - s = H\left(1 - \frac{s}{H}\right),$$

so geht unter Annahme, daß $\dfrac{s}{H} \ll 1$ sei, Gl. (115) über in

$$\frac{\partial^2 s}{\partial r^2} + \frac{1}{r}\,\frac{\partial s}{\partial r} = \frac{\mu}{kH} \cdot \frac{\partial s}{\partial t}. \tag{116}$$

Diese Gleichung gilt bis zur Zeit $t = t_s$, in welcher der Wasserzudrang

$$Q_r = \text{const} = Q$$

geworden ist.

---

[1]) WEBER, H.: Die Reichweite von Grundwasserabsenkungen ..., Berlin 1928.

KOZENY, J.: Theorie und Berechnung der Brunnen, Wasserkr. u. Wasserwirtsch., München 1933.

Für $t \gtreqqless t_s$ gilt also

$$H^2 - y^2 \sim 2H \cdot s = \frac{Q}{\pi k} \cdot \ln \frac{R}{r}$$

und somit als partikuläre Lösung von (116)

$$s_1 = \frac{Q}{2\pi kH} \cdot \ln \frac{R}{r}. \tag{117}$$

Um ein vollständiges Integral der linearen Differentialgleichung (116) zu erhalten, wird eine zweite partikuläre Lösung s_2 dergestalt hinzugefügt, daß folgende zeitliche und örtliche Grenzbedingungen erfüllt sind, und zwar

$$s = s_1 + s_2 = 0 \text{ für } t = 0$$

$$s = \frac{Q}{2\pi kH} \cdot \ln \frac{R}{r} \text{ für } t = t_s$$

$$s = 0 \text{ für } r = R.$$

Somit muß s_2 wegen (117) folgende Bedingungen erfüllen

$$s_2 = -\frac{Q}{2\pi kH} \cdot \ln \frac{R}{r} \text{ für } t = 0$$

$$s_2 = 0 \text{ für } t = t_s \text{ und schließlich}$$

$$s_2 = 0 \text{ für } r = R.$$

Wird nun $s = f(r) \cdot T(t)$ gesetzt, wo f eine Funktion von r allein und T eine solche von t ist, so erhält man aus (116)

$$\frac{1}{f}\left(\frac{d^2 f}{dr^2} + \frac{1}{r}\frac{df}{dr}\right) = \frac{\mu}{kH} \cdot \frac{1}{T} \cdot \frac{\partial T}{\partial t}. \tag{118}$$

Die Lösung dieser Differentialgleichung für den vorliegenden Fall hat W. STEINBRENNER[1]) wie folgt gegeben. Setzt man jede Seite obiger Gleichung gleich einer willkürlichen Konstanten $-\left(\frac{\alpha}{R}\right)^2$, so folgt

$$\frac{1}{T} \cdot \frac{dT}{dt} = -\frac{H \cdot k}{\mu \cdot R^2} \alpha^2 \tag{119}$$

und nach Integration

$$T = e^{\frac{-\alpha^2 kHt}{\mu \cdot R^2}} = e^{-\alpha^2 \tau}, \tag{120}$$

wo $\tau = \frac{kHt}{\mu R^2}$. Ferner folgt mit $\varrho = \frac{\alpha r}{R}$

$$\frac{d^2 f}{d\varrho^2} + \frac{1}{\varrho} \cdot \frac{df}{d\varrho} + f = 0. \tag{121}$$

Diese Gleichung ist schon aus J 7 (49) als Besselsche Differentialgleichung bekannt und wird durch Zylinderfunktionen 0ter Ordnung gelöst

$$J_0(\varrho) = 1 - \left(\frac{\varrho}{2}\right)^2 + \frac{1}{2!^2} \cdot \left(\frac{\varrho}{2}\right)^4 - \frac{1}{(3!)^2} \cdot \left(\frac{\varrho}{2}\right)^6 + \cdots,$$

deren Ableitung

$$\frac{dJ_0(\varrho)}{d\varrho} = -J_1(\varrho)$$

die Zylinderfunktion 1. Ordnung ist.

---

[1]) STEINBRENNER, W.: Der zeitliche Verlauf einer Grundwasserabsenkung, Wasserwirtsch. u. Techn., Wien 1937.

Die für die Rechnung benötigten Wurzeln α, für welche $J_0(\alpha) = 0$ wird und die zugehörigen $J_1(\alpha)$ sind für die ersten 10 Nullstellen in folgender Tabelle verzeichnet[1]).

n^{te} Nullstelle	1	2	3	4	5	6	7	8	9	10
α_n	2'4048	5'5201	8'6537	11'7915	14'9309	18'0711	21'2116	24'3525	27'4935	30'6346
$J_1(\alpha)$	+0'5191	—0'3403	+0'2715	—0'2325	+0'2065	—0'1877	+0'1733	—0'1617	+0'1522	—0'1442

Man erhält als zweite partikuläre Lösung von (116)

$$s_2 = \sum^{\alpha} A \cdot J_0(\varrho) \cdot e^{-\alpha^2 \tau} \tag{122}$$

eine nach Besselschen oder Zylinderfunktionen fortschreitende unendliche Reihe mit den noch zu bestimmenden Koeffizienten A.

Der zugehörige Wasserandrang ergibt sich aus

$$Q_2 = 2\pi k H r \cdot \frac{\partial y}{\partial r} = -2\pi k H r \cdot \frac{\partial s_2}{\partial r} = -2\pi k H r \frac{\alpha}{R} \cdot \frac{\partial s_2}{\partial \varrho} =$$

$$= -2\pi k H \cdot \frac{r}{R} \cdot \sum^{\alpha} A \cdot \alpha \cdot J_1(\varrho) \cdot e^{-\alpha^2 \tau}. \tag{123}$$

Läßt man α die der Reihe nach geordneten positiven Wurzeln von $J_0(\varrho) = 0$ durchlaufen, so sieht man, daß für s_2 die geforderten Bedingungen erfüllt sind. Denn es ist für $\varrho = \alpha$, also $r = R$, $s_2 = 0$ und s_2 verschwindet auch für $t = t_s = \infty$, weil $e^{-\alpha^2 \tau} = 0$ wird.

Die Koeffizienten A werden nun so gewählt, daß für $t = 0$

$$s_2 = -s_1 = \frac{Q}{2\pi k H} \cdot \ln \frac{r}{R} = \varphi(r)$$

wird.

Dies ist in den Grenzen $\frac{r}{R} = 0$ bis 1 dann erfüllt, wenn der einer bestimmten Wurzel α entsprechende Koeffizient[2])

$$A = \frac{2}{J_1(\alpha)^2} \cdot \int_0^1 \varphi(r) \cdot J_0\left(\alpha \frac{r}{R}\right) \cdot \frac{r}{R} d\frac{r}{R} = \frac{Q}{\pi k H \alpha^2 \cdot J_1(\alpha)^2} \cdot \int_0^\alpha \ln \frac{\varrho}{\alpha} \cdot J_0(\varrho) \varrho \cdot d\varrho \tag{124}$$

gesetzt wird. Nun ist

$$\int_0^\alpha \ln \frac{\varrho}{\alpha} \cdot J_0(\varrho) \cdot \varrho \cdot d\varrho = \left[\varrho \cdot J_1(\varrho) \ln \varrho + J_0(\varrho) - \varrho J_1(\alpha) \cdot \ln \alpha\right]_{\varrho=0}^{\varrho=\alpha} = -1,$$

weil nur $-J_0(\varrho)\big|_{\varrho=0} = -1$ übrig bleibt, so daß aus (106) folgt

$$A = -\frac{Q}{\pi k H \alpha^2 \cdot J_1(\alpha)^2},$$

ferner

$$s_2 = -\frac{Q}{\pi k H} \cdot \sum^{\alpha} \frac{J_0\left(\alpha \frac{r}{R}\right)}{\alpha^2 \cdot J_1(\alpha)^2} \cdot e^{-\alpha^2 \tau} \tag{125}$$

---

[1]) JAHNKE und EMDE: Funktionentafeln, Leipzig 1933.
[2]) RIEMANN-WEBER: Partielle Differentialgleichungen der mathem. Physik.

und schließlich

$$s = s_1 + s_2 = \frac{Q}{2\pi k H} \cdot \left[\ln \frac{R}{r} - 2 \sum \frac{J_0\left(\alpha \frac{r}{R}\right)}{\alpha^2 \cdot J_1(\alpha)^2} \cdot e^{-\gamma^2 \tau} \right]. \tag{126}$$

Weiters ist

$$\frac{\partial s}{\partial r} = \frac{Q}{2\pi k H} \cdot \left[-\frac{1}{r} + \frac{2}{R} \sum \frac{J_1\left(\alpha \frac{r}{R}\right)}{\alpha \cdot J_1(\alpha)^2} \cdot e^{-\gamma^2 \tau} \right] \tag{127}$$

und somit folgt für den Wasserzudrang durch einen koaxialen Zylinder vom Radius r zur Zeit t

$$Q_{r,t} = 2\pi k H \cdot r \cdot \frac{\partial s}{\partial r} = Q \left[1 - 2\frac{r}{R} \sum \frac{J_1\left(\alpha \frac{r}{R}\right)}{\alpha \cdot J_1(\alpha)^2} \cdot e^{-\gamma^2 \tau} \right], \tag{128}$$

wenn Q die gepumpte Wassermenge ist.

Zur weiteren Rechnung sei beachtet, daß für große Werte von α folgende Beziehungen gelten[1])

$$\alpha = a \cdot \pi (p - 0{\cdot}25) \sim \pi (p - 0{\cdot}25), \quad \text{wo} \quad p = 1, 2, 3, 4 \ldots \tag{128a}$$

$$J_1(\alpha) = \frac{1}{\sqrt{b}} \cdot \frac{\cos[\pi \cdot (p - 0{\cdot}25) - 0{\cdot}75\,\pi]}{\sqrt{\dfrac{\pi \alpha}{2}}} \tag{128b}$$

und

$$\alpha \cdot J_1(\alpha)^2 = \frac{1}{b} \cdot \frac{2}{\pi} \sim \frac{2}{\pi}. \tag{128c}$$

Wie die folgende Tabelle zeigt, kann für alle höheren Glieder $b = a = 1$ gesetzt werden, ohne einen wesentlichen Fehler zu begehen.

p	α	$J_1(\alpha)$	$b = \dfrac{2}{\pi \cdot \alpha J_1(\alpha)^2}$	$a = \dfrac{\alpha}{p - 0{\cdot}25}$	$\dfrac{b}{a}$
1	2·405	+0·5191	0·982	1·020	0·964
2	5·520	—0·3403	0·995	1·004	0·991
3	8·654	+0·2715	0·997	1·002	0·996
4	11·792	—0·2325	0·999	1·001	0·998
5	14·931	+0·2065	0·999	1·001	0·999
6	18·071	—0·1877	1·000	1·00	1·000

Unter Berücksichtigung obiger Beziehungen kann dann für die bei kleinen Werten von τ schlecht konvergierende Reihe in (126) ein Integral gesetzt werden, so daß

$$s = \frac{Q}{4\pi k H} \cdot \left[\ln\left(\frac{R}{r}\right)^2 - 2\int_{p=1/2}^{p=\infty} \frac{b}{a} \cdot \frac{J_0\left(\alpha \frac{r}{R}\right)}{\alpha} \cdot e^{-\gamma^2 \tau} \cdot d\alpha \right]. \tag{129}$$

---

[1]) JAHNKE und EMDE: Funktionentafeln, Leipzig 1933.

Schreibt man weiters für die Besselsche Funktion die Reihe

$$J_0 = \left(\alpha \frac{r}{R}\right) = 1 - \frac{\left(\frac{\alpha \cdot r}{2R}\right)^2}{(1!)^2} + \frac{\left(\frac{\alpha r}{2R}\right)^4}{(2!)^2} - \frac{\left(\frac{\alpha r}{2R}\right)^6}{(3!)^2} + \cdots,$$

so folgt

$$2 \int_{p=\frac{1}{2}}^{p=\infty} \frac{b}{a} \cdot \frac{J_0\left(\alpha \frac{r}{R}\right)}{\alpha} \cdot e^{-\alpha^2 \tau} \cdot d\alpha = A_1 \cdot \int_{p=\frac{1}{2}}^{p=\infty} \frac{b}{a} \cdot \frac{e^{-\alpha^2\tau}}{\alpha^2\tau} d(\alpha^2\tau) - A_2 \int_{p=\frac{1}{2}}^{p=\infty} e^{-\alpha^2\tau} \cdot d\alpha^2\tau +$$

$$+ A_3 \int_{p=\frac{1}{2}}^{p=\infty} (\alpha^2\tau) \cdot e^{-\alpha^2\tau} \cdot d(\alpha^2\tau) - A_4 \int_{p=\frac{1}{2}}^{p=\infty} (\alpha^2\tau)^2 \cdot e^{-\alpha^2\tau} d(\alpha^2\tau) + \cdots \qquad (130)$$

Mit $\dfrac{r^2}{R^2 \cdot \tau} = \varepsilon$ sind die Konstanten gegeben durch

$$A_1 = 1, \quad A_2 = \frac{\left(\frac{r}{2R}\right)^2}{\tau \cdot (1!)^2} = \frac{\varepsilon}{4 \cdot (1!)^2}, \quad A_3 = \frac{\left(\frac{r}{2R}\right)^4}{\tau^2 \cdot (2!)^2} = \frac{\varepsilon^2}{4^2 \cdot (2!)^2},$$

$$A_4 = \frac{\left(\frac{r}{2R}\right)^6}{\tau^3 \cdot (3!)^2} = \frac{\varepsilon^3}{4^3 \cdot (3!)^2}.$$

Wie aus der früheren Tabelle zu ersehen, ist für kleine α der Wert $\dfrac{b}{a}$ von 1 verschieden und es wird daher für das 1. Integral der linken Seite von (130)

$$\int_{p=\frac{1}{2}}^{p=\infty} \frac{b}{a} \cdot \frac{e^{-\alpha^2\tau}}{\alpha^2\tau} \cdot d(\alpha^2\tau) = 4 \sum_{\alpha_1}^{\alpha_4} \frac{1}{\alpha^2 \cdot J_1(\alpha)^2} + \int_{p=4\cdot 5}^{p=\infty} \frac{e^{-\alpha^2\tau}}{\alpha^2\tau} d(\alpha^2\tau) \qquad (131)$$

gesetzt.

Mit Hilfe der Tabelle ergibt sich

$$4 \sum_{\alpha_1}^{\alpha_2} \frac{1}{\alpha^2 \cdot J_1(\alpha)^2} = 4{\cdot}953 = \ln(141{\cdot}6),$$

und mit (128a) wird $\alpha^2\tau = [\pi(p - 0{\cdot}25)]^2\tau = (4{\cdot}25\,\pi)^2\,\tau$, so daß

$$\int_{p=4\cdot 5}^{p=\infty} \frac{e^{-\alpha^2\tau}}{\alpha^2\tau} \, d(\alpha^2\tau) = -E\,i\,[-(4{\cdot}25\,\pi)^2 \cdot \tau]$$

wird[1]).

Wegen der Kleinheit von τ kann $e^{-\alpha^2\tau} = 1$ und somit

$$E\,i\,[-(4{\cdot}25\,\pi)^2 \cdot \tau] = \ln[\gamma \cdot (4{\cdot}25\,\pi)^2\tau] \quad \text{mit} \quad \gamma = 1{\cdot}7811$$

---

[1]) In JAHNKE und EMDE, Funktionentafeln, bedeutet $E\,i$ das Zeichen für den Integral-

logarithmus $\displaystyle\int_{+\infty}^{x} \frac{e^{-x}}{x} \cdot dx = E\,i\,x.$

gesetzt werden. Es ist somit

$$\ln\left(\frac{R}{r}\right)^2 - \int_{p=\frac{1}{2}}^{p=\infty} \frac{b}{a} \cdot \frac{c^{-a^2\tau}}{a^2\tau} \cdot d\,(a^2\tau) = \ln\left[\frac{\frac{R^2}{r^2} \cdot \gamma \cdot (4{\cdot}25\,\pi)^2 \cdot \tau}{141{\cdot}6}\right] = \ln\left(\frac{1{\cdot}5^2}{\varepsilon}\right),$$

wozu sich noch die übrigen Integrale in (130) gesellen.

Mit diesen unschwer zu ermittelnden Integralen folgt

$$s \cdot \frac{kH}{Q} = \frac{1}{4\pi}\left[\ln\frac{1{\cdot}5^2}{\varepsilon} + \frac{\varepsilon}{4\cdot 1!} - \frac{\varepsilon^2}{4^2\cdot 2\cdot 2!} + \frac{\varepsilon^4}{4^3\cdot 3\cdot 3!} - \frac{\varepsilon^6}{4^4\cdot 4\cdot 4!} + \dots\right] \quad (132)$$

und aus (128)

$$1 - \frac{Qrt}{Q} = \frac{1}{4\cdot 1!}\varepsilon - \frac{1}{4^2\cdot 2!}\varepsilon^2 + \frac{1}{4^3\cdot 3!}\varepsilon^3 - \frac{1}{4^4\cdot 4!}\varepsilon^4 + \dots \quad (133)$$

mit folgender Tabelle nach STEINBRENNER

$\varepsilon = \dfrac{\mu \cdot r^2}{H\cdot k\cdot t}$	$\dfrac{s\cdot k\cdot H}{Q}$	$\dfrac{Qrt}{Q}$	ε	$\dfrac{s\cdot k\cdot H}{Q}$	$\dfrac{Qrt}{Q}$
16	0·0005	0·012	0·30	0·1661	0·928
10	0·0021	0·082	0·17	0·2088	0·958
6·0	0·0081	0·225	0·10	0·2497	0·975
3·0	0·0272	0·472	0·056	0·2949	0·986
1·7	0·0528	0·653	0·032	0·3390	0·992
1·0	0·0832	0·778	0·018	0·3846	0·995
0·60	0·1166	0·860	0·010	0·4312	0·997

Für kleine ε folgt aus (132) der Grenzwert

$$s \cdot \frac{kH}{Q} = \frac{1}{4\pi}\ln\frac{1{\cdot}5^2}{\varepsilon} = \frac{1}{2\pi}\ln\left(\frac{1{\cdot}5\sqrt{\dfrac{H\cdot kt}{\mu}}}{r}\right) = \frac{1}{2\pi}\ln\frac{R}{r} \quad (134)$$

und die Reichweite beträgt nach der Zeit t

$$R = 1{\cdot}5\sqrt{\frac{H\cdot k\cdot t}{\mu}}. \quad (135)$$

6. Dupuitscher Ansatz und Grundwasserschichtenpläne

a) Waagrechte undurchlässige Sohle

Es sei eine Grundwasserströmung über einer waagrechten undurchlässigen Sohle vorausgesetzt, die in der xy-Ebene gelegen sei. Denkt man sich ein lotrechtes Prisma herausgeschnitten, dessen Grundriß $dx \cdot dy$ und dessen Höhe z zugleich die Grundwasserspiegelhöhe über der Sohle sei, so lautet die Kontinuitätsgleichung

$$\frac{\partial q_x}{\partial x} \cdot dx + \frac{\partial q_y}{\partial y} \cdot dy = \mu \cdot dx \cdot dy \cdot \frac{\partial z}{\partial t}. \quad (136)$$

Das heißt, es ist der Unterschied des Flusses q_x in der x-Richtung vermehrt um jenen von q_y in der y-Richtung, gleich der Änderung des Prismenhohlraumes in der Zeiteinheit. Bei Verwendung des Dupuitschen Ansatzes (63), also mit

$$q_x = \left(z \cdot dy\right) \cdot \left(k \cdot \frac{\partial z}{\partial x}\right) = \frac{k}{2} \frac{\partial z^2}{\partial x} \cdot dy \quad \text{und} \quad q_y = \frac{k}{2} \cdot \frac{\partial z^2}{\partial y} \cdot dx$$

folgt aus (136) nach geringer Umformung

$$\frac{\partial^2}{\partial x^2}\left(\frac{k z^2}{2}\right) + \frac{\partial^2}{\partial y^2}\left(\frac{k z^2}{2}\right) = 0. \tag{137}$$

Diese Gleichung hat natürlich nur eine beschränkte Gültigkeit, wie schon aus Punkt (4a) dieses Abschnittes zu ersehen ist. Indessen kann sie bei Beobachtung dieses Umstandes für eine Reihe hydrotechnischer Aufgaben mit Erfolg verwendet werden[1]). Die Grundwasserträger, meist Ablagerungen diluvialen Ursprungs, haben gewöhnlich eine geringe Mächtigkeit im Vergleich zur Ausdehnung in der waagrechten bzw. schwach geneigten Sohle (Wiener Steinfeld usw.). Es vollzieht sich die Strömung wie in einer durchlässigen dünnen Platte und es können nach den Regeln der Potentialtheorie im Abschnitt H IV eine Menge von Aufgaben behandelt werden, wenn im komplexen Potential $Z(\zeta)$ als reeller Bestandteil $\Phi = \frac{k z^2}{2}$ eingeführt wird.

So gilt für eine punktförmige Senke mit $Z(\zeta) = \frac{q}{2\pi} \ln \zeta + c$ $\tag{138}$

$$\Phi = \frac{k z^2}{2} = \frac{q}{2\pi} \ln r + c_r, \tag{139}$$

aus welcher Gleichung bei passender Wahl der Konstanten die Brunnenformel (110) resultiert.

Sind mehrere Brunnen vorhanden mit den Entnahmen $q_1, q_2, q_3 \ldots$, so ist

$$\frac{k z^2}{2} = \frac{q_1}{2\pi} \ln r_1 +$$

$$+ \frac{q_2}{2\pi} \ln r_2 + \ldots c \tag{140}$$

und bei gleichen Entnahmemengen

$$z^2 = \frac{q}{\pi k} \ln r_1 r_2 r_3 \ldots + c. \tag{141}$$

1. Beispiel

Aus zwei vollkommenen Brunnen mit dem Abstand $2a$ werden gleiche Wassermengen q entnommen. Die Koordinaten-

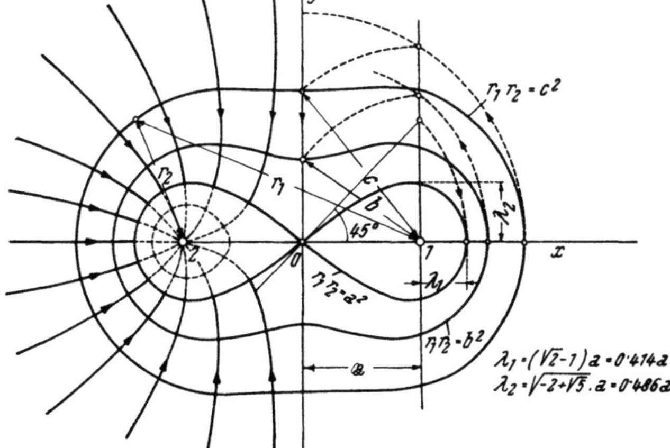

Abb. 428. Grundwasserschichtenlinien für die Strömung nach zwei gleich stark beanspruchten Brunnen

achsen seien wie in Abb. 428 gelegen. Dann ist das komplexe Potential

$$Z(\zeta) = Z(x + iy) = \Phi + i\psi = \frac{q}{2\pi} \ln(\zeta - a)(\zeta + a) + c, \tag{142}$$

[1]) M. PORCHET hat nach seiner „Étude des eaux souterraines de la Crau", Paris 1930 erfolgreiche praktische Ergebnisse erzielt.

somit

$$\Phi = \frac{k z^2}{2} = \frac{q}{2\pi} \cdot \ln r_1 r_2 + c_r \qquad (143)$$

und wenn in einer Reichweite R keine Absenkung zu konstatieren ist (ähnlich wie beim Einzelbrunnen), wenn also für $r_1 \backsim r_2 = R$, $z = H$ ist, so folgt nach Elimination der Konstanten

$$H^2 - z^2 = s \cdot (2H - s) = \frac{2q}{\pi k} \cdot \ln \frac{R}{\sqrt{r_1 \cdot r_2}}. \qquad (144)$$

Wenn die Absenkung $s \ll H$, so folgt für die Linien gleicher Absenkung

$$s = \frac{q}{\pi k H} \cdot \ln \frac{R}{\sqrt{r_1 r_2}} = \text{const.} \qquad (145)$$

Von den Cassinischen Kurven, die durch (145) beschrieben werden, ist die Lemniskate zu erwähnen mit $r_1 r_2 = a^2$ und für deren Punkte beträgt die Absenkung

$$s_a = \frac{q}{\pi k H} \cdot \ln \frac{R}{a}, \qquad (146)$$

die zugleich die Höhe des Sattelpunktes 0 bestimmt.

2. Beispiel

Eine Stadt entnimmt das benötigte Wasser aus Kiesschichten, die mit einem offenen Gewässer (See, Fluß) in Verbindung stehen. Es ist nach der Verteilung der zum Brunnen B zuströmenden Mengen gefragt, um ein Urteil über mögliche Infiltrationen von Schmutzstoffen usw. (Badeanstalten, Schiffsliegeplätze) zu erhalten. Die Uferlinie soll kreisförmig sein (Abb. 429).

Im Abschnitt H IV 3 wurde als komplexes Potential für ein Quell-Senken-System

$$Z(\zeta) = \frac{q}{2\pi} \ln \frac{\zeta - a}{\zeta + a} \qquad (147)$$

gefunden. Die Potentiallinien oder Linien gleicher Standrohrspiegelhöhe sind gegeben durch

$$\Phi = \frac{k z^2}{2} = \frac{q}{2\pi} \ln \frac{r_1}{r_2} = \text{const,} \qquad (148)$$

die Strömungslinien durch

$$\Psi = \frac{q}{2\pi} \cdot \beta = \text{const.} \qquad (149)$$

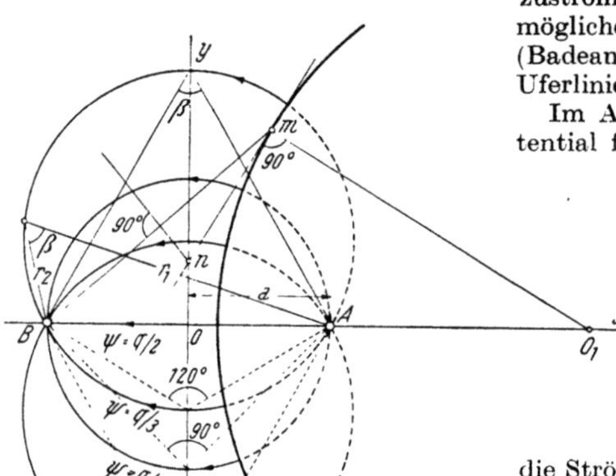

Abb. 429. Schätzung der Verteilung des Zuflusses aus einem offenen Gewässer (See) zum Einzelbrunnen in B

Es sind dies die im genannten Abschnitt behandelten Kreisscharen, die auch bei der vorliegenden Aufgabe zur Verwendung kommen. Denn es ist von Potentiallinien gegeben der Uferkreis und der unendlich kleine Kreis des punktförmigen Brunnens. Ferner ist von Stromlinien der unendlich große Kreis gegeben, der durch B und O_1 hindurchgeht (x-Achse). Der unendlich große Kreis der Potentiallinien (y-Achse) kann leicht gefunden werden, wenn man einen beliebigen Uferpunkt m mit B und mit O_1 verbindet. Die Lotrechte auf $\overline{Bm}$ im Halbierungspunkt schneidet die durch m gehende Ufertangente im Punkte n, der dem unendlich großen Kreis (y-Achse) senkrecht zur x-Achse angehört. Somit ist der Abstand a bestimmt, in welchem die Quelle anzuordnen ist. Aus (149) ist ohneweiters die Verteilung von Ψ zu ermitteln, wenn vom Winkel β in der Abb. 429 ausgegangen wird.

Es entsprechen den verschiedenen β-Werten folgende Ψ-Werte

$\beta = 180^0$	90^0	60^0	30^0
$\psi = \dfrac{q}{2}$	$\dfrac{q}{4}$	$\dfrac{q}{6}$	$\dfrac{q}{12}$

womit die Aufgabe gelöst ist. Die Zuströmung konzentriert sich an der Verbindungslinie $A\,B$ $\left(\text{Stromlinie } \Psi = \dfrac{q}{2}\right)$ und nimmt nach beiden Seiten verhältnismäßig rasch ab.

b) Schwach geneigte undurchlässige Sohle

Es sei vorausgesetzt, daß die aus dem schwachen Gefälle J der undurchlässigen Sohle stammende Geschwindigkeit $u_0 = kJ$ die x-Richtung habe und im allgemeinen $k \cdot J \cos \alpha = k \cdot J \cdot \dfrac{x}{r}$ sei, wenn α der Winkel ist, den u_0 mit r ein-

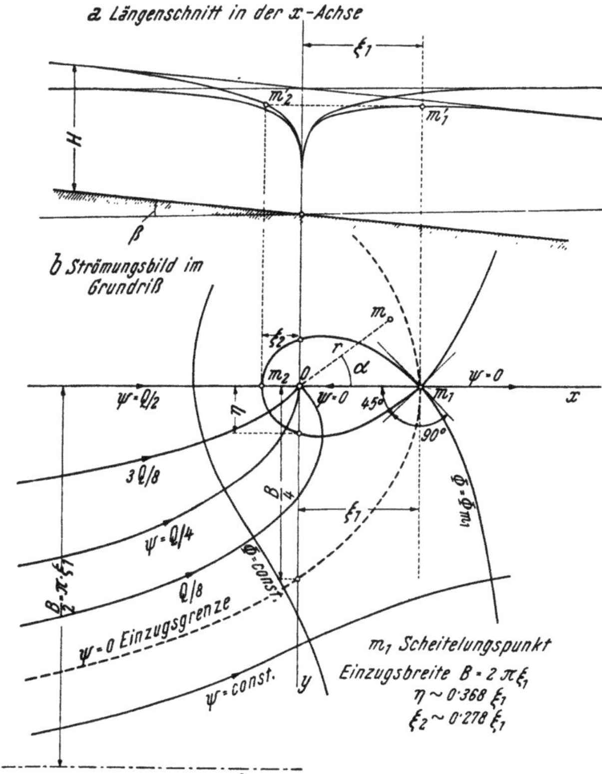

Abb. 430. Schichtenlinien bei Strömen zum Brunnen im Grundwasserstrom

schließt (Abb. 430). Ist s die Absenkung, so ist nach dem Dupuitschen Ansatz

$$u = -k \cdot \frac{\partial}{\partial x}(s - J\,r \cos \alpha) \tag{150}$$

und

$$v = -k \cdot \frac{\partial}{\partial y}(s - J\,r \cos \alpha). \tag{150a}$$

Die Kontinuitätsbedingung lautet

$$\frac{\partial}{\partial x}\left[(H-s)\cdot u\right]\cdot dx\cdot dy + \frac{\partial}{\partial y}\left[(H-s)\cdot v\right] dy\cdot dx = -\mu\cdot\frac{\partial s}{\partial t}\cdot dx\cdot dy. \quad (151)$$

Sind die Absenkungen $s \ll H$, so kann bei stationärem Zustand mit Rücksicht auf (150) und (150a) geschrieben werden

$$-\frac{\partial^2}{\partial x^2}\left[Hk\,(s-Jr\cos\alpha)\right] - \frac{\partial^2}{\partial y^2}\left[Hk\,(s-Jr\cos\alpha)\right] = 0. \quad (152)$$

Für einen punktförmigen Brunnen ist dann die Lösung

$$-H\cdot k\,(s-Jr\cos\alpha) = \frac{q}{2\pi}\cdot\ln r + c_r \quad (153)$$

oder es ist

$$ks = -\frac{q}{2\pi H}\cdot\ln r + u_0 r\cos\alpha + c. \quad (154)$$

Man kann dann ks als den reellen Bestandteil des komplexen Potentials auffassen

$$Z = \Phi + i\,\Psi = -\frac{q}{2\pi H}\ln\zeta + u_0\zeta + c. \quad (155)$$

Wenn für den Abstand $r = R$ in der y-Achse ($\alpha = 90^0$) die Absenkung $s = 0$ sein soll, so folgt als Gleichung der Potentiallinien

$$\Phi = ks = -\frac{q}{2\pi H}\cdot\ln\frac{r}{R} + u_0 r\cos\alpha = \text{const} \quad (156)$$

und

$$\Psi = -\frac{q}{2\pi H}\cdot\widehat{\alpha} = u_0 r\sin\alpha = \text{const} \quad (157)$$

für die Stromlinien.

Die Geschwindigkeiten folgen aus

$$\frac{dZ}{d\zeta} = -\frac{q}{2\pi H\zeta} + u_0 = u - iv,$$

und zwar

$$u = -\frac{q}{2\pi r H}\cos\alpha + u_0 \quad (158)$$

$$v = -\frac{q}{2\pi r H}\cdot\sin\alpha. \quad (158a)$$

Im Unendlichen sind die Geschwindigkeiten $u = u_0$ und $v = 0$ und dem Zufluß q entspricht eine Einzugsbreite

$$B = \frac{q}{u_0\cdot H}. \quad (159)$$

Im Verzweigungspunkt (Scheitelung) m_1 ist $u = 0 = v$ und somit folgt aus (158) mit $\alpha = 0$

$$r = \xi_1 = \frac{B}{2\pi}.$$

Für die durch m_1 gehende Potentiallinie gilt mit den in Abb. 430 verwendeten Bezeichnungen

$$\Phi_{m_1} = -\frac{q}{2\pi H}\ln\frac{\xi_1}{R} + u_0\xi_1 = -\frac{q}{2\pi H}\ln\frac{\eta}{R} \quad (160)$$

oder

$$\ln \frac{\xi_1}{\eta} = 1 \quad \text{und} \quad \eta \cong 0{\cdot}368\,\xi_1,$$

ferner mit $\alpha = 180^0$ und $r = \xi_2$ für den Punkt m_2

$$\Phi_{m1} = -\frac{q}{2\pi H} \ln \frac{\xi_2}{R} - u_0 \xi_2, \tag{161}$$

so daß mit (160) $\ln \dfrac{\xi_2}{\xi_1} + \dfrac{\xi_2}{\xi_1} = -1$ und $\xi_2 \cong 0{\cdot}278\,\xi_1$ resultiert.

Die Schenkel der Schleifenlinie stehen im Verzweigungspunkt senkrecht aufeinander, was aus der Potentialtheorie folgt. Ähnlich kann man die anderen Potentiallinien berechnen.

Was die Stromlinien betrifft, ist die x-Achse von $-\infty$ bis 0 jene mit $\Psi = \dfrac{q}{2}$, wie aus (157) folgt. Eine weitere wichtige Stromlinie ist gegeben durch

$$\Psi = 0 = -\frac{q}{2\pi H} \cdot \widehat{\alpha} + u_0 y. \tag{162}$$

Dies gilt für alle Punkte der x-Achse von 0 bis m_1 und von m_1 bis ∞ und ferner für die „Einzugsgrenze", die durch (162) gegeben ist und für welche somit

$$y = \frac{B}{2\pi} \cdot \widehat{\alpha} = \frac{B}{2\pi} \operatorname{arc\,tg} \frac{y}{x}. \tag{162a}$$

Ähnlich kann man vorgehen, wenn es sich bei gleicher Voraussetzung um die Beurteilung der Zu- und Abströmung bei einem ver-

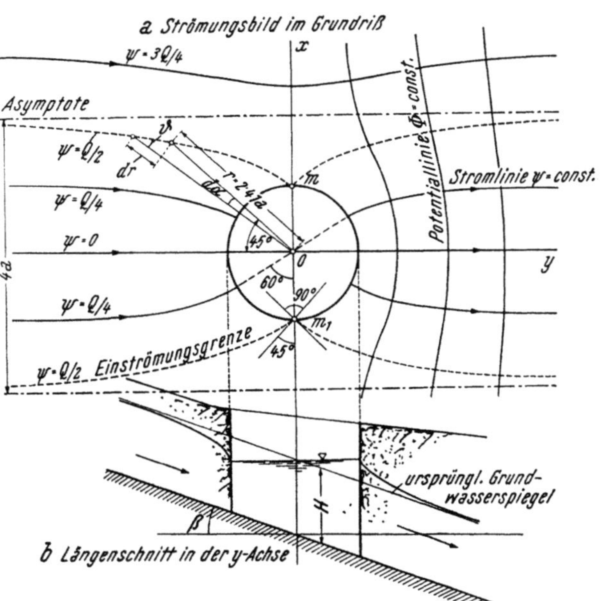

Abb. 431. Strömungsbild bei einem Schacht mit ruhendem Spiegel im Grundwasserstrom

lassenen Tagbau handelt. Natürlich wird die Begrenzung gewöhnlich unregelmäßig sein, doch zeigt das folgende Beispiel mit kreisförmiger Begrenzung das typische Verhalten, Abb. 431. Man kann hier das aus der Umströmung eines Zylinders bekannte Potential verwenden, indem man die Potential- und Stromlinien vertauscht und schreibt

$$Z = -i \cdot u_0 \left(\zeta + \frac{a^2}{\zeta} \right), \tag{163}$$

wenn a der Radius der kreisförmigen Begrenzung ist. Für die Potentiallinien ist

$$\Phi = ks = \left(r - \frac{a^2}{r} \right) \cdot \sin \alpha \cdot u_0 = \text{const} \tag{164}$$

mit $s = 0$ für $r = a$. Die Stromlinien sind gegeben durch

$$\Psi = -\left(\frac{a^2}{r} + r \right) \cos \alpha \cdot u_0 = \text{const} \tag{165}$$

mit $\Psi = 0$ für $\alpha = 90^0$ (y-Achse).

Die durch die Verzweigungspunkte m und m_1 hindurchgehenden Stromlinien sind gegeben durch

$$\Psi_m = -\left(\frac{a^2}{r} + r\right)\cos\alpha\, u_0 = \text{const} = -2\,a\,u_0. \qquad (165\,\text{a})$$

Sie sind zugleich die Ein- und Ausströmungsgrenzen, die in m bzw. m_1 aufeinander senkrecht stehen müssen. Denn es ist aus (165a)

$$\frac{1}{\cos\alpha} = \frac{1}{2}\left(\frac{a}{r} + \frac{r}{a}\right)$$

und durch Differenzieren folgt

$$\frac{\sin\alpha}{\cos^2\alpha}\cdot d\alpha = \frac{1}{2}\left(1 - \frac{a^2}{r}\right)\frac{dr}{a}. \qquad (166)$$

Nun ist aus Abb. 431 und mit (166)

$$\operatorname{tg}\vartheta = \frac{r\,d\alpha}{dr} = \frac{\cos^2\alpha}{\sin\alpha}\cdot\frac{r}{2\,a}\cdot\left(1 - \frac{a^2}{r^2}\right),$$

so daß im Punkte m bzw. m_1

$$(\operatorname{tg}\vartheta)_{r=a,\,z=0} = \left[\frac{1}{\cos\alpha}\cdot\frac{1}{2}\left(1 + \frac{r^2}{a^2}\right)\right]_{r=a,\,z=0} = 1$$

sein muß, und somit $\vartheta = 45^0$ folgt. Für die Geschwindigkeiten folgt aus

$$\frac{dZ}{d\zeta} = -i\,u_0\left(1 - \frac{a^2}{\zeta^2}\right) = -i\,u_0\left(1 - \frac{a^2}{r^2}\,e^{-i\,2\,z}\right)$$

$$u = -u_0\cdot\frac{a^2}{r^2}\sin 2\,\alpha \quad\text{und}\quad v = u_0\left(1 - \frac{a^2}{r^2}\cos 2\,\alpha\right)$$

und an der Berandung $u = -u_0\sin 2\,\alpha$ bzw. $v = u_0\,(1 - \cos 2\,\alpha)$.

7. Theorie der Setzung von Tonschichten

Bei der Beurteilung der Tragfähigkeit eines Baugrundes spielt die Verdichtungsfähigkeit etwaiger vorhandener Tonschichten eine große Rolle. Die Verdichtung eines feindispersen Systems, das aus einer volumbeständigen festen und einer ebensolchen flüssigen Phase besteht, kann nur in dem Maße erfolgen, als Flüssigkeit ausgepreßt wird. Hiezu ist ein Strömungsgefälle nötig, das durch Übertragung äußerer Kräfte (Belastung, Kapillardruck usw.) erzeugt wird. Die Apparate, die zur Messung der Verdichtung verwendet werden, heißen Ödometer. Das in Abb. 432 schematisch dargestellte Ödometer von Terzaghi[1]) dient zur Messung der lotrechten Zusammendrückung einer luftfreien zylindrischen Bodenprobe, bei Verhinderung seitlicher Ausdehnung. Zur Messung der Zusammendrückung werden zwischen den am festen Zylinder und dem beweglichen Kolben angebrachten Ansätzen Meß-

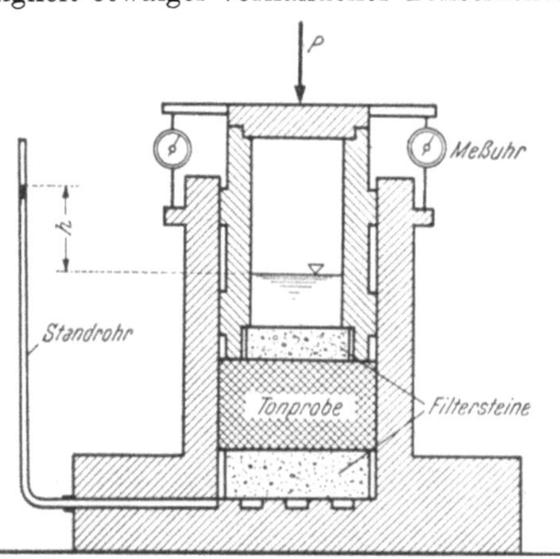

Abb. 432. Das Ödometer von Terzaghi

---

[1]) Terzaghi-Fröhlich: Theorie der Setzung von Tonschichten, Wien 1936.

uhren eingespannt. Wird der Kolben belastet, so stellt sich nach geraumer Zeit bei jeder Last eine bestimmte endgültige Verdichtung bzw. Verkürzung der ursprünglichen Höhe l der eingebrachten Tonprobe ein.

Ist μ das Porenvolumen, so folgt aus der Gleichheit des Volumens der festen Phase vor und nach der Zusammendrückung

$$(1 - \mu) \cdot f \cdot l = [1 - (\mu - \delta\mu)] \cdot f\,(l - \delta l), \tag{167}$$

wenn f der Querschnitt der Probe bzw. des Zylinders ist. Führt man die Porenziffer $\varepsilon = \dfrac{\mu}{1-\mu}$ ein, setzt also $\mu = \dfrac{\varepsilon}{1+\varepsilon}$, so folgt aus (167) für die spezifische Zusammendrückung

$$\frac{\delta l}{l} = \frac{\delta\mu}{1-\mu} = \frac{\delta\varepsilon}{1+\varepsilon} \tag{167a}$$

oder

$$\delta\varepsilon = \frac{\delta l}{l} \cdot (1 + \varepsilon). \tag{2}$$

Die einer Belastungserhöhung entsprechende Verdichtung erfolgt dergestalt, daß am Beginn des Vorganges die Verdichtungsgeschwindigkeit am größten ist und immer geringer wird, bis nach einer bestimmten Zeit, die zum Entweichen

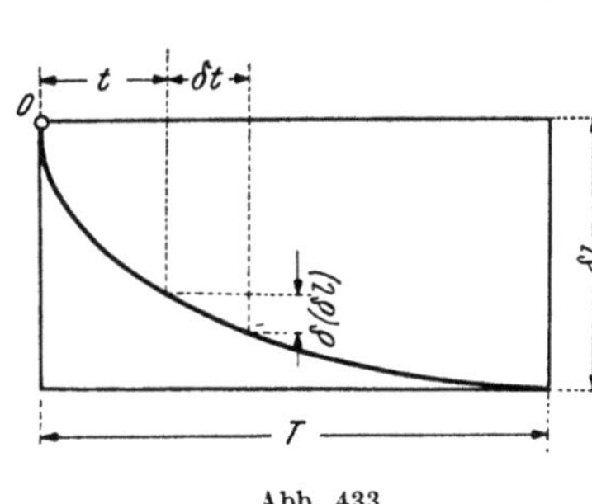

Abb. 433

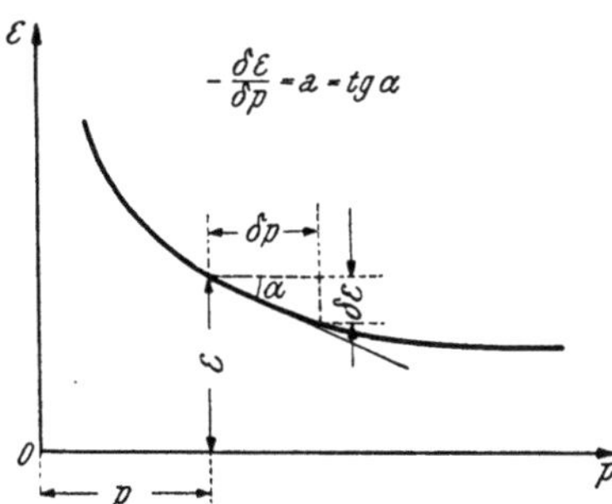

Abb. 434. Druck-Porenziffer-Schaubild
(Ödometergesetz)

der Flüssigkeit benötigt wird, die endgültige Porenziffer bzw. Verkürzung der Höhe der Tonprobe um δl erreicht ist, Abb. 433.

Trägt man in einem Achsensystem ε, p von einem Anfangszustand beginnend die jeder Zusatzbelastung δp entsprechende Änderung der Porenziffer $\delta\varepsilon$ ein, so erhält man das Druck-Porenziffer-Schaubild, das auch als das Ödometergesetz

$$\varepsilon = f(p) \tag{168}$$

bezeichnet wird (Abb. 434). Für kleinere Lastintervalle kann die Ödometerkurve als Gerade aufgefaßt werden und es wird dann

$$-\frac{\delta\varepsilon}{\delta p} = \mathrm{tg}\,\alpha = a \tag{168a}$$

als Verdichtungsziffer für dieses Lastintervall bezeichnet. Führt man den Zusammendrückungsmodul M_d ein und setzt analog dem Hookeschen Gesetz

$$\frac{\delta l}{l} = \frac{\delta p}{M_d},$$

so folgt für $M_d = \dfrac{1+\varepsilon}{a}$ in [Gramm/cm²], womit der Zusammenhang von Zusammendrückung, Poren- und Verdichtungsziffer mit der Belastung einer Tonschicht gegeben erscheint.

TERZAGHI unterscheidet zwischen dem Korn-zu-Korn-Druck p_1 der festen Teilchen und dem Druck in der flüssigen Phase p_2. Am Beginn des Setzungsvorganges wird zunächst die Zusatzbelastung auf die flüssige Phase übertragen und mit der Wasserabgabe wächst allmählich der Korn-zu-Korn-Druck bis am Ende des Setzungsvorganges die gesamte Zusatzbelastung durch die feste Phase aufgenommen erscheint. Es ist zu jeder Zeit die spezifische Zusatzbelastung

$$p = p_1 + p_2 \tag{169}$$

oder

$$\frac{dp_1}{dt} = -\frac{dp_2}{dt} \tag{170}$$

und weil am Ende des Setzungsvorganges $p_1 = p$ ist, so kann das Ödometergesetz auch in der Form

$$\varepsilon = \frac{\mu}{1 - \mu} = f(p_1) \quad \text{oder} \quad p_1 = f_1(\mu) \tag{168b}$$

und für die Verdichtungsziffer

$$a = -\frac{\delta \varepsilon}{\delta p_1} \tag{168c}$$

geschrieben werden.

Dieses Ödometergesetz ist eine Art Zustandsgleichung und wird zur Lösung der vorliegenden Aufgabe benötigt.

Die Grundgleichung für die Setzung von Tonschichten ist zuerst von TERZAGHI[1]) aufgestellt worden. Denkt man sich aus der Tonschichte ein zylindrisches Element von der Höhe Δz und dem Querschnitt Δf herausgeschnitten, so werden vor und nach der Setzung die festen Teilchen die gleichen sein und nur der vom Wasser erfüllte

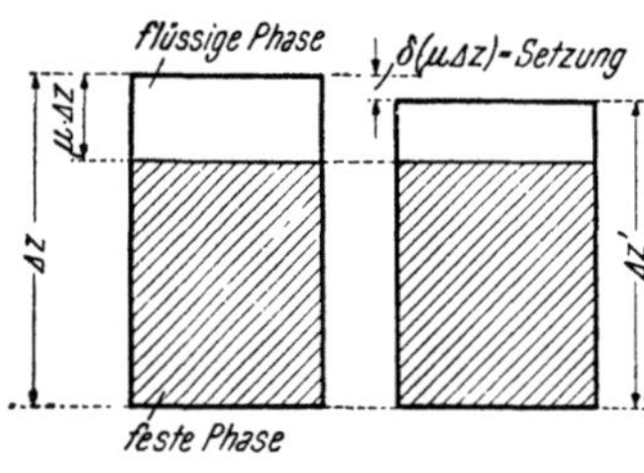

Abb. 435

Porenraum eine Änderung $d(\mu \cdot \Delta z \cdot \Delta f)$ erfahren, (Abb. 435). Diese ist gleich der Wasserabgabe infolge der Differenz der *Filtergeschwindigkeit* an der oberen und unteren Grenzfläche, so daß

$$d(\mu \cdot \Delta z \cdot \Delta f) \cong \frac{\partial v}{\partial z} \cdot \Delta z \cdot \Delta f \cdot dt \tag{171}$$

folgt, worin für die Filtergeschwindigkeit

$$v = \frac{k}{\gamma} \cdot \frac{\partial p_2}{\partial z} \tag{172}$$

zu setzen ist.

Wegen der äußerst kleinen Verschiebungsgeschwindigkeiten folgt aus (169)

$$\frac{d\mu}{dt} \cong \frac{\partial \mu}{\partial t} = \frac{\partial v}{\partial z} = \frac{k}{\gamma_2} \frac{\partial^2 p_2}{\partial z^2}, \tag{173}$$

wenn γ_2 das spezifische Gewicht der flüssigen Phase ist.

Nun ist aus dem Ödometerversuch

$$\frac{d\mu}{dt} \cong \frac{\partial \mu}{\partial t} = \frac{d\mu}{dp_1} \cdot \frac{dp_1}{dt} = \frac{1}{1+\varepsilon} \cdot \frac{d\varepsilon}{dp_1} \cdot \frac{dp_1}{dt} = -\frac{a}{1+\varepsilon} \frac{dp_1}{dt}. \tag{174}$$

Aus dem gleichen Grund kleiner Geschwindigkeiten kann $\frac{dp_1}{dt} \cong \frac{\partial p_1}{\partial t}$ und nach (170)

$$\frac{\partial p_1}{\partial t} = -\frac{\partial p_2}{\partial t} \tag{170b}$$

gesetzt werden, so daß aus (173) schließlich die Grundgleichung der Setzung folgt

$$\frac{\partial p_2}{\partial t} = \frac{k}{\gamma_2} \cdot \frac{1+\varepsilon}{a} \cdot \frac{\partial^2 p_2}{\partial z^2} = c \cdot \frac{\partial^2 p_2}{\partial z^2}. \tag{175}$$

---

[1]) TERZAGHI, K. V.: Erdbaumechanik, Wien 1925.

Den Faktor $c = \dfrac{k}{\gamma_2} \cdot \dfrac{1+\varepsilon}{a}$ mit der Dimension [cm² · sec⁻¹] nennt TERZAGHI den Verfestigungsbeiwert.

Die obige Entwicklung mit dem für die Ingenieurpraxis wichtigen Resultat (175) hat seiner Zeit zu einem heftigen Streit geführt, weshalb hier auf die äußerst verwickelte Bewegung der festen und flüssigen Phase näher eingegangen und die Richtigkeit bzw. Eignung von (175) begründet werden soll. Vor allem ist es klar, daß die eingeführten Größen statistische Mittelwerte sind, deren Bildung für ein gedachtes Volumselement noch möglich sein muß. Bei der folgenden Entwicklung der wissenschaftlichen Grundlagen der Theorie der Setzung von Tonschichten sollen nach G. HEINRICH folgende Voraussetzungen[1]) gemacht werden.

1. Die Geschwindigkeiten der festen und flüssigen Phase, gemittelt über das Volumselement, sollen vertikal gerichtet sein und in jedem waagrechten Schnitt einen nur von der Zeit unabhängigen Wert haben.

2. Die Berührung der festen Partikel soll punktförmig sein und somit jedes Korn einen vollständigen Auftrieb erleiden.

3. Feste und flüssige Phase seien nicht zusammendrückbar, also von konstanter Dichte $\varrho_1 = \dfrac{\gamma_1}{g}$ bzw. $\varrho_2 = \dfrac{\gamma_2}{g}$, während die mittleren Dichten von der Zeit und der Höhenlage abhängig sind. Die mittleren Dichten sind die Quotienten $\dfrac{\text{Masse in Volumselement}}{\text{Volumselement}} = \varrho_1'$ bzw. ϱ_2'.

4. Es soll kein Bodenkorn durch die Berandung des Volumselements geschnitten werden. Bei der angenommenen genügenden Kleinheit des Kornes ist diese Bedingung erfüllt, ohne daß eine belangreiche Abweichung von der Form eines Parallelepipeds aufscheint.

Die Bewegungsgleichungen für die feste und flüssige Phase im Verein mit den Kontinuitätsgleichungen und der Zustandsgleichung (Ödometergesetz) geben ein Gleichungssystem, das den Prozeß der Setzung vollkommen zu beschreiben vermag.

Es wirken auf die feste Substanz pro Volumselement dV folgende Kräfte:

a) Das Gewicht $\gamma_1 (1 - \mu) dV$, wenn $+z$ nach abwärts gerichtet ist,

b) die aus den mittleren Berührungsdrücken am oberen und unteren Rand stammende Resultierende $-\dfrac{\partial p_1}{\partial z} \cdot dV$,

c) die Oberflächenreibung infolge der Porenwasserströmung $-\varkappa(\mu) \cdot (v_1 - v_2) dV$, die proportional der relativen Geschwindigkeit der beiden Phasen gesetzt wird (DARCY) mit $\varkappa(\mu)$ als Proportionalitätsfaktor,

d) die von den Normaldrücken auf die Oberfläche der Bodenkörner herrührende Kraft, die in der Änderung des Auftriebes auf der Strecke Δz besteht, nämlich

$$-\frac{\partial\,[(1-\mu)\cdot p_2]}{\partial z} \cdot dV = -(1-\mu)\cdot\frac{\partial p_2}{\partial z}\cdot dV.$$

Folglich ergibt sich die Bewegungsgleichung für die feste Phase mit der mittleren Dichte $\varrho_1' = \varrho_1 \cdot (1-\mu) = \dfrac{\gamma_1}{g}(1-\mu)$

$$\frac{\gamma_1}{\gamma}(1-\mu)\cdot\frac{dv_1}{dt} = \gamma_1(1-\mu) - \frac{\partial p_1}{\partial z} - \varkappa(\mu)(v_1-v_2) - (1-\mu)\cdot\frac{\partial p_2}{\partial z}, \quad (176)$$

welche Gleichung auf die Volumseinheit bezogen ist.

---

[1]) HEINRICH, G.: Wissenschaftliche Grundlagen der Theorie der Setzung von Tonschichten, Wasserkr. u. Wasserwirtsch., München 1938.

Ähnlich gewinnt man nach G. HEINRICH die Bewegungsgleichung für die flüssige Phase, auf welche wirken:

a) Die Schwere (Gewicht) $\gamma_2 \cdot \mu \cdot dV$,

b) die Resultierende der auf die obere und untere Begrenzung wirkenden Wasserdrücke $-\dfrac{\partial p_2}{\partial z} \cdot dV$,

c) die Reaktionskraft zur Hautreibung $\varkappa(\mu) \cdot (v_1 - v_1) \cdot dV$ und

d) die Reaktion auf die Normaldrücke $(1 - \mu) \cdot \dfrac{\partial p_2}{\partial z} \cdot dV$.

Also lautet die Bewegungsgleichung, bezogen auf die Volumseinheit,

$$\frac{\gamma_2}{\gamma} \cdot \mu \cdot \frac{d v_2}{dt} = \gamma_2 \cdot \mu - \frac{\partial p_2}{\partial z} + \varkappa(\mu) \cdot (v_1 - v_2) + (1 - \mu) \frac{\partial p_2}{\partial z}$$

$$= \gamma_2 \mu - \mu \frac{\partial p_2}{\partial z} - \varkappa(\mu)(v_2 - v_1). \tag{177}$$

Zu obigen Gleichungen kommen noch die Kontinuitätsgleichungen für die feste und flüssige Phase

$$\frac{\partial (\varrho_1' \cdot v_1)}{\partial z} + \frac{\partial \varrho_1'}{\partial t} = 0 \tag{178}$$

und

$$\frac{\partial (\varrho_2' \cdot v_2)}{\partial z} + \frac{\partial \varrho_2'}{\partial t} = 0 \tag{178 b}$$

oder

$$\frac{\partial [(1 - \mu) v_1]}{\partial z} - \frac{\partial \mu}{\partial t} = 0 \tag{179}$$

und mit $\varrho_2' = \dfrac{\gamma_2}{\gamma} \cdot \mu$ wird aus (178 b)

$$\frac{\partial (\mu v_2)}{\partial z} = - \frac{\partial \mu}{\partial t}. \tag{179 b}$$

Aus (179) und (179 b) folgt durch Summation

$$\frac{\partial}{\partial z}[(1 - \mu) v_1 + \mu v_2] = 0$$

oder

$$(1 - \mu) v_1 + \mu v_2 = \varphi(t). \tag{180}$$

Wird für die in einer gewissen Tiefe liegende undurchlässige Schichte $v_1 = 0 = v_2$ gesetzt, so wird $\varphi(t) = 0$ und es gilt dann

$$(1 - \mu) v_1 + \mu v_2 = 0. \tag{180 b}$$

Weil alle Änderungen bei der Setzung sehr langsam erfolgen, können v_1 und v_2 und ebenso ihre Ableitungen, wie jene von p_1, p_2, μ und $\varkappa(\mu)$, als klein angesehen werden und alle Glieder, in denen Produkte dieser Größen vorkommen, vernachlässigt werden. Also kann gesetzt werden

$$\frac{d v_1}{dt} = \frac{\partial v_1}{\partial t} + v_1 \cdot \frac{\partial v_1}{\partial z} \approx \frac{\partial v_1}{\partial t} \quad \text{und ebenso} \quad \frac{d v_2}{dt} \approx \frac{\partial v_2}{\partial t}.$$

Weiters ergibt sich aus demselben Grunde aus (180 b)

$$\frac{\partial v_1}{\partial t} = - \frac{\mu}{1 - \mu} \cdot \frac{\partial v_2}{\partial t}. \tag{181}$$

Somit folgen nach einiger Umformung aus (176) und (177)

$$-\frac{\gamma_1}{g\,(1-\mu)}\,\frac{\partial\,(\mu\,v_2)}{\partial t}-\frac{\varkappa\,(\mu)}{\mu\,(1-\mu)^2}\cdot(\mu\,v_2)+\frac{1}{1-\mu}\cdot\frac{\partial p_1}{\partial z}+\frac{\partial p_2}{\partial z}-\gamma_1=0 \quad (182)$$

und

$$-\frac{\gamma_2}{g\,\mu}\,\frac{\partial\,(\mu\,v_2)}{\partial t}+\frac{\varkappa\,(\mu)}{\mu^2\cdot(1-\mu)}\cdot(\mu\,v_2)+\frac{\partial p_2}{\partial z}-\gamma_2=0. \quad (183)$$

(182) und (183) nach z differenziert ergeben bei Vernachlässigung der oben erwähnten Produktglieder

$$-\frac{\gamma_1}{g\,(1-\mu)}\cdot\frac{\partial}{\partial t}\left\{\frac{\partial\,(\mu\,v_2)}{\partial z}\right\}-\frac{\varkappa\,(\mu)}{\mu\cdot(1-\mu)^2}\cdot\frac{\partial\,(\mu\,v_2)}{\partial z}+\frac{1}{1-\mu}\,\frac{\partial^2 p_1}{\partial z^2}+\frac{\partial^2 p_2}{\partial z^2}=0 \quad (184)$$

und

$$\frac{\gamma_2}{g\,\mu}\cdot\frac{\partial}{\partial t}\left\{\frac{\partial\,(\mu\,v_2)}{\partial z}\right\}+\frac{\varkappa\,(\mu)}{\mu^2\cdot(1-\mu)}\,\frac{\partial\,(\mu\,v_2)}{\partial z}+\frac{\partial^2 p_2}{\partial z^2}=0. \quad (185)$$

Wegen der Beziehung (14 b) erhält man aus (184) und (185)

$$\frac{\gamma_1}{g\,(1-\mu)}\cdot\frac{\partial^2\mu}{\partial t^2}+\frac{\varkappa\,(\mu)}{\mu\,(1-\mu)^2}\cdot\frac{\partial\mu}{\partial t}+\frac{1}{1-\mu}\,\frac{\partial^2 p_1}{\partial z^2}+\frac{\partial^2 p_2}{\partial z^2}=0 \quad (186)$$

und

$$-\frac{\gamma_2}{g\,\mu}\cdot\frac{\partial^2\mu}{\partial t^2}-\frac{\varkappa\,(\mu)}{\mu^2\,(1-\mu)}\,\frac{\partial\mu}{\partial t}+\frac{\partial^2 p_2}{\partial z^2}=0. \quad (187)$$

Subtrahiert man (187) von (186), so folgt

$$\frac{1}{g}\left(\frac{\gamma_1}{1-\mu}+\frac{\gamma_2}{\mu}\right)\cdot\frac{\partial^2\mu}{\partial t^2}+\varkappa\,(\mu)\cdot\frac{1}{\mu^2\,(1-\mu)^2}\cdot\frac{\partial\mu}{\partial t}+\frac{1}{1-\mu}\cdot\frac{\partial^2 p_1}{\partial z^2}=0. \quad (188)$$

Nun ergibt sich aus dem Ödometergesetz durch Differenzieren von (168 b) nach t

$$\frac{\partial\mu}{\partial t}=\frac{1}{f_1{}'(\mu)}\cdot\frac{\partial p_1}{\partial t} \quad (189)$$

und weiter

$$\frac{\partial^2\mu}{\partial t^2}=\frac{1}{f_1{}'(\mu)}\cdot\frac{\partial^2 p_1}{\partial t^2}. \quad (190)$$

Ferner erhält man durch Differenzieren von (168 b) nach z analog (189)

$$\frac{\partial\mu}{\partial z}=\frac{1}{f_1{}'(\mu)}\cdot\frac{\partial p_1}{\partial z}. \quad (191)$$

Setzt man die partiellen Ableitungen von μ aus (189), (190) und (191) in (188) ein, so folgt

$$\frac{1}{g}\left(\frac{\gamma_1}{1-\mu}+\frac{\gamma_2}{\mu}\right)\frac{\partial^2 p_1}{\partial t^2}+\frac{\varkappa\,(\mu)}{\mu^2\cdot(1-\mu)^2}\cdot\frac{\partial p_1}{\partial t}+\frac{f_1{}'(\mu)}{1-\mu}\cdot\frac{\partial^2 p_1}{\partial z^2}=0. \quad (192)$$

Nun ist der Durchfluß pro cm²

$$q=\mu\cdot v\cdot 1\,\text{cm}^2=-\frac{k}{\gamma_2}\cdot\frac{\partial p_2}{\partial z} \quad (193)$$

und weil aus (177) für den Durchlässigkeitsversuch in der waagrechten Richtung

$$\varkappa\,(\mu)\cdot v^2=-\mu\,\frac{\partial p_2}{\partial z} \quad (194)$$

gilt, so folgt aus (193) und (194)

$$\varkappa\,(\mu)=\frac{\gamma_2}{k}\cdot\mu^2=\frac{\gamma_2}{\mu}\,\frac{\varepsilon^2}{(1+\varepsilon)^2}. \quad (195)$$

Wird (168 b) nach p_1 differenziert, so erhält man

$$1 = f_1'(u) \cdot \frac{du}{d\varepsilon} \cdot \frac{d\varepsilon}{dp_1}$$

oder

$$f_1'(u) = -\frac{1}{a \cdot \dfrac{du}{d\varepsilon}} = -\frac{(1+\varepsilon)^2}{a}. \tag{196}$$

Nach geringer Umformung folgt dann aus (192)

$$\frac{k}{g} \cdot \frac{\gamma_2 + \gamma_1\varepsilon}{(1+\varepsilon)\cdot\gamma_2\varepsilon} \cdot \frac{\partial^2 p_1}{\partial t^2} + \frac{\partial p_1}{\partial t} - \frac{k(1+\varepsilon)}{a\gamma_2} \cdot \frac{\partial^2 p_1}{\partial z^2} = 0. \tag{197}$$

Es läßt sich aus den Ödometerversuchen unschwer nachweisen, daß der Faktor von $\dfrac{\partial^2 p_1}{\partial t^2}$ von solcher Kleinheit ist, daß das 1. Glied von (197) vernachlässigt werden kann und die Gleichung übrig bleibt

$$\frac{\partial p_1}{\partial t} = \frac{k(1+\varepsilon)}{a\gamma_2} \cdot \frac{\partial^2 p_1}{\partial z^2} = c \cdot \frac{\partial^2 p_1}{\partial z^2}, \tag{198}$$

die wegen (170 b) in die Grundgleichung (175) von TERZAGHI übergeht. Die Lösung dieser Gleichung ist aus der Theorie der Wärmeleitung bekannt. Setzt man

$$p_2(z,t) = A \cdot \varphi(t) \cdot \psi(z),$$

so folgt aus (198)

$$\varphi'(t) \cdot \psi(z) = c \cdot \varphi(t) \cdot \psi''(z) \tag{199}$$

und mit

$$\frac{\varphi'(t)}{\varphi(t)} = c \cdot \frac{\psi''(z)}{\psi(z)} = -m$$

gesetzt, wird

$$\varphi(t) = e^{-mt} \quad \text{und} \quad \psi(z) = \sin\sqrt{\frac{m}{c}} \cdot z.$$

Es stellt somit

$$p_2(z,t) = A \cdot e^{-mt} \cdot \sin\sqrt{\frac{m}{c}} \cdot z \tag{200}$$

eine partikuläre Lösung von (175) dar und die totale Lösung muß aus den partikulären Lösungen so aufgebaut werden, daß den Randbedingungen entsprochen wird. Die Anfangsverteilung

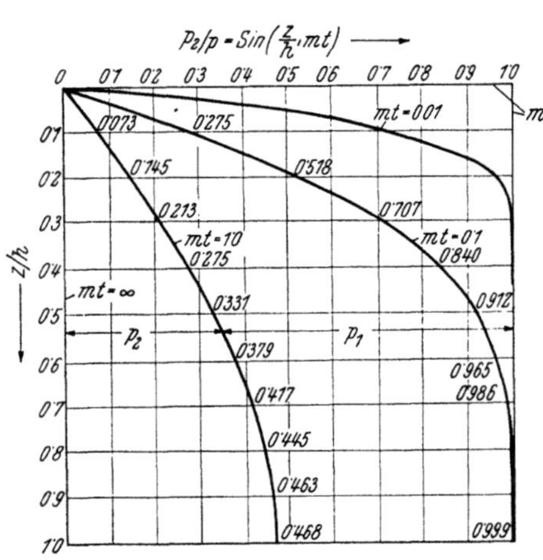

Abb. 436.   Änderung der lotrechten Druckverteilung mit der Zeit

für $t=0$ des Wasserüberdruckes wird nach dem FOURIERschen Theorem durch sin- oder cos-Reihen dargestellt und z. B. für den wichtigen Fall, daß $p_2 = 0$ für $z = 0$ sein soll, ferner, daß $p_2 = p$ ist für alle z wenn $t = 0$ und $p_2 = 0$ für $t = \infty$, gilt

$$p_2 = p \cdot \frac{4}{\pi} \cdot \sum_{1}^{\infty} \frac{1}{2n-1} \cdot \sin(2n-1)\frac{\pi}{2}\cdot\frac{z}{h} \cdot e^{-2(n-1)^2\cdot mt} = p\,\mathrm{Sin}\left(\frac{z}{h}, mt\right). \tag{201}$$

Es ist dann für alle $\dfrac{z}{h}$, die zwischen 0 und 1 gelegen sind,

$$\sum_{1}^{\infty} \frac{1}{2n-1} \cdot \sin(2n-1)\frac{\pi z}{2h} = \frac{\pi}{4},$$

und somit sind die genannten Bedingungen erfüllt. In der Abb. 436 ist $\dfrac{p_2}{p}$ als Abhängige von $\dfrac{z}{h}$ und mt dargestellt[1]). Bezeichnet man die Werte des Korn-zu-Korn-Druckes und des Wasserdruckes vor Aufbringung der Last mit p_{01} und p_{02} und ist μ_0 das zugehörige Porenvolumen, so ist aus (176) und (177)

$$\gamma_1\,(1-\mu_0) - \frac{\partial p_{01}}{\partial z} - (1-\mu_0)\,\frac{\partial p_{02}}{\partial z} = 0 \tag{202}$$

und

$$\gamma_2\mu_0 - \mu_0\,\frac{\partial p_{02}}{\partial z} = 0. \tag{203}$$

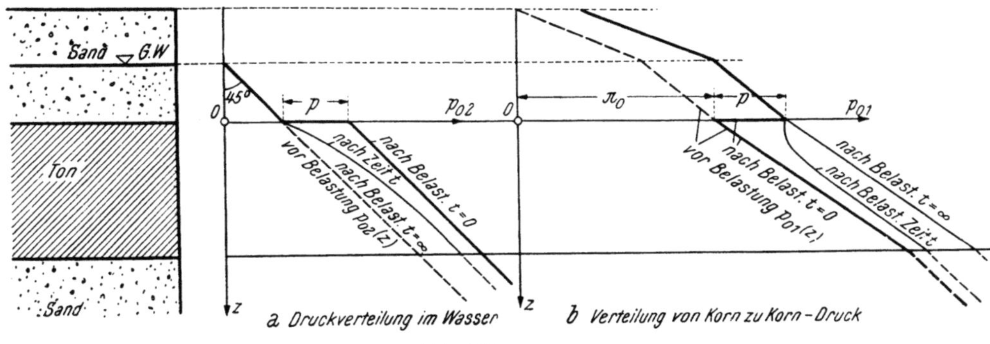

Abb. 437

Aus diesen Gleichungen folgt

$$\frac{\partial p_{01}}{\partial z} = (\gamma_1 - \gamma_2)\cdot(1-\mu_0). \tag{204}$$

Somit ist

$$p_{01} = \pi_0 + (\gamma_1 - \gamma_2)\cdot(1-\mu_0)\,z \tag{205}$$

und aus (203) $p_{02} = p_0 + \gamma_2 z$ (205a), wenn p_0 den äußeren Luftdruck darstellt. Es wächst also vor Aufbringung der Last der Korn-zu-Korn-Druck als auch der Wasserdruck linear mit der Tiefe. In der Abb. 437 ist die Druckverteilung schematisch vor und nach Aufbringung der Last für den besprochenen Fall dargestellt[2]).

Von Interesse ist der Mittelwert des Druckes in der Schichte von der Dicke h zur beliebigen Zeit t, und zwar ist

$$\left(\frac{p_2}{p}\right)_m = \frac{1}{h}\cdot\int_0^h \mathrm{Sin}\left(\frac{z}{h}, mt\right)\cdot dz =$$

$$= \frac{8}{\pi^2}\sum_1^\infty \frac{1}{(2n-1)^2}\cdot e^{-(2n-1)^2 mt}. \tag{206}$$

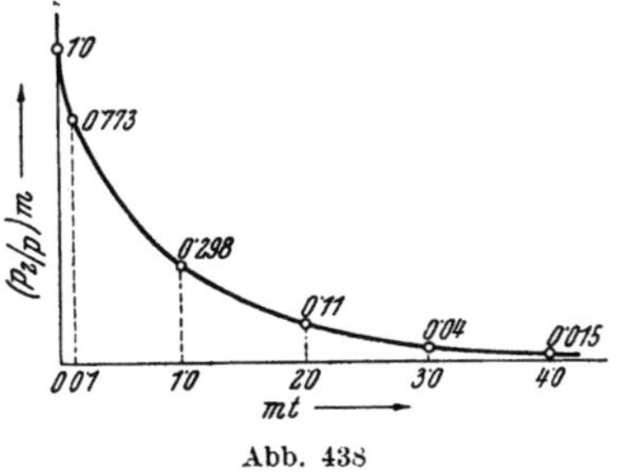

Abb. 438

Der zeitliche Gang dieses Mittelwertes ist in Abb. 438 dargestellt, aus der zu ersehen ist, daß der Wasserdruck anfangs rasch und dann immer langsamer abnimmt. Für $t=0$ ist $\dfrac{d}{dt}\left(\dfrac{p_2}{p}\right)_m = -\infty$.

---

[1]) E. LEDERER hat Tabellen veröffentlicht in Kolloid-Zschft. 1928.
[2]) K. V. TERZAGHI u. O. K. FRÖHLICH haben verschiedene für den Grundbau wichtige Fälle behandelt in „Theorie der Setzung von Tonschichten", Wien 1936.

L. Allgemeine Theorie der Bewegung zäher Flüssigkeiten

1. Die Bewegungsgleichungen von Navier-Stokes

Die Beschreibung gewisser Vorgänge (Grenzschicht, Schmiermittelreibung usw.) erheischt die Übertragung des in den Abschnitten **E g** und **F I a** verwendeten Ansatzes der Reibung auf die räumliche Bewegung. In der Gleichung

$$\tau = \eta \cdot \frac{\partial u}{\partial y} \tag{1}$$

wird die Schub- oder Scherspannung proportional der Verschiebungsgeschwindigkeit gesetzt. Die Proportionalitätskonstante η ist identisch mit dem Gleitmodul G der Elastizitätslehre. Zwischen diesem und dem Elastizitätsmodul E besteht der Zusammenhang

$$E = 2G \cdot (1 + m), \tag{2}$$

wenn m die POISSONsche Zahl ist. Für unzusammendrückbare Flüssigkeiten ist $m = \frac{1}{2}$ und somit folgt

$$E = 3\eta. \tag{2a}$$

Es sollen nun vorerst die Deformationen bzw. Deformationsgeschwindigkeiten eines deformierbaren Körpers ermittelt werden. Die allgemeinste Lagenveränderung eines solchen Körpers erfolgt durch Translation (Parallelverschiebung). Rotation (Drehung um den Schwerpunkt) und durch Deformation. Hat in Abb. 440 der Punkt O des kleinen Prismas $\delta x\,\delta y\,\delta z$ die Geschwindigkeit $\mathfrak{v}_0$ mit den Komponenten u_0, v_0 und w_0, so wird im Punkt A $(\delta x, \delta y, \delta z)$ die Geschwindigkeit $\mathfrak{v}$ mit den Komponenten u, v und w herrschen, die nach TAYLOR entwickelt lauten

$$\left.\begin{aligned}
u &= u_0 + \frac{\partial u}{\partial x}\delta x + \frac{\partial u}{\partial y}\delta y + \frac{\partial u}{\partial z}\cdot\delta z\\[4pt]
v &= v_0 + \frac{\partial v}{\partial x}\delta x + \frac{\partial v}{\partial y}\delta y + \frac{\partial v}{\partial z}\cdot\delta z\\[4pt]
w &= w_0 + \frac{\partial w}{\partial x}\delta x + \frac{\partial w}{\partial y}\delta y + \frac{\partial w}{\partial z}\cdot\delta z
\end{aligned}\right\} \tag{3}$$

Man macht nun die Zerlegung

$$\mathfrak{v} = \mathfrak{v}' + \mathfrak{v}'',$$

wo $\mathfrak{v}'$ der Bewegung als starrer Körper entspricht. Also ist

$$\mathfrak{v}' = \mathfrak{v}_0 + [\mathfrak{u}\cdot\delta\mathfrak{r}]$$

aus Translations- und Drehungsgeschwindigkeit bestehend, wobei $\mathfrak{u} = \frac{1}{2}\,\mathrm{rot}\,\mathfrak{v}$ bedeutet. Somit kann $\mathfrak{v}''$ nur aus der Deformation stammen. Bedenkt man, daß

$$[\mathfrak{u}\cdot\delta\mathfrak{r}]_x = \mathfrak{u}_y\delta z - \mathfrak{u}_z\delta y = \frac{1}{2}\left(\frac{\partial u}{\partial z} - \frac{\partial w}{\partial x}\right)\delta z - \frac{1}{2}\left(\frac{\partial v}{\partial x} - \frac{\partial u}{\partial y}\right)\delta y \quad\text{usw.,}$$

so folgt für die Geschwindigkeit der Deformation in der x-Richtung

$$u'' = u - u' = \frac{\partial u}{\partial x}\delta x + \frac{\partial u}{\partial y}\cdot\delta y + \frac{\partial u}{\partial z}\cdot\delta z -$$

$$-\frac{1}{2}\frac{\partial u}{\partial y}\delta y - \frac{1}{2}\frac{\partial u}{\partial z}\delta z + \frac{1}{2}\frac{\partial w}{\partial x}\cdot\delta z + \frac{1}{2}\frac{\partial v}{\partial x}\cdot\delta y$$

oder

$$u'' = \frac{\partial u}{\partial x}\,\delta x + \frac{1}{2}\left(\frac{\partial u}{\partial y} + \frac{\partial v}{\partial x}\right)\delta y + \frac{1}{2}\left(\frac{\partial u}{\partial z} + \frac{\partial w}{\partial x}\right)\cdot\delta z$$

und ähnlich

$$v'' = \frac{1}{2}\left(\frac{\partial v}{\partial x} + \frac{\partial u}{\partial y}\right)\delta x + \frac{\partial u}{\partial y}\cdot\delta y + \frac{1}{2}\left(\frac{\partial v}{\partial z} + \frac{\partial w}{\partial y}\right)\delta z \qquad (4)$$

$$w'' = \frac{1}{2}\left(\frac{\partial w}{\partial x} + \frac{\partial u}{\partial z}\right)\cdot\delta x + \frac{1}{2}\left(\frac{\partial w}{\partial y} + \frac{\partial v}{\partial z}\right)\cdot\delta y + \frac{\partial w}{\partial z}\cdot\delta z$$

Es sind im allgemeinen die Dilatationen (Glieder ohne Klammern) mit Scherungen verbunden. Letztere sind die Bezeichnungen für die Änderung der Kantenwinkel, wie in Abb. 439 für den Kantenwinkel in der xy-Ebene dargestellt ist. Dessen kleine Änderung ist mit der Bezeichnung in der Abbildung

$$\alpha + \beta \sim \mathrm{tg}\,\alpha + \mathrm{tg}\,\beta = \frac{\partial \eta}{\partial x}\cdot\frac{\delta x}{l_x} + \frac{\partial \xi}{\partial \eta}\cdot\frac{\delta y}{\lambda_y}.$$

Führt man die Verschiebungen pro Zeiteinheit ein

$$\eta = u\cdot\frac{dt}{dt} = u \quad \text{und} \quad \xi = v$$

und bedenkt, daß $\delta x \sim l_x$, ferner $\delta y \sim \lambda_y$, so folgt

$$\alpha + \beta = \frac{\partial v}{\partial x} + \frac{\partial u}{\partial y}. \qquad (5)$$

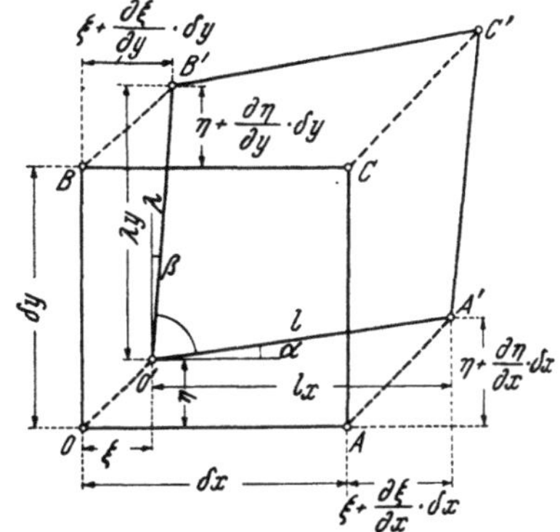

Abb. 439. Zur Scherung

Die Hälfte dieser Winkeländerung wird als Scherung bezeichnet, so daß die Scherungen in den zur z-, x- und y-Achse senkrechten Ebenen folgende Werte haben

$$\varepsilon_{xy} = \frac{1}{2}\left(\frac{\partial v}{\partial x} + \frac{\partial u}{\partial y}\right)$$

$$\varepsilon_{yz} = \frac{1}{2}\left(\frac{\partial w}{\partial y} + \frac{\partial v}{\partial z}\right) \qquad (5a)$$

$$\varepsilon_{zx} = \frac{1}{2}\left(\frac{\partial u}{\partial z} + \frac{\partial w}{\partial x}\right)$$

Den Deformationen bzw. Deformationsgeschwindigkeiten entspricht der Spannungstensor

$$\begin{matrix} \tau_{xx} & \tau_{xy} & \tau_{xz} \\ \tau_{yx} & \tau_{yy} & \tau_{yz} \\ \tau_{zx} & \tau_{zy} & \tau_{zz} \end{matrix}$$

wobei der 1. Index der Normalenrichtung der angegriffenen Fläche, der 2. die Richtung der Spannung angibt. Es sind somit τ_{xx}, τ_{yy} und τ_{zz} die sich ergebenden Normalspannungen, während die übrigen die Schub- oder Scherspannungen darstellen, wobei

$$\tau_{xy} = \tau_{yx} \quad \tau_{xz} = \tau_{zx} \quad \tau_{yz} = \tau_{zy}.$$

Aus der Elastizitätstheorie ist die Beziehung zwischen Scherung und Scherspannung bekannt

$$\varepsilon_{xy} = \frac{\tau_{xy}}{E}\,(1+m)$$

oder

$$\tau_{xy} = \frac{E}{2\,(1+m)} \cdot \left(\frac{\partial u}{\partial y} + \frac{\partial v}{\partial x}\right) = \tau_{yx}$$

und ähnlich

$$\tau_{xz} = \frac{E}{2\,(1+m)} \cdot \left(\frac{\partial u}{\partial z} + \frac{\partial w}{\partial x}\right) = \tau_{zx} \qquad (6)$$

$$\tau_{yz} = \frac{E}{2\,(1+m)} \cdot \left(\frac{\partial v}{\partial z} + \frac{\partial w}{\partial y}\right) = \tau_{zy}$$

Entsprechend dem in Abb. 440 dargestellten Kräftebild, wirken als resultierende Reibungskräfte in den Koordinatenrichtungen

$$K_x = \left(\frac{\partial \tau_{xx}}{\partial x} + \frac{\partial \tau_{yx}}{\partial y} + \frac{\partial \tau_{zx}}{\partial z}\right) dx\,dy\,dz$$

$$K_y = \left(\frac{\partial \tau_{yy}}{\partial y} + \frac{\partial \tau_{zy}}{\partial z} + \frac{\partial \tau_{xy}}{\partial x}\right) dx\,dy\,dz \qquad (7)$$

$$K_z = \left(\frac{\partial \tau_{zz}}{\partial z} + \frac{\partial \tau_{xz}}{\partial x} + \frac{\partial \tau_{yz}}{\partial y}\right) dx\,dy\,dz$$

Aus der Elastizitätslehre gilt für die relativen Dehnungen

$$\frac{\delta\,dx}{dx} = \frac{1}{E}\left\{\tau_{xx} - m\,(\tau_{yy} + \tau_{zz})\right\} = \frac{\partial u}{\partial x} \cdot dt$$

$$\frac{\delta\,dy}{dy} = \frac{1}{E}\left\{\tau_{yy} - m\,(\tau_{xx} + \tau_{zz})\right\} = \frac{\partial v}{\partial y} \cdot dt \qquad (7\,\mathrm{a})$$

$$\frac{\delta\,dz}{dz} = \frac{1}{E}\left\{\tau_{zz} - m\,(\tau_{xx} + \tau_{yy})\right\} = \frac{\partial w}{\partial z} \cdot dt$$

wenn für die Deformationen die entsprechenden Geschwindigkeiten eingeführt werden. Wird wieder pro Zeiteinheit gerechnet, so ergibt die Addition obiger Gleichungen

$$\operatorname{div} \mathfrak{v} = \frac{1}{E}\,(1 - 2\,m)\,(\tau_{xx} + \tau_{yy} + \tau_{zz}),$$

woraus

$$\tau_{yy} + \tau_{zz} = \frac{E}{1 - 2\,m} \cdot \operatorname{div} \mathfrak{v} - \tau_{xx}$$

folgt. Dieser Wert in (7a) eingesetzt ergibt

$$\frac{\partial u}{\partial x} = \frac{1}{E}\,\tau_{xx} - \frac{m}{E} \cdot \left(\frac{E}{1 - 2\,m} \cdot \operatorname{div} \mathfrak{v} - \tau_{xx}\right) = \frac{1 + m}{E}\,\tau_{xx} - \frac{m}{1 - 2\,m} \cdot \operatorname{div} \mathfrak{v}.$$

Schließlich ist

$$\tau_{xx} = \frac{E}{1 + m} \cdot \frac{\partial u}{\partial x} + \frac{E}{1 + m} \cdot \frac{m}{1 - 2\,m} \cdot \operatorname{div} \mathfrak{v}$$

$$\tau_{yy} = \frac{E}{1 + m} \cdot \frac{\partial v}{\partial y} + \frac{E}{1 + m} \cdot \frac{m}{1 - 2\,m} \cdot \operatorname{div} \mathfrak{v} \qquad (8)$$

$$\tau_{zz} = \frac{E}{1 + m} \cdot \frac{\partial w}{\partial z} + \frac{E}{1 + m} \cdot \frac{m}{1 - 2\,m} \cdot \operatorname{div} \mathfrak{v}$$

Es kommen dann auf der Oberfläche des Prismas (Abb. 440) folgende resultierende Reibungskräfte zur Wirkung, und zwar in der x-Richtung

$$K_x = \left(\frac{\partial \tau_{xx}}{\partial x} + \frac{\partial \tau_{yx}}{\partial y} + \frac{\partial \tau_{zx}}{\partial z}\right) dx \cdot dy\,dz$$

und pro Volumseinheit

$$K_x = \frac{E}{2\,(1+m)} \cdot \left(\frac{\partial^2 u}{\partial x^2} + \frac{\partial^2 u}{\partial y^2} + \frac{\partial^2 u}{\partial z^2}\right) + \frac{E}{2\,(1+m)\,(1-2\,m)} \cdot \frac{\partial}{\partial x}\,(\operatorname{div} \mathfrak{v}).$$

Ähnliche Ausdrücke erhält man für die anderen Koordinatenrichtungen. Die Bewegungsgleichung in der x-Richtung ist dann mit Rücksicht auf (2a) in C 1

$$\varrho \cdot \frac{du}{dt} = \varrho X - \frac{\partial p}{\partial x} + K_x$$

und ähnlich in der y- bzw. z-Richtung.

Wird die Flüssigkeit als unzusammendrückbar vorausgesetzt, also $m = \dfrac{1}{2}$ und $E = 3\eta$ gesetzt, so folgt

$$K_x = \eta \cdot \left(\frac{\partial^2 u}{\partial x^2} + \frac{\partial^2 u}{\partial y^2} + \frac{\partial^2 u}{\partial z^2} \right) = \eta \cdot \Delta u$$

$$K_y = \eta \cdot \Delta v \qquad K_z = \eta \cdot \Delta w$$

und man erhält

$$\left. \begin{aligned} \frac{du}{dt} &= X - \frac{1}{\varrho}\frac{\partial p}{\partial x} + \nu \cdot \Delta u \\[4pt] \frac{dv}{dt} &= Y - \frac{1}{\varrho}\frac{\partial p}{\partial y} + \nu \cdot \Delta v \\[4pt] \frac{dw}{dt} &= Z - \frac{1}{\varrho}\frac{\partial p}{\partial z} + \nu \cdot \Delta w \end{aligned} \right\} \quad (9)$$

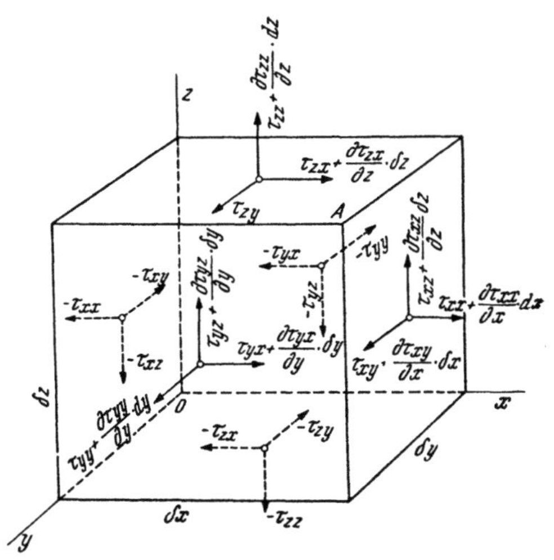

Abb. 440. Oberflächenkräfte am Körperelement

Obige NAVIER-STOKES'sche[1]) Gleichungen, die von größter Bedeutung sind, wurden bisher nur für jene wenigen Fälle gelöst, bei welchen die Trägheitsglieder weggelassen werden können, also bei ausgesprochenen *Reibungsströmungen* (Laminarbewegung). Wo aber *Trägheit und Zähigkeit* zur Wirkung kommen, also nicht lineare Differentialgleichungen vorliegen, stellen sich der strengen Lösung kaum überwindbare Schwierigkeiten entgegen. Auch wäre es irrig, einen Grenzübergang zu machen, indem man in (9) $\nu \to 0$ zustreben läßt, in der Meinung, so zur reibungslosen Strömung zu gelangen. Denn auch bei sehr kleiner Zähigkeit können sich infolge des Haftens an der festen Wand große Schubspannungen einstellen, die zu einer vollkommen andersgearteten Bewegung führen, wie bei reibungsloser Flüssigkeit, worüber in L 8 gesprochen wird.

Schließlich sei noch eine für verschiedene Aufgaben in der Ebene geeignete Umformung der Grundgleichungen (9) erwähnt.

Von diesen bleiben für die xy-Ebene, in der die Strömung erfolgt,

$$\frac{du}{dt} = X - \frac{1}{\varrho}\frac{\partial p}{\partial x} + \nu \cdot \left(\frac{\partial^2 u}{\partial x^2} + \frac{\partial^2 u}{\partial y^2} \right)$$

und

$$\frac{dv}{dt} = Y - \frac{1}{\varrho}\frac{\partial p}{\partial y} + \nu \cdot \left(\frac{\partial^2 v}{\partial x^2} + \frac{\partial^2 v}{\partial y^2} \right).$$

Wird die erste Gleichung nach y und die zweite nach x differenziert und subtrahiert man eine Gleichung von der andern, so erhält man bei Voraussetzung von Potentialkräften

$$\frac{d}{dt}\left(\frac{\partial u}{\partial y} - \frac{\partial v}{\partial x} \right) = \nu \left\{ \frac{\partial^2}{\partial x^2}\left(\frac{\partial u}{\partial y} - \frac{\partial v}{\partial x} \right) + \frac{\partial^2}{\partial y^2}\left(\frac{\partial u}{\partial y} - \frac{\partial v}{\partial x} \right) \right\}. \quad (9a)$$

---

[1]) NAVIER, L.: Mém. de l'académie Paris 1823

Wird die zwischen zwei benachbarten Stromlinien hindurchfließende Wassermenge

$$dq = d\Psi = \frac{\partial \Psi}{\partial x} \cdot dx + \frac{\partial \Psi}{\partial y} \cdot dy = u \cdot dy - v \cdot dx,$$

also $u = \dfrac{\partial \Psi}{\partial y}$ und $v = -\dfrac{\partial \Psi}{\partial x}$ gesetzt, so folgt aus (9a)

$$\frac{d}{dt} \Delta \Psi = \nu \cdot \Delta \Delta \Psi. \tag{9b}$$

2. Berechnung des Umsatzes mechanischer Energie in Wärme

Infolge der Reibungsspannungen wird Wärme erzeugt und es geht mechanische Energie verloren. Führt man den Druck p der reibungslosen Flüssigkeit ein, setzt also

$$p_x = p - \tau_{xx}, \quad p_y = p - \tau_{yy} \text{ und } p_z = p - \tau_{zz}, \tag{10}$$

wobei τ_{xx} usw. die von der Reibung herrührenden zusätzlichen Normalspannungen sind, so folgt aus den Gleichungen (6) und (9) für die stationäre Strömung

$$\varrho \left(u \frac{\partial u}{\partial x} + v \frac{\partial u}{\partial y} + w \cdot \frac{\partial u}{\partial z} \right) = -\varrho \cdot g \cdot \frac{\partial z}{\partial x} - \frac{\partial p}{\partial x} + \frac{\partial \tau_{xx}}{\partial x} + \frac{\partial \tau_{yx}}{\partial y} + \frac{\partial \tau_{zx}}{\partial z} \tag{11}$$

und ähnliche Gleichungen für die y- bzw. z-Richtung. Die Änderung der mechanischen Energie $E_n + \varrho g \cdot z$ der Volumseinheit ist in der Zeiteinheit

$$\left(u \cdot \frac{\partial}{\partial x} + v \cdot \frac{\partial}{\partial y} + w \cdot \frac{\partial}{\partial z} \right)(E_n + \varrho \cdot gz), \tag{11a}$$

wenn der vordere Klammerausdruck die Anweisung für die Rechnungsoperation darstellt. Vermehrt man (11a) um die Energie W, die in der Zeiteinheit pro Volumseinheit in Wärme verwandelt wird, so muß die Summe dieser Energien gleich sein der Arbeit der Druck- und Reibungskräfte pro Volums- und Zeiteinheit[1]. Auf das Oberflächenelement $dy \cdot dz$ wirken die Kräfte (Abb. 440) $-p_x \cdot dy \cdot dz = (-p + \tau_{xx}) dy \cdot dz$ in der x-Richtung, $\tau_{xy} \cdot dy \cdot dz$ in der y-Richtung und $\tau_{xz} \cdot dy \cdot dz$ in der z-Richtung und es wird durch diese Kräfte die Arbeit geleistet

$$[(-p + \tau_{xx}) u + \tau_{xy} \cdot v + \tau_{xz} \cdot w] dy \cdot dz = A,$$

bezogen auf die Volumseinheit und in der Zeiteinheit. Die Arbeit, die die am gegenüberliegenden Flächenelement $dy \cdot dz$ im Abstand dx angreifenden entgegengesetzt gerichteten Spannungen leisten, ist $-\left(A + \dfrac{\partial A}{\partial x} \cdot dx \right)$, so daß die Arbeitsleistung

$$\frac{\partial}{\partial x} [(-p + \tau_{xx}) u + \tau_{xy} \cdot v + \tau_{xz} \cdot w] dx \cdot dy \cdot dz$$

resultiert.

Ähnliche Betrachtungen kann man für die übrigen Flächenpaare anstellen und erhält durch Gleichsetzung von Energieänderung und geleisteter Arbeit

$$\left(u \cdot \frac{\partial}{\partial x} + v \cdot \frac{\partial}{\partial y} + w \cdot \frac{\partial}{\partial z} \right)(E_n + \varrho g z) + W = \frac{\partial}{\partial x} [(-p + \tau_{xx}) u + \tau_{xy} \cdot v + \tau_{xz} \cdot w]$$

$$+ \frac{\partial}{\partial y} [\tau_{yx} \cdot u + (-p + \tau_{yy}) v + \tau_{yz} \cdot w] +$$

$$+ \frac{\partial}{\partial z} [\tau_{zx} \cdot u + \tau_{zy} \cdot v + (-p + \tau_{zz}) \cdot w] \tag{12}$$

---

[1] Siehe die Untersuchung von J. M. BURGERS, die der Arbeit von G. A. OOSTERHOLT An investigation of the energy dissipated ..., Delft 1947, zu Grunde liegt.

und es folgt aus den Bewegungsgleichungen (11) im Verein mit der Kontinuitätsbedingung

$$\frac{\partial u}{\partial x} + \frac{\partial v}{\partial y} + \frac{\partial w}{\partial z} = 0, \tag{13}$$

$$W = \tau_{xx} \cdot \frac{\partial u}{\partial x} + \tau_{yy} \cdot \frac{\partial v}{\partial y} + \tau_{zz} \cdot \frac{\partial w}{\partial z} + \tau_{xy}\left(\frac{\partial v}{\partial x} + \frac{\partial u}{\partial y}\right) + \tau_{xz}\left(\frac{\partial w}{\partial x} + \frac{\partial u}{\partial z}\right) +$$
$$+ \tau_{yz}\left(\frac{\partial w}{\partial y} + \frac{\partial v}{\partial z}\right) \tag{14}$$

als Arbeit der Reibungskräfte, die in Wärme umgewandelt wird pro Volums- und
Zeiteinheit. Für das ebene Problem, z. B. in der xy-Ebene, wird $w = 0$, $\dfrac{\partial u}{\partial z} = 0$
und $\dfrac{\partial v}{\partial z} = 0$ und es bleibt von (14)

$$W = \tau_{xx} \cdot \frac{\partial u}{\partial x} + \tau_{yy} \cdot \frac{\partial v}{\partial y} + \iota_{xy}\left(\frac{\partial v}{\partial x} + \frac{\partial u}{\partial y}\right). \tag{15}$$

Zur Berechnung von $\overset{\cdot}{W}$ werden $\dfrac{\partial u}{\partial x}$, $\dfrac{\partial v}{\partial y}$ und $\dfrac{\partial v}{\partial x} + \dfrac{\partial u}{\partial y}$ aus genügend
genauen Messungen ermittelt, während die Bestimmung der drei noch un-
bekannten Reibungsspannungen auf Schwierigkeiten stößt, weil nur zwei
Gleichungen verfügbar sind (ebene Bewegung). Es wird daher eine angenäherte
Berechnung durchgeführt, indem

$$\tau_{xx} \cdot \frac{\partial u}{\partial x} + \tau_{yy} \cdot \frac{\partial v}{\partial y} \ll \tau_{xy} \cdot \left(\frac{\partial v}{\partial x} + \frac{\partial u}{\partial y}\right)$$

vorausgesetzt wird, so daß

$$W \cong \tau_{xy} \cdot \left(\frac{\partial v}{\partial x} + \frac{\partial u}{\partial y}\right). \tag{16}$$

Ist der Verlauf der Stromlinien bestimmt, so
werden mit Vorteil die krummlinigen Koordinaten s und n in der Fließrichtung und senkrecht hiezu verwendet (Abb. 441). Es ist dann
an Stelle von $\dfrac{\partial v}{\partial x}$ zu schreiben

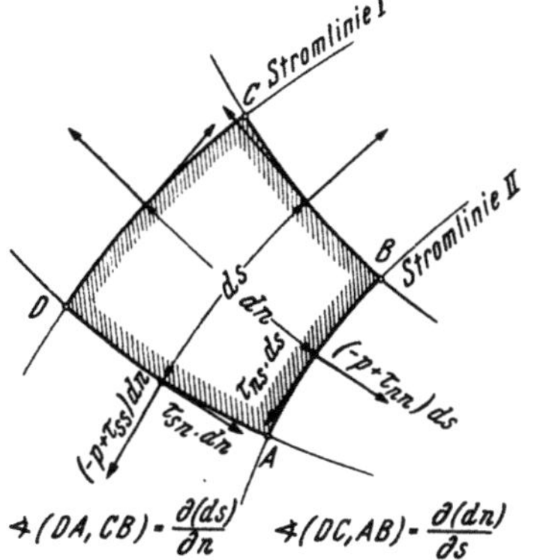

Abb. 441

$$\frac{\partial v_n}{\partial s} = \frac{1}{R} \cdot \frac{\partial v_n}{\partial a} = \frac{v_s}{R} \quad \text{und} \quad \frac{\partial v_s}{\partial n} \text{ an Stelle von } \frac{\partial u}{\partial y}$$

zu setzen, wenn v_s in der Stromlinienrichtung gemessen wird. Der Krümmungsradius ist $+$, wenn das Krümmungszentrum beim Blicken in der Fließrichtung
links gelegen ist. In derselben Art ist das Vorzeichen von dn zu denken. Für τ_{xy}
wird der Wert τ_{ns} eingeführt, wobei die in der s-Richtung wirkende Schubspannung
senkrecht auf dn steht.

Aus (16) wird dann

$$W \cong \tau_{ns} \cdot \left(\frac{v_s}{R} + \frac{\partial v_s}{\partial n}\right). \tag{17}$$

Entsprechend der Abbildung erhält man als resultierende am Element $ABCD$
in der Stromlinienrichtung wirkende Kraft

$$-\varrho \cdot g \cdot \frac{\partial z}{\partial s} \cdot ds \cdot dn + \frac{\partial}{\partial s}\{(-p + \tau_{ss})\,dn\}\,ds + (p - \tau_{nn}) \cdot \frac{\partial(dn)}{\partial s} \cdot ds +$$
$$+ \frac{\partial}{\partial n}(\tau_{ns} \cdot ds)\,dn + \tau_{sn} \cdot \frac{\partial(ds)}{\partial n} \cdot dn, \tag{18}$$

worin $-\dfrac{\partial\,(dn)}{\partial s}$ und $-\dfrac{\partial\,(ds)}{\partial n}$ die Winkel sind, die die nicht parallelen Seiten des in Abb. 441 schraffierten Elements miteinander einschließen. Weil $\tau_{sn}=\tau_{ns}$, so erhält man entsprechend Gl. (11) nach einiger Umformung

$$\frac{\partial}{\partial s}\left(\varrho\cdot\frac{v_s{}^2}{2}+\varrho g z+p-\tau_{ss}\right)-(\tau_{ss}-\tau_{nn})\cdot\frac{1}{dn}\cdot\frac{\partial\,(dn)}{\partial s}=\frac{1}{ds^2}\cdot\frac{\partial}{\partial n}\,(\tau_{ns}\cdot ds^2). \tag{19}$$

Um die zur Berechnung von W in (17) benötigte Schubspannung aus den Messungen ermitteln zu können, macht man die Vereinfachung und setzt

$$\frac{\partial\tau_{ss}}{\partial s}\ll\frac{\partial}{\partial s}\left(\varrho\,\frac{v_s{}^2}{2}+\varrho g z+p\right),$$

ferner

$$(\tau_{ss}-\tau_{nn})\cdot\frac{1}{dn}\cdot\frac{\partial\,(dn)}{\partial s}\ll\frac{\partial}{\partial s}\left(\varrho\,\frac{v_s{}^2}{2}+\varrho g z+p\right).$$

Dann folgt aus (19)

$$\frac{\partial}{\partial s}\left(\varrho\cdot\frac{v_s{}^2}{2}+\varrho g z+p\right)\simeq\frac{1}{ds^2}\cdot\frac{\partial}{\partial n}\,(\tau_{ns}\cdot ds^2) \tag{20}$$

und wenn die gesamte Energiehöhe H eingeführt wird, so folgt durch Integration über das zwischen zwei passend gewählten Stromlinien I und II liegende Element von der Länge ds

$$\int\limits_{\mathrm{I}}^{\mathrm{II}}\varrho\cdot g\cdot\frac{\partial H}{\partial s}\cdot ds^2\cdot dn\simeq(\tau_{ns}\cdot ds^2)_{\mathrm{II}}-(\tau_{ns}\cdot ds^2)_{\mathrm{I}}, \tag{21}$$

wobei man von der Oberfläche $(\tau_{ns}\simeq 0)$ oder der Sohle ausgehen kann, wenn man die Sohlenreibung kennt.

3. Transformation der Navier-Stokesschen Gleichungen

Es gibt praktisch wichtige Aufgaben, zu deren Lösung ein zweckmäßiges Koordinatensystem gewählt werden muß. Am besten ist es von der vektoriellen Form der Gleichung auszugehen, die in symbolhafter Darstellung (15) in C 4 lautet

$$\frac{\partial\mathfrak{v}}{\partial t}+\operatorname{grad}\frac{|\mathfrak{v}|^2}{2}-[\mathfrak{v}\operatorname{rot}\mathfrak{v}]=\mathfrak{P}-\operatorname{grad}\frac{p}{\varrho}+\nu\,\varDelta\mathfrak{v}. \tag{22}$$

Man denke sich ein dreifach orthogonales System der neuen Koordinaten-Flächenscharen mit den Parametern p_1, p_2 und p_3. Dann folgt für das Quadrat eines Linienelements infolge Orthogonalität, also Wegfall der Produktglieder $p_1\cdot p_2$ usw.,

$$ds^2=g_1{}^2 dp_1{}^2+g_2{}^2 dp_2{}^2+g_3{}^2 dp_3{}^2=ds_1{}^2+ds_2{}^2+ds_3{}^2,$$

wo die Indizes die symbolhafte Bezeichnung für die Zerlegung angeben. Es treten also an die Stelle von dx, dy und dz die Ausdrücke $ds_1=g_1 dp_1$, $ds_2=g_2 dp_2$ und $ds_3=g_3 dp_3$, so daß für grad $\varPhi=\mathfrak{v}$ die Zerlegung lautet

$$\frac{\partial\varPhi}{g_1\cdot\partial p_1}=v_1\qquad\frac{\partial\varPhi}{g_2\cdot\partial p_2}=v_2\qquad\frac{\partial\varPhi}{g_3\cdot\partial p_3}=v_3.$$

Aus dem Gaußschen Satz C 3 (9) folgt in sinngemäßer Anwendung auf ein kleines Prisma, dessen Volumen $dV=ds_1\cdot ds_2\cdot ds_3=g_1 g_2 g_3\,dp_1 dp_2 dp_3$ ist, wegen Wegfall der dp

$$\operatorname{div}\mathfrak{v}=\frac{1}{g_1\cdot g_2\cdot g_3}\left\{\frac{\partial}{\partial p_1}\,(g_2 g_3 v_1)+\frac{\partial}{\partial p_2}\,(g_3 g_1 v_2)+\frac{\partial}{\partial p_3}\,(g_1\cdot g_2\cdot v_3)\right\}. \tag{24}$$

Somit folgt

$$\text{div grad } \Phi = \Delta \Phi = \frac{1}{g_1 g_2 g_3} \left\{ \frac{\partial}{\partial p_1} \left(\frac{g_2 g_3}{g_1} \cdot \frac{\partial \Phi}{\partial p_1} \right) + \frac{\partial}{\partial p_2} \left(\frac{g_3 g_1}{g_2} \cdot \frac{\partial \Phi}{\partial p_2} \right) + \right.$$
$$\left. + \frac{\partial}{\partial p_3} \left(\frac{g_1 g_2}{g_3} \cdot \frac{\partial \Phi}{\partial p_3} \right) \right\}. \tag{25}$$

Nun gilt für die Komponenten von rot $\mathfrak{v}$ (nach Formelsammlung im Anhang)

$$\left. \begin{aligned} \text{rot}_1 \mathfrak{v} &= \frac{1}{g_2 \cdot g_3} \left\{ \frac{\partial (g_3 v_3)}{\partial p_2} - \frac{\partial (g_2 v_2)}{\partial p_3} \right\} \\ \text{rot}_2 \mathfrak{v} &= \frac{1}{g_1 \cdot g_3} \left\{ \frac{\partial (g_1 v_1)}{\partial p_3} - \frac{\partial (g_3 v_3)}{\partial p_1} \right\} \\ \text{rot}_3 \mathfrak{v} &= \frac{1}{g_2 \cdot g_1} \left\{ \frac{\partial (g_2 v_2)}{\partial p_1} - \frac{\partial (g_1 v_1)}{\partial p_2} \right\} \end{aligned} \right\} \tag{26}$$

und somit (Formelsammlung)

$$\left. \begin{aligned} \text{rot}_1 \text{ rot } \mathfrak{v} &= \frac{1}{g_2} \cdot \frac{\partial}{\partial p_2} (\text{rot}_3 \mathfrak{v}) - \frac{1}{g_3} \frac{\partial}{\partial p_3} (\text{rot}_2 \mathfrak{v}) \\ \text{rot}_2 \text{ rot } \mathfrak{v} &= \frac{1}{g_3} \cdot \frac{\partial}{\partial p_3} (\text{rot}_1 \mathfrak{v}) - \frac{1}{g_1} \frac{\partial}{\partial p_1} (\text{rot}_3 \mathfrak{v}) \\ \text{rot}_3 \text{ rot } \mathfrak{v} &= \frac{1}{g_1} \cdot \frac{\partial}{\partial p_1} (\text{rot}_2 \mathfrak{v}) - \frac{1}{g_2} \frac{\partial}{\partial p_2} (\text{rot}_1 \mathfrak{v}) \end{aligned} \right\} \tag{27}$$

Ferner ist (Formelsammlung)

$$\Delta \mathfrak{v} = \text{grad div } \mathfrak{v} - \text{rot rot } \mathfrak{v} \tag{28}$$

mit der Zerlegung in die Operationen

$$(\Delta \mathfrak{v})_1 = \frac{1}{g_1} \cdot \frac{\partial}{\partial p_1} \text{div } \mathfrak{v} - \text{rot}_1 \text{ rot } \mathfrak{v} = \frac{1}{g_1} \frac{\partial}{\partial p_1} \text{div } \mathfrak{v} - \frac{1}{g_2} \frac{\partial}{\partial p_2} \text{rot}_3 \mathfrak{v} + \frac{1}{g_3} \frac{\partial}{\partial p_3} \text{rot}_2 \mathfrak{v}$$
$$(\Delta \mathfrak{v})_2 = \frac{1}{g_2} \cdot \frac{\partial}{\partial p_2} \text{div } \mathfrak{v} - \text{rot}_2 \text{ rot } \mathfrak{v} = \frac{1}{g_2} \frac{\partial}{\partial p_2} \text{div } \mathfrak{v} - \frac{1}{g_3} \frac{\partial}{\partial p_3} \text{rot}_1 \mathfrak{v} + \frac{1}{g_1} \frac{\partial}{\partial p_1} \text{rot}_3 \mathfrak{v}$$
$$(\Delta \mathfrak{v})_3 = \frac{1}{g_3} \cdot \frac{\partial}{\partial p_3} \text{div } \mathfrak{v} - \text{rot}_3 \text{ rot } \mathfrak{v} = \frac{1}{g_3} \frac{\partial}{\partial p_3} \text{div } \mathfrak{v} - \frac{1}{g_1} \frac{\partial}{\partial p_1} \text{rot}_2 \mathfrak{v} + \frac{1}{g_2} \frac{\partial}{\partial p_2} \text{rot}_1 \mathfrak{v}$$
$$\tag{29}$$

Der Ausdruck $\text{grad } \dfrac{\mathfrak{v}^2}{2} - [\mathfrak{v} \cdot \text{rot } \mathfrak{v}]$ zerlegt sich in

$$\left. \begin{aligned} \frac{1}{2g_1} \cdot \frac{\partial}{\partial p_1} (v_1^2 + v_2^2 + v_3^2) - (v_2 \text{ rot}_3 \mathfrak{v} - v_3 \text{ rot}_2 \mathfrak{v}) \\ \frac{1}{2g_2} \cdot \frac{\partial}{\partial p_2} (v_1^2 + v_2^2 + v_3^2) - (v_3 \text{ rot}_1 \mathfrak{v} - v_1 \text{ rot}_3 \mathfrak{v}) \\ \frac{1}{2g_3} \cdot \frac{\partial}{\partial p_3} (v_1^2 + v_2^2 + v_3^2) - (v_1 \text{ rot}_2 \mathfrak{v} - v_2 \text{ rot}_1 \mathfrak{v}) \end{aligned} \right\} \tag{30}$$

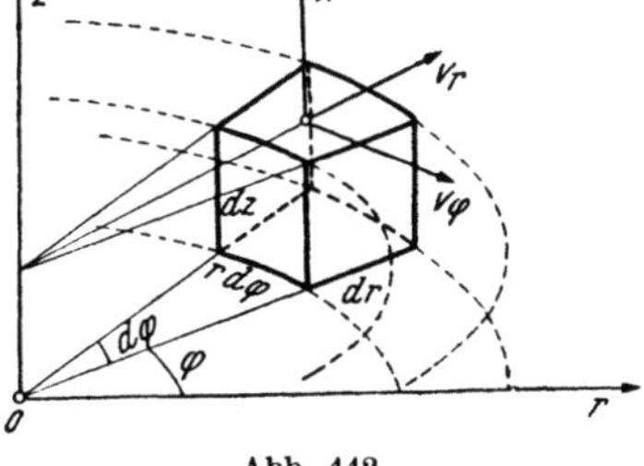

Abb. 442

Die Rechnung sei nun an dem Beispiel zylindrischer Polarkoordinaten r, φ und z durchgeführt. Es ist $ds^2 = dr^2 + r^2 d\varphi^2 + dz^2$, also

$$\begin{aligned} g_1 &= 1 & g_2 &= r & g_3 &= 1 \\ dp_1 &= dr & dp_2 &= d\varphi & dp_3 &= dz \end{aligned}$$

und entsprechend der Abb. 442

$$v_1 = v_r \qquad v_2 = v_\varphi \qquad v_3 = w.$$

Somit ergibt sich aus (24)

$$\text{div } \mathfrak{v} = \frac{1}{r} \left\{ \frac{\partial}{\partial r} (r v_r) + \frac{\partial v_\varphi}{\partial \varphi} + \frac{\partial (r w)}{\partial z} \right\} = \frac{v_r}{r} + \frac{\partial v_r}{\partial r} + \frac{1}{r} \frac{\partial v_\varphi}{\partial \varphi} + \frac{\partial w}{\partial z}, \tag{31}$$

folglich lautet die Kontinuitätsbedingung

$$\frac{\partial}{\partial r}(r\,v_r) + \frac{\partial v_\varphi}{\partial \varphi} + r\,\frac{\partial w}{\partial z} = 0. \tag{31a}$$

Ferner folgt aus (25)

$$\Delta\Phi = \frac{\partial^2\Phi}{\partial r^2} + \frac{1}{r}\,\frac{\partial\Phi}{\partial r} + \frac{\partial^2\Phi}{r^2\,\partial\varphi^2} + \frac{\partial^2\Phi}{\partial z^2} \tag{32}$$

grad div $\mathfrak{v}$ zerfällt in $\dfrac{\partial}{\partial r}$ div $\mathfrak{v}$, $\dfrac{1}{r}\,\dfrac{\partial}{\partial\varphi}$ div $\mathfrak{v}$, $\dfrac{\partial}{\partial z}$ div $\mathfrak{v}$, also mit (31) in

$$\left.\begin{aligned}
&\frac{1}{r}\,\frac{\partial v_r}{\partial r} - \frac{v_r}{r^2} + \frac{\partial^2 v_r}{\partial r^2} - \frac{1}{r^2}\,\frac{\partial v_\varphi}{\partial\varphi} + \frac{1}{r}\,\frac{\partial^2 v_\varphi}{\partial r\cdot\partial\varphi} + \frac{\partial^2 w}{\partial r\cdot\partial z}\\[2mm]
&\frac{1}{r^2}\,\frac{\partial v_r}{\partial\varphi} + \frac{1}{r}\,\frac{\partial^2 v_r}{\partial r\cdot\partial\varphi} + \frac{1}{r^2}\,\frac{\partial^2 v_\varphi}{\partial\varphi^2} + \frac{1}{r}\,\frac{\partial^2 w}{\partial z\cdot\partial\varphi}\\[2mm]
&\frac{1}{r}\,\frac{\partial v_r}{\partial z} + \frac{\partial^2 v_r}{\partial r\cdot\partial z} + \frac{1}{r}\,\frac{\partial^2 v_\varphi}{\partial\varphi\cdot\partial z} + \frac{\partial^2 w}{\partial z^2}
\end{aligned}\right\} \tag{33}$$

Ferner ist aus (26)

$$\operatorname{rot}_1\mathfrak{v} = \frac{1}{r}\,\frac{\partial w}{\partial\varphi} - \frac{\partial v_\varphi}{\partial z},\quad \operatorname{rot}_2\mathfrak{v} = \frac{\partial v_r}{\partial z} - \frac{\partial w}{\partial r},\quad \operatorname{rot}_3\mathfrak{v} = \frac{v_\varphi}{r} + \frac{\partial v_\varphi}{\partial r} - \frac{1}{r}\,\frac{\partial v_r}{\partial\varphi} \tag{34}$$

und

$$\left.\begin{aligned}
\operatorname{rot}_1\operatorname{rot}\mathfrak{v} &= \frac{1}{r}\,\frac{\partial}{\partial\varphi}\left(\frac{v_\varphi}{r} + \frac{\partial v_\varphi}{\partial r} - \frac{1}{r}\cdot\frac{\partial v_r}{\partial\varphi}\right) - \frac{\partial}{\partial z}\left(\frac{\partial v_r}{\partial z} - \frac{\partial w}{\partial r}\right)\\[2mm]
\operatorname{rot}_2\operatorname{rot}\mathfrak{v} &= \frac{\partial}{\partial z}\left(\frac{1}{r}\,\frac{\partial w}{\partial\varphi} - \frac{\partial v_\varphi}{\partial z}\right) - \frac{\partial}{\partial r}\left(\frac{v_\varphi}{r} + \frac{\partial v_\varphi}{\partial r} - \frac{1}{r}\cdot\frac{\partial v_r}{\partial\varphi}\right)\\[2mm]
\operatorname{rot}_3\operatorname{rot}\mathfrak{v} &= \frac{\partial}{\partial r}\left(\frac{\partial v_r}{\partial z} - \frac{\partial w}{\partial r}\right) - \frac{1}{r}\cdot\frac{\partial}{\partial\varphi}\left(\frac{1}{r}\cdot\frac{\partial w}{\partial\varphi} - \frac{\partial v_\varphi}{\partial z}\right)
\end{aligned}\right\} \tag{35}$$

Schließlich ergibt sich aus (29) die Zerlegung

$$\Delta\mathfrak{v}\left\{\begin{aligned}
(\Delta\mathfrak{v})_1 &= \frac{\partial^2 v_r}{\partial r^2} + \frac{1}{r}\cdot\frac{\partial v_r}{\partial r} + \frac{1}{r^2}\,\frac{\partial^2 v_r}{\partial\varphi^2} + \frac{\partial^2 v_r}{\partial z^2} - \frac{2}{r^2}\,\frac{\partial v_\varphi}{\partial\varphi} - \frac{v_r}{r^2} =\\
&\qquad\qquad = \Delta v_r - \frac{2}{r^2}\,\frac{\partial v_\varphi}{\partial\varphi} - \frac{v_r}{r^2}\\[2mm]
(\Delta\mathfrak{v})_2 &= \frac{\partial^2 v_\varphi}{\partial r^2} + \frac{1}{r}\,\frac{\partial v_\varphi}{\partial r} + \frac{1}{r^2}\cdot\frac{\partial^2 v_\varphi}{\partial\varphi^2} + \frac{\partial^2 v_\varphi}{\partial z^2} + \frac{2}{r^2}\cdot\frac{\partial v_r}{\partial\varphi} - \frac{v_\varphi}{r^2} =\\
&\qquad\qquad = \Delta v_\varphi + \frac{2}{r^2}\,\frac{\partial v_r}{\partial\varphi} - \frac{v_\varphi}{r^2}\\[2mm]
(\Delta\mathfrak{v})_3 &= \Delta w
\end{aligned}\right\} \tag{36}$$

und weiter zerlegt sich grad $\dfrac{\mathfrak{v}^2}{2} - [\mathfrak{v}\cdot\operatorname{rot}\mathfrak{v}]$ entsprechend (30) in

$$\left.\begin{aligned}
&\frac{1}{2}\,\frac{\partial}{\partial r}(v_r^2 + v_\varphi^2 + w^2) - \left\{v_\varphi\left(\frac{v_\varphi}{r} + \frac{\partial v_\varphi}{\partial r} - \frac{1}{r}\,\frac{\partial v_r}{\partial\varphi}\right) - w\left(\frac{\partial v_r}{\partial z} - \frac{\partial w}{\partial r}\right)\right\} =\\
&\qquad\qquad\qquad\qquad = (\mathfrak{v}\,\operatorname{grad}\,v_r) - \frac{v_\varphi^2}{r}\\[3mm]
&\frac{1}{2}\,\frac{1}{r}\,\frac{\partial}{\partial\varphi}(v_r^2 + v_\varphi^2 + w^2) - \left\{w\left(\frac{1}{r}\cdot\frac{\partial w}{\partial\varphi} - \frac{\partial v_\varphi}{\partial z}\right) - v_r\left(\frac{v_\varphi}{r} + \frac{\partial v_\varphi}{\partial r} - \right.\right.\\
&\qquad\qquad\qquad\left.\left. - \frac{1}{r}\,\frac{\partial v_r}{\partial\varphi}\right)\right\} = (\mathfrak{v}\,\operatorname{grad}\,v_\varphi) + \frac{v_r\cdot v_\varphi}{r}\\[3mm]
&\frac{1}{2}\,\frac{\partial}{\partial z}(v_r^2 + v_\varphi^2 + w^2) - \left\{v_r\left(\frac{\partial v_r}{\partial z} - \frac{\partial w}{\partial r}\right) - v_\varphi\left(\frac{1}{r}\,\frac{\partial w}{\partial\varphi} - \frac{\partial v_\varphi}{\partial z}\right)\right\} = (\mathfrak{v}\,\operatorname{grad}\,w),
\end{aligned}\right\} \tag{37}$$

wo die skalaren Produkte

$$(\mathfrak{v}\,\text{grad}\,v_r) = v_r\frac{\partial v_r}{\partial r} + \frac{v_\varphi}{r}\frac{\partial v_r}{\partial \varphi} + w\frac{\partial v_r}{\partial z}$$
$$(\mathfrak{v}\,\text{grad}\,v_\varphi) = v_r\frac{\partial v_\varphi}{\partial r} + \frac{v_\varphi}{r}\frac{\partial v_\varphi}{\partial \varphi} + w\frac{\partial v_\varphi}{\partial z} \quad (38)$$
$$(\mathfrak{v}\,\text{grad}\,w) = v_r\frac{\partial w}{\partial r} + \frac{v_\varphi}{r}\frac{\partial w}{\partial \varphi} + w\frac{\partial w}{\partial z}$$

Es ergeben sich somit die Navier-Stokesschen Gleichungen aus (22)

$$\frac{\partial v_r}{\partial t} + (\mathfrak{v}\,\text{grad}\,v_r) - \frac{v_\varphi^2}{r} = -\frac{\partial}{\partial r}\left(\Omega + \frac{p}{\varrho}\right) + \nu\left(\Delta v_r - \frac{2}{r^2}\cdot\frac{\partial v_\varphi}{\partial \varphi} - \frac{v_r}{r^2}\right)$$
$$\frac{\partial v_\varphi}{\partial t} + (\mathfrak{v}\,\text{grad}\,v_\varphi) + \frac{v_r\cdot v_\varphi}{r} = -\frac{1}{r}\frac{\partial}{\partial \varphi}\left(\Omega + \frac{p}{\varrho}\right) + \nu\left(\Delta v_\varphi + \frac{2}{r^2}\frac{\partial v_r}{\partial \varphi} - \frac{v_\varphi}{r^2}\right) \quad (39)$$
$$\frac{\partial w}{\partial t} + (\mathfrak{v}\,\text{grad}\,w) = -\frac{\partial}{\partial z}\left(\Omega + \frac{p}{\varrho}\right) + \nu\cdot\Delta w.$$

4. Die Couettesche Strömung

Es sei nun ein ruhender Zylinder gegeben, um den ein koaxialer Zylinder größeren Durchmessers rotiert (Abb. 443). Der Zwischenraum enthalte Flüssigkeit, die infolge Reibung in Bewegung ist (Couettesche Strömung). Es ist $w = 0$, $v_r = 0$ und $v_\varphi = v$ nur von r abhängig, so daß vom Gleichungssystem (39) für den stationären Zustand restiert

$$\nu\left(\frac{d^2 v}{dr^2} + \frac{1}{r}\frac{dv}{dr} - \frac{v}{r^2}\right) = 0$$

oder

$$\frac{d^2}{dr^2}(rv) - \frac{1}{r}\frac{d}{dr}(rv) = \frac{d}{dr}\left\{\frac{1}{r}\cdot\frac{d(rv)}{dr}\right\} = 0. \quad (40)$$

Die partikulären Integrale dieser Gleichung sind $v = ar$ und $v = \dfrac{b}{r}$, so daß die vollständige Lösung

$$v = ar + \frac{b}{r} \quad (41)$$

lautet, mit den Randbedingungen

$v = 0$ für $r = r_i$

$v = U =$ Umfangsgeschwindigkeit für $r = r_a$.

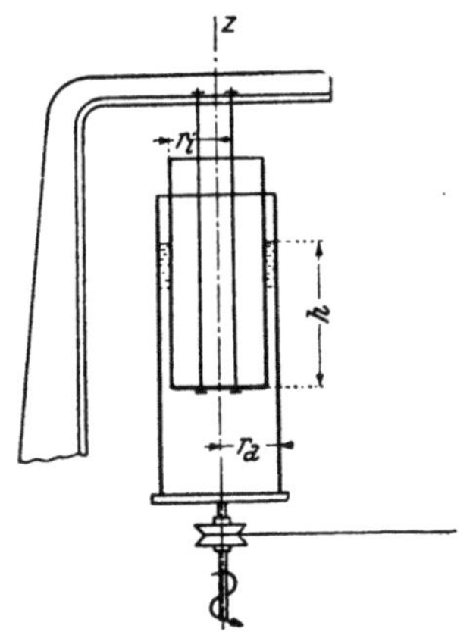

Abb. 443. Couette'sche Vorrichtung

Also sind die Konstanten

$$a = \frac{U\cdot r_a}{r_a^2 - r_i^2} \quad\text{und}\quad b = -a r_i^2 = -\frac{U\cdot r_a\cdot r_i^2}{r_a^2 - r_i^2}$$

und schließlich

$$v = \frac{U\,r_a}{r_a^2 - r_i^2}\left(r - \frac{r_i^2}{r}\right). \quad (41\,\text{a})$$

Die auf die Zylinderflächen rückwirkenden Momente sind

$$M_a = 2\pi r_a\cdot\eta\cdot\frac{dv}{dr}\bigg|_{r=r_a}\cdot r_a = 2\eta\pi r_a\cdot\frac{r_a^2 + r_i^2}{r_a^2 - r_i^2}\cdot U$$

$$M_i = 2\pi r_i\cdot\eta\cdot\frac{dv}{dr}\bigg|_{r=r_i}\cdot r_i = 2\eta\pi r_a\cdot\frac{2r_i^2}{r_a^2 - r_i^2}\cdot U.$$

Bezieht man die Differenz dieser Momente auf die Einheit des äußeren Zylinderumfanges, so erhält man das Kräftepaar

$$\eta \cdot U = \frac{M_a - M_i}{2\pi r_a}. \tag{42}$$

woraus die Zähigkeit ermittelt wird.

Macht der durch Schnurtrieb gedrehte Zylinder (Abb. 443) n Umdrehungen in der Minute, ist also $U = \dfrac{2\pi \cdot r_a \cdot n}{60}$ und ist h die Höhe der in die Flüssigkeit tauchenden Zylinderfläche, so wird

$$\eta = \frac{30 \cdot M_i}{4\pi^2 \cdot h \cdot n} \cdot \left(\frac{1}{r_i^2} - \frac{1}{r_a^2}\right).$$

Bei $Re_{krit} = \dfrac{U \cdot (r_a - r_i)}{\nu} = 2124$ findet nach Lord Rayleigh[1]) ein Übergang zur Turbulenz statt und es gilt dann nicht mehr obige Gleichung.

Für den nichtstationären Strömungszustand am Beginn und Ende der Couetteschen Strömung gilt

$$\frac{\partial v}{\partial t} - \nu\left(\frac{\partial^2 v}{\partial r^2} + \frac{1}{r}\frac{\partial v}{\partial r} - \frac{v}{r^2}\right) = 0. \tag{43}$$

Setzt man $v = T \cdot f(r)$, wo T nur von t abhängig, so folgt

$$T' \cdot f - \nu T\left(f'' + \frac{1}{r}f' - \frac{f}{r^2}\right) = 0$$

oder mit $\dfrac{T'}{\nu T} = -k^2$ wird $T = A \cdot e^{-\nu k^2 t}$ und $f'' + \dfrac{1}{r}f' - \dfrac{f}{r^2} = -k^2 f$ mit der Lösung

$$f(r) = J_1(kr) = \frac{kr}{2} - \frac{1}{2!}\left(\frac{kr}{2}\right)^3 + \frac{1}{2!\,3!} \cdot \left(\frac{kr}{2}\right)^5 - \cdots,$$

welche Reihe die schon S. 369 kurzbesprochene Besselsche Funktion 1. Ordnung darstellt. Schließlich wird

$$v = A \cdot e^{-\nu k^2 t} \cdot J_1(kr). \tag{44}$$

Bemerkt sei noch, daß den partikulären Lösungen von (40) der Wirbelbewegung und der Bewegung im Strudel entsprechen. Beide sind Bewegungen, die nur in zähen Flüssigkeiten hervorgerufen werden können. Der Wirbel ist mit Drehung behaftet, der Strudel aber drehungsfrei und somit eine Potentialströmung.

Denn es ist nach (34) für

$$v = ar \qquad \mathrm{rot}_3\,\mathfrak{v} = \frac{v}{r} + \frac{\partial v}{\partial r} = 2a \qquad \text{und für} \qquad v = \frac{b}{r} \qquad \mathrm{rot}_3\,\mathfrak{v} = 0.$$

5. Strömungsvorgänge in dünner ebener Schichte

Bewegt sich die zähe Flüssigkeit zwischen zwei parallelen Platten, deren Abstand h klein sei, z. B. Glasplatten, so schrumpfen die Navier-Stokesschen Gleichungen infolge $w = 0$, $X = 0 = Y$ und $Z = g$ und es bleibt von (9), wenn

---

[1]) Phil. Mag. **28** (1914).

M. Couette, Ann. de chim. et phys. **21** (1890), fand $Re_{krit} = \dfrac{U \cdot h}{\nu} = 1900$. Mittels der Couetteschen Vorrichtung kann die Viskosität, z. B. verschiedener Sole, studiert werden, wie E. G. Richardson in einem Vortrag an der Techn. Hochschule in Wien, 1951, klargelegt hat.

die xy-Ebene mit der Plattenebene zusammenfällt,

$$u \cdot \frac{\partial u}{\partial x} + v \frac{\partial u}{\partial y} = -\frac{1}{\varrho} \frac{\partial p}{\partial x} + v \cdot \Delta u \tag{45}$$

$$u \cdot \frac{\partial v}{\partial x} + v \frac{\partial v}{\partial y} = -\frac{1}{\varrho} \frac{\partial p}{\partial y} + v \cdot \Delta v \tag{45a}$$

$$0 = g - \frac{1}{\varrho} \frac{\partial p}{\partial z} \tag{45b}$$

Aus der letzten Gleichung ist $p = \varrho g z + f(x, y)$ und es sind die Gradienten $\frac{\partial p}{\partial x}$ und $\frac{\partial p}{\partial y}$ von z unabhängig. Haftet die Flüssigkeit an der Wand, so sind die Geschwindigkeitsgefälle $\frac{\partial u}{\partial z}$ und $\frac{\partial v}{\partial z}$ so groß, daß die anderen Glieder mit $\frac{\partial u}{\partial y}$ und $\frac{\partial v}{\partial x}$ usw. vernachlässigt werden können, so daß die Bewegungs-Gleichungen die Form erhalten

$$0 = -\frac{1}{\varrho} \frac{\partial p}{\partial x} + v \frac{\partial^2 u}{\partial z^2} \quad \text{und} \quad 0 = -\frac{1}{\varrho} \frac{\partial p}{\partial y} + v \frac{\partial^2 v}{\partial z^2},$$

und nach zweimaliger Integration folgt

$$u = \frac{1}{2\eta} \cdot \frac{\partial p}{\partial x} \cdot z^2 + a z + b \tag{46}$$

$$v = \frac{1}{2\eta} \cdot \frac{\partial p}{\partial y} \cdot z^2 + c z + d . \tag{46a}$$

Geht die x-Achse durch die Mitte des Spaltes, so gelten die Bedingungen $\frac{\partial u}{\partial z} = 0$ und $\frac{\partial v}{\partial z} = 0$ für $z = 0$ und somit $a = 0 = c$, ferner ist an den Wänden

$$u = 0 = v \text{ für } z = \pm \frac{h}{2}, \text{ so daß } b = -\frac{1}{\eta} \cdot \frac{\partial p}{\partial x} \cdot \frac{h^2}{8} \text{ und } d = -\frac{1}{\eta} \cdot \frac{\partial p}{\partial y} \cdot \frac{h^2}{8}.$$

Schließlich wird

$$u = \frac{1}{2\eta} \cdot \frac{\partial p}{\partial x} \cdot \left(z^2 - \frac{h^2}{4}\right) \tag{47}$$

$$v = \frac{1}{2\eta} \cdot \frac{\partial p}{\partial y} \cdot \left(z^2 - \frac{h^2}{4}\right). \tag{47a}$$

Für die mittlere Geschwindigkeit folgt

$$u_m = \frac{1}{h} \cdot \int_{-\frac{h}{2}}^{+\frac{h}{2}} u \cdot dz = -\frac{h^2}{12\eta} \cdot \frac{\partial p}{\partial x} \quad \text{und} \quad v_m = -\frac{h^2}{12\eta} \cdot \frac{\partial p}{\partial y}. \tag{48}$$

Man kann also diese Strömung nach den Regeln der Potentialtheorie behandeln, wenn man ein Geschwindigkeitspotential $\Phi = \frac{h^2 p}{12\eta}$ einführt. Abweichungen machen sich geltend in der Nähe der Grenzen, wenn die Entfernung von derselben Größenordnung wie die Spaltweite ist. Ähnlich ist das Fließen in dünner Schicht längs einer Ebene bei freiem Spiegel, wobei die Änderung der Schichtdicke als kleine Größe höherer Ordnung angesehen werden kann. Aus den Gleichungen (46) folgt mit $u = 0 = v$ für $z = 0$ (Sohle) für die Konstanten $b = 0 = d$ und mit $\frac{\partial u}{\partial z} = 0 = \frac{\partial v}{\partial z}$ für $z = 0$ wird $a = 0 = c$.

Weil die $+z$-Richtung nach aufwärts weist, wird $p = \gamma h - \varrho\,g z$ und $\dfrac{\partial p}{\partial x} = \gamma\,\dfrac{\partial h}{\partial x}$, somit ist

$$u = -\frac{1}{2\eta}\cdot\frac{\partial p}{\partial x}\cdot z^2 \quad \text{und} \quad v = -\frac{1}{2\eta}\frac{\partial p}{\partial x}\,z^2 \tag{49}$$

und für die mittleren Geschwindigkeiten gilt

$$u_m = \frac{1}{6\eta}\frac{\partial p}{\partial x}\,h^2 \quad \text{und} \quad v_m = \frac{1}{6\eta}\frac{\partial p}{\partial y}\,h^2,$$

so daß ein Geschwindigkeitspotential $\varPhi = \dfrac{h^2 p}{6\eta}$ gedacht werden kann. Man erhält dann durch Aufstreuen von Kaliumpermanganatkörnern Strömungsbilder, wie sie der Potentialtheorie[1]) entsprechen (Abb. 444) und wie sie zuerst von HELE-SHAW[2]) zwischen parallelen Platten erzeugt worden sind.

Liegt die Strömungsschicht vertikal in der xz-Ebene, so lauten die Bewegungsgleichungen mit $v = 0$, $X = 0 = Y$ und $Z = -g$

$$u\cdot\frac{\partial u}{\partial x} + w\cdot\frac{\partial u}{\partial z} = -\frac{1}{\varrho}\frac{\partial p}{\partial x} + v\cdot\varDelta u \tag{50}$$

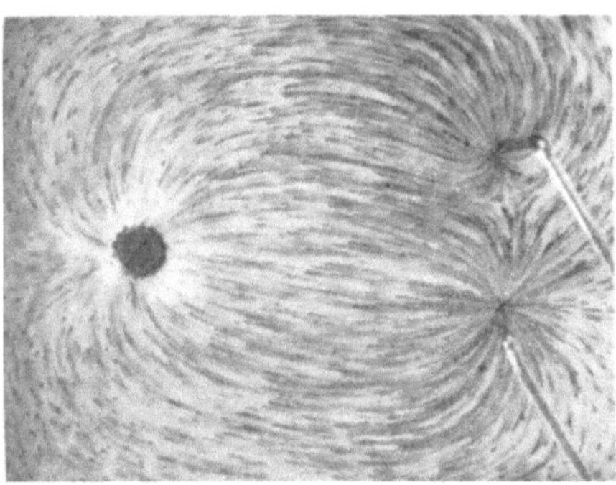

Abb. 444. Strömung in dünner Schicht am Grunde einer Porzellanschale

$$0 = -\frac{1}{\varrho}\frac{\partial p}{\partial y} \tag{50a}$$

$$u\cdot\frac{\partial w}{\partial x} + w\cdot\frac{\partial w}{\partial z} = -g - \frac{1}{\varrho}\frac{\partial p}{\partial z} + v\cdot\varDelta w. \tag{50b}$$

Aus (50a) folgt

$$p = f(x, z) + c \tag{51}$$

und weil der Geschwindigkeitsabfall senkrecht zu den Wandungen, also in der y-Richtung groß ist, so können die anderen Differentialquotienten der Geschwindigkeiten vernachlässigt werden, so daß

$$0 = -\frac{1}{\varrho}\frac{\partial p}{\partial x} + v\frac{\partial^2 u}{\partial z^2} \tag{52}$$

$$0 = -g - \frac{1}{\varrho}\frac{\partial p}{\partial z} + v\frac{\partial^2 w}{\partial z^2}. \tag{52a}$$

Ist h die Schichtdicke bzw. Spaltweite und liegt der Koordinatennullpunkt in der Spaltmitte, so folgt mit den gleichen Grenzbedingungen wie im vorigen Beispiel

$$u = -\frac{1}{2\eta}\cdot\frac{\partial p}{\partial x}\cdot\left(y^2 - \frac{h^2}{4}\right) \tag{53}$$

$$w = \frac{1}{2\eta}\left(\frac{\partial p}{\partial z} + \gamma\right)\left(y^2 - \frac{h^2}{4}\right) \tag{53a}$$

und die mittleren Geschwindigkeiten sind

$$u_m = -\frac{h^2}{12\eta}\cdot\frac{\partial p}{\partial x} \quad \text{bzw.} \quad v_m = -\frac{h^2}{12\eta}\left(\frac{\partial p}{\partial z} + \gamma\right). \tag{54}$$

---

[1]) Abb. 444 stellt einen Versuch dar, der vom Assist. Dipl.-Ing. NEMECEK im Institut f. Hydraulik durchgeführt wurde. Das von einer Quelle kommende Wasser wird an zwei Stellen (Senken) abgehebert.

[2]) Inst. Naval Archit. Trans. **1897.**

Führt man das Geschwindigkeitspotential $\Phi = -(p + \varrho g z)\cdot\dfrac{h^2}{12\,\eta}$ ein, so lautet die Kontinuitätsgleichung

$$\frac{\partial u_m}{\partial x} + \frac{\partial w_m}{\partial z} = \frac{h^2 g}{12\,\nu}\left\{\frac{\partial^2\left(\dfrac{p}{\gamma}+z\right)}{\partial x^2} + \frac{\partial^2\left(\dfrac{p}{\gamma}+z\right)}{\partial z^2}\right\} = 0 \tag{55}$$

$\dfrac{p}{\gamma} + z =$ Druckhöhe $+$ Ortshöhe ist die schon in der Grundwasserbewegung K II 2 genannte Standrohrspiegelhöhe. Für die Strömung im Spiegel gilt mit $p = 0$

$$v = \frac{\partial\Phi}{\partial s} = -\varrho g\cdot\frac{\partial z}{\partial s}\cdot\frac{h^2}{12\,\eta} = -\frac{h^2 g}{12\,\nu}\cdot\sin\alpha = k\cdot J, \tag{56}$$

wenn $J = \sin\alpha$ der Neigungswinkel des Spiegels ist. Die Gleichungen (55) und (56) gelten auch für die Grundwasserströmung und deshalb kann die Strömung zwischen zwei senkrechten Glasplatten zur Klärung verschiedener Fragen der Grundwasserbewegung benützt werden, wie dies E. Günther[1]) mit seinen schönen Versuchen getan hat. Verschiedene analytische Lösungen von (55) bei freiem Spiegel finden sich im Abschnitt für Grundwasserbewegung und es ist lediglich $k = \dfrac{h^2 g}{12\,\nu}$ einzuführen. So beträgt die einem waagrechten Spalt zuströmende Wassermenge (Abb. 411)

$$Q = k y_{s0} = \frac{h^2 g}{12\,\nu}\cdot y_{s0},$$

wenn y_{s0} die entsprechende Spiegelhöhe über dem Schlitzende ist.

6. Laminarströmung bei verschiedenen Rohrquerschnitten

Das Rohr sei waagrecht gelegen und das Koordinatensystem so orientiert, daß der Querschnitt in der xy-Ebene und die Strömungsrichtung mit der z-Richtung zusammenfällt. Von den Navierschen Gleichungen (9) bleibt bei stationärer Strömung übrig

$$0 = -\frac{\partial p}{\partial z} + \nu\left(\frac{\partial^2 w}{\partial x^2} + \frac{\partial^2 w}{\partial y^2}\right). \tag{57}$$

In der weiteren Rechnung soll an Stelle von w die Bezeichnung v gesetzt werden, so daß aus (57)

$$\eta\left(\frac{\partial^2 v}{\partial x^2} + \frac{\partial^2 v}{\partial y^2}\right) = -\gamma J \tag{58}$$

folgt, wenn $J = -\dfrac{\partial\dfrac{p}{\gamma}}{\partial z}$ das Strömungsgefälle darstellt. Dieses ist bei konstantem Querschnitt ebenfalls konstant und es wird

$$\frac{\partial^2 v}{\partial x^2} + \frac{\partial^2 v}{\partial y^2} = -\frac{g J}{\nu} = 2\,C = \text{const} \tag{59}$$

oder in Polarkoordinaten der xy-Ebene

$$\frac{\partial^2 v}{\partial r^2} + \frac{1}{r}\frac{\partial v}{\partial r} + \frac{\partial^2 v}{r^2\,\partial\varphi^2} = 2\,C. \tag{59a}$$

Bei axialer Symmetrie, wie z. B. beim Ringspalt, entfällt das Glied mit $d\varphi$ und es folgt als Lösung

$$v = \frac{C}{2}\,r^2 + \psi, \tag{60}$$

---

[1]) Wasserkr. u. Wasserwirtsch., München 1940.

wobei ψ die Bedingung $\dfrac{\partial^2 \psi}{\partial r^2} + \dfrac{1}{r}\,\dfrac{\partial \psi}{\partial r} = 0$ erfüllen muß. Letzteres ist für

$$\psi = c_1 \ln r + c_2$$

der Fall, so daß

$$v = \frac{C}{2}\,r^2 + c_1 \ln r + c_2 \tag{60a}$$

resultiert (F I 1 b), wobei c_1 und c_2 so bestimmt werden müssen, daß $v = 0$ wird für $r = r_1$ (innen) und $r = r_2$ (außen).

Dann folgt

$$c_1 = -\frac{C}{2}\cdot\frac{r_1{}^2 - r_2{}^2}{\ln\dfrac{r_1}{r_2}} \quad\text{und}\quad c_2 = -\frac{C}{2}\cdot r_2{}^2 + \frac{C}{2}\cdot\frac{r_1{}^2 - r_2{}^2}{\ln\dfrac{r_1}{r_2}}\cdot \ln r_2\,,$$

so daß schließlich für die Geschwindigkeitsverteilung gilt

$$v = -\frac{gJ}{4\,\nu}\left(r^2 - \frac{r_1{}^2 - r_2{}^2}{\ln\dfrac{r_1}{r_2}}\ln\frac{r}{r_2} - r_2{}^2\right) \tag{61}$$

und für ein Rohr mit $r_2 = R$ und $r_1 = 0$

$$v = \frac{gJ}{4\,\nu}\cdot(R^2 - r^2)\,. \tag{61a}$$

Die Überlagerung der gleichförmigen Rohrströmung mit einer harmonischen Schwingung[1]) ergibt eine eigenartige, mehr der turbulenten Bewegung zukommende Geschwindigkeitsverteilung mit einem Maximum in Wandnähe. Setzt man in der Gleichung für die nichtstationäre Strömung in der Richtung der Achse (x)

$$\frac{\partial v}{\partial t} = X - \frac{1}{\varrho}\,\frac{\partial p}{\partial x} + \nu\left(\frac{\partial^2 v}{\partial r^2} + \frac{1}{r}\,\frac{\partial v}{\partial r}\right) \quad\text{für}\quad X - \frac{1}{\varrho}\,\frac{\partial p}{\partial x} = c\cdot e^{i\omega t}$$

so folgt

$$\frac{d^2 v}{dr^2} + \frac{1}{r}\,\frac{dv}{dr} - \frac{i\omega\cdot v}{\nu} + \frac{c}{\nu} = 0\,.$$

Die Lösung mit Besselschen Funktionen (Abschn. J 7) ergibt

$$v = -\frac{ic}{\omega}\cdot\left\{1 - \frac{J_0\left(\sqrt{\dfrac{-i\omega}{\nu}}\cdot r\right)}{J_0\left(\sqrt{\dfrac{-i\omega}{\nu}}\cdot a\right)}\right\}e^{i\omega t}, \tag{62}$$

wenn a der Rohrradius und somit $a - r = \zeta$ der Wandabstand ist. Bei niedriger Frequenz ω genügen die ersten zwei Glieder der Reihen, so daß

$$v = \frac{c}{4\,\nu}\cdot\frac{a^2 - r^2}{1 + \left(\dfrac{\omega}{4\,\nu}\,a^2\right)^2}\cdot\left(1 - \frac{i\omega}{4\,\nu}\,a^2\right)\cdot \cos\omega t\,.$$

Für den reellen Anteil folgt bei Vernachlässigung des quadratischen Gliedes im Nenner $\dfrac{c}{4\,\nu}(a^2 - r^2)\cdot\cos\omega t$, während für große Argumente in der geschwungenen Klammer von (62) das zweite Glied vernachlässigt werden kann und dann der reelle Anteil $\dfrac{c}{\omega}\cdot\sin\omega t$ wird. Schließlich ergibt sich nach E. G.

[1]) RICHARDSON, E. G.: Proc. Phys. Soc., **40** (1928).
SEXL, TH.: Zschft. f. Physik, **61** (1930).

RICHARDSON[1])

$$v = \frac{c}{\omega} \sin \omega t - \frac{c}{\omega} \cdot e^{-\sqrt{\frac{\omega}{2\nu}} \cdot \zeta} \cdot \sin\left(\omega t - \sqrt{\frac{\omega}{2\nu}} \cdot \zeta\right) \qquad (62\,\mathrm{a})$$

mit einem Maximum für $\zeta = 2{\cdot}28 \sqrt{\dfrac{2\nu}{\omega}}$. Dieser „Annulareffekt" ist auf akustischem Wege experimentell nachgewiesen worden.

Hat man es mit einem *Rechteckquerschnitt*[2]) von den Seitenlängen $2a$ und $2b$ zu tun, so wird unter Benützung von (58) ähnlich vorgegangen und

$$v = C\,(y^2 - b^2) + \psi\,(x,y) \qquad (63)$$

gesetzt, wobei die Bedingung

$$\frac{\partial^2 \psi}{\partial x^2} + \frac{\partial^2 \psi}{\partial y^2} = 0 \qquad (63\,\mathrm{a})$$

erfüllt werden muß und v dann am Rande verschwindet, wenn $\psi\,(a,y) = {}= {}' - C\,(y^2 - b^2)$ für $x = \pm\,a$ und $\psi = 0$ für $y = \pm\,b$.

Setzt man

$$\psi = X \cdot \cos m y, \qquad (64)$$

so folgt aus (63 a)

$$\frac{\partial^2 X}{\partial x^2} - m^2\,X = 0$$

mit der bekannten Lösung

$$X = A_n\,\operatorname{\mathfrak{Cof}} m x + B_n\,\operatorname{\mathfrak{Sin}} m x$$

und wegen der Symmetrie genügt

$$X = A_n \cdot \operatorname{\mathfrak{Cof}} m x,$$

so daß

$$\psi = A_n \cdot \operatorname{\mathfrak{Cof}} m x \cdot \cos m y \qquad (65)$$

eine partikuläre Lösung von (63) darstellt und in der totalen Lösung

$$\psi = \sum_{n=0}^{n=\infty} A_n \cdot \operatorname{\mathfrak{Cof}} m x \cdot \cos m y$$

müssen die Koeffizienten A_n so festgelegt werden, daß den Randbedingungen genügt wird. Es muß also

$$\psi_{x=\pm a} = \sum_{n=0}^{n=\infty} A_n\,\operatorname{\mathfrak{Cof}} m a \cdot \cos m y = - C\,(y^2 - b^2), \qquad (66)$$

und

$$\psi_{y=\pm b} = \sum_{n=0}^{n=\infty} A_n\,\operatorname{\mathfrak{Cof}} m x \cdot \cos m b = 0. \qquad (66\,\mathrm{a})$$

(66 a) wird mit $m = \dfrac{2n+1}{2b}\,\pi$ erfüllt, weil dann jedes Glied der Reihe verschwindet. Es kommt schließlich zu einer entsprechenden Entwicklung des rechten

---

[1]) RICHARDSON, E. G.: Proc. Phys. Soc. **40** (1928) und Dynamics of Real Fluids, London 1950.

[2]) RICHTER, H.: Rohrhydraulik, Berlin 1934.

SASVÁRY, G.: Zschft. f. d. gesamte Turbinenwesen, **14** (1917).

Teils von (66) in eine Fouriersche Reihe, die gegeben ist durch[1]

$$\psi = -\frac{32\,C\,b^2}{\pi^3}\cdot\left\{\frac{\mathfrak{Cof}\,\dfrac{\pi x}{2b}}{\mathfrak{Cof}\,\dfrac{\pi a}{2b}}\cdot\cos\frac{\pi y}{2b} - \frac{1}{3^3}\,\frac{\mathfrak{Cof}\,\dfrac{3\pi x}{2b}}{\mathfrak{Cof}\,\dfrac{3\pi a}{b}}\cdot\cos\frac{3\pi y}{2b}+\dots\right\}.$$

Für den Durchfluß folgt dann

$$Q = \int_{-b}^{+b}\!\!\int_{-a}^{+a} v\cdot dx\cdot dy = \frac{4}{3}\,\frac{ab^3}{\nu}\,g\cdot J\left\{1 - \frac{192}{\pi^5}\,\frac{b}{a}\left(\mathfrak{Tg}\,\frac{\pi a}{2b} + \frac{1}{3^5}\,\mathfrak{Tg}\,\frac{3\pi a}{2b}+\dots\right)\right\}.$$

Für ein Quadrat mit $a = b$ folgt

$$Q = 0{\cdot}562\,\frac{a^4}{\nu}\,gJ = 4a^2 v_m \quad\text{und}\quad v_m = 0{\cdot}1405\,\frac{a^2}{\nu}\,gJ = 0{\cdot}0351\,\frac{gJ}{\nu}\cdot F.$$

Für ein sehr schmales Rechteck mit $a \to \infty$ ist angenähert

$$Q = \frac{4}{3}\,\frac{ab^3}{\nu}\,gJ\cdot\left(1 - 0{\cdot}630\,\frac{b}{a}\right)\sim\frac{4}{3}\,\frac{ab^3}{\nu}\,gJ \quad\text{und}\quad v_m = \frac{1}{3}\,\frac{b^2}{\nu}\,gJ.$$

Von praktischer Bedeutung (Grundwasserströmung) sind Untersuchungen von Boussinesq[2], der sich mit Funktionen befaßte, die regelmäßigen polygonalen Querschnitten entsprechen und (59) als auch die Randbedingungen erfüllen. So entspricht z. B.

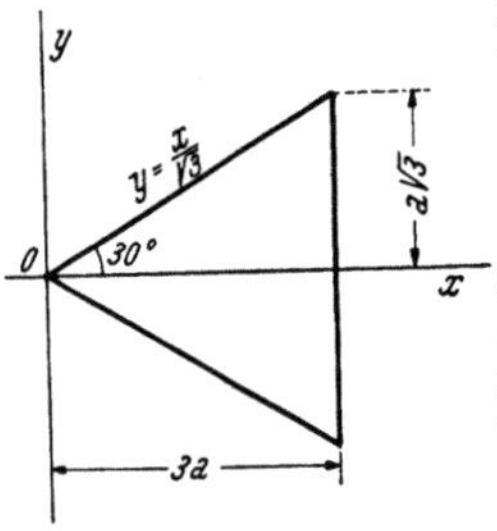

$$-v = (3a - x)\cdot(3y^2 - x^2) \tag{67}$$

mit $a = \dfrac{gJ}{12\,\nu}$ den gestellten Bedingungen, indem die Differentialgleichung (59) erfüllt wird und die Geschwindigkeit für die drei Geraden (Abb. 445)

$$x = 3a \quad\text{und}\quad y = \pm\frac{x}{\sqrt{3}}$$

Abb. 445

verschwindet. Diese begrenzen einen gleichseitigen Dreiecksquerschnitt $F = 3\,a^2\sqrt{3}$ und der Durchfluß wird

$$Q = \int_0^{3a}\!\!\int_{-a\sqrt{3}}^{\,a\sqrt{3}} v\cdot dx\,dy = \frac{81\,a^5}{5\sqrt{3}}$$

$$v_m = \frac{9\,a^3}{5} = a\,\frac{\sqrt{3}}{5}\cdot F = \frac{\sqrt{3}}{60\,\nu}\cdot gJ\cdot F = 0{\cdot}0289\,\frac{gJ}{\nu}\,F = \zeta\,\frac{gJ}{\nu}\,F.$$

Für ein Kreisrohr ist

$$v_m = \frac{1}{8\pi}\cdot\frac{gJ}{\nu}\cdot F = 0{\cdot}0398\,\frac{gJ}{\nu}\cdot F,$$

dessen Formzahl nicht sehr verschieden von jenem des quadratischen Querschnitts ist. Boussinesq[3] hat für verschiedene regelmäßige n-Ecke die Formzahl ζ berechnet und keine großen Abweichungen gefunden.

---

[1] Cornish, R. J.: Proc. Roy. Soc., London (A) **120** (1928).
[2] Boussinesq: Journ. d. Math. **1868**.
[3] Journ. d. math. **3** (1868), spätere Arbeiten in den Comptes rendus.

Für einen elliptischen Querschnitt mit den Halbachsen a und b lautet die Lösung[1]) von (58)

$$v = \frac{gJ}{2\nu} \cdot \frac{a^2 b^2}{a^2 + b^2} \left(1 - \frac{x^2}{a^2} - \frac{y^2}{b^2}\right),$$

wie man sich leicht überzeugen kann. Bedenkt man, daß für die Ableitung von v gilt

$$\frac{\partial v}{\partial n} = \frac{\partial v}{\partial x} \cdot \cos(x, n) + \frac{\partial v}{\partial y} \cdot \cos(y, n),$$

so folgt für die Schubspannung

$$\tau = -\eta \cdot \frac{\partial v}{\partial n} = \frac{\gamma \cdot J}{a^2 + b^2} \cdot \sqrt{b^4 x^2 + a^4 y^2}$$

und mittels des Greenschen Satzes (H I 3), angewandt auf ein ebenes Problem, ist die Schubkraft

$$T = \int_S \tau \cdot ds = -\eta \int_S \cdot \frac{\partial v}{\partial n} \cdot ds = -\eta \int_F \left(\frac{\partial^2 v}{\partial x^2} + \frac{\partial^2 v}{\partial y^2}\right) \cdot df =$$

$$= \frac{\varrho g J}{a^2 + b^2} \int_F (a^2 + b^2)\, df = \varrho g J \cdot F,$$

wenn S der Umfang und ds ein Element desselben darstellt.

Für die mittlere Schubspannung am Rande folgt

$$\tau_0 = \frac{1}{S} \cdot \int \tau \cdot ds = \frac{\varrho g J F}{S} = \frac{\varrho g \cdot a \cdot b J}{(a + b)\,\varkappa},$$

wo[2])

$$\varkappa = \left\{1 + \frac{1}{4}\left(\frac{a - b}{a + b}\right)^2 + \frac{1}{64}\left(\frac{a - b}{a + b}\right)^4 + \frac{1}{256} \cdot \left(\frac{a - b}{a + b}\right)^6 + \cdots\right\}.$$

7. Hydromechanische Theorie der Schmiermittelreibung

a) Einleitung

Zur Verminderung der Reibungsverluste werden gegeneinander bewegte Maschinenteile, die gegenseitig Drücke ausüben, wie z. B. Zapfen und Lager, mit Fett oder Öl geschmiert. In der zwischen beiden Teilen liegende n dünnen Schmierschichte entsteht infolge des Haftens an den Wänden eine Bewegung, die durch die Navier-Stokesschen Gleichungen beschrieben wird. Wenn z. B. der von der Lagerschale umgebene rotierende Zapfen zentrisch liegen würde, wie es bei der früher beschriebenen Couetteschen Anordnung der Fall ist, so wäre mit $v = 0$ für $r = r_a$ und $v = U$ für $r = r_i$ die Geschwindigkeitsverteilung nach (41 a) gegeben durch

$$v = \frac{U \cdot r_i}{r_i^2 - r_a^2} \cdot \left(r - \frac{r_a^2}{r}\right), \tag{68}$$

r_i ist der Halbmesser des Zapfens, r_a jener der Lagerschale und $U = r_i \cdot \omega$ die Umlaufgeschwindigkeit. Auf die Längeneinheit des Zapfens äußert sich dann ein rückwirkendes Moment

$$M_i = 2\pi r_i^2 \cdot \eta \cdot \frac{\partial v}{\partial r}\bigg|_{r = r_i} = 2\pi \eta \cdot r_i \cdot \frac{r_i^2 + r_a^2}{r_i^2 - r_a^2} \cdot U = -2\pi \eta r_i \frac{r_i^2 + (r_i + h)^2}{2 r_i + h} \cdot \frac{U}{h}, \tag{69}$$

wenn $r_a - r_i = h$ die Spaltweite zwischen Zapfen und Lager ist.

---

[1]) G. DI RICCO: Moto uniforme a regime regolare..., L'Ingegnere 1949.
  GHETTI, A.: L'Energia Elettrica **1950**.
[2]) Z. B. Hütte, Bd. I, 20. Aufl., 1908.

Für einen Zapfen in unbeschränkter Flüssigkeit[1]), also für $r_a \to \infty$ wird

$$M_i = -2\pi\eta\, r_i U = -2\pi\eta\, r_i^2 \cdot \omega \tag{69a}$$

und ist der Zapfenhalbmesser groß gegenüber der Spaltweite, so daß dann $r_a \simeq r_i$ gesetzt werden kann, so ist

$$M_i = -2\pi\eta\, r_i^2 \cdot \frac{U}{h}, \tag{69b}$$

welchen Ansatz schon N. PETROW[2]) gemacht hat. O. REYNOLDS[3]), der als erster eine zweidimensionale Theorie der Schmiermittelreibung entwickelt hat, hat nachgewiesen, daß nur dann ein durch Belastung entstehender Zapfendruck auf die Flüssigkeit übertragen werden kann, wenn der Zapfen eine exzentrische Lage gegenüber der Lagerschale aufweist. Es verschiebt sich deshalb ein waagrechter belasteter Zapfen, und zwar stets senkrecht zur Richtung des Zapfendruckes (Abb. 446). Zum Verständnis dieser Tatsache sei auf die Bewegung im engen Spalt zwischen zwei ebenen Wänden gewiesen, wie sie im Beispiel von F I a beschrieben worden ist. Ruht die eine Wand, während die andere mit der Geschwindigkeit U in der x-Richtung bewegt wird, so restringieren sich die Hauptgleichungen (9) auf

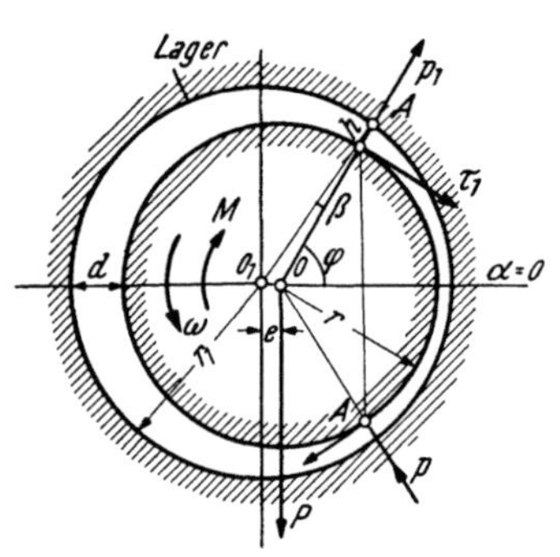

Abb. 446. Dynamische Verhältnisse beim Zapfenlager. Zapfen senkrecht zum Zapfendruck verschoben

$$\eta\,\frac{d^2 v}{d z^2} = \frac{dp}{dx} = \dot{p}, \tag{70}$$

wenn für die Geschwindigkeit in der x-Richtung die Bezeichnung v genommen wird. Ist die im Niveau 0 gelegene Wand bewegt und jene im Abstand h ruhend, ist also $v = U$ für $z = 0$ und $v = 0$ für $z = h$, so folgt

$$v = \frac{\dot{p}}{2\eta}\,(z^2 - h z) + \frac{U}{h}\,(h - z) \tag{71}$$

und

$$Q = \int\limits_0^h v \cdot dz = \frac{U h}{2} - \frac{\dot{p}\, h^3}{12\,\eta}, $$

woraus

$$\dot{p} = \frac{dp}{dx} = 12\,\eta\left(\frac{U}{2 h^2} - \frac{Q}{h^3}\right). \tag{72}$$

Das Druckgefälle müßte also konstant sein, was aber nur bei einer Anordnung wie im zitierten Beispiel verwirklicht werden kann. Denkt man sich einen Querschnitt h_0, für welchen $\dfrac{dp}{dx}$ verschwindet, so folgt aus (72) für den Durchfluß $Q = \dfrac{U \cdot h_0}{2}$, womit folgt

$$\frac{dp}{dx} = \frac{6\,\eta}{h^3}\,U \cdot (h - h_0) \tag{73}$$

und für die Schubspannung an der Wand $z = 0$ erhält man

$$\tau = \eta \cdot \frac{dv}{dz} = \eta \cdot \frac{3 h_0 - 4 h}{h^2} \cdot U. \tag{74}$$

---

[1]) F. MAGYAR hat für diesen Fall die zeitlich veränderliche Bewegung untersucht in Wasserwirtsch., Wien 1934.

[2]) OSTWALDS Klassiker Nr. **218** und A. SOMMERFELD, Vorles. üb. theor. Physik **2** (1947).

[3]) Phil. Trans. Roy. Soc. I, London 1886.

b) Gleitlager mit ebener Führung

Hat man es mit einem auf ebener Führung bewegten Gleitschuh zu tun, so ist an seinen Begrenzungen $p = p_0$, so daß der Druck zwischen beiden Enden ein Maximum haben muß. Es ist dann Gleichgewicht vorhanden, wenn die Druckresultierende in der Schmierschicht gleich der äußeren Kraft ist. Um dies zu bewirken, muß die Unterfläche des Gleitschuhs unter einem Winkel α gegen die Unterlage geneigt sein, so daß die Spalthöhe veränderlich ist, und zwar ist bei der Anordnung der Koordinaten nach Abb. 447

$$h = (a - x)\,\alpha,$$

wenn α genügend klein ist. Somit folgt aus (72)

$$p = \frac{6\,\eta\,U}{\alpha^2}\int_0^{-x}\frac{dx}{(a-x)^2} - \frac{12\,\eta\,Q}{\alpha^3}\int_0^{-x}\frac{dx}{(a-x)^3} = \frac{6\,\eta\,x}{\alpha^2\cdot a\,(a-x)}\cdot\left(U - \frac{Q}{\alpha\cdot a}\cdot\frac{2a-x}{a-x}\right). \tag{75}$$

Soll nun $p = p_0$ für $x = 0$ und $x = l$ werden, so muß in (75) der Klammerausdruck verschwinden. Somit folgt

$$Q = U\cdot\alpha\cdot a\,\frac{a-l}{2a-l}$$

und schließlich

$$p = p_0 + 6\,\eta\,\frac{U\cdot x}{h^2}\cdot\frac{l-x}{2a-l}, \tag{76}$$

wenn h die Spaltweite in der Entfernung x ist. Wird der Druck in der Mitte des Gleitschuhs mit p_1 bezeichnet und ist daselbst $h = h_m$, so folgt

$$p_1 - p_0 = \frac{3}{2}\,\frac{\eta\,U\,l^2}{h_m{}^2\cdot(2a-l)}$$

und nimmt man zur Abschätzung eine parabolische Druckverteilung an, so wird der mittlere Druck

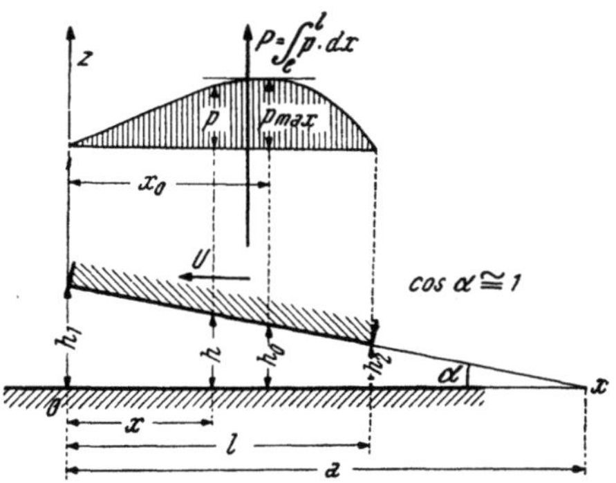

Abb. 447. Gleitlager. Druckverteilung auf die Schmierschicht von variabler Dicke

$$p_m \cong \frac{2}{3}\,(p_1 - p_0) = \frac{\eta\cdot U\cdot l^2}{h_m{}^2\cdot(2a-l)}. \tag{77}$$

In Wirklichkeit liegt der maximale Druck nicht in der Mitte wie (76) ergibt, sondern etwas hinter der Mitte des Gleitschuhs. Für die Druckverteilung ist, wie aus (76) ersichtlich, das Verhältnis $\frac{a}{l}$ von maßgeblichem Einfluß. Bei Annahme linearer Verteilung der Schubspannungen längs z kann für die mittlere Schubspannung nach L. PRANDTL[1]) mit h_m aus (77)

$$\tau_m \sim \eta\cdot\frac{U}{h_m} = \sqrt{\frac{\eta\,U\,p_m}{l}}\cdot\sqrt{\frac{2a-l}{l}} \tag{78}$$

gesetzt werden. Es ist somit der Gleitwiderstand bei gegebenem $\frac{a}{l}$ proportional der Wurzel aus der Zähigkeit, ebenso der Wurzel der Geschwindigkeit und jener der Belastung. Von den Gleitlagern ist zu erwähnen der Gleitschuh von MICHELL[2]), der etwas hinter der Mitte ein Gelenk aufweist, wodurch sich automatisch eine

---

[1]) PRANDTL, L.: Führer durch die Strömungslehre, Braunschweig 1942.
[2]) MICHELL, A. G. H.: Zschft. f. Math. u. Physik **52** (1905).

entsprechende Schräglage einstellt, die starke Stabilität aufweist (Abb. 448).
Unter anderem ist es gelungen, durch Anordnung segmentförmiger kippbarer
Blöcke Axialdrucklager zu schaffen, die für schwere Maschinen, wie Turbinen,
Generatoren usw., sehr geeignet sind. Die Schrägstellung der Gleitflächen stellt
sich automatisch ein nach Gewicht und Umlaufgeschwindigkeit.

c) Das Zapfenlager

Früher wurde die Zapfenlagerreibung folgendermaßen behandelt.

Man dachte sich die Reibung R im Berührungspunkt A des Zapfens wirkend
(Abb. 449) und die Resultierende Q unter dem Reibungswinkel μ gegen den
Normaldruck N geneigt. Wenn Gleichgewicht herrschen soll, so muß Q ent-

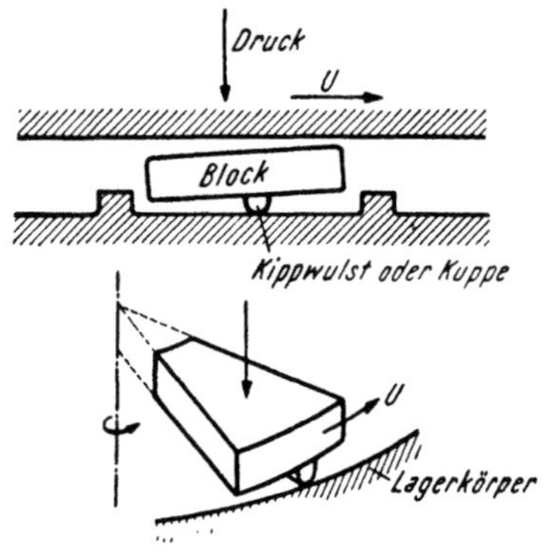

Abb. 448. Blocklager

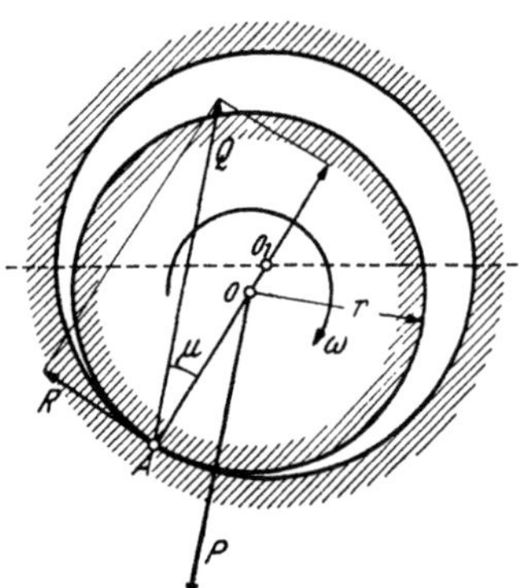

Abb. 449. Zapfenlage bei Voraussetzung
trockener Reibung

gegengesetzt gleich und parallel zur Kraft P sein, die sich aus der nicht immer
lotrechten Last, Trägheitswirkungen usw. zusammensetzt und daher im allgemeinen eine schräge Richtung hat. Ferner müßte das auftretende Reibungsmoment

$$M = P \cdot r \cdot \sin \mu$$

durch ein gegensinniges Antriebsmoment gleicher Größe aufgenommen werden,
das von der Umlaufgeschwindigkeit unabhängig wäre, was der Erfahrung wider-
spricht. Man hat erkannt, daß es sich um eine Bewegungserscheinung zäher
Flüssigkeiten handelt, bei der die Zähigkeit und der Geschwindigkeitsabfall
normal zur Geschwindigkeitsrichtung und somit die Umlaufgeschwindigkeit
von maßgeblichem Einfluß sind. Die Rechnung für den belasteten Zapfen, der
erfahrungsgemäß exzentrisch liegen muß, wird mit Hilfe von (73) und (74)
durchgeführt, die bei Einführung des Richtwinkels φ lauten

$$\frac{1}{r}\frac{dp}{d\varphi} = 6\,\eta \cdot U\left(\frac{1}{h^2} - \frac{h_0}{h^3}\right) \tag{79}$$

$$\tau_{r\alpha} = \eta \cdot U\left(\frac{3 h_0}{h^2} - \frac{4}{h}\right). \tag{80}$$

Verbindet man die Mittelpunkte O und O_1 des Zapfens bzw. der Lagerschale
mit einem beliebigen Punkte $A\,(\varphi)$ und setzt $\overline{OA} = r + h$ und $\overline{O_1A} = r_1$, so gilt
$r_1 = e \cos(\varphi - \beta) + (r + h) \cos\beta$ und wegen der Kleinheit von β (Abb. 446)

$$h = r_1 - r - e \cos\varphi = d - e \cos\varphi, \tag{81}$$

worin d die mittlere Spaltweite ist. Integriert man (79) von 0 bis 2π, so erhält man

$$p = 6\,\eta\,U \int_0^{2\pi} \left(\frac{1}{h^2} - \frac{h_0}{h^3}\right) r\,d\varphi = 6\,\eta\,U\,r\,(J_2 - h_0\,J_3) = 0 \qquad (82)$$

und für das Reibungsmoment pro Längeneinheit des Zapfens

$$M = \int_0^{2\pi} \tau_{r\varphi}\cdot r\,d\varphi = -\,\eta\,U \int_0^{2\pi}\left(\frac{4}{h} - \frac{3\,h_0}{h^2}\right)r\,d\varphi = -\,\eta\,U\,r^2\,(4\,J_1 - 3\,h_0\,J_2). \qquad (83)$$

Es sind folgende Integrale einzusetzen

$$J_1 = \int_0^{2\pi} \frac{d\varphi}{d + e\cos\varphi} = \frac{2}{d}\int_0^{2\pi}\frac{d\varphi}{1 + \frac{e}{d}\cos\varphi} = \frac{2}{d}\int \frac{d\frac{\varphi}{2}}{\sin^2\frac{\varphi}{2} + \cos^2\frac{\varphi}{2} + \frac{e}{d}\left(\cos^2\frac{\varphi}{2} - \sin^2\frac{\varphi}{2}\right)} =$$

$$= \frac{2}{d}\int_0^{2\pi}\frac{d\,\mathrm{tg}\,\frac{\varphi}{2}}{1 + \frac{e}{d} + \left(1 - \frac{e}{d}\right)\mathrm{tg}^2\frac{\varphi}{2}} = \frac{1}{\sqrt{d^2 - e^2}}\,\mathrm{arc}\,\mathrm{tg}\left(\sqrt{\frac{d - e}{d + e}}\cdot\mathrm{tg}\,\varphi\right)_0^{2\pi} = \frac{2\pi}{\sqrt{d^2 - e^2}}\,.$$

Ferner ist[1])

$$J_2 = \int_0^{2\pi}\frac{d\varphi}{(d + e\cos\varphi)^2} = -\frac{\partial J_1}{\partial d} = \frac{2\pi d}{(d^2 - e^2)^{3/2}}$$

und

$$J_3 = \int_0^{2\pi}\frac{d\varphi}{(d + e\cos\varphi)^3} = -\frac{1}{2}\frac{\partial J_2}{\partial d} = 2\pi\cdot\frac{d^2 + \frac{e^2}{2}}{(d^2 - e^2)^{5/2}}\,.$$

Aus (82) folgt dann mit (81)

$$h_0 = \frac{J_2}{J_3} = d\cdot\frac{d^2 - e^2}{d^2 + \frac{e^2}{2}} = d + e\cos\varphi_0, \qquad (84)$$

so das für das Reibungsmoment resultiert

$$M = -\frac{2\pi\,\eta\cdot r^2\,U}{\sqrt{d^2 - e^2}}\cdot\frac{d^2 + 2\,e^2}{d^2 + \frac{e^2}{2}}\,. \qquad (85)$$

Aus (84) folgt mit $\varepsilon = \dfrac{e}{d}$

$$\cos\varphi_0 = -\frac{3\,\varepsilon}{2 + \varepsilon^2} \qquad (86)$$

und weil nach (79) $\dfrac{dp}{d\varphi} = 0$ ist für $h = h_0$, so wird durch (86) die Lage der Stellen mit größtem und kleinstem Druck festgelegt. Für den zentrierten Zapfen ($\varepsilon = 0$) ist $\cos\varphi_0 = 0$, also $\varphi = 90^0$ (p_{max}) und $\varphi = 270^0$ (p_{min}).

Bei größter Exzentrizität ($\varepsilon = 1$) ist $\cos\varphi_0 = -1$, also $\varphi = 180^0$, und es fallen beide Stellen in den Berührungspunkt. Bildet man die Summe der vertikalen Spannungskomponenten, so muß diese gleich dem Zapfendruck sein, während die Summe der waagrechten Komponenten verschwindet, wegen der Symmetrie bezüglich $\varphi = 0$ (Abb. 446).

---

[1]) SOMMERFELD: Vorlesungen, II. Bd.

Es muß also gelten

$$P = r\int_0^{2\pi} p\sin\varphi\,d\varphi - r\int_0^{2\pi} \tau\cos\varphi\,d\varphi \qquad (87)$$

und

$$H = r\int_0^{2\pi} p\cos\varphi \cdot d\varphi + r\int_0^{2\pi} \tau\sin\varphi\,d\varphi = 0. \qquad (87\,a)$$

Durch partielle Integration folgt aus (87) und (87a)

$$P = r\int_0^{2\pi} \left(\frac{dp}{d\varphi} - \tau\right)\cdot\cos\varphi\cdot d\varphi \qquad (88)$$

$$H = -r\int_0^{2\pi} \left(\frac{dp}{d\varphi} - \tau\right)\cdot\sin\varphi\cdot d\varphi = r\int_0^{2\pi} \left(\frac{dp}{d\varphi} - \tau\right)\cdot d\cos\varphi = 0.$$

Nun ist aus (79) und (80)

$$\frac{dp}{d\varphi} - \tau = \frac{6\,\eta\,U}{h}\left\{\frac{r}{h}\left(1 - \frac{h_0}{h}\right) - \left(\frac{h_0}{2h} + \frac{2}{3}\right)\right\} \simeq \frac{6\,\eta\,U r}{h^3}\,(h - h_0),$$

weil der Faktor $\dfrac{r}{h}$ überragend groß ist. Somit folgt aus (88) mit (81)

$$P = 6\,\eta\,U r^2 \int_0^{2\pi} \frac{h - h_0}{h^3}\cos\varphi\cdot d\varphi = 6\,\eta\,U r^2\left\{\int_0^{2\pi} \frac{\cos\varphi\,d\varphi}{(d + e\cos\varphi)^2} + h_0\int_0^{2\pi} \frac{\cos\varphi\,d\varphi}{(d + e\cos\varphi)^3}\right\} =$$

$$= 6\,\eta\,U r^2\left\{\frac{1}{e}\cdot J_1 - \frac{d}{e}\cdot J_2 - \frac{h_0}{e}\cdot J_2 - \frac{h_0\cdot d}{e}\cdot J_3\right\}.$$

Setzt man aus (84) den Wert von h_0 ein, so ergibt eine einfache Rechnung

$$P = \frac{6\pi\,\eta\,U r^2\cdot e}{\sqrt{d^2 - e^2}\cdot\left(d^2 + \dfrac{e^2}{2}\right)} = -\frac{3e}{d^2 + 2e^2}\cdot M \qquad (89)$$

und es bestimmt sich das Verhältnis $\varepsilon = \dfrac{e}{d}$ bei gegebenem Zapfendruck bzw. gegebenem Reibungsmoment und bekanntem Lagerspiel d aus

$$P = \frac{6\pi\,\eta\cdot U r^2\varepsilon}{\sqrt{1 - \varepsilon^2}\cdot\left(1 + \dfrac{\varepsilon^2}{2}\right)d^2} = -\frac{3}{d}\cdot\frac{\varepsilon}{1 + 2\,\varepsilon^2}\cdot M. \qquad (89\,a)$$

Aus dieser Gleichung ersieht man, daß die zentrische Lage des Zapfens, also $\varepsilon = 0$, dann eintritt, wenn $U \to \infty$ und daß für den Fall der größten möglichen Exzentrizität $e = d$ bzw. $\varepsilon = 1$ der Wert $U \to 0$. In letzterem Fall wird

$$M = -P\cdot d = -rP\cdot\frac{d}{r},$$

so daß die Formel für trockene Reibung vorliegt mit dem speziellen Wert des Reibungswinkels $\sin\mu = \dfrac{d}{r}$. Der kleinste Wert des Reibungsmoments bei gegebenem P und d wird für den kleinsten Wert $\dfrac{1 + 2\,\varepsilon^2}{\varepsilon}$ erhalten, der mit $\varepsilon = \sqrt{\dfrac{1}{2}}$ einen kleinsten Wert

$$M_{min} = -\frac{2\sqrt{2}}{3}\cdot Pd = -0{\cdot}943\,Pd$$

ergibt. Setzt man in (89a) die dimensionslosen Werte ein

$$\frac{\sqrt{1-\varepsilon^2}}{3\,\varepsilon}\cdot\left(1+\frac{\varepsilon^2}{2}\right)=\frac{6\,\pi\,\eta\,r^2\,U}{d^2\,P}=\xi \tag{90}$$

und

$$-\frac{M}{P\,d}=\frac{1+2\,\varepsilon^2}{3\,\varepsilon}=\zeta \tag{91}$$

so sieht man, daß gleichen Werten von ξ, die sich nach (90) aus den Lagerabmessungen r und d, der Zähigkeit, der Umlaufgeschwindigkeit und dem Zapfendruck ergeben, immer gleiche ε entsprechen und infolgedessen auch gleiche Werte von ζ. Man definiert analog dem Coulombschen Gesetz der trockenen Reibung als Reibungskoeffizienten den Quotienten

$$f=-\frac{M}{P\cdot r}=\zeta\cdot\frac{d}{r}=\frac{1+2\,\varepsilon^2}{3\,\varepsilon}\cdot\frac{d}{r}, \tag{92}$$

dessen Minimalwert mit $\varepsilon=\dfrac{e}{d}=\sqrt{0{\cdot}50}$

$$f_{min}=0{\cdot}943\,\frac{d}{r}$$

beträgt. Die Umfangsgeschwindigkeit, bei welcher das Reibungsmoment ein Minimum wird, wenn nebst den Lagergrößen d und r der Zapfendruck gegeben ist, beträgt aus (90) mit $\varepsilon=\sqrt{0{\cdot}50}$.

$$U=\frac{5}{24}\,\frac{P}{\eta\,\pi}\cdot\frac{d^2}{r^2}. \tag{93}$$

Wenn man die obigen ξ-Werte als Abszissen und die ζ als Ordinaten aufträgt, so folgt mit den drei Hauptpunkten

$\varepsilon=0 \qquad \xi=\infty \qquad \zeta=\infty$

$\varepsilon=0{\cdot}5 \qquad \xi=0{\cdot}417 \quad \zeta=0{\cdot}943$

$\varepsilon=1{\cdot}0 \qquad \xi=0 \qquad \zeta=1{\cdot}0,$

die in der Abb. 450 dargestellte charakteristische Kurve, die eine unter 45^0 geneigte, durch den Koordinatenursprung gehende Asymptote hat.

Es hat sich gezeigt, daß das Ergebnis der SOMMERFELDschen Theorie in der Umgebung des Minimums und noch für ε, die nicht zu klein gegen $\sqrt{0{\cdot}50}$ sind,

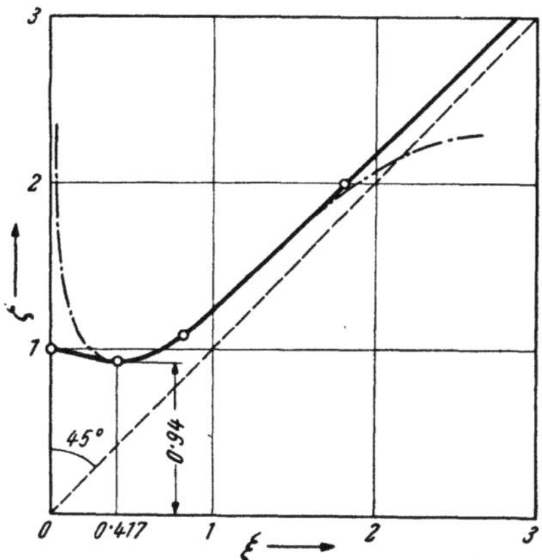

Abb. 450. Ergebnis der SOMMERFELDschen Theorie in graphischer Darstellung

$$\zeta=\frac{M}{Pd}\qquad \xi=\frac{6\pi\,\eta\,r^2\,U}{d^2\cdot P}$$

nicht nur qualitativ, sondern auch numerisch mit der praktischen Erfahrung übereinstimmt, wie dies z. B. die Versuche von STRIBECK[1]) und jene von BIEL[2]) dartun. Bei kleinen ξ liegen jedoch die Erfahrungswerte viel höher, als nach der Theorie, weil noch irgendwelche das Haften des Schmiermittels an den Metallwänden betreffende Eigenschaften[3]) sich geltend machen. Hingegen liegen die Erfahrungswerte bei größeren ξ tiefer als die Theorie ergibt, was auf den Eintritt von Turbulenz zurückzuführen ist.

---

[1]) Zschft. VDI 1902 u. Forsch.-Arb. VDI 7 (1903), auch KAUFMANN, W.: Hydromechanik, II. Bd., Berlin 1934.
[2]) Zschft. VDI 1920.
[3]) SOMMERFELD: Vorlesungen, II. Bd.

SOMMERFELD[1]) hat das vorliegende Problem einer strengeren Behandlung unterzogen, jedoch für die auftretenden Schubspannungen keine und für die Druckspannungen nur unwesentliche Unterschiede gegenüber der ursprünglichen Theorie, Gleichung (79) und (80), gefunden.

Die neueren Versuchsergebnisse werden der Lagerzahl entsprechend geordnet[2]), die dimensionslos ist und definiert ist durch

$$L = \frac{p_m\, d^2}{\eta\, U r},$$

wobei $p_m = \dfrac{P}{2\,\pi r}$ als „mittlerer Lagerdruck" eingeführt wird. Es ist dann die Reibungszahl

$$f = \frac{1 + 2\,\varepsilon^2}{3\,\varepsilon} \cdot \frac{d}{r} = \sqrt{\frac{1 + 2\,\varepsilon^2}{3\,\varepsilon} \cdot L} \cdot \sqrt{\frac{\eta\, U}{p_m r}} = \mathrm{Zahl} \cdot \sqrt{\frac{\eta\, U}{p_m r}}.$$

Natürlich gelten alle Darlegungen für eine vollkommene Bedeckung von Zapfen und Lager mit einem Schmierfilm, so daß jegliche metallische Berührung ausgeschlossen ist. Diese tritt aber ein bei kleinen ξ, also kleiner Spaltweite an der Engstelle, wegen der begrenzten Genauigkeit der Herstellung und es dürfte dann der Vorgang besser durch die Gesetze der trockenen Reibung beschrieben werden. Hinzu tritt noch die Erwärmung des Schmiermittels, mit der sich G. VOGELPOHL[3]) befaßt hat, der jene Öle am brauchbarsten fand, deren Zähigkeit mit der Temperatur weniger stark absinkt.

d) Strömungslager[4])

Bei den Strömungslagern wird der Zapfen zur Verminderung der Reibung schwimmend erhalten, indem in den Lagerspalt Flüssigkeit gepreßt wird. Man erhält dann bei kleinen Umlaufgeschwindigkeiten eine sehr geringe Zapfenreibung, so daß diese Lager insbesondere bei Reglern, Kreiseln usw. Verwendung finden. Die folgenden grundlegenden Betrachtungen werden an einer Anordnung durchgeführt, die nicht für den Betrieb gedacht ist. Wird aus dem kreiszylindrischen Gefäß J (Abb. 451), auf dem sich eine kreisförmige Platte befindet, Flüssigkeit ausgepreßt, so daß sie durch eine Kapillare und den zwischen Platte und Gefäß befindlichen Spalt radial abfließt, so wird die Platte aufwärtsgedrückt werden, wodurch sie entgegen ihrem Gewicht und einem auf ihr lastenden Druck von dem Flüssigkeitsfilm getragen wird.

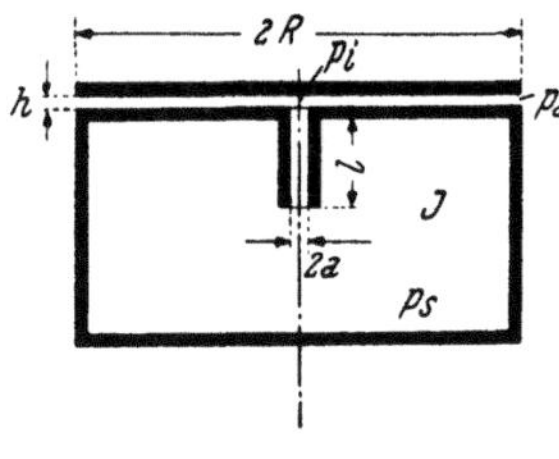

Abb. 451. Schema des Strömungslagers

Es sei der im Gefäß infolge Nachschubes konstant gehaltene Druck p_s, die Weite des Kapillarrohres $2a$, die Spaltweite h und der Durchmesser der Platte $2R$. Ist h sehr klein, so wird die Spaltströmung, die in der xy-Ebene gelegen sei, durch folgende Gleichungen in Polarkoordinaten beschrieben, und zwar lautet die Kontinuitätsgleichung aus (31) mit $w = 0 = v_z$.

$$\frac{1}{r}\frac{\partial v_r \cdot r}{\partial r} = 0 = \frac{\partial v_r}{\partial r} + \frac{1}{r}\frac{\partial v_r}{\partial r} \tag{94}$$

und bei stationärer Strömung und Vernachlässigung der Massenkräfte folgt

[1]) Zschft. f. techn. Physik **1921**.
[2]) GÜMBEL u. EVERLING: Reibung u. Schmierung im Maschinenbau, Berlin 1925.
[3]) VDI-Forsch.-Heft 386, Berlin **1938**.
[4]) HEINRICH, G.: Über Strömungslager, M und W, Wien **4** (1949).

aus (39) für die Bewegungsgleichung infolge (94)

$$0 = -\frac{\partial p}{\partial r} + \eta \cdot \Delta v_r = -\frac{\partial p}{\partial r} + \eta\left(\frac{\partial^2 v_r}{\partial r^2} + \frac{1}{r}\frac{\partial v_r}{\partial r} + \frac{\partial^2 v_r}{\partial z^2}\right) = -\frac{\partial p}{\partial r} + \eta\frac{\partial^2 v_r}{\partial z^2}. \quad (95)$$

Mit $v_r = 0$ für $z = 0$ und $z = h$, bei haftender Flüssigkeit folgt aus (95) nach Integration $v_r = -\frac{1}{2\eta}\cdot\frac{\partial p}{\partial r}\cdot z(h-z)$ und für die mittlere Geschwindigkeit

$$v_{mr} = \frac{1}{h}\int_0^h v_r\cdot dz = -\frac{h^2}{12\eta}\cdot\frac{\partial p}{\partial r}. \quad (96)$$

Weil aus (94)

$$r\cdot v_r = \mathrm{const} \quad (97)$$

folgt, also auch $r\cdot v_{mr} = C$ gesetzt werden kann, so wird durch Integration von (96)

$$p = -\frac{12\eta}{\delta^2}\cdot C\int v_{mr}\,dr = c_1\ln r + c_2 \quad (98)$$

erhalten mit den Grenzbedingungen $p = p_i$ für $r = a$ und $p = p_a$ für $r = R$, so daß dann

$$c_1 = \frac{p_a - p_i}{\ln\dfrac{R}{a}} \quad \text{und} \quad c_2 = \frac{p_i\ln R - p_a\ln a}{\ln\dfrac{R}{a}}$$

und schließlich wird

$$p = \frac{p_a\cdot\ln\dfrac{r}{a} + p_i\cdot\ln\dfrac{R}{r}}{\ln\dfrac{R}{a}} = p_i - (p_i - p_a)\frac{\ln\dfrac{r}{a}}{\ln\dfrac{R}{a}}. \quad (99)$$

Der gesamte Druckabfall im Kapillarrohr beträgt nach (16) in **F I** b

$$p_s - p_i = \frac{8\eta\cdot Q\,l}{a^4\pi} \quad (100)$$

und mit (96) folgt

$$Q = v_{mr}\cdot h\cdot 2\pi r = -\frac{h^3}{6\eta}\pi\cdot r\cdot\frac{\partial p}{\partial r} \quad (101)$$

und somit aus (100)

$$p_s - p_i = -\frac{4}{3}\frac{l}{a^4}h^3\cdot r\frac{\partial p}{\partial r}. \quad (102)$$

Mit $\dfrac{\partial p}{\partial r} = -\dfrac{(p_i - p_a)}{\ln\dfrac{R}{a}}\cdot\dfrac{1}{r}$ aus (99) folgt dann

$$p_i = \frac{3\,a^4\ln\dfrac{R}{a}\cdot p_s + 4\,l\,h^3\cdot p_a}{3\,a^4\ln\dfrac{R}{a} + 4\,l\,h^3} \quad (103)$$

und

$$Q = \frac{a^4\pi}{8\eta l}\cdot\frac{4}{3}\cdot\frac{h^3\,(p_s - p_a)}{3\,a^4\ln\dfrac{R}{a} + 4\,l\,h^3}. \quad (101\,\text{a})$$

Der auf die Platte übertragene Druck ist dann mit (99)

$$P = \int_a^R 2\pi r\cdot(p - p_a)\,dr + a^2\pi(p_i - p_a) = (p_i - p_a)\cdot\frac{\pi R^2\left(1 - \dfrac{a^2}{R^2}\right)}{2\ln\dfrac{R}{a}} \quad (104)$$

und der mittlere Lagerdruck mit (103)

$$p_m = \frac{P}{R^2 \pi} = (p_s - p_a) \frac{3\,a^4 \cdot \left(1 - \frac{a^2}{R^2}\right)}{6\,a^4 \ln \frac{R}{a} + 8\,l\,h^3}.$$ (105)

Die Dicke des Schmierfilmes h, der das Gewicht $G = P$ aufnehmen kann, ist dann

$$h = \sqrt[3]{\frac{3\,a^4}{8\,l}\left\{\left(1 - \frac{a^2}{R^2}\right) \cdot \frac{p_s - p_a}{p_m} - 2\ln\frac{R}{a}\right\}}$$ (106)

und es ist diese Größe von der Zähigkeit unabhängig.

Die Berührung erfolgt, wenn $h = 0$ wird, also der Ausdruck in der geschwungenen Klammer verschwindet. Wird der zugehörige mittlere Lagerdruck mit $p_{m\,max}$ bezeichnet, so folgt

$$p_{m\,max} = \frac{(p_s - p_a) \cdot \left(1 - \frac{a^2}{R^2}\right)}{2\ln\frac{R}{a}}$$ (107)

und das Verhältnis

$$\frac{p_{m\,max}}{p_m} = S$$ (108)

wird von G. HEINRICH[1]) als Sicherheitsgrad gegen Berührung definiert. Es ergibt sich aus (105) und (107)

$$S = 1 + \frac{4\,l\,h^3}{3\,a^4 \ln\frac{R}{a}} = \frac{1 - \frac{a^2}{R^2}}{2\ln\frac{R}{a}} \cdot \frac{p_s - p_a}{p_m}.$$ (109)

Die Nutzleistung der Pumpe zum Betrieb des die Reibung wesentlich verringernden Lagers ist mit (101a) und (106)

$$E = Q(p_s - p_a) = \frac{\pi\,a^4 \cdot (p_s - p_a)}{8\,\eta\,l\left(1 - \frac{a^2}{R^2}\right)} \cdot p_m \cdot \left\{\left(1 - \frac{a^2}{R^2}\right) \cdot \frac{p_s - p_a}{p_m} - 2\ln\frac{R}{a}\right\}$$

$$= \frac{\pi\,p_m^2}{2\,\eta\,l} \cdot \left\{\frac{a^2 \ln\frac{R}{a}}{1 - \frac{a^2}{R^2}}\right\}^2 \cdot S\,(S - 1).$$ (110)

Je kleiner also der Kapillardurchmesser, desto kleiner wird E bei entsprechend hohem Pumpendruck. Doch hat a eine untere Grenze wegen möglicher Zackenberührung und bei vorgegebenem h und $\frac{R}{a}$ ist aus (109)

$$a = \sqrt[4]{\frac{4\,l\,h^3}{3\,(S - 1)\ln\frac{R}{a}}}$$ (111)

und somit ist die Kapillarenweite um so kleiner, je größer S gewählt wird. Im Falle des Hinzutrittes einer Drehung gesellt sich zur Radialströmung noch eine solche senkrecht hinzu, für welche aus der 2. Gleichung von (39) nur mehr

$$\frac{\partial^2 p}{\partial z^2} = 0$$ (112)

---

[1]) l. c.

verbleibt, nach deren Integration mit den Grenzen $v_z = 0$ für $z = 0$ und $z = h$

$$v_z = c_1 z + c_2 = \frac{r\,\omega \cdot z}{h} \tag{113}$$

folgt und für die Schubspannung senkrecht zur radialen Richtung

$$\tau_z = -\eta \cdot \frac{\partial v_z}{\partial z} = -\frac{\eta\,r\,\omega}{h}. \tag{114}$$

Also folgt für das auf die Platte wirkende Reibungsmoment

$$M = \int_0^R 2\pi\,r^2 \cdot \tau_z \cdot dr = -\frac{\pi\,\eta \cdot \omega \cdot R^4}{2\,h} \tag{115}$$

und für die Umfangskraft

$$K_z = \frac{M}{R} = \frac{\pi\,\eta \cdot \omega}{2\,h} \cdot R^3. \tag{116}$$

Definiert man den Reibungskoeffizienten des Lagers mit $f_1 = \dfrac{K_z}{G}$, so wird

$$f_1 = \frac{\eta\,R \cdot (3\,a^4 \ln R/a + 4\,l\,h^3)\,\omega}{3\,a^4\,h\left(1 - \dfrac{a^2}{R^2}\right) \cdot \left(p_s - p_a\right)} \tag{117}$$

oder mit (116) und (109) sowie nach Einführung des mittleren Wertes $p_m = \dfrac{P}{\pi R^2}$

$$f_1 = \frac{\eta\,\omega\,R}{2\,h\,p_m} = \frac{\eta\,\omega\,R}{2\,p_m} \cdot \sqrt[3]{\frac{4\,l}{3\,a^4\,(S-1) \cdot \ln \dfrac{R}{a}}}. \tag{118}$$

Es ist also der Reibungskoeffizient des Lagers proportional der Umfangsgeschwindigkeit und der Zähigkeit, die z. B. bei Luft nur etwa 2% jener des Wassers beträgt.

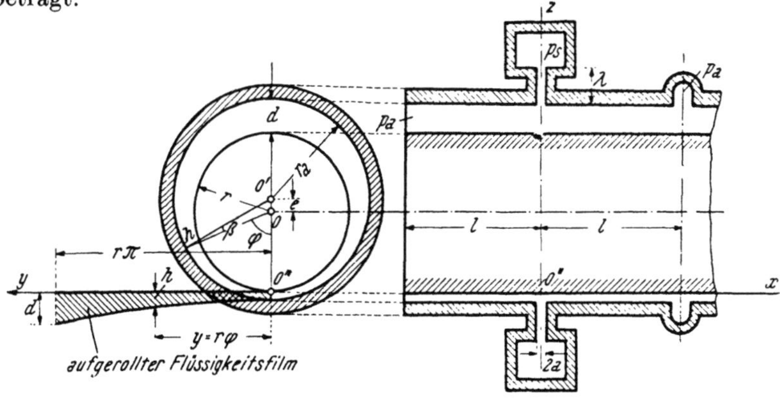

Abb. 452. Strömungslager mit abgerollter Zapfenoberfläche nach Heinrich

Die vorstehenden Untersuchungen sind nun sinngemäß auf das zylindrische Traglager zu übertragen, dessen grundsätzliche Anordnung aus Abb. 452 zu entnehmen ist. Es sind zwei Kapillarenkränze angeordnet und die Flüssigkeit gelangt durch die Kapillaren nach beiden Seiten des Ringspaltes und von hier zur Hälfte in die angeordnete Ringnut und zur Hälfte in den Außenraum. Der Zapfendruck wird nun in der Weise aufgenommen, daß infolge des Absinkens des Zapfens um die Exzentrizität e die Belieferung aus den oberen Kapillaren gesteigert, jene aus den unteren ermäßigt wird. Damit wird ein Überdruck im Film von unten nach oben bewirkt, der gleich ist der Zapfenbelastung.

Es sei der Zapfen vorerst ruhend gedacht und sein Halbmesser sei r, jener der Lagerschale r_a. Die letzteren sind gegen e als sehr groß anzusehen, weil der veränderliche Abstand h zwischen Zapfen und Lagerwand nur eine Größenordnung von etwa 0'1 mm aufweist. Man denkt sich nun nach G. Heinrich[1]) die Zapfenoberfläche in die xy-Ebene abgerollt, dergestalt, daß die Erzeugende der engsten Stelle zur x-Achse und die Wandung des Lagers zu einer schwach gekrümmten Fläche wird, die von der xy-Ebene den noch unbekannt veränderlichen Abstand $h\,(y)$ hat. Weil die Trägheits- und Massenkräfte vernachlässigt werden können, ändert sich nichts an der Geschwindigkeits- und Druckverteilung, wenn an den aufgeschnittenen Rändern die richtigen Werte angeordnet werden.

Die Geschwindigkeit w senkrecht zum aufgerollten Film kann samt den dazugehörigen Druckgradienten und Zähigkeitskräften vernachlässigt werden. Wegen der geringen Filmdicke ist $\dfrac{\partial u}{\partial z}$ und $\dfrac{\partial v}{\partial z}$ als sehr groß anzunehmen gegenüber $\dfrac{\partial u}{\partial x}$, $\dfrac{\partial u}{\partial y}$ und $\dfrac{\partial v}{\partial x}$, $\dfrac{\partial v}{\partial y}$. Das gleiche gilt von $\dfrac{\partial^2 u}{\partial z^2}$ und $\dfrac{\partial^2 v}{\partial z^2}$ gegenüber den Ableitungen $\dfrac{\partial^2 u}{\partial x^2}$, $\dfrac{\partial^2 u}{\partial y^2}$ bzw. $\dfrac{\partial^2 v}{\partial x^2}$, $\dfrac{\partial^2 v}{\partial y^2}$, weil die Wirbellinien parallel zum Film liegen.

Es wird somit in jeder Lotrechten $h\,(y)$ parabolische Geschwindigkeitsverteilung herrschen und man kann nach (54) mit einer mittleren Geschwindigkeit in vektorieller Darstellung

$$\mathfrak{v} = -\frac{h^2}{12\,\eta}\ \mathrm{grad}\ p \tag{119}$$

rechnen und als Kontinuitätsbedingung folgt

$$\mathrm{div}\,(h\,\mathfrak{v}) = \frac{1}{12\,\eta}\ \mathrm{div}\,(h^3\,\mathrm{grad}\,p) = 0. \tag{120}$$

Hieraus ergibt sich mit $\dfrac{\partial h}{\partial x} = 0$

$$\frac{3}{h}\cdot\frac{\partial h}{\partial y}\cdot\frac{\partial p}{\partial y} + \frac{\partial^2 p}{\partial x^2} + \frac{\partial^2 p}{\partial y^2} = 0 \tag{121}$$

und mit $h = d - e \cos \varphi$ nach (81), ferner $y = r\varphi$ bzw. $\varphi = \dfrac{y}{r}$ und $\dfrac{e}{d} = \varepsilon$ folgt

$$\frac{3\,\varepsilon \sin \dfrac{y}{r}}{d\left(1 - \varepsilon \cos \dfrac{y}{r}\right)}\cdot\frac{\partial p}{\partial y} + \frac{\partial^2 p}{\partial x^2} + \frac{\partial^2 p}{\partial y^2} = 0, \tag{122}$$

welche Gleichung die Randbedingungen erfüllen soll. Und zwar muß $p = p_a$ sein für beliebige y und $x = l$, $p = p_i\,(y)$ eine noch unbekannte Funktion von y für $x = 0$.

Eine weitere Randbedingung ergibt folgende Betrachtung. Durch einen Streifen von der Breite $y = 1$ cm fließt nach links und rechts in der Abbildung

$$\frac{Q}{2} = -\frac{h^3}{12\eta}\cdot\left(\frac{\partial p}{\partial x}\right)_{x=0} \tag{123}$$

und entfällt auf diese Breite der Ausfluß von n Kapillaren, so muß nach Poiseuille

$$Q = \frac{\pi a^4 \cdot n}{8\eta\lambda}\cdot\left\{p_s - (p)_{x=0}\right\} \tag{124}$$

---

[1]) M und W, Wien: **4** (1949).

sein wenn λ die Länge der Kapillare ist. Aus (123) und (124) folgt als weitere Bedingung

$$\left(\frac{\partial p}{\partial x}\right)_{x=0} = -\frac{3}{4}\,\frac{\pi a^4 n}{\lambda d^3}\cdot\frac{p_s - (p)_{x=0}}{\left(1 - \varepsilon\cos\dfrac{y}{r}\right)^3}. \tag{125}$$

Die Lösung muß also periodisch sein in y mit $2\,r\,\pi$ als Periode. Weil ε wegen der geforderten Sicherheit klein gegen 1 ist, kann von (122) eine genäherte Lösung gewonnen werden, wenn man nach ε entwickelt und die linearen Glieder in ε beibehält, die höheren Potenzen jedoch vernachlässigt. Bei zentrischem Zapfen, also $\varepsilon = 0$, hängt p nur von x ab und es verschwinden daher $\dfrac{\partial p}{\partial y}$ und $\dfrac{\partial^2 p}{\partial y^2}$. Man kann diese Glieder bei sehr kleinen ε von der gleichen Größenordnung wie ε ansehen, so daß das 1. Glied von (122) von der Größenordnung ε^2 und somit vernachlässigt wird. Es bleibt übrig

$$\frac{\partial^2 p}{\partial x^2} + \frac{\partial^2 p}{\partial y^2} = 0. \tag{122a}$$

Mit $p = X \cdot Y$, wo X und Y Funktionen von x und y allein sind, erhält man

$$Y \cdot \ddot{X} + X\,\ddot{Y} = 0 \quad\text{oder}\quad \frac{\ddot{X}}{X} + \frac{\ddot{Y}}{Y} = 0 = \lambda^2 - \lambda^2$$

und somit die zwei Differentialgleichungen

$$\left.\begin{aligned} \frac{d^2 X}{d x^2} - \lambda^2 X &= 0 \\[2mm] \frac{d^2 Y}{d y^2} + \lambda^2 Y &= 0. \end{aligned}\right\} \tag{126}$$

Partikuläre Lösungen sind $c_1 x + c_2$ sowie

$$\left(A \cdot e^{\frac{x}{r}} + B e^{-\frac{x}{r}}\right)\cdot\cos\frac{y}{r}$$

und in vorliegendem Fall stellt

$$p = p_a + c_1 x + c_2 + \left(A\,e^{\frac{x}{r}} + B e^{-\frac{x}{r}}\right)\cdot\cos\frac{y}{r} \tag{127}$$

die vollständige Lösung dar.

Mit der 1. Randbedingung $p = p_a$ für $x = l$ folgt

$$B = -A \cdot e^{\frac{2l}{r}} \quad\text{und}\quad c_2 = -c_1 l.$$

Die Randbedingung (125) lautet bei Vernachlässigung aller höheren Glieder in ε und wenn $\dfrac{3}{4}\dfrac{\pi a^4 n}{\lambda d^2} = N$ gesetzt wird

$$\left(\frac{\partial p}{\partial x}\right)_{x=0} = -N\left(1 + 3\,\varepsilon\cos\frac{y}{r}\right)\{p_s - (p)_{x=0}\} =$$

$$= -N\left(1 + 3\,\varepsilon\cos\frac{y}{r}\right)\left\{p_s - p_a + c_1 l + A\left(1 - e^{\frac{2l}{r}}\right)\cos\frac{y}{r}\right\} \tag{128}$$

und aus (127) folgt

$$\left(\frac{\partial p}{\partial x}\right)_{x=0} = c_1 + \frac{A}{r}\left(1 + e^{\frac{2l}{r}}\right)\cos\frac{y}{r} \tag{128a}$$

wird $\cos \dfrac{y}{r} = 0$ gesetzt, so erhält man aus (127) und (128)

$$c_1 = -\frac{N\,(p_s - p_a)}{1 + Nl}, \tag{129}$$

setzt man in (127) $\cos \dfrac{y}{r} = 1$ für $y = 0$, so folgt mit (129)

$$A = \frac{3\,\varepsilon\,N\,(p_s - p_a)\,r}{(1 + Nl)\left\{1 + e^{\frac{2l}{r}} + Nr\left(e^{\frac{2l}{r}} - 1\right)\right\}}. \tag{130}$$

Das vom Zapfenlager getragene Gewicht ist

$$G = 4 \int_0^l \int_0^{2\pi} p \cos\varphi\, r\, d\varphi\, dx = \frac{12\,\pi\,N\,r^3\left(\mathfrak{Cof}\,\dfrac{l}{r} - 1\right)(p_s - p_a)}{(1 + Nl)\left(\mathfrak{Cof}\,\dfrac{l}{r} + N\,r\,\mathfrak{Sin}\,\dfrac{l}{r}\right)} \cdot \varepsilon \tag{131}$$

und der mittlere Zapfendruck beträgt

$$p_m = \frac{G}{8\,l\,r}. \tag{132}$$

Wenn der Zapfen mit der Umfangsgeschwindigkeit U rotiert, so gelten die Randbedingungen

$$u = 0 \text{ und } v = U \text{ für } z = 0$$

$$u = 0 = v \text{ für } z = h.$$

Weil auch hier die Wirbelkomponente quer zum Film vernachlässigt wird, so gelten

$$\left.\begin{aligned} \frac{\partial p}{\partial x} &= \eta \cdot \frac{\partial^2 u}{\partial z^2} \\[4pt] \frac{\partial p}{\partial y} &= \eta \cdot \frac{\partial^2 v}{\partial z^2} \end{aligned}\right\} \tag{133}$$

und nach Integration

$$\left.\begin{aligned} u &= -\frac{1}{2\,\eta} \cdot \frac{\partial p}{\partial x} \cdot z\,(h - z) \\[4pt] v &= U \cdot \left(1 - \frac{z}{h}\right) - \frac{1}{2\,\eta} \cdot \frac{\partial p}{\partial y}\,(h - z) \cdot z. \end{aligned}\right\} \tag{134}$$

Für das Reibungsmoment kommt nur die in der y-Richtung wirkende Schubspannung in Betracht

$$\tau_y = \eta \cdot \left(\frac{\partial v}{\partial z}\right)_{z=0} = \eta \cdot \left(-\frac{U}{h} - \frac{1}{2\,\eta}\,\frac{\partial p}{\partial y} \cdot h\right). \tag{135}$$

Das unbekannte Glied $\dfrac{\partial p}{\partial y}$ ist abschätzungsweise von der Größenordnung ε^2 und kann vernachlässigt werden, so daß man für das genannte Moment erhält

$$M = 4 \int_0^l \int_0^{2\pi} r^2 \cdot \tau_y \cdot dx\, d\varphi = -\frac{8\,\pi\,\eta\,r^2\,l}{h_m} \cdot U. \tag{136}$$

Somit ist M von der Lagerbelastung unabhängig. Die Umfangskraft ist

$$K_u = \frac{M}{r} = \frac{8\,\pi\,\eta\,r\,l}{h_m} \cdot U$$

und die Reibungszahl

$$f_1 = \frac{K_u}{G} = \frac{\pi\,\eta\,U}{h_m \cdot p_m}. \tag{137}$$

Die benötigte Pumpleistung

$$E = 2\,(p_s - p_a) \cdot \int_0^{2\pi} Q_1 \cdot r \cdot d\varphi = \frac{2\,\pi\,r\,N\,h_m^3}{3\,\eta\,(1 + N l)} \cdot (p_s - p_a)^2 \tag{138}$$

wird nach HEINRICH[1]) ein Minimum, wenn

$$N_{opt} = \frac{1}{4\,l} \cdot \left\{ \sqrt{1 + \frac{8\,\frac{l}{r}}{\mathfrak{Tg}\,\frac{l}{r}}} - 1 \right\}, \tag{139}$$

woraus eine zweckmäßige Verteilung der Kapillarkränze hervorgeht.

Bei den aerodynamischen Lagern[2]) wird in den Lagerspalt Luft eingepreßt. Setzt man analog (119) für die Geschwindigkeit im abgerollten Film in der $x\,y$-Ebene

$$\mathfrak{v} = \frac{1}{2}\,U - \frac{h^2}{12\,\eta} \cdot \operatorname{grad} p \tag{140}$$

und setzt eine isotherme Filmströmung voraus, also

$$\frac{p}{\varrho} = g \cdot R \cdot T, \tag{141}$$

wo R die Gaskonstante und T die absolute Temperatur sind, so lautet die Kontinuitätsgleichung, die zugleich die Grundgleichung der Filmströmung bei Kompressibilität ist

$$\operatorname{div}(h \cdot \varrho \cdot \mathfrak{v}) = 0 = \frac{1}{K} \cdot \operatorname{div}\left[h\,p \cdot \left(\frac{1}{2}\,U - \frac{h^2}{12\,\eta} \cdot \operatorname{grad} p \right) \right], \tag{142}$$

wobei $K = \frac{1}{g\,RT}$ ist.

8. Verhalten der Flüssigkeiten mit kleiner Zähigkeit. Die Prandtlsche Grenzschicht

a) Vorbemerkungen. PRANDTLS Abschätzung. Differentialgleichungen von Blasius

Schon die Behandlung gewisser Strömungsvorgänge, wie z. B. des Ausflusses aus einem Gefäß mit Strahlbildung (H IV 9 m), erfordert die Annahme, daß Flüssigkeiten kleiner Zähigkeit sich noch in geringer Wandnähe fast reibungslos verhalten müssen. Denn man setzt die Wände einfach als Strömungsflächen bzw. Linien an, die ihre Fortsetzung in der Strahloberfläche haben. Infolge des Haftens muß dann in einer dünnen „Grenzschicht" die Geschwindigkeit bis auf den Wert Null an der Wand herabsinken. Wie aus dem Navierschen Ansatz $\tau = \eta \cdot \dfrac{\partial v}{\partial n}$ hervorgeht, kann auch bei kleiner Zähigkeit eine große Schubspannung auftreten, wenn nur der Geschwindigkeitsabfall senkrecht zur Strömungsrichtung genügend groß wird. Letzteres ist in der Grenzschicht als dem Sitze des Oberflächenwiderstandes der Fall und je größer die Abbremsung infolge des Überganges von großen Geschwindigkeiten auf den Wandwert Null ist, desto dünner muß die Grenzschicht sein. Das Bestehen dieser Schicht sowie deren Bedeutung wegen ihres eigenartigen Verhaltens bei den Strömungs-

---

[1]) HEINRICH, G.: Über Strömungslager usw., M und W, Wien: **4** (1949), **5** (1950) u. **6** (1951)
[2]) HEINRICH, G.: Das aerodynamische Lager, M und W, Wien: **7** (1952)

vorgängen wirklicher Flüssigkeiten hat zuerst L. PRANDTL[1]) erkannt und ihm sind auch die ersten Ansätze zur Abschätzung der quantitativen Verhältnisse, z. B. bei der stationären Strömung entlang einer ebenen Platte zu verdanken. Man gelangt zu dieser durch nachfolgende Impulsbetrachtung. Ist die Länge der Platte l, ihre Breite b, ist ferner V die Strömungsgeschwindigkeit und

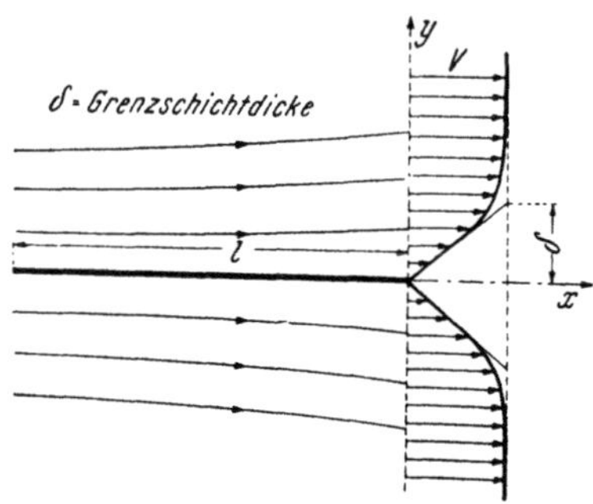

Abb. 453. Angenäherte Geschwindigkeits-verteilung senkrecht zu ebener Platte

δ die ungefähre Grenzschichtdicke (Abb. 453), so beträgt die in die Grenzschicht einfließende Flüssigkeitsmenge $\varrho V \cdot \delta \cdot b$ und diese verliert einen Teil ihrer Bewegungsgröße, und zwar $n \cdot \varrho V^2 \cdot \delta \cdot b$.

Wird nun die Schubkraft angenähert mit $\eta \cdot \dfrac{V}{\delta} \cdot b \cdot l$ angesetzt, so ist nach dem Impulssatz

$$n \cdot \varrho \cdot V^2 \delta \cdot b = \eta \cdot \frac{V}{\delta} \cdot b \cdot l$$

und somit folgt

$$\delta = \sqrt{\frac{1}{n}} \cdot \sqrt{\frac{\nu}{V \cdot l}} = \sqrt{\frac{1}{n}} \cdot \frac{1}{\sqrt{Re}}. \tag{143}$$

Die Grenzschicht wird somit um so dünner je größer die Reynoldssche Zahl ist, je kleiner also die Zähigkeit und je größer die Geschwindigkeit ist. Für den Beginn der Bewegung aus der Ruhe ist nach PRANDTL

$$\delta \sim \sqrt{\nu \cdot t}$$

zu setzen.

H. BLASIUS[2]) hat die Differentialgleichung der Grenzschicht aus den Stokes-Navierschen Gleichungen entwickelt, indem er die kleinen Glieder höherer Ordnung wegließ, wozu ihn ein Vergleich der Größenordnungen der einzelnen Glieder führte. Für eine ebene stationäre Strömung in der $x\,y$-Ebene ohne Mitwirkung von Massenkräften lauten die Bewegungsgleichungen

$$\varrho \left(u \cdot \frac{\partial u}{\partial x} + v \cdot \frac{\partial u}{\partial y} \right) = -\frac{\partial p}{\partial x} + \eta \left(\frac{\partial^2 u}{\partial x^2} + \frac{\partial^2 u}{\partial y^2} \right) \tag{144}$$

$$\varrho \left(u \cdot \frac{\partial v}{\partial x} + v \cdot \frac{\partial v}{\partial y} \right) = -\frac{\partial p}{\partial y} + \eta \left(\frac{\partial^2 v}{\partial x^2} + \frac{\partial^2 v}{\partial y^2} \right), \tag{145}$$

wozu noch die Kontinuitätsgleichung kommt

$$\frac{\partial u}{\partial x} + \frac{\partial v}{\partial y} = 0. \tag{146}$$

Diese Gleichungen seien nun auf die dünne Grenzschicht bezogen, in der die Geschwindigkeit vom Wandwert Null auf den Wert V der reibungslosen Strömung ansteigt. Wenn der Geschwindigkeit u die Größenordnung 1 und der sehr geringen Grenzschichtdicke die Größenordnung ε zugeordnet wird, so kann man schreiben

$$\frac{u}{\delta} \sim \frac{\partial u}{\partial y} \sim \frac{1}{\varepsilon}.$$

Weil auch $\dfrac{l}{\delta} \sim \dfrac{1}{\varepsilon}$, so folgt aus (143), daß $\nu \sim \varepsilon^2$ oder $\delta \sim \sqrt{\nu}$ ist.

---

[1]) Verh. d. 3. Internat. Math. Kongr., Heidelberg 1904.
[2]) Diss. Göttingen (1907).

Weiters ist zu beachten, daß $\dfrac{\partial u}{\partial x} \sim 1$, und wegen (146) ist auch $\dfrac{\partial v}{\partial y} = \sim 1$ und von der gleichen Größenordnung sind $\dfrac{\partial^2 u}{\partial x^2}$ und $\dfrac{\partial p}{\partial x}$.

Ferner gilt

$$\frac{\partial v}{\partial x} = \varepsilon\,\frac{\partial u}{\partial x} \sim \varepsilon \qquad \frac{\partial u}{\partial y} = \frac{1}{\varepsilon}\,\frac{\partial v}{\partial y} \sim \frac{1}{\varepsilon}$$

$$\frac{\partial^2 v}{\partial x^2} \sim \varepsilon \qquad \frac{\partial^2 u}{\partial y^2} \sim \frac{1}{\varepsilon^2} \qquad \frac{\partial^2 v}{\partial y^2} \sim \frac{1}{\varepsilon}.$$

Dann wird wegen Gl. (144) $\dfrac{\partial p}{\partial y} \sim \varepsilon$ und es kann daher angenähert $p = f(x)$ gesetzt werden, so daß p von y unabhängig ist und in allen Querschnitten der Grenzschicht der gleiche Druck herrscht. Von der Gl. (144) bleibt infolge Vernachlässigung von $\eta \cdot \dfrac{\partial^2 u}{\partial x^2} \sim \varepsilon^2$ als kleiner Größe höherer Ordnung

$$\varrho\left(u \cdot \frac{\partial u}{\partial x} + v \cdot \frac{\partial u}{\partial y}\right) = -\frac{\partial p}{\partial x} + \eta \cdot \frac{\partial^2 u}{\partial y^2}, \tag{147}$$

welche im Verein mit der ungeänderten Kontinuitätsgleichung (146) zur Bestimmung der Druck- und Geschwindigkeitsverhältnisse dient. Dabei gelten die Randbedingungen $u = 0 = v$ für $y = 0$, wenn die x-Achse durch die Wand gelegt wird und $u = V$ für $y = \delta$ ist.

Außerdem muß man $p = f(x)$ entweder aus der reibungsfreien Bewegung oder aus Messungen kennen.

b) Der Impulssatz für die Grenzschicht. Reibungswiderstand an einer Platte

Wie schon aus der Prandtlschen Abschätzung zu ersehen ist, ermöglicht der Impulssatz wichtige Aussagen, insbesondere die Bestimmung des Reibungs- oder Oberflächenwiderstandes, wenn für die Verteilung der Geschwindigkeit $u(y)$ ein passender Ansatz vorliegt. Es werde wieder die Grenzschicht an einer ebenen glatten Platte betrachtet (Abb. 454), deren Dicke $\delta(x)$ von der Koordinate x abhängen soll und V sei die Geschwindigkeit der reibungslosen Bewegung. Es soll nun auf das durch $a\,b\,c\,d$ begrenzte Stück der Grenzschicht von der Länge dx der Impulssatz angewendet werden. Durch den Querschnitt $\overline{ad}$ tritt die Wassermenge ein

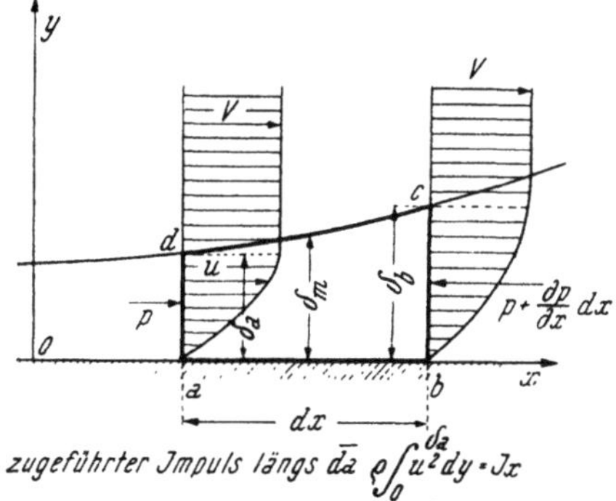

Abb. 454

$$Q = \int_0^{\delta = \overline{ad}} u \cdot dy$$

und durch den Querschnitt $\overline{cb}$ tritt $Q + \dfrac{\partial Q}{\partial x} \cdot dx$ aus, so daß durch $\overline{dc}$ die Differenz $\dfrac{\partial Q}{\partial x} \cdot dx$ eingeströmt sein muß. Damit ist aber in den Raum $a\,b\,c\,d$ ein Impuls durch $\overline{ad}$ eingeströmt

$$J_x = \varrho \int_0^{\delta = \overline{ad}} u^2 \cdot dy$$

und durch $\overline{dc}$ $\;J_x{}' = \varrho \cdot V \cdot \dfrac{\partial Q}{\partial x} \cdot dx.$

Hingegen ist durch $\overline{bc}$ der Impuls $J_x + \dfrac{\partial J_x}{\partial x} \cdot dx$ ausgetreten und es beträgt somit die Differenz von ein- und ausgetretenem Impuls

$$\frac{\partial J_x}{\partial x} \cdot dx - J_x' = \varrho \frac{\partial}{\partial x}\left(\int\limits_0^\delta u^2 \cdot dy\right) dx - \varrho V \cdot \frac{\partial}{\partial x}\left(\int\limits_0^\delta u \cdot dy\right) dx. \tag{148}$$

Die Summe der in der x-Richtung wirkenden Kräfte ist

$$X = p \cdot \delta_a - \left(p + \frac{\partial p}{\partial x} \cdot dx\right) \cdot \delta_b - \eta \cdot \frac{\partial u}{\partial y}\Big|_{y=0} \cdot dx \tag{149}$$

und wenn bis auf kleine Größen höherer Ordnung

$$\delta_a \sim \delta_b = \delta$$

gesetzt wird, so folgt nach Gleichsetzung der Ausdrücke (148) und (149) und Kürzung durch dx

$$-\frac{\partial p}{\partial x} \cdot \delta - \eta \cdot \frac{\partial u}{\partial y}\Big|_{y=0} = \varrho \cdot \frac{\partial}{\partial x}\left(\int\limits_0^\delta u^2\, dy\right) - \varrho V \cdot \frac{\partial}{\partial x}\left(\int\limits_0^\delta u\, dy\right). \tag{150}$$

Hat man einen zutreffenden Ansatz $u = f(y)$ für die Geschwindigkeitsverteilung normal zur Wand, so kann aus (150) der Reibungswiderstand ermittelt werden. Am Rande der Grenzschicht gegen die reibungslose Bewegung zu ist $u = V = \text{const}$ und somit nach BERNOULLI auch $p = \text{const}$. Es wird also dort $\dfrac{\partial p}{\partial x} = 0$, was auch für die Grenzschicht selbst gilt, so daß (150) sich vereinfacht in

$$\eta \cdot \frac{\partial u}{\partial y}\Big|_{y=0} = V \cdot \frac{\partial}{\partial x}\left(\int\limits_0^\delta u \cdot dy\right) - \frac{\partial}{\partial x}\left(\int\limits_0^\delta u^2 \cdot dy\right), \tag{151}$$

wobei die Grenzbedingungen erfüllt sein müssen

$$u = 0 \text{ und } \frac{\partial^2 u}{\partial y^2} = 0 \text{ für } y = 0 \text{ und}$$

$$u = V,\ \frac{\partial u}{\partial y} = 0 \text{ und } \frac{\partial^2 u}{\partial y^2} = 0 \text{ für } y = \delta.$$

Macht man den Ansatz

$$u = V \cdot \left\{a_1 \frac{y}{\delta} + a_2\left(\frac{y}{\delta}\right)^2 + a_3\left(\frac{y}{\delta}\right)^3 + a_4\left(\frac{y}{\delta}\right)^4\right\}, \tag{152}$$

so folgt aus der Bedingung $\dfrac{\partial^2 u}{\partial y^2} = 0$ für $y = 0$, daß $a_2 = 0$ sein muß.

Aus den Bedingungen für $y = \delta$ folgen die Gleichungen

$$a_1 + a_3 + a_4 = 1$$
$$a_1 + 3a_3 + 4a_4 = 0$$
$$6a_3 + 12a_4 = 0,$$

so daß $a_1 = 2$, $a_3 = -2$ und $a_4 = 1$ sich ergeben und somit

$$u = V\left\{2\frac{y}{\delta} - 2\left(\frac{y}{\delta}\right)^3 + \left(\frac{y}{\delta}\right)^4\right\} \tag{153}$$

jenen Ansatz[1]) darstellt, der den geforderten Grenzbedingungen Genüge leistet.

---

[1]) POHLHAUSEN, K.: Z. A. M. M. **1921**.

Dann ist

$$\int_0^\delta u\,dy = \frac{7}{10}\,V\cdot\delta \qquad \frac{\partial u}{\partial y}\Big|_{y=0} = \frac{2\,V}{\delta} \qquad \int_0^\delta u^2\,dy = \frac{367}{630}\cdot V^2\cdot\delta$$

und somit aus (151) nach Kürzung mit V

$$\frac{2\,\nu}{\delta} = \frac{7}{10}\,V\cdot\frac{\partial\delta}{\partial x} - \frac{367}{630}\cdot V\cdot\frac{\partial\delta}{\partial x} = \frac{74}{630}\cdot V\cdot\frac{\partial\delta}{\partial x}. \tag{154}$$

Aus dieser Gleichung folgt nach Integration und Auflösung die Dicke der Grenzschicht

$$\delta = \sqrt{\frac{1260}{37}}\cdot\sqrt{\frac{\nu\cdot x}{V}} = 5\dot{}83\,\sqrt{\frac{\nu\cdot x}{V}}. \tag{155}$$

Weiters ist die Reibungskraft an der Platte bzw. der Oberflächenwiderstand bei einer Plattenlänge und der Breite b

$$W = 2\,\eta\cdot b\int_0^l \frac{\partial u}{\partial x}\cdot dx = 2\,\eta\,b\int_0^l \frac{2\,V}{\delta}\cdot dx = \frac{4\,\eta\,b\,V}{5\dot{}83}\cdot\sqrt{\frac{V}{\nu}}\cdot\int_0^l \frac{dx}{\sqrt{x}} =$$

$$= 1\dot{}372\cdot\varrho\cdot b\cdot\sqrt{\nu\cdot V^3\cdot l}, \tag{156}$$

welcher Wert mit dem von BLASIUS[1]) berechneten genauen Wert

$$W = 1\dot{}327\,\varrho\,b\,\sqrt{\nu\cdot V^3\cdot l} \tag{156a}$$

gut übereinstimmt.

Spätere Forschungen haben gezeigt, daß bei großen Re-Zahlen auch in der Grenzschicht Turbulenz auftritt. Der Umschlag[2]) von laminarer in turbulente Bewegung erfolgt bei $Re_\delta = \dfrac{V\cdot\delta}{\nu} = 1650$ bis 3500.

PRANDTL und KÁRMAN haben, wie in F II 4 dargelegt wurde, die Beziehung zwischen Geschwindigkeit und übertragener Schubspannung bzw. der Schergeschwindigkeit $\sqrt{\dfrac{\tau_0}{\varrho}}$ ermittelt, und zwar ist

$$u = A\cdot\left(\frac{\nu}{y}\right)^{\frac{n}{n+2}}\cdot\left(\frac{\tau_0}{\varrho}\right)^{\frac{1}{2+n}}. \tag{157}$$

Wenn für die Widerstandzahl $\lambda = a\cdot Re^n$ gesetzt wird, so folgt mit $n = -\,{}^1/_4$ nach BLASIUS

$$u = A\cdot\left(\frac{y}{\nu}\right)^{1/_7}\cdot\left(\frac{\tau_0}{\varrho}\right)^{4/_7}.$$

oder

$$\tau_0 = A^{-\,7/_4}\cdot\varrho\cdot\left(\frac{u}{y^{1/_7}}\right)^{7/_4}\cdot\nu^{1/_4},$$

worin nach v. KÁRMAN $A = 8\dot{}7$ zu setzen ist. Führt man für die turbulente Geschwindigkeitsverteilung in der Grenzschicht

$$u = V\cdot\left(\frac{y}{\delta}\right)^{1/_7} \tag{158}$$

ein, so folgt aus (151)

---

[1]) Z. f. Math. Phys. **1908**.
[2]) BURGERS, J. M. und B. VAN DER HEGGE ZIJNEN: Geschwindigkeitsverteilung längs einer Platte, Verhdlg. d. Akad. v. Wetenschappen, Amsterdam 1924.

$$0{\cdot}0225 \cdot V^2 \cdot \left(\frac{\nu}{V \cdot \delta}\right)^{1/4} = V^2 \cdot \frac{\partial}{\partial x}\left(\int_0^\delta \left(\frac{y}{\delta}\right)^{1/7} \cdot dy\right) - V^2 \cdot \frac{\partial}{\partial x}\left(\int_0^\delta \left(\frac{y}{\delta}\right)^2 \cdot dy\right) \quad (159)$$

oder

$$0{\cdot}0225 \left(\frac{\nu}{V \delta}\right)^{1/4} = \frac{7}{72} \frac{\partial \delta}{\partial x} \quad (160)$$

und nach Integration

$$0{\cdot}0225 \left(\frac{\nu}{V}\right)^{1/4} \cdot x = \frac{7}{90} \delta^{5/4},$$

woraus für die Grenzschichtdicke

$$\delta = 0{\cdot}37 \left(\frac{\nu}{V}\right)^{1/5} \cdot x^{4/5} \quad \textbf{(161)}$$

folgt.

Die Reibungskraft an der Platte (beide Seiten) beträgt dann

$$W = 2\,b \cdot \int_0^l \tau_0 \cdot dx = 0{\cdot}045\,b \cdot \varrho \cdot V^2 \cdot \left(\frac{\nu}{V}\right)^{1/4} \cdot \int_0^l \frac{dx}{\delta^{1/4}} =$$

$$= 0{\cdot}0577\,b\,\varrho \cdot V^2 \cdot \left(\frac{\nu}{V}\right)^{1/5} \cdot \int_0^l x^{-1/5} \cdot dx = 0{\cdot}072\,b \cdot \varrho \cdot V^{1\cdot80} \left(\nu \cdot l^4\right)^{1/5}. \quad (162)$$

Bei den vorhergehenden Betrachtungen sind Druckdifferenzen und Schubspannungen in Wechselwirkung getreten. Weil erstere proportional ϱv^2 gesetzt werden können und für ähnliche Strömungsverhältnisse Proportionalität vorausgesetzt wird zwischen Druckdifferenz und Reibungsspannung, so wird der Widerstand ausdrückbar durch

$$W = f(Re) \cdot \varrho \cdot V^2 \cdot F, \quad (163)$$

wenn F die Fläche ist, auf die die Druckdifferenzen wirken. Man erhält so für die laminare Grenzschicht aus (156)

$$f(Re) = \frac{1{\cdot}372}{\sqrt{Re}} \quad \text{bzw.} \quad \frac{1{\cdot}327}{\sqrt{Re}}$$

nach BLASIUS und für die turbulente Grenzschicht ist aus (162)

$$f(Re) = \frac{0{\cdot}072}{\sqrt[5]{Re}}.$$

Wenn die Platte vorn zugeschärft ist, so daß am vorderen Ende der Platte auf eine gewisse Strecke laminare Strömung herrscht, so ist nach PRANDTL[1])

$$f(Re) = \frac{0{\cdot}073}{\sqrt[5]{Re}} - \frac{1600}{Re},$$

und das zweite Glied ist vernachlässigbar, wenn infolge breiteren Plattenkopfes schon am Beginn der Platte Turbulenz herrscht.

c) Ablösungsvorgänge

Die Erfahrung lehrt, daß von scharfen Kanten Trennungs- bzw. Diskontinuitätsflächen (H IV 9 m) ausgehen, während dort nach der Potentialtheorie un-

---

[1]) Ergebnisse d. Aerodyn. Versuchsanstalt zu Göttingen **1923**.

endlich große Geschwindigkeiten auftreten sollten. Letztere würden aber unendlich große negative Drücke bedingen und selbst bei Ausschaltung der nächsten Umgebung dieser singulären Stellen müßten noch immer so große Druckerniedrigungen stattfinden, daß der Zusammenhang der Flüssigkeit verlorengehen und ein Hohlraum entstehen müßte (Kavitation), der sich sofort mit Wasserdampf und ausgeschiedenen Gasen bzw. Luft füllt. Denn es kann insbesondere gas- oder lufthältiges Wasser nur unter besonderen Verhältnissen Zugspannungen aufnehmen, so z. B. im Leitungssystem der Bäume[1]) usw.

Ehe aber die Flüssigkeit durch das Absinken des Druckes ihren Zusammenhang verliert, werden von den Stellen größeren Geschwindigkeitsanstiegs am Rande die vorerst scharf gedachten Trennungs- bzw. Wirbelflächen ausgesendet, die den Abfall auf negativen Druck verhindern und infolge der Zähigkeit in Wirbelschichten endlicher Dicke übergehen. Diese sind sehr labil und zerfallen nach anfänglicher Wellung und nachfolgendem Einrollen der überschlagenden Ausbuchtungen in einzelne Wirbel, wie in Abb. 364 dargestellt ist. Deshalb sind die weiteren Folgerungen aus der KIRCHHOFFschen Theorie (H IV 9 m β),

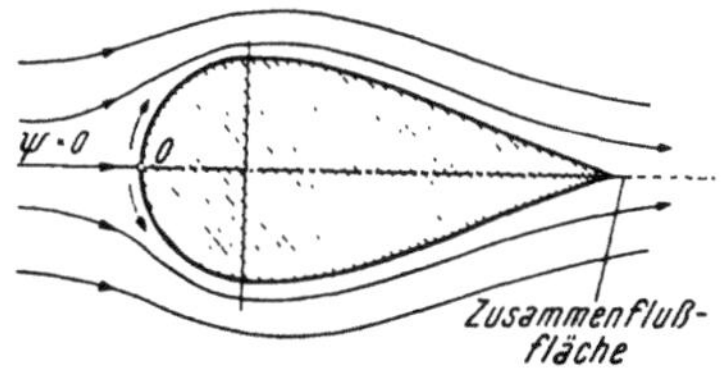

Abb. 455. Strömung gegen einen Zylinder mit tropfenförmigem Querschnitt

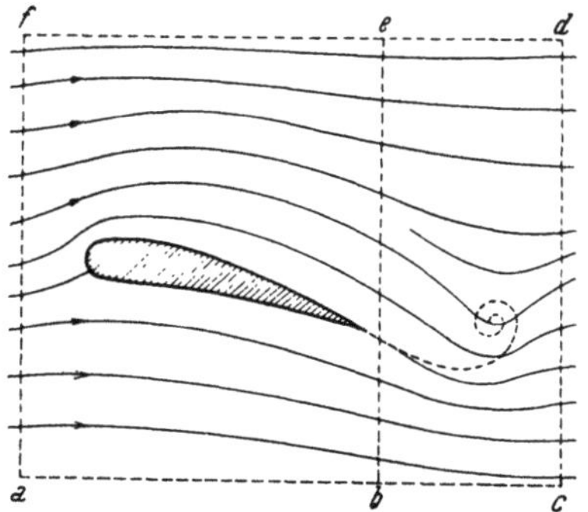

Abb. 456. Der Anfahrwinkel beim Tragflügel nach PRANDTL

die ins Unendliche reichende Diskontinuitätsflächen voraussetzt, nur qualitativ mit der Erfahrung im Einklang. Um das rätselhafte Auftreten von Wirbeln in Flüssigkeit mit geringer Zähigkeit zu klären, muß man vom Thomsonschen Satz über die Zirkulation (H I 2) ausgehen. Nach diesem *muß jede Bewegung aus der Ruhe (Zirkulation = 0) eine Potentialströmung sein.* Nun kann man sich z. B. einen Zylinder tropfenförmigen Querschnitts mit einer Kante denken (Abb. 455), bei dessen Anströmung die Stromlinie $\Psi = 0$ sich am vorderen Staupunkt verzweigt, um sich nachher hinter der Kante zusammenzuschließen. Die Zusammenflußfläche kann zur Wirbelfläche werden, wenn die Geschwindigkeiten auf ihren beiden Seiten eine Differenz aufweisen. Dies ist z. B. nach L. PRANDTL beim beschleunigten Tragflügel eines Flugzeuges (Abb. 456) der Fall, weil der Weg zur rückwärtigen Kante auf der Druckseite kürzer als jener auf der Saugseite und dementsprechend die Geschwindigkeit auf der Druckseite die größere ist. Die Zusammenflußfläche ist deshalb eine Wirbelfläche, die sich einrollt und als kräftiger „Anfahrwirbel" zur Wirkung kommt. Nun gilt der Thomsonsche Satz auch für eine geschlossene Linie $a\,b\,c\,d\,e\,f$, die um das Flügelprofil und den Anfahrwirbel in genügend großem Abstand gezogen wird. Daraus folgt, daß die Zirkulation um den Wirbel, die gleich dessen Stärke ist, von derselben Größe, jedoch entgegengesetzt gerichtet sein muß, wie jene um den Flügel.

---

[1]) Kohäsionstheorie V. DIXON, H. H.: Transpiration and the ascent of sap in plants, London 1914, und Nachweis kohärenter Wasserfäden in Leitbahnen durch O. RENNER, L. JOST u. a.

Der Anfahrwirbel erreicht seine volle Ausbildung, wenn die Geschwindigkeiten auf beiden Seiten des Flügelprofils gleich groß geworden sind, so daß eine Umströmung der Kante nicht mehr stattfindet und der Wirbel stromabwärts wandert. Es bleibt schließlich nur die Parallelströmung übrig mit der Zirkulation, die den Auftrieb bewirkt (H IV 11). Ablösung der Strömung von der Wand erfolgt aber auch bei stetiger Krümmung derselben, wie an dem Kreiszylinder (Abb. 457) erläutert werden soll. Nach der Potentialtheorie, von der ausgegangen wird, ist im vorderen und rückwärtigen Staupunkt A bzw. C die Geschwindigkeit Null, während in B und D ein Maximum auftritt von der Größe $2u_0$, wenn u_0 die Geschwindigkeit der Parallelströmung ist. Dementsprechend würde der Wasserspiegel in beiden Staupunkten eine Hebung, in den beiden anderen Punkten eine Senkung aufweisen.

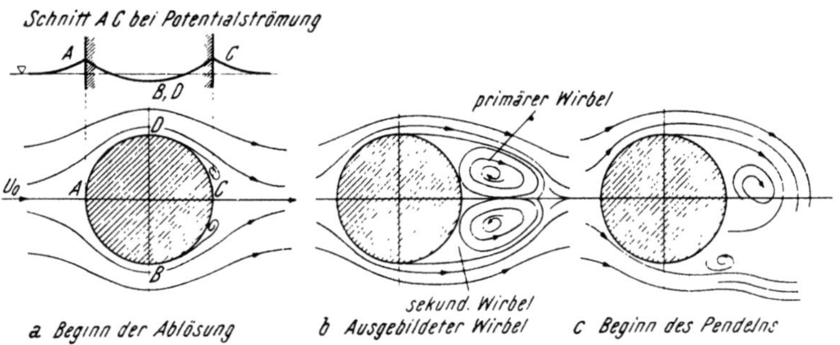

Abb. 457. Ablösungserscheinungen am Kreiszylinder

Es müßte also bei reibungsloser Bewegung, z. B. ein Oberflächenteilchen beim Durchlaufen des Zylinderumfangs auf dem Wege AB fallen, um auf dem Stück BC um dasselbe Maß aufzusteigen. Nun treten aber in der Grenzschicht trotz kleiner Zähigkeit infolge des mit dem Haften verbundenen großen Geschwindigkeitsabfalls genügend große Widerstände auf, um die Bewegung der Teilchen auf den Wegstücken BC und DC gehörig abzubremsen. Dies erfolgt mit allen neu in die Grenzschicht gelangenden Teilchen, weshalb die Dicke der Grenzschicht rasch mit dem zurückgelegten Weg anwachsen tut. Schließlich kommt es in einem gewissen Bereich zur Bewegungsumkehr und die von ihr ergriffenen Teilchen streben dem nun etwas verschobenen Druckminimum zu. Es wird dann die äußere Strömung unter Bildung eines Wirbels von der Wand abgedrängt (Abb. 457 b). Die Ablösung der entstehenden Wirbel erfolgt intermittierend, wobei die früher genannte Kármansche Wirbelstraße mit der charakteristischen pendelnden Bewegung entsteht. Die Bildung des ersten Wirbels erfolgt, wenn die Flüssigkeit am Körper entlang einen Weg zurückgelegt hat, der die Größenordnung des Krümmungsradius an der betreffenden Stelle hat. Also kann man schließen[1]), daß mit immer kleiner werdendem Krümmungsradius, der Beginn der Wirbelbildung immer früher einsetzt und somit bei einer Kante sofort Wirbelbildung eintreten muß.

Mit dem Verhalten der Grenzschicht gegenüber kleinen Störungen hängt das „Turbulenzproblem" zusammen, nämlich die Frage nach der Entstehung der Turbulenz. Indem die älteren Arbeiten, gestützt auf eine Reihe halb empirischer und halb theoretischer Aussagen, sich auf die mathematische Untersuchung des Verhaltens kleiner Störungen in der ausgebildeten Couetteschen Strömung beschränk-

---

[1]) PRANDTL, L.: Die Entstehung von Wirbeln in einer Flüssigkeit mit kleiner Reibung, Zschft. f. Flugtechnik u. Motorluftschiffahrt 1927.

ten, ergab sich ein den Tatsachen widersprechendes Verhalten, nämlich Stabilität[1]). Dies hat nicht nur Zweifel an der Methode erregt, ja man zweifelte an der Zulänglichkeit der Stokes-Navierschen Gleichungen. TOLLMIEN[2]) hat als erster erkannt, daß das Geschwindigkeitsprofil der Grenzschicht für den Umschlag in Turbulenz maßgebend ist. Befindet sich ruhende Flüssigkeit zwischen zwei parallelen Wänden und wird die eine Wand plötzlich mit konstanter Geschwindigkeit in Bewegung gesetzt, so wird die an der Wand entstandene Grenzschicht mit der Zeit immer dicker und nähert sich asymptotisch der linearen Verteilung der Geschwindigkeit (ähnliches Problem S. 93). Diese ersten „Anlaufprofile" sind nach SCHLICHTING[3]) zu untersuchen und sie besitzen in der Tat einen endlichen kritischen Wert Re_k. TOLLMIEN[4]) stellte fest, daß Geschwindigkeitsprofile mit Wendepunkten, wie sie in der Grenzschicht bei Druckanstieg vorkommen, zur Instabilität neigen.

M. Der Ausfluß aus Öffnungen

1. Vorbemerkungen

Die Frage nach der aus einem Gefäß ausfließenden Wassermenge war eine der ersten Aufgaben, mit welchen sich die aufkeimende Mechanik beschäftigt hat, wie das in D12d behandelte TORRICELLISche Theorem zeigt. Freilich ist ein volles Verständnis dieses Problems diskontinuierlicher Bewegung und seine Lösung erst Jahrhunderte später ermöglicht worden. Nach dem genannten Theorem ist die Ausflußgeschwindigkeit so groß, als ob ein Fall aus der Höhe h des Wasserspiegels über dem Schwerpunkt der Öffnung erfolgt wäre. Aus der später aufgestellten Bernoullischen Gleichung folgt entsprechend Abb. 458

$$\frac{v^2}{2g} + \frac{p}{\gamma} = \frac{v_0{}^2}{2g} + \frac{p_0}{\gamma} + h,$$

und mit $v \cdot f = v_0 f_0$ wird

$$v = \sqrt{\frac{2g\left(\dfrac{p_0 - p}{\gamma} + h\right)}{1 - \dfrac{f^2}{f_0{}^2}}}. \tag{1}$$

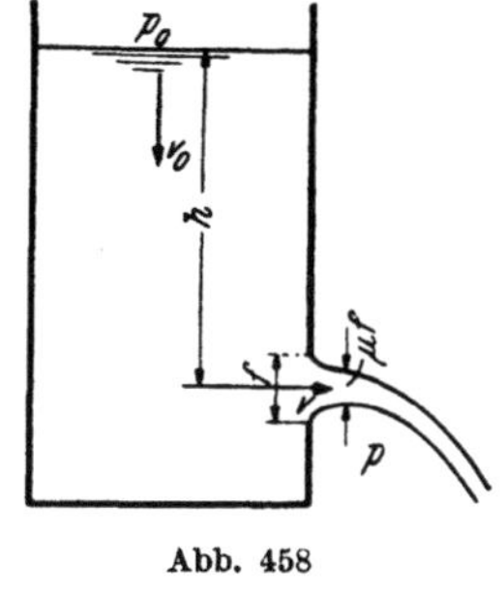

Abb. 458

Ist z. B. der Strahldurchmesser so klein, daß der Kapillardruck $\gamma \cdot h_k$ eine Rolle spielt, so ist $p = p_0 + \gamma h_k$ mit $h_k = \dfrac{2\alpha}{\varrho g \cdot d}$, wenn $\alpha \cong 74\,\mathrm{Dyne \cdot cm^{-1}}$ die Kapillarkonstante ist.

Es wird dann bei $f_0 \gg f$

$$v = \sqrt{2gh\left(1 - \frac{h_k}{h}\right)},$$

und mit $h \gg h_k$ folgt

$$v = \sqrt{2gh} \tag{1a}$$

[1]) ORR, W. M. F.: Proc. Irish Acad. 1907.
    SOMMERFELD, A.: Int. Math. Kongr., Rom 1908.
    V. MISES, R.: Jahr.-Bericht d. D. Math. Ver. 1926. SEXL, TH.: Ann. d. Phys. 1927, 1928.
[2]) TOLLMIEN, W.: Göttinger Nachr. 1929.
[3]) SCHLICHTING, H.: Ann. Phys. 1932.
[4]) TOLLMIEN, W.: Göttinger Nachr. 1935.
Eine ausführliche Darstellung gibt SCHLICHTING, Grenzschicht-Theorie, Karlsruhe 1951.

die Gleichung von TORRICELLI. Aber auch die allerdings geringe Reibung bewirkt eine Verminderung der Ausflußgeschwindigkeit und man setzt

$$v = \varphi \cdot \sqrt{2gh}, \tag{1b}$$

wobei der Koeffizient φ nur bei kleinen Ausflußhöhen erheblich kleiner als 1 ist. So hat J. WEISBACH[1]) bei glattpolierten, gut abgerundeten Mundstücken mit 1 cm lichter Weite folgende Werte gefunden.

h	0·02	0·5	3·5	17	103 m
φ	0·959	0·967	0·975	0·994	0·994

Die Ausflußmenge wäre nur dann

$$Q = f \cdot v = \varphi \cdot \sqrt{2gh} \cdot f, \tag{2}$$

wenn die Stromfäden beim Ausfluß parallel und senkrecht zur Öffnung verlaufen würden, was nicht der Fall ist. Es suchen vielmehr die Stromlinien an der Wand ihre Richtung beizubehalten, wodurch eine Zusammendrängung der mittleren Stromlinien, eine Zusammenschnürung oder Kontraktion, erfolgt. Dabei muß der Druck vom Werte $p = p_0$ am Rande der Öffnung auf einen höheren Wert im Inneren steigen, während nach dem Bernoullischen Gesetz die Geschwindigkeit vom Rande gegen das Innere abnehmen muß. In der Abb. 459 ist die charakteristische Druckverteilung über dem Gefäßboden und der Öffnung dargestellt. Die Stromfäden können bald nach der Öffnung als parallel angenommen werden und wenn der Strahlquerschnitt $\mu \cdot f$ ist, so wird bei größerem h

$$Q = \mu \cdot \varphi \cdot \sqrt{2gh} \cdot f = \mu_1 \cdot \sqrt{2gh} \cdot f. \tag{2a}$$

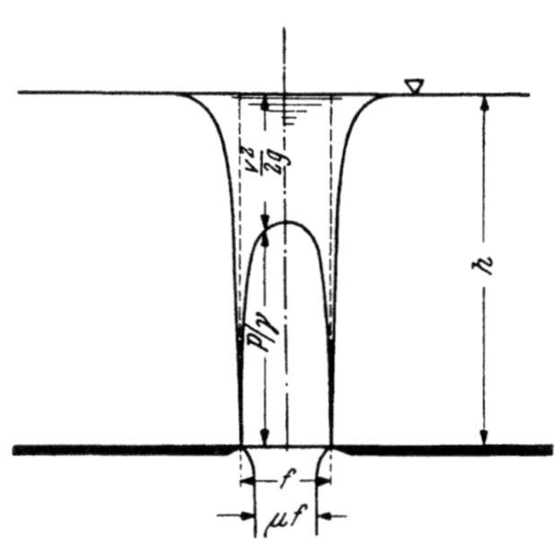

Abb. 459. Schema der Geschwindigkeits- und Druckverteilung beim Ausfluß aus dünner Wand

Der Ausflußkoeffizient μ_1 wird wegen der kleinen Reibung häufig gleich dem Kontraktionskoeffizienten μ, weshalb es vornehmlich auf die Ermittlung des letzteren ankommt. Wenn das Problem ein ebenes ist, so sind die Hilfsmittel für diese Ermittlung vorhanden, wie in der Potentialtheorie L IV 9 dargelegt worden ist. Für das axialsymmetrische Problem des Ausflusses durch eine kreisförmige Bodenöffnung in dünner Wand hat E. TREFFTZ[2]) eine strenge Lösung gegeben, indem er aus $\Delta\Phi = 0$ mittels des Greenschen Satzes eine Integralgleichung entwickelt und durch allmähliche Annäherung die Form des Strahles als auch μ bestimmt hat. In allen anderen Fällen ist man auf Versuche angewiesen.

2. Berechnung des Kontraktionskoeffizienten bzw. der Ausflußzahl

Das charakteristische beim Ausfluß ist die Strahlbildung, deren noch unbekannte Form aus der von KIRCHHOFF (H IV 9 m) entwickelten und von MISES weitergeführten Methode ermittelt wird. Zeichnet man in einem stationären Strömungs-

---

[1]) Experimentalhydraulik, Freiberg 1855.
[2]) TREFFTZ, E.: Über die Kontraktion kreisförmiger Flüssigkeitsstrahlen, Z. Math. Phys. **1916.**

bild ($\Psi = q$-Linien) eine beliebige geschlossene Linie, so besteht die Impulsänderung für die innerhalb der Begrenzung liegende Flüssigkeit aus dem Impulsfluß durch die Umgrenzung. Für ein Element der Um-
grenzung ist der Impulsfluß $\varrho \cdot \mathfrak{v} \cdot d\Psi$ bzw. $\varrho \int \mathfrak{v} \cdot d\Psi$ für
die gesamte Umgrenzung.

Nach dem Impulssatz ist die Änderung des Impulses
gleich der Resultierenden der Kräfte. Sieht man von
Volums- bzw. Massenkräften ab, so kommen nur die
Drücke auf die Begrenzung zur Wirkung. Auf das Ele-
ment ds wirkt $p \cdot ds$ mit den Komponenten $p \cdot ds \cdot i \cos \alpha$
und $-p \cdot ds \sin \alpha$, wenn α der Neigungswinkel von ds
gegen die x-Achse ist (Abb. 460).

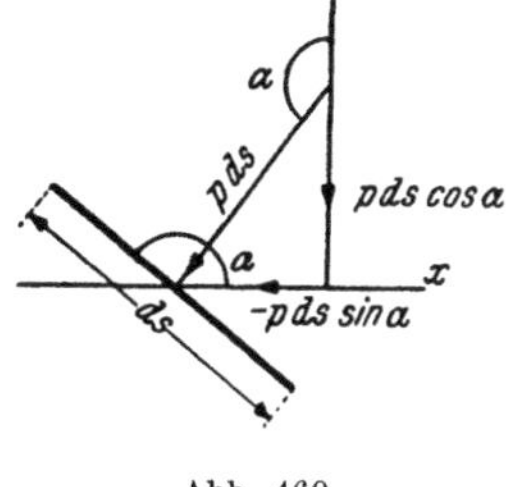

Abb. 460

Für die Druckkraft auf das Element bzw. auf die Um-
grenzung folgt $i p \, d\zeta$ bzw. $i \int p \cdot d\zeta$, wenn $d\zeta = dx + i \, dy = ds \, (\cos \alpha + i \sin \alpha)$
und somit muß nach dem Impulssatz gelten

$$\varrho \int \mathfrak{v} \, d\Psi - i \int p \cdot d\zeta = 0. \qquad (3)$$

Nun ist nach dem Satz von BERNOULLI

$$p + \frac{u^2 + v^2}{2} \cdot \varrho = \frac{u_0^2 + v_0^2}{2} \cdot \varrho = \frac{c_0^2}{2} \cdot \varrho,$$

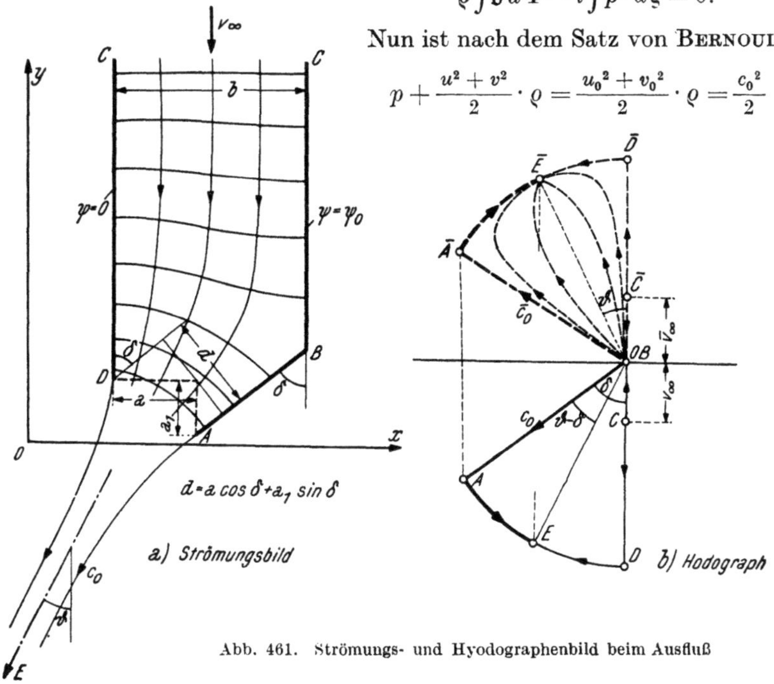

Abb. 461. Strömungs- und Hyodographenbild beim Ausfluß

wenn die Geschwindigkeit an der Strahloberfläche c_0 und der Druck daselbst
$p_0 = 0$ gesetzt wird. Bedenkt man, daß $u^2 + v^2 = (u + iv) \cdot (u - iv) = \mathfrak{v} \cdot \dfrac{dZ}{d\zeta}$,
so folgt aus (3) wegen

$$\int \frac{u_0^2 + v_0^2}{2} \cdot d\zeta = 0$$

$$\varrho \int \mathfrak{v} \cdot d\Psi + \frac{i}{2} \int \mathfrak{v} \cdot dZ = 0. \qquad (4)$$

Längs der Stromlinien $\Psi = $ const verschwindet $\int \mathfrak{v} \, d\Psi$ und es wird $\int \mathfrak{v} \, dZ =$
$= \int \mathfrak{v} \cdot d\Phi$. Es sollen nun die Integrale für die in Abb. 461 dargestellte Form

des Ausflusses nach v. Mises ausgewertet werden, wo a, a_1, b und δ gegeben sind. Wegen der dünnen Grenzschicht werden die starren Begrenzungen als Stromlinien angesehen, mit der in der Abbildung angegebenen Bezeichnung. Das erste Integral in (4) verschwindet längs der Stromlinienränder $\Psi = 0$ und $\Psi = \Psi_0$ und beschränkt sich auf den Beitrag $-i\,v_\infty \cdot \Psi_0$ bei C und $c_0 \cdot \Psi_0 \cdot (i \cos \vartheta + \sin \vartheta)$ bei E.

Die Beiträge des zweiten Integrals sind längs der Strahloberfläche DEA

$$\int\limits_{DEA} \mathfrak{v} \cdot dZ = \int \mathfrak{v} \cdot \bar{\mathfrak{v}} \cdot d\zeta = -c_0{}^2 \cdot (a - i a_1),$$

längs AB

$$-(i \cos \delta + \sin \delta) \int\limits_{AB} |\mathfrak{v}| \cdot d\Psi,$$

längs BC und CD

$$\int\limits_{BC+CD} \mathfrak{v} \cdot dZ = -i \int\limits_{BC+CD} |\mathfrak{v}| \cdot d\Phi + \int\limits_{BC+CD} |\mathfrak{v}| \cdot d\Psi = -i \int\limits_{BC+CD} |\mathfrak{v}|\, d\Phi + v_\infty\, \Psi_0.$$

Es folgt somit aus (4)

$$-i\,v_\infty\, \Psi_0 + c_0 \cdot \Psi_0\,(i \cos \vartheta + \sin \vartheta) - \frac{c_0{}^2}{2}(a_1 + i a) + \frac{1}{2}(\cos \delta - i \sin \delta) \int\limits_{AB} |\mathfrak{v}|\, d\Phi \pm$$

$$+ \frac{1}{2} \int\limits_{BC+CD} |\mathfrak{v}|\, d\Phi + i\,\frac{v_\infty \cdot \Psi_0}{2} = 0. \tag{5}$$

Aus dem imaginären Anteil, also der y-Komponenten, ergibt sich mit $\Psi_0 = v_\infty \cdot b$ und mit $c_0 = 1$ nach einiger Umformung

$$\frac{a}{b} = v_\infty \left(2 \cos \vartheta - v_\infty - \frac{\sin \delta}{b \cdot v_\infty} \int\limits_{AB} |\mathfrak{v}|\, d\Phi \right) = v_\infty \{ f_1(v_\infty) + f_2(\vartheta) \}. \tag{6}$$

Ähnlich folgt aus der Komponenten von (5) in der Richtung AB der Abbildung

$$\frac{a \cos \delta + a_1 \sin \delta}{b} = \frac{d}{b} = v_\infty \cdot \left\{ 2 \cos (\delta - \vartheta) - v_\infty \cos \delta + \frac{\sin \delta}{b \cdot v_\infty} \int\limits_{BC+CD} |\mathfrak{v}| \cdot d\Phi \right\} =$$

$$= v_\infty \{ g_1(v_\infty) + g_2(\vartheta) \}. \tag{7}$$

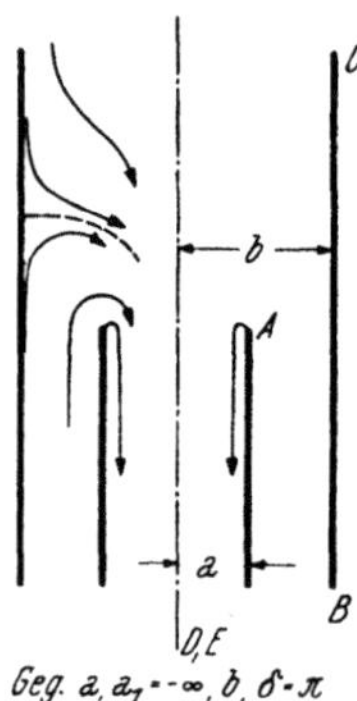

Abb. 462

Aus (6) und (7) sind nun die Unbekannten v_∞ bzw. $v_\infty \cdot b = \psi_0$ und ϑ berechenbar, wenn man imstande ist, die Integrale auszuwerten.

Für die *Bordasche Mündung* in Abb. 462 findet man unmittelbar aus (6) durch Einführung von $b \cdot v_\infty = \mu \cdot a \cdot c_0$ mit $c_0 = 1$ und $\vartheta = \pi = \delta$ $\dfrac{a}{b} = \dfrac{\mu a}{b}\left(2 - \dfrac{\mu a}{b}\right)$, so daß für ein weites Gefäß mit $b \gg a$ $\mu = 0{\cdot}50$ resultiert, was schon in E 4 b gefunden wurde.

Die Ermittlung der Integrale kann mit Hilfe der in H IV 9 m besprochenen konformen Abbildung mittels der Hodographenmethode erfolgen. In Abb. 461 b ist der Hodograph mit seinem konjugierten (an der x-Achse gespiegelten) Bild dargestellt und wie man sieht, entsprechen den Stromlinien in der $\zeta = x + i y$-Ebene im Hodographen Linien, die aus dem Punkt C kommen und nach dem Punkt E gehen. Im Grunde genommen ist die im konjugierten Bild des Hodographensektors verlaufende symbolische Strömung auf eine Quell-Senken-Strömung in der Ebene zu transformieren.

Setzt man $\dfrac{\pi}{\delta} = \varkappa$, $w' = (i\bar{\mathfrak{v}})^{\varkappa}$, wenn $\bar{\mathfrak{v}} = \dfrac{dZ}{d\zeta}$ (Abschn. H IV), ferner $w_1' = v_\infty^{\varkappa}$ und $w_2' = e^{\varkappa\vartheta i}$, wenn ϑ der Richtungswinkel des Ausflußstrahles im ∞ ist, so entspricht der Strömung nach v. MISES[1]) das komplexe Potential

$$Z = \Phi + i\,\Psi = -\frac{\Psi_0}{\pi}\log\frac{(w'-w_1')\left(w'-\dfrac{1}{w_1'}\right)}{(w'-w_2')\left(w'-\dfrac{1}{w_2'}\right)} = -\frac{\Psi_0}{\pi}\log\frac{\left(w'+\dfrac{1}{w'}\right)-\left(w_1'+\dfrac{1}{w_1'}\right)}{\left(w'+\dfrac{1}{w'}\right)-\left(w_2'+\dfrac{1}{w_2'}\right)}.$$

$$\tag{8}$$

Längs einer Stromlinie ist $dZ = d\Phi$ und daher

$$dZ = d\Phi = -\frac{\Psi_0}{\pi}\,\frac{1}{w'}\left(\frac{w_1'}{w'-w_1'}+\frac{\dfrac{1}{w_1'}}{w'-\dfrac{1}{w_1'}}-\frac{w_2'}{w'-w_2'}-\frac{\dfrac{1}{w_2'}}{w'-\dfrac{1}{w_2'}}\right).\tag{9}$$

Die weitere Ermittlung ergibt nach MISES für den *seitlichen Abfluß* (Abb. 463) mit

$$\delta = \pi,\quad a = 0\quad\text{und}\quad \cos\vartheta = \frac{v_\infty}{2|\mathfrak{v}_0|} = \frac{v_\infty}{2c_0}\tag{10}$$

$$\frac{1}{\mu} = \sin\vartheta + \frac{1}{\pi}\left(\frac{v_\infty}{c_0}+\frac{c_0}{v_\infty}\right)\cdot\log\frac{c_0+v_\infty}{c_0-v_\infty}+\frac{2}{\pi}\cos\vartheta\cdot\log\operatorname{tg}\frac{\vartheta}{2}.\tag{11}$$

Und wenn $\mu\cdot a_1\cdot c_0 = b\,v_\infty$ gesetzt wird, so folgt bei sehr weitem Gefäß $v_\infty = 0$, so daß wegen (10) $\vartheta = \dfrac{\pi}{2}$ ist und aus (11) sich ergibt

$$\frac{1}{\mu} = 1 + \frac{c_0}{\pi\cdot v_\infty}\cdot\log\frac{c_0+v_\infty}{c_0-v_\infty}\bigg|_{v_\infty\,\to\,0} =$$

$$= 1 + \frac{2}{\pi}\quad\text{oder}\quad \mu = \frac{\pi}{\pi+2} = 0{\cdot}611.$$

Für *waagrechten Boden* mit $\delta = \dfrac{\pi}{2}$ und $a_1 = -\infty$ (Abb. 464) ist nach MISES

$$\frac{a}{b} = \frac{v_\infty}{c_0}\left\{1+\frac{2}{\pi}\left(\frac{c_0}{v_\infty}-\frac{v_\infty}{c_0}\right)\operatorname{arc\,tg}\frac{v_\infty}{c_0}\right\},\tag{12}$$

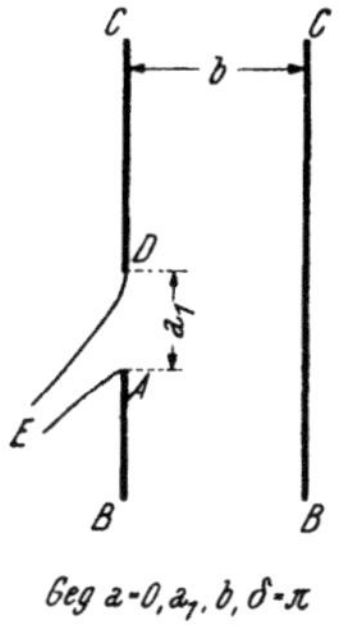

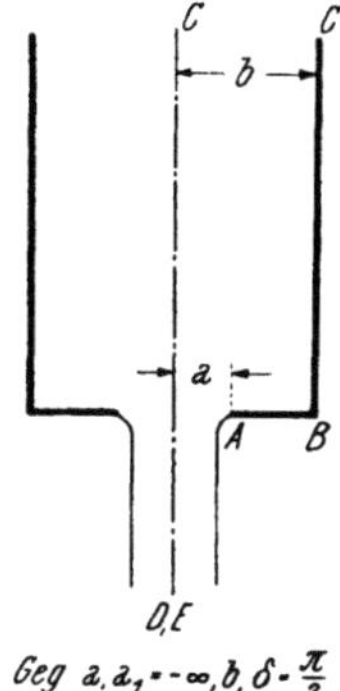

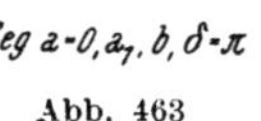

Abb. 463

Abb. 464

wo $c_0 = 1$ gewählt werden kann. Mit $\mu\cdot a\cdot c_0 = b\cdot v_\infty$ folgt nach Einführung eines zwischen 0 und $\dfrac{\pi}{2}$ gelegenen Hilfswinkels $\dfrac{\beta}{2} = \operatorname{arc\,tg}\dfrac{v_\infty}{c_0}$

$$\frac{1}{\mu} = 1 + \frac{\pi}{2}\,\beta\cdot\operatorname{ctg}\beta.\tag{13}$$

Für ein sehr weites Gefäß mit $v_\infty \to 0$ ist $\dfrac{\beta}{2} = 0$ und es wird dann

$$\frac{1}{\mu} = 1 + \frac{2}{\pi}\cdot\frac{\beta}{\operatorname{tg}\beta} = 1 + \frac{2}{\pi}\cdot\frac{0}{0} = 1 + \frac{2}{\pi}\quad\text{oder}\quad \mu = \frac{\pi}{\pi+2},$$

ein Wert, wie er schon in H IV 9 m gefunden wurde.

---

[1]) V. MISES, R.: Berechnung von Ausfluß- und Überfallzahlen, Z.VDI **1917**, und Zusatz in LAMB, H.: Hydrodynamik, Leipzig-Berlin 1931, 2. Aufl. in deutscher Sprache.

Für gewählte β folgt aus (13) der Wert μ und somit das zugehörige Verhältnis $\dfrac{a}{b}$, das für verschiedene μ in folgender Tabelle verzeichnet ist.

$\mu = 0{\cdot}611$	$0{\cdot}612$	$0{\cdot}616$	$0{\cdot}622$	$0{\cdot}633$	$0{\cdot}644$
$\dfrac{a}{b} = 0{\cdot}0$	$0{\cdot}1$	$0{\cdot}2$	$0{\cdot}3$	$0{\cdot}4$	$0{\cdot}5$

Es wächst μ mit $\dfrac{a}{b}$, je unvollkommener also die Kontraktion ist.

Weil beim Ausfluß in freie Luft gilt

$$v = \sqrt{\frac{2gh}{1 - \left(\dfrac{\mu a}{b}\right)^2}},$$

wird

$$Q = \frac{\mu}{\sqrt{1 - \left(\dfrac{\mu a}{b}\right)^2}} \cdot a\sqrt{2gh} = \mu_1 \cdot a\sqrt{2gh}.$$

Man erhält folgende Werte[1]) der Ausflußzahl

$$\mu_1 = \frac{\mu}{\sqrt{1 - \left(\dfrac{\mu a}{b}\right)^2}}$$

$\dfrac{a}{b} = 0{\cdot}0$	$0{\cdot}1$	$0{\cdot}2$	$0{\cdot}3$	$0{\cdot}4$	$0{\cdot}5$
$\mu_1 = 0{\cdot}611$	$0{\cdot}613$	$0{\cdot}621$	$0{\cdot}633$	$0{\cdot}653$	$0{\cdot}681$

Es stimmen die gerechneten μ_1-Werte sehr gut mit den von WEISBACH[2]) versuchsmäßig gefundenen überein.

Für die *Seitenöffnung am Boden* mit $\delta = \dfrac{\pi}{2}$ (Abb. 465) erhält v. MISES

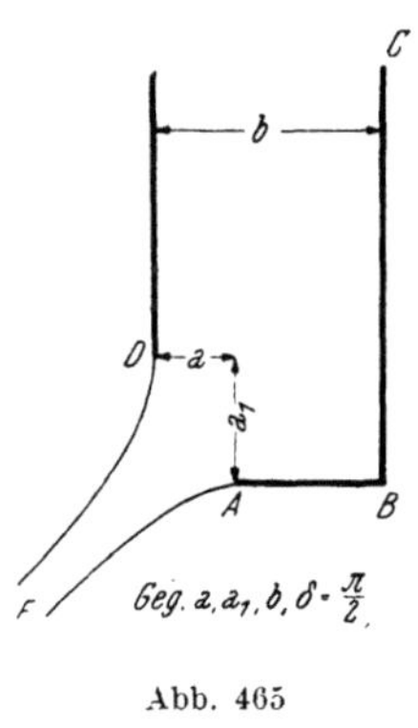

Abb. 465

$$f_1\left(\frac{v_\infty}{c_0}\right) = \frac{2}{\pi}\left(\frac{c_0}{v_\infty} - \frac{v_\infty}{c_0}\right) \operatorname{arc\,tg} \frac{v_\infty}{c_0}$$

$$g_1\left(\frac{v_\infty}{c_0}\right) = -\frac{1}{\pi}\left(\frac{c_0}{v_\infty} + \frac{v_\infty}{c_0}\right) \log\left\{\frac{c_0 - v_\infty}{c_0 + v_\infty}\right\}$$

$$f_2(\vartheta) = \cos\vartheta + \frac{2}{\pi}\sin\vartheta \cdot \log \operatorname{tg}\left(\frac{\pi}{4} - \frac{\vartheta}{2}\right)$$

$$g_2(\vartheta) = \sin\vartheta + \frac{2}{\pi}\cos\vartheta \cdot \log\operatorname{tg}\vartheta.$$

Es ist dann

$$\frac{1}{\mu} = \frac{a \cdot c_0}{b \cdot v_\infty} = f_1\left(\frac{v_\infty}{c_0}\right) + f_2(\vartheta)$$

$$\frac{1}{\mu_1} = \frac{a_1 \cdot c_0}{b \cdot v_\infty} = g_1\left(\frac{v_\infty}{c_0}\right) + g_2(\vartheta).$$

Man erhält folgende Werte

$\dfrac{a}{b} = 0{\cdot}0$	$0{\cdot}1$	$0{\cdot}2$	$0{\cdot}3$	$0{\cdot}4$	$0{\cdot}5$
$\mu = 0{\cdot}673$	$0{\cdot}676$	$0{\cdot}680$	$0{\cdot}686$	$0{\cdot}693$	$0{\cdot}702$

Man kann wie früher μ_1 und $Q = \mu_1 \cdot a \cdot \sqrt{2gh}$ berechnen.

[1]) KAUFMANN, W.: Hydromechanik, II. Bd., Berlin 1935.
[2]) WEISBACH, J.: Lehrbuch d. Ing. u. Masch.-Mechanik, I. Teil, 1845.

Für eine *Trichteröffnung* aus unendlich weitem Gefäß (Abb. 466) mit $\vartheta = 0$, $v_\infty = 0$ ist nach v. MISES $\dfrac{1}{\mu} = f_1(0) + f_2(0)$ und

$$f_1(0) = \frac{\sin\delta}{\delta} \qquad f_2(0) = 1 + \frac{\sin\delta}{\pi}\sum_{n=1}^{p}\cos(2n-1)\,\delta\cdot\log\sin^2\frac{2n-1}{2}\cdot\delta,$$

folglich

$$\frac{1}{\mu} = 1 + \frac{\sin\delta}{\pi}\cdot\left\{\varkappa + 2\sum_{n=1}^{p/2}\cos(2n-1)\,\delta\cdot\log\left[1-\cos(2n-1)\delta\right]\right\}.$$

Für $\delta = \dfrac{\pi}{2}$ wird $\dfrac{1}{\mu} = 1 + \dfrac{\varkappa}{\pi} = \dfrac{\pi+2}{\pi}$.

Es ergibt sich folgende Tabelle

		$\delta = 22\cdot5^0$	45^0	$67\cdot5^0$	90^0
berechnetes	$\mu =$	$0\cdot885$	$0\cdot746$	$0\cdot666$	$0\cdot611$
gemessenes[1])	$\mu =$	$0\cdot882$	$0\cdot753$	$0\cdot684$	$0\cdot632$

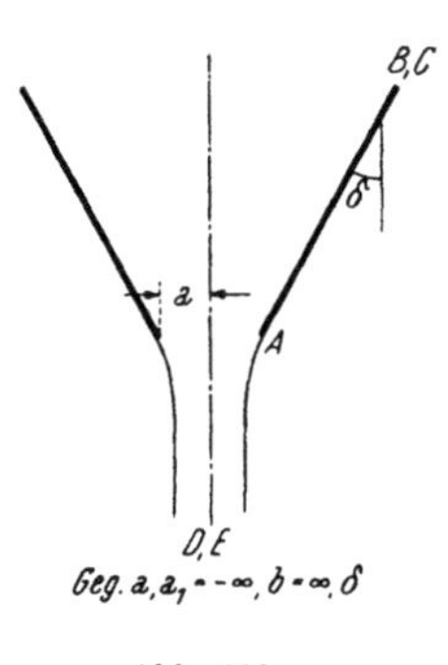

Abb. 466

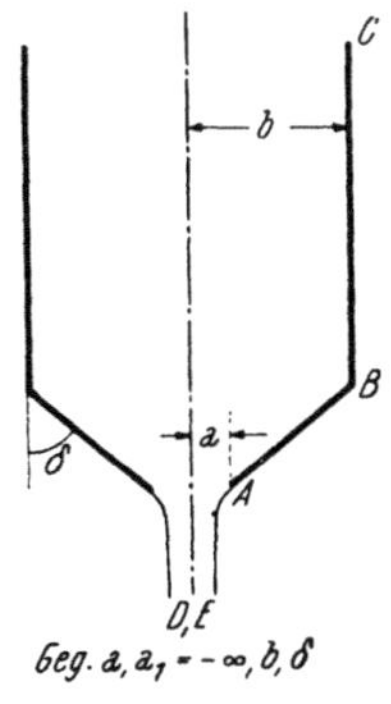

Abb. 467

Für einen *trichterförmigen Ansatz* nach Abb. 467 ist $\vartheta = 0$ und

$$\frac{1}{\mu} = f_1(v_\infty) + f_2(0) = 1 + \frac{\sin\delta}{\pi}\sum_{n=1}^{p/2}\left\{A_n\cdot\cos(2n-1)\,\delta + B_n\sin(2n-1)\cdot\delta\right\}$$

mit

$$A_n = 2\log\left\{1-\cos(2n-1)\,\delta\right\} - \left(\frac{v_\infty}{c_0}+\frac{c_0}{v_\infty}\right)\log\left\{1+\eta^2-2\,\eta\cos(2n-1)\,\delta\right\}$$

$$B_n = 2\left(\frac{c_0}{v_\infty}-\frac{v_\infty}{c_0}\right)\operatorname{arc\,tg}\frac{\eta\cdot\sin(2n-1)\,\delta}{1-\eta\cos(2n-1)\,\delta},$$

wobei $\eta = \dfrac{v_\infty}{c_0}$.

Für $\delta = \dfrac{\pi}{2}$ erhält man

$$\frac{a}{b}\cdot\frac{c_0}{v_\infty} = \frac{1}{\mu} = 1 + \frac{2}{\pi}\left(\frac{c_0}{v_\infty}-\frac{v_\infty}{c_0}\right)\operatorname{arc\,tg}\frac{v_\infty}{c_0},$$

wie auch aus (12) hervorgeht.

---

[1]) Nach J. WEISBACH.

Es ergeben sich folgende Werte

$\frac{a}{b} =$	$0{\cdot}0$	$0{\cdot}1$	$0{\cdot}2$	$0{\cdot}3$	$0{\cdot}4$	$0{\cdot}5$
$\delta = 45^0 \quad \mu = 0{\cdot}746$	$0{\cdot}747$	$0{\cdot}747$	$0{\cdot}748$	$0{\cdot}749$	$0{\cdot}752$
$\delta = 135^0 \quad \mu = 0{\cdot}537$	$0{\cdot}546$	$0{\cdot}555$	$0{\cdot}569$	$0{\cdot}580$	$0{\cdot}599$
$\delta = 180^0 \quad \mu = 0{\cdot}500$	$0{\cdot}513$	$0{\cdot}528$	$0{\cdot}544$	$0{\cdot}564$	$0{\cdot}586$

Die ebene Behandlung des Ausflußproblems spielt bei den im Wasserbau häufigen Überfällen über Wehre und Stauwerke eine große Rolle. Für gewöhnliche

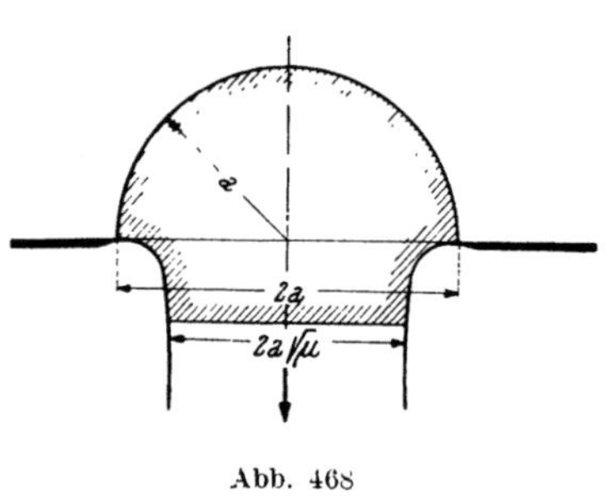

Abb. 468

Ausflußöffnungen fehlt diese Möglichkeit und selbst beim einfachsten axialsymmetrischen Fall der kreisrunden Öffnung im waagrechten Gefäßboden kommt es auf entsprechende Annahmen an, um für die Einschnürung zutreffende Werte zu erhalten. Setzt man bei großer Wassertiefe h für eine kreisförmige Öffnung entsprechend Abb. 468 voraus, daß in einer Entfernung, die gleich dem Halbmesser a ist, radiale Zuströmung herrscht, daß also die Halbkugel über der Öffnung eine Potentialfläche ist, so ist nach dem Impulssatz, angewendet auf die schraffierte Wassermasse

Summe der lotrechten Kräfte =

= Impulsänderung in lotrechter Richtung pro Zeiteinheit

$$-\int \left(p - \varrho\,\frac{v^2}{2} \right) \cdot \sin\varphi \cdot df - G = \varrho \int v^2 \sin\varphi \cdot df - \mu \cdot \varrho\,a^2 \pi\,v_0{}^2, \qquad (14)$$

wobei das Integral über die Halbkugelfläche zu nehmen ist, $p - \varrho\,\dfrac{v^2}{2}$ den auf der Halbkugel wirkenden Druck und G das bei großem h vernachlässigbare Wassergewicht darstellt. Im Zustand der Ruhe ist $\int p\,df \cdot \sin\varphi \cong \gamma \cdot h \cdot a^2 \pi =$ Bodendruck auf die Öffnungsfläche. Also folgt aus (14) mit vernachlässigtem G

$$\mu = \frac{1}{2\,a^2\,\pi\,v_0{}^2} \cdot \int v^2 \sin\varphi \cdot df + \frac{gh}{v_0{}^2}, \qquad (15)$$

und weil entsprechend der Annahme $v \cdot 2\,a^2 \pi \sim v_0\,\mu\,a^2 \pi$ gesetzt werden kann, also $\left(\dfrac{v}{v_0} \right)^2 \sim \dfrac{\mu^2}{4}$, so wird $\mu = \dfrac{gh}{v_0{}^2} + \dfrac{\mu^2}{8\,a^2\,\pi} \cdot \int \sin\varphi \cdot df$.

Mit $v_0 = \sqrt{2gh}$ und $\displaystyle\int_0^{\frac{\pi}{2}} \sin\varphi \cdot df = \int_0^{\frac{\pi}{2}} a^2 \pi \cdot \sin\varphi \cdot \cos\varphi \cdot d\varphi = a^2 \pi$ folgt $\mu = \dfrac{1}{2} + \dfrac{\mu^2}{8}$,

woraus $\mu = 0{\cdot}536$ sich ergibt[1]).

Dieser Wert ist allerdings kleiner als die Messungen ergeben, weil die über der Öffnungskante gelegene Potentialfläche gedrückt und kleiner als die Halbkugelfläche ist, so daß der Faktor von μ^2 größer als $\dfrac{1}{8}$, und zwar etwa $\dfrac{2}{7}$ sein müßte.

---

[1]) FR. KÖTTER, Arch. Math. Phys. **1889**, hat diesen Wert als niedrigsten Wert der Ausflußziffer gefunden.

3. Erfahrungswerte für die Ausflußzahl $\mu_1 = \dfrac{Q}{f \cdot \sqrt{2\,g\,h}}$

Nach den eingehenden Versuchen von FARMER[1]) zeigt sich die Abhängigkeit des μ_1 und damit des μ von der Druckhöhe h bestätigt. Er fand folgende Werte für Bodenöffnungen von $1{\cdot}267\ \text{cm}^2$ Größe.

h in Fuß in m	1 0·305	2 0·61	4 1·22	6 1·83	8 2·44	10 3·05	20 6·10
Kreis .... $r = 0{\cdot}635$ cm	0·620	0·613	0·608	0·607	0·606	0·605	0·603
Quadrat	0·628	0·623	0·618	0·616	0·614	0·613	0·611
Rechteck ..... 4 : 1	0·643	0·636	0·629	0·627	0·625	0·624	0·621
Rechteck ..... 16 : 1	0·664	0·651	0·642	0·637	0·635	0·633	0·629

Wie aus der Tabelle zu ersehen, ändern sich die μ_1-Werte bei größeren Druckhöhen nur mehr wenig. Es fällt auf, daß die Ausflußzahl mit dem Öffnungsumfang bei gleicher Fläche zunimmt. Deshalb wurden Versuche[2]) mit einer gleichseitigen dreieckigen Öffnung von $1{\cdot}52$ cm Seitenlänge und 1 cm² Fläche in waagrechter dünner Wand (Blech) durchgeführt (Abb. 469). Sie ergaben überraschenderweise eine weit größere Ausflußzahl, die ebenfalls mit der Druckhöhe immer langsamer abnahm, wie aus folgender Tabelle ersichtlich ist.

Druckhöhe h	25 cm	40	55	70	85	100 cm
Ausflußzahl μ_1 .... (Mittel aus 5 Messungen)	0·701	0·689	0·685	0·680	0·678	0·675

Die Vergrößerung der Abflußziffer dürfte auf kapillare Wirkungen zurückzuführen sein, die die Form des Strahles beeinflussen. Selbst beim Ausfluß aus kreisförmigem Leitungsquerschnitt, aber nicht in einer Ebene gelegener Austrittskante zeigen sich eigentümliche Strahlerscheinungen, wie der in Abb. 470 dargestellte Ausfluß aus einem gewöhnlichen Junkers-Warmwasserspeicher zeigt. Die eigenartige Form der Kante des Ausflusses bewirkt eine Verdrückung des Strahlquerschnitts schon am Beginn des Austritts, so daß er dort elliptische Form annimmt. Dies hat weitere Zusammenziehungen (Knoten) des Strahles zufolge, zwischen welchen die Bäuche gelegen sind[3]). Dabei sind die großen Achsen der elliptischen Querschnitte von einem Knoten bis zum nächsten um 90⁰ gedreht. Besonders eigenartig ist der Strahl bei der dreieckigen Ausflußöffnung, wie beim Ausfluß aus der Bodenöffnung von $1{\cdot}5$ cm Seitenlänge beobachtet worden ist. Er hat ein Aussehen wie Eis, ist kantig wie in Abb. 469 dargestellt und zeigt ebenfalls Einschnürungen, Knoten. Der Abstand der letzteren wächst mit der Druckhöhe über der Öffnung und die Abstände aufeinanderfolgender Knoten

---

[1]) FARMER, J. T.: Proc. Roy. Soc. Canada, II. Bd. (1896).
[2]) Durchgeführt von meinem Assistenten DIPL.-ING. H. SCHMIDT, nicht veröffentlicht.
[3]) Ähnliche Erscheinungen sind von H. A. MAGNUS, Ann. Phys. Chem. 1855, und anderen beobachtet worden.

nehmen ab. So zeigte sich bei den Versuchen die erste Zusammenschnürung bei etwa 1·2 cm unterhalb der Öffnung und es erfolgte der Übergang des dreieckigen Strahlquerschnitts in den eines dreistrahligen Sternes wie in Abb. 469 dar-

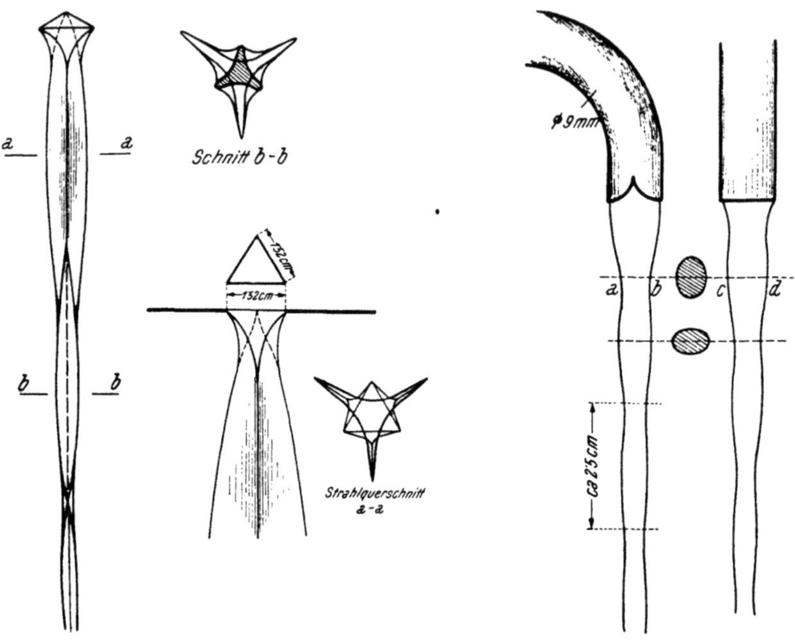

Abb. 469. Strahl aus dreieckiger, scharfkantiger Bodenöffnung

Abb. 470. Knotenerscheinung beim Ausflußstrahl

gestellt, so daß infolge der konkaven Strahloberfläche eine Verminderung des auf ihr lastenden Druckes erfolgt. Der zweite Knoten lag bei 70 cm Druckhöhe bei 31·5 cm Tiefe, der dritte bei 50 cm usf. Bei einer Druckhöhe von 1 m war der Übergang aus dem dreistrahligen Stern in den um 60° gedrehten in etwa 40 cm Entfernung (photographische Ausmessung) vollendet.

4. Ausfluß durch Ansatzstutzen

Schon früher hatten Marchese POLENI[1]) und andere entdeckt, daß durch Ansatzstutzen (Abb. 471) eine größere Menge ausfließt als ohne solchem und daß bei einer bestimmten Stutzenlänge ein Maximum des Ausflusses eintritt. Im Mittel ergab sich für den *normal angesetzten Stutzen*

$$Q = 0\text{·}815 \cdot f \cdot \sqrt{2gh}, \tag{16}$$

wenn f der Stutzenquerschnitt und h die Druckhöhe ist. Später fand VENTURI[2]), daß sich im Ansatzrohr ein Unterdruck bildet, dessen Höhe etwa 75% der Druckhöhe am Einlauf in den Stutzen beträgt. Dies ist auf die Einschnürung zurückzuführen, die im Stutzen vor dem unter atmosphärischem Druck erfolgenden Ausfluß eintritt. Hiezu ist eine Stutzenlänge $l = d$ notwendig. Mit v_e an der Einschnürung ist

$$Q = \mu \cdot f \cdot v_e = \mu \cdot \varphi \cdot f \cdot \sqrt{2gh \cdot 1\text{·}75} \tag{17}$$

---

[1]) FORCHHEIMER: Hydraulik, III. Aufl., Leipzig-Berlin 1930.
[2]) Ebda. mit einer Fülle von weiteren Angaben.

und mit $\varphi = 0\dot{}98$ bzw. $\mu = 0\dot{}62$ erhält man die Ausflußzahl $\mu_1 = 0\dot{}81$, ähnlich wie in (16). Nun wird die Druckhöhe h verbraucht für die Geschwindigkeitshöhe $\dfrac{v^2}{2\,g}$ am Stutzenende, für den Mischverlust $\dfrac{(v_e - v)^2}{2\,g}$ und für den Reibungsverlust $\dfrac{1 - \varphi^2}{\varphi^2} \cdot \dfrac{v_e^2}{2\,g}$ vom Einlauf bis zur Einschnürung. Es ist also mit $v = \mu \cdot v_e$

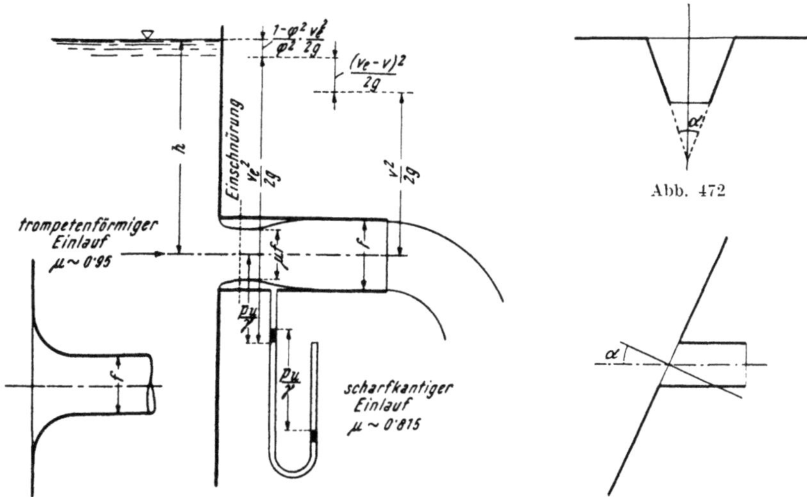

Abb. 471. Unterdruck im Ansatzstutzen beim Einlauf

Abb. 472

Abb. 473

$$h = \frac{v^2}{2\,g} + \frac{(v_e - v)^2}{2\,g} + \frac{1 - \varphi^2}{\varphi^2} \cdot \frac{v_e^2}{2\,g} = \frac{v^2}{2\,g}\left\{1 + \left(\frac{1}{\mu} - 1\right)^2 + \frac{1 - \varphi^2}{\varphi^2\,\mu^2}\right\},$$

so daß mit $\mu = 0\dot{}62$ und $\varphi = 0\dot{}98$

$$h = \frac{v^2}{2\,g}(1 + 0\dot{}3758 + 0\dot{}1295) = 1\dot{}5058\,\frac{v^2}{2\,g}$$

und folglich wird

$$Q = v \cdot f = 0\dot{}815\,f\,\sqrt{2\,g\,h}.$$

Bei trompetenförmigem Einlauf kann μ bis auf $0\dot{}95$ gebracht werden (Abb. 471). Für *schief angesetzte Stutzen* (Abb. 472) ist nach WEISBACH[1]) bei einem Winkel α zwischen Rohrachse und Wandnormalen folgende Tabelle für die Ausflußzahl geltend.

$\alpha =$	0^0	10^0	20^0	30^0	40^0	50^0	60^0
$\mu_1 =$	$0\dot{}815$	$0\dot{}799$	$0\dot{}782$	$0\dot{}764$	$0\dot{}747$	$0\dot{}731$	$0\dot{}719$

Für *konische Stutzen* mit dem Öffnungswinkel α (Abb. 473) hat ZEUNER[2]) nach einer Versuchsreihe von WEISBACH die empirische Formel aufgestellt

$$\mu = 0\dot{}6385 + 0\dot{}2121 \cos^3 \frac{\alpha}{2} + 0\dot{}1065 \cos^4 \frac{\alpha}{2}.$$

Wenn $\alpha = 180^0$ ist, so hat man den Ausfluß in dünner Wand vor sich. Die aus der Zeunerschen Formel sich ergebenden großen μ für kleine α sind darauf

---

[1]) Lehrbuch d. Ing. u. Masch.-Mechanik, Braunschweig 1875.
[2]) Civilingenieur **1856**.

zurückzuführen, daß in den zugrunde liegenden Versuchen die Kanten nicht scharf, sondern etwas abgerundet waren.

Von besonderer praktischer Wichtigkeit sind die Untersuchungen von FREEMAN[1]) bezüglich der günstigen Form eines *konischen Strahlrohrs für Feuerlöschzwecke*. Ein solches Rohr mit Mundstück (Abb. 474) soll möglichst glatt sein und keine Vorsprünge aufweisen, die den Strahl zerreißen. Die Ausflußzahl variiert bei den üblichen glatten Mundstücken erfahrungsgemäß nur wenig, etwa zwischen 0·986 bis 0·971, so daß die ausfließende Menge $Q \cong 0·98\, f \cdot \sqrt{2\,g\,h}$

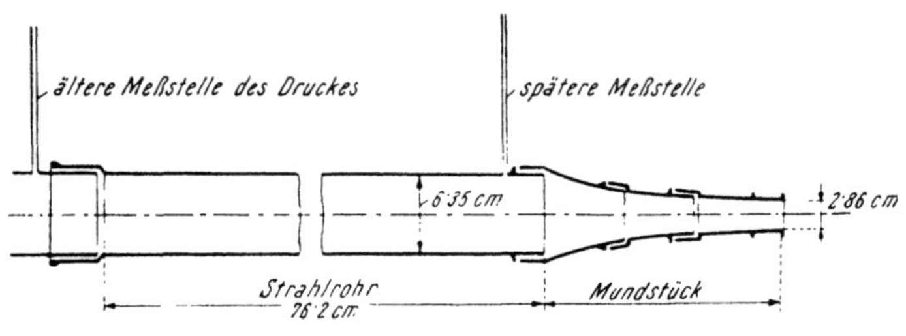

Abb. 474.   Feuerlöschrohr

zu setzen ist, wobei h die Summe aus der am Strahlrohranfang gemessenen Druckhöhe h_1 und der Geschwindigkeitshöhe darstellt. Es ist also

$$Q \sim \mu \cdot f \cdot \sqrt{2\,g\left(h_1 + \frac{1}{2\,g}\,\frac{Q^2}{F^2}\right)} = \mu f \cdot \sqrt{2\,g \cdot \frac{h_1}{1 - \mu^2\,\dfrac{f^2}{F^2}}}. \tag{18}$$

Das etwa $\frac{3}{4}$ m lange Strahlrohr scheint einen nicht vernachlässigbaren Reibungsverlust zu bewirken. Denn spätere Versuche, bei welchen die Druckhöhe am Mundstückansatz gemessen wurden, ergaben $\mu \sim 0·995$.

Der *Feuerlöschstrahl*, insbesondere dessen Steighöhe und Sprungweite, spielt in der Technik der Brandbekämpfung eine entscheidende Rolle. Infolge des Luftwiderstandes ist die maximale Strahlweite wesentlich geringer, als sie sich nach der Theorie des schiefen Wurfes ohne Widerstand ergeben würde und nur bei kleinen Sprungweiten (kleinen Austrittsgeschwindigkeiten) ist der theoretische Steigwinkel von 45^0 der maximalen Sprungweite zugehörig. FREEMAN[2]) hat die größte Sprungweite und Steighöhe bei folgenden zusammengehörigen Werten gefunden.

Geschwindigkeitshöhe $\dfrac{v_0^2}{2\,g}$ = 3·5 m   7·0   10·0   35·0
am Mundstück

Strahlwinkel α = 45°   40°   35°   34—30°

Je größer v_0 und je kleiner der Strahldurchmesser d, desto stärker ist die Abweichung von den theoretischen Werten. Ist h die Druckhöhe am Strahlrohranfang, d der Durchmesser der glatten Mundstücköffnung und s die Steighöhe der obersten Tropfen, so gilt nach Freeman bei Windstille

$$s = h - 0·000113\,\frac{h^2}{d}$$

für Druckhöhen von 28 bis 49 m und Öffnungsweiten von 19 bis 35 mm.

---

[1]) Am. Soc. Civ. Eng. Trans. **1889.**
[2]) Inst. für Hydraulik und hydraul. Maschinen.

FREEMAN verlangt von einem guten Löschstrahl, daß er ca. 0·9 seiner sekundlichen Wassermenge innerhalb eines Kreises von 38 cm und 0·75 Q innerhalb eines
solchen von 26 cm führe.

Neuere, an der E. T. H. Zürich[1]) (1940—1942) durchgeführte Versuche ergaben
ähnliche Resultate. Die größte Sprungweite wurde bei dem Strahlwinkel $\alpha = 38^0$
gemessen mit folgenden zusammengehörigen Werten von Strahldurchmesser.
Geschwindigkeitshöhe am Strahlbeginn und größter Wurfweite:

$\dfrac{v_0^2}{2g}$	20 m	30 m	40 m	50 m	60 m	70 m
6 mm	18·0 m	20·8 m	22·7 m	23·8 m	24·3 m	24·5 m
7 mm	18·7	22·0	24·2	25·8	27·0	27·5
8 mm	19·0	22·4	24·7	26·4	27·7	28·3

Wie man sieht, hat die Steigerung des Druckes von einer gewissen Grenze an
keinen wesentlichen Einfluß auf die Strahlweite, und bei größerer Geschwindigkeit
fängt der Strahl an zu zerflattern. Die maximale Sprungweite wird bis zu jenem
Punkt gemessen, wo die Auflösung in Tropfen beginnt. Daß der Strahldurchmesser
die maximale Sprungweite stärker beeinflußt als Geschwindigkeit und Druck, zeigt
folgende Tabelle der maximalen Strahlweiten:

α_0 \ $\dfrac{v_0^2}{2g}$	20 m	40 m	60 m	100 m	150 m	200 m
$d = 20$ mm 8^0	11 m	21 m	30 m	42·7 m	52 m	57·4 m
12^0	18	31	40·2	50	—	—
20^0	23·5	34	40·2	—	—	—
$31·5^0$	27·5	36·5	—	—	—	—

α_0 \ $\dfrac{v_0^2}{2g}$	20 m	40 m	60 m	100 m	130 m	160 m
$d = 25$ mm 8^0	12 m	22 m	30·6 m	44 m	47·4 m	53·2 m
12^0	15	29	40·2	55	61·5	65·0
20^0	22·8	40·5	51·2	61	—	—
$d = 30$ mm 8^0	11 m	21·6 m	30·6 m	45·6 m	53·8 m	59·5 m
12^0	16·5	28	38	56·7	64·6	69·0
20^0	22	39·5	51·2	59	—	—

[1]) Inst. für Hydraulik und hydraul. Maschinen

Um große Sprungweiten zu erreichen, darf beim Austritt aus der Düse kein Drall auftreten, weshalb der Einbau von Gleichrichtern empfohlen wird. Diese vergrößern allerdings den Druckverlust in der Düse.

Auch in der modernen Bewässerung mittels Regenanlagen wird eine große Wurfweite angestrebt, wobei die Düsenform eine große Rolle spielt[1]). Die konische Düse ist in dieser Hinsicht weit vorteilhafter als die zylindrisch auslaufende, bei der schon am Strahlbeginn viel Sprühwasser auftritt, infolge der Wirbelablösungen. Für die Nahberegnung, ferner zum Aufbringen von Baustoffen, z. B. auf die Straßendecke (Teerspritzverfahren) usw., wird die Strahlzersplitterung durch Anordnung eines starken Dralles in der Düse herbeigeführt. Sie tritt selbsttätig in intensivem Maße (Zerstäubung) dann ein, wenn vor dem Austritt eine starke Radialkomponente der Geschwindigkeit herrscht, wie bei Grundablässen mit Ringschiebern, und es wird dann ein erheblicher Teil mechanischer Energie aufgezehrt. Während der Vorgang des Zerfalles eines Flüssigkeitsstrahles experimentell und insbesondere theoretisch einer befriedigenden Lösung harrt, hat man auf dem Gebiet der turbulenten Ausbreitungsvorgänge in nicht tropfbarer Flüssigkeit, wie z. B. der Luft, große Erfolge erzielt[2]).

Beispiel

Eine an den Hydranten angeschlossene Hanfschlauchleitung von 5 cm Durchmesser sei 50 m lang und die Öffnung des Strahlrohrmundstückes betrage 2 cm im Durchmesser. Im Hydranten sei der Leitungsdruck 4·5 Atü und es ist nach der vom Hydranten abgegebenen Wassermenge und nach der Steighöhe des Strahles gefragt. Ist v_0 die Geschwindigkeit in der Mundstücköffnung, so ist entsprechend dem Verhältnis der Durchmesser jene im Schlauch

$$v_s = \left(\frac{2}{5}\right)^2 = 0·16\, v_0$$

und mit $m = 33$ folgt aus der Geschwindigkeitsformel

$$v_s = (8·86 \log D + m) \cdot \left|\overline{DJ}\right. = 34·1 \sqrt{0·05 \cdot \frac{\Delta h}{l}}.$$

Somit ist die Verlusthöhe

$$\Delta h = \frac{0·16^2 \cdot v_0^2 \cdot 50}{34·1^2 \cdot 0·05} = 0·022\, v_0^2.$$

Setzt man den Eintrittswiderstand in den Schlauch

$$\Delta h_1 = \zeta \cdot \frac{v_s^2}{2g}, \quad \text{so ist mit} \quad \zeta = 0·5$$

$\Delta h_1 = 0·00065\, v_0^2$ und mit $\zeta = \dfrac{1-\mu^2}{\mu^2}$ für den Austritt aus dem Mundstück ist der Austrittsverlust mit $\mu = 0·98$

$$\Delta h_2 = \frac{1-\mu^2}{\mu^2} \cdot \frac{v_0^2}{2g} = 0·042\, v_0^2$$

und hiezu kommt noch die Geschwindigkeitshöhe

$$\frac{v_0^2}{2g} = 0·051\, v_0^2.$$

---

[1]) OEHLER: Techn. Mech. u. Thermodynamik 1930.
    Weiters NEMÉNYI, P.: Der allseitig freie Wasserstrahl. Hdbch. d. physik. u. techn. Mechanik, herausgegeben v. AUERBACH u. HORT, Bd. V. Liefg. 3. Leipzig 1931.
[2]) TOLLMIEN, W.: Z. A. M. M. 1926 usf.

Also muß $(0{\cdot}022 + 0{\cdot}00065 + 0{\cdot}042 + 0{\cdot}051)\, v_0^2 = 0{\cdot}1157\, v_0^2 = 45$ m sein, woraus $v_0 = 19{\cdot}72$ m/sec oder $Q = v_0 \cdot f_0 = 6{\cdot}19$ sl.

Aus FREEMANS Formel

$$s = h - 0{\cdot}000113 \cdot \frac{h^2}{d},$$

ergibt sich

$$h = 45 - 0{\cdot}02265\, v_0^2 = 45 - 8{\cdot}81 = 36{\cdot}19 \text{ m}.$$

Folglich ist $s = 36{\cdot}19 - 0{\cdot}000113 \cdot \dfrac{36{\cdot}19^2}{0{\cdot}02} = 36{\cdot}19 - 7{\cdot}40 = 28{\cdot}79$ m.

5. Ausfluß unter Schützentafeln

a) Senkrechte Schützen

Beim Ausfluß unter Schützentafeln mit waagrechter Sohle kann man die in Abb. 475 bis 477 dargestellten drei Fälle unterscheiden. Infolge der Grenzschichtablösung an der vorerst scharf angenommenen Kante wird eine mehr oder weniger starke Kontraktion auftreten, die vom Verhältnis $\dfrac{v}{\sqrt{\mu\, a\, g}}$ abhängt. a ist die Öffnungshöhe, $\mu \cdot a$ der zusammengeschnürte Querschnitt, bezogen auf die

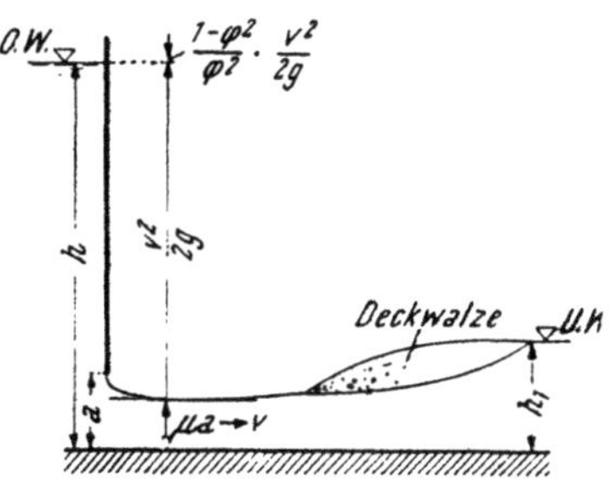

Abb. 475. Schützenausfluß mit freiem Wassersprung und Deckwalze

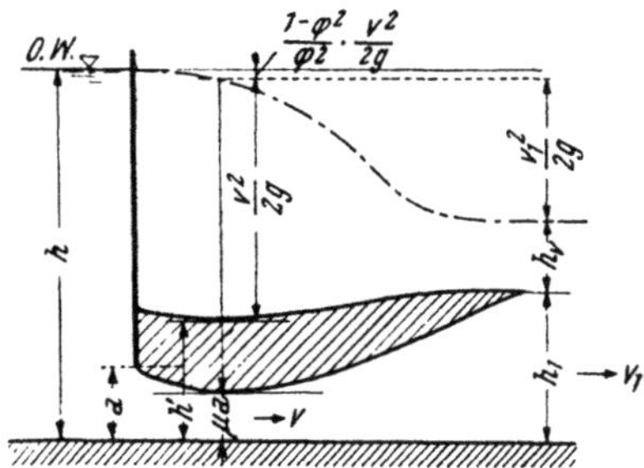

Abb. 476. Schützenausfluß mit rückgestautem Wassersprung und Deckwalze

Breiteneinheit, und v die in letzterem herrschende Geschwindigkeit. Ist $\dfrac{v}{\sqrt{\mu \cdot a \cdot g}} > 1$, so bildet sich ein freier Wassersprung dann im Sinne des Impulssatzes nach der Abb. 475, wenn

$$\varrho \cdot \mu\, a \cdot v^2 + \gamma\, \frac{\mu^2\, a^2}{2} = \varrho \cdot h_1 v_1^2 + \gamma\, \frac{h_1^2}{2} \tag{19}$$

erfüllt ist, also die sogenannte Stützkraft gleich ist der Impulsänderung. Hier ist der Wassersprung ohne Einfluß auf den Ausfluß und es erfolgt dieser mit einer Geschwindigkeit, die aus der nachstehenden Gleichung berechnet wird

$$\mu\, a + \frac{v^2}{2g} + \frac{1-\varphi^2}{\varphi^2} \cdot \frac{v^2}{2g} = h \quad \text{und} \quad v = \varphi \sqrt{2g\,(h - \mu\, a)}$$

beträgt. Somit ist der Ausfluß

$$Q = \mu\varphi \cdot a \cdot \sqrt{2g\,(h - \mu a)} \sim \mu \cdot \varphi \cdot a \sqrt{2g h}. \tag{20}$$

Man kann in diesem Fall mit $a \lll h$ $\mu \sim 0{\cdot}61$ und $\varphi = 0{\cdot}98$ setzen, so daß

$$Q = 0{\cdot}60\ a \cdot \sqrt{2gh} \qquad (21)$$

folgt.

Ist die Unterwassertiefe h_1 größer als sie der Gl. (19) entspricht, so rückt der Sprung mit der Walze an das Schütz (Abb. 476) und es macht sich der Einfluß des Mischvorganges im Unterwasser geltend. Dabei ist zu beachten, daß der Unterwasserspiegel im Längenschnitt etwa an der Stelle der Zusammenschnürung eine Einsenkung aufweist. Wenn daselbst die Spiegelhöhe über der Sohle h' ist, so gilt unter Vernachlässigung der Reibung

$$h + \frac{Q^2}{2gh^2} = h' + \frac{Q^2}{2g\mu^2 a^2} \qquad (22)$$

pro Breiteneinheit, so daß

$$Q = \frac{\mu \cdot a \cdot \sqrt{2g(h-h')}}{\sqrt{1 - \left(\dfrac{\mu a}{h'}\right)^2}}\ . \qquad (22a)$$

Um die Ausflußmenge aus meßbaren Größen zu erhalten, wird der Impulssatz auf die zwischen den Querschnitten h' und h_1 (Abb. 476) befindliche Wassermasse verwendet, nach welchem

$$\varrho\,\frac{gh'^2}{2} - \varrho\,\frac{gh_1^2}{2} = \varrho\,v_1^2 \cdot h_1 - \varrho\,v^2 \cdot (\mu a)^2, \qquad (23)$$

wobei der Impulstransport oberhalb des Querschnitts μa, also im Walzenquerschnitt, nicht berücksichtigt wird. Aus (22) und (23) folgt nach einiger Rechnung

$$Q^4 - \frac{Q^2 g \cdot h^2 h_1^2}{h^2 - h_1^2}\left\{2(h-h') + \frac{h'^2 - h_1^2}{h_1}\right\} + \frac{g^2}{4}\,h^2 h_1^2\,\frac{(h'^2 - h_1^2)^2}{h^2 - h_1^2} = 0, \qquad (23a)$$

woraus bei gemessenem h, h' und h_1 der Ausfluß berechnet werden kann. Aus Versuchen von KEUTNER[1]), OOSTERHOLT[2]) u. a. mit gemessenen Q, h, h' und a folgt für μ aus (22) ein Wert, der etwa um $0{\cdot}65$ schwankt.

Im Falle, daß $v < \sqrt{g \cdot \mu a}$, also kein Wassersprung eintritt (Abb. 477), ist die Kontraktion so gering, daß $\mu = 1$ gesetzt werden kann. Dann folgt aus

$$h = h_1 + \frac{(v - v_1)^2}{2g} + \frac{v^2}{2g},$$

also bei Einführung des Bordaschen Mischverlustes mit

$$v_1 = \frac{a}{h_1} \cdot v$$

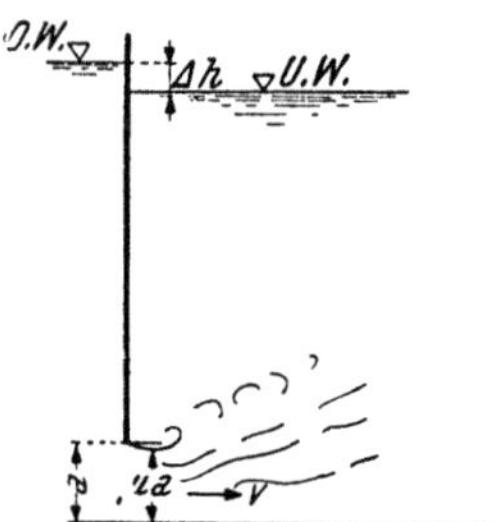

Abb. 477. Schützenausfluß unter Wasser

$$v = \frac{\sqrt{2g(h - h_1)}}{\sqrt{2 - \dfrac{2a}{h_1} + \dfrac{a^2}{h_1^2}}} \qquad (24)$$

und ist $a \lll h$, so ergibt sich

$$Q = v \cdot a = 0{\cdot}71\left(1 + 0{\cdot}5\,\frac{a}{h_1}\right) \cdot a \cdot \sqrt{2g(h - h_1)}, \qquad (25)$$

[1]) KEUTNER, CHR.: Wasserkr. u. Wasserwirtsch., München 1935.
[2]) OOSTERHOLT, G.: An Investigation of the Energy dissipated . . ., Delft 1947.

b) Schräges Schütz

Bei einem schrägen Spannschütz (Abb. 478) handelt es sich gewöhnlich um den freien Ausfluß mit $v > \sqrt{\mu\, a \cdot g}$ und es kommen die Kontraktionszahlen von MISES für trichterförmigen Ansatz zur Anwendung. Weil

$$h + \frac{v_0^2}{2g} = \mu \cdot a + \frac{v_1^2}{2g}$$

mit Vernachlässigung der Reibung, so folgt

$$v = \frac{1}{\sqrt{1 + \dfrac{\mu\, a}{h}}} \cdot \sqrt{2\,g\,h} \tag{26}$$

und

$$Q = \frac{\mu}{\sqrt{1 + \mu\, \dfrac{a}{h}}} \cdot a \cdot \sqrt{2\,g\,h}. \tag{27}$$

Es ist z. B. für $\dfrac{a}{h} = 0\cdot4$ und $\delta = 45^0$ $\mu = 0\cdot749$ nach MISES.

Also ist die Ausflußzahl $\mu_1 = \dfrac{\mu}{\sqrt{1 + \mu\, \dfrac{a}{h}}} = 0\cdot64$ und somit

$$Q = 0\cdot64 \cdot a \sqrt{2\,g\,h}. \tag{27a}$$

Schließlich muß noch einer häufig auftretenden Störung des Ausflußvorganges gedacht werden. Große moderne Wehrschützen haben bei entsprechender

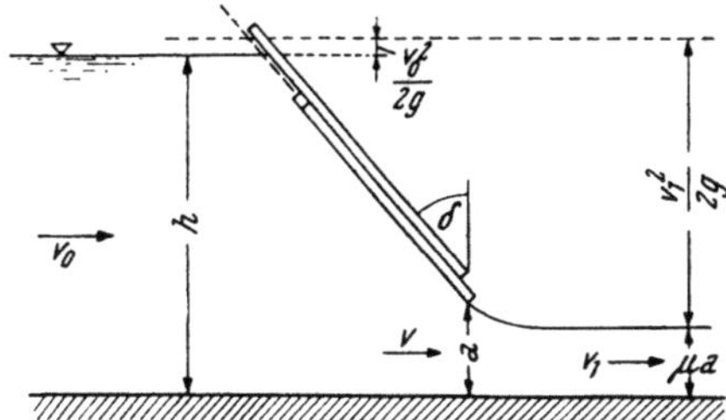

Abb. 478. Ausfluß unter schrägem Schütz

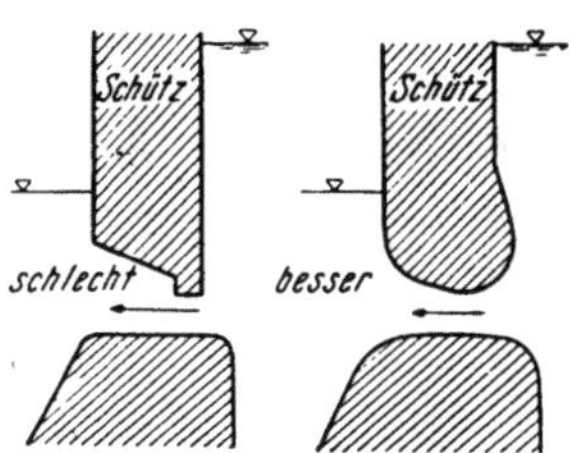

Abb. 479. Hydraulische Anpassung der Konstruktionsform

Stärke einen Öffnungsspalt bestimmter Länge, in welchem der größte Teil des Druckes in Geschwindigkeit verwandelt ist. Wenn nun bei unsachgemäßer Formgebung, scharfe Kanten, hervorstehende Konstruktionsteile (Nieten!) usw. örtliche Geschwindigkeitssteigerungen hervorgerufen werden, so kann der Druck leicht unter den Dampfdruck sinken (Abb. 1), so daß plötzliche Hohlraumbildung bei ebensolcher Verdampfung und Luftabscheidung erfolgt. Bei der im Zuge des weiteren Flusses erfolgenden Drucksteigerung findet dann eine plötzliche Kondensation mit einem ebensolchen Zusammenfall des Hohlraumes (Implosion) statt. Es erfolgen Stoßwirkungen, die sich in Erschütterungen der Konstruktion, verbunden mit dumpfem Grollen, äußern. Eine richtige Formgebung unter Vermeidung von Kanten, Ablösungsstellen mit Wirbelbildung sind die einzige gegebene Möglichkeit, um die unliebsame Erscheinung der Kavitation einzuschränken (Abb. 479).

N. Der Überfall. Abstürze und Wehre

1. Allgemeines

Wenn bei einer Öffnung in lotrechter Wand der Spiegel nicht bis zum Scheitel der meist rechteckigen Öffnung reicht, so spricht man von einem Überfall. Je nachdem der Unterwasserspiegel unterhalb oder oberhalb der Überfallkante gelegen ist, handelt es sich um einen vollkommenen oder unvollkommenen Überfall (Abb. 480). Der Abfluß kann über eine scharfe Kante oder einen abgerundeten Rücken (Wehr) erfolgen. Die Ermittlung der Abflußmenge bei bekannter Überfallhöhe h und noch mehr die Frage nach der Überfallhöhe bzw. nach der Stauhöhe bei einem bestimmten Abfluß sind häufige und wichtige Aufgaben in der Hydrotechnik. Von der berechtigten Annahme ausgehend, daß hier die Reibung vernachlässigt werden kann, die Strömung also

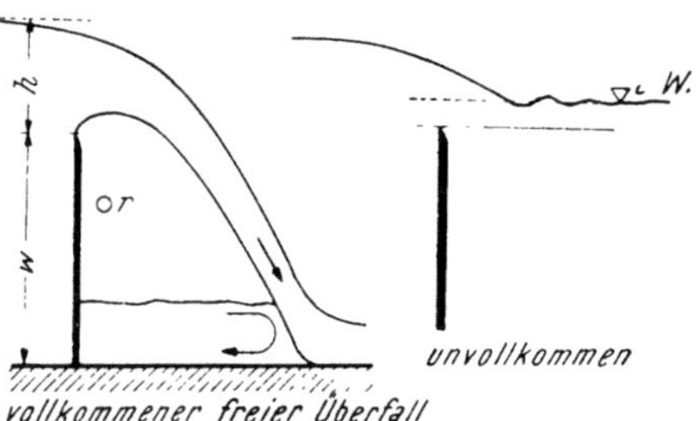

Abb. 480. Der Wehrüberfall

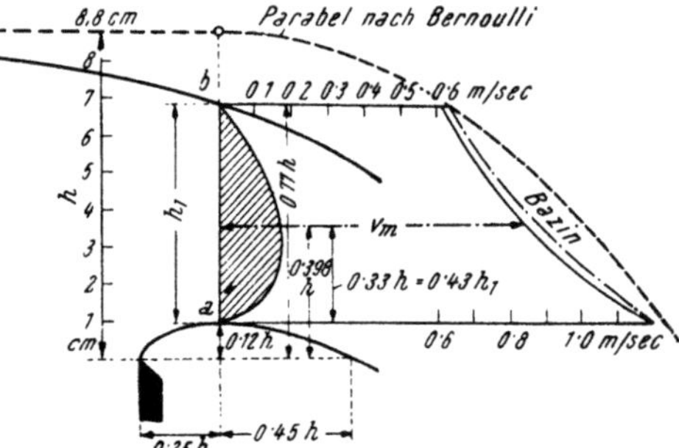

Abb. 481. Druck- und Geschwindigkeitsverteilung im Strahlquerschnitt

dem Gesetz von BERNOULLI folgt, kann angenähert für den lotrechten Querschnitt ab in Abb. 481

$$Q = \int_{h_o}^{h_u} \sqrt{2gy} \cdot dy = \frac{2}{3} h \cdot \sqrt{2gh} \cdot \left\{ \left(\frac{h_u}{h} \right)^3 - \left(\frac{h_o}{h} \right)^3 \right\}$$

erhalten werden, wobei die Krümmung der Stromfäden vernachlässigt wird. Man hat dann die Abflußformel in der alten Form von POLENI[1]) vor sich,

$$Q = \frac{2}{3} \mu h \cdot \sqrt{2gh}, \tag{1}$$

die auf die Längeneinheit der Überfallkante bezogen ist. Mit $h_o = 0{\cdot}23\,h$ und $h_u = 0{\cdot}88\,h$ nach neueren Beobachtungen folgt somit in erster Näherung

$$\frac{2}{3} \mu \simeq 0{\cdot}476.$$

Es kommt also auf den Wert μ an und seine Bestimmung entsprechend den Gegebenheiten ist die zu lösende Aufgabe.

2. Der Überfall mit waagrechter scharfer Kante

a) Ohne Seitenkontraktion

Die Zufluß- oder Gerinnebreite B ist hier gleich der Überfallbreite b und es handelt sich um ein ebenes Problem. Das Bedeutsamste dabei ist die Strahl-

---

[1]) POLENI, G.: De motu aquae mixto, Patavii 1717.

bildung und die Ablösung des Strahles von der Wand, wenn für hinreichende Belüftung gesorgt wird. Diese kann entweder natürlich erfolgen bei fehlenden Seitenwangen unterhalb des Überfalles oder künstlich durch einen Rohrstutzen r in der Seitenwange (Abb. 480), wodurch eine Verbindung des Raumes zwischen Wand und Strahl mit der Außenluft geschaffen ist. Man spricht dann vom freien vollbelüfteten Strahl. Er hat ein charakteristisches Abflußbild, das schon öfters untersucht worden ist[1]). Wird für einen freien Fuß gesorgt (strömendes Unterwasser), so ergibt sich das in Abb. 481 dargestellte Bild der Druck- und Geschwindigkeitsverteilung längs der Lotrechten im Scheitelpunkt a. Der Druck nimmt vom Atmosphärendruck an der unteren Strahlbegrenzung gegen das Strahlinnere zu, um nach Erreichen eines Maximums wieder auf den Atmosphärendruck an der oberen Begrenzung zu fallen. Entsprechend dem Bernoullischen Gesetz ist die Geschwindigkeit am größten im untersten Punkt a und nimmt nach oben ab, aber nicht nach einer Parabel, weil sich Krümmungseinflüsse geltend machen. Für das als Einschnürung bezeichnete Verhältnis $\dfrac{h_1}{h} = \mu$ ergab sich nach KEUTNER 0·66, nach SCIMEMI 0·65. Die Strahlbegrenzung wurde früher als Parabel $x^2 = a \cdot h \cdot y$ mit $a = 1·80$ bis $2·25$ angenommen[2]). Wegen der großen Abweichungen von späteren genaueren Beobachtungen setzt SCIMEMI für die untere Strahlbegrenzung

$$y = \left(\frac{x - 0·10}{1·55} \right)^2 + 0·062\, x - 0·186,$$

wobei $x < 0·65$ m.

Für die obere Strahlbegrenzung ist

$$y = \left(\frac{x - 0·70}{1·46} \right)^2,$$

wobei $x > 1·40$ m und für den mittleren Stromfaden

$$y = \left(\frac{x + 1}{2·155} \right)^{2·33} - 1 \text{ und } x > 1·0 \text{ m}.$$

Der Beiwert $\dfrac{Q}{h \cdot \sqrt{2\,g\,h}} = \dfrac{2}{3}\,\mu$ schwankte je nach der Überfallhöhe, die zwischen 3·5 und 13·2 cm gelegen war. Die benötigte Wassermenge wurde unmittelbar durch Auffangen in einem Betonbehälter von 3200 l Inhalt ermittelt und es ergaben sich folgende Werte.

h in m	0·035	0·044	0·067	0·077	0·088	0·102	0·113	0·122	0·132
$\dfrac{2}{3}\,\mu$	0·440	0·434	0·429	0·430	0·426	0·417	0·429	0·429	0·426

Diese Werte zeigen gegenüber den Werten nach REHBOCK eine mittlere Abweichung von nur $+ 0·70\%$.

Die umfangreichen Untersuchungen des USA Bureau of Reclamation[3]) haben folgende Koordinaten für den freien Strahl über scharfer Kante ergeben.

---

[1]) BAZIN, H.: Expériences nouvelles..., Paris 1898.
KEUTNER, CHR.: Abflußuntersuchungen an scharfkantigen Wehren, Berlin 1931.
SCIMEMI, E.: l'Energia Elettrica **1930.**
[2]) CREAGER, W. P.: Engineering for masonry dams, New York 1917.
DEISCHA, A.: Schweiz. Bauztg. **1923.**
DE MARCHI, G.: Annali dei Lavori Pubblici **1928.**
[3]) Bureau of Reclamation „Studies of Crests for Overfall Dams", Bull. 3, „Model Studies of Spillways", Bull. 1.

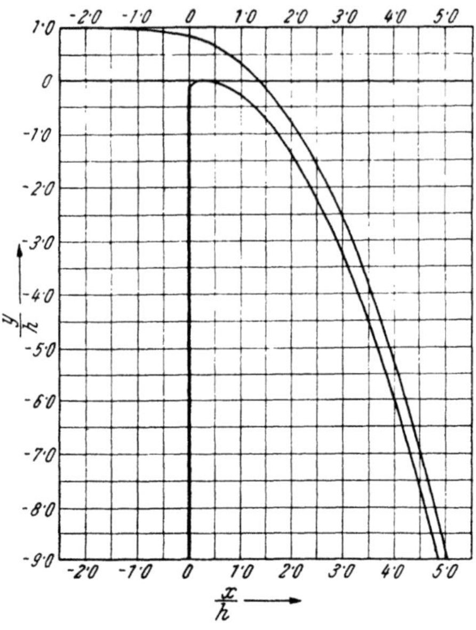

| | Senkrecht | |
| Waagrecht | Oberfläche | Unterfläche |
$\dfrac{x}{h}$	$\dfrac{y}{h}$	$\dfrac{y}{h}$
—2·4	0·989	
—2·0	0·984	
—1·6	0·975	
—1·2	0·961	
—0·8	0·938	
—0·4	0·898	
—0·2	0·870	
0·0	0·831	—0·125
0·05	0·819	—0·066
0·10	0·807	—0·033
0·15	0·793	—0·014
0·20	0·779	—0·004
0·30	0·747	0·000
0·40	0·710	—0·011
0·50	0·668	—0·034
0·75	0·539	—0·129
1·00	0·373	—0·283
2·00	—0·743	—1·393
3·00	—2·653	—3·303
4·00	—5·363	—6·013
5·00	—8·878	—9·523

Abb. 482. Versuchstechnisch ermittelte Form
des Überfallstrahles

Die Strahlform ist aus Abb. 482 zu ersehen.

Weil die exakte Ermittlung gewissen Schwierigkeiten begegnete, die indessen zum Teil behoben erscheinen, hat man auf versuchstechnischem Wege empirische Formeln entwickelt, die für die dringende Erledigung praktischer Aufgaben wertvolle Dienste leisten. Die genaueste derselben dürfte jene von TH. REHBOCK[1]) sein

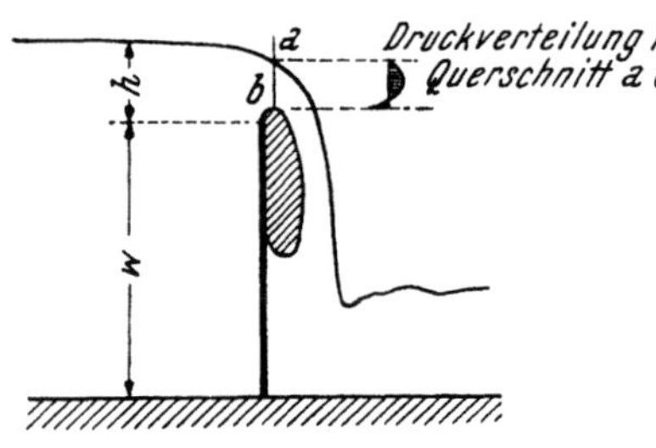

Abb. 483. Angesaugter Überfallstrahl

$$Q = \frac{2}{3}\left(0\text{·}605 + \frac{0\text{·}001}{h} + 0\text{·}08\,\frac{h}{w}\right) \cdot h \cdot \sqrt{2g\,h} \tag{2}$$

mit den Gültigkeitsgrenzen $0\text{·}02 < h < 0\text{·}3$ m. Sie ist auf die Längeneinheit der Überfallkante bezogen und wurde später umgeformt in

$$Q = \frac{2}{3}\left(0\text{·}6035 + 0\text{·}0813\,\frac{h_e}{w}\right) \cdot h_e \cdot \sqrt{2g\,h_e} \tag{2a}$$

mit $h_e = h + 0\text{·}0011$ in Metern.

Bei unvollkommener oder fehlender Belüftung kann die unterhalb des Strahles abgesaugte Luft nicht ersetzt werden und es füllt sich der Raum zwischen Strahl und Wand mit einer Walze, so daß schließlich der angesaugte Strahl entsteht (Abb. 483). Es steigt nach KEUTNER μ vom Wert 0·65 beim belüfteten Strahl auf 0·80 bei voll angesaugtem Strahl, dessen Fuß vom Unterwasser bedeckt ist. Bei den aufgestellten Formeln wurde zu wenig oder gar nicht auf den Einfluß der Kapillarität hingewiesen, der sich namentlich bei kleineren Überfallhöhen bedeutend bemerkbar macht. Infolge der Kapillarität wird bei einem aus einem Bodenspalt von der Breite $2a$ tretenden Strahl ein Zug auftreten und somit ein vergrößerter Abfluß $\varDelta Q$ eintreten. Dieser kann bei gleichem Querschnitt durch

---

[1]) REHBOCK, TH.: Wassermessung mit Überfallwehren, Karlsruhe 1929.

eine Zusatzgeschwindigkeit oder bei belassener Geschwindigkeit durch einen vergrößerten Querschnitt erhalten werden, so daß man schreiben kann

$$\Delta Q = 2a\Delta v = 2\Delta a \cdot v,$$

woraus die fiktive Erweiterung $2\Delta a = \dfrac{\Delta v}{v} \cdot 2a$ folgt. Weil aus Dimensionsgründen $\varrho\,\dfrac{\Delta v^2}{2} \sim \dfrac{\alpha}{a}$ sein muß, wenn α die Kapillarkonstante ist, so folgt

$$Q = \left(2\mu a + 2a \cdot \frac{\Delta v}{v}\right) \cdot \sqrt{2gh} = 2\left(\mu a + \sqrt{\frac{\alpha a}{\gamma h}}\right) \cdot \sqrt{2gh}. \tag{3}$$

Auf den Überfallstrahl angewendet ergibt dies mit $a = h$

$$Q = \frac{2}{3}\left(\mu h + \sqrt{\frac{\alpha}{\gamma}}\right) \cdot \sqrt{2gh} = \frac{2}{3}\left(\mu + \frac{0{\cdot}0027}{h}\right) \cdot h \cdot \sqrt{2gh}, \tag{4}$$

wenn $\alpha \cong 73$ Dyne $\cdot$ cm^{-1} angenommen und h in Metern eingesetzt wird. Die Geschwindigkeitshöhe $\dfrac{v_0^2}{2g}$ einer eventuellen Zuströmung kann berücksichtigt werden, indem man den hiedurch erhöhten Abfluß

$$\Delta Q = \frac{\partial Q}{\partial h} \cdot \Delta h = \frac{1}{2}\,\frac{Q}{h} \cdot \Delta h$$

setzt, wenn von (1) ausgegangen wird.

Wegen $v \cdot h = v_0(h + w)$ folgt dann

$$\Delta h = \frac{v_0^2}{2g} = \frac{v^2}{2g}\,\frac{h^2}{(h + w)^2} = \frac{h \cdot h^2}{(h + w)^2}$$

und schließlich

$$Q = \frac{2}{3}\left(\mu + \frac{0{\cdot}0027}{h}\right) \cdot \left\{1 + 0{\cdot}5\,\frac{h^2}{(h + w)^2}\right\} \cdot h \cdot \sqrt{2gh}. \tag{5}$$

Die von $\dfrac{h}{w}$ abhängige kleine Reibung kann durch einen mittleren Wert ersetzt werden und durch ein verkleinertes μ berücksichtigt werden.

Mit (3) wurde eine Formel gewonnen, die den Gegebenheiten angepaßt werden kann. So gibt z. B. mit $0{\cdot}97\,\mu = 0{\cdot}97 \cdot 0{\cdot}612 \cong 0{\cdot}593$ der Ausdruck

$$\frac{Q}{\frac{2}{3}h\sqrt{2gh}} = \left(0{\cdot}593 + \frac{0{\cdot}0027}{0{\cdot}02 + h}\right) \cdot \left\{1 + 0{\cdot}6\,\frac{h^2}{(h + w)^2}\right\}. \tag{6}$$

Werte, die von jenen nach der Rehbock-Formel (2) in einem allerdings beschränkten Bereich wenig abweichen.

w	0·5 m		0·3 m	
h in m	nach (4)	nach (2)	nach (4)	nach (2)
0·5	0·688	0·687	0·738	0·740
0·3	0·652	0·656	0·692	0·688
0·2	0·635	0·642	0·663	0·663
0·1	0·626	0·631	0·638	0·642
0·05	0·635	0·633	0·639	0·638
0·02	0·661	0·657	0·662	0·660

Im übrigen gibt ein Vergleich der von MISES auf Grund dessen Theorie ermittelten Werte für die häufig vorkommenden Verhältnisse $\dfrac{h}{w}$ zwischen 0 und 1·5 eine gute Übereinstimmung mit der Näherung $0·407 \cdot \left\{ 1 + 0·5 \, \dfrac{h^2}{(h+w)^2} \right\} = \mu'$.

$\dfrac{h}{w}$	0	0·5	1·0	1·5
$\dfrac{2}{3} \mu$ nach MISES	0·407	0·427	0·458	0·490
μ'	0·407	0·429	0·458	0·480

Diese Feststellungen sind bei der späteren Behandlung des Überfalles mit Seitenkontraktion von gewisser Bedeutung.

b) Theoretische Ermittlung der Überfallmenge

Zuerst hat J. BOUSSINESQ[1]) eine genauere Berechnung durchgeführt, wie folgt. Entsprechend Abb. 484 mit einer im Winkel von 90° abgeknickten Wehrwand (ähnlich der Bordaschen Mündung) lautet die Bernoullische Gleichung für den durch den Scheitel der unteren Strahlbegrenzung gehenden vertikalen Schnitt

$$\frac{p}{\gamma} + \varepsilon + z + \frac{v^2}{2g} = h. \tag{7}$$

woraus nach Differenzieren

$$\frac{1}{\varrho} \frac{\partial p}{\partial z} = -g + v \cdot \frac{\partial v}{\partial z} \tag{7a}$$

folgt.

Nun ist für den nämlichen Schnitt angenähert zu setzen

$$\frac{1}{\varrho} \cdot \frac{\partial p}{\partial z} = -g + \frac{v^2}{(r_0 + z)}, \tag{8}$$

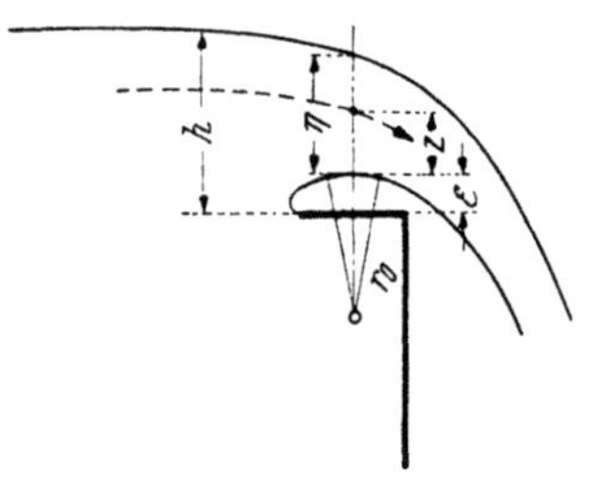

Abb. 484

wenn in jedem Punkte dieses Querschnitts die Fliehbeschleunigung angenähert entgegengesetzt g angebracht wird und r_0 der Krümmungsradius im Scheitelpunkt ist. Aus (7a) und (8) ergibt sich

$$\frac{v}{r_0 + z} = \frac{dv}{dz} \tag{9}$$

oder

$$v(r_0 + z) = \text{const} \tag{10}$$

als Gesetz der vorliegenden Potentialbewegung (Zirkulation). Wird die Geschwindigkeit im Scheitelpunkt mit v_0 bezeichnet, so folgt

$$v_0 r_0 = v \cdot (r_0 + z) \tag{10a}$$

und für die Überfallmenge pro Einheit der Kantenlänge

[1]) BOUSSINESQ, J.: Mém. de l'acad. d. Sciences, Paris 1907.

$$Q = \int_0^{\eta} v \cdot dz = v_0\, r_0 \int_0^{\eta} \frac{dz}{r_0 + z} = v_0\, r_0 \cdot \ln \frac{r_0 + \eta}{r_0}, \tag{11}$$

wobei

$$v_0 = \sqrt{2g\,(h - \varepsilon)}. \tag{12}$$

Nach dem Impulssatz ist nun, wieder angenähert, für die Bewegungsgröße des Durchflusses

$$\frac{\gamma}{g} \cdot \int_0^{\eta} v^2 \cdot dz = \gamma\, \frac{h^2}{2} - \int_0^{\eta} p \cdot dz \tag{13}$$

oder mit (10a)

$$\frac{1}{2g} \int_0^{\eta} \frac{v_0^2\, r_0^2}{(r_0 + z)^2}\, dz = \frac{\eta\, r_0}{r_0 + \eta} \cdot \frac{v_0^2}{2g} = \gamma\, \frac{h^2}{2} + (h - \varepsilon) \cdot \eta - \frac{\eta^2}{2}. \tag{14}$$

Mit

$$k = \sqrt{\frac{h - \varepsilon - \eta}{h - \varepsilon}} \tag{15}$$

folgt

$$\frac{h}{h - \varepsilon} = \sqrt{(1 + k^3) \cdot (1 - k)} \tag{16}$$

mit einem Maximum für $k = \frac{1}{2}$, so daß $\dfrac{h}{h - \varepsilon_{max}} = \sqrt{\dfrac{27}{16}}$ oder $\varepsilon_{max} = 0{\cdot}230\, h$ sich ergibt.

Weil aus (15) $\eta = (h - e)\,(1 - k^2)$ und ferner $r_0 = \dfrac{k \cdot \eta}{1 - k} = (h - \varepsilon) \cdot k\,(1 + k)$, so folgt aus (11)

$$Q = \left(1 - \frac{\varepsilon}{h}\right)^{3/2} \cdot \sqrt{2g\,h^3} \cdot k \cdot (1 + k) \cdot \ln \frac{1}{k}. \tag{17}$$

Nun macht BOUSSINESQ den heuristischen Ansatz

$$\frac{\varepsilon}{\varepsilon_{max}} = \frac{\frac{\pi}{2} + \alpha}{\pi} \quad \text{oder} \quad \varepsilon = \left(\frac{1}{2} + \frac{\alpha}{\pi}\right) \varepsilon_{max}, \tag{18}$$

wenn α den Winkel zwischen der Wand und der Lotrechten bezeichnet, so daß $\varepsilon = \varepsilon_{max}$ für $\alpha = \dfrac{\pi}{2}$. Indem bei gegebenem ε und h die Überfallmenge mit k ein Maximum werden soll, so wird

$$\frac{d}{dk}\left\{ k\,(1 + k) \cdot \ln \frac{1}{k}\right\} = 0$$

gesetzt, woraus $k = 0{\cdot}469$ und $k\,(1 + k) \ln \dfrac{1}{k} = 0{\cdot}522$ folgt, so daß

$$Q = \left(0{\cdot}434 - 0{\cdot}169\, \frac{\alpha}{\pi}\right) \cdot h \cdot \sqrt{2g\,h} \tag{19}$$

und mit $\alpha = 0$ für den scharfkantigen Überfall wird

$$Q = 0{\cdot}434\, h \sqrt{2g\,h}, \tag{19a}$$

was mit den Versuchsergebnissen SCIMEMIS gut übereinstimmt.

Die gute Übereinstimmung der für Ausflußstrahlen durchgeführten und beim Überfall verwendeten Rechnung nach v. MISES[1]) mit den Messungen

---

[1]) V. MISES: Z. d. VDI **1917**.

haben zur Folgerung geführt, daß die Schwere keinen großen Einfluß auf die Kontraktion und hiemit auf die Ausflußziffer ausüben kann. Deshalb setzt v. MISES

$$Q = \frac{2}{3}\,\mu \cdot h \cdot b \cdot \sqrt{2gh} \quad \text{bzw.} \quad Q = \frac{2}{3}\,\mu' w b \cdot \sqrt{2gw},$$

wenn w die Wehrhöhe bedeutet und wobei μ bzw. μ' von $\frac{h}{w}$ abhängig sind. Indem er den Überfallstrahl als die Hälfte des um 90^0 gedrehten Strömungsbildes aus einem waagrechten Bodenspalt ansieht, errechnet er Überfallzahlen, die von den Messungen REHBOCKS im Mittel um ca. 2% abweichen. Es gelten nach v. MISES für verschiedene $x = \frac{h}{w}$ folgende μ- bzw. μ'-Werte.

$x = \dfrac{h}{w}$	0	0·5	1·0	1·5	2·0	3·0	4·0	5·0
$\dfrac{2}{3}\,\mu$	0·407	0·427	0·458	0·490	0·517	0·563	0·607	0·648
$\dfrac{2}{3}\,\mu'$	0·0	0·151	0·458	0·900	1·462	2·925	4·856	7·245

Später hat A. LAUCK[1]) folgendes Verfahren entwickelt, indem er von der Laplaceschen Gleichung

$$\frac{\partial^2 \Phi}{\partial x^2} + \frac{\partial^2 \Phi}{\partial y^2} = 0 \tag{20}$$

ausging und die Aufgabe auf eine konforme Abbildung eines definierten Strömungsbereiches der $\zeta = x + iy$-Ebene auf die $Z = \Phi + i\Psi$-Ebene des kom-

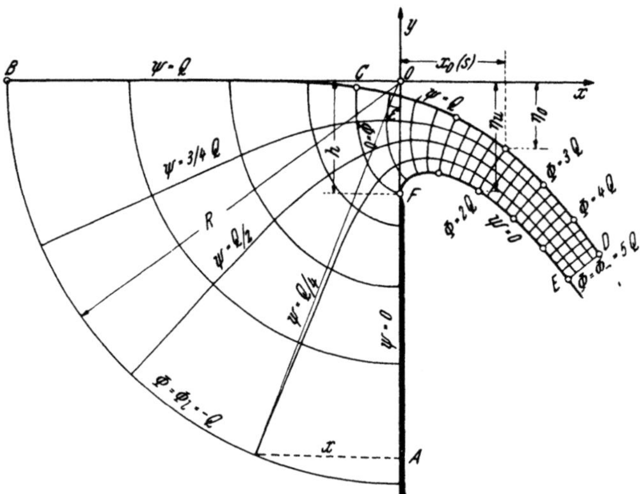

Abb. 485. Strom- und Potentiallinien beim scharfkantigen Überfall

plexen Potentials zurückführte. Die Begrenzung des in Abb. 485 dargestellten Strömungsbereiches $ABCDEF$ in der ζ-Ebene ist gegeben durch den in genügender Entfernung stromauf von der Kante gelegenen kreisförmigen Querschnitt

[1]) LAUCK, A.: Z. f. A. M. M. 1925.

AB vom Radius R und den unterhalb der Kante gelegenen Querschnitt DE, in welchem nahezu parallele Geschwindigkeitsrichtungen vorausgesetzt werden, so daß der Überdruck im Strahl vernachlässigt werden kann und in diesem Querschnitt ähnliche Verhältnisse wie an der Oberfläche auftreten. Außer diesen Querschnitten, die mit Äquipotentiallinien identisch sind, ist der Bereich durch die Stromlinien $\Psi = 0$ längs der festen Wand und der unteren Strahlbegrenzung und durch die Stromlinie $\Psi = Q$ längs der oberen Strahlbegrenzung gegeben. Diesem Strömungsbereich entspricht in der Z-Ebene das Rechteck $A'B'C'D'E'F'$

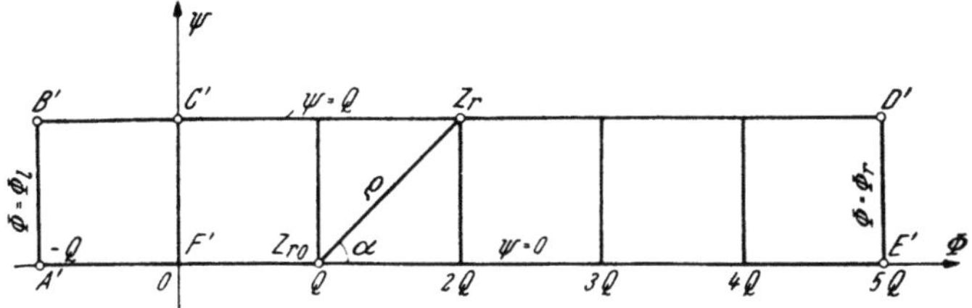

Abb. 486. Der zum Strömungsbild in Abb. 485 gehörende Bereich in der Z-Ebene

(Abb. 486) und es ist die Abbildung mit folgenden Randbedingungen zu vollziehen. Weil das Bernoullische Gesetz gilt, so ist für die Strahlbegrenzung

$$v_o = \sqrt{2g\eta_o} \quad \text{bzw.} \quad v_u = \sqrt{2g\eta_u}, \tag{21}$$

wenn η_o und η_u die in Abb. 485 ersichtlichen Spiegelabstände sind. Ist n die Tangentenrichtung an die Äquipotentiallinie, so muß für jeden Randpunkt $\frac{\partial \Phi}{\partial n} = 0$ sein. Für die feste Grenze bei $x = 0$ gilt $y = -h$, wenn h wieder die Überfallhöhe darstellt.

Weil

$$v = \frac{\partial \Phi}{\partial s} = \sqrt{2g\eta_o},$$

so folgt

$$\Phi = \sqrt{2g} \cdot \int_{s_0}^{s} \sqrt{\eta_o} \cdot ds \tag{22}$$

und für einen Überfall mit der Überfallhöhe $h_1 = nh$ ist

$$\Phi_1 = \sqrt{2g} \int_{s_0}^{s} \sqrt{n\eta_o} \cdot dns = n^{3/2} \cdot \sqrt{2g} \int_{s}^{s_0} \sqrt{\eta_o}\, ds. \tag{23}$$

Abb. 487

Um die abbildende Funktion zu finden, wird die Integralformel von CAUCHY (Abschn. H IV 1) verwendet.

$$\frac{1}{2\pi i} \oint \frac{\zeta(Z)}{Z - Z_0} \cdot dZ = \zeta(Z_0), \tag{24}$$

mit welcher bei gegebenen Werten $\zeta(Z)$ auf einer geschlossenen Kurve C der Wert $\zeta(Z_0)$ im Inneren berechnet werden kann (Abb. 487). Wird (24) auf den Rand des Rechtecks $Z = Z_r$ in der Z-Ebene angewendet (Abb. 486) und ist Z_{0r} ein bestimmter Randpunkt, so erhält (24) die Form

$$\zeta(Z_{r0}) = \frac{1}{\pi i} \oint \frac{\zeta(Z_r)}{Z_r - Z_{r0}} \cdot dZ_r. \tag{24a}$$

Nun ist nach Abb. 486

$$Z_r - Z_{r_0} = \varrho \cdot e^{i\gamma}$$

und weil

$$\frac{dZ_r}{Z_r - Z_{r_0}} = d \ln (Z_r - Z_{r_0}) = d \ln \varrho + i \, d\alpha,$$

so folgt mit $z = x + i y$

$$x(Z_{r_0}) + i y(Z_{r_0}) = \frac{1}{\pi i} \oint \{x(Z_r) + i y(Z_r)\}(d \ln \varrho + i d\alpha). \tag{25}$$

Mit $y = -\eta$ und nach Trennung des reellen vom imaginären Anteil ergibt sich

$$\pi \cdot x(Z_{r_0}) = -\oint \eta(Z_r) \, d \ln \varrho + \oint x(Z_r) \, d\alpha \tag{26}$$

$$\pi \cdot \eta(Z_{r_0}) = \oint \eta(Z_r) \, d\alpha + \oint x(Z_r) \cdot d \ln \varrho. \tag{26a}$$

Weil für jede Stromlinie $Z_r = \Phi + i \Psi = \Phi + \text{const}$ und folglich auch für den Strahlrand

$$v = \frac{d\Psi}{ds} = \frac{dZ_r}{ds} = \sqrt{2g\eta} \quad \text{oder} \quad \left(\frac{ds}{dZ_r}\right)^2 = \left(\frac{dx}{dZ_r}\right)^2 + \left(\frac{dy}{dZ_r}\right)^2 = \frac{1}{2g\eta},$$

so gilt für die Abszisse als Abhängige der Ordinate (gemessen)

$$x(Z_r) = \int \sqrt{\frac{1}{2g \cdot \eta(Z_r)} - \left\{\frac{d\eta(Z_r)}{dZ_r}\right\}^2} \cdot dZ_r. \tag{27}$$

Diese Bedingung gilt auch für die Begrenzung durch den Querschnitt ED, wo gleiche Druckverhältnisse wie am Strahlrand herrschen. Auf der stromauf liegenden kreisförmigen Begrenzung AB gilt für jede Stromlinie, die senkrecht zu dieser Äquipotentiallinie verläuft und unter dem Winkel ε zur Lotrechten geneigt ist

$$\frac{\Psi}{Q} = \frac{\varepsilon}{\frac{\pi}{2}} \quad \text{oder} \quad \Psi = \frac{2\varepsilon}{\pi} \cdot Q,$$

und somit ist dort

$$x(Z_r) = -R \cdot \sin \varepsilon = -R \cdot \sin \frac{\Psi}{Q} \cdot \frac{\pi}{2}. \tag{28}$$

Schließlich gilt für alle Punkte der festen Wand

$$x(Z_r) = 0. \tag{29}$$

Mit den in (27), (28) und (29) dargestellten Bedingungen ist nun die Integration von (26a) vorzunehmen. Die Lösung kann durch stufenweise Annäherung erfolgen, indem von einer beobachteten Strahlform ausgegangen wird. Um z. B. aus der von BAZIN gemessenen unteren Strahlgrenze in erster Näherung die obere Begrenzung zu erhalten, wird von der Gleichung

$$v_u = \sqrt{2g \eta_u} = \frac{\partial \Phi}{\partial s} \quad \text{oder} \quad \Phi = \int \sqrt{2g \eta_u} \, ds$$

ausgegangen. Nach dem in (H IV 9 n) dargestellten Verfahren kann Φ durch graphische Integration bestimmt werden, in dem die Randstromlinie auf die x-Achse abgewickelt und $\sqrt{\eta_u}$ als Ordinaten aufgetragen werden, wobei also vorderhand $2g = 1$ gesetzt wird. Als Einheit von Φ wird Q bzw. $\frac{Q}{n}$ gewählt, weil bei quadratischer Netzteilung $\Delta \Phi = \Delta \Psi$ ist. Q wird entweder unmittelbar gemessen im Versuch oder aus der Strahlform bestimmt. Denn für den Querschnitt ED ist

$$v_m = \sqrt{\frac{\eta_E + \eta_D}{2}} \quad \text{und} \quad Q = \overline{ED} \cdot \sqrt{\frac{\eta_E + \eta_D}{2}}$$

und mit diesem als Einheit genommenen Wert Q können dann für $\Phi = Q,\ 2Q \ldots$ die entsprechenden Punkte am unteren Strahlrand festgelegt werden. Weil die Äquipotentiallinie ED als eine auf den unteren Strahlrand senkrecht stehende Gerade gezeichnet werden kann, so können mittels der bekannten quadratischen Netzmethode vorerst der Punkt D und näherungsweise die anderen Punkte ermittelt werden, wobei es sich wegen der größeren Genauigkeit empfiehlt mit $\Delta \Phi = \Delta \Psi = \dfrac{Q}{n}$ zu arbeiten. Mit den so gewonnenen Werten $\eta(Z_r)$ bzw. $x(Z_r)$, die in Gl. (26a) eingeführt werden, kann man die Ordinaten $\eta(Z_{r_0})$ einer Reihe von Randpunkten berechnen, die von der ersten Näherung etwas verschieden sein werden. Als zweite Näherung werden die Werte genommen, die zwischen der ersten Näherung und den errechneten Werten gelegen sind und der Vorgang wird wiederholt, bis bei der fünften Näherung die Unterschiede in der Genauigkeitsgrenze des Verfahrens liegen. LAUCK, der mit $Q = 0{\cdot}452$ und $2g = 1$ rechnete, erhielt folgende Werte:

s	$\eta_u\ (Z_{r_0})$ unterer Strahlrand	$\eta_o\ (Z_{r_0})$ oberer Strahlrand	$x_o\ (Z_{r_0})$ oberer Strahlrand
$-2Q$	$17{\cdot}506$	--	—
$-Q$	$3{\cdot}705$	--	$-3{\cdot}560$
$-\dfrac{Q}{2}$	$1{\cdot}795$	--	$-1{\cdot}500$
0	$1{\cdot}070$	--	$-0{\cdot}449$
$\dfrac{1}{4}Q$	$0{\cdot}977$	--	—
$\dfrac{1}{2}Q$	$0{\cdot}928$	$0{\cdot}186$	—
Q	$0{\cdot}930$	$0{\cdot}342$	$0{\cdot}570$
$2Q$	$1{\cdot}089$	$0{\cdot}688$	—
$3Q$	$1{\cdot}343$	$1{\cdot}035$	$1{\cdot}440$
$4Q$	$1{\cdot}598$	$1{\cdot}351$	--
$5Q$	$1{\cdot}855$	$1{\cdot}641$	--
$6Q$	$(2{\cdot}133)$	$(1{\cdot}928)$	--

Es beträgt somit die Überfallhöhe $h = \eta_u(0) = 1{\cdot}07$ und mit $\sqrt{2g} = 1$ wird

$$\frac{2}{3}\mu = \frac{Q}{h^{3/2}} = \frac{0{\cdot}452}{(1{\cdot}07)^{3/2}} = 0{\cdot}408 \quad \text{bzw.} \quad {}^{2}/_{3}\,\mu_1 = 0{\cdot}612,$$

welcher Wert mit jenem von MISES sehr gut übereinstimmt. Mit letzterem lautet die Formel für den scharfkantigen Überfall ohne Seitenkontraktion und wenn $w = \infty$

$$Q = 0{\cdot}407 \cdot h^{3/2}\, b \sqrt{2g} = 1{\cdot}804\, h^{3/2} \cdot b. \tag{30}$$

Falls w endliche Werte annimmt und eine Zuströmungsgeschwindigkeit berücksichtigt werden muß, so wird ${}^{2}/_{3}\,\mu$ entsprechend größer als $0{\cdot}407$, wie schon gezeigt worden ist.

c) Der scharfkantige Überfall mit Seitenkontraktion (Abb. 488)

Während der Überfall ohne Seiteneinschnürung empfindlich ist gegen Änderungen der Geschwindigkeitsverteilung im Zulaufgerinne, ist dies bei seitlicher Zusammenschnürung nicht der Fall. Deshalb ist dieser Überfall für die Wassermessung noch besser geeignet als jener ohne seitliche Einschnürung. Leider sind bei dem nun räumlichen Problem die Verhältnisse derart verwickelt, daß an eine strenge Lösung kaum gedacht werden kann.

Hier kommt der Umstand zu Hilfe, daß für $\dfrac{h}{b} \gg 1$ der Überfall einer streckenförmigen Senke im Raum nahe kommt. Für diese ist nach (65) in H III 3 die Verteilung der Stromfunktion längs der Senke gegeben durch

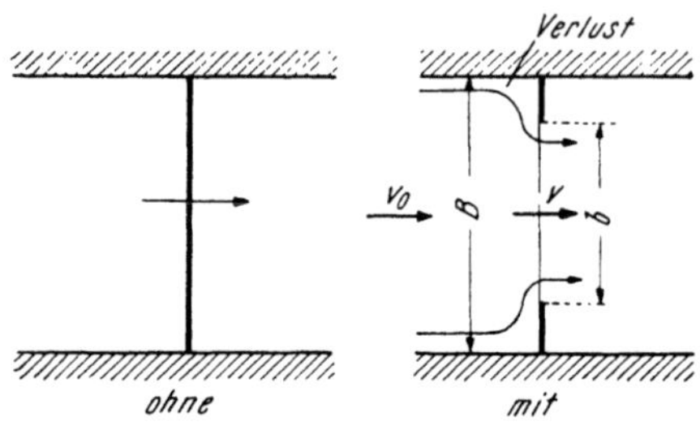

Abb. 488. Seitenkontraktion. b = Überfallänge, B = Zuflußbreite

$$\Psi = \frac{Q}{4\,\pi}\left(1 - \frac{x}{a}\right),$$

also der Erguß pro Längeneinheit konstant, wobei x der Abstand des Senkenpunktes von der Mitte ist und so kann man es wagen, durch schrittweisen Ausbau von Gl. (5) eine praktisch halbwegs zutreffende Formel zu erhalten.

Schon früher sind empirische Formeln entwickelt worden von Hégly[1]

$$\frac{2}{3}\,\mu = \left(0{\cdot}405 - 0{\cdot}030\,\frac{B-b}{B} + \frac{0{\cdot}0027}{h}\right) \cdot \left\{1 + 0{\cdot}55\left(\frac{b}{B}\right)^2 \cdot \frac{h^2}{(h+w)^2}\right\} \tag{31}$$

und jene des Schweiz. Ing. u. Arch.-Vereins (SIA)[2]

$$\mu = \left\{0{\cdot}578 + 0{\cdot}037\,\frac{b}{B} + \frac{3{\cdot}615 - 3\left(\frac{b}{B}\right)^2}{1000\,h + 1{\cdot}6}\right\} \cdot \left\{1 + 0{\cdot}5 \cdot \left(\frac{b}{B}\right)^4 \cdot \left(\frac{h}{h+w}\right)^2\right\}. \tag{32}$$

Es bedeutet b die Breite des Überfalles und B jene des Zulaufgerinnes. E. Zschiedrich[3] hat über die Zuverlässigkeit von (31) und (32) kritische Untersuchungen gemacht an Hand von Messungen an einem Wehr mit $b = 700$ mm, $B = 1400$ mm und $w = 577$ mm, sowie an einem solchen mit $b = 180$ mm, $B = 360$ mm und $w = 75$ mm. Er fand, daß für $\dfrac{h}{b} \lessgtr 0{\cdot}13$ die SIA-Formel angewendet werden kann, während für $\dfrac{h}{b} > 0{\cdot}13$ die Formel von Hégly und die ältere von Frese[4] bessere Resultate ergeben.

Verschiedene Überlegungen haben zur Erweiterung von (5) geführt in der Form

$$\mu = \left\{0{\cdot}612\,\varphi + \frac{0{\cdot}0027}{h+0{\cdot}02} + \frac{0{\cdot}0027}{b+2h} \cdot 2\left(1-\frac{b}{B}\right)\right\} \cdot \left\{1 + 0{\cdot}5\,\frac{b}{B} \cdot \left(\frac{b}{B}\right)^2 \cdot \frac{h^2}{(h+w)^2}\right\}, \tag{33}$$

wobei vorausgesetzt wurde, daß der Überfall mehr breit als lang ist und φ eine von $\dfrac{h}{w}$ und $\dfrac{b}{B}$ abhängige Reibungszahl darstellt. Es wurde mit geschätzten

[1]) Hégly: Annales Ponts. Chauss., Paris **1921**.
[2]) SIA, Schweiz. Bauztg. **1926**.
[3]) Zschiedrich, E.: Neue Untersuchungen an Überfällen ..., Borna-Leipzig 1939.
[4]) Frese, F.: Z. d. V. D. I. 34 (1890).

Mittelwerten von φ gerechnet und mit $\varphi = 0\cdot96$, also $0\cdot612 \cdot \varphi = 0\cdot587$ für den obigen Überfall von $b = 0\cdot70$ m, was folgende gut mit den Messungen (Abb. 489) übereinstimmende Werte ergab.

h in m	0·02	0·05	0·10	0·20	0·30
μ Rechnung	0·6019	0·6042	0·6133	0·6295	0·6582

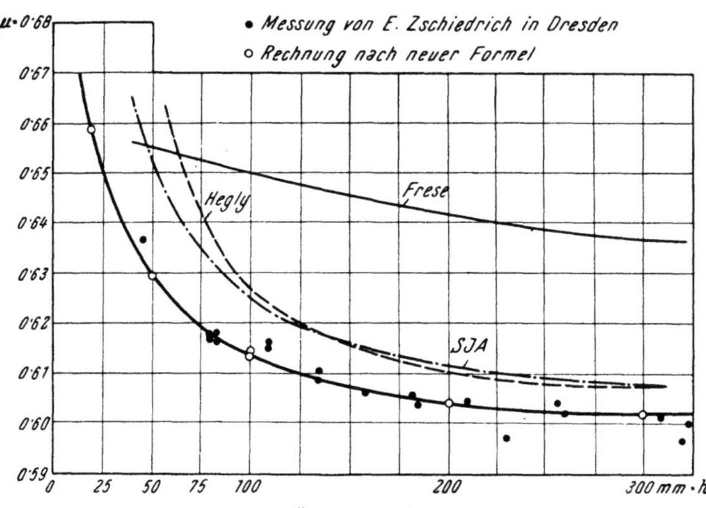

Abb. 489. Zum Überfall mit Seitenkontraktion

Die Rechnung für den zweiten Überfall wurde mit $\varphi = 0\cdot94$ durchgeführt und ergab folgende Werte, die mit jenen nach HEGLY und SIA verglichen sind (Abb. 490).

h in m	0·02	0·05	0·10
μ Messung ca.	0·664	0·623	0·616
μ nach (33)	0·654	0·627	0·615
μ nach (31)	0·791	0·681	0·615
μ nach (32)	0·721	0·646	0·622

Abb. 490

Der Vergleich der Messung mit dem Ergebnis von (33) ergibt deutlich, daß die Reibungsverluste bei einem bestimmten Verhältnis von $\dfrac{h}{w}$ und $\dfrac{b}{B}$ einen Größtwert erreichen, etwa nach

$$\frac{1}{\left(\dfrac{h}{w} + \dfrac{w}{h} + 4\,\dfrac{b}{B}\right)^2},$$

so daß

$$\varphi_{min} = 1 - \frac{1}{\left(2 + 4\,\dfrac{b}{B}\right)^2} \simeq 0\cdot94 \ \text{mit} \ \frac{b}{B} = 0\cdot50 \ \text{und} \ \varphi_{max} = 1\cdot0$$

sein würde.

In der obigen empirischen Formel (33) würde sich bei Berücksichtigung des veränderlichen Verlustes an Geschwindigkeitshöhe auch die Darstellung des kapillaren Einflusses ändern.

d) Der Proportional-Überfall

Bei diesem wird die Breite mit der Höhe so veränderlich gemacht (Abb. 491a), daß der Abfluß proportional der Überfallhöhe ist. Diese Art von Überfällen ist insbesondere in den USA (Kläranlagen von Springfield usw.) zur Anwendung gelangt[1].

Wird wieder in erster Näherung μ von y unabhängig angenommen, so folgt mit der veränderlichen Breite $x = \dfrac{C}{\sqrt{y}}$

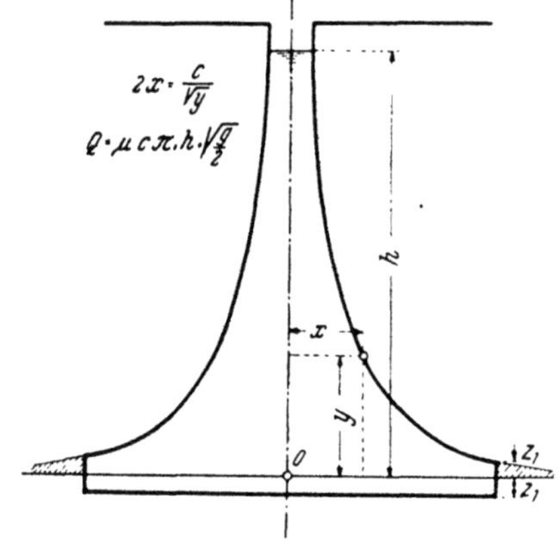

Abb. 491a. Proportional-Überfall

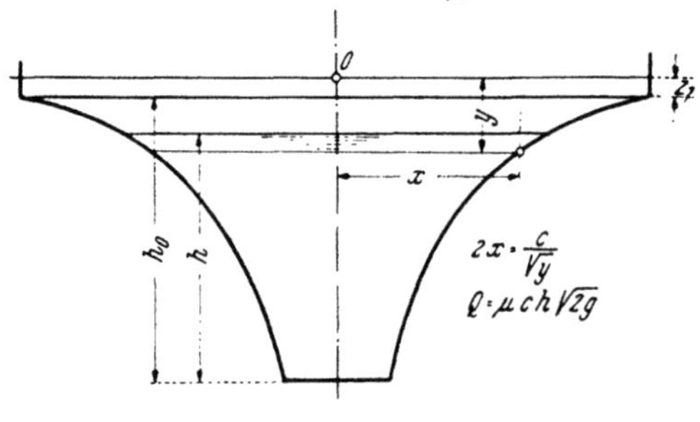

Abb. 491b

$$Q = \mu \cdot c \cdot \sqrt{2g} \int_0^h \sqrt{h-y} \cdot d\sqrt{y} = \mu c \sqrt{2g} \left(-\sqrt{y} \cdot \sqrt{h-y} + h \arcsin \sqrt{\frac{y}{h}} \right)_0^h =$$

$$= \mu c h \cdot \sqrt{2g} \cdot \frac{\pi}{2} . \tag{34}$$

c ist die Konstante des Meßüberfalls und Versuche[2] haben gezeigt, daß μ mit der Überfallhöhe h wenig veränderlich ist.

h in m	0·061	0·122	0·183	0·244	0·305	0·458	0·61	0·76	0·915
amer. Fuß...	0·2	0·4	0·6	0·8	1·0	1·5	2·0	2·5	3·0
μ Überfall a	0·656	0·628	0·617	0·610	0·606	0·607	0·608	0·610	0·611
μ Überfall b	0·650	0·628	0·621	0·620	0·620	0·622	0·623	0·624	0·627

Für praktische Berechnungen kann genau genug $\mu = 0·62$ gesetzt werden. Nimmt die nach obigem Gesetze bemessene Überfallbreite von oben nach unten ab (Abb. 491b), so gilt

$$Q = \mu c \cdot \sqrt{2g} \cdot h . \tag{34a}$$

[1] DAVIS, C. V.: Applied Hydraulics, New York-Toronto-London 1952.
[2] Eng. News 1915.

e) Der dreieckige Überfall

Schon J. THOMSON[1]) hat darauf hingewiesen, daß dieser Überfall (Abb. 492) eine größere Unabhängigkeit vom Zulaufgerinne aufweist und daher auch für Meßzwecke geeignet erscheint.

Um die Abflußformel in der Form von POLENI zu erhalten, sei

$$dQ = \mu \cdot b \cdot dy \cdot \sqrt{2gy}$$

gesetzt und mit $b = B \cdot \dfrac{h-y}{h}$ und $\mu =$ const ist dann

$$Q = \frac{4}{15}\mu B \cdot \sqrt{2gh} \cdot h.$$

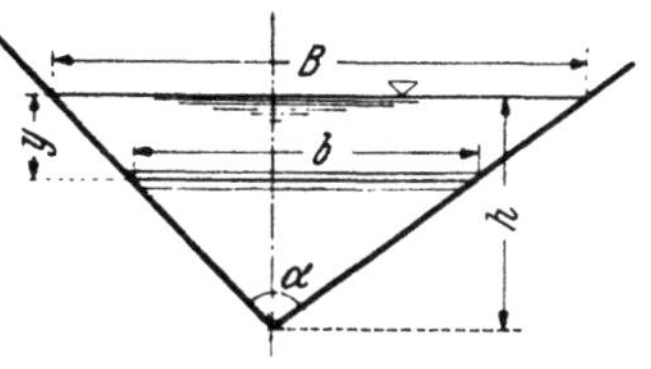

Abb. 492. Dreiecküberfall

Wenn der dreieckige Ausschnitt einen Winkel von 90° aufweist und bezüglich der Lotrechten symmetrisch ist, also $B = 2h$ ist, so wird

$$Q = \frac{8}{15}\mu \cdot h^2 \cdot \sqrt{2gh} = c \cdot h^{5/2}.$$

Die Versuche von J. BARR[2]) ergaben bei scharfer Kante des Ausschnitts und polierter Wand

h Inches	2	3	4	7	10
c...........	2·586	2·551	2·533	2·505	2·490

oder auf Metermaß umgerechnet für $Q = c_1 \cdot h^{5/2}$

h in m	0·05	0·075	0·10	0·175	0·25
$c_1 = c \cdot \sqrt{0·305}$	1·427	1·408	1·398	1·382	1·375

Die Zahlen gelten, wenn die Tiefe des Gerinnequerschnitts mindestens $4h$ beträgt und die Gerinnebreite mindestens $8h$. Dem mittleren Wert von etwa $c_1 = 1·40$ entspricht $\mu = 0·594$, welcher Wert vom Thomsonschen $\mu = 0·60$ wenig abweicht.

f) Der kreisrunde Überfall in lotrechter dünner Wand

Wie der Dreiecküberfall hat auch der Kreisüberfall die Eigenschaft kleine und kleinste Wassermengen außerordentlich genau zu messen[3]). Ist b die Breite in der Höhe y über dem tiefsten Punkt des Kreises vom Durchmesser d und h die Spiegelhöhe, so folgt mit dem halben Zentriwinkel α über b

$$\sin\alpha = \frac{b}{d} \quad \cos\alpha = \frac{1-2y}{d} \text{ und somit } y = d\sin^2\frac{\alpha}{2} \text{ und } dy = \frac{d}{2}\cdot\sin\alpha\cdot d\alpha.$$

[1]) THOMSON, J.: Civ. Eng. Arch. Journal **1861**.
[2]) Engineering **1910**.
[3]) STAUS, A.: Wasserkr. u. Wasserwirtsch. **1930, 1931, 1937**.

Also ist der durch den Streifen von der Breite b und der Höhe dy erfolgende Abfluß

$$d\,Q = \mu \cdot b \cdot dy \cdot \sqrt{2\,g\,(h-y)} = \frac{\mu}{2} \cdot d^2 \cdot \sqrt{2\,g\,h} \cdot \sin^2 \alpha \cdot d\alpha \cdot \sqrt{1 - \sin^2 \frac{\alpha}{2} \cdot \frac{d}{h}}.$$

Es läßt sich Q auf elliptische Normalintegrale bringen und man erhält schließlich

$$Q = \mu \cdot q_i \cdot d^2 \cdot \sqrt{d},$$

worin q_i die vom Füllungsgrad abhängige tabulierte Funktion ist. Auf Grund dieser Tabelle hat RAMPONI[1]) die Formel aufgestellt

$$Q = \mu\, d^2 \sqrt{d}\left\{10\cdot12\left(\frac{h}{d}\right)^{1\cdot975} - 2\cdot66\left(\frac{h}{d}\right)^{3\cdot78}\right\}$$

mit etwa $\frac{1}{2}\%$ maximaler Abweichung von den Tabellenwerten. Nach STAUS und später JORISSEN[2]) kann

$$\mu = \left(\frac{2\,B}{d}\right)^{0\cdot0625} \cdot \left(0\cdot555 + \frac{1}{110} \cdot \frac{d}{h} + 0\cdot04\,\frac{h}{d}\right)$$

gesetzt werden, wenn $\dfrac{B}{d} < 6\cdot68$ und B die Gerinnebreite ist.

3. Abstürze und Wehre

a) Der Absturz

Ist die Abflußmenge gering, so haftet das Wasser an der mehr oder weniger geneigten Wand, was zum Abscheiden von Flüssigkeit aus einem Gemisch mit festen Stoffen benützt werden kann[3]), wie aus Abb. 493 zu ersehen ist. Beim praktisch wichtigeren Fall des Absturzes über eine mehr oder weniger lotrechte Wand mit größerem Abfluß, wie dies z. B. bei Regulierungen vorkommt, tritt Strahlbildung auf an der Absturzkante. Betrachtet man den Energiegehalt längs einer Lotrechten über der Gerinnesohle, so besteht dieser stromauf vom kritischen Querschnitt an der Sohle und den ihr benachbarten Stromfäden aus kinetischer und Druckenergie. An der Oberfläche und den benachbarten Stromfäden hingegen ist potentielle und kinetische Energie vorherrschend, wenn auf die waagrecht gedachte Gerinnesohle als Nullniveau bezogen wird. Die Strömung zum Absturz erfolgt nun so, daß vorerst die potentielle Energie der Oberflächenströmung in kinetische umgewandelt wird, indem ein Absinken des Spiegels nach Maßgabe der Kontinuitätsbedingung $Q = v \cdot h$ erfolgt. Das geschieht etwa bis zum kritischen Querschnitt, in welchem die Wassertiefe h $\frac{2}{3}$ der Energiehöhe H beträgt, der Abfluß also ein Maximum für die dortige Energiehöhe ist, und zwar nach D I 2 g (15)

$$Q = 0\cdot385\,H \cdot \sqrt{2\,g\,H}. \tag{35}$$

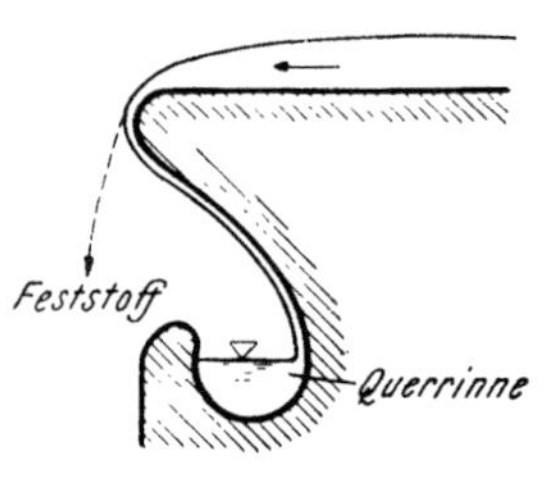

Abb. 493. Klärspule

[1]) RAMPONI, FR.: l'Energia Elletrica **1936**.
[2]) Revue Univ. d. Mines, Lüttich **1936**.
[3]) Z. B. die Klärspule von HURTH u. NEUDECK in Steyr.

Präzise Messungen an einem lotrechten Absturz machte H. Rouse[1]) in einer unbeweglichen Rinne mit rechteckigem Querschnitt von 25 cm Breite und waagrechter Sohle bei einem Durchfluß von 31·25 sl, was 125 sl pro 1 m Breite entspricht. Die gemessenen Wassertiefen und Wanddrücke in der Lotrechten über der Absturzkante sind nebst dem ungefähren Verlauf des Sohlendruckes in Abb. 494 dargestellt. Der kritische Querschnitt lag etwa 42 cm oberhalb der Kante und für H in diesem Querschnitt folgt aus (35) mit $Q = 0·125$ m³/sec $H = 0·1750$ m.

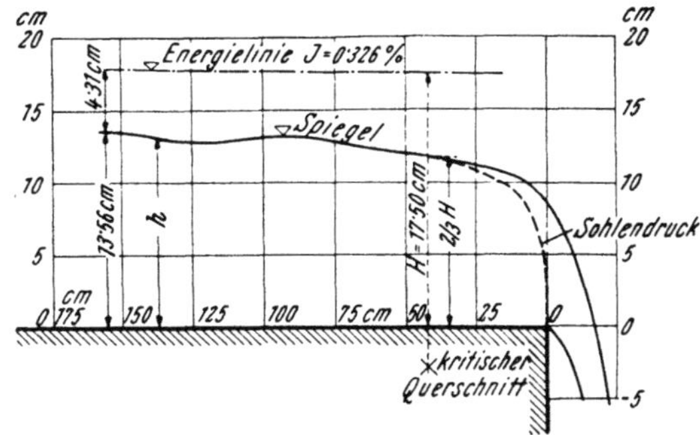

Abb. 494. Verteilung des Sohlendruckes vor dem Absturz nach Rouse

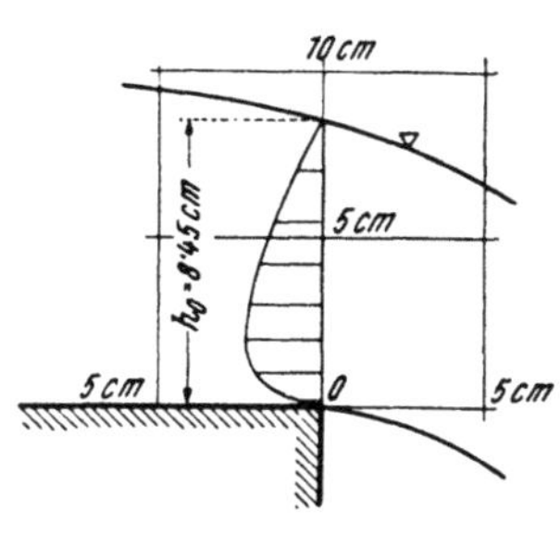

Abb. 495. Geschwindigkeitsverteilung im Absturzquerschnitt

In der Entfernung von 1·55 m oberhalb der Kante, wo sicher statische Druckverteilung herrschte, wurde die Wassertiefe $h = 0·1356$ m gemessen, so daß die Geschwindigkeitshöhe $\dfrac{Q^2}{2\,g\,h^2} = 0·0431$ m war. Somit betrug dort die Energiehöhe $H_0 = 0·1356 + 0·0431 = 0·1787$ m und nachdem ihr Gefälle mit 0·326% ermittelt worden war, folgt für den kritischen Querschnitt

$$H = H_0 - (1·55 - 0·42) \cdot 0·326 = 0·1787 - 0·0037 = 0·1750 \text{ m.}$$

Vom kritischen Querschnitt stromab verwandelt sich vornehmlich Druckenergie in kinetische Energie, womit zwangläufig eine weitere Verminderung der Wassertiefe nach Maßgabe der Kontinuitätsbedingung erfolgt. So fällt der Druck längs der geradlinigen Sohle vom Wert $\gamma \cdot h$ auf Null an der Kante (Abb. 495). Die Krümmung der Stromlinien spielt bei dem ganzen Vorgang nur eine sekundäre Rolle. Die Lage des kritischen Querschnitts läßt sich aus den genauen Messungen von Rouse mittels des hier geltenden Ähnlichkeitsgesetzes

$$\frac{v^2}{2gl} = \text{const}$$

bestimmen. Werden mit $Q_m = 0·125$ m³/sec im Versuch und $l_m = 0·42$ m als Abstand des kritischen Querschnitts von der Kante eingesetzt, so ist für jeden anderen Abfluß

$$\frac{Q^2}{l^3} = \frac{Q_m^2}{l_m^3}$$

oder

$$l = \frac{l_m}{\sqrt[3]{Q_m^2}} \cdot \sqrt[3]{Q^2} = 1·68 \cdot \sqrt[3]{Q^2}, \tag{36}$$

wenn Q die auf 1 m Breite entfallende Abflußmenge ist. Man hat somit den Punkt festgelegt, an den die in G II 1 besprochene Absenkungslinie anzubinden ist.

---

[1]) Rouse, H.: Verteilung der hydraulischen Energie bei einem lotrechten Absturz, Berlin 1936.

Für die Spiegelhöhe über der Kante gilt

$$h_0 = \frac{h_{0m}}{\sqrt[3]{Q_m{}^2}} \cdot \sqrt[3]{Q^2} = \frac{0{\cdot}0845}{\sqrt[3]{0{\cdot}125^2}} \cdot \sqrt[3]{Q^2} = 0{\cdot}338 \sqrt[3]{Q^2}. \tag{37}$$

Q hängt auch vom Übergang ins Unterwasser ab, dessen Spiegel höher gelegen sein kann als die Kante. In diesem Fall kann ein Abfluß mit oder ohne Walze erfolgen bzw. wellig, was in E 4 i und G II 3 d behandelt worden ist.

b) Wehre

Die zum Zwecke eines Aufstaus errichteten Wehre müssen den aufzunehmenden Kräften entsprechend konstruiert sein. Am häufigsten kommt die Kombination eines festen Wehrkörpers mit einem beweglichen oberen Teil (Schütz, Klappe usw.) vor und der feste Wehrkörper erhält zur besseren Wasserabfuhr eine ab-

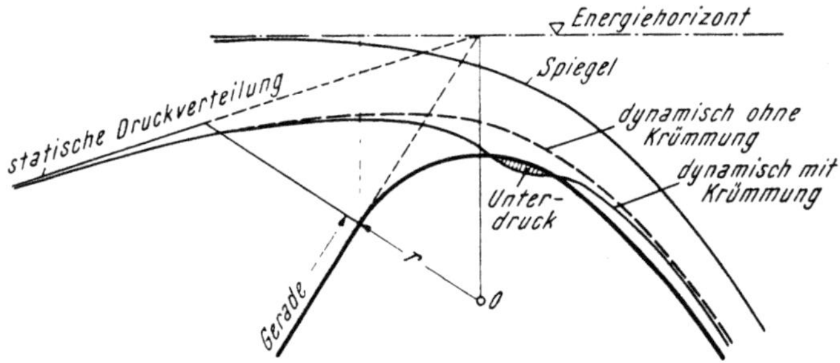

Abb. 496. Gekrümmter Wehrrücken

gerundete Krone (Abb. 496). Hier macht sich die Krümmung der Wasserfäden stärker geltend als beim Absturz und zur Umwandlung der Druckenergie in kinetische an der Wand kommt noch der Druckabfall infolge der Krümmung, die an der Wehrkrone am größten ist. Dieser Druckabfall in der Richtung des Krümmungsradius [D I 1 Gl. (5a)] führt eine weitere Druckverminderung herbei, so daß es zu Unterdrücken kommt, die schon öfter gemessen wurden.

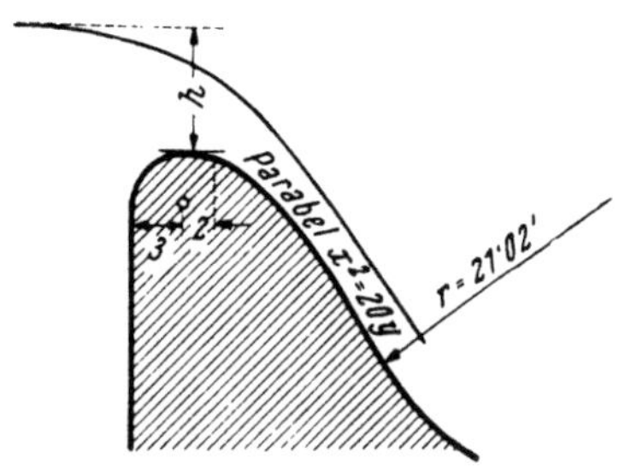

Abb. 497. Abfluß an der Keokuk-Talsperre   Abb. 498. Keokuk-Talsperre in USA

Ist die Tiefe vor dem Wehr sehr groß, so daß das Wasser fast aus der Ruhe zum Überfließen kommt, so ist eine Potentialströmung zu erwarten. Messungen an ausgeführten Anlagen, namentlich in den USA, bestätigen dies, wie z. B. die

Messungen an der Keokuk-Talsperre in Abb. 497 und 498 zeigen[1]). Hier wurde aus der logarithmischen Auftragung $Q = 3043\, l \cdot h^{1484}$ ermittelt, d. h., es ist die für reibungslose Bewegung zu erfüllende Bedingung $\dfrac{v^2}{h} = $ const praktisch erfüllt. Weil nach der gewöhnlichen Darstellung Gl. (1) im metrischen System lautet

$$3043 \sqrt{0305} \sim \frac{2}{3}\,\mu \cdot \sqrt{2g}\,,$$

so ergibt sich $\mu = 057$ ein Wert, wie er auch aus der von REHBOCK[2]) aufgestellten empirischen Formel für große Wehrhöhen w bzw. kleine Überfallhöhen h hervorgeht. Diese Formel lautet für eine Neigung des Abfallrückens $3 : 2$

$$Q = \frac{2}{3}\,h \cdot \sqrt{2gh} \cdot \left[0312 + 009\,\frac{h}{w} + \sqrt{030 - 001\left(5 - \frac{h}{r}\right)^2}\,\right] \qquad (37\,\mathrm{a})$$

pro lfd. m Wehrrücken und gilt für $r \geqq 002$ m, $\dfrac{h}{r} \leqq 6 - \dfrac{20r}{w + 3r}$ und $\dfrac{h}{w} \leqq 1$. μ hat somit für $\dfrac{h}{r} = 5$ einen Größtwert, und zwar $\mu = 0312 + 009\,\dfrac{h}{w}$.

Ist h klein gegen w und r, so folgt aus der Formel $\mu = 054$.

Eine ähnliche Formel haben Versuche von E. KRAMER[3]) für Dammbalkenwehre mit kreiszylindrischem Kopf ergeben, und zwar

$$Q = \frac{2}{3}\,h \cdot \sqrt{2gh} \left\{ 102 - \frac{1015}{\dfrac{h}{r} + 208} + \left[004\left(\frac{h}{r} + 019\right)^2 + 00223\right]\frac{r}{w} \right\}. \qquad (38)$$

Neuere Versuche von O. KIRSCHMER[4]) haben eine sehr gute Übereinstimmung mit (37) und wenig Unterschiede gegenüber (38) ergeben (max. 25%).

Versuche und Messungen an der Norris-Talsperre[5]) in den USA (Abb. 499) ergaben $Q = c \cdot h^n$ pro lfd. m der Wehrkrone, wobei aber c und n sich veränderlich zeigten. Bei

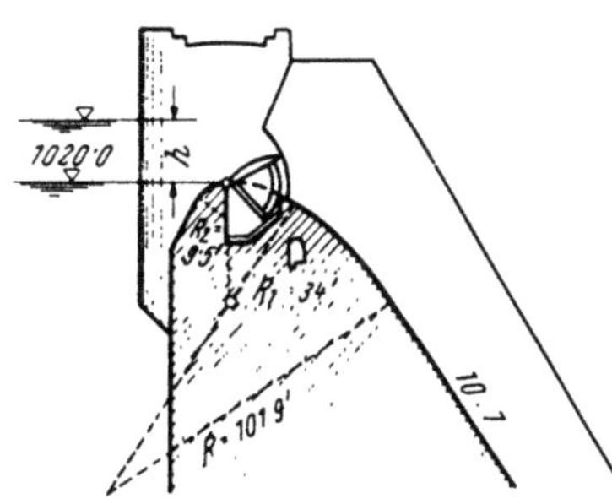

Abb. 499. Norris-Talsperre, USA

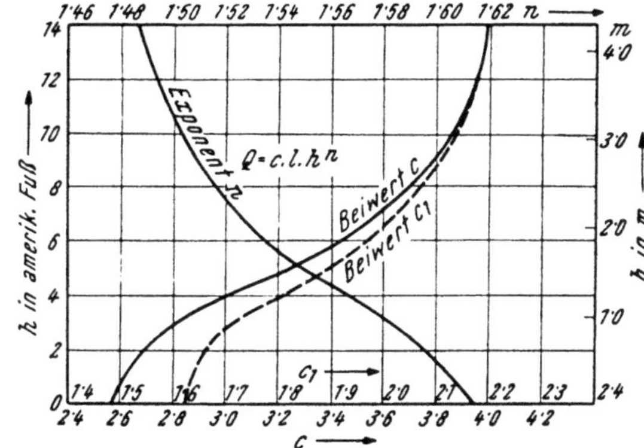

Abb. 500. Norris-Talsperre, Überfallbeiwerte

Überfallhöhen zwischen 0 und 40 m schwankte n von etwa 1486 bis 1614 und c etwa von 256 bis 394 in amerikanischen Maßen. Um das Diagramm (Abb. 500) leichter benützen zu können, wurde die Umrechnung für das metrische Maßsystem

$$c_1 = c \cdot (0305)^{3 - (1 + n)}$$

[1]) Proc. of the Am. Soc. Civ. Eng. **1929**.
[2]) Hdb. d. Ing.-Wiss. 3 (1912).
[3]) WEYRAUCH, R.: Hydr. Rechnen, 5. Aufl. (1921).
[4]) Mitt. d. Hydr. Inst. Techn. Hochsch. München, H. 2.
[5]) HICKOX, G. H.: Spillway Discharge Coefficients, Norris Dam, Trans. Am. Soc. Civ. Eng. **1944**.

vorgenommen. Ist der Überfall durch Pfeiler einer Brücke unterbrochen, so wird gesetzt

$$Q = c \cdot (l - 2\,n\,\mu\,h) \cdot \left(h + \frac{v^2}{2\,g}\right)^{3/2}, \tag{39}$$

wo n die Anzahl der Pfeiler und μ die Kontraktionsziffer ist. Neuere Versuche[1]) haben bei halbkreisförmigen Pfeilerköpfen $2\,\mu = 0`03$ bis $0`04$ ergeben. c schwankt etwa zwischen $3`10 \cdot \sqrt{0`305} = 1`71$ bis $4`0 \cdot \sqrt{0`305} = 2`21$ für Wehre, deren

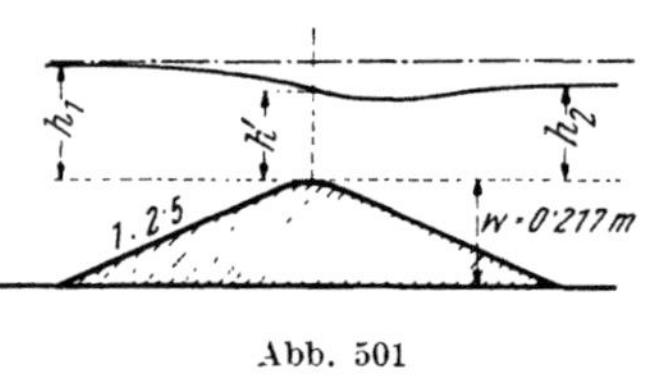

Abfallwände nach dem freien Strahl ausgebildet sind. Schließlich seien noch die Ergebnisse der Untersuchungen von CHR. KEUTNER[2]) kurz besprochen, die sich auf den scharfkantigen freien und den angesaugten Überfall, sowie auf den vollkommenen bzw. unvollkommenen Überfall bei abgerundeter Krone beziehen. Letzterer wurde an einem Dachwehr mit $r = 0`122$ im Scheitel und

Abb. 501

$1 : 2`5$ geneigten Wänden (Abb. 501) untersucht. Ist h' die Überströmungshöhe im Wehrscheitel, so gelten nach KEUTNER folgende Verhältniswerte $\dfrac{h'}{h}$.

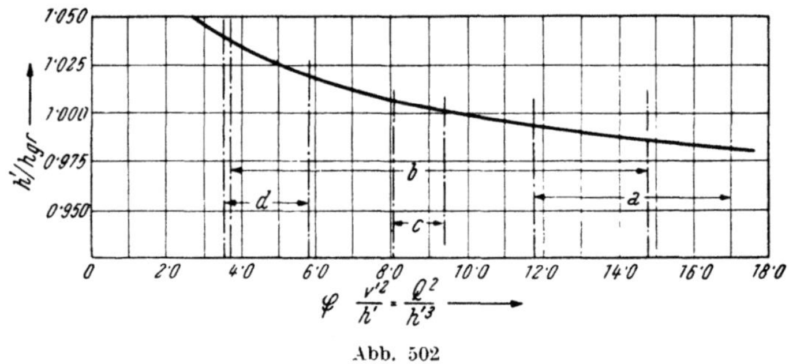

Abb. 502

a) bei scharfer Kante $\dfrac{h'}{h} = 0`85$ bei freiem vollbelüfteten Strahl,

$\dfrac{h'}{h} = 0`842$ bei vollangesaugtem Strahl,

b) bei abgerundeter Krone $\dfrac{h'}{h} = 0`64$,

c) bei seitlicher Einschnürung

$$\frac{b}{B} = 0`15 \qquad 0`47 \qquad 0`63$$

$$\frac{h'}{h} = 0`984 \qquad 0`911 \qquad 0`873$$

Die Auftragung des Verhältnisses $\dfrac{h'}{h_{gr}}$ als Funktion der Froudeschen Kennzahl $\mathfrak{F} = \dfrac{v'^2}{h'}$ zeigt Abb. 502. $h_{gr} = \sqrt[3]{\dfrac{Q^2}{g}}$ ist die Grenztiefe und $\dfrac{Q}{l\,h'} = v'$ die mittlere Geschwindigkeit im Scheitelquerschnitt. Die Meßpunkte liegen in der Abbildung mit sehr geringer Streuung auf der eingezeichneten Linie und man kann annehmen, daß die gefundene Relation auch für andere Wehrformen gültig ist.

---

[1]) U S Army Engineers Laboratory Research **1948**.
[2]) KEUTNER, CHR.: Abfluß-Untersuchungen, Berlin 1931. Einfluß der Krümmung ..., Wasserkr. u. Wasserwirtsch., München 1933.

Keutner stellt den Abflußbeiwert μ der allgemeinen Überfallgleichung (1) dar als das Verhältnis der in Abb. 503 gezeichneten schraffierten Fläche der wirklichen Geschwindigkeitsverteilung $a\,b\,c\,f$ zur Fläche der theoretischen Geschwindigkeitsverteilung nach Bernoulli $a\,b\,c\,d\,e\,f$, begrenzt durch den Parabelbogen. Die Auftragung von $\dfrac{H}{h_{gr}}$ als Funktion von μ ergibt das Diagramm in Abb. 504, in welchem wieder die Meßpunkte mit sehr geringer Streuung auf der Kurve liegen.

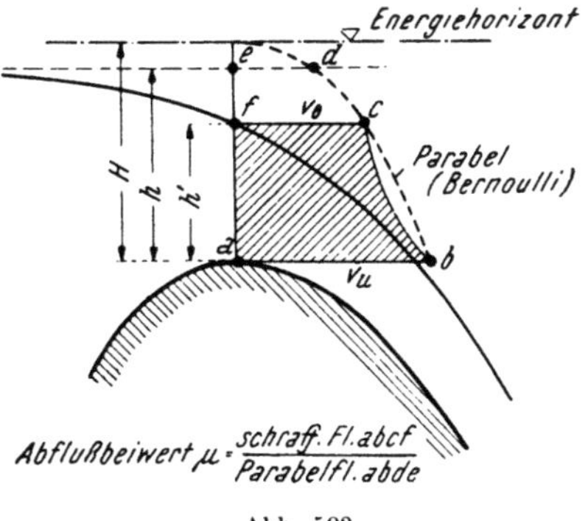

Abb. 503

Es sind die für die Versuche geltenden Bereiche eingetragen und auch hier dürfte die Gültigkeit der Beziehung auf anderweitige Wehrformen ausgedehnt werden können, womit sich ein Weg für die weitere Erforschung des Abflusses über Wehre ergibt. Der Abfluß pro m Kronenlänge ergibt sich aus Abb. 503 mit

$$Q = m \cdot h' \sqrt{2g\,(H - h')}$$

und es betrug für das Dachwehr $m = 1{\cdot}258$ und $h' = 0{\cdot}73\,h \cdot \sqrt[5]{\dfrac{h}{w}}$, so daß für

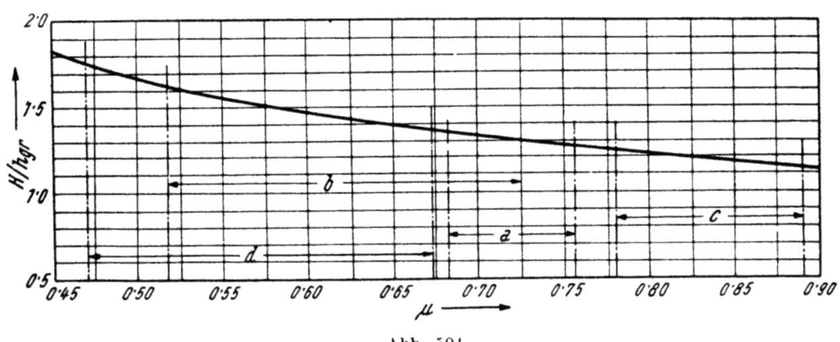

Abb. 504

den vollkommenen Überfall bei abgerundeter Krone geschrieben werden kann pro m Kronenlänge

$$Q = 4{\cdot}067 \cdot h \sqrt[5]{\dfrac{h}{w}} \cdot \sqrt{H - 0{\cdot}73\,h\sqrt[5]{\dfrac{h}{w}}}. \tag{40}$$

Ist der Unterwasserspiegel höher als die Wehrkrone gelegen, so spricht man gewöhnlich von einem **unvollkommenen Überfall.**

Aus G II 3 d ist bekannt, daß der Übergang ins Unterwasser mit oder ohne Walzenbildung, also wellig erfolgen kann (Abb. 505). Früher hat man den Abfluß aus zwei Teilen zusammengesetzt, jenem über und unter den Unterwasserspiegel, welche Anschauung bei den heutigen

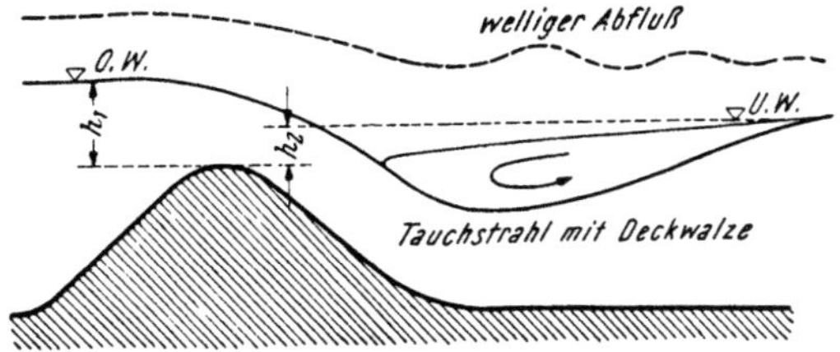

Abb. 505. Abfluß unterhalb des Wehres

Kenntnissen unhaltbar geworden ist. Hier haben die Untersuchungen von Chr. Keutner einen Fortschritt gebracht, indem er den Zusammenhang von

$\dfrac{h_1}{h_2}$ mit μ untersuchte, wenn h_1 und h_2 die Spiegelhöhen von Ober- und Unterwasser über der Wehrkrone sind (Abb. 505). Die Auftragung der Messungen aus Versuchen mit dem genannten Dachwehr ergab in Abb. 506 eine Linie, die für den Bereich des Tauchstrahls (Walzenbildung) einen gänzlich anderen Charakter

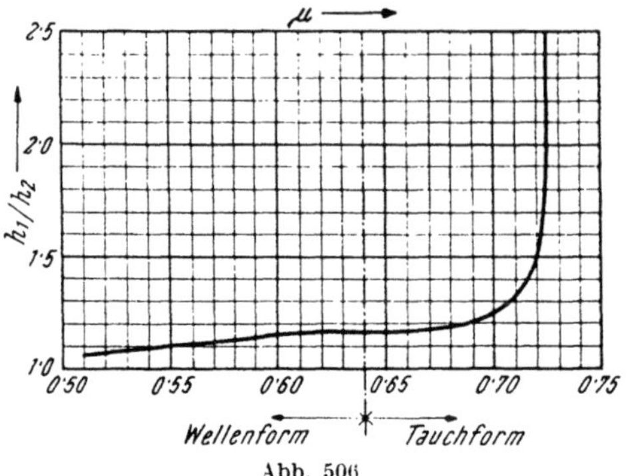

Abb. 506

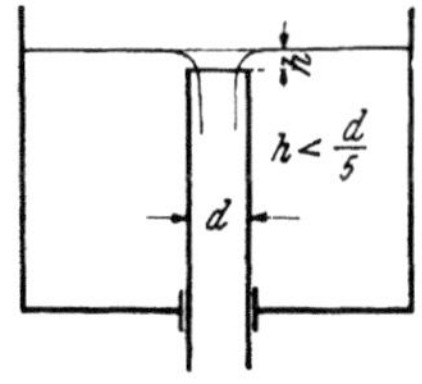

Abb. 507. Kleiner Überlauf

aufweist wie jene für den welligen Abfluß (ohne Walze). Man kann genähert schreiben nach Keutner

$$\mu = 0\text{·}93\,\frac{h_1}{h_2} - 0\text{·}463 \text{ gültig für } \frac{h_1}{h_2} = 1\text{·}05 \text{ bis } 1\text{·}25$$

$$= 0\text{·}105\,\frac{h_1}{h_2} + 0\text{·}569 \text{ gültig für } \frac{h_1}{h_2} = 1\text{·}25 \text{ bis } 1\text{·}43$$

$$= 0\text{·}0056\,\frac{h_1}{h_2} + 0\text{·}711 \text{ gültig für } \frac{h_1}{h_2} = 1\text{·}43 \text{ bis } 2\text{·}5 .$$

Ist h_1 und h_2 gegeben, also $\dfrac{h_1}{h_2}$ bekannt, so kann nach obigem μ gut eingeschätzt werden und aus Abb. 504 $\dfrac{H}{h_{gr}} = \dfrac{H \cdot \sqrt{g}}{\sqrt{Q^2}}$ bestimmt werden. Setzt man vorerst angenähert $h_1 \cong H$, so kann man in erster Näherung Q ermitteln.

c) Überfall mit waagrechter kreisförmiger Krone. Schachtüberfall

Zur Begrenzung der Füllhöhe von Behältern, Stauweihern usw. werden Überfälle mit waagrechter kreisförmiger Krone, sogenannte Überläufe (Abb. 507), und bei größerer Ausführung Schachtüberfälle (Abb. 508) angeordnet.

Nach Untersuchungen von Gourley[1]) kann für den einfachen Überlauf

$$Q = k \cdot l \cdot h^n \tag{41}$$

geschrieben werden, wenn l die Kronenlänge darstellt und $n = 1\text{·}42$ gesetzt wird. Für verläßliche Ergebnisse nach obiger Formel darf h nicht größer sein als $\dfrac{1}{5}$ des Rohrdurchmessers d.

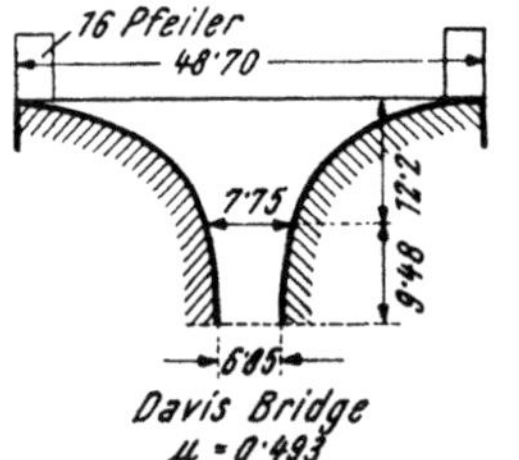

Abb. 508. Schachtüberfall

Der Faktor k ändert sich mit dem Rohrdurchmesser wie aus folgender Tabelle zu ersehen ist, in welcher das englische und metrische Maßsystem berücksichtigt ist.

------

[1]) Gourley, H. J.: Proc. Inst. Civ. Engr., **184**.

d engl. Zoll	6·91	10·08	13·70	19·40	25·90
d Meter	0·172	0·252	0·343	0·485	0·648
k engl. Maß	2·93	2·94	2·97	2·99	3·03
k_1 Metermaß = $= k \cdot 0·305^{0·58}$ ..	1·471	1·477	1·492	1·502	1·522

Zur Erhöhung der Leistung erhalten Schachtüberfälle eine meist glocken-förmige Erweiterung, womit eine Vergrößerung der Kronenlänge verbunden ist. Die Grundformel

$$Q = \frac{2}{3} \mu \cdot l \cdot \sqrt{2gh} \cdot h$$

kann nach vorgenommenen Versuchen[1]) nur bis zu einer gewissen Grenze h_1 der Überfallhöhe angewendet werden. μ schwankte zwischen 0·49 und 0·81.

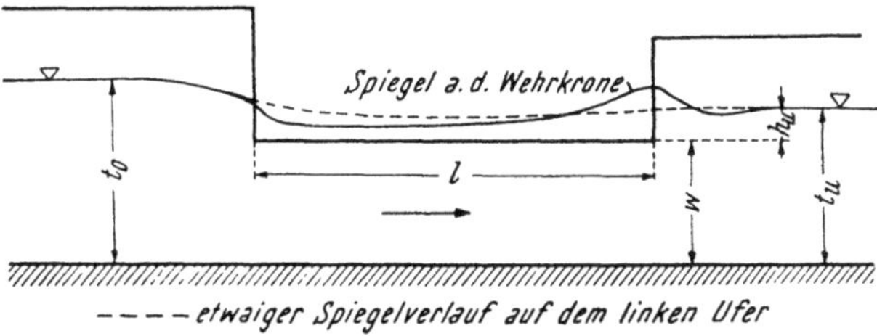

Abb. 509. Schem. Darstellung des Wasserspiegels beim Streichwehr

d) Streichwehre

Das Streichwehr ist ein Überfall, der zum Zwecke der Entlastung eines künstlichen oder natürlichen Gerinnes in der Seitenwand (Ufer) angebracht wird. Bei der auftretenden äußerst verwickelten Strömung erfolgt die Umwandlung von Druckenergie in kinetische Energie und umgekehrt so-augenfällig, daß der Spiegel je nach den obwaltenden Umständen längs der Wehrkrone einmal fallend[2]), andermals wieder steigend[3]) oder wellen-artig[4]) geformt beobachtet wird (Abb. 509). Die zu lösende Aufgabe ist, aus den gegebenen Wassertiefen t_0 und t_u ober- und unterhalb des Streich-wehres bei bekannter Kronen-höhe w über der Sohle die nötige Kronenlänge l für die vorzu-nehmende Entlastung Q zu ermitteln. Natürlich muß auch der Zusammenhang von Durchfluß und Wasser-

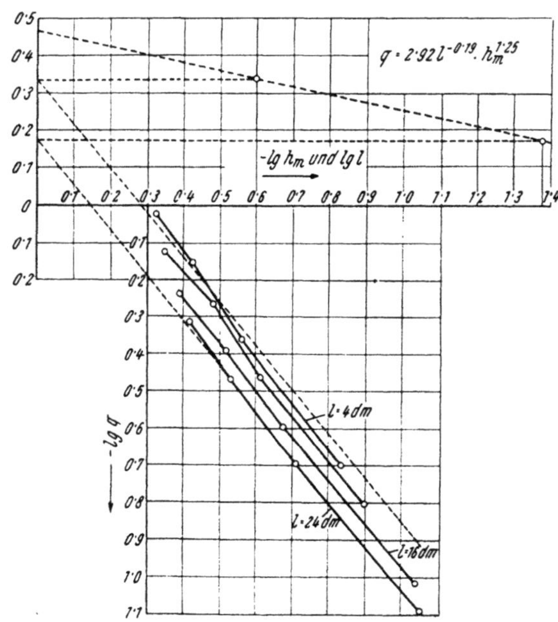

Abb. 510. Darstellung von q als Abhängige von l und h_m beim Streichwehr

[1]) BINNIE, W. J. E.: Water a. Water Engineering **1937**.
[2]) COLEMAN, G. S. u. D. SMITH: Inst. Civ. Engr., London **1923**.
[3]) ENGELS, H.: Mitt. a. d. Dresdener Flußbaulaboratorium **1917** u. **1918**. Zschft. VDI **1920**.
[4]) EHRENBERGER, R.: Österr. Wasserwirtsch. **1934**.

stand im Gerinne bekannt sein. Der geschlossenen exakten Lösung stehen große Schwierigkeiten entgegen und man müßte vorerst vom idealisierten Fall strecken-förmig verteilter Senken im Raum (H III 3) mit überlagerter Translation vor-gehen, wobei ein Einzugsgebiet auftritt. Indessen erscheint es angebracht, für die Zwecke der technischen Praxis von Modellversuchen auszugehen, deren Auswertung gewisse Gesetzmäßigkeiten aufdeckt, wie solche auch aus den Ver-suchen EHRENBERGERS (Wien) hervorgehen (Abb. 510). Diese beziehen sich auf die Entlastung eines Flusses (Gail in Kärnten) mit Trapez-Querschnitt und der Überfall war nicht scharfkantig. Es ergibt sich

$$q = \frac{Q}{l} = 2^{\cdot}92 \, l^{-0^{\cdot}19} \cdot h_m^{\;1^{\cdot}25} \text{ in sl}, \tag{42}$$

wenn $h_m = \dfrac{t_o + t_u}{2} - w$ die mittlere Höhe des Überfalles in dm ebenso wie w eingesetzt wird. Werden diese Längen in m genommen, so gilt

$$Q = 0^{\cdot}32 \, l^{0^{\cdot}81} \cdot h_m^{\;1^{\cdot}25} = 0^{\cdot}0723 \sqrt{2g} \cdot l^{0^{\cdot}81} \cdot h_m^{\;1^{\cdot}25} \tag{42a}$$

und aus der folgenden Tabelle kann die gute Übereinstimmung der Rechen-ergebnisse nach (42) mit den Messungen ersehen werden.

l in dm	w	t_o	t_u	h_m	Q_{sl}	$q = \dfrac{Q}{l}$	Rechnung $q = 2^{\cdot}92 \cdot$ $\cdot l^{-0^{\cdot}19} \cdot h_m^{\;3/4}$
4 dm	0·59 dm	1·10	1·03	0·475	3·8	0·950	0·884
		0·985	0·95	0·378	2·8	0·700	0·664
		0·88	0·855	0·278	1·76	0·440	0·452
		0·75	0·725	0·148	0·80	0·200	0·204
8	0·61	1·10	1·02	0·45	6·00	0·750	0·724
		0·99	0·926	0·348	4·36	0·545	0·543
		0·88	0·830	0·245	2·77	0·346	0·336
		0·75	0·725	0·128	1·26	0·158	0·150
16	0·64	1·10	1·00	0·41	9·24	0·578	0·565
		0·99	0·90	0·305	6·49	0·406	0·390
		0·88	0·82	0·21	4·10	0·256	0·245
		0·75	0·72	0·093	1·55	0·097	0·093
24	0·64	1·10	0·95	0·385	11·75	0·490	0·483
		0·99	0·88	0·295	8·23	0·343	0·347
		0·88	0·80	0·198	4·86	0·203	0·210
		0·75	0·71	0·090	1·92	0·080	0·079

In der Formel von ENGELS

$$Q = \frac{2}{3} \, \mu \cdot \sqrt{2g} \, \sqrt[3]{l^{2^{\cdot}5} \cdot h_u^{\;5}} \tag{43}$$

mit $h_u = $ Überfallhöhe am unteren Wehrende ist μ eine reine Zahl, während der Koeffizient in (42a) mit der Dimension $l^{0^{\cdot}44}$ behaftet ist, weil eine Reihe von

Faktoren, die im Versuche unveränderlich waren (Gerinnebreite, Wehrhöhe w usf.) nicht explicit in Erscheinung treten konnten. Dies ist bei Anwendung von (42) zu bedenken, während (43) versagt, wenn $h_u = t_u - w = 0$ ist[1]).

O. Widerstand und Strömungsdruck. Blasen. Bewegung von Schäumen usw.

1. Einleitung

Schon J. NEWTON[2]) hat sich mit dem Widerstand bewegter Körper in Flüssigkeiten (Luft) theoretisch und experimentell befaßt. Er setzte für diesen

$$W = \varrho \cdot F \cdot v^2, \tag{1}$$

wenn F die Projektion des Körpers auf eine zur Bewegungsrichtung senkrechte Ebene ist, so daß also (1) nichts anderes ist als die Impulsänderung der in der Zeiteinheit verdrängten Flüssigkeitsmasse $\varrho \cdot F \cdot \dfrac{ds}{dt}$. Nach dieser Anschauung müßte dann der Widerstand einer gebuckelten Scheibe der gleiche sein, ob nun dieselbe ihre Hohlseite zur Bewegungsrichtung gekehrt oder entgegengesetzt liegen hat (Abb. 511). In Wirklichkeit ist in ersterem Fall der Widerstand weit größer als in letzterem, was auf das eigenartige Verhalten der Grenzschicht (L 8 c) zurückzuführen ist. In H II 2 wurde dargelegt, daß z. B. eine Kugel in reibungsloser Flüssigkeit nur dann einen Widerstand erfährt, wenn sie beschleunigt bewegt wird. Außerdem vermag die Potentialtheorie die Kraftwirkung des Quertriebes zu erklären (H IV 11). Die von HELMHOLTZ und KIRCHHOFF begründete Theorie der diskontinuierlichen Bewegung (H IV 9 m β) hat einen wesentlichen Fortschritt gebracht, obwohl die sich aus ihr ergebenden Widerstände zu klein sind gegenüber den beobachteten. Bei dieser Theorie werden vom bewegten Körper ausgehende Trennungsschichten vorausgesetzt, die den Strömungsbereich in die potentiale Anströmung und das unter gleichem Druck stehende „Totwasser" hinter dem Körper scheiden. In Abb. 343 ist dies für eine senkrecht zur Bewegungsrichtung stehende Platte dargestellt, bei welcher die Trennungsschicht ins ∞ reicht. Weil dort überall die Geschwindigkeit gleich ist der Geschwindigkeit v_0 der bewegten Platte, so muß wegen des konstanten Drucks im Totwasser längs der Trennungsschicht die Geschwindigkeit konstant und gleich v_0 sein. Mittels der Hodographenmethode (H IV 9 m) hat nun KIRCHHOFF den Druck auf eine ∞ lange Platte von der Breite b berechnet mit

$$P = \frac{\pi}{4 + \pi} \cdot b \cdot \varrho \, v_0{}^2, \tag{2}$$

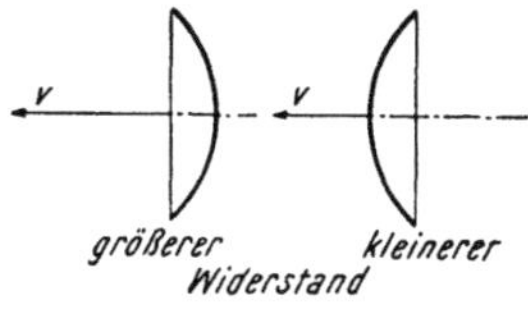

Abb. 511

welche Kraft allerdings nur etwa 50% jener aus Versuchen ermittelten darstellt. Einen bedeutenden Fortschritt hat TH. v. KÁRMÁN erzielt, wie aus nachfolgendem zu ersehen ist.

---

[1]) Weitere Literatur: SCHAFFERNAK, F.: Österr. Wochenschrft. f. d. Öff. Baudienst **1918**.
FORCHHEIMER, PH.: Hydraulik, III. Aufl., 1930.
DE MARCHI, G.: Energia elettrica **1934**.
usw.
[2]) Philosophiae naturalis principia mathematica 1687.

2. v. Kármáns Theorie des Flüssigkeitswiderstandes[1])

Wie in H V 6 gezeigt wurde, läuft einem mit der Geschwindigkeit U bewegten Körper (Zylinder, Platte) eine zweireihige Wirbelschleppe nach, deren Geschwindigkeit

$$u_0 = \frac{\varGamma}{2l\sqrt{2}} < U \tag{3}$$

ist, wenn $\varGamma$ die Wirbelstärke und l der Abstand der Einzelwirbel in der Reihe bedeutet. Es hat also der Körper gegenüber der Wirbelschleppe die relative Geschwindigkeit $U - u_0$ und wenn zwischen der Ablösung zweier einander folgenden Wirbel die Zeit $\varDelta t$ verstreicht, so hat der Körper den Weg

$$U \cdot \varDelta t = \frac{U}{U - u_0} \cdot l \tag{4}$$

zurückgelegt. Die zum Schleppen des Körpers durch die Flüssigkeit benötigte Kraft P, die so groß, aber entgegengesetzt gerichtet ist, wie der Widerstand W,

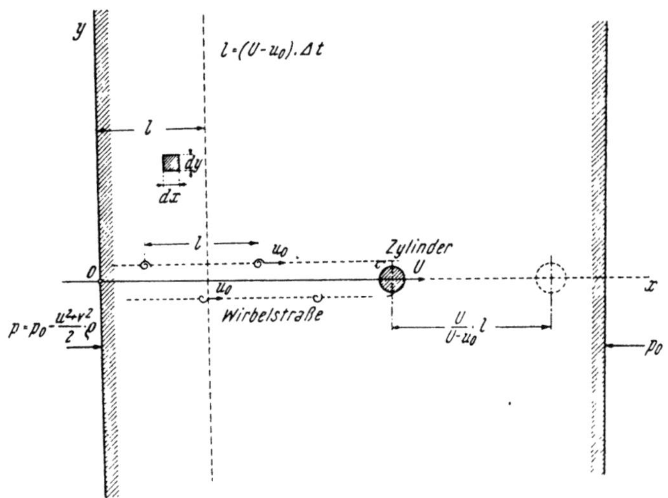

Abb. 512.   Kármán'sche Wirbelstraße als Grundlage der Widerstandsberechnung

wird aus dem Impulssatz ermittelt. Man denkt sich aus der in „ebener" Bewegung ($x\,y$-Ebene) befindlichen Flüssigkeitsmasse einen ∞ langen Streifen von der Dicke $z = 1$ herausgeschnitten, der von zwei zur y-Achse parallelen vertikalen Ebenen in genügend großem Abstand vor und nach dem bewegten Körper begrenzt ist (Abb. 512). Die Impulsänderung der in diesem Raume befindlichen Wassermasse besteht aus einer zeitlichen Änderung

$$\varDelta t \cdot J_1 = \varrho \int df \cdot 1 \cdot u \cdot dy = \varrho \int_0^l dx \int_{-\infty}^{+\infty} u \cdot dy \tag{5}$$

oder mit $\varDelta t$ aus (4)

$$J_1 = \varrho \frac{U - u_0}{l} \cdot \int_0^l dx \cdot \int_{-\infty}^{+\infty} u \cdot dy. \tag{6}$$

---

[1]) Nachr. d. Ges. d. Wiss., Göttingen 1911/12.

Hiezu gesellt sich der durch die linke schraffierte Begrenzung hinzugeführte Impuls in der x-Richtung

$$J_2 = \varrho \int\limits_{-\infty}^{+\infty} u^2 \cdot dy. \tag{7}$$

An der linken Begrenzung wirkt der Druck

$$D_l = \int\limits_{-\infty}^{+\infty} p \cdot dy = \int\limits_{-\infty}^{+\infty} \left(p_0 - \frac{(u^2 + v^2)}{2} \cdot \varrho \right) dy, \tag{8}$$

wenn p_0 der Druck im Zustand der Ruhe ist und an der rechten Grenzfläche wirkt

$$D_r = - \int\limits_{-\infty}^{+\infty} p_0 \, dy. \tag{9}$$

Weil

$$J_1 + J_2 + D_l - D_r = P \tag{10}$$

sein muß, so folgt

$$\varrho \frac{U - u_0}{l} \int\limits_0^l dx \cdot \int\limits_{-\infty}^{+\infty} u \, dy + \varrho \int\limits_{-\infty}^{+\infty} \frac{u^2 - v^2}{2} \cdot dy = P = - W. \tag{11}$$

Zur leichteren Berechnung des zweiten Integrals sei bedacht, daß

$$\int (u^2 - v^2) \cdot dy = \frac{1}{i} \int (u^2 - v^2) i \, dy = \frac{1}{i} \cdot Jm \left\{ \int \bar{\mathfrak{v}}^2 \cdot dz \right\} \tag{12}$$

der imaginäre Teil des Integrals ist, wobei $\bar{\mathfrak{v}} = u - iv$ aus $HV6$ (280) einzusetzen ist. Die Integration ergibt

$$\frac{\varrho}{2} \int\limits_{-\infty}^{+\infty} (u^2 - v^2) dy = \varrho \left(\frac{\Gamma^2}{2\pi l} - \frac{\Gamma u_0 h}{l} \right)$$

und

$$\varrho \cdot \frac{U - u_0}{l} \int\limits_0^l dx \cdot \int\limits_{-\infty}^{+\infty} u \, dy = \varrho \frac{\Gamma h}{l} (U - u_0).$$

Schließlich folgt

$$P = \varrho \, \Gamma \cdot \frac{h}{l} (U - 2 u_0) + \varrho \frac{\Gamma^2}{2\pi l}. \tag{13}$$

Führt man aus (275) den Wert $\Gamma = 2\, u_0 \cdot l \sqrt{2}$ ein und aus (274)

$$\frac{h}{l} = \frac{1}{\pi} \cdot \mathfrak{Ar} \, \mathfrak{Cof} \sqrt{2} = 0{\cdot}2806,$$

so folgt

$$P = \varrho \, l \cdot \left\{ \sqrt{8} \cdot 0{\cdot}2806 \, u_0 \cdot (U - u_0) + \frac{4}{\pi} \cdot u_0{}^2 \right\}$$

$$= \varrho \, l \, U^2 \left\{ 0{\cdot}794 \frac{u_0}{U} - 0{\cdot}314 \left(\frac{u_0}{U} \right)^2 \right\}. \tag{14}$$

Die Werte von l und $\frac{u_0}{U}$ müssen allerdings dem Strömungsbild entnommen und in (14) eingesetzt werden, um den Widerstand zu erhalten, der mit dem gemessenen gut übereinstimmt.

3. Versuche und ihre Ergebnisse

Während die theoretischen Untersuchungen für den Reibungswiderstand ebener Platten (L 8b) recht weit fortgeschritten sind, ist eine abschließende Theorie des Widerstandes beliebig geformter Körper kaum zu erwarten. Man ist somit auf den Versuch angewiesen, bei dem das Ähnlichkeitsprinzip eine entscheidende Rolle spielt. Der gemessene Gesamtwiderstand W setzt sich zusammen aus dem Druckwiderstand W_d und dem Reibungswiderstand W_r. Während ein Druckwiderstand bei Potentialströmung nur im Falle einer Beschleunigung zustande kommen kann, entsteht er hier infolge der durch die Zähigkeit bewirkten Veränderung der Druckverteilung. Außer den aus der Zähigkeit unmittelbar hervorgehenden Normalspannungen ist es der Ablösungsvorgang und die mit ihm verbundene Wirbelbildung im Kielwasser, die zur Bildung einer resultierenden Kraft in der Bewegungsrichtung führen. Weil diese stark von der Form abhängig ist, spricht man auch vom Formwiderstand W_d. Durch entsprechende Formgebung (Tropfenform, rückwärts spitz zulaufend usw.) kann er stark herabgedrückt werden, weil das Kiel- oder Totwasser und damit die Wirbelbildung auf einen kleinen Raum beschränkt wird.

Der Reibungswiderstand ist die Resultierende der aus der Zähigkeit hervorgehenden Tangentialspannungen. Er ist von der Größe der Oberfläche und ihrer Rauhigkeit, sowie von der Relativgeschwindigkeit gegenüber der umgebenden Flüssigkeit abhängig und wird auch als Oberflächenwiderstand bezeichnet.

Bewegt sich ein Körper in ruhendem Wasser, so wäre der Widerstand nur dann gleich dem Strömungsdruck, den ein mit gleicher Geschwindigkeit fließendes Wasser auf einen ruhenden Körper ausübt, wenn die Geschwindigkeit in allen Punkten unveränderlich bleiben würde. Dies ist aber wegen der bei den gewöhnlich vorkommenden Abmessungen fast immer herrschenden Turbulenz nie der Fall. Deshalb ist der Strömungsdruck, also die Kraft, die strömendes Wasser auf den ruhenden Körper ausübt, größer als der Widerstand, der sich der Bewegung dieses Körpers in ruhender Flüssigkeit entgegenstellt. Will man also aus dem Strömungsdruck im Modell auf den Widerstand des bewegten Körpers in ruhender Flüssigkeit schließen, so wird man durch Beruhigungseinrichtungen (Siebe, Leitflächen u. dgl.) eine angenähert gleichmäßige Strömung im Versuche herbeizuführen trachten[1]). Im Anschluß an die Newtonsche Darstellung wird

$$W = W_d + W_r = c \cdot \varrho \cdot f \cdot v^2 \tag{17}$$

gesetzt, wo die Widerstandszahl c in meist komplizierter Abhängigkeit von der Reynoldsschen Zahl steht. Nach der Erfahrung ist c im Gebiete großer Re wenig veränderlich, so daß ein quadratisches Widerstandsgesetz vorliegt, während bei sehr kleinen Re Linearität zwischen Widerstand und Geschwindigkeit auftritt. Auch wenn die Reibungskräfte gegen die Druckkräfte zurücktreten, wird der Widerstand quadratisch. Dies ist z. B. bei dünnen, quer zur Strömung stehenden Platten der Fall, mit folgenden Versuchsergebnissen.

---

[1]) PRANDTL, L.: Abriß der Flüssigkeits- u. Gasbewegung, Jena 1913.

α) **Senkrecht angeströmte Platten und Zylinder** (Strömungsdruck). Hier ist c sehr stark von der Form abhängig und weist folgende Werte[1]) auf:

Kreisplatte $c = 0\dot{}55$ bis $0\dot{}56$
Quadrat $c = 0\dot{}55$

Rechteck $\dfrac{b}{h} =$	2	4	10	18	50
$c = $	$0\dot{}575$	$0\dot{}595$	$0\dot{}645$	$0\dot{}70$	$0\dot{}78$

Langer Kreiszylinder (Draht)

$Re = \dfrac{vd}{\nu} =$	10	10^2	10^3	10^4	10^5	10^6
$c =$	$2\dot{}71$	$1\dot{}43$	$0\dot{}97$	$1\dot{}11$	$1\dot{}21$	$0\dot{}35$

Strebenprofil von Tropfenform

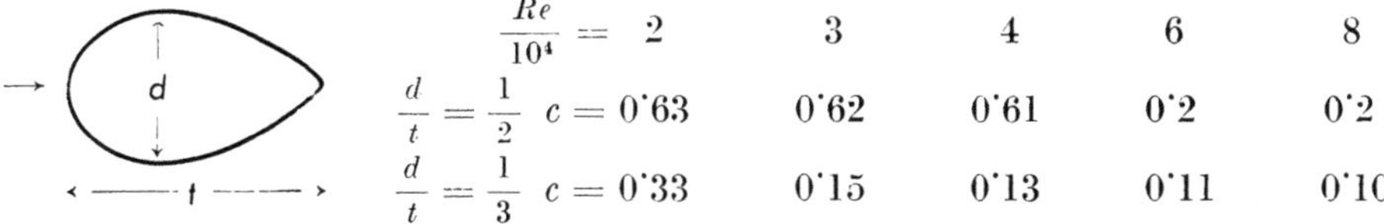

	$\dfrac{Re}{10^4} =$	2	3	4	6	8
$\dfrac{d}{t} = \dfrac{1}{2}$	$c = 0\dot{}63$		$0\dot{}62$	$0\dot{}61$	$0\dot{}2$	$0\dot{}2$
$\dfrac{d}{t} = \dfrac{1}{3}$	$c = 0\dot{}33$		$0\dot{}15$	$0\dot{}13$	$0\dot{}11$	$0\dot{}10$

β) **Widerstand quadratischer, senkrecht zu ihrer Ebene bewegten Platten**[2]), Seitenlänge $0\dot{}1$ m, Oberkante $0\dot{}1$ m unter dem Spiegel.

$v =$	$0\dot{}5$	$1\dot{}0$	$1\dot{}5$	$2\dot{}0$	$2\dot{}5$	$3\dot{}0$	$3\dot{}5$ m/sec
$W =$	$0\dot{}16$	$0\dot{}66$	$1\dot{}41$	$2\dot{}33$	$3\dot{}51$	$5\dot{}02$	$6\dot{}85$ kg
$c =$	$0\dot{}63$	$0\dot{}649$	$0\dot{}615$	$0\dot{}57$	$0\dot{}55$	$0\dot{}545$	$0\dot{}55$

Mit wachsender Tiefenlage der Platte nimmt c ab.

Überraschend war das Ergebnis bezüglich des Normaldrucks schräg angeströmter ebener Platten, der bei 35[0] Neigung sein Maximum erreichte und nicht bei normaler Anströmung[3]) Aus der Abb. 513 sind die Widerstandszahlen ebener Rechtecke bestimmten Seitenverhältnisses für verschiedene Neigungswinkel zu entnehmen[4]) und die entsprechenden Linien

$$\frac{W}{\varrho f v^2} = f(\alpha)$$

zeigen einen charakteristischen Verlauf, der sich manchmal durch das Auftreten eines Maximums für $\alpha < 90^0$ auszeichnet (Dinesscher Buckel).

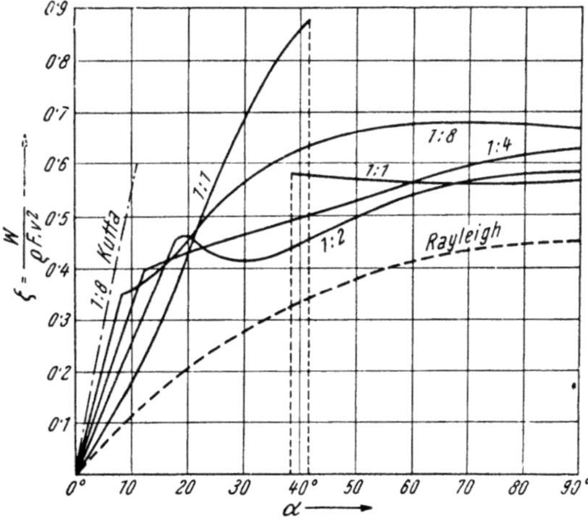

Abb. 513. Gesamtwiderstand ebener Flächen

[1]) Ergebn. d. Aerodyn. Versuchsanstalt Göttingen, **1923**.
[2]) ENGELS, H. und F. GEBERS: Schiffbau **1920/21**.
[3]) DINES, W.: Proc. Roy. Soc. **48** (1890).
[4]) PRANDTL, L.: Abriß ..., Jena 1913.

4. Widerstand bzw. Strömungsdruck bei einer Kugel

Bei kleinen Reynoldsschen Zahlen gilt nach G. G. STOKES[1]) für den Widerstand

$$W = 6\pi\eta \cdot a \cdot v, \tag{18}$$

wenn a der Halbmesser der in der vertikalen z-Richtung fallenden Kugel ist. Man kommt zu dem Resultat durch Lösung der bei stationärer schleichender Bewegung restierenden Navier-Stokesschen Gleichungen (L 1)

$$\frac{\partial p}{\partial x} = \eta\,\varDelta u \quad \frac{\partial p}{\partial y} = \eta\,\varDelta v \quad \frac{\partial p}{\partial z} = \eta\,\varDelta w, \tag{19}$$

aus welchen unmittelbar folgt

$$\varDelta p = \frac{\partial^2 p}{\partial x^2} + \frac{\partial^2 p}{\partial y^2} + \frac{\partial^2 p}{\partial z^2} = 0. \tag{20}$$

weil $\operatorname{div} \mathfrak{v} = 0$ (20a)

Die kugelsymmetrische Lösung ist das dem Newtonschen Schwerefeld zugehörige Potential

$$p = \frac{A_0}{r}, \tag{21}$$

und wegen der Symmetrie bezüglich der z-Achse kommt die Lösung

$$p = \frac{\partial}{\partial z}\left(\frac{A_1}{r}\right) = -\frac{A_1}{r^2}\cdot\sin\vartheta \tag{22}$$

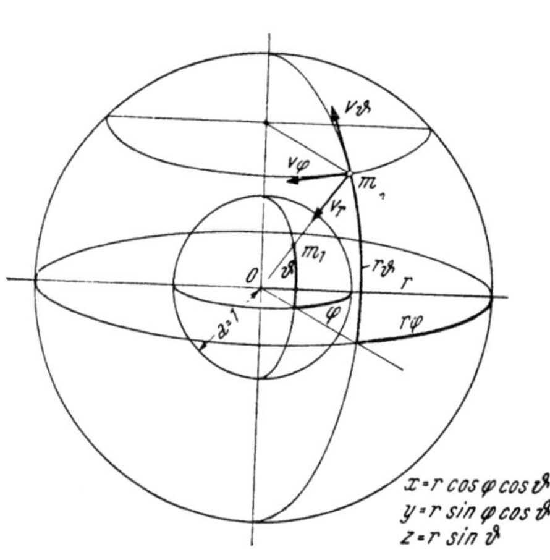

Abb. 514. Räumliche Polarkoordinaten

in Frage, wenn sphärische Polarkoordinaten verwendet werden (Abb. 514). Noch allgemeiner ist die Lösung[2])

$$p = \sum_{0}^{\infty} A_n \cdot \frac{\partial^n}{\partial z^n}\,\frac{1}{r}. \tag{23}$$

Die Grenzbedingungen sind

$$v_r = 0 = v_\vartheta \quad \text{für} \quad r = a = \text{Kugelhalbmesser}$$

$$v_r = U\sin\vartheta \quad \text{und} \quad v_\vartheta = -U\cos\vartheta \quad \text{für} \quad r = \infty,$$

ferner soll im ∞ die Geschwindigkeit U herrschen. Weil die Grenzbedingung nur den einfachen $\sin\vartheta$ enthält, genügt der Ansatz

$$p = -\frac{A}{r^2}\sin\vartheta. \tag{24}$$

Schreibt man mit Hilfe von Pkt. 12 der Formelsammlung und mit (20a) für (19)

$$\operatorname{grad} p = \eta \cdot \operatorname{rot\,rot} \mathfrak{v},$$

so folgt aus der weiteren in Polarkoordinaten geführten Rechnung[3])

$$A = \frac{3}{2}\eta \cdot U \cdot a \qquad\qquad v_r = U\cdot\left(1 - \frac{3}{2}\frac{a}{r} + \frac{1}{2}\frac{a^2}{r^2}\right)\sin\vartheta$$

$$v_\vartheta = U\left(-1 + \frac{3}{4}\frac{a}{r} + \frac{1}{4}\frac{a^3}{r^3}\right)\cos\vartheta.$$

Außerdem ist $v_\varphi = 0$ und ebenso alle Differentiale $\dfrac{\partial}{\partial\varphi} = 0$.

[1]) Trans. Cambridge Phil. Soc. 9 (1850).
[2]) und [3]) SOMMERFELD, A.: Theor. Physik, II. Bd., Wiesbaden 1947.

Es ist dann der radial gerichtete hydrodynamische Druck

$$p = -\frac{3}{2}\,\eta \cdot U \cdot a \cdot \frac{\sin\vartheta}{r^2},\tag{25}$$

und dessen über die Kugel genommene Komponente in der z-Richtung $-\,p\cdot\sin\vartheta$ ergibt mit $df = 2a^2\pi \cdot \cos\vartheta \cdot d\vartheta$ die Kraft

$$P_1 = \frac{3}{2}\,\eta\,\frac{U}{a}\int_{-\frac{\pi}{2}}^{\frac{\pi}{2}} \sin^2\vartheta \cdot 2a^2\pi \cdot \cos\vartheta \cdot d\vartheta = 2\pi\,\eta\,a \cdot U.\tag{26}$$

Die aus den Tangentialspannungen

$$\tau = \eta \cdot \frac{\partial v\vartheta}{\partial r}\bigg|_{r=a} = -\frac{3}{2}\,\frac{U}{a}\cdot\cos\vartheta$$

resultierende Kraft in der z-Richtung ist

$$P_2 = -\int_{-\frac{\pi}{2}}^{\frac{\pi}{2}} \tau \cdot \cos\vartheta \cdot df = \frac{3}{2}\,\frac{U}{a}\int_{-\frac{\pi}{2}}^{\frac{\pi}{2}} \cos^2\vartheta \cdot 2a^2\pi \cdot \cos\vartheta \cdot d\vartheta =$$

$$= 3\pi\,U\,a\int_{-\frac{\pi}{2}}^{\frac{\pi}{2}} (1-\sin^2\vartheta)\cdot d\sin\vartheta = 4\pi\,\eta\,a\,U,\tag{27}$$

so daß mit (26) der Gesamtwiderstand W in (18) sich ergibt. Dieser muß bei stationär fallenden Kugeln gleich sein dem Gewicht G, vermindert um den Auftrieb, so daß sich aus

$$W = 6\pi\,\eta\,a\,U = G - A = \frac{4}{3}\,\pi\,a^3\,g\,(\varrho_1 - \varrho)$$

die wichtige, bis in die Bereiche der Brownschen Bewegung anwendbare Formel[1]

$$v = \frac{2}{9}\,\frac{g}{\nu}\left(\frac{\varrho_1}{\varrho} - 1\right)\cdot a^2\tag{28}$$

ergibt, die die Beziehung zwischen Fallgeschwindigkeit und Kugelradius herstellt. Es sei bemerkt, daß C. W. Oseen[2] auf exaktem Wege bei Berücksichtigung der Trägheitsglieder in den Navier-Stokesschen Gleichungen

$$W = 6\pi\,\eta\,a\,U\left(1 + \frac{3}{8}\,\frac{\varrho_1}{\varrho}\cdot\frac{a\,U}{\nu}\right)\tag{29}$$

ermittelt hat.

Nach (29) erfolgt somit ein allmählicher Übergang vom linearen zum quadratischen Widerstandsgesetz. Bei wachsenden Re-Zahlen herrscht vorerst noch immer Laminarströmung, obwohl sich die Trägheit mehr und mehr geltend macht und es zeigen sich nur einzelne Wirbel hinter der Kugel. Erst bei Re_{krit} wird das die Kugel umgebende Strömungsfeld turbulent und ändert sich plötzlich das Widerstandsgesetz.

Gewöhnlich stehen die Reibungskräfte in verwickelter Wechselwirkung mit den Trägheitskräften und man schreibt für den Widerstand

$$W = c \cdot \varrho \cdot f \cdot v^2,\tag{30}$$

---

[1] V. Hahn, F.: Dispersoidanalyse, Dresden-Leipzig 1928.
[2] Arkiv för matematik astronomi och fysik **6** (1910).
Faxén H. hat ebenda die Theorie weitergeführt. Bd. 17, 18 u. 19.

wo die Widerstandszahl in komplizierter Abhängigkeit von der *Re*-Zahl ist. Dies erkennt man aus der Abb. 515, in welcher insbesondere der plötzliche Abfall der Widerstandszahl bei $Re \sim 120\,000$ auffällt. Diese Tatsache haben Messungen, insbesondere von C. WIESELSBERGER[1]) ergeben und sie wird auf das Auftreten von Turbulenz in der Grenzschicht zurückgeführt. Schon früher hat L. PRANDTL[2]) gezeigt, daß durch Auflegen eines dünnen Drahtreifes ($d = \dfrac{1}{300}$ Kugeldurchmesser) vor der normalen Ablösungsstelle die Reibungsschichte wirbelig gemacht wird. Es erfolgt eine Verschiebung der Ablösungsstelle

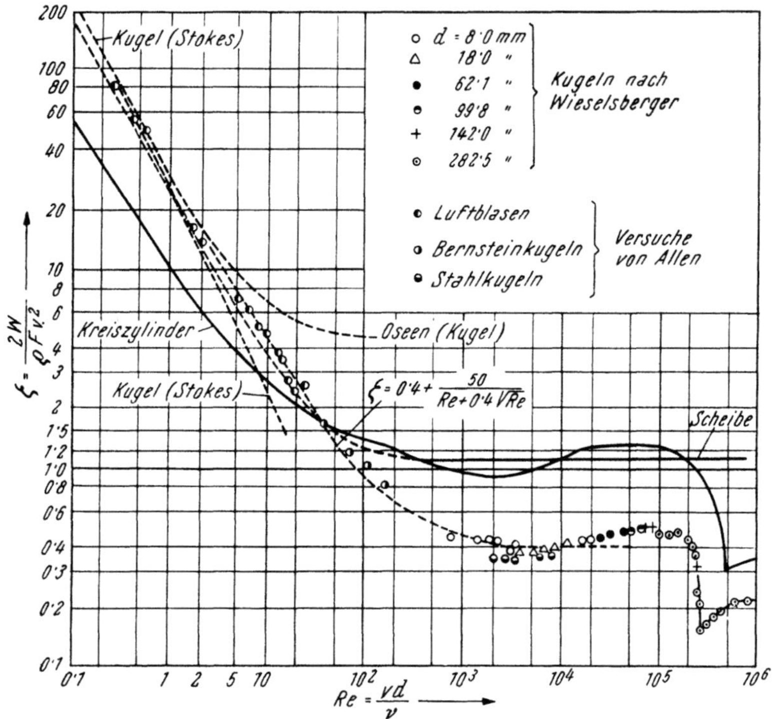

Abb. 515. Widerstandsziffern als Abhängige der Reynoldsschen Zahl

von 80^0 auf 110^0 bis 120^0 vom vordersten Punkt der Kugel gerechnet, so daß sich der Widerstand verringert. Man kann aus den Messungen in Abb. 515 mit genügender Genauigkeit für die Praxis bei $Re = 0{\cdot}1$ bis 10000 die Formel schreiben

$$\zeta = \frac{2W}{\varrho f v^2} = 0{\cdot}40 + \frac{50}{Re + 0{\cdot}4\sqrt{Re}} \tag{31}$$

oder

$$\frac{3}{4}\,\zeta \cdot \frac{1}{Re} = \left(0{\cdot}3 + \frac{37{\cdot}5}{Re + 0{\cdot}4\sqrt{Re}}\right) \cdot \frac{1}{Re} = \frac{v}{v^3} \cdot g\left(\frac{\varrho_1}{\varrho} - 1\right), \tag{32}$$

so daß jeder Geschwindigkeit eine bestimmte *Re*-Zahl entspricht.

Beispiel

Wie groß sind Quarzkugeln, die einen Weg von 10 cm in 10 sec zurücklegen, also eine Fallgeschwindigkeit $v = 1{\cdot}0$ cm/sec bei 20^0 C aufweisen?

[1]) Phys. Zschft. **1921** u. **1922**.
[2]) Nachr. Ges. Wiss., Göttingen 1914.

Mit $\nu = 0{\cdot}01$ cm²/sec, $v = 1{\cdot}0$ cm/sec, $g = 981$ cm/sec² und $\dfrac{\varrho_1}{\varrho} = 2{\cdot}6$ ergibt sich

$$\left(0{\cdot}3 + \frac{37{\cdot}5}{Re + 0{\cdot}4\,|\,\overline{Re}}\right) \cdot \frac{1}{Re} = 15{\cdot}7,$$

somit ist $Re = \dfrac{vd}{\nu} \cong 1{\cdot}335$ und $d \cong 0{\cdot}0134$ cm.

Für $Re < 400$ hat T. WIDELL[1]) durch zahlreiche Versuche

$$\zeta = \frac{24}{Re}\,(1 + 0{\cdot}13\,Re^{0{\cdot}7}) \tag{33}$$

gefunden. Derartige Untersuchungen erscheinen wichtig für die Bemessung und Konstruktion von Sandfängen, Entsandungsanlagen usw. Wasser, das Feinsand enthält, verursacht in kurzer Zeit großen Schaden an den Maschinenbestandteilen von Hochdruckanlagen. Insbesondere werden Düse und Nadel bei Zuleitungen zu Freistrahlturbinen stark angegriffen. Schon bei kleiner Abnützung wird der Wirkungsgrad stark vermindert. So fiel er nach R. DUBS[2]) im Kraftwerk Innertkirchen in drei Monaten um 3%.

Während die festen Teilchen im Wasser und in der Luft (Staub) fast nie Kugelform haben, ist dies bei Tropfen und Blasen wegen der Kapillarität (B 10) der Fall. Kleine Tropfen sind als starr anzusehen, weil die Zähigkeit des Wassers gegen jene der Luft groß ist. Man kann dann das Stokessche Gesetz bis etwa $\dfrac{vd}{\nu} \lesseqgtr 2$ (Abb. 515) anwenden und dem entsprechen Nebeltropfen von etwa $0{\cdot}01$ cm Durchmesser. Mit $\dfrac{\varrho_w}{\varrho_l} = 800$ und $\nu_l = 0{\cdot}14$ cm²/sec folgt[3]) eine Geschwindigkeit $v = 31\,d^2$ oder $v = 0{\cdot}31$ m/sec. Für Tropfen mit $d > 0{\cdot}1$ cm gilt das Newtonsche quadratische Gesetz. Läßt man größere Tropfen in einen nach oben gerichteten Luftstrom fallen, so erfolgt bei $d = 6$ mm eine starke Abplattung und bei noch größeren Durchmessern eine hutartige Aufwölbung. Beträgt $d > 6{\cdot}5$ mm, so wird aus dem Hut durch Zerreißen der in der Mitte verbliebenen dünnen Haut ein Ringwulst, der schließlich in zahlreiche Tropfen zerfällt[4]). Etwas Ähnliches kann man beobachten, wenn man z. B. einen Tropfen Tinte in ruhiges Wasser fallen läßt. Wie bei einem festen Körper sich die loslösende Grenzschicht einrollt, so ist es beim vorerst sich abplattenden fallenden Tropfen, von dem Schichten so lange abgeschält und eingerollt werden, bis ein Ringwulst übrig bleibt (Abb. 516). Merkwürdig ist die Instabilität des so entstandenen Wulstes, der sich an einzelnen Stellen verdichtet, so daß aus diesen Stellen kleinere Tropfen fallen, dabei wieder Wülste erzeugend. Dies kann sich mehrmals wiederholen und schließlich bleibt ein prächtiger Schleier übrig (Abb. 361).

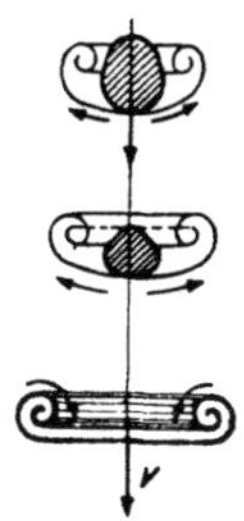

Abb. 516.
Aufkrempelung eines ins Wasser fallenden Farbtropfens

5. Nichtstationäres Fallen von Kugeln im Wasser

Bei linearem Widerstand kann nach (15)

$$m \cdot \frac{dv}{dt} = G - A - k_1 v \tag{34}$$

---

[1]) Zschft. VDI **1936**. Nach SCHILLER u. NAUMANN ist für $Re < 800$ $\zeta = \dfrac{24}{Re}\,(1 + 0{\cdot}150\,Re^{0{\cdot}687})$, siehe Zschft. VDI **1933**.

[2]) Angew. Hydraulik, Zürich **1947**.

[3]) PRANDTL, L.: Führer durch die Strömungslehre, Jena 1942.

[4]) HOCHSCHWENDER, E.: Diss., Heidelberg 1919, cit. unter [2]).

gesetzt werden, wenn G das Gewicht, A der Auftrieb, m die Masse und v die Fallgeschwindigkeit ist. Mit der Bedingung $v = 0$ für $t = 0$ folgt als Lösung von (34) das Exponentialgesetz

$$v = \frac{G - A}{k_1} \cdot \left(1 - e^{\frac{-k_1}{m} \cdot t} \right). \tag{35}$$

Nun ist

$$k_1 = 6 \pi \eta a \quad \text{und} \quad m = \frac{G}{g} = \frac{4}{3} \pi a^3 \cdot \varrho_1,$$

also

$$\frac{k_1}{m} = \frac{9 \nu}{2} \cdot \frac{\varrho}{\varrho_1} \cdot \frac{1}{a^2},$$

welcher Ausdruck bei den in Betracht kommenden Halbmessern so groß ist, daß schon für sehr kleine Zeiten die e-Potenz gegen 1 verschwindet. So ist z. B. für $d = 0{\cdot}002$ cm bei 20^0C ($\nu = 0{\cdot}10$ cm²/sec) der Wert derselben in $0{\cdot}0003$ sec auf ca. $0{\cdot}01$ gesunken. Im Bereiche des quadratischen Widerstandsgesetzes gilt

$$m \frac{dv}{dt} = G - A - k_2 v^2, \tag{36}$$

woraus

$$\frac{k_2}{m} t = \int \frac{dv}{b^2 - v^2} = \frac{1}{2b} \ln \left(\frac{b + v}{b - v} \cdot c \right), \tag{37}$$

c ist eine Integrationskonstante und $b^2 = \dfrac{G - A}{k_2}$. Es folgt

$$\frac{b + v}{b - v} \cdot c = e^{\frac{2b}{m} k_2 t}. \tag{38}$$

Mit der Bedingung $v = 0$ für $t = 0$ wird $c = 1$ und folglich

$$v = b \cdot \mathfrak{T}\mathfrak{g} \left(\frac{t}{m} k_2 b \right) = \sqrt{\frac{G - A}{k_2}} \cdot \mathfrak{T}\mathfrak{g} \left\{ \frac{t}{m} \sqrt{(G - A) k_2} \right\}. \tag{38a}$$

(35) und (38) sind Grenzfälle der Lösung der allgemeineren Gleichung

$$m \cdot \frac{dv}{dt} = G - A - k_1 v - k_2 v^2. \tag{39}$$

Setzt man $\dfrac{G - A}{m} = W$, $\dfrac{k_1}{m} = \varkappa_1$ und $\dfrac{k_2}{m} = \varkappa_2$, so erhält man

$$\frac{dv}{dt} = W - \varkappa_1 v - \varkappa_2 v^2 = \varkappa_2 \left\{ \frac{W}{\varkappa_2} + \left(\frac{\varkappa_1}{2 \varkappa_2} \right)^2 - \left(v + \frac{\varkappa_1}{2 \varkappa_2} \right)^2 \right\} = \varkappa_2 (\lambda^2 - u^2),$$

wenn $\lambda^2 = \dfrac{W}{\varkappa_2} + \left(\dfrac{\varkappa_1}{2 \varkappa_2} \right)^2$ und $u = v + \dfrac{\varkappa_1}{2 \varkappa_2}$, also $du = dv$ gesetzt wird.

Es folgt dann entsprechend (37)

$$\varkappa_2 t = \int \frac{du}{\lambda^2 - u^2} = \frac{1}{2\lambda} \ln \left(\frac{\lambda + u}{\lambda - u} \right) + c$$

oder mit $c_1 = 2 \lambda c$

$$u = \lambda \cdot \mathfrak{T}\mathfrak{g} (\lambda \varkappa_2 \cdot t - 2 \lambda c), \tag{40}$$

also ist

$$v = - \frac{\varkappa_1}{2 \varkappa_2} + \lambda \, \mathfrak{T}\mathfrak{g} (\lambda \varkappa_2 t - 2 \lambda c) \tag{40a}$$

mit $v = 0$ für $t = 0$ wird $\mathfrak{Tg}\,(2\,\lambda\,c) = -\dfrac{\varkappa_1}{2\,\varkappa_2\,\lambda}$, so daß aus (40a) folgt

$$v = \frac{1}{\varkappa_2}\left\{-\frac{\varkappa_1}{2} + \lambda\varkappa_2 \cdot \frac{2\,\varkappa_2\,\lambda\,\mathfrak{Tg}\,(\lambda\,\varkappa_2\,t) + \varkappa_1}{2\,\varkappa_2\,\lambda + \varkappa_1\,\mathfrak{Tg}\,(\lambda\,\varkappa_2\,t)}\right\}. \tag{41}$$

Mit $\varkappa_1 \to 0$ folgt $\lambda = \sqrt{\dfrac{W}{\varkappa_2}}$, also ist

$$v = \lambda \cdot \mathfrak{Tg}\,(\lambda\,\varkappa_2\,t) = \sqrt{\frac{G-A}{k_2}} \cdot \mathfrak{Tg}\,\frac{t}{m}\sqrt{(G-A)\,k_2}. \tag{38a}$$

Der zurückgelegte Weg ist

$$y = \frac{m}{k_2} \cdot \left\{\ln \mathfrak{Cof}\,\frac{t}{m}\sqrt{(G-A)\,k_2} - 1\right\} \tag{42}$$

und er wächst schließlich linear mit der Zeit.

6. Aufsteigende Blasen

Die obigen Gleichungen können für das Aufsteigen von Blasen verwendet werden, so lange sie Kugelform haben. Dies ist nach der Erfahrung bei etwa $d \lesssim 3$ mm anzunehmen, während bei größerem Durchmesser eine Abplattung zu berücksichtigen ist, die schließlich zu einer hutförmigen Gestalt der Blase führt. Man kann die Geschwindigkeit nach STOKES rechnen, wenn $d \lesssim 0\,{\cdot}16$ mm oder aus dem quadratischen Widerstandsgesetz[1]), wenn $d \geqq 1\,{\cdot}0$ mm.

Die Grundgleichung lautet

$$A - G - W = m \cdot \frac{dv}{dt}, \tag{43}$$

wenn v die Steiggeschwindigkeit ist oder

$$\varrho g\,\frac{\pi d^3}{6}\left(1 - \frac{\varrho_l}{\varrho}\right) - \zeta\,\frac{v^2}{2g} \cdot \varrho \cdot \frac{\pi d^2}{4} = m\,\frac{dv}{dt}. \tag{43a}$$

Die Dichte der Luft ϱ_l ist nun sehr klein gegenüber jener des Wassers und $\dfrac{\varrho_l}{\varrho} \ll 1$. Ferner kann nach Abb. 515 im Bereich $Re \simeq 10$ bis $120\,000$ praktisch genau genug

$$\zeta \simeq 0\,{\cdot}50 + \frac{40}{Re} \tag{44}$$

gesetzt werden und somit nach (41) gerechnet werden, so daß sich theoretisch nach $t = \infty$ die Fallgeschwindigkeit

$$v = \frac{1}{\varkappa_2}\left\{-\frac{\varkappa_1}{2} + \lambda\,\varkappa_2\right\} = \frac{1}{\varkappa_2}\left\{-\frac{\varkappa_1}{2} + \varkappa_2 \cdot \sqrt{\frac{W}{\varkappa_2} + \left(\frac{\varkappa_1}{2\,\varkappa_2}\right)^2}\right\} \tag{45}$$

ergibt. Nun ist

$$W = \left(0\,{\cdot}50 + \frac{40\,\nu}{v d}\right) \cdot \varrho\,\frac{v^2}{2} \cdot \frac{\pi d^2}{4} = k_1 v + k_2 v^2$$

und somit $k_1 = 5\,\nu\,\pi\,d \cdot \varrho$ und $k_2 = \dfrac{0\,{\cdot}5}{8}\,\varrho\,\pi\,d^2$, so daß

$$v = \sqrt{\left(\frac{40\,\nu}{d}\right)^2 + \frac{8\,g\,d}{3}} - \left(\frac{40\,\nu}{d}\right)^2$$

---

[1]) PRANDTL, L.: Führer d. d. Strömungslehre 1942.

resultiert. Z. B. ist für $d = 0\cdot4$ cm und $\nu = 0\cdot01$ cm²/sec bei 20°C

$$v = \left|\overline{1 + 1046\cdot4} - 1\right. = 31\cdot40\ \text{cm/sec},$$

dem ein $Re = \dfrac{vd}{\nu} = \dfrac{31\cdot4 \cdot 0\cdot4}{0\cdot01} = 1256$ entspricht. In Wirklichkeit sind die Steig-geschwindigkeiten um etwa 20% kleiner, wie R. Dubs[1]) beobachtet hat. Dies ist wahrscheinlich auf die größeren Widerstandszahlen der deformierten Tropfen zurückzuführen. Jedenfalls kann man für Blasen, deren Durchmesser einige mm beträgt, die Faustformel benützen

$$v \gtreqless 0\cdot80 \left|\sqrt{\frac{8gd}{3}}\right. = 1\cdot30 \left|\overline{gd}\right. \tag{46}$$

Bei noch größeren abgeplatteten Blasen[2]) mit größerer Widerstandszahl kann

$$v \gtreqless 0\cdot69 \left|\overline{gd}\right. \tag{46a}$$

und für ganz große Blasen[3])

$$v \gtreqless 0\cdot35 \left|\overline{gd}\right. \tag{46b}$$

gesetzt werden. Im übrigen bewegen sich die kleineren Blasen pendelnd, ähnlich aufsteigenden Kinderballons, während bei den stark deformierten großen Blasen eine flatternde Bewegung eintritt. Die obigen Formeln sind praktisch bei der Bemessung des Abfallschenkels von Heberleitungen verwendbar, insbesondere, wenn die Abfuhr der im Heberscheitel sich sammelnden Luftblasen automatisch erfolgen soll.

Die in einem vertikalen Rohr aufsteigenden Luftblasen verringern das Gewicht der Wassersäule, die über dem unterhalb der Blasen gedachten Querschnitt lagert. Führt man also ständig mittels Kompressors Luft zu, so kann Wasser gehoben werden, wie das bei den sogenannten Mammutpumpen (Grundwasserabsenkungen, Fördern von mechanisch oder chemisch verunreinigtem Wasser usw.) der Fall ist (Abb. 517).

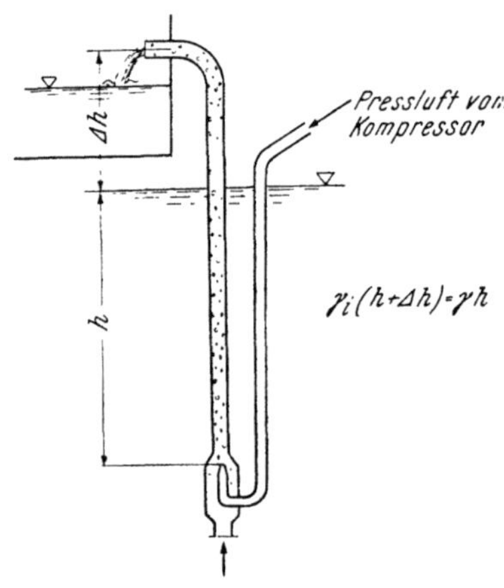

Abb. 517. Schema der Mammutpumpe

7. Wasser-Luft-Gemisch in Steilrinnen

In den Leerschüssen verschiedener Kraftwerke[4]) wurde das Auftreten eines Wasser-Luft-Gemisches beobachtet, das ein weit größeres Volumen aufweist als gewöhnliches Wasser, was für die Projektierung solcher Entlastungsgerinne wichtig ist. Dies gab Anlaß zu den Untersuchungen von Ehrenberger[5]), die in einer aus gehobeltem Holz mit Rechteckquerschnitt ausgebildeten Steilrinne (hydr. Rad. $R = 0\cdot3$ m) ausgeführt worden sind.

[1]) Dubs, R.: Schweiz. Bauztg. **1931**.
[2]) Prandtl, L.: Führer d. d. Strömungslehre 1942.
[3]) Dumitrescu: Z. A. M. M. **1942**.
[4]) Z. B. beim Leerlauf des Ruetzwerkes. Dieser hat trapezförmigen betonierten, mit Holz verkleideten Querschnitt, Neigung 38°, $v = 20$ m/sec gemessen, 25% Wasser und 75% Luft. Innerebner u. Mayer: Das Ruetzwerk, Innsbruck 1924.
[5]) Mitt. d. Versuchsanstalt f. Wasserbau, Wien **1926**.

Bei Geschwindigkeiten von 2 bis 3 m/sec befand sich zunächst der Gerinnesohle eine Schichte reinen Wassers, darüber eine Zone mit Luftblasen, dann ein Wasser-Luft-Gemisch, darüber Tropfen in Luft, die in Bewegung war und schließlich ruhende Luft. Auch das Wasser nahe der Gerinnesohle war von Luftblasen durchsetzt, wenn das Gefälle groß war. Bei einer Neigung von $76\cdot2\%$, der ein Winkel von $37^0\,20'$ entspricht, bestand die sohlennahe Schicht aus einem Gemisch von $0\cdot87$ Raumteilen Wasser und $0\cdot13$ Raumteilen Luft. Die Geschwindigkeit konnte im Versuchsbereich durch

$$v = 55 \cdot R^{0\cdot52} \cdot \sin \alpha^{0\cdot4} \tag{47}$$

ausgedrückt werden. Beim Austritt aus dem Gerinne ins Freie wurde auch in der untersten Schicht ein Wasser-Luft-Gemisch wahrgenommen, so daß nur ein mittlerer blasenfreier Streifen verblieb.

8. Bewegung von Schäumen[1])

Unter Schaum wird ein inniges stabiles Gemisch von Flüssigkeit und Gas verstanden, und die Verteilung beider soll so gleichmäßig sein, daß noch im Volumselement von genügender Kleinheit gegenüber den Abmessungen der Strömung, Mischungscharakter herrscht. Es seien die Volumina des Schaumes, der Flüssigkeit und des Gases V, V_1 und V_2, die zugehörigen Dichten ϱ, ϱ_1 und ϱ_2, ferner die Gewichtsanteile G_1 und G_2 pro Gewichtseinheit $G = 1$. Das Mischungsverhältnis $\mu = \dfrac{G_2}{G_1}$ ist vom Gesamtvolumen V unabhängig. Die nebst der Eulerschen Gleichung und der Kontinuitätsbeziehung benötigte Beziehung zwischen Druck und Dichte wird abgeleitet unter der Voraussetzung, daß es sich um eine nicht zusammendrückbare Flüssigkeit und ein ideales Gas handelt. Für die Dichte des Gemisches erhält man

$$\varrho = \frac{G_1 + G_2}{g\,(V_1 + V_2)} = \frac{1 + \mu}{\dfrac{1}{\varrho_1} + \dfrac{\mu}{\varrho_2}} . \tag{48}$$

Hieraus folgt

$$\frac{\varrho}{\varrho_2} = \frac{1 + \mu - \dfrac{\varrho}{\varrho_1}}{\mu} . \tag{48a}$$

Nun gilt für das Gas

$$\frac{p}{\varrho_2} = g \cdot R\,T, \tag{49}$$

und mit (48a) folgt dann

$$p\left\{ \frac{1}{\varrho} - \frac{1}{\varrho_1\,(1 + \mu)} \right\} = \frac{\mu}{1 + \mu} \cdot R\,T \cdot g, \tag{50}$$

worin ϱ_1 wegen der geringen Schwankungen als konstant angesehen werden darf. Nun muß noch der erste Hauptsatz der Wärmelehre einbezogen werden in der Form

$$d\,\mathfrak{Q} = d\,E_i + A \cdot p \cdot d\,V, \tag{51}$$

welche besagt, daß die Summe aus der Änderung der inneren Energie E_i und der Arbeit der äußeren Kräfte gleich sein muß der zu- oder abgeführten Wärmemenge. Bei konstantem Volumen gibt es keine äußere Arbeit und die Änderung der inneren Energie besteht dann in der zu- oder abgeführten Wärmemenge $d\,\mathfrak{Q}$.

---

[1]) HEINRICH, G.: Z. A. M. M. **1942**.

Für den hier vorausgesetzten adiabatischen Vorgang (starke Durchmischung ohne Wärmeausgleich) ist

$$dE_i + A\, p \cdot dV = 0, \tag{51 a}$$

wo A der reziproke Wert des mechanischen Wärmeäquivalents ist (B 3). Die Werte der einzelnen Summanden eingesetzt, ergeben mit den speziellen Wärmen c_1 und c_{2p} bzw. c_{2v} der Flüssigkeit und des Gases bei konstantem Druck oder konstantem Volumen

$$\left(c_{2v} \cdot \frac{G_2}{G_1 + G_2} + c_1 \cdot \frac{G_1}{G_1 + G_2}\right) \cdot dT + A \cdot p \cdot d\left(\frac{G}{\varrho\, g}\right) = 0$$

oder

$$(c_{2v} \cdot \mu + c_1) \cdot \frac{dT}{1 + \mu} - \frac{A\, p}{\varrho^2\, g} \cdot d\varrho = 0. \tag{52}$$

Mit $c_{2p} = A \cdot R + c_{2v}$ aus (19) in Abschnitt B 3 und mit Hilfe von (50) folgt

$$\frac{dp}{p} = \frac{\mu \cdot c_{2p} + c_1}{\mu \cdot c_{2v} + c_1} \cdot \frac{d\varrho}{\varrho\left\{1 - \dfrac{\varrho}{\varrho_1\,(1 + \mu)}\right\}}. \tag{53}$$

Die Integration ergibt die Adiabatengleichung des Schaumes

$$p = \left\{\frac{1}{\varrho} - \frac{1}{\varrho_1\,(1 + \mu)}\right\}^{\frac{\mu c_{2p} + c_1}{\mu c_{2v} + c_1}} = \text{const}. \tag{54}$$

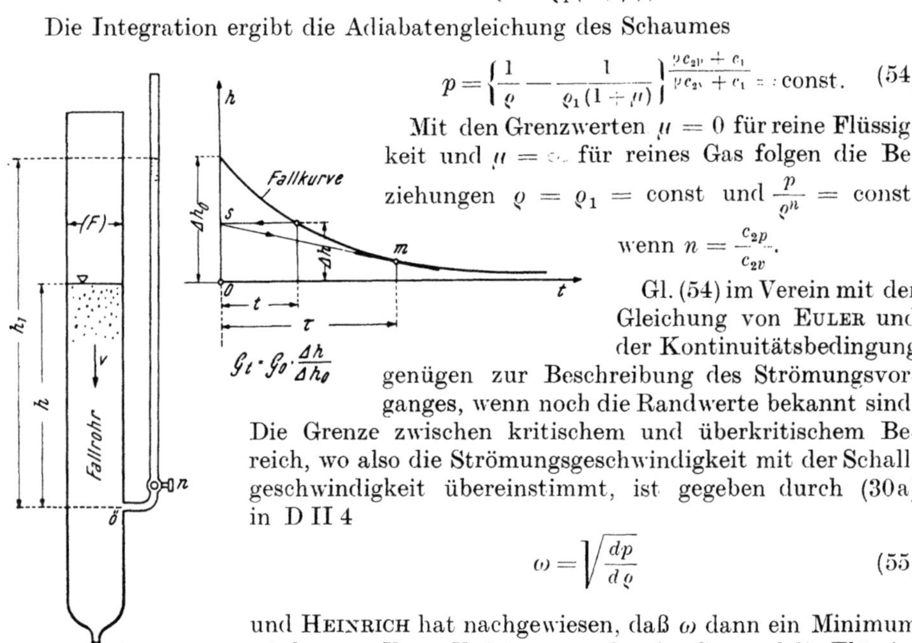

Abb. 518.
WIEGNERsches Fallrohr

Mit den Grenzwerten $\mu = 0$ für reine Flüssigkeit und $\mu = \infty$ für reines Gas folgen die Beziehungen $\varrho = \varrho_1 = \text{const}$ und $\dfrac{p}{\varrho^n} = \text{const}$, wenn $n = \dfrac{c_{2p}}{c_{2v}}$.

Gl. (54) im Verein mit der Gleichung von EULER und der Kontinuitätsbedingung genügen zur Beschreibung des Strömungsvorganges, wenn noch die Randwerte bekannt sind. Die Grenze zwischen kritischem und überkritischem Bereich, wo also die Strömungsgeschwindigkeit mit der Schallgeschwindigkeit übereinstimmt, ist gegeben durch (30a) in D II 4

$$\omega = \sqrt{\frac{dp}{d\varrho}} \tag{55}$$

und HEINRICH hat nachgewiesen, daß ω dann ein Minimum wird, wenn $V_1 = V_2$ ist, wenn also das Gas und die Flüssigkeit zur Hälfte den Raum erfüllen.

9. Hydraulische Grundlagen der Bodenfraktionierung

Man denke sich ein Haufwerk verschieden großer Kugeln gleichen spezifischen Gewichtes, deren größter Durchmesser einem linearen Widerstandsgesetz entsprechen würde. Bringt man diese Kugelmischung in ein mit reinem Wasser gefülltes Fallrohr[1]), so werden die größeren Kugeln gewissermaßen durch die

[1]) WIEGNER, G.: Landw. Versuch.-Stat. **91** (1919).
    ZUNKER, F.: Landw. Jahrbuch, Berlin **1923**.
    CASAGRANDE, A.: Die Aerometermethode, Berlin 1936.

kleineren Kugeln hindurchregnen und man kann hydraulisch eine Sortierung nach den Durchmessern vornehmen, wenn vorerst von einer gegenseitigen Beeinflussung Abstand genommen wird. Das weite, bei n_1 geschlossene Fallrohr (Abb. 518), wird bei offenem Hahn n des Meßrohres mit reinem Wasser gefüllt, so daß in beiden Röhren gleiche Spiegelhöhe ist. Wird nun das Kugelgemisch in das Fallrohr geschüttet, so stellt sich der Spiegel im Meßrohr um das Gefälle Δh höher ein, das zur Erzeugung der den fallenden Kugeln entgegengesetzten Strömung benötigt wird. Der Überdruck, der in dem durch $\ddot{o}$ gelegten Querschnitt zur Zeit t herrscht, ist $\gamma \cdot F \cdot \Delta h$ und ihm entspricht das Gewicht G_t, das von den oberhalb der Verbindungsöffnung $\ddot{o}$ im Fallrohr befindlichen Kugeln auf das Wasser übertragen wird. Ist das spezifische Gewicht der Kugeln γ_b, der Querschnitt des Fallrohres F und γ_1 das für das Wasser-Kugel-Gemisch im Fallrohr substituierte spezifische Gewicht, so gilt

$$\gamma_1 F \cdot h_1 = \gamma \left(F h_1 - \frac{G_t}{\gamma} \right) + G_t \tag{56}$$

oder

$$G_t = \frac{F h_1 \gamma \left(\dfrac{\gamma_1}{\gamma} - 1 \right)}{1 - \dfrac{\gamma}{\gamma_b}}.$$

Weil $\gamma_1 h_1 = \gamma \cdot h$ und $h_1 - h = \Delta h$, so folgt

$$G_t = \frac{\gamma \cdot F \cdot \Delta h}{1 - \dfrac{\gamma}{\gamma_b}}. \tag{57}$$

Wird auf den Zustand $t = 0$ mit G_0 und Δh_0 bezogen, so folgt

$$G_t = G_0 \cdot \frac{\Delta h}{\Delta h_0}. \tag{57a}$$

Über die Größe der aus dem Raum oberhalb $\ddot{o}$ ausgefallenen Kugeln gibt folgende Betrachtung Aufschluß, die an einem Gemisch aus zwei Fraktionen gemacht werden, deren Gewichtsanteile G_1 bzw. G_2 und deren Durchmesser d_1 und $d_2 < d_1$ sind. Die Fallkurve ist für jede Fraktion eine Gerade

$$G_{nt} = G_{no} - \frac{t}{\tau_n} \cdot G_{no}$$

bzw. $\Delta h_n = \Delta h_{no} - \Delta h_{no} \cdot \dfrac{t}{\tau_n}$

und die Fallkurve des Gemisches setzt sich aus diesen Geraden nach Abb. 519 zusammen. Haben die Durchmesser des Kugelgemisches alle Abstufungen, ist also die Fallkurve[1])

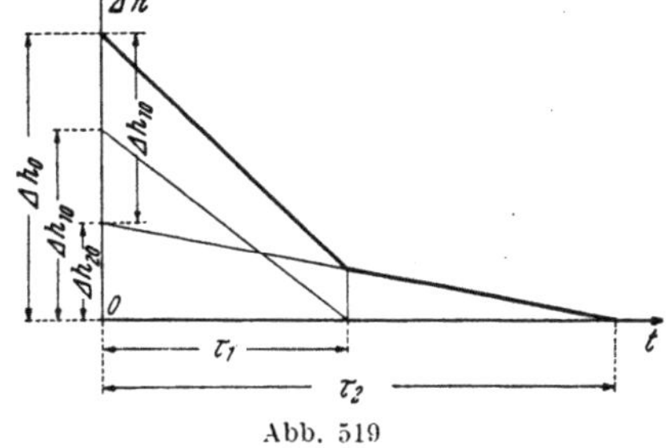
Abb. 519

stetig gekrümmt, so erhält man die Größe der zur Zeit t bereits ausgefallenen Kugeln, wenn man vom Punkt s in der Abb. 518 eine Tangente an die Fallkurve zieht und der so erhaltenen Zeit τ den Durchmesser zuordnet nach (28)

also setzt

$$d^2 = \frac{18 \cdot v}{g} \cdot \frac{h}{\tau} \cdot \frac{\varrho}{\varrho_1 - \varrho}. \tag{58}$$

---

[1]) H. GESSNER, Koll.-Zschft. **38** (1926), hat eine automatische Aufzeichnung der Fallkurve vorgenommen.

B. ESTERER, Mitt. d. Forsch.-Inst. f. Wasserbau d. Kaiser-Wilhelm-Ges. **3**, München 1935, führt eine automatische Aufzeichnung auf photoelektrischem Wege durch, und zwar für Korngemische aus gleichem Stoff.

Alle Kugeln, die einen größeren Durchmesser als den nach (58) mit τ errechneten haben, sind zur Zeit t bereits ausgefallen. Man kann für normierte Fraktionen mit bestimmten Grenzdurchmessern das zugehörige $\dfrac{h}{t}$ aus (58) berechnen und erhält z. B. mit $\varrho_1 = 2{\cdot}6$ (Quarz)

für $d = 0{\cdot}002$ cm $\dfrac{h}{t} = 0{\cdot}0349$ cm/sec bei 20°C ($\nu = 0{\cdot}01$ cm²/sec)

und

$\qquad\qquad \dfrac{h}{t} = 0{\cdot}0268$ cm/sec bei 10°C ($\nu = 0{\cdot}013$ cm²/sec)

für $d = 0{\cdot}0002$ cm $\dfrac{h}{t} = 0{\cdot}000349$ cm/sec bzw. $0{\cdot}000268$ cm/sec.

Also benötigen die größeren Kügelchen zum Durchfallen einer Strecke von 10 cm die Zeiten $\tau = 286'' \sim 4^3/_4'$ bzw. $6^1/_4'$ und die kleineren $\tau = 28\,600'' \sim 7{\cdot}4^h$ bzw. $10{\cdot}4^h$.

Den obigen Äquivalent-Durchmessern entsprechen beim Boden nach internationaler Bezeichnung der Schluff oder Mo mit $d = 0{\cdot}002$ bis $0{\cdot}0002$ cm und der Rohton mit $d \smallsmile 0{\cdot}0002$ cm.

Um die lange Sedimentierzeit bei sehr kleinen Kügelchen abzukürzen, bedient man sich der Zentrifuge (Abb. 520). Ist deren Winkelgeschwindigkeit $\omega = 2\,n\pi$, wenn n die Zahl der Umdrehungen pro Sekunde ist, so erhält ein Teilchen im Abstand λ von der Drehachse eine Fliehbeschleunigung $4\,n^2\pi^2 \cdot \lambda$, die man einfach an Stelle von g in (58) einzusetzen hat, so daß sich ergibt

$$d = \frac{1}{\omega}\sqrt{\frac{18 \cdot \nu \cdot v \cdot \varrho}{\lambda\,(\varrho_1 - \varrho)}}. \qquad (59)$$

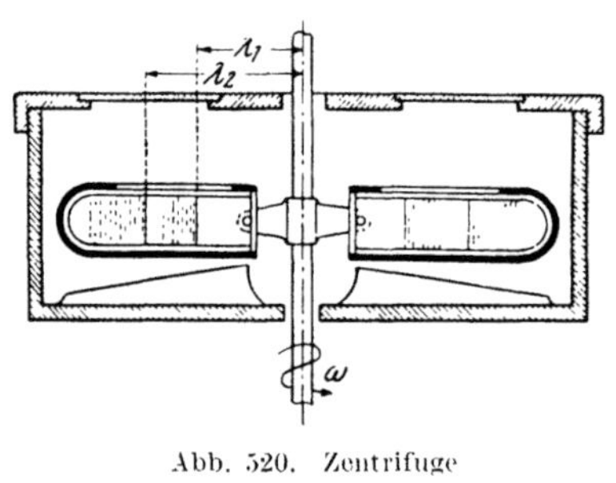

Abb. 520. Zentrifuge

Setzt man $\dfrac{d\lambda}{dt} = v$, so erhält man durch Integration von

$$dt = \frac{18\,\nu}{\omega^2 \cdot d^2} \cdot \frac{\varrho}{\varrho_1 - \varrho} \cdot \frac{d\lambda}{\lambda}$$

mit den Grenzen λ_1 für $t = t_1$ und λ_2 für $t = t_2$

$$d = \frac{1}{\omega}\sqrt{18 \cdot \ln \frac{\lambda_2}{\lambda_1} \cdot \frac{\nu \cdot \varrho}{(t_2 - t_1)\,(\varrho_1 - \varrho)}}. \qquad (60)$$

Diese Gleichung, der die Annahme gleichgroßer, in genügend großem Abstand voneinander fallenden Kugeln zugrunde liegt, dient zur Berechnung der Teilchengröße kolloiddisperser Systeme mittels Zentrifugieren[1]).

Es ist evident, daß die Kugeln sich beim Fallen gegenseitig beeinflussen. M. v. SMOLUCHOWSKI[2]) hat für zwei parallel zueinander bewegte Kugeln, deren wenig verschiedene Radien a und b sind, eine Verminderung des Widerstandes um

$$\varDelta W = \frac{9}{2} \cdot \frac{a \cdot b}{\delta} \cdot \eta \cdot v \cdot \pi \qquad (61)$$

gefunden, wenn δ ihr Abstand ist.

Größere Kügelchen fallen durch trübes Wasser langsamer als durch klares, wie Versuche von WASSILIEW[3]) gezeigt haben. Die Trübung bestand aus Tonteilchen mit $d < 0{\cdot}0001$ cm, die in einer Konzentration von $1{\cdot}2\%$ dem Wasser beigegeben waren und die Versuchsergebnisse sind in nachstehender Tabelle verzeichnet.

---

[1]) THE SVEDBERG und H. RINDE: Journ. Amer. Chem. Soc. **1924**.
[2]) Anz. d. Akad. d. Wiss., Krakau 1911.
  Hiezu die Kritik v. C. V. OSEEN: Arkiv för Mat. Astr. och Fysik **1911** und Replik SMOLUCHOWSKIS: Cambridge Internat. Congress **1912**.
[3]) Wasserkr. u. Wasserwirtsch., München **1935**.

d_{mm}	v_1 mm/sec destill. Wasser	v_2 trübes Wasser	$\dfrac{v_2}{v_1}$
0·961	107·6	101·3	0·94
0·848	90·5	86·9	0·96
0·660	74·9	73·0 ·	0·97
0·278	32·2	30·7	0·95
0·170	15·6	14·1	0·90

Die obigen Darlegungen können in entsprechender Anwendung zur Bemessung von Absetzbecken (Abwasserreinigung) verwendet werden, deren Grundlage auf der Absetzkurve beruht.

Die Bodenteilchen haben keine Kugelgestalt, sondern sind von unregelmäßiger Form und man wird wegen des hier maßgeblichen Oberflächenwiderstandes

$$W = c\sqrt{O} \cdot \eta \cdot v = G - A \tag{62}$$

setzen, wenn O die Oberfläche des Kornes und c eine mit der Form etwas veränderliche Zahl ist. Es ist dann

$$c \cdot \frac{\sqrt{O}}{V} = \frac{g}{\nu v} \cdot \left(\frac{\varrho_1}{\varrho} - 1\right), \tag{63}$$

woraus die Unmöglichkeit hervorgeht, aus der Fallgeschwindigkeit auf die Größe des Bodenteilchens unmittelbar zu schließen. Der Ersatz

$$c \cdot \frac{\sqrt{O}}{D} = \frac{18}{d^2},$$

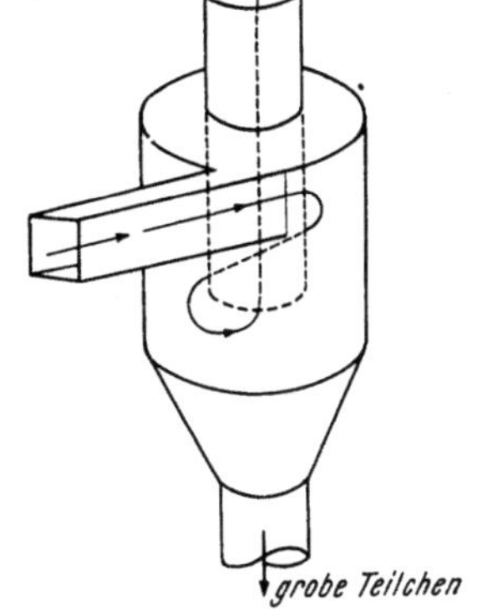

Abb. 521. Entstaubungs-Zyklone

also die Einführung eines äquivalenten Kugeldurchmessers d kann nur als Notbehelf angesehen werden, der allerdings für gewisse Zwecke der Hydrotechnik (Bodenanalyse) als brauchbar angesehen werden kann. Für andere Zwecke, wie z. B. in der Staubtechnik (Zyklonenentstaubung, Abb. 521), genügt die erwähnte Substitution aus verschiedenen Gründen nicht. Hier unterscheidet man die Kennlinien

$$G = f(d) \tag{64}$$

und
$$G = f_1\{v(d_ä)\}, \tag{64a}$$

wenn G das Gewicht des Staubrückstandes, d die Siebweite und v die dem Äquivalentdurchmesser $d_ä$ zugeordnete Fallgeschwindigkeit ist. Die Siebung kann mit Schlämmsieben bis $d \geqq 0·06$ mm getrieben werden {Kennlinie (64)}, während für $d < 0·06$ mm die hydraulische Methode angewendet wird {Kennlinie (64a)}. Nun sind aber die beiden Kennlinien nicht identisch und um die sich hieraus ergebende Diskrepanz zu überbrücken, wurde in neuerer Zeit ein „staubeigenes" Fallgesetz entwickelt[1]). Häufig können die Kennlinien durch Exponentiallinien ersetzt werden, die dem GAUSSschen Fehlerverteilungsgesetz nachgebildet sind, und zwar

$$G\% = 100 \cdot e^{-x_1 d^{y_1}} \quad \text{und} \quad G\% = 100 \cdot e^{-x_2 \cdot v^{y_2}},$$

welcher Darstellung die Auffassung zugrunde liegt, daß die Zerteilung des Bodens ein statistisches Problem ist[2]).

[1]) FEIFEL, E.: Ing.-Archiv, Wien **1946**.
[2]) GRASSBERGER, H.: Wasserwirtsch., Wien **1933**.
ROSIN, P. und E. RAMMLER: Koll.-Zschft. **1934**.

10. Der Schiffswiderstand

Ein bewegter schwimmender Körper, der Wellen erzeugt wie das Schiff, muß außer dem Druck- und Reibungswiderstand W_d bzw. W_r auch noch einen Wellenwiderstand W_w überwinden, so daß der Gesamtwiderstand

$$W = W_d + W_r + W_w. \tag{65}$$

Durch die Überwindung des Wellenwiderstandes wird jene Arbeit geleistet, die in der Wellenenergie (J 9) steckt und mit der Ausbreitung der Wellen zerstreut wird. Die Fahrt des Schiffes erfolgt entweder in praktisch unbeschränktem Wasser (Meer) oder aber in beschränktem Wasser unserer natürlichen und künstlichen Wasserstraßen (Flüsse, Schiffahrtskanäle). In ersterem Fall ist die relative Geschwindigkeit gegen das umgebende Wasser mit der Fahrtgeschwindigkeit identisch und dies kann erfahrungsgemäß noch angenommen werden, wenn die Spiegelbreite des Fahrgerinnes mindestens 15 mal so groß ist als die Schiffsbreite und die Tauchtiefe höchstens $\frac{1}{20}$ der Fahrwassertiefe beträgt. Die Ermittlung des Fahrtwiderstandes aus den Größen des Schiffes und der Fahrtgeschwindigkeit erfolgt auf versuchstechnischem Wege. Grundlegend waren die Versuche von W. Froude, die in der Nähe von Torquay (England) durchgeführt worden sind und in einem Becken von ca. 83·4 m Länge, 10·8 m Breite und 3·0 m Tiefe erfolgten, wobei ein Schiffsmodell mit einer Geschwindigkeit von etwa 0·5 bis 5·0 m/sec von einem Schleppwagen gezogen wurde[1]. Der Gesamtwiderstand wurde durch eine Art von Federdynamometer aufgenommen und Froude fand, daß der von der Rauhigkeit stark abhängige Reibungswiderstand proportional war der benetzten Oberfläche und einer Potenz der Geschwindigkeit, die nahezu quadratisch ist. Er setzte

$$W_r = c_f \cdot F_0 \cdot v^n, \tag{66}$$

wo c_f ein noch zu besprechender Reibungsbeiwert ist und fand weiters, daß W_r bei einer Geschwindigkeit von etwa 13 Knoten[2] (ca. 6·69 m/sec) 90% des Gesamtwiderstandes betrug und bei Vergrößerung der Fahrtgeschwindigkeit bis auf 60% desselben herabsank. Der Druckwiderstand beim Schiff ist durch dessen Formgebung auf ein geringes Maß herabgedrückt, so daß die Differenz

$$W - W_r = W_v\left(1 + \frac{W_d}{W_w}\right) \tag{66a}$$

zum größten Teil auf den Wellenwiderstand kommt, der bis auf 60% des Gesamtwiderstandes ansteigen kann. Bei der versuchstechnischen Behandlung muß darauf Bedacht genommen werden, daß die Wellenerscheinungen dem Ähnlichkeitsgesetz $\mathfrak{F} = \dfrac{v^2}{gl} = \text{const}$ folgen, so daß die Widerstandszahl

$$c = \frac{W}{\varrho v^2 \cdot F} = \varphi\,(Re, \mathfrak{F}) \tag{67}$$

von der Reynoldsschen und Froudeschen Zahl abhängen und bei zwei ähnlichen Schiffen $\dfrac{v_1 \cdot l_1}{\nu} = \dfrac{v_2 l_2}{\nu}$ und $\dfrac{v_1^2}{l_1} = \dfrac{v_2^2}{l_2}$ sein müßte, was aber nicht sein kann (siehe Abschn. R). Der Überbrückung dieser Schwierigkeit kommt zu Hilfe, daß der Reibungswiderstand fast quadratisch ist, die Zähigkeit in ihrer Wirkung also zurücktritt und daher c als Abhängige der Froudeschen Zahl allein gesetzt wird.

---

[1] Brit. Assoc. Reports **1872—74**.
[2] 1 Knoten ca. 1853·15 m (Seemeile) pro Stunde.

Es muß dann, wenn die großen Buchstaben auf das Schiff und die kleinen auf das Modell bezogen werden, für ähnliche Bewegungen gelten

$$\frac{V^2}{L} = \frac{v^2}{l}$$

oder

$$V = v \cdot \sqrt{\frac{L}{l}} = v \sqrt{\lambda} \qquad (68)$$

und für die Übertragung der Kräfte, z. B. der Gesamtwiderstände,

$$\frac{W}{w} = \frac{c \cdot F V^2}{c \cdot f \cdot v^2}$$

oder

$$W = \frac{F}{f} \cdot \left(\frac{V}{v}\right)^2 = \lambda^3 \cdot w. \qquad (69)$$

Der Vorgang ist nun so, daß der mit der in Abb. 522 schematisch dargestellten Vorrichtung gemessene Gesamtwiderstand w des geschleppten Schiffsmodells um den durch Rechnung bestimmten Reibungswiderstand w_r verringert wird und die so erhaltene Kraft nach (69) übertragen wird, so daß sich der Gesamtwiderstand des Schiffes ergibt

$$W = (w - w_r) \cdot \lambda^3 + W_r. \qquad (70)$$

Für die Berechnung des Oberflächenwiderstandes wird die Formel von R. E. Froude verwendet

$$W_r = 1{\cdot}268\,\gamma \cdot L^{0{\cdot}0875} \cdot F_0 \cdot V^{1{\cdot}825} \cdot \sigma, \qquad (71)$$

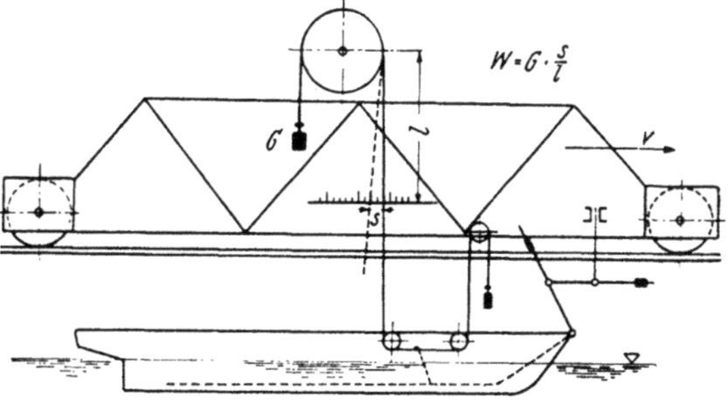

Abb. 522. Schematische Darstellung der Schleppvorrichtung zur Messung des Schiffswiderstandes. Zu beachten ist die Aufhängevorrichtung des waagrecht zu lagernden Schiffsmodells

wenn F_0 die benetzte Oberfläche ist und für σ folgende Zahlen[1]) zu setzen sind.

L bzw. $l =$ in m	2·5	3·0	3·5	4·0	5·0	6·0	
$\sigma =$	0·14012	0·13456	0·12989	0·12592	0·11968	0·11520	
L bzw. $l =$	20	30	50	75	100	150	200
$\sigma =$	0·09253	0·08732	0·08192	0·07828	0·07575	0·07234	0·06978.

Sind die Rauhigkeiten beim Schiff und dessen Modell verschieden und folglich

$$\frac{W_r}{w_r} = \frac{C_f}{c_f} \cdot \frac{F}{f} \cdot \frac{V^2}{v^2} = \frac{C_f}{c_f} \cdot \lambda^3,$$

so folgt mit (70)

$$W = \left\{ w + \left(\frac{C_f}{c_f} - 1\right) \cdot w_r \right\} \cdot \lambda^3. \qquad (72)$$

Über C_f bzw. c_f siehe Abschnitt L 8 b und nach Prandtl-Schlichting[2]) kann genähert

$$c_f = \frac{0{\cdot}455}{\log\left(\dfrac{v\,l}{\nu}\right)^{2{\cdot}58}}$$

gesetzt werden für $Re = \dfrac{v\,l}{\nu} = 10^6$ bis 10^9.

---

[1]) Schütte, J.: Jhb. d. Schiffbautechn. Ges. **1901**.
[2]) Prandtl, L. und H. Schlichting: Werft Reed. Hafen **1934**.

Beispiel

Ein Schiff zur Probe habe folgende Abmessungen:

Länge $l = 90$ m, Breite $b = 11{\cdot}0$ m, benetzte Oberfläche 1350 m² $= f_0$, Wasserverdrängung $=$ 3000 t, Geschwindigkeit $= 26$ km/h (ca. 14 Knoten) $\approx 7{\cdot}2$ m/sec. Der benötigte Antrieb beträgt $N = 1700$ PS indiz. bei einem Gesamtwirkungsgrad von 48%. Wie groß ist N_s für ein ähnliches Schiff von 9000 t?

Als Verhältnis der Abmessungen folgt

$$\frac{L}{l} = \lambda = \sqrt[3]{\frac{9000}{3000}} = 1{\cdot}455,$$

so daß das Verhältnis der benetzten Oberflächen

$$\frac{F_0}{f_0} = \lambda^2 = 2{\cdot}08.$$

Also ist $L = \lambda\, l = 130{\cdot}95$ m, $B = \lambda\, b = 16{\cdot}0$ m, $F_0 = \lambda^2 f_0 = 2808$ m².

Die Geschwindigkeit ist $V = v \cdot \sqrt{\lambda} \approx 8{\cdot}68$ m/sec (ca. 16·5 Knoten). Nach (71) und der Schütteschen Zahlentabelle ($\sigma \approx 0{\cdot}077$)

$$w_r = 1{\cdot}268 \cdot 1 \cdot 90^{0{\cdot}0875} \cdot 1350 \cdot 7{\cdot}2^{1{\cdot}825} \cdot 0{\cdot}077 = 7161 \text{ kg}.$$

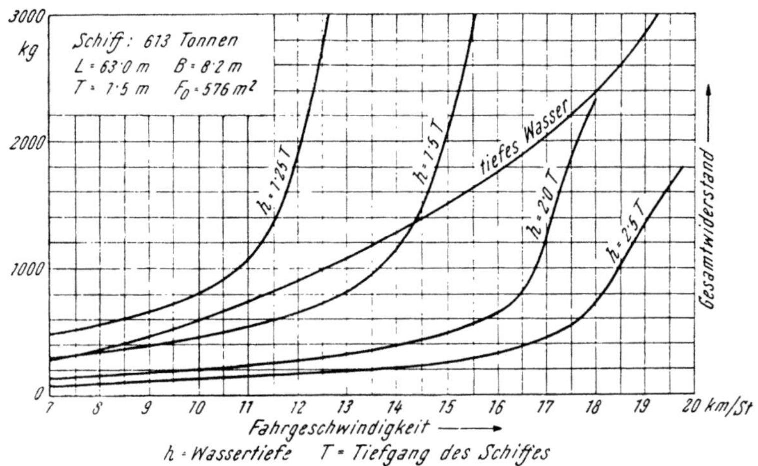

Abb. 523. Zunahme des Widerstandes auf beschränkter Wassertiefe für ein Donau-Warenboot als Vielfaches des Widerstandes auf tiefem Wasser nach GEBERS

Den indizierten PS entspricht aus der Formel $N = \dfrac{w \cdot v}{0{\cdot}48 \cdot 75}$ ein Gesamtwiderstand für das Probeschiff

$$w = \frac{1700 \cdot 0{\cdot}48 \cdot 75}{7{\cdot}2} \approx 8500 \text{ kg},$$

so daß $w - w_r = 1339$ kg. Also ist

$$W - W_r = (w - w_r)\,\lambda^3 = 1339 \cdot 3 = 4017 \text{ kg},$$

und weil nach (71) mit $\sigma \approx 0{\cdot}0737$

$$W_r = 1{\cdot}268 \cdot 1 \cdot 130{\cdot}95^{0{\cdot}0875} \cdot 2808 \cdot 8{\cdot}68^{1{\cdot}825} \cdot 0{\cdot}0737 = 20\,720 \text{ kg},$$

so wird der Gesamtwiderstand

$$W = 20\,720 + 4017 = 24\,737 \text{ kg}.$$

zu dessen Überwindung

$$N_s = \frac{W \cdot V}{0{\cdot}48 \cdot 75} = \frac{24\,737 \cdot 8{\cdot}68}{0{\cdot}48 \cdot 75} \cong 5964{\cdot}0 \text{ PS indiz.}$$

benötigt werden.

Bei der Fahrt in beschränktem Wasser, wie in Schiffahrtskanälen, wächst der Fahrtwiderstand nach Überschreiten einer bestimmten Geschwindigkeit viel stärker als in unbegrenztem Wasser. Dies kommt um so mehr zum Ausdruck, je kleiner die Fahrwassertiefe h gegenüber der Tauchtiefe T des Schiffes ist, wie aus den Meßergebnissen von F. GEBERS[1]) in Abb. 523 hervorgeht, und ist auf das für die Rückströmungsgeschwindigkeit v_1 wegen der Reibung an der Kanalwand benötigte Gefälle zurückzuführen. Es entsteht hinter dem Kopf der Bugwelle eine Absenkung, die fast rechtwinklig zur Kanalachse verläuft, deren tiefste Stelle etwas hinter Schiffsmitte liegt und mit wachsender Geschwindigkeit sich gegen die Böschung zu verlagert (Abb. 524). Diese Einsenkung, über die sich das System der Bug- und Heckwellen lagert (Abschn. J 8), läuft mit dem Schiff und ist bei der Ermittlung der für den Widerstand maßgebenden relativen Geschwindigkeit zu beachten. Nach GEBERS ist der Gesamtwiderstand für die Fahrt in beschränktem Wasser

$$W = (\varkappa \cdot F + \xi F_0) \cdot v_r^{2{\cdot}25} \text{ kg}, \tag{73}$$

wenn F_0 die benetzte Oberfläche und $F = T \cdot b$ der Tauchquerschnitt des Schiffes in m² eingesetzt werden. Der Bugbeiwert $\varkappa$ beträgt bei scharfem Bug (Stevenbug) oder bei leerem Kahn 1·7, bei stumpfem Bug (Löffelbug) oder vollem Kahn etwa 3·5. ξ ist ein Beiwert für

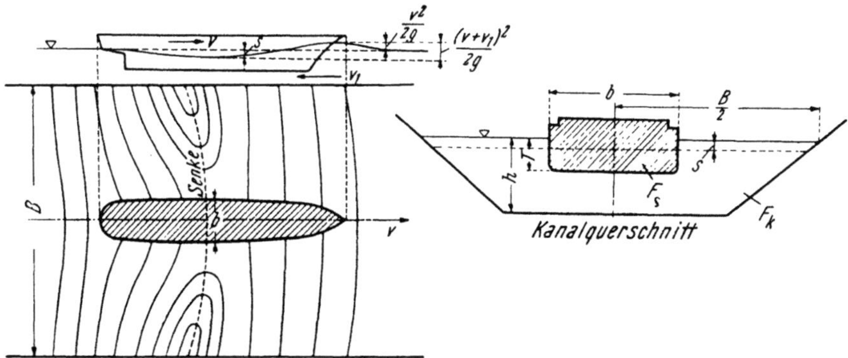

Abb. 524. Wellenform. Bewegtes Schiff im Kanal

die Hautreibung, der mit 0·14 für neue eiserne Schiffe und 0·3 für alte Holzschiffe anzunehmen ist. Mit Rücksicht auf das rasche Ansteigen von W mit v wird die Fahrgeschwindigkeit auf etwa 4 bis 5 km/h für Massengütertransport und höchstens 10 km/h für Stückgut- und Personentransport beschränkt. Für die Rückströmungsgeschwindigkeit gilt

$$v_1 = \frac{v\,(F + f)}{F_k - (F + f)},$$

wenn $f = (B - b) \cdot s$, F_k der Kanalquerschnitt und F der Tauchquerschnitt des Schiffes ist. Für die Absenkung ist zu setzen

$$s = \frac{(v + v_1)^2 - v^2}{2g} = \frac{v_1\,(2v + v_1)}{2g},$$

so daß

$$v_r = v + v_1 = v \cdot \frac{F_k}{F_k - (F + f)}.$$

Um den Fahrtwiderstand in erträglichen Grenzen zu halten, ist erfahrungsgemäß $\dfrac{F}{F_k} < 0{\cdot}2$ zu machen, weil die Rückströmung einen entsprechenden hydr. Radius haben muß. Bei den modernen Anlagen ist auch der beim Füllen und Entleeren der großen Schleusen

---

[1]) Die Donau als Großschiffahrtsstraße, Wien: Springer 1941.

entstehende Schwall und Sunk mit der dabei auftretenden Nachströmungsgeschwindigkeit c_2 zu berücksichtigen (siehe Abschnitt G III 2) und es ist dann zu setzen

$$v_r = v + v_1 + v_2 \quad \text{mit} \quad v_2 = \frac{Q}{F_k + B \cdot z} \cdot \frac{F_k}{F_k - F}.$$

wo B die Breite des Kanalspiegels ist und bei normalen Schleppzugschleusen mit etwa 2 cm Spiegelabsenkung pro Sekunde $Q \sim 46$ bis $50\ \mathrm{m^3/sec}$ beträgt, sowie $z \sim \dfrac{Q}{\sqrt{g F_k \cdot B}}$ zu setzen ist.

11. Pfeiler und Rechen. Fangdämme

a) Pfeiler und Rechen

Die durch Brückenpfeiler und vorspringende Widerlager bewirkte Querschnittseinschränkung macht sich oberhalb der Überbrückung durch eine Hebung des Wasserspiegels geltend. Diese ist im wesentlichen gleich der Verlusthöhe, die bei der Durchmischung rascher strömenden Wassers mit dem langsamer bewegten Unterwasser auftritt. Von dieser Wasserspiegelhebung sind zu unter-

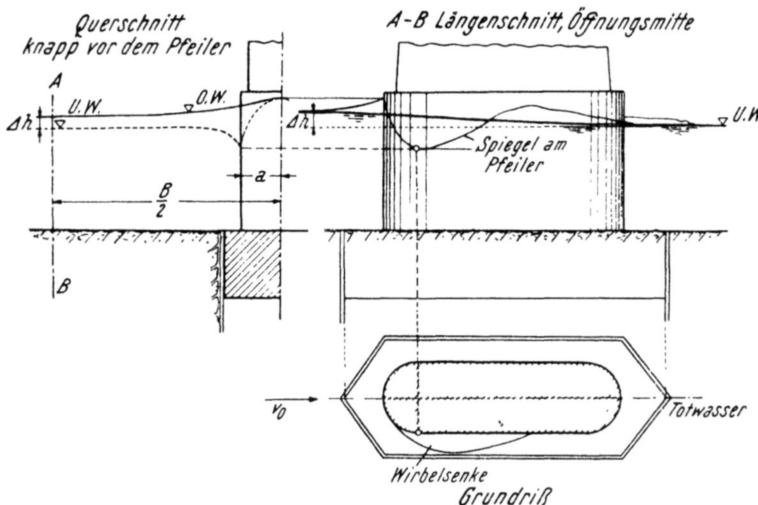

Abb. 525. Stau bei einem Brückenpfeiler

scheiden die eigentlichen Stau- und Senkungserscheinungen des Spiegels, die mit der Umwandlung von Druckenergie in kinetische und umgekehrt verbunden sind. Sie erfolgen erfahrungsgemäß in einem beschränkten Bereich bei den Einbauten und sind an deren Berandung am größten, wie aus der Potentialtheorie hervorgeht (Abb. 525). Der Mischverlust hat den Hauptsitz am Totwasserrand beim Pfeilerende und er kann für kreisförmige Pfeiler abgeschätzt werden. Nach H IV 8 ist die Geschwindigkeitsverteilung in der y-Achse

$$v = v_0\left(1 + \frac{a^2}{y^2}\right),$$

so daß am Zylinder selbst $v = 2\,v_0$ ist. Ist im Abstand B von diesem Zylinder ein gleicher aufgestellt, so erhält man durch Superposition

$$v = v_0\left\{1 + \frac{a^2}{y^2} + \frac{a^2}{(B-y)^2}\right\}$$

und der Mischungsverlust ist

$$\Delta h = \frac{1}{B-2a} \cdot \int_a^{B-a} \frac{(v-v_0)^2}{2g} \cdot dy = \frac{a^2}{2g(B-2a)} \cdot \int_a^{B-a} \left\{ \frac{1}{y^2} + \frac{1}{(B-y)^2} \right\} dy$$

oder

$$\Delta h = \frac{2a}{B-2a} \cdot \frac{v_0^2}{2g} \asymp \frac{f}{F-f} \cdot \frac{v_0^2}{2g}, \tag{74}$$

wenn f der Querschnitt der Einbauten und F der Flußquerschnitt ist. Weil fast immer durch Ablösung und die am Pfeilerkopf auftretende Wirbelsenke eine weitere Einschnürung erfolgt, die vornehmlich von der Form des Pfeilers abhängt, so muß in (74) noch ein Beiwert $\zeta > 1$ eingeführt werden, den Rehbock versuchsmäßig bestimmt hat. In der Näherungsgleichung

$$\Delta h = \zeta \cdot \frac{f}{F} \cdot \frac{v_0^2}{2g}, \tag{74a}$$

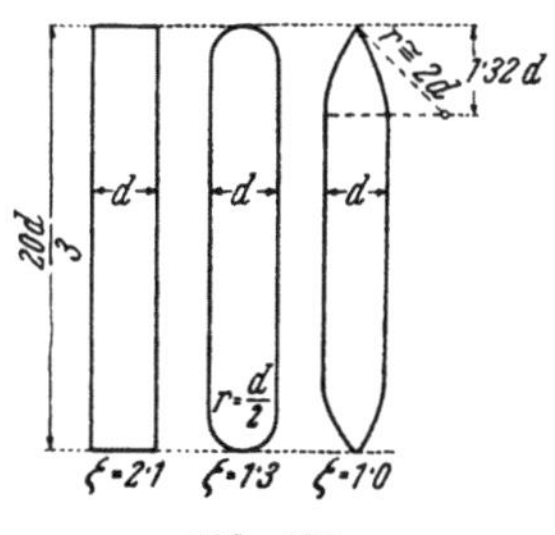

Abb. 526

die aus (74) mit $\frac{f}{F} \ll 1$ hervorgeht, sind für die in Abb. 526 dargestellten häufigsten Pfeilerformen die beigesetzten Werte von ζ zu verwenden. Dem Versuchsbereich entsprechen die Grenzen $0\cdot16 > \frac{f}{F} > 0\cdot06$.

Für die Versuche gilt, was schon beim Schiffswiderstand gesagt wurde, nämlich Froudesche Ähnlichkeit $\frac{v^2}{l} = $ const.

Es tritt der Einfluß der Zähigkeit zurück und die Mischverluste, auf die es ankommt, sind quadratischer Art. Das Absinken der Druckes in der Wirbelsenke mit der daranschließenden Strömung hat eine saugbaggerähnliche Wirkung und der Pfeiler wird vorn unterhöhlt, wenn er nicht entsprechend geschützt ist. Hiefür eignet sich besonders die Fundamenterbreiterung, die nicht nur wegen der angemessenen Lastübertragung gemacht wird.

Die Wasserspiegelhebung Δh kann durch entsprechende Formgebung des rückwärtigen Pfeilerendes verkleinert werden, indem z. B. durch eine konische Form desselben ein Teil der kinetischen Energie rückgewonnen wird.

Ähnlich wie bei den Pfeilern ist es mit dem Mischverlust bei Rechen, durch den ebenfalls ein Aufstau im Oberwasser bewirkt wird. Dieser beträgt nach Versuchen von O. Kirschmer[1]).

$$\Delta h = \beta \cdot \left(\frac{s}{b} \right)^{4/3} \cdot \sin \alpha \cdot \frac{v_0^2}{2g}, \tag{75}$$

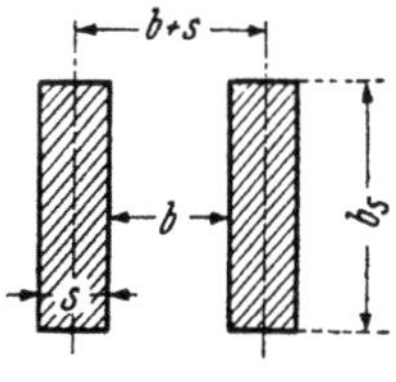

Abb. 527

wenn s die Dicke des Rechenstabes, b die lichte Weite zwischen den Stäben (Abb. 527) und α der Neigungswinkel der letzteren ist. Bei einem Schlankheitsgrad des Querschnitts $\lambda = \frac{b_s}{s} = 5$ ergab sich $\beta = 2\cdot42$ für den rechteckigen Querschnitt,

$$\beta = 1\cdot67 \text{ bei Abrundung mit } r = \frac{s}{2},$$

ferner

$$\beta = 1\cdot79 \text{ bei kreisrundem Querschnitt.}$$

Fellenius[2]) setzt

$$\Delta h = \mu \cdot \varphi^2 \cdot \sin \alpha \frac{v_0^2}{2g}, \tag{76}$$

---

[1]) Mitt. d. Hydr. Inst. d. Techn. Hochschule in München **1926**.
[2]) Meddelande 5 från vattenbygnadsinst. vid kgl. tekn. Hogskolan, Stockholm **1927**.

worin das Verbauungsverhältnis $q = \dfrac{\text{Stabdicke } s}{\text{Stababstand } b + s}$ darstellt, wozu noch ca. 15% Zuschlag zu geben sind, wegen der Querverbindungen.

Für die meist vorkommenden rechteckigen Stabquerschnitte ist $\mu \cong 7{\cdot}1$ bis $6{\cdot}2$ zu setzen, falls $\lambda = 10 - 12$ beträgt und $\mu \cong 4{\cdot}5$ bei Keilform und $\lambda \cong 9$. Sind die Querschnitte abgerundet $\left(r = \dfrac{s}{2}\right)$, so ist $\mu = 5{\cdot}6$ anzunehmen und die etwas abgeänderte Gleichung

$$\Delta h = 5{\cdot}6 \cdot q^2 \cdot \sin^{3/2} \alpha \, \frac{v_0^2}{g} \tag{77}$$

gültig, wobei $\lambda \cong 7$ sein soll.

Die Verluste steigen durch Rost, Verklemmung von Schwemmseln usw., weshalb die Geschwindigkeit vor dem Rechen $v_0 \leqq 1{\cdot}0$ m/sec zu machen ist. E. SCIMEMI[1]) hat an sechs verschiedenen Rechenanlagen Messungen durchgeführt, deren Ergebnisse in der folgenden Tabelle dargestellt sind. Aus ihnen folgen weit größere Beiwerte β (KIRSCHMER) und noch stärker ist dies mit den μ-Werten (FELLENIUS) der Fall. Auch streuen die Werte sehr stark. Die nicht berücksichtigten Querverbindungen, Abstützungen usw. können nur zum Teil daran Schuld haben.

Setzt man hingegen in der allgemeinen Gleichung

$$\Delta h = \mu_1 \cdot \left(\frac{l}{h}\right)^n \cdot \left(\frac{s}{b}\right)^m \cdot \frac{v_0^2}{2g}, \tag{78}$$

wenn $\dfrac{l}{h} = \dfrac{\text{benetzte Stablänge}}{\text{Wassertiefe}} = \sin \alpha$ bedeutet $n = -2$ und $m = \dfrac{1}{2}$, also

$$\Delta h = \mu_1 \cdot \frac{1}{\sin^2 \alpha} \cdot \sqrt{\frac{s}{b}} \cdot \frac{v_0^2}{2g}, \tag{78a}$$

so folgen für die untersuchten Anlagen weit weniger streuende Werte μ_1 (Tabelle) und es kann für die Praxis bei rechteckigen Stäben empfohlen werden

$$\Delta h = 1{\cdot}53 \cdot \frac{1}{\sin^2 \alpha} \cdot \sqrt{\frac{s}{b}} \cdot \frac{v_0^2}{2g}. \tag{78b}$$

Anlage	Rechenstab		Lichte Weite zwischen den Stäben b	$\dfrac{s}{b}$	Neigung der Stäbe gegen die Waagrechte	Geschwindigkeit der Anströmung v mm/sec	Verlusthöhe h (m)	β KIRSCHMER	c	μ FELLENIUS	μ_1
	Dicke (mm) s	Breite (mm) b_s									
Livenza (Rohr)	10	70	30	0·33	76⁰	0·50	0·010	3·55	0·77	16·39	1·29
						0·61	0·015	3·58	0·67	13·04	1·30
						0·76	0·025	3·84	0·91	14·01	1·39
Poderebba	10	70	30	0·33	70⁰	0·56	0·015	4·38	0·95	15·47	1·44
						0·65	0·025	5·42	1·17	19·77	1·78
Livenza (Einlauf)	10	80	90	0·111	70⁰	0·62	0·015	5·27	3·17	85·31	2·03
						0·77	0·020	13·26	0·80	50·75	1·76
						0·99	0·045	9·98	0·86	53·25	1·325
Partidor	6	65	25	0·24	60⁰	0·64	0·021	7·79	1·02	142·4	1·54

[1]) Energia elettrica **1933,** ferner A. SCHOKLITSCH: Hdb. d. Wasserbaues, I. Bd., II. Aufl., Wien: 1950.

b) Fangdämme

Die zum Schutze von Baugruben zu errichtenden Fangdämme dürfen nicht überspült werden, weshalb die Abschätzung des zu erwartenden Staues erforderlich ist. Hier kann man sich einer einfachen Methode mit Erfolg bedienen, wobei die Formen eine sekundäre Rolle spielen.

Sind v und F die Werte für Geschwindigkeit und Querschnitt im normalen Fluß und v_1 bzw. F_1 jene an der engsten Stelle nach Errichtung eines Fangdamms, so kann ähnlich wie beim Venturikanal {D I h (16)}

$$v = \frac{\alpha \cdot \sqrt{2g \cdot \Delta h}}{\sqrt{1 - \alpha^2}}$$

gesetzt werden, wenn $\alpha = \dfrac{F_1}{F}$ das „Verbauungsverhältnis" und Δh den Aufstau bedeutet. Man kann also $v^2 = \varphi(\alpha) \cdot \Delta h$ oder $Q^2 = \varphi(\alpha) \cdot \Delta h \cdot F^2$ setzen.

Hat nun der Querschnitt eine Form, die zwischen jener des Rechtecks und des Dreiecks gelegen ist, so wird $F \sim \sigma \cdot h^{3/2} \sim \sigma_1 \Delta h^{3/2}$ gelten, so daß schließlich

$$\Delta h = \zeta(\alpha) \cdot \sqrt{Q}$$

resultiert. E. Kurzmann[1]) hat aus Messungen sowohl an ausgeführten Bauwerken als auch an Modellen für die gewöhnlichen Verhältnisse $\alpha = 0{\cdot}30$ bis $0{\cdot}75$

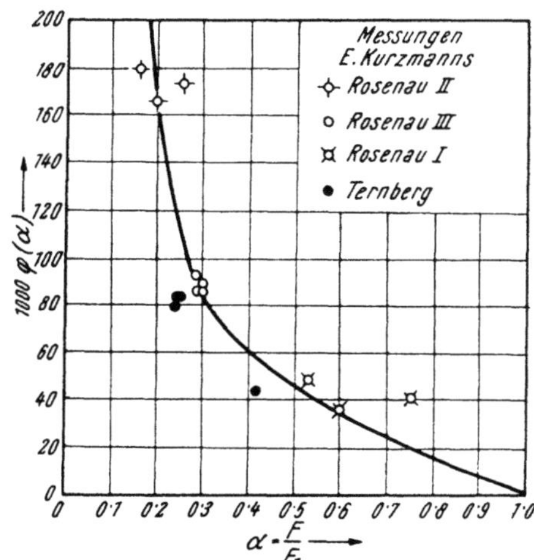

Abb. 528. Zur Stauberechnung bei Fangdämmen

$$\Delta h = \frac{\sqrt{Q}}{1000} \cdot (5{\cdot}15 - 3{\cdot}15\,\alpha)^3$$

gefunden. Zur Schätzung bei anderweitigen Verbauungsverhältnissen kann das von E. Kurzmann aus den Messungen ermittelte Diagramm (Abb. 528) gut verwendet werden, dessen Ausgleichslinie durch den Punkt $\alpha = 1$, $1000 \cdot \varphi(\alpha) = 0$ hindurchgehen muß.

P. Schwebstofftransport und Geschiebebewegung

1. Schwebstofftransport

Die festen Teilchen anorganischer oder organischer Natur, die im Wasser längere Strecken schwebend zurücklegen und seine Trübung verursachen, werden kurz als Schweb bezeichnet. Er nimmt bei manchen Flüssen bedeutende Ausmaße an und beträgt z. B. bei der Mündung des Rheins in den Bodensee etwa 52 000 g pro m³ Wasser[2]). Die Gesetzmäßigkeiten, die dem hydraulischen Vorgang des Schwebens zugrunde liegen, sind von großer Bedeutung für die Schlammförderung, künstliche und natürliche Auflandung usw. Zahlreiche Beobachtungen haben gezeigt, daß der Schwebstoffgehalt mit dem Durchfluß,

[1]) Kurzmann, E.: Österr. Wasserwirtschaft, Wien 5 (1953).
[2]) Krapf, Ph.: Ö. W. Schr. f. d. öff. Baudienst 1919.

also mit der Geschwindigkeit ansteigt und ebenso mit der Tiefe unter dem Spiegel. Dupuit[1]) glaubte die Fähigkeit des Wassers, Körper schwebend zu erhalten, auf den Geschwindigkeitsabfall $\frac{dv}{dz}$ in der Lotrechten zurückführen zu müssen und nach seinen sowie späteren Untersuchungen[2]) streben die Schwebeteilchen. nach den Stellen, wo $\frac{dv}{dz}$ den kleinsten Wert hat und somit v ein Maximum ist. Erst später erkannte man, daß das Schweben durch die ungeordnete Bewegung der Wasserteilchen bewirkt wird, die entweder auf die Rauhigkeit, Turbulenz oder die Brownsche (molekular) Bewegung zurückzuführen ist. Letztere erhält kolloide Teilchen in Schwebe, so daß sich derartige Sole praktisch stabil erweisen. Die Zähigkeit der Suspension ist größer als jene des Wassers und A. Einstein[3]) fand

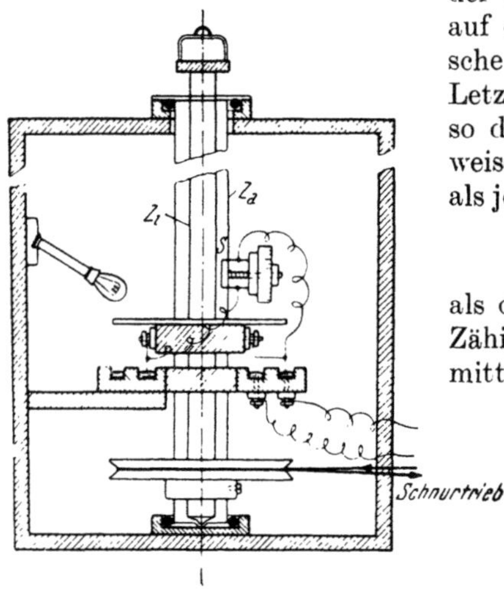

Abb. 529. Couettesche Vorrichtung nach E. G. Richardson. Messung der Viskosität von feinen Suspensionen

$$\eta_s = \eta\,(1 + k \cdot \varphi) \qquad (1)$$

als die ersten Glieder einer Reihe, wenn η_s die Zähigkeit der Suspension, η jene des Dispersionsmittels, φ das Volumen der Teilchen pro cm^3 Suspension darstellt und k ein von der Gestalt der Teilchen abhängiger Faktor ist. Nach Einsteins theoretischen Erwägungen beträgt $\varphi = 2.5$ für Kugeln.

Es ist auffallend, daß in (1) die Teilchengröße nicht vorkommt und es gilt (1) nur für kleinere Konzentrationen von einigen Prozent.

Die in der Suspension langsam fallenden Teilchen erzeugen einen elektrischen Strom, und die hiezu benötigte Energie wird durch Dissipation der Bewegungsenergie geliefert, so daß eine größere Zähigkeit in Erscheinung tritt. v. Smoluchowski[4]) hat unter Berücksichtigung dieses Umstandes (1) erweitert auf

$$\eta_s = \eta\,\left\{1 + 2.5 \cdot \varphi\left[1 + \frac{1}{\lambda\,\eta\,a^2}\cdot\left(\frac{D\,\zeta}{2\,\pi}\right)^2\right]\right\}. \qquad (2)$$

wo λ die spez. Leitfähigkeit der Suspension, a der Teilchenradius, D die Dielektrizitätskonstante und ζ die Potentialdifferenz der Teilchen gegen das Dispersionsmittel ist. Das eigentümliche Verhalten solcher Zerteilungen liegt in der Veränderlichkeit ihrer Zähigkeit, die mit der Schergeschwindigkeit abnimmt. E. G. Richardson[5]) hat mittels einer Couetteschen Vorrichtung (Abb. 529) Untersuchungen angestellt. Bei der Ermittlung der Geschwindigkeit verwendet man Hitzdrahtsonden oder bedient sich des photoelektrischen Verfahrens[6]).

[1]) Dupuit, J.: Études sur le mouvement . . ., Paris 1863.
[2]) Jäger, G.: Wien. Sitz.-Ber. d. Akad. d. Wiss. **1903**.
[3]) Einstein, A.: Ann. d. Physik **1906**.
[4]) v. Smoluchowski, M.: Koll.-Zschft. **1916**.
[5]) Richardson, E. G.: Proc. Phys. Soc. **1933**.
[6]) Pichot und Dupin: Comptes rendus **1931**, photographierten die Teilchen selbst und aus der Belichtungszeit und dem zurückgelegten Weg ermittelten sie die Geschwindigkeit.
Burgers, J. M.: Hitzdrahtmessungen. Wien-Harms: Hdb. d. Experimentalphysik, Bd. IV/1, Leipzig 1932.

Für das Moment, das auf den inneren Zylinder ausgeübt wird und das aus
dessen Verdrehung gegen den äußeren gemessen wird (Torsion des auf diese
geeichten Aufhängungsdrahtes), ergibt sich nach Abschnitt L 4

$$M = 4\pi\eta \cdot \omega \, \frac{a^2 \cdot r^2}{r^2 - a^2}, \tag{3}$$

wenn a = Halbmesser des inneren Zylinders und ω = die Winkelgeschwindigkeit
im Abstand r von der Achse. Ist b der Halbmesser des äußeren Zylinders, der eine
Winkelgeschwindigkeit Ω hat, so folgt aus (3)

$$M = 4\pi\eta\,\Omega \cdot \frac{a^2 b^2}{b^2 - a^2}. \tag{3a}$$

Aus beiden letzten Gleichungen ist schließlich

$$r \cdot \frac{\partial\omega}{\partial r} = 2\,\Omega\,\frac{a^2 \cdot b^2}{r^2\,(b^2 - a^2)} \tag{4}$$

und $\dfrac{M}{r^2 \cdot \dfrac{\partial\omega}{\partial r}}$ wird als rel. Maß der Zähigkeit ange-

sehen.

Man kann (3a) auf die Form bringen

$$\eta = k \cdot \frac{a}{n}, \tag{5}$$

wenn a den Verdrehungswinkel, n die Tourenzahl
und k ein von den Versuchsverhältnissen abhängiger Proportionalitätsfaktor ist.

In der Abb. 530 sind die Messungsergebnisse an
einem Sol dargestellt, das aus Reisstärke bestand,
die in einer Mischung von Tetrachlorkohlenstoff und
Paraffin zerteilt war.

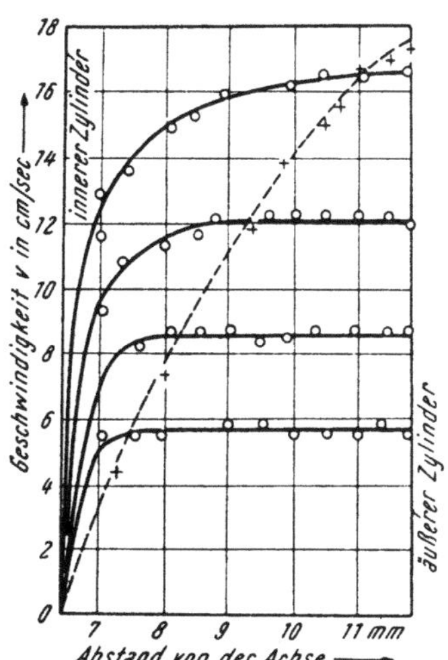

Abb. 530. Geschwindigkeitsverteilung
zwischen den koaxialen Zylindern
Z_a und Z_i in Abb. 529

Die neueren Anschauungen bezüglich des Schwebens fester Teilchen basieren
auf dem Begriff des Austausches[1]), wobei die im Abschnitt F II 1 und 5 gemachten
Ansätze zur sinngemäßen Anwendung gelangen.
War dort die der Masse anhaftende und mit ihr
ausgetauschte Eigenschaft die Bewegungsgröße,
so ist es hier der Anteil S der suspendierten
Teilchen. Mit der Austauschgeschwindigkeit $\bar{u}$
und dem mittleren Mischweg $\bar{l}$ ist der Austausch
gegeben durch

$$\varepsilon \cdot \frac{dS}{dy} = \bar{u} \cdot \bar{l} \cdot \frac{dS}{dy}, \tag{6}$$

wenn der mittlere Bewegungszustand nur vom
Sohlenabstand y abhängig ist. Es stellt sich ein
Gleichgewicht in der Verteilung der Suspensionen längs der Vertikalen dann ein, wenn durch
den Querschnitt einer vertikalen Säule (Abb. 531)
ebenso viele Teilchen infolge ihrer Schwere herausfallen, als solche durch die
ungeordnete Bewegung hinaufgetragen werden. Ist also w die Fallgeschwin-

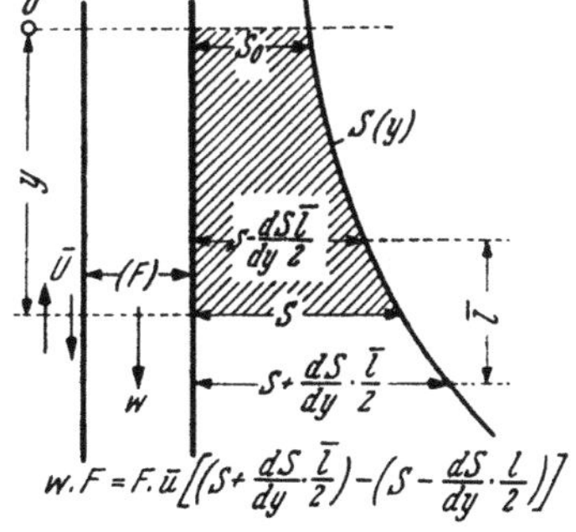

Abb. 531

[1]) SCHMIDT, W.: Der Massenaustausch in freier Luft..., Hamburg 1925. Weitere
Untersuchungen sind von TOLLMIEN gemacht worden. WIEN-HARMS: Hdb. d. Experimentalphysik, Bd. IV/1, Leipzig 1931.

digkeit der Suspension, deren Raumanteil am Gesamtvolumen S sei, so muß

$$w \cdot F \cdot S = \varepsilon \cdot \frac{dS}{dy} \cdot F \tag{7}$$

oder

$$\frac{dS}{S} = \frac{w}{\varepsilon} \, dy \tag{9}$$

sein und durch Integration folgt

$$\ln S = w \int_0^y \frac{dy}{\varepsilon} + c. \tag{10}$$

Werden die y von einem beliebigen Punkt $y = 0$ gerechnet, dem $S = S_0$ zugeordnet sei, so folgt

$$S = S_0 \cdot e^{w \int_0^y \frac{dy}{\varepsilon}} \tag{11}$$

als Gleichgewichtsverteilung der Suspension. Ist ε konstant[1]), so folgt aus (10)

$$\log \frac{S}{S_0} = \frac{w}{\varepsilon} \cdot y. \tag{12}$$

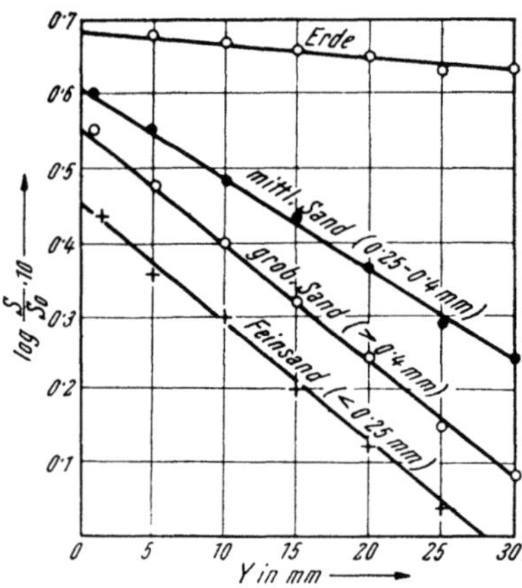

Abb. 532. Gleichgewichtsverteilung in einer Suspension nach RICHARDSON

RICHARDSON[2]) hat die letzte Beziehung nachgeprüft, wobei er in einem mit 1%iger Suspension gefüllten Gefäß die Turbulenz mittels kleiner Propeller gleichmäßig aufrecht erhielt. Er ermittelte den Schwebstoffgehalt auf photoelektrischem Wege, indem er von einer konstant gehaltenen Lichtquelle das Licht durch die Suspension auf eine Photozelle schickte[3]). Die Größe des Ausschlages, den der erzeugte Strom am Zeigergalvanometer auslöst gegenüber jenem bei reinem Wasser, ist ein Maß für den Schwebstoffgehalt. Natürlich bedarf die Apparatur einer vorhergehenden Eichung. Die Messungsresultate sind in Abb. 532 dargestellt und die gute Übereinstimmung der gemessenen Verteilung mit jener nach (12) erlaubt es, die folgende Methode der Ermittlung des transportierten Schwebs als brauchbar anzusehen. Man ermittelt aus der Geschwindigkeitsverteilung in der Lotrechten (Abb. 533) zunächst $\varepsilon = \dfrac{gJy}{\dfrac{dv}{dy}}$ und danach $\dfrac{1}{\varepsilon}$.

Es ist nicht schwer hierauf das Integral $\int \dfrac{dy}{\varepsilon}$ auszuwerten und schließlich $S(y)$ zu erhalten. Die Schwebestoff-Fracht in einer Vertikalen folgt aus

$$\int_0^h v \cdot S \cdot dy = (vS)_m \cdot h \tag{13}$$

---

[1]) HURST, Proc. Roy. Soc. **1929**, stellte zuerst das Exponentialgesetz fest.
[2]) RICHARDSON, E. G.: Phil. Mag. **1934**.
[3]) JAKUSCHOFF, P.: Zschft. VDI **1931**.
ESTERER, B.: Mitt. d. Forsch.-Inst. f. Wasserbau d. Kaiser-Wilhelm-Ges. **3**, München 1935.

und die gesamte Fracht über das Profil (Abb. 534) ist schließlich

$$G = \sum_{1}^{n} (v \cdot S)_{mn} \cdot b_n \cdot h_n. \qquad (14)$$

Es hat sich als praktisch erwiesen, S_0 im Niveau der maximalen Geschwindig-

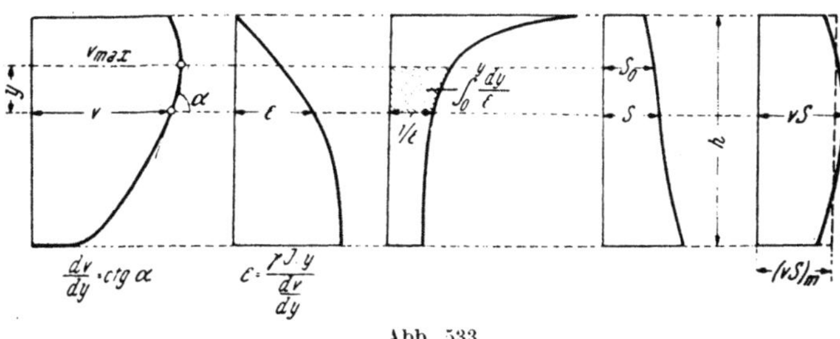

Abb. 533

keit zu bestimmen[1]) und zur Entnahme sind eine ganze Anzahl von Schöpf-vorrichtungen konstruiert worden[2]).

Gegenüber der Arbeit zur Fortbewegung reinen Wassers ist jene bei einer Suspension bedeutend größer.

Für das Gleichgewicht der Kräfte war bei der stationären Bewegung

$$\tau_{0w} \cdot U \cdot l = \gamma \cdot J_0 F l \qquad (15)$$

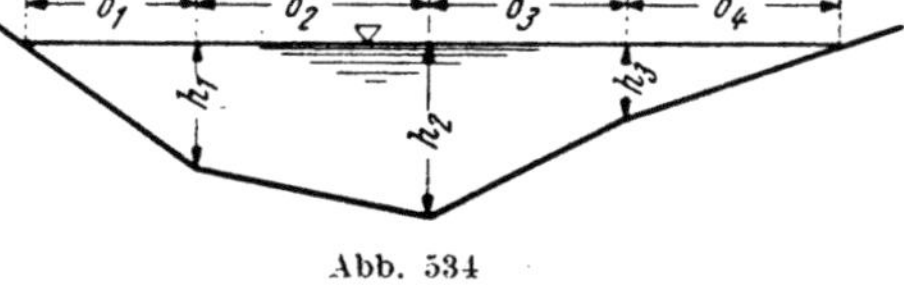

Abb. 534

gesetzt worden für den Wasserzylinder von der Länge l, dem Querschnitt F als Basis und U als benetztem Umfang. Denkt man sich die Suspension als eine Flüssig-keit vom spezifischen Gewicht $\gamma_s = \dfrac{n\gamma + \gamma_1}{n+1}$, wenn n das Verhältnis von Sand zu Wasser und γ_1 bzw. γ die zugehörigen spezifischen Gewichte sind, so gilt analog

$$\tau_w \cdot U l = \gamma_s J_0 F l, \qquad (15\,\mathrm{a})$$

wenn die Gefälle die gleichen sind. Man erhält dann für die Schub-spannungen an der Wand

$$\tau_w = \frac{\gamma_s}{\gamma} \cdot \tau_0. \qquad (16)$$

Die Arbeit, die in der Zeitein-heit geleistet wird und sich im Gefällsverlust äußert, ist bei Ein-führung der Schergeschwindigkeit

$$v^* = \sqrt{\frac{\tau_w}{\varrho}}$$

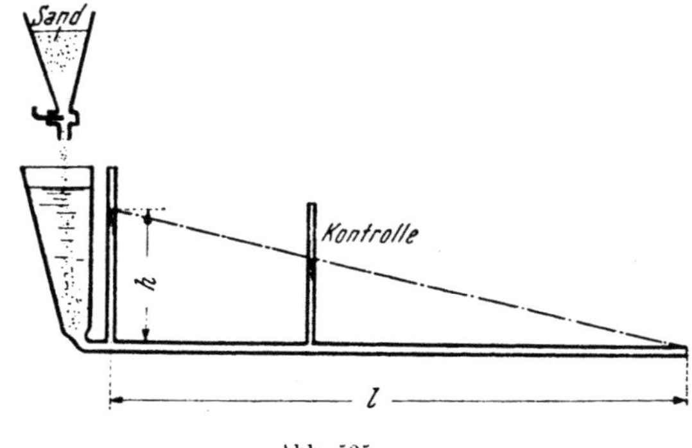

Abb. 535

$$\tau_w \cdot v^* \sim \tau_w^{3/2} = \left(\frac{\gamma_s}{\gamma}\right)^{3/2} \tau_{0w}^{3/2}. \qquad (17)$$

---

[1]) BOGÁRDI, J.: Saturation des cours d'eau en troubles en suspension, Budapest 1948.
[2]) SCHAFFERNAK, F.: Hydrographie, Wien 1935.

Es ist begreiflich, daß die geleistete Arbeit in Wirklichkeit noch stärker wachsen muß als mit $\left(\frac{\gamma_s}{\gamma}\right)^{3/2}$. R. WINKEL[1]) leitete ein Sand-Wasser-Gemisch durch eine ca. 5·0 m lange und 25 mm weite Rohrleitung mit freiem Ausfluß (Abb. 535). Aus dem gewogenen Abfluß q_g pro Sekunde ergab sich das Abflußvolumen

$$q_R = q_g \cdot \frac{1+n}{\gamma_1 + n\gamma}.$$

WINKEL fand für das Verhältnis der benötigten Gefällshöhen

$$\frac{h}{h_0} = \left(\frac{\gamma_s}{\gamma}\right)^2 \tag{18}$$

und das Ergebnis seiner Versuche ist in folgender Tabelle zusammengefaßt.

$1:n$	h mm	$J = \dfrac{h}{l}$	q_g g/sec	q_R cm³/sec	$\gamma_s = \dfrac{q_g}{q_R} = \dfrac{n\gamma + \gamma_1}{n+1}$	h_0 bei reinem Wasser mm	$\dfrac{h}{h_0}$	γ_s^2
1: 5	715	0·144	970	768	1·26	452	1·58	1·58
1: 7·5	640	0·129	870	739	1·18	435	1·47	1·39
1:11	615	0·124	850	753	1·13	448	1·37	1·28
1:12·5	543	0·1095	835	749·5	1·11	437	1·24	1·24
1:15	520	0·105	802	731·7	1·10	425	1·22	1·21
1:17	453	0·0915	764	703	1·09	385	1·18	1·18

Nach Versuchen von E. WILSON WARREN[2]) ist

$$h = l \cdot J_0 + k \cdot l \cdot \frac{\gamma_1}{\gamma} \cdot \frac{w}{v} = l\left(\psi \cdot \frac{v^2}{2gd} + k \cdot \frac{\gamma_1}{\gamma} \cdot \frac{w}{v}\right),$$

wenn w die Fallgeschwindigkeit der Teilchen und v die Strömungsgeschwindigkeit bedeuten. k ist eine aus Versuchen zu ermittelnde Zahl, die mit $\frac{\gamma_1}{\gamma}$ und $\frac{w}{v}$ veränderlich ist.

Die Verhältnisse werden besonders verwickelt, wenn es sich um Teilchen verschiedener Größe handelt, wie beim hydraulischen Erdtransport. Hier ist man fast gänzlich auf Empirie, auf den Versuch, angewiesen. Von dem Gedanken ausgehend, daß jedes Erdmaterial seiner Textur und Konzentration entsprechend ein bestimmtes Gefälle zum Transport erheischt, hat SOKOLOW[3]) den Zusammenhang zwischen dem in einem horizontalen Gerinne durch Ablagerung sich einstellenden Gefälle J, dem Durchfluß Q und der Konzentration, gemessen in Gewichts-% p des Erdanteils, ermittelt und zwar

$$\gamma R J = \left(0\cdot4\, p \cdot \sqrt[3]{Q} + 1\right) \cdot Q^{0\cdot44}.$$

[1]) WINKEL, R.: Die Bautechnik 1941.
[2]) WILSON WARREN, E.: Americ. Soc. Civ. Eng. 1941.
[3]) SOKOLOW, D.: Wasserkr. u. Wasserwirtsch. 1934.

Beispiel

Es stehe $Q = 0\cdot2$ m³/sec und $J = 0\cdot02$ zur Verfügung. Dann folgt

$$p = \left(\frac{20 \cdot R}{0\cdot2^{0\cdot44}} - 1 \right) \cdot \frac{2\cdot5}{0\cdot2^{1/3}} \cdot$$

Bei kleinstem Umfang, also $B = 2H$ für das Rechteck, wird $R = \dfrac{H}{2}$ und es folgt mit $\gamma = 0\cdot16$ für ein Gerinne aus gewöhnlichen Brettern nach BAZIN $H \leqq 0\cdot20$ m und schließlich $p = 13\cdot1$ Gewichts-%.

Übergang zur plastischen Masse. Wenn das Dispersionsmittel derart gering wird, daß es die Rolle der dispersen Phase übernimmt und man eine formbare, plastische Masse, z. B. einen Tonteig, vor sich hat, so vermag dieser einer Verschiebung bis zu einem gewissen Grad Widerstand zu leisten. Es existiert eine Grenzschubspannung, ein Nachgiebigkeitswert („Yield value" nach BING-HAM[1]), bei dessen Unterschreitung kein Geschwindigkeitsabfall normal zur Scherfläche, also keine Verschiebung auftritt. Es gilt dann für die Bewegung durch ein Rohr

$$\eta \cdot \frac{\partial v}{\partial r} = \tau - \tau_0 = \frac{\partial p}{\partial x} \cdot \frac{r}{2l} - \tau_0$$

nach F I 1 b und es kann nur dann ein Abfall der Geschwindigkeit $\dfrac{\partial v}{\partial r}$ existieren, wenn bei gegebenem $\dfrac{\partial p}{\partial x}$

$$r > \frac{2\,\tau_0 \cdot l}{\dfrac{\partial p}{\partial x}},$$

so daß ein zentral gelegener Teil der Masse sich wie ein starrer Block bewegt, an dessen Rand die äußere Schichte wie eine Schmierung wirkt. Nach SCOTT-BLAIR und CROWTHER[2]) ist dies die gewöhnliche Bewegungsform solcher Ton- und Bodenteige, wenn sie durch ein Rohr gedrückt werden.

2. Geschiebebewegung

Die Bewegung des einzelnen Geschiebestückes quantitativ verfolgen zu wollen wäre ein ebenso aussichtsloses als auch unnötiges Beginnen und so soll versucht werden, jene Gesetzmäßigkeiten zusammenzufassen, die der Bewegung des Geschiebes als Ganzem zugrunde liegen. Es tritt zuerst die Frage auf, bei welchem Grenzgefälle J_g bzw. bei welcher Grenzgeschwindigkeit v_g eine Geschiebedecke in Bewegung gerät.

a) Grenzgefälle bzw. Grenzgeschwindigkeit

Der Einfachheit wegen sei ein sehr breites Gerinne vorausgesetzt, so daß die Geschwindigkeit bloß längs der Lotrechten veränderlich ist. Es gilt dann für die stationäre Bewegung der Wassermasse, die über der Sohlenfläche f_s gelegen ist, die Schubspannung an der Sohle

$$\tau_w = \frac{T}{f_s} = \gamma \cdot J \cdot H, \tag{19}$$

wenn H die Wassertiefe ist. Man kann auf Grund der aus dem PRANDTLschen Ansatz hervorgehenden Formel von SCHLICHTING {F II 5 und G I 1 b (12)} für

---

[1]) RICHARDSON, E. G.: Dynamics of real fluids, London 1950.
[2]) J. Phys. Chem. **1929**.

die mittlere Geschwindigkeit, mit der ein um y_1 aus dem Flußbett hervorstehendes Geschiebestück getroffen wird, schreiben

$$v_1 = \sqrt{\frac{\tau_w}{\varrho} \cdot \left(5{\cdot}75 \log \frac{y_1\,''}{v^*} + c\right)}, \qquad (20)$$

wo

$$\sqrt{\frac{\tau_w}{\varrho}} = v^* = \text{Schubgeschwindigkeit.} \qquad (21)$$

Wenn nun ähnliche Geschiebe betrachtet werden, so kann die absolute Rauhigkeit $\dfrac{v^*}{\nu}$ proportional der Geschiebeabmessung gesetzt werden und der Klammerausdruck in (20) ist dann als feste Zahl zu betrachten, wenn eine ausgebildete Rauhigkeitsströmung vorausgesetzt wird. Die auf das Geschiebestück wirkende mittlere Kraft ist dann

$$K = \frac{c \cdot \varrho \cdot v_1^2 \cdot f}{2}. \qquad (22)$$

Nun ist aus (21) $\varrho v^{*2} = \tau_w$ und weiters

$$\frac{\varrho v_1^2}{2} = \text{Zahl} \cdot \frac{\varrho v^{*2}}{2} = \text{Zahl}\, \tau_w = \text{Zahl} \cdot \gamma J H. \qquad (23)$$

Wird der Widerstand proportional gesetzt dem Gewichte des Geschiebestückes unter Wasser, also

$$W = \text{Zahl} \cdot (\gamma_1 - \gamma) \cdot d^3, \qquad (24)$$

so muß für das Gleichgewicht die größte, während der turbulenten Schwankungen auftretende Kraft K_1 dem Widerstand gleich sein, also gelten

$$K_1 = \text{Zahl} \cdot K = W. \qquad (25)$$

Folglich muß aus (22) und (24)

$$\text{Zahl} \cdot \frac{c \varrho v_1^2 f}{2} = \text{Zahl} \cdot (\gamma_1 - \gamma)\, d^3$$

und mit $f = \text{Zahl} \cdot d^2$ folgt weiter

$$\varrho v_1^2 = \text{Zahl} \cdot (\gamma_1 - \gamma)\, d$$

und schließlich mit (23) das „Grenzgefälle"

$$J_g = \text{Zahl} \cdot \frac{\gamma_1 - \gamma}{\gamma} \cdot \frac{d}{H}. \qquad (26)$$

Die Zahl in (26) wird in vorliegender Aufgabe von der Froudeschen Zahl

$$\mathfrak{F} = \frac{v^{*2}}{g d}$$

abhängig gemacht und wegen der Ähnlichkeit konstant gesetzt, während bei feinem Korn $Re = \dfrac{v^* d}{\nu}$ maßgebend sein wird.

Diese Betrachtungsweise führt auf die Ergebnisse der Kolkversuche von EGGENBERGER und MÜLLER, die in der später besprochenen Kolkformel zum Ausdruck kommen. Sorgfältige Versuche von E. MEYER-PETER, H. FAVRE und A. EINSTEIN[1]) haben für das Grenzgefälle ergeben

$$J_g = 17{\cdot}0 \cdot \frac{d}{q^{2/3}}, \qquad (27)$$

wenn in (35a) für $G = 0$ gesetzt und

---

[1]) Schweiz. Bauztg. **1934.** Es kamen zwei Geschiebesorten etwa von Erbsen- und Walnußgröße zur Verwendung.

der Durchfluß q pro m Gerinnebreite in sl und die Korngröße d in m eingesetzt wird. Nun ist $q = v \cdot H$ und $\dfrac{\gamma_1 - \gamma}{\gamma} \sim 1{\cdot}60$ mit $\gamma_1 \cong 2{\cdot}6$ (Quarz).

Somit folgt mit der Stricklerschen Formel

$$J_g = \frac{16{\cdot}1 \cdot d}{(1000\, v_g \cdot H)^{2/3}} = \frac{v_g^{\,2}}{c^2 H^{4/3}} \tag{27a}$$

und hieraus

$$v_g = (0{\cdot}161 \cdot c^2 \cdot H^{1/3})^{3/8} \cdot d^{3/8}. \tag{28}$$

c ist viel weniger veränderlich als d und setzt man

$$c = 30 \text{ (Gebirgsflüsse) bis } 60 \text{ (Flachlandsflüsse)},$$

so erhält man

$$v_g = 6{\cdot}33 \text{ bis } 10{\cdot}87\, d^{3/8}. \tag{29}$$

Die Grenzgeschwindigkeiten, die nach SCHOKLITSCH[1] beim „Hydroenergoprojekt" der UdSSR verwendet werden, wachsen ebenfalls etwa mit der obigen Potenz des Geschiebedurchmessers, wie aus folgender Tabelle zu ersehen ist.

	d in m	0·0001	0·001	0·01	0·1	0·2
v_g	UdSSR	0·24	0·55	1·00	2·70	3·90
m/sec	$6{\cdot}93\, d^{3/8}$	0·22	0·51	1·21	2·88	3·74

Die Gleichung (27) wird aus (26) erhalten, indem man $H = \text{Zahl} \cdot q^{2/3}$ einführt. Letzteres aber ist die Ähnlichkeitsbedingung für stationäre Strömungen mit quadratischem Widerstand wie aus der Gleichung

$$v \cdot \frac{\partial v}{\partial s} = -\frac{g}{\varrho} \cdot \frac{\partial}{\partial s}\left(\frac{p}{\gamma} + z\right) + \zeta\, \frac{v^2}{\varrho\, l} = -\frac{g}{\varrho} \cdot J + \zeta\, \frac{v^2}{\varrho\, l}$$

hervorgeht; nach dieser muß

$$\frac{v^2}{l} = \frac{gJ}{\zeta} \cong \text{Zahl} \cdot \frac{v^2 \cdot H^2}{H^3} = \text{Zahl} \cdot \frac{q^2}{H^3} = \text{konst.}$$

sein, wie der letzte Abschnitt zeigt.

b) Der Geschiebetrieb[2]

Die Geschiebebewegung ist ein nichtstationärer Vorgang, der mit dem Zerfall der wandnahen Schichten in Walzen zusammenhängt[3]. Zuerst wird der kleinere Sand aufgewirbelt und erst nachdem die Deckschichte eine gewisse Lockerung erfahren hat, fängt das gröbere Geschiebe zu wandern an. Die anfänglich meist rollende Bewegung geht bald ins Hüpfen über, wenn der Magnuseffekt (H IV 1) sich bemerkbar macht. Je größer das Geschiebe, desto kleiner die Sprungweite bei sonst gleichen Bedingungen. Die Messungen in Flüssen haben eine Periodizität im Geschiebetrieb ergeben[4]. Wenn im Nachfolgenden Abschätzformeln

<hr>

[1] SCHOKLITSCH, A.: Hdb. d. Wasserbaues, 2. Aufl., I. Bd., Wien 1950.

[2] SCHAFFERNAK, F.: Neue Grundlagen f. d. Berechnung d. Geschiebeführung, Leipzig-Wien 1922, derselbe, Beitrag z. Morphologie des Flußbettes, Wasserwirtsch., Wien 1929.
SCHOKLITSCH, A.: Hdb. d. Wasserbaues, 2. Aufl., I. Bd., Wien 1950.
KREY, H. D.: Mitt. d. Preuß. Versuchsanst. f. Wasserbau u. Schiffbau, Berlin.
CASEY, H. J.: ebenda, Berlin 1935.
MEYER-PETER, E., H. FAVRE und H. A. EINSTEIN: Schweiz. Bauztg. **1934**.

[3] EXNER, F. M.: Sitz.-Bericht d. Akad. d. Wiss., Wien 1928.
KOZENY, J.: Wasserwirtsch., Wien 1929.

[4] EHRENBERGER, R.: Wasserwirtsch., Wien 1931 (Donau).
MÜHLHOFER, L.: Wasserwirtsch., Wien 1933 (Inn).

aufgestellt werden, so wird es sich bei den in Betracht kommenden Größen immer um zeitliche Mittelwerte handeln. Der Geschiebetrieb g_s, die pro Breiten- und Zeiteinheit wandernde Geschiebemenge, ist eine äußerst wichtige Größe bezüglich des Sohlengleichgewichts einer Flußstrecke. Der Erforschung stehen wegen der Unklarheit des Abbildungsgesetzes große Schwierigkeiten entgegen. Nach (26) gibt es zu jeder Geschiebegröße eine Grenzschleppkraft

$$\tau_0 = \gamma \cdot H \cdot J = (\gamma_1 - \gamma) \cdot d \cdot \text{Zahl}, \tag{30}$$

welche Beziehung H. KREY in der Form

$$\tau_0 = 0{\cdot}076\,(\gamma_1 - \gamma) \cdot d \tag{30a}$$

aufgestellt hat. Mit (23) folgt, wenn $\tau_w = \tau_0$ wird

$$\frac{v^{*2}}{g\,d} = \frac{\varrho_1 - \varrho}{\varrho} \cdot \text{Zahl}. \tag{31}$$

A. SCHOKLITSCH hat die Werte

$$\sigma = \frac{\tau_0}{d \cdot (\gamma_1 - \gamma)} = \frac{v^{*2}}{g\,d} \cdot \frac{\varrho}{\varrho_1 - \varrho} \cdot \text{Zahl} \tag{32}$$

als Abhängige der Geschiebegröße aufgetragen und für $d > 0{\cdot}006$ den Wert σ konstant gefunden, so daß also

$$\frac{v^{*2}}{g\,d} = \text{const} = \frac{v^2}{g\,H} \cdot \text{Zahl}$$

und somit für gröberes Geschiebe das FROUDEsche Gesetz gültig ist. Hingegen streuen die Werte von σ für $d < 0{\cdot}006$ m sehr stark, wahrscheinlich wegen des nicht erfaßten Einflusses der Zähigkeit.

Man kann zu brauchbaren Formeln gelangen, je nachdem man von der Grenzschleppkraft mit der zugehörigen Grenztiefe ausgeht oder vom Grenzabfluß, bei dem kein Geschiebetrieb mehr stattfindet und der das Gefälle implizite enthält. Für den ersten Fall, der für gleichmäßige Tiefe im Profil gilt, ist ein plausibler Ansatz des auf die Breiteneinheit bezogenen Verhältnisses

$$\frac{\text{Geschiebetrieb } g_s}{\text{Durchfluß } q} = \left\{ \mathfrak{F} \cdot \left(1 - \frac{H_0}{H}\right) \right\}^n, \tag{33}$$

wenn $\mathfrak{F} = \dfrac{v^2}{g\,H}$ gesetzt und der Exponent n aus Versuchen ermittelt wird. Es verschwindet g_s bei endlichem q und $\mathfrak{F}$, wenn $H = H_0$ ist.

Mit $\dfrac{H}{H_0} \sim \left(\dfrac{q}{q_0}\right)^{2/3}$ und $\mathfrak{F} = \dfrac{v^2}{g\,H} \sim J$ erhält man

$$\frac{g_s}{q} = \left\{ J \cdot \left(1 - \frac{q_0^{2/3}}{q^{2/3}}\right) \cdot \text{Zahl} \right\}^n. \tag{34}$$

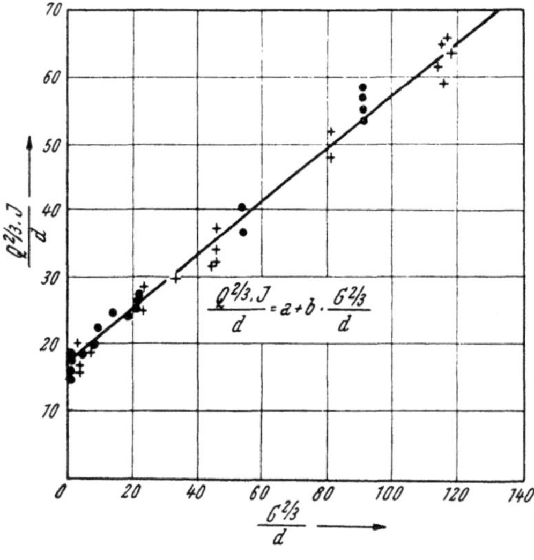

Abb. 536. Geschiebetriebgesetz E. T. H. Zürich

Nach MEYER-PETER ist $n = {}^3/_2$ und auf die ganze Gerinnebreite bezogen

$$G = c \cdot J^{3/2} \cdot (Q^{2/3} - Q_0^{2/3})^{3/2}. \tag{35}$$

Die Ermittlung des Grenzdurchflusses mit

$$Q_0 = 0\text{·}0592 \, \frac{d^{3/2}}{J^{3/2}} \tag{36}$$

gestattet (26) in der Form zu schreiben

$$Q^{2/3} \cdot J = ad + b \cdot G^{2/3} \tag{35a}$$

mit den konstanten $a = 0\text{·}17$ und $b = 0\text{·}004$, wenn Q in m³/sec, G in kg/sec Trockengewicht und d in m ausgedrückt werden (Abb. 536).

Bei ungleichmäßigen Tiefen wie in natürlichen Gewässern, wo mit dem Wasserstand auch die Breite des Geschiebestromes zunimmt, geht man besser vom Grenzdurchfluß aus und

$$\frac{G}{Q - Q_0} = \mathfrak{F}^n \tag{37}$$

ist dann ein zutreffender, mit der Froudeschen Ähnlichkeit vereinbarer Ansatz[1]). Hier verschwindet G, wenn $Q = Q_0$ ist bei endlichem Werte von $\mathfrak{F}$ und n. Es ist dann

$$G = \text{Zahl} \cdot J^n \, (Q - Q_0). \tag{38}$$

H. J. CASEY fand bei gemischtem Korn $n = 1$, hingegen A. SCHOKLITSCH aus zahlreichen Messungen $n = {}^2/_3$ und

$$g_s = 2500 \cdot J^{3/2} \cdot (q - q_0). \tag{38a}$$

Setzt man aus (30) und (30a)

$$H = 0\text{·}076 \cdot \frac{\gamma_1 - \gamma}{\gamma} \cdot \frac{d}{J},$$

so erhält man mit der Stricklerschen Formel $q_0 = \dfrac{1}{n} \cdot J^{1/2} \cdot H^{5/3}$ und angenähert $n \sim 0\text{·}053 \, d^{1/6}$

$$q_0 \cong 0\text{·}6 \cdot \frac{d^{3/2}}{J^{7/6}}$$

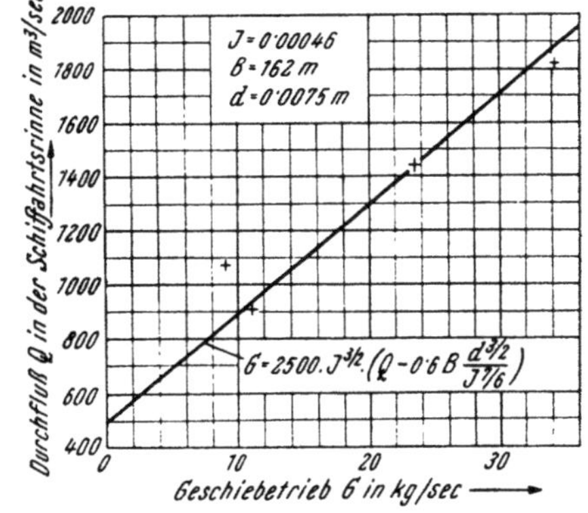

Abb. 537. Geschiebetrieb an der Donau nach EHRENBERGERs Messungen

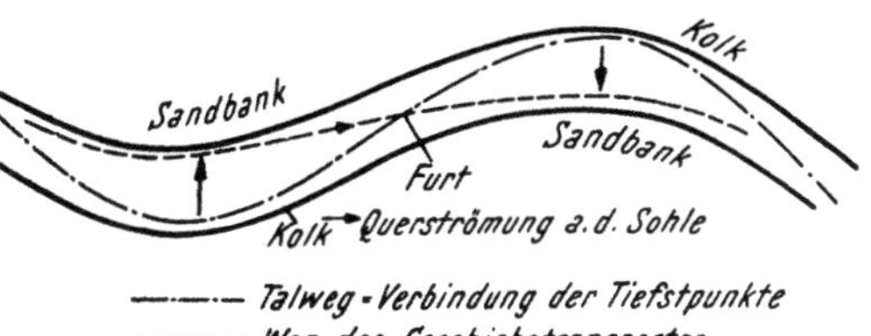

Abb. 538. Geschiebewanderung und Talweg

und schließlich für die ganze Gerinnebreite B

$$G = 2500 \cdot J^{3/2} \left(Q - 0\text{·}6 \cdot B \, \frac{d^{3/2}}{J^{7/6}} \right), \tag{39}$$

welche Beziehung mit Messungsergebnissen an der Donau bei Wien (Abb. 537) in gutem Einklang steht. Der Geschiebetrieb ist in der Natur nicht gleichmäßig auf die Sohlenbreite verteilt, sondern erfolgt in einer beschränkten, mit dem Wasserstande wachsenden Breite, die durch die dem jeweiligen Gefälle zugehörende Grenztiefe bzw. Grenzgeschwindigkeit an der Sohle bestimmt wird. Der Geschiebestrom kreuzt den Talweg (Verbindungslinie der tiefsten Querschnittspunkte) an den Furten (Abb. 538), was eine Folge der in der Krümmung in der

---

[1]) Die Unsicherheit im Ansatz wird behoben werden können, wenn die mechanischen Gesetze des auch hinsichtlich der Konzentration inhomogenen Geschiebestromes umschrieben werden können. Einen Anfang hat A. VITOLS, Wasserkr. u. Wasserwirtsch. **1938,** gemacht.

Richtung zum Krümmungsmittelpunkt auftretenden Querströmung an der Sohle ist (G I 4). Das Geschiebe wandert also auf einem kürzeren Wege zu Tal als das Wasser. Damit stehen aber wieder eine Reihe anderer Erscheinungen in Zusammenhang, wie z. B. die bekannte Hebung der Furten mit dem Steigen des Wasserstandes usw.

Die benötigte Schleppkraft für den Geschiebetransport nimmt mit der Länge des zurückgelegten Weges ab, weil das Geschiebe durch Abrieb verkleinert wird nach dem Gesetz von STERNBERG[1])

$$G = g_0 \cdot e^{-as}. \tag{40}$$

Dieses erhält man, wenn die Verminderung des Gewichtes proportional der Reibungsarbeit, also $dG = -a \cdot G \cdot ds$ gesetzt wird. SCHOKLITSCH[2]) hat das Gesetz durch Versuche bestätigt gefunden und es schwankt nach dessen Angaben die Konstante a etwa von $0{\cdot}00117$ (Granat, Murwinkel) bis $0{\cdot}272$ (Talschiefer). Entsprechend der obigen Tatsache wird man den Beiwert in der Gleichung $v = c \sqrt{RJ}$ für den Fall, daß der Geschiebetrieb noch nicht eingesetzt hat, beim Oberlauf im Gebirge $c \sim 15{-}35$, im Hügelland $c \sim 35{-}55$ und im Flachland $c \sim 55{-}70$ setzen können. Die Ausbildung des Flußlängenprofils samt den Querprofilen, bei der noch eine Menge anderer Faktoren mitspielen, gehört in das Gebiet der Flußmorphologie[3]). Jedoch muß hier auf das Gleichgewicht hingewiesen werden, das sich auszubilden sucht und das in der gleichen Zu- und Abfuhr von Geschiebe besteht. Wird dieser Zustand gestört, sei es durch Breitenänderungen, Änderungen des Durchflusses usw., so gibt (39) gewisse Anhaltspunkte für das Verhalten des Flusses. Bei Breitenänderungen (Parallelwerke, Buhnen usw.) wird für den Gleichgewichtszustand gelten

$$J_1^{3/2}\left(Q - 0{\cdot}6\,B_1 \cdot \frac{d^{3/2}}{J_1^{7/6}}\right) = J_2^{3/2}\left(Q - 0{\cdot}6\,B_2 \cdot \frac{d^{3/2}}{J_2^{7/6}}\right),$$

wenn J_1 und B_1 bzw. J_2 und B_2 das Gefälle und die Breite vor und nach der Änderung bedeuten. Wird die Wassermenge ΔQ pro Zeiteinheit abgeleitet, so muß

$$J_1^{3/2}\left(Q - 0{\cdot}6\,B_1 \cdot \frac{d^{3/2}}{J_1^{7/6}}\right) = J_2^{3/2}\left(Q - \Delta Q - 0{\cdot}6\,B_1 \frac{d^{3/2}}{J_1^{7/6}}\right)$$

für das Gleichgewicht sein. So wird z. B. eine Erbreiterung ähnlich wirken wie Wasserentzug und durch Aufhöhung der oberhalb der Störung befindlichen Strecke und damit einhergehende Vergrößerung des Gefälles unterhalb, sucht sich ein neuer Gleichgewichtszustand einzustellen.

c) Kolke

Diese sind die Folge verwickelter Bewegungsvorgänge, die an Stellen starker unvermittelter Geschwindigkeitsänderungen, der Größe und Richtung nach, auftreten, wobei das Sohlenmaterial abgetragen wird und an dessen Stelle

---

[1]) STERNBERG: Zschft. f. Bauwesen **1875**.

[2]) SCHOKLITSCH, A.: Über Schleppkraft und Geschiebebewegung, Leipzig-Berlin 1914.

[3]) PUTZINGER, J.: Das Ausgleichsgefälle geschiebeführender Gewässer, Österr. Monatsschft. öff. Baudienst **1920**.

SCHAFFERNAK, F.: Hydrographie, Wien 1935.

eine Vertiefung, der Kolk, übrig bleibt. Die Voraussetzung für die „Auswaschung" ist das Hineintragen des Geschiebekorns in den Flüssigkeitsstrom. Bei Sanden ist es durchaus möglich, daß die bei der Ablösung von Grenzschichten an Bauwerken (Pfeiler, Buhnenköpfe usw.) auftretenden Druckerniedrigungen ein Ausströmen des den Sand erfüllenden Wassers und bei genügend großer Intensität grundbruchartige Erscheinungen herbeiführt. Die röhrenförmigen Wirbelsenken wirken ähnlich einem Saugbagger und ist einmal das Geschiebekorn vom Wasser-

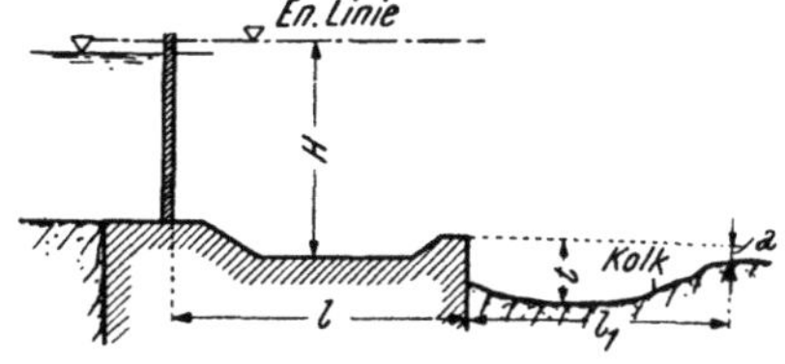
Abb. 539. Kolk unterhalb einer Stauanlage

strom erfaßt, so wird die der Drehbewegung des Korns überlagerte Strömung einen nach aufwärts gerichteten Quertrieb bewirken, der das Korn hebt und bei Nachlassen wieder fallen läßt. Zahlreiche Versuche ohne Geschiebetrieb ergaben für die Kolktiefe unterhalb eines Wehrbodens (Abb. 539) nach A. Schoklitsch[1])

$$t = \alpha \cdot \beta \cdot 4\cdot5 \left(\frac{\Sigma b}{B}\right)^{1/4} \cdot T^{1/4} \cdot H^{1/2} \cdot q^{1/3} + 2\cdot15a,$$

wenn alle Längen in m und q in m³/sec eingesetzt werden. Es bedeuten T die Einwirkungsdauer des auf die Breiteneinheit der freigegebenen Wehrfelder bezogenen Durchflusses q, B die Wehrbreite zwischen den Wangen, Σb die Breite des durch Pfeiler usw. verbauten Querschnitts, α Wehrquerschnittsbeiwert und β den Ab-

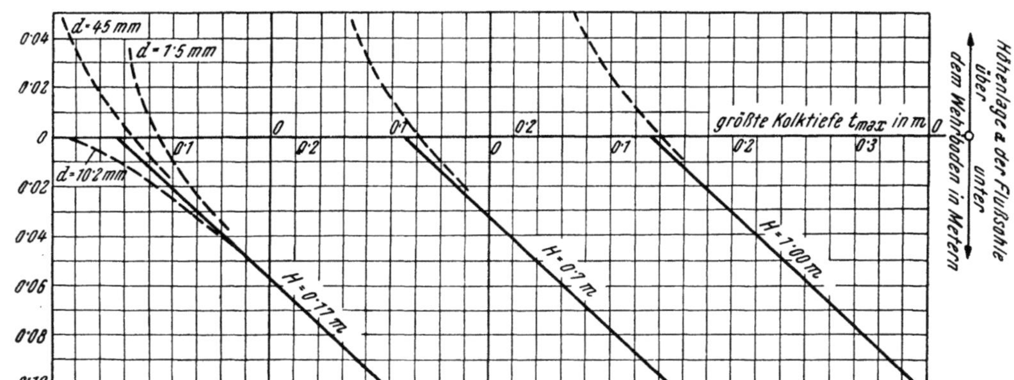
Abb. 540. Kolktiefen t_{max} bei waagrechtem Wehrboden mit $\dfrac{l}{H} = 1\cdot5$ und verschiedenem Geschiebedurchmesser nach Schoklitsch

leitungsbeiwert, der von der Art der Ableitung am Wehr und vom Anschluß der Ufer an die Unterstromseite des Wehres abhängt. Für waagrechten Wehrboden fand Schoklitsch $\alpha = 0\cdot36$ bei $\dfrac{l}{H} = 1\cdot5$ und $0\cdot30$ bei $\dfrac{l}{H} = 2\cdot5$.

Der Wert von β schwankte in den Versuchen von $0\cdot70$ bis $1\cdot07$, wobei der kleinere Wert am Rande, der größere in der Mitte des Gebietes auftrat.

Die Abhängigkeit der Kolktiefen t_{max} von der Korngröße bei waagrechtem Wehrboden mit $l = 1\cdot5\,H$ ist in Abb. 540 dargestellt.

Die Kolklängen l_1 sind um so größer, je feiner das Korn ist und nach Versuchen

[1]) Handb. d. Wasserbaues, Wien 1950. 2. Auflage.

mit $q = 0{\cdot}056$ m³/sec pro m Breite, $H = 0{\cdot}28$ m und $l = 1{\cdot}5\,H$ ergab sich $l_1 = \dfrac{c}{d^{1/4}}$, wo c eine von H und q abhängige Konstante ist.

Für die Kolktiefe unterhalb eines Überfallstrahles fand SCHOKLITSCH[1]) bestätigt von VERONESE[2]) für die Kolktiefe

$$t - t_0 = 3{\cdot}68 \cdot \frac{H^{0{\cdot}225}}{d^{0{\cdot}42}} (Q - Q_0)^{0{\cdot}51},$$

wobei t_0 und Q_0 Konstante sind und H, t in m, dagegen d in mm einzusetzen sind. Die Formel entspricht nicht der Froudeschen Ähnlichkeit, weshalb sie von CH. JAEGER[3]) auf die Form

$$t = a_1 \cdot H^{0{\cdot}25} \cdot Q^{0{\cdot}5} \left(\frac{h}{d}\right)^{\alpha}$$

gebracht wurde, wobei $\alpha = {}^1/_3$ und $a_1 = 6$ ist, wenn t, H und h in m, d in mm und Q in m³/sec eingesetzt werden.

Für die Kolktiefe unterhalb eines Wassersprunges fand VERONESE

$$t - t_0 = 4{\cdot}12 \, \frac{(Q - Q_0)^{0{\cdot}422}}{d^{0{\cdot}66}}$$

die einzelnen Größen wieder wie früher eingesetzt. Auch diese Formel ist unter Voraussetzung der Gültigkeit des Froudeschen Gesetzes auf

$$t = a_2 + b \cdot \left(\frac{h}{d}\right)^{\alpha} \cdot Q^{2/3}$$

gebracht worden, wenn wieder die Größen wie früher eingesetzt werden. Für

$$t < 7 \text{ cm ist } a_2 = -0{\cdot}025 \text{ m} \quad b = 42{\cdot}2 \text{ (Zahl) und für}$$
$$t > 7 \text{ cm} \qquad a_2 = 0{\cdot}05 \text{ und } b = 118$$

Um die Frage zu klären, ob die Kolkbildung dem Froudeschen Gesetz gehorcht, wurden von EGGENBERGER[4]) weitere Versuche durchgeführt, wobei der Geschiebeabrieb berücksichtigt wurde. Letzterer führt zu größeren Kolktiefen, wie die Versuche gezeigt haben. Natürlich konnte der Abrieb nicht abgewartet werden, sondern es wurde dieser durch jeweilige Wegnahme von Geschiebe des Geschiebewalles und von der Kolkböschung ersetzt. Dieser rohe Ersatz für den in Wirklichkeit sich abspielenden Vorgang erfolgte immer nach einer gewissen Fließzeit (Abb. 541), wobei darauf Bedacht genommen

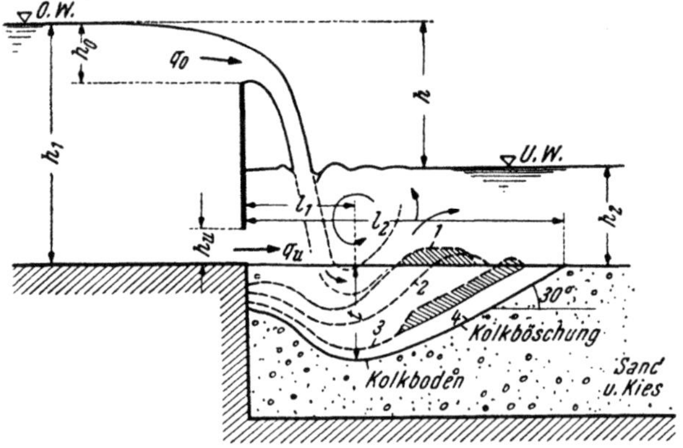

Abb. 541. Kolkbildung unterhalb einer Wehrschwelle mit den Zwischenphasen 1, 2 und 3. Der künstliche Abtrag ist schraffiert

wurde, daß der Kolk während der Ausmessung keine Änderung erlitt. Der Vor-

[1]) Wasserwirtsch. 1932 und Hdb. d. Wasserbaues, II. Aufl., 1. Bd., Wien 1950.
[2]) Annali Lavori Pubblici 1937.
[3]) Wasserkr. u. Wasserwirtsch. 1939.
[4]) EGGENBERGER, W.: Kolkbildung bei Überfall u. Unterströmen, Diss. E.T.H., Zürich 1943.

gang wurde so oft wiederholt bis der Endzustand erreicht war, wenn also kein Geschiebe mehr sich in kreisender Bewegung zeigte. Die systematisch durchgeführten Versuche erstreckten sich auf den Fall des überfallenden Strahls allein und auf die Kombination Überfall-Unterströmen, wie in Abb. 541 dargestellt ist. Ähnlich wie es SCHOKLITSCH tat, wurde

$$t + h_2 = c \cdot h^\alpha \cdot q_0{}^\beta \cdot d_{90}{}^\gamma$$

angesetzt, wobei q_0 der auf die Breiteneinheit bezogene Abfluß ist und d_{90} den Geschiebedurchmesser bedeutet, der entsprechend der Mischungslinie die Körner in 90% größere und 10% kleinere scheidet. Unter Konstanthalten zweier Faktoren, z. B. h und d_{90}, wurde der Einfluß des dritten Faktors, z. B. q_0, untersucht und so aus der Auftragung auf Logarithmenpapier

$$t + h_2 = c \cdot h^{0 \cdot 5} \cdot q_0{}^{0 \cdot 6} \cdot d_{90}{}^{-0 \cdot 4}$$

gefunden. Für c ergab sich aus den gemessenen Kolktiefen nach obiger Gleichung im Mittel $22 \cdot 88$ und sämtliche Meßpunkte im Axenkreuz $h^{0 \cdot 5} \cdot q_0{}^{0 \cdot 6} \cdot d_{90}{}^{-0 \cdot 4} = x$ und $t + h_2 = y$ lagen sehr nahe der Geraden $x = 22 \cdot 88\,y$ und der mittlere Fehler betrug $1 \cdot 56^0/_{00}$.

Die Böschung des ausgebildeten Kolkes war unter 30^0 geneigt, was durchaus dem kohäsionslosen Material entspricht und es zeigten sich folgende wichtige Verhältnisse

$$\frac{l_1}{t + h_2} = 0 \cdot 5 \pm 1 \quad \text{und} \quad \frac{l_2}{t + h_2} = 1 \cdot 8 \pm 0 \cdot 2.$$

Die Untersuchung des Falles Überfall-Unterströmen ergab, daß die für den überfallenden Strahl entwickelte Kolkformel beibehalten werden kann. Es war von vornherein eine Abhängigkeit des c vom Verhältnis $\varkappa = \dfrac{q_0}{q_u}$ zu erwarten und es ergab sich empirisch

$$c = 22 \cdot 88 - \frac{1}{0 \cdot 0049\,(\varkappa^3 - 0 \cdot 0063\,\varkappa^2 + 0 \cdot 029\,\varkappa + 0 \cdot 064)}.$$

Daß die Kolkformel auch für die Kombination Überfall-Unterströmen gilt, ist damit zu erklären, daß auch hier der Tauchstrahl (Abb. 541) auftrat, welche Strahlform sich erst bei $\varkappa \gtreqqless 1 \cdot 38$ mit Sicherheit einstellte. Bei abnehmendem $\varkappa < 1 \cdot 38$ gewinnt das Unterströmen an Einfluß und so besteht zunächst ein Labilitätsbereich, bis bei kleinem $\varkappa$ ein gewellter, bedeckter Oberflächenstrahl sich einstellt, mit wesentlich kleineren Kolktiefen. Praktisch kann die Formel bis $\varkappa \gtreqqless 1$ verwendet werden.

Beziehen sich die großen Buchstaben auf die Natur, die kleinen auf das Modell und ist somit

$$\frac{L}{l} = \frac{\text{Länge in der Natur}}{\text{Länge im Modell}} = \lambda$$

der Modellmaßstab, so ist das Verhältnis der Abflußmengen genommen pro lfd. m Breite bei Voraussetzung des FROUDEschen Gesetzes

$$\frac{Q_0}{q_0} = \lambda^{3/2} \quad \text{(siehe Abschnitt Modellregeln)}$$

und dies wird durch die Kolkformel erfüllt. Denn es ist

$$\frac{T + H_2}{t + h_2} = \left(\frac{H}{h}\right)^{0 \cdot 5} \cdot \left(\frac{Q_0}{q_0}\right)^{0 \cdot 6} \cdot \left(\frac{d}{D}\right)^{0 \cdot 4}$$

oder

$$\lambda = \lambda^{0\cdot5} \cdot \left(\frac{Q_0}{q_0}\right)^{0\cdot6} \cdot \lambda^{-0\cdot4},$$

so daß

$$\frac{Q_0}{q_0} = \lambda^{2/3}$$

folgt.

Die klaren Gesetzmäßigkeiten, die EGGENBERGER bei dem äußerst verwickelten Kolkproblem gefunden hat, ließen weitere Fortschritte erhoffen. Diese wurden in der Folge gebracht durch die Untersuchungen R. MÜLLERS[1]) für den Fall des Unterströmens, wie es häufig beim Anheben von Schützen auftritt.

Die verwendete Versuchstechnik blieb im wesentlichen dieselbe wie bei EGGENBERGER und es zeigte sich, daß in diesem Falle die Strahlform noch einen größeren Einfluß hat. Qualitativ zeigten sich die nämlichen Strahlformen, die schon ESCANDE[2]) gefunden hat und die in Abb. 542 dargestellt sind. Von diesen sind nur die Formen 3 und 4 als stabile Formen anzusehen und weil 4 bei Anordnung eines entsprechenden Tosbeckens am häufigsten vorkommen dürfte, wurden die systematischen Untersuchungen auf diese Form beschränkt. Es wurde die gleiche Kolkformel wie früher gefunden mit den Werten

$c \sim 6\cdot7$ für Strahlform 4 und

$c \sim 10\cdot2$ für Strahlform 3, die größere Kolke erzeugte.

Dabei wurde für d jener Durchmesser genommen, der in der Kornanteilslinie die Geschiebestücke in 50% kleinere und 50% größere scheidet. Mit d_{90} wie bei EGGENBERGER würde $c \sim 10\cdot35$ bzw. $15\cdot40$ zu setzen sein. Eine allgemeine Kolkformel erhielt MÜLLER mit Hilfe des Geschiebetriebgesetzes, nach welchem die Grenze für die Beweglichkeit der Sohle mit

$$\frac{(\gamma_w \cdot q)^{2/3}}{d} \cdot J_g = a = \text{Konstante}$$

(dimensionslos)

sich ergeben hat. Wird q als größtmöglicher Abfluß angesehen, also mit der kritischen Tiefe h_k für $q = h_k \cdot \sqrt{g\,h_k}$ gesetzt, so folgt

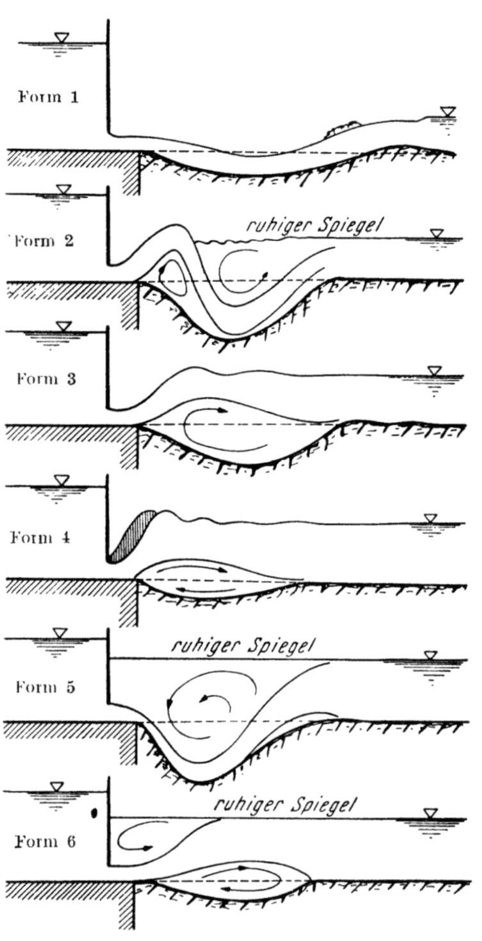

Abb. 542. Formen des Ausflußstrahls beim Schütz. Form 1. Freier Ausflußstrahl nach unten gerichtet. — Form 2. Freier Strahl nach oben und wieder nach unten gerichtet (frei getaucht). — Form 3. Freier Strahl nach oben gerichtet mit Grundwalze und gewelltem Spiegel (frei gewellt). — Form 4. Strahl mit kleiner Deckwalze nach oben gerichtet, Grundwalze, welliger Spiegel (bedeckt gewellt). — Form 5. Bedeckter Strahl nach unten gerichtet (bedeckt getaucht). — Form 6. Bedeckter Strahl nach oben gerichtet.

[1]) MÜLLER, R.: Experimentelle und theoretische Untersuchungen über das Kolkproblem, Zürich 1944.
[2]) ESCANDE, L.: Revue générale de l'hydraulique **1938**.

$$\gamma_w^{3/2} \cdot g^{1/2} \cdot h_k \cdot J = a \cdot d$$

oder

$$\gamma_w \cdot h_k \cdot J = \gamma_w \cdot a' \cdot d = \tau_0,$$

wenn

$$a' = \frac{a}{\gamma_w^{2/3} \cdot g^{1/3}}.$$

τ_0 ist die Schub- bzw. Schleppspannung, die für den Ruhezustand maßgebend ist und aus den Versuchen (E. T. H., Zürich) ergab sich für $a = 0{\cdot}17$ bzw. $a' = 0{\cdot}0794$, so daß für die ideelle Grenzschleppspannung

$$\tau_0 = 0{\cdot}0794 \cdot \gamma_w \cdot d$$

folgt.

Diese Schleppspannung wird beim Kolk im Endzustand erreicht, der sich wie folgt näher formulieren läßt. Setzt man in der Kolkgleichung $c = c' \cdot g^{-3/10}$ und schreibt

$$t + h_2 = \frac{c'}{g^{0{\cdot}3}} \cdot \frac{h^{0{\cdot}5} \cdot q^{0{\cdot}6}}{d^{0{\cdot}4}},$$

so folgt

$$\frac{h^{1{\cdot}25} \cdot q^{1{\cdot}5}}{(t + h_2)^{2{\cdot}5}} = \frac{g^{0{\cdot}75} \cdot d}{(c')^{2{\cdot}5}},$$

woraus für den ausgebildeten Kolk

$$\frac{\gamma_w \cdot h^{2{\cdot}5} \cdot q^{1{\cdot}5}}{(t + h_2)^{2{\cdot}5} \cdot g^{0{\cdot}75}} = \frac{\gamma_w \cdot d}{(c')^{2{\cdot}5}} = \tau_{0k}$$

mit der Dimension einer Spannung sich ergibt. τ_{0k} ist nicht gleichzusetzen dem Werte τ_0 bei normalem Abfluß, sondern

$$\tau_0 = \alpha_f \cdot \tau_{0k}$$

und man erhält

$$\tau_0 = \alpha_f \cdot \gamma_w \cdot \frac{h^{2{\cdot}5} \cdot q^{1{\cdot}5}}{(t + h_2)^{2{\cdot}5} \cdot g^{0{\cdot}75}} = \gamma_w \cdot a'd$$

und als allgemeine Kolkformel

$$t + h_2 = \left(\frac{\alpha_f}{a'}\right)^{0{\cdot}4} \cdot \frac{1}{g^{0{\cdot}3}} \cdot \frac{h^{0{\cdot}5} \cdot q^{0{\cdot}6}}{d^{0{\cdot}4}} = \frac{c'}{g^{0{\cdot}3}} \cdot \frac{h^{0{\cdot}5} \cdot q^{0{\cdot}6}}{d^{0{\cdot}4}}.$$

Weil c' nur von der Strahlform abhängt, ist dies auch bei α_f der Fall, weshalb diese Größe als „Strahlformbeiwert" bezeichnet wird und die Versuche ergaben folgende Tabelle.

Strahlform		c gemessen	$c' = c \cdot g^{0{\cdot}3}$	$\alpha_f = a' \cdot (c')^{2{\cdot}5}$
Überströmen		$1{\cdot}44$	$2{\cdot}86$	$1{\cdot}10$
Unterströmen	bedeckt gewellt	$0{\cdot}65$	$1{\cdot}29$	$0{\cdot}15$
	frei gewellt	$0{\cdot}97$	$1{\cdot}29$	$0{\cdot}40$
Kombiniertes Über- u. Unterströmen, $\varkappa > 1{\cdot}38$		$c = F(\varkappa)$	$1{\cdot}984\,F(\varkappa)$	$0{\cdot}441\,\{F(\varkappa)\}^{2{\cdot}5}$

Wenn auch die Froudesche Ähnlichkeit für den gesamten Kolkvorgang nicht erwiesen erscheint, so ist anzunehmen, daß sie wie beim Geschiebetriebgesetz zutrifft. Insbesondere ist es schwierig, die Ergebnisse der Untersuchungen mit den Erscheinungen in der Natur zu vergleichen, weil dies das zufällige Zusammentreffen der zugrunde gelegten Kombinationen von Wassermenge, Regulierungsart, Strahlform usw. erfordern würde.

R. Hydraulische Grundlagen des wasserbaulichen Versuchswesens. Modellregeln

Obwohl es gelungen ist, eine ganze Anzahl von Strömungsvorgängen genügend genau theoretisch zu erfassen, ist es in anderen Fällen bisher nicht möglich gewesen, die Bewegungsgleichungen zu integrieren, trotz der enormen mathematischen Hilfsmittel. Denn es handelt sich um nicht lineare Differenzialgleichungen und insbesondere machen die Randbedingungen große Schwierigkeiten. Ist eine gewöhnlich angenäherte Lösung gelungen, so stellt sie sich als Formel dar, die gewisse, aus der Integration hervorgehende Zahlenwerte enthält. Z. B. ergibt sich nach STOKES der Widerstand einer langsam und stationär fallenden Kugel (O 4)

$$W = 3\,\pi\,\eta \cdot v \cdot d \tag{1}$$

mit dem Zahlenwert 3π. Hat aber der bewegte Körper eine unregelmäßige Gestalt, die mathematisch nicht erfaßt werden kann, so ist die Summation der auf die Oberflächenelemente wirkenden Kräfte rechnerisch nicht durchführbar und man kann folgendermaßen vorgehen. Kennt man die für die gesuchte Größe (z. B. den Widerstand) maßgeblichen Faktoren, so kann aus Dimensionserwägungen die Formel (1) bis auf den Zahlenfaktor angeschrieben werden. Weiß man also, daß W nur von η, v und einer Erstreckung l abhängig ist, so können diese Größen den Widerstand nur in der Kombination

$$W = c \cdot \eta \cdot v \cdot l \tag{2}$$

bestimmen, wobei c eine reine Zahl ist. Wird nun W im Versuch gemessen (Piezometerdifferenzen, Dynamometer usw.), so erhält man aus den bekannten Werten W, η und v

$$c\,l = \frac{W}{\eta \cdot v}.$$

Aus der Bindung von c an l ergibt sich aber, daß gleiche Werte von c nur für ähnlich geformte Körper (Berandungen) in Betracht kommen können, bei welchen

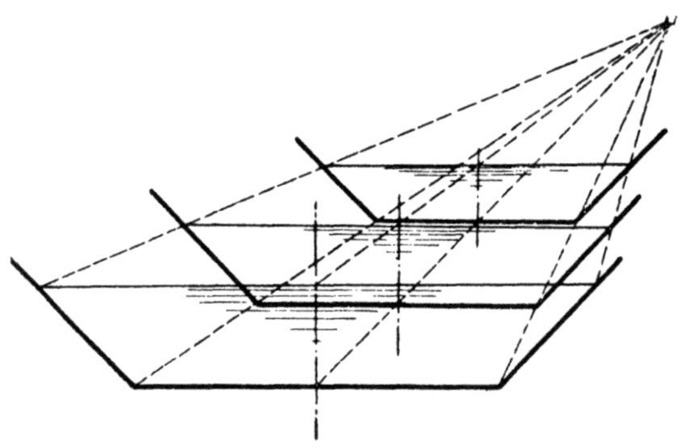

Abb. 543. Homologe Querschnitte

l eine homologe (sich deckende) Erstreckung des Körpers darstellt. Denkt man sich um einen Punkt geschlossene Flächen gelegt, die das durch den Punkt gehende Strahlenbündel so schneiden, daß die Abschnitte auf jedem Strahl in einem festen Verhältnis stehen. z. B. a, $2\,a$, $3\,a$ usw., so sind die Flächen homolog. Dies in die Ebene übertragen ergibt, daß z. B. die Trapezquerschnitte in Abb. 543 homolog und damit ähnlich sind. Sie weisen gleiche Lage und gleiche Verhältnisse von Breite zur Höhe, gleiche Böschungsneigung u. s. f. auf. Dieser Forderung müssen auch die früher besprochenen Kolke genügen, wenn ein Vergleich möglich sein soll und z. B. dasselbe Verhältnis $\dfrac{\text{Kolktiefe}}{\text{Kolklänge}}$ aufweisen. Trotz vollkommener Erfassung des Wesentlichen eines Strömungsvorganges, werden Versuche benötigt, wenn die Form der Berandung eine mathematische Integration nicht gestattet, wie es fast bei allen Strömungsvorgängen der hydrotechnischen Praxis der Fall ist. Letzterer geht es darum, aus Modellversuchen kleineren Maßstabes Aussagen über noch unbekannte Auswirkungen beabsichtigter Bauten zu gewinnen. Hiezu ist, wie aus obigem hervorgeht, die geometrische Ähnlichkeit von Modell und Ausführung eine zwar nötige, jedoch nicht hinreichende Bedingung. Osborne Reynolds (1883) verdankt man nun den Begriff der mechanischen Ähnlichkeit, die erfüllt sein muß, wenn Versuchsergebnisse übertragbar sein sollen. In Worten ausgedrückt sagt dieses Gesetz aus, daß jene Strömungen einander mechanisch ähnlich sind, bei welchen die Wasserteilchen von Kräften gleicher Art ergriffen werden, die zueinander in einem festen Verhältnis[1]) stehen. Zu diesen Kräften gehören die Trägheitsreaktion, die Schwere, Druckkräfte, Reibungskräfte infolge zäher Schichtströmung oder infolge Impulsaustausch und schließlich Kapillarkräfte bei vorhandenen freien Oberflächen mit stärkerer Krümmung. Weil die Druckkräfte schon in der Schwere und in den Reibungskräften (Normalkomponente) berücksichtigt sind, scheiden sie bei der weiteren Betrachtung aus. Werden die Dimensionen der Kräfte durch ϱ, v, l und η ausgedrückt, so erhält man aus der Navier-Stokesschen Bewegungsgleichung, z. B. in der x-Richtung

$$\varrho\left(\frac{\partial u}{\partial t} + u \cdot \frac{\partial u}{\partial x} + v \cdot \frac{\partial u}{\partial y} + w \cdot \frac{\partial u}{\partial z}\right) = -\varrho g\,\frac{\partial z}{\partial x} - \frac{\partial p}{\partial x} + \eta\left(\frac{\partial^2 u}{\partial x^2} + \frac{\partial^2 u}{\partial y^2} + \frac{\partial^2 u}{\partial z^2}\right) \quad (3)$$

Trägheit   Schwere   Druck   Reibung

folgende Verhältnisse bzw. Kennzahlen

$$\frac{\text{Trägheitsreaktion}}{\text{Zähe Reibung}} = \frac{\varrho \cdot v^2 \cdot l^{-1}}{\eta \cdot v \cdot l^{-2}} = \frac{v \cdot l}{\nu} = Re = \text{Reynoldssche Zahl} \quad (4)$$

$$\frac{\text{Trägheit}}{\text{Schwere}} = \frac{\varrho \cdot v^2 \cdot l^{-1}}{\varrho g} = \frac{v^2}{g\,l} = \mathfrak{F} = \text{Froudesche Zahl} \quad (5)$$

Hiezu gesellt sich noch bei Einfluß der Kapillarität

$$\frac{\text{Trägheit}}{\text{Kapillarkraft}} = \frac{\varrho \cdot v^2 \cdot l^{-1}}{\alpha \cdot l^{-2}} = \frac{\varrho\,v^2 l}{\alpha} = We = \text{Webersche Zahl} \quad (6)$$

worin α die Kapillaritätskonstante ist.

Der Aufbau der We-Zahl geht aus der Dimension $\alpha \cdot l^{-1}$ der Kapillarspannung (B 10) hervor, aus der die Dimension der Kapillarkraft pro Volumseinheit mit $\alpha \cdot l^{-2}$ folgt. Sollen Strömungen mechanisch ähnlich sein, so müssen ihnen gleiche Kennzahlen entsprechen. Der Aufbau der letzteren und die sich aus ihnen ergebenden Maßstäbe zeigen aber, daß dies bei Wirken aller Kräfte nur bei vollkommener Identität erfüllt werden kann, wenn also der Versuch im Maßstab 1 : 1 durchgeführt wird. Eine vollkommen ähnliche Abbildung in kleinerem Maßstab ist nur dann möglich, wenn von den genannten Kräften immer nur zwei wirken. Sind dies z. B. die zähe Reibung und die Trägheit, so sind gleiche Re-Zahlen, hingegen bei Zusammenwirken von Trägheit und Schwere gleiche $\mathfrak{F}$-Zahlen nötig.

Es seien mit dem Index 1 die Größen in der Natur bzw. des Originals, mit 2 jene im Modell bezeichnet, so daß die Maßstabverhältnisse für die Längen und Zeiten

$$\lambda = \frac{l_1}{l_2} \quad \text{bzw.} \quad \tau = \frac{t_1}{t_2} \quad \text{lauten.}$$

---

[1]) Reynolds, O.: Phil. Trans. R. Soc. 174 (1883)
Ähnliche Betrachtungen hat schon früher Froude bei seinen berühmten Schiffsmodellversuchen gemacht. Brit. Assoc. Reports, 1872—4.

Somit verhalten sich die Geschwindigkeiten wie

$$\frac{v_1}{v_2} = \frac{l_1}{t_1} \cdot \frac{t_2}{l_2} = \frac{\lambda}{\tau}, \tag{7}$$

und über den Zeitmaßstab τ wird durch die Ähnlichkeitsgesetze verfügt. Weil für die Beschleunigungen b gilt

$$\frac{b_1}{b_2} = \frac{v_1}{t_1} \cdot \frac{t_2}{v_2} = \frac{\lambda}{\tau^2}, \tag{8}$$

so folgt für die Kräfte

$$\frac{K_1}{K_2} = \frac{\varrho_1 \cdot l_1{}^3 \cdot b_1}{\varrho_2 \cdot l_2{}^3 \cdot b_2} = \frac{\varrho_1}{\varrho_2} \cdot \frac{\lambda^4}{\tau^2} = \varkappa \tag{9}$$

und für die Durchflüsse

$$\frac{Q_1}{Q_2} = \frac{v_1 \cdot F_1}{v_2 \cdot F_2} = \frac{\lambda^3}{\tau}. \tag{10}$$

Somit ergibt die Anwendung des REYNOLDSschen Gesetzes bei gleicher Flüssigkeit in Modell und Natur wegen $v_1 \cdot l_1 = v_2 l_2$

$$\frac{v_1}{v_2} = \frac{1}{\lambda} \tag{7a}$$

und mit (7) folgt für den Zeitmaßstab $\tau = \lambda^2$.

Wegen (8), (9) und (10) ist dann

$$\frac{b_1}{b_2} = \frac{1}{\lambda^3} \qquad \varkappa = 1 \qquad \frac{Q_1}{Q_2} = \lambda. \tag{11}$$

Hingegen gilt bei Verwendung des FROUDEschen Gesetzes

$$\frac{v_1{}^2}{l_1} = \frac{v_2{}^2}{l_2} \text{ oder } \frac{v_1}{v_2} = \sqrt{\lambda} \tag{12}$$

und es wird wieder mit (8), (9) und (10)

$$\tau = \lambda^{1/2} \qquad \frac{b_1}{b_2} = 1 \qquad \varkappa = \lambda^3 \qquad \frac{Q_1}{Q_2} = \lambda^{5/2}. \tag{13}$$

Wenn wie gewöhnlich, Trägheit, Schwere und Zähigkeit zusammenwirken, so treten große Schwierigkeiten auf. Schon beim einfachen System einer stationär bewegten Kugel in ruhender Flüssigkeit ist die Abhängigkeit des Widerstandes vom Durchmesser, der Zähigkeit und der Geschwindigkeit eine so verwickelte, daß die Darstellung der Widerstandszahl durch eine aus den Messungen zu erhaltende empirische Formel nur für Teilbereiche der Re-Zahlen befriedigt. Deshalb kann man für eine Kugel bestimmten Durchmessers nur schrittweise die gesuchte Fallgeschwindigkeit ermitteln, unter Anwendung des auf versuchstechnischem Wege ermittelten Diagramms, Abb. 515. Man geht von der Gleichung aus

$$\frac{\pi d^3}{6} \cdot \gamma_1 \left(1 - \frac{\gamma}{\gamma_1}\right) = \zeta(Re) \cdot \frac{v^2}{2} \cdot \varrho \cdot \frac{\pi d^2}{4}$$

und erhält

$$v = \sqrt{\frac{4}{3} \left(\frac{\varrho_1}{\varrho} - 1\right) \frac{d}{\zeta} \cdot g} \tag{14}$$

in der vorerst die Widerstandszahl $\zeta(Re)$ angenommen werden muß. Es sei z. B. gegeben $d = 0{\cdot}0345$ cm, $\nu = 0{\cdot}013$ cm$^2 \cdot$ sec^{-1} (10^0C) und $\gamma = 2{\cdot}5$. Wird nun $\zeta = 1{\cdot}8$ angenommen, so folgt aus (14) $v_1 \simeq 6{\cdot}2$ cm/sec, also $Re_1 \simeq 16{\cdot}5$.

welcher Zahl im Diagramm der Wert $\zeta_1 \cong 3{\cdot}2$ entspricht. Mit diesem Wert folgt aus (14) $v_2 \cong 4{\cdot}58$ cm/sec und $Re_2 = \dfrac{v_2 \cdot d}{v} = 12{\cdot}1$, worauf man $\zeta_3 = 3{\cdot}8$, $v_3 = 4{\cdot}2$ cm/sec und $Re_3 = 11{\cdot}2$ findet. Letzterem Wert entspricht $\zeta_3 \cong 3{\cdot}9$ und die sich ergebende Geschwindigkeit $v_4 \sim 4{\cdot}12$ cm/sec zeigt nur mehr eine Abweichung von 2% vom vorletzten Wert.

Ähnlich, aber weit komplizierter, sind die Verhältnisse bei der Strömung in geschlossenen und offenen Gerinnen, weil hier die Wandrauhigkeit und schließlich die Geschiebebewegung hinzukommt. Es müssen vor allem zwei Fälle unterschieden werden, nämlich jener mit überwiegendem Einfluß der Wandreibung bei langem Strömungsweg und jener, wo dieser Einfluß nicht ins Gewicht fällt (kurze Bauwerke). Es wäre ein Irrtum zu meinen, daß etwa für eine Rohrleitung bei ausgebildeter Turbulenz und glatter Wand wegen des Impulsaustausches das Froude'sche Gesetz am Platze wäre. Maßgebend ist hier das Wandgeschehen (die zu erfüllende Grenzbedingung), was in den Formeln für die Widerstandszahl seinen Ausdruck findet. Es ist bekannt, daß noch bei sehr hohen Re-Zahlen eine dünne laminare Grenzschicht an der Wand liegt, also ein Einfluß der Zähigkeit sich bemerkbar macht. In der Tat ergibt z. B. die empirische Formel von Schiller

$$\psi_{glatt} = 0{\cdot}0054 + 0{\cdot}396\, Re^{-0{\cdot}3}$$

noch für große Re den zweiten Summanden in der Größenordnung des ersten, so daß der Einfluß der Zähigkeit nicht vernachlässigt werden darf. Wollte man also aus einem Modellversuch den Reibungsverlust bestimmen, so müßte man die Reynolds'sche Ähnlichkeit anwenden und bei gleicher Flüssigkeit

$$v_1 \cdot d_1 = v_2\, d_2$$

machen und weil auch $\psi_1 = \psi_2$ also $\dfrac{J_1\, d_1}{v_1{}^2} = \dfrac{J_2\, d_2}{v_2{}^2}$ sein soll[1]), so folgt mit dem gewählten Maßstab $\dfrac{d_1}{d_2} = \delta$ für $J_1 = J_2 \cdot \dfrac{1}{\delta^3}$ wenn J_2 im Versuch gemessen wird. Weil die Geschwindigkeit im Modell $v_2 = \delta\, v_1$ sein müßte und damit hohe Werte erreicht, ist diese Art der Abbildung technisch schwieriger auszuführen als jene nach Froude mit $v_2 = v_1 \cdot \sqrt{\dfrac{1}{\delta}}$. Wird aus diesem Grunde die letztere Regel angewendet, so nimmt man damit große Fehler in Kauf. Z. B. ist mit $d_1 = 20$ cm, $v_1 = 300$ cm/sec und $v = 0{\cdot}010$ cm²/sec $Re_1 = 600.000$ und $0{\cdot}396\, Re_1{}^{-0{\cdot}3} = 0{\cdot}0073$. Wählt man für den Versuch $d_2 = 5$ cm, macht also $v_2 = v_1 \cdot \sqrt{\dfrac{d_2}{d_1}} = 150$ cm/sec, so folgt $Re_2 = 75.000$ und $0{\cdot}396\, Re_2{}^{-0{\cdot}3} = 0{\cdot}0137$ und letzterer Wert beträgt fast das Doppelte des früheren.

Ähnliches kommt auch bei der sogenannten „Wandwelligkeit" in Betracht, bei der ebenfalls noch bei großen Re-Zahlen die Zähigkeit von Einfluß sein muß, wie aus der Abb. 544 hervorgeht. Nicht nur künstliche Holz- und Betongerinne, sondern auch natürliche Flüsse zeigen dieses merkwürdige Verhalten, das sich nach Fromm in einer Parallelverschiebung der ψ_{glatt} (Re)-Linie kundgibt, so daß $\psi_{well} = \psi_{glatt} \cdot \xi$ gesetzt wird, mit ξ als „Welligkeitszahl".

Bezüglich des Modellversuches ist man hier in der gleichen Situation wie bei glatten Wänden. Weiters wird man auf die gleichen physikalischen Bedingungen beim Modellversuch und in der Natur achten. So darf sich in der Übertragung der Drücke keine Unterschreitung des Dampfdruckes (Kavitation) ergeben.

---

[1]) Dies folgt ohne weiters aus (3), wenn $-\varrho g \cdot \dfrac{\partial z}{\partial x} - \dfrac{\partial p}{\partial x} = -\varrho g \cdot \dfrac{\partial}{\partial x}\left(z + \dfrac{p}{\gamma}\right) = -\varrho g J$ gesetzt wird.

Tritt z. B. in einem Modell 1 : 20 ein Unterdruck von $0^{\cdot}05$ at auf, so kann er nicht in der Übertragung $20 \cdot 0^{\cdot}05 = 1$ at betragen, weil schon früher Hohlraumbildung (Kavitation) eintritt, entsprechend den Dampfdruckisothermen in Abb. 1. Im Modell wie in der Wirklichkeit muß die gleiche Bewegungsart, gewöhnlich die turbulente, herrschen. Zur Erfüllung dieser Bedingung muß $\dfrac{v_2 \cdot l_2}{\nu_2} > Re_{kr}$ sein und bei gleicher Flüssigkeit im Modell also $v_2 = v_1 = v$ muß wegen $v_2 = \dfrac{v_1}{\sqrt{\lambda}}$ und $l_2 = \dfrac{l_1}{\lambda}$ gelten

$$\frac{v_1 \cdot l_1}{\nu} \cdot \frac{1}{\lambda^{3/2}} > Re_{kr}, \tag{15}$$

wenn Re_{kr} die kritische Re-Zahl ist. Auf Grund der Erfahrungen in der Berliner Versuchsanstalt kann nach KREY-EISNER[1]) mit $l_1 = \dfrac{F_1}{U_1}$

$$\lambda < 30 - 50 \cdot \sqrt[3]{\left(v_1 \cdot \frac{F_1}{U_1}\right)^2} \tag{16}$$

gesetzt werden, während nach LINDQUIST[2])

$$\lambda < 125 \cdot \sqrt[3]{\left(v_1 \cdot \frac{F_1}{U_1}\right)^2} \tag{16a}$$

sein soll, damit im Modell und in der Natur Turbulenz herrscht.

Das verschiedene Verhalten bei der Fortpflanzung von Störungen in schießendem und in strömendem Wasser erfordert auch in dieser Beziehung gleichen Fließcharakter. So pflanzen sich Störungen im Abfluß nur bei „strömendem" Wasser entgegen der Fließrichtung fort, weshalb nur in diesem Strömungszustand z. B. eine Staulinie auftreten kann. Weil allgemein

$$v = c \sqrt{HJ} \lesseqgtr \sqrt{gH} \quad \text{mit} \quad c = \sqrt{\frac{2g}{\psi}}$$

die Bedingung für „strömen" bzw. „schießen" ist, so folgt für das Modell

$$v_2 = \sqrt{\frac{2g\,H_1\,J_1}{\psi_1 \cdot \lambda}} \lesseqgtr \sqrt{gH_2}, \tag{17}$$

wobei der Sicherheit wegen der Betrag von $\sqrt{gH_2}$ um 10 bis 20% vermehrt bzw. verringert werden soll. Der nicht immer leicht erfüllbaren Bedingung (17) sucht man durch entsprechende Änderung der Modellrauhigkeit oder des Gefälles Rechnung zu tragen, was natürlich auf Kosten der geforderten Ähnlichkeit geht. Noch leichter kann (17) erfüllt werden, wenn man die Tiefen H_2 entsprechend groß macht, also einen kleineren Tiefenmaßstab $\dfrac{H_1}{H_2} = \lambda_H < \lambda$ wählt und somit zur Verzerrung greift. Daß die Bedingung (17) wegen der ungleichen Tiefen nicht überall gleichzeitig erfüllt werden kann ist begreiflich.

Ferner muß beachtet werden, daß es eine Grenze der Fließgeschwindigkeit gibt, bei welcher keine Wellen durch Störungen hervorgerufen werden können und die mit der kleinsten Wellenschnelligkeit identisch ist (J 4). Nur wenn

$$v_2 > \omega_{min} = \sqrt[4]{\frac{4\,a\,g}{\varrho}} = 23^{\cdot}3 \text{ cm/sec} \tag{18}$$

____

[1]) EISNER, F.: Offene Gerinne im Hdb. d. Experim. Physik von WIEN-HARMS, IV. Bd., 4. Teil, Leipzig 1932.
[2]) wie [1]).

können Wellenerscheinungen übertragen werden und der Einfluß der störenden Kapillarwellen ist praktisch unmerklich (ca. 1%), wenn $v_2 \gtreqqless 50$ cm/sec ist. Große Schwierigkeit bereitet die Wandrauhigkeit ε wegen ihrer unbekannten Art der Abhängigkeit von der Größe und der Form der Rauhigkeitselemente, sowie von der Anströmungsrichtung. Ferner wird bei der Bildung der relativen Rauhigkeit $\frac{\varepsilon}{R}$ durch den hydraulischen Radius ein neues Element der Unsicherheit hineingetragen. Auch muß unterschieden werden zwischen den kleinen Rauhigkeitselementen der Laboratoriumsversuche und jenen grober Natur, wie sie meist in fließenden Gewässern vorkommen. Wohl hat NIKURADSE[1]) bei vollkommener Ausbildung der Turbulenz sowohl in glatten, als auch in rauhen Rohren die gleiche Verteilung der Geschwindigkeiten und des Mischweges gefunden, was darauf schließen läßt, daß bis auf eine mehr oder weniger dicke Wandschicht eine Mischbewegung universellen Charakters erfolgt. Ob diese bei Rauhigkeitselementen in der Größe von 0'0065 bis 0'058 mm gefundene Tatsache auch bei den groben Rauhigkeiten der offenen Gewässer zutrifft, ist zu bezweifeln und verschiedene Erscheinungen weisen darauf hin, daß man es hier häufig mit Flüssigkeitsballen größeren Ausmaßes zu tun hat, wie dies in den eigenartigen Pulsationen zum Ausdruck zu kommen scheint. Die Abweichungen vom Mittelwert der örtlichen Geschwindigkeit sind an der Donau neuerdings mit 13'2% im Maximum festgestellt worden[2]). Nach den Ergebnissen der Versuche von FROMM müßte sich die Widerstandzahl bei scharfer und grober Rauhigkeit mit wachsenden Re-Zahlen sehr rasch einem konstanten Wert

$$\psi \sim \left(\frac{\varepsilon}{R}\right)^{0'314}$$

nähern und das quadratische Widerstandsgesetz gelten. Demgegenüber zeigt sich bei sanfter, flacher Rauhigkeit das früher erwähnte eigentümliche Verhalten, das als Wandwelligkeit bezeichnet wird. Vielleicht sind die am Schlusse gemachten Bemerkungen geeignet, dieses Verhalten aufzuklären. Ein solches Verhalten weisen z. B. gewellte Blechrohre[3]) auf und auch offene Gerinne, selbst größeren Ausmaßes, wie aus Abb. 543 nach F. EISNER[4]) zu ersehen ist. Diese wurde ergänzt durch die Linien für die Reuß bei Seedorf und den Rhein bei Basel, die nach den Angaben in Stricklers „Beiträge" mit $\psi = \frac{2g}{v^2} \cdot RJ$, $Re = \frac{v \cdot R}{v}$ und $v = 0'013$ cm² sec⁻¹ berechnet wurden. Hier wären klärende Versuche von großer Bedeutung, die sich auf die Ermittlung von

$$\psi = f\left(Re, \frac{\varepsilon}{R}\right) \tag{19}$$

bei verschiedener Profilform, insbesondere der Trapezform, konzentrieren würden. Die Untersuchung einer Serie geometrisch ähnlicher Querschnitte mit möglichst ähnlicher Rauhigkeit wird dann zeigen, wann der „rauhe" Bereich ($\psi = $ const) erreicht wird. Andererseits wird die Untersuchung einer Profilform bei verschiedenen Wasserständen zeigen, ob und für welche Wasserstandsintervalle die mittlere Geschwindigkeit formelmäßig erfaßt werden kann, wenn das Gerinne nicht mehr als „sehr breit" angesehen werden darf[5]) (Form der Isotachen). Eine besondere Schwierigkeit bei der Wahl der Modell-

---

[1]) NIKURADSE, J.: Verh. d. 3. intern. Kongr. f. techn. Mech., Stockholm 1930.
[2]) EMBACHER, F.: Österr. Wasserwirtschaft 1953. Die Arbeit zeigt die Schwierigkeiten auf, die sich den so wichtigen Messungsarbeiten entgegenstellen.
[3]) Univ. of Minnesota Techn. Papers 1950, herausgegeb. v. L. STRAUB.
[4]) EISNER, F.: Offene Gerinne. Ferner O. KIRSCHMER: Wasserwirtsch., Stuttgart 1953.
[5]) FORCHHEIMER, PH.: Hydraulik, Leipzig-Berlin 1930, S. 174.

rauhigkeit bildet der Umstand, daß bei maßstäblicher Nachbildung dieselbe so klein wird, daß die Vorgänge an der Wand in Natur und Modell überhaupt nicht verglichen werden können. Das Gesagte gilt insbesondere für die Abbildung der starken Rauhigkeit bei ruhendem Geschiebe. Dieses kommt bei größerer Sohlengeschwindigkeit in Bewegung und wegen dieses äußerst verwickelten Vorgangs begnügt man sich zunächst mit der Erfüllung der Forderung, daß in zu vergleichenden Fällen der gleiche Zustand der Ruhe oder Bewegung des Geschiebes bestehe. Herrscht in der Natur Geschiebebewegung, so ist dies auch im Modell der Fall, wenn laut $R\,2$ (26)

$$J_2 > J_{g2} = \text{Zahl} \cdot \frac{\gamma_1 - \gamma}{\gamma} \cdot \frac{d_2}{R_2}$$

wobei $\dfrac{F_2}{U_2} = R_2 \sim H_2$ ist.

H. KREY[1]) hat nun in jahrelanger Beobachtung gefunden, daß ein Modellsand in Bewegung gerät, wenn

$$J_2 \gtreqless \frac{1}{20} \text{ bis } \frac{1}{8} \frac{d_2}{H_2} \tag{22}$$

welche Beziehung bis etwa zur 5-fachen Verzerrung gelten soll. Weil auch $J_2 < J_k = \dfrac{\psi_2}{2}$ gelten soll, wenn J_k das kritische Gefälle ist (S. 230), wird das Modellgefälle in die Grenzen einzuschränken sein

$$\frac{\psi_2}{2} \gtreqless J_2 > \frac{d_2}{8\,R_2} \tag{23}$$

wobei das obere Zeichen links für „Strömen" gilt.

Angesichts der dargelegten enormen Schwierigkeiten wird man nur in wenigen Fällen Modellversuche unmittelbar übertragen können. Einen besonderen Fall stellt die Grundwasserbewegung dar, für die das Filtergesetz $v = k \cdot J$ gilt und somit für ähnliche Strömungen $\dfrac{v_1}{v_2} = \dfrac{k_1}{k_2}$ ist. Weil man im Versuch natürliches Material verwenden wird, um die Einwirkung der Sickerströmung auf die festen Teilchen studieren zu können, wird wegen $k_1 = k_2$ im Versuch $q_2 = \lambda^2 q_1$ bzw. $q_2 = \lambda q_1$ bei räumlicher bzw. ebener Bewegung zu nehmen sein. Weitere übertragbare Versuche sind solche, wo das Froudesche Gesetz zur Geltung kommt und zwar bei Bewegungen aus der Ruhe, Potentialströmungen und solchen Strömungen, bei welchen die Wandreibung in den Hintergrund tritt, wie bei „kurzen" Bauwerken.

Hieher gehören die Wellenbewegung, wobei allerdings in seichtem Wasser (Schiffswellen in Kanälen) schon gewisse Schwierigkeiten auftreten. Ferner ist als klassisches Beispiel der Wassersprung zu nennen, bei dem der Mischvorgang über die Wandreibung stark dominiert (S. 242).

Je größer das Modell ist, um so zutreffendere Aussagen wird man erhalten, weshalb man den Messungen in der Natur und an ausgeführten Wasserbauten ein größeres Augenmerk zuwenden sollte, wie dies in den USA geschieht. In den meisten Fällen wird man bei verkleinerten Modellen auf *vergleichende Serienversuche* angewiesen sein, bei welchen durch Abänderung jeweils nur eines der maßgebenden Faktoren der Einfluß desselben auf den zu untersuchenden Vorgang ermittelt wird. Ein gutes Beispiel hiefür sind die früher genannten äußerst sorgfältig durchgeführten Versuche von EGGENBERGER und MÜLLER bezüglich der Kolkbildung. Die Präzision, mit der die Exponenten der maßgebenden Grö-

---

[1]) EISNER, F.: Offene Gerinne.

ßen q, h und d zutreffen, läßt vermuten, daß ein allgemeines Gesetz dahinter steckt, und zwar das allgemeine Widerstandsgesetz

$$J_s = \psi \cdot \frac{v_s^2}{g \cdot l}$$

wenn v_s die Geschwindigkeit an der Kolksohle und J_s das zu ihrer Aufrechterhaltung benötigte Strömungsgefälle auf dem Wege l längs der Sohle ist. Bei dem kleinen Geschiebekorn in den Versuchen wird ψ von einer Reynoldszahl abhängig sein, die aus v_s, d und ν gebildet sein muß, also von $\dfrac{v_s \cdot d}{\nu} = Re_s$. Setzt man $\psi = \alpha + \beta \cdot \left(\dfrac{v_s \cdot d}{\nu}\right)^n$ so kann vorerst geschrieben werden

$$J_s - \alpha \frac{v_s^2}{g\,l} = \left(\frac{v_s \cdot d}{\nu}\right)^n \cdot \frac{v_s^2}{g\,l} \tag{19}$$

Es sei nun $v_a \sim \sqrt{h}$ die Geschwindigkeit in der Schützenöffnung a, also $a \cdot v_a = q$ der Durchfluß pro lfd. m. Weil für ähnliche Vorgänge

$$\frac{v_s}{v_a} = \text{const} = \text{Zahl}$$

vorausgesetzt wird, folgt aus (19)

$$J_s - \text{Zahl} \cdot \alpha \cdot \frac{v_a^2}{g\,l} = \text{Zahl} \cdot \left(\frac{v_a \cdot d}{\nu}\right)^n \cdot \frac{v_a^2}{g\,l} \tag{20}$$

und die Gleichung links und rechts mit a^{n+1} multipliziert gibt nach Umformung

$$a^{n+1}\left(J_s - \text{Zahl} \cdot \alpha \cdot \frac{v_a^2}{g\,l}\right) = \text{Zahl} \cdot \left(\frac{q \cdot d}{\nu}\right)^n \cdot \frac{q\sqrt{h}}{g\,l}. \tag{21}$$

Führt man nun das Verhältnis $\dfrac{l_1}{l_2} = \lambda$ zweier ähnlicher Versuche ein und setzt fest, daß außer der erfüllten geometrischen Ähnlichkeit (homologe Elemente), auch das Strömungsgefälle J_s das gleiche sein muß und daß $\dfrac{v_a^2}{l} \sim \dfrac{h}{l}$ den gleichen Wert haben soll, so ergibt sich bei festgehaltenem a wie es bei den Versuchen war

$$1 = \left(\frac{q_1 d_1}{q_2 d_2}\right)^n \cdot \left(\frac{q_1}{q_2}\right) \cdot \sqrt{\frac{h_1}{h_2}} \cdot \left(\frac{l_2}{l_1}\right) \tag{22}$$

wenn mit gleichen Flüssigkeiten, also $\nu_1 = \nu_2$, gearbeitet wird. Weil aber der Bildungsweise nach $\dfrac{q_1}{q_2} = \lambda^{3/2}$, so folgt

$$1 = \lambda^{5/2\,n} \cdot \lambda^{3/2} \cdot \sqrt{\lambda} \cdot \frac{1}{\lambda} = \lambda^{5/2\,n+1}. \tag{23}$$

Somit muß der Exponent von λ verschwinden und $\dfrac{5}{2}n + 1 = 0$ oder $n = -0{\cdot}4$ sein.

Weil alle Längen, also auch $\dfrac{l}{h_2 + t}$, im gleichen Verhältnis stehen müssen, folgt für die Kolktiefe

$$h_2 + t = \text{Zahl} \cdot q^{0{\cdot}6} \cdot d^{-0{\cdot}4} \cdot h^{0{\cdot}5}$$

und dieselbe Beziehung, nur mit einer anderen aus Versuchen sich ergebenden Zahl für die Kolklänge. Die Tatsache, daß für die Widerstandszahl die Wandverhältnisse maßgebend sind, also von $Re_s = \dfrac{v_s \cdot d}{\nu}$ ausgegangen werden muß, während gewöhnlich ψ als Funktion der viel größeren Zahl $Re = \dfrac{v \cdot R}{\nu} \gg Re_s$ dargestellt wird, macht das vorerst verblüffende Verhalten selbst größerer Flüsse, die Wandwelligkeit verständlich.

Der Vorgang bei einem Flußbauversuch gestaltet sich etwa folgend. Es liege die Aufgabe vor, einen Fluß abzubilden, der gegeben ist durch den Querschnitt F_1, den benetzten Umfang U_1, die Spiegelbreite B_1, den Durchfluß Q_1, das Gefälle J_1 und den mittleren Geschiebedurchmesser d_1. Aus diesen Größen folgen

$$\frac{F_1}{U_1} = R_1, \quad v_1 = \frac{Q_1}{F_1} \quad \text{und} \quad \frac{\psi_1}{2} = \frac{g \cdot J_1 \cdot R_1}{v_1{}^2}.$$

Ferner sei $\dfrac{\psi_1}{2} > J_1 > \dfrac{d_1}{8 R_1}$ erfüllt, so daß Geschiebebewegung und strömender Zustand herrschen, was auch im Modellversuch angestrebt werden muß. Nun wählt man den Modellmaßstab, und zwar für die Längen λ, für die Tiefen bzw. die hydraulischen Radien $\lambda_R = \dfrac{R_1}{R_2}$ und für das Geschiebe $\lambda_d = \dfrac{d_1}{d_2}$. Somit wird

$$F_2 = F_1 \cdot \frac{1}{\lambda \cdot \lambda_R}, \quad R_2 = \frac{R_1}{\lambda_2} \quad \text{und} \quad J_2 = \frac{R_1}{R_2} \cdot \frac{d_2}{d_1} \cdot J_1 = \frac{\lambda_R}{\lambda_d} \cdot J_1,$$

so daß die Forderung $J_2 > \dfrac{d_2}{8 R_2}$ erfüllt ist und auch im Modell Geschiebebewegung

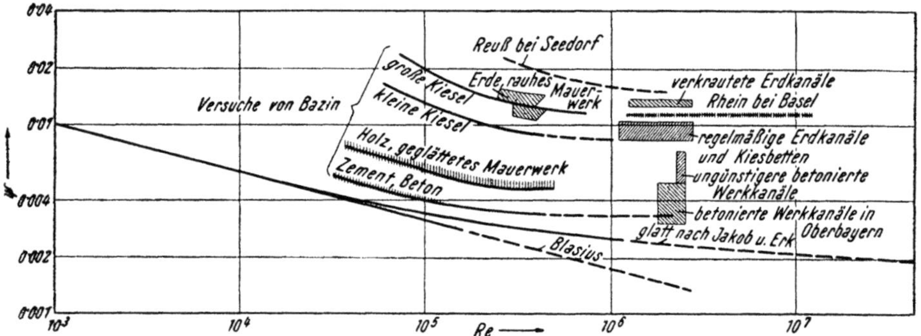

Abb. 544. Abhängigkeit der Widerstandszahl von *Re* auch bei größeren offenen Gerinnen

herrscht. Wird nun v_2 geschätzt, so ergibt das Diagramm (Abb. 544) den Wert von ψ_2 und ist $\dfrac{\psi_2}{2} > J_2$, so herrscht auch im Modell „strömen", weil $v_2 < \sqrt{g R_2}$ ist. Hierauf wird kontrolliert, ob das gerechnete $v_2 = \sqrt{\dfrac{2g}{\psi_2} \cdot J_2 \cdot R_2}$ mit dem angenommenen übereinstimmt. Endlich folgt aus $\dfrac{Q_1}{Q_2} = \dfrac{v_1 \cdot F_1}{v_2 \cdot F_2}$ für den Durchfluß im Modell $Q_2 = \dfrac{Q_1}{\lambda^{3/2} \cdot \lambda_R}$. Ist $\dfrac{v_1 R_1}{v_2 R_2} = \lambda_R \cdot \sqrt{\lambda} < (30 \text{ bis } 50)^{3/2} \cdot \dfrac{Q_1}{B_1}$, so ist auch der Bedingung bezüglich des turbulenten Zustandes Genüge geleistet. Je größer die Verzerrung $\dfrac{\lambda_R}{\lambda} = n$, desto größer ist die Abweichung vom zugrunde gelegten Froudeschen Gesetz

$$\frac{Q_2}{Q_1} = \frac{1}{\lambda^{5/2}}.$$

Obige Darlegungen zeigen, daß zur erfolgreichen Versuchsanstellung gründliche theoretische und praktische Kenntnisse nötig sind und daß man bei der Interpretation der Versuchsergebnisse äußerst vorsichtig sein muß. Die Modelle sollen so groß als möglich, die Flußbaulaboratorien dementsprechend geräumig und mit dem nötigen Personal versehen sein. Selbstverständlich muß die Tätigkeit der Laboratorien durch emsiges Beobachten und Messen in der Natur ergänzt werden, was nur von entsprechend geschulten Ingenieuren mit Erfolg gemacht werden kann.

S. Kurzgefaßte Übersicht verwendeter Bezeichnungen und Formeln der Vektorrechnung

Vektoren, gerichtete Größen wie z. B. die Geschwindigkeit, werden mit kurrenten Buchstaben bezeichnet. Von ihnen unterscheiden sich die nicht gerichteten Größen, die Skalare. Einen solchen stellt z. B. der Flüssigkeitsdruck p dar.

Ist $\mathfrak{A}$ ein Vektor und dessen absoluter Betrag $|\mathfrak{A}| = A$, so stellt der Quotient $\dfrac{\mathfrak{A}}{|\mathfrak{A}|}$ wieder einen Vektor, parallel und gleichgerichtet zu $\mathfrak{A}$ vom absoluten Wert Eins, dar, weshalb er als Einheitsvektor bezeichnet wird. Seine Komponenten seien $\mathfrak{i}$, $\mathfrak{j}$ und $\mathfrak{k}$ und nach dem Gesetz der geometrischen Addition ist

$$\mathfrak{A} = \mathfrak{A}_x + \mathfrak{A}_y + \mathfrak{A}_z = \mathfrak{i}\,|\mathfrak{A}_x| + \mathfrak{j}\,|\mathfrak{A}_y| + \mathfrak{k}\,|\mathfrak{A}_z|,$$

wenn $\mathfrak{A}_x$, $\mathfrak{A}_y$ und $\mathfrak{A}_z$ die Komponenten des Vektors, $\mathfrak{i}$, $\mathfrak{j}$ und $\mathfrak{k}$ jene des Einheitsvektors sind. Führt man die Richtwinkel $(\mathfrak{A}x)$, $(\mathfrak{A}y)$ und $(\mathfrak{A}z)$ ein, so ist

$$\mathfrak{A}_x = |\mathfrak{A}| \cdot \cos(\mathfrak{A}x), \quad \mathfrak{A}_y = |\mathfrak{A}| \cdot \cos(\mathfrak{A}y) \quad \text{und} \quad \mathfrak{A}_z = |\mathfrak{A}| \cdot \cos(\mathfrak{A}z)$$

und nach obigem

$$\mathfrak{A} = |\mathfrak{A}|\{\cos(\mathfrak{A}x) + \cos(\mathfrak{A}y) + \cos(\mathfrak{A}z)\} \quad \text{und} \quad |\mathfrak{A}| = \sqrt{\mathfrak{A}_x^2 + \mathfrak{A}_y^2 + \mathfrak{A}_z^2}.$$

1. Das skalare (innere) Produkt zweier Vektoren gibt einen Skalar.

$$(\mathfrak{A}\mathfrak{B}) = \mathfrak{A}_x\mathfrak{B}_x + \mathfrak{A}_y\mathfrak{B}_y + \mathfrak{A}_z\mathfrak{B}_z = |\mathfrak{A}| \cdot |\mathfrak{B}| \cdot \cos\alpha$$

$\alpha =$ eingeschlossener Winkel und $(\mathfrak{A}\mathfrak{B}) = 0$, wenn $|\mathfrak{A}| = 0$ oder $|\mathfrak{B}| = 0$ oder $\alpha = 90^0$ ist.

Es gilt ferner die Regel

$$\frac{d\,(\mathfrak{A}\mathfrak{B})}{dt} = \mathfrak{A} \cdot \frac{d\mathfrak{B}}{dt} + \mathfrak{B} \cdot \frac{d\mathfrak{A}}{dt}.$$

2. Das Vektorprodukt oder äußere Produkt $[\mathfrak{A} \cdot \mathfrak{B}]$ auch $\mathfrak{A} \times \mathfrak{B} = \mathfrak{C}$ ist ein neuer Vektor. Dieser steht auf der Ebene $\mathfrak{A}\mathfrak{B}$ senkrecht und blickt man in seiner Richtung, so muß die Richtung von $\mathfrak{A}$ durch eine Rechtsdrehung in jene von $\mathfrak{B}$ übergehen. Es ist weiter $|\mathfrak{C}| = |\mathfrak{A}| \cdot |\mathfrak{B}| \cdot \sin\alpha$, und daher $|\mathfrak{C}| = 0$, wenn $|\mathfrak{A}|$ oder $|\mathfrak{B}|$ Null ist, oder wenn $\alpha = 0$.

Darum ist $[\mathfrak{A} \cdot \mathfrak{A}] = 0$ und weil weiters die Regel gilt

$$\frac{d}{dt}[\mathfrak{A} \cdot \mathfrak{B}] = \left[\mathfrak{A} \cdot \frac{d\mathfrak{B}}{dt}\right] + \left[\mathfrak{B} \cdot \frac{d\mathfrak{A}}{dt}\right]$$

so ist z. B. (S. 70)

$$\frac{d}{dt}[\mathfrak{r} \cdot m\mathfrak{v}] = \left[\mathfrak{r} \cdot \frac{d\,(m\mathfrak{v})}{dt}\right] + \left[m\mathfrak{v} \cdot \frac{d\mathfrak{r}}{dt}\right] = \left[\mathfrak{r} \cdot \frac{d\,(m\mathfrak{v})}{dt}\right] + m[\mathfrak{v} \cdot \mathfrak{v}] = \left[\mathfrak{r} \cdot \frac{d\,(m\mathfrak{v})}{dt}\right].$$

Ferner gelten $\qquad [\mathfrak{A} \cdot \mathfrak{B}] = -[\mathfrak{B} \cdot \mathfrak{A}]$ Antikommutativgesetz.

$$[\mathfrak{A} + \mathfrak{C}, \mathfrak{B}] = [\mathfrak{A}\mathfrak{B}] + [\mathfrak{C}\mathfrak{B}] \quad \text{Distributivgesetz}$$

$$[\mathfrak{A}\mathfrak{B}]_x = \mathfrak{A}_y\mathfrak{B}_z - \mathfrak{A}_z\mathfrak{B}_y \qquad [\mathfrak{A}\mathfrak{B}]_y = \mathfrak{A}_z\mathfrak{B}_x - \mathfrak{A}_x\mathfrak{B}_z \qquad [\mathfrak{A}\mathfrak{B}]_z = \mathfrak{A}_x\mathfrak{B}_y - \mathfrak{A}_y\mathfrak{B}_x.$$

Somit ist nach obiger Schreibart

$$[\mathfrak{A}\mathfrak{B}] = (A_y B_z - A_z B_y) \cdot \mathfrak{i} + (A_z B_x - A_x B_z) \cdot \mathfrak{j} + (A_x B_y - A_y B_x) \cdot \mathfrak{k} = \begin{vmatrix} \mathfrak{i} & \mathfrak{j} & \mathfrak{k} \\ A_x & A_y & A_z \\ B_x & B_y & B_z \end{vmatrix}.$$

3. Skalares Produkt von Vektor mal Vektorprodukt.

$$\mathfrak{A} \cdot [\mathfrak{B} \cdot \mathfrak{C}] = \mathfrak{C}\,[\mathfrak{A}\mathfrak{B}] = \mathfrak{B}\,[\mathfrak{C}\mathfrak{A}].$$

Zyklische Vertauschung möglich.

4. Vektorprodukt von Vektor mal Vektorprodukt.

$$\mathfrak{E} = \big[\mathfrak{A} \cdot [\mathfrak{B} \cdot \mathfrak{C}]\big] = [\mathfrak{A} \cdot \mathfrak{D}], \text{ wenn der Hilfsvektor } \mathfrak{D} = [\mathfrak{B} \cdot \mathfrak{C}] \text{ eingeführt wird.}$$

$$\mathfrak{E}_x = \mathfrak{A}_y[\mathfrak{B}\mathfrak{C}]_z - \mathfrak{A}_z[\mathfrak{B}\mathfrak{C}]_y = \mathfrak{A}_y(\mathfrak{B}_x\mathfrak{C}_y - \mathfrak{P}_y\mathfrak{C}_x) - \mathfrak{A}_z(\mathfrak{B}_z \cdot \mathfrak{C}_x - \mathfrak{B}_x\mathfrak{C}_z).$$

Wird hinzuaddiert

$$\mathfrak{A}_x\mathfrak{B}_x\mathfrak{C}_x - \mathfrak{A}_x\mathfrak{B}_x\mathfrak{C}_x,$$

so folgt

$$\mathfrak{E}_x = \mathfrak{B}_x \cdot (\mathfrak{A}\mathfrak{C}) - \mathfrak{C}_x \cdot (\mathfrak{A}\mathfrak{B}) \quad \text{usw.}$$

5. Vektorprodukt zweier Vektorprodukte.

$[\mathfrak{A}\mathfrak{B}] \cdot [\mathfrak{C}\mathfrak{D}]$ Mit Hilfsvektor $[\mathfrak{A}\mathfrak{B}] = \mathfrak{F}$ folgt

$$\mathfrak{F} \cdot [\mathfrak{C}\mathfrak{D}] = \mathfrak{D} \cdot [\mathfrak{F}\mathfrak{C}] = \mathfrak{D} \cdot \big[[\mathfrak{A}\mathfrak{B}] \cdot \mathfrak{C}\big]$$

6. Satz von Gauß.

Volumintegral $\int \operatorname{div} \mathfrak{A} \cdot d\tau =$ Flächenintegral $\int \mathfrak{A}_n \cdot df$

$$\operatorname{div} \mathfrak{A} = \frac{\partial \mathfrak{A}_x}{\partial x} + \frac{\partial \mathfrak{A}_y}{\partial y} + \frac{\partial \mathfrak{A}_z}{\partial z} \qquad d\tau = dx \cdot dy \cdot dz.$$

7. Vektor der Drehung (Rotation) ist ein axialer Vektor, zum Unterschied von den gewöhnlichen polaren Vektoren. Bei reiner Drehungstransformation kann er wie ein polarer Vektor behandelt werden und man kann schreiben

$$\operatorname{rot} \mathfrak{A} = \operatorname{rot}_x \mathfrak{A} + \operatorname{rot}_y \mathfrak{A} + \operatorname{rot}_z \mathfrak{A}$$

$$\operatorname{rot}_x \mathfrak{A} = \frac{\partial \mathfrak{A}_z}{\partial y} - \frac{\partial \mathfrak{A}_y}{\partial z}$$

durch zyklische Vertauschung folgen

$$\operatorname{rot}_y \mathfrak{A} = \frac{\partial \mathfrak{A}_x}{\partial z} - \frac{\partial \mathfrak{A}_z}{\partial x}.$$

$$\operatorname{rot}_z \mathfrak{A} = \frac{\partial \mathfrak{A}_y}{\partial x} - \frac{\partial \mathfrak{A}_x}{\partial y}.$$

Man muß darauf achten, daß die Rotation das Vorzeichen wechselt, wenn die Drehung mit Inversion verbunden ist, also von einem Rechtssystem zu einem Linkssystem übergegangen wird.

8. Satz von Stokes.

Flächenintegral $\int \operatorname{rot}_n \mathfrak{A} \cdot df =$ Linienintegral $\oint \mathfrak{A} \cdot d\mathfrak{l}$.

Über eine geschlossene Fläche ist $\int \operatorname{rot}_n \mathfrak{A} \cdot df = 0$.

9. Aus dem Gaußschen Satz folgt mit Hilfe jenes von Stokes unmittelbar durch Einführung von $\mathfrak{A} = \operatorname{rot} \mathfrak{B}$

$$\int \operatorname{div}(\operatorname{rot} \mathfrak{B}) \cdot d\tau = \int \operatorname{rot}_n \mathfrak{B} \cdot df = 0.$$

Also muß $\operatorname{div} \operatorname{rot} \mathfrak{B} = 0$ sein, wie man sich durch Ausrechnen von

$$\frac{\partial}{\partial x} \operatorname{rot}_x \mathfrak{B} + \frac{\partial}{\partial y} \operatorname{rot}_y \mathfrak{B} + \frac{\partial}{\partial z} \operatorname{rot}_z \mathfrak{B}$$

überzeugen kann.

10. Handelt es sich um einen Potentialvektor $\mathfrak{A} = \operatorname{grad} U$, dessen Potential einen Skalar darstellt, ist also

$$\mathfrak{A} = \mathfrak{A}_x + \mathfrak{A}_y + \mathfrak{A}_z = \frac{\partial U}{\partial x} + \frac{\partial U}{\partial y} + \frac{\partial U}{\partial z},$$

so folgt aus dem Stokesschen Satz für das über eine geschlossene Fläche genommene Integral

$$\oint \mathfrak{A} \cdot d\mathfrak{f} = \int \operatorname{rot}_n \mathfrak{A} \cdot df = \int \operatorname{rot}_n \operatorname{grad} U \cdot df = 0.$$

Somit gilt die Rechnungsregel

$$\operatorname{rot} \operatorname{grad} U = 0,$$

wie die Ausrechnung von $\operatorname{rot}_x \operatorname{grad} U + \operatorname{rot}_y \operatorname{grad} U + \operatorname{rot}_z \operatorname{grad} U$ ergibt.

11. Divergenz des Vektors $\mathfrak{A}$ ist ein Skalar und zwar

$$\operatorname{div} \mathfrak{A} = \frac{\partial \mathfrak{A}_x}{\partial x} + \frac{\partial \mathfrak{A}_y}{\partial y} + \frac{\partial \mathfrak{A}_z}{\partial z}$$

und der Laplacesche Operator lautet dann mit $\mathfrak{A} = \operatorname{grad} U$

$$\operatorname{div} \operatorname{grad} U = \frac{\partial^2 U}{\partial x^2} + \frac{\partial^2 U}{\partial y^2} + \frac{\partial^2 U}{\partial z^2} = \Delta U.$$

12. Von besonderer Wichtigkeit ist die Rechnungsregel

$$\operatorname{rot} \operatorname{rot} \mathfrak{A} = \operatorname{grad} \operatorname{div} \mathfrak{A} - \Delta \mathfrak{A}.$$

Sie kann durch Ausrechnung von

$$\operatorname{rot}_x \operatorname{rot} \mathfrak{A} + \operatorname{rot}_y \operatorname{rot} \mathfrak{A} + \operatorname{rot}_z \operatorname{rot} \mathfrak{A} = \frac{\partial}{\partial y} \operatorname{rot}_z \mathfrak{A} - \frac{\partial}{\partial z} \operatorname{rot}_x \mathfrak{A} + \ldots$$

bewiesen werden. Mit $\mathfrak{A} = \mathfrak{v}$ wird für ideale Flüssigkeiten $\Delta \mathfrak{v} = 0$, weil $\operatorname{rot} \mathfrak{v} = 0$ und $\operatorname{div} \mathfrak{v} = 0$ ist. Es entfällt somit das Reibungsglied der Navierschen Gleichung.

13. $$\operatorname{div} (U \cdot \mathfrak{B}) = U \cdot \operatorname{div} \mathfrak{B} + (\mathfrak{B} \cdot \operatorname{grad} U).$$

$U \cdot \mathfrak{B}$ ist ein Vektor der U mal so groß wie $\mathfrak{B}$ ist, und die obige Rechnungsregel kann wieder durch Ausrechnen bewiesen werden.

$$\operatorname{div} (U \cdot \mathfrak{B}) = \frac{\partial (U \mathfrak{B}_x)}{\partial x} + \frac{\partial (U \mathfrak{B}_y)}{\partial y} + \frac{\partial (U \mathfrak{B}_z)}{\partial z} = \ldots$$

14. $$\operatorname{div} [\mathfrak{A} \mathfrak{B}] = -\mathfrak{A} \operatorname{rot} \mathfrak{B} + \mathfrak{B} \operatorname{rot} \mathfrak{A}.$$

Auch diese Rechnungsregel ergibt sich durch Ausrechnung

$$\operatorname{div} [\mathfrak{A} \mathfrak{B}] = \frac{\partial}{\partial x} [\mathfrak{A} \mathfrak{B}]_x + \frac{\partial}{\partial y} [\mathfrak{A} \mathfrak{B}]_y + \frac{\partial}{\partial z} [\mathfrak{A} \mathfrak{B}]_z = \ldots$$

15. $$\operatorname{rot} [\mathfrak{A} \mathfrak{B}] = \mathfrak{A} \cdot \operatorname{div} \mathfrak{B} - \mathfrak{B} \operatorname{div} \mathfrak{A} - (\mathfrak{A} \operatorname{grad}) \mathfrak{B} + (\mathfrak{B} \operatorname{grad}) \mathfrak{A}.$$

wobei

$$(\mathfrak{A} \operatorname{grad}) \mathfrak{B}_x = \mathfrak{A}_x \frac{\partial \mathfrak{B}_x}{\partial x} + \mathfrak{A}_y \cdot \frac{\partial \mathfrak{B}_x}{\partial y} + \mathfrak{A}_z \cdot \frac{\partial \mathfrak{B}_x}{\partial z}$$

und ähnlich $(\mathfrak{B} \operatorname{grad}) \mathfrak{A}_x$. Es ist

$$\operatorname{rot} [\mathfrak{A} \mathfrak{B}] = \operatorname{rot}_x [\mathfrak{A} \mathfrak{B}] + \operatorname{rot}_y [\mathfrak{A} \mathfrak{B}] + \operatorname{rot}_z [\mathfrak{A} \mathfrak{B}]$$

$$\operatorname{rot}_x [\mathfrak{A} \mathfrak{B}] = \frac{\partial [\mathfrak{A} \mathfrak{B}]_z}{\partial y} - \frac{\partial [\mathfrak{A} \mathfrak{B}]_y}{\partial z} = \frac{\partial}{\partial y} (\mathfrak{A}_x \mathfrak{B}_y - \mathfrak{A}_y \mathfrak{B}_x) - \frac{\partial}{\partial z} (\mathfrak{A}_z \mathfrak{B}_x - \mathfrak{A}_x \mathfrak{B}_z),$$

addiert man hinzu

$$+\frac{\partial}{\partial x}(\mathfrak{A}_x\mathfrak{B}_x)-\frac{\partial}{\partial x}(\mathfrak{A}_x\mathfrak{B}_x),$$

so folgt

$$\operatorname{rot}_x[\mathfrak{A}\mathfrak{B}]=\mathfrak{A}_x\operatorname{div}\mathfrak{B}-\mathfrak{B}_x\operatorname{div}\mathfrak{A}-(\mathfrak{A}\operatorname{grad})\mathfrak{B}_x+(\mathfrak{B}\operatorname{grad})\mathfrak{A}_x \quad\text{usw.}$$

16. $$\operatorname{rot}(m\mathfrak{A})=\operatorname{rot}_x(m\mathfrak{A})+\operatorname{rot}_y(m\mathfrak{A})+\operatorname{rot}_z(m\mathfrak{A})=$$

$$=\left(\frac{\partial m\mathfrak{A}_z}{\partial y}-\frac{\partial m\mathfrak{A}_y}{\partial z}\right)+\left(\frac{\partial m\mathfrak{A}_x}{\partial z}-\frac{\partial m\mathfrak{A}_z}{\partial x}\right)+\left(\frac{\partial m\mathfrak{A}_y}{\partial x}-\frac{\partial m\mathfrak{A}_x}{\partial y}\right)=\dots$$

$$\operatorname{rot}(m\mathfrak{A})=m\operatorname{rot}\mathfrak{A}-[\mathfrak{A}\operatorname{grad}m].$$

17. $$(\mathfrak{A}\operatorname{grad})\mathfrak{B}+(\mathfrak{B}\operatorname{grad})\mathfrak{A}=\operatorname{grad}(\mathfrak{A}\mathfrak{B})-[\mathfrak{A}\cdot\operatorname{rot}\mathfrak{B}]-[\mathfrak{B}\operatorname{rot}\mathfrak{A}].$$

Beweis durch Ausrechnen.

Ist z. B. $\mathfrak{A}=\mathfrak{B}=\mathfrak{v}$, so folgt der Vektor

$$(\mathfrak{v}\operatorname{grad})\mathfrak{v}=\operatorname{grad}\frac{|\mathfrak{v}|^2}{2}-[\mathfrak{v}\cdot\operatorname{rot}\mathfrak{v}]$$

mit den Komponenten

$$u\cdot\frac{\partial u}{\partial x}+v\cdot\frac{\partial u}{\partial y}+w\cdot\frac{\partial u}{\partial z}=\frac{\partial}{\partial x}\left(\frac{|\mathfrak{v}|^2}{2}\right)-(v\operatorname{rot}_z\mathfrak{v}-w\operatorname{rot}_y\mathfrak{v})$$

$$=\frac{\partial}{\partial x}\left(\frac{|\mathfrak{v}|^2}{2}\right)-v\left(\frac{\partial v}{\partial x}-\frac{\partial u}{\partial y}\right)+w\left(\frac{\partial u}{\partial z}-\frac{\partial w}{\partial x}\right)$$

usw. (zu S. 40).

18. Die Sätze von GREEN.

Es ist laut 13, wenn U und V Skalare sind,

$$\operatorname{div}(U\cdot\operatorname{grad}V)=U\cdot\operatorname{div}\operatorname{grad}V+(\operatorname{grad}V\cdot\operatorname{grad}U)$$

und

$$\operatorname{div}(V\cdot\operatorname{grad}U)=V\cdot\operatorname{div}\operatorname{grad}U+(\operatorname{grad}V\cdot\operatorname{grad}U),$$

somit folgt

$$\operatorname{div}(U\operatorname{grad}V-V\cdot\operatorname{grad}U)=U\operatorname{div}\operatorname{grad}V-V\operatorname{div}\operatorname{grad}U=U\Delta V-V\Delta U$$

und

$$\int\operatorname{div}(U\operatorname{grad}V-V\operatorname{grad}U)\,d\tau=\int(U\cdot\Delta V-V\cdot\Delta U)\,d\tau$$

mit $d\tau=$ Volumselement.

Bei Anwendung des Gaußschen Satzes folgt dann der 1. Greensche Satz,

$$\int(U\cdot\Delta V-V\cdot\Delta U)\,d\tau=\int\left(U\cdot\frac{\partial V}{\partial n}-V\cdot\frac{\partial U}{\partial n}\right)\cdot df,$$

mit $df=$ Oberflächenelement.

Den 2. Greenschen Satz erhält man, wenn $U=V$ gesetzt wird, und es ist dann mit

$$(\operatorname{grad}U\cdot\operatorname{grad}U)=\left(\frac{\partial U}{\partial x}\right)^2+\left(\frac{\partial U}{\partial y}\right)^2+\left(\frac{\partial U}{\partial z}\right)^2=DU,$$

$$\operatorname{div}(U\operatorname{grad}U)=U\cdot\operatorname{div}\operatorname{grad}U+DU=U\cdot\Delta U+(\operatorname{grad}U)^2,$$

folglich nach Gauß

$$\int\operatorname{div}(U\operatorname{grad}U)\cdot d\tau=\int U\cdot\frac{\partial U}{\partial n}\cdot df=\int U\cdot\Delta U\,d\tau+\int DU\cdot d\tau.$$

Die letzte Gleichung ist grundlegend für die Potentialtheorie, der Theorie der Differentialgleichung $\Delta U = 0$, wenn U das Potential ist. Verschwindet U auf einer geschlossenen Fläche, so erfolgt dies auch im Innern. Denn es bleibt von der 2. Greenschen Gleichung übrig

$$\int DU \cdot d\tau = 0.$$

Dies kann nur erfüllt sein, wenn der „erste Differentialparameter" DU verschwindet, also U konstant ist. Weil aber U auf f verschwindet, muß $U = 0$ sein.

Auch geht die Eindeutigkeit der Randwertaufgabe hervor, nämlich $\Delta U = 0$ so zu integrieren, daß U am Rande bestimmte Werte anzunehmen hat. Würden zwei Lösungen U_1 und U_2 existieren, so bildet man die Differenz $U_1 - U_2 = U$ und nach dem Früheren wird im ganzen Innern $U = 0$ bzw. $U_1 = U_2$ sein müssen.

Für ebene Probleme lautet der 1. Greensche Satz

$$\int (U \Delta V - V \Delta U)\, df = \int \left(U\, \frac{\partial V}{\partial n} - V\, \frac{\partial U}{\partial n} \right) \cdot ds,$$

wo ds das Element der Kontur der begrenzten Fläche f ist (zu S. 463).

Zur *Dynamik des Massenteilchens* übergehend, wird folgendes in Erinnerung gebracht. Ist $\mathfrak{v}$ der Geschwindigkeitsvektor und $\mathfrak{P}$ die Kraft, so gilt nach NEWTON

$$\mathfrak{P} = m \cdot \frac{d\mathfrak{v}}{dt}.$$

Hat der Radiusvektor zu den Zeiten t und $t + dt$ den Wert $\mathfrak{r}$ bzw. $\mathfrak{r}_1 = \mathfrak{r} + \frac{d\mathfrak{r}}{dt} \cdot dt$ und ist der in der Zeit dt zurückgelegte Weg $d\mathfrak{f} = \mathfrak{v} \cdot dt$ und somit $\mathfrak{r}_1 = \mathfrak{r} + d\mathfrak{f}$, so folgt daraus $\mathfrak{v} = \frac{d\mathfrak{r}}{dt}$ mit den entsprechenden Komponenten u, v und w. Der Vektor der Beschleunigung $\mathfrak{b} = \frac{d\mathfrak{v}}{dt} = \frac{d^2\mathfrak{r}}{dt^2}$ zerfällt in die Tangentialbeschleunigung $b_t = \frac{d\,|\mathfrak{v}|}{dt}$ in der Richtung von $\mathfrak{v}$ und die hiezu normale Komponente $b_n = |\mathfrak{v}| \cdot \frac{d\varphi}{dt} = \varrho \cdot \left(\frac{d\varphi}{dt} \right)^2 = \frac{|\mathfrak{v}|^2}{\varrho}$, wenn $d\varphi$ den Drehwinkel in der Zeit dt und ϱ den Krümmungsradius bedeutet. Trägt man vom Anfangspunkt des Wegelementes $d\mathfrak{f}$ die Vektoren $\mathfrak{v}$ und $\mathfrak{v} + d\mathfrak{v}$ auf, so bestimmen diese die Schmiegungsebene für das Kurvenstück, in welcher auch der Vektor $\mathfrak{b}$ zu liegen kommt (S. 43). Weitere wichtige Begriffe sind

$$(m\mathfrak{v}) = \mathfrak{J} = \text{Impuls oder Bewegungsgröße (S. 70)}$$

und weil $\mathfrak{P} = \frac{d\mathfrak{J}}{dt}$, folgt $d\mathfrak{J} = \mathfrak{P} \cdot dt = $ Antrieb in der Zeit dt. Ferner sind die Vektorprodukte zu nennen

$$[\mathfrak{r} \cdot \mathfrak{P}] = \mathfrak{M} = \text{statisches Moment der Kraft}$$

$$[\mathfrak{r} \cdot \mathfrak{v}] = \mathfrak{f} = \text{Flächengeschwindigkeit}$$

$$[\mathfrak{r} \cdot \mathfrak{J}] = \mathfrak{U} = \text{Drehimpuls oder Impulsmoment.}$$

Die Komponenten dieser Vektoren sind nach Punkt 2 zu bilden und es ist ferner $\frac{d\mathfrak{U}}{dt} = \frac{d}{dt}[\mathfrak{r} \cdot m\mathfrak{v}] = \left[\mathfrak{r} \cdot m\, \frac{d\mathfrak{v}}{dt} \right] = [\mathfrak{r} \cdot \mathfrak{P}] = \mathfrak{M}$.

Ist die Kraft ständig zu dem Punkt gerichtet, von dem aus der Radiusvektor gezogen wird, so verschwindet $\mathfrak{M}$, und $\mathfrak{f}$ wird konstant nach Richtung und Betrag. Aus letzterer Tatsache kann umgekehrt auf das Wirken einer „Zentralkraft" geschlossen werden.

Namenverzeichnis

Sachverzeichnis